AF294065

A. V. HIRNER ■ H. REHAGE ■ M. SULKOWSKI

Umweltgeochemie

A.V. Hirner   H. Rehage   M. Sulkowski

Umwelt-geochemie

Herkunft, Mobilität und Analyse von Schadstoffen in der Pedosphäre

Mit 125 Abbildungen

Prof. Dr. Alfred V. Hirner
Institut für Umweltanalytik
und Angewandte Geochemie
Universität – GH – Essen
Universitätsstraße 5–7, 45141 Essen

Prof. Dr. Heinz Rehage
Institut für Physikalische Chemie
Universität – GH – Essen
Universitätsstraße 2–5, 45141 Essen

Dr. Martin Sulkowski
Institut für Umweltanalytik
und Angewandte Geochemie
Universität – GH – Essen
Universitätsstraße 5–7, 45141 Essen

ISBN-13:978-3-642-93712-5   e-ISBN-13:978-3-642-93711-8
DOI: 10.1007/978-3-642-93711-8

Die Deutsche Bibliothek – CIP-Einheitsaufnahme
Ein Titeldatensatz für diese Publikation
ist bei Der Deutschen Bibliothek erhältlich

Steinkopff Verlag Darmstadt
ein Unternehmen der BertelsmannSpringer Science+Business Media GmbH

Umschlaggestaltung: Erich Kirchner, Heidelberg
Redaktion: Dr. Maria Magdalene Nabbe   Herstellung: K. Schwind

SPIN 10717235   80/7231-5 4 3 2 1 0 – Gedruckt auf säurefreiem Papier

Geleitwort

Die Umweltgeochemie beschäftigt sich mit den Auswirkungen zivilisatorischer Einflüsse auf die chemische Zusammensetzung der Atmosphäre, Hydrosphäre, Biosphäre und der allerobersten Erdkruste. In diesem Buch werden die konzeptionellen Grundlagen, die strategischen Ziele und die methodischen Ansätze des neuen Lehr-, Forschungs- und Anwendungsgebiets erstmals vertieft behandelt. Es scheint, daß die Umweltgeochemie wie keine andere Disziplin geeignet ist, das Leitbild einer „nachhaltig zukunftsverträglichen Entwicklung" mit wissenschaftlichem Leben zu füllen. Ein früher Markstein war die Erforschung der Sedimente – das „Gedächtnis" eines Gewässers – ; sie spiegeln dessen anthropogene Geschichte wieder und lassen künftige Entwicklungen abschätzen. GERMAN MÜLLER, der Begründer der Umweltgeochemie in Deutschland, hat hier eine seiner Pionierleistungen erbracht.

Geochemische Schwerpunktthemen sind heute die Belastbarkeit der Umweltmedien und die Qualität anthropogener Stoffflüsse. Exemplarisch stehen dafür die Bergbauabfälle, die nicht nur durch ihre enormen Massen, sondern z.B. durch eine Säurebildung großräumige prioritäre Umweltprobleme verursachen, die ERNST ULRICH VON WEIZSÄCKER so charakterisiert hat: „Vielleicht sind die riesigen Ströme von Eisenerz, Stickstoff und Wasser, die der Mensch in Bewegung setzt, langfristig viel gefährlicher als Dioxine. Jedenfalls können wir die Folgen heute nicht überblicken".

Das neue Bodenrecht eröffnet die Chance, die zeitlichen Dimensionen im Umweltschutz und damit auch die Rolle der Umweltgeochemie künftig noch stärker in das öffentliche Bewußtsein zu bringen. Die Forschung geht voran – „Sickerwasserprognose", „passive In-situ-Verfahren" und der „kontrollierte natürliche Abbau und Rückhalt", bei dem unter günstigen Bedingungen das ganze Inventar an Naturprozessen zur „Selbstreinigung" von Grundwasserschäden eingesetzt werden soll.

Für diese neuen Aufgaben benötigen die Akteure ein solides und breites geochemisches Prozeßwissen. Das Buch von HIRNER, REHAGE und SULKOWSKI erfüllt alle theoretischen und praktischen Ansprüche – als Nachschlagewerk, Literaturübersicht, Methodenkompendium und als fachübergreifendes Lehrbuch. Ich wünsche ihm in jeder Hinsicht einen guten Erfolg.

Ulrich Förstner

Vorwort

Nicht nur im englisch- sondern auch im deutschsprachigen Raum existieren bisher zahlreiche Lehr- und Fachbücher wie auch sachbezogene Beiträge in den öffentlichen Medien, die eine Einführung in die Grundlagen der Umweltchemie sowohl für Studierende der Naturwissenschaften und Technik an Universitäten und Fachhochschulen als auch für den Schulunterricht sowie für den interessierten Laien vermitteln können.

Problematischer wird es aber für jene, die sich über ein abstraktes Überblickswissen hinaus konkret mit fallbezogenem Handeln befassen wollen, sollten oder auch müssen. Hierzu gehören z.B. Studenten der Chemie, Ökologie, Geo- und Biowissenschaften mit dem Wahlpflicht-, Wahl- oder „Modul"-Fach Umweltchemie im Hauptstudium oder Praktiker im öffentlichen Dienst, die Altlasten oder Abfälle bewerten müssen. Dieses Fachbuch im Bereich der auf Festkörper bezogenen Umweltchemie versucht diese Lücke partiell zu schließen, indem es im wesentlichen über Themenkreise berichtet, die in Lehre und Forschung am Institut für Umweltanalytik und Angewandte Geochemie am Fachbereich Chemie der Universität GH Essen auch aktiv bearbeitet oder zumindest berührt werden. Speziell für den Praktiker findet sich darüber hinaus als Einstiegshilfe in konkrete Problemstellungen ein umfangreiches Literaturverzeichnis sowie ein ausführlicher Index.

Festkörper in der Umwelt (Böden, Sedimente, Altlasten, Abfälle und Stäube) stehen im Mittelpunkt des Abschnittes „Allgemeine Umweltgeochemie", während der Teil „Spezielle Umweltgeochemie" einige unter umweltchemischen Gesichtspunkten ausgewählte potentielle Schadstoffe und Schadstoffklassen exemplarisch vorstellt. Behandelt werden nicht nur die chemische Zusammensetzung der unterschiedlichen Festkörper, sondern auch deren Wechselwirkung mit den sie umgebenden Umweltmedien. Besonders Prozesse werden beschrieben, die zur Schadstoffemission in Form mobiler Spezies führen. In diesem Zusammenhang kommt Phänomenen im Grenzbereich zwischen dem festen und flüssigen Zustand besondere Bedeutung zu, was in einem kolloidchemisch orientierten Abschnitt berücksichtigt wird. Ein besonderer Stellenwert wird aktuellen Teilbereichen wie organisch assoziierten/gebundenen Metall(oid)en und Marker- und Tracerstudien eingeräumt. Bei der Beschreibung analytischer Probleme und Methoden wurde ebenso wie bei derjenigen der administrativen Regelungen ein praxisorientierter Blickpunkt gewählt.

Die Einbindung der Umweltchemie in benachbarte Wissensgebiete einerseits und in die globale Umweltproblematik andererseits wird im ersten Abschnitt ausführlich dargelegt, um dem Fachspezialisten auch den gesellschaftlichen Hintergrund umweltrelevanter Entscheidungen bewußt zu machen. Besonders der Umweltanalytiker sollte in die Lage versetzt werden, die Flut der Umweltdaten kritisch zu hinterfragen und zu bewerten.

Für wertvolle Diskussionsbeiträge und Anregungen sowie für die Zurverfügungsstellung von eigenen Beiträgen und Unterlagen danken wir den Professor(inn)en Paula Hahn-Weinheimer, Ingrid Kögel-Knabner und Ulrich Förstner sowie den Herren Dr. Hossein Alimi und Dr. Axel Barrenstein. Besonders verbunden sind wir Frau Dipl.-Chem. Margareta Sulkowski, die in ungezählten Stunden die Erstellung des Index sowie des Layouts des Gesamtwerks und zusammen mit Frau Rita Lehmann die des umfangreichen Literaturverzeichnisses übernommen hatte. Unser Dank gilt auch Herrn Reiner König, der für das Layout von Kapitel 4 verantwortlich ist.

Im Zusammenhang mit dem vorliegenden Buch wird auf der Homepage des Instituts für Umweltanalytik an der Universität GH Essen ein Diskussionsforum eingerichtet. Zu erreichen ist die Homepage über die zentrale Zugangsseite der Universität Essen *(http://www.uni-essen.de), dort unter Fachbereiche/Zentrale Einrichtungen - Fachbereich Chemie (8) - Institut für Umweltanalytik*. Kommentare und Stellungnahmen können an die dort vermerkte e-mail-Adresse geschickt werden. Inhaltliche Beiträge werden auf der Homepage zur Diskussion gestellt.

Essen, im Juli 2000

Alfred Hirner, Heinz Rehage und
Martin Sulkowski

Inhaltsverzeichnis

1 Einführung in die Umweltwissenschaft

1.1 Wissenschaftliche und bildungspolitische Ausgangssituation

1.1.1 Interdisziplinarität chemisch orientierter Umweltforschung

Seit die Menschen aufgrund eines rasanten Bevölkerungswachstums, einer zunehmenden Industrialisierung und eines steigenden Rohstoffverbrauchs immer mehr Umweltprobleme von lokalen über regionalen bis zu globalen Auswirkungen erzeugen, beschäftigen sie sich in zunehmendem Maße auch in wissenschaftlicher Hinsicht mit der Umwelt. Da der Chemie hierbei eine zentrale Bedeutung zukommt, werden inzwischen bereits zahlreiche Fachbücher zur Umweltchemie angeboten, so z.B. Hemond u. Fechner-Levy (1999), Harrison (1999), Baird (1998), Bliefert (1997), Fellenberg (1997), Koß (1997), Connell (1997), Heintz u. Reinhardt (1996), Schwedt (1996), O'Neill (1993), Manahan (1999) oder Kümmel u. Papp (1990). Hinsichtlich chemischer Vorkenntnisse wird dabei meist von einem soliden Grundlagenwissen ausgegangen, wie es z.B. in den Büchern von Schwister (1995) oder von Forst et al. (1993) zusammenfassend und von Greenwood u. Earnshaw (1997) detailliert dargestellt ist. Dem Leser sei speziell das Lehrbuch von Alloway u. Ayres (1996) als Komplementärlektüre zu diesem Buch empfohlen, in dem die Problematik der Umweltkontamination durch Schadstoffe auch hinsichtlich der Medien Luft und Wasser diskutiert wird. Im Mittelpunkt der umweltchemischen Betrachtungen dieses Buches stehen natürliche Festkörper (Böden, Sedimente, Abfälle, Stäube). So ist es unumgänglich, auch andere Fachdisziplinen aus den Bereichen der Geo- und Biowissenschaften sowie der Technik zu berücksichtigen (Abb. 1.1). Damit sich der Leser schnell einen groben Überblick verschaffen kann, sind einige Literaturquellen im Anhang A.1.1 beispielhaft zitiert.

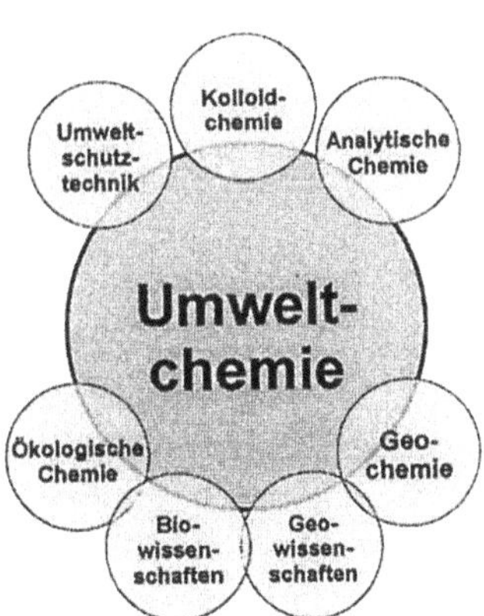

Abb. 1.1. Zur Umweltchemie benachbarte Fachdisziplinen

Dem analytisch-chemisch orientierten Umweltwissenschaftler bieten eine Reihe renommierter Journale Einblick in aktuelle Forschungsergebnisse: Analytica Chimica Acta, Analytical Chemistry, Chemosphere, Environmental Science and Technology u.a. finden sich im Literaturverzeichnis dieses Buches. Die sachgemäße Durchführung analytischer Bestimmungen nach dem „Stand der Technik" werden in den VDI(Verein Deutscher Ingenieure)-Richtlinien und den DIN(Deutsches Institut für Normung)-Normen sowie Veröffentlichungen des CEN (Europäisches Komitee für Normung) und der ISO (Internationale Organisation für Normung) beschrieben.

Die Einzeldisziplinen dürfen aber nicht parallel zueinander, sondern müssen interdisziplinär verflochten betrachtet werden („vernetztes Denken" innerhalb integrierter Forschung, systemarer Ansatz, Syndromkonzept). Schließlich steht der Mensch selbst subjektiv betroffen inmitten des von ihm zu beschreibenden Umweltgeschehens, das er ja objektiv überblicken sollte. Nach Ebner (1993) bedürfe er hierzu einer über die Wissenschaft im eigentlichen Sinn hinausgehenden „ökologischen Weisheit", die folgendermaßen beschrieben wird: „Weisheit zu erlangen heißt, sich in einem betrachtenden Schauen von Umständen und Zusammenhängen jenseits des deduktiven Denkens übend eine Übersicht, eine Zusammenschau zu verschaffen, die himmelweit über das hinausgeht, das heutzutage unter dem Schlagwort „interdisziplinär" läuft." So finden sich auch „umweltwissenschaftliche" Abhandlungen mit naturphilosophischen Aspekten: Zum Beispiel sei nach der vom Analytiker Jim Lovelock (1991) aufgestellten Gaia-Hypothese (griech. Erdmuttergöttin) der physikalisch-chemische Zustand unserer Erdoberfläche (Ozeane, Kontinente und Atmosphäre) das Ergebnis der Lebensentwicklung während der Milliarden Jahre Erdgeschichte: Nicht das Leben habe sich an die Umwelt angepaßt, sondern die Umwelt an das Leben. Angetrieben von der Sonnenenergie habe sich die Fülle der Lebensformen zu einem selbstregulierenden Supersystem zusammengeschlossen (s.a. Margulis u. West 1993). Ob dadurch allerdings auch die Gewähr für den Fortbestand des Lebens gegeben ist, sollte nach Markl (1993) bezweifelt werden, denn Gefahr für das ganze System könne nämlich von jedem Geschöpf ausgehen.

Im Gegensatz zu dem eben Gesagten wird häufig gefordert, daß in der Diskussion der Umweltproblematik emotionsfreie Sachlichkeit herrschen müsse. Es ist nach Meinung von Heintz u. Reinhardt (1996) aber falsch, Emotionen beiseite zu lassen, wenn es um Existenzfragen geht. Sachliches Urteil ohne Wertmaßstäbe, ohne ethische Normen könne es nicht geben. Die Sachkenntnis der Umweltzusammenhänge allein ist nicht hinreichend, von uns wird vielmehr eine Entscheidung gefordert, die überspitzt ausgedrückt lautet: Was ist uns mehr wert, uneingeschränkter Konsum oder eine ungefährdete und intakte Umwelt?

Zudem muß die Sachlichkeit und damit der Wissensschaftsanspruch der Umweltwissenschaft kritisch hinterfragt werden: Chemische Prozesse im globalen Laboratorium unserer Umwelt sind viel komplizierter und dynamischer als die im chemischen Laboratorium oder in der chemischen Technik gezielt durch-

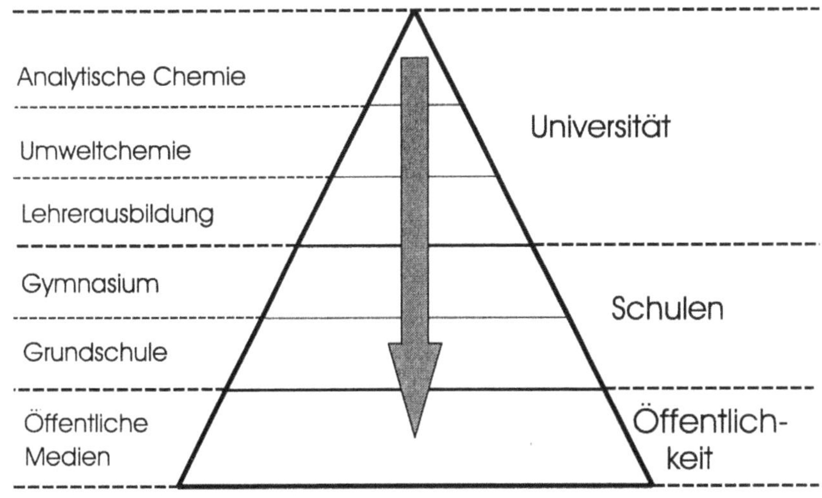

Abb. 1.2. Die Bildungspyramide

geführten Stoffumwandlungsreaktionen (Kümmel u. Papp 1990). Es sind Reaktionen, die in offenen Systemen in Mikro- und Makroenvironments unter unterschiedlichen physikalisch-chemischen Bedingungen stattfinden, meist sehr viele Reaktionspartner vereinigen und an physikalische und biologische Vorgänge gekoppelt sind. Im Gegensatz zum nachvollziehbaren Experiment in den exakten Naturwissenschaften sind vielparametrige Umweltzusammenhänge in diesem Sinne kaum beweisbar. Man kann aber erwarten, daß sich mit wachsendem Kenntnisstand die Umweltforschung immer mehr in Richtung der exakten Naturwissenschaften entwickeln wird.

1.1.2 Bildungsbedarf und -situation

Presse und Fernsehen berichten dem Bürger ständig von zahlreichen Umweltproblemen. Somit kann sich jeder interessierte Laie über aktuelle Themen z.B. der Umweltchemie *informieren*, er kann aber dieses Fach derzeit (mit wenigen Ausnahmen) noch nicht *erlernen*. Wie kann er in die Lage versetzt werden, die zugrunde liegenden Sachverhalte zu erkennen und naturwissenschaftlich-logisch zu verknüpfen, wenn er die Grundlagen einer umweltbezogenen Chemie nicht bereits in der Schule mitbekommen hat? Wie soll ein Lehrer eine umweltorientierte Chemie lehren, in der er selbst nie systematisch unterrichtet (und geprüft) wurde? Soll sie nicht Gefahr laufen, in laienhafte Pseudobildung abzugleiten, kann die Bildungspyramide (Abb. 1.2) also nur konsequent von oben nach unten durchlaufen werden.
Die Umweltchemie müßte zum Pflichtfach für den angehenden Chemiker oder Lehrer werden und im Lehrplan an Grund- und weiterführenden Schulen fest

verankert sein. Eine Neuorientierung der Lehrinhalte des Schulfaches Chemie unter Einbeziehung von Aspekten wie „Chemie im Alltag" und „Chemie und Umwelt" wäre dringend notwendig. Das hier für die Chemie Gesagte gilt auch für alle anderen umweltrelevanten Disziplinen wie z.B. die Geowissenschaften. Der Umfang der erstrebenswerten, vom öffentlichen Schulsystem zu leistenden chemischen Grundbildung für den umweltchemisch interessierten Laien ist relativ hoch anzusetzen, wenn dieser in die Lage versetzt werden soll, öffentlichen Fachdiskussionen einigermaßen folgen zu können. Dabei reicht es nicht aus, über zahlreiche, ständig verwendete Kürzel Bescheid zu wissen (FCKW, PAK, PCB, „Tri" u.v.a.), er sollte sich insbesondere eine Vorstellung von geringsten Konzentrationen machen können, wie z.B. von einem Nanogramm im Verhältnis zu einem Gramm. Diese Größenordnung entspricht in etwa der Allgegenwartskonzentration vieler chemischer Elemente, sie kann aber bei Problemstoffen wie Dioxinen im Boden bereits Anlaß zur Besorgnis geben. Andererseits können aber auch sehr große Mengen ansonsten harmloser Stoffe zu Problemen führen, wie uns etwa die Fluorchlorkohlenwasserstoffe (FCKW) oder das Kohlendioxid (CO_2) schon vor Augen geführt haben. Der Analytiker muß deshalb sowohl Qualität als auch Quantität eines Stoffes kennen, um in umweltrelevanten Systemen Stoffwirkungen abschätzen oder vergleichen zu können.

Auf der Universitätsebene schließlich wäre die Verbesserung der Lehr- und Ausbildungssituation vor allem auch für das über Jahrzehnte in Deutschland stark vernachlässigte Fach Analytische Chemie wichtig, nicht nur als Voraussetzung umweltchemischen Arbeitens zur Erzielung sachlicher Informationen, sondern auch als die Grundlage für die analytische Qualitätssicherung in „von der Analytik betroffenen" Fachgebieten wie Medizin, Rechtswissenschaften, Biologie, Betriebs- und Volkswirtschaft u.a. Nach B. Neidhart (Geesthacht) müßten die Kriterien zur Bewertung der Qualität analytischer Daten als gesellschaftlich relevant eingestuft und damit zum allgemeinen Bildungsziel erklärt werden.

Ungenügende Kenntnis aufgrund mangelhafter Ausbildung im „analytischen Denken" ist des öfteren sogar beim Umweltanalytiker zu finden: Der bekannte Analytiker Günther Tölg aus Dortmund schätzt, daß in Deutschland jährlich unrichtige Analysenergebnisse im Werte von mehreren Milliarden DM produziert werden.

1.2 Umweltchemie und Öffentlichkeit

1.2.1 Akzeptanzproblem Technik – Industrie – Chemie

Vom Nobelpreisträger E.O. Fischer stammt der Satz (Fischer 1988): „Der moderne Mensch hat sich mit Hilfe der Technik eine erfreulichere, angenehmere Welt geschaffen, eine weniger arbeitsame, aber – auch eine bedrohtere." Hieraus ist in der Gesellschaft z.T. ein Akzeptanzproblem gegenüber der Technik im allgemeinen und der Chemie im besonderen – aufgrund ihrer Doppelstellung als Naturwissenschaft und Industrie in zwei Gesichtern (Januskopf) – entstanden (Herrmann 1993, Caglioti 1983).

Das Verhältnis der Öffentlichkeit zur Chemie ist deshalb häufig gespannt, so daß sich Chemiker und Laien nicht selten mit Mißtrauen und Mißachtung gegenüberstehen. Dem Chemiker als nüchternem Naturwissenschaftler erscheinen Zeitgenossen mit der „Sehnsucht nach sanfter Natürlichkeit" (Hubert Markl) und mit Attributen wie „Natur", „Öko" oder „Bio" auf ihren Fahnen potentiell suspekt. Die Natur ist für ihn grundsätzlich wertneutral; sie ist ein Geschehensablauf nach physikalischen und chemischen Gesetzen. In diesem Sinne ist die Natur auch nicht etwas „Gutes" für den Menschen, er ist einfach zwangsmäßig und wertneutral in sie eingebunden.

Herrmann (1993) stellt die These auf, daß der öffentliche Akzeptanzstreit mit seinem hohen Emotionalisierungsgrad auf mangelnder Sachkenntnis beruhe (vgl. Kap. 1.1) und sich aus einem Vertrauensdefizit verstärke, das die Bevölkerung in die Kompetenz und in die Redlichkeit von Wissenschaft wie Industrie entwickelt habe. Er führt (Januskopf-) Beispiele dafür an, daß Verhältnislosigkeit statt Verhältnismäßigkeit im Umweltschutz zu grotesken Asymmetrien in der Risikoeinschätzung geführt habe:

- Im Rahmen des Antimalaria-Programms der Weltgesundheitsorganisation (WHO) konnte Malaria in vielen tropischen Ländern nahezu vollständig ausgerottet werden. Ende der sechziger/Anfang der siebziger Jahre wurde DDT in allen Industrieländern verboten (aufgrund von Resistenzbildungen, Vogeleierschalenverdünnung und Leberkrebs bei Mäusen). Als Konsequenz Fallbeispiel Ceylon: 1946 wurden etwa 2,6 Millionen Malariaerkrankungen registriert, nach dem DDT-Einsatz sank diese Zahl 1961 auf 110; nach dem Verbot waren es 1970 wieder 1,5 Millionen. Die Nebenwirkungen des DDT-Verbots haben nach Markl (1990) mehr Menschen das Leben gekostet als die Nebenwirkungen des DDT.
- Die Pt-Emissionen aus Katalysatorfahrzeugen sind bekannt (s. Kap. 3.1.1.5). Eine humantoxikologische Bewertung dieser Emissionen wurde nicht durchgeführt.
- Dioxin erscheint unter Berücksichtigung weiterer Daten in der Ökodiskussion hoffnungslos überbewertet (s. Kap. 3.1.2.3).

Obwohl eine wissenschaftliche Diskussion dieser hier beispielhaft angesprochenen drei Punkte sicherlich detaillierterer Betrachtungen bedarf (s. auch dieses Buch, z.B. Kap. 3.1.2.4), sind diese Grobaussagen doch generell nicht zu widerlegen.

Markl (1990) fragt sich, wie es dazu kommen konnte, daß „chemisch" und „biologisch" im Sprachgebrauch des Alltags und der Medien geradezu selbstverständlich antithetisch verwendet werden? Es gäbe nämlich kein Verständnis der lebendigen Natur und ihrer Formenvielfalt ohne das Verständnis der chemischen Strukturen und Mechanismen, die ihr zugrunde liegen. In der Öffentlichkeit gehe es aber fast ohne Ausnahme darum, den Eindruck zu erwecken, weil das „Chemische" im Widerspruch zum „Biologisch-Natürlichen" stehe, bräuchte man allem, was die Chemie hervorbringt, nur zu mißtrauen und es zu meiden, und schon breche das goldene Zeitalter sanfter, gefahrloser Natürlichkeit an. Auch der ökologische Umbau der Wirtschaft wird nicht Chemie durch Natur ersetzen, sondern er wird allenfalls unerwünschte chemische Verfahren durch bessere chemische Verfahren und Produkte ersetzen können.

Schließlich werden zuweilen die Analytiker selbst von einigen Chemikern für das schlechte Ansehen der Chemie in der Öffentlichkeit verantwortlich gemacht: Erst aufgrund der Fortschritte in der Instrumentellen Analytik konnte man Umweltprobleme durch Asbest, Dioxine oder Organochlorrückstände aufspüren. Abgesehen davon, daß auch in der Analytischen Chemie der wissenschaftliche Fortschritt nicht zu vermeiden ist, rühren diese in der breiten öffentlichen Diskussion weitgehend wenig fachmännisch diskutierten Sachverhalte oft daher, daß der spezifische quantitative analytische Befund in der Öffentlichkeit sofort qualitativ verallgemeinert wird. Auch werden spezielle regionale und lokale Gefährdungen durch „hot spots" zuweilen zu allgemeinen Gefährdungen globalen Ausmaßes hochstilisiert.

1.2.2 Umweltpolitik

Reizworte beherrschen die Umweltpolitik; überstürztes Handeln aus Angst und Unwissenheit, Fehlinvestitionen in Milliardenhöhe und verantwortungslose Risikoabschätzungen sind die Folge (s. z.B. Vahrenholt 1994). Janich (1994) bezweifelt, daß sich Lebensqualität inhaltlich dadurch auszeichne, daß gleichsam ungestörte naturgesetzliche Verhältnisse herrschen. Ein kulturalistisches Chemieverständnis sei besser als ein naturalistisches geeignet, um Aufgaben, Möglichkeiten und Grenzen der Chemie bei der Sicherung von Lebensqualität zu diskutieren. In ökologischen Diskussionen werde versucht, Lebensqualität über Natur oder das Natürliche zu bestimmen. Gerade die Chemie sei wie keine andere Wissenschaft von dem öffentlichen Vorbehalt betroffen, daß ihre effiziente Veränderungsmöglichkeit der stofflichen Natur, ihr künstlich-technischer Charakter einen Verlust an Lebensqualität zur Folge hat, während das Natürliche, von der naturbelassenen Landschaft bis zu naturbelassenen Nahrungsmitteln, bekömmlich sei (Werbung: „ohne Chemie"). Somit münde die Diskussion über Lebensqualität in eine Kontroverse, die mit Wissenschafts- oder Chemieverständnissen ausgetragen werde. Nötig sei ein Umdenken im Verständnis der Chemie, die in erster Linie ein Störungsvermeidungswissen für die Lebensqualität bereithalten sollte.

1.2.3 Umwelt und Gesundheit

Zunehmendes Umweltbewußtsein induziert auch gehäufte Ängste vor Umweltbelastungen. Dies kann − psychosomatisch bedingt − zu Erkrankungen verschiedenster Art führen. Eine Studiengruppe der Deutschen Gesellschaft für Humanökologie hat eine Bestandsaufnahme zum Erkennen, Bewerten und Vermeiden dieser Ängste erarbeitet (Aurand et al. 1993). Noch werden die häufigsten Zivilisationskrankheiten (Herzkrankheiten, Schlaganfall, Krebs und Zuckerkrankheit) deutlich mehr durch die Lebensweise des Menschen und biologische Faktoren als durch Umwelteinflüsse verursacht (Jung 1992). Als die derzeit wesentlichsten Gesundheitsrisiken gelten für Bewohner industrialisierter Länder Rauchen, Alkohol, einseitige Ernährung (zu viele gesättigte Fettsäuren und Cholesterin und zu wenig Obst und Gemüse), Aids, radioaktives geogenes Radon und hohe Dosen an Chemikalien am Arbeitsplatz.
Viele Naturstoffe führen nach längerer Aufnahme und/oder nach Schimmelpilzbefall zur Ausbildung von Tumoren (Dallacker 1991). Natürlich in der Umwelt vorkommende Mutagene und Kanzerogene werden auch als „biologische Kampfstoffe" bezeichnet, der giftigste unter ihnen ist das Botulinustoxin mit einem LD_{50}-Wert von 30 pg/kg für die Maus; unter den Toxinproduzenten nehmen Pilze und Pflanzen eine Spitzenstellung ein. Es ist daher wenig sinnvoll, Produkte natürlicher Herkunft mit dem Wort „Bio" zu schmücken, um eine absolute Ungefährlichkeit für Mensch und Tier vorzugaukeln. Nach Ames u. Gold (1990) sind nahezu alle Pestizide in der menschlichen Nahrung natürliche, von Pflanzen stammende Pestizide. Der Amerikaner nimmt pro Person und Tag ca. 1500 mg natürlicher Pestizide und etwa 0,09 mg synthetische Rückstände zu sich. Deshalb sollten die möglichen Krebsrisiken, die von Pestiziden synthetischen Ursprungs (bei normaler Belastung) ausgehen, minimal verglichen mit den Gefahren durch natürliche Pestizide sein. Alkohol in mäßigen Dosen sowie Verbindungen, die beim Erhitzen von Nahrungsmitteln gebildet werden, kommen jedoch eine hohe Priorität bei epidemiologischen Krebsstudien zu. Alkoholische Getränke wirken beim Menschen sowohl kanzerogen als auch teratogen. Nach Bruce Ames (persönl. Mitt., 1998) sind für die Entstehung von Krebs hauptsächlich das Rauchen und die Ernährung (zu je ca. 30%) verantwortlich, chronische Infektionen und Hormone schlagen mit jeweils knapp 20% zu Buche und berufliche Expositionen mit ca. 2% (hauptsächlich Raucher unter Asbestarbeitern); dagegen liege der Anteil der Umweltverschmutzung (insbes. Pestizidrückstände in Lebensmitteln) bei < 1%. Da sich etwa die Hälfte aller (natürli-

chen und synthetischen) Lebensmittel im Ames-Test als mutagen erweisen, können wir gar nicht vermeiden, potentiell krebserzeugende Stoffe zu uns zu nehmen. Es kommt daher vielmehr darauf an, die Reparaturmechanismen des Immunsystems durch eine entsprechende Lebensweise intakt zu halten (ausgewogene Ernährung, Vitamine, Antioxidanzien, u.a.).

Die eben gemachten Aussagen gelten nur für die durchschnittliche Lebenssituation eines Einwohners der Industrieländer und sind nicht auf Einzelfälle anwendbar. Während beispielsweise bei Arbeitern auf und Anwohnern von Deponien eine signifikante Erhöhung der Chromosomenaberrationen (Fender 1996) bzw. Geburtsfehler (Dolk et al. 1998) festgestellt wurden, zeigten Bewohner der Bille-Siedlung im Hamburger Osten (Bodenbelastungen bis zu 19 mg/kg Cd, 221 mg/kg As und 4 µg/kg Dioxin-Äquivalentkonzentrationen) nur kleinere Auffälligkeiten (Niere, Porphyrinstoffwechsel) ohne klinische Relevanz; leider wurde die Frage der Krebssterblichkeit nicht abschließend geklärt (BAGS 1997).

Nach Daten der American Cancer Society ist die Rate der Krebssterblichkeit in den USA im Zeitraum von 1930 bis 1992 für viele Krebsarten nahezu konstant verlaufen; dem deutlichen Rückgang beim Magenkrebs steht eine noch ausgeprägtere Zunahme beim Lungenkrebs bei Männern und seit 1965 auch bei Frauen gegenüber (Eisenbud u. Gesell 1997). Spezifische, schadstoffbedingte Umwelteinflüsse sind diesen Daten nicht zu entnehmen.

1.2.4 Gesundheitsschutz

Es ist Aufgabe des Staates, Gefahren für die Volksgesundheit zu erkennen und von den Bürgern fernzuhalten. Hierfür sorgen nicht nur zahlreiche Gesetze, Verordnungen und sonstige Regelwerke, sondern auch viele Kommissionen, Arbeitskreise und Untersuchungsvorhaben. So stellt z.B. die MAK-Liste der Senatskommission zur Prüfung gesundheitsschädlicher Arbeitsstoffe der Deutschen Forschungsgemeinschaft (DFG) eine bedeutende Grundlage für den Schutz vor Gefahrstoffen am Arbeitsplatz dar. Sie wird in überarbeiteter Form jährlich publiziert und enthält neben den MAK(maximale Arbeitsplatz-Konzentration)-Werten Einstufungen krebserzeugender und erbgutverändernder Stoffe sowie eine Beurteilung der fruchtschädigenden Potenz von Stoffen (Schwangerschaftsgruppen A – D). Ein MAK-Wert ist die maximal zulässige Konzentration einer chemischen Verbindung in der Luft eines Arbeitsbereiches (als Gas, Dampf oder Staub), die während eines Arbeitstages nach dem aktuellen Wissensstand im allgemeinen nicht die Gesundheit des arbeitenden Menschen gefährdet oder ihn in unzumutbarer Weise belästigt. Die MAK-Werte-Liste wurde unverändert als TRGS 900 in das technische Regelwerk für Gefahrstoffe übernommen; seit 1993 wird sie als reine „Grenzwert-TRGS" gestaltet. Weiterhin zu erwähnen sind die TRK(Technische Richtkonzentration)-Werte, die EG-Grenzwerte und die Arbeitsplatzrichtwerte.

Klöpffer (1994) nennt als Kriterien, die auf organische Einzelstoffe und auf Gruppen verwandter Chemikalien anwendbar sind:

- Menge (die pro Zeiteinheit in die Umwelt eintritt)
- Mobilität (Verteilungstendenz)
- Persistenz (Langlebigkeit in der Umwelt)
- Akkumulierbarkeit (in Organismen, Böden und Sedimenten)
- Schadwirkung (Toxizität und Ökotoxizität)

Neben den Neuzulassungen müssen im Prinzip auch alle bereits existierenden Chemikalien bewertet werden (Ahlers et al. 1994). Vom BUA (Beratergremium für umweltrelevante Altstoffe) werden Einzelstoffe hinsichtlich ihrer öko- und humantoxikologischen Eigenschaften systematisch bewertet; Hunderte von Altstoffdatensätzen zu den wichtigsten Substanzen wurden bereits publiziert.
Da für krebserzeugende Stoffe keine untere Wirkungsschwelle angegeben werden kann, fordert man hierbei die Vermeidung beim Stand der Technik und gibt TRK-Werte an. Allgemein setzt man das akzeptable Risiko zwischen 10^{-5} und 10^{-8} an, meist bei 10^{-6}.

1.2.5 Risikobereitschaft

Trotz aller administrativen Reglementierungen wird für die Gesundheit des Individuums ein Restrisiko bleiben, welches nach dem oben Gesagten gegenüber den durch den individuellen Lebensstil bedingten gesundheitlichen Risiken allerdings meist klein sein dürfte. „Risiko heißt Chance und Gefahr, nicht aber Bewahrung vor jeder Gefahr, als Null-Risiko. Diese Fehlinterpretation kommt offenbar aus der Politik, die den Menschen vorgegaukelt hat, daß es in der industriellen Wohlfahrtsgesellschaft so etwas wie ein Leben ohne Risiko gebe" (Dieter Schröder, Süddeutsche Zeitung). Gerade die Politiker sind es, die das Ausmaß des von der Gesellschaft zu tragenden Restrisikos bestimmen: Grenzwerte setzt nämlich nicht die Analytik, sondern die Politik. Bei krebserzeugenden Stoffen bleibt immer ein Restrisiko. Es soll an dieser Stelle nicht versäumt werden, darauf hinzuweisen, daß Art und Weise der Wahrnehmung, Bewertung und Akzeptanz von Risiken bei der Öffentlichkeit in direktem Zusammenhang mit dem Informations- und Bildungsgrad (vgl. wiederum Kap.1.1) der Beteiligten stehen. Da es unmöglich ist, eine ungefährliche Minimalkonzentration anzugeben, kann nur versucht werden, die Konzentrationen der entsprechenden Stoffe in der Umwelt möglichst niedrig zu halten (Minimalisierungsgebot).

1.2.6 Beginnender Bewußtseinswandel

Hauptsächlich aufgrund der Aufklärungsarbeit durch öffentliche Medien läßt sich allmählich ein erneuertes Bewußtsein in weiten Kreisen der Bevölkerung erkennen, in dem die Natur eher als „Mitwelt" und weniger als „Umwelt" für den Menschen angesehen wird (Heintz u. Reinhardt 1996). Vielfach geforderte Rangordnungen von Verhaltensmaßnahmen als praktische Leitfäden bei der Bewältigung von Umweltproblemen werden von vielen Bürgern bereits (zumindest trendmäßig) akzeptiert, wie z.B. der Grundsatz: Vermeidung vor Wiederverwertung vor Entsorgung vor Symptombekämpfung. Fortgeschrittene Volkswirtschaften nutzen einen erheblichen Teil der anfallenden Abfälle als Sekundärrohstoffe, unterstützen das Recycling von Material und Energie und streben geschlossene Stoffkreisläufe an.

Im Jahre 1984 legte der Bund für Umwelt und Naturschutz Deutschland e.V. (BUND) ein Positionspapier vor, in dem er als Fortentwicklung des Chemikaliengesetzes von 1980 eine umfassende Chemiepolitik mit den Kriterien geringer Ressourcenverbrauch, geringe Umweltbelastung und kein Vertrieb gesundheits- oder umweltschädlicher Produkte forderte. Für die Orientierung auf dem Weg zu neuen Entwicklungslinien in der Chemiepolitik sind danach drei Leitbilder skizziert worden: „Geschlossene Kreisläufe", „Ansetzen am Bedarf" und „Reduzierung der Chlororganika".

1.3 Entstehung und Evolution
der anthropogenen Umweltbelastung

1.3.1 Primäres Umweltproblem: Anthropogenes Wachstum

In der Atmosphäre sind zahlreiche, auf menschliche Tätigkeit zurückzuführende Problemstoffe bereits über die gesamte Erdoberfläche verteilt. Es ist kaum möglich, in den entlegensten Regionen (z.B. unbewohnte Gebiete Australiens, Antarktis) anthropogen noch unbelastetes Probenmaterial zur Ermittlung der „geogenen Hintergrundbelastung" aufzufinden. Viel auffälliger äußern sich jedoch die „Spitzen des Eisberges" in Gestalt der jeweils aktuellen Umweltprobleme wie z.B. Kernwaffentestfolgen, Waldsterben, Ozonloch, Reaktorkatastrophe Tschernobyl, Treibhauseffekt oder der Müll- und Altlastenproblematik. Seit etwa zwei Jahrzehnten wird jedermann mit Umweltproblemen gewissermaßen von den Medien durch den jeweiligen „Schadstoff des Monats" „auf Trab" gehalten: Stickoxide, FCKW und Ozon in der Atmosphäre, Säuren und Schwermetalle im Boden, Quecksilber in Fischen, Cadmium in Pilzen, Dioxine in der Muttermilch, u.v.m.

Geowissenschaftlich ausgedrückt sind die primäre Ursache der Umweltprobleme (bis zu hyperexponentielle) anthropogene Wachstumseffekte innerhalb einer begrenzten Geosphäre und innerhalb eines sehr kurzen Zeitintervalls. Nach Klingholz (1994) sind alle größeren Probleme der Gesellschaft eine direkte Folge der Vorstellung, auf der Erde könnten immer mehr Menschen leben, die immer mehr konsumieren. Diese Situation könnte sich in Zukunft noch stark verschärfen, wenn nicht von nationalökonomischer und anderer Seite (z.B. James Lovelocks Gaia-Prinzip) vorgeschlagene bzw. möglicherweise bereits vorhandene Mechanismen zur Selbstregulation wirksam werden. Diese primären Wachstumsprobleme müßten aber in Zukunft vorrangig diskutiert und gelöst werden, bevor sekundäre Maßnahmen im Umweltbereich wirklich dauerhaft greifen können.

Genauer besehen ist der anthropogene Einfluß auf die Umwelt zu zwei voneinander unabhängigen Faktoren F1 und F2 proportional und somit insgesamt zu deren Produkt F1 × F2:

F1 = Anzahl der Individuen
F2 = Rohstoff- und Energieverbrauch pro Individuum
     („Lebensqualität": Geld, Energieverbrauch, Mobilität,...)

Während Problemfaktor F1 schwerpunktmäßig die Entwicklungsländer auf der Südhemisphäre unserer Erde betrifft, ist dies bei F2 für die industrialisierten Länder auf der Nordhemisphäre (und Australien/Neuseeland) der Fall; noch nehmen beide Faktoren zu. In ähnlicher Weise beschreiben D.H. und D.L. Meadows die Umweltbelastung als Produkt der drei Faktoren Bevölkerung, Wohlstand und Technologie.

In den folgenden Abschnitten werden die hier aufgeführten zwei Faktoren einzeln besprochen, bevor hieraus Zukunftsperspektiven abgeleitet und diskutiert werden.

1.3.2 Überbevölkerung

Die Weltbevölkerung benötigte für die erste Milliarde Erdbewohner (bis 1830) ca. 50000 Jahre, für die zweite bis 1930 nur mehr ca. 100 Jahre und für die sechste Milliarde von 1987 bis 1995 schließlich nur mehr ca. acht Jahre; in einigen Ländern wie z.B. Kenia oder Algerien verdoppelt sich die Bevölkerung in weniger als 17 bzw. 25 Jahren (Weltmittel 40 Jahre). Aufgrund dieser rasenden Entwicklung spricht man auch von „Bevölkerungsexplosion" oder „Bevölkerungszeitbombe".

In Abb. 1.3 a/b ist die Bevölkerungsentwicklung zusammen mit Prognosen für die gesamte Welt einer- und Indien/China andererseits dargestellt. Die von der Weltbank berechnete Größe der Weltbevölkerung von 10,1 Milliarden im Jahre 2050 bzw. 12,1 im Jahre 2150 wird überschritten, wenn es nicht durch eine konsequente Entwicklungs-, Gesundheits- und Familienpolitik gelingt, die Zahl der lebend geborenen Kinder pro Frau in den Entwicklungsländern von derzeit 3,6 bis spätestens 2030 auf 2,3 zu verringern (Birg 1994). Dies ist in China bereits gelungen (s. Tabelle 1.1), so daß dort die Bevölkerung nach gebremstem Wachstum in wenigen Generationen sogar abnehmen wird (Abb. 1.3 b).

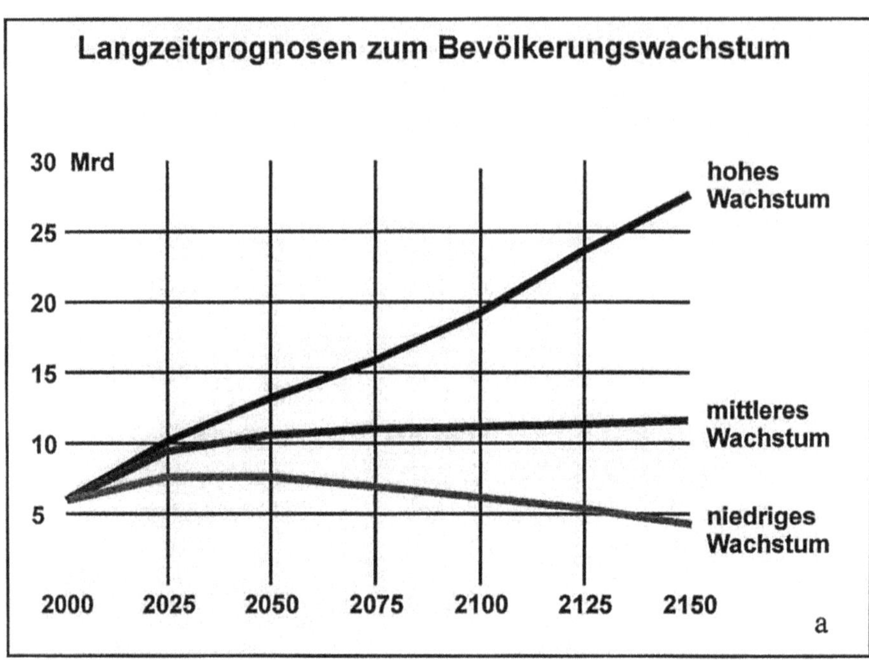

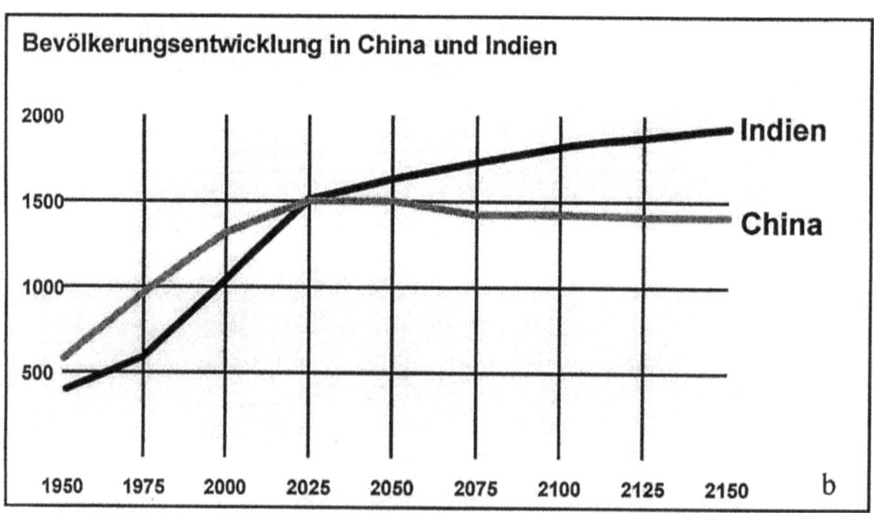

Abb. 1.3. Darstellungen zum Bevölkerungswachstum. a) weltweit, b) Indien/China

Tabelle 1.1. Siedlungsdichte in fünf ausgewählten Ländern

Platz (Rang)	Land	Mio. Einw. 94	Kinder pro Frau	Fläche Mkm^2	Einw./Fläche km^{-2}
1	China	1222	2,2	9,56	128
2	Indien	913	3,9	3,29	278
3	USA	260	2,1	9,36	28
4	Indonesien	198	3,1	1,9	104
12	Deutschland	81	1,3	0,47	172

Bezieht man die Zahl der Menschen auf die Flächen einzelner Länder (Tabelle 1.1), so erkennt man eine sehr hohe Siedlungsdichte im Ballungsraum Europa, z.B. für Deutschland. Große Bevölkerungsdichten bedeuten natürlich auch relativ geringe Entfernungen zwischen Mensch und Schadstoffemittenden.

Die wichtigste Frage in diesem Zusammenhang lautet wohl: Wann beginnt die Überbevölkerung? Lester Brown vom World Watch Institute meint: „Die Welt ist dann überbevölkert, wenn die Nahrungsmittelproduktion nicht mit dem Bevölkerungswachstum Schritt halten kann." Das Problem der wachsenden Weltbevölkerung ist im Prinzip kein Ernährungsproblem – die zur Verfügung stehenden Anbauflächen reichen bei optimaler Nutzung aus, selbst die doppelte Anzahl der heute lebenden Menschen zu ernähren. Die Bevölkerungsentwicklung auf der Erde ist nach Bliefert (1997) eher ein Verteilungsproblem. Die armen Länder bedürfen der Hilfe der reichen Länder des Nordens, um ihre Armut überwinden und ihren Nahrungsmittelbedarf abdecken zu können. Das Kriterium „ausreichende Nahrung" kann die gestellte Frage somit heutzutage sicherlich nicht mehr befriedigend beantworten.

Der Biologe Paul Ehrlich findet: „Ein Land ist überbevölkert, wenn es seine natürlichen Lebensgrundlagen zerstört." So allumfassend der Satz klingt, so wenig konkret ist er. Gleichzeitig zeigt er, daß in der Gesellschaft die elementare Diskussion über die von ihr als notwendig erachteten Lebensgrundlagen noch aussteht. Diese muß noch erfolgen, denn ebenso wie in der begrenzten Welt der Petrischale das Bakterium *Eschericia coli* nach der Phase explosionsartiger Vermehrung an seinen eigenen Exkrementen zugrunde geht, kann auch Homo sapiens als derzeit erfolgreichste Spezies auf Erden die Grenzen des Planeten ebensowenig durchbrechen wie das Bakterium die Wände des Laborgefäßes. Hinsichtlich der zukünftigen Entwicklung der Menschheit dürfte nach Schidlowski (1991) für weiteres Wachstum die notwendige Energie- und Nahrungszufuhr gewährleistet sein, doch können in hochbevölkerten Ökosystemen durch Entstehung von großen Abfallmengen aus dem Stoffwechsel analog zum mikrobiologischen Beispiel autotoxische Effekte (Selbstvergiftung) auftreten.

1.3.3 Energieverbrauch und Rohstoffausbeutung

Seit Beginn der Industriellen Revolution hat Homo sapiens seinen Energieverbrauch um einen Faktor zwischen 10 und 20 über den Nahrungsgrundbedarf einer Einzelperson erhöht. In den USA hat der Energieverbrauch stärker zugenommen als die Bevölkerung. Die Zahl der Autos in den Industrienationen sowie der damit verbundene CO_2-Ausstoß vergrößern sich weit schneller als die Zahl der Menschen in den Entwicklungsländern.

Ein hoher Energieverbrauch und die mit einem aufwendigen Leben verknüpfte Umweltverschmutzungen müssen nicht unbedingt auf die industrialisierten Nationen beschränkt bleiben, wie uns der Fall China lehrt. Nach Eingrenzung des Bevölkerungsproblems (s.o.) beginnt dort ein Wirtschaftsboom (Intensivierung von Bauwirtschaft und Verkehr). Der Aufbruch dieser 1,2 Milliarden Menschen in die Neuzeit hat aber einen fast unvorstellbaren Preis (Vorholz 1994). Kein anderes Land ist derzeit mit so großen Umweltproblemen konfrontiert wie China. Von 532 untersuchten Flüssen mußte die chinesische Umweltschutzagentur Nepa 436 als belastet einstufen. Allein in und um Peking gibt es rund 5000 wilde Müllkippen. 40% aller von der WHO festgestellten Hepatitis-B-Erkrankungen und tödlich verlaufenden Leberkrebsfälle treten in China auf. Atemwegserkrankungen sind zu einer der häufigsten Todesursachen geworden, an der rund 25% aller Chinesen sterben. Der Verkehrssektor hat bisher nur einen Anteil von 5% am Endenergieverbrauch (Deutschland 28%). Es gibt bisher weniger als eine Million Autos. Was passiert, wenn Millionen von Fahrradbesitzern jetzt auf Mopeds und später auf Autos umsteigen? Dieses Beispiel dürfte symptomatisch für aufstrebende Entwicklungsländer sein. Erstrebt wird in erster Linie der Wohlstand der reichen Länder. So gesehen „wünschen sich 70% der Menschheit ja erst einmal die Probleme der restlichen 30%" (Markl 1990)!

Evolutionsbiologie und Energieverbrauch von Lebewesen stehen in direkter Beziehung zueinander (Markl 1994): So wie das Leben im Urzustand auf unserer Erde (Progenoten im warmen Urozean) exponentiell explodierte, so hat es sich selbst durch seinen Vermehrungserfolg seiner Lebensgrundlage beraubt. Der Lebenserfolg der frühen photosynthetischen Prokaryonten brachte zugleich eine selbstgefährdende Umweltvergiftung mit sich (Freisetzung des für diese Organismen toxischen Sauerstoffs), die schließlich auch die scheinbar so perfekten Blaualgen bis auf Reste verdrängte. Der Evolutionsprozeß belohnt sozusagen jedes Verhalten, das den Ressourcenverbrauch maximiert, wenn dadurch die Reproduktion der im Wettbewerb stehenden Ressourcennutzer optimiert wird.

Kaum anders als die natürliche Evolution sich in immer steigender Komplexität der Lebensformen entfaltete, indem sie unter wachsendem Aufwand an Energie immer höhere Leistungen vollbrachte, kaum anders hat der Mensch über Jahrtausende hinweg seine Kultur immer komplexer entwickelt, indem er immer mehr Energiequellen für die Verwirklichung seiner Ziele erschloß und in Anspruch nahm. Von Natur aus sind wir gerade dadurch besonders gefährdet, weil und wenn wir uns weiterhin besonders „naturgemäß" verhalten. Allerdings ist dies ein anderes „naturgemäß", als die meisten heute darunter verstehen. Im evolutionsbiologischen, wissenschaftlichen Naturverständnis heißt nämlich „naturgemäß" nicht sanft und bescheiden, rücksichtsvoll und selbstbeschränkend zu leben, sondern mit allen Mitteln eigener Fähigkeiten die Steigerung der eigenen reproduktiven Fitneß zu fördern. Wir jedoch werden unsere derzeit einmalige Lage nur dann langfristig genießen und nutzen können, wenn es uns gelingt, die Entfaltung unserer Leistungspotentiale auf die Tragekapazität der Erde abzustimmen, das heißt, auf die Fähigkeit der Biosphäre, mit dieser gewaltigen Zivilisationsmenschheit zusammen im produktiven Fließgleichgewicht fortzubestehen.

Der Abbau nutzbarer mineralischer Rohstoffe hat durch den Einsatz immer leistungsfähigerer Fördertechniken und infolge eines exponentiellen Rohstoffbedarfs zu Massenverlagerungen geologischer Größenordnung geführt (Meyer 1986). Der Mensch greift als geologischer Faktor ersten Ranges weit in das obere Drittel der Erdkruste ein. Die durch Rohstoffgewinnung bewirkten Massenverlagerungen stellen insgesamt einen neuartigen Prozeß dar, der zunehmend die geodynamischen Vorgänge im exogenen und endogenen Kräftefeld steuert oder stark beeinflußt. Verwitterungs-, Erosions-, Transport- und Sedimentationsprozesse werden beschleunigt; ferner kommt es zu umwälzenden Stoffverlagerungen. Der Rohstoffabbau führt lokal, regional und großräumig zu gravierenden Aus- und Folgewirkungen, die neben den Nutzungspotentialen vor allem auch Biotope und Ökosysteme belasten (Meyer 1989). Direkte Einwirkungen gehen vom Abbau selbst aus, durch den natürlich gewachsene Biotope und Biozönosen zerstört werden. Sekundäre und tertiäre Folgewirkungen durch Techrosion im Tagebau, untertägigem Bergbau oder durch Förderbohrungen führen zu mittel- bis langfristigen und meist irreversiblen Veränderungen des Naturhaushalts.

Neben vielen in die Zukunft weisenden Vorschlägen, Prognosen und Spekulationen von Seiten der Ökonomen und Soziologen kennt die Naturwissenschaft und Technik einige bereits jetzt realisierbare Möglichkeiten zur Verminderung von Umweltbelastungen und zur Schonung der Ressourcen (s.u.). Beispielhaft hierfür sei die umweltchemische Optimierung der Brennstoffwahl zur Energiegewinnung angeführt. Auf der Basis fossiler Energieträger stellt die Verbrennung von Methan (CH_4) den energetisch günstigsten Fall dar (Ahlers u. Dub 1991):

$$CH_4 + 2\,O_2 \rightarrow CO_2 + 2\,H_2O + 192\ \text{kcal}$$

Erdgase enthalten durchschnittlich ca. 82% CH_4 (und ca. 7% höhere Kohlenwasserstoffe). Erdöl enthält prozentual deutlich weniger Wasserstoff und entspricht etwa der durchschnittlichen formalen Zusammensetzung $(CH_{1,8})_n$; dafür sind in ihm bis zu 8% Schwefel (S), 2% Sauerstoff (O) und Stickstoff (N) sowie bis zu 0,1% Metalle chemisch gebunden. Diese chemischen Trends werden in Richtung organische Festkörper (Kohle) fortgesetzt. Pro 1 kWh erzeugter Leistung werden somit bei Verbrennung von Braunkohle, Erdöl und Erdgas 0,40, 0,27 bzw. 0,20 kg CO_2 erzeugt; dieser Vergleich beinhaltet somit ein Einsparungspotential für das Treibhausgas CO_2 um den Faktor 2. So kann man zusammenfassend feststellen, daß in der Reihenfolge Kohle – Diesel/Heizöl – Benzin – Gas die Nutzeffekte (Heizwert, bestimmt durch den Kohlenwasserstoffgehalt) zu- und die Störeffekte abnehmen (Umweltverschmutzung aufgrund von N, S und Schwermetallen). In diesem Zusammenhang ist zu erwähnen, daß seit 1960 in der Erdölwirtschaft zunehmend Gas abgefackelt (d.h. nutzlos verbrannt) wird, wobei es sich um 10 Bill. m^3 Erdgas handelt und es um die Jahrtausendwende bereits nahezu 45 Bill. m^3 sein werden (weltweit ohne Nordamerika, Angaben Daimler Chrysler HighTech Report '99).

1.3.4 Zukunftsperspektiven

Für manche Schadstoffe hat an vielen Orten der Erdoberfläche die anthropogene Zusatzbelastung die Größenordnung der geogenen Grundbelastung erreicht; in einigen Bereichen ist die Grenze der Belastbarkeit bereits überschritten. Im Gegensatz zu bestimmten ökonomischen Prognosen kann der Geowissenschaftler noch keine bedeutenden Mechanismen zur Selbstregulierung erkennen, die global ein weiteres Anwachsen der Schadstoffkonzentrationen in unserer Umwelt verhindern würden. Somit kommt auch zukünftig der Überwachung von möglichen Anreicherungseffekten innerhalb von Ökosystemen besondere Bedeutung zu.
Seit 1972 warnt der Club of Rome (nach R.v. Weizsäcker „das Gewissen der Menschheit") vor den schädlichen Folgen von unbegrenztem Wachstum und schrankenloser Ausbeutung der Ressource der Erde (Meadows 1972); ähnliche Studien folgten in großer Zahl. Zum Beispiel zeigten die Prognosen von „Global 2000" (CEQ 1980), dem Bericht an den amerikanischen Präsidenten von 1980, tiefgreifende Veränderungen in allen Kompartimenten der Erde (z.B. regionale Wasserknappheit, Verschlechterung landwirtschaftlicher Nutzflächen und Verschwinden von Wäldern sowie Pflanzen- und Tierarten). Während nun Bruno Fritsch (Fritsch 1991) meint, daß kein Wachstumsimpuls „ewig" andauern könne und aus ökonomischen Zusammenhängen ableitet, daß die Bevölkerungszunahme bei einer Bevölkerung von etwa 10 Milliarden zum Stillstand kommen wird wie auch ein umweltverträgliches Wirtschaftswachstum möglich sei, können nach Meinung des Club-of-Rome-Präsidenten Alexander King nur gravierende Abstriche am Konzept der Marktwirtschaft und das Aufgeben unseres Wohlstandsdenkens den gegenwärtigen Teufelskreis der gekoppelten Wachstumsspiralen durchbrechen. Nach den Worten von Sandor u. Papp (1990) ist die Schere unterschiedlicher Meinungen noch weiter geöffnet: „Während manche der Auffassung sind, daß bei weiterem Anwachsen der Weltbevöl-

kerung nach Erreichen von 10 Milliarden in der ersten Hälfte des nächsten Jahrhunderts ein Fortbestand menschlichen Lebens nur unter merklichem Verzicht auf Lebensqualität möglich ist, vertreten andere die Meinung, daß allein bei umfassender Nutzung der gegenwärtig gesammelten Erkenntnisse von Wissenschaft und Technik für 1000 Milliarden Menschen auf der Erde ein qualitatives hochwertiges Leben gesichert werden kann." Pessimistische Gedanken hierzu stammen von Paul Ehrlich. Er ist der Überzeugung, daß sich die Menschheit der (in menschlichen Zeitskalen) schleichenden Gefahr gar nicht ernsthaft bewußt ist, wie auch Frösche auf langsam, aber kontinuierlich steigende Wassertemperaturen zu spät reagieren („Boiled-Frog-Syndrom").

Nach E.U.v. Weizsäcker werden alle Politikbereiche zunehmend vom ökologischen Diktat bestimmt werden und damit das „ökonomische Jahrhundert" seinem Ende zugehen (v.Weizsäcker 1990). Elmar Krupp dagegen meint, daß der von Umweltschäden bewirkte Leidensdruck noch erheblich steigen muß, um die Wachstumdynamik ernsthaft irritieren zu können (Krupp 1994). So scheint beispielsweise auch die Wichtigkeit der Beschäftigung mit Umweltproblemen in Deutschland in der zweiten Hälfte der 90er Jahre in Anbetracht drängender anderweitiger Probleme (z.B. Arbeitslosigkeit) deutlich gesunken zu sein.

Politiker wollen sich aus ihrer Verantwortung stehlen, indem sie vom Wissenschaftler sofortigen Rat verlangen und nur direkte Effekt-Wirkungs-Beziehungen akzeptieren, die sie in den meisten Fällen aufgrund der komplexen Beziehungsstrukturen in der Umwelt nicht bekommen und nie bekommen werden können. Graßl (1994) nennt dieses Verhalten der Entscheidungsträger „Spielen mit zukünftigen Generationen" („Gambling").

Immerhin gibt es bereits positive Ergebnisse infolge von Umdenkprozessen: So gelang es z.B. Schweden, seinen Reichtum bei gleichzeitiger Abnahme der Umweltbelastungen zu vergrößern (Spektrum der Wissenschaft 11/91, S.164). Die Schadstoffbelastung von Rhein, Neckar und Elbe wurde deutlich reduziert und das gesamte jährliche Schadstoffaufkommen im Ballungsgebiet Ruhrgebiet Mitte wurde inzwischen um nahezu 30% vermindert (MURL 1987); ehemals brachliegende Industrieflächen werden wieder begrünt (Flächenrecycling). Deutlich gesunken sind auch die CO_2-, SO_2- und KW-Emissionen der Raffinerien, die Bleiemission aus Kraftfahrzeugen um 95% und die Konzentrationen von Hexachlorbenzol (HCB) und Pentachlorphenol (PCP) im menschlichen Blut von 1985 bis 1995 um den Faktor fünf. Die Reihe derartiger Beispiele ließe sich leicht fortsetzen.

1.3.5 Sustainable Development

Spätestens seit der Konferenz der Vereinten Nationen für Umwelt und Entwicklung im Juni 1992 in Rio de Janeiro ist der Begriff „sustainable development" in aller Munde (Agenda 21). Das Leitbild einer nachhaltig zukunftsverträglichen Entwicklung trägt der Erkenntnis Rechnung, daß die Existenz des Menschen auf den Erhalt der natürlichen Lebensgrundlagen und auf das langfristige Funktionieren der natürlichen Systeme angewiesen ist. Man spricht hier auch von „erhaltender Veränderung" oder „responsible care" und bezeichnet damit eine Entwicklung, welche die Bedürfnisse der jetzigen Generation so erfüllt, daß künftige Generationen ihre eigenen Bedürfnisse auch befriedigen können (Markl 1999). In diesem Sinne baut der Nachhaltigkeitsbegriff mehr auf moralischen und kulturellen Ansichten auf als auf biologischen oder natürlichen Konzepten. Konkret umgesetzt bedeutet dauerhaft-umweltgerechte Entwicklung u.a., daß nur nachwachsende Rohstoffe verbraucht werden dürfen (Verbrauchsrate = Nachwuchsrate) und nicht (z.B. Schwermetalle) oder zu langsam nachwachsende Rohstoffe (z.B. Erdöl) im Kreislauf gehalten werden müssen (Recycling). Der Mensch ist wie kein anderes Lebewesen in der Lage, die nicht-menschliche Natur zu verändern. Im konkreten Fall wird es daher immer zu Abwägungen zwischen technischem bzw. sozio-ökonomischem Nutzen und Schaden an der Natur kommen müssen. Das Spannungsverhältnis zwischen Ökonomie, Ökologie und sozialen Belangen ist grundsätzlich nicht völlig aufzulösen; es steht vielmehr im Mittelpunkt umweltgerechter Planungen und Handlungen. Die Enquete-Kommission des 12. Bundestages (1994) kommt daher zu dem Schluß, daß Handlungsmaxime für das wirtschaftliche Handeln sein muß, langfristig bei den Zeitabläufen des ökonomischen Systems die des ökologischen Systems zu beachten und durch ein ausgewogenes Verhältnis zwischen den beiden Systemen eine Überlastung der natürlichen Lebensgrundlagen zu vermeiden (vgl. auch Jahresgutachten 1996 des wissenschaftlichen Beirats der Bundesregierung zu globalen Umweltveränderungen). Die Umweltethik fordert eine grundlegende ökonomische Verhaltensänderung: die Abkehr vom bisherigen, traditionellen wirtschaftlichen Fortschritts- und Wachstumsmodell und die Hinwendung zum Modell der Entkopplung von wirtschaftlicher Entwicklung einerseits, Ressourcenverbrauch und Beeinträchtigung der Umweltfunktionen andererseits. Dauerhaft-umweltgerechte Entwicklung und Vorsorgegebot stehen in einem notwendigen inneren Handlungszusammenhang, was konkret in Handlungsregeln auszudrücken ist:

- Die Nutzung einer Ressource darf nicht größer sein als ihre Regenerationsrate oder die Rate der Substitution all ihrer Funktionen.
- Die Freisetzung von Stoffen darf nicht größer sein als die Aufnahmefähigkeit der Umweltmedien.
- Gefahren und unvertretbare Risiken für die menschliche Gesundheit durch anthropogene Einwirkungen sind zu vermeiden.

Wiggering (1994) weist darauf hin, daß gerade den Umweltgeowissenschaften wichtige Forschungsbereiche wie die bewertende Einbeziehung des Faktors Zeit, die durchgehende Verfolgung der Stoffströme und die quantitative Beschreibung der Belastungsgrenzen zufallen.

Das Leitbild der nachhaltig zukunftsverträglichen Entwicklung muß in regionale, nationale und internationale Umweltziele umgesetzt werden (Friege 1994). Beispielsweise kann das Müllmanagement urbaner Bereiche nach Baccini (1996) innerhalb eines Jahrzehnts in Richtung Nachhaltigkeit transformiert werden.

Hierbei sind auch Ökobilanzen zu erwähnen, die inzwischen einen festen Platz in der Umweltdiskussion einnehmen. Ökobilanzen sind ein möglichst umfassender Vergleich der Umweltauswirkungen von Produkten, Systemen, Verfahren oder Verhaltensweisen. Nach einer früher vorwiegend kompartimentorientierten Betrachtung produktionsbedingter Emissionen steht eine ganzheitliche Bewertung von Produkten über ihren Lebenszyklus hinweg im Mittelpunkt (Life Cycle Assessment).

1.3.6 Verantwortung der chemischen Industrie

Es wird angenommen, daß zur Zeit etwa 80000 Chemikalien weltweit industriell hergestellt werden; in der BRD sind es 40000 Chemikalien. Jährlich gelangen mehr als 1000 neue Substanzen in den Handel (Korte 1992). Dabei wird nicht nur mit modernsten Produkten der chemischen Synthese Geld verdient, sondern nach wie vor auch mit Erzeugnissen und Produktionsverfahren, die z.T. mehr als 60 Jahre alt sind (Förstner 1993a).

Am Welt-Chemieumsatz haben die Grund- und Industriechemikalien (Kunststoffe, Düngemittel, Chemiefasern) jeweils einen Anteil von einem Drittel; das restliche Drittel entfällt auf Spezialprodukte und Feinchemikalien. Die stärkste Expansion findet heute im Bereich der Spezialprodukte statt (z.B. Anstrichmittel, Pestizide, Wasch- und Reinigungsmittel, Weichmacher und Katalysatoren). Problematisch bei dieser Produktgruppe ist vor allem, daß vielfach Mischungen von Chemikalien eingesetzt werden, deren ökologische bzw. toxikologische Unbedenklichkeit nicht gewährleistet ist. Im Mittelpunkt der öffentlichen Diskussion steht aber die Rolle der Chlorchemie und dabei insbesondere die Herstellung von PVC, in dem heute etwa 30% der Chlorproduktion eingesetzt wird (Claus et al. 1990). Nach den ersten Ansätzen in den USA setzte in den 60er Jahren auch in Deutschland in der Öffentlichkeit eine industriekritische Diskussion ein (Weise et al. 1999). Dabei wurde das aus Sicht der Umwelt- und Naturschutzorganisationen mangelhafte Umweltbewußtsein der Industrie ebenso kritisiert wie ein überzogenes Konsumdenken von Verbrauchern; eine ökologisch sensiblere Industriepolitik wurde gefordert.

Für den Chemiker stellt sich heute die Frage nach der Entwicklung tragfähiger ökologischer Bewertungskriterien für die Umweltverträglichkeit seiner Verfahren und Produkte zwingender denn je, auch wenn sich hinter letzterer noch sehr unterschiedliche Wertvorstellungen einzelner gesellschaftlicher Gruppen verbergen (Meerkamp van Embden 1990). Die Wissenschaft für sich alleine vermag auf diese Fragen keine eindeutigen Antworten zu geben. Bei Humantoxiko-logie, Arbeits- und Gesundheitsschutz gibt es zwar brauchbare Grundlagen und Erfahrung zur Gefährdungsabschätzung, aber auch deutliche Bewertungsunter-schiede. Gerade die Beurteilung ökologischer Risiken kann nur höchst unvoll-kommen durchgeführt werden. Aufgrund fehlender politischer Vorgabe ökologi-scher Rahmenbedingungen hat sich der Verband der Chemischen Industrie (VCI) 1986 auf folgende „Umweltleitlinien" als Zielvorgabe beschränkt: „Wenn es die Vorsorge für Gesundheit und Umwelt erfordert, wird ungeachtet der wirtschaftlichen Interessen auch die Vermarktung von Produkten eingeschränkt oder die Produktion eingestellt." Als einzig praktikable Möglichkeit bleibt, sich an möglichst weitgehend gesellschaftlich konsensfähigen Normvorgaben zu orientieren und sich dabei auf ökologische Konventionen zu einigen (z.B. EG-Überlegungen zu den Begriffen „biologische Abbaubarkeit", „bioakkumulativ" oder „aquatisch toxisch").

Die chemische Industrie ist in Sorge um die Zukunft des Produktionsstandortes Deutschland (VCI 1993). Die Umweltschutzbetriebskosten würden im Vergleich zu anderen Kostenfaktoren überdurchschnittlich ansteigen und teilweise nicht mehr durch Produktivitätserhöhungen aufzufangen sein; Strukturprobleme hätten bereits zur Stillegung von Anlagen geführt. Unverhältnismäßig hoher Aufwand bei kaum noch meßbaren ökologischen Gewinnen sollte daher bei der Umweltschutzgesetzgebung vermieden werden. Um zur Optimierung von Produkten und Verfahren beizutragen und die Diskussion über die Umweltver-träglichkeit chemischer Erzeugnisse zu versachlichen, beteiligt sich der VCI an laufenden Diskussionen über eine ökologisch nachhaltige Stoffwirtschaft (Enquete-Kommission), über Ökobilanzen und die Chlorchemie. Im adminis-trativen Bereich seien beispielhaft angeführt: Mitwirkung der Industrie bei EG-Richtlinien (für gefährliche Stoffe, für Biozide und für Lösemittel), Novellierun-gen des Chemikalien- und Abfallgesetzes, Chemikalien-Verbotsordnung, Abga-be von Sicherheitsdatenblättern, TA Siedlungsabfall, Referentenentwurf für ein Bundesbodenschutzgesetz und Öko-Audit-Verordnung.

1.3.7 Technischer Umweltschutz versus Naturschutz

„Kultur braucht Natur – oder sie hört auf, Kultur zu sein und verdient allenfalls noch den Namen Zivilisation."
„Rettet die Natur vor den Umweltschützern!"
„Umweltschutz ist die moderne Formel für effektive Naturzerstörung."

Diese kritischen Worte von Reinhard Falter (1994) weisen auf das Spannungs-verhältnis zwischen Natur- und Umweltschutz in der öffentlichen Diskussion hin, das der Politiker Alois Glück folgendermaßen charakterisiert: „Probleme haben wir nicht mit dem technischen Umweltschutz, wohl aber mit dem Natur-schutz." Reichholf (1994) fordert ein neues Naturverständnis, insbesondere in Bezug auf die Praxis des deutschen Naturschutzes im Vergleich zu großen Teilen des englischsprachigen Auslands.

1.4 Grundlagen und Aufgaben der Umweltgeochemie

Die menschliche Gesellschaft hat im Laufe ihrer Entwicklung Rohstoffe abge-baut, aufbereitet und weiter verarbeitet. Sie hat eine Vielzahl natürlich vor-kommender Verbindungen im technischen Maßstab produziert und Millionen naturfremder Substanzen mit ganz spezifischen Eigenschaften und Anwen-dungsgebieten synthetisiert. Dies führte zur Beschleunigung biogeochemischer Stoffkreisläufe, zur Verarmung von Rohstofflagerstätten, zur Umverteilung von Elementreservoiren und zum Anfall einer ungeheuren Menge von abzulagernden Abfällen.

Wird die Kapazität biogeochemischer Kreisläufe überschritten, können Öko-systeme langfristig oder auch irreversibel geschädigt werden. Unter Umweltver-schmutzung ist daher eine Störung oder Aufhebung des dynamischen Gleich-gewichts von Ökosystemen durch anthropogen bedingte kritische Energie- und Stoffflüsse zu verstehen (Kümmel u. Papp 1990). Dementsprechend wird eine chemische Substanz zum Schadstoff, wenn sie in solchen Mengen bzw. Konzen-trationen auftritt, daß sie die Gesundheit von Mensch, Tier und Pflanze schädigt oder zur Zerstörung der natürlichen Umwelt und ihrer Entwicklung beiträgt; je nach spezifischer Wirkungsweise sind diese Schadstoffe toxisch (giftig), terato-gen (embryotoxisch), mutagen (erbgutschädigend) oder kanzerogen (krebs-erregend). Stoffe mit derartigen Potentialen nennen wir üblicherweise Schad-stoffe; dabei bestimmt ihre Konzentration, ob es zur Entfaltung des Schadstoff-potentials kommt (Paracelsus).

1.4.1 Umweltchemie und Umweltgeochemie

Während sich die Umweltgeochemie mehr mit der Herkunft und mengenmäßi-gen Verteilung von geogenen und anthropogenen Stoffen auf der Erdoberfläche im lokalen, regionalen und globalen Maßstab beschäftigt, konzentriert sich die Umweltchemie stärker auf die stoffliche Natur dieser Substanzen, wobei die Wechselwirkung letztgenannter mit relevanten Umweltmatrices und besonders mit der Biosphäre im Mittelpunkt der Betrachtungen steht. Wichtig ist eine umfassende und ganzheitliche Betrachtungsweise und das sichere und recht-zeitige Erkennen von einer sich möglicherweise entwickelnden Problematik. Vom Chemiker als Umweltwissenschaftler wird erwartet, daß er in seiner Unter-suchung oder seinem Gutachten letztendlich aus einer Bewertung der gegenwärtigen Umweltsituation auch Rückschlüsse auf mögliche weitere Entwicklungsstadien dieser Situation geben kann. Um dieses Ziel zu erreichen, ist für den im Umweltschutz tätigen Praktiker eine klare Abgrenzung zwischen Umweltgeochemie und Umweltchemie nicht angebracht, sondern im Gegenteil hierzu sind für ihn Kenntnisse aus beiden Disziplinen essentiell. Beide Disziplinen verbindet die Umweltanalytik, die ohnehin den Hauptteil der praktischen Arbeit ausmacht. Statt vom Umweltchemiker und vom Umweltgeochemiker sollte man daher besser vom Umwelt(geo)chemiker oder auch vom Umwelt(biogeo)chemiker sprechen.

Der Umwelt(geo)chemiker wird sich keinesfalls auf die Bearbeitung der jeweils aktuellen Umweltprobleme beschränken, sondern sich auch der weniger allgemeines Aufsehen erregenden, sich langsam entwickelnden Problemfälle („Zeitbomben") wie der schleichenden Bodenvergiftung durch Schwermetalle (z.B. Antimon oder Thallium), dem anthropogenen Anteil an der Bodenversauerung, dem wachsenden Gehalt an organischen Schadstoffen im Regenwasser oder seit der breit angelegten Einführung des Abgaskatalysators im Kfz möglicherweise auch dem Platin in der Umwelt widmen.

Detailkenntnisse der Umwelt(geo)chemie werden in der Umweltschutztechnik angewendet, die ihrerseits dazu dienen sollte, den Menschen im Alltag möglichst effektiv vor Schadstoffen zu schützen. Gezielte technische Eingriffe in die Umwelt unter Ausnützung geochemischer Austauschprozesse, wie sie in der Natur ablaufen, sind Aufgabe der „Ingenieur-Geochemie" (Förstner 1993a); Beispiele hierzu sind die Optimierung der Elementverteilung bei Hochtemperaturprozessen, die Auswahl oder Schaffung geeigneter Milieubedingungen zur Ablagerung von Massenabfällen oder die Anwendung von Zuschlagsstoffen zur Schadstofffixierung. Wichtig hierbei ist besonders, daß das betrachtete Umweltsystem umfassend durchdacht wird und somit keine nur vordergründig erfolgversprechenden Lösungen angestrebt werden: Als z.B. Wasserschutzgebiete in Waldbereichen eingerichtet wurden, wollte man zwar möglichst weit von landwirtschaftlichen Nutzflächen weg, dachte dabei aber wenig an die Auskämmwirkung der Bäume, die dazu führt, daß Luftschadstoffe über die Auswaschung aus den Baumkronen sehr effektiv in den unterliegenden Boden gelangen.

1.4.2 Differenzierung geogene Grundbelastung/anthropogene Zusatzbelastung

Die globale, regionale und lokale Verteilung von Schadstoffen und deren öko- und humantoxikologische Bewertung stehen bei der Diskussion von Umweltproblemen im Mittelpunkt des öffentlichen Interesses. Dabei will man begreiflicherweise differenzieren zwischen Problemen, die der Mensch gleichsam selbst verschuldet hat (durch Schaffung einer anthropogenen Zusatzbelastung an natürlichen und künstlichen Schadstoffen) und solchen, die auch ohne Existenz des Menschen auftreten würden (aufgrund der geogenen Grundbelastung an natürlichen Schadstoffen).

Anthropogene Umweltveränderungen unterscheiden sich im Vergleich zu natürlichen Umweltveränderungen nach Fellenberg (1997) in den drei Kriterien Mengen- und Zeitfaktor sowie Toxizität. Da hinsichtlich der Toxizität keine allgemeinen, sondern nur substanzspezifische Aussagen gemacht werden können (s. Kap.3), werden im folgenden Qualität, Quantität und Zeitfaktor anthropogener Umweltveränderungen im Vergleich zu den geogenen diskutiert.

Hinsichtlich der stofflichen Qualität anthropogener Umweltbeeinflussungen sind insbesondere die geogen nicht vorhandenen Xenobiotika (Fremdstoffe in der Natur) wie PCB, DDT oder Hexachlorbenzol zu erwähnen. Diese Verbindungen werden selbst in so entlegenen Gebieten wie der Antarktis nachgewiesen, so daß sich die Frage nach einer Allgegenwartskonzentration von Industriechemikalien vor diesem Hintergrund nach Ballschmiter (1979) kaum noch auf ein Ja oder Nein beschränkt, sondern nur noch auf ein Wo, Was und Wieviel. Unter „Reinstgebieten" oder allgemeiner „unbelasteten" Gebieten versteht man solche, die von jeglicher Art menschlicher Tätigkeit nicht direkt betroffen sind. Jede Belastung solcher Gebiete ist das Ergebnis eines „natürlichen" Eintrages der betreffenden Verbindungen durch Wind, Regen, Schnee, Staub oder nur die normale Aerosolpartikelsedimentation. Derartige nur indirekt belastete Gebiete lassen sich in Mitteleuropa fast nur noch in wenigen Hochalpenregionen finden. Grundsätzlich sind die Meere außerhalb des unmittelbaren Küstenstreifens von 50 bis 100 km, die Tiefsee, die Wüsten und noch weite Gebiete der arktischen und antarktischen Regionen als nur indirekt belastet anzusehen.

Die Wahrscheinlichkeit für die Allgegenwart einer Verbindung steigt mit der Produktionsmenge, der Stabilität der Verbindung und der Weitflächigkeit ihrer Ausbringung. Es handelt sich vorwiegend um Stoffe, die anthropogen von Industrie und Verkehr, durch Wohnen und Freizeitaktivitäten abgegeben sowie bei der Bekämpfung von Schädlingen und Krankheitserregern eingesetzt werden.

Ballschmiter (1979) zeigt in einem Rechenbeispiel, daß nur 54 Tonnen einer Verbindung genügen, um (gleichverteilt) in der Nordsee eine Konzentration von 1 ng L^{-1} zu erzeugen. Bei Annahme einer Weltproduktion von 5×10^{10} g pro Jahr und einer Akkumulation allein in der Troposphäre der Nordhemispäre ergibt sich bereits nach einem Jahr die Allgegenwartskonzentration von 25×10^{-3} µg/kg entsprechend ca. 30 ng m^{-3}. Im besonderen Fall der chlorierten organischen Industriechemikalien treffen die angegebenen Randbedingungen für das Entstehen und die Möglichkeiten des Nachweises einer globalen Allgegenwartskonzentration nahezu optimal zusammen. Produktionsziffern von teilweise 5×10^{11} g/Jahr pro Verbindung, chemische Stabilität, direkte oder indirekte, weitflächige Anwendung und spezifische, nachweisstarke Analysenmethoden sind für zahlreiche Verbindungen dieser Klasse gegeben. Fische akkumulieren derartige lipophile Xenobiotika gegenüber ihrer wässrigen Umgebung mit Faktoren von 10^4 bis 10^5.

Die Herkunft von sowohl geogen als auch anthropogen vorkommenden Verbindungen kann u.U. mittels bestimmter Meßgrößen wie z.B. der Isotopenzusammensetzung ermittelt werden (s. Kap. 3.3), wofür an dieser Stelle nur ein Beispiel exemplarisch angeführt sei: Die Zunahme der Weltbevölkerung geht einher mit Zunahmen des Weltenergieverbrauchs sowie der Konzentration des atmosphärischen Kohlendioxids (CO_2) (Abb. 1.4). Isotopenuntersuchungen belegen eindrucksvoll, daß der zunehmende CO_2-Eintrag in die Atmosphäre von der Verbrennung fossiler Energieträger herrührt: Parallel zum Anstieg des Verbrauchs von an ^{12}C angereicherten fossilen Energieträgern nimmt $^{12}CO_2$ (gegenüber $^{13}CO_2$) in der Atmosphäre zu.

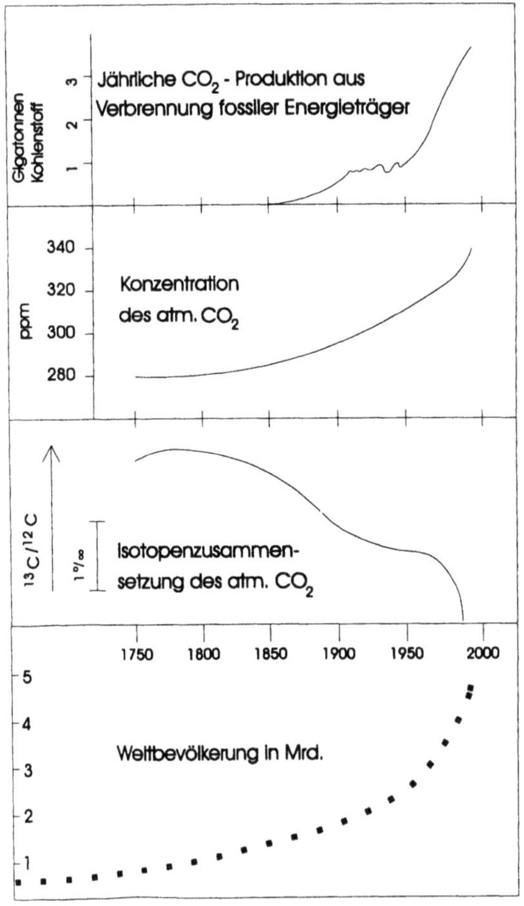

Abb. 1.4. Zeitliche Entwicklung von Menge und Isotopenzusammensetzung des atmosphärischen Kohlendioxids

Betrachtet man im Hinblick auf die quantitativen Aspekte anthropogener Umweltbeeinflussungen Gase anthropogenen Ursprungs, so erreichen diese, bezogen auf die Gesamtatmosphäre, lediglich Konzentrationen im Bereich von mg oder μg pro m³ (es handelt sich also um Spurenbestandteile). In emissionsnahen Regionen wie Großstädten und industriellen Ballungsräumen erreichen jedoch Abgase wesentlich höhere Konzentrationen als nach globaler Ausbreitung, doch wird auch hier der mg m⁻³-Bereich nur selten überschritten. Ganz ähnlich verhält es sich mit großflächigen Veränderungen der Lithosphäre und der Hydrosphäre. In räumlich eng begrenzten Systemen können Boden und Wasser jedoch Veränderungen im Prozentbereich aufweisen. Beispielsweise stieg der Salzgehalt des Baikalsees in der UdSSR durch exzessive Wassergewinnungsmaßnahmen für landwirtschaftliche Zwecke um mehr als das Dreifache (Kümmel u. Papp 1990).

Derartige Überlegungen muß man mit großer Vorsicht anstellen, da sie wesentlich vom Bezugspunkt abhängen: So setzte z.B. die Menschheit durch Nutzung fossiler Energien sechs Millarden Tonnen C in die Atmosphäre frei, wodurch die atmosphärische Konzentration von Kohlendioxid (selbst ein Spurengas) seit 1800 um 28% zugenommen hat und die Ozeane zusätzlich aus der Atmosphäre jährlich zwei Millionen Tonnen C aufnehmen.

Bezieht man sich auf den Massenfluß (= Menge pro Zeit), so ist die anthropogene Immission natürlicher und künstlicher Elemente und Verbindungen in Luft, Wasser und Boden seit wenigen Jahrhunderten viel höher als die durch den in 4 Milliarden Jahren etablierten exogenen Kreislauf bedingte natürliche Immission durch natürliche Prozesse in die Biogeosphäre (Kump 1989, Casting

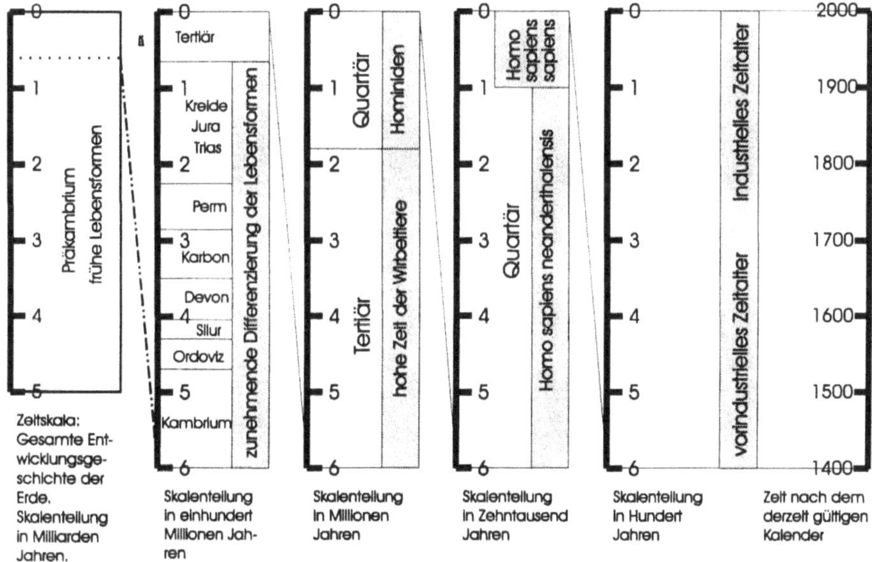

Abb. 1.5. Zeitskalen der geogenen und anthropogenen Evolution

1989). Die Weltproduktion an organischen Substanzen liegt in der Größenordnung von 200 bis 300 Mt pro Jahr und beträgt damit etwa 0,2% der biologischen Bildung von pflanzlichem Material. In industrialisierten Regionen kann die Menge der synthetisierten organischen Chemikalien jedoch mit pro Jahr 50 g m^{-2} bzw. 150 kg je Einwohner fast 20% der photosynthetisch gebildeten Biomasse erreichen und der anthropogene den biotischen Energiefluß um ein Mehrfaches übersteigen (Kümmel u. Papp 1990).

Die im Laufe von Jahrmillionen im Zuge der biogeochemischen Evolution gebildeten fossilen Energieträger werden vom Menschen in wenigen Jahrhunderten verbraucht sein; ähnliches gilt für den Abbau von Lagerstätten anorganischer Bodenschätze, die zu ihrer Entstehung teilweise sogar Jahrmilliarden benötigten. Die Zeitskalen anthropogener/geogener Evolutionen unterscheiden sich somit um viele Größenordnungen (Turner et al. 1990).

Die Zeitspanne, innerhalb der anthropogen induzierte Wachstumsprozesse ablaufen, ist gegenüber dem Erdalter verschwindend klein (Abb. 1.5): Übertragen auf Entfernungen, würde dies ca. 70 cm im Vergleich zur Entfernung Deutschland – Australien ausmachen. Natürliche Umweltveränderungen ereignen sich bezogen auf ein Menschenleben deshalb unmerklich langsam. Für Lebewesen ergibt sich daraus häufig die Chance zu einer genetischen Anpassung, während die Geschwindigkeit anthropogener Veränderungen zumindest für höher entwickelte Organismen diese Möglichkeit vollkommen ausschließt.

1.4.3 Geogene Referenzen

Natürliche Kreisläufe von Spurenstoffen können in der Regel auf der nördlichen Halbkugel der Erde nicht mehr erfaßt werden, da die natürlichen Spurenstoffkonzentrationen hier stets durch einen mehr oder weniger großen anthropogenen Anteil überdeckt werden.

Die Untersuchung des Vorkommens von Blei und anderen Schwermetallen in fossilem Eis und rezentem Schnee in der Antarktis und auf Grönland ist deshalb bei der Rekonstruktion der vergangenen natürlichen troposphärischen Kreisläufe dieser Metalle und bei der Feststellung der anthropogenen Änderungen ihrer Kreisläufe von großem Interesse. Die eingesetzte Analytik muß dabei Nachweisgrenzen bis hinab in den pg/g-Bereich aufweisen, was insbesondere peinlichste Kontrolle aller möglichen Kontaminationen voraussetzt (Boutron et al 1994a). Speziell die Antarktis gilt als das letzte großflächige Reinraumgebiet der Erde. Ihr Eispanzer hat sich als natürliches Reinraumarchiv erwiesen und enthält u.a. unzählige Daten über natürliche (z.B. Vulkanismus) oder anthropogene Umweltprozesse (z.B. radioaktiver Fallout) vergangener Jahre bis Jahrtausende, welche die Deposition von Spurenstoffen aus der Atmosphäre auf der Eisoberfläche zur Folge hatte; durch neuen Schneeintrag wurde dann diese Information in der entsprechenden Schicht des Eises gespeichert.

Während in belasteter Stadtluft bis zu 10^6 Partikel pro cm^3 Luft gefunden werden, wurden hierfür an der deutschen Antarktisstation nur 200 bis 400 Partikel gemessen. Die Bleikonzentration in Partikeln der marinen Atmosphäre über dem Atlantik ist vor der Küste Europas deutlich höher als auf der südlichen Halbkugel: Auch der mit ca. 60 ng Pb/m^3 Luft höchste Konzentrationswert westlich der Biskaya weist eine gegenüber europäischer Stadtluft mit 100 bis 1000 ng/m^3 noch vergleichsweise niedrige Konzentration auf (Heumann 1994, 1990). Insgesamt ist ein deutliches Nord/Süd-Konzentrationsgefälle sichtbar, in der Antarktis wurden Konzentrationen von ca. 10 pg/m^3 gemessen.

Menschliche Tätigkeit hat in den letzten Jahrhunderten sowohl in der Antarktis (zehnfache Zunahme) als auch in Grönland (zweihundertfache Zunahme) zum Ansteigen der Bleikonzentrationen geführt. Während der letzten zwei Dekaden folgte eine 7,5-fache Abnahme hauptsächlich in Folge des Wegfalls der Bleialkylzusätze im amerikanischen Benzin (mittels Isotopenuntersuchungen nachgewiesen). Auch Cd und Zn haben in grönländischen Eiskernen von 1967 bis 1989 aufgrund deutlicher Emissionsbeschränkungen in der Industrie um den Faktor 2,5 abgenommen (Boutron et al. 1991). Aus Untersuchungen an Schneeproben aus N-Quebec ergeben sich leicht rückgängige Depositionsraten für Pb, Cd und Cu, aber auch ein möglicher Schwermetalleintrag aus Eurasien über die Arktis (Simonetti et al. 2000).

Die Konzentrationen von Pb, Cd, Zn, Cu und Hg in fossilen antarktischen Bohrkernen hängen stark von den jeweiligen klimatischen Bedingungen ab, wobei die höchsten Werte in den kalten Perioden auftreten. Während der Schwermetalleintrag in die Antarktis hauptsächlich im Herbst/Winter erfolgt (Suttie u. Wolff 1992), ist dies für Grönland im Winter/Frühling der Fall (Boyle et al. 1994, Wolff u. Peel 1988).

Die ermittelten Anreicherungsfaktoren von Schwermetallen in arktischen Oberflächenschneeproben gegenüber terrestrischem Material legen nahe, daß das auf der Antarktis gefundene Chrom offensichtlich nur terrestrischen Ursprungs ist, während für Blei und Cadmium deutlich bzw. überwiegend andere als terrestrische Einflüsse angenommen werden müssen (Heumann 1994, 1990). Cadmium wird vor allem aus dem polaren Meer in die antarktische Atmosphäre emittiert und von dort gemeinsam mit dem Schneeniederschlag auf der Oberfläche der Antarktis deponiert. Analysiert man in Eisbohrkernen z.B. Schichten, die aus der Zeit 5000 bis 15000 Jahre vor Christus stammen, so variiert die Bleikonzentration im Bereich von 0,2 bis 1 pg/g, was ausschließlich auf natürliche Einflüsse zurückgeführt werden kann. Entsprechende Proben aus dem Jahre 1989 enthalten aber bereits 4 Pikogramm Blei pro Gramm Schnee.

Auf antarktischen Gesteinen wurde ein Iodüberschuß festgestellt (Heumann 1994, 1990). Die Iodspezies konnte als biosynthetisch entstandenes Methyliodid identifiziert werden, welches global in Mengen von 5 bis 8×10^5 Tonnen pro Jahr vom Oberflächenmeerwasser in die marine Atmosphäre emittiert wird. Andere organische Verbindungen (bes. PCB), Se, Hg, Pb und weitere Schwermetalle sowie Radionuklide wurden in Proben unterschiedlichster Art aus der Antarktis u.a. von Desideri et al. (1994), Fuoco et al. (1994), Minganti et al. (1994), Boutron et al. (1994b) bzw. Sbrignadello et al. (1994) untersucht. Anthropogen bedingte Einträge zur Radioaktivität in antarktischen Proben wurden für Algen, Moose und Flechten nachgewiesen (Triulzi et al. 1995).

Aus Schnee- und Eisproben aus Tibet konnten durchschnittlich 45 µg/L organisches Material extrahiert werden, welches neben Bestandteilen subtropischer höherer Pflanzen sowie mariner Algen und Bakterien auch Rückstände aus Erdölverarbeitung und -verbrennung enthielt (Xie et al. 2000).

Auf der Grundlage von Isotopenverteilungen konnten in grönländischen Eiskernen außergewöhnlich schnelle Klimasprünge (Zeitintervall ca. 70 Jahre) nicht nur für Kalt- sondern auch für Warmperioden der Erdgeschichte nachgewiesen werden (Anklin et al. 1993). Derartige Erscheinungen sind auch von anderen Lokalitäten bekannt und lassen vermuten, daß unser Klimasystem auf die Konzentrationserhöhung der Treibhausgase heftig reagieren könnte (Broecker 1994). Untersuchungen an Eiskernen zeigen, daß die Konzentration klimarelevanter Gase durch menschliche Tätigkeit bezogen auf vorindustrielle Zeit für CO_2 um 25%, für CH_4 um 115% und N_2O um 19% zugenommen hat. Ein Großteil der in den Luftblasen der Eiskerne eingeschlossenen Gase repräsentiere nach Jaworowski (1994) nicht die damalige atmosphärische Realität, sondern gehe auf Gasfraktionierung durch viele physikalische und chemische Prozesse zurück. Somit sei die Qualität von Eiskernen als Material zur Rekonstruktion der Atmosphärenzusammensetzung vergangener Zeiten fragwürdig. Es seien hierbei nicht die Makrospalten, die für die Gasbestimmung ein reales Problem darstellen, sondern die mit bloßem Auge nicht sichtbaren Mikrospalten. Die Kontaminationen der inneren Teile der Eiskerne mit Blei und anderen Metallen durch die Bohrtätigkeit belege klar, daß die Kerne das absolute Kriterium eines geschlossenen Systems nicht erfüllen würden. Damit wären sie auch nicht zur Rekonstruktion der Zusammensetzung der urzeitlichen und vorindustriellen Atmosphäre geeignet. H. Oeschger hält diese Ausführungen für in unverantwortlicher Weise übertrieben (Environ. Sci. u. Pollut. Res. **2** (1995) 60 – 61).

1.5 Ausgewählte Thesen zur Umweltanalytik und zur Umweltchemie

In umwelt(geo)chemischen Untersuchungen treten spezifische, über die traditionelle Analytische Chemie und Geochemie hinausgehende Probleme in Bezug auf die Ermittlung analytischer Daten und deren umweltchemische Interpretation auf, die in der Komplexität der zu untersuchenden Proben bzw. der physikalischen, chemischen und biologischen Prozesse in der Umwelt begründet liegen. In der nachfolgenden Tabelle (Tabelle 1.2) sind einige dieser fachspezifischen Probleme aufgelistet, die im folgenden kurz und in den Kapiteln 2 und 3 ausführlich besprochen werden.

Tabelle 1.2. Ausgewählte Probleme bei umweltanalytischen und umweltchemischen Studien

A. Analytische Probleme (Komplexizität der Proben)
A1. Mengen- und Matrixprobleme
A2. Quantitative Molekülanalytik an Umweltproben
A3. Durchführbarkeit von Speziesanalytik

B. Probleme bei der umweltchemischen Interpretation (Komplexizität der physikalischen und chemischen Prozesse)
B1. Interpretation der Analysendaten
B2. Unkenntnis der geogenen Hintergrundbelastung
B3. Simulation der Exposition
B4. Mangel an umweltchemischem und -medizinischem Wissen
B5. Vergleichende Risikoabschätzung (Bewertungsfragen)
B6. Extrapolation in die Zukunft

A1. Mengen- und Matrixprobleme:
Schwierigkeiten mit ungenügenden relativen oder absoluten Nachweisgrenzen der üblicherweise eingesetzten instrumentellen Analysemethoden bestehen eigentlich nur mehr im Ultraspurenbereich. Viel gravierender dagegen sind Störungen des Analysensignals des Analyten (d.h. des zu analysierenden Stoffes) durch Matrixeffekte (d.h. durch Störsignale von allen anderen in der Probe enthaltenen Stoffen). Der wichtigste Schritt im analytischen Gesamtprozeß ist deshalb meist die Probenvorbereitung, bei der durch Abtrennung der störenden Matrix eine Anreicherung des Analyten bewerkstelligt werden muß. Derartige Separierungsprozesse sind üblicherweise stoffspezifisch. Je nach Probenart und analytischer Fragestellung sind im Normalfall separate Methodenentwicklungen notwendig.

A2. Quantitative Molekülanalytik an Umweltproben:
Während bei der Bestimmung der atomaren Zusammensetzung (Atomanalytik) einer Umweltprobe diese immer vollständig aufgeschlossen werden kann und somit eine quantitative Arbeitsweise über die Lösungsanalyse möglich ist, ist dies für deren molekulare Zusammensetzung (Molekülanalytik) nicht der Fall: Organische Bestandteile treten mit der Probenmatrix in z.T. irreversible Wechselwirkung und können mit konventionellen Lösungsmitteln nicht mehr extrahiert werden und verbleiben als „gebundene Rückstände" in der festen Probe. Quantitative direkte Analysenmethoden für Festkörper sind ebenfalls nur für anorganische Probenkomponenten bekannt (Röntgenanalytik, Neutronenaktivierungsanalyse). Wenn es eine quantitative Molekülanalytik an Umweltproben als absoluten Bezugspunkt aber nicht gibt, muß eine relativierende Konvention an deren Stelle treten. Somit sind Analysenergebnisse unterschiedlicher Labors an unterschiedlichen Proben auch dann miteinander vergleichbar, wenn die „wahren Gehalte" der Proben unbekannt bleiben.
In Hinblick auf die analytische Fragestellung sind die Gesamtgehalte eines Stoffes in Umweltproben aber evtl. gar nicht relevant, sondern es sind „wirksame" Konzentrationen gefragt (s. nächster Abschnitt).

A3. Durchführbarkeit von Speziesanalytik:
Die Bestimmung der chemischen Natur eines Schadstoffs (z.B. die Bindungsform eines Schwermetalls) ist Voraussetzung zur Ermittlung seiner Mobilität und Wirksamkeit in der Umwelt. Die besondere Bedeutung des Mobilitätsaspektes ergibt sich aus der Tatsache, daß unter normalen Lebensumständen nur mobile Schadstoffe (z.B. Cadmium im Boden) den Menschen erreichen können, nicht dagegen immobile (z.B. Dioxine in Kieselrot). Das umweltchemische Gefährdungspotential eines Schadstoffs ist somit proportional zum Produkt aus Menge×Mobilität×Toxizität.
In der Umweltanalytik werden Speziesbestimmungen eingesetzt, die auf umweltgefährdende Stoffe abgestimmt sind, welche innerhalb komplexer Systeme selektiv und genügend empfindlich erfaßt werden müssen. Umweltgefährdende Stoffe zeigen vorwiegend (Förstner 1993a) eine gute Resorbierbarkeit im Organismus, lange Abbauzeiten (biologische Halbwertszeiten), große Stabilität (Persistenz), hohe Mobilität (als Voraussetzung für die Bioverfügbarkeit), Giftigkeit der Stoffe selbst wie auch ihrer Metabolite (akute, subakute bzw. subchronische und chronische Toxizität) und eine komplexe Toxikokinetik (Aufnahme, Verteilung, Metabolismus, Ausscheidung und Akkumulation). Bei anorganischen Schadstoffen ist die Giftigkeit einer Verbindung oft von der Wertigkeit des beteiligten Metalls oder Metalloids abhängig, so daß die Speziesanalytik in diesen Fällen zweckmäßigerweise auf diesen Parameter abgestimmt wird (Beispiel Cr^{III} und Cr^{VI}, s. z.B. Milacic et al. 1992 sowie Stein u. Schwedt 1994; oder As^{III} und As^{V}, s. z.B. Chappell et al. 1995).

Speziesanalytische Untersuchungen sind meist aufwendig und daher in der Routineanalytik nur sehr begrenzt einsetzbar. Zudem bestehen auf diesem jungen Gebiet der Analytischen Chemie noch zahlreiche instrumentell-analytische Probleme (z.B. Bestimmung metallorganischer Spezies in Festkörpern, Fehlen geeigneter Referenzmaterialien).

B1. Interpretation der Analysendaten:
Über die in der Umweltanalytik bestehenden Schwierigkeiten (s.A1 bis A3) hinaus ist die Interpretation der erhaltenen Daten aufgrund der außerordentlichen Komplexizität der Umweltsysteme sicher nicht einfacher, insbesondere, wenn eine umweltwissenschaftliche Bewertung der Ergebnisse gefordert wird.
Diese Situation wird in Zukunft bei Zunahme der Umweltprobleme noch komplexer. Zwischen traditionellen und modernen Umweltzerstörungen bestehen nach Sieferle (1988) folgende qualitativen und quantitativen Unterschiede: An die Stelle punktueller treten universelle Probleme (Umweltschäden sind flächendeckend), an die Stelle einfacher treten komplexe Wirkungen (Synergismen, z.B. neuartige Waldschäden), an die Stelle sinnlich wahrnehmbarer Probleme treten solche, die nur mehr analytisch erfaßt werden können und an die Stelle reversibler (z.B. Schadstoff im Abwasser) treten tendenziell irreversible Schädigungen (z.B. Schadstoff im Sediment).
Die bisherige Umweltpolitik drehte sich in der Regel um Probleme, die durch hohe Dosen und akute Toxizität hervorgerufen wurden. Als Grenzwert wurde festgesetzt, was technisch möglich und wirtschaftlich tragbar war. In der heutigen und zukünftigen Praxis werden zunehmend Probleme mit geringen Dosen und chronischer Toxizität in den Vordergrund treten. Grenzwerte werden deshalb eher aus Stabilitätskriterien für Ökosysteme in Form eines ganzheitlichen Ansatzes abzuleiten sein.

B2. Unkenntnis der geogenen Hintergrundbelastung:
Eine Differenzierung zwischen geogener Grundbelastung und anthropogener Zusatzbelastung ist für zahlreiche Schadstoffe (mit Ausnahme der Xenobiotika) in dicht besiedelten Gebieten durch den Geo- und Biowissenschaftler – wenn überhaupt – nur mittels indirekter Methoden möglich. Alles ist überall: Es existiert keine Nullkonzentration. Man spricht deshalb auch von einer Allgegenwartskonzentration von Chemikalien; Reinststoffe können vor letzteren nur innerhalb künstlich geschaffener Reinstraumlabors bewahrt werden.

B3. Simulation der Exposition:
Zur Bewertung der realen Gefährdungssituation eines Ökosystems durch Umweltschadstoffe müssen zuerst die relevanten Expositionspfade ermittelt werden. Durch praktische Mobilitätstests und Modellrechnungen wird sodann der Mengenfluß der Schadstoffe über diese Pfade abgeschätzt;

unter Berücksichtigung des Vorsorgeprinzips muß darauf geachtet werden, daß durch diese Abschätzung die real existierenden Gefahren keinesfalls unterschätzt werden. Durch Tests und Modellierungen kann die reale Situation nur näherungsweise abgebildet werden, so daß mit fortschreitendem Erkenntnisstand die Untersuchungs- und Bewertungsmethoden ständig in Richtung Umweltrelevanz verbessert werden müssen. Zum Beispiel bestehen flüssige Phasen in der Umwelt nicht nur aus gelösten und partikulären Stoffen, sondern auch aus Kolloiden, die hinsichtlich der Verfrachtung hydrophober Schadstoffe sehr interessante Eigenschaften aufweisen (s. Kap. 4). Eine weitere Schwierigkeit besteht darin, daß Mobilitätsuntersuchungen oft nur für räumlich stark begrenzte Szenarien spezifisch zutreffen, so daß die Zahl der anzuwendenden Tests ständig ansteigt und zu einer unübersichtlichen Gesamtsituation führen kann.

B4. Mangel an umweltchemischem und -medizinischem Wissen:
Auch in der Umweltwissenschaft müssen wir uns damit abfinden, daß wir nie alles wissen werden: Die anstehenden Probleme unterstreichen die Notwendigkeit weiterer Umweltforschungen. Ein Problem stellt sich häufig dann, wenn wirkliche und vermeintliche Umwelteffekte zeitlich zurückverfolgt werden sollen (Schadstoffchronologie) und es entsprechend vollständige Daten nicht gibt (z.B. weil die notwendige Analytik noch nicht zur Verfügung stand) oder die Effekte früher anders erklärt wurden (z.B. Dioxinbelastung oder Allergien). Synergistische Prozesse sind in der Öko- und Humantoxikologie noch kaum erforscht, meist sind nur Summenwirkungen erfaßbar (z.B. Allergien, Krebs). Schließlich existieren noch viele Stoffe (z.B. metall(oid)organische Verbindungen), deren toxikologische Wirkung noch nicht bekannt ist.

B5. Vergleichende Risikoabschätzung (Bewertungsfragen):
Nach der rein wissenschaftlichen Diskussion der erzielten umweltchemischen Daten muß eine umweltrelevante Bewertung erfolgen, bevor eine problematische Umweltsituation für die öffentliche Diskussion freigegeben werden kann. Diese Bewertung ist naturgemäß als Schnittstelle zwischen Wissenschaft und Gesellschaft sehr kritisch und sollte deshalb Überinterpretationen strikt vermeiden. Erst beim Vorliegen umweltwissenschaftlicher Bewertungen sind aber Staat und Bürger in der Lage, einen gesellschaftlichen Konsens auf der Basis von gegeneinander abzuwägenden Kompromißentscheidungen herzustellen.
Die Bewertung sollte in einer für den Nichtfachmann verständlichen Form abgefaßt sein. Gerade für den Laien bestehen erhebliche Schwierigkeiten, mit Konzentrationen und Wirkungen im Bereich von ca. 20 Größenordnungen vergleichend umzugehen. Ebenso muß man begreifen, daß Absolutentscheidungen nicht möglich sind, sondern nur Kompromisse auf der Grundlage eines gesellschaftlichen Konsenses.

Wesentliche Eckpunkte bei der Bewertung umweltrelevanter Szenarios bilden Prüf-, Richt- und Grenzwerte. Sie werden auf der Grundlage von toxikologischen Daten, empirisch ermittelten Untersuchungsergebnissen (an realen Bezugspunkten) und gesellschaftlichen Konventionen abgeleitet (Viereck-Götte u. Ewers 1997). Nicht zuletzt aufgrund des Eingehens von sog. Sicherheitsfaktoren von 1 bis 1000 als Multiplikator für die Daten aus tierexperimentellen oder epidemiologischen Befunden können derartige Referenzwerte wohl kaum streng wissenschaftlichen Kriterien genügen, sondern stellen vielmehr wissenschaftlich-gesellschaftliche Konventionen unter Orientierung an umweltrelevanten Standards und an Umweltqualitätszielen dar (GUG 1997, BMZ 1993).

Mit zunehmender Erkenntnis ist eine ständige Fortschreibung der Bewertungsmaßstäbe unumgänglich. Falls dem allerdings massive finanzielle Probleme im Wege stehen, können in der Praxis auch hin und wieder Rückfälle in die Verdrängungstaktik beobachtet werden: Zum Beispiel zeigt eine Momentaufnahme des Abfall- und Altlastengeschäfts zu Mitte der 90er Jahre, daß kontaminiertes Erdreich unabhängig von jeglicher Risikobewertung ganz einfach als billigste Lösung in das östliche Ausland transportiert und auf diese Weise das Umweltproblem nur zwischenzeitlich verschoben wurde.

B6. Extrapolation in die Zukunft:
Mit Hilfe der Umweltanalytik kann nur eine Bestandsaufnahme einer umweltchemischen Situation gemacht werden. Für viele Szenarien (z.B. Altlasten oder Mülldeponien) wäre es wichtig, aus der gegenwärtigen Situation Prognosen für mögliche zukünftige Entwicklungen ableiten zu können, was prinzipiell nur durch mathematische Modellierung bei vorgegebenen Rahmenbedingungen (s. Kap. 2.1.7) auf der Basis experimenteller Simulationen im Labor erfolgen kann.
Generell kommt dem Parameter Zeit bei der Bewertung umweltrelevanter Situationen und Vorgänge eine große Bedeutung zu (Kümmerer 1997, Kümmerer u. Held 1997). Insbesondere bilden auch weitreichende Blicke in die Vergangenheit eine notwendige Voraussetzung zur Ableitung fundierter Zukunftsprognosen (Turner II et al. 1990).
Die Problematik des Parameters Zeit in Prognosemodellen läßt sich auch sehr gut an den mit hohem Aufwand entwickelten Klimamodellen erkennen: Die durch den Treibhauseffekt erfolgenden Temperaturerhöhungen der Atmosphäre, die für dieses Jahrhundert mit wenigen °C prognostiziert wurden, wären im „Business-as-usual-Szenario" im 28. Jahrhundert mit ca. + 10 °C anzusetzen (Hasselmann, pers. Mitt. 1999).

2 Allgemeine Umweltgeochemie

Gegenstand dieses Kapitels ist die Allgemeine Geochemie von Festkörpern in der Umwelt. Es handelt sich hierbei um Sedimente, Böden, Altlasten, Klärschlämme, Deponien und Abfälle, aber auch um partikuläres Material in der Atmosphäre (Staub). Die Medien Luft und Wasser werden in diesem Kapitel nur insoweit berücksichtigt, als sie in direkter Wechselwirkung mit den betrachteten Festkörpern stehen.

2.1 Geochemie von Böden und Sedimenten

2.1.1 Einführung

Während Belastungen von Luft und Wasser meist mit Hilfe unserer Sinne erfaßt werden können, indem sie sicht- und/oder spürbar werden, bleiben solche von Böden und Sedimenten vielfach für lange Zeit unbemerkt. Mit dem Boden und noch viel weniger mit dem einen Fluß oder See unterliegenden Sediment kommen die Menschen in der Regel nicht in bewußten und intensiven Kontakt. Diese Festkörper verfügen zudem in vielen Fällen über ein beträchtliches Puffervermögen, so daß Belastungen meist lange Zeit verborgen bleiben. Weiterhin bereitet die analytische Erfassung und umweltchemische Bewertung speziell von Böden aufgrund von deren Komplexität und Heterogenität ebenso wie die Sanierung von einmal erkannten Bodenkontaminationen in der Praxis erhebliche Probleme; als ein erster Einstieg in diese Problematik sei das Buch von Lewandowski et al. (1997) empfohlen.

2.1.1.1 Schadstoffbelastung

Bodenbelastungen können auf verschiedene Weise zustande kommen. Ein Großteil der Stoffe, die den Boden und die in und auf ihm lebenden Organismen beeinflussen, kommt direkt aus der Luft (trockene Deposition) oder ist in den Niederschlägen (nasse, feuchte Deposition) enthalten. Schadstoffe können auch durch Überschwemmungen und Bewässerungen mit verunreinigten Oberflächenwässern oder kommunalen Abwässern eingetragen werden und sich im Schlamm von Flüssen sowie in biologischen Kläranlagen anreichern. Waldbestände filtern mit ihrer großen Oberfläche besonders intensiv Schwermetalle, wobei die feinen Partikel zunächst an der Oberfläche der Bäume haften, bevor sie von den Niederschlägen ausgewaschen werden und so in den Boden gelangen. In Flüsse und Seen werden Schadstoffe aus der atmosphärischen Deposition und anthropogenen Einleitungen zusammen mit jenen eingetragen, die aus

Böden ausgewaschen werden. Aus der wässrigen Phase gelangen die Schadstoffe in das darunter liegende Sediment, so daß in vielen Fällen der Schadstoffspeicher Sediment dem Schadstoffspeicher Boden in diesem Sinne gleichsam nachgeschaltet ist. Organische Stoffe aus der Landwirtschaft (wie Dünger oder Gülle) und aus der Forstwirtschaft (wie Laub oder Baumreste) – selbst belastet oder im Übermaß aufgebracht – können den Boden kontaminieren. Ebenso kann Sickerwasser aus ungeordneten („wilden") Abfallablagerungen früherer Zeiten – selten aus neu angelegten, geordneten Deponien – Boden und Grundwasser gefährden. Schließlich können Schadstoffeinträge in Böden rein anthropogen bedingt sein (Abfälle, Altlasten).

Schadstoffe beeinflussen das sensible Gleichgewicht von physikalischen, chemischen und biologischen Vorgängen, auf denen die Fruchtbarkeit eines Bodens beruht. Die Verschmutzung von Böden mit Schwermetallen und Organochlorverbindungen hemmt die mikrobielle Enzymaktivität und verringert die Artenvielfalt der Bodenflora und -fauna. Der Übergang von Schadstoffen zum Menschen erfolgt entweder durch direkten Verzehr von pflanzlicher Nahrung oder über die Milch oder das Fleisch von Tieren, die sich von kontaminierten Pflanzen ernähren bzw. verschmutzten Boden aufgenommen haben.

Zu den Schadstoffen mit nachgewiesenem Gefahrenpotential, die weit verbreitet sind und/oder besonders nachteilige Wirkung haben, zählen u.a. (Bliefert 1997) Arsen (As), Aluminium (Al), Quecksilber (Hg), Cadmium (Cd), Blei (Pb), Zink (Zn), Nickel (Ni), Kupfer (Cu), Salpetersäure/Nitrate, Schwefelsäure/Sulfate, PCB (polychlorierte Biphenyle), PCT (polychlorierte Terphenyle), PCN (polychlorierte Naphthaline), HCB (Hexachlorbenzol), DDT (1,1,1-Trichlor-2,2-bis(4-chlorphenyl)-ethan) und Derivate, PCP (Pentachlorphenol), HCH (Hexachlorcyclohexan), PAK (polyzyklische aromatische Kohlenwasserstoffe), leichtflüchtige chlorierte Kohlenwasserstoffe (Trichlorethan, Perchlorethen) und PCDD/PCDF (polychlorierte Dibenzodioxine/-furane). Als Schadstoffe mit nachgewiesenem Gefahrenpotential, jedoch mit mehr lokaler Bedeutung werden genannt: Chrom (Cr), Thallium (Tl), Kobalt (Co), Uran (U), Flußsäure/Fluoride, Cyanide, Öle, Phenole, Nitroaromaten und niedermolekulare aromatische Kohlenwasserstoffe (bes. Benzol, Toluol und Naphthalin). In der Prioritätenliste der Bodenschutzkonzeption der Bundesregierung finden sich die Schadstoffe Pb, Cd, Cu, Ni, Hg, Tl, As, PCB, Dioxine, Paraquat/Deiquat, HCH und HCB. Diese Gruppe der persistenten, d.h. im Boden gar nicht oder nur in langen Zeiträumen abbaubaren, problematischen Stoffe bildet ein wachsendes Gefahrenpotential, weil sie sich mit fortschreitendem Eintrag kontinuierlich anreichern.

Eine solche Bodenbelastung kann in doppelter Weise wirken: Zum einen können die Stoffe selbst unmittelbar schädlich sein für Pflanzen, ggf. auch direkt für Tiere und den Menschen. Zum anderen können die Stoffe aus dem Boden ausgewaschen werden und ins Grund- und Oberflächenwasser gelangen. Da Trinkwasser oft aus Grundwasser gewonnen wird, führen hier Bodenbelastungen zwangsläufig früher oder später auch zu einer Beeinträchtigung des Trinkwassers. Die Nuklearkatastrophe von Tschernobyl hat das Gefahrenpotential von künstlichen Radionukliden, insbesondere aus atmosphärischen Einträgen, gezeigt (s. Kap. 3.1.3). Während die natürliche Strahlenbelastung von Böden (vor allem durch ^{40}K und ^{87}Rb) bei ca. 1 bis 30 Bq/m^2 liegt und durch Einträge aus Phosphatdüngemitteln (u.a. ^{226}Ra), Staubniederschläge aus Kohlekraftwerken ($^{235,238}U$, ^{232}Th) und durch Kernwaffenfallout (^{137}Cs, ^{90}Sr) jährlich einige 10 Bq/m^2 hinzukommen (Mattigod u. Page 1983), wurden nach der Katastrophe von Tschernobyl z.B. in Böden von Südostbayern Spitzenwerte von über 10^5 Bq/m^2 ^{131}I bzw. ^{137}Cs gemessen. Bedenklich ist vor allem der Eintrag von ^{137}Cs wegen der relativ langen Halbwertszeit von 33 Jahren und der guten Pflanzenverfügbarkeit dieses Radionuklids.

Die hier aufgeführten Fälle sind von jenen zu unterscheiden, in denen die lokale Hintergrundbelastung überschreitende, hohe Stoffkonzentrationen im Bereich von Lagerstätten natürlich auftreten. Bereits in vorchristlicher Zeit wird von gesundheitsgefährdenden Auswirkungen in derartigen Gebieten berichtet (z.B. Xenophon, Lucretius, Vitruvius und Plinius).

Während Umweltverschmutzungen durch anorganische und organische Schadstoffe früher nur lokal oder zumindest regional von Bedeutung waren, zeigen sie inzwischen bereits globale Auswirkungen, wovon insbesondere Befunde aus der Antarktis Zeugnis geben (Heumann 1990, Boutron u. Patterson 1987; vgl. Abschnitt „Geogene Referenzen" in Kap. 1.4).

2.1.1.2 Intensive Bodennutzung

Die im ersten Kapitel beschriebenen Wachstumprozesse hinterlassen im Boden ihre Spuren. Durch die enorme Intensivierung der Landwirtschaft (in den Jahren 1850, 1968 und 1979 ernährten vier Landwirte sich selbst und zusätzlich 1, 100 bzw. 160 Personen) haben Bodenprobleme aufgrund von Überbeanspruchung weltweit zugenommen.

Die Art und Weise der intensiven Nutzung von Anbauflächen in der modernen Landwirtschaft bringt es mit sich, daß sich schon kleine Änderungen in der Wirtschaftsweise gravierend auf das Ökosystem Boden auswirken können (Heintz u. Reinhardt 1996). In zwei Teilbereichen spielt die Chemie eine fundamentale Rolle, nämlich bei der Mineraldüngung und beim Einsatz von Pestiziden. In der modernen Landwirtschaft geht ein erhöhter Einsatz an Düngemitteln im allgemeinen mit einem höheren Einsatz an Pflanzenschutzmitteln (sog. Biozide) einher. Beide Einsatzgebiete tragen in erster Linie zu dem Teil der Umweltproblematik bei, der durch die Landwirtschaft verursacht wird (z.B. Überdüngung mit N und P).

Böden erhalten große Mengen an Pestiziden in Folge von deren Anwendung auf Pflanzen. Der Abbau und das weitere Schicksal dieser Pestizide im Boden hängt von folgenden Prozessen ab (Manahan 1999):

- Sorption des Pestizids durch den Boden,
- Auswaschung des Pestizids (Wasserverschmutzung),
- Effekte des Pestizids auf Mikroorganismen und Tierleben im Boden,
- Entstehung von toxischeren Abbauprodukten.

Durch Adsorption an festen Bodenteilchen können Pestizide von mikrobiellen Enzymen, die sie abbauen, räumlich getrennt oder – unter anderen Umständen – auch zusammengeführt werden. Rein chemische Abbaureaktionen können durch Adsorption katalysiert werden. Die Kräfte, die ein Pestizid an Bodenteilchen halten, können von unterschiedlicher Art sein: Physikalische Adsorption beruht auf Van der Waalschen-Kräften aus der Dipol-Dipol-Wechselwirkung zwischen geladenem Pestizidmolekül und geladener Partikeloberfläche. Ionenaustausch ist besonders effektiv, um kationische organische Verbindungen wie das Herbizid Paraquat an anionische Bodenteilchen zu binden, einige neutrale Pestizide werden durch Protonierung positiv geladen und gebunden. Wasserstoffbrücken-bindung ist ein weiterer Mechanismus zur Anlagerung einiger Pestizide an Böden. In wenigen Fällen kann das Pestizid auch als Ligand für Metalle fungieren. Die drei Hauptwege zur Degradation von Pestiziden sind Biodegradation, chemischer und photochemischer Abbau. Chemischer Abbau von Pestiziden wurde experimentell an sterilisierten Böden nachgewiesen; im Boden läuft weiterhin eine Vielzahl an anderen, rein chemischen hydrolytischen Reaktionen von Pestiziden ab.

2.1.1.3 Bodenversauerung

Die Bodenversauerung ist ein natürlicher, generell in vielen Böden in humiden Gebieten ablaufender Prozeß; in ariden Gebieten tritt eine Alkalisierung ein. Daneben stellen anthropogene Säureeinträge einen wesentlichen Faktor bei den Bodengefährdungen dar: Ein Großteil des Schwefeldioxids aus der Verfeuerung schwefelhaltiger Brennstoffe gelangt als Sulfat in den Boden. Stickoxide werden in der Atmosphäre in Nitrate umgewandelt, die dann schließlich im Boden abgelagert werden. Dieser seit Jahrzehnten wirksame Säureschub belastet die Pufferkapazität der Böden.
Die Versauerung nicht gekalkter Böden stellt somit ein ernstes Problem dar. Anthropogen unbeeinflußtes Regenwasser hat einen pH-Wert zwischen 5,0 und 5,6. Durch Luftschadstoffe liegen die pH-Werte des Regenwassers in Europa und Nordamerika inzwischen bei 4,0 bis 4,5. Dies führt zur Versauerung der Böden; solche mit pH < 4,2 sind für den Ackerbau kaum mehr geeignet; der deutsche Waldboden zeigt oft bereits pH < 4,0. Hohe Säuregehalte im Boden führen aber zur Auswaschung vieler Nährstoffe, zur Mobilisierung von Schwer-metallen und zur Zerstörung der Tonminerale bei nur knapp über 3 und darunter liegenden pH-Werten.

Im gemäßigt bis kühl-humiden Klimabereich stellen Versauerung und Nähr-stoffverarmung der Böden natürliche Bodenentwicklungsprozesse dar, die langfristig zu einer abnehmenden Fruchtbarkeit der Böden führen. Diese Prozesse werden durch die Deposition von Säuren und Säurebildnern aus anthropogenen Emissionen vor allem auf Waldstandorten ganz wesentlich beschleunigt; besonders die wenig puffernden Sandböden sind als Waldstandorte stark versauerungsgefährdet. Durch das Sickerwasser werden basisch wirkende Kationen abgeführt, während bodeninterne und externe Prozesse der Säureproduktion zur Akkumulation von Säuren in den Böden führen.

Neben einer Protonenproduktion durch CO_2-Freisetzung und Kohlensäure-bildung durch Vorgänge der Bodenatmung findet außerdem eine Bildung und Freisetzung organischer Säuren der verschiedensten Art beim mikrobiellen Abbau organischer Substanzen und durch Wurzelausscheidungen der höheren Pflanzen statt. Vor allem die Oxidation biologisch gebundenen Stickstoffs, Schwefels und Phosphors bei der Mineralisierung organischer Substanzen führt zur Entstehung starker Mineralsäuren, die infolge einer Entkopplung der Ionen-kreisläufe unter gemäßigt bis kühl-humiden Klimabedingungen eine ganz wesentliche Ursache für eine starke Bodenversauerung darstellen. Auch bei der Nährstoffaufnahme der Pflanzen werden von den Wurzeln Protonen im Aus-tausch gegen basisch wirkende Kationen abgegeben. In den letzten 50 bis 100 Jahren hat außerdem die Deposition von SO_2, NO_x, H_2SO_4 und HNO_3 sowie von NH_4^+ vor allem an Waldstandorten (Auskämmwirkung der Baumkronen!) zu einer ganz wesentlichen Beschleunigung der Versauerungsvorgänge geführt. Aufgrund technischer Emissionsminderungsmaßnahmen gehen in industrialisier-ten Ländern die Säureeinträge inzwischen wieder zurück.

2.1.1.4 Speicherkapazität

Kreisläufe von Spurenmetallen und organischen Stoffen werden zunehmend anthropogen beeinflußt, was unterschiedliche Anreicherungen in verschiedenen Teilen und veränderte Stoffflüsse zwischen Teilen von Ökosystemen verursacht. Mindestens 50% der Schwermetalle in Flüssen und Seen werden anthropogener Tätigkeit zugeschrieben. Die Spurenelementkonzentrationen im Niederschlag über städtischen Gebieten sind durchschnittlich höher als in Seen und über-schreiten manchmal selbst Trinkwassergrenzwerte (Nriagu 1990). Die höchsten Schadstoffgehalte sind aber in Böden zu finden; sie stellen Senken und Lang-zeitreservoirs für Schadstoffe dar. Aufgrund ihrer langen mittleren Verweilzeit im Boden (z.B. für Quecksilber ca. 1000 Jahre) reichern sich bei permanenter Zufuhr aus der Atmosphäre persistente Schadstoffe ständig an (z.B. Sb, Tl, As, Cd, PCB, PAK, „gebundene Rückstände", Pflanzenschutzmittel); oft spricht man hierbei von einer „chemischen Zeitbombe" . So werden an kontaminierten Standorten je nach Schwermetall zwischen 10 mg/kg und 10 g/kg Boden gefun-den (Fergusson 1990). Besonders kritisch für die menschliche Gesundheit ist im

Boden das Cd (Hauptquelle atmosphärische Deposition): Aufgrund seiner Mobilität wird es in Pflanzen und damit in der menschlichen Nahrung angereichert (Jones u. Johnston 1989)(s. auch Kap. 3.1.1).

Grundsätzlich ergibt sich aus der Kontaminationsquelle Luft die Gefahr für alle Böden, Schwermetalle anzureichern (Fellenberg 1997). Beispielsweise zeigt Pb eine recht ausgeprägte Tendenz zur Anreicherung im Boden, denn sogar bei niedrigen pH-Werten erweist es sich als wenig mobil: Obwohl in verschiedenen Bodentypen Auswaschungsraten zwischen 4 und 30 g Pb pro Hektar und Jahr gemessen wurden, standen dem in den Jahren vor 1990 Einträge von 40 bis 532 g/ha und Jahr gegenüber. Nach dem schrittweise eingeführten Ersatz bleihaltiger durch bleifreie Kraftstoffe seit 1985 nimmt zwar der verkehrsbedingte Bleieintrag ab, hohe Bleibelastungen treten jedoch immer noch in der Umgebung bleiemittierender Industriebetriebe und von Müllverbrennungsanlagen ohne ausreichende Flugstaubreinigung auf.

Die Bodenpartikel bilden ein feinmaschiges Gitter, das sehr wirksam Feststoffe aus Sickerwasser herausfiltriert. Ton- und Humuspartikel binden eine breite Palette an Stoffen. So können Böden über Jahre und Jahrzehnte hinweg Schadstoffe festhalten und diese daran hindern, ins Grundwasser auszutreten. Ist die Adsorptionskapazität erst einmal erschöpft, treten scheinbar überraschend Grundwasserbelastungen auf, ohne daß der Schadstoffemittent selbst noch aktiv sein muß (Zeitbombeneffekt).

Mit schädlichen Anreicherungen in Boden und Grundwasser ist immer dann zu rechnen, wenn der Eintrag von Stoffen und deren sekundärer Umwandlungsprodukte die Fähigkeit des Bodens zum Abbau des Schadstoffs überfordert oder den Stoffaustrag z.B. durch Auswaschung oder Ernte überschreitet. Schadstoffbelastungen können dann so hoch werden, daß sie die natürlichen Abläufe im Boden nachhaltig stören. Viele Schadstoffe werden überdies von Pflanzen aufgenommen und unter Umständen derart stark angereichert, daß sie über die Nahrungskette Tiere und Mensch erreichen und diese entsprechend schädigen können.

Andererseits zeichnen sich Böden durch ein hohes Regenerationsvermögen aus. Die große Zahl von Bodenlebewesen stellt eine Fülle unterschiedlicher Enzyme bereit, die Fremdstoffe meist rascher metabolisieren, als das im Wasser oder in der Luft möglich ist. Filtration, Speicherkapazität und Regenerationsvermögen lassen Böden somit zu den wirksamsten Puffern gegenüber anthropogenen Immissionen werden. Wird die Entgiftungsfähigkeit der Böden aber reduziert, können sich Schadstoffe in der Umwelt stärker ausbreiten, als es bei voll funktionsfähigen Böden der Fall ist.

2.1.1.5 Öko- und humantoxikologische Aspekte

Bioverfügbare Schadstoffe im Boden erreichen schließlich über die Nahrungskette den Menschen; es ist deshalb notwendig, die Mobilität und Bioverfügbarkeit von Bodenkomponenten analytisch zu erfassen. Der bioverfügbare Anteil ist der Mengenanteil eines Stoffes, der vom Organismus aus Nahrung und Umwelt aufgenommen werden kann und innerhalb des Organismus transportiert, verteilt und metabolisiert wird. Im Normalfall geht man davon aus, daß ein Element in bioverfügbarer Form als freies Ion in Lösung vorliegt. So ist beispielsweise für das Element Kupfer das Ion Cu^{2+} die eigentlich bioverfügbare Targetspezies (Sunda u. Guillard 1976), obwohl dies bei organischer Komplexierung nicht mehr zutrifft (Sunda u. Hanson 1987). Wangersky (1995) fordert darüber hinaus auch die Benennung des für die Bioverfügbarkeit maßgeblichen Testorganismus wie beispielsweise Phytoplankton, Gliedern von Nahrungsketten oder ganzen Ökosystemen.

Zum Schadstoffbegriff ist zu bemerken, daß ein Stoff erst dann zum Schadstoff wird, wenn er aufgrund seiner entsprechend hohen Konzentration (quantitative Betrachtungsweise) seine unerwünschte toxische Wirkung wirklich ausübt (Hutzinger 1991). In diesem Buch wird dagegen ebenso wie im Umgangssprachgebrauch von Schadstoffen gesprochen, auch wenn es sich eigentlich nur um Stoffe mit Schadstoffpotential handelt (verkürzte qualitative Betrachtungsweise). Veränderte Umweltbedingungen wie Versauerung, Anwesenheit von Komplexbildnern, Biomethylierung (besonders für Hg, As, Sn, Se) oder durch das Umgebungsmilieu bedingte Oxidation/Reduktion (z.B. für Cd, Hg, Pb) fördern die Mobilisierung von Schadstoffen (Förstner 1987). Andererseits können selbst hohe Gehalte einer an sich toxischen Spezies humantoxikologisch unbedenklich sein, wenn diese in der Feststoffmatrix fest eingebunden ist: Obwohl im Marsberger Kieselrot bis zu 0,1 mg TE/kg (TE = Toxizitätsäquivalent) an polychlorierten Dibenzodioxinen und -furanen (PCDD/F) gefunden wurden, konnten in der betroffenen Bevölkerung keine deutlich erhöhten Dioxinkonzentrationen im Blutfett nachgewiesen werden (Exner 1991).

Zur humantoxikologischen Abschätzung des Risikos, das von belasteten Böden ausgeht, dienen üblicherweise die Pb- und Cd-Gehalte im Blut, die Cd-, As-, Fluorid- und Phenol-Gehalte im Urin, der Bleigehalt im Zahn und die Dioxinkonzentration in Muttermilch und Fettgewebe. Als allgemeine Risikostoffe (persistente Schadstoffe) gelten u.a. Schwefeldioxid und Sulfat, Stickoxide und Nitrat, Schwermetalle (Cd, Pb, As, Hg, Tl), PAK, chlorierte Lösungsmittel, PCB, PCDD/F, Weichmacher, Biozide und Radionuklide. Die notwendige Beprobungstiefe reicht von 5 cm bei Sportplätzen (lediglich Gefahr der inhalativen Aufnahme) über 10 cm bei Parkanlagen, Grünflächen und im Wohnumfeld bis zu etwa 35 cm bei Kinderspielplätzen (Gefahr der oralen Aufnahme). Bei Aushubarbeiten muß das freigelegte Erdreich ständig überwacht werden.

Der Boden beeinflußt die Gesundheit des Menschen über den Schadstoffgehalt der auf ihm angebauten Nahrungspflanzen. Ein derartiges Beispiel ist Se, welches sowohl in zu niedrigen als auch zu hohen Konzentrationen nachgewiesenermaßen für Tiere und in ähnlicher Weise für den Menschen nachteilig ist (Heninger et al. 1997). Eine hohe Rate für das Auftreten von Magenkrebs wurde in Gebieten mit bestimmten Bodentypen in den Niederlanden, den USA, Frankreich, Wales und Skandinavien festgestellt (Adams 1978); man nimmt an, daß sich in diesen Böden sekundäre, Krebs verursachende Metaboliten von Pflanzen und Mikroorganismen anreichern. Es sind auch Fälle bekannt, in denen die Wirkung von Bodenkontaminationen auf die menschliche Ernährung erst durch die Art und Weise des menschlichen Handelns hervorgerufen wird: 1982 wurden in der Trinkmilch auf Oahu (Hawaii) hohe Konzentrationen an Heptachlor gefunden, welches vorher (verbotenerweise) in Ananasplantagen eingesetzt und so über die Ananasblätter an das Rind verfüttert wurden (Smith 1982).
Zur Erfassung der neben humantoxikologischen auch wichtigen ökotoxikologischen Auswirkungen von Chemikalien in Böden existieren neben gebräuchlichen einfachen Tests mit aquatischen Organismen (Leuchtbakterien, Daphnien, Algen) weitergreifende Ansätze (Schuphan et al. 1997, Jung et al. 1997, Rieß et al. 1997, Niemann u. Debus 1996, Römbke et al. 1996).

2.1.1.6 Bodenschutz

Eine Bodenbelastung mit chemischen Substanzen erfolgt durch kommunale Abwässer, landwirtschaftliche Abfälle und Abwässer, Lufteinträge, Pestizide, Siedlungsabfälle (Klärschlamm, Kompost und Flugasche) sowie Industrieabfälle. Es ist deshalb eine umfassende Konzeption zum Schutz des Bodens notwendig (vor- und nachsorgender Bodenschutz), in der wesentliche Problembereiche integriert behandelt werden: Schutz der Nahrungsmittel und Grundwasservorräte, Schutz vor weiterer Versauerung, ökologisch vertretbarer Einsatz von Pflanzenschutzmitteln und Sanierung von Altlasten aus Deponien und ehemaligen Industriestandorten.
In der BRD trat zum 1.3.1999 das Bundes-Bodenschutzgesetz (BBodSchG) in Kraft, in dem die Verfahrensweisen bei der Untersuchung, Bewertung und Sanierung von Böden (Anfertigung eines Sanierungsplans, Entwurf eines Sanierungsvertrages) unter Miteinbeziehung der Verursacherhaftung und des Vorsorgeprinzips offiziell festgeschrieben wurden; weitere diesbezügliche Details finden sich in der zugehörigen Verordnung (BodSchV vom 12.7.99) zur Durchführung des BBodSchG. Noch in Betrieb befindliche Anlagen sowie Kampfmittel aus den Weltkriegen werden im BBodSchG nicht erfaßt.
Schädliche Bodenveränderungen im Sinne des BBodSchG sind Beeinträchtigungen der Bodenfunktionen, die geeignet sind, Gefahren, erhebliche Nachteile oder erhebliche Belästigungen für den Einzelnen oder die Allgemeinheit herbeizuführen. Kördel et al. (1996) sehen ein wesentliches Problem, Aussagen über

schädliche Veränderungen von Bodenfunktionen treffen zu können, wenn der als Referenzfall zitierte unbelastete Kontrollboden im Realfall nicht vorliegt. Insgesamt sollen durch das BBodSchG die mit Bodenbelastungen und Altlasten verbundenen Risiken kalkulierbarer werden, und es soll Rechtssicherheit für neue Investitionen entstehen (Knopp 1998). Widersprechende landesrechtliche Regelungen werden aufgrund des Vorrangs des Bundesrechts künftig unwirksam. Die Bundesländer können aber weiterhin ergänzende Verfahrensregeln erlassen, weitere Maßnahmen vorschreiben und Bodenschutzpläne aufstellen. Weitere Diskussionsbeiträge zum BBodSchG geben u.a. Pfaff-Schley (1996), Holzwarth et al. (1998) und Franzius u. Bachmann (1999).

2.1.2 Einführung in die Boden- und Sedimentchemie

Die Lithosphäre ist die ca. 100 km dicke Gesteinshülle der Erde; sie umfaßt die feste Erdkruste und den oberen Bereich des Erdmantels. Der oberste Teil der Lithosphäre ist der Boden, die Pedosphäre. Darunter versteht man die äußerste, meist lockere Schicht der Erdoberfläche von wenigen Dezimetern bis zu einigen Metern Dicke, in der sich das gesamte Bodenleben abspielt. Der Boden ist somit das Material an der Erdoberfläche zwischen Luft und Wasser auf der einen Seite und dem Untergrundgestein auf der anderen (Drei-Phasensystem). Für die Menschen und die Landlebewesen ist der Boden der wichtigste Teil der Geosphäre.

Böden sind offene Systeme, die ständigem Stoff- und Energieaustausch mit der Atmo-, Hydro- und Biosphäre unterliegen. Somit gehören zu ihnen auch die in diesen Bereich eindringenden Teile der tieferen Lithosphäre, der Hydro- und Atmosphäre; die drei Phasen Gestein, Wasser und Luft überlagern sich hier zeitlich wie örtlich. Mit diesen Zusammenhängen befaßt sich die Pedologie (Bodenkunde) als Wissenschaft von den chemischen und physikalischen Eigenschaften der Böden, ihrer geologischen Herkunft und ihrer mineralischen Struktur.

Während Luft und Wasser verhältnismäßig einheitliche Medien mit einer weitgehend definierten Zusammensetzung darstellen, ist dies beim Boden nicht der Fall: Er ist keine kompakte homogene Materie, sondern ein komplexes und heterogenes System aus mineralischen und organischen Bestandteilen, in dem Faktoren wie Klima, Wasser und vielerlei Stoffe, Bodenorganismen und Pflanzen in dynamischen Prozessen zusammenwirken; Böden sind physikalisch und chemisch uneinheitlich. Anders ist dies bei den Sedimenten, die als Unterwasserböden dem Wasserkörper (Flüsse, Seen) unterliegen: Aufgrund des langsamen und weitgehend gleichmäßigen Sedimentationsvorganges in der Wassersäule erweisen sich Sedimente als relativ homogen und die abgelagerten Teilchen sind zudem nach Dichte und Größe sortiert. Schadstoffe verteilen sich über die wässrige Phase gleichmäßig auf die Sedimentteilchen, so daß einzelne Sedimentschichten gleichsam ein „Gedächtnis" für die Gewässerbelastung in einem bestimmten Zeitabschnitt darstellen und somit über sie die Schadstoff-chronologie des gesamten Sediments erfaßt werden kann (s. Kap. 2.1.3). Das Sediment spiegelt den physikalischen, chemischen und biologischen Zustand eines Wasserkörpers wider und enthält insbesondere jene Stoffe, die sich auf-grund eines niedrigen flüssig/fest-Verteilungskoeffizienten an Festkörpern anreichern.

Boden besteht aus vier prinzipiellen Bestandteilen, die in einem dynamischen Gleichgewicht stehen: anorganische und organische Komponenten der Fest-phase, Bodenwasser und Bodenatmosphäre. Jeder Boden ist durch ein bestimm-tes Verhältnis von fester Bodensubstanz zu Porenvolumen charakterisiert, wobei zwischen luftgefüllten Grobporen (Durchmesser d $>$ 10 μm), wassergefüllten Mittelporen (0,2 μm $<$ d $<$ 10 μm) und Feinporen (d $<$ 0,2 μm) unterschieden wird. Sand, Mergel und Ton sind die anorganischen Hauptbestandteile des Bodens. Durchlässige Sandböden bestehen hauptsächlich aus Quarz, Mergelteil-chen (Schluff) vorwiegend aus Sand, Ca-Carbonat und Ca- bzw. Al-Silicaten und Tone aus Verwitterungsprodukten von Silicaten und Al-Silicaten. Im Hin-blick auf die Korngrößen unterscheidet man zwischen Ton ($<$ 2μm), Silt/Schluff (2 – 63 μm), Sand (63 μm – 2 mm), Kies (2 – 63 mm) und Steinen ($>$ 63 mm). Verwitterung zusammen mit Auf- und Abbewegung löslicher Komponenten in Gegenwart von Lebewesen und ihrem Detritus bewirkt oft die Bildung einer geordneten Folge von Bodenhorizonten, die in der Bodenkunde systematisch klassifiziert werden (Mitt.Dt.Bodenkundl.Ges.86, 1998).Verglichen mit Oberbö-den haben Unterböden niedrigere Gehalte an organischer Substanz und Luft und höhere Anteile an Mineralkomponenten und Wasser.

Der Boden ist charakterisiert durch seine Fähigkeit, pflanzliches und mikrobiel-les Leben zu unterstützen. Die Wechselwirkung zwischen einzelnen Komponen-ten hat eine ebenso große, wenn nicht größere Rolle als die chemischen Eigen-schaften der individuellen Teile einzeln betrachtet.

Die Häufigkeit der Elemente in der Erdkruste nimmt in folgender Reihenfolge ab: O, Si, Al, Fe, Ca, Na, K und Mg. Nur diese Elemente sind in Häufigkei-ten $>$ 1% vorhanden und machen nahezu 99% der Erdkruste aus. Die Elemente Ti, H, P und Mn sind in Anteilen zwischen 0,1 und 1% vertreten; die restlichen Elemente machen weniger als 0,5% aus. Trotzdem sind viele dieser Spuren-elemente für Pflanzenwachstum, Tiernahrung sowie Gesundheit und Wohl-ergehen der Menschheit wichtig.

Der Boden stellt ein Umweltmedium dar, das durch seine physikalische und chemische Zusammensetzung sowie durch geeignete Summenparameter (Parti-kelgrößenverteilung, pH-Wert des wässrigen Auszugs, Gehalt an Trockensub-stanz, Wassergehalt und -kapazität, Porosität, Adsorptionskapazität, Ionen-austauschkapazität usw.) charakterisiert werden kann. Die organischen und anorganischen Bestandteile des Bodens sind in vielfältiger Weise zum Aus-tausch von Ionen und zur Bindung chemischer Substanzen befähigt: Zum Beispiel stellen Alumosilicate anionische Polyelektrolyte dar, deren negative

Ladung durch austauschfähige Kationen in Gitterhohlräumen und Kanälen kompensiert wird. Tonminerale besitzen große spezifische Oberflächen von 200 bis 800 m^2/g. Ihr plättchenförmiger Aufbau aus Einheitsschichtpaketen bewirkt, daß eine große Zahl von aktiven Zentren mit ganz unterschiedlichen Eigenschaften zur Wechselwirkung mit geeigneten Reaktionspartnern zur Verfügung steht.

Im folgenden Teil dieses Kapitels kann auf Böden und ihre Chemie nur sehr grob und überblicksmäßig eingegangen werden. Der Text bezieht sich im wesentlichen auf die im ersten Kapitel und Anhang A.1.1 angegebene umweltchemische, bodenkundliche und -chemische Literatur sowie auf Paul u. Huang (1980), Schmitt u. Sticher (1991), Huang (1980) und Lagaly u. Weiß (1971, 1970), worauf der interessierte Leser speziell hingewiesen sei.

2.1.2.1 Minerale und Gesteine

Im äußeren Teil der Erdkruste treten magmatische Gesteine (95% der Gesteinsgruppen), Sedimentgesteine (1%) und metamorphe Gesteine (4%) auf. Magmatische Gesteine stellen erstarrtes Magma dar; sie werden weiter in plutonische und vulkanische Gesteine unterteilt. Plutonische oder Tiefengesteine wurden im Verlauf der langsamen Abkühlung von Magma unter hohem Druck innerhalb der Erdkruste gebildet; sie bestehen daher aus gröberen Kristallgefügen. Die vulkanischen oder Ergußgesteine dagegen entstanden durch rasche Abkühlung von geschmolzenem Magma, das im Ergebnis von Vulkaneruptionen an die Erdoberfläche geschleudert wurde; sie sind wegen des raschen Kristallisationsverlaufs feinkristallin, oft auch glasig erstarrt.

Magmatische Gesteine bestehen zum größten Teil aus Silicaten und können nach ihrem SiO$_2$-Gehalt in saure (> 66 % SiO$_2$), intermediäre (52 bis 66%), basische (45 bis 52%) und ultrabasische Gesteine (< 45%) klassifiziert werden; besonders häufig sind Basalt (basisches Ergußgestein) und Granit (saures Tiefengestein).

Sedimentgesteine sind das Resultat der Einwirkung von Komponenten der Atmo- und Hydrosphäre auf oberflächennahe Bereiche der Erdkruste und nachfolgender Sedimentationsvorgänge. Sie reichern sich folglich an der Erdoberfläche an und bedecken den größten Teil der Landfläche der Erde. Häufig sind die Sedimentteilchen durch Minerale wie Gips, Anhydrit, Calcit u.a. verkittet. Die wichtigsten Sedimentgesteine sind Schiefer (80 %), Sandstein und Kalkstein. Ihre mineralischen Hauptkomponenten sind Quarz (SiO$_2$), Tone, Calcit (CaCO$_3$), Dolomit (CaCO$_3\cdot$MgCO$_3$), Goethit (α-FeOOH), Hämatit (Fe$_2$O$_3$), Halit (NaCl), und Gips (CaSO$_4\cdot$2H$_2$O).

Metamorphe Gesteine werden durch fortgesetzte Einwirkung von hohem Druck und hoher Temperatur auf magmatische Gesteine und Sedimentgesteine gebildet. Dabei finden physikalische und chemische Vorgänge statt, die zu temperaturbeständigeren und spezifisch dichteren Mineralen führen (Dehydratisierung,

Formbildung und Phasenumwandlung). Wichtige metamorphe Minerale sind Muskowit ($KAl_2(AlSi_3O_{10})(OH)_2$), Biotit ($K(Mg,Fe)_3(AlSi_3O_{10})(OH)_2$) und Granate ($A_3B_2(SiO_4)_3$ mit $A = Ca^{2+}$, Mg^{2+}, Fe^{2+}, Mn^{2+} und $B = Fe^{3+}$, Cr^{3+}). Als Beispiele für metamorphe Gesteine können Gneiss, Marmor oder Quarzit genannt werden.

2.1.2.2 Verwitterung

Umwandlung und Abbau von Gesteinen in der Erdkruste durch Wechselwirkung mit Atmosphäre, Hydrosphäre und Biosystemen als das Ergebnis physikalischer, chemischer und biologischer Vorgänge wird als Verwitterung bezeichnet. Sie führt zur Zerkleinerung und nachfolgenden Verteilung fester Materialien und ist damit auch eine wesentliche Ursache der natürlichen Bodenentwicklung.
Lösliche Substanzen werden abgeführt. Ionogen aufgebaute Verbindungen der Erdkruste mit relativ hoher Wasserlöslichkeit sind vor allem NaCl (6,15 mol/kg bei 25 °C) und andere Alkalimetallhalogenide sowie $CaSO_4$ als Gips oder Anhydrit (7×10^{-3} mol/kg). SiO_2 als Hauptbestandteil der Lithosphäre löst sich in wesentlich geringeren Mengen (7×10^{-5} mol/kg). In basischem Medium kann die Löslichkeit von Silicaten infolge der allerdings sehr geringen Dissoziation der schwachen Säure H_4SiO_4 auch höher sein.
Chemische Stoffumwandlungen im Verlaufe der Verwitterung sind insbesondere die Carbonisierung und die Hydrolyse. Als Carbonisierung werden chemische Reaktionen von Krustenmaterial unter Beteiligung von Wasser und Kohlendioxid sowie vor allem $CaCO_3$ verstanden. Die Hydrolyse als Spezialfall der Protolyse beschreibt Reaktionen zwischen Wasser und anderen Spezies, die zur heterolytischen Spaltung der O-H-Bindung im Wassermolekül führen. Durch hydrolytische Verwitterung werden Metallionen in der Reihenfolge zunehmender Bindungsenergie aus den Gesteinen herausgelöst.
Calcium- und natriumhaltige Minerale weisen wesentlich höhere Verwitterungsgeschwindigkeiten auf als magnesium- bzw. kaliumhaltige. Gesteine, die aus geschmolzenem Magma primär kristallisieren (Calciumfeldspäte, Olivin), verwittern überraschenderweise schneller als die bei niedrigeren Temperaturen kristallisierenden Kalifeldspäte.
Für Verbindungen, die oxidierbare bzw. reduzierbare Kationen oder Anionen enthalten (z.B. $Fe^{II/III}$, $Mn^{II/IV}$ oder $Cu^{I/II}$), stellen Redoxvorgänge einen potentiellen Verwitterungsmechanismus dar. Ihr Ablauf wird von Größe und Vorzeichen der Standardpotentiale und von der Kopplung mit dem pH-Wert des Mediums gesteuert. Schwermetallionen aus dem Ausgangsgestein werden beim Prozeß der Bodenbildung entsprechend der Verwitterungsrate freigesetzt. Das weitere Schicksal der Ionen hängt von physikalisch-chemischen Bedingungen wie pH, Humusgehalt und Redoxpotential ebenso ab wie von externen Faktoren wie Temperatur, Niederschlag, Erosion, Landnutzungspraktiken etc. Dementspre-

chend werden einige Elemente im Oberboden angereichert und andere ausgewaschen.

Generell hängen Art und Intensität der Verwitterung stark vom Klima ab: In
aridem und kaltem Klima findet vorwiegend physikalische Verwitterung statt, im
humiden, besonders im warm-humiden Klima eher chemische Verwitterung.
Besonders die Bildung von Tonmineralen wird stark von klimatischen Faktoren
beeinflußt: In gemäßigten Breiten dominieren Dreischichtminerale, in den
Tropen Kaolinit, der generell bei der Kalifeldspatverwitterung entsteht. Tropi-
sche Gebiete sind außer durch Kaolinit durch das Auftreten einfacher Oxide
(Fe_2O_3, Al_2O_3) gekennzeichnet.

Die Geschwindigkeit von biologischen und chemischen Reaktionen im Boden
hängt ebenfalls stark von der Temperatur ab: Bei einer Temperaturerhöhung um
10 K verdoppeln bis verdreifachen sich in etwa die Reaktionsgeschwindigkeiten.
Dies ist besonders in den Tropen festzustellen, wo die Zersetzungs- und Verwit-
terungszeiten deutlich kürzer als in gemäßigten Zonen sind. Durch Schadstoffe,
die als Resultat menschlicher Tätigkeiten in die Umwelt gelangen, können
Verwitterungsgeschwindigkeiten und Verwitterungsprodukte beträchtlich modifiziert werden.

2.1.2.3 Tonminerale

Der Begriff Tonmineral beschreibt anorganische Bodenbestandteile mit Schicht-
struktur (Phyllosilicate). Der für Tone typische Schichtaufbau ist das Resultat
der Kombination zweier Strukturelemente, nämlich tetraedrischer SiO_4- und
oktaedrischer $MO_x(OH)_{6-x}$-Gruppen, die Al^{3+}-, Mg^{2+}-, Fe^{2+}- oder Fe^{3+}-Ionen im
Zentrum des Oktaeders enthalten. Tetraedrische und oktaedrische Gruppen sind
über gemeinsame Sauerstoffatome miteinander verknüpft.

Die Grundstruktur des Zweischichttonminerals Kaolinit ($Al_2(Si_2O_5)(OH)_4$) kann
durch 1:1-Kombination von tetra- und oktaedrischen Einheiten erzeugt werden.
Während für ihn oktaedrisch konfigurierte Al^{3+}-Ionen kennzeichnend sind, sind
dies oktaedrisch konfigurierte Mg^{2+}-Ionen für Antigorit ($Mg_3Si_2O_5(OH)_4$). Im
Halloysit, einer Abart des Kaolinits, sind zwischen die Schichten Wassermoleküle eingelagert, wodurch sich der Abstand senkrecht zu den strukturgebenden
Schichten bis zu 1 nm aufweiten kann. In den Dreischichttonmineralen sind
oktaedrische Baugruppen von je zwei tetraedrischen umgeben. Isomorphe
Substitutionen können zu lokalisierten negativen Ladungen im Kristallgitter
führen; letztere werden durch zusätzliche Kationen als Zwischenschichtkationen
innerhalb oder außerhalb der Schichten kompensiert. Während bei Smektiten
und Montmorilloniten die Zwischenschichtbindung nur schwach ausgeprägt ist,
ist sie dies bei glimmerartigen Tonmineralen stark; Vermikulite nehmen eine
Zwischenstellung ein. Auch Montmorillonit mit der ungefähren Zusammensetzung $Al_2(Si_4O_{10})(OH)_2$ kann zwischen seinen Schichten Wasser einlagern.

Kaolinit und Montmorillonit sind die wichtigsten Vertreter der Familie der Tonminerale in Böden.

Durch den Eintausch langkettiger n-Alkylammonium-Ionen in den Schichtzwischenraum bestimmter Schichtsilikate sind diese in der Lage, aus wässrigen Lösungen organische Schadstoffe durch Intercalation zu entfernen. Die Aufnahmekapazität ist substanzabhängig: Zum Beispiel wird Benzonitril am schlechtesten aufgenommen, gefolgt von Trichlorethen und Nitrobenzol; sehr gut wird 1-Chlor-2-nitrobenzol adsorbiert. Der Verlauf der Benzonitril-Adsorption stimmt mit der Langmuir-Beziehung fast vollständig überein. Von Lagaly u. Weiß (1971, 1970) wurden die Dreischichttonminerale Vermikulit und Montmorillonit sowie Bentonit (Gestein mit sehr hohem Montmorillonitgehalt) getestet. Die meisten Dreischichtminerale zeigen isomorphen Ersatz in den Tetraederschichten ($Al^{3+} \rightarrow Si^{4+}$) und in den Oktaederschichten (Al^{3+}, Fe^{3+}, Mn^{2+}, $Zn^{2+} \rightarrow Mg^{2+}$). Dadurch können Lücken in der Oktaederschicht auftreten, denn durch den Ersatz von Mg^{2+} durch Al^{3+} wird die Ladung überkompensiert. Entstehende Überschußladungen (z.B. durch Substitution von Si^{4+} durch Al^{3+} in der Tetraederschicht entsteht eine negative Überschußladung), können durch den Einbau von Kationen in Zwischenschichtplätze ausgeglichen werden. Wie bereits erwähnt, ist sowohl für den Montmorillonit als auch für den Vermikulit die Fähigkeit der innerkristallinen Quellung charakteristisch: Zwischen die Schichtpakete kann leicht Wasser eindringen und sie auseinanderdrängen. Die Hydratationsenergie der Zwischenschichtkationen ist größer als die Energie, mit der die Schichten zusammengehalten werden. Die zwischen den Schichtpaketen liegenden „Ladungsausgleichs-Kationen" werden durch die Quellung mobil und sind somit leicht austauschbar. Die Austauschkapazität hängt vom unterschiedlichen Ausmaß der Schichtladung und von der Aufweitbarkeit ab. Sie liegt bei Montmorillonit zwischen 80 und 120 mval/100 g und bei Vermikuliten bei 100 bis 200 mval/100 g.

Die Zwischenschichtkationen in Montmorilloniten und Vermikuliten lassen sich durch Onium-Ionen, wie Phosphonium-, Sulfonium-, Oxonium- und Ammonium-Ionen ersetzen. Besonders gut erfolgt der Austausch mit n-Alkylammoniumionen, wobei die Bindungsfestigkeit mit der Länge des n-Alkylrestes zunimmt. Bei niedriger Schichtladung (Montmorillonite) können kurzkettige Kationen flachliegende monomolekulare Schichten bilden (Schichtabstand < 1 nm), bei hoher Schichtladung, wie dies z.B. bei Glimmern der Fall ist, stehen die Alkylammonium-Ionen senkrecht zur Silikatebene (Schichtabstand 2,54 nm). Durch die Beladung des Schichtzwischenraums mit langkettigen Alkylammonium-Ionen werden Montmorillonite und Vermikulite organophil und können dadurch mit fast allen polaren organischen Verbindungen Komplexe bilden. So wurden von der Arbeitsgruppe um A. Weiß (Universität München) unter anderem Komplexe mit Aromaten (wie z.B. Benzol, Toluol, Xylol, Mesitylen, Naphthalin), mit funktionell substituierten Aromaten (wie z.B. Chlorbenzol, Nitrobenzol, Benzonitril, o-Nitrophenol), Alkoholen, Aminen und Nitrilen untersucht. Diese Komplexbildung hängt entscheidend von der Struktur der Alkylammoniumeinlagerung ab. Monomolekulare Schichten bilden keine Komplexe; diese Fähigkeit beginnt erst mit dem Auftreten von bimolekularen, pseudodreifach- oder paraffinartigen Anordnungen der organischen Kationen. Zusammengefaßt sind neben den Fe- und Al-Oxiden die Tonminerale die wichtigsten anorganischen Komponenten eines Bodens, die ihn zur Sorption von Anionen und Schwermetallen befähigen.

2.1.2.4 Organische Bestandteile

Es existieren Bodentypen, die > 30% organische Substanz enthalten (organische, anmoorige oder torfige Mineralböden). Obwohl im Normalfall organische Substanzen nur etwa 2 bis 5% der Gesamtmasse des Bodens bilden, sind sie für die im Boden ablaufenden chemischen Reaktionen dennoch von fundamentaler Bedeutung: Sie spielen sowohl eine direkte als auch indirekte Rolle bei der Festlegung physikalischer und chemischer Eigenschaften des Bodens sowie bei der Bildung von Bodenhorizonten und -textur und sind hinsichtlich der Bodenfruchtbarkeit wie auch der Rückhaltung und Desaktivierung anthropogen eingetragener Chemikalien sowie Schwermetalle wichtig.

Die organische Materie des Bodens, die überwiegend in den obersten Schichten zu finden ist, besteht aus Biomasse, teilweise abgebauten pflanzlichen und tierischen Bestandteilen, Bodenorganismen und Humus. Humus (lat. Boden) ist die Gesamtheit der im Boden befindlichen abgestorbenen pflanzlichen und tierischen, also organischen Substanzen; man spricht auch vom postmortalen Material von Pflanzen und Tieren.

Der organische Anteil hängt von klimatischen und geographischen Faktoren und vom Kulturzustand des Bodens ab und kann vereinfacht den Kategorien der Huminstoffe bzw. Nichthuminstoffe zugeordnet werden. Nichthuminstoffe wie Kohlenhydrate, Proteine, Aminosäuren, Aminozucker, Purine und Pyrimidine, Fette, Wachse und niedermolekulare organische Säuren werden vielfach von Mikroorganismen rasch mineralisiert, so daß ihre mittlere Lebensdauer im Boden relativ gering ist. Huminstoffe dagegen weisen eine komplexe Struktur auf, haben sauren Charakter und bestehen aus dunkel gefärbten, polyelektrolytartigen und zum Teil hydrophilen Materialien mit aromatischen Kernstrukturen (Aromatengehalt 20 – 30%) und Molmassen zwischen 300 und (>)100000. Sie sind wichtige Zwischenstufen der Mineralisierung organischer Substanz im Boden und beeinflussen sowohl Wasseraufnahme- und Ionenaustauschkapazität des Bodens als auch seine Fähigkeit, Metallionen zu binden. Eine Präsentation des aktuellen Forschungsstandes auf diesem Gebiet findet sich beispielsweise im Band 87 (1998) der Mitteilungen der Deutschen Bodenkundlichen Gesellschaft. Aufgrund ihrer Löslichkeit werden Huminstoffe in drei Fraktionen aufgetrennt (operationelle Einteilung): Huminsäuren mit molaren Massen zwischen 20000 und 100000, die in alkalischem Medium gelöst (24 h in 0,5 N NaOH, Lösungsmittelüberschuß zehnfach), nach Ansäuern (z.B. mit 6 N HCl) auf pH $\leq$ 2 jedoch wieder ausgefällt werden, Fulvosäuren mit geringeren Molmassen und höheren Konzentrationen an aciden funktionellen Gruppen, die von Basen gelöst und bei pH < 2 nicht gefällt werden und Humine als nicht extrahierbare, hochpolymere, braune bis schwarze Materialien, die durch Alterung von Huminsäuren bzw. Fulvosäuren entstehen. Die Elementarzusammensetzung der meisten Humin-stoffe liegt im folgenden Bereich: 45 – 55% C, 30 – 45% O, 3 – 6% H, 1 – 5% N und bis zu 1% S. IR(Infrarot)-spektroskopische Untersuchungen liefern Informationen über die Verteilung funktioneller Gruppen bzw. den Verlauf chemischer Umsetzungen; ESR(Elektronenspinresonanz)-Untersuchungen be-weisen, daß Huminstoffe auch freie Radikale enthalten. Huminstoffe sind locker aufgebaut und besitzen innen zugängliche Netzwerke mit großer spezifischer Oberfläche. Sie sind hydrophil, also in der Lage, Wasser über polare funktionel-le Gruppen wie COOH- und OH-Gruppen durch Wasserstoffbrückenbindungen zu binden; sie zeigen uneinheitliche, nicht klar definierte Strukturen und be-stehen aus unterschiedlichen funktionellen Bausteinen wechselnder Verknüp-fung. Die sauren funktionellen Gruppen nehmen in etwa folgende Werte in Milliäquivalenten pro Gramm Säure ein: 12 – 14 Gesamtsäure, 8 – 9 Carboxyl-, 3 – 6 phenolische Hydroxyl-, 3 – 5 alkoholische Hydroxyl- und 1 – 3 Carbonyl-gruppen; zusätzlich können noch Methoxylgruppen ($-OCH_3$) in niedrigen Kon-zentrationen vorhanden sein.

Die Bindung von Metallionen durch Huminstoffe ist eine ihrer wichtigsten umweltrelevanten Eigenschaften. Diese Chelatbindung kann zwischen einer Carboxyl- und einer phenolischen Hydroxylgruppe, zwischen zwei Carboxyl-gruppen oder als Komplexierung an eine Carboxylgruppe erfolgen. Fe und Al werden von Huminstoffen sehr stark gebunden, Mg dagegen ziemlich schwach; andere häufige Ionen wie Ni^{2+}, Pb^{2+}, Ca^{2+} oder Zn^{2+} nehmen eine Mittelstellung ein. Humine (z.B. Lignite) tauschen mit Wasser stark Kationen aus und können auf diese Weise hohe Metallkonzentrationen akkumulieren.

Zwischen 52 und 98% des organischen Kohlenstoffs ist mit Tonmineralen, der Rest mit Metalloxiden, Hydroxiden und Oxyhydroxiden vergesellschaftet. Das amorphe Multikomponentenhuminsystem tritt nie in reiner Form, sondern nur zusammen mit anderen organischen Verbindungen und mit Bodenkolloiden auf. Die Reihe miteinander verknüpfter saurer mizellenartiger Strukturen, in denen aromatische Ringe mit -O-, -NH-, -N- und -S- Brücken verbunden sind, wird am besten mit dem Ausdruck Heteropolykondensat beschrieben. Die Bildung von Huminstoffen erfolgt nicht enzymatisch gesteuert, sondern ist das Ergebnis einer abiotischen Polykondensation eines weiten Bereichs mikrobiell produzierter Pflanzenabbauprodukte.

Praktisch alle im Boden vorkommenden Verbindungen können an der Synthese von Huminstoffen beteiligt sein. Die Zusammensetzung von Huminstoffen wechselt daher wegen des ständigen Auf-, Ab- und Umbaus in biologischen und abiologischen Prozessen und mit den jeweiligen physikalischen und chemischen

Charakteristiken der Umwelt, so daß eine bestimmte Konstitution nur einem vorübergehenden Zustand entsprechen kann. Qualitativ und quantitativ derzeit nur ungenügend beschreibbar – besonders auch hinsichtlich der Prozeßdynamik – ist der Einfluß der lebenden Biomasse auf diese Vorgänge, insbes. derjenige der in Gestalt von Biofilmen auftretenden Mikroorganismen (Flemming et al. 1996, Flemming 1991, Costerton et al. 1987); siehe hierzu auch diesbezügliche Ausführungen in Kap. 3.2.1.

Böden werden, abhängig vom jeweiligen Klima, aus der Atmosphäre mit Wasser und mit Luft versorgt. Die Luft im Boden beeinflußt Mikroorganismen sowie die Atmung der Pflanzenwurzeln und der Wurzelpilze. Mit zunehmender Tiefe nimmt der Sauerstoffgehalt des Bodens ab. Dies bedeutet, daß Mikroorganismen in den oberen Bodenschichten unter aeroben Bedingungen leben, in tieferen Schichten hingegen unter anaeroben. Mit zunehmender Tiefe werden die biotischen und humosen Anteile geringer und die mineralischen nehmen entsprechend zu.

2.1.2.5 Bodenwasser und -luft

Hohlräume und Zwischenräume des Bodens werden von Bodenwasser und Bodenluft ausgefüllt. Die Größe der Räume wird von der Teilchendichte und der Porosität bestimmt, während der Transport von Wasser und Gasen in den Poren und Kanälen wesentlich von der Zusammensetzung des Bodens (Verhältnis Sand/Silt/Schluff/Ton) abhängt. Bodentypen, die reich an Tonmineralen sind, weisen die größte Porosität auf. Sandböden verfügen über eine nur geringe Wasserbindungskapazität; ihr Wassergehalt ist leicht pflanzenverfügbar. Umgekehrte Verhältnisse werden an Tonböden beobachtet, die einen Teil des Wassers in Mikroporen fest gebunden halten. Bodenwasser kann den Boden in Kanälen mit d > 10 μm durchströmen (Sickerwasser), als Adsorptionswasser an der Oberfläche fester Partikel gebunden sein oder als Kapillarwasser in Poren mit d < 10 μm auftreten. Haftwasser aus Poren mit d < 0,2 μm ist im allgemeinen nicht mehr pflanzenverfügbar und wird vornehmlich in gasförmiger Form durch die Bodenzone transportiert. Die im Kontakt mit den festen Bodenteilchen stehende wässrige Phase (Bodenlösung) enthält in gelöster Form einen kleinen Bruchteil des Nährstoffvorrats der Bodenzone, der den Pflanzen zugänglich ist. Die Menge der gelösten Stoffe wird stark vom pH-Wert der Bodenlösung und von der Anwesenheit bodenfremder Stoffe beeinflußt.

Die Bodenatmosphäre vermittelt durch ihren Sauerstoffgehalt den oxidativen Abbau organischer Substanzen. Wassergesättigter Boden dagegen kann reduzierende Zustände begünstigen. Die Bodenluft unterscheidet sich von der normalen atmosphärischen Luft durch ihren meist höheren Wassergehalt, ihre Bindung an Poren und Hohlräume unterschiedlicher Größe und vor allem durch die aufgrund biochemischer Vorgänge um Faktoren um 5 bis 100 höheren Konzentrationen an Kohlendioxid.

2.1.2.6 Kulturböden

Die Kulturböden Westeuropas enthalten ca. 1,5 bis 2,0% organische Substanzen. Unter natürlichen Bedingungen werden die im Humus enthaltenen organischen Stoffe langsam mineralisiert und im Boden stellt sich ein Fließgleichgewicht zwischen Humusbildung und Mineralisierung ein.

Der von Natur aus saure Auflagehumus (Mull) geht mit Tonmineralen kolloidale Ton-Humus-Komplexe ein, deren Größe, Menge und Struktur die Qualität eines Kulturbodens bestimmen; diese Komplexe reagieren stark auf pH-Wert-Änderungen. Dies erklärt beispielsweise die überaus hohe Säureempfindlichkeit von kalkfreien Böden, die einen Säureeintrag (z.B. durch sauren Regen) nicht abpuffern können. Die Ton-Humus-Komplexe setzen dann schlagartig eine große Menge an gebundenen Teilchen, sowohl Mineralteilchen als auch Schadstoffe wie z.B. zuvor gebundene Schwermetalle frei. Im Gegensatz zu den kalkarmen Böden haben die kalkhaltigen Böden die Fähigkeit, saure Bodeneinträge abzupuffern, da der Kalk neutralisierend wirkt.

Zusätzlich zu einem endogenen (bodeneigenen) Anteil werden dem Boden unterschiedliche Gehalte von Schwermetallen durch trockene und nasse atmosphärische Deposition sowie durch agronomische Praktiken (Aufbringung von Dünger und Klärschlamm) zugeführt. In bestimmten Fällen macht dieser anthropogene Anteil nur einen kleinen Teil der natürlichen Gehalte aus, in anderen ist er der ausschließliche Anteil. Da Emissionen oft von Punktquellen ausgehen, kann die Anreicherung in deren Umgebung leicht die natürliche Belastung übersteigen.

2.1.2.7 Wechselwirkung zwischen Boden und Bodenlösung

Die chemischen Elemente können ihrem geochemischen Charakter, d.h. ihrem Verhalten im Verlaufe von geochemischen Verteilungsprozessen entsprechend in fünf Gruppen eingeteilt werden:

- Lithophile Elemente ionisieren schnell oder bilden stabile Oxyanionen und kommen hauptsächlich in Sauerstoffverbindungen vor.
- Chalkophile Elemente ionisieren langsamer und neigen zur Bildung von Sulfiden und kovalenten Verbindungen mit Se und Te.
- Siderophile Elemente gehen nicht leicht Verbindungen mit Sauerstoff und Schwefel ein und treten hauptsächlich in elementarer Form auf.
- Atmophile Elemente kommen hauptsächlich in atmosphärischen Gasen vor.
- Biophile Elemente tendieren zur Vergesellschaftung mit Organismen und akkumulieren deshalb in den am meisten durch Bodenorganismen beeinflußten Bodenhorizonten.

Metalle sind üblicherweise im Boden als Teil des Ausgangsmaterials der Bodenbildung oder der sekundären Bodenminerale, im Niederschlag zusammen mit anderen Bodenkomponenten, sorbiert an Austauschplätze (Metalloxide oder -hydroxide, Tonminerale, organisches Material), gelöst in der Bodenlösung oder komplexiert mit anorganischen oder organischen Liganden wie auch eingeschlossen in Mikroorganismen, Pflanzen oder Tieren gegenwärtig. Der Grad ihrer Mobilität, Aktivität und Bioverfügbarkeit wird von vielen Faktoren beeinflußt, besonders von pH, Temperatur, Redoxpotential, Kationenaustauschkapazität der Festkörper, Konkurrenz mit anderen Metallionen, Reaktionen mit Anionen, aber auch von Zusammensetzung und Menge der Bodenlösung. Da diese Bodeneigenschaften sich normalerweise innerhalb kurzer Entfernungen ändern, sind Metallverteilungen im Boden räumlich sehr variabel.

Feste und flüssige Phasen des Bodens stehen in direktem Kontakt. Das polare Wasser tritt mit der Oberflächenstruktur des Festkörpers in Wechselwirkung und umgibt geladene Oberflächenplätze. Das hat wichtige Konsequenzen: Das Wasser dringt in den Festkörper und verursacht so seine Auflösung, der pH des Wassers beeinflußt die Ladungsverteilung auf der Oberfläche und Wasser wirkt als Transportmedium für Ionen in Austausch- und Adsorptionsprozessen.

Die feste Phase trägt in den meisten Fällen eine negative Überschußladung. Das führt zur Ausbildung eines Oberflächenpotentials und bestimmt die Verteilung der Kationen und Anionen in der flüssigen Phase. Zwei gegensätzliche Kräfte (die elektrische Anziehung und Rückdiffusion in die Lösung) wirken auf die Kationen, die zudem die negative Oberflächenladung ausgleichen müssen.

Wasser- und Sauerstoffgehalt des Bodens beeinflussen den Redoxzustand des Bodens, der innerhalb kürzester Entfernung variabel sein kann (Redoxpotential reicht von +700 mV in oxidierten bis zu etwa -400 mV in stark reduzierten Böden). Durch diese Redoxbedingungen wird der Ionenstatus mehrerer Metalle beeinflußt, besonders für Fe und Mn, aber auch für Cr, Cu, As, Hg und Pb. Das Redoxpotential kann den Oxidationszustand eines Schwermetalls direkt verändern. Indirekt kann dies auch durch eine Veränderung des Oxidationszustands eines Liganden wie C, N, O oder S verursacht werden.

Adsorption. Adsorptionsreaktionen in Böden sind die Prozesse, durch die infolge der Anziehungskräfte an Oberflächen Lösungsbestandteile an Bodenpartikel angelagert werden. Diese Prozesse werden durch die Oberflächeneigenschaften anorganischer und organischer Komponenten der Böden und damit verbundener Umweltfaktoren bestimmt. Substanzen, die an Bodenpartikeln zurückgehalten werden können, schließen Bodenbestandteile, Pflanzennährstoffe, oberflächenaktive Substanzen, antibiotische und toxische Umweltschadstoffe als Bestandteile der Bodenlösung ein. Diese Stoffe können als Kationen, Anionen und nichtionische Moleküle vorliegen. In terrestrischen Umgebungsmilieus werden Kationen an anorganischen und organischen Bodenkomponenten spezifisch oder unspezifisch adsorbiert. Bei der unspezifischen Kationenadsorp-

tion werden die Ionen hauptsächlich durch elektrostatische Kräfte zusammengehalten. Bei der spezifischen Kationenadsorption dagegen werden die Ionen
viel stärker an die Oberfläche gebunden, weil diese Ionen die Koordinations-
schale des strukturell gebundenen Atoms durchbrechen und durch kovalente
Bindungen über O- und OH-Gruppen an die strukturellen Kationen gebunden
werden.

Die Bildung organisch-mineralischer Bodenkomplexe durch Adsorption organischer Komponenten durch Bodenminerale kann die Transformationen von
Huminsubstanzen und anderer organischer Stoffe verzögern. Zum Beispiel
können phenolhaltige Säuren durch Katalyse von Tonmineraloberflächen polymerisieren und Huminsubstanzen bilden. An Mineraloberflächen adsorbierte
organische Phosphate, Proteine, Amine und Harnstoff können durch katalytische
Umsetzungen abgebaut werden; durch solche Prozesse können auch bestimmte
Pestizide entgiftet werden. Adsorptionsreaktionen können auch direkten Einfluß
auf biologische Systeme wie Enzyme, Mikroorganismen und Pflanzenwurzeln
ausüben. Adsorptionsreaktionen können Pathogene und ihre Toxine sowie
Antibiotika inaktivieren. Die Verfügbarkeit vieler Nährstoffe für das Pflanzenwachstum und das Schicksal und der Transport zahlreicher Umweltschadstoffe,
die Nahrungsketten kontaminieren, werden stark von Art und Ausmaß von
Adsorptionsprozessen in Böden beeinflußt.

Geladene Bestandteile des Bodens können in solche mit fester und solche mit
variabler Ladung eingeteilt werden. Wichtigste Vertreter der erstgenannten
Gruppe sind die Tonminerale, die aufgrund von Substitutionen auf Gitterplätzen
eine negative Ladung aufweisen. Die zweite Gruppe besteht aus Bestandteilen,
deren Ladung mit dem pH der Bodenlösung variiert und/oder mit der Anzahl der
Reaktionen, die mit den Ionen abgelaufen sind (Oxide von Fe, Mn, Al und Ti,
aber auch organische Substanz). Für Bestandteile mit variabler Ladung wird der
Adsorptionsgrad durch zwei konkurrierende Eigenschaften bestimmt, der Dissoziation des Bodenadsorbenten und der Acidität des Metallions (erste Hydrolyse-
konstante). Die Menge des adsorbierten Metalls ist abhängig vom Typ der
Bodenkomponente. Allgemein steigt die Kapazität der Böden für die meisten
Metallionen mit zunehmendem pH bei gleichzeitiger Abnahme der Mobilität der
Kationen. Die pH-abhängige relative Mobilität einiger Spurenelemente in Böden
kann folgendermaßen grob eingeteilt werden (Fuller 1977):

pH 4,2 – 6,6	Cd, Hg, Ni, Zn	relativ mobil
	As, Be, Cr	mäßig mobil
	Cu, Pb, Se	wenig mobil
pH 6,7 – 8,8	As, Cr	relativ mobil
	Be, Cd, Hg, Zn	mäßig mobil
	Cu, Pb, Ni	wenig mobil

Die Adsorption aus der Lösung kann durch die Adsorptionsisotherme beschrieben werden. Dieser Ausdruck impliziert, daß die Temperatur die einzige die Adsorption beeinflussende Variable wäre, eine Annahme, die oft in Frage zu stellen ist. Die Gehalte in Lösung werden auf der Abszisse gegen die im Gleichgewicht adsorbierten Gehalte auf der Ordinate angetragen. Üblicherweise nimmt man die Reversibilität des Prozesses an, obwohl die Aktivität von Ionenstärke und pH abhängt. Die zur Beschreibung des Adsorptionsverhaltens am häufigsten benutzten zwei Isothermen sind diejenigen von Freundlich und von Langmuir (Gleichgewichtsmodelle). Unter bestimmten Umständen können auch sigmoidale Adsorptionskurven beobachtet werden, z.B. wenn die Komplexierung von Metallionen bei niedrigen Konzentrationen mit löslichen Liganden gegenüber der Adsorption auf der Festphase bevorzugt ist, oder wenn Adsorption und Ausfällung gleichzeitig auftreten. Grundsätzlich sind Modifikationen der üblicherweise benutzten Adsorptionsisothermen notwendig, wenn mehrere Spezies für die gleichen Adsorptionsplätze konkurrieren (Giles et al. 1960). Hinsichtlich einer ausführlicheren Diskussion von Adsorptionsprozessen wird auf Kap. 4.6 verwiesen.

Diffusion von Metallen in die Bodenminerale. An Mineraloberflächen gebundene Kationen können in das Innere der festen Phase diffundieren. Die relativen Diffusionsraten hängen vom Ionenradius und vom pH-Wert ab. Mit zunehmendem pH nimmt die Affinität der Oxidoberfläche zu bis zu einem Punkt, an dem die Bildung von Hydroxokomplexen den weiteren Zugang zur Oberfläche behindert. Mit zunehmendem Ionenradius nimmt die Diffusionsrate ab, z.B. Cd^{2+} (0,97 nm) < Zn^{2+} (0,74 nm) < Ni^{2+} (0,69 nm). Im Innern des Festkörpers können diese Ionen negative Ladungen neutralisieren und an geeigneten Stellen fixiert bleiben. Solche Prozesse werden oft als irreversible Adsorption bezeichnet und bewirken, daß (z.B. anthropogen eingeführte) Schwermetalle immobilisiert werden und somit mit der Zeit nicht mehr verfügbar sind.

Ionenaustausch. Die Kationenaustauschkapazität (cation exchange capacity CEC) wird üblicherweise in meq/100 g oder cmol der Ladung pro kg ausgedrückt. Tonminerale, Oxide und organische Substanzen tragen zum CEC eines Bodens bei, die Fulvinsäuren beispielsweise 470 mal mehr als Kaolin. Die CEC der obersten Bodenschichten werden zu 25 bis 90% von organischen Stoffen bestimmt und viel stärker vom pH-Wert beeinflußt als die CEC von Tonmineralen.
Mineralische wie auch organische Bodenbestandteile tauschen Kationen aus. Tonminerale tun dies aufgrund der Gegenwart von negativ geladenen Oberflächenplätzen, welche aus der Substitution eines Atoms niedrigerer Oxidationsstufe durch eines höherer Oxidationsstufe resultiert (z.B. Mg für Al). Organisches Material tauscht Kationen aufgrund der Gegenwart von Carboxyl- und anderer funktioneller Gruppen aus. Humus zeigt üblicherweise eine sehr hohe

Kationenaustauschkapazität: Der CEC-Wert von Torf liegt zwischen 300 und 400 meq/100 g. Entsprechende Werte für Böden mit durchschnittlichen Gehalten an organischem Kohlenstoff sind 10 bis 30 meq/100 g.

Der Anionenaustausch in Böden ist meist komplizierter als ein einfacher Einstufenaustauschprozeß und erfolgt oft auf Mineraloxidoberflächen: Da letztere bei niedrigem pH positiv geladen sind, können diese Anionen wie Phosphat oder Sulfat durch elektrostatische Anziehung binden. Bei höheren pH-Werten wird aufgrund der Bildung von Hydroxidionen die Metalloxidoberfläche negativ, wodurch Anionen wie HPO_4^{2-} das Hydroxidion verdrängen und sich so direkt an die Oberfläche anlagern können.

Akkumulation. B, Cl, Cu, Fe, Mn, Mo, Na, V und Zn sind essentielle pflanzliche Spurennährstoffe. Diese Elemente werden von Pflanzen nur in sehr niedrigen Konzentrationen benötigt und sind oft in höheren Konzentrationen toxisch. Einige Pflanzen akkumulieren extrem hohe Gehalte spezifischer Spurenmetalle, bei solchen höher als 1 mg/g spricht man von Hyperakkumulatoren.

Komplexierung von Metallen. Oft sind Metallionen an organische Substanzen (meist Humin- und Fulvosäuren) koordiniert und bilden mit ihnen mehrzähnige Komplexe und Chelate. Komplexbildung erfolgt, wenn Wasserliganden durch andere Moleküle ersetzt werden. Die Chelatbildung hat folgende Effekte:

* Metallionen können nicht mehr ausgefällt werden,
* die komplexierenden Stoffe fungieren als Träger für die flüssige Phase,
* die Toxizität wasserlöslicher Verbindungen wird oft vermindert,
* sie spielt bei Mineral- und Gesteinsverwitterung eine wichtige Rolle.

Nach dem Konzept der Lewis-Säuren und -Basen sind auch Metallionen und ihre Liganden als Säuren und Basen zu betrachten und ihre Reaktionen zur Bildung von Metallkomplexen sind Säure-Basen-Reaktionen. Nach Irving und Williams ergibt sich folgende Stabilitätsreihe:

$$Cu^{2+} > Ni^{2+} = Zn^{2+} > Co^{2+} > Mn^{2+} = Cd^{2+} > Ca^{2+} > Mg^{2+}$$

An organische Substanzen komplexierte Elemente, die aus sauren Waldböden extrahiert wurden, können in vier Kategorien eingeteilt werden: Zur ersten Gruppe gehören Fe, Al und Pb, die fast vollständig an Substanzen komplexiert sind, die selbst stark an Mineraloberflächen binden. Cr und Cu, die zweite Gruppe, sind auch größenteils komplexiert, aber an Substanzen mit schwächerer Bindung an Mineraloberflächen. Die dritte Gruppe (Ni, Co und Cd) bildet nur schwer oder sehr schwache Komplexe, die Verteilung zwischen Boden und Bodenlösung ist jedoch pH-abhängig. Für die Mitglieder der vierten Gruppe (Zn und Mn zusammen mit Ca und Mg) gibt es keine Hinweise auf Komplexbildung mit natürlichen organischen Substanzen.

Es ergibt sich folgende Stabilitätsreihe:

$$Cr > Fe > Al > Pb \gg Cu > Ni > Co \gg Cd > Zn \gg Mn = Ca = Mg$$

Nach Literaturangaben ergibt sich somit folgende Metallspeziierung für Bodenlösungen bei Gegenwart organischer komplexbildender Agentien:

- hauptsächlich freie Kationen   Co, Mn, Cd
- Mischungen   Zn, Ni
- hauptsächlich komplexiert   Cu, Pb, Fe

2.1.3 Chronologie der Schadstoffbelastung

Im Kap. 1.4 wurde im Abschnitt „Geogene Referenzen" über Untersuchungen an antarktischen und grönländischen Eiskernen berichtet. Es ist in solchen Studien im Prinzip möglich, an entlegenen Lokalitäten die globale Schadstoffbelastung in der Vergangenheit und damit insbesondere den anthropogenen Eintrag seit der Industrialisierung zu erfassen.

Derartige Bestimmungen zur Schadstoffchronologie können auch an anderweitigen Bohrkernen, insbesondere in belasteten Regionen, durchgeführt werden. Da eine ungestörte kontinuierliche Substratablagerung vorausgesetzt werden muß, bleiben diese Untersuchungen üblicherweise auf Sedimente beschränkt. Weiterhin müssen ein geeignetes, geologisch gesehen möglichst kurzlebiges radiogenes Isotop (^{14}C, ^{210}Pb, ^{137}Cs oder $^{239+240}Pu$) oder eine anderweitige Referenz (z.B. spezifische Fossilien) zur Datierung der einzelnen Sedimentabschnitte vorhanden sein (Sedimentstratigraphie). Die Schadstoffgehalte der einzelnen datierten Sedimentabschnitte sind nur unter der Annahme des Vorliegens eines geschlossenen Systems interpretierbar, d.h. unter der Annahme, daß Datierungsisotop und Schadstoffe stets an den Festkörper gebunden waren und nie in flüssiger (oder gasförmiger) Phase zu- oder abgeführt wurden. Die Plausibilität dieser Annahme ist in den jeweiligen Fallstudien ausführlich zu begründen, was u.a. auch umfangreiche Kenntnisse über die Schadstoffmobilität voraussetzt. Eine weitere Voraussetzung für die Datierbarkeit ist eine annähernd gleichförmige Schwebstoffablagerung, zumindest innerhalb gewisser Zeitabschnitte (Klös u. Schoch 1993); Proben mit chaotisch wechselnder Sedimentation und Erosion sind nicht datierbar.

Zahlreiche Arbeiten wurden unter der Federführung von G. Müller (Heidelberg) in Bezug auf die Erfassung der Schadstoffchronologie an Bodenseesedimenten durchgeführt. Während z.B. im Sediment der Gehalt an Coprostanol als Fäkalienindikator seit dem letzten Jahrhundert ebenso wie die örtliche Bevölkerung ständig zugenommen hat, haben die Mengen an Schwermetallen und PAK seit der Substitution von Kohle durch Erdöl Mitte der 60er Jahre sogar wieder leicht abgenommen, Kohleteilchen und Erdöl-KW dagegen nicht. DDT im Sediment ist seit dem Verbot dieses Stoffes in der Mitte der siebziger Jahre in nahezu konstanter Konzentration vorhanden, künstliche Radionuklide gelangten in der Zeit der Kernwaffentests zwischen 1952 und 1962 in die Bodenseesedimente und nehmen seitdem ständig ab. Seit Ende des letzten Jahrhunderts hatten die Pb-, Zn- und Cd-Gehalte um das drei- bis vierfache zugenommen, in den 60er Jahren ihr Maximum erreicht und sind aufgrund zahlreicher zwischenzeitlich erfolgter Maßnahmen zur Wasserreinigung (Bau von Klärwerken) 1996 wieder auf den geogenen Hintergrundwert zurückgegangen; ähnliche Zeittrends zeigen die PAK- und Phosphatgehalte (Müller 1997).

Von derselben Arbeitsgruppe konnte auch eindrucksvoll belegt werden, wie die Schadstoffbelastung deutscher Flüsse (bes. Neckar und Rhein) nach Klärung der eingeleiteten Abwässer wieder zurückging.

Aus altersdatierten Sedimentkernen aus den Akkumulationsgebieten im Einflußbereich der Oder (Ostsee) konnten Leipe et al. (1995) einen charakteristischen Anstieg der Zn- und Pb-Konzentrationen im Kernprofil nachweisen, der zeitlich mit der Phase der stärksten Industrialisierung zusammenfällt. Weitere Beispiele zur Dokumentation von Sedimentqualitäten geben Förstner et al. (1999).

Sedimentkerne aus mehr als hundert schwedischen Seen wurden von Renberg et al. (1994) mit Hilfe der Radiokarbonmethode (^{14}C) datiert. Dabei wurden Hintergrundwerte der Bleibelastung von 2 bis 15 µg/g, meist aber < 10 µg/g gefunden. Natürliche Vorgänge wie Waldbrände oder Vulkanausbrüche haben offensichtlich den natürlichen Bleieintrag der Seen nicht stark beeinflußt. Eine über diesen Hintergrundpegel hinausgehende Belastung ist für die Zeit vor ca. 2000 Jahren zu erkennen, ebenso wie seit etwa 1000 Jahren der Bleieintrag besonders während der letzten zwei Jahrhunderte stark bis um den Faktor 30 (bis etwa zum Jahr 1970) zunimmt. Einige Gründe sprechen dafür, daß diese vorindustrielle Bleikontamination von atmosphärischer Deposition abstammt: Erstens sind die Konzentrationsschwankungen über eine große Fläche (> 150000 km^2) zeitgleich. Zweitens entsprechen die räumlichen Verteilungsvariationen über Schweden denjenigen heutiger Verteilungskarten für den länderübergreifenden Schadstofftransport mit höheren Werten in den Europa nahegelegeneren südlichen Landesteilen. Drittens gibt es keine augenscheinlichen Beziehungen zwischen Veränderungen in der Bleikonzentration und der Landnutzung. Dagegen ergibt sich eine direkte Beziehung zwischen der Bleideposition in den Seen und der Geschichte der europäischen Bleiproduktion: Vor 2000 Jahren verarbeiteten die Römer rund 80000 Tonnen Blei im Jahr; fünf Prozent der Produktion ging an die Atmosphäre verloren. Vor ca. 1000 Jahren boomte der Bleiabbau dagegen schließlich in Norddeutschland. Der kontinuierliche Bleianstieg mit jüngeren Sedimentschichten korrespondiert mit der Industrialisierung seit dem 19. Jahrhundert. Zugleich mit dem Verbot bleihaltigen Benzins zeichnet sich im Laufe der letzten Jahrzehnte ein Rückgang ab. Diese Untersuchung belegt eindrucksvoll, daß die länderübergreifende Umweltverschmutzung durch den Menschen nicht erst mit der Industrialisierung eingesetzt hat.

Einsatz- und Produktionsverbote für bestimmte Stoffe wirken sich nicht nur in den Umweltkonzentrationen, sondern auch auf die Blutkonzentrationen beim Menschen aus: So sank in Deutschland dieser Wert von durchschnittlich 85 µg/L im Jahre 1984 auf 32 µg/L im Jahre 1995 sowie die Belastung mit Organochlorpestiziden (HCB und PCP) im selben Zeitraum um etwa eine Größenordnung (Angaben der Umweltprobenbank in Münster). Untersuchungen in NRW zeigen einen deutlichen Rückgang der Pb- und Cd-Gehalte in Zähnen als Indikator für die Belastung der Bevölkerung im Zeitraum 1970 – 1993 (Ewers et al. 1996). Auch die Bleikonzentrationen im Nordatlantik nahmen in den 80er Jahren deutlich ab und pendelten sich in den 90er Jahren auf das Niveau der Industrieemissionen ein (Wu u. Boyle 1997).

Die Radiokarbonmethode gilt für die Datierung von organischem Material als besonders geeignet. Während dies hauptsächlich für archäologische Anwendungen zutrifft, kann sich die Beantwortung diesbezüglicher Fragestellungen aus der Geochemie durchaus als problematisch erweisen. So könnten beispielsweise hohe ^{14}C- Alter für ozeanisches gelöstes organisches Material (DOC) das Ergebnis einer Mischung von verschiedenen organischen Kohlenstoff-Fraktionen, insbesondere einer jungen hochmolekularen Fraktion (HMW) von kolloidem organischen Kohlenstoff (COM > 10 kD) und einer mehrere tausend Jahre alten niedermolekularen Fraktion COM_1 (von 1 kD bis 0,2 µm), sein (Santschi et al. 1995).

^{210}Pb (Halbwertszeit 22,3 Jahre) wurde in zahlreichen Fällen zur Datierung rezenter Sedimentationsprozesse herangezogen (Krishnaswami et al. 1971, Robbins 1978). Dies ist aber nur möglich, wenn sich das Isotop nach seiner Ablagerung immobil verhält; einige Arbeiten weisen aber darauf hin, daß diese Voraussetzung unter bestimmten Bedingungen nicht zutrifft. So konnten im Falle des Schwarzen Meers Crusius u. Anderson (1991) zeigen, daß sich ^{210}Pb unter anoxischen, moderat sulfidischen Bedingungen immobil verhält. Dagegen wiesen Benoit u. Hemond (1991) in Seesedimenten mit jahreszeitlich schwankenden oxisch/anoxischen Verhältnissen auf Verlagerungen des ^{210}Pb durch Porenwasserdiffusion hin. Diese Effekte, die prinzipiell auch auf Po zutreffen, stehen auch mit dem sedimentären Kreislauf von Fe und Mn in Zusammenhang (Benoit u. Hemond 1990). In diesen Fällen muß zumindest noch eine andere unabhängige Datierungsmethode eingesetzt werden (Vile et al. 1995).

2.1.4 Chemische Speziesbestimmungen an natürlichen Festkörpern

2.1.4.1 Notwendigkeit der Speziesbestimmung

Nach der Stellungnahme der Enquete-Kommission (1994) wird die Umweltgefährlichkeit einer Chemikalie einschl. ihrer Zersetzungsprodukte für Mensch, Tiere und Pflanzen durch die Höhe und Dauer der Konzentration (Exposition) sowie die nachteilige Wirksamkeit (Toxizität und Ökotoxizität) bestimmt. Die

Abschätzung der Exposition erfordert die Charakterisierung der Freisetzungs-, Transport- und Umwandlungsvorgänge einer Chemikalie in den Umweltkompartimenten Luft, Boden und Wasser. Sie hat zum Ziel, Konzentrationsverläufe in abiotischen und biotischen Umweltausschnitten zu ermitteln, ein besseres Verständnis der expositionsbestimmenden Prozesse zu erreichen sowie belastete Ökosysteme, Populationen oder Organismen (und damit Umweltgefahren) zu erkennen.

Für die Expositionsabschätzung sind folgende Prozesse von Bedeutung: Emissionsstärken und Emissionsmuster, Strömung und Transport (Advektion, Dispersion, heterogener Transport), Austausch zwischen den Umweltmedien (Volatilisation, Adsorption an Böden und Sedimenten, Löslichkeit in Wasser und Fett, Bioakkumulation) sowie Transformation (Phototransformation, Hydrolyse und Biodegradation).

Der Sachverständigenrat für Umweltfragen (SRU 1990) stellt fest: „Die *Bewertung* des Gefährdungspotentials altlastverdächtiger Flächen allein durch den Vergleich von analytischen Befunden mit Referenz-, Orientierungs-, Prüf- und Höchstwerten zu stützen, kann *nicht* als *ausreichend* angesehen werden. Über einen solchen Vergleich läßt sich nur das stoffliche Wirkungspotential für den Ort und den Zeitpunkt der Untersuchung beschreiben, aber keine Prognose über künftige zu erwartende Expositionen und Gefährdungen erreichen, auf die vor allem bei Betrachtung des Grundwassers nicht verzichtet werden kann. Hierfür bedarf es der Berücksichtigung weiterer Faktoren, die sich aus den Standortverhältnissen und den Stoffeigenschaften, die das *Mobilitätsverhalten* bestimmen, ergeben.“

Einen schematischen Überblick über die umweltrelevanten Expositionspfade der Ingestion, nämlich den Transferpfad Boden – Grundwasser (Grundwassermodell) und den Transferpfad Boden – Pflanze (Magen- und Darmmodell), gibt Abb. 2.1; in die Darstellung wurde auch der Vollständigkeit halber die Exposition über den Transferpfad Luft via Inhalation (Lungenmodell) mit aufgenommen. Während die Ingestionsmodelle im Kap. 2.1.6 noch näher erörtert werden, muß das Lungenmodell wegen der derzeit noch ungenügenden Kenntnis von Resorptionsprozessen in der Lunge unberücksichtigt bleiben.

Für die umweltchemischen Aspekte der Schadstoffexposition sind in erster Linie also nicht die Gesamtkonzentrationen anorganischer, organischer und radioaktiver Schadstoffe in Luft, Wasser und Boden von Bedeutung, sondern deren chemische Bindungsformen sowie die Art und Weise ihrer Einbindung in die Umgebungsmatrix. Speziell für Böden und Sedimente bedeutet dies die konkrete Ermittlung der Schadstoff*spezies*. Die Kenntnis letzterer ermöglicht wiederum Aussagen über Mobilität, Mobilisierbarkeit und damit auch Bioverfügbarkeit der Schadstoffe (Förstner 1993c, Lund 1990, Ure 1990). Nur mobile und nicht immobile Schadstoffe können Pflanzen und Tiere, sowie über die Nahrungskette und/oder direkten Kontakt, den Menschen erreichen.

Die Spezierungsfrage spielt z.B. auch bei Untersuchungen von Schwermetallen in Sedimenten eine wichtige Rolle (Förstner u. Salomons 1991): Ist das Element in geochemischen Prozessen mobil wegen seiner Flüchtigkeit oder

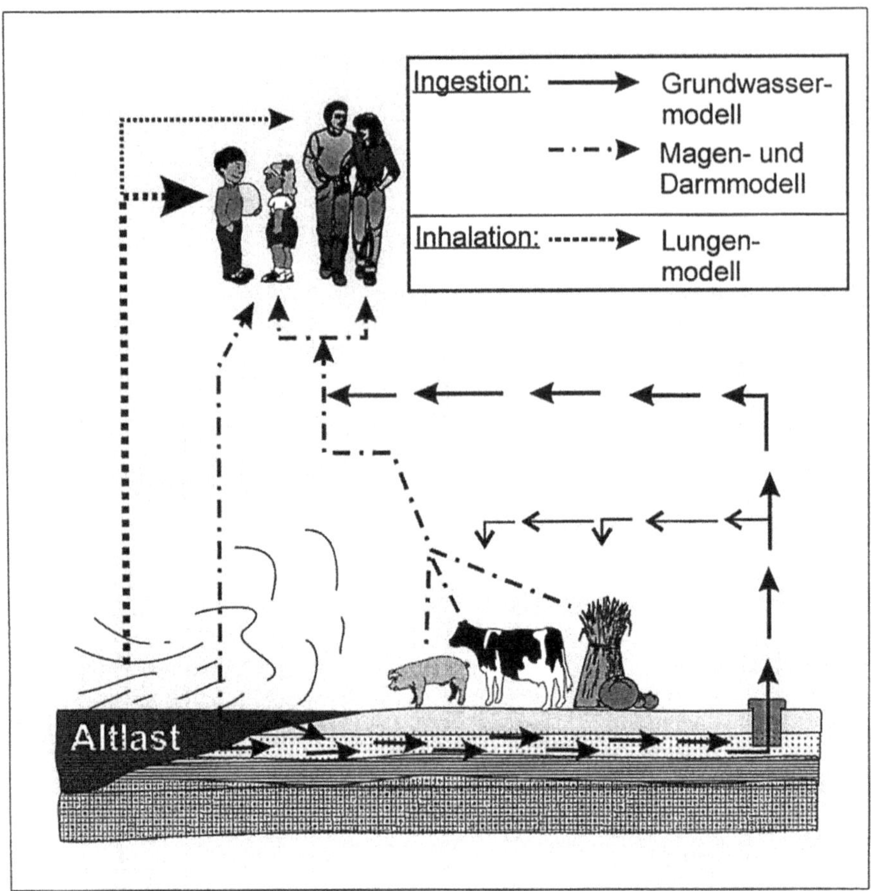

Abb. 2.1. Gefährdung des Menschen durch Schadstoffe in Abfall und belasteten Böden

Wasserlöslichkeit, so daß sich geochemische Störungen in der Umwelt ausbreiten? In diesem Sinn sind Mobilität und Verfügbarkeit von Spurenelementen
für Stoffwechselvorgänge stark auf ihre chemischen Spezies sowohl in Lösung
als auch in den Partikeln bezogen.

Wenn sich bestimmte Faktoren in terrestrischen und aquatischen Milieus ändern,
können als Folge hiervon Löslichkeit, Mobilität und Bioverfügbarkeit sediment-
gebundener Metalle vergrößert werden (Förstner u. Salomons 1991):

- pH-Erniedrigung, lokal durch Bergbauwässer, regional durch saure Niederschläge,
- Erhöhung der Salzkonzentration durch den Konkurrenzeffekt bei der Oberflächenadsorption und die Bildung löslicher Chlorokomplexe einiger Spurenmetalle,

- zunehmendes Auftreten natürlicher und synthetischer Chelatbildner, die lösliche Komplexe mit Metallen bilden, die sonst an Oberflächen adsorbiert würden,
- wechselnde Redoxbedingungen (z.B. nach Landablagerung verschmutzter anoxischer Baggerschlämme).

Aus der Sicht der beteiligten Spezies wäre die wohl beste Strategie zur Ablagerung kontaminierter Sedimente, sie unter dauerhaft reduzierenden Bedingungen (wie z.B. in abgedeckten subaquatischen Depressionen) zu isolieren. Aus geochemischer Sicht sind marine sulfidische Bedingungen wegen der hohen Stabilität von Metallsulfiden und der effizienteren Zersetzung organischen Materials günstig. Unklar bleiben hierbei jedoch die Zwischenstufen beim Abbau organischen Materials, die im Prinzip auch zu Spezies mit unerwünschten Eigenschaften führen können (z.B. zu flüchtigen, hochtoxischen metallorganischen Verbindungen).

2.1.4.2 Definition chemischer Spezies

Über den Begriff der *Spezies* scheint die Diskussion innerhalb der Umweltchemie noch nicht abgeschlossen zu sein. Nach Kurt J. Irgolich kann man den Vorgang bzw. Zustand der Speziierung unter kinetischen, statischen oder operationellen Gesichtspunkten sehen: Aus kinetischer Sicht wären dies die chemischen Reaktionen, die z.B. Spurenelemente in einer Probe aus vorliegenden Verbindungen in andere umwandeln. Während die statische Betrachtungsweise lediglich diejenigen Verbindungen betrifft, die ein in der Probe enthaltenes spezielles Spurenelement enthalten, konzentriert sich die operationelle Sichtweise auf den analytischen Prozeß zur Identifizierung und Quantifizierung der Spurenelementverbindungen in der Probe. Der zuletzt genannte Standpunkt entspricht auch einer IUPAC (International Union of Pure and Applied Chemistry)-Empfehlung, nach der unter Speziierung „the process yielding evidence of the atomic or molecular form of an analyte" oder „the distribution of an individual element between different chemical species" verstanden wird. Nach einer derartigen Definition wäre die Speziierung oder Speziesbestimmung quasi deckungsgleich mit der quantitativen Atom- und Molekülanalytik in der Analytischen Chemie und damit ein überflüssiger, da bereits vorhandener, Begriff.

In der Praxis der Umweltanalytik ist diese Art der Speziierung in den seltensten Fällen erreichbar: Bei der Analyse komplexer Umweltproben stehen dem meist nicht nur Mangel an Zeit und Geld, sondern auch an geeigneten Methoden entgegen. Somit wird üblicherweise das Ziel weniger hoch gesteckt und unter Speziesbestimmung die Zuordnung eines Stoffes zu (mehr oder weniger großen) Verbindungsklassen oder -gruppen verstanden. In der Umweltanalytik sollte man deshalb von Speziierung dann sprechen, wenn man über konventionelle

Routinemethoden zur Bestimmung der Gesamtschadstoffbelastung hinausgeht und versucht, in Richtung quantitativer Atom- und Molekülanalytik als Endziel einer chemischen Speziierung vorzudringen, unabhängig davon, ob dieses Endziel auch wirklich erreicht wird.

Ein derart erweiterter Rahmen für den Begriff der Speziierung oder dem englischen Analogon „speciation" kann dann auch als Spielart z.B. speziell Verbindungen mit unterschiedlichen Oxidationszuständen eines Elements, spezifisch „pflanzenverfügbare Spezies", „mobile Formen", „austauschbare Kationen" oder auch eine Fraktion „mäßig reduzierbarer Schwermetalle" mit einschließen, um auch für die Boden- und Sedimentchemie interessante Spezies zu berücksichtigen. In diesem Sinne beschreiben Ure u. Davidson (1994) Speziesbestimmungen in den Umweltkompartimenten Wasser, Boden, Abfall, Pflanzen und Tiere. Weitere Einblicke in speziesanalytische Methoden und Fragestellungen geben u.a. Caroli (1996), Broekaert et al. (1990) und Kramer u. Allen (1988).

2.1.4.3 Analytische Methoden zur Speziesbestimmung

In der Praxis gibt es zwei oftmals eingesetzte Methoden zur Speziesbestimmung. Es sind dies das naßchemische Trennungsverfahren der chemischen sequentiellen Extraktion einerseits und thermodynamische Modellrechnungen/geochemische Modellierungen andererseits (Kersten u. Böttcher 1997, Landner 1987, Tessier u. Campbell 1988). Während die sequentielle Extraktion im nächsten Kap. 2.1.5 besprochen wird, bleiben die angesprochenen Modellrechnungen im weiteren unberücksichtigt, da in kontaminierten Umweltsystemen der thermodynamische Gleichgewichtszustand meist nicht erreicht werden dürfte und die Komplexität des Systems in den Rechnungen nur näherungsweise berücksichtigt werden kann.

Im Prinzip können für Speziesbestimmungen an Umweltproben alle aus der Laborchemie einschlägig bekannten Nachweisreaktionen eingesetzt werden, falls deren Nachweiskraft und Selektivität ausreichen. Da aber gerade in Umweltproben der Analyt (d.h. die zu bestimmende Spezies) oft in sehr geringen Konzentrationen vorkommt und zudem von hohen Konzentrationen anderer – den Analysengang möglicherweise störenden – Stoffen begleitet wird (Probenmatrix), sind in der umweltanalytischen Praxis rein naßchemische Analysenverfahren meist nur in Sonderfällen einsetzbar. Man verwendet deshalb im Normalfall für den jeweiligen Analyten möglichst nachweisstarke und selektive Verfahren der instrumentellen Analytik, die zudem noch schneller wie auch zeit- und personalsparender arbeiten. Relevante instrumentelle Verfahren werden im fünften Kapitel besprochen (s.a. Watson 1994), sind jedoch für sich alleine für die Durchführung von Speziesbestimmungen i.a. nicht ausreichend und müssen hierzu mit anderen Hilfsmitteln wie z.B. der sequentiellen Extraktion gekoppelt werden.

Die Aufklärung der Bindungsverhältnisse von Elementen in natürlichen Festkörperproben ist derzeit selbst bei Einsatz aufwendigster instrumenteller Analysenmethoden nur in sehr seltenen Fällen direkt nur durch Messung ohne chemische Vorabmanipulationen an der Probe durchführbar. Beispielsweise kann die „nächste Umgebung" des Analysenatoms zwar mit Hilfe der Photoelektronen-(ESCA = electron spectroscopy for chemical analysis) und Augerelektronen-Spektroskopie untersucht werden (Willard et al. 1988). Es handelt sich hierbei um eine oberflächen- und um keine volumenbezogene Analyse von Haupt- und Nebenelementen; für Elemente im ppm-Bereich sind diese Methoden zu unempfindlich. Andererseits sind SIMS (Sekundärionen-Massenspektrometrie) und PIXE (particle induced X-ray emission) extrem empfindlich und ermöglichen auch eine gute Ortsauflösung, sie können aber keine direkte Information zur Speziierung liefern.

Die bisher größten Erwartungen betreffen die hochauflösende Röntgenspektrometrie in Form der EXAFS (extended X-ray absorption fine structure) und XANES (X-ray absorption near-edge structure) (Koningsberger u. Prins 1988, Bart 1986). Hierbei gelang es beispielsweise bereits, einzelne Schwefelverbindungen in Erdölasphaltenen quantitativ zu bestimmen (Waldo et al. 1991). Manceau et al. (1996) untersuchten unterschiedliche bleibelastete Industrieböden mit der EXAFS-Spektroskopie. In mit Tetraalkylblei belasteten Böden fand sich zweiwertiges Blei komplexiert an salicylat- und catecholartigen funktionellen Gruppen von Huminsubstanzen, bei einem Batterie-Recyclingbetrieb Bleisulfat und silicatgebundenes Blei sowie in der Umgebung einer Bleischmelze zweiwertiges Blei mit O- und OH-haltigen Liganden. Welter et al. (1999) konnten mittels XANES uns EXAFS in kontaminierten Böden PbO, $PbCO_3$, und $PbSO_4$ voneinander unterscheiden und entsprechende Bodenteilchen mittels Mikrosondenanalyse identifizieren.

Ein anderer Weg ergibt sich als indirekte Methode in Form einer Kombination röntgenanalytischer Verfahren: Es wird die mit Hilfe der Röntgenfluoreszenzanalyse (RFA) direkt ermittelte chemische Zusammensetzung der Festkörperprobe (Hahn-Weinheimer et al. 1995) mit der indirekt aus der mittels Röntgendiffraktometrie erfaßten Mineralzusammensetzung abgeleiteten verglichen. Die Kombination beider Röntgenverfahren durch rekursive Auswertung (multidimensionale statistische Varianzanalyse) kann wertvolle Beiträge zur Elementspeziierung leisten. Zusätzliche Information über vorliegende Spezies kann durch RFA der festen Rückstände nach den einzelnen Schritten einer sequentiellen Extraktion (s. Kap. 2.1.5) erhalten werden, auch im Sinne eines Ausschlußkriteriums: Zum Beispiel können die im Rückstand nach einer HCl-Extraktion gefundenen Spurenelemente nicht in Carbonaten gebunden sein.

Eine weitere indirekte Methode ist die Speziesbestimmung über kinetische experimentelle Studien zur Metallionenaufnahme und anschließender Konzentrationsbestimmung mittels ICP-MS (Lu et al. 1995).

Zur Speziesanalyse organischer Komponenten (z.B. aliphatische und aromatische Stickstoffverbindungen, BTX(Benzol, Toluol, Xylol)-Aromaten, polyzyklische aromatische Kohlenwasserstoffe, Phenole, Phthalate, Organohalogenverbindungen, halogenierte Kohlenwasserstoffe, polychlorierte Biphenyle sowie Dioxine/ Furane) sind zuverlässige, selektive und nachweisstarke instrumentelle Methoden zwar vorhanden, falls die organischen Bestandteile in geeigneter Weise vorher von der Probenmatrix abgetrennt wurden (gereinigte Extrakte, s. oben): Die mit der Massenspektrometrie gekoppelte Gaschromatographie oder Hochdruck-Flüssigkeitschromatographie (GC-MS bzw. HPLC-MS), die hochauflösende Massenspektrometrie (HRMS), die On-line-Kopplung mit flüssigkeitschromatographischen Methoden (LC-MS) und mit weiteren Massenspektrometern (MS-MS). Die Hauptprobleme bei der organischen Speziierung in komplexen Umweltproben bestehen in der Unmöglichkeit streng quantitativer Analysen beim Einsatz von Extraktionsmethoden einerseits und in der Quali- und Quantifizierung der Wechselwirkung (Einbindung) der organischen Moleküle mit der Probenmatrix andererseits.

Eine interessante Methode ist die Flash-Pyrolyse-GC-MS (Py-GC-MS), mit deren Hilfe man Geomakromoleküle (Kohle, Kerogen) wie auch Huminsubstanzen in Böden auf molekularem Niveau charakterisieren kann (Hatcher u. Clifford 1994): Eine Vielzahl polarer und unpolarer Verbindungen wie Phenole, ligninabgeleitete Methoxyphenole, Fettsäuren oder homologe Reihen von n-Alkanen/n-Alkenen werden hierbei von der makromolekularen Struktur abgespalten und ermöglichen modellhaft eine Rekonstruktion des originalen Polymers. In Gegenwart von Tetramethylammoniumhydroxid (TMAH) werden die bei der Flash-Pyrolyse produzierten Verbindungen in situ methyliert (ISM), so daß auf diese Weise auch polare Spezies mit GC untersucht werden können. Ergebnisse von Py-GC-MS mit und ohne ISM unterscheiden sich und können als komplementär betrachtet werden: Zum Beispiel erhält man für die Armadale-Humussäure ohne ISM homologe Reihen von n-Alkanen und n-Alkenen, mit ISM solche der Methyl- und Dimethylester der n-Alkansäuren; mit ISM ergibt sich die doppelte Ausbeute wie ohne. Insgesamt ist aber bei der Interpretation derartiger Meßergebnisse aufgrund mehrerer, während der analytischen Pyrolyse möglicherweise auftretender, Artefakte große Vorsicht geboten (Salz-Jlmenez 1994).

Stark an organische Bodenbestandteile gebundene Xenobiotika (Bollag u. Bollag 1990) in nicht mehr extrahierbaren, „gebundenen" Rückständen können durch Radioaktivitätsmessungen detektiert werden, wenn man mit ^{14}C oder ^{3}H dotierte Xenobiotika einsetzt (Haider et al. 1993). Die Ausbildung kovalenter Bindungen zwischen den Rückständen des Anilazin und dem Bodenhumuskörper konnte mit Hilfe der ^{13}C-Festkörper-CP/MAS-NMR (CP cross polarisation, MAS magic angle spinning) nachgewiesen werden (Wais et al. 1995).

2.1.4.4 Anwendungsbeispiele

Da Chromat in der Lage ist, in Zellen einzudringen, wirken bereits geringe Konzentrationen an Cr^{VI}-Verbindungen toxisch. Die unterschiedlichen biologischen Wirkungen des drei- und sechswertigen Chroms erfordern daher eine wertigkeitsselektive Analytik (Andrle u. Broekaert 1994). Spini et al. (1994) untersuchten Cr-Spezies in Dämpfen bei Schweißarbeiten, sammelten hierzu Teilchen aus den Dämpfen auf geeigneten Filtern und konnten Cr^{VI}, Cr^{III} und Cr^0 getrennt bestimmen. In den Dämpfen waren alle drei Oxidationszustände vertreten, von den gefundenen Cr^{III}-Verbindungen sind die meisten löslich. Während in umweltrelevanten aquatischen Systemen Cr^{III}-Komplexe mit Huminstoffen kinetisch stabil sind, erweisen sich solche mit Cr^V als kinetisch labil (Marx und Heumann 1999).

Speziierung und Speziestransformationen von U in kontaminierten Böden, Sedimenten und radioaktiven Abfällen sind wichtig zur Vorhersage seiner Mobilität unter der Sedimentoberfläche, sowie um wirksame Sanierungsmethoden zu finden. Der Oxidationszustand ist eine fundamentale Größe bei der U-Speziierung, der über die Löslichkeit die Mobilität bedingt: Während U^{VI} lösliche Komplexe bildet, bildet U^{IV} hoch unlösliche Festphasen wie Uraninit UO_2 aus; in situ biologische Sanierung könnte U^{IV} in U^{VI} umwandeln. Bertsch et al. (1994) führten die Speziesanalytik direkt an Mikrobereichen der festen Probe mittels Röntgenmikrosonde mit Synchrotonanregung (SYN) aus, wobei für die identische Region gleichzeitig ein volles SYNRFA- und ein XANES- Spektrum erzeugt wurde, um Elementverteilung und Wertigkeitsanalyse kombinieren zu können.

Willme et al. (1990) bestimmten in Grundwasserproben neben der Gesamtmetallkonzentration (gelöst und partikulär) auch gelöste, partikuläre und mobilisierbare Metallspezies. Dabei wurden folgende Fraktionierungsschritte angewendet: Trennung gelöster und partikulärer Spezies durch Zentrifugation, Messung der elektrochemisch „labilen" Fraktion unmittelbar nach der Probennahme, Pufferung der Wasserproben auf pH 5 mittels Acetatpuffer mit anschließender Bestimmung der „mobilisierbaren" Spezies und Bestimmung der Gesamtkonzentration mittels GFAAS (GF = graphite furnace; flammenlose AAS).

Petronio et al. (1993) stellten eine Multimethode für Huminverbindungen und Metallspezies in marinen Sedimenten vor (Huminstofftrennung, Chloridabtrennung durch Dialyse, kurze sequentielle Extraktion, ^{13}C-NMR, kombinierte IR-Thermogravimetrie und Elementaranalyse und HPLC/ICP-AES) und fanden in ihren Studien heraus, daß Mn, Fe und Al anorganisch, 37% des Ni und 8,8% des Cu dagegen in Huminen gebunden vorliegen.

Hirner u. Xu (1991) setzten bei der Untersuchung des australischen Julia-Creek-Ölschiefers auf die quantitative Verteilung von 16 Spurenelementen (Elementspeziierung) eine Vielzahl analytischer Methoden für Bestimmungen an festen und flüssigen Fraktionen aus einem chemischen Trennungsgang ein (organischer

Extrakt, lösl. Huminstoffe, Carbonate + Oxide + metastabile Sulfide, Silicate, stabile Sulfide + Schwerminerale, Kerogen). Unter Hinzuziehung zahlreicher Analysenergebnisse aus Australien wurde versucht, in drei voneinander unabhängigen Modellansätzen die quantitative Verteilung der Elementspezies zu errechnen. Dabei ergab sich, daß $95,4 \pm 0,4\%$ und $72,6 \pm 2,4\%$ des Sr bzw. Cu mit Calcit bzw. Chalcopyrit, 3,2% des V und 1,7% des Ni mit dem organischen Extrakt und 1,1% des Co und As sowie 6,2% des Mo mit löslichen Huminstoffen vergesellschaftet sind. Bei der Mehrzahl der untersuchten Elemente ergaben sich zwischen den unterschiedlichen Auswertemodellen hinsichtlich der Elementverteilungen auf die einzelnen mineralischen und organischen Phasen der Sedimentprobe z.T. voneinander stark abweichende Ergebnisse; es konnte aber gezeigt werden, daß diese Verteilungen in anderen prominenten Ölschieferproben (Green River, New Albany und Monterey Shale) ähnlich und somit für Ölschiefer möglicherweise typisch sind.

Bedenkt man hierbei, daß es sich bei der Probe aus Julia Creek um eine der mit am besten untersuchten geochemischen Proben auf unserer Erde handelt, so läßt sich hieran gut erkennen, wie schlecht es derzeit noch um die quantitative Elementspeziierung in natürlichen Probenmaterialien bestellt ist!

2.1.5 Die Methode der sequentiellen chemischen Extraktion

2.1.5.1 Diskussion gebräuchlicher Extraktionsschemata

Obwohl prinzipiell auch zur Untersuchung des Einbindungsgrades organischer Bestandteile in die Probenmatrix (Wilhelms et al. 1996) oder zur Klärung von Prozessen der Frühdiagenese von Metallen in Sedimenten geeignet (Balci u. Muezzinoglu 1995), werden sequentielle Extraktionen üblicherweise zur Bestimmung der Mobilisierbarkeit von Schwermetallen aus Festkörpermatrices eingesetzt. In Verbindung mit der Beurteilung der Qualität von Sedimenten und Böden sowie Problemen bei der Ablagerung fester Abfälle (insbesondere bei Aushubmaterial) wurden sequentielle Extraktionen angewendet, die zwischen austauschbarer, carbonatischer, reduzierbarer (Fe/Mn Oxide), oxidierbarer (Sulfide und organisches Material) und residualer Fraktion unterscheiden sollen (Ure 1991, Engler et al. 1977, Tessier et al. 1979; Zusammenfassungen in Hirner 2000, 1992c und Tack u. Verloo 1995). Im Prinzip entspricht das Ergebnis einer sequentiellen Extraktion der Summe der beteiligten Einstufenextraktionen (Tack et al. 1996).

In akademischer Hinsicht stellt die sequentielle Extraktion das potenteste Hilfsmittel bei der Ableitung speziesrelevanter Informationen aus Umweltproben dar (s. Kap. 2.1.4). Speziation durch sequentielle Extraktion kann aber nicht mit der Quantifizierung eines Elements in einer spezifischen Phase im Boden oder Sediment gleichgesetzt werden, da einerseits die zu den einzelnen Extraktionsschritten gehörigen „Phasen" schlecht definiert sind und andererseits die Prozedur ungenügend spezifisch ist. Dies liegt in der mangelnden Selektivität der eingesetzten Lösungsmittel begründet und führt dazu, daß einige Verbindungen (z.B. Sulfide und organisches Material) zwischen mehreren Fraktionen verteilt werden (Pickering 1981); auch durch die Anwendung mehrerer Extraktanden in definierter Reihenfolge kann die Prozedur für einen einzelnen Extraktionsschritt nicht immer genügend selektiv gemacht werden. Will man die sequentielle Extraktion für quantitative Speziesbestimmungen einsetzen, sollte man sie deshalb mit unterschiedlichen anderen instrumentellen Methoden kombinieren (Kap. 2.1.4) und versuchen, aus den analytischen Daten die chemische Zusammensetzung der Probe zu modellieren (vgl. Hirner u. Xu 1991).

Andere erfolgversprechende Ansätze beruhen auf der Hinzuziehung speziesanalytischer Methoden (z.B. Ionenchromatographie) bei der Eluatuntersuchung (Urasa u. Macha 1996), auf dem Einsatz chemometrischer Auswertemethoden (Cave u. Wragg 1997) oder darauf, daß mehrere Extraktionsschemata vergleichend eingesetzt werden (Dhoum u. Evans 1998, Breward et al. 1996, Perez-Cid et al. 1996, Raksasataya et al. 1996). Für eine bestimmte Phase selektive Extraktionsschritte sollten bei mehrmaliger Anwendung in ihren Eluat- bzw. Rückstandskonzentrationen asymptotisches Verhalten zeigen.

In Tabelle 2.1 sind einige relevante Extraktionsschemata zusammengestellt. Die mit (T) bezeichnete Methode wurde von Tessier et al. (1979) vorgestellt und gilt in einschlägigen Kreisen als Standardverfahren, auf welches sich die meisten der gebräuchlichen Extraktionsschemata beziehen und das zu den fünf einleitend genannten „klassischen" Fraktionen führt. Die Zahl der in der Praxis eingesetzten Varianten der in Tabelle 2.1 angeführten gebräuchlichen Verfahren ist beträchtlich: Beispielsweise trennen Hall et al. (1996c) die Mn- und Fe-Oxide – oft die wichtigsten Schwermetallträger in Sedimenten (Licheng u. Guijiu 1996) – durch 0,1 M bzw. 0,25 M $NH_2OH \cdot HCl$ (in 0,01 M HNO_3 bzw. 0,1 M HCl), ein Vorgehen, das aus mineralogischer Sicht nicht ganz unproblematisch erscheint (McCarty et al. 1998). Hall et al. (1996b) erhielten bei der sequentiellen Extraktion geologischer Referenzproben Übereinstimmungen zwischen der Summe der Einzelfraktionen und den zertifizierten Gesamtgehalten.

Kheboian u. Bauer (1987) haben experimentell nachgewiesen, daß die bereits angesprochene fehlende Selektivität eine nicht-phasenspezifische Umverteilung der Spurenelemente (z.B. Pb, Cu und Zn) bedingt. Auch Accomasso et al. (1993) untersuchten die Reproduzierbarkeit von Tessiers Extraktionsschema, d.h. die Reproduzierbarkeit der ablaufenden Lösungsprozesse, auf der Grundlage des Referenzmaterials BCR 145. Die extrahierbaren Konzentrationen waren nur für die Fraktionen der Carbonate, der Fe- und Mn-Oxide und den Rückstand gut reproduzierbar; die Massenbilanz erwies sich als zufriedenstellend. Neben dem Fehlen von geochemischer Spezifität (Phasenselektivität) sind während der Extraktion auftretende Readsorptionseffekte weitere Probleme des Standardverfahrens (Tack u. Verloo 1996, Hall et al. 1995, Xiao-Quan u. Bin 1993). Bei dem weiter unten besprochenen BCR-Verfahren wurde versucht, diese Fehler

Tabelle 2.1. Ausgewählte Schemata zur sequentiellen Extraktion von Böden und Sedimenten

Extraktand	Phase	Schritt				
		Methode				
		(I)	**(II)**	**(III)**	**(T)**	**(H)**
$MgCl_2$ (1 M pH 7)	A	1			1	
$BaCl_2$ (1 M pH 7)	A			1		
NH_4NO_3	A_{us}					1
NH_4OAc (+ HCl*)	A_s					2
Org. Lsg.m.*	O_l					3
Org. Lsg.m.*/KOH	$O_{Hu.F}$					4
NaOAc/HOAc	C				2	
NaOAc (1 M pH 5)	C	2		3		
$NH_2OH \cdot HCl$ (0,1 M)	sr		1	4		
$NH_2OH \cdot HCl$ (0,04 M) HOAc (25%)	Ox	3			3	
$NH_2OH \cdot HCl + NH_4OAc$	Ox_{Mn}					5
$(NH_4)_2C_2O_4$	Ox_{aFe}					6
Ascorbinsäure/Oxalatpuffer	Ox_{cFe}					7
$H_2O_2/HNO_3/NH_4OAc$	O+S				4	
H_2O_2 (8,8 M)/HNO_3 NaOAc-Extrakt	O+S	4	2	2		
HF	Si					8
HF/$HClO_4$	R	5	3		5	
Verasch./HF/HCl	R			5		
$HNO_3/HClO_4$	O_{ul}					9

* = siehe Text, M = mol/L

In Klammern angegebene Konzentrationen und pH-Werte gelten nur für die Methoden (I), (II) und (III)

(Partiell) extrahierte Phasen:

A = Austauschbare Fraktion (A_{us} unspezifisch, A_s spezifisch adsorbiert), C = Carbonate, sr = säurereduzierbare Fraktion, Ox = Fe/Mn-Oxide, O = Organisches Material (O_l löslich, O_{ul} unlöslich, $O_{Hu.F}$ Humin- u. Fulvosäuren), S = Sulfide, Si = Silicate, R = Residualfraktion

Angewandte Extraktionssequenzen:

Methode (I):	nach Förstner modifizierte Tessier-Methode
Methode (II):	kurze Methode von Salomons u. Förstner
Methode (III):	Methode von Meguellati
Methode (T):	Standardmethode nach Tessier et al. (1979)
Methode (H):	Kombinierte Methode nach Brümmer u. Hirner (Hirner 1996)

durch niedrige pH-Werte und großen Lösungsmittelüberschuß zu minimalisieren. Modellexperimente an mit synthetischem Meerwasser equilibrierten reinen Mineralphasen zeigten jedoch, daß das Problem fehlender Extraktionsselektivität auch dann noch besteht (Whalley u. Grant 1994).

Die komplexe Struktur heterogener Realproben erweist sich für die gewählte Vorgehensweise als problematisch, wenn einzelne Phasen von anderen eingeschlossen werden, z.B. bei organischen Filmen um Carbonatteilchen. Erst nach Ablösung der äußeren Schicht ist die eingeschlossene Phase für das Lösungsmittel zugänglich. In diesen Fällen hilft nur die sukzessive Wiederholung einzelner Extraktionsschritte. Ähnliche Abdeckungseffekte können auch zu erheblichen Veränderungen der Lösungskinetik führen mit dem Ergebnis, daß die gelöste Stoffmenge in annehmbarer Zeit (üblicherweise 24 h) nicht einem asymptotischen Wert zustrebt; man kann dann nur noch Langzeitextraktionen einsetzen (Schoer u. Förstner 1987).

Saouter et al. (1993) weisen auf die Problematik der Bestimmung von Quecksilber im Rahmen sequentieller Extraktionen hin, welche darin begründet liegt, daß H_2O_2 sowohl als Oxidations- als auch als Reduktionsmittel wirken kann: Wenn es eingesetzt wird, um sedimentäres organisches Material zu oxidieren und damit vergesellschaftetes Hg zu solubilisieren, treten Verluste des Analyten (als Hg^0) auf. Anorganisches $^{203}HgCl_2$ wird in Sedimenten sehr schnell (< 24h) und sehr effektiv (> 99%) an Partikeln sorbiert. Mit 1 N HCl konnten nur $6 \pm 3\%$ und mit 0,1 N NaOH lediglich $15 \pm 3\%$ extrahiert werden. $CH_3^{203}HgCl$ bevorzugt auch die Partikelphase, aber die Sorption verläuft langsamer und schwächer, woraus die größere Bioverfügbarkeit des organischen Hg in der aquatischen Phase verständlich erscheint.

Ein die sequentielle Extraktion begleitender analysentechnischer Effekt betrifft die Beständigkeit der erhaltenen Extrakte: Nach Ure et al. (1993) sind mit EDTA extrahierbare Gehalte bei tolerierbaren Konzentrationsschwankungen von bis zu 10% zwar ein bis drei Jahre stabil, Essigsäureextrakte bis etwa ein Jahr; für die niedrig konzentrierten Ammoniumacetat- und Calciumchloridextrakte ist eine Langzeitstabilität aber nicht gegeben.

Bei Voruntersuchungen des BCR zur Erarbeitung von Referenzproben für Böden und Sedimente, die hinsichtlich ihrer extrahierbaren Gehalte zertifiziert sind (s. nächster Abschnitt), wurden die in Tabelle 2.1 mit (I) bis (III) bezeichneten Extraktionssequenzen eingesetzt. Hinsichtlich der eingesetzten Eluenten ist (I) mit (T) identisch, nur wurden im zweiten Schritt HOAc und im vierten NH_4OAc als Zusatz weggelassen.

Nachdem es sich bei den in der Literatur vorgestellten Methoden um voneinander unabhängige und damit schwer gegeneinander abwägbare Verfahren handelt, liegen mit (I) bis (III) erstmals Extraktionssequenzen vor, die hinsichtlich ihrer Stoffbilanz und Reproduzierbarkeit miteinander verglichen werden können, da zwischen den einzelnen Fraktionen und Extraktionsschritten der jeweiligen Methoden folgende Beziehungen bestehen:

Methode (I):   Fraktion 1 = Schritt 1 + Schritt 2
                 Fraktion 2 = Schritt 3 + Schritt 4
                 Fraktion 3 = TOTAL - Schritte [1+2+3+4 (Residuum)]
                 TOTAL = Schritt 5 von Methode (III)
Methode (II):   Fraktion 1 = Schritt 1
                 Fraktion 2 = Schritt 2
                 Fraktion 3 = TOTAL - Schritte [1+2]
Methode (III):   Fraktion 1 = Schritte [1+3+4]
                 Fraktion 2 = Schritt 2
                 Fraktion 3 = TOTAL - Schritte [1+2+3+4]

Ein mit Klärschlamm gedüngter Boden wurde durch Rollen in einem Polyethylenbeutel homogenisiert und in mehreren Laboratorien parallel untersucht. Es ergab sich, daß, obwohl im Detail noch gravierende Fehler liegen, die Prozeduren im Prinzip gut genug übereinstimmen, um Sedimente hinsichtlich ihrer Weiterverwendbarkeit charakterisieren zu können (Ure et al. 1993). Hinsichtlich der Reproduzierbarkeit wurde herausgefunden, daß für einzelne Extraktionsschritte mit EDTA die Variationskoeffizienten der bestimmten Metallkonzentrationen zwischen 0,4 und 2,7% lagen, bei denjenigen mit Essigsäure bis zu 13% (für Fe 52%). Für die gesamten sequentiellen Extraktionsgänge ergaben sich mit Variationskoeffizienten bis zu 80% jedoch deutlich schlechtere Ergebnisse, was auf die geringen Analytkonzentrationen von typisch 0,0X bis 0,X mg/L (X eine Zahl zwischen 1 und 9) zurückzuführen war, die oft nahe der instrumentellen Nachweisgrenze lagen und deshalb eine zuverlässige Routinebestimmung nicht mehr gewährleisteten.

Organische Probenkomponenten werden in den bisher besprochenen Extraktionssequenzen ausgesprochen stiefmütterlich behandelt, da die ursprüngliche Intention dieser Verfahren nur den Schwermetallspezies galt. Da aber bekannterweise teilweise sehr hohe Metallkonzentrationen in organischen Probenkomponenten angetroffen werden (s. Kap. 3.3), ist es sinnvoll, diese Bestandteile zuerst präparativ zu isolieren (Wahle et al. 1990) und in den isolierten Fraktionen die Schwermetalle zu bestimmen (z.B. Hirner et al. 1990a,b; Hirner u. Xu 1991). Konsequenterweise wurden in die sequentielle Extraktion Schritte für organische Fraktionen eingearbeitet und als Extraktionsschema „Hirner u. Kritsotakis (1989)" in Hirner (1992c) vorgestellt. Die in Tabelle 2.1 unter (H) angegebene, neunstufige Extraktionssequenz bezieht ein von Zeien u. Brümmer (1989) beschriebenes Verfahren zur differenzierten sequentiellen Extraktion von Böden mit niedrigen Carbonatgehalten (maximal 5%) ein, in welchem auch zwischen unspezifischer und spezifischer Oberflächenadsorption sowie zwischen unterschiedlichen Oxiden differenziert wird. Nach dem ersten Extraktionsschritt wird zusammen mit NH_4OAc eine genau zur Auflösung der in der Probe vorhandenen Carbonate notwendige Menge an HCl zugegeben. Bezüglich der Separation der löslichen organischen Bestandteile (Humin- und Fulvosäuren) ist so zu verfahren, wie in Kap. 2.1.2 unter „Organische Bestandteile" angegeben.

Bei Studien zur Mobilität von Radionukliden setzten Vidal u. Rauret (1995, 1993) alleine zur Auftrennung organischer Komponenten vier Extraktionsschritte ein: 1 M $MgCl_2$, 0,1 M $Na_4P_2O_7$, 0,1 M NaOH und H_2O_2/NH_4OAc; u.U. erscheint es sinnvoll, die Proben vor den Extraktionen einer Neutronen-Bestrahlung auszusetzen (Koh et al. 1994). Hall et al. (1997) setzten sequentielle Extraktionen auch bei der Untersuchung von durch Kernwaffentests veränderten Böden ein.

Speziell für das Element Cadmium in Bodenteilchen entwickelten Krishnamurti et al. (1995) eine achtstufige Extraktionssequenz und fanden mit ihrer Hilfe heraus, daß in Al-organischen Komplexen gebundenes Cd die Bioverfügbarkeit dieses Elements entscheidend bestimmt.

Die Extraktion organischer Komponenten aus umweltrelevanten Festkörperproben kann durch erhöhte Temperatur und Druck (accelerated solvent extraction ASE) sowie beim Einsatz von Mikrowellen oder überkritischen Fluiden deutlich beschleunigt werden (Frost et al. 1997, Enders u. Schwedt 1997, 1996, Dean 1996, Kreißelmeier u. Dürbeck 1996, Wenclawiak et al. 1992).

2.1.5.2 Verfahrensstandardisierung (BCR Brüssel)

Auf Vergleichbarkeit und Richtigkeit der Ergebnisse muß geachtet werden, um sie als Vorstufe der nationalen und internationalen Normung wirklich landes- bis weltweit vergleichend diskutieren zu können. Da die Ausgaben der Industrieländer für derartige Messungen bis zu einigen Prozent ihres Bruttoinlandprodukts betragen kann, sind die ökonomischen Verluste im Falle von Falschanalysen auch entsprechend hoch: Zum Beispiel wurde der jährliche Verlust aufgrund falscher Ergebnisse in der Monitoring-Kampagne in der Nordsee, bei der etwa 60 Laboratorien beteiligt waren, mit 20 MECU beziffert (Griepink 1993). Um dies zu verbessern, haben sich zwar viele Labors Prozeduren zur Qualitätsüberprüfung unterzogen. Trotzdem offenbaren Ringversuche immer wieder gravierende Unstimmigkeiten in den Ergebnissen.

Beim für die Standardisierung zuständigen Referat (BCR) der Europäischen Gemeinschaft in Brüssel bemüht man sich deshalb, sowohl Extraktionsverfahren als auch hierzu zu verwendende Bezugsproben zu normen (Quevauviller et al. 1996b). Nach den Erfahrungen mit den im letzten Abschnitt beschriebenen Voruntersuchungen (Methoden I bis III) wurde vom BCR Brüssel eine dreistufige Extraktionssequenz entworfen (Thomas et al. 1994, Quevauviller et al. 1994, Fiedler et al. 1994); mit ihr wurden die extrahierbaren Gehalte der Spurenmetalle Cd, Cr, Cu, Ni, Pb und Zn bestimmt. Im ersten Schritt wird eine vom BCR vorgeschlagene Elutionsprozedur mit stärker verdünnter Essigsäure (0,11 M) zur Ermittlung der pflanzenverfügbaren Anteile übernommen. Schritt 2 zur Ermittlung der säurereduzierbaren Anteile (Extraktion mit 0,1 M Hydroxyammoniumchlorid) entspricht Schritt 1 der BCR-Methode (II) bzw. Schritt 4 der BCR-Methode (III) (vgl. Tabelle 2.1). Im dritten Schritt schließlich werden organisches Material und metastabile Sulfide mit 8,8 M Wasserstoffperoxid und 1 M Ammoniumacetat naß oxidiert. Einige Studien berichten über die erfolgreiche Anwendung des BCR-Schemas, so z.B. an Sedimenten (Davidson et al. 1994), insbesondere auch für Cr (Sahuquillo et al. 1995).

Während Marin et al. (1997) an einer zertifizierten Referenzprobe eine befriedigende Reproduzierbarkeit der BCR-Extraktionsschritte und eine annehmbare Übereinstimmung der insgesamt extrahierten Gehalte mit dem Gesamtgehalt fanden, mußten Davidson et al. (1998) zuweilen größere Diskrepanzen feststellen. Davidson et al. (1999) stellten Einflüsse bei der Probenvorbehandlung fest, so z.B. beim Cd durch Einfrieren und beim Pb durch Ofentrocknung der Proben; auch für Mn scheint es Probleme zu geben (Belazi et al. 1995). Usero et al. (1998) verglichen das BCR- mit dem Förstner- und dem Tessier-Schema und erhielten beim letztgenannten an marinen Sedimenten relativ niedrige Konzentrationen in den säurelöslichen und oxidierbaren Fraktionen. BCR- und Förstner-Schema erwiesen sich hinsichtlich Zn und Cd als vergleichbar, in Bezug auf Pb und für Cr, Ni und Cu in der oxidierbaren Fraktion dagegen unterschiedlich effektiv (Mester et al. 1998). BCR- und Tessier-Schema zeigten an Klärschlammproben ähnliche Ergebnisse, wobei das BCR-Verfahren aber weniger auffällig gegenüber Matrixeffekten war (Perez-Cid et al. 1996). Basierend auf den beim BCR gemachten Erfahrungen nennt Griepink (1993) als häufigste Fehlerquellen: Probenpräparation (Wiegen, Zusammenmischen der Extraktionslösungen), Extraktionsvorgang (Korrektur auf Feuchtigkeitsgehalt, Lagerungsbedingungen, Absorption/Desorption von Metallen aus Behälteroberflächen, Kontamination (z.B. durch Reagenzien oder Laborstaub), Konstanz von Temperatur und pH-Wert sowie Verluste durch Niederschlagsbildung oder Verflüchtigung) und Endbestimmung (methodenspezifische Fehlerquellen sowie Kalibrierfehler). Nach Erfahrungen des BCR gehen 25 – 30% aller Fehler auf Kalibrierfehler zurück: Insbesondere sollten Kalibrierlösungen hinsichtlich Reinheit und Stöchiometrie ständig überprüft werden. Kristallisationswasser enthaltende Verbindungen sollten so gelagert werden, daß die Stöchiometrie gewahrt bleibt.

Quevauviller et al. (1993) gibt weitere detaillierte Ratschläge aus der Praxis: Arbeiten an anoxischen Sedimentproben sollten nur innerhalb von mit Inertgas gefüllten Glove-Boxen oder -Bags durchgeführt werden (s. nächstes Unterkapitel). Bei Bodenproben sollten Aggregate klein gebrochen werden, nicht gemahlen. Nach der Extraktion ist Zentrifugieren einer Filtration vorzuziehen oder gegebenenfalls sind auch beide Verfahren miteinander zu kombinieren (Kördel u. Hund 1998). Hall et al. (1996a) zeigten, daß unterschiedliche Filtertypen die Elementgehalte von Lösungen matrixabhängig bis zu 21% verfälschen;

noch gravierender wirkt sich dies bei hydrophoben Stoffen durch Sorption an das Filtermaterial aus. Horizontales Schütteln ist vorzuziehen ebenso wie das Dekantieren dem Pipettieren, pH-Wert-Einstellungen sollten mit Essigsäure erfolgen.

Obwohl auch bei vollständiger Erfüllung formaler Qualitätsnormen (z.B. 45000 EN) keine Gewähr für Fehlerfreiheit gegeben ist, ist die Erfüllung von Normen eine Voraussetzung zur Erzielung akzeptabler und vergleichbarer Ergebnisse. Zusätzlich zur Niederlegung von Qualitätsvorschriften ist es aber auch notwendig, Training und Motivation des Laborpersonals so zu verstärken, daß Vorschriften auch vollständig und mit Sachverstand umgesetzt werden („Ein Kochrezept ersetzt das Denken nicht"). Moderne Personalmanagementtechniken durch Delegation von Verantwortung und Motivation sollten dabei eine wichtige Rolle spielen.

2.1.5.3 Anaerobe Ablagerungsbedingungen

An anoxischen Sedimentproben aus dem Hamburger Hafen konnte exemplarisch der Effekt der Oxidation in der Umwandlung der Spezies von Cd und anderer Spurenmetalle gezeigt werden (Förstner u. Salomons 1991): Die signifikanten Veränderungen können dem Luftkontakt und der Dehydrierung des Sediments zugeschrieben werden und nicht etwa experimentellen Artefakten wie der Probeninhomogenität, da die Summe der Metallkonzentrationen aller Einzelfraktionen innerhalb 10% miteinander übereinstimmte. Aus diesen Erkenntnissen ergibt sich als eine der Hauptanwendungen die Abschätzung der Langzeitstabilität von Metallmobilitäten unter variablen Umweltbedingungen. Obwohl die einzelnen Fraktionen der sequentiellen Extraktion einzelne Metallspezies reflektieren sollen („operationelle Phasen"), simuliert das Extraktionsmedium besonders extreme Umweltbedingungen wie die Wechselwirkung mit salinen Wässern in Estuarien oder reduzierende Bedingungen bei Landablagerung von Baggerschlämmen recht gut. Die insgesamt signifikantesten Effekte zur Remobilisierung von Schwermetallen können bei Versauerung entweder durch atmosphärische Emissionen oder durch Oxidation sulfidischer Verbindungen in anoxischen Abfällen erwartet werden.

Die Bindungsformen von Co, Cd, Cu, Pb und Zn in anoxischen, sulfidreichen Sedimenten wurden von Wallmann et al. (1993) sowohl mit Hilfe thermodynamischer Gleichgewichtsrechnungen als auch mittels sequentieller Extraktionen untersucht. Auf sauerstofffreie Bedingungen während des gesamten Experiments wurde geachtet. Die Rechnungen ergaben, daß die Spurenmetalle in Sulfidmineralen gebunden sind. Die Ergebnisse sequentieller Extraktionen zeigten aber eine zunehmende Bedeutung austauschbarer und reduzierbarer Fraktionen in der Reihenfolge Cu < Cd < Pb < Zn < Co. Thermodynamische Gleichgewichtsberechnungen der während der Extraktionen ablaufenden chemischen Reaktionen zeigten, daß Cd-, Co-, Pb- und Zn-Sulfide in signifikanten

Anteilen in den acetataustauschbaren und oxalatreduzierbaren Fraktionen löslich sind. Vernachlässigung der Löslichkeit von Sulfidmineralen würde daher zur Fehlinterpretation der experimentellen Ergebnisse führen: Vergleicht man publizierte Studien, so erhält man für den Sulfidanteil der Proben deutlich geringere Gehalte als bei anoxischen Sedimenten zu erwarten wäre. Insbesondere die 25%ige Essigsäure als Lösungsmittel im vorausgehenden Extraktionsschritt löst aber bereits unterschiedlich effektiv Sulfide, z.B. größere Anteile des Mackinawits. Der Kristallisationsgrad des FeS bestimmt auch, ob diese Phase erst beim oxidierenden Extraktionsschritt oder bereits früher auftritt. Die gute Übereinstimmung zwischen der berechneten Löslichkeit der Spurenmetallsulfide und der entsprechenden Konzentrationen in den jeweiligen Extraktionsfraktionen ist beeindruckend und legt nahe, daß die Extrahierbarkeit der Metalle von den Sulfidmineralen kontrolliert wird. Somit sollten in Extraktionsstudien nicht nur die Spurenmetalle, sondern auch Hauptkomponenten wie Sulfide und Calcium berücksichtigt werden, die Lösungs-/Niederschlags- und Adsorptions-/ Desorptionsgleichgewichte beeinflussen.

Zusammenfassend zu diesem Abschnitt kann festgestellt werden, daß gerade mit der Methode der sequentiellen Extraktion das Verhalten einer Boden- oder Sedimentprobe unter tatsächlichen oder angenommenen anaeroben Bedingungen im Hinblick auf die Remobilisierung umweltrelevanter Probenbestandteile untersucht werden kann. Extremste Vorsicht ist aber geboten, um bei Probenahme, -transport, -lagerung und -vorbereitung (einschließlich sequentielle Extraktion!) sowie bei Inkubationsexperimenten wirklich jeglichen Sauerstoffkontakt vermeiden zu können.

2.1.6 Elutionstests zur Mobilitätsabschätzung

Im Gegensatz zur vorher besprochenen sequentiellen Extraktion wird bei Elutionsverfahren die Probe nicht vollständig, sondern in einem einzigen Auslaugschritt nur partiell extrahiert; man spricht bei Elutionen auch von einstufiger Extraktion. Demnach interessiert nicht die gesamte Zusammensetzung der Probe, sondern nur deren unter umweltrelevanten Gesichtspunkten auslaugbare und damit mobile Anteile.

2.1.6.1 Einteilung, Technik und Anwendung von Elutionstests

Elutionsverfahren lassen sich in statische und dynamische Tests einteilen (Fachgruppe Wasserchemie 1997, Hirner 2000). Die statischen Tests können in vier weitere Gruppen aufgeteilt werden: Schütteltest (bewegt), Standtest (unbewegt), Parallelextraktion und Sättigungstest.

In Schütteltests sollen die Gleichgewichtszustände zwischen Eluat und Probe so schnell wie möglich erreicht werden. Die Bewegung (üblicherweise auf einem Horizontalschüttler) stellt eine homogene Mischung aus Feststoff und Flüssigkeit her und gewährleistet einen guten Kontakt zwischen Probe und Elutionsmittel. Die Zerkleinerung der Probe soll die Kontaktoberfläche vergrößern, Verluste beim Massentransport verhindern und reproduzierbares Arbeiten ermöglichen. Das Zerkleinern reduziert die Testdauer, da der Gleichgewichtszustand schneller erreicht wird, hat aber den Nachteil, daß dadurch die Auslaugung der Stoffe überschätzt werden kann. Letzteres ist nicht unbedingt von Nachteil, da man damit hinsichtlich der Gefährdungsabschätzung auf der „sicheren" Seite liegt (d.h. potentielle Gefahren nicht unterschätzt). Man sollte aber beim Zerkleinerungsprozeß nicht zu weit gehen und die Probe aufmahlen, um das ursprüngliche Phasengefüge nicht zu sehr zu zerstören. Setzt man den Feststoff unzerkleinert ein, liegt eine Abbildung der realen Situation vor.

Standtests haben diesen Nachteil nicht und damit den Vorteil, daß die physikalischen Eigenschaften der Probenmatrix während der Untersuchung beibehalten werden und diese Mechanismen in die Untersuchung mit eingehen. Der Nachteil besteht darin, daß ein Standtest zur Erreichung des Gleichgewichts eine wesentlich längere Versuchsdauer in Anspruch nimmt als ein Schütteltest.

Die im vorhergehenden Kapitel behandelten sequentiellen Extraktionsverfahren gehören als solche eigentlich nicht zu den Elutionsverfahren. Da man die unterschiedlichen Extraktionsschritte jedoch auch parallel statt hintereinander durchführen kann, kann man diese als mehrere einzelne Schütteltests auffassen, bei denen kleine Probemengen parallel unterschiedlichen, immer aggressiveren Elutionsmitteln ausgesetzt werden. Diese Verfahren sind so angelegt, daß bei jedem Elutionsschritt die ausgelaugten Stoffe zusammen die Summe des vorherigen Schrittes überschreiten.

Der Sättigungstest wird mit kleinen L/S-Verhältnissen durchgeführt (L/S = liquid/solid; Mengenverhältnis zwischen Flüssigkeit und Feststoff). Kleine Probenmengen werden mit derselben Elutionsflüssigkeit in Kontakt gebracht und somit das Eluat immer weiter aufkonzentriert. Diese Art der Elution stellt ein Modell dar, bei dem dieselbe Flüssigkeit durch einen großen Boden- oder Abfallkörper strömt und mit vielen Schadstoffen in Berührung kommt. Es wird bestimmt, welche Stoffe sich in welcher Menge im Eluat lösen können. In manchen Fällen wird damit die Zusammensetzung von Poren- bzw. Sickerwässern simuliert.

Unter dynamischen Tests versteht man all diejenigen experimentellen Anordnungen, bei denen die Elutionsflüssigkeit kontinuierlich oder stufenweise erneuert wird (Flaschen, Säulen, Lysimeter). Die stufenweise bzw. kontinuierliche Erneuerung kann die Effekte des Austrocknens und der Wiederbefeuchtung bzw. der Fließbedingungen im ungesättigten Bereich widerspiegeln. Dynamische Tests liefern in erster Linie Informationen über die Stoffmobilisierung als Funktion der Versuchsdauer. Versuche werden oft so entworfen, daß die Beschaffenheit und der Aufbau der Probe erhalten bleiben. Dynamische Tests können weiterhin in vier Untergruppen unterteilt werden: Serieller Flaschentest (serial batch test), Umströmungstest (flow around test), Durchströmungstest (flow through test) und Soxhlet-Test.

In Flaschentests werden meist körnige oder gemahlene Proben verwendet, die in einem bestimmten Verhältnis mit dem Elutionsmittel gemischt werden. Nach einer bestimmten Kontaktzeit werden Probe und Eluat getrennt und die Probe anschließend mit neuer Elutionsflüssigkeit versetzt. Dieser Vorgang wird so lange wiederholt, bis die Anzahl der vorgegebenen Schritte erreicht ist; normalerweise werden die Proben bei der Elution geschüttelt. Die aus der Analyse jeder einzelnen Elutionsstufe in seriellen Flaschentests gewonnenen Informationen geben einen Hinweis auf die zeitliche Auslaugung von löslichen Bestandteilen. In den Umströmungstests wird gewöhnlich ein größerer Brocken Probenmaterial in einem Elutionsgefäß von ständig neuem Elutionsmittel umströmt. Das L/S-Verhältnis wird bestimmt durch das Volumen des Elutionsmittels bezogen auf die Oberfläche der Probe. Zerkleinerte Proben können u.U. auch verwendet werden, wenn sie in geeigneten Behältern festgehalten werden. Eine Bewegung der Probe wie Schütteln oder Rühren ist generell nicht vorgesehen. Das Elutionsmittel strömt kontinuierlich durch einen Behälter oder die Probe wird stufenweise neuem Elutionsmittel ausgesetzt. Das Eluat kann somit periodisch untersucht werden.

Zum Durchströmungstest werden Behälter mit durchlässigem Probenmaterial gefüllt. Das Elutionsmittel durchströmt die Probe kontinuierlich oder stufenweise. Das Eluat wird gesammelt und kann in bestimmten Zeitintervallen analysiert werden. Es gibt zwei Grundtypen von Durchströmungstests, die sich hauptsächlich durch die Größe und die Form der Behälter unterscheiden: Säulentests (kleinere zylindrische Körper) und Lysimetertests (große zylindrische oder prismatische Körper).

Je größer der Probenkörper ist, desto geringer sind die Einflüsse von Inhomogenitäten und Wandeffekten. Säulen können entweder von oben nach unten oder von unten nach oben durchströmt werden. Die Durchflußmenge hängt von der Durchlässigkeit der Probe und dem hydraulischen Gradienten ab; die Versuchsdurchführung erfolgt meist unter Druck bei einer konstanten Durchflußrate. Die Vorteile dieser Methode liegen hauptsächlich in einem den natürlichen Verhältnissen ähnlichen L/S-Verhältnis, in der weitgehenden Automatisierbarkeit des Meßbetriebs und der relativ einfachen Ermittlung von Gleichgewicht und kinetischen Koeffizienten. Vorsicht ist geboten, wenn unnatürliche Kanäle für Wasser (z.B. Rißbildung durch Schrumpfung) oder Verstopfungen durch sehr feinkörniges Material oder biologischen Bewuchs vorliegen. Bei Lysimeterversuchen ist zwar einerseits die Variationsbreite zur Simulation umweltrelevanter Szenarios beachtlich groß (z.B. Einfluß der Vegetation auf der Bodenoberfläche), andererseits ist deshalb die Überwachung und Dokumentation einer Vielzahl von Versuchsparametern notwendig.

Der Soxhlet-Test wird ebenfalls unter kontinuierlichen Durchflußbedingungen durchgeführt. Abweichend zu den vorher beschriebenen Tests wird das Eluat jedoch nach dem Durchfluß verdampft und nach der Kondensation der Probe wieder zugeführt; die Anzahl der Wiederholungen (Zyklen) wird häufig in der Praxis festgelegt. Für die Elution sind möglichst niedrigsiedende Flüssigkeiten zu verwenden. Bei dieser Form der Elution für nichtflüchtige Schadstoffe werden keine kinetischen Informationen gewonnen, sondern es wird bei hohen L/S-Verhältnissen eine Art maximaler Auslaugbarkeit bestimmt.

Bei der Vielzahl der unterschiedlichen eingesetzten Methoden und gewählten Meßparameter ist es nur sehr schwer möglich, die Ergebnisse von Literaturstudien miteinander zu vergleichen, insbesondere auch deshalb, weil analytische Kenngrößen wie z.B. Reproduzierbarkeit oder Selektivität nicht bekannt sind. Eine derartige Situation ist untragbar, wenn es um Erarbeitung und Überwachung von einheitlichen Umweltqualitätsstandards geht, die exponierte Bevölkerungskreise vor Gefährdungen bewahren sollen. Hier ist als umgekehrte Entwicklung gerade die Festschreibung und damit Normung von Methoden und Parametern notwendig.

Von den vielen oben aufgeführten Verfahren werden im folgenden Text deshalb nur diejenigen eingehender behandelt, die auf nationaler Ebene bereits Eingang in offizielle Regelwerke gefunden haben (insbesondere durch das BBodSchG) oder in der Praxis der Abfall- und Bodenbewertung eine wichtige Rolle spielen.

Elutionstests sind nicht unumstritten: Beispielsweise sollten nach Frigge (1990) wegen der geringen Aussagekraft von Eluatschnelltests diese nicht für die Erstellung von Entsorgungsrichtlinien herangezogen werden. Vielmehr seien hierzu praxisnahe Lysimetertests geeignet, die zwar eine wesentlich längere Versuchsdauer beanspruchen, aber in Zusammenhang mit anderen Versuchen aussagekräftiger hinsichtlich des Langzeitverhaltens von Deponien wären.

Eine Sonderstellung nehmen Elutionstests ein, die das Verhalten der Probe bei Änderung der Redoxbedingungen ermitteln sollen (z.B. Remobilisierung von Metallen bei Oxidation und deren Fixierung als Sulfide bei Reduktion), insbesondere, wenn letztere durch anaerobe Verhältnisse festgelegt werden. Abgesehen von einer strikt sauerstofffreien Arbeitsweise liegt die notwendige Zeit für derartige Experimente jedoch in der Größenordnung von Wochen im Gegensatz zu Stunden bei pH-Experimenten.

2.1.6.2 Elutionstest Grundwassergefährdung im internationalen Vergleich

Eine kurze Zusammenstellung der im letzten Abschnitt beschriebenen statischen und dynamischen Verfahren findet sich auf S.387 von Förstner (1993a). Besonders erwähnenswert ist der als Schütteltest zuerst 1986 von der US-EPA eingeführte TCLP-Test (Francis et al. 1988) und der niederländische SOSUV-Test (Van der Sloot et al. 1984). Um saure Niederschläge zu simulieren, gelangt bei letztgenanntem mit Salpetersäure auf pH 4 angesäuertes Wasser zum Einsatz. In einem ähnlichen Testverfahren aus der Schweiz wird mit Kohlendioxid gesättigtes Wasser (pH 4 bis 4,5) als Elutionsmittel verwendet (Tobler 1990). Übliche einstufige Auslaugtests (z.B. USEPA, ASTM, IAEA; ICES und DEV) benutzen destilliertes Wasser oder Essigsäure (Förstner u. Salomons 1991). Eine Großzahl der Testprozeduren wurde speziell für Böden entworfen; diese setzen auch organische Chelatbildner wie EDTA oder DTPA in ein- und mehrstufigen Tests ein.

Alle diese Elutionsverfahren sind schwerpunktmäßig für die Bestimmung anorganischer Komponenten ausgelegt. Bevor im nächsten Abschnitt auf die in Deutschland übliche Praxis der Elutionstests sowohl in anorganischer als auch in organischer Ausrichtung detailliert eingegangen wird, wird in diesem Abschnitt die Situation im Ausland kurz skizziert, wobei die entsprechenden Ausführungen einer vom Landesumweltamt Baden-Württemberg in Auftrag gegebenen Studie entnommen wurden (Blankenhorn 1994). Einige Richtlinien und Gesetzesvorgaben zur Bewertung der Schadstoffkonzentrationen in den Eluaten sind in Kap. 3.3 von Alloway u. Ayres (1996) zusammengestellt.

Niederlande. Im Jahre 1986 wurde in den Niederlanden die erste Untersuchung über die Entwicklung eines Elutionsverfahrens für organische Schadstoffe in Abfällen veröffentlicht. Seit Mitte 1989 wurden beim RIVM (Rijks Institut voor Volksgezondheit en Milieu) umfangreiche Untersuchungen mit dem Ziel durchgeführt, normierte Elutionsverfahren für flüchtige/nichtflüchtige organische Schadstoffe zu entwickeln. Ausgegangen wird von den als Vornorm vorliegenden Verfahren für anorganische Schadstoffe:

Verfügbarkeitstest	maximale Auslaugbarkeit	pH 4/7 (gesteuert)	6 h
Säulentest	Auslaugbarkeit körniger Materialien	pH_{init} 4	20 h
Kaskaden-Schütteltest	Auslaugbarkeit körniger Materialien	pH_{init} 4	5 d
Diffusionstest	Auslaugbarkeit intakter Körper	pH_{init} 4	64 d

Alle Entwicklungen von Elutionsverfahren für schwer lösliche organische Schadstoffe bauen auf den Normentwürfen für anorganische Schadstoffe auf. Ein wichtiger Gesichtspunkt in der weiteren Entwicklung von Tests war das Zufügen von organischen Stoffen zum Elutionsmittel; hohe pH-Werte führen zur Mobilisierung von Huminstoffen. Dieser organische Stoff soll als Modellstoff für Huminstoffe fungieren, da diese in der Natur häufig vorkommen und die Löslichkeit hydrophober organischer Verunreinigungen erhöhen. Die Zugabe eines solchen Modellstoffes erscheint sinnvoll beim Verfügbarkeitstest und bei Tests zur Vorhersage der Auslaugung vermischter Ablagerungen organisch/anorganischer Abfälle (Verboom u. van Noort 1989).

USA. Das Thema Auslaugung von Schadstoffen nimmt in den USA einen großen Stellenwert ein. Innerhalb der United States Environmental Protection Agency (EPA) wurde eine eigene Arbeitsgruppe geschaffen mit dem Ziel, die

Vorgänge und Mechanismen bei der Elution von Schadstoffen aufzuklären (Leachability Subcommittee).

1986 entwickelte die EPA als Ersatz für das Standardelutionsverfahren EP Tox (extraction Procedure, Methode 1310) das TCLP-Verfahren (Toxicity Characteristic Leaching Procedure, Methode 1311). Dieser Test wurde entwickelt, um das Auslaugpotential von anorganischen und organischen Schadstoffen in Abfällen zu bestimmen. Es wurde von Auslaugbedingungen ausgegangen, die eine gemeinsame Ablagerung von Industriemüll (5%) und Hausmüll (95%) simulieren sollten. Hausmüll bildet innerhalb von Deponien Essigsäure, weshalb für diese Methode Essigsäure als Elutionsmittel gewählt wurde. Aufbauend auf dem TCLP-Verfahren wurde mit der Methode 1312 ein Elutionsverfahren für kontaminierte Böden entwickelt. (Elutionsmittel Lösung aus Salpeter- und Schwefelsäure bei pH von 4 bis 5).

Derzeit liegt eine Reihe von Elutionsverfahren vor, die generell als statisch oder dynamisch charakterisiert sind. In allen Fällen wurden wässrige Lösungen als Elutionsmittel verwendet. Die L/S-Verhältnisse reichen von 2:1 bis 20:1 und die Kontaktzeiten von 18 Stunden bis zu mehreren Tagen, in manchen Tests sogar Jahre.

Vergleiche zeigen, daß die Elution mit destilliertem Wasser annähernd die gleichen Ergebnisse liefert wie alle anderen Elutionsmittel (Warner et al. 1981). Die Verwendung sowohl von Essig- bzw. Zitronensäurelösung als auch die Verwendung von Igepal CO-630 steigerte die Aggressivität des Elutionsmittels gegenüber den untersuchten Stoffen nicht in signifikanter Weise. Die Auslaugeffizienz für hydrophobe Stoffe lag zwischen 1 und 16%, während etwa für Phenol, einen sehr hydrophilen Stoff, eine Auslaugeffizienz von 100% erreicht wurde.

Europäische Gemeinschaft. Mit der einstufigen Extraktionsprozedur nach BCR wurden extrahierbare Gehalte der folgenden Spurenmetalle bestimmt: Cd, Cr, Cu, Ni, Pb und Zn; extrahiert wurde mit 0,05 M EDTA und 0,43 M Essigsäure.

Bei der EG wurden bereits Ringanalysen zur Elution von stabilisierten Abfällen durchgeführt. Es ergab sich eine gute Reproduzierbarkeit außer für Pb, Ba und Sulfat. Bei Pb und Ba waren die Gehalte zu nahe an den Nachweisgrenzen der eingesetzten Analysenmethoden, bei Sulfat spielte die Probenalterung eine Rolle. Mittels eines pH_{stat}-Tests (s. nächster Abschnitt) konnten die Ergebnisse der verschiedenen Einstufenextraktionen sinnvoll aufeinander bezogen werden.

2.1.6.3 Elutionstest Grundwassergefährdung in Deutschland

In Deutschland genießt der Grundwasserschutz hohe Priorität: Verunreinigtes Grundwasser gilt nach dem Wasserhaushaltsgesetz als Störung der öffentlichen Sicherheit oder Ordnung. Die Erstellung eines wässrigen Eluats bei der Durchführung von Gefährdungsabschätzungen in Bezug auf Schadstoffemissionen aus Festkörpern ist Stand der gängigen Verfahrenspraxis. So wird z.B. im Staatsanzeiger für das Land Hessen vom 1.2.93 die Entsorgung von belasteten Böden festgeschrieben: Es wird zwischen unbelastetem, belastetem und verunreinigtem Bodenaushub auf der Grundlage vorgegebener Orientierungswerte, die auf Eluat- (S4) und Feststoffanalytik (S7) beruhen, unterschieden. Zur Einzelstoffanalytik werden die entsprechenden Vorschriften der DIN 38 XXX-Serien verbindlich festgelegt. Auch in Baden-Württemberg werden zur Abschätzung der eluierbaren Anteile derzeit In-vitro-Eluate nach dem DEV-S4-Verfahren herangezogen, wobei allerdings bekannt ist, daß bei lipophilen organischen Stoffen (z.B. PAK) die labormäßig ermittelte Eluatbelastung (z.B. durch Adsorption an Laborgefäßen und Filtermaterialien) Teile der Schadstoffbelastung u.U. nicht widerspiegelt (Süßkraut et al. 1994).

In der gemeinsamen Verwaltungsvorschrift des Umweltministeriums und des Sozialministeriums (Baden-Württemberg) über Orientierungswerte für die Bearbeitung von Altlasten und Schadensfällen vom 16.9.93 werden zur Beurteilung der Gefährdung von Schutzgütern sowie zur Festlegung von Sanierungszielen Konzentrationswerte genannt. Diese sind in drei Belastungsstufen unterteilt, nämlich Hintergrundwerte (H-Werte, als grundsätzliche Anforderung), Prüfwerte (P-Werte, als allgemeine Mindestanforderung) und maximal zulässige Emissionswerte (eM-Werte, als einzelfallbezogene Mindestanforderung). Die P-Werte zum Schutze des Grundwassers beziehen sich auf den durch Sickerwasser oder Grundwasser eluierbaren Anteil der Schadstoffe im kontaminierten Boden. Auch auf Bundesebene bezieht man sich auf den wässrigen Probenauszug: Die Zweite bzw. Dritte Allgemeine Verwaltungsvorschrift zum Abfallgesetz, Technische Anleitung (TA) Sonderabfall bzw. TA Siedlungsabfall fordern in den Anhängen B und A zur Probenahme und den Analysenverfahren die Eluatherstellung nach DIN 38 414 S4 (als Euronorm DIN EN 12457). Die Ermittlung der Eluierbarkeit zum Zweck der Beurteilung des Auslaugverhaltens von Abfällen basierend auf der Elution mit pH-neutralem Wasser ist aber nicht unproblematisch: So heißt es bereits im Vorwort zur DIN-Norm: „Die Schädlichkeit des deponierten bzw. zu deponierenden Materials ist aus den Analysenwerten des Eluats allein nicht zu ermitteln". Überdies wird darauf hingewiesen, daß es „Zur Beantwortung besonderer Fragen zweckmäßig sein kann, andere Elutionsflüssigkeiten als Wasser zu verwenden". Schwierigkeiten mit der Beurteilung von S4-Eluaten ergeben sich z.B. u.a. immer dann, wenn es sich um in Wasser schwer lösliche Verbindungen handelt.

Zur Beurteilung der von Bodenverunreinigungen/Altlasten für das Grundwasser ausgehenden Gefahren sollen nach den Vorstellungen der Länderarbeitsgemeinschaften Wasser (LAWA) und Abfall (LAGA) sowie der Bund-/Länderarbeitsgemeinschaft Bodenschutz (LABO) Eluatanalysen herangezogen werden (DIN 38414-4, DIN 19730, DIN V-19735, DIN V-19736). Wenn ein Zutritt von sauren Sickerwässern oder Lösungsvermittlern bzw. eine Änderung des Redox-Potentials vorliegt bzw. zu erwarten ist, können weitere Verfahren wie z.B. der pH_{stat}-Test angewendet werden. Aus den Ergebnissen der Eluatuntersuchung muß die Stoffkonzentration im Sickerwasser – in der Regel nach rechnerischer Korrektur (z.B. nach DIN V-19735 und DIN V-19736) – abgeleitet und mit vorgegebenen Prüfwerten verglichen werden. In der Fassung vom 12.11.1997 werden beispielsweise als Prüfwerte genannt (Konzentrationen in µg/L): Hg, Benzol, Chlorphenole und -benzole (je 1); Cd (5); Tl und Cr^{VI} (je 8); As, Pb, Se, Sb, BTX-Aromaten und CKW (je 10); Co, Cu, Mo, Ni, V und Cyanid (je 50). In ähnlicher Weise müssen nach den Ausführungen des Bayerischen Landesamtes für Wasserwirtschaft (Slg.LfW, Teil 3, Merkblatt Nr. 3.8–10 vom 1.6.1997) mobile bzw. mobilisierbare Stoffanteile ermittelt und die derzeit vorliegenden und später zu erwartenden Konzentrationen (Emissionsprognose) im Sicker- oder Kontaktgrundwasser abgeschätzt werden. Über Sinn und Nutzen von S4- und pH_{stat}-Tests ergänzende Eluat-Untersuchungen oder Säulenversuche sei im Einzelfall zu befinden.

Nach dem BBodSchG muß festgestellt werden, mit welcher Wahrscheinlichkeit Schadstoffe aus kontaminiertem Erdreich die gesättigte Zone erreichen. Der „Ort der Gefahrenbeurteilung" bei einer solchen „Sickerwasserprognose" ist der Übergangsbereich von der ungesättigten zur wassergesättigten Zone (= Grundwasseroberfläche); das prognostizierte Sickerwasser darf dort Prüfwerte gemäß Anhang 2 EBodSCHV nicht überschreiten (Pfeifer et al. 1999). Für die Abschätzung, welche Schadstoffkonzentrationen am Übergang von der wasserungesättigten (Sickerwasser-) zur wassergesättigten (Grundwasser-) Zone zu erwarten sind, wird ein Prognosewert aus der „Quellstärke des Schadstoffs" und seiner „Konzentrationsänderung beim Transport" (u.a. Diffusion nach dem 2. Fickschen Gesetz) errechnet (Förstner 1999).

Ein äußerst kritischer Punkt bei der eingeschlagenenVorgehensweise ist der Rechenmodus, mit dem aus den Analysenergebnissen an Eluaten zu erwartende Stoffgehalte im Sickerwasser prognostiziert werden (DIN V-19735). Neben mehreren objektbezogenen diesbezüglichen Diskussionspunkten (Ruf et al. 1997, Pfeifer et al. 1999) ist schlicht die mathematische Vorgehensweise wissenschaftlich nicht haltbar: In den zugrunde liegenden Korrelationsdiagrammen (Liebe et al. 1997, 1995; Bistry 1998) ist die Beziehung zwischen Eluat- und Bodensättigungsextraktgehalten (die wiederum den Sickerwassergehalten entsprechen sollen) viel zu schlecht, um (nach logarithmischer Transformation) in die Gestalt einer Ausgleichsgeraden gebracht zu werden.

In Kap. 3 des im Februar 1998 beschlossenen Bundes-Bodenschutz-Gesetzes (BBodSchG) werden für Bodenuntersuchungen neben Königswasserauszug, Ammoniumnitratextraktion und Wasserelution auch anderweitige Elutionsverfahren zugelassen, sofern als Konvention ein Bezug auf den Bodensättigungsextrakt möglich ist. Alle vergleichbaren Verfahren können herangezogen werden, die bereits erfolgreich bei praktischen Fragestellungen angewendet worden sind; im Einzelfall sind gutachterliche Stellungnahmen notwendig. Laut Bundesgesetzblatt vom 16.7.99 werden folgende Schadstoffe berücksichtigt: As, Cd, Co, Cr (Cr^{VI}), Cu, Hg, Mo, Ni, Pb, Se, Sn, Tl, Zn, Cyanide, Fluoride, MKW, LHKW, BTEX, Benzol, PAK (Benzo(a)pyren, Naphthalin), Phenole, Aldrin, PCB, PCP, HCB, HCH, DDT und PCDD/F.

Soweit die beispielhaften Ausblicke in die Praxis, die bereits vermuten lassen, daß die gestellte Bewertungsaufgabe wohl eine besonders schwierige sein muß. Deshalb soll versucht werden, die Situation nochmals aus umweltchemischer Sicht schrittweise aufzubauen: Ausgangspunkt der folgenden Überlegungen sei die Situation des Praktikers in Deutschland, der Abfall- und Bodenbewertungen hinsichtlich der Auslaugbarkeit von Schadstoffen durchzuführen hat: Da sich allgemein eingesetzte Beurteilungskriterien auf anerkannte, möglichst genormte Verfahren stützen sollen, greift man erst einmal auf die deutsche Norm (DIN) 38414 zurück. Im Teil 7 dieser Norm (S7) werden die anorganischen Bodenbestandteile im Königswasserauszug nahezu vollständig gelöst. Da neben dem Gesamtgehalt an Schadstoffen aber besonders deren mobile Anteile interessieren, bestimmt man nach Teil 4 der Norm (S4-Elution) die mit Wasser eluierbaren Schadstoffe. Für die im Feststoff enthaltenen organischen Schadstoffe kommen die für die jeweilige Stoffgruppe zuständigen DIN-Vorschriften zur Anwendung. Ein Boden gilt als belastet, wenn die auf oben beschriebene Weise erhaltenen Konzentrationen die vorgeschriebenen bzw. vorgeschlagenen Richt- und Prüfwerte überschreiten.

So sehr es zu begrüßen ist, daß für Beurteilungsfragen der Mobilitätsaspekt Berücksichtigung findet, ist aber auch festzustellen, daß die S4-Elution hierfür sicherlich nicht die ideale Methode ist: Sie ermöglicht zwar die Abschätzung des initialen Verhaltens von zu deponierendem Material (besonders solches, welches noch nie Wasser „gesehen" hat wie z.B. innere Bruchflächen bei Gebäudeabriß), erfaßt u.a. aber – wie auch in der DIN erwähnt – nicht schwer wasserlösliche organische Schadstoffe (Friege et al. 1990) und kann daher nicht sinnvoll auf reale Böden angewendet werden, die bereits aggressiveren Wässern für viel längere Zeiten ausgesetzt waren. Ein weiteres Problem der „S4-Vorschrift" ist die fehlende Reproduzierbarkeit der Elution sowohl anorganischer, als besonders auch organischer Schadstoffe (Friege et al. 1990, Wienberg et al. 1990). Im Ringversuch ergaben sich bei der Reproduzierbarkeit Abweichungen von bis zu 150%, die auf ca. 50% reduziert werden konnten, nachdem eine Druckfiltration eingeführt und nur auf das Anfangsfiltrat zurückgegriffen wurde (s. EW 98, LAGA 1999).

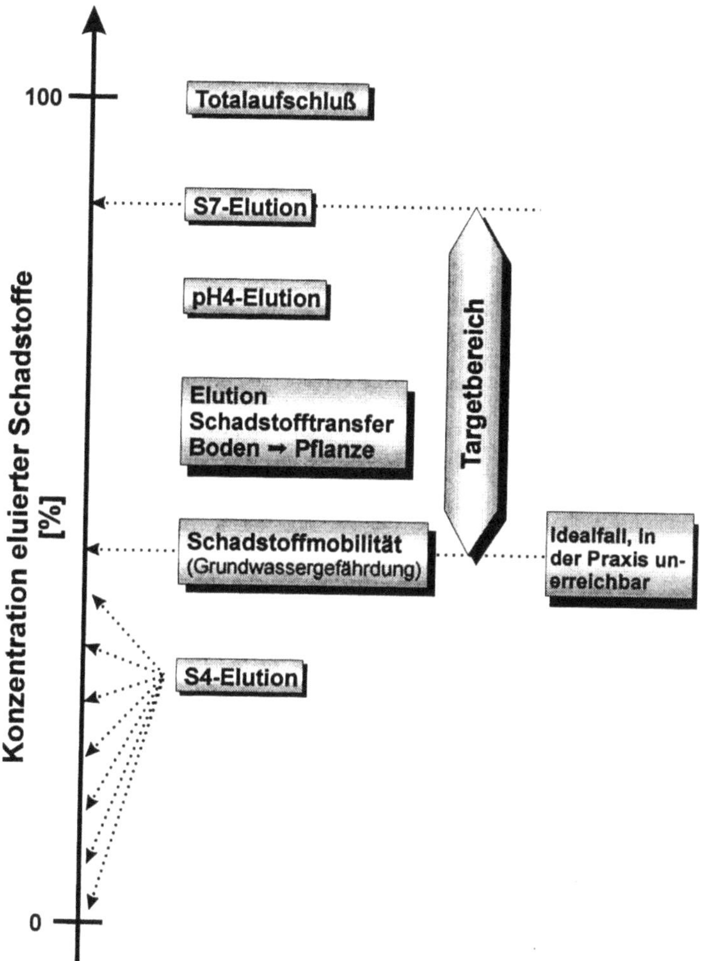

Abb. 2.2. Zur umweltrelevanten Einordnung von Elutionstests

Es stellt sich somit das Problem, einen wirklich umweltrelevanten Elutionstest
zur Bewertung kontaminierter Böden zu konzipieren. Hierzu muß das Schutzgut
und damit der interessierende Gefährdungspfad eindeutig festgelegt werden.
Handelt es sich hierbei (wie in diesem Textabschnitt) um die Grundwassergefährdung durch Schadstoffe, so müßte die Schadstoffkonzentration im Eluat
zwischen derjenigen der S4 und S7-Elutionen liegen, wie in Abb. 2.2 schematisch angedeutet ist. Da wir für den angesprochenen Fall den idealen umweltrelevanten Elutionstest nicht kennen, müssen wir im Sinne des Vorsorgeprinzips
unsere Näherungsversuche im eingezeichneten „Targetbereich" ansiedeln, der
im Sinne einer Gefahren- und Umweltvorsorge zuverlässig das reale Mobilitäts-
potential nicht unterschätzt. In diesem Bereich sind für anorganische Schad-

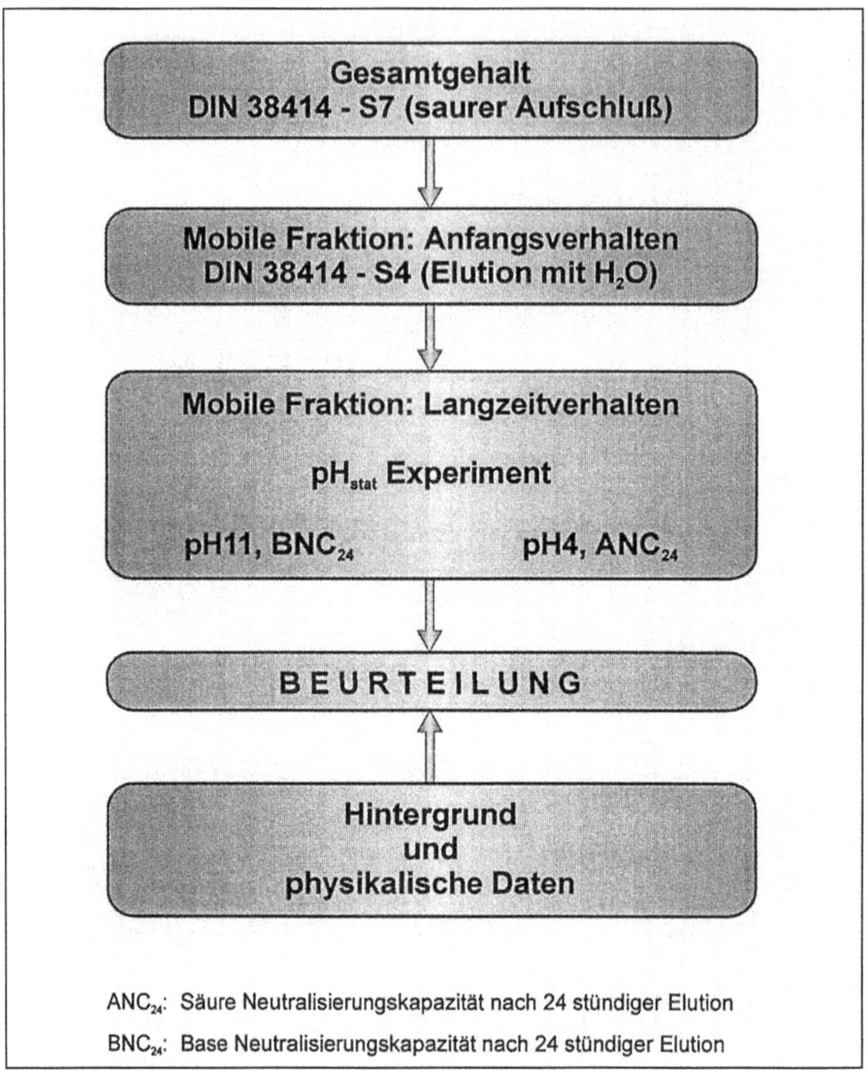

Abb. 2.3. Vorgehensweise nach dem pH_{stat}-Test nach Obermann u. Cremer (1991)

stoffe bereits Elutionstests zum Transfer vom Boden in die Pflanze (Zeien u. Brümmer 1989) und der pH_{stat}-Test (NRW-Methode) (Obermann u. Cremer 1991) zu finden.

In Abb. 2.3 ist schematisch die Vorgehensweise bei der Bewertung der Schadstoffexposition durch aus umweltrelevanten Festkörpern auslaugbare anorganische Bestandteile dargestellt, wie sie z.B. in Nordrhein-Westfalen oder Hamburg favorisiert wird: Der Königswasserauszug als erste Bestimmung läßt bereits erkennen, ob die Probe so hohe Konzentrationen an Schadstoffen enthält, daß

– angenommen, sie wären alle mobil – eine Belastungssituation vorliegen könnte. Kann diese Frage verneint werden, sind weitere zeit- und kostenintensive Untersuchungen (zumindest aus wissenschaftlichen Gründen) nicht mehr nötig. Ansonsten führt man die formal vorgeschriebene wässrige Elution durch, deren Ergebnis eine hinreichende Beurteilung des Initialverhaltens von „frischem" Abfallmaterial (vgl.o.) im Falle seiner Ablagerung auf einer Deponie ermöglichen sollte.

Als Grundlage einer Abschätzung des Langzeitverhaltens, wie es z.B. im Falle von Altlasten notwendig erscheint, wird eine Elution bei konstantem pH-Wert durchgeführt (pH_{stat}-Experiment). Hierbei muß vorher festgelegt werden, welcher pH_{stat}-Wert dem schlimmsten anzunehmenden Fall („Worst-case") entspricht. Da die pH_{stat}-Elution üblicherweise in kommerziell erhältlichen Elutionsapparaturen für mehrere Proben auf Horizontalschüttlern gleichzeitig und weitgehend automatisiert durchgeführt wird, bereitet es kein Problem, den der jeweiligen Probe entsprechenden Autotitrationskanal auf diesen vorgegebenen pH_{stat}-Wert einzustellen.

Der zweite Teil des ursprünglich von Obermann u. Cremer (1991) entwickelten und vorgestellten Konzeptes beinhaltet die Frage nach der Eintrittswahrscheinlichkeit des vorher festgelegten Worst-case. Es leuchtet z.B. unmittelbar ein, daß ein kalkreicher Boden sauren Regen länger abpuffern kann als ein kalkarmer; im einzelnen muß die Säurepufferkapazität mit dem Säurebildungspotential verrechnet werden (Förstner et al. 1999). Daher wird die analytisch ebenfalls durch den Autotitrator zu ermittelnde Säure- (bei pH < 7) bzw. Basen-Neutralisationskapazität (bei pH > 7) als Maß für die Eintrittswahrscheinlichkeit für den Worstcase mitbestimmt. Die gesamte Aus- und Bewertung eines Expositionsszenarios erfolgt dann natürlich unter Einbeziehung aller sonstigen wichtigen, standortspezifischen hydro- und geologischen Parameter.

Zur Entwicklung und Optimierung des pH_{stat}-Elutionstests zum Zweck der Auslaugung von Schwermetallen unter „Worst-case-Bedingungen" unter Berücksichtigung der Pufferkapazität des Feststoffes wurden Modellmatrices mit unterschiedlicher Säure- und Basen-Neutralisationskapazität eingesetzt:

Typ A:　Modellmatrices mit hoher Säureneutralisationskapazität, MV(Müllverbrennung)-Aschen, Emulsionstrennschlämme, Galvanikschlämme

Typ B:　Modellmatrices mit niedriger Säureneutralisationskapazität, Pyritabbrand, Zinkhüttenschlacke, Zinksalz, Silicatschlacke

Typ C:　belastete Böden

Der Elutionstest wurde hinsichtlich des Einflußes der Kornfraktionen, des Feststoff-/Flüssigkeitsverhältnisses, der Elutionstemperatur, des Redoxpotentials und des pH-Wertes optimiert.

In NRW wird der Elutionstest zur Mobilisierung von Schwermetallen aus Abfällen und belasteten Böden unter „Worst-case-Bedingungen" als ein vierundzwanzigstündiger Laborschütteltest unter konstanten pH-Bedingungen (pH 4

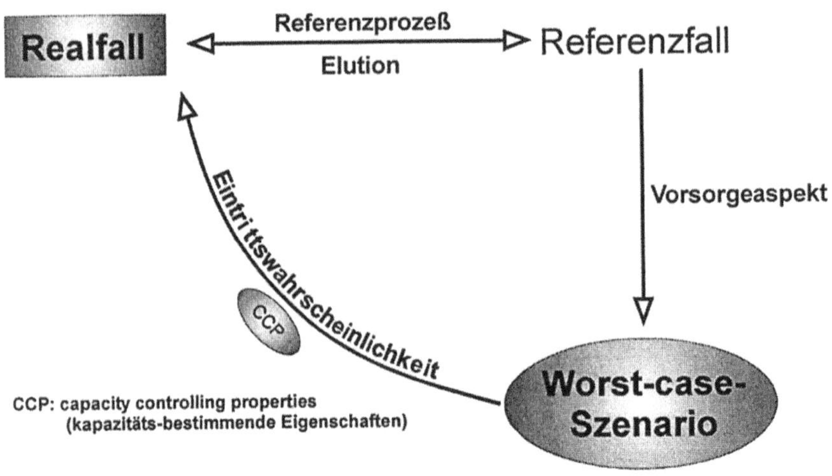

	Mastervariable bei der Elution	CCP
Hydrophile Stoffe	pH	Pufferkapazität (ANC, BNC)
Hydrophobe Stoffe	Lösungsvermittler	C_{org}

Abb. 2.4. Abschätzung des Realfalls im Worst-case-Szenario

und pH 11) bei einem Feststoff-/Flüssigkeitsverhältnis von 1:10 durchgeführt. Die Titration für die Auslaugung bei pH 4 erfolgt mit 2 M Salpetersäure und die Titration im alkalischen Milieu bei pH 11 mit 2 M Natronlauge. Die Berechnung der Pufferkapazität als Säure- bzw. Basen-Neutralisationskapazität basiert auf dem Verbrauch der Salpetersäure bzw. Natronlauge.

Die große Bedeutung des pH-Wertes, die ihm in diesem Elutionsverfahren als „Mastervariable" zukommt, wird insbesondere mit der deutlichen Zunahme der Löslichkeit der Metalle bei abnehmendem pH-Wert begründet. Nach Untersuchungsergebnissen von Elejalde et al. (1992) ergeben sich in Hinblick auf die oxidischen, sulfidischen und organischen Fraktionen selbst in Abhängigkeit vom pH-Wert keine signifikanten Änderungen.

Das eben vorgestellte und in Abb. 2.4 schematisierte Worst-case-Szenario steht im Einklang mit von Förstner (1994) durchgeführten Überlegungen zur Erarbeitung geochemischer Konzepte für die Abfallwirtschaft. Demnach sind Säure- und Basen-Neutralisationskapazität wichtige Glieder in der Reihe der allgemein als „kapazitätsbestimmende Eigenschaften" (CCP = Capacity Controlling Properties) bezeichneten wesentlichen limitierenden Faktoren eines

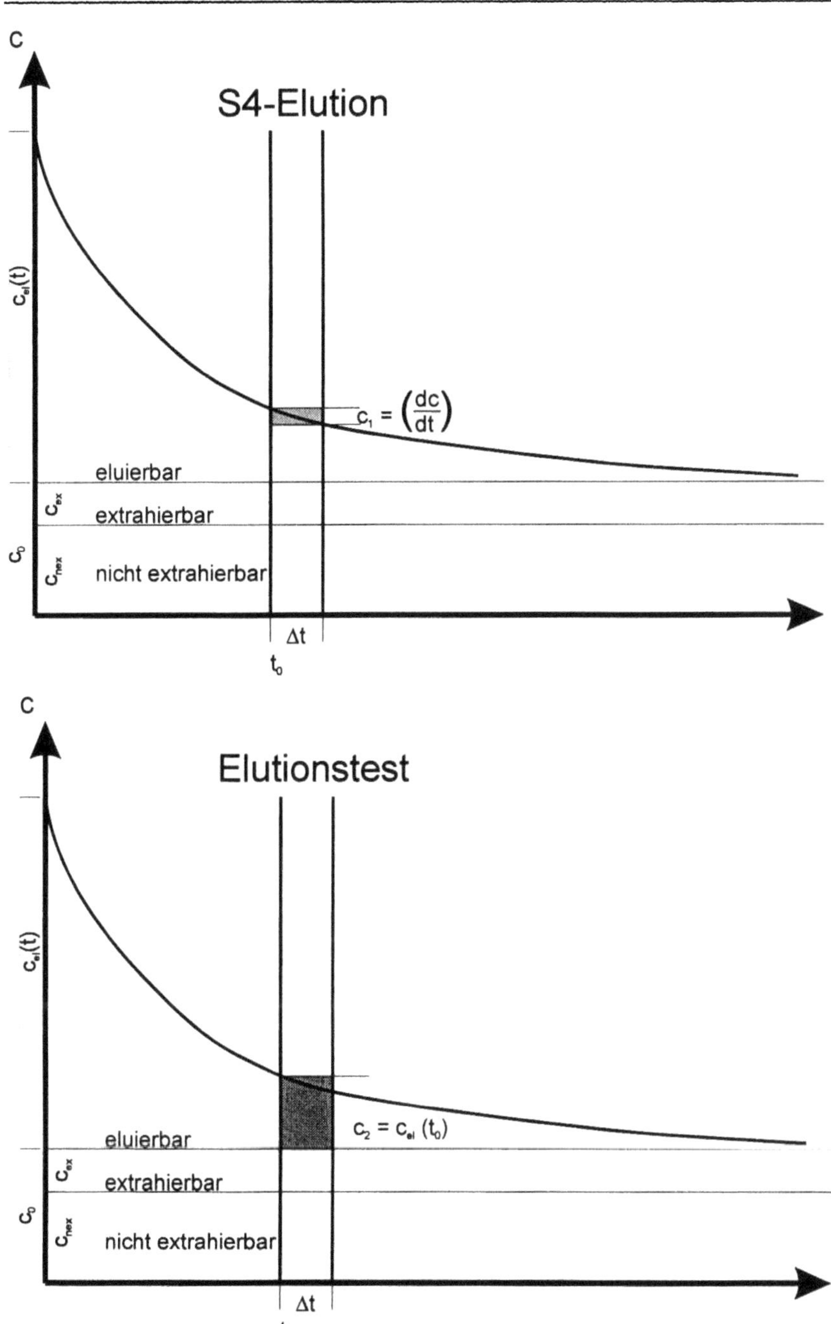

Abb. 2.5. Konzentrations-Zeit-Integral als Risikoprognose

Systems, nach deren Erschöpfung plötzlich Instabilitäten auftreten (Zeitbomben-effekt).

Soll der Elutionstest eine realistische Abschätzung zur Risikoprognose hinsichtlich zukünftiger Schadstoffemissionen ermöglichen, müssen weitere Überlegungen mit berücksichtigt werden: In Abbildung 2.5 ist schematisch dargestellt, wie ein an einem bestimmten Ort zur Zeit t_{dep} abgelagerter Schadstoff in seiner Konzentration c im Laufe der Zeit t durch Auslaugung bis auf einen nicht mehr eluierbaren Anteil $c_0 = c_{ex} + c_{nex}$ abnimmt. Den Praktiker interessiert, welche gesamte Schadstoffmenge vom Zeitpunkt t_0 der Untersuchung an in Zukunft noch mobilisiert werden kann (d.h. der gesamte bei t_0 eluierbare Anteil $c_{el}(t_0)$). Ein praxisnaher Elutionstest (Fall 2) sollte diese Menge bereits innerhalb der kurzen Versuchsdauer Δt (z.B. 24 h) mobilisieren; dementsprechend hoch muß seine Elutionskraft sein.

Diese Risikoprognose ist deckungsgleich mit dem Fall, daß bei einer gekapselten Altlast die Barriere plötzlich undicht wird oder durch langsame Infiltration plötzlich eine Schadstofffront aus der Deponie ins Sickerwasser durchbricht; auch in diesen Situationen sollte mit dem Elutionstest die gesamte potentiell freigesetzte Schadstoffmenge bei Nichtbeachtung des tatsächlichen zeitlichen Verlaufs dieser Freisetzung abgeschätzt werden.

Der Abbildung ist aber auch zu entnehmen, daß eine zum selben Zeitpunkt t_0 durchgeführte S4-Elution (Fall 1) nur einen differentiellen Beitrag $c_1 = \Delta c$ und somit keine realistische Abschätzung für eine Risikoprognose leisten kann. In guter Approximation kann somit mit Hilfe des S4 lediglich die Steigung dc/dt der Auslaugkurve zur Zeit $t = t_0$ bestimmt werden.

Zur Bewertung der Schwermetallmobilität in Boden- und Abfallmaterialien sind auch Kombinationen der beschriebenen Elutionsverfahren geeignet. Die zeitliche Ausdehnung der Auslaugung auf Wochen und Monate läßt meist asymptotische Effekte erkennen, die eine realistische Abschätzung des Worst-case denkbar erscheinen lassen.

Eine Ausnahme hiervon ist das Element Cu, das in Elutionstests in seiner Langzeitmobilität meist unterschätzt wird; bei diesbezüglichen Worst-case-Abschätzungen ist es deshalb angebracht, auf den Königswasserauszug zurückzugreifen (Thömig u. Calmano 1998). Überraschenderweise ist dieses Element bei organikreichen Klärschlämmen mittels Wasser (S4) und bei gering belasteten Böden und stark kupferhaltigen Haldenmaterialien mit Ammonium- und Natriumacetat am effektivsten eluierbar (Blum u. Schwedt 1998, Sommerfeld u. Schwedt 1996a); der Grund hierfür liegt wahrscheinlich in einer nicht hinlänglich bekannten, pH-abhängigen Speziesverteilung (Kupferamminkomplexe?). Höll (1995) konnte mittels Wasser, KNa-Tartrat- und Na-Citratlösungen Cu aus Abbruchmaterial nahezu vollständig extrahieren und an Anionenaustauschern auf Acrylamidbasis anreichern.

Schwieriger als für anorganische ist es, einen Elutionstest für die Mobilitäts-
abschätzung organischer Schadstoffe unter Worst-case-Bedingungen zu entwickeln.
Für schwer lösliche organische Schadstoffe gibt es derzeit kein speziell entwi-
ckeltes Elutionsverfahren. Trotzdem bzw. mangels Alternativen werden standardisierte Verfahren, wie im Ausland die TCLP (Toxicity Characteristic Leaching Procedure) der US EPA oder die DIN 38414-S4 in Deutschland auch zur
Bestimmung der Eluierbarkeit von schwer löslichen bis hin zu flüchtigen organischen Schadstoffen mit herangezogen. Die damit erzielten Ergebnisse sind
aufgrund der ungelösten Probleme bei der Eluatherstellung und Analyse jedoch
zweifelhaft (Süßkraut et al. 1994). Aber selbst bei einfacheren Aktionen wie der
Handhabung organischer Fraktionen bestehen noch Probleme: Bei Versuchen
zur Filtration von mit PAK belasteten Wasserproben wurde z.B. festgestellt, daß
insbesondere mit organischen Filtermaterialien erhebliche Verfälschungen der
Meßergebnisse auftreten können: Je höher der Octanol-Wasser-Verteilungs-
koeffizient und damit die Hydrophobizität der PAK ist, desto größer ist der
Gesamtverlust, der wiederum bei organischen Filtermaterialien größer ist als bei
anorganischen und mit abnehmender Porengröße des Filters zunimmt.
Nach Odensaß u. Schroers (1998) und DIN V-19736 sind Säulenversuche am
besten geeignet, um Aussagen über zu erwartende Sickerwasserkonzentrationen
beim Wirkungsgrad Grundwasser zu erhalten. In der Praxis der Altlastenbearbeitung liegen allerdings kaum Erfahrungen mit Säulenversuchen vor; Odensaß u.
Schroers (1999) vermuten, daß die in der DIN V-19736 enthaltene Auswertevor-
schrift bei Routineanwendung zu deutlichen Fehlbewertungen führt. Nach den
Ergebnissen von Großlysimeterversuchen an PAK-belasteten Böden nimmt
Pfeifer (1998) an, daß das S4-Eluat die realen Sickerwasserkonzentrationen um
mehr als eine Größenordnung überschätzt (was der Philosophie des Worst-case
aber durchaus entsprechen würde!). Säulenversuche sind auch im Untergesetzlichen Regelwerk zum BBodSchG zur Bestimmung der Sickerwasserkonzen-
tration für schwerflüchtige organische Schadstoffe vorgesehen. Trotzdem bleibt
als Hauptproblem, daß es das in Säulenversuchen eingesetzte reine Wasser als
Eluenten in der realen Umwelt nicht gibt.
Der unterschiedlichen Hydrophilität der organischen Schadstoffe Rechnung
tragend, wurde von Schriever (1994), aufbauend auf der pH_{stat}-Elution der
NRW-Methode, ein Elutionsmittel aus 10% Ethanol in einer basischen/sauren
wässerigen Lösung eingesetzt. Es konnte für PAK, PCB, Phenole, BTX, KW
und CKW in ausgewählten Proben von Abfällen und belasteten Böden nachgewiesen werden, daß für diese organischen Schadstoffe die Extraktionseffi-
zienz im Vergleich zu bei den Landesämtern verwendeten standardisierten
Verfahren meist zwischen 40 und 60% lag; lediglich für Pflanzenbehandlungsmittel ist der Elutionstest in der vorliegenden Form nicht geeignet. Als entsprechende umweltrelevante Szenarien für diesen speziellen Elutionstest sind
z.B. Ölunfälle, Umschlagsplätze von Erdöl(produkt)en oder Lösungsmitteln

sowie ölhaltige Deponien zu nennen. Neben diesen spezifischen Einzelfall-
betrachtungen können aber auch allgemeinere Situationen, wie z.B. durch die
Produkte methanogener Gärung verursachte Mobilisationen zumindest grob
erfaßt werden.

Trotzdem muß ein für den bodenchemischen Realfall bestimmter Elutionstest in
seiner Anwendungsperspektive noch deutlich erweitert werden. Insbesondere
müssen durch die Miteinbeziehung von Tensiden als Lösungsvermittler
Mobilisationsvorgänge durch Produkte der Desintegration von Biomasse (ähnlich zur organischen Frühdiagenese) simuliert und somit der Bewertungsmaßstab
dem idealistischen Zielwert einen wesentlichen Schritt nähergebracht werden
(Abb 2.5). Tenside sind in der Umwelt weit verbreitet (s. Kap. 4). Hierzu gehören zunächst viele natürliche Stoffe wie Fettsäuren, Fulvinsäuren, Proteine,
Huminsäuren, Gerbsäuren oder Phospholipide, die praktisch in jeder biologischen Zellmembran vorkommen.

So ist es denkbar, daß durch zersetzende Streu natürliche Tenside in Konzentrationen oberhalb der cmc (critcal micelle concentration) auftreten, die dann in
der Lage sind, die luftbürtigen oder anthropogen eingebrachten, im Oberboden
angereicherten Schadstoffe zu solubilisieren und mit dem Sickerwasser durch
tiefere Bodenschichten hindurch zum Grundwasser hin zu verfrachten (vgl.
Kap. 4). Ähnliche Prozesse wären auch z.B. bei der Verwendung kohlenstoffhaltiger Reststoffe im Wegebau möglich. Darüber hinaus ist bei allen Altablagerungen ohne wirksame Oberflächenabdichtungen mit einer starken Solubilisierung von hydrophoben Schadstoffen wie z.B. PCDD/PCDF, PCB und PAK zu
rechnen, wenn relevante Mengen organischen Abfalls eingelagert oder stark
humushaltige Deckschichten (z.B. Müllkompost) verwendet wurden. Dies
betrifft u.a. alle älteren Hausmülldeponien und Deponien, in denen Klärschlämme entsorgt wurden.

Andererseits gibt es viele technische Produkte, die große Tensidmengen enthalten, die rein anthropogenen Ursprungs sind. Hierzu zählen z.B. alle Wasch- und
Reinigungsmittel, Seifen, Detergentien, Schäume, Shampoos, Emulsionen u.s.w.
Auf ehemaligen Flächen der Abwasserverrieselung könnte es hier zu einer
erhöhten Mobilität von hydrophoben Schadstoffen kommen.

Wenn tensidartige Substanzen in den Boden eindringen, muß man mit erhöhten
Mobilitäten organischer Schadstoffe rechnen. Dies ist, jahreszeitlich bedingt,
auch in natürlichen Biotopen in unterschiedlicher Menge der Fall. Im Spätherbst,
wenn Laubblätter oder andere Pflanzenteile verrotten, werden relativ große
Mengen grenzflächenaktiver Substanzen freigesetzt, die durch die Einwirkung
des Regens in den Boden gelangen und dort ihre spezifische Wirkung entfalten.
Die schadstoffsolubilisierende Wirkung von Tensiden konnte analytisch nachgewiesen werden: Zum Beispiel kann nach Untersuchungen von Edwards et al.
(1994) eine nichtionische oberflächenaktive Substanz (Triton X-100) die Sorption von Phenanthren aus der Lösung an Feinsand bewirken und in Abhängigkeit
von der Tensidkonzentration die Schadstoffkonzentration in der Lösung erhöhen

oder erniedrigen. Die Verteilung von Phenanthren zwischen Lösung und Festkörper wird durch einen Verteilungskoeffizienten charakterisiert, der von weniger als 0,04 bis mehr als zehnmal so hoch wie bei einer Lösung ohne Tensid reichen kann. Sorbiertes Triton X-100 bewirkt eine Erhöhung der Phenanthrensorption. Das sorbierte Tensid ist ein viel effektiveres Sorbens für Phenanthren als Humussubstanzen. Auf der anderen Seite können Triton X-100 Mizellen in der Lösung die Solubilisierung von Phenanthren und damit seine Desorption von Sand auch deutlich erhöhen. Rahman et al. (1994) fanden eine Erniedrigung des Boden-Wasser-Verteilungskoeffizienten für 28 PCB durch die oberflächenaktive Substanz Natriumdodecylsulfat (SDS). Überraschenderweise war letztere offensichtlich in der Lage, bereits bei Konzentrationen unter der cmc ansonsten stark gebundene hydrophobe Komponenten in Boden-Wasser-Systemen zu mobilisieren. Vergleichbare Studien mit ähnlichen Ergebnissen finden sich in der einschlägigen Literatur in großer Zahl (z.B. Roy et al. 1997, Paya-Perez et al. 1996, Adeel u. Luthy 1995, Dulfer et al. 1995, Grimberg et al. 1995, Sun et al. 1995, Pyka 1994, Schüth 1994, McCarthy u. Zachara 1989). Allen-King et al. (1995) ermittelten als Zeitspanne zur Einstellung eines Gleichgewichts zwischen hydrophoben organischen Schadstoffen und tonreichen Bodenkomponenten einen Bereich zwischen 48 und 72 Stunden.

Erste Ergebnisse zur Schadstoffelution aus Boden und Abfall mittels tensidhaltiger Lösungen aus NRW unterstreichen die Notwendigkeit der adäquaten Berücksichtigung lösungsvermittelnder Substanzen bei der Entwicklung umweltrelevanter Elutionstests (Pestke u. Hirner 1997, Hirner et al. 1998c,d). Die Elution PCB-haltiger Feststoffe durch natürliche und synthetische Lösungsvermittler untersuchte Bergmann (1995). Allgemein ergab sich ein vergleichbares Solubilisierungsvermögen von Phospholipiden, Huminsäuren und SDS (Natriumlaurylsulfat). Für hoch belastete Proben wie z.B. eine Schredderleichtfraktion konnten die Löslichkeiten der PCB in Wasser überschritten werden. Ein von Maaßen (1995) angestellter Vergleich der Effektivität von synthetischen Tensiden und natürlichen Lösungsvermittlern zeigt, daß Lösungen des Tensids SDS eine ähnlich hohe Solubilisierung von PAK aus einem Altlastboden bewirken wie Lösungen von Oktansäure und Huminsäure der gleichen Konzentration. Eine ca. dreifach höhere PAK-Mobilisierung erfolgt durch Lösungen des Tensids (Mikroemulsion) EW-POL und Lösungen des Naturstoffs Asolektin. Für Phenole dagegen entspricht eine rein wässrige Elution (ohne Tensidzusatz) unter basischen Bedingungen am besten dem Worst-case-Szenario der Mobilitätsabschätzung (Bergmann 1995, Pestke et al. 1997).

Abbildung 2.6 zeigt die Adsorption von SDS an einer Parabraunerde in Abhängigkeit von der Konzentration des Tensids (Achenbach 1995); zugleich ist die entsprechende Elution von zwei ausgewählten Vertretern der PCB mit eingezeichnet. Als plausible Arbeitshypothese wird folgende Erklärung für den beobachteten Kurvenverlauf vorgeschlagen: Bis zur SDS-Konzentration c_1 ist die Schadstoffverdrängung durch SDS an zugänglichen Stellen der Festkörp-

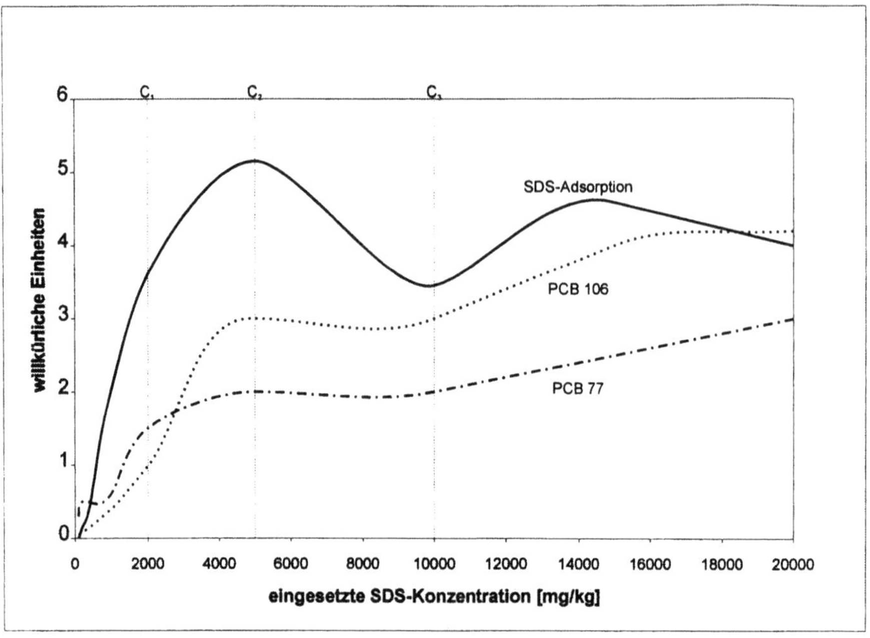

Abb. 2.6. SDS-Adsorption im Vergleich zur PCB-Mobilisierung (Substrat: Parabraunerde)

eroberfläche der dominierende Prozeß der Schadstoffmobilisierung. Nach Ausbildung einer Monoschicht beginnt bei weiter steigenden SDS-Konzentrationen der Aufbau einer Doppelschicht an der Festkörperoberfläche. Bei c_2 wird die cmc überschritten und die Doppelschicht wird wieder abgebaut, um Moleküle für die Bildung von Mizellen bereitzustellen. Bei c_3 ist die Monoschichtbelegung wieder erreicht und die Mizellbildung abgeschlossen, so daß weitere PCB solubilisiert werden. Die besondere Effektivität einer Elution bei pH 11, die zu einer Mobilisation probeneigener Lösungsvermittler führen soll, ist nach unseren Ergebnissen nicht zu erkennen.

Unsere Untersuchungsreihen mit SDS belegen klar, daß deutliche Solubilisierungseffekte bereits bei niedrigen Tensidkonzentrationen (< cmc) auftreten (Eckelhoff u. Hirner 1997, 1998, Eckelhoff et al. 1997). Aus Abb. 2.7 ist zu entnehmen, daß gelöster und partikulärer organischer Kohlenstoff in natürlichen Wässern um bis zu eine Größenordnung mehr PCB aus einem Altlastboden mobilisieren kann als Regenwasser, auch mehr als eine S4- oder eine pH$_{stat}$-Elution bei pH 4 oder 10 (Busche u. Hirner 1997); der Mobilisierungsfaktor ist umso höher, je „frischer" (jünger) die lösungsvermittelnden Huminstoffe sind, d.h. je mehr funktionelle Gruppen sie noch besitzen. Ähnlich erhöhte Schadstoffmobilisierungen wurden bei Kompostierversuchen mit dem Abwasser einer

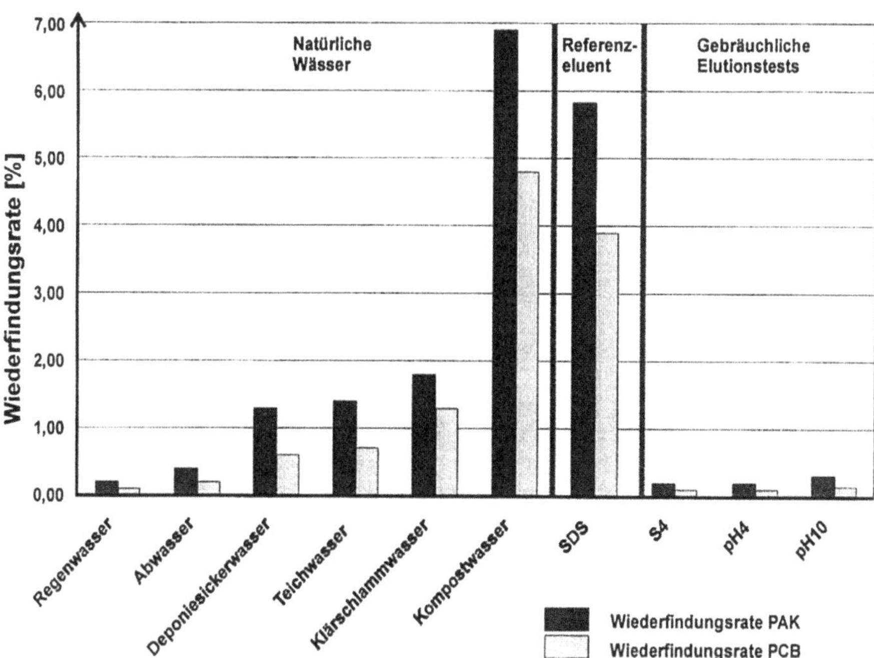

Abb. 2.7. Elution von PAK und PCB aus einem Altlastboden unter Beteiligung natürlicher Lösungsvermittler

Ölpresse (Madrid u. Diaz-Barrientos 1996) oder an mit Silofutter assoziierten Prozeßwässern, die kurzkettige aliphatische Säuren, Aminosäuren und Polypeptide enthalten, gemacht (Leidmann et al. 1995). Die zitierten und andere Untersuchungen belegen, daß der SDS-Referenzfall als Worst-case durchaus reale Grenzfälle simulieren kann. Odensaß u. Schroers (1998) bezeichnen dagegen Ergebnisse der SDS-Elution im Rahmen von vergleichenden Lysimeteruntersuchungen an PAK-belastetem Bodenmaterial als völlig unrealistisch.

Nach Kögel-Knabner et al. (1996) ist mit zunehmender Konzentration an gelöstem organischen Kohlenstoff (DOC bis zu 1 g/L) eine lineare Zunahme der Desorption hydrophober Schadstoffe aus Böden zu beobachten, was durch Anlagerung der Chemikalie über hydrophobe Wechselwirkungen an DOC als Carrier erklärt wird; derartige Lösungsvermittler mit hydrophoben Kontaktflächen sind beispielsweise auch in der Biogeochemie aquatischer Systeme in Gestalt von Lipiden, Kolloiden und löslichen Huminsubstanzen weit verbreitet und kommen z.B. in Flüssen als gelöster (DOC) und partikulärer Kohlenstoff (POC) durchwegs in Konzentrationen von einigen mg/L vor (Jaffe et al. 1995). Andererseits kann sich organisches Material auch an neutrale Oberflächen im Boden anlagern (wird als OC_{immob} immobilisiert) und so die Sorption hydrophober Stoffe aus der Lösung bewirken (Karickhoff et al. 1979). Das relative Aus-

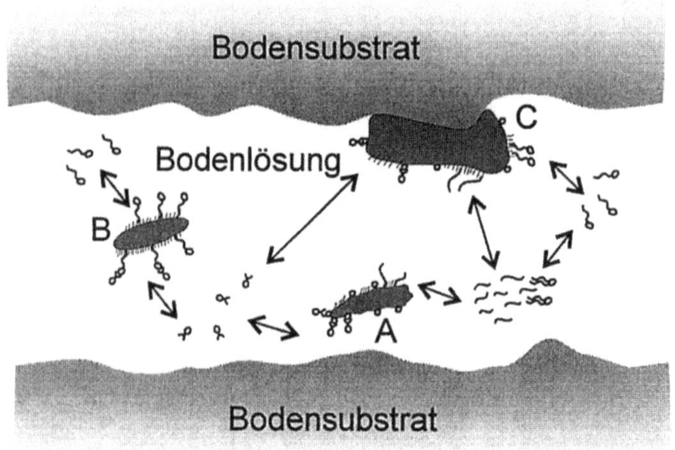

Abb. 2.8. Wechselwirkung von Schadstoffen mit unterschiedlichen Modifikationen des organischen Kohlenstoffs (C_{org}) im Boden

maß der Hydrophobizität der drei beteiligten Komponenten im System Schadstoff/DOC/OC_{immob} zueinander wird letztendlich im Einzelfall bestimmen, ob der Schadstoff sorbiert oder solubilisiert wird. Der beschriebene Sachverhalt ist in Abb. 2.8 schematisch dargestellt. Während es sich bei DOC um relativ junges niedermolekulares Material mit relativ viel funktionellen Gruppen handelt, liegt bei OC_{immob} ein Hochpolymer mit relativ wenig funktionellen Gruppen vor. Auch Metalle können auf diese Weise durch Anlagerung an DOC mobilisiert werden (Chirenje u. Ma 1999).

Die Mobilisierung hydrophober organischer Schadstoffe durch tensidhaltige Lösungen wird bereits gezielt nicht nur in Bodenwaschverfahren eingesetzt (z.B. Roy et al. 1994; Schiebenbogen et al. 1994; Clarke et al. 1993, 1991; Abdul et al. 1990; Wilson 1989), sondern auch in der Analytischen Chemie (Stangl u. Nießner 1995).

Nitrilotriacetat (NTA) wurde weitverbreitet als Substitut für Polyphosphate in Waschmitteln eingesetzt. Untersuchungen von Lo et al. (1994) belegen, daß die Auswirkung von NTA auf die Mobilisierung von Schwermetallen mit steigender Schüttelzeit zunehmen und nach 24 bis 48 Stunden offenbar ein Gleichgewicht erreichen. Die Wasserhärte beeinflußt signifikant die Bildung von Schwermetall-NTA-Komplexen. Bei einem Schüttelversuch über 6 Tage mit 20 mg/L NTA wurden 8 – 15% des Cu, 1 – 7% des Zn, 7 – 10% des Pb und 7 – 30% des Cd mobilisiert.

Es besteht natürlich auch die Möglichkeit, Elutionsverfahren derart zu modifizieren, daß anderweitige wichtige Prozesse in der Umwelt simuliert werden: Hier wären z.B. das Verhalten gegenüber anderen Chemikalien wie Fett-, Amino- und Huminsäuren oder Seifenlösungen (s. z.B. Wagner et al. 1995, Qiang et al. 1993), die Abschätzung der Pflanzenverfügbarkeit auf der Grundlage von Elutionsexperimenten mit Wurzelexudaten oder die Ermittlung des humantoxikologischen Potentials sedimentierender Stäube durch Extraktion mit Körperschleimhautflüssigkeit zu nennen. In den folgenden Abschnitten werden Elutionstests zur Pflanzenverfügbarkeit und Ingestion diskutiert.

Schließlich besteht die Möglichkeit, Eluate nicht nur nach ihren Schadstoffgehalten, sondern beispielsweise auch hinsichtlich ihrer toxischen Gesamtwirkungen zu bewerten. Sommerfeld u. Schwedt (1996b) kombinierten hierzu das pH_{stat}-Verfahren mit einem Biolumineszenz-Hemmtest (Leuchtbakterien-Test nach DIN 38412 T 32); durch Zusatz von EDTA können die durch Schwermetalle und organische Substanzen verursachten Anteile an der Hemmwirkung grob abgeschätzt werden. Förstner et al. (1999) setzten eine Biotestkombination zur Bewertung der Sedimentqualität ein, Neumann-Hensel et al. (1999) entwickelten eine ökotoxikologische Untersuchungsstrategie für ölkontaminierte Böden, und Bekaert et al. (1999) wendeten genotoxische Testmethoden (Ames- und Mutatox-Test) auf Bodeneluate an.

2.1.6.4 Elutionstest Pflanzenverfügbarkeit

Die Metallaufnahme vom Boden durch Pflanzen durch ihre Wurzeln zu ihren überirdischen Teilen oder unterirdischen Speicherorganen hängt im wesentlichen von drei Faktoren ab, die untereinander in Wechselwirkung stehen (Berrow u. Burridge 1991):

- dem im Boden vorhandenen Gesamtgehalt,
- dem Anteil am Gesamtgehalt, der den Pflanzenwurzeln zugänglich ist und
- der Fähigkeit der Pflanzen, die Metalle über die Boden-Wurzel-Grenzfläche zu transferieren.

Das Ziel des Elutionstests ist die Abschätzung des zweiten Faktors. Die am leichtesten verfügbaren Elemente sind diejenigen, die in der Bodenlösung im ionischen Zustand oder als lösliche organische Komplexe vorliegen (mobile Fraktion, z.B. Nitrate und Chloride); die unzugänglichsten sind jene, die stark in Festkörperstrukturen eingebunden sind (z.B. im Kristallgitter von primären Gesteinsmineralen) wie in schlecht löslichen Salzen und Komplexen (z.B. $CaSO_4$, $CaCO_3$, $CaHPO_4$, $Ca_3(PO_4)_2$, $MgCO_3$, $FePO_4$, $AlPO_4$, Fe- und Cu-Chelate). Zwischen diesen Extremen liegen die sog. Austauschkomplexe (Tonminerale und organische Substanzen mit inhärenten oder pH-abhängigen negativen Ladungen, die von austauschbaren Kationen ausgeglichen werden) als wichtigster Pool potentiell verfügbaren Materials (mobilisierbare Fraktion).

Die Boden-Wurzel-Grenzfläche ist kein passives, inertes Sieb. Die Wurzeloberfläche ist vielmehr eine aktive Grenze mit charakteristischen Eigenschaften, die von der Pflanzenart und dem jeweiligen Element abhängen. Der Boden in der Umgebung der Wurzel kann stark von den Wurzelausscheidungen beeinflußt werden, so daß neben der mikrobiellen Aktivität in der Wurzelzone und biochemischen Transferprozessen durch Zellwände innerhalb der Wurzeln auch chemische Prozesse der Lösung sowie Chelat- und Niederschlagsbildung außerhalb der Wurzel auftreten können. Alle diese Vorgänge müßten in einem Elutionstest zur Pflanzenverfügbarkeit von Schadstoffen eigentlich berücksichtigt werden.

Rhizosphäre nennt man die dünne Bodenzone direkt um die Wurzel, die in chemischer, physikalischer oder biologischer Weise durch die Gegenwart der Wurzel beeinflußt wird (Tinker u. Barraclough 1988). Normalerweise ist die höchste Wurzeldichte im Oberboden zu finden und nimmt exponentiell mit der Tiefe ab. In der Rhizosphäre ist die mikrobielle Population (z.B. *Pseudomonas*) aufgrund der zusätzlichen Nahrungszufuhr in Form löslicher und unlöslicher organischer Substrate aus der Wurzel um bis zu eine Größenordnung höher. Pflanzen erhalten die Mehrzahl ihrer mineralischen Nährstoffe aus der Bodenlösung. Nichtmetalle werden als die Anionen NO_3^-, $H_2PO_4^-$, HPO_4^{2-}, SO_4^{2-}, Cl^-, außer B als H_3BO_3 und N als NH_4^+, Metalle werden als einfache Kationen aufgenommen: K^+, Ca^{2+}, Mg^{2+}, Fe^{2+}, Mn^{2+}, Zn^{2+} und Cu^{2+}; Ausnahme: Mo. Die Aufnahme ist selektiv, so daß sich die Absolutkonzentrationen im Wurzelgewebe von denjenigen in der Bodenlösung unterscheiden; nicht essentielle und hochtoxische Elemente werden aber gleichermaßen aufgenommen. Die Aufnahme kann aktiv und passiv erfolgen, in dem Sinn, daß bei der aktiven Aufnahme Ionen gegen einen elektrochemischen Potentialgradienten zwischen Bodenlösung und dem Inneren der Wurzelzellen transportiert werden. Die Bodenlösung wird immer wieder mit Nachschub von Ionen durch Lösung, Desorption und Austausch aus der festen Bodenphase über die nachlieferbare oder mobilisierbare Fraktion versorgt; wenn eine chemische Spezies aus der Lösung entfernt wird, stellt sich über Stofftransfer aus dem Festkörper sofort wieder ein Gleichgewicht ein.

Nahezu alle in Pflanzen gefundenen Verbindungen sind auch in Wurzelausscheidungen (Wurzelexudate machen bis ca. 1 bis 2% des Pflanzengewichts aus) gefunden worden; die gebräuchlichsten davon sind Zucker, Carboxylsäuren und Aminosäuren. Siderophore (spezifische Verbindungen mit hoher Affinität zu bestimmten Metallen) werden besonders intensiv in der aktiven Zone der Rhizosphäre sowohl von Wurzeln als auch von Mikroben produziert; an Wurzeloberflächen sitzen aktive Enzyme (z.B. Phosphatasen). Wenn der lösliche Teil eines Wurzelexudates (sofort oder nach Verstoffwechslung durch Mikroorganismen) die Möglichkeit zur Komplexierung von Al, Fe und/oder Ca hat, werden die Aktivitäten dieser Ionen in der Bodenlösung abnehmen und Phosphatsalze dieser Kationen werden in Lösung gehen; andererseits werden einige Hydroxycarboxylsäuren sorbierte Phosphationen von Oxidoberflächen verdrängen.

Der pH der Rhizosphäre kann sich von demjenigen der Bodenlösung um bis zu eine Einheit unterscheiden. Der Hauptprozeß hierfür ist nicht das Ausschwitzen organischer Säuren oder das bei der Atmung freigesetzte CO_2, sondern die Aufnahme von verschiedenen Mengen von Anionen und Kationen durch die Pflanzen, die daraufhin HCO_3^- oder H^+ zur Aufrechterhaltung der Elektroneutralität freisetzen müssen.

Die Aufnahme von Spurenelementen durch Pflanzen ist abhängig vom Boden-pH-Wert, Feuchtigkeitsgrad und der Gegenwart organischer Substanzen sowie von Variationen geologischer, klimatischer und agrikultureller Gegebenheiten. Die Bodenreaktion (der pH-Wert) hat einen deutlichen Effekt auf die Aufnahme vieler Elemente: einige werden pflanzenverfügbarer bei pH-Abnahme (z.B. Co, Mn und Ni), andere bei pH-Zunahme (z.B. Mo und Se) und weitere kaum beeinflußt (z.B. Cu). Die Effekte von organischem Material (z.B. Aufbringung von Mist und Klärschlamm) auf die Pflanzenaufnahme sind komplex.

Die Speziation (im funktionell definierten Sinn) pflanzenverfügbarer Spezies oder wenigstens von Spezies, die mit Pflanzengehalt oder -aufnahme korrelieren, ist im Ackerbau lange vor der allgemeinen Einführung des Begriffs eingesetzt worden (Ure et al. 1993). Ihre Aufgabe war hauptsächlich die Voraussage und Diagnose von Mangel oder Toxizität von Spurenelementen in landwirtschaftlichen Erzeugnissen oder in diese fressenden Tieren auf der Grundlage der Analyse von Bodenextrakten. Es fehlt aber an Methoden, mit denen die Pflanzenwurzeln zugänglichen Gehalte eines Metalls im Boden quantitativ und direkt gemessen werden können (Berrow u. Burridge 1991).

Eine große Anzahl von Elutionen ist vorgeschlagen und ausprobiert worden, von relativ aggressiven Reagentien wie 1 M (= mol/L) HCl und angesäuertem Ammoniumoxalat auf der einen und schwächeren wie Ammoniumacetat bei pH 4,8 oder nur Wasser auf der anderen Seite (Kennedy et al. 1997). Die meisten Eluenten wurden empirisch abgeleitet und in Feldexperimenten durch Prüfung der Korrelation zwischen Pflanzengehalten und extrahierbaren Bodengehalten verifiziert. Es handelt sich hierbei z.B. um heißes Wasser für B, Ethylendiamintetraessigsäure (EDTA), Diethylentriaminpentaessigsäure (DPTA) und Ammoniumacetat/EDTA für Cu und Zn, Essigsäure für Cu und Ni, Ammoniumacetat für Mo und schwache Neutralsalzlösungen wie Calciumchlorid und Natrium- und Ammoniumnitrat für Cd und Pb.

Die am meisten akzeptierten dieser funktionell definierten Extraktanden sind (Ure et al. 1993): a) 0,05 M EDTA oder 0,005 M DTPA in ähnlichen Rollen, aber mit Bevorzugung von EDTA, da es effektiver extrahiert und leichter zu handhaben ist. b) 1 M Ammoniumacetat bei pH 7 und c) 0,05 M Calciumchlorid. In der Düngemittelbeurteilung ist ein Aufschluß mittels 2%iger Zitronensäure üblich.

Nach Crosland et al. (1993) wählt man die EDTA-Extraktion, weil diese in der Agrikultur und Bodenanalytik breite Anwendung gefunden hat und vollständig standardisiert ist. Für eine zuverlässige Quantifizierung von Konzentrationen von Lösungen sollten die zu messenden Konzentrationen um eine Größenordnung über den Nachweisgrenzen liegen („unterer analytischer Grenzwert"). Es ist zu beachten, daß EDTA, das meist für organisch komplexierte Metalle Verwendung findet, auch Schwermetalle extrahiert, die an Bodenkolloide sorbiert sind und als unlösliche Verbindungen wie z.B. CdO oder PbO vorliegen (Khan u. Frankland 1983). Bei der EG wurden Vergleichsmessungen zu EDTA- und DTPA-Elutionen an Referenzböden unternommen und deren Ergebnisse von Quevauviller et al. (1996a) beschrieben.

In Schottland, wo die Böden als Folge eines relativ rezenten Gletschereinflusses und eines darauffolgenden kühlen, gemäßigten Klimas pedologisch jung sind, wurden ausschließlich die drei Extraktanden 0,43 M Essigsäure, 1 M Ammoniumacetat bei pH 7,0 und 0,05 M EDTA bei pH 7,0 verwendet (Berrow u. Burridge 1991). Diese Reagentien unterscheiden zwischen den Mengen, die vom Boden durch Protonenaustausch mit NH_4^+ abgelöst werden können oder von EDTA im Wettbewerb mit natürlich vorkommenden organischen Liganden chelatisiert werden. Besonders bei Extraktion von Co mit Essigsäure sowie von Cu mit EDTA und von Mo mit Ammoniumacetat ergaben sich gute Korrelationen zwischen Pflanzen- und Bodengehalten. In anderen Situationen können aber auch andere Extraktanden effektiver sein, z.B. DTPA für nahezu neutrale und kalkreiche Böden. Für Cd, wahrscheinlich das wichtigste umweltrelevante Element, erwies sich die austauschbare oder mit verdünnter Säure extrahierbare Fraktion als zur Identifikation verschmutzter Böden geeignet; Sauerbeck u. Styperek (1983) haben 0,05 M $CaCl_2$ als Extraktand zur Feststellung der Verfügbarkeit von Cd in Böden vorgeschlagen.

Da eine 0,1 M EDTA-Lösung sowohl Carbonate wie auch organische und austauschbare Bodenphasen angreift, halten sie Kennedy et al. (1997) für einen Elutionstest auf Pflanzenverfügbarkeit nicht sonderlich geeignet. 1 M NH_4OAc bei pH 7 sei hierfür in einem breiten Bereich von Bodentypen sowie Nähr- und Schadstoffen die bessere Wahl, obwohl auch dieser Eluent Carbonate angreift und für alkalische Böden nicht geeignet ist. Auch Häni (1990) plädiert beim Test auf Bioverfügbarkeit via Pflanzenaufnahme für neutrale Salzlösungen wie 0,1 M $NaNO_3$.

In Deutschland ist Ammoniumnitrat der Referenzeluent zur Ermittlung der Pflanzenverfügbarkeit von Schwermetallen (BBodSchG). Nach DIN 19730 werden 20 g Boden in 50 mL ungepuffertem 1 M NH_4NO_3 für 2 h eluiert. Zur Rechtfertigung kann man beispielsweise anführen, daß für As, Cd, Cu, Mn, Ni, Pb, Tl, V und Zn hoch bis sehr hoch signifikante Beziehungen zwischen den aus Böden mittels Ammoniumnitrat extrahierbaren Gehalten und den Gehalten in den auf diesen Böden wachsenden Pflanzen gefunden wurden (Liebe et al. 1997). Auch dieser Elutionstest ist nicht universell anwendbar und beispielsweise für Cd in neutralen und alkalischen Böden ungeeignet (Hall et al. 1998): Readsorptionseffekte führen zur Unterschätzung des pflanzenverfügbaren Anteils und können z.B. mittels 1 M NH_4Cl oder 0,1 M $Na_4P_2O_7$ besser vermieden werden.

Pflanzen unterscheiden sich allerdings in der Fähigkeit, Metalle aus dem Boden zu extrahieren: In einigen Arten reichern sich spezifische Elemente an, z.B. Co in *Crotalaria cobalticola*, Ni in *Alyssum* spp. und Se in *Astragalus* spp.

Organische Toxine stammen aus drei Quellen: Pflanzen (freigesetzt durch Wurzeln oder Blattzerfall), Mikroben und ihren Umwandlungsprodukten (anaerobe Böden) und Anwendung von Agrochemikalien (Insektizide, Fungizide, Herbizide). Unzweifelhaft produzieren Wurzeln und Bodenmikroben eine enorme Anzahl von Metaboliten, von denen einige toxisch sind, aber leicht zerstört oder am Boden adsorbiert werden. Im Boden produzierte aromatische Säuren sind ebenso toxisch zu den Wurzeln wie durch mikrobielle Fermentation von Cellulose gebildete aliphatische Säuren, aber es gibt keine klaren Hinweise darauf, ob sie in Böden je phytotoxische Gehalte erreichen (Tinker u. Barraclough 1988).

Prinzipiell gibt es als einen zweiten Weg der Schadstoffaufnahme denjenigen aus der Atmosphäre. Ein Großteil des deponierten partikulären Materials wird von der Blattoberfläche abgewaschen und tritt nicht in das Pflanzengewebe ein. Wasserlösliche Verbindungen können jedoch auch von der Blattoberfläche in die Pflanze eindringen. Mit sehr kleinen, für Verbrennungsprozesse typischen Teilchen (Durchmesser < 2 μm) assoziierte Elemente (z.B. As, Cd, Cu, Se und Zn) können leichter im sauren Regen gelöst werden und in das Blatt eindringen als solche, die mit Boden- oder Tonmineralteilchen vergesellschaftet sind; As, Hg und Se werden möglicherweise von Pflanzenblättern direkt aus der Gasphase aufgenommen.

2.1.6.5 Elutionstest Ingestion

Mit Schadstoffen belastetes Bodenmaterial (z.B. von Altlastenflächen) oder schadstoffhaltige technogene Matrices wie Klärschlamm, Industriestäube, Abfälle u.a. bergen schwer einschätzbare Gesundheitsrisiken für den Menschen, da nur wenig über die Bioverfügbarkeit der an die verschiedenen Matrices gebundenen Schadstoffe bekannt ist. Von grundlegendem Interesse ist die Frage, inwieweit matrixgebundene Schadstoffe nach oraler Aufnahme den Verdauungstrakt passieren oder aber resorbiert werden (Hack et al. 1998, Hack u. Selenka 1996, Ruby et al. 1996, DIN 19738). Dies ist besonders für Kinder von Bedeutung, da belastetes Bodenmaterial von ihnen infolge von Hand-zu-Mund-Kontakten täglich beim Spiel aufgenommen werden kann. In dieser Hinsicht sollte auch die Mobilisierbarkeit von Schwermetallen aus Kinderspielzeug untersucht werden, wofür nach DIN EN 71-3 eine Elution mit Salzsäure bei pH 1 bis 1,5 vorgeschrieben ist. Generell trifft die Mobilisierungsproblematik natürlich auch für die Freisetzung von Schadstoffen aus belasteten Lebensmitteln beim Verdauungsprozeß zu: So wurde beispielsweise von Wolters et al. (1993) zur Untersuchung des Mobilisierungsverhaltens von Schwermetallen aus Lebensmitteln eine Elutionsmethode mit synthetischen Verdauungssäften entwickelt. Beim Menschen werden täglich ca. 1,3 L Speichel, 2,5 L Magensaft, 3 L Darmsaft, 0,7 L Pankreassaft und 0,5 L Gallenflüssigkeit gebildet und in den Verdauungstrakt abgegeben, ca. 2,5 L Wasser wird mit der Nahrung aufgenommen und zu rund zwei Drittel im Dünndarm resorbiert. In den Verdauungssäften sind Salze, Enzyme, Schleimsubstanzen und Verdauungshilfsstoffe (z.B. Gallensalze) gelöst, die wie auch Kohlenhydrate, Lipide oder Proteine als Lösungsvermittler für Schadstoffe wirken können. Gallensalze sind amphiphile Verbindungen, die in niedrigen Konzentrationen molekulardispers vorliegen. Bei Konzentrationen über der cmc bilden sich Gallensalzmizellen, die aus einem hydrophoben Steroidgrundgerüst mit hydrophoben Methylgruppen sowie einer hydrophilen Carboxylgruppe an einer Taurin- oder Glycingruppe am Molekülende bestehen (Carey u. Small 1972). In der Gallenflüssigkeit bilden Gallensalze, Lecithin, Cholesterin und andere Komponenten sog. gemischte Mizellen.

Idealerweise kann die Menge der inkorporierten Schadstoffe durch direkte Bestimmung der Bioverfügbarkeit in aufwendigen Tierversuchen bestimmt werden. Eine praktikable Alternative stellen Testsysteme zur Simulation des Einflusses des sauren Magensaftes (Magenmodell) und desjenigen des neutralen bis schwach alkalischen Verdauungssaftes im Dünndarm (Darmmodell) dar (Hack et al. 1999). In diesem Zusammenhang ist auch das Speichel-Magen-Darmmodell des Umweltbundesamtes (UBA) zu nennen (Rotard et al. 1995); das Mobilisierungspotential des Speichels für Schadstoffe aus oral aufgenommenen kontaminierten Partikeln ist aber gering.

Für die Ableitung von Dioxinrichtwerten für die Bodensanierung legte Rotard (1991) ein Zweistufenkonzept zugrunde, das davon ausgeht, das Kinder vom ersten bis zum sechsten Lebensjahr in Einzelfällen 0,5 g Boden pro Tag und bis zum siebten Lebensjahr 0,1 g Boden pro Tag oral aufnehmen können. Für Erwachsene ermittelten Calabrese et al. (1989, 1990) in einer Pilotstudie eine mittlere Bodeningestion von ca. 50 mg pro Tag. Die Aufnahme entsprechender Mengen hochbelasteten Bodenmaterials kann die ernährungsbedingte tägliche PCB-Aufnahme von durchschnittlich 2,3 µg (bezüglich der Summe der Kongenere 138, 153 und 180) in bestimmten Fällen weit überschreiten. Auch kann schadstoffbelasteter Flugstaub nach dem Einatmen im Schleim des Respirationstraktes angesammelt und verschluckt werden. Ungenügend gereinigtes Obst, Wildpilze oder Vegetabilien von belasteten Anbauflächen oder von Anbauflächen in der Umgebung starker Schadstoffemittenten können ebenfalls zur Aufnahme schadstoffhaltigen Bodenmaterials oder belasteter Stäube beitragen.

Im Magen-Darm-Trakt wird ein Teil der bis dahin an ihrer Matrix festgelegten Schadstoffe je nach Schadstoffart, Matrixzusammensetzung und Magen- bzw. Darminhalt in unterschiedlichem Maße vom Korn desorbiert und in Lösung gebracht. Hydrophobe Schadstoffe wie PAK, PCB, Dioxine und andere können nach der Mobilisierung über die Schleimhäute der Darmwand potentiell leicht resorbiert werden (Hack et al. 1994). Die Schadstoffe, die matrixgebunden bleiben, werden dagegen zum größten Teil mit den Faeces wieder ausgeschieden, da der Anteil der durch Resorption von Partikeln in den Organismus gelangenden Schadstoffe im Vergleich zu den gelösten gering ist. Obwohl im allgemeinen als unbedeutend eingestuft (Hefer et al. 1997), kann aber ein Teil der nicht resorbierten Schadstoffe unter bestimmten Bedingungen in den tieferen Darmabschnitten mikrobiell verändert (z.B. Biomethylierung?) und dann in Form seiner Metaboliten resorbiert werden.

Im Rahmen einer In-vitro-Studie wurde von Laher u. Barrowman (1983) gezeigt, daß in Speiseöl gelöste hydrophobe Substanzen wie PAK und PCB beim Vermischen der Ölphase mit künstlichen Darmsäften, in denen die kritische Mizellenkonzentration (cmc) gelöster Gallensalze und Fettsäuren überschritten wird, in die wässrige Mizellarphase übergehen können. Vermutlich werden hydrophobe Substanzen wie HCB, PCB, PAK oder Dioxine auch dann, wenn sie sorptiv an Oberflächen fester Matrices gekoppelt vorliegen, durch die Verdauungssäfte im Darmtrakt von Menschen und Tieren mobilisiert.

Untersuchungen zur Bioverfügbarkeit von matrixgebundenen lipophilen Schadstoffen wurden bisher in einzelnen Fällen sowohl an natürlichen schadstoffbelasteten Böden als auch an technogenen Matrices (wie z.B. der „Kieselrot" - Schlacke) durchgeführt. An Kieselrot wurde in Modellversuchen die Elution ausgewählter Chloraromaten wie PCB, HCB und TCDD/TCDF durch Speiseöl (Brockmann 1992) und durch künstliche Verdauungssäfte (Rotard et al. 1993) nachgewiesen. Dabei wurde gezeigt, daß die Mobilisierung der Schadstoffe von der Art des Schadstoffs, von der Art und Zusammensetzung der Verdauungssäfte sowie von der Anwesenheit bestimmter Nahrungskomponenten wie Speiseöl oder Weizenkleie abhängt. Der pH-Wert oder das Vorliegen von Alkohol im künstlichen Verdauungssaft waren dagegen von geringerem Einfluß auf die Mobilisierung. Methodisch bedingt weichen die Ergebnisse der Studien aber deutlich voneinander ab: Während Brockmann mit Testlösungen aus Wasser und Speiseöl Mobilisierungen von PCB um 60% und Mobilisierungen von OCDF bis zu 18% ermittelte, fanden Rotard et al. mit künstlichen Verdauungssäften kongenerabhängige Mobilisierungen der Dioxine im Kieselrot im Bereich von 0,2 bis maximal 3%.

Über das Sorptions- und Desorptionsverhalten von vielen Schadstoffen an mineralischen und an organischen Matrices liegen zum Teil umfangreiche Erfahrungen vor. Diese basieren im allgemeinen auf Untersuchungen, die die natürlichen Rahmenbedingungen der Schadstoffelution in der Umwelt berücksichtigen, oder die mit reinen Lösungsmitteln oder Lösemittelgemischen gemacht wurden. Solche Daten können jedoch nur mit Einschränkungen zur quantitativen Abschätzung der Schadstoffmobilisierung im Verdauungstrakt herangezogen werden.

Zur Abschätzung der Gefahren, die von der Mobilisierung von Schadstoffen im Magen-Darm-Trakt ausgehen, benötigt man ein Testsystem, das die wesentlichen physikalischen und chemischen Vorgänge im Verdauungstrakt berücksichtigt. Im von Hack et al. (1994) entwickelten Testsystem wird die Schadstoffmobilisierung im Magen und im Dünndarm simuliert. Diese Bereiche sind im Hinblick auf die Mobilisierung hydrophober Schadstoffe durch Elution im Verdauungstrakt am wichtigsten.

Die Parameter, die Einfluß auf die Schadstoffmobilisierung nehmen und deshalb im Testsystem berücksichtigt werden, sind in Tabelle 2.2 zusammengestellt. Die Untersuchungen erfolgten mit einer automatisch arbeitenden Elutionsapparatur zur Durchführung des pH_{stat}-Tests nach Obermann u. Cremer (1991). Die Elutionen wurden wie folgt durchgeführt: 1 g Substrat (z.B. kontaminierter Boden, Deponiematerial, Staub oder Ruß) wird in 105 mL Wasser suspendiert, der pH-Wert der Suspension wird mit dem Autotitrator eingestellt und 2 h aufrechterhalten. Dabei wird die Suspension bei 37 °C mit einem Kreisschüttler stetig bewegt. Danach wird ein Endvolumen von 120 mL eingestellt.

Tabelle 2.2. Wichtige Parameter beim Elutionstest Ingestion nach Hack et al. (1994)

Einflußgrößen der Schadstoffmobilisierung in vivo	Einstellungen der Einflußgrößen der Schadstoffmobilisierung in vitro		
wässriges Milieu	Aqua bidest.		120 mL
Salinität	HCl, Na_2CO_3		
Temperatur	Wasserbad		37 °C
Bewegung	Kreisschüttler		200 rpm
pH-Wert	Autotitrator		
	HCl	(Magenmodell)	2,0
	Na_2CO_3	(Darmmodell)	7,0
Enzyme	Pepsin	(Magenmodell)	10 mg
	Trypsin	(Darmmodell)	10 mg
	Pancreatin	(Darmmodell)	350 mg
Verdauungshilfsstoffe	Mucin, lyophilisiert		350 mg
	Galle, lyophilisiert		350 mg
Lebensmittel	Vollmilchpulver		7 g
native schadstoffbelastete Matrices	native oder lyophilisierte schadstoffbelastete Matrices		1 g

Die Schadstoffmobilisierung (PAK und PCB) ist im Magenmodell mit 3 bis 22% erwartungsgemäß gering (Hack et al. 1999). Schleimsubstanzen erhöhen diesen Wert bis auf 40%. Vollmilchpulver erhöht den Anteil der mobilisierbaren PAK und PCB auf 40 bis 85%; generell erwies sich die Mobilisierung der Schadstoffe im Darmmodell in allen Fällen als deutlich höher als im Magenmodell. Die höchsten Schadstoffmobilisierungen werden bei allen Matrices in Gegenwart von Vollmilchpulver im Testsystem festgestellt. Die Ursache für die starke Mobilisierung in Gegenwart von Vollmilchpulver im Testansatz ist zum einen auf die lösungsvermittelnden Eigenschaften der emulgierten Fette in der Milch, zum anderen auf den enzymatischen Abbau dieser Fette durch die Verdauungsenzyme zurückzuführen. Beim enzymatischen Aufschluß des Milchfetts werden Mono- und Diglyceride sowie Fettsäuren gebildet, welche zusammen mit den Gallensäuren und anderen Galleinhaltsstoffen im Testansatz stabile Mizellen bilden, die die hydrophoben Schadstoffe im wässrigen Milieu besser von der Matrix abzulösen und besser in Lösung zu halten vermögen als es durch andere Inhaltsstoffe der Verdauungssäfte oder durch lipophile Lebensmittelkomponenten allein möglich ist. Es geht hier also um denselben Mechanismus, der bereits beim Abschnitt „Elutionstest Grundwassergefährdung" skizziert wurde. In der Literatur beschriebene Tierversuche zeigen, daß etwa 67 – 95% der PCB (Fries et al. 1989) aus belastetem Bodenmaterial aufgenommen werden, was mit den Befunden von Hack et al. (1999, 1994) gut übereinstimmt. Im Hinblick auf anorganische Schadstoffe waren im Testsystem bis zu 60% des As, 51% des Pb, bis zu 37% des Cr, bis zu 82% des Cd und 73% des Hg mobilisierbar.

Rotard et al. (1995) entwickelten ein In-vitro-Modell zur Simulation der Digestion mit Böden am Beispiel des technischen Substrats Kieselrot, das die Abschätzung der Resorption polychlorierter Dibenzodioxine/Dibenzofurane (PCDD/F) ermöglichen sollte. Kieselrotproben wurden mit Modellgemischen von Speichel, Magensaft, Zwölffingerdarmsaft und Gallensaft aufeinanderfolgend geschüttelt, die Partikel abgetrennt, die wässrige Phase mit Hexan extrahiert und der Hexanextrakt auf PCDD/F analysiert. Parallel wurde der gesamte extrahierte PCDD/F-Gehalt der Kieselrotprobe bestimmt. Für den mit Resorptionsverfügbarkeit bezeichneten Übergang der PCDD/F aus dem Kieselrot in das wässrige Modellgemisch wurden 2% ermittelt.

2.1.6.6 Geogene und biogene Elution

Bituminöse Schiefer sind durch hohe Spurenelementkonzentrationen ausgezeichnet. Wenn aus organischen Schiefern Böden gebildet werden, werden die Spurenelemente überführt und möglicherweise durch biologische Prozesse weiter angereichert. Um die natürlichen Auslaugvorgänge und die Prozeßkinetik zu studieren, wurden von Puchelt u. Nöltner (1990) unbehandelte und vorbehandelte Ölschieferproben (Posidonienschiefer) mit bidest. Wasser bis zu 30

Tage lang bei Anfangs-pH-Werten von 3, 5, 7 und 9 in Schüttelversuchen eluiert. Oxidationsprozesse in der Umwelt wurden durch Kaltveraschung mittels Sauerstoffplasma simuliert, Niedertemperaturverschwelung und Verbrennung durch Erhitzen auf 500 bzw. 1000 °C.

Entsprechend ihrem Verhalten konnten die Elemente in vier Gruppen eingeteilt werden:

- Elemente, die im unbehandelten und behandeltem Material in ähnlichen Konzentrationen vorhanden waren (Co, Hf, Nb, Sn, Zn, Th, Y, Zr, REE rare earth elements = Seltenerdelemente),
- Elemente, die aus erhitzten Proben stark ausgelaugt werden können (As, Cd, Ba, Cu, Cr, Cs, Li, Mo, Ni, Rb, Sr, Ta, V, W),
- Elemente, die im unbehandelten und behandelten Material nicht oder kaum löslich waren (Be, Ga, Sb, Sc, Th, U),
- Elemente, die während der Probenveraschung bei 1000 °C zumindest teilweise verflüchtigt werden (B, Pb, Re, Se, Tl).

Trotz der hohen Konzentrationen der Spurenelemente im Posidonienschiefer, die manchmal die in der Klärschlammverordnung angegebenen Grenzwerte überschreiten (s.u.), stellen diese Elemente solange kein Umweltrisiko dar, wie sie in ihrer ursprünglichen Bindungsform verbleiben:

Element	übliche Konzentration in Böden (ppm)		max. tolerierbar Klärschlamm VO	im Posidonienschiefer gefunden
Mo	0,2 –	5	5	19
Ni	2 –	50	50	60
Tl	0,01 –	0,5	1	5

Erhitzen des Materials beseitigt organische Substanzen teilweise oder vollständig; es oxidiert auch die Eisensulfide, die einige der toxischen Elemente enthalten, beim extremen Erhitzen werden Carbonate zersetzt und einige Elemente verflüchtigt. Durch solch eine thermische Behandlung wird die Mobilität der Spurenelemente drastisch geändert, toxische Spurenelemente werden ausgewaschen, bis sie durch eine anderweitige chemische Reaktion fixiert werden. Dabei sind die Spurenelementgehalte in den Auslauglösungen des erhitzten Schiefers teilweise höher als die Grenzwerte der Trinkwasserverordnung von 1986 (Werte in mg/L):

Element	Trinkwasser-Verordnung	Empfehlungen WHO	Orientierungswerte Quentin (1988)	Eluat Ölschiefer
As	0,04	0,05	0,04	0,05
Ba			0,1	0,90
Cr	0,05	0,05	0,05	1,06
Ni	0,05		0,05	0,14
Sb			0,01	0,005

Unter extremen Bedingungen kann also die Biosphäre beeinträchtigt werden und toxische Konzentrationen verschiedener Elemente in die Nahrungskette gelangen; unter normalen Umständen ist dies aber nicht zu befürchten.

Nationale und internationale Grenzwerte werden auch in Böden an Lagerstätten überschritten: So bestimmten z.B. Ullrich et al. (1999) im Oberboden 430 mg/kg Pb (1 – 16% mobil), 13 mg/kg Cd (35 – 60% mobil), 1245 mg/kg Zn (10 – 32% mobil) und 35 mg/kg As.

Eine Reihe litho- und organotropher Mikroorganismen bilden anorganische und organische Säuren und bewirken somit auch eine Elution von Metallen aus Festkörpern (Bosecker 1997, Krebs et al. 1997). So wandeln beispielsweise chemolithotrophe Bakterien wie *Thiobacillus ferrooxidans* und *T. thiooxidans* unlösliche Metallsulfide in lösliche Metallsulfate um. Heterotrophe Bakterien und Pilze scheiden organische Säuren sowie Chelat- und Komplexbildner aus: Durch biogene Elution („Bioleaching") konnten z.B. Bosshard et al. (1996) aus Flugasche von Müllverbrennungsanlagen über die Hälfte des Cd, Cu und Zn, etwa ein Drittel des Al, Mn und Pb und nur < 10% an Cr, Fe und Ni herauslösen.

Die umweltchemische Bedeutung des Bioleaching ergibt sich somit in vierfacher Hinsicht:

- In Gesteinen, Böden und Abfällen gebundene Schwermetalle werden gelöst und damit mobilisiert (Schadstoffmobilisierung).
- Der Prozeß kann gezielt zur Gewinnung von Metallen wie z.B. Au, Cu oder U aus Lagerstätten eingesetzt werden (Biohydrometallurgie).
- Da viele Abfälle wie Flugasche, Schlämme oder Stäube gleichsam „künstliche Lagerstätten" darstellen, können die Schwermetalle aus diesen Materialien in Anlehnung an natürliche biogeochemische Prozesse zurückgewonnen werden (Detoxifizierung und Wertstoffrückgewinnung).
- Auch der umgekehrte Prozeß ist möglich: Als Sulfate vorliegende Metalle, beispielsweise in sauren Lagerstättenwässern, werden unter strikt anaeroben Bedingungen durch sulfatreduzierende Bakterien (z.B. *Desulfovibrio*-Arten) als unlösliche Sulfide ausgefällt (Schadstoffimmobilisierung).

2.1.6.7 Elution von Abfällen

Von den 206 Mt Gewerbemüll und 23 Mt Hausmüll, die 1987 in der BRD angefallen sind, waren 52% Bodenaushub und Bauschutt (Höher et al. 1991). Um den begrenzten Deponieraum sinnvoll zu nutzen, ist ein Recycling gerade der Hauptabfallmassen notwendig. Voraussetzung für eine Wiederverwendung von nur mechanisch aufbereitetem Recyclinggut ist aber eine chemische Prüfung, bei der die Umweltverträglichkeit bzw. Schadstofffreiheit belegt wird. Bei Abfall, besonders bei Bodenaushub und Bauschutt, werden hierzu als Probenvorbereitung für die chemischen Untersuchungen Elutionsverfahren eingesetzt. Auch die Genehmigung und der Bau von Sondermülldeponien wird immer schwieriger, da einmal die möglichen Standorte aus geologischen Gesichtspunkten begrenzt sind, und zum anderen derartige Deponien politisch schwer durchsetzbar sind. Es ist jedoch zu vermuten, daß eine Reihe von Abfällen, die zur Zeit auf Sondermülldeponien abgelagert werden, gefahrlos gemeinsam mit Hausmüll auf Zentraldeponien, die dem heutigen Stand der Technik (Dichtung, Drainage, Sickerwasserbehandlung) entsprechen, abgelagert werden könnten. Ham et al. (1980) beschäftigen sich in diesem Zusammenhang mit der Frage, wie ein Auslaugtest beschaffen sein muß, um die Ablagerungsmöglichkeit unterschiedlicher Materialien bewerten zu können.

Nach Ham et al. (1980) sind zwei grundsätzlich unterschiedliche Testverfahren denkbar: Zum einen intensive Studien zur Auslaugbarkeit des betreffenden Abfalles, wobei das Testverfahren der jeweiligen Situation und dem spezifischen Abfallstoff angepaßt werden kann und zum anderen ein standardisierter Test, der relativ schnell durchzuführen ist. Dabei werden die Testbedingungen unabhängig von der Abfallart und den spezifischen Situationen einmal festgelegt. Nicht nur die US-EPA hat die Entwicklung eines standardisierten Tests gefordert, der von „normal" ausgestatteten Labors in relativ kurzer Zeit unter reproduzierbaren Bedingungen durchführbar ist.

Ham et al. (1980) nennen folgende Argumente gegen die Einführung des Säulenverfahrens als Standardtest: Ungleichmäßiges Packen der Säulen kann zur Ausbildung bevorzugter Sickerwege führen, Gefahr des verstärkten Dichtsetzens der Säulen (z.B. durch Mikroorganismen), Ablaufen von nicht kontrollierbaren biologischen Prozessen, Wandeffekte, lange Versuchsdauer und Probleme der Reproduzierbarkeit. Deshalb wird der Laborschütteltest als standardisiertes Auslaugverfahren vorgeschlagen.

Soll die Beurteilung des Gefahrenpotentials durch die Mobilisierung von Schwermetallen im Zuge der Ablagerung von Abfällen durch einen Auslaugtest erfolgen, müßten die Änderungen des chemischen Milieus während der zeitlichen Entwicklung des Feststoffs berücksichtigt werden. Der Einfluß auf das Mobilitätsverhalten von Schwermetallen läßt sich in drei steuernde Einflußgruppen unterteilen, die in einem Laborschüttelversuch berücksichtigt werden sollten (Barrenstein 1994):

1. Chemische Einflußgrößen
   - pH, E_h der Auslauglösung (Sickerwasser)
   - Puffervermögen des Feststoffes
   - Komplexierungen (Chloro-, Hydroxokomplexe)
   - chemische Bindungsformen der Schwermetalle
   - Fällungsreaktionen (z.B. Sulfatreduktion)
   - Chemisorption
   - Reaktionskinetik
   - chemische Wechselwirkung in Feststoffporen
2. Physikalische Einflußgrößen
   - Wasserwegsamkeit (Porosität)
   - Quellfähigkeit
   - Lagerungsdichte (Packungsdichte)
   - Feststoff-/Flüssigkeitsverhältnis
   - spezifische Oberfläche
   - Porenstruktur
   - Auslaugdauer (Kontaktzeit, Feststoffalter)
   - Temperatur
3. Biologische Einflußgrößen
   - pflanzlicher/biologischer Bewuchs
   - Zersetzungsprozesse
   - mikrobiologische Besiedelung
   - Milieuveränderungen durch biologische Aktivität

Das Ziel eines Elutionstests ist, das gesamte Freisetzungspotential eines schadstoffhaltigen Feststoffs zu erfassen; wobei es angemessen erscheint, die denkbar ungünstigste Situation, den bereits erwähnten Worst-case, zu simulieren. Die chemische Zusammensetzung des Eluats richtet sich nach den Einflußgrößen 1 bis 3 und nach den Ablagerungsbedingungen des Feststoffs. Den stärksten Einfluß auf die Auslaugbarkeit von Schwermetallen hat der pH-Wert: Sowohl niedrige als auch hohe pH-Werte können mobilisierend wirken, am stabilsten gebunden bleiben die meisten Metalle im „pH-neutralen" -Bereich um pH 7; im alkalischen Bereich steigt die Löslichkeit einiger oxyanionischer Verbindungen des As, Sb, Cr und Se. Der Gehalt an Puffersubstanzen (z.B. an Carbonaten) trägt dazu bei, daß der pH-Wert konstant bleibt, wodurch eine Mobilisierung von Schwermetallen weitestgehend verhindert wird. Erst wenn durch den Einfluß von niedrigen pH-Werten der flüssigen Phase die Pufferkapazität des Feststoffs erschöpft ist, tritt eine Mobilisierung der Schwermetalle ein.
Aus diesen Überlegungen heraus ist unmittelbar einzusehen, daß die oben für Böden beschriebene Vorgehensweise direkt auf die Abfallbewertung übertragbar und somit das auf den Worst-case und die Pufferkapazität abgestellte Konzept anwendbar ist.

Ein interessantes Anwendungsbeispiel zu dieser Thematik ist die Ablagerung von Ascherückständen aus der Müllverbrennung. Dieses Material ist in der Umwelt nicht stabil, sondern verändert sich mit zunehmender Verwitterung (Meima u. Comans 1999). Während frische Asche einen pH > 12 aufweist, liegt dieser nach einer Verwitterungszeit von Wochen bei ca. 10 und nach einer solchen von Jahren bei ca. 8; begleitet wird dieser durch Mineralumbildungen bedingte Effekt von einer abnehmenden Mobilität der Spurenmetalle. Eine Bewertung der Ablagerbarkeit von Verbrennungsrückständen mittels pH_{stat}-Test erscheint sinnvoll.

Als Eluenten schlagen Ham et al. (1980) bei einer Monodeponie simuliertes Regenwasser vor, während synthetisches Sickerwasser gewählt werden sollte, wenn Industriemüll gemeinsam mit Hausmüll abgelagert werden soll. Die Verwendung von realem Sickerwasser aus Mülldeponien wäre nicht zu empfehlen, da die Sickerwasserqualität in Abhängigkeit von der Deponie und des Deponiealters stark variiert; zum anderen kann dieses Wasser anorganisch und organisch hochverunreinigt sein und sich während des Auslaugtests verändern. Es kann sogar vorkommen, daß es zu einer Qualitätsverbesserung des Ausgangssickerwassers kommt, wenn einige Inhaltsstoffe an dem auszulaugenden Abfall adsorbiert werden. Folgende Parameter des natürlichen Sickerwassers werden für signifikant auf die Auslaugvorgänge erachtet: pH, Komplexierung, Redoxzustand und Ionenstärke. Da der Test aggressiv sein soll, sollte die Sickerwasserqualität einer jungen Deponie zugrunde gelegt werden. Folgende Zusammensetzung des synthetischen Sickerwassers wird vorgeschlagen: 0,15 M Natriumacetat, 0,15 M Essigsäure, 0,05 M Glycin, 0,008 M Pyrogallol und 0,024 M Eisen(II)sulfat.

Den o.g. Gegenargumenten zum Trotz wurde in Berlin zur Elution eine von Höher et al. (1991) beschriebene Perkolation im Säulenverfahren entwickelt: Bei dem Verfahren werden 5 kg des aufgebrochenen Probenmaterials (Körnung 0 bis 32 mm) in einem Glaszylinder bei einem Durchfluß von 50 mL/min mit 9 L Elutionsmedium durchströmt. Für die Bestimmung der mobilisierbaren Kationen (z.B. der Schwermetalle) werden dazu 0,1 molare HNO_3 verwandt. Wenn ein pH-Wert von 4 bis 5 erreicht ist, wird aus dem Zwischenreservoir ein Aliquot zur AAS- und ICP-AES-Bestimmung entnommen. Dies ist bei Betonaufbruch nach ca. fünf Stunden der Fall. Längere Elutionszeiten führen aufgrund der alkalischen Bedingungen (Beton) zu einer Ausfällung der Schwermetalle. Zur Kontrolle der Perkolationsbedingungen dienen Durchströmungsmeßzellen. Für die Bestimmung der mobilisierbaren organischen Bestandteile (AOX, KW, PAK und Phenole) wird destilliertes Wasser als Elutionsmedium verwandt; die Perkolationszeit beträgt hierbei 24 Stunden.

Das Ziel einer Arbeit von Milana et al. (1993) war die Bestimmung der Metallgehalte, die aus Spielzeug ausgewaschen werden, und die Bewertung ihres Gefährdungspotentials für Deponiesickerwässer. Das Spielzeug wurde einem Elutionstest mit 0,5 N CH_3COOH-Lösung unterworfen, um die reale Situation von Hausmüll zu simulieren. In der Lösung wurden meist Werte unter der analytischen Nachweisgrenze, aber auch Spitzenwerte (in mg/L) bis zu 0,5 Pb (0,2), 19 Cd (0,02), 13 Cu (0,1), 0,3 Cr (2) und 3 Co gefunden, die zum Teil die (in Klammer angegebenen) vom EG Gesetz Nr. 319/76 gesetzten Grenzwerte für einige Schwermetalle in Industrie- und Trinkwasser überschreiten. Generell wird aber der Einfluß von Spielzeugabfällen auf die Sickerwasserqualität von Deponien als gering eingeschätzt.

Gerade bei Abfällen bestehen mit die größten Probleme bei Probenahme und -vorbereitung: Zum einen soll der Test reproduzierbar sein, was eine möglichst gleichförmige Konsistenz bzw. Korngröße voraussetzt. Das könnte relativ einfach durch Feinmahlen und Mischen erreicht werden. Zum anderen sollen die Abfallstoffe möglichst in der Form untersucht werden, in der dieser Stoff anfällt. Zunächst einmal sollten die Stoffe (z.B. Schlacken) derart zerkleinert werden, daß sie in die Probengefäße passen. Hier bietet sich analog zu den deutschen Einheitsverfahren S4 eine Zerkleinerung auf einen Durchmesser von etwa 1 cm an. Es ist kaum möglich, Empfehlungen für die Probenvorbereitung sämtlicher Abfallarten zu geben. Grundsätzlich sollte eine Optimierung der beiden oben erwähnten konkurrierenden Größen (Repräsentanz und natürlicher Zustand) durchgeführt werden.

Aufgrund der extremen stofflichen Heterogenität eines Abfallkörpers ist die Gewinnung einer repräsentativen Durchschnittsprobe in vielen Fällen aus technischen Gründen nicht möglich, so daß man sich bei der Gefahrenabschätzung auf stichprobenartige „Hot-Spot"-Analysen beschränken muß, deren Durchführung allerdings ein gewaltiges Maß an Sachkenntnis und Erfahrung voraussetzt.

2.1.7 Rechnerische Modellierung der Schadstoffverfrachtung

In Deutschland war der klassische Immissionsschutz in den fünfziger und sechziger Jahren durch eine vorwiegend monomediale und einzelakzeptorbezogene Betrachtung kritischer Emissions- und Immissionssituationen gekennzeichnet. Dabei stand jeweils die direkte Einwirkung gasförmiger Luftschadstoffe auf Mensch und Tier, auf Vegetation sowie Materialien im Vordergrund des Interesses. Der Boden als Akkumulationsort für Luftverunreinigungen wie auch anthropogener Ablagerungen und damit als weiteres schutzbedürftiges Objekt wurde erst in den siebziger Jahren entdeckt und die sog. intermediale Betrachtungsweise mehrerer miteinander verflochtener Stoffströme in verschiedenen Medien und Akzeptoren ist erst seit Einführung einer gesamtheitlichen Betrachtungsweise von Ökosystemen aktuell geworden (Suchenwirth u. Prinz 1994). Ein wesentlicher Anstoß für die differenziertere Betrachtung von Immissionswirkungen ging von der Erkenntnis aus, daß systemisch wirkende Luftverunreinigungen wie Schwermetalle vor allem über den oralen Aufnahmepfad ein gesundheitliches Risiko für den Menschen darstellen. So wurden bereits zu

Beginn der Durchführung des in der früheren Landesanstalt für Immissionsschutz in Essen (LIS, heute Landesumweltamt) entwickelten Wirkungskatasters systematisch die Bleigehalte in der standardisierten Graskultur als Repräsentant für bleibelastete Futter- und Nahrungspflanzen ermittelt und nachgewiesen, daß diese Werte mit dem Blutbleispiegel von dort ansässigen Neugeborenen und deren Müttern korrelieren (Suchenwirth u. Prinz 1994). Eine Betrachtung der verschiedenen Aufnahmepfade persistenter Luftverunreinigungen war auch bei der Bewertung der Thalliumschäden notwendig, die in der Umgebung eines Zementwerkes aufgetreten waren. Hier wurden von der LIS zum ersten Mal Beurteilungsmaßstäbe zur Begrenzung von Schwermetallniederschlägen unter Berücksichtigung des oralen Aufnahmepfades abgeleitet. Ausgehend von einer als gesundheitlich unbedenklich angesehenen maximalen täglichen Thalliumaufnahme wurde bei der Ableitung eines Beurteilungsmaßstabes sowohl die Aufnahme von Thallium in Futter- und Nahrungspflanzen unmittelbar über die Luft als auch mittelbar über den Boden in die Abschätzungen mit einbezogen. Von besonderer Wichtigkeit erwies sich die Bewertung persistenter und zugleich lipophiler organischer Luftverunreinigungen, wo die Anreicherung in den verschiedenen Kompartimenten der Umwelt besonders groß ist. In Bezug auf fetthaltige Futter- und Nahrungsmittel bis hin zur Muttermilch kommen sukzessive Konzentrationserhöhungen zustande; es tritt somit nicht nur eine Bioakkumulation, sondern sogar eine Biomagnifikation auf. Die LIS hat sich seit 1990 verstärkt diesem Problem am Beispiel der Dioxine gewidmet.

Ähnliche Beispiele für die Entwicklung des Immissionsschutzes ließen sich natürlich auch aus anderen Regionen als dem Ruhrgebiet anführen. Das verbindende Charakteristikum all dieser Studien ist der Versuch, ein komplexes Umweltsystem mittels umfangreicher Computerprogramme modellhaft zu beschreiben. Der große Vorteil einer derartigen Aktion liegt insbesondere darin begründet, daß aus der Erfassung der wichtigsten Komponenten und Prozesse im System in der Gegenwart Prognosen über dessen zukünftige Entwicklung gezogen werden können (Matthies 1995). Während diese Vorgehensweise bei der Wettervorhersage längst gängige Praxis ist, wird sie beim Bodenschutz allgemein oder konkret bei der Bewertung von kontaminierten Standorten oder Deponien derzeit höchstens ansatzweise andiskutiert.

Allgemein hängt die Behandlung der Prozesse zur Ausbreitung von Schadstoffen in Modellansätzen entscheidend von der jeweiligen spezifischen Fragestellung ab: Je nachdem, welches Umweltkompartiment für den Transport, die Verteilung und den Abbau einer Chemikalie dominiert, stehen Luft-, Oberflächenwasser- und Boden/Grundwassermodelle zur Verfügung (Enquete-Kommission 1994). Austauschvorgänge über die Kompartimentsgrenze können jedoch nur durch Mehrkompartimentmodelle behandelt werden. Aber auch diese sind nicht universell anwendbar, sondern räumliche und zeitliche Auflösung richten sich nach den Dimensionen der Modellgebiete und den Zeitkonstanten der Prozesse. Die Palette reicht von lokalen Störfallfolgenabschätzungen über

Expositionsberechnungen für Risikoabschätzungen im regionalen Rahmen bis hin zu globalen Verteilungsmodellen. Insbesondere die Anwendung von Modellen zur Vorsorge, Früherkennung und Prognose ist in den vergangenen Jahren zunehmend wichtiger geworden, da sich der Schwerpunkt von der Beseitigung von Umweltbelastungen durch technische Maßnahmen in Richtung Vorsorge verschoben hat.

Als Basis einer Modellierung müssen somit im ersten Schritt alle wichtigen umweltrelevanten Systemkomponenten und Prozesse erkannt werden: In die Umwelt gelangende anthropogene Chemikalien breiten sich vom Eintrittsort in die Ökosphäre aus und erreichen eine lokale, regionale oder globale Verteilung nicht nur infolge einer lokalen bzw. weltweiten Herstellung und Anwendung dieser Stoffe, sondern auch als Ergebnis rascher Transportvorgänge vor allem in der Atmo- und Hydrosphäre. Die Konzentration einer beliebigen Substanz in einem Teilgebiet der Biosphäre als Akzeptor wird somit von der Zahl und Ergiebigkeit der Emissionsquellen, von der Effektivität der Stofftransport- und Durchmischungsvorgänge und von der Geschwindigkeit chemischer oder biochemischer Stoffumwandlungsprozesse bestimmt. Zur Beurteilung des Einflusses von Ökochemikalien auf die Umwelt und der damit verbundenen Belastungen ist die zuverlässige Vorhersage dieser Ausbreitungs- und Umwandlungsprozesse essentiell.

Die zeitliche und räumliche Änderung der Konzentration einer Substanz in einem Ökosystem wird von äußeren (Luftströmungen, Wasserläufe u.a.) und inneren Triebkräften (Reaktionspartner, Redoxzustand, Temperatur, pH usw.) bewirkt. Die Berücksichtigung aller Einflußfaktoren in einem mathematischen Modell führt zu gekoppelten nichtlinearen partiellen Differentialgleichungen, deren Lösung numerische Verfahren erfordert (Kümmel u. Papp 1990). Nicht immer ist die Reduktion auf wenige bestimmende Zustand- und Prozeßvariablen möglich, die das mathematische Problem stark vereinfachen würde. Für die Beschreibung der Ausbreitung eines Schadstoffs in einem dreidimensionalen Raum kann beispielsweise ein Gittermodell verwendet werden, das den Raum in definierte Volumenelemente von willkürlich gewählter Größe aufteilt. Physikalische Transportprozesse verlaufen dann als Stoffübergänge durch die Grenzflächen der Volumenelemente, während chemische Reaktionen im Inneren der Teilbereiche stattfinden.

Als Chemodynamik wird die aus der Kenntnis der physikalischen und physikalisch-chemischen Eigenschaften anthropogener Verbindungen abgeleitete Beschreibung und Prognose der Verteilung dieser Substanzen in der belebten und unbelebten Umwelt bezeichnet (Kümmel u. Papp 1990). Der Stoffübergang von einer Umweltsphäre in eine andere hängt entscheidend von den physikalisch-chemischen Eigenschaften der Substanzen ab und wird von thermodynamischen und kinetischen Faktoren geprägt (z.B. Löslichkeit, Kristallisationsgeschwindigkeit, Dampfdruck, Verdunstungsgeschwindigkeit, Adsorptionsgleichgewichte, Adsorptions- bzw. Desorptionsgeschwindigkeiten oder Verteilung zwischen hydrophilen und hydrophoben Medien). Je nach Relativgeschwindigkeit der ablaufenden Prozesse muß entschieden werden, ob thermodynamische Beziehungen (Gleichgewichtszustand) oder kinetische Ansätze (Stofftransport) zur Beschreibung des realen Ausbreitungsverhaltens des Systems besser geeignet sind.

Für den Übergang zwischen Hydrosphäre und Atmosphäre sind Dampfdruck bzw. Wasserlöslichkeit der Substanzen bestimmend. Der Dampfdruck einiger Umweltchemikalien ist relativ hoch (Kümmel u. Papp 1990): Zum Beispiel ergeben sich für die Pestizide Parathion, Dichlorvos und 1-Naphthyl-Methylcarbamat Sättigungskonzentrationen in Luft bei 20 °C von > 1 µg/L. Die Löslichkeit der Organochlorverbindungen Mono-, Di- und Trichlormethan, Trichlorethen, Chlorethan und 1,2-Dichlorethan in Wasser bei 20 °C ist > 1 g/L und wird durch anwesende Fremdstoffe stark modifiziert; bei potentiellen Elektrolyten tritt eine erhebliche Löslichkeitsbeeinflussung durch pH-Änderungen und Überführung in die ionisierten Spezies auf.

Für die Bewegung von Chemikalien in der Bodenzone sind Diffusions- und Extraktionsvorgänge (Auslaugung, Auswaschung) von Bedeutung, welche wiederum stark von spezifischen Wechselwirkungen mit festen Bodenpartikeln (Adsorption) beeinflußt werden.

Bei Modellrechnungen zum Transport von Schadstoffen in Böden werden üblicherweise folgende physikalischen, (geo)chemischen und biologischen Vorgänge in der ungesättigten und gesättigten Bodenzone berücksichtigt (Trapp u. Matthies 1996):

Physikalische Vorgänge (Transport):	• Konvektion
	• hydrodynamische Dispersion
	• molekulare Diffusion
	• Verdampfung
	• photochemischer Abbau
Chemische Vorgänge:	• Ad-/Desorption
	• Komplexbildung
	• Oxidation/Reduktion
	• Hydrolyse
	• Dissoziation, Ionisation
	• Lösung/Ausfällung
Biologische Vorgänge:	• mikrobieller Abbau und Umwandlung
	• Aufnahme durch Pflanzen und Organismen

Molekulare Diffusion tritt bei geringer Wasser- und Luftbewegung in den Vordergrund und findet auch bei Stillstand des Trägermediums statt. Sie erfolgt aufgrund der thermischen Bewegung der Moleküle, die eine Verringerung des Konzentrationsgradienten bewirkt. Evapotranspiration ist die Summe aus der

Verdunstung eines Stoffes von einer freien Bodenoberfläche (Evaporation) und der Transpiration durch Pflanzen. Letztere und die Aufnahme in die Pflanze sowie verschiedene Abbauprozesse bewirken eine Verringerung der Konzentration des Schadstoffs im Boden. Ad- und Desorption legen zusammen mit dem Wassergehalt die Verteilung eines Stoffes im Boden fest. Das Adsorptionsverhalten beschreibt die Akkumulation eines Schadstoffs, das Desorptionsverhalten die Mobilität bzw. das Auslaugverhalten. Wichtige Einflußgrößen hierauf sind:

- Stoffeigenschaften: Wasserlöslichkeit, Polarität/Polarisierbarkeit, räumliche Struktur und Acidität/Basizität,
- Oberflächeneigenschaften der verschiedenen Bodenbestandteile (z.B. Tonminerale, Huminstoffe) in Verbindung mit physikalisch-chemischen Bodenmerkmalen,
- Sorptionsmechanismen: Physisorption (elektrostatische WW, Dipol-Dipol-WW...) und Chemisorption (chemische Bindung, koordinative, ionische Bindungen).

Die Auswertung der Sorptionsversuche erfolgt meist über die Langmuir- bzw. Freundlich-Gleichung. Adsorptionskonstanten sind oft mit dem auf die Trockenmasse bezogenen organischen Kohlenstoffgehalt (C_{org}), dem Tongehalt, Fe-Gehalt und der Kationenaustauschkapazität (KAK) oder dem pH-Wert korreliert. Sorptionsphänomene beeinflussen Transport und Schicksal vieler organischer und anorganischer Kontaminanden in Böden in signifikanter Weise. Diese Prozesse sind komplex und beziehen oft nichtlineare Phasenbeziehungen und geschwindigkeitsbestimmende Randbedingungen mit ein (Weber 1993). Transportmodelle sollten somit die systemspezifische Dynamik von Sorptionsprozessen entsprechend berücksichtigen.

Die Qualität eines Modells nimmt zu, je genauer die zugrunde liegenden Mechanismen kausal beschrieben werden können. Dem stehen die Anzahl und die Ungenauigkeit der eingehenden Parameter gegenüber, die mit zunehmender Komplexität des Modells ansteigen. Die Güte eines anwendungsbezogenen Modells mißt sich deswegen einzig und allein daran, ob die ursprünglich vorgegebene Fragestellung auch hinreichend beantwortet werden kann. Dies muß anhand des Vergleichs mit Experimenten o.ä. im Sinne einer Modell-Validierung überprüft werden; bei Modellen zur Simulation des Stofftransportes im Boden vergleicht man am besten mit Ergebnissen aus Labor- und Feldversuchen (Wagner et al. 1997). Einen derartigen Vergleich führte beispielsweise Eckelhoff (1992) durch, um den Transport von 2,3,4,5,3'-Pentachlorbiphenyl und von Picloram durch Bodensäulen (Braunerde/Gley) zu beschreiben.

Es gibt grundsätzlich zwei unterschiedliche Ziele, die derzeit bei der Modellierung verfolgt werden (Enquete-Kommission 1994):

- die möglichst genaue Abbildung von Naturvorgängen in ihrer ganzen Komplexität (Simulationsmodelle) sowie
- die Entwicklung vereinfachter Modelle, die nur zur Beantwortung bestimmter Fragen dienen (Evaluationsmodelle)

Für modellmäßige Berechnungen der Ausbreitung und Verteilung von Schadstoffen in der Umwelt werden grundsätzlich Umweltdaten (z.B. meteorologische Daten) und Stoffdaten (z.B. Verteilungskoeffizienten) benötigt, die in vielen Fällen nicht vorliegen: Zum Beispiel ist es schwierig, realistische Daten über die Abbaubarkeit in der Umwelt zu erhalten. Während die chemischen und photochemischen Prozesse des Abbaus in der Luft relativ gut bekannt sind, bestehen erhebliche Unsicherheiten beim biotischen Abbau im Wasser oder im Boden.

Die Möglichkeiten der Modellierung bei der Bewertung des Umweltgefährdungspotentials soll nachfolgend am Beispiel der Ausbreitung und Verteilung von Benzol und TCDD dargestellt werden (Matthies u. Trapp 1994, Trapp u. Matthies 1994). Im Kompartimentmodell nach Matthies/Trapp wird das Gebiet der BRD in die Umweltbereiche

Boden, Luft, Staub, Pflanzen, Wasser, Sedimente und „Fische" unterteilt. Es wird weiter vorausgesetzt, daß die Konzentration in den jeweiligen Umweltmedien homogen verteilt ist und dem thermodynamischen Gleichgewichtswert entspricht. Die Geschwindigkeit der Phasenübergänge wird nicht berücksichtigt. Die folgende Aufstellung erlaubt einen Vergleich der im Modell berechneten mit in der realen Umwelt gemessenen Konzentrationen (Matthies 1994, persönl. Mitt.):

Benzol in der Umwelt	gemessen (Angaben 1980-87)	berechnet (Ges.em. 1991 von 56,1 kt)	
Luft	$1 - 10\ \mu g/m^3$	1,7	$\mu g/m^3$
Boden	$< \mu g/kg$	15	ng/kg
Wasser	$0,1 - 1\ \mu g/l$	8	ng/kg
Sediment	$< \mu g/kg$	50	ng/kg
Pflanze	–	23	ng/kg

2,3,7,8-TCDD in der Umwelt	gemessen (für Bayreuth)		berechnet (Em. 0,4 kg/a über 60 a)	
Luft	3,6	fg/m^3	3,1	fg/m^3
Boden	70	pg/kg	90	pg/kg
Pflanzen	50	pg/kg	100	pg/kg

Hinsichtlich der Verteilung von Benzol ergeben sich somit folgende Ergebnisse:

1. Aufgrund der relativ raschen Abbaubarkeit des Benzols wird bei konstanter Emissionsstärke bereits innerhalb von drei Monaten sowohl im Boden als auch in der Luft eine stationäre Konzentration erreicht (Fließgleichgewicht).
2. Im Fließgleichgewicht befinden sich ca. 3100 t Benzol in der Luft, aber nur 0,7 t im Boden. Benzol ist also vor allem als Luftschadstoff ein Problem.
3. Benzol weist kein hohes Akkumulationsverhalten auf, sondern erweist sich als sehr mobil; die Hauptmenge befindet sich in der Luft.
4. Die Persistenz von Benzol ist relativ gering. Werden sämtliche Emissionen spontan gestoppt, gehen innerhalb weniger Monate die Benzolkonzentrationen, sowohl in der Luft als auch im Boden, auf nahezu den Nullwert zurück. Das setzt natürlich voraus, daß kein weiterer Eintrag aus den Nachbarländern erfolgen würde.
5. Die berechneten Konzentrationen in der Luft betragen 1,5 $\mu g/m^3$ und im Boden 7 ng/kg. Tatsächlich werden in ländlichen Gebieten Benzolkonzentrationen von unter 1 $\mu g/m^3$ und an Hauptverkehrsstraßen bis zu 30 $\mu g/m^3$ gemessen. Die nachgewiesenen Konzentrationen im Boden sind kleiner als 60 ng/kg. Die Konzentrationen in Luft und Wasser werden also deutlich unterschätzt.

Aufgrund der rigiden Annahmen (gleichförmige Verteilung der Emissionen, gleiche Konzentration in Luft und Boden) ist die Genauigkeit des angewandten Modells begrenzt, da lokale Quellen nicht berücksichtigt werden. Die berechneten mittleren Konzentrationen werden in ländlichen Gebieten unterschritten und in Belastungsgebieten überschritten. Sie gelten auch jeweils nur für die Troposphäre (bis in Höhen von 6000 m) und für den Oberboden (bis in Tiefen von 15 cm). Für eine Berücksichtigung nicht flächengleicher Emissionen und in Abhängigkeit von der Entfernung zu den Emittenten und den meteorologischen Bedingungen stehen entsprechende Ausbreitungsmodelle (Lagrange-Modelle), wie sie z.B. in der TA Luft vorgeschrieben sind, zur Verfügung.

Für die Verteilung von TCDD ergaben sich sehr gute Übereinstimmungen zwischen Umweltanalyse und Rechnung (s.o.). Zwar gast nur ein geringer Anteil der PCDD/F aus dem Boden, doch genügt bereits diese geringe Menge, um die Atmosphäre bis in große Höhen zu belasten. Ist der Boden hingegen mit Vegetation bestanden, so werden nur die unteren Zentimeter der Pflanzendecke betroffen. Die Rechnung gibt Hinweise, welche Maßnahmen getroffen werden können, um eine Kontamination der Nahrungskette zu reduzieren.

Über die Wurzeln findet in oberirdische Pflanzenteile (Blätter), außer bei sehr hohen Bodengehalten und bei Gemüsepflanzen mit anderen pflanzenphysiologischen Eigenschaften (Zucchini), für PCDD/F und andere hochlipophile Stoffe praktisch kein Transfer statt. Andererseits ist die Aufnahme aus der Luft ins Blatt sehr effektiv und resultiert bereits bei geringen Luftkonzentrationen in meßbaren PCDD/F-Gehalten. Bei Versuchsreihen mit steigenden Bodengehalten, aber gleichbleibenden Luftkonzentrationen (die allerdings nicht gemessen wurden), ergibt sich rein rechnerisch ein mit zunehmender Bodenkonzentration abnehmender „Transferfaktor Boden – Pflanze". Durch Unkenntnis der Bedeutung des Transfers Luft – Pflanze wurden die Pflanzengehalte fälschlicherweise dem Transfer aus dem Boden zugeschrieben, obwohl die Luft das Donatorkompartiment war.

Weiterhin ist im Kompartiment Luft zwischen Gas- und Partikelphase zu unterscheiden. Wie Messungen in wenig und hoch belasteten Gebieten zeigen, liegen die niedrig chlorierten Kongenere überwiegend gasförmig und die höher chlorierten überwiegend partikelgebunden vor. Das Verhältnis der beiden Zustände wird außerdem von der Temperatur und von den Eigenschaften der Partikel, insbesondere der spezifischen Oberfläche, bestimmt. Der Transfer Luft – Pflanze hängt damit sensitiv vom Bindungszustand in der Luft ab.

Ähnliche Überlegungen über die relative Bedeutung der Transferpfade sind für alle organischen Umweltchemikalien von erheblicher Bedeutung, nicht nur für PCDD/F. Durch unkritische Übertragung des Transferverhaltens von anorganischen Verbindungen auf organische Substanzen werden Transferfaktoren ermittelt, die in Risikoanalysen zu Über- oder Unterschätzungen führen können. Generell wurde bisher der Luftpfad und hier der gasförmige Austausch unterschätzt. Der überwiegende Teil aller organischen Umweltchemikalien ist aber volatil oder zumindest semivolatil, liegt gasförmig oder schwebstaubgebunden vor und kann daher weiträumig transportiert werden.

Für eine umweltmedizinische Beurteilung der Schadstoffbelastung des Menschen ist es erforderlich, die äußere und innere Schadstoffexposition abzuschätzen. Neben oralem und inhalativem Aufnahmepfad kann stoffspezifisch auch die dermale Schadstoffaufnahme maßgeblich zu einer Gesamtkörperbelastung beitragen. Die Komplexität der dermalen Schadstoffaufnahme, bei der unter anderem die stoffspezifische Resorption nicht getrennt von der äußeren Exposition betrachtet werden kann, erschwert deren Abschätzung und Beurteilung. Stubenrauch et al. (1995) schlagen eine Methodik vor und erläutern sie an Beispielen, wie die dermale Aufnahme von Schadstoffen aus Boden und Badeseewasser abgeschätzt werden kann. Im Fallbeispiel eines Badesees mit Chlorbenzolbelastung nahe eines Wohngebietes liefert der dermale Aufnahmepfad den wesentlichen Beitrag zur Gesamtexposition.

Abschließend zu diesem Abschnitt sei ein möglicherweise in Zukunft anzuvisierendes Konzept zur Mobilitätsprognose von Schadstoffen in Festkörperproben vorgestellt, das in Abb. 2.9 schematisch aufgezeichnet ist: Auf der Basis der oben dargelegten Prozesse wird die Verteilung der Schadstoffe und damit verknüpft als Mobilisation als Funktion der Zeit im Rechenmodell in mathematischen Gleichungen beschrieben (Trapp u. Matthies 1996, Yaron et al. 1996, Calmano u. Förstner 1996). Zur Lösung von letzteren werden zahlreiche physikalisch-chemische Parameter benötigt, von denen einige der Literatur entnommen werden können, andere aber in Laborexperimenten (z.B. Lysimeter-

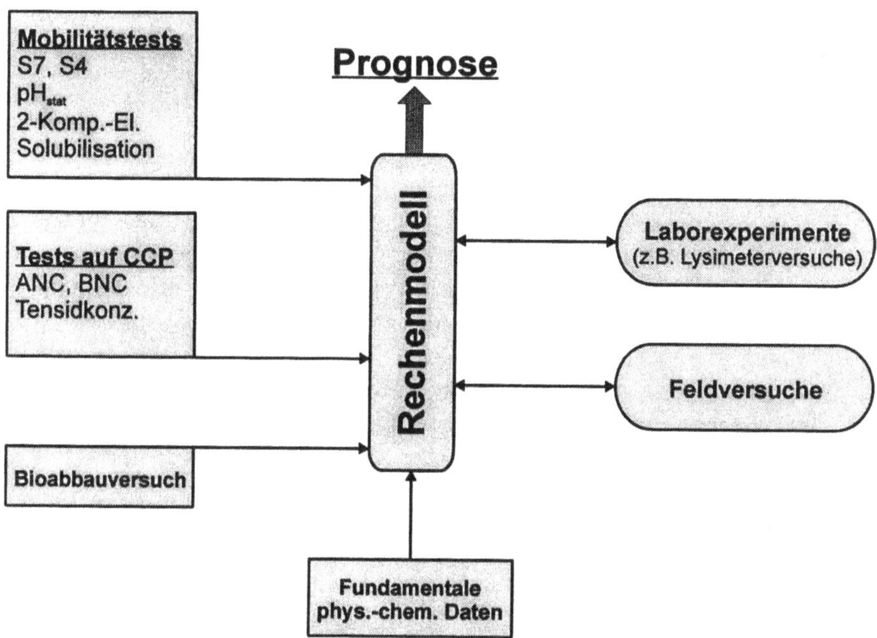

Abb. 2.9. Konzept zur Prognose des mobilen Schadstoffinventars in Abfall und belasteten Böden

versuche) selbst ermittelt werden müssen. Es ist sinnvoll, das Rechenmodell durch Datenvergleich mit den Ergebnissen aus Labor- und Feldversuchen sukzessive in Richtung Realitätsnähe zu verbessern (Eckelhoff 1992).

Soll das Rechenmodell Eingang in die Praxis der Altlasten- und Abfallbewertung finden, so müssen die in Kap. 2.1.6 abgeleiteten Konzepte des Worst-case und der kapazitätsbestimmenden Eigenschaften (CCP) in geeigneter Weise berücksichtigt werden. Als ideale Zielvorstellung würden die Ergebnisse aus automatisch im Labor durchgeführten Elutionstests (pH$_{stat}$, ANC/BNC, 2-Komponenten-Elution für hochgradige Ölkontaminationen oder SDS-Test) in einem standardisierten Rechenmodell zur Ableitung einer Prognose verarbeitet. Unter derartigen Bedingungen erhaltene Prognosen sind untereinander vergleichbar und könnten somit in Richtlinien und Vorschriften als Regelgrößen eingehen.

Ein noch relativ unklarer Aspekt dieser Prognose-Konzeption betrifft die Berücksichtigung der zeitlich qualitativen und quantitativen Veränderung organischer Schadstoffe infolge des biologischen Stoffwechsels (insbes. Bioabbau). Da ein geeigneter Schnelltest zur Biodegradation (möglicherweise mit Radiotracern oder Metabolitenanalytik) noch nicht in Sicht ist, nimmt man im Sinne des Vorsorgeaspektes die Konzentration organischer Schadstoffe als konstant an.

2.2 Erfassung, Bewertung und Sanierung von kontaminierten Standorten

2.2.1 Anthropogen kontaminierte Böden

In diesem Kapitel werden kontaminierte Böden behandelt; in Bezug auf kontaminierte Sedimente wird auf Förstner (1989), Calmano u.Förstner (1996) und Salomons u.Stigliani (1995) verwiesen.

Zur allgemeinen naturwissenschaftlichen Einführung in Bezug auf die Veränderung von Böden durch anthropogene Einflüsse wird ein vom Deutschen Institut für Fernstudienforschung an der Universität Tübingen herausgegebenes interdisziplinäres Studienbuch empfohlen (Springer 1997).

2.2.1.1 Definition von Altlasten

Die Länderarbeitsgemeinschaft Abfall hat eine Informationsschrift „Erfassung, Gefahrenbeurteilung und Sanierung von Altlasten" herausgegeben (LAGA 1991). Nach dem Altlasten-ABC des Ministeriums für Umwelt, Raumordnung und Landwirtschaft NRW (1992) sind *Altablagerungen* nach §28 Abs.3 LAbfG NRW sowohl stillgelegte Anlagen zum Ablagern von Abfällen als auch Grundstücke, auf denen vor dem 11.6.72 Abfälle abgelagert worden sind, und sonstige stillgelegte Aufhaldungen und Verfüllungen (u.a. „wilde" Müllkippen).
Altstandorte sind nach §28 Abs.4 LAbfG NRW Grundstücke stillgelegter Anlagen und Grundstücke, auf denen im Bereich der gewerblichen Wirtschaft und öffentlicher Einrichtungen mit umweltgefährdenden Stoffen umgegangen worden ist (Ausnahme: radioaktive Stoffe). Es handelt sich hierbei u.a. um ehemalige Standorte von Kokereien, Gaswerken, Kläranlagen, Chemie- und Mineralölanlagen. *Altlasten* sind Altablagerungen und Altstandorte, sofern von diesen nach den Erkenntnissen einer im einzelnen Fall vorausgegangenen Untersuchung und einer darauf beruhenden Beurteilung durch die zuständige Behörde eine Gefahr für die öffentliche Sicherheit oder Ordnung ausgeht (§28 Abs.1 LAbfG NRW).
Altlasten sind demnach kontaminierte Standorte oder Gelände, auf denen in der Vergangenheit Schadstoffe in solchen Mengen in den Boden eingetragen wurden, daß von ihnen eine Gefahr für die öffentliche Sicherheit und Ordnung ausgeht (Bliefert 1997, Hassauer et al. 1993). Solche Schadstoffanreicherungen beeinträchtigen die Nutzung eines Geländes und bedeuten eine Gefahr für Boden, Sicker- und Grundwasser sowie in bestimmten Situationen für die Atemluft als Folge von Ausgasungen (und Staubaustrag), verbunden mit Belästigungen bis zu erheblichen Gesundheitsrisiken für Menschen, Tiere und Pflan-

zen. Probleme mit Altlasten werden häufig erst dann bemerkt, wenn der Standort neu genutzt werden soll.

Auch undichte Abwasserleitungen und Bauwerke, die mit gesundheitsschädlichen Materialien gebaut wurden, Untergrundverunreinigungen durch leckgewordene Transportleitungen von Chemikalien, Ölen etc. oder Tanks (Großtanklager), ausgelaufenes Öl oder Benzin (z.B. Tankstellen) sind im Zusammenhang mit Altlasten zu nennen. In Tabelle 7.7 von Förstner (1993a) wird ein Überblick über altlastenverdächtige Standorte und die für diese Kontaminationen typischen Inhaltsstoffe gegeben. Spezielle Altlasten sind Rüstungsaltlasten, Standorte ehemaliger Munitionslager und -fabriken sowie Produktionsstätten chemischer Kampfstoffe.

Für das Gebiet der BRD rechnet man mit ca. 87000 Altablagerungen und Altstandorten etwa gleichmäßig auf alte und neue Bundesländer aufgeteilt (Knopp 1998).

Eine Immobilie, auf der eine Altlast festgestellt wurde, erfährt eine sofortige Wertminderung, die im Extremfall bis zu einem Nullwert führen kann. Altlasten stellen deshalb ein Investitionshemmnis dar, solange sie nicht saniert werden. Eine Sanierung von belasteten Grundstücken kann somit auch als renditeorientierte Grundstücksentwicklung aufgefaßt werden. Als Grundlage hierfür ist ein Bewertungsinstrumentarium einzusetzen, das sich von der klassischen Gutachterpraxis deutlich unterscheidet und sich im wesentlichen als ein vernetztes Entscheidungsmodell darstellt, in dem naturwissenschaftlich-technische, juristische, betriebswirtschaftliche, steuerrechtliche und planerische Aspekte einfließen (Förstner 1995a).

Entsprechend der oben gegebenen Begriffsdefinition können Altlasten nicht in Verbindung mit noch betriebenen Produktionsstandorten oder Abfallentsorgungsanlagen auftreten. Damit ist auch klar, daß sich die in der Rechtsnorm des Altlastenbegriffes verankerte besondere Verantwortlichkeit des Staates nicht auf Umweltschäden noch betriebener Anlagen erstreckt (Spindler 1993). In diesem Zusammenhang sollte nicht vergessen werden, daß weitgehend unbemerkt und wenig spektakulär ständig Neulasten entstehen, wie z.B. zur Wasserreinigung eingesetzte Rieselfelder, die z.T. erheblich mit Schwermetallen belastet sind (Burhenne et al. 1997).

2.2.1.2 Erfassung des Kontaminationsherdes

Informationsquellen zur Erfassung von Altlastverdachtsflächen sind Werksakten, Karten und sonstige Unterlagen der Bauordnungs- oder Tiefbauämter bzw. der Staats-, Regional-, Kreis- und Ortsarchive (s. z.B. Erkundung ehemaliger Gaswerksstandorte, Band 1 der Materialien zur Altlastenbearbeitung der Landesanstalt für Umweltschutz Baden-Württemberg, 1990), die Befragung von ehemaligen Betriebsangehörigen und von Nachbarn ebenso wie eine Luftbild- und Kartenauswertung.

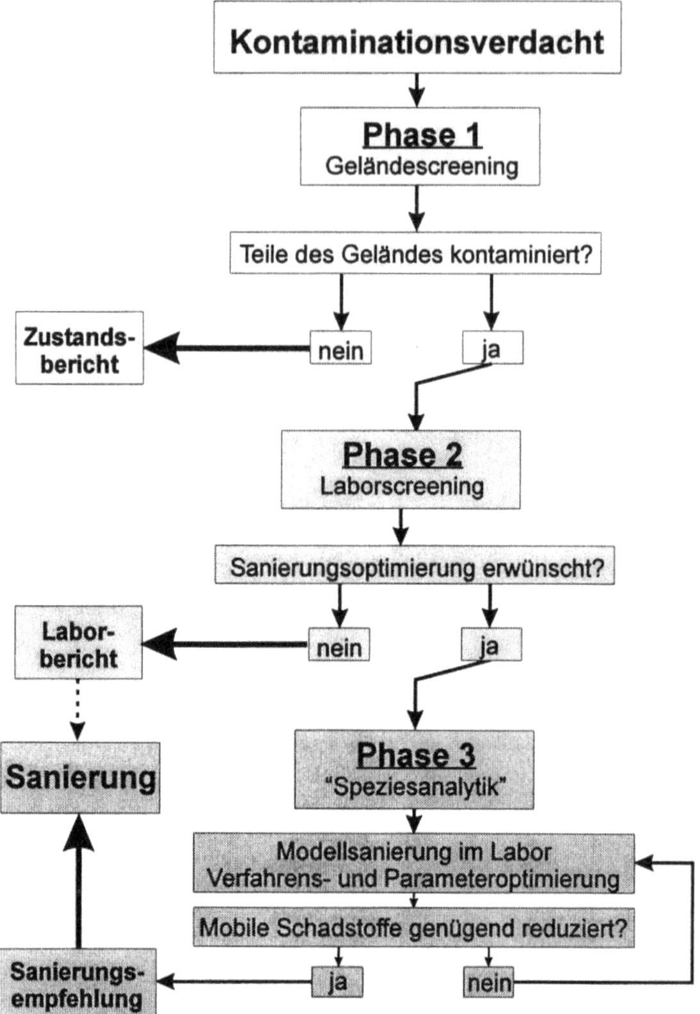

Abb. 2.10. Allgemeine Vorgehensweise bei der Sanierung einer Altlastverdachtsfläche

Erste orientierende Untersuchungen von Grundwasser und Boden zur Ermittlung der Notwendigkeit von Sofortmaßnahmen sind durchzuführen. Hierbei handelt es sich insbesondere um die Untersuchung möglicher Ausgasungen (vgl. Bericht 8/93 der Landesanstalt für Umweltschutz Baden-Württemberg: „Validierung der Analysenergebnisse von Bodenluftproben") und um die Einrichtung von Grundwassermeßstellen, um eine mögliche Beeinträchtigung der Qualität des Grundwassers feststellen zu können. Allgemein sind bei einer zugelassenen Nutzung als Trinkwasser (z.B. innerhalb von Trinkwasserschutzgebieten) an die Analytik hohe Anforderungen zu stellen, z.B. sollte man neben der in der Trinkwasserverordnung (TVO) vorgegebenen Stoffanalytik insbesondere zur Erfassung organischer Wasserinhaltsstoffe den nach dem jeweiligen Stand der Umweltanalytik aktuellen Stand der Analysentechnik und der Probenvorbereitung (z.B. Festphasenextraktion) mit einbeziehen (Junker-Buchheit 1995).

Für die konkrete wissenschaftliche Untersuchung des Geländes sind vordringlich hydrogeologische Parameter wie Durchlässigkeit, Grundwasserfließrichtung und Grundwasserfließgeschwindigkeit zu ermitteln (Gläßer et al. 1995). Geophysikalische Erkundungen (Geomagnetik, Gravimetrie, seismische Methoden und geoelektrische Verfahren) sind gegebenenfalls zur Lageermittlung des Kontaminationsherdes hinzuzuziehen (z.B. vergrabene Fässer).

Eine gestufte chemische Analytik ist einzusetzen: Förstner (1993a) spricht von einer 3-Stufen-Analytik (Screening, Problemstoffanalytik, Detailuntersuchungen). Unter Hinzuziehung des Mobilitätsaspektes bei gleichzeitigem ökonomischen Vorgehen ergibt sich die in Abb. 2.10 skizzierte Analysenstrategie. Die chemische Analytik kann zusätzlich von biologischen Tests (z.B. mit Leuchtbakterien) unterstützt werden.

In der ersten Phase geht es vornehmlich darum, sich schnell und kostengünstig einen Überblick über die Schadstoffverteilung auf der Geländeoberfläche zu verschaffen. Sofortige Analysen sind insbesondere gefordert, wenn es drohende Gefahren abzuwehren gilt oder wenn laufende Aushubarbeiten analytisch überwacht werden sollen. Zu dieser Vor-Ort-Analytik können zweckmäßigerweise Schnelltestmethoden oder mobile Meßmethoden eingesetzt werden, die die vorliegenden Schadstoffkonzentrationen lediglich in ihrer Größenordnung, im Bereich vorgegebener Handlungs- oder Zielwerte jedoch sicher erfassen müssen (s. Kap.5).

In der ersten Erkundungsphase ist es nur möglich, bis zur Geländeoberkante reichende Kontaminationen zu bestimmen. Tiefer liegende Kontaminationsherde müssen über Bohrungen erschlossen werden, die üblicherweise einen erheblichen Zeit- und Kostenaufwand bedeuten. Die eingeholten Bohrkerne werden in der zweiten Phase in Abb. 2.10 in das Chemielabor gebracht und dort im Hinblick auf Summenparameter (z.B. TOC, EOX, Phenol-Index) und danach gezielt auf Einzelstoffe (z.B. Schwermetalle, KW, PAK, PCB) untersucht. Da umweltrelevante Gefährdungen üblicherweise nur von den mobilen Schadstoffanteilen ausgehen, schließt sich in der dritten Phase in Abb. 2.10 eine Überprüfung stark schadstoffbelasteter Proben mittels geeigneter sequentieller Extraktionen oder Elutionen an (s. Kap. 2.1.5 und 2.1.6).

2.2.1.3 Geochemische Hintergrundbelastungen

Das Problem der notwendigen Differenzierung zwischen geogener Grundlast und anthropogener Zusatzbelastung stellt sich in besonderem Maße bei den Metallen. Obwohl dieser Unterschied für einige Elemente klar erkennbar erscheint (As_{geo} 6/As_{anth} X – X000, Cd_{geo} 0,4/Cd_{anth} X0 – X00, Hg_{geo} 0,06/Hg_{anth} X – X0, Pb_{geo} 19/Pb_{anth} X0 – X0000; alle Zahlenangaben in mg/kg, X eine Zahl zwischen 1 und 9), muß dies nicht für jedes lokale Fallbeispiel zutreffen. Die Altlastenkommission NRW weist deshalb darauf hin, daß bei der Beurteilung von konkreten Altlastverdachtsflächen und Altlasten die Hintergrundwerte der lokalen Bodenbelastung stets heranzuziehen sind (Werner u.Späte 1991). Letztere können aufgrund der örtlichen geologischen Gegebenheiten durchaus deutlich höher als die durchschnittlichen Listenwerte liegen, wie beispielsweise von Chon et al. (1996) für aus Schwarzschiefern entstandene Böden in Korea mit durchschnittlich 34 mg/kg As, 43 mg/kg Mo und 3 mg/kg Se gezeigt wurde. Im Zeitraum von Mai 1977 bis Oktober 1982 hat die Bundesanstalt für Geowissenschaften und Rohstoffe (BGR) in Hannover im Rahmen eines Rohstoffsicherungsprogramms systematisch die Wässer und die Sedimente in Quellen und Bächen in der BRD untersucht. Die Probenahme erfolgte an Stellen, die möglichst wenig durch den Menschen beeinflußt waren; also in Waldgebieten, an Waldrändern, oberhalb von Bauernhöfen, Ortschaften und Kläranlagen. Wegen der gezielten Probenahme in den relativ sauberen Oberläufen der Gewässer wird so der allgemeine Zustand unserer geogen und anthropogen beeinflußten Umwelt im Sinne einer Beweissicherung dokumentiert. Das Gesamtergebnis der umfassenden Untersuchung wurde 1985 im „Geochemischen Atlas der BRD" veröffentlicht. Ähnliche regionale geochemische Kartierungen wurden auch für Böden Bayerns (Ruppert 1987) und Englands durchgeführt (British Geological Survey, London).

Die Länderarbeitsgemeinschaft Wasser hat relevante geogene Hintergrundwerte für Schwermetallgehalte in feinkörnigen Sedimenten sowie in Fließgewässern veröffentlicht (LAWA 1998), die Bund-Länder-Arbeitsgemeinschaft Bodenschutz Hintergrundwerte für deutsche Böden (LABO 1995); die letztgenannten Werte wurden nach Substrattyp, Nutzung und siedlungsstrukturellem Gebietstyp differenziert.

In der Reihe „Texte" des Umweltbundesamtes erschienen über anthropogene und geogene Schwermetalle in Böden die Berichte UBA-FB 90-041 und 91-020 (beide 1991).

Auch ein Moosmonitoring bietet die Möglichkeit, mit relativ geringem Aufwand regionale Unterschiede in der Schwermetallbelastung darzustellen und diesbezügliche langfristige Entwicklungen zu erkennen. Neben vereinzelt auftretenden lokal erhöhten Werten konnten die Immissionsmuster z.B. des Ruhrgebiets, des Saarlands oder Ostdeutschlands in den Ergebnissen der Moosanalysen gut erkannt werden (Herpin et al. 1995).

Der Vergleich mit der lokalen Hintergrundbelastung kann durchaus auch Überraschungen zutage fördern (Hiller 1994): Unerwarteterweise ist die Konzentration ökologisch relevanter Blei- und Zinkfraktionen (Ammoniumnitratextrakt und Na_2-EDTA-Aufschluß) in benachbarten ungestörten, aber versauerten Böden (Pseudogley-Braunerde) – obwohl weniger mit Schwermetallen belastet – höher als in den industriell überformten Böden einer Zechenbrache.

2.2.1.4 Situationsberichte

Wie in allen Industriestaaten hat sich auch in der BRD der Begriff „Altlast" zu einem der zentralen Themen der Umwelt-, Wirtschafts- und Gesellschaftspolitik entwickelt. Obwohl die tatsächliche Altlastensituation noch nicht vollständig erfaßt ist, waren im Dezember 1993 in der BRD bereits 163000 Altlasten mit ähnlichen Anteilen bei den alten und den neuen Bundesländern bekannt (Franzius 1994). Hinzu kommen noch militärische Altlastverdachtsflächen und Rüstungsaltlastenverdachtsstandorte; eine bundesweite Bestandsaufnahme von letzteren wurde für 1993 mit einem Ergebnis von mehr als viertausend Verdachtsstandorten abgeschlossen. Eine grobe Kategorisierung dieser Standorte ergab, daß bei ca. 630 Standorten der Verdacht auf ein mittleres bis hohes Umweltgefährdungspotential besteht (UBA).
Sonderfälle der Altlastenproblematik aus dem Bereich der neuen Bundesländer stellen die Braunkohletagebaue im mitteldeutschen Braunkohlegebiet und im Lausitzer Braunkohlerevier dar, sowie die Hinterlassenschaften aus dem Uranerzbergbau in Sachsen, Thüringen und in Sachsen-Anhalt, die insbesondere aus dem seit 1946 von der damaligen sowjetischen Aktiengesellschaft Wismut (SAG) sowie seit 1954 von der sowjetisch-deutschen Aktiengesellschaft (SDAG) Wismut betriebenen Uranerzbergbau resultieren (Franzius 1994). Globale Kostenabschätzungen zur Sanierung dieser Altlasten bewegen sich innerhalb der Bandbreite von 20 bis 390 Mrd. DM.
Sachsen-Anhalt gehört mit weit über 10000 Altlastenverdachtsflächen zu den am stärksten mit Altlasten belegten Bundesländern der BRD. Die hochbelastete Industrie- und Bergbauregion Leipzig-Bitterfeld-Halle-Merseburg, die zu einem wesentlichen Teil in Sachsen-Anhalt liegt, übertrifft die Fläche des Ruhrgebiets um das 1,5-fache. Im Rahmen des Pilotprojektes „Modellhafte Sanierung eines Chemiestandortes" wurde das Betriebsgelände der Chemie-AG Bitterfeld einer umfassenden Gefährdungsanalyse unterzogen (Spindler 1993). Dabei wurde festgestellt, daß diese Betriebsflächen nur in bestimmten Gebieten hochgradig kontaminiert, andere Bereiche dagegen nur vergleichsweise gering belastet sind.
Im Geiseltal in der Nähe von Merseburg wird Braunkohle abgebaut und große Mengen an Abraum umgesetzt. In die Tagebaurestlöcher (z.B. Großkayna) wurden seit Jahrzehnten riesige Mengen an Sonderabfällen der chemischen Industrie verspült. Im Umfeld der Hüttenstandorte im Großraum Mansfeld wurden dagegen nur Schwermetallanreicherungen festgestellt, die mit weltweit

an ähnlichen Standorten gefundenen Belastungen vergleichbar sind; auch ist außerhalb des Einflußbereiches der Hüttenstandorte die großflächige Belastung der Böden unerwartet gering. Als Belastungsschwerpunkte müssen nach Spindler (1993) die Hüttenstandorte Hettstedt, Helbra und Eisleben sowie der historische Standort Mansfeld, die eingestellten Kupferbergbaureviere in der Mansfelder und der Sangerhäuser Mulde sowie der Braunkohlebergbau und die Braunkohleveredelung am Standort Amsdorf angesehen werden.

Bei erfolgter Identifizierung von Teilgebieten mit hoher und niedriger Belastung liegen Kriterien für die Auswahl von Freilandtestflächen vor, um in möglichst repräsentativer Form Auswirkungen auf die Fauna und Flora studieren oder Stoffflußanalysen der Xenobiotika durchführen zu können (Schüürmann et al. 1994). Aufgrund der immensen Kosten ist eine großflächige Sanierung des Gebietes ohnehin nicht möglich, so daß man das System weitgehend sich selbst überläßt und „die Selbstheilungskräfte der Natur" studiert und auf sie vertraut („natural attenuation"); dies ist insbesondere ein Schwerpunkt der Forschungsarbeiten am Umweltforschungszentrum (UFZ) Leipzig.

Sehr differenzierte flächenbezogene Untersuchungen sind erforderlich, um den Einfluß anthropogener Aktivitäten, die nicht auf eine spezifische Industrieemission bezogen sind (s.o.), über dem Basiswert der „ortsüblichen geogenen Hintergrundbelastung" dingfest machen zu können. Einige Beispiele hierzu:

Proben von städtischen Oberflächenböden, Kompost, Blättern von Straßenbäumen und Gras aus Parks der Innenstadt von Basel wurden auf PAK und Schwermetalle analysiert (Niederer et al. 1995). Allgemein wurden dabei signifikant niedrigere Gehalte an PAK (zehnmal niedriger) und Schwermetallen (drei bis siebzig mal niedriger) im Gemüse als im Kompost oder Boden aufgefunden. Die Konzentrationen der PAK in Boden und Kompost waren in der gleichen Größenordnung, aber zehn- bis hundertmal höher als Vergleichsdaten für ländliche Böden aus anderen Studien; für die Schwermetalle lag dieser Faktor zwischen zwei und drei. Auch für Böden einer tschechischen Stadt werden für PAK und Schwermetalle Konzentrationswerte im mg/kg-Bereich angegeben (Strnad et al. 1994).

Nach Befunden der LÖLF (Düsseldorf) enthalten landwirtschaftliche Nutzflächen in NRW in > 50% der Proben Benzo(a)pyren (als Leitsubstanz der PAK) in Konzentrationen > 1 mg/kg, in Einzelfällen auch > 10 mg/kg; ein starkes Gefälle (ca. zwei Größenordnungen) zwischen städtischen und ländlichen Gebieten ist erkennbar. In Überschwemmungsgebieten werden ca. X0 µg/kg PCB vorgefunden; PCDD/F sind ebenfalls relativ stark in Überschwemmungsgebieten angereichert (ca. X0 ng/kg; X ist eine Zahl zwischen 1 und 9). Hohe Werte werden in der Umgebung von Kabelabbrennanlagen festgestellt, in der Streuauflage von Waldböden bis zu 80 ng/kg.

2.2.1.5 Mineralölkontaminationen

Ein Großteil der bestehenden Altlasten ist auf Kontaminationen mit Mineralölkohlenwasserstoffen (MKW) zurückzuführen. Die größte Gefahr geht vom
kontaminierten Erdreich für das Grundwasser aus. Um die Mobilität der boden-
bürtigen MKW für diesen Pfad zu testen, greift man üblicherweise (DIN V
19736) auf Säulenversuche mit Wasser als Eluenten zurück. In Untersuchungen
von Biernath-Wüpping u. Liphard (1998) erwies sich dieses Verfahren für die
differenzierte Bewertung von MKW-Kontaminationen im Boden jedoch als
ungeeignet: Zwischen den im Boden und im Perkolat gemessenen KW-Gehalten
konnte kein eindeutiger Zusammenhang gefunden werden.
Ölschäden in der Umwelt können biologisch saniert werden; oft genügt es, die
bereits vorhandenen Bakterien mit genügend Nahrung (N, P) zu versorgen. KW,
CKW und Nitroaromaten können sowohl aerob als auch anaerob biodegradiert
werden (Riser-Roberts 1998, Holliger et al. 1997). Detailliertere Diskussionsbeiträge zur Bewertung und Sanierung MKW-kontaminierter Böden liefern
Kreysa u. Wiesner (1993), rechtliche Rahmenbedingungen kommentiert Gibson
(1993) und von Fallstudien aus dem amerikanischen Raum berichten Calabrese
u. Kostecki (1989) und Kostecki u. Calabrese (1990).

2.2.1.6 Nukleare und militärische Altlasten

Von der militärischen Kerntechnik geht eine Bedrohung für Mensch und Umwelt aus, die alle Risiken der zivilen Nutzung der Kernenergie bei weitem
übertrifft. In den USA hatten sich bis zum Jahre 1984 nahezu siebenmal soviel
hochradioaktive Abfälle aus der Bombenproduktion angesammelt wie aus
sämtlichen zivilen Kernkraftwerken zusammengenommen (Springer 1989).
Hanford erstreckt sich über eine Fäche von 1500 km² und birgt schätzungsweise
850000 m³ nuklearen Abfall sowie noch einmal soviel an verseuchtem Boden.
Aus hundert unterirdischen Tanks sind in vier Jahrzehnten weit mehr als zwei
Millionen Liter flüssigen hochradioktiven Abfalls ins Erdreich versickert.
1990 waren in den neuen Bundesländern noch 272 Liegenschaften durch sowje-
tische Truppen belegt (Spindler 1993). Ein Problem, das somit besonders in
jüngster Zeit in seinen gefährlichen Ausmaßen immer mehr erkannt wird, stellen
die sog. Rüstungsaltlasten dar. Hierunter sind insbesondere Boden- und Wasser-
verunreinigungen durch chemische Kampf- und Sprengstoffe aus der Zeit des
Zweiten Weltkrieges und davor zu verstehen. Über das ganze Land verstreut
finden sich Standorte von ehemaligen Anlagen zur Herstellung von chemischen
Vorprodukten, Gummi- und Treibstoffen, Pulver-, Spreng-, Kampf- und Nebel-
stoff, zur Lagerung von Munition, Waffen und Kriegsgeräten sowie Flugsiche-
rungsanlagen, Übungsplätze u.ä. (z.B. Orgacid-Gelände Halle-Ammendorf,
Chemiewerk Kapen oder Ergethan-Werk Staßfurt). Die bekannten Rüstungsaltlasten werden durch regionale Bewertungskommissionen entsprechend ihrer

Dringlichkeit in einem Stufenplan geordnet (Ranking), um durch diese Rangfolge die zweckmäßigste Verwendung der begrenzten Finanzmittel zu gewährleisten.

Chemische Kampfstoffe kann man unterteilen in Reizstoffe, lungen-, haut- und nervenschädigende, atemhemmende sowie psycho- und phytotoxische Kampfstoffe (s. Kap. 3.1.2). Obwohl eine Vielzahl von Verfahren zur Erfassung einzelner Komponenten und Substanzgruppen existiert, konnte nur ein Teil der produktionsbedingt entstehenden Substanzen und deren Abbauprodukte bisher nachgewiesen und quantifiziert werden. Ein standardisiertes, einen Großteil der wesentlichen Substanzen erfassendes Analysenverfahren existiert nicht. Dornberger u. Welsch (1995) liefern eine Übersicht über Extraktions- und chromatographische Analysemethoden in vergleichender Darstellung und bieten somit eine Hilfe für die Auswahl von Methoden entsprechend der analytischen Zielsetzung an. Mittels GC-MS-Screening-Verfahren wurde von Karg u. Koss (1993) im Sickerwasser einer Abfallhalde aus der TNT-Produktion und im kontaminierten Grundwasser das Vorhandensein von Nitroaromaten und deren Abbauprodukten geprüft. Außer den üblicherweise bei den Rüstungsaltlasten vom „TNT-Typus" untersuchten Nitro-, Aminonitro- und Aminoaromaten wurden auch andere Stoffe wie Nitrokresole gefunden.

Die Landesanstalt für Umweltschutz (LfU) Baden-Württemberg sieht bei militärischen Liegenschaften folgenden Untersuchungsumfang vor (Angaben pro Standort):

- Ca. 50 Rammschlitzsondierungen, Entnahme von Boden- und Bodenluftproben, Gasprüfröhrchenmessungen bei organoleptisch auffälligen Proben,
- BTEX- (Benzol, Toluol, Ethylbenzol, Xylol), CKW- (Dichlormethan, Chloroform, Trichlorethen, Tetrachlorethen, Tetrachlorkohlenstoff) und Mineralölanalysen sowie Schwermetalleinzelbestimmungen an ca. 20 Proben.

Wollin et al. (1996) nennen Kriterien zur toxikologischen Bewertung sprengstofftypischer Verbindungen. Von ersten Erfolgen zur biologischen Sanierung von TNT enthaltenden Rüstungsaltlasten wurde berichtet (Klunk et al. 1996).

2.2.2 Beurteilung und Bewertung der Kontamination

Die *fachliche Beurteilung* ist auf der Grundlage der im Beurteilungszeitraum vorliegenden Erkenntnismöglichkeiten unter Berücksichtigung der zur Verfügung stehenden Erfahrungssätze (z.B. Analysenergebnisse) vorzunehmen. Sie fußt auf der Beurteilung der konkret vorliegenden Umstände einer Verdachtsfläche/Altlast durch Sachkundige in der zuständigen Behörde, Fachbehörde oder durch sachverständige Dritte. Die *rechtliche Beurteilung* beinhaltet die Prüfung der Rechtsfragen durch die zuständige (Sonder-)Ordnungsbehörde und umschließt insbesondere die Bewertung eines ermittelten und zutreffend festgestellten Sachverhalts. Der Begriff *Bewertung* sollte den Wertungen vorbehalten bleiben, die bei der rechtlichen Beurteilung vorzunehmen sind und diese maßgeblich ausmachen. Es geht hierbei um die Fragenkomplexe, ob und wieweit sachverständig ermittelte und abgeschätzte Risiken im Sinne der einschlägigen Rechtsnormen einer Minderung durch geeignete Maßnahmen bedürfen, um den effektiv verbleibenden Risikorest als vertretbar und damit akzeptabel erscheinen zu lassen, und welche Maßnahmen aus den in Betracht kommenden Alternativen unter dem Grundsatz der Verhältnismäßigkeit auszuwählen sind. Dies sind Fragen *rechtlicher Wertung*, zu deren Beantwortung – wenn sie verbindlich sein soll – im Verwaltungshandeln nur die zuständige Behörde berufen ist. Mit der helfenden und betrachtenden Funktion des Sachverständigen ist es andererseits vereinbar, wenn dieser solche Bewertungs- und Realisierungsvorschläge unterbreitet, die er aufgrund seiner besonderen Sachkunde und Erfahrung favorisiert (*wissenschaftliche Wertung*). *Gefährdungsabschätzung* ist der zusammenfassende Begriff für die Gesamtheit der Untersuchungen und Beurteilungen, die notwendig sind, um die Gefahrenlage bei der einzelnen Altlastverdachtsfläche abschließend zu klären.

Der ersten Phase der Erfassung (s.o.) einer Altlast folgt üblicherweise eine vergleichende Bewertung mittels formalisierter Bewertungs- und Einstufungsverfahren zur Prioritätensetzung. Bewertungskriterien sind hierbei die Nutzung und das Stoffinventar der Verdachtsfläche sowie reale und potentielle Emissionen von Schadstoffen aus ihr. Erste orientierende Untersuchungen von Grundwasser und Boden zur Ermittlung der Notwendigkeit von Sofortmaßnahmen sind durchzuführen. Eine geologische Gefahrenabschätzung muß standortspezifisch und objektbezogen durchgeführt werden.

Die Bewertung von Altlasten kann eine vergleichende Bewertung („relative Wertsetzung") oder eine Einzelfallbewertung sein („absolute Wertsetzung"). Während die vergleichende Gefahrenbeurteilung zunächst die jeweils zu bearbeitenden Fälle in eine Reihenfolge bringt, wird bei der Einzelfallbewertung festgestellt, ob eine Verdachtsfläche als gefährdend und damit sanierungsbedürftig oder als nur potentiell gefährdend und damit zunächst überwachungsbedürftig einzustufen ist oder als langfristig ungefährlich aus dem Verdachtsflächenkataster ausgeschieden werden kann.

Nach detaillierten Standortuntersuchungen und Einzelfallbewertungen muß schließlich von sachverständiger Seite die Entscheidung für oder gegen Sanierungsmaßnahmen, weitere Untersuchungen o.ä. so vorbereitet werden, daß das jeweilige Ergebnis nachvollziehbar und einsehbar ist. Die Sanierung von Altlasten hat mit Sicherungs- und Dekontaminierungsmaßnahmen derart zu erfolgen, daß reale und potentielle Emissionswege langfristig unterbrochen bzw. Schadstoffe in kontaminiertem Erdreich, Grundwasser und in Abfällen eliminiert werden.

Geht der zu bewertende Fall in räumlicher wie finanzieller Hinsicht jedoch deutlich über Routineangelegenheiten wie lokale Punktquellen (z.B. aufgegebene Tankstellen oder chemische Reinigungen) hinaus (z.B. Großareale von

Stadthäfen oder Raffinerien), werden diesbezügliche Entscheidungen meist beim Regierungspräsidenten unter Beteiligung der Firmen mit ihren Gutachtern als Betroffene und den Landesbehörden als Sachverständigen getroffen. Amtliche Vorgaben werden in solch einer Einzelfallprüfung wie auch alle in diesem Buch beschriebene Verfahrensweisen zwar als Einzelargumente hinzugezogen, den Schwerpunkt bildet aber die gegenseitige Abwägung aller vorgebrachten Argumente.

2.2.2.1 Sediment- und Bodenqualität

Allgemein wird eine auf Schutzgut und -ziel sowie auf die Nutzung bezogene Bewertung der Schwermetallbelastung von Sedimenten im Rahmen von Umweltverträglichkeitsuntersuchungen und generell zur Charakterisierung des Gütezustandes eines Gewässers gefordert. Auch Probleme bei der Resuspension und Landablagerung von Hafenschlämmen verlangen eine standardisierte Bewertung der Sedimentqualität.

Förstner et al. (1990) schlagen vor, daß die Eigenschaften des Substrats auf der Basis des Carbonat- und Sulfidgehalts und die Schadstoffbeladung durch Akkumulationsrate multipliziert mit dem Toxizitätsfaktor für die jeweilige Verbindung klassifiziert werden.

Der von Müller (1979) für Sedimente vorgeschlagene „Geoakkumulations-Index" ist in gleicher Weise auch für Böden verwendbar. Ausgangspunkt ist der Tonstandard, der mit dem Faktor 1,5 versehen wird, „um den lithographischen Abweichungen gerecht zu werden". Jede Verdoppelung der Konzentrationswerte bedeutet die Obergrenze einer neuen Klasse, von denen G. Müller sieben Güteklassen (0 – 6) von „praktisch unbelastet" (I_{Geo}-Klasse 0) bis „übermäßig belastet" (I_{Geo}-Klasse 6) einführt. Die höchste Stufe stellt eine mehr als 100-fache Anhebung des Hintergrundwertes dar. Kralik (1999) diskutiert den Geoakkumulationsindex kontaminierter Sedimente in Beziehung zur Korngrößenfraktion und zum Gewichtsverlust bei 105 °C. Wie U. Förstner aber bereits 1981 bemerkte, geben Geo-Indices per se als Anreicherungsfaktoren „kaum schlüssige Hinweise auf die Bewertungsfrage" und auch der Bezug zu den wichtigen Bodengrenzwerten fehlt.

Kontaminanten werden nicht notwendigerweise permanent im Sediment festgehalten, sondern können biologisch und chemisch innerhalb der Sediment- und der Wassersäule recycliert werden. Bioakkumulation und Nahrungskettentransfer wird stark durch sedimentassoziierte Eigenschaften der Schadstoffe beeinflußt. Insbesondere Benthos haben direkten Kontakt mit dem Sediment und ihr Überleben hängt mehr von der Schadstoffkonzentration im Sediment als von derjenigen in der Wassersäule ab. Die Zusammensetzung des Porenwassers ist der empfindlichste Indikator für Typ und Ausmaß der Reaktionen zwischen den Schadstoffen auf den Abfallteilchen und der damit in Kontakt stehenden Wasserphase. Porenwässer werden aus Sedimenten durch Dialyse, Zentrifugieren oder Auspressen erhalten; auf sauerstofffreie Bedingungen ist sorgfältig zu achten.

Die in der Klärschlammverordnung genannten Bodengrenzwerte werden bei Bewertungsfragen zur Nutzung von belastetem Klärschlamm in der Landwirtschaft und zur Landlagerung von Baggergut herangezogen. Damit bietet sich neben dem Tonstandard auch der Bodengrenzwert für eine Beurteilung der Qualität von Sedimenten an.

Anhand von Bewertungskurven (Zielkriterium: Bodennutzung) kann nach Hellmann (1993) jedem der mehrfach genannten Elemente eine Wertungsstufe zwischen 0 und 5 zugeordnet werden. In der Bundesanstalt für Gewässerkunde in Koblenz wurde dieses System als ausreichend bewertet, sofern eine Landlagerung des Sediments ins Auge gefaßt wird. Wird auch nur bei einem Element eine Wertungsstufe < 3 (Bodengrenzwert) ermittelt, sollte das Baggergut nicht mehr uneingeschränkt zur Landlagerung empfohlen werden dürfen. Der aquatische Sedimentqualitätsindex (SQI) faßt in einer einzigen Zahl die Wertungsstufen aller Schwermetalle einschl. des Arsens zusammen. Vorbild ist das biologische Gütesystem nach dem Saprobienindex sowie der 1980 vorgeschlagene „Chemische Index zur Überwachung der Wasserqualität von Fließgewässern".

Ein kritischer Parameter bei der Beurteilung der Bodenqualität im Zusammenhang mit Altlasten ist die Festlegung der Bodenuntergrenze. Die Rekontamination des erneuerten Oberbodens durch den verseuchten Unterboden hängt zum großen Teil auch von der Bioturbationsleistung der Bodenorganismen ab. Anhand relevanter Berechnungsszenarien werden von Heinkele u.Bullmann (1995) folgende Tiefen vorgeschlagen: Eine Austauschtiefe von 100 cm bei extrem belasteten Flächen, von 70 cm bei mittlerer Belastung und von 35 cm in schwach kontaminierten Bereichen. Zum Schutz gegen eine mögliche Rekontamination durch grabende Tätigkeiten von Mensch und Tier wird in Bereichen mit einer Bodenaustauschtiefe von 35 cm eine Grabesperre aus Draht vorgeschlagen.

2.2.2.2 Kriterium Grundwasserqualität

Coldewey u.Krahn (1991) geben praktische Ratschläge zur Festlegung und Dimensionierung des Meßstellennetzes zur Untersuchung des Grundwassers im Bereich von Altablagerungen und Altstandorten.

Bei einer unbeeinflußten Grundwasserregion verteilen sich die gemessenen Schadstoffkonzentrationen statistisch um einen Mittelwert bzw. Medianwert und ergeben in der graphischen Darstellung eine Glockenkurve (Gaußsche Verteilung). Eine punktuelle, z.B. durch Altlasten beeinflußte Grundwasserregion weist außer den Meßwerten unter der Glockenkurve, die den geogenen und den großflächigen anthropogen beeinflußten Hintergrundspegel repräsentieren, weitere Meßwerte mit hohen Konzentrationen auf, die außerhalb der Glockenkurve liegen; so kommt es häufig zu zweigipfeligen Verteilungen. Eine Überschreitung der Schwellenwerte im Unterstrom deutet noch nicht notwendigerweise auf eine nachteilige Beeinflussung durch die in Frage stehende Verdachtsfläche hin (Friege 1989). Dies ergibt sich erst durch den Vergleich von Meßwerten aus oberstromig und unterstromig entnommenen Proben (sog. Differenzschwellenwerte).

Üblicherweise sind in ausgedehnten kontaminierten Flächen weder Art noch Menge der vorhandenen Substanzen auch nur näherungsweise bekannt. Um diese Information zu erhalten, ist nach Kerndorff (1995) das aussichtsreichste Vorgehen die direkte Grundwasseranalyse. Im Gegensatz hierzu sei die Beprobung und Analyse von Abfallmaterialien und ihrer Rückstände aus drei Gründen sicherlich ein falsches Vorgehen: Aufgrund der Materialinhomogenität wäre ein extrem dichtes Probenahmenetz notwendig, was aber nicht bezahlbar ist. Zweitens ist die Zahl der vorliegenden und zu bewertenden Substanzen zu groß und drittens sind die physikalischen, chemischen und biologischen Prozesse mit diesen Substanzen innerhalb des Abfallkörpers nicht zugänglich. Dem kann entgegengehalten werden, daß eine Grundwasseranalyse nur Aussagen über gegenwärtige und nicht über zukünftig zu erwartende Gefährdung erlaubt; derartige Zukunftsprognosen sind nur über Festkörperanalysen möglich. Von vordringlicher Bedeutung in der Altlastbewertung ist jedoch die Überprüfung einer bereits vorliegenden, direkten Grundwassergefährdung.

Obwohl in einzelnen Fällen die Konzentration von Stoffen unter bestimmten Einflüssen im kontaminierten Körper auch abnehmen kann (z.B. Sulfatreduktion), bewirkt der Sickerwassereinfluß in fast allen Fällen statistisch Konzentrationserhöhungen. Es gibt auch Ausnahmen wie z.B. Se: Weitgehend unbelastete Grundwässer haben höhere Konzentrationen als solche, die von Sickerwässern beeinflußt sind.

Kerndorff (1995) befaßte sich mit der Untersuchung und dem Ranking von Grundwasser-Kontaminationen in der Praxis. Von ca. 1200 im Grundwasser identifizierten organischen Verbindungen konnten 128 in einer Häufigkeit von > 1% (USA) bzw. > 0,1% (BRD) nachgewiesen werden. Für den Kontaminationsfaktor CF (contamination factor) als dem Verhältnis der Konzentration in kontaminierten Gebieten zu derjenigen in nicht kontaminierten Gebieten wurden folgende mittlere CF-Werte beobachtet: Ammonium 65, As 38, Cr 37, B 24 und Cd 11.

Bei dem Ranking-Verfahren von Kerndorff (1995) ist per Definition das Produkt der jeweils zwischen 1 und 100 liegenden drei Bewertungszahlen EN (evaluation number für die Nachweishäufigkeit), EC (emission concentration) und TOX (toxicity potential) ein Maß für die Bedeutung des Kontaminanten auf seinem Expositionspfad und in Bezug auf definierte Expositions- und Nutzungsrisiken. Der in der Realität nicht erreichte Maximalwert aus den drei Faktoren ist 10^6, bei Werten $> 10^5$ spricht man von Kontaminationen erster Priorität (As, B, Mn, Cr^{VI})

und bei Werten zwischen 10^4 und 10^5 von Kontaminationen zweiter Priorität (Benzol, Cl-organ. Lösungsmittel). B und AOX können als Leitsubstanzen für Grundwasserkontaminationen betrachtet werden.

2.2.2.3 Biologische Kriterien

Für Vorsorge- und Sanierungsmaßnahmen im Rahmen des Bodenschutzes ist es notwendig, Auswirkungen anthropogener Bodenbelastungen auf die im Boden lebenden Organismen und auf ihre ökologisch bedeutenden Aktivitäten zu kennen und zu berücksichtigen (Filip 1995).

Man erwartet von biologischen Analysenverfahren, daß sie über die möglichen Auswirkungen der Sedimentkontamination auf den Ebenen der akuten Toxizität, der chronischen Toxizität (im Langzeittest) und der Bioakkumulation (insbesondere in Organismen, die der menschlichen Ernährung dienen) Auskunft geben (Hellmann 1993). Der Vorteil biologischer Kriterien liegt darin, daß viele Wirkungsfaktoren integriert werden und die Untersuchung spezifisch für den Ort der Probenahme ist. Ihr Nachteil ist, daß die Testorganismen nicht die natürlich vorhandenen Spezies widerspiegeln (Förstner et al. 1990).

Die chemisch-analytischen Möglichkeiten, Sedimentschadstoffe absolut zu bewerten (Grenzwerte für Einzelstoffe) werden zunehmend als unzureichend erkannt, da die tatsächliche Stoffvielfalt und die meist unbekannte Bioverfügbarkeit der spezifischen Umweltchemikalien selbst durch hohen analytischen Aufwand ungeklärt bleiben. Sedimentgebundene Schadstoffe erzeugen aber zahlreiche gut belegte biologische Wirkungen (s.o.). Daher wird verstärkt nach ökotoxikologischen Testmethoden gesucht, die eine summarische Beurteilung der Wirkdaten erlauben. Es sind dies Screening-Biotests sowie Biotests mit Eluat, Porenwasser und Gesamtsediment. Ein integriertes Bewertungsschema, bestehend aus den Komponenten Sedimentchemie, Sedimenttoxizität und In-situ Untersuchungen, macht eine flexible und abgestufte Vorgehensweise möglich (Ahlf 1995). Im Prinzip liegen Empfehlungen für die Praxis derartiger Sedimentbewertungen vor, die aus amerikanischen und niederländischen Studien in Deutschland übernommen werden könnten.

2.2.2.4 Administrative Vorgaben

Einige Rechtsgrundlagen für die Gefahrenerforschung, für Maßnahmen der Gefahrenabwehr und für Sanierungsmaßnahmen kann man aus dem Abfallgesetz und dem Wasserhaushaltsgesetz sowie den entsprechenden Landesgesetzen oder aus dem allgemeinen Ordnungsrecht ableiten. Erst das neue Bundes-Bodenschutzgesetz schafft einen einheitlichen Rechtsrahmen für alle Bundesländer und räumt noch bestehende Rechtsunsicherheit aus. Die in der BodSchV, als dem untergesetzlichen Regelwerk zum BBodSchG, genannten verbindlichen

Prüf- und Maßnahmenwerte bewirken, daß der Wirrwarr der unzähligen „Länderlisten" sein Ende findet.

Mit diesem Bundes-Bodenschutzgesetz werden erstmals bundeseinheitlich die Grundstückseigentümer, Besitzer und Verursacher von Bodenbelastungen zur Gefahrenabwehr und zur Beseitigung von Altlasten verpflichtet (Bachmann 1994). Auf der Grundlage des Gesetzes werden Standards für die Reduzierung des Schadstoffeintrags, die umweltverträgliche Nutzung und die Sanierung der Böden festgelegt. U.a. werden folgende Grundpflichten festgelegt: Bereits bestehende Bodenbelastungen, von denen Gefahren für Mensch und Umwelt ausgehen, sind zu beseitigen, Altlasten sind zu sanieren. Über die Gefahrenabwehr hinaus ist Vorsorge zu treffen, damit auch in Zukunft keine schädlichen Bodenveränderungen entstehen können (Vorsorgepflicht). Dabei werden folgende Schadstoffpfade betrachtet: Direkter Kontakt Boden-Mensch (Ingestion, Inhalation, mit nachrangiger Bedeutung: dermaler Kontakt), Aufnahme von Schadstoffen durch Pflanzen (Nahrungs- oder Futtermittel), Verlagerung von Schadstoffen aus dem Boden ins Grundwasser und Schädigung der Bodenorganismen durch Schadstoffe im Boden.

Die rechtliche Grundlage für die Bauleitplanung stellt das Baugesetzbuch (BauGB) dar. Die Vorschrift des §1 Abs.6 BauGB, nach der bei der Aufstellung der Bauleitpläne die öffentlichen und privaten Belange gegeneinander und untereinander gerecht abzuwägen sind, wird als (bauplanungsrechtliches) *Abwägungsgebot* bezeichnet. Der Bauleitplan darf deshalb keine Nutzung vorsehen, die mit einer vorhandenen oder vermuteten Altlast unvereinbar und deshalb unzulässig wäre. So wird in §5(3) und §9(5) die Kennzeichnung von „erheblich mit umweltgefährdenden Stoffen belasteten Böden" verlangt. Die Grenzziehung und die endgültige Bewertung der einzelnen Schutzgüter kann nur durch eine politische Entscheidung festgelegt werden. Hier muß der Bundesgesetzgeber oder der Rat der Stadt eine Entscheidung treffen. Die Erheblichkeit muß für jeden Stoff der Bodenbelastung bestimmt werden.

Für Altstoffe – das sind ca. 100000 Chemikalien, die beim Inkrafttreten des Chemikaliengesetzes bereits auf dem Markt waren – gilt seit 1993 ein neues Chemikalienrecht (Ahlers 1995). Einzelheiten zur Durchführung von Bewertungen finden sich in den sog. Technical Guidance Documents, die Ende 1994 verabschiedet wurden und nunmehr EG-weit Anwendung finden. Die Technical Guidance Documents geben nicht nur eine Anleitung zur Bewertung der Umweltgefährlichkeit, sondern auch entsprechende Hinweise für den Gesundheitsschutz. Die Vorgehensweise bei der Bewertung der Umweltgefährlichkeit besteht im wesentlichen darin, die Konzentration, mit der ein Stoff in der Umwelt vorkommt (Predicted Environmental Concentration PEC) mit derjenigen zu vergleichen, bei der voraussichtlich noch keine biologische Wirkungen auf Organismen oder Ökosysteme auftreten (Predicted No-Effect Concentration PNEC, vgl. auch Hassauer et al. 1993); es wird hierbei kompartimentspezifisch (Wasser, Sediment, Boden, Luft) vorgegangen.

Eine wichtige Frage betrifft die Auswahl notwendiger und möglicher Analysenparameter. Die DIN ISO 10381-5 aus dem Jahre 1999 nennt hierzu

- pH-Wert, Leitfähigkeit,
- Chlorid, Sulfat, Sulfid und Cyanide,
- As, B, Cd, Cr, Cu, Hg, Ni, Pb und Zn,
- flüchtige organische Verbindungen VOC (Screening), MKW, PAK und Phenole,
- extrahierbare und adsorbierbare organische Halogenverbindungen (EOX und AOX).

Generell fordert der Naturwissenschaftler über die teilweise unklaren und mannigfaltig interpretierbaren diversen rechtlichen Aspekte hinaus meßbare Kriterien, von welcher Schadstoffkonzentration an von einer Bodenkontamination Gefährdungen ausgehen und von welcher an eingegriffen werden muß, z.B. im Sinne einer Sanierung (Spindler 1993).

In den Texten des UBA „Normwerte im Bodenschutz" (1992), erarbeitet von einer Bund-Länder-Sonderarbeitsgruppe „Informationsgrundlagen Bodenschutz", wird in der Zusammenfassung jedoch festgestellt, daß die Herausgabe genereller Normwerte, die für alle Bodenformen gelten, insbesondere aufgrund der vorliegenden, erheblichen Datendefizite nicht sinnvoll ist. Ott (1996) kommentiert diese Problematik der Grenzwertanwendung zum Schutz des Bodens vor Schadstoffen aus juristischer Sicht.

So versuchte man sich in der bisherigen Praxis meist mit den A- (Referenzkategorie), B- (Untersuchungsbedarf) und C-Werten (Sanierungsbedarf) der sog. Holland-Liste oder mit in Abhängigkeit von der Bodennutzung abgestuften Bodenrichtwerten wie z.B. in Nordrhein-Westfalen zu behelfen. Die Altlastenkommission in NRW diskutierte die Anwendbarkeit von Richt- und Grenzwerten aus Regelwerken anderer Anwendungsbereiche bei der Untersuchung und sachkundigen Beurteilung von Altablagerungen und Altstandorten (in: Materialien zur Ermittlung und Sanierung von Altlasten, Band 2. Düsseldorf 1989, Hrsg. LWA). In Weiterentwicklung der Holland-Liste gelangte man von den A-Werten zu Referenzwerten, in welche auch die Gehalte von organischen Substanzen und von Tonmineralen mit eingehen (Vegter 1995). Unter Berücksichtigung der Ökotoxikologie und eines Standard-Expositionsszenarios wurden aus den Referenzwerten Targetwerte abgeleitet; weiterhin werden neue C-Werte angegeben. Als weitere Listenwerte werden beispielhaft für den Pfad Pflanzenaufnahme von Schadstoffen die Höchstmengen der Klärschlammverordnung, Richtwerte für Schwermetalle in Lebensmitteln (herausgegeben vom BGA) und die Liste der nach der WHO tolerierbaren Schwermetallmenge, die pro Woche von einem Erwachsenen aufgenommen werden darf (z.B. 0,4 – 0,5 mg Cd, 3,5 mg Pb und 0,35 mg Hg), angeführt.

Der Rat von Sachverständigen für Umweltfragen hat im Sondergutachten Altlasten vom Dezember 1989 in der früheren Praxis benützte Beurteilungskriterien für Belastungen zusammengestellt (SRU 1989). Dazu finden sich nähere Ausführungen über Auswirkungen auf die menschliche Gesundheit, über die Hintergrundbelastung von Humanmaterial sowie über Bodenwasser; es wird ein Vergleich von acht verschiedenen Konzepten zur Gefährdungsabschätzung von Altablagerungen und Altstandorten gegeben. Im Altlasten II Sondergutachten vom Februar 1995 gibt es einen umfangreichen Vergleich von eingesetzten Listen mit Orientierungswerten zur Bodenbeurteilung in Abhängigkeit von der Bodennutzung in der BRD (SRU 1995).

Als wichtigste Bezugsgrößen (auch im Sinne der früher erwähnten Konventionen!) im Bodenschutz sollten nach Hulpke (1990) der Orientierungs- (unverbindlicher Wert für einen Parameter, der zur Entscheidungsfindung herangezogen werden kann), der Richt- (nach Erkenntnissen von fachkundigen Institutionen oder zuständigen Gremien genannter Wert) und der Grenzwert (durch Rechtsvorschrift festgelegter Höchstwert, der nicht überschritten werden darf) angegeben werden. Zusätzlich empfiehlt der Rat von Sachverständigen für Umweltfragen die Verwendung von Referenz- als Hintergrundwerten (außerhalb des Einwirkungsbereichs altlastverdächtiger Flächen) sowie von Prüf- als Schwellenwerten (lösen weitere Maßnahmen aus, z.B. weitergehende Untersuchung). In diesem Sinne ist das A-Niveau der Holland-Liste ein Referenzwert, das B-Niveau ein Prüfwert für die Notwendigkeit weiterer Untersuchungen und das C-Niveau ein Prüfwert für eine erforderliche Sanierungsuntersuchung.

Referenzwerte sind örtlich unterschiedlich und müssen deshalb von Fall zu Fall separat bestimmt werden. Grundlage einer jeden Aussage zu belasteten Böden, Altlasten oder Altlastverdachtsstandorten ist der Vergleich mit solchen Hintergrundwerten für unbelastete Substrate. Eine von Schnabel et al. (1993) vorgestellte Methode fußt auf der Ermittlung eines Belastungsindexes Px (pollution index). Diese Bewertungsmethode geht davon aus, daß die aktuellen Konzentrationen (C_i) einer Substanz zum Hintergrundwert (A-Wert) der Holland-Liste (C_{i0}) ins Verhältnis gesetzt werden. Mit dieser Operation wird eine relative Konzentration ermittelt, die es ermöglicht, verschiedene Kontaminanten direkt miteinander zu vergleichen.

Grenzwerte werden nicht von Wissenschaftlern, sondern vom Gesetzgeber erlassen. Bei den noch bestehenden Fragen und Unsicherheiten tut sich der Gesetzgeber damit jedoch schwer. Behörden benötigen aber Anhaltspunkte für die Beurteilung und für die Gefährdungsabschätzung von Stoffen im Boden, auch wenn und solange noch keine Grenzwerte existieren. Richtwerte können dazu eine Hilfestellung leisten. Nach Meinung von Zimmermeyer (1990) sollte eine Worst-case-Betrachtung mit dem Schutzziel Mensch spätestens bei der Aufspaltung in die verschiedenen Nutzungsarten aber verlassen werden, weil sie nicht mehr praktikabel wird. Bei dieser Risikofortpflanzung und den hintereinander geschalteten, oft auch versteckten Sicherheitsfaktoren ist es verständlich, daß die so abgeleiteten Richtwerte keine Grenze beginnender Schädlichkeit darstellen.

Der Verfügbarkeit von Orientierungswerten kommt nach Auffassung der LfU in Karlsruhe gerade bei der Altlastenbearbeitung besondere Bedeutung zu, weil Vorentscheidungen bereits im Vorfeld einer Sanierung getroffen werden müssen, inzwischen viele Fälle zur Bearbeitung anstehen und unter Zeitdruck entschieden werden müssen und es allgemein in der Öffentlichkeit erheblich voneinander abweichende Auffassungen über die Tolerierbarkeit von Restkonzentrationen an Schadstoffen gibt. Die Orientierungswerte sind auf die drei zentralen Schutzobjekte Grundwasserschutz (§34 Wasserhaushaltsgesetz und Empfehlungen von Bundesgesundheitsministerium sowie EG und WHO), Schutz des Menschen beim Aufenthalt auf einer kontaminierten Fläche (Vorgaben der Gesundheitsverwaltung des Landes) und Schutz von Wachstum und Qualität von Nutzpflanzen (Vorgaben der Bodenschutzverwaltung) ausgerichtet. Das von der LfU verfolgte Konzept stützt sich auf Orientierungs- und nicht auf Richt- oder Grenzwerte, weil trotz aller Notwendigkeit eines allgemein gültigen Handlungsrahmens nicht zu verkennen ist, daß es bei der Altlastenbearbeitung immer wieder Fälle geben wird, bei denen ein Abweichen vom allgemeinen Vorgehen sachgerecht ist; von Orientierungswerten kann aber begründet abgewichen werden.

Für eine effiziente und sachgerechte Bearbeitung von Altlasten sollten weiterhin nur relevante Parameter in das Untersuchungsprogramm aufgenommen werden, was die Möglichkeit der Zuordnung von branchen- und produktionstypischen Schadstoffen zu den jeweiligen industriellen Standorten erfordert. Hierzu wurde in der LfU ein Expertensystem zur Umweltgefährlichkeit von Altlasten („XUMA") entwickelt, das den zuständigen Sachbearbeitern die erforderlichen Informationen zur Verfügung stellt und sie bei der Erstellung von Analysenprogrammen unterstützt.

Richtlinien aus *Baden-Württemberg* enthalten eine dreistufige Hierarchie numerischer Screening-Kriterien und Sanierungsziele (Von der Trenck et al. 1994):

Stufe 1:   Hintergrund- oder H-Werte
Stufe 2:   Allgemeine Anforderungen: P-Werte
Stufe 3:   Standortspezifische Erfordernisse und Vorschriften zur Einhaltung des maximal tolerierbaren Schadstofffflusses in das Grundwasser

Wenn die H-Werte von Einzelproben klar überschritten werden, muß die quantitative räumliche Verteilung der Schadstoffe ermittelt werden. Richtwerte für Eluate P-W (in µg/L) werden nach der Trinkwasserverordnung beurteilt. Richtwerte für Bodengehalte P-M (in mg/kg) müssen toxikologisch nach den tolerierbaren täglichen Aufnahmeraten (tolerable daily intake TDI) abgeleitet werden, um die Gesundheitsgefahr bei direktem Bodenkontakt auszuschließen. P-M1 betrifft das sensibelste diesbezügliche Szenario: Bodeningestion durch spielende Kinder. 10% des TDI wird diesem Expositionspfad zugeschrieben, der Rest erfolgt über die Nahrungsaufnahme. Für Wohngebiete gelten P-M2-, für Industrieflächen P-M3- und für Pflanzenanbau P-P-Werte. Genauere Angaben sind dem „gemeinsamen Amtsblatt, Ausgabe A" des Landes Baden-Württemberg vom 30.11.1993 auf S.1115ff zu entnehmen.
Für flüchtige organische Verbindungen (volatile organic compounds VOC) ist der Inhalationspfad durch die Luft wichtiger als die Ingestion über den Boden. Hierzu werden als erste

Näherung Transferkoeffizienten von Selenka (1990) benützt, um die Richtwerte P-M für die Konzentration der VOC im Boden abzuleiten, wobei hierbei nur Unterschiede im Dampfdruck der betrachteten Schadstoffe eingehen. Als Grundlage für die Abschätzung bezieht man sich auf eine Exposition von 24 h mit dem TDI bzw. bei karzinogenen Stoffen dem VSD (virtually safe dose nach Klaasen 1986).

Für die Ziele der Stufe 3 können keine vorgefertigten Werte angegeben werden. Der Grad des Schutzes für einen spezifischen Standort ist das Ergebnis eines Abwägungsprozesses zwischen ökonomischer und technischer Machbarkeit und der Umweltqualität einerseits und einer Vorteil-/Nachteilbilanzierung der Sanierung andererseits (z.B. Energieverbrauch, Schadstoffemission und Abfallanfall bei Sanierung).

Die in Baden-Württemberg erarbeitete Richtwert-Philosophie kann durch Einführung eines bewertungsrelevanten Risikoindexes erweitert werden (Von der Trenck et al. 1993). Der regionale Hintergrundwert, der umwelttoxikologisch abgeleitete Richtwert und der lethale Konzentrationswert werden mit den Indices 0,3 und 12 belegt und definieren so eine Risikokennlinie. Somit kann über den Risikoindex der Schwellenwert für eine Sanierung wie auch das Sanierungsziel zahlenmäßig auf Richtwerte und damit auf umwelttoxikologische Kriterien bezogen werden.

In der Praxis der Altlastenbewertung bezog man sich in *Bayern* auf den Altlasten-Leitfaden des Bayer. Staatsministeriums für Landesentwicklung und Umweltfragen vom Februar 1995. In Bezug auf Listenwerte für Originalsubstanz und Eluat wurden eigene Stufenwerte I und II im Anhang 10 und einem neueren Entwurf desselben (Stufe II mit meist heraufgesetzten Werten) mit LAGA-Richtlinien für „Boden" und für die „Entsorgung von Abfällen aus Verbrennungsanlagen für Siedlungsabfälle", mit dem Bauschutt-Merkblatt (RW 1 und 2) sowie der TA Siedlungsabfall (Deponieklasse I bzw. II) verglichen. Zur Gefährdungsabschätzung (1) können zusätzlich „gesundheitsbezogene Orientierungswerte für Bodenverunreinigungen"(2), „Orientierungswerte für Grundwasser"(3) und „Hintergrundwerte für Böden" zugrunde gelegt werden; diese werden in Anhang 10 zusammengefaßt. „...Der Grundsatz der Verhältnismäßigkeit ist stets zu beachten; Untersuchungen und sonstige Maßnahmen sollen demnach angemessen, ökologisch notwendig, erfolgversprechend sowie in technisch-wissenschaftlicher Hinsicht machbar und vertretbar sein... Wasseranalysen müssen nach AQS abgesichert sein".

Zu (1): Konkret werden für die Wirkungspfade „Boden-(Luft-)Mensch" und „Boden-Wasser" jeweils das Emissions-, Transmissions- und Immissionspotential bestimmt (nach Punktesystem). Untersuchungspriorität 1 (sehr dringlich): Untersuchung umgehend veranlassen, Sofortmaßnahmen prüfen. 2,3 und 4 bedeuten hohes, mittleres bzw. niedriges Gefährdungspotential mit kurz-, mittel- bzw. langfristigem Untersuchungsbedarf; 5 bedeutet sehr niedriges Gefährdungspotential ohne Untersuchungsbedarf. Erst wenn eine höherwertige Nutzung angestrebt wird, ist erneut eine Gefährdungsabschätzung durchzuführen. Bei der Detailuntersuchung wird auch der Schadstoffmobilität entscheidende Bedeutung beigemessen. Sie kann durch Verfahren wie S4 und, in Einzelfällen, das pH_{stat}-Verfahren oder die naturnahe Simulation mittels Laborlysimeter oder die Pflanzenverfügbarkeit nach DIN-V 19730, abgeschätzt werden.

Zu (2): TSKB-Werte = (noch) tolerable Schadstoffkonzentration im Boden; bei krebserzeugenden Stoffen: zumutbares Krebsrisiko auf $1:10^5$ je Einzelstoff. Bei Verdachtsmomenten Bodengasmessungen, evtl. Staubmessungen.
Zu (3): Immer Einzelfallentscheidungen, Messungen im Oberstrom und Abstrom, Beurteilung nach Wassergefährdungsklassen.

Spezielle Bewertungsmodelle sind für Altablagerungen und Altstandorte in Bitterfeld, Leuna und Mansfeld angewendet worden und haben dort zu Relativbewertungen von Kontaminationsschwerpunkten im Anschluß an Orientierungs- und Detailuntersuchungen und zur Erstellung von Prioritätenlisten nach dem Gefährdungspotential geführt (Gläßer et al. 1995).
Zusammenfassend kann man feststellen, daß mit dem Inkrafttreten des Bundes-Bodenschutzgesetzes sicherlich zahlreiche Anpassungen der bisher in den einzelnen Bundesländern geübten Praxis erfolgen müssen. Trotzdem erscheint es wichtig, daß einige der in der Vergangenheit mit großer Anstrengung und Erfahrung erarbeiteten Vorgehensweisen zumindest exemplarisch erhalten bleiben; dieses Spezialwissen wird trotz fortschreitender Gesetzeslage bei der Bewertung von Sonderfällen immer unverzichtbar bleiben. Immerhin erklärt sich die große Vielfalt von mindestens 37 deutschen Regelwerken zur Prüfung von Bodenkontaminationen aus unterschiedlichen Zweckbestimmungen sowie aus der unterschiedlichen Philosophie im Hinblick auf den anzustrebenden Grad an Sicherheit vor Schädigungen im Spannungsfeld zwischen Gefahrenabwehr, Vorsorge und vertretbaren Kosten (von der Trenck 1997).

2.2.3 Chemische Aspekte der Altlastensanierung

2.2.3.1 Sanierungsplanung und -optimierung

Auch im Altlastenbereich gilt das Vorsorgeprinzip. Was für die Praxis im Umgang mit Chemikalien in den Betrieben gilt, sollte auch für die Sanierung kontaminierter Standorte Gültigkeit besitzen. Inzwischen klaffen nach Rippen (1994) Anspruch und Wirklichkeit jedoch zunehmend auseinander: Private und öffentliche Sanierungsvorhaben würden aus Geldmangel ins Stocken geraten; immer mehr stelle sich die Frage nach den Mindestanforderungen einer Sanierung. Dennoch werden von einigen Fachbehörden weiterhin Maximalforderungen erhoben, die jede Baumaßnahme in Innenstädten letztlich in Frage stellen. Reinheit der Eluate bis zur Trinkwasserqualität werde gefordert, auch wenn das Grundwasser nie als Trink- oder Brauchwasser genutzt werden kann. Allein schon die Ausdehnung von zum Teil mehreren Hundert Hektar großen Flächen, die ganz oder teilweise kontaminiert sind, verbiete die Forderung nach Maximalsanierung für eine multifunktionelle Nutzung: 200 oder 500 kt Boden ließen sich eben nicht zu sozialverträglichen Kosten sanieren.

Bei der Sanierungszielsetzung sollte es nicht nur um die Frage gehen, wie „sauber" das kontaminierte Erdreich gemacht werden kann, sondern um die, wie „sauber" denn erstrebenswert ist (Beck u.Jones 1995).

Spielt bei einer Sanierungsplanung das Realkriterium der Machbarkeit die entscheidende Rolle, so kann die Beurteilung von Bodenkontaminationen nicht nach den ideellen Kriterien der Bodenwerte (s.o.) erfolgen, sondern es muß durch ein Ranking-System (Aufstellung einer Prioritätenliste) gewährleistet werden, daß die Altlasten in der Reihenfolge der von ihnen ausgehenden Umweltgefährdung abgearbeitet werden. Beispiele für solche konkreten Berechnungssysteme und Wichtungen (z.B. nach Punktesystem) sind das Hazard Ranking System (USA: Superfund der EPA), das niederländische Interimsgesetz „Bodensanierung" sowie Modelle aus dem Saarland und Schleswig-Holstein, der Hamburger Bau- und Umweltbehörde, aus Baden-Württemberg und NRW. 1980 wurde in den USA im sog. Superfund-Programm die Sanierung illegaler Abfallablagerungen angegangen, von denen Gefahren für das Grundwasser ausgingen. Die Sanierungskosten werden zwischen der chemischen Industrie, den gegenwärtigen und früheren Besitzern der betroffenen Grundstücke und dem Staat aufgeteilt. Das Programm wird von der EPA verwaltet, welche nahezu 1300 Lokalitäten (hauptsächlich in New Jersey, Pennsylvanien und Kalifornien) identifiziert und in eine Prioritätenliste aufgenommen hat. 1992 war die Sanierung von 40 Lokalitäten abgeschlossen, 300 waren in Arbeit und bereits über 30000 Verdachtsorte entdeckt (Baird 1998). Die in diesen Standorten hauptsächlich vorhandenen Schadstoffe waren die Schwermetalle Pb, Cd und Hg sowie die organischen Verbindungen Benzol, Toluol, Ethylbenzol und Trichlorethylen. Als generelle Bezugspunkte werden bei der Durchführung von Ranking-Verfahren meist folgende beachtet:

- „Verschlechterungsverbot": Durch die Verdachtsfläche darf keine nachteilige Veränderung der bestehenden Grundlast in den Umweltmedien erfolgen.
- Vergleichslage: Nach den Regeln der Technik eingerichtete und betriebene Hausmülldeponie (Baden-Württemberg „Altlasten-Handbuch" 1987)

Ein zur Ermittlung der Schadstoffemission (als über Elutionstests ermittelte Schadstoffmobilität) einer Altlastprobe komplementärer Ansatz ist die Untersuchung des Schadstoffrückhaltevermögens (z.B. durch Permeametertests nach dem D.U.T.-Verfahren) derselben Probe. Während die erstgenannte Methode mehr die unmittelbare Gefährdungssituation zum Zeitpunkt der Untersuchung erfaßt, bezieht die letztgenannte stärker den Prognoseaspekt im Sinne der CCP (capacity controlling properties) nach U. Förstner mit ein. Vorzuziehen wäre demnach eine Kombination beider Methoden, deren Aussagekraft jedoch wiederum direkt von der Repräsentanz der vorliegenden Proben abhängt.

Beim Verfahren der Dywidag Umweltschutztechnik GmbH (D.U.T.) werden in Perkolationsapparaturen mehrere Wochen dauernde Sorptions- und Desorptionsexperimente durchgeführt und aus den Versuchsergebnissen die maximale

Sorptionsmenge (d.h. nicht mehr desorbierbare Menge) des Schadstoffs im Probeboden berechnet.

Resultiert aus der Bewertung der Altlastverdachtsfläche die Auflage zu deren Sanierung, so kann ebenfalls auf der Grundlage von Mobilitätsuntersuchungen eine Optimierung der einzusetzenden Sanierungstechniken im Labormaßstab erfolgen. Das Verhalten kontaminierter Böden im Hinblick auf die unterschiedlichen, in der Praxis eingesetzten Sanierungsverfahren (im wesentlichen Immobilisierung, Auswaschung, Verbrennung, mikrobieller Abbau, Ozonierung, Bestrahlung und Kombinationen hiervon; s. nächster Abschnitt) muß getestet werden, um das für den jeweiligen Boden- und Verschmutzungstyp effektivste (und noch bezahlbare) Verfahren herauszufinden.

2.2.3.2 Überblick zu Sanierungsmethoden

Die Aufarbeitung von Altlasten ist eine Schwerpunktaufgabe des technischen Umweltschutzes (Förstner 1995a). Werden Altlasten letztendlich saniert, so unterscheidet man hierzu zwischen aktiven und passiven Verfahren (Bliefert 1997, Stupp 1988). Die passiven dienen der Sicherung von Altlasten und sollen die Gefährdung der Umwelt vermindern oder zeitlich befristet unterbinden; das Gefährdungspotential wird hierbei nicht beseitigt. Zu Sicherungsverfahren von Altlasten gehört, den betreffenden Bodenbereich zu „immobilisieren" (Isolationsverfahren). Damit keine weitere Gefährdung des Grundwassers möglich ist, können Basisabdichtungen unter der kontaminierten Bodenfläche eingebaut werden; die Schadstoffe werden auf diese Weise eingekapselt. Man kann kontaminiertes Grundwasser abpumpen, das Grundwasser absenken oder umlenken. Auch kann durch eine Oberflächenabdichtung ein Auswaschen von Schadstoffen aus dem Bodenbereich durch Niederschläge weitgehend verhindert werden.

Sicherungsmaßnahmen an Altablagerungen und Altstandorten umfassen die Ausgrabung, Deponierung bzw. Zwischenlagerung, die Errichtung eines Barrierensystems mit Oberflächen-, vertikaler bzw. Untergrundabdichtung, und die Verfestigung bzw. chemische Mineralisierung von schadstoffhaltigen Materialien. Von in der Praxis eingesetzten Barrierensystemen sind beispielhaft zu nennen (Förstner 1995a): Passive (Sperr-, Injektions-, Infiltrations- und Entnahmebrunnen) und aktive hydraulische Maßnahmen (Fassungsanlagen, Drainagegräben (Rigolen) sowie offene Gräben), Ölabscheider, Oberflächenabdichtungen, Dichtwände; Verfestigung, Stabilisierung und Einbindung (Bindemittel als Zuschlagsstoffe: Zement, Wasserglas, Puzzolan, Kalk, Gips, Anhydrit, Thermoplaste und organische Polymere; wichtig ist deren Verträglichkeit mit den Abfallkomponenten).

Mit den Sicherungstechniken wird die von einem Standort ausgehende Gefährdung abgewehrt, indem eine Verbreitung der Schadstoffe in die Umwelt reduziert wird. Sicherungstechniken – vor allem die Ausgrabung und der Einsatz von

Barrieren – finden ihre Berechtigung darin, daß sie bei einer akuten Gefährdung schnell eingesetzt werden können, mit der Maßgabe, zu einem späteren Zeitpunkt eine vollständig Sanierung durchzuführen. Sicherungsmaßnahmen, die die Emissionswege unterbrechen, sind grundsätzlich gleichwertig zu Dekontaminationsmaßnahmen, wenn hierdurch der Schutz des Menschen und der Umwelt gewährleistet ist (Förstner 1995a). Im Hinblick auf einen langfristigen Schutz der Umwelt ist jedoch eine Dekontamination dann als höherwertig zu betrachten, wenn hierzu umweltverträgliche Maßnahmen angewandt werden. Insgesamt müssen bei den Sicherungsmaßnahmen die Kenntnisse über die Langzeitwirksamkeit der Sicherungselemente, insbesondere der Schadstoffimmobilisierung und der bautechnischen Einkapselungen, noch deutlich verbessert werden.

Ein zentrales Problem beim Abgraben ist das – auch unerwartete – Freiwerden von Schadgasen (Förstner 1995a). Hierzu zählen auch flüchtige Substanzen, die sich erst unter Luftabschluß im Deponiekörper gebildet haben (z.B. Arsin). Umgekehrt ist nicht auszuschließen, daß durch den Sauerstoff in dem vorher anaeroben Deponiekörper chemische Prozesse in Gang gesetzt werden, die bei einer Risikobetrachtung nur schwer vorherzusagen waren. Unter bestimmten Bedingungen, z.B. beim Vorliegen von leichtflüchtigen CKW, kann eine Bodenluftabsaugung (z.B. über Aktivkohlefilter) vorgenommen werden.

Bei den aktiven Verfahren geht es um das eigentliche Sanieren einer Altlast. Der Boden wird dekontaminiert, die Schadstoffe und damit auch das Gefährdungspotential der Altlast werden beseitigt. Es werden je nach Problem unterschiedliche Verfahren angewandt. Beim In-situ-Verfahren (auch In-site-Verfahren), „Vor-Ort-Verfahren", wird der zu entsorgende Boden an Ort und Stelle ohne Auskofferung oder Bewegen der Bodenmassen saniert. Oftmals werden mobile Reinigungsanlagen für das Erdreich eingesetzt, oder die Reinigungsvorgänge werden im Gelände durchgeführt. Bei Ex-situ-Verfahren wird das Erdreich ausgekoffert und dann vor Ort (on-site) oder an anderer Stelle (off-site) behandelt. Eine weitere Methode der Bodenreinigung besteht darin, das kontaminierte Erdreich auszutauschen (Bodenaustausch). Dabei wird verunreinigter Boden auf eine Sondermülldeponie gebracht und durch nicht belasteten ersetzt. Dieses Verfahren kommt immer weniger in Frage, da das verfügbare Deponievolumen zunehmend knapper wird und die leider häufig praktizierte Verfrachtung ins Ausland zwar meist die billigste, wohl aber keine umweltpolitisch akzeptable Lösung des Problems darstellt.

Am (hinsichtlich des Schadstoffeliminationsgrades) erfolgreichsten und teuersten zugleich sind Bodenwaschverfahren und thermische Verfahren (Brown 1994, Buch 1994, Stadtmüller 1994; Handbuch Bodenwäsche der LfU Baden-Württemberg 1993). Für eine spätere Wiedernutzung ist aber zu bedenken, daß in der Reihenfolge „biologische Verfahren", „Waschverfahren" und „thermische Behandlung" die Intensität des Eingriffs auf den jeweils behandelten Boden und somit die Bodenveränderung zunimmt. Wichtige In-situ-Verfahren sind die Boden-Luft-Absaugung (vor allem eingesetzt für leichtflüchtige KW und CKW;

Rissing 1989) und mikrobiologische Verfahren (grundsätzlich nur auf mikrobiologisch abbaubare Schadstoffe anwendbar; s. nächster Abschnitt). Für die Behandlung kontaminierter Feststoffe werden oft verschiedene Verfahrensansätze kombiniert, z.B. die mechanische Dispergierung bzw. Klassifizierung mit einer chemischen Laugung und Aufbereitung des Abwassers, auch thermische Verfahren werden einbezogen. Im Ruhrgebiet bestehen belastete Industrieböden häufig aus schwer sanierbarem feinkörnigen Löß, so daß hierfür ein kombiniertes Verfahren aus Bodenwäsche und biologischer Bodenbehandlung entwickelt wurde (Sinder et al. 1994).

Die mechanische und physikalische Vorbehandlung kontaminierter Bodenproben umfaßt Verfahren der Siebung und Zerkleinerung, der Dichte- und Korngrößenabtrennung durch Absetzbecken sowie durch Hydrozyklon- und Wirbelschichtprozesse, der Entwässerung durch Zentrifugation oder aber über Kammerfilterpressen, sowie der Entfernung flüchtiger Komponenten durch adsorptive und thermische Methoden (Förstner 1995a); die meisten Verfahren benutzen Wasser als kostengünstigstes Lösungsmittel.

Für Sonderanwendungen gibt es chemische Verfahren, die gezielt chemische Umwandlungsprozesse für anorganische (z.B. Ausfällung) und organische Bodenkontaminationen (z.B. Oxidation, katalytische Reduktion, katalytische Hydrierung oder Hydrolyse) einsetzen oder die Methode der Elektrosanierung, bei der Schwermetalle und andere Kontaminanten mit Hilfe von elektrokinetischen Phänomenen (Elektroosmose, Elektrophorese und Elektrolyse) aus dem Boden und dem Grundwasser entfernt werden. Zu den Extraktions- und Waschverfahren zählen auch die Hochdruckextraktion (Reiß et al. 1994) und die Oxidation von Schadstoffen mit überkritischem Wasser (Technische Chemie TUM).

Das Umweltministerium von Baden-Württemberg hat in der Schriftenreihe „Materialien zur Altlastenbearbeitung" Handbücher zur Bodenwäsche (Band 11, 1993) und zur mikrobiologischen Bodenreinigung herausgegeben (Band 7, 1991). Nach wie vor gefordert sind neue und erschwingliche Technologien (Williams 1994).

2.2.3.3 Mikrobiologische Verfahren

In der Umwelt können viele Schadstoffe wie auch Teile des Hausmülls prinzipiell auf natürliche Weise durch Mikroorganismen abgebaut werden („natural attenuation"). Die meisten organischen Verbindungen – besonders die durch Biosynthese entstehenden biogenen, z.B. aromatische Kohlenwasserstoffe oder Mineralöle – sind unter aeroben Bedingungen leicht abbaubar. Das gleiche gilt für einige anorganische Stoffe wie Cyanide, Schwefel oder Thiosulfat. Bei manchen Stoffklassen laufen die Abbauprozesse deutlich langsamer ab, z.B. bei PCB. Es gibt jedoch Stoffe, die sich kaum oder überhaupt nicht biologisch abbauen lassen, z.B. bestimmte Polymere oder Schwermetalle. Tabelle 5.11-1 im

Handbuch Mikrobiologische Bodenreinigung (Materialien zur Altlastenbearbeitung, Band 7, LfU Baden-Württemberg, 1991) gibt eine Übersicht über Möglichkeiten und Grenzen der biotechnologischen Sanierung in Bezug zur Schadstoffspezies.

Ganz allgemein sind mikrobiologische Verfahren bei der Dekontamination von Böden vielseitig anwendbar. Durch die üppige Bodenmikroflora liegt in den oberflächlichen Bodenzonen ein hohes Abbaupotential für bestimmte organische Schad- und Belastungsstoffe wie aromatische und aliphatische KW, Benzol, Toluol, Xylol, Phenole oder Naphthalin vor. Schwerer abbaubar sind chlorierte Lösungsmittel, Chlorphenole, chlorierte Pestizide, höher molekulare PAK und Ferricyanide. Obwohl es nur wenig hoch- und niedermolekulare Verbindungen gibt, die sich bisher gegenüber dem mikrobiologischen Abbau resistent erwiesen haben, reichen in den meisten Fällen die natürlich vorhandenen Mikroorganismen sowohl in ihrer Menge wie in ihrem Abbauvermögen auch unter optimierten Bedingungen nicht aus, einen vollständigenden Bioabbau in akzeptablen Zeiträumen zu bewältigen. Durch Zuchtwahl und Auslese lassen sich jedoch adaptierte Bakterienstämme mit speziellen Eigenschaften gewinnen, die auf mit unterschiedlichen Schadstoffen versetzten Nährmedien gezüchtet und als getrocknetes Produkt in den Handel gebracht werden.

Bei allen biologischen aeroben Verfahren müssen optimale Lebensbedingungen für die schadstoffabbauenden Mikroorganismen durch Zugabe von Nährstoffen, wie P- und N-Verbindungen und Spurenelementen sowie ausreichende Versorgung mit O hergestellt werden. Die Sauerstoffversorgung erfolgt durch Belüftung mit Reinsauerstoff oder Luftsauerstoff bzw. durch direkte Sauerstoffdonatoren wie Wasserstoffperoxid oder Ozon.

Chlorierte Lösungsmittel werden bevorzugt unter anaeroben Bedingungen umgesetzt, wobei die Mikroorganismen die Chloratome reduktiv abspalten und der Schadstoff im Prinzip als Elektronenakzeptor dient. Die anaerob abbaubaren Stoffe werden in einem Biowäscher ausgewaschen, der Wasserreinigungsanlage zugeführt und dort in nacheinander durchflossenen anaeroben und aeroben Fermentern möglichst vollständig vernichtet. Nicht immer wird der abzubauende Stoff vollständig mineralisiert; in gewissen Fällen häufen sich giftige Zwischenprodukte an. Der mikrobielle Abbau von Perchlorethylen zu Vinylchlorid in der methangasbildenden Zone von Deponien ist ein Beispiel dafür; das ausgasende Vinylchlorid ist ökologisch und humantoxikologisch sehr bedenklich.

Oft sind Schadstoffe an Oberflächen angelagert oder in Porenräumen eingeschlossen und damit einem mikrobiellen Abbau kaum zugänglich. Dessen Geschwindigkeit wird somit außer durch die enzymatische Aktivität der Mikroorganismen auch durch die Raten der Desorption und Diffusion bestimmt. Biologische Sanierungsverfahren, die sich lediglich darauf beschränken, die mikrobielle Aktivität zu stimulieren, also die Komplexität der physikalischen wie chemischen Rahmenbedingungen und Prozesse im Untergrund vernachlässigen, scheitern gewöhnlich (Zeyer 1993). Luthy et al (1994), Schulz-Berendt

(1993) und Webb (1990) beschäftigen sich in diesem Zusammenhang mit Fragen des mikrobiologischen Schadstoffabbaus bei mit Teer verunreinigten Böden. Aufgrund ihrer hohen Affinität zur organischen Bodenmatrix werden PAK so fest daran gebunden, daß sie für Mikroorganismen nicht mehr verfügbar sind; selbst nachweislich gut abbaubare Stoffe wie Naphthalin werden dann nicht mehr angegriffen. Entscheidend für den Erfolg oder Mißerfolg einer biologischen Sanierung ist deshalb nicht nur Art und Konzentration der Schadstoffe, sondern besonders auch die Zusammensetzung des Bodens (Schulz-Berendt 1993) .

Nach der Holland-Liste gilt ein Boden als sanierungsbedürftig, wenn er mehr als 200 mg/kg PAK enthält. Damit ist die Vorgabe für eine erfolgreiche Sanierung nach Mahro u. Kästner (1993) wesentlich strenger als bei ölkontaminierten Böden (Gesamtgehalt an KW < 1000 mg/kg). Bei ehemaligen Kokereien und Gaswerken finden sich diese Schadstoffe häufig in Konzentrationen von mehreren Gramm pro Kilogramm Boden. In den meisten natürlichen Biotopen dürfte aber ein entsprechendes Abbaupotential vorhanden sein, das sich durch bestimmte Bedingungen und Nährstoffe aktivieren läßt. Dabei ist zu bedenken, daß das mit extraktiven Techniken nachgewiesene Schwinden der PAK weniger eine verstärkte Mineralisierung als vielmehr ein vermehrtes Einbinden in die Bodenmatrix widerspiegelt. Die von Mikroorganismen ausgeschiedenen radikalbildenden und oxidativen Enzyme könnten ein Schadstoffmolekül labiler machen und so seine Reaktionsbereitschaft gegenüber der organischen Bodenkompostmatrix erhöhen. Biologische Sanierungen von PAK-kontaminierten Böden basieren deshalb niemals allein auf der direkten und vollständigen Mineralisierung der Schadstoffe, sondern zum großen Teil auch auf der gezielten Einbindung in die Bodenmatrix (als gebundene Rückstände, engl. bound residues). Durch sorgfältige längerfristige Untersuchungen ist daher sicherzustellen, daß unerwünschte Komponenten nicht doch wieder freigesetzt oder verlagert werden.

Bestimmte Bakterien der Gattung *Pseudomonas, Moraxella* und *Acinetobacter* bauen Verbindungen wie 1,2-Dichlorbenzol, PCB oder sulfonierte Aromaten ab. Für eine effektive Elimination hochgradig chlorierter hochtoxischer Schadstoffe wie der PCB oder PCDD/F ist der mikrobielle Abbau trotzdem nicht die optimale Sanierungsmethode (Fortnagel u.Francke 1993). Während für den Weißfäule-Pilz *Phanerochaete chrysosporium* der Abbau höher chlorierter Dioxine, insbesondere von TCDD, durch Isotopenmarkierung zweifelsfrei bewiesen ist, – wenn auch mit kläglichen Ausbeuten, – gibt es für Bakterien bisher noch keine fundierten Resultate. Auch muß bei Sanierungen ständig darauf geachtet werden, daß nicht anstelle des Abbaus neue Stoffwechselprodukte entstehen (z.B. Salizylsäure und Chinone aus Naphthalin).

2.3 Chemische Aspekte der Abfallwirtschaft

2.3.1 Abfälle der Industriegesellschaft

2.3.1.1 Das Mengenproblem der Abfallwirtschaft

Das Ende der Kette von Rohstoffgewinnung, Produktion und Konsum ist der Abfall (Heintz u. Reinhardt 1996). Aus chemisch-toxikologischer Sicht sind Abfälle Stoffgemische mit unterschiedlichem Gefährdungspotential und Reaktionsvermögen, die aus den jeweiligen Einzelkomponenten resultieren (Malorny 1996). Im Sinne des Abfallgesetzes sind Abfälle [§1(1) AbfG] „bewegliche Sachen, deren sich der Besitzer entledigen will (subjektiver Abfallbegriff) oder deren geordnete Entsorgung zur Wahrung des Wohls der Allgemeinheit, insbesondere des Schutzes der Umwelt, geboten ist (objektiver Abfallbegriff)". Derartig definierte Abfälle können sich in der westlichen „Wegwerfgesellschaft" zu einem beachtlichen Umweltproblem entwickeln (Bliefert 1997); man spricht in diesem Zusammenhang zeitweise auch vom „Müllnotstand" oder „Müllinfarkt". Der Ausdruck „Müll", der noch in älteren gesetzlichen Regelungen verwendet wird, sollte nach Rump u. Scholz (1995) durch das Wort „Abfall" ersetzt werden, da man früher unter Müll vorwiegend feste Abfälle verstand und in der neueren Abfallgesetzgebung der Ausdruck Müll keine Bedeutung mehr hat.

Die Abfallprobleme haben in allen Industrieländern in den 80er und 90er Jahren rapide zugenommen (Spindler 1993). Dies hat mindestens zwei Gründe: Zum einen sind die Abfallmengen erheblich angestiegen, und zum anderen ist die Abfallentsorgung zunehmend schwieriger geworden. Damit sind nicht in erster Linie technische Aufgaben angesprochen, sondern vor allem die Kostenfrage und die zunehmenden Akzeptanzprobleme für Abfallbehandlungs- und Deponieanlagen. Das Abfallproblem muß auf lokaler Ebene im „nahezu geschlossenen System" gelöst werden.

Im Leitbild einer neuen Stoffwirtschaft muß es das Ziel sein, solche Verfahren der Rohstoffgewinnung, der Produktion, des Verbrauchs und der Reststoffbehandlung zu entwickeln, welche die Funktionsfähigkeit der Biosphäre soweit wie möglich wieder so herstellen, daß sie langfristig sicherbar ist (Heydemann 1993). Zunehmend macht deshalb der Mensch Anleihen bei der Natur durch Übernahme ihrer Konzepte, Verfahren, Informationstechniken sowie Produktions- und Abbauprozesse. Das gilt vor allem für das Recycling, das die Natur im Niedertemperaturbereich zu fast immer 100% erfüllt.

Über die Verwirklichung des besten Abfallwirtschaftskonzeptes hinaus wird es notwendig sein, die Grundstruktur unserer Wirtschaft in Richtung Kreislaufwirtschaft zu ändern (s. Kreislaufwirtschaftsgesetz vom 7.10.1996 oder Landesabfallgesetz NRW vom 18.11.1998). Wegen der weltweiten Vernetzung der

Wirtschaft stellt der ökologische Wirtschaftsumbau eine globale Aufgabe dar, die ein gemeinsames Vorgehen im Rahmen einer „Erdpolitik" (E.U.v.Weizsäcker) notwendig macht.

Hausmüll, hausmüllähnliche (Gewerbe-)Abfälle und Sperrmüll faßt man – zusammen mit Markt-, Garten- und Parkabfällen, Straßenkehricht, Bauabfällen, Klärschlamm u.ä. – unter dem Begriff Siedlungsabfälle zusammen. Die TA Siedlungsabfall („Technische Anleitung zur Verwertung, Behandlung und sonstigen Entsorgung von Siedlungsabfällen") regelt technische Fragen der Verwertung, Behandlung und Lagerung von Abfällen. Zu den produktionsspezifischen Abfällen gehören neben Bodenaushub und Bauschutt alle bei Produktionsprozessen anfallenden und nicht mehr verwertbaren Stoffe wie Lösungsmittel, Katalysatoren, Aschen, Schlacken oder Öl- und Kunststoffabfälle. Industrie- und Gewerbeabfälle sind solche Abfälle, die in Industrie und Gewerbe anfallen und nicht durch die öffentliche Müllabfuhr entsorgt werden. Unter Sonderabfällen (besonders überwachungsbedürftige Abfälle) versteht man spezielle, meist in Industrie und Gewerbe anfallende Abfälle, die nach Art und Menge nicht zusammen mit den Siedlungsabfällen entsorgt werden können.

Auf längere Zeit sind ölhaltige Abfälle nicht das große Problem: Da natürliche Prozesse Erdöle abbauen, kann man der Erdölverschmutzung zumindest auf globaler, wenn auch nicht immer auf lokaler Ebene erfolgreich begegnen. Dies ist bei Plastikartikeln nicht möglich, da diese in akzeptablen Zeitspannen nicht abgebaut werden können. So werden auch zunehmend Meeresküsten durch Plastikreste und medizinische Abfälle verschmutzt; bei mehr als fünfzig Arten von Meeresvögeln sind letztere im Mageninhalt gefunden worden.

Viele Abfälle aus Industrie und Gewerbe gehören zu den „besonders überwachungsbedürftigen Abfällen". Sie sind in der TA Abfall, der Abfallbestimmungsverordnung (§2 Abs.2 AbfG), der Reststoffbestimmungsverordnung (§2 Abs.3 AbfG) und im Abfallartenkatalog der Abfall- und Reststoffüberwachungsverordnung aufgeführt. Grundlage für diese Listen bildet der Abfallkatalog der „Länderarbeitsgemeinschaft Abfall" (LAGA). Die Abfälle werden dabei nach ihrer Herkunft, der Methode zu ihrer Beseitigung und nach ihren stofflichen Eigenschaften eingeteilt. Der Abfallkatalog ist durch entsprechende Erlasse der Bundesländer in der ganzen Bundesrepublik eingeführt und dient als Grundlage für eine einheitliche Begriffsbestimmung, Systematik, Beschreibung und Bewertung der Abfälle. Auch in den USA gibt es einen Abfallkatalog mit einem strikten Einteilungsschlüssel, z.B. sog. K-, U- oder P-Abfälle (Manhahan 1993).

Das gesamte Abfallaufkommen der alten Bundesländer betrug 1989 ca. 290 Mt pro Jahr; davon entfallen ca. 195 Mt auf Abfälle aus dem industriellen Bereich, die zum überwiegenden Teil aus Bauschutt bestehen (Heintz u. Reinhardt 1996). In der öffentlichen Abfallwirtschaft sind ca. 90 Mt zu bewältigen, von denen etwa 50 Mt Bauschutt und 29 Mt Hausmüll, hausmüllähnlicher Gewerbemüll und Sperrmüll sind. Der Rest besteht aus Klärschlämmen, Schlacken und Filterrückständen aus Verbrennungsanlagen und sonstigen Abfällen; insgesamt sind ca. 5 Mt des gesamten Müllaufkommens dem Sondermüll zuzurechnen. Vom gesamten Müll werden ca. 170 Mt deponiert.

Gesamtgewicht wie auch Gesamtvolumen der Siedlungsabfälle haben in den vergangenen Jahrzehnten enorm zugenommen: Eine mittlere Großstadt von 250 000 Einwohnern produziert jährlich ca. 550 000 m^3 Abfall, d.h. jede Person durchschnittlich über 2 m^3.

2.3.1.2 Siedlungs- und Industrieabfälle

Nach Bliefert (1997) erzeugt jeder Einwohner der BRD zur Zeit durchschnittlich Hausmüll in einer Größenordnung von 370 kg/a, sofern auch hausmüllähnliche Gewerbeabfälle und Sperrmüll berücksichtigt werden (USA 750 kg/a). Nach Förstner (1993d) beläuft sich die Menge des Siedlungsabfalls auf ca. eine halbe Tonne pro Person und Jahr; Klärschlamm fällt anteilmäßig sogar in noch höheren Mengen an. Deutlich höhere Zahlen geben Morselli et al. (1992) für Italien an. Dort war 1989 das jährliche Aufkommen kommunaler Abfälle ca. 17 Mt entsprechend 2500 kg pro Person im Jahr (700 g am Tag). Inzwischen haben positive Auswirkungen der zunehmenden Abfallvermeidung und -verwertung in der BRD zwischen 1990 und 1993 zu einem Rückgang des Gesamtabfallaufkommens und des Hausmülls um 10% bzw. 14% geführt (Bergs u. Radde 1996). Von den Anlieferungen der öffentlichen Abfallentsorgung landeten in Deutschland 1987 45% auf der Hausmülldeponie, 41% auf der Bauschuttdeponie, 9% in der Müllverbrennung und 1% in der Kompostierung (Bliefert 1997).

Speziell für den Kommunalverband Ruhrgebiet (KVR) wurden für den Zeitraum 1994 bis 1996 detaillierte Abfallbilanzen erstellt (Scheib u. Held 1998). Durchschnittlich wurden 35% aller Siedlungsabfälle recycliert, 30% thermisch verwertet und 35% deponiert. Dabei existieren durchaus Unterschiede: Während beispielsweise der Hauptteil des Siedlungsabfalls im Kreis Unna deponiert wird, wird dieser bei der Stadt Bochum stofflich verwertet. Durchschnittlich liegen die Gesamtabfall- und Wertstoffmengen im KVR bei 1040 kg pro Einwohner und Jahr (größter Anteil: Bauschutt).

Siedlungsabfall setzt sich zu 60% aus Hausmüll, zu 31% aus Gewerbemüll und zu 9% aus Sperrmüll zusammen (Heintz u. Reinhardt 1996). Die Zusammensetzung des Hausmülls variiert stark und ist weitgehend unbekannt. Die über die BRD gemittelte Zusammensetzung beläuft sich nach Bliefert (1997) auf 30% Vegetabilien, 16% Mittelmüll, 12% Papier, 10% Feinmüll, 9% Glas, 5% Kunststoffe, 4% Pappe, 3% Metalle, 3% Wegwerfwindeln und 2% Textilien (5% nicht klassifiziert). Heintz u. Reinhardt (1996) geben für die Zusammensetzung des Hausmülls an: 33% Fein- und Mittelmüll, 29% Vegetabilien, 18% Papier und Pappe, 10% Glas, 6% Kunststoffe und 4% Metalle.

Siedlungsabfall besteht auch aus schwer zu beschreibenden und bewertenden Bestandteilen wie z.B. oberflächenbehandelten Hölzern (Uhde et al. 1996) oder die Shredderleichtfraktion, die aus dem Betrieb von Shredderanlagen zur mechanischen Aufbereitung von metallhaltigen Abfällen (vorwiegend von Autowracks) stammt und u.a. aus Kunststoffen, Textilfasern, Holzfaserstoffen, Leder, Lacken, Unterbodenschutz, Glas, Eisen und NE-Metallen mit deutlichen Mengen an KW, PAK und PCB besteht (Malorny 1996). 3% des gesamten Abfalls der Stadt Göttingen machte 1992 mit 2,3 kt der Straßenkehricht aus, der Material aus Fahrbahn-, Reifen- und Bremsabrieb sowie Rußpartikel enthält und sich durch hohe Spurenelementkonzentrationen auszeichnet (Pleßow et al. 1997).
In den USA erzeugen über 650000 Firmen gefährliche Abfälle, aber nur wenige hiervon in großen Mengen: Ca. 99% der Abfälle kommen von ca. 2% der Erzeuger (Manahan 1999); die Industrieabfälle sind in den industrialisierten Gebieten des mittleren Westens konzentriert (Illinois, Indiana, Ohio, Michigan und Wisconsin).
Die Herstellung eines Autos der unteren Mittelklasse erzeugt mit ca. 15 t das 25-fache seines Gewichts an Abfallstoffen. Die Mengen der weltweiten Minenabfälle entspricht in etwa der Sedimentfracht in die Weltmeere. Ein besonders abfallintensiver Wirtschaftszweig ist die Papierindustrie. Die Papiermenge, die jährlich auf der Erde verbraucht wird, steigt immer noch ständig an, so daß im Jahr 2000 mit 300 Mt gerechnet wird (Heintz u. Reinhardt 1996); der Hauptteil dieser Menge stammt aus frisch hergestelltem Zellstoff (Zellulose), der restliche Teil (mit zunehmender Tendenz) aus wiederverwertetem Papier (sog. Altpapier). Bedingt durch die chemischen Prozesse der Zellulosegewinnung aus Holz ergeben sich Schadstoffbelastungen der Luft und des Abwassers. Die verbrauchte Papiermenge landet zum Teil im unsortierten Restmüll und ist auch eine Ursache für das ansteigende Volumen des Hausmüllaufkommens. Papier wird aus dem Rohstoff Holz hergestellt, das sich aus 40 – 50% Zellulosefasern, 20 – 30% Lignin und 20 – 30% Hemizellulosen und ätherischen Ölen zusammensetzt. Zur Zellstoffgewinnung müssen im Sulfat- (bei pH 14) oder im Sulfitverfahren (bei pH 2 bis 4) Lignin und Hemizellulosen weitgehend aus Holz herausgelöst werden. Der erhaltene, gelbliche Rohzellstoff enthält noch ca. 5 – 10% Restlignin, das im konventionellen Bleichprozeß durch Behandlung mit Chlorgas entfernt wird. Weitere Zugabe von ClO_2 oder Hypochlorit bleichen den Zellstoff vollständig aus; in dieser Form kann er direkt zu Papier verarbeitet werden.
Die Papierherstellung ist mit erheblichen Umweltbelastungen verbunden. Einerseits ist es die Abluft beim Eindampf- und Verbrennungsprozeß, die mit SO_2 (beim Sulfatprozeß auch mit H_2S) und Merkaptanen belastet ist, andererseits das Abwasser, das hohe CSB- und BSB-Werte aufweist. Durch die Chlorbleiche entstehen große Mengen schwefel- und chlororganischer Stoffe (hoher EOX- und AOX-Wert)(Saski et al. 1997), die in Kläranlagen praktisch nicht abbaubar sind. Die Chlorbleiche zählt zu den wichtigsten nichtthermischen Dioxinquellen

in der Umwelt (Heintz u. Reinhardt 1996). Deshalb verwendet man statt Chlor bzw. ClO_2 zunehmend H_2O_2 kombiniert mit O_2 zur Zellstoffbleiche. Neben dem Sulfit- und Sulfatverfahren gibt es noch das Holzstoffverfahren, das statt eines chemischen Aufschlusses in Lösung nach einem mechanischen Verfahren arbeitet und bei dem mit Peroxiden gebleicht wird, so daß die Abwasserbelastung mit organischen Schadstoffen geringer ist als bei den beiden anderen Verfahren.

Eine Reduzierung der durch die Papierproduktion verursachten Umweltbelastung kann durch höheren Altpapiereinsatz, durch vollständigen Ersatz von Chlor und ClO_2 in der Bleiche von neu hergestelltem Papier und durch generelle Papiereinsparung erreicht werden.

Weitere abfallintensive Industriebranchen sind der Bergbau und die Erzaufbereitung, die zu starken lokalen und regionalen Belastungen von Böden und aquatischen Systemen führen können. Beispielsweise dürften allein im oberschlesischen Kohlebecken im Zeitraum von 1984 bis 2000 etwa eine Milliarde Kubikmeter an Abraum angefallen sein (Helios-Rybicka 1996). Rückläufige Tendenzen in den Fördermengen sind z.B. im kanadischen Bergbau bereits für Asbest, Fe, Ni, Pb, Mo und Ag, nicht aber für U und Kohle zu erkennen (Wellmer 1997).

Im Steinkohlenbergbau an der Ruhr wurden jährlich ca. 120 Mt Kohle und Nebengestein (Berge) aus mehreren 100 m Teufe zutage gefördert (Wiggering 1986). Ca. 40 der etwa 60 Mt bei der Kohleaufbereitung anfallenden tauben Gesteine gelangen auf die Halde. Die Verdichtung der Berge bei der Aufhaldung ist vergleichbar mit frühdiagenetischen Verfestigungsvorgängen. Es kommt zur Anreicherung von Pyrit, zu an Chlorid und Sulfat angereicherten Solwässern und zur Versauerung der Berge durch Pyritoxidation (bis zu ca. pH 3) bis hin zur Tonmineralzerstörung und Freisetzung von gelöstem Al. Ein Vergleich mit der nicht sehr tiefgründigen Bodenbildung auf dem im südlichen Ruhrgebiet oberflächig anstehenden Oberkarbon, d.h. letztlich das gleiche Gestein, das auf die Halden geschüttet wird, macht deutlich, daß sich auf den Halden nicht innerhalb kürzester Zeiträume ein Boden bilden kann, der Voraussetzung für forst- und landwirtschaftliche Nutzungsziele ist. Einen Überblick über die Schadstoffbelastung der Böden des Ruhrgebiets geben Viereck-Götte u. Herget (1997).

Meyer (1986) hat in diesem Zusammenhang den Begriff der Techrosion eingeführt, die zu technotektonischen Folgewirkungen als direkte Einwirkungen auf den endogenen Kreislauf führt. Dadurch schert der Mensch aus dem exogen-geodynamischen Kreislauf in technogene Kreisläufe aus; die stark anthropogen beeinflußten, technogenen Teilkreisläufe fließen aber bei Berücksichtigung des Faktors Zeit wieder in den natürlichen exogen-geodynamischen Kreislauf ein. Durch den Steinkohlebergbau untertage entstehen Massendefizite, die sich übertage durch Senkung der Landoberfläche zeigen (Kerth et al. 1990).

Lagerstättenwässer sind oftmals hochgradig sauer und aufgrund von Sulfid-
oxidation auch metallreich (Parkman et al. 1996, Mannings et al. 1996). In den
USA werden Minenabfälle nahe an den Lagerstätten abgelagert (wie auch
Industrieabfälle auf dem Werksgelände). Nach EPA-Angaben fielen von 1910
bis 1981 in den USA 48380 Millionen metrischer Tonnen Abfälle aus der
Rohstoffgewinnung an; davon entfielen auf Cu 49%, auf Eisenerze 24%, auf U
5% und Phosphatgesteine 16%. Oft ist das Gelände stark mit in Auslaug- und
Flotationsprozessen eingesetzten Chemikalien wie Cyaniden oder Schwefelsäure
belastet. Aus technischen Gründen werden die meisten Minenabfälle an Land
deponiert, Ablagerungen im Meer werden von den meisten entwickelten Ländern nicht gebilligt.

Bei der Gewinnung und Aufbereitung von Pb-Zn-Erzen in Bukowno (Polen)
wurden im Oberboden des Werksgeländes Metallkonzentrationen vorgefunden,
die die C-Werte der Holland-Liste überschreiten (Verner et al. 1996). Umliegen-
de Gärten wiesen folgende Konzentrationen auf (in mg/kg): Pb 545, Zn 2175,
Cd 15 und As 81. Selbst im Nachbardorf wurden noch die B-Werte der Holland-
Liste überschritten. Grenzwertüberschreitungen fanden auch Rieuwerts u.
Farago (1996) in Wohngebieten innerhalb einer tschechischen Bergbauregion
(60 km SW von Prag). An der Bleihütte wurden Bodengehalte bis zu 37 g/kg an
Pb festgestellt. Mit zunehmendem Abstand von der Hütte nahmen die Boden-
metallkonzentrationen deutlich ab, innerhalb des ersten Kilometers exponentiell,
dann langsamer. Im Boden einer Kupferhütte im SW von Polen wurden bis zu
1,7 g/kg an Cu gemessen (Karczewska 1996). Mittels sequentieller Extraktionen
wurde herausgefunden, daß typisch lithogene Metalle wie Al, Fe, Cr und Ni in
den Böden stabil an Eisenoxiden und in Silicaten gebunden waren, Metalle
anthropogener Herkunft wie Cu und Pb dagegen bis zu 60 bzw. 39% auf die
mobile und austauschbare Fraktion entfielen. Aus England, Kanada, USA,
Korea, China und Australien werden Beispiele berichtet, in denen mobile Emissionen aus dem Bergbau Nahrungsketten kontaminiert haben (Thornton 1996),
insbesondere, wenn hierbei metallakkumulierende Pflanzen beteiligt waren
(Ernst 1996, Lewander et al. 1996). Ein besonders drastisches Beispiel für
Umweltkontaminationen durch Lagerstättenabbau ist die Gold- und Silbergewin-
nung nach dem Amalgamverfahren, welches in Lateinamerika, Asien, Afrika
und Australien betrieben wird und zur Quecksilberfreisetzung von ca. 550 t pro
Jahr führt, was nahezu 50% des durch natürliche Prozesse verursachten Hg-
Eintrags in die Biosphäre ausmacht (Lacerda u. Salomons 1998, Ebinghaus et al.
1998).

Urbane Gebiete sind durch vielerlei anthropogene Aktivitäten geprägt, von
denen besonders Verkehr und Industrie den Metallgehalt der Böden erhöhen. So
wurden in Böden in Richmond-upon-Thames, einem industriefreien Wohnvorort
von London, an verkehrsreichen Straßenkreuzungen und alten Grundstücken
Bleigehalte bis über 1 g/kg gefunden (Kelly et al. 1996). Dagegen wurden in der
Industriestadt Wolverhampton die Bodenbleigehalte von denen des Zn über-

troffen (Emissionen der Eisenindustrie). Hiller (1997) weist aber darauf hin, daß mit technogenen Substraten (Bauschutt, Aschen, Schlacken u.a.) beaufschlagte Böden von Siedlungs- und Industriegebieten Säuren relativ gut abpuffern können und somit bei ihnen die Gefahr eines Metall(oid)austrags weniger besteht als beispielsweise bei naturnahen Wald- und Stadtböden; so wirken technogene Stadtböden als Schwermetallsenken und stellen nach Held (1997) chemische Zeitbomben dar.

2.3.1.3 Sonderabfälle

In §1(1) der Abfallbestimmungsverordnung ist von besonders überwachungsbedürftigen Abfällen die Rede. Es handelt sich dabei um Abfälle „aus gewerblichen oder sonstigen wirtschaftlichen Unternehmen oder öffentlichen Einrichtungen, die nach Art, Beschaffenheit oder Menge in besonderem Maße gesundheits-, luft- oder wassergefährdend, explosibel oder brennbar sind oder Erreger übertragbarer Krankheiten enthalten oder hervorbringen können" (§2(2) AbfG).
Wenn der Abfall verwertbar ist, handelt es sich um ein Wirtschaftsgut. Im besonderen sind Produktionsabfälle aus Industriebetrieben Sonderabfälle, z.B. Abfälle aus der pharmazeutischen, metall-, glas- und mineralölverarbeitenden sowie petrochemischen Industrie; darunter fallen Teerrückstände, organische Lösungsmittel, organisch-chemische Rückstände und Fehlchargen aus der chemischen Industrie, Säuren, Laugen, wasserlösliche Schwermetallsalze sowie Schlämme aus der Metallverarbeitung und -veredelung (Bliefert 1997). Diese Sonderabfälle müssen speziellen chemisch-physikalischen oder biologischen Vorbehandlungsverfahren mit dem Ziel unterworfen werden, sie in eine für eine nachfolgende Verwertung oder Entsorgung (Verbrennung oder Ablagerung) geeignete Form umzuwandeln (z.B. durch Neutralisation, Fällung/Flockung und/oder Oxidation/Reduktion).
Die einzige gegenwärtig praktikable Technik zur Zerstörung chlororganischer Inhaltsstoffe von Sonderabfällen wie z.B. der PCB ist ihre Verbrennung bei sehr hohen Temperaturen (1200 °C) in der Gegenwart von Sauerstoff (Baird 1998). Unter diesen Bedingungen werden sie zu CO_2, HCl, H_2O und wenig Cl_2 verbrannt. Sehr hohe Temperaturen werden eingesetzt, um Umwandlungsgrade von 99,9999% oder besser zu erreichen und somit mögliche Zwischenprodukte wie PCDD/F zu zerstören. Ist ein Öl oder anderweitige Substanz nur geringfügig mit PCB kontaminiert, so gibt es die chemische Dekontamination als Alternative zur Verbrennung: Cl aus den PCB wird mit Na oder K oder deren Salzen entfernt; mit PCB kontaminierte Böden werden mit einer Mischung aus KOH und Polyethylenglykol behandelt.
Die Meere galten lange Zeit zu Unrecht als nahezu unbegrenzt aufnahmefähig für Abfälle. Da beispielsweise die Nordsee ein abgetrennter Meeresteil mit nur begrenztem Wasseraustausch mit dem Atlantik ist, ist sie besonders gefährdet.

Zu ihrem Schutz wurden einige vertragliche Regelungen festgelegt (Oslo-Abkommen vom 15.2.72, London-Abkommen vom 29.12.72 und Hohe-See-Einbringungsgesetz). Auf See wurden bisher (seit 1969) hauptsächlich flüssige CKW enthaltende Abfallstoffe verbrannt. Der sich dabei bildende Salzsäurenebel wird unmittelbar auf die Meeresoberfläche niedergeschlagen und schnell vom Meerwasser absorbiert und neutralisiert. Gemäß den Beschlüssen der 2. Nordseeschutzkonferenz vom November 1987 in London wurde die Verbrennung auf hoher See bis 1994 europaweit eingestellt. Abfälle aus der BRD werden bereits seit 1989 nicht mehr auf See verbrannt. Eine andere Seite der Abfallbeseitigung auf See ist das Verklappen, das Einbringen fester und flüssiger Abfallstoffe durch Spezialschiffe ins Meer: Feste Abfälle werden versenkt, flüssige werden durch direktes Einleiten in den Schraubenstrahl verquirlt. Die Schiffe öffnen dazu auf hoher See die Klappen oder Ventile ihrer Abfallbehälter, so daß die Abfallstoffe ins Meer fließen können. Verklappt wurden vor allem Dünnsäuren (bei chemischen Prozessen entstehende meist stark verunreinigte Abfallsäuren niedriger Konzentration); 1983 wurden auf hoher See 28% der Sonderabfälle entsorgt.

Zur Abschätzung der Umweltverträglichkeit von Deponierungs- oder Verwertungsmaßnahmen für Sonderabfälle ist es notwendig, umfassende Aussagen über die kurz- und langfristige Mobilisierung von Schadstoffen aus Feststoffen und Schlämmen treffen zu können. Bei abgeschlossener Lagerung und Wiederverwertung solcher Abfälle, wie z.B. bei der Verfüllung von Bergwerksschächten oder beim Straßenunterbau, ist die staub- und gasförmige Emission von Schadstoffen weitgehend auszuschließen. Das Hauptinteresse der Abfalluntersuchung gilt dann der Frage, ob und in welchem Ausmaß eine Schadstoffauswaschung durch Regen oder Oberflächenwässer erfolgt und ob eine Versickerung in das Grundwasser zu erwarten ist. Beim UFZ Leipzig erfolgt die Eluatanalytik nach einem für jedes Abfallmaterial speziell zusammengestellten Mindestuntersuchungsprogramm auf Grund der durch das Landesumweltamt Sachsen-Anhalt gelieferten Deklarationsanalyse. Ein solches Programm beinhaltet neben pH-Wert und Leitfähigkeitsmessungen i.a. die Bestimmung des Sulfat-, Chlorid- und Cyanidgehaltes, des TOC- und AOX-Wertes, des Phenolindex, der Konzentration verschiedener Schwermetalle (As, Pb, Cd, Cr, Cu, Ni, Zn und Hg) sowie ausgewählter organischer Verbindungsklassen (MKW, BTX, PAK, PCB).

2.3.1.4 Radioaktive Abfälle

Der Bestand konditionierter radioaktiver Abfälle stellte sich am 31.12.92 für die BRD folgendermaßen dar (Geowissenschaften 12, 246-247): Abfälle mit vernachlässigbarer Wärmeentwicklung 58405 m^3 (hauptsächlich von Forschungseinrichtungen, Kernkraftwerken und der Wiederaufbereitung) und 612 m^3 wärmeentwickelnde Abfälle. Der für das Jahr 2010 abgeschätzte Bestand läßt danach ein Volumen von ca. 270000 m^3 an Abfällen mit vernachlässigbarer Wärmeentwicklung und von etwa 5900 m^3 an wärmeentwickelnden Abfällen erwarten, falls das derzeit beabsichtigte Kernenergie-Ausstiegs-Szenario nicht verwirklicht wird.

In der 560 Quadratmeilen großen Hanford Reservation (220 Meilen SO von Seattle) wurde von 1943 bis 1987 Plutonium für Kernwaffen produziert; hieraus sind nahezu 1100 Altlasten entstanden (Campbell et al. 1994). Schwach strahlende Abfälle wurden (teilweise nach Vorbehandlung) in den Boden geleitet. Mehr als 227000 m^3 stark strahlender Abfälle wurden in 177 Einschalen-Tanks gefüllt, wovon bereits 68 undicht sind oder dies bald sein werden. Pumpbare Flüssigkeiten wurden inzwischen in Doppelschalen-Tanks umgefüllt. Die Handhabung hoch radioaktiven Abfalls (3 bis 11 R/h) erfolgt robotergesteuert in heißen Zellen und diejenige von niedrig bis mittel belasteten Abfällen im Handschuhkasten. Kerntechnische Abfälle zeigen komplexe physikochemische Eigenschaften. Sie sind oft mehrphasig, haben hohe Ionenstärken, sind sehr sauer oder alkalisch, besitzen zuweilen hohen TOC und sind sehr radioaktiv (oft in der Größenordnung von 1 Ci/L).

Eine große Menge radioaktiver Abfälle gelangt in die Weltmeere. Nach den Regeln des Londoner Abkommens müssen feste radioaktive Abfälle in mindestens 4 km Tiefe abgeworfen werden und unversehrt den Meeresboden erreichen. Das Einbringen radioaktiver Substanzen in die Weltmeere insbesondere in Form der Verklappung (Ablassen flüssiger Abfälle in Oberflächengewässer) ist nicht erlaubt. Die Russen haben in die Karasee 17 Atomreaktoren aus U-Booten versenkt (SZ vom 28.10.1993).

Die höchsten Konzentrationen an künstlichen Radionukliden sind derzeit in der Ostsee (90 bis 250 Bq/m^3 an ^{137}Cs) und im Schwarzen Meer zu finden. Der Verzehr von Ostseefischen bewirkt bei durchschnittlichem Fischverzehr eine zusätzliche Strahlendosis, die aber erheblich weniger als ein Prozent der natürlichen Belastung in der Umwelt beträgt. Obwohl die Nordsee durch Einleitungen der Wiederaufbereitungsanlage Sellafield in die Irische See mit über 200 Bq/m^3 stark belastet ist, sind diese Werte im Vergleich zur Konzentration natürlicher Radionuklide gering: Allein die Belastung durch ^{40}K beträgt bereits 11 kBq/m^3.

2.3.2 Produkte der Abfallbehandlung

2.3.2.1 Abfallentsorgung, Wiederverwendung

Nach §2 Abs.1 des AbfG sind Abfälle so zu entsorgen, daß das Wohl der Allgemeinheit nicht beeinträchtigt wird. Der so für den einzelnen Abfall geforderte spezifische Entsorgungsweg ist durch eine Abfallbeurteilung mit Abfallklassifizierung unter den Aspekten Umweltverträglichkeit und Verhältnismäßigkeit festzulegen (Malorny 1996).

Grundsätzlich muß angestrebt werden, bereits dem Entstehen von Abfällen entgegenzuwirken (z.B. durch verbesserte Reststoffverwertung). Das Auftreten von Reststoffen ist in der Chemie grundsätzlich nicht völlig vermeidbar, weil viele Umsetzungen nicht vollständig in der gewünschten Richtung ablaufen. Die somit zwangsläufig anfallenden Reststoffe sind wiederum nicht in allen Fällen verwertbar. Zum Großteil recyclierbar sind Kunststoff- und Papierabfälle, Glas und Altreifen.

Einige Beispiele für die Wiederverwendung von Abfallinhaltsstoffen seien angeführt:

- Niedertemperatur-Konvertierung nach Prof. E. Bayer (Uni Tübingen): Vorgetrockneter Klärschlamm kommt über eine Transportschnecke in ein luftabgeschlossenes, bis zu 350 °C erhitztes Rohr. Die Ölausbeute beträgt je nach Katalysator und Klärschlamm zwischen 20 und 32 Gew.-%. Im Durchschnitt lassen sich so aus einer Tonne Klärschlamm etwa 300 L Rohöl gewinnen.
- Mit feinverteiltem Natrium säubern Wissenschaftler der Degussa AG Altöl von chlorierten organischen Verbindungen wie PCB. Mehr als 80% des so behandelten Altöls dienen als Rohstoff für hochwertige Basisöle. Der Rest liefert die Energie für den Reinigungsprozeß. Dabei entstehende Asche muß allerdings deponiert werden.
- Bei der kommerziellen Produktion von Schieferöl werden große Volumina an festen Abfällen erzeugt. Eine mögliche Nutzung dieser festen Ölschieferrückstände ist die Stabilisierung von organischen Schadstoffen (Essington 1992).
- Das „Zürcher Modell" zu umweltverträglichen Chemiepraktika: Bei den einzelnen Versuchen anfallende Chemikalienreste und Mischungen werden getrennt gesammelt. Die Abfälle werden von den Studierenden in weiteren Experimenten wieder getrennt, die einzelnen Komponenten gereinigt und wiederverwertet. Dabei lassen sich Trenn- und Aufarbeitungstechniken wie Destillation und Umkristallisation erlernen, ohne daß dafür eigene Versuche mit zusätzlichem Chemikalienverbrauch und mit Sondermüllanfall nötig wären.

2.3.2.2 Müllverbrennung

In der Abfalltechnik lassen sich die thermischen Behandlungsprozesse einteilen in Verbrennung, Pyrolyse, Vergasung und Hydrierung. Bei der Verbrennung handelt es sich um eine Stoffumwandlung bei höherer Temperatur in Anwesenheit von Sauerstoff. Bei der Pyrolyse (auch Entgasung genannt) wird der zu entsorgende Stoff (besonders Kunststoffabfälle und Altreifen) weitgehend unter Ausschluß von Sauerstoff bei Temperaturen von 250-1100 °C umgewandelt; Pyrolyseverfahren existieren in vielerlei technischen Varianten (Frede u. Ruckdeschel 1996). Es bilden sich brennbare Gase oder Öle, die entweder weiter stofflich aufgearbeitet oder zur Energiegewinnung genutzt werden können. Die

Vergasung ist eine Kombination aus teilweiser Pyrolyse und Verbrennung. Bei hohen Temperaturen werden kohlenstoffhaltige Anteile durch Luft oder Sauerstoff in gasförmige Brennstoffe (z.B. CO) überführt, die dann weiter verbrannt werden können. Unter Hydrierung versteht man die thermische Zersetzung möglichst in Gegenwart von Katalysatoren unter Sauerstoffausschluß mit nachfolgender Reduktion durch Wasserstoff unter hohem Druck. Dieses Verfahren ist besonders geeignet für chlororganische Verbindungen, da Wasserstoff Chloratome abspaltet und als Chlorwasserstoff bindet.

Aufgrund fehlender Deponiekapazitäten wird als Müllentsorgungskonzept immer mehr die Müllverbrennung propagiert, bei der das Volumen der anfallenden Schlacke nur noch 10 – 30% des ursprünglichen Müllvolumens beträgt, wodurch Deponieraum eingespart wird (Heintz u. Reinhardt 1996). Außerdem kann die bei der Verbrennung erzeugte Wärme energiewirtschaftlich genutzt werden. Dieser Lösungsweg ist nicht unproblematisch, da sowohl in der Schlacke wie auch in den Filterstäuben und Rauchreinigungsprodukten von Müllverbrennungsanlagen Schadstoffe enthalten sind.

In den 50 bereits existierenden Müllverbrennungsanlagen (MVA) in der BRD wird etwa ein Drittel des anfallenden Hausmülls verbrannt (Chemische Rundschau vom 18.2.1994, S.6). Wenn Hausmüll verbrannt wird, muß dies – sofern keine halogenierten KW enthalten sind – entsprechend den Forderungen in §3(4)1 der Abfallverbrennungsverordnung bei einer Mindesttemperatur von 850 °C geschehen. Die Schlacke muß in der Regel deponiert werden. Im Elektrofiltersystem wird der Flugstaub des Abgases zu über 99% abgeschieden und der Schlacke zugeführt (Heintz u. Reinhardt 1996). In der Regel wird heute der Filterstaub gesondert von der Schlacke abgeschieden und auf speziellen Deponien abgelagert.

Das aus der Müllverbrennungsanlage entweichende Gas ist jedoch noch erheblich mit Schadgasen belastet: Neben den Hauptverbrennungsgasen Kohlendioxid und Wasserdampf sowie dem Luftstickstoff und überschüssigem, bei der Verbrennung nicht umgesetztem Sauerstoff enthält das Gemisch noch HCl (aus der Verbrennung von chloriertenVerbindungen wie PVC), HF (aus fluorierten Kunststoffen), SO_2 (aus organischem Abfall und Klärschlämmen), NO_x (aus organischem Abfall, Textilien und aus Oxidation des Luftstickstoffs) sowie CO (aus unvollständiger Verbrennung). Die TA Luft enthält gesetzlich vorgeschriebene Grenzwerte für diese Schadstoffe im Abgas einer Müllverbrennungsanlage. Ein weiteres Schadstoffproblem bereiten die Schwermetalle, die im Müll in verschiedener Form enthalten sind: als Zusatz in Kunststoffen (Cd, Cr), in Batterien (Ni, Cd, Pb, Hg), in Leuchtstoffröhren (Hg), in Thermometern (Hg) und in Farbresten (Pb, Cd, Cr). Nur geringe Mengen entweichen mit dem Abgas. Eine weitere Schadstoffgruppe, die bei der Müllverbrennung Probleme bereitet, sind organische Schadstoffe, die aus der unvollständigen Verbrennung stammen. Neben geringen Mengen an polyzyklischen Verbindungen wie Benzpyren sind es vor allem chlorhaltige Verbindungen, die aufgrund des relativ hohen Chlorgehalts des Mülls entstehen können. Zu ihnen gehören Chloraromaten wie z.B. PCP oder HCB, die entweder direkt aus dem Müll in die Verbrennungsgase gelangen oder die erst bei der Verbrennung aus chlorhaltigen Produkten (z.B. PVC) gebildet werden (z.B. Dioxine). Dioxine entstehen bevorzugt aus anorganischen Chloriden und unverbrannten Kohlestaubpartikeln bei Temperaturen von ca. 300 °C. Diese Bedingungen herrschen auf der Strecke zwischen Verbrennungsofen und Elektrofilter sowie im Elektrofilter selbst. Bei der Dioxinentstehung wirkt vor allem Kupferchlorid ($CuCl_2$) als Katalysator. Je vollständiger die Verbrennung ist, desto weniger unverbrannter Kohlenstoff liegt vor und desto geringer ist auch die Dioxinbildung. Geeignete Maßnahmen zur Vermeidung der Dioxinbildung sind eine optimale Verbrennungsführung und das rasche Passieren des Rauchgases durch den Temperaturbereich nahe 300 °C, der zwischen Verbrennungsraum und Elektrofilter liegt. Daher ist auch die Einhaltung einer Temperatur im Elektrofilter von 250 °C wichtig. Eventuell kann eine thermische Nachbehandlung des abgeschiedenen Filterstaubs bei 600 °C unter Sauerstoffausschluß erfolgen. Eine andere Möglichkeit besteht darin, den Filterstaub in den Verbrennungsofen zurückzuführen. Bevor das Abgas den Kamin verläßt, muß es von den Schadgasen SO_2, HCl und HF weitgehend befreit werden. Dies geschieht in der Regel in einem Rauchgaswäscher, dessen Abscheidungen ebenfalls wieder deponiert werden müssen. Die Anforderungen der 17. Bundesimmissionsschutzverordnung (BImSchV) setzen für Schwermetalle im Rauchgas (jeweils Mittelwerte über eine Probenahmezeit von mindestens 30 min bis höchstens 2 h) Grenzwerte bei 0,05 mg/m³ für Cd, Tl und Hg und bei 0,5 mg/m³ für Sb, As, Pb, Cr, Co, Cu, Mn, Ni, V, und Zn. Die Grenzwerte für PCDD/F (als Toxizitätsäquivalente über ein Probenahmevolumen von mindestens 10 bis höchstens 20 m³) betragen 0,1 ng/m³ Abgas (Förstner 1995a). Die Abgase von MVA können durch In-vitro-Assays (Neutral Red, Chiliate und Ames Assay) hinsichtlich ihrer Zytotoxizität und Mutagenität getestet werden (Mücke et al. 1994).

Insgesamt ist die Müllverbrennung ein relativ aufwendiges Verfahren und teurer als die Mülldeponierung. Im Gegensatz zu älteren MVA, d.h. Anlagen der früheren Generation mit veralteten Verfahren zur Rauchgasreinigung, geben moderne MVA nur sehr geringe Mengen an Schadstoffen an die Umwelt ab. Die Vorgaben der 17. BImSchV zur Schadgasreinigung werden von vielen Anlagen nicht nur eingehalten, sondern sogar erheblich unterschritten. Die noch vorhandenen Restimmissionen sind auf ein gesundheitlich unbedenkliches Maß reduziert worden und liegen in der Regel unterhalb der Hintergrundbelastung im ländlichen Bereich (Pudill 1993). Für die Anwohner einer Hausmüll- oder Sondermülldeponie stellen die Emissionen eine höhere Belastung und ein höheres zusätzliches Krebsrisiko dar als im Bereich einer modernen MVA.

Bei Altanlagen stellen die Metall- und Schwermetallemissionen ein Problem dar, z.B. können 15 bis 16% des Cd durch die übliche Rauchgasreinigung nicht eliminiert werden. Noch höher als beim Cd ist bei Altanlagen der emittierte Hg-

Anteil; aufgrund ihres kanzerogenen Potentials stellen auch As, Cr^{VI} und Ni ein Problem dar. Um die Umweltbeeinflussung einer MVA zu erfassen, ist neben der reinen Emission auch die vom entsprechenden Fall-out betroffene Bodenfläche (Immission) zu berücksichtigen (Morselli et al.1992). Ältere MVA emittieren 4 bis 5 µg/m³ Benzol. Diese Situation ist vergleichbar mit der in Stadtregionen; in Stadtzentren bei starkem Verkehrsaufkommen treten bis zu 25 µg/m³ auf. Mit Hilfe von tertiären Feinreinigungsmethoden wird die Einhaltung des in etlichen Ländern geforderten und auch in Deutschland eingeführten Grenzwertes von 0,1 ng TEQ/m³ für die PCDD/F garantiert. Aus Emissionen < 0,1 ng TEQ/m³ resultieren Immissionen < 1 fg/m³. Weltweit gemessen werden Werte zwischen 25 und 1600 fg/m³, d.h. moderne Abfallverbrennungsanlagen tragen zu einer Umweltbelastung mit PCDD/F aktuell nicht mehr bei (Brenner 1995).
Bei einer MVA, die den Anforderungen der 17.BImSchV genügt, ist der Risikobeitrag der PCDD/F mit ca. ein bis zwei zusätzlichen Krebsfällen pro 1 Mrd. Menschen vernachlässigbar; einen höheren Risikobeitrag liefern die Schwermetalle, insbesondere Cr^{VI}. Die Addition der Risikobeiträge einzelner Substanzen (Benzol, Vinylchlorid, Benzo(a)pyren, As, Cd, Cr^{VI} und Ni) ergeben für die Randbereiche einer Deponie ein höheres zusätzliches und kollektives Krebsrisiko im Vergleich zur entsprechenden Immissionsbelastung einer alten MVA. Bei Neuanlagen fällt der Vergleich noch wesentlich deutlicher zu Ungunsten der Deponierandbereiche aus.
Die Resultate der Stoffflußanalyse einer MVA werden von Brunner (1989) vorgestellt. Die Verteilung der Metalle auf die verschiedenen Produkte der Verbrennung wird hiernach vorwiegend durch den Dampfdruck der Metalle bzw. ihrer Verbindungen bestimmt: Während sich 99% des Fe und 89% des Cu in der Schlacke wiederfinden, landen 45% des Zn und 37% des Pb im Filterstaub und verbleiben 12% des Cd und 72% des Hg im gereinigten Abgas. Es ist zu erwarten, daß sich Sb ähnlich wie Cd und Zn im Filterstaub anreichert und sich As und Se ähnlich wie Hg im Reingas wiederfinden.
Bei heutigen Verbrennungsanlagen liegen die Rohgasstaubkonzentrationen bei ca. 1 g/m³, mit Elektrofiltern bei ca. 10 mg/m³ und mit Gewebefiltern bei ca. 1 mg/m³; gegenüber früher ist in der Staubemission eine Verbesserung um den Faktor 100 eingetreten (Vogg 1994). Dies wirkt sich bei den heute üblichen, bereits vorhandenen Staubimmissionskonzentrationen von ca. 40 µg/m³ nur noch in additiven Einträgen in die Umwelt aus, die weit unterhalb von 1 ‰ liegen.
Die Cd-Inputkonzentration des Resthausmülls beträgt ca. 10 g pro Tonne. Maximal 15% davon verbleiben in der Schlacke, 85% werden als Kessel- und vor allem Filterstäube ausgeschleust; am Kamin werden nur einige wenige Promille Cd emittiert; quasi-gasförmige Cd-Spezies kommen so gut wie nicht vor. In städtischen Gebieten werden als Immissionskonzentration 2 bis 5 ng Cd/m³ gemessen. Daran orientiert beträgt der Cd-Eintrag einer modernen Abfall-

verbrennungsanlage weniger als 1% (Vogg 1994). Bei derart niedrigen Zahlen können Langzeitanreicherungen in Böden ausgeschlossen werden.

Im Rohgas von MVA muß mit ca. 500 $\mu g/m^3$ Hg gerechnet werden. Wegen der hohen HCl-Konzentrationen liegt es fast vollständig als $HgCl_2$ vor und kann als solches in der ersten, stark sauer betriebenen Waschstufe gut in die wäßrige Phase eingebunden werden. Nicht selten kommt es bereits an dieser Stelle zu geringer Bildung von metallischem Hg, das aus der Lösung ausgetrieben wird. Aus der nassen Rauchgasreinigung sind Abscheidegrade für Hg > 90% kaum berichtet worden. Eine mindestens 90%ige Abscheidung ist jedoch notwendig, will man den Grenzwert der 17. BImSchV von 50 $\mu g/m^3$ sicher einhalten. Deshalb ist es sehr hilfreich, daß im Zusammenhang mit Maßnahmen zur PCDD/F-Zurückhaltung adsorptive Reinigungsstufen mit Aktivkohle am Ende der Rauchgasreinigungsprozeßkette zur Anwendung kommen. Mit ihrer Hilfe gelingt es, durch Adsorption vor allem des metallischen Hg an Kohle Reingaswerte schließlich sogar < 10 $\mu g/m^3$ zu garantieren (Vogg 1994). Daraus resultieren Immissionskonzentrationen von < 0,1 ng Hg/m^3, die, gemessen an ubiquitären Hg-Konzentrationen, wiederum weniger als 1% ausmachen.

Beim schweizerisch-italienischen Thermoselect-Verfahren erfolgt die Stoffumwandlung im geschlossenen System. Dabei entstehen weder Staub noch Stickoxide oder sonstige umweltbelastende Stoffe. Die Anlage produziert die für ihren Betrieb erforderliche Energie selbst: Pro Tonne Hausmüll beträgt der Energieüberschuß etwa 300 kWh. Die Abfälle werden zuerst mechanisch zu Paketen verdichtet, getrocknet und entgast. Aus dem Entgasungskanal gelangen die etwa 600 °C heißen Briketts in den Hochtemperaturvergaser, in dem hocherhitzter Sauerstoff eingesetzt wird. Aus einer Tonne Abfall werden durchschnittlich 250 kg Mineralstoffe, 30 kg Metalle, 600 kg Synthesegas (hauptsächlich Kohlenmonoxid und Wasserstoff) und 300 kg Wasser gewonnen. Mit der Technologie können alle Arten von Müll (auch Sondermüll und Klärschlamm) beseitigt werden. Bei der von der Siemens AG vorgeschlagenen Schwel-Brenn-Anlage werden aus den Rückständen nach der Müllverschwelung die wiederverwertbaren Stoffe (Eisen, Nichteisenmetalle, Glas und Steine) aussortiert. Reststoffe aus der Pharma- oder Sprengstoffindustrie enthalten häufig halogenierte Verbindungen, die sich mit Hilfe der überkritischen Wasseroxidation restlos zersetzen lassen (MODEC-Verfahren).

2.3.2.3 Verbrennungsaschen

Das jährliche Gesamtaufkommen an Hausmüll beträgt in der Schweiz zur Zeit ca. 2,8 Mt. 1993 wurden über 80% des Hausmülls in 31 MVA verbrannt, wobei ca. 600 bis 700 kt Schlacke, 40 bis 60 kt Elektrofilterasche und jeweils 10 bis 15 kt Kesselasche und Rückstände aus der Rauchgasreinigung anfielen (Gutmann u. Vonmont 1994).

Der größte Teil der Schlacke besteht aus Metalloxiden und Silicaten, mit kleineren Mengen an Carbonaten, Chloriden und Sulfaten; einige Elemente (z.B. Sn, Zn, Cd, Cr, Cu, Ni, Pb, C und Chlorid) sind in der Schlacke mäßig bis stark angereichert (Brunner 1989). Die Beurteilung der Schlacke nach den Kriterien des Altlastenleitfadens ergibt deutliche Überschreitungen der Stufe-2-Werte bei den Elementen Cu, Pb und Zn; diese drei Metalle sind auch im Eluat in nennenswerten Konzentrationen nachweisbar. Dieser Situation wird derzeit dadurch begegnet, daß die Schlacke mindestens für drei Monate der natürlichen Witterung ausgesetzt und die ausgelaugten Schadstoffe aufgefangen werden. Die Alterung der Schlacke bewirkt eine deutliche Herabsetzung der Eluierbarkeit, so daß die gegenwärtigen Bestimmungen eingehalten werden können. Kersten (1996) hält die Auslaugung von Schwermetallen aus MVA-Schlacken langfristig für unbedeutend, solange sich der pH-Wert im neutralen bis alkalischen Bereich befindet, was aufgrund der üblicherweise hohen Pufferkapazität dieser Materialien für Jahrtausende gewährleistet sein sollte.

Im Merkblatt „Entsorgung von Rückständen aus MVA für Siedlungsabfälle" der Länder-Arbeitsgemeinschaft Abfall (LAGA) wird vorgeschlagen, Rohschlacke in die Fraktionen „mineralische Anteile", „unverbrannte Grobteile" und „Metallschrott" zu untergliedern. Den größten Anteil an den wertstofftauglichen Komponenten einer MV-Rohschlacke stellen in der Regel die „mineralischen Anteile". Der Wandel des Reststoffs „MV-Schlacke" zum Wertstoff soll sich i.wes. durch aufbereitungstechnische Maßnahmen und durch Alterung der Schlacke vollziehen. Ein mineralisches Gemenge kann durch Maßnahmen wie Waschen, Entwässerung, Schrottabscheidung, Abtrennung des Feinkornanteils und Alterung für eine Wiederverwendung vorbereitet werden.

Flugstäube sind feinkörnig: 90% der Masse hat ein Kornspektrum von 10 bis 100 µm (Borchers u. Faulstich 1987). Chemisch bestehen Schlacken und Flugstäube aus Metalloxiden und Silicaten, Salzen wie Chloriden und Sulfaten sowie Schwermetallen. Zn, Hg, Pb und Cd sind in der Schlacke und in Flugstäuben um Faktoren bis zur Größenordnung X00 bzw. X000 angereichert (Brunner 1989, Baccini u. Brunner 1985, Wörle 1978, X Zahl zwischen 1 und 9). U.a. haben folgende Verbindungen, die bei der Kohleverbrennung eine Rolle spielen, Siedepunkte unter 1550 °C: As, As_2O_5, As_2O_3, As_2S_3, Cd, CdO, CdS, $Ni(CO)_4$, Pb, Se, SeO_2, SeO_3, Sb, Sb_2S_3, SnS, Tl, Tl_2O, Tl_2O_3, Zn und ZnS (Davison et al. 1974).

Der Gehalt an anorganischem und organischem C ist sowohl im Filterstaub wie auch in der Schlacke mit ca. 20 g/kg überraschend hoch (Brunner 1989). Für Se gilt, daß etwa die Hälfte an die Flugasche sorbiert und die Hälfte in der Gasphase verbleibt (Ericzon et al. 1989); das Element kommt nicht in elementarer Form und kaum als Se^{VI}, sondern hauptsächlich als Se^{IV} vor (van der Hoek et al. 1996).

Für die Schwankungsbreite in der Zusammensetzung von Elektroflugasche in der Schweiz von 1985 bis 1993 geben Gutmann u. Vonmont (1994) folgende Werte an:

Element	minimale Konzentration [g/kg]	maximale Konzentration [g/kg]
Al	14	111
As		0,3
Bi	0,01	0,03
Cd	0,03	1,9
Cu	0,3	2,7
Fe	4	39
Hg	0,0011	0,04
Ni	0,04	0,45
Pb	0,4	30
S	3	50
Sb	0,004	0,9
Se		0,3
Sn	0,006	5
Ti	0,8	14
Tl	0,001	4
Zn	5	70

Aufgrund der chemischen Zusammensetzung der Schlacke und des Filterstaubs erwartet man, daß keines der beiden Produkte Endlagerqualität aufweist; insbesondere können im Kontakt mit Wasser Metallsalze ausgelaugt werden (Brunner 1989). Das Auswaschpotential des Filterstaubes ist wesentlich größer als das der Schlacke; so kann z.B. beim ersten Wasserkontakt etwa 10% des Cd aus dem Filterstaub ausgewaschen werden. Für eine zuverlässige Beurteilung der Endlagerqualität dieser Produkte ist es daher notwendig, das Verhalten von Schlacken und Filterstäuben im Kontakt mit Wasser unter reduzierenden und oxidierenden Bedingungen langfristig zu untersuchen. Reaktionen in den Schlackeablagerungen führen dazu, daß der pH-Wert in zehn Jahren um ca. vier Einheiten abnimmt.

Eine rein geotechnische Verfestigung kann zwar die Entsorgung der Filterstäube erleichtern, aber sie wird die langfristige Mobilisierbarkeit der Schwermetalle nicht entscheidend verringern können. Wichtiger sind die chemischen Verbindungen (Oxide, Hydroxide, Silicate, Carbonate) wie auch deren mineralogische Form (Glas, Keramik, synthetische Steine). Generell sind alle Rückstände so zu behandeln, daß sie immissionsneutral wiederverwertet oder endgelagert werden können. Eine Inertisierung von Rückständen wird vor allem durch den Einsatz von Plasma-, Glas- und Flammenschmelzverfahren sowie das Schmelzzyklonverfahren erreicht (Faulstich 1989). Die dabei gebildeten Alumosilicatgläser binden toxische Elemente sehr fest. Durch eine entsprechend lange Verweilzeit im Schmelzofen kann das Abdampfen von Elementen wie Cl, S, Zn, Pb und Cd erhöht und ihr Gehalt in den Gläsern minimiert werden (Gutmann et al. 1996). Schmelzprozesse (allerdings energieintensiv und Gefahr der Teilverflüchtigung toxischer Schwermetalle) werden ebenso eingesetzt wie Extraktionsprozesse, die im schwach sauren Milieu mobile Schwermetalle abtrennen, auch in Kombination mit einer thermischen Zerstörung der toxischen organischen Substanzen, die durch Rückführung des kompaktierten Filterkuchens in den vorhandenen Müllverbrennungsofen geschieht (3R-Verfahren).

Das ML-KSMF-Verfahren, ein Hochtemperatur-Oberflächen-Einschmelzverfahren, führt zum Abbau bzw. sicheren Einschluß der hohen Schadstofffrachten aus den Reststoffen, sowie zur Reduzierung des Volumens und zu laugungsresistenten, wiederverwendbaren Schmelzgranulaten (Rizzon 1994). Mit dieser Technik lassen sich Reststoffe wie Rostaschen, Kesselaschen, Filterstäube und Reaktionsprodukte in ein umweltverträgliches Schmelzgranulat überführen. Der Schmelzpunkt von Stäuben und Aschen bewegt sich in einem engen Bereich zwischen 1200 und 1280 °C. Während des Schmelzvorganges werden neue Phasen gebildet, wobei zwischen Netzwerkbildnern, Netzwerkwandlern und intermediären Phasen unterschieden wird. Die Netzwerkbildner (SiO_2, Al_2O_3, P) stellen den größten Anteil und bilden die Alumina-Silicatmatrix, in der die Netzwerkwandler (CaO, K, Na, Zn und andere Schwermetalle) eingebunden werden. Die intermediären Phasen wirken, je nach Zusammensetzung, als Bildner oder Wandler. Es hat sich gezeigt, daß in Stäuben aus der Abfallverbrennung genügend Bildner vorhanden sind, um vor allem die kritischen Schwermetalle Ni, Cr und Cu ohne Zugabe von Additiven einzubinden. Gemeinsam mit Staub können getrockneter Klärschlamm, geshredderte heizwertreiche Abfälle (z.B. Kunststoff, PVC), Shredderleichtfraktionen und Pyrolysekokse aufgegeben werden. In Isahaya (Japan) werden sowohl Stäube als auch Rostaschen mit Stäuben vermischt eingeschmolzen.

Obschon die Mobilität der meisten organischen Verbindungen im Filterstaub sehr klein ist (eine Ausnahme bilden die chlorierten Phenole), sollte aus langfristigen Überlegungen die Konzentration solcher Substanzen durch eine Verbesserung des Verbrennungsprozesses oder einer thermischen Nachbehandlung möglichst klein gehalten werden (Brunner 1989). Bei der Verbrennung von Müll soll der organische C vollständig mineralisiert, d.h. mehr als 99,9% des C oxidiert werden. Wird diese Forderung erfüllt, so kann der in den Reststoffen der Verbrennung verbleibende organische C das Langzeitverhalten insbesondere der Schlacke nicht mehr entscheidend negativ beeinträchtigen.

Die Müllverbrennung soll so gesteuert werden, daß die Schwermetalle wie auch Chloride und Sulfate möglichst im Filterstaub bzw. Wäscherschlamm angereichert werden, wodurch sich die Qualität der Schlacke in Richtung „erdkrusteähnlich" verbessern und ihre Deponierung bzw. Verwertung erleichtern läßt

(Brunner 1989). Die Qualität des ohnehin als Sondermüll eingestuften Filterstaubs werde durch eine weitere Erhöhung der Schwermetallkonzentration nicht mehr wesentlich verschlechtert.

In einer MVA muß die Schlacke als der Hauptmassenstrom den Charakter naturähnlicher Inertstoffe annehmen, während die Schadstoffe in möglichst kleinen Nebenstoffströmen aufkonzentriert und durch untertägige Endlagerung der Biosphäre entzogen werden (Vogg 1994). Man kann eine derartige Strategie aber auch zu einer gezielten Rückgewinnung einzelner Komponenten und zur Schließung von Stoffkreisläufen ausbauen.

Gleichzeitig mit der Forcierung der Energiegewinnung aus Biomasse (Hackgut, Rinde, Sägespäne) steigen die Mengen an Holzaschen als Verbrennungsrückstände stark an (Obernberger et al. 1994). Insgesamt sind bis Ende 1991 in Österreich 147 Biomasseheizwerke mit einer Gesamtleistung von 218 MW in Betrieb gegangen; 1993 waren es bereits 174 Anlagen mit einer gesamten installierten Leistung von 255 MW. Der Gesamtaschenanfall der österreichischen Biomasseheizwerke belief sich 1993 auf 6070 t.

Die anfallende Holzasche ist fraktionsweise (Grob-, Zyklonflug- und Feinstflugasche) zu analysieren:

- Grob- oder Rostasche: Der im Verbrennungsteil der Feuerungsanlage anfallende, überwiegend mineralische Rückstand von Holz und holzartigen Festbrennstoffen. Die Aschefraktion ist meist mit in der Biomasse enthaltenen Verunreinigungen wie Sand, Erde und Steinen durchsetzt.
- Zyklonflugasche (bis zu 20 mg/kg Cd): Die als feine Partikel in den Rauchgasen mitgeführten festen, überwiegend anorganischen Brennstoffbestandteile, die als Filterstäube in Fliehkraftabscheidern (Zyklonen) anfallen.
- Feinstflugasche (bis zu 100 mg/kg As und 180 mg/kg Cd sowie 30 g/kg Zn und 4 g/kg Pb): Die in (Multizyklonen meist nachgeschalteten) Elektro- oder Gewebefiltern bzw. als Kondensatschlamm in Rauchgaskondensationsanlagen anfallende Flugasche.

2.3.2.4 Kompost

Die Kompostierung ist ein Vorgang, der auf mikrobiologischen Stoffwechselprozessen beruht (Förstner 1995a). Dabei entsteht aus den im Müll enthaltenen organischen Stoffen in einem exothermen Prozeß unter Abspaltung von Kohlendioxid im Zeitraum von mehreren Monaten ein organomineralisches Bodenverbesserungs- und Düngemittel. Durch biologische Verfahren kann aus Siedlungsabfällen (Bio-und Grünabfälle) Kompost als vermarktbares und damit wiederverwertbares Produkt hergestellt werden (Bidlingmaier u. Grauenhorst 1996). Im Verlaufe des Kompostierungsvorganges können durchaus spezifische chemische Umsetzungen stattfinden: So entstehen nach Untersuchungen von

Breitung et al. (1996) in mit 2,4,6-Trinitrotoluol (TNT) belasteten Substraten polare aromatische Amine.

Die durchschnittlichen Gehalte an Schwermetallen und PCDD/F von Komposten sind niedrig (Fricke u. Vogtmann 1994). Der für Pb von der Bundesgütegemeinschaft Kompost (BGGK) angegebene Grenzwert liegt bei 150 mg/kg, der Durchschnittswert für die BRD 78 mg/kg; zwischen städtischen und ländlichen Gebieten wurden keine signifikanten Unterschiede gefunden. Ähnliches gilt zwei Größenordnungen niedriger für Cd (Grenzwert 1,5 mg/kg, Durchschnitt 0,8 mg/kg) und für Hg (Grenzwert 1 mg/kg, Durchschnitt 0,3 mg/kg). Verkehrsbedingtes Pb reichert sich stark in Gartenböden an, da der bleihaltige Staub an den Blattoberflächen beim Kompostieren konzentriert und so ständig dem Boden zugeführt wird. Die Hauptquelle für Xenobiotika im Kompost (z.B. PCB) ist die atmosphärische Deposition, lediglich in Sonderfällen wie z.B. bei Hinzufügung von (z.B mit Lindan) imprägnierten Holzchips ergeben sich darüber hinausgehende spezifische Schadstoffbelastungen.

Die PAK-Belastung von Biokompost ist aufgrund des Autoverkehrs in der Stadt bedeutend größer als auf dem Lande. Organische Stoffe im Kompost werden sowohl aerob als auch anaerob abgebaut: Nach drei Monaten waren dies bei Lindan 86%, bei den PAK 56% und den PCB 45% (Fricke u. Vogtmann 1994). Unterschiedliche Komposte enthalten üblicherweise zwischen 3 und 60 ng/kg an PCDD/F (TEQ). Wenn die Klärschlammverordnung mit dem Grenzwert von 100 ng/kg auf Komposte mit einer jährlich drei- bis sechsmal höheren Aufbringungsrate angewendet werden sollte, müßte dieser Grenzwert entsprechend herabgesetzt werden. Man könnte auch die vom BGA für Böden vorgeschlagenen Grenzwerte heranziehen:

- bis zu 5 ng/kg   uneingeschränkte Nutzung
                       (nach Expertenmeinung zu niedrig angesetzt)
- 5 bis 40 ng/kg   Prüfbereich, genauere Untersuchung
                       (z.B. Pflanzentransfer, Kuhmilch)
- über 40 ng/kg   Einschränkung der Bodennutzung
                       (Acker- und Pflanzenbau)

Biothermisch aus Siedlungsabfällen aus Warschau hergestellter Kompost enthält zwischen 45 und 90 mg/kg Cr; etwa 12% hiervon entfällt auf Cr^{VI} (Sterlinska u. Golebiewska 1994). In Polen liegt der Grenzwert für Gesamtchrom in Abhängigkeit von der Kompostqualität zwischen 300 und 800 mg/kg. Höchstwerte für den Gehalt an Cr^{VI} gibt es in Polen nicht, dagegen in Italien (10 mg/kg). Experimente zur sequentiellen Extraktion unter Bedingungen des simulierten Regens zeigen, daß nur etwa 2% des Cr in andere Umweltmedien übertreten können.

2.3.2.5 Rotte

Vielfach wird die mechanisch-biologische Abfallbehandlung als mögliche Alternative zur Verbrennung von Restabfällen vor der Ablagerung angesehen („kaltes" Verfahren zur Restmüllbehandlung). Als Ziele der biologisch-mechanischen Abfallbehandlung werden normalerweise genannt:

- Reduzierung der abzulagernden Abfallmengen und des Abfallvolumens durch mechanische Vorbehandlung und Aussortierung von evtl. noch vorhandenen Wertstoffen,
- zusätzliche Reduzierung des Abfallvolumens durch Abbau organischer Substanz in aeroben und anaeroben Behandlungsverfahren bzw. Kombinationen aus beiden,
- bessere Verdichtbarkeit und Stabilität der biologisch behandelten Abfälle und
- Abbau organischer Schadstoffe und Immobilisierung von anorganischen Stoffen.

Die mit der TA Siedlungsabfall gestellten Anforderungen an den abzulagernden Restabfall können insbesondere hinsichtlich des organischen Anteils des Trockenrückstandes der Originalsubstanz gemessen als Glühverlust (< 5%) oder als TOC (3%) für die Deponieklasse II durch die mechanisch-biologische Behandlung zumindest derzeit nicht eingehalten werden.

Es wird keine unter allen Bedingungen und Kriterien vollständig inaktive Deponie nach einer biologischen Vorbehandlung geben. So ist zu klären, welche Restaktivität erreichbar und akzeptabel sein wird; dabei verdient das langfristige Deponieverhalten (Setzungen, Festigkeit der Abfälle, Sickerwasser- und Deponiegasemissionen) besondere Beachtung. Die TA Siedlungsabfall fordert eine nachsorgearme Deponie, die mit mechanisch-biologisch behandelten Abfällen möglicherweise nicht realisierbar ist. So ist insbesondere noch unklar, ob es eine Monodeponie für biologisch behandelte Abfälle geben wird und ebenso, ob eine gemeinsame Ablagerung mit Abfällen der Deponieklasse II (s.u.) möglich ist. So wird in der TA Siedlungsabfall die Möglichkeit der biologischen Vorbehandlung nur als Alternative oder während einer Übergangszeit diskutiert.

Bei der biologischen Vorbehandlung dürfte das verbleibende Schadstoffpotential des Restabfalls deutlich höher als das der Schlacken sein (Stegmann u. Heyer 1994). Bei der biologischen Vorbehandlung verbleiben relativ hohe organische Restgehalte, die überwiegend aus schwerabbaubaren organischen Stoffen bestehen; diese sind entweder Bestandteile des Abfalls (z.B. Lignine) und/oder werden neu gebildet (Huminstoffe). Die TA Siedlungsabfall trifft bezüglich der Beschaffenheit der organischen Inhaltsstoffe keine Unterscheidungen, da der Glühverlust und der TOC keine Kriterien für deren biologische Abbauaktivität sind (Pichler 1999).

Grundlagen der biologischen Abfallbehandlung sind sowohl aerobe als auch anaerobe Prozesse: Unter aeroben Bedingungen werden KW zu Kohlendioxid,

Wasser und Energie umgesetzt. Darüberhinaus werden u.a. organische Schwefel- und Stickstoffverbindungen mineralisiert (NH_4^+, H_2S) und oxidiert (NO_3^-, SO_4^{2-}). Es entsteht ein Rotteprodukt, das bezüglich seines Rottegrades nur unzureichend beschrieben werden kann. Beim anaeroben Abbau werden organische Kohlenstoffverbindungen zu Methan und Kohlendioxid umgewandelt. Der anaerobe Abbau läßt sich vereinfacht in drei wesentliche Verfahrensschritte unterteilen: Hydrolyse (Aufspaltung organischer Substanz in wasserlösliche Bausteine), Versauerung oder saure Gärung (Bildung kurzkettiger organischer Fettsäuren aus den wasserlöslichen Bausteinen) und Methanbildung (Umwandlung zu Biogas). Jeder Schritt ist durch die Tätigkeit einer anderen Organismenart bzw. durch unterschiedliche Stoffwechselprodukte gekennzeichnet. Für die Entwicklung und Aktivität von Methanbakterien existieren zwei optimale Temperaturbereiche (mesophil: 35 °C, thermophil: 55 °C). Die Dauer der anaeroben Behandlung beträgt je nach Verfahrensvariante zwischen 5 und 20 Tagen. Als Gärrestsubstanz verbleibt der nicht wasserlösliche Hydrolyserest, der üblicherweise entwässert und nachgerottet wird. Grundsätzlich ist aus energetischen Gründen die anaerobe Behandlung vorzuziehen, da weniger Energie verbraucht und sogar noch verwertbare Energie produziert wird; auch sind die Geruchsentwicklungen geringer.

Durch eine aerobe und/oder anaerobe Vorbehandlung der Restabfälle vor deren Ablagerung versucht man, in einer Deponie über sehr lange Zeiträume ablaufende Abbauprozesse vorwegzunehmen. Da die Restabfälle auch Anteile an schwerabbaubaren organischen Stoffen enthalten, wird eine vollständige biologische Inertisierung nicht zu erreichen sein. Nach einer biologischen Vorbehandlung sind noch etwa 10% der abbaubaren Stoffe für eine Gasbildung in der Deponie vorhanden; daraus folgt ein Gasbildungspotential von ca. 15 bis 20 m^3 pro Tonne biologisch vorbehandeltem Restmüll (Stegmann u. Heyer 1994). So muß besonders bei Deponien, auf denen biologisch vorbehandelte Restabfälle abgelagert werden, analog zu Hausmülldeponien ein Entgasungssystem vorhanden sein; dasselbe gilt auch für das Sickerwassererfassungssytem sowie die anzuwendenden Sickerwasserreinigungsverfahren.

Als Vorteile der biologischen Vorbehandlung (gegenüber nicht vorbehandeltem Abfall) sind zu nennen: Verbesserung der Verdichtbarkeit der Restabfälle, geringe Setzungen, geringe Gasbildungsraten, verbesserte Einbaubedingungen der Restabfälle und niedrige Konzentrationen biologisch abbaubarer organischer Inhaltsstoffe im Sickerwasser („Überspringen" der sauren Phase, längere Haltbarkeit des Drainagesystems).

Nach Meinung einiger Autoren wie Kraschon et al. (1993), Lepom u. Henschel (1993), Müller u. Fricke (1993), Damiecki (1992) oder Völker (1991) eignen sich der Glühverlust und der TOC nicht für die Charakterisierung des mittel- bis langfristigen Emissionsverhaltens der Reststoffe aus der mechanisch-biologischen Restabfallbehandlung auf der Deponie (Entsorga-Magazin 12/95, S.51 – 58). Der Parameter „biologisch abbaubare organische Substanz (OS_{bio})"

wurde eingeführt, um organischen Kohlenstoff aus Kunststoffen von nativ organischem Kohlenstoff zu unterscheiden. Zu seiner Bestimmung werden die makroskopisch sichtbaren Kunststoffe von Hand ausgelesen, bevor vom Rest der Probe der Glühverlust ermittelt wird. Die o.g. Autoren empfehlen, in einem gesetzlichen Regelwerk die Atmungsaktivität und/oder den Gärtest als Parameter zur Bestimmung der biologischen Aktivität von abzulagerndem biologisch behandelten Restabfall anstelle des Glühverlustes aufzunehmen; für Böden reichlich vorhandenes Datenmaterial über deren Atmungsaktivität könnte den Bezug zur geforderten „Erdkrustenähnlichkeit" herstellen. Aber auch die Parameter Gasbildungspotential und das Verhältnis BSB_5/CSB seien geeignet; der letztgenannte Parameter liegt im Sickerwasser junger Deponien zwischen 0,5 und 0,8 und sinkt bei älteren Deponien nach Abbau eines Großteils der organischen Substanz auf Werte < 0,1.

Bei umfangreichen, in Wien, Hamburg, Wuppertal und Essen durchgeführten Rotteversuchen mit unterschiedlichen Ausgangsmaterialien und Verfahren (Dauer 13 Tage bis 24 Wochen) wurde die organische Substanz zu 30 bis 70% abgebaut; die verbleibende biologisch abbaubare organische Substanz liegt zwischen 19 und 24% (W. Müller et al., unveröff. Bericht). Unter Berücksichtigung von gemeinsam abgelagerten inertstoffreichen Abfallarten kann der Anteil der OS_{bio} im Deponiegut bei Werten im Bereich von 15% liegen. Durch die biologische Behandlung einer sechsmonatigen Rotte war eine Reduktion des rezenten Gasbildungspotentials von 92 bis 96% zu verzeichnen. Der in der TA Siedlungsabfall für Deponieklasse II angegebene Grenzwert für TOC im S4-Eluat von 100 mg/L wird erst bei einer langen Rottedauer von 17 bis 28 Wochen erreicht.

Die im Restmüll enthaltene biologisch abbaubare organische Substanz umfaßt leicht (Zucker, Stärke, Eiweiße, tierische und pflanzliche Fette), mittelschwer (Hemizellulose, Zellulose, Wachse und synthetische Öle) und schwer abbaubare (Lignine und Harze) bis nicht bzw. kaum abbaubare Substanzen (Leder, Gummi und Kunststoffe); Lepom u. Henschel (1993) haben hierbei jedoch nicht zwischen aerobem und anaerobem Abbau unterschieden. Während der Rotte findet parallel zum Stoffabbau der leicht und mittelschwer abbaubaren Anteile eine Umbildung von Teilen der organischen Substanz statt (Humifizierung). Letztere verläuft in vier Schritten (Pichler 1999): Mineralisierung (Zellulose, nicht zellulosische Kohlenhydrate, Proteine, Lipide), mikrobielle Resynthese (nicht zellulosische Kohlenhydrate, Proteine, Lipide), cometabolische Mineralisierung (Lignin) und selektive Anreicherung (alle Stoffgruppen, v.a. Kunststoffe, Lignin). Die Huminstoffe sind zwar durch eine hohe biologische, nicht dagegen durch eine geologische Stabilität gekennzeichnet: Im Zuge der geochemischen Frühdiagenese werden zugleich mit der zunehmenden Polymerisation/Kondensation der Huminstoffe Gase gebildet. Für eine vergleichende Gefahrenbewertung müßte das oben angegebene rezente Gasbildungspotential dem fossilen oder geogenen Gasbildungspotential des biologisch nicht abbaubaren organischen Restkohlenstoffs gegenübergestellt werden.

Aufgrund dieser und anderer sachlichen Mängel stellte der Sachverständigenrat für Umweltfragen 1996 fest: „Eine Gleichwertigkeit der thermischen Inertinisierung mit einer vorläufigen Stabilisierung, d.h. einer mechanisch-biologischen Restabfallbehandlung, von immer komplexer und inhomogener werdenden Restabfällen ist aus naturgesetzlichen Gründen ausgeschlossen…"; auch der wissenschaftliche Beirat der Bundesärztekammer hat sich Ende 1995 ähnlich geäußert (Bergs u. Radde 1996). Die mechanisch-biologische Restabfallbehandlung ist aber in der Lage, als Vorbehandlungsschritt die Abfallmenge für eine nachfolgende thermische Behandlung deutlich zu reduzieren (Döring 1996). Der Abbauzustand des behandelten Restmülls entspricht etwa dem von humifizierter organischer Substanz in Oberböden; Emissionen bei Deponierung mechanisch-biologisch vorbehandelten Restmülls dürften nur in geringem Umfang zu erwarten sein (Pichler 1999).

2.3.2.6 Klärschlamm

Die Produkte der Abwasserklärung sind das geklärte Abwasser einer- und der abgeschiedene Klärschlamm als pastöser Festkörper andererseits. Allein in den 914 öffentlichen Kläranlagen in NRW fielen 1995 ca. 540 kt Klärschlamm, 77 kt Sandfanggut und 65 kt Rechengut als Reststoffe an (Speer u. Menn 1998).

Als Bemessungsgrundlage für die Abbauleistung der organischen Inhaltsstoffe im Abwasser und damit für die Wirksamkeit von Kläranlagen dient der BSB_5-Wert (biologisch in fünf Tagen abgebauter organischer Kohlenstoff). Allerdings sei nach Heintz u. Reinhardt (1996) zu bedenken, daß sich das Abwasser nur einige Stunden und nicht 5 Tage lang in der Kläranlage aufhält. Der CSB-Wert ist die Sauerstoffmenge in mg, die zur Oxidation aller oxidierbaren Schmutzstoffe pro Liter Abwasser benötigt und aus der verbrauchten Menge an Kaliumdichromat ermittelt wird, mit der in schwefelsaurer Lösung bei 148 °C aufoxidiert wird. Das Verhältnis der Werte CSB/BSB_5 liegt bei kommunalem Abwasser im Mittel bei 1,7. Bei Abwässern aus der chemischen oder metallverarbeitenden Industrie liegt dieses Verhältnis wegen des höheren Anteils persistenter Schadstoffe in der Regel deutlich höher, während es beispielsweise bei Abwässern aus der nahrungsmittelverarbeitenden Industrie niedriger liegen kann, da hier hauptsächlich leicht abbaubare, organische Stoffe in hoher Konzentration auftreten. Aus dem berechneten Verhältnis ergibt sich somit ein Hinweis auf die Herkunft des Abwassers (Heintz u. Reinhardt 1996).

Aufgrund fehlender Abwasserklärung galt der Rhein lange Zeit als typisches Beispiel unzureichender Umweltschutzpolitik („Kloake Rhein"). Sichtbarer Höhepunkt der Rheinverschmutzung war das große Fischsterben 1969. In den siebziger Jahren ist die Rheinwasserqualität aber in der Folge eines verstärkten Ausbaus von Kläranlagen deutlich besser geworden (Förstner 1995a). Am

1.11.1989 hat im Chemiewerk der Sandoz AG in Schweizerhalle ein Feuer mehr als 1000 t Agrochemikalien erfaßt. Das mit Chemikalien belastete Löschwasser gelangte über das betriebliche Kanalnetz in den Rhein und führte dort ebenfalls zu einem großen Fischsterben; Förstner (1993a) zählt weitere ähnliche Vorfälle allein für das Jahr 1986 auf.

Bevor der in der Kläranlage abgeschiedene Faulschlamm in der Landwirtschaft verwendet werden darf, muß er durch Pasteurisierung oder durch Zugabe von Kalk entseucht werden. Dennoch ist der Klärschlamm nicht uneingeschränkt verwendbar, da er anorganische (Schwermetalle) und organische Verunreinigungen wie Dioxine enthalten kann. Die Aufbringung von Klärschlamm wird in der Klärschlammverordnung von 1982 geregelt, in der für landwirtschaftlich, forstwirtschaftlich oder gärtnerisch genutzte Flächen unterschiedliche Grenzwerte festgelegt sind; auf Gemüse- und Obstanbauflächen darf Klärschlamm generell nicht ausgebracht werden. In der novellierten Klärschlammverordnung von 1992, bei der auch die Vorgaben der EG zu berücksichtigen waren, wurde ein vorsorgliches Aufbringungsverbot für Klärschlamm festgelegt, um einem möglichen Schadstoffeintrag in die Nahrungskette entgegenzuwirken. Weiterhin wurden deutlich strengere Grenzwerte für die Schwermetalle Cd und Hg sowie erstmals auch solche für PCDD/F und PCB im Klärschlamm vorgeschrieben, bei deren Überschreitung die landwirtschaftliche Verwertung verboten ist. Die Grenzwerte (in mg/kg) liegen für aufzubringenden Klärschlamm {beaufschlagten Boden} bei Pb 900 {100}, Cd 10 {1,5}, Hg 8 {1}, Zn 2500 {200}, AOX 500, PCB 0,2 (je Einzelverbindung) und für PCDD/F bei 100 ng mit geringeren Werten bei Cd und Zn für leichte Böden; die maximale Aufbringungsmenge liegt bei 5 t/ha in drei Jahren. Die mittleren Schwermetallgehalte in Klärschlämmen aus NRW sind in den achtziger Jahren deutlich zurückgegangen, so daß für viele Klärschlämme die Voraussetzung für die stoffliche Verwertung gegeben ist (Wies 1994). Probleme gibt es hauptsächlich mit Zn, welches über den Niederschlag und verzinkte Wasserleitungsrohre eingetragen wird: Im Landkreis Rosenheim übersteigen die Spitzenwerte für Zn im Klärschlamm bereits 2 g/kg (BR Landfunk vom 11.2.1989). Nach Umweltbundesamt liegt der Mittelwert der Dioxinbelastung von 18 Klärschlämmen aus der BRD bei 200 ng/kg (BR Landfunk vom 11.2.1989).

Webber et al. (1984) gibt einen exemplarischen Überblick über die für die Klärschlammaufbringung geltenden Grenzwerte in einigen weiteren Ländern; aufgrund der geschilderten Problematik werden diese Werte ständig (z.T. drastisch) verschärft. Nur wenige europäische Länder haben allgemeine Richt- oder Grenzwerte speziell für organische Mikroschadstoffe eingeführt, so z.B. die Niederlande für Böden, Deutschland für Boden und Klärschlamm (AOX, PCB) und die Schweiz für Klärschlamm (AOX). Klärschlämme von 16 kommunalen und 11 industriellen Kläranlagen wurden von Frost et al. (1993) auf AOX, chlorierte Pestizide, PAK und PCB untersucht. Außer bei den AOX-Werten, die mit bis zu 8 g/kg signifikant höher bei den Industrieschlämmen waren (kommunale

Schlämme bis zu 2 g/kg), gab es keinen deutlichen Unterschied zwischen industriellen und kommunalen Schlämmen. Die AOX-Werte korrelierten generell nicht mit den Konzentrationen der Einzelschadstoffe (pro kg Schlammtrockenmasse bis zu 1 mg DDT und 2 mg PAK). Die Belastungssituation der Schweizer Klärschlämme, wovon ca. 40% als Dünger in der Landwirtschaft eingesetzt werden, mit organischen Schadstoffen entspricht weitgehend den deutschen Verhältnissen (Frost et al. 1993).

Bodenflora und -fauna passen sich den lokalen Gegebenheiten an und bilden eine charakteristische Biozönose, die auf Störeingriffe wie den Eintrag von Schadstoffen mit zeitabhängigen Veränderungen der bestehenden Gleichgewichte reagiert. Alle Kulturmaßnahmen, folglich auch die Klärschlammdüngung, stellen einen Eingriff in die ausgebildeten Lebensräume dar (Zullei-Seibert 1987). Organische Substanzen können aus Fäzes und Urin des Menschen, Haushaltsprodukten, gewerblichen, industriellen und landwirtschaftlichen Quellen sowie atmosphärischem Eintrag, Chemikalien zur Abwasserreinigung u.a. über das Abwasser dem Klärschlamm zugeführt werden. Faulschlamm besteht bezogen auf den organischen Feststoffanteil nach Angaben von Zullei-Seibert (1987) durchschnittlich aus 8% Fetten, 42% Kohlenhydraten und 50% Proteinen, die organische Nährstofffraktion aus 2 bis 10% Fettsäureestern (Hauptkomponente Palmitinsäureester), < 1% Phthalsäureester (Hauptkomponente Dibutylphthalat) und 1 bis 2,6% Zucker (meist Monomere der Hemizellulosen und Zellulosepolymere). Insgesamt wurden in der organischen Fraktion wenig humintypische phenolische Komponenten identifiziert. Dagegen zeigte die vorhandene Huminfraktion im wesentlichen kondensierte aromatische und chinoide Strukturen. Das Spektrum sowie die Konzentration der einzelnen organischen Klärschlamminhaltsstoffe variiert mit der Schlamm-Matrix, dem zugeführten Abwasser und den vorgeschalteten Reinigungsschritten. Ein hoher Wirkungsgrad bei der Schadstoffeliminierung ist in diesem Fall für persistente Substanzen fast immer gleichbedeutend mit einer Anreicherung im Klärschlamm. Inwieweit während der Abwasserreinigung ein Abbau erfolgt, ist abhängig von den stoffspezifischen Eigenschaften, den Wechselwirkungen mit den Schlammflocken, der Kontaktzeit, den Konzentrationsverhältnissen, dominanten Nährstoffquellen, pH-Wert, anaeroben und aeroben Bedingungen u.a. Einflußgrößen. Neben den typischen lipophilen Schadstoffen (z.B. KW) wurden auch wasserlösliche und leichtflüchtige Stoffe wie z.B. chlorierte Lösungsmittel und Chlorbenzole wie alle bei der Abwasserreinigung schwer abbaubaren Verbindungen nachgewiesen (z.B. PAK und PCB). Für hydrophile Stoffe ist eine Elution mit dem versickernden Niederschlag bis in den gesättigten Grundwasserleiter als dominierender Verhaltensschritt anzusehen. Dagegen ist mit der reglementierten Vorgehensweise nach der Klärschlammverordnung eine schnelle Beeinträchtigung des Grundwassers durch persistente, lipophile organische Schadstoffe weniger zu befürchten, da für diese i.wes. Sorptionsmechanismen zu einer Festlegung im Bodenkörper führen (Zullei-Seibert 1987). In neuerer Zeit finden in der Klärschlammuntersuchung Arzneimittelrückstände, insbesondere auch natürliche und synthetische Östrogene besonderes Interesse (Hirsch et al. 1996, Stumpf et al. 1996a,b).

Der Klärschlamm ist Träger vieler essentieller Nährstoffkomponenten und – falls nicht schadstoffbelastet – deshalb für den Landwirt ein Wertstoff (Malz u. Bortlisz 1988, Malz 1987, Bortlisz et al. 1989). Beim Einsatz von Klärschlamm als Bodenverbesserer im Ackerbau kann ein Großteil von organischen Substanzen und Nährstoffen (z.B. Phosphate) rezykliert werden (Häni 1991): Während Cu und Zn essentielle Spurenelemente für Pflanzen, Tiere und Menschen darstellen, sind Pb, Cd, Hg und einige Chromverbindungen ausschließlich als Schadstoffe zu betrachten. Da die Schwermetallgehalte in Klärschlamm und Kompost deutlich höher als in Böden sind, führt ihr Einsatz zur Erhöhung der Bodenbelastung. Für Zink ist dieser Unterschied am größten (oftmals eine Größenordnung und darüber, s.o.), so daß man es als Leitelement zur Beurteilung der Metallanreicherung im Boden heranzieht. Oftmals führt die Aufbringung von Kompost zu höheren Schwermetallanreicherungen als diejenige von Klärschlamm, was aber nur auf die höheren Auftragsmengen von Kompost zurückzuführen ist. Aufgrund der möglichen Schadstoffeinbringung durch Klärschlamm und Kompost werden als Bodenverbesserer zunehmend Alternativen wie z.B. Papierschlämme mit Rinderdung erprobt (Beyer u. Mueller 1995).

Da Schwermetalle im Boden nicht abgebaut werden, kommt es zu einer ständigen Anreicherung. Trotz Einhalten der Bestimmungen der Klärschlammverordnung werden in absehbaren Zeiträumen die Böden durch Akkumulation von Schwermetallen nicht mehr landwitschaftlich nutzbar sein (Heintz u. Reinhardt 1996). Auch im Falle der Zusammenführung von Abwässern unterschiedlichen Schadstoffgehalts (z.B. Industrieabwässer und kommunale Abwässer) in großen, zentralen Kläranlagen ist der anfallende Klärschlamm nicht mehr landwirtschaftlich nutzbar, da er zu sehr mit persistenten organischen Stoffen und Schwermetallen belastet ist

Legret (1993) untersuchte die Mobilität von Schwermetallen in Klärschlamm und klärschlammgedüngtem Boden mit Hilfe einer modifizierten Standardmethode nach Tessier, bei der die „oxidierbare Fraktion" unmittelbar nach der „austauschbaren Fraktion" gewonnen wird, so daß organische Oberflächenbelegungen anorganischer Phasen zerstört und damit letztere der Extraktion zugänglich gemacht werden. Es wurde herausgefunden, daß während der Klärschlammbehandlung die Metalle zunehmend immobilisiert und der „reduzierbaren Fraktion" sowie der Residualfraktion zugeschlagen wurden; Zaggia u. Zonta (1997) berichten beispielsweise von der Metallsulfidfällung als Immobilisierungsprozeß. Trotzdem waren bei Legret (1993) in zur Ausbringung bestimmtem getrockneten Klärschlamm mit Ausnahme von Pb alle Schwermetalle potentiell mobilisierbar. Bis über die Hälfte des Cd (und etwas weniger für Ni) befand sich in der austauschbaren und oxidierbaren Fraktion. Im Beobachtungszeitraum von 1976 bis 1983 war Cd in „austauschbarer (d.h. pflanzenverfügbarer) Form" bereits 60 bis 80 cm in den Boden eingedrungen, Ni in „oxidier-barer Form" bereits 40 bis 60 cm.

Huminstoffe und Schwermetalle wurden von Gerzabek et al. (1992) aus einem Müllkompost und einem Müllklärschlammkompost mittels eines komplexieren-den Ionenaustauscherharzes (Chelex 100) und zweier niedermolekularer lösli-cher Komplexbildner (Na-Pyrophosphat und EDTA) im Ausbeuteverhältnis 1:11:17 extrahiert; dabei extrahierte EDTA zwischen 9 und 61% der Gesamt-gehalte. Sämtliche extrahierten Schwermetalle lagen an höhermolekulare Sub-stanzen gebunden vor. Die höchsten Konzentrationen im EDTA-Extrakt wurden im Bereich der Fulvosäuren festgestellt, im Chelex-Extrakt konzentrierten sich die Schwermetalle eher im Bereich der höhermolekularen Huminstoffe. Ähnli-che Ergebnisse erzielten Gupta et al. (1990) bei der simultanen Extraktion von Cu, Zn und Cd aus Klärschlamm im Vergleich zur sequentiellen Extraktion. Da in Elutionsversuchen sowohl mit Ammoniumacetat als auch mit EDTA ver-gleichbare Metallmobilitäten in Klärschlamm und Siedlungskompost gefunden wurden (Häni 1991), ist kein Anlaß gegeben, diese beiden Abfallmaterialien unterschiedlich einzustufen.

Üblicherweise verbleiben Tenside nach ihrer Verwendung im Abwasser, was sich oftmals durch vermehrte Schaumbildung äußert. Da diese Verbindungen nicht als gesundheitsgefährdend eingestuft werden, ist ihr umweltchemisches Potential hauptsächlich durch große Einsatzmengen und ihre z.T. hohe Stabilität unter umweltrelevanten Bedingungen bedingt. Geklärte Abwässer enthalten insbesondere die nicht bioabbaubaren polareren Vertreter dieser Stoffklasse (Schröder 1993). Da diese Verbindungen für aquatische Lebensformen chro-nische wie auch akute Toxizitäten von weit unter 1 mg/L aufweisen können, ist ihre Gegenwart in Oberflächen- und Trinkwasser problematisch. Ein weiterer umweltchemisch relevanter Aspekt betrifft die Aufbringung tensidbelasteter Klärschlämme auf Böden, wo sie toxische Schadstoffe desorbieren können (Schröder 1993).

Die Konzentrationen der zwei aromatischen Tenside LAS (lineare Alkylbenzol-sulfonate) und NPEO (Nonylphenolpolyethoxylat) in Klärschlämmen einer Kläranlage in Ostia (Italien) wurde im Zeitraum 1991/92 von DiCorcia et al. (1994) untersucht. Das anionische LAS wird unter aeroben Bedingungen schnell biodegradiert. Ebenfalls unter aeroben Bedingungen wird NPEO schließlich in das vollständig deethoxylierte Produkt NP (Nonylphenol) umgewandelt. Der Gehalt von NPEO lag mit bis zu 30 µg/L eine Größenordnung unter dem vom LAS, was auf eine überwiegende Menge von Abwässern aus dem häuslichen Bereich schließen läßt, da dort NPEO nicht vorkommt. In der Kläranlage wur-den 94,3 bis 99,8% des LAS und 84,6 bis 98,3% des NPEO sowie bis zu 93% des NP durch Bioabbau (LAS, NPEO zu NP) bzw. Sorption am Klärschlamm (NP) beseitigt.

Klärschlämme (als „Spiegel" der Verbrauchsgesellschaft) sind empfindliche Indikatoren für radioaktive Abfälle und sind in diesem Sinne schon lange zur

Überwachung lokaler Kontaminationen eingesetzt worden (z.B. Ingemansson et al. 1981, Erlandsson u. Mattsson 1978). In Klärschlämmen aus Nizza wurden die in der Nuklearmedizin eingesetzten kurzlebigen Isotope ^{201}Tl, ^{99}Tc und ^{131}I in Aktivitäten zwischen 1 und 250 Bq/kg nachgewiesen (Barci-Funel et al. 1993). Das in den Klärschlämmen gemessene Aktivitätsverhältnis $^{134}Cs/^{137}Cs$ weist auf die Herkunft dieses Elements aus dem Tschernobyl-Fallout hin.

In der Kläranlage der schwäbischen Gemeinde Buchloe hatte das Landesamt für Umweltschutz im Klärschlamm eine Belastung von 75 kBq/kg ^{137}Cs, 38 kBq/kg ^{134}Cs und 66 kBq/kg ^{103}Ru festgestellt (BR Landfunk 11.2.1989). Solche Mengen an Radioaktivität machen in Chemielabors den Fall zu einer Sache des behördlichen Strahlenschutzes. Trotzdem wurde dieser Klärschlamm ausgebracht, „da er nicht als Sondermüll zu betrachten sei, sondern unter die Klärschlammverordnung falle, also kein radioaktiver Abfall im Sinne des Atomgesetzes sei".

Die Klärschlammentsorgung erfolgt nach Förstner (1995a) durch ca. 37% landwirtschaftliche Verwertung, ca. 55% Ablagerung und ca. 8% Verbrennung und Ablagerung der Asche. In NRW dagegen werden etwa 44% der Klärschlämme verbrannt, 40% deponiert und ca. 13% einer landwirtschaftlichen Verwertung zugeführt (Wies 1994). Allein in NRW fielen 1990 rund 15 Millionen m^3 Klärschlamm (Tendenz steigend) in öffentlichen Abwasserbehandlungsanlagen an, was bei einem durchschnittlichen Feststoffgehalt von 5% etwa 740 kt Klärschlammtrockenmasse entspricht. Klärschlämme, die Gehalte an organischer Substanz in der Größenordnung von 30 bis 60% der Trockenmasse aufweisen, können die Anforderungen der TA Siedlungsabfall (TOC höchstens 1 Gew.-% bei Deponieklasse I bzw. 3 Gew.-% bei Deponieklasse II) nicht einhalten. Die geforderte Mineralisierung von Klärschlamm vor der Ablagerung wird nur durch thermische Verfahren erreichbar sein, Ausnahmeregelungen für die Deponierung sind nur noch für eine Übergangszeit möglich. Derzeit wird sowohl die thermische Behandlung in separaten Klärschlammverbrennungsanlagen als auch die Mitverbrennung in geeigneten Hausmüllverbrennungsanlagen praktiziert. Hierzu muß man den Klärschlamm zuerst mechanisch entwässern und trocknen, um ihn dann ohne Energiezufuhr verbrennen zu können. Klärschlamm kann auch kompostiert werden: Der Kompost, der aus der aerob geführten Zersetzung des organischen Materials bei ca. 65 °C und bei starker Belüftung sowie unter Zugabe weiterer organischer Verbindungen entsteht, ist hygienisch einwandfrei. Der Verwendung im Landbau stehen jedoch ähnliche Bedenken wie beim Klärschlamm entgegen (Heintz u. Reinhardt 1996). Mittelfristig werden nach Förstner (1993a) auch Recycling-Aspekte für Wertmetalle an Gewicht gewinnen: Seit 1985 hat z.B. die Lasir Gold Inc. in Toronto/Canada eine Anlage in Betrieb genommen, bei der mittels Tanklaugung mit Natriumcyanid Gold und Silber – die in Abwasserschlämmen besonders stark angereichert sind – aus Klärschlammasche zurückgewonnen werden.

Da Klärschlämme auch ins Meer geleitet werden, ist es wichtig, die geochemischen Prozesse und Stoffflüsse zu studieren, die zur Verteilung der im Klärschlamm enthaltenen Schadstoffe führen. Gerade bei Inselstaaten wie England ist es seit Anfang des zwanzigsten Jahrhunderts üblich, Klärschlämme mit all ihren anorganischen und organischen Schadstoffen im Meer abzulagern (Harper u. Greer 1988). Bedenken über eine mögliche Kontamination mariner Sedimente und Lebewesen in der Nähe derartiger Ablagerungen haben zu Gesetzen geführt, die Klärschlammablagerungen in europäischen Küstengewässern seit Ende 1998 verbieten (Hall 1995). Dieses Verbot wird aber nur neue Einträge verhindern können, so daß die bisherigen Belastungen und deren Konsequenzen bestehen bleiben.

Seit 1904 wird Klärschlamm und Industriemüll aus der Region um Glasgow in der Größenordnung von jährlich einer Mt im Garroch Head im Firth of Clyde deponiert. Während der siebziger und achtziger Jahre wurden erhöhte Schwermetallgehalte bis in Sedimenttiefen von 60 cm und PCB in solchen von 22 cm gefunden (Mackay 1986). Da die Sedimente in der Nähe des Ablagerungsortes nur 20 bis 40% der Metalle und 15 bis 20% der organischen Spezies des ursprünglichen Klärschlamms enthalten (Kelly u. Campbell 1995), schließt man auf eine weiträumige Verfrachtung der Schadstoffe, wie sie bereits für Sterole aus Fäkalien nachgewiesen werden konnte.

2.3.2.7 Faulgase

Bei einer Verwendung des Klärschlamms in der Landwirtschaft muß bedacht werden, daß der Rohschlamm mit seinen 60 – 80% organischen Bestandteilen (bezogen auf die Trockenmasse) ein idealer Nährboden für Mikroorganismen ist. Da kein Luftsauerstoff im Rohschlamm vorhanden ist, kommt es zwangsläufig zu anaeroben mikrobiologischen Zersetzungsprozessen, die mit der Bildung geruchsbelästigender Produkte wie Schwefelwasserstoff verbunden sind (Heintze u. Reinhardt 1996). Ein solcher Schlamm kann nicht auf landwirtschaftliche Flächen aufgebracht werden. Vielmehr muß dem Rohschlamm soviel biologisch abbaubare organische Substanz entzogen werden, daß er kein geeigneter Nährboden für mikrobiologische Umsetzungsprozesse mehr sein kann. Meist setzt man dazu anaerobe Umsetzungsprozesse ein. Bei diesen mit Faulung bezeichneten Verfahren kommt der nicht konditionierte Klärschlamm in Faulbehälter, wo er ausgefault und als Faulschlamm abgezogen wird. Bei der Faulung werden organische Verbindungen weitgehend in ein Gasgemisch umgesetzt, das vor allem aus CO_2 und CH_4 besteht (Biogas). Durch seine Verbrennung kann Energie gewonnen werden. Die Faulung ist verfahrenstechnisch nicht einfach zu steuern, da eine große Zahl verschiedener Mikroorganismen an dem Gesamtprozeß beteiligt sind, die unterschiedliche Milieubedingungen wie Temperatur, pH-Wert oder Umsetzungszeit für einen optimalen Umsatz benötigen. In der ersten Phase der Faulung, der Hydrolysephase, werden schwerlösliche hochmolekulare Stoffe (Kohlenhydrate, Fette und Proteine) von Enzymen in gelöste monomere Bruchstücke (Amino- und Fettsäuren, Glycerin und Monosaccharide) übergeführt. In der sich anschließenden Versäuerungsphase (Acidogenese) werden daraus durch die sog. Säurebildner (*Bacillus, Escherichia, Pseudomonas, Chlostridium*) kurzkettige, organische Säuren und Alkohole sowie H_2 und CO_2 bei gleichzeitiger pH-Wert-Erniedrigung gebildet. Nun folgen zwei zu unterscheidende Phasen, die simultan ablaufen, da ihre Reaktionen aneinander gekoppelt sind. Essigsäure, Wasserstoff und Kohlendioxid, das in Lösung vorwiegend als Hydrogencarbonation vorliegt, können von den methanogenen Bakterien direkt zu Methan umgesetzt werden. Die anderen kurzkettigen Produkte werden in der acetogenen Phase von acetogenen Bakterien ausnahmsweise in Essigsäure (Acetat) umgesetzt.

Je Gramm abgebauter organischer Substanz werden etwa 0,5 L Faulgas gebildet (Förstner 1993a). In während der meso- und thermophilen Faulung freigesetzten Gasen konnten Hydride sowie teil- und vollmethylierte Metall(oid)spezies im Spurenbereich nachgewiesen werden; näheres hierzu s. Kap. 3.2 sowie Hirner (1995) und Feldmann u. Hirner (1995).

2.3.3 Deponierung von Abfällen

2.3.3.1 Deponietypen und -klassen

Deponien sind geeignete Orte, an denen Stoffe zur Entsorgung gelagert werden. Man unterscheidet verschiedene Arten von Deponien: Auf einer wilden Deponie („Müllkippe") wurde Abfall ohne behördliche Genehmigung abgelagert. Auf einer ungeordneten Deponie fand das Ablagern zwar mit behördlicher Genehmigung statt, in beiden Fällen wurden jedoch keine Maßnahmen wie die Fassung von Deponiegas und Sickerwasser ergriffen. Solche Kippen stellen einen Teil der heutigen Altlasten dar und existierten vor der Neuordnung der Abfallbeseitigung bis Anfang der siebziger Jahre in der BRD noch häufig (Bliefert 1997). Dagegen werden auf geordneten Deponien Abfälle kontrolliert und geordnet auf Dauer abgelagert, z.B. Hausmüll und hausmüllähnliche Gewerbeabfälle (Hausmülldeponien) oder Bauschutt (Bauschuttdeponien). An die Standorte solcher Deponien, die Abdichtung von Deponiebasis und -oberfläche (Sammlung und Abführung/Reinigung von Deponiesickerwasser und Deponiegas) sowie an die (kontrollierte) Nutzung und die Überwachung des Verhaltens der Deponie werden zahlreiche Anforderungen gestellt; so verpflichtet beispielsweise §25 des Landesabfallgesetzes den Deponiebetreiber zur Selbstüberwachung der betriebenen Deponien (Nienhaus u. Trapp 1998). Die Deponieform wird bereits mit der Geländeauswahl vorbestimmt. Im wesentlichen sind drei Grundformen zu unterscheiden: Halde, Anböschung und Grube.

Auch bei Deponien mit modernster Ausstattung sind die Bodenabdichtungen (Tonschichten und Kunststoff-Folien) nicht vollständig undurchlässig (Heintze

u. Reinhardt 1996). Durch Niederschläge entsteht Sickerwasser (im Mittel 5 m^3 pro ha und Tag), in dem sich Schadstoffe wie organische Verbindungen, Schwermetalle und Salze lösen und durch undichte Stellen der Abdichtung ins Erdreich eindringen können. Das Anlegen von Drainageleitungen, durch die Sickerwasser aufgefangen und entsorgt werden kann, bietet keinen absolut sicheren Schutz. In einer Deponie in Geldern-Pont nahe Mönchengladbach wurde eine acht Jahre alte Tondichtung untersucht und dabei festgestellt, daß die obere Hälfte der 46 cm dicken Tonschicht mit organischem Material angereichert war (Püttmann u. Bracke 1995). Der hieraus extrahierbare Anteil bestand hauptsächlich aus langkettigen aliphatischen KW wie bei Pflanzenwachsen und aus polaren Verbindungen. Die Anreicherung der aliphatischen Verbindungen, die zwischen die Silicatschichten passen (Weiss 1989), geht einher mit einer entsprechenden Abreicherung aromatischer Bestandteile.

Bei Errichtung, Betrieb und Stillegung einer Deponie sind viele Gesetze und Verwaltungsvorschriften zu beachten, u.a. die Bundes- und jeweiligen Länder-Abfall- und -Wassergesetze, das Bundesnaturschutzgesetz, das Bundes-Immissionsschutzgesetz und das Bundesseuchengesetz. Weiterhin ist in diesem Zusammenhang nach Rump u. Scholz (1995) an der Schnittstelle zwischen Chemikalien- (ChemG) und Abfallgesetz (AbfG) auf die Verordnung über die Neuordnung und Ergänzung der Verbote und Beschränkungen des Herstellens, Inverkehrbringens und Verwendens gefährlicher Stoffe, Zubereitungen und Erzeugnisse nach §17 des ChemG (Chemikalien-Verbotsverordnung, ChemVerbotsV) in der Fassung vom 25.7.1994 hinzuweisen; dies betrifft u.a. Asbest, Formaldehyd, PCDD/F, Benzol, aromatische Amine, Bleicarbonate und -sulfate, Quecksilber- und Arsenverbindungen, zinnorganische Verbindungen, PCB und PCT (polychlorierte Terphenyle), PCP, aliphatische CKW, Teeröle, Cadmium und diverse Diphenylmethanspezies.

Weltweit gesehen sind die Regelungen des Abfallrechts jedoch sehr unterschiedlich (Rump u. Scholz 1995). EU-Richtlinien müssen vertragsgemäß innerhalb vorgegebener Fristen in das jeweilige nationale Recht umgesetzt werden.

Abzulagernde Stoffe sollen in eine Form gebracht werden, die nur noch Emissionen erwarten läßt, die mit der Qualität der örtlichen Grund- und Oberflächengewässer verträglich sind. An dieser grundsätzlichen Forderung nach „Immissionsneutralität" orientieren sich Richtlinien und Verordnungen im deutschsprachigen Raum für die Deponierung von Abfällen (Nieß-Mache 1994, Fischer u. Schenkel 1990), die TA Abfall der BRD, eine österreichische Richtlinie und der Schweizer Entwurf zur Technischen Verordnung über Abfälle (TVA) (Förstner 1993a).

Eine wesentliche, alle Abfallarten und Abfallquellen betreffende Anforderung ist die Getrennthaltung der Wertstoffe, um deren Wiederverwertung zu ermöglichen (z.B. rund 10 Mt Bioabfälle der alten Bundesländer, die einer Eigenkompostierung zugeführt werden sollten).

Unverwertbare Restabfälle können nach den Vorgaben der am 1.6.1993 in Kraft getretenen TA Siedlungsabfall (dritte allgemeine Verwaltungsvorschrift zum Abfallgesetz: Technische Anleitung zur Vermeidung, Verwertung, Behandlung und sonstigen Entsorgung von Siedlungsabfällen) nur nach einer thermischen oder möglicherweise biologischen Vorbehandlung auf Deponien abgelagert werden, so daß in Verbindung mit den baulichen Anforderungen und der Betriebsweise sichergestellt wird, daß Emissionen auf Dauer minimiert werden (Stegmann u. Heyer 1994, Uhlmann u. Wuttke 1993, Stief 1993). Auch die Verbrennungsrückstände müssen z.B. durch Verglasung der Aschen und Schlacken sowie der Deponierung der Salze aus der Rauchgasreinigung in Salzkavernen entsprechend entsorgt werden.

Das „Multibarrierenkonzept" (Stief 1986) stammt ursprünglich aus der Kerntechnik (Appel 1989) und bedeutet, daß Abfälle in einer Deponie nur dann „sicher" abgelagert sind, wenn mehrere funktionstüchtige Barrieren unabhängig voneinander wirksam sind (Oeltzschner 1989):

- Barriere „Geologie": Standortwahl nach sorgfältig vorgeprüften hydrogeologischen und geotechnischen Gesichtspunkten, geochemische Barrieren (Dahmke et al. 1996).
- Barriere „Dichtung": Schaffung eines allseitig wirksamen Abdichtungssystems, bestehend aus Sohl-, Wand- und Oberflächendichtung. Deponiedichtungen sollten auch nach ihrem Einbau kontrollier- und reparierbar sein.
Die Langzeitwirkung einer Foliendichtung ist problematisch, weil in allen Deponien im Verlaufe der Zersetzungs- und Abbauvorgänge mit unregelmäßigen Setzungen zu rechnen ist, die die Belastung der Folien verändern können. Rißbildungen entstehen auch bei der Austrocknung von Tonschichten. Es ist nicht bekannt, wie lange Folien aller Art dicht bleiben, d.h. weder zersetzt, noch bei Spannungsveränderungen zerrissen oder durchstoßen werden (Hartge u. Horn 1990). Trotz vorhandener Dichtungen existieren z.B. in den USA bei ca. 40% der Deponien Probleme der Grundwasserkontamination durch Pb, Cr, As und Cd. Ähnliche Verhältnisse wurden in Deutschland beobachtet, wobei zusätzlich auffällig hohe Konzentrationen an B und Ammonium auftraten.
- Barriere „Entsorgung": Optimal wirkende Systeme zur Erfassung und Ableitung von Sickerwasser und Deponiegas.
- Barriere „Betrieb": Betrieb der Deponie nach dem Stand der Technik und der gesamten vorliegenden Erfahrungen bei der Emissionsverminderung.
- Barriere „Überwachung" und
- Barriere „Nachsorge und Kontrolle".

Als hauptsächliche Gefährdungen der Allgemeinheit durch eine Deponie werden von Koch et al. (1986) genannt:

- Geruchsbelästigungen vor allem durch Zwischen- und Endprodukte der sauren Abbauphase wie Schwefelwasserstoff, Fettsäuren oder Merkaptane,
- Gesundheitsgefährdung durch Eintreten des Deponiegases in Schächte, geschlossene Räume oder Gruben als Stickgas,
- Brand- und Explosionsgefahr und schließlich
- Beeinträchtigung des Pflanzenwachstums.

Als ein besonders drastisches Beispiel für die von einer Giftmülldeponie ausgehenden Gefahren kann Georgswerder angeführt werden, wo nach dem zweiten Weltkrieg mit der Einlagerung von erst Trümmerschutt, dann von Hausmüll in einfache, ungedichtete Erdbecken begonnen wurde (Förstner 1993a). Riesige Mengen an Industriemüll haben zu enormen Schadstoffbelastungen geführt: Allein 2,3,7,8-TCDD soll in Mengen von vielen kg vorhanden sein.

Aus einer Sonderabfalldeponie kann aus unterschiedlichen Gründen (z.B. Besitzaufgabe, technische Mängel) auch eine Altlast im Sinne des Kap. 2.2 werden, wie das Beispiel Münchehagen zeigt (Dörhöfer et al. 1994).

In dem Richtlinienentwurf „Untersuchung und Beurteilung von Abfällen" (LWA NRW 1978) werden allgemeine methodische Anleitungen für Abfalluntersuchungen, geeignete Untersuchungsparameter zur Beurteilung von Abfällen und die Bedeutung der einzelnen Untersuchungsparameter für die verschiedenen abfallwirtschaftlichen Problemstellungen beschrieben. Es werden in der Hauptsache Anforderungen an das Ablagern von Abfällen bei Vorhandensein bestimmter Stoffkonzentrationen im Eluat unter Berücksichtigung wasserwirtschaftlicher Standortmerkmale und gewisser deponietechnischer Maßnahmen formuliert. Auf dieser Grundlage werden sechs Deponieklassen eingeführt. Die Eluatanalyse liefert am ehesten eine brauchbare Basis für die Beurteilung der möglichen Belastung von Sickerwasser. Sie kann deshalb bei sachkundiger Bewertung der Ergebnisse für die Entscheidung über die Zulassung von Abfällen auf Deponien mit unterschiedlichen wasserwirtschaftlichen Gegebenheiten herangezogen werden; dies gilt insbesondere für Bauabfälle (s. z.B. Amtsblatt für Berlin vom 6.9.1991). Bei großvolumigen Abfällen bzw. Wert- oder Reststoffen sind zur Beurteilung der Schadstoffmobilität nach Friege et al. (1990) jedoch Großlysimeterversuche oder Auslaugungssequenzen vorzuziehen. Bei der Festlegung von Grenz- bzw. Richtwerten (d.h. von Zuordnungswerten) für die jeweilige Deponieklasse wurden im o.g. Richtlinienentwurf, soweit geeignete Unterlagen verfügbar waren und es sinnvoll erschien, bestimmte Regelwerte, z.B. für die Einleitung in Gewässer, in Kanalisationen, Güteanforderungen an Rohwasser für die gewerbliche Nutzung oder zur Aufbereitung für Trinkwasserzwecke berücksichtigt; ansonsten wurden Erfahrungswerte herangezogen.

Die Deponieklassen werden nach der Durchlässigkeit des Untergrunds unterschieden. Bei den Deponieklassen 1 und 2 liegen keine besondere Sicherheitsbedürfnisse vor; für diese Klassen sind deshalb keine Basisdichtungen vorgesehen. Bestimmte Inhaltsstoffe in Abfällen sind in gewissen Konzentrationen als gefährlich und toxisch anzusehen, so daß bei Überschreitungen bestimmter Gehalte auch unter Berücksichtigung besonderer deponietechnischer Sicherheitsmaßnahmen mit einem bleibenden Gefährdungspotential gerechnet werden muß. Für eine Reihe solcher Inhaltsstoffe werden daher grundsätzlich bei einer Deponierung Begrenzungen des Gesamtgehalts im Abfall festgelegt, z.B. in Deponieklasse 5 für PAK, PCB, EOX, Cyanide, Hg, As und Cd.

Deponieklasse 1, Typ: Bodenablagerung

Zugelassene Abfallarten und -stoffe: Nicht nachteilig veränderte natürliche Locker- und Festgesteine entsprechend der normalen geogenen (geochemischen) Hintergrundbelastung. Diese Abfälle unterliegen in der Regel nicht dem Abfallgesetz, sondern anderen Gesetzen.

Die Lage der Deponie muß außerhalb von festgesetzten oder geplanten Zonen I und II von Trinkwasser- und Heilquellenschutzgebieten sein. Bei vorliegenden Anhaltspunkten für eine Grundwasserbeeinträchtigung ist stets eine konkrete Grundwasseruntersuchung geboten. Auch wenn im Grundwasserabstrom einer belasteten Verdachtsfläche eine Beeinflussung noch nicht festzustellen ist, wird zumindest eine regelmäßige Überwachung des Grundwassers angezeigt sein.

Das Eluat des Abfalls sollte einem Wasser entsprechen, das nach herkömmlichen Aufbereitungsverfahren als Trinkwasser verwendet werden kann. Folgende Untersuchungen werden für die Beurteilung vorgeschlagen: pH-Wert, Leitfähigkeit, Geruch, Aussehen und CSB. Bei Hinweisen und Verdacht auf mögliche Vorbelastungen sind weitergehende Untersuchungen auf entsprechende Parameter durchzuführen und es ist zu entscheiden, welcher der höheren Deponieklassen die Abfälle zuzuordnen sind.

Deponieklasse 2, Typ: Mineralstoffdeponie

Zugelassene Abfallarten: Bauschutt und Abfälle mit vergleichbaren Inhaltsstoffen, die eine geringfügige und vorübergehende, im Ausmaß tolerierbare Veränderung der Gewässer herbeiführen können. Generell dürfen auch alle für die Deponieklasse 1 zugelassenen Stoffe auf Anlagen der Deponieklasse 2 abgelagert werden.

Die Deponieaufstandsfläche muß mindestens 1 m über der höchsten zu erwartenden Grundwasseroberfläche bzw. Grundwasserdruckfläche liegen. Die Deponieoberfläche ist nach Maßgabe von Richtlinien für diese Deponieklasse grundsätzlich mit einer wirksamen Abdichtung zu versehen.

Deponieklasse 3, Typ: Deponie für Siedlungsabfälle

Zulassungskriterien: Hausmüll und hausmüllähnliche Abfälle sowie entwässerte Klärschlämme aus kommunalen Kläranlagen und Abfälle aus dem gewerblichen Bereich, die nach Art und Menge gemeinsam mit Hausmüll beseitigt werden können, sind ohne Untersuchung zugelassen. Die Eluate dieser Abfälle sollen

den Anforderungen genügen, die an die Einleitung von Schmutzwässern in die Kanalisation bzw. Kläranlagen zu stellen sind. Insbesondere muß auch das geklärte Abwasser der Behandlungsanlage den Anforderungen entsprechen, die an eine Einleitung in den Vorfluter gestellt werden. Bei der Beurteilung der Zulässigkeit einer Ablagerung ist auch ein möglicher Einfluß auf den Deponiebetrieb zu berücksichtigen; diesbezüglich sind z.B. Galvanikschlämme und sonstige Metalloxide, Hydroxide und Salze nicht geeignet.
Zusätzliche Mindestanforderungen sind eine Deponiebasisabdichtung mit natürlichem und/oder künstlichem Material sowie eine Einrichtung zur Erfassung und Behandlung des Sickerwassers.

Deponieklasse 4, Typ: Deponie für Gewerbe- und Industrieabfälle
Zugelassene Abfallarten: Abfälle aus Gewerbe und/oder Industrie. Beschränkungen für die zugelassenen Abfallarten ergeben sich aus den technischen Ausstattungen der jeweiligen Anlagen und/oder der Anwendung bestimmter Vorbehandlungs- oder Ablagerungstechniken.
Im Niveau der Deponieaufstandsfläche darf der natürliche oder bautechnisch hergerichtete Untergrund nur gering durchlässig sein.

Deponieklasse 5, Typ: Übertagedeponie für Sonderabfälle
Zugelassene Abfallarten: Abfälle aus Industrie und Gewerbe, an deren Beseitigung besondere Anforderungen zu stellen sind. Eine Einschränkung über die Zulassung von Abfällen zur Ablagerung ist für eine Reihe von Abfällen mit besonderen Inhaltsstoffen und differenziert nach den jeweiligen technischen und technologischen Gegebenheiten der Deponie geboten.
Mindestanforderungen: Der Deponieuntergrund darf nur sehr gering durchlässig sein oder er muß bei nur geringer Durchlässigkeit mindestens fünf Meter mächtig sowie flächenhaft verbreitet sein.
Randbemerkung zur Nomenklatur: Nach den ursprünglichen Vorstellungen des Gesetzgebers sollten die besonders überwachungsbedürftigen Abfälle als Sonderabfälle bezeichnet werden, da der Begriff Sonderabfall seit Jahren in der Abfallwirtschaft gebräuchlich ist (Rump u. Scholz 1995). Auf Intervention des Bundesrates wurde der Begriff Sonderabfall jedoch als zu mehrdeutig angesehen und demzufolge nicht in Gesetzen und Verordnungen verwendet.

Deponieklasse 6, Typ: Untertagedeponie für Sonderabfälle
Für Abfälle, bei denen aufgrund ihrer schädlichen Eigenschaften (z.B. hochgiftige Abfallinhaltsstoffe, Entwicklung giftiger Gase, Explosionsneigung und Entflammbarkeit) Umweltschäden bei einer Ablagerung auf obertägigen Deponien nicht ausgeschlossen werden können, ist eine Ablagerung in aufgelassenen Bergwerken, insbesondere Salzbergwerken oder Kavernen möglich. Die technischen, technologischen und wasserwirtschaftlichen Anforderungen sind für die

einzelnen Anlagen aufgrund der Standortgegebenheiten zu beurteilen und werden in der TA Abfall präzisiert.

Zu diesen Abfällen zählen solche mit organischen und anorganischen Schwermetallverbindungen, deren Aufbereitung oder thermische Behandlung zu nicht vertretbaren Umweltbelastungen führen würde und mit toxischen organischen oder anorganischen Verbindungen kontaminierte Apparate (z.B. entleerte PCB-gekühlte Transformatoren oder Kondensatoren), deren Dekontamination derzeit noch nicht möglich ist oder sich aus Gründen der Arbeitssicherheit verbietet (Bliefert 1997).

Ablagerungsverbot

Auszuschließen von der Ablagerung sind im allgemeinen (VCI 1984):

- Flüssige Stoffe
- Organische Lösemittel und leicht entzündbare Stoffe
- Stoffe, aus denen in Zusammenwirken mit anderen Abfällen gefährliche Umsetzungen resultieren können
- Geruchsintensive Stoffe, soweit diese – trotz Verpackung bzw. Abdeckung – eine ständige Geruchsquelle darstellen
- Stoffe, die selbst oder durch Reaktion mit anderen eine direkte oder sekundäre Wirkung auf die Sicherungsmaßnahmen haben können, welche gegen eine Beeinträchtigung des Grundwassers oder Vorfluters durch Sickerwässer aus der Deponie getroffen wurden
- Stoffe, für deren Beseitigung anderweitige gesetzliche Regelungen bestehen, wie z.B. Altöle oder radioaktive Stoffe, deren Radioaktivität über der Freigrenze der geltenden Strahlenschutzverordnung liegt.

Mischdeponie

Grundsätzlich besteht die Möglichkeit, Abfälle aus Gewerbe und Industrie gemeinsam mit Hausmüll zu deponieren. Bei einer Vielzahl von Abfällen aus industrieller und gewerblicher Tätigkeit werden durch diese Beseitigungsmethode keine nachteiligen Auswirkungen zu erwarten sein. Die Entscheidung über die Möglichkeit der gemeinsamen Ablagerung muß im Einzelfall getroffen werden, wobei neben den hydrologischen und geologischen Bedingungen des Standortes folgende Faktoren beachtet werden sollten: Auswirkungen von Auslaugungen aus dem Hausmüll auf industrielle Abfälle und Beeinflussung des aeroben bzw. anaeroben Abbauprozesses der kommunalen Abfälle durch Inhaltsstoffe der industriellen Abfälle (z.B. Schwermetalle).

In der Mehrzahl der Fälle liefert die Deponie für industrielle Abfälle ein geringer belastetes Sickerwasser – insbesondere hinsichtlich schwer abbaubarer organischer Substanzen – als eine Hausmülldeponie. Ferner sind möglicherweise auftretende Hygieneprobleme im Zusammenhang mit der Hausmülldeponie bei einer Deponie für industrielle Abfälle nicht zu befürchten. Es kann zweckmäßig sein, Deponieanlagen für industrielle Abfälle mit verschiedenen Ablagerungsbereichen und Unterabschnitten zu versehen, wodurch Deponiemöglichkeiten für industrielle Abfälle geschaffen werden, die aufgrund einer möglichen gegenseitigen nachteiligen Beeinflussung sonst nicht gemeinsam abgelagert werden könnten.

Deponietypen nach TA Siedlungsabfall
Die TA Siedlungsabfall sieht zwei Deponietypen vor (Uhlmann u. Wuttke 1993): Den Deponietyp I („Inertstoffdeponie"), auf dem Abfälle mit besonders niedrigen Schadstoffgehalten ohne vorherige Behandlung abgelagert werden können oder die so behandelt werden, daß sie von erdkrusten- oder erzähnlicher Konsistenz sind. Für die Ablagerung auf Deponien des Typs II gelten weniger strenge Anforderungen an die Beschaffenheit des abzulagernden Abfalls. Gleichzeitig gelten jedoch schärfere Anforderungen an Deponiestandort und -abdichtung im Vergleich zu Deponietyp I.
Bei Deponieklasse I (Inertstoffdeponie) wird lediglich eine mineralische Dichtung geringer Dicke und ein Entwässerungssystem zur Kontrolle des anfallenden Sickerwassers gefordert (Radde 1993). Auch bei Deponieklasse II stehen die Anforderungen an den Untergrund gegenüber der Sonderabfalldeponie deutlich zurück, verlangen hier jedoch eine Kombinationsdichtung mit Sickerwassererfassung bei deutlich abgeminderter Stärke der mineralischen Dichtungsschicht. Gleiches gilt für die Oberflächendichtung, wobei hier bei Deponieklasse II ggf. eine Gasfassung vorzusehen ist. Aus den Zuordnungskriterien für die Deponieklassen I und II geht hervor, daß die Eluatwerte (z.B. für TOC, AOX, Phenole, As, Pb, Cd, Cr^{VI}, Cu, Ni, Hg und Zn) für die Deponieklasse I nur maximal 1/10 der TA Sonderabfallwerte betragen, während für die Deponieklasse II die Inputwerte höchstens halb so groß wie die TA Sonderabfallwerte sind. Insbesondere solche ökologisch besonders bedeutsamen Parameter wie Cd, Hg, Phenole, aber auch der Glühverlust, wurden in ihren Grenzwerten extrem niedrig angesetzt.

Sachlage in der Schweiz
Nach der Technischen Verordnung über Abfälle (TVA) vom 10.12.1990 des Schweizerischen Bundesrats dürfen die Kantone Bewilligungen nur für folgende Deponietypen erteilen: Inertstoff-, Reststoff- und Reaktordeponien; der Deponietyp ergibt sich aus den zur Ablagerung vorgesehenen Abfällen. Nach dem Abschluß von Deponien sorgt die Behörde dafür, daß die vorgeschriebenen Anlagen und das Grundwasser, das Abwasser und die Deponiegase solange kontrolliert werden, bis schädliche oder lästige Einwirkungen auf die Umwelt unwahrscheinlich erscheinen, mindestens aber während 5, 10 und 15 Jahren bei Inertstoff-, Reststoff- bzw. Reaktordeponien. Nach dem Abschluß von Deponien sorgt die Behörde für die Überwachung der Bodenfruchtbarkeit der rekultivierbaren Deckschicht.
Flüssige, explosive und infektiöse Abfälle und solche, die nach der Tierseuchen- oder der Strahlenschutzgesetzgebung behandelt werden müssen, dürfen auf

Deponien nicht abgelagert werden. Gär- und fäulnisfähige Abfälle (insbesondere Siedlungsabfälle oder Klärschlamm) dürfen nur kurzfristig zur Überbrückung von Behandlungsengpässen zwischengelagert werden. Kompostieranlagen, in denen jährlich mehr als 100 t kompostierbare Abfälle verwertet werden, dürfen nicht in Grundwasserschutzzonen errichtet werden und die baulichen Einrichtungen müssen gewährleisten, daß das Abwasser gesammelt, abgeleitet, nötigenfalls behandelt sowie in eine Abwasserreinigungsanlage oder einen Vorfluter eingeleitet werden kann.

Abfälle gelten als Inertstoffe, wenn mit chemischen Analysen nachgewiesen wurde, daß

- die Abfälle zu > 95 Gew.-%, bezogen auf die Trockensubstanz, aus gesteinsähnlichen Bestandteilen wie Silicaten, Carbonaten oder Aluminaten bestehen,
- tabellierte Schwermetallgrenzwerte (Pb 500, Cd 10, Cu 500, Ni 500, Hg 2 und Zn 1000 mg/kg) nicht überschritten werden,
- sich beim Extrahieren einer zerkleinerten Abfallprobe (max. Korngröße 5 mm) mit der zehnfachen Gewichtsmenge an destilliertem Wasser nicht mehr als 5 g Abfallanteile pro kg Trockensubstanz auflösen, und
- die Grenzwerte der in Tabellen aufgeführten anorganischen (Grenzwerte für 12 Elemente unter 1 mg/L) und organischen Stoffe (z.B. DOC 20 mg/L oder KW 0,5 mg/L) im Eluat der Abfälle nicht überschritten werden; hierbei wird einmal mit destilliertem Wasser und einmal mit kontinuierlich mit Kohlendioxid gesättigtem Wasser eluiert.

Unter bestimmten Auflagen dürfen Bauabfälle auf Inertstoffdeponien abgelagert werden.

Zur Ablagerung auf Reststoffdeponien muß die chemische Zusammensetzung von mindestens 95 Gew.-% des Abfalls bekannt sein. Mit chemischen Analysen ist nachzuweisen, daß 1 kg Abfall nicht mehr als 50 g organischen Kohlenstoff und 10 mg hochsiedende lipophile organische Chlorverbindungen enthalten, sich beim Extrahieren der zerkleinerten Abfallprobe bei zehnfachem Lösungsmittelüberschuß nicht mehr als 50 g pro 1 kg Abfall auflösen (die Eluatkriterien sind meist etwa zehnmal so hoch wie bei der Inertstoffdeponie angesetzt), die Abfälle ein Säurebindungsvermögen (Alkalinität) von mindestens 1 Mol/kg aufweisen (es sei denn, es wird nachgewiesen, daß sie mit verdünnten Säuren nicht reagieren können) und daß die Abfälle beim Kontakt mit anderen Reststoffen, Wasser oder Luft weder Gase noch leicht wasserlösliche Stoffe bilden können. Schlacke aus Verbrennungsanlagen für Siedlungsabfälle darf nur beim Bau von Straßen, Plätzen und Dämmen verwendet werden. Man sollte allerdings den Einbau derartigen Materials zur Atmosphäre hin offen gestalten: Bei Abdichtversuchen an einer MVA-Schlacken-Monodeponie bei Rosenheim kam es aufgrund von Wasserstoffbildung in der Deponie zur Explosion (Knallgasbildung).

Auf Reaktordeponien dürfen nur Schlacke, Klärschlamm und auf Inertstoffdeponien zugelassene und sonstige vergleichbare Abfälle wie auch Bau- und

Siedlungsabfälle abgelagert werden. Es dürfen keine unterirdischen Reaktordeponien errichtet werden.

2.3.3.2 Die Hausmülldeponie als chemischer Reaktor

Auf einer Deponie werden natürliche, künstliche und häufig hochkonzentrierte Stoffe aus zum Teil weit voneinander entfernten Orten zusammengetragen. Das bedeutet auf das Einzugsgebiet bezogen stets eine Konzentrationszunahme, außer wenn es sich um Stoffe wie Bodenaushub oder Bauschutt handelt (Hartge u. Horn 1990); für organische Verbindungen ist jede Deponie eine Lokalität langfristig erhöhter Konzentration.

Eine erhebliche Anzahl von Stoffen, die in großen Mengen angehäuft oder deponiert sind, können durch biologische, chemische oder physikalische Vorgänge umgewandelt werden oder in ihrer Struktur und Lagerung deutliche Veränderungen erfahren. Besonders bei heterogenen Stoffgemischen können unvorhersehbare Wechselwirkungen auftreten (Lhotzky 1994). Diese Reaktionen in den Ablagerungen sind häufig durch Freisetzung von Wärmeenergie gekennzeichnet. Im Inneren der Ablagerungen kommt es zum Wärmestau und dadurch meistens zur Beschleunigung von chemischen Reaktionen. Infolge solcher Reaktionen treten Sackungen und seitliche Verschiebungen im Deponiekörper auf. Dadurch können technische Einrichtungen der Deponie ihre Funktionsfähigkeit verlieren und Schadstoffe in die Umwelt freigesetzt werden. Es ist deshalb unbedingt notwendig, die biologischen, chemischen und physikalischen Vorgänge im Deponiekörper sowie die Funktionstüchtigkeit der technischen Einrichtungen kontinuierlich meßtechnisch zu überwachen. Diese Überwachung darf nicht mit der Schließung der Deponie enden, sondern muß so lange weitergeführt werden, bis das Reaktionspotential abgebaut ist und vom Deponiekörper keine Gefahr mehr für die Umwelt ausgeht.

Nach der TA Siedlungsabfall sind den jeweiligen lokalen Verhältnissen der Deponie angepaßte Überwachungseinrichtungen einzusetzen (Rettenberger 1994): Meßeinrichtungen zur Überwachung der Setzungen und Verformungen des Deponiekörpers, der Deponieabdichtungssysteme und für die meteorologische Datenerfassung. Weiterhin sind Temperatur- und Deponiegasmessungen und Gaspegel zur Emissionsüberwachung ebenso vorzusehen wie die kontinuierliche Überwachung und Aufzeichnung der Wasserqualitäten (umgebendes Grund- und Oberflächenwasser). Für die Kontrolle des Grundwassers sind in der TA Abfall die Einrichtung von mindestens fünf Beobachtungspegeln (einer im Oberstrom, vier im Abstrom) vorgeschrieben. Die Praxis hat gezeigt, daß diese Anzahl aufgrund der meist differenzierten hydrogeologischen Verhältnisse generell nicht ausreichend ist. In der TA Siedlungsabfall wurde dieser Erkenntnis Rechnung getragen, indem hier von einer „ausreichenden Anzahl" gesprochen wird.

Eine Deponie befindet sich beim Vorhandensein organischer Verbindungen in einem Zustand höherer freier Energie relativ zu ihrer Umgebung und steht damit mit ihr im Ungleichgewicht (Pfeiffer 1989). Dieses Ungleichgewicht ermöglicht eine Reihe von energieliefernden Redoxreaktionen, die im wesentlichen mikrobiologisch katalysiert werden und die zu einem sukzessiven Abbau der organischen Substanz führen. Eine Mülldeponie kann somit als biochemischer Reaktor betrachtet werden, in dem die organischen Bestandteile des Mülls mikrobiologisch abgebaut werden, wobei Emissionen in Form von Deponiegasen und Sickerwässern entstehen; Stegmann u. Heyer (1994) geben für Gas und Sickerwasser aus Hausmülldeponien die Mengen von ca. 150 m^3/t bzw. ca. 5 m^3 pro ha und Tag an.

Neben anderen Autoren machen auch Heintz u. Reinhardt (1996) von einer vierfachen Unterteilung der ablaufenden Prozesse Gebrauch: In einer aeroben Abbauphase (I) wird der Luftsauerstoff im Müllvolumen rasch aufgebraucht. Dabei kommt es auch zur Hydrolyse von Kohlehydraten, Proteinen und Fetten, die teilweise aufoxidiert werden. Danach erfolgt eine zweite Phase (II), die als Versauerungsphase oder auch als saure Gärung bezeichnet wird, da der pH-Wert des Reaktionsmediums bis auf 5 absinkt. In dieser Phase findet auf anaerobem Weg der stufenweise Abbau der in der ersten Phase entstandenen Produkte durch acidogene Bakterien wie Milchsäure-, Propionsäure- oder Buttersäurebakterien und Hefen statt, der über niedrige Fettsäuren bis zur Essigsäure abläuft. Hierbei entstehen rasch wachsende Mengen von Kohlendioxid und Wasserstoff, die den Luftstickstoff langsam verdrängen. In einer weiteren Phase (III) fällt die Kohlendioxidproduktion wieder ab, während jetzt vor allem die Methanproduktion durch den Umsatz von Essigsäure einsetzt. Die letzte Phase (IV) ist durch eine weitgehend stabile Produktionsrate von Kohlendioxid und Methan gekennzeichnet. Nach Bliefert (1997) dauert Phase (I) ca. 5 bis 15 Tage, nach ca. 1,5 bis 2 Jahren folgt der Phase der instabilen Methangärung (III) die Jahrzehnte dauernde Phase der stabilen Methangärung (IV).

Das Endprodukt der anaeroben Zersetzung der organischen Abfallinhaltsstoffe ist das Biogas, ein Gasgemisch, das neben Stickstoff zu etwa 30% aus Kohlendioxid und bis zu ca. 70% aus Methan besteht. Bezogen auf eine Tonne Hausmüll werden nach Bliefert (1997) 150 – 250 m^3/t Deponiegas erzeugt. Auch die Müllzusammensetzung wirkt sich auf die Gaszusammensetzung aus: Beispielsweise erniedrigen Sägespäne die Methanproduktion erheblich, während Gras oder andere Stoffe pflanzlicher Herkunft (Vegetabilien) den Methangehalt deutlich ansteigen lassen. Biogas aus dem Faulungsprozeß organischer Stoffe (Gras, Stalldung, Jauche, Schlachtabfälle, Klärschlamm, Stroh u.ä.) in Abwesenheit von Sauerstoff entspricht chemisch grob dem Deponiegas. Die Biogasbildung läuft ähnlich ab wie die Vorgänge in einer Deponie, lediglich ohne aerobe Phase; der zurückbleibende ausgefaulte Rückstand (Schlamm) ist nahezu keimfrei und fast geruchlos (Bliefert 1997).

Durch Deponiegase entstehen Geruchsbelästigungen, da auch Spurenstoffe in Konzentrationen deutlich < 1% wie Schwefelwasserstoff, Merkaptane, Aldehyde oder niedrige Fettsäuren in geringen Mengen (bis zu etwa 150 ppm) emittiert werden. Ferner besteht Brand- und Explosionsgefahr wegen des freiwerdenden Methans. Deponiegas, das in benachbarten Boden eindringt, verdrängt dort den Sauerstoff und stört das ökologische Gleichgewicht. Zur kontrollierten Entsorgung des Deponiegases wird dieses häufig abgefackelt, wobei allerdings schädliche Verbrennungsprodukte wie PAK, chlorhaltige Verbindungen oder toxische Metallspezies enthaltende Gase entstehen können, die einer technischen Nachbehandlung bedürfen (Nachverbrennung, Filterung).

Im Deponiegas von Haus- und Sondermülldeponien wurden weit über 100 organische Chemikalien gemessen. Auch krebserzeugende Stoffe wie Benzol und Vinylchlorid sowie solche mit begründetem Verdacht auf krebserzeugendes Potential (Dichlormethan, Trichlormethan, Tri- und Tetrachlorethen) sind in der Regel im Deponiegas enthalten. Mit Ausnahme der Treibgase und Kühlmittel entstehen viele der nachgewiesenen Stoffe erst bei der oben beschriebenen biologischen Umsetzung des Abfalls im Deponiekörper. Dies gilt insbesondere auch für die in Spuren enthaltenen hochgradig toxischen Metall(oid)hydride und -organyle, die im dritten Kapitel besprochen werden. Unter anaeroben Bedingungen werden in Hausmüll und organischen Abfällen in Gegenwart methanogener Bakterien auch flüchtige halogenierte KW biologisch abgebaut (Deipser u. Stegmann 1997).

Messungen im Randbereich einer Sondermülldeponie ergaben für Aromaten, organische Chlorverbindungen und FCKW Konzentrationen, die vergleichbar mit denen in Industrieregionen bzw. städtischen Ballungsgebieten (BG) sind: So wurde eine Benzolkonzentration von 17 µg/m³ (BG: 19), Tetrachlorethen (Perchlorethylen) 5 µg/m³ (BG: 3,5), 1,1,1-Trichlorethan 7 µg/m³ (BG: 1,9) und 1,1,2-Trichlorfluorethan 20 µg/m³ (BG: 0,9) bestimmt (Pudill 1993).

Im Gegensatz zu MVA-Emissionen ist im deponienahen Raum nur ein Mindestverdünnungsfaktor von 1000 zugrunde zu legen. Wegen der oberflächennahen Ausbreitung verläuft auch die weitere Verdünnung relativ langsam, so daß im Gegensatz zu einer MVA im Deponierandbereich mit Schadstoffkonzentrationen zu rechnen ist, die oftmals die Werte in Industrieregionen oder Ballungsgebieten überschreiten (Pudill 1993).

Den Langzeitkonzentrationsverlauf der Gasemission von Altablagerungen kann man in sechs Phasen einteilen (LfU Baden-Württemberg): (I) Methan-, (II) Langzeit-, (III) Lufteindring-, (IV) Methanoxidations-, (V) Kohlendioxid- und (VI) Luftphase. Hierbei verdeutlichen die Phasen I und II Zustände, bei denen hohe Methangaskonzentrationen (ca. 55 Vol.-% Methan) sowie hohe Kohlendioxidkonzentrationen angetroffen werden, die Altlast also noch aktiv Gas produziert. In den Phasen III und IV tritt dann durch Luftzutritt in die Altlast und Methanoxidation zu Kohlendioxid eine abklingende Methanproduktion ein. In der Phase V geht zwar der Methangehalt gegen Null, es ist aber noch relativ viel

Kohlendioxid vorhanden. Bei Phase VI geht auch der Kohlendioxidgehalt weiter zurück. Eine Beeinflussung des Bodenluft- bzw. Porenbereichs in der Altlast durch Gase ist nunmehr ausgeschlossen.

Bei der Erkundung von ca. 17000 Standorten mit Hausmüllablagerungen in Baden-Württemberg spielte die Frage nach einer möglichen Gefährdung durch Deponiegas (Brand- und Explosionsgefahr, Erstickungsgefahr in Gebäuden und Gesundheitsgefahren durch Deponiegasstoffe) eine wesentliche Rolle. Im Falle einer Gefährdung durch Deponiegas (z.B. bei Wohnbebauung am Rande einer Deponie) müssen u.U. Sofortmaßnahmen ergriffen werden, weshalb eine schnelle und umfassende Untersuchung der Gassituation vorab notwendig ist. Wird dabei eine Einordnung in Phase I und II festgestellt, so sind unter Umständen auch Sofortmaßnahmen einzuleiten, z.B. eine Raumbelüftung, Gaswarneinrichtungen oder Abdichtungsmaßnahmen, wenn in direkter Nähe oder sogar innerhalb von Gebäuden bestimmte Methankonzentrationen nachgewiesen wurden. Wurde dagegen eine Einordnung der Altablagerung in Phase VI ermittelt, so ist eine technische Erkundung in Bezug auf den Gasemissionspfad nicht mehr notwendig.

Die ablaufenden mikrobiologischen Prozesse einerseits und die „Chemisierung" des Hausmülls andererseits führen zu relativ stark kontaminierten Sickerwässern (wasserdampfflüchtige organische Säuren in der Größenordnung g/L, etwa halb so viel mit Methylenchlorid extrahierbare Stoffe sowie Phenole und Detergentien im Bereich von X0 mg/L). Die schwer abbaubaren organischen und die anorganischen Komponenten des Sickerwassers passieren das Klärwerk mit dem Ablaufwasser bzw. adsorbiert am Klärschlamm.

Deponiesickerwasser ist hauptsächlich durch ein Gemisch zahlreicher gelöster organischer und anorganischer Schadstoffe gekennzeichnet. Die organischen Substanzen werden üblicherweise indirekt über ihre Sauerstoffzehrung durch die Parameter CSB und BSB_5 beschrieben (Werte bis zu g/L üblich), wohingegen chlorhaltige Organika zusätzlich durch den Sammelparameter AOX (Werte bis zu 3 mg/L üblich) erfaßt werden (Hövelmann u. Bidinger 1994). Bezüglich der anorganischen Fracht hat das ionogene Ammonium bei Deponiesickerwasser die größte Bedeutung. Andere vorkommende anorganische Substanzen sind weitere Salzbildner wie Chlorid und Sulfat sowie eine Reihe von Metall(oid)en. Insgesamt ist die Mischung aus allen Substanzen fischgiftig. Aus dem 51. Anhang der Rahmen-Abwasser-Verwaltungsvorschrift ergeben sich gesetzliche Mindestanforderungen an das Einleiten von Deponiesickerwasser in den Vorfluter. Zur Behandlung von Deponiesickerwasser sind bislang mehrere Verfahren großtechnisch zum Einsatz gekommen (biologische Behandlung, Adsorption, Fällung/Flockung, naßchemische Oxidation, Umkehrosmose, Verdampfung/Trocknung und Strippung). Kein Verfahren ist allein in der Lage, Deponiesickerwasser vollständig zu reinigen, weshalb zumeist Verfahrenskombinationen zum Einsatz gelangen.

Bei der Passage durch den Müllkörper nimmt das Sickerwasser Abbauprodukte auf und tritt in chemische Wechselwirkung mit dem Müllkörper (Pfeiffer 1989). Zahlreiche, zum Teil mikrobiell katalysierte Redoxreaktionen führen zur partiellen Mineralisierung der sedimentierten Substanzen. Sie laufen sequentiell ab, wobei die Dominanz einer Reaktion durch den Gewinn an freier Energie bestimmt wird, der aus der Oxidation von organischer Substanz möglich ist, und implizieren eine Reihe von Folgereaktionen, z.B. Carbonat- und Sulfidfällung (Pfeiffer 1989). In Bezug auf die Löslichkeit der Spurenmetalle ist das Sickerwasser vor allem mit Pb- und Cu-Ionen übersättigt. Als Grund für die überhöhte Löslichkeit wird von Pfeiffer (1989) die Existenz selektiver, basisch wirkender Liganden mit relativ kleiner Molmasse diskutiert. Da Sauerstoffzufuhr in einen mit kontaminiertem Klärschlamm gefüllten Bioreaktor zur Mobilisierung von Ca, Mn, Zn und Cd, nicht jedoch zu einer solchen von Pb und Cu führte, stellt sich Pfeiffer (1989) vor, daß als Folge der Oxidation von Eisensulfid die Gruppe der erstgenannten Elemente über Ionentausch mobilisiert wird, wohingegen Pb und Cu nicht austauschbar sind.

Mit Hilfe eines diagenetischen, der Sedimentchemie entlehnten Ansatzes war es Pfeiffer (1989) möglich, die biogeochemischen Prozesse als Folge des mikrobiellen Abbaus organischer Verbindungen, vor allem leicht abbaubarer Naturstoffe, qualitativ und quantitativ zu beschreiben. Die Zusammensetzung des Sickerwassers wird daher durch diese Prozesse determiniert und ist somit deren Spiegelbild. Bei gemeinsamer Ablagerung von Siedlungs- und Sonderabfällen kann es im Deponiekörper zu Wechselwirkungen zwischen den bei der anaeroben Gärung entstandenen Substanzen und den toxischen Sonderabfällen kommen, die zu einer bevorzugten Lösung der letzteren (z.B. durch Komplexbildung) führen können.

Das Sickerwasser einer Deponie kann wieder über dem Deponiekörper verrieselt werden (Pfeiffer 1989). Im Hinblick auf die Löslichkeit von Spurenmetallen wird durch diese Sickerwasserkreislaufführung der wünschenswerte anaerobe, sulfidische, wassergesättigte Zustand aufrecht erhalten bzw. erreicht. Wird jedoch die Stabilisierung eines Müllkörpers durch das Erlöschen der mikrobiellen Aktivität angezeigt, sollte dessen Abkapselung von der Umwelt durch eine wasserundurchlässige Abdeckung diskutiert werden, um das Eindringen von sauerstoffhaltigem Niederschlagswasser zu vermeiden. Neben dem heute praktizierten Deponietyp, bei dem die Deponie zunächst offen ist und Einrichtungen zur Sickerwasserfassung und -reinigung umfaßt, gibt es somit auch die „trockene" Deponie, die nach Betriebsabschluß oberflächlich abgedichtet wird und in der Abfälle auf Dauer konserviert werden (Stegmann u. Heyer 1994). Die Endabdeckung der Deponie soll dafür sorgen, daß in der Nachsorgezeit nicht ständig mit großen Sickerwassermengen gerechnet werden muß. Dies ist auch sinnvoll, wenn direkt im Grundwasser abgelagerte Reststoffe bereits weitgehend ausgelaugt sind und die aktuelle Kontamination im Abstrom des Deponiesickerwassers überwiegend von der Elution der jüngeren Reststoffe im oberen, grundwasserfernen Teil durch eingedrungene Niederschlagswässer herrührt (Baumann et al. 1993).

Regenwasserzutritt bereits während der Verfüllung sollte nicht vollständig ausgeschlossen werden, da ein Teil der Abfälle (z.B. Flugasche) Wasser bindet und sich damit durch Hydratation verfestigt, andere Abfälle wie zellulosehaltige Stoffe Wasserzutritt für den biologischen Abbau sogar benötigen. Ein Wasserausschluß kann außerdem Alterungs- und Verwitterungsvorgänge in der Deponie erheblich verzögern. Bei Sonderabfällen einer Schacht- oder Grubendeponie kann jedoch eine Überdachung empfehlenswert sein, wenn die Art der abzulagernden Abfälle ein Sickerwasser erwarten läßt, das aufwendige Reinigungsverfahren erfordern würde.

Wie sich die Freisetzung von Schadstoffen aus den Reaktordeponien nach dem Versagen der Untergrundabdichtungen auf die Grundwasserqualität auswirken könnte, haben Baccini et al. (1992) für eine fiktive Modellregion „Metaland" ausgerechnet. In langen Zeiträumen können sich in einer Reaktordeponie (enthält organisches Material) unter dem Einfluß unveränderter hydrochemischer Bedingungen Prozesse abspielen, die zu einer neuen Phase der Schadstoffmobilisation führen. So prognostizierten Baccini et al. (1992), daß einige Stoffe wie P und Chloride im Sickerwasser einer Deponie über Hunderte von Jahren in erhöhten Konzentrationen auftreten, wobei organische Stoffe möglicherweise länger als 1000 Jahre aus Deponien auslaugen. Man kann sich darüber hinaus vorstellen, daß beim Eindringen von sauerstoffhaltigen Niederschlagswässern in einen post-methanogenen Deponiekörper ein Vorgang einsetzt, bei dem sich durch eine Abfolge von Auflösungs- und Fällungsreaktionen eine Front erhöhter Metallkonzentrationen langfristig auf das unterliegende Grundwasser hin bewegt (Förstner et al. 1989). Diese Möglichkeit der Metallmobilisierung aus Reaktordeponien ist grundsätzlich auch bei der Ablagerung von organikarmen Sonderabfällen zu beachten, wenn diese sulfidische oder leicht lösliche Komponenten enthalten.

Die Prognose von Baccini et al. (1992) wurde ohne Berücksichtigung des Einbaus einer Oberflächenabdichtung durchgeführt; durch eine derartige Maßnahme würde der Zeitraum der Emissionen signifikant verlängert werden. Es wurde weiter nicht berücksichtigt, daß ggf. nach sehr langen Zeiträumen die Deponie ganz oder teilweise aerob wird, so daß z.T. unter anaeroben Bedingungen fixierte Verbindungen (z.B. Schwermetallsulfide) unter aeroben Bedingungen wieder mobilisiert werden können (s.o.). Schätzwerte für die Metallemission aus Deponien über Zeiträume von Jahrzehnten gibt Finnveden (1996).

Die zitierten und andere Studien zeigen, daß die langfristige Nachsorge für Altdeponien ein noch ungelöstes Problem darstellt. Insbesondere dürften die häufig für eine Nachsorgephase angesetzten 30 Jahre für manche Parameter wie beispielsweise C_{org} um Größenordnungen zu niedrig sein. Staeck (1999) und Heyer (1999) plädieren für eine zweijährige In-situ-Belüftung im Anschluß an eine 20- bis 25-jährige Nachsorgephase, um den Deponiekörper beschleunigt

abreagieren zu lassen und die Nachsorge für anfallendes Deponiegas und Sickerwasser zu verkürzen.

2.3.3.3 Stabilisierung von Abfällen

Nachdem das Verklappen von Klärschlamm in der Nordsee in der BRD seit
1982 und auch in einigen anderen Ländern verboten ist (nicht aber in allen
Anrainerstaaten), muß Klärschlamm, von dem 1988 in der BRD (W) ca.
2,3 Mill. t anfielen, konditioniert, stabilisiert und entseucht werden (Heintz u.
Reinhardt 1996). Unter Klärschlammkonditionierung versteht man die
Schlammbehandlung unter Zugabe von Chemikalien wie Fe- oder Al-Salzen;
dabei werden die Zellmembranen der Mikroorganismen gesprengt, die Zellflüssigkeit tritt aus und der Schlamm wird in eine leicht entwässerbare Form
überführt. Wasser kann dem Klärschlamm auch direkt durch eine chemische
Reaktion entzogen werden (z.B. durch Zugabe von CaO). Der konditionierte
Klärschlamm wird dann durch Zentrifugieren oder in Filterpressen bei ungefähr
12 bar entwässert. Der stichfeste Filterkuchen mit einem Feuchtigkeitsgehalt von
50-60% wird deponiert. Unter Klärschlammstabilisierung versteht man das
Inaktivieren sowohl anaerober als auch aerober biologischer Prozesse. Auch die
Zugabe von Kalk bewirkt eine Stabilisierung, da bei hohem pH-Wert keine
Mikroorganismen überleben können. Die Klärschlammentseuchung, also das
Abtöten von pathogenen Keimen sowie von Insekteneiern, Würmern etc., von
denen eine potentielle Gefahr als Überträger von Krankheiten ausgeht, findet in
der Regel bei der Konditionierung und Stabilisierung des Schlamms ebenfalls
automatisch statt. Die zweite Möglichkeit der Klärschlammentseuchung ist die
sog. Pasteurisierung, d.h. die Zerstörung der pathogenen Organismen bei hohen
Temperaturen (über 65 °C für mind. 30 min). Eine Kompostierung erfordert
ebenfalls 65 °C, dauert jedoch mindestens 6 Tage. Für die Klärschlammstabilisierung haben abgestufte biologische Verfahren eine besonders große praktische
Bedeutung, seien es die aeroben oder anaeroben Prozesse, sei es im mesophilen
oder thermophilen Bereich, seien es 1-stufige oder 2-stufige Verfahren mit
wechselnden Kombinationen. Diese bereits reichlichen Kombinationsmöglich-
keiten lassen sich durch weitere verfahrenstechnische Variablen ergänzen, wie
z.B. durch eine vorausgehende Aufkonzentration der Feststoffe, durch eine
Vorversäuerungsstufe, durch einen externen Rückhalt und Rückführung aktiver
Biomasse oder durch Reaktoren mit verschiedenen verfahrenstechnischen
Prozeßführungen.

Auch die Rückstände der Verbrennung müssen ebenso wie toxische Neben-
produkte industrieller Prozesse chemisch immobilisiert werden (Andres et al.
1991, Baccini u. Brunner 1985). Filterstaub und Schlacke müssen aufbereitet
werden, lösliche Chloride ausgewaschen und die Metalle in langfristig umweltverträgliche Verbindungen umgewandelt sowie organische Kohlenstoffverbindungen durch eine zusätzliche thermische Behandlung zerstört werden (Brunner

1989). Sowohl durch die thermische Nachbehandlung wie auch durch eine naßchemische Behandlung der Filterstäube und Abwasserschlämme könnten potentiell Metalle zurückgewonnen werden.

Eine Möglichkeit zur Schadstoffimmobilisierung in Stabilisaten aus Braunkohlenaschen und Rauchgasentschwefelungsprodukten beschreiben Bambauer et al. (1988) und Gehard et al. (1989): Das Stabilisat wird aus einer geeigneten Mischung von Rohaschen, dem nicht verwertbaren Gips aus Rauchgasentschwefelungsanlagen (REA-Gips) und dem beim Absetzen zusätzlich verdünnten REA-Wasser hergestellt, was zu einer Art Betonmörtel abbindet. Es erfolgen Neubildung von Portlandit und Gefügeverdichtung. Ettringitphasen bauen erhebliche Mengen der vorhandenen Schwermetalle in ihre Kristallstruktur ein.

Chemische Stabilisierung kontaminierter Baggerschlämme kann durch Zugabe von Calciumcarbonat bei der Landablagerung schwach gepufferter Schlämme oder durch Speicherung unter permanent anoxischen Bedingungen außerhalb produktiver Zonen erreicht werden, z.B. in küstennahen Deponien unter der Sedimentoberfläche (Förstner et al. 1986b). Aus Oxidationsexperimenten wurde geschlossen, daß Cr und Ni möglicherweise überwiegend organisch gebunden sind und deshalb schwerer als andere Spurenelemente zu oxidieren sind.

Der Effekt der Salinität ist besonders wichtig für resuspendierte Cd-reiche Sedimente in Estuarien (Förstner et al. 1986a). Eine Belüftung kann die Mobilität von Schwermetallen sowohl erhöhen als auch erniedrigen: Während die Transformation sulfidischer oder carbonatischer Assoziationen in Oxidphasen die Mobilität von Mn reduziert, wird die Mobilität von Zn bei der Oxidation von Aushubmaterial durch Umwandlung von moderat reduzierten Formen in carbonatische und leicht reduzierbare Formen erhöht.

2.3.3.4 Geochemische Konzepte der Langzeitlagerung von Abfällen

Abfälle können sehr problematisch werden, wenn ihre Ablagerung nicht sorgsam überwacht wird: Zum Beispiel lager(te)n nach einer Meldung der taz vom 29.7.1994 in der bolivianischen Ortschaft Patacamaya nahe Oruro 400 t Antimonkonzentrat der Frankfurter Metallgesellschaft. Die Anwohner, vor allem Kinder, klagten über Kopfschmerzen, Hautreizungen, Übelkeit und Erbrechen; bei mindestens 50 Personen wurden Metallvergiftungen festgestellt. Die Betroffenen hatten Staub und Gase aus defekten Transportbehältern eingeatmet. In solchen Fällen wäre es wünschenswert, wenn die Abfälle in eine Form umgewandelt und als solche abgelagert werden könnten, daß sie keiner Nachsorge mehr bedürften. Gemäß dem schweizerischen Leitbild für die Abfallwirtschaft dürfen Abfallbehandlungsanlagen in diesem Sinne nur noch Produkte erzeugen, die entweder wiederverwertet werden können oder die in sog. Endlagern langfristig umweltverträglich abgelagert werden können. Als „Endlager" wird eine Deponie bezeichnet, von der auch über längere Zeiträume (Jahrtausende) nur umweltverträgliche Stoffflüsse abgegeben werden; feste Rückstände mit Endlagerqualität sollten also im Vergleich zur Erdkruste (Sedimente, Gesteine, Erze, Böden) sehr ähnliche Eigenschaften aufweisen. Dabei soll die Endlagerqualität nicht durch verschiedene Barrieren oder Hüllen um das Deponiematerial herum erreicht werden, sondern das in einem Endlager zu deponierende Material selbst soll langfristig inert gegen Umwelteinflüsse sein (Brunner 1989). Mit solch neuen Zielsetzungen wie z.B. in den Schweizer Leitlinien zur Abfallwirtschaft, nämlich Abfälle durch Vorbehandlung wie Einbau in Silicatgitter (Zement- und Tonklinkertechnologie), Schmelzen und Verglasen, chemischen Reaktionen (z.B. Sulfidbindung) „gesteinsähnlich" werden zu lassen, wird der Begriff „Deponierung" mit der Vorstellung einer „Endlagerung" identisch (Förstner 1995a).

Ingenieur-geochemische Konzepte einer Langzeitstrategie im Müllmanagement umfassen (1) das Mobilitätskonzept, (2) das Konzept der kapazitätsbestimmenden Eigenschaften und (3) das Konzept der Endlagerqualität (Förstner 1996, 1995b). (1) und (2) wurden bereits in Kap. 2.1 ausführlich besprochen. Sind im Konzept (2) die Kapazitäten schließlich erschöpft, tritt plötzlich der Zeitbombeneffekt auf: Dies kann u.a. bei Übersättigung und/oder plötzlicher Änderung kritischer physikalisch-chemischer Parameter passieren; z.B. kann bei Gletscherseen (Sommer stagnierend, nach Winter Zufuhr sauerstoffreichen Wassers) oder Eindringen von Regenwasser in Deponiekörper eine Oxidation sulfidischer Ablagerungen ablaufen.

Eine Endlagerqualität von Abfällen nach Konzept (3) kann sowohl bei hohen Temperaturen durch Verbrennung und Nachbehandlung als auch bei niedrigen Temperaturen durch Einbindung in bestimmte stabile Mineralgitter (z.B. möglichst frei von wassergängigen Poren) erfolgen (z.B. Ettringit, s. letzter Absatz; Stabilisierung/Immobilisierung mit Zement, Wasserglas, Flugasche, Kalkstein oder Gips).

Soll zu deponierendes Material „Endlagerqualität" in dem Sinne aufweisen, daß auch in langen Zeiträumen aus ihm heraus keine gefährlicheren Emissionen in Luft und Wasser als bei geogenem Erdkrustenmaterial erfolgen, müssen an einen diesbezüglichen Eignungstest höchste Anforderungen gestellt werden (Hirner u. Förstner 1993). Insbesondere müssen reaktive und reaktionsvermittelnde Komponenten wie organische Stoffe vermieden werden. Zur Ermittlung der Mobilität und insbesondere der langfristigen Mobilisierbarkeit anorganischer Schadstoffe könnte beispielsweise das von Obermann und Cremer (1991) vorgestellte pH_{stat}-Elutionsverfahren eingesetzt werden: In geochemischer Hinsicht simuliert eine pH4-Elution nämlich einen möglichen Worst-case beim Vorliegen saurer Deponiesickerwässer. Die Wahrscheinlichkeit des Eintretens dieses Worst-case wird durch Messung der Pfufferkapazität des Probenmaterials gegenüber angreifenden Säuren abgeschätzt.

Wie soll nun das im pH4-Test erhaltene Eluat bewertet werden? Hier bietet sich die vom Schweizerischen Bundesrat erlassene „Technische Verordnung über Abfälle" (TVA) an. Für einige Elemente wurden von Hirner u. Förstner (1993) die nach TVA zugelassenen Höchstkonzentrationen mit anderen gängigen Listenwerten verglichen. Dabei ist zu erkennen, daß die TVA-Werte strenge Kriterien darstellen, deren Erfüllung für das Eluat nahezu Trinkwasserqualität voraussetzt. Diese im Sinne des Vorsorgeprinzips sicherlich gerechtfertigte Forderung kann z.B. von unbehandelter oder gewaschener Elektrofilterasche aus Müllverbrennungsanlagen erst nach Anwendung diverser Immobilisierungstechniken erfüllt werden (Förstner 1995a); u.a. existiert auch das Problem leichtlöslicher Minerale (z.B. Chloride).

Vor der Abfallverbrennung sollten S und Cl enthaltende Küchen- und Gartenabfälle entfernt und kompostiert sowie Cl enthaltendes PVC aussortiert werden. In unbehandelten MVA-Aschen werden bis zu 1900 mg/kg Cr, > 500 mg/kg As, > 2000 mg/kg Cd, > 1% Sb und > 10% Pb nachgewiesen (Förstner et al. 1991). Auch nach deren teilweiser Auswaschung mit neutralen oder sauren Wässern muß eine Langzeitfreisetzung von Protonen sogar aus nur wenig organischen Kohlenstoff enthaltenden Verbrennungsaschen und Schlacken erwartet werden. Laborexperimente von Belevi et al. (1992) zeigen nämlich, daß Nichtmetalle wie Cl und S oder auch DOC die Umwelt noch Jahre bis Jahrzehnte nach der Ablagerung belasten, so daß Aschen noch keine Endlagerqualität aufweisen und hierzu noch weiter behandelt werden müssen (Bambauer 1992, Goumans et al. 1991, Calmano 1988). Unter alkalischen Bedingungen, wie sie z.B. bei der Ablagerung unbehandelter Verbrennungsaschen auftreten, ist auch eine Zunahme der Mobilität von anionischen Elementspezies zu erwarten. Arsen wird schon bei geringen Eh-pH-Veränderungen mobilisiert und ist meist das erste Spurenelement, das im Verlauf der Deponieentwicklung im Sickerwasser angereichert ist (Blakey 1984). Cd zeigt die höchste Auslaugbarkeit in allen Abfalltypen mit einem Maximalwert von 76% bei unbehandelter MVA-Asche (Krishnan et al. 1992). Wadge u. Hutton (1987) fanden 20% des gesamten Cd und 1% des gesamten Pb in Kohlenflugasche in der austauschbaren Fraktion, wogegen dieser Anteil in der Rückstandsasche bei 72% bzw. 41% lag.

Es gibt auch Abfälle, die in ihrer ursprünglichen Form als inert und sicher angesehen werden wie z.B. Minenabfälle aus Pb-Zn-Lagerstätten in Missouri; der Schwermetallgehalt dieser Abfälle ist sehr hoch und reicht beim Blei bis zu 5 g/kg. Die sequentielle Extraktion zeigte aber, daß der Hauptteil des Bleis der Residualfraktion angehört, wobei die Bindungsform meist sulfidisch und nur selten oxidisch ist (Clevenger 1990). Zn ist neben der Residualfraktion auch in Carbonaten und Oxiden vorhanden. Nur sehr wenig an Pb, Cd, Zn und Cu war wasserlöslich, so daß dieses Material keine Gefahr darstellt, wenn es nicht oral oder inhalativ aufgenommen wird und nicht in Kontakt mit Säuren, Mikroorganismen oder Chelatbildnern kommt.

Da sedimentgebundene Schadstoffe dem Gewässer und den biologischen Systemen nicht für alle Zeiten entzogen sind, besitzen Sedimente normalerweise keine Endlagerqualität (Förstner 1995a). Gewässersituationen, bei denen eine Freisetzung von Metallen aus Feststoffen (oder verminderte Bindung bzw. Adsorption) stattfindet, sind:

- der Einfluß saurer Lösungen, lokal aus Minenabwässern, regional durch Niederschläge,
- Auftreten von erhöhten Salzgehalten, vor allem in den Flußmündungen,
- Veränderung der Redoxbedingungen, z.B. bei der Landdeponie von Baggerschlämmen und
- verstärkter Eintrag von natürlichen und insbesondere von synthetischen Komplexbildnern (z.B. NTA als Waschmittel-Phosphatersatzstoff).

Auch die Mobilität organischer Schadstoffe ist durch diese Prozesse betroffen: Zum Beispiel sind in Abwässern aus der Kohleverarbeitung nahe Leipzig Phenole und hochgradig chlorierte und nitrierte Derivate hiervon an Huminstoffe assoziiert, die bei Erniedrigung des pH-Wertes von 7 auf 2 alle wieder freigesetzt werden (Pörschmann u. Stottmeister 1993). Die Anlagerung anthropogener organischer Substanzen an natürliche Huminstoffe beeinflußt somit deutlich deren Löslichkeit, Stabilität, Transport und auch analytische Bestimmung.
Müller (1995) stellt die Frage: Wohin z.B. mit den hochgradig mit Cd und Hg belasteten Schlämmen im Hafengebiet von Hamburg, von denen jährlich ca. 2 Millionen m^3 ausgebaggert werden müssen? Er macht den Vorschlag, derartige Stoffe in ein natürliches Milieu einzubringen, in dem eine Freisetzung von Schwermetallen aufgrund der dort herrschenden besonderen physikalisch-chemischen Bedingungen nicht möglich ist. Das Schwarze Meer als größtes ständig anoxisches Meeresbecken der Erde biete diese besonderen Bedingungen im Tiefwasserbereich für eine problemlose Endlagerung. Die größte Tiefe beträgt 2204 m; ca. 300000 km^2 des Meeresbodens sind von anoxischem Tiefenwasser bedeckt. Die Hydrographie des Schwarzen Meeres wird durch den charakteristischen Dichteunterschied bestimmt, der das leichtere („süßere") Oberflächenwasser von dem schwereren („salzigeren") Tiefenwasser trennt, eine vertikale Vermischung dadurch praktisch verhindert und für die anoxischen Verhältnisse im Tiefenwasser – gekennzeichnet durch das Auftreten von freiem Schwefelwasserstoff und einem stark negativem Redoxpotential – verantwortlich ist. Die Sauerstoff-Null-Grenze liegt bei konstanter Dichte und Temperatur über das gesamte Becken hinweg zwischen 80 und 250 m Wassertiefe. Im anoxischen Wasserbereich treten phototrophe grüne Schwefelbakterien auf (*Chlorobiaceae*). ^{14}C-Messungen im Tiefenwasser des Schwarzen Meeres ergaben eine mittlere Verweilzeit von 934 Jahren, ab etwa 2000 m etwa doppelt so hoch. Die Konzentrationen von Zn und Cu im Tiefenwasser werden in erster Linie durch das extrem geringe Löslichkeitsprodukt ihrer entsprechenden Sulfide bestimmt. So liegen für Cu die Konzentrationen deutlich < 1 µg/L, für Zn bei etwa 1 µg/L. Mn und Fe werden an der Grenze anoxisch/oxisch oxidisch ausgefällt, die Partikel sinken ab und werden im anoxischen Bereich erneut aufgelöst. Das Verhalten von Co könnte durch Adsorption an MnO_2-Partikel im Grenzbereich anoxisch/

oxisch gedeutet werden, bei deren Auflösung dann auch das Co in die gelöste Form übertritt.

Das Schwarze Meer war während des Spät-Pleistozäns und Früh-Holozäns bis vor ca. 9000 Jahren ein gut belüfteter, vom Mittelmeer getrennter Süßwassersee. Vor ca. 6000 Jahren begann dann die für das „euxinische Milieu" charakteristische Sapropel-Sedimentation. Die jüngste Sedimenteinheit bildet ein laminierter, carbonatreicher Faulschlamm, dessen helle Carbonatlagen ausschließlich aus der aus dem Mittelmeer eingewanderten Coccolithophoriden-Spezies *Emiliana huxleyi* bestehen. Der Sedimentationsraum des Schwarzen Meeres kann damit als modernes Analogon für anoxische Bildungsbereiche einer Reihe fossiler bituminöser Sedimente vom Typus „Erdölmuttergestein" angesehen werden.

Der Faulschlamm des Schwarzen Meeres wird durch einen hohen Anteil an diagenetisch gebildeten Eisensulfiden (Hydrotroilit, Pyrit) charakterisiert. Die Metalle Mo, Co, Ni und Cu im Pyrit der Sapropele sind im Vergleich zu dessen Durchschnittskonzentration um mehr als eine Größenordnung angereichert. Hieraus ist zu ersehen, daß die Sulfidbildung eine bedeutende Rolle im geochemischen Gleichgewicht der Schwarzmeersedimente spielt. Die im Faulschlamm des Schwarzen Meeres herrschenden Bedingungen (Anaerobie, negatives Redoxpotential, freier Schwefelwasserstoff, fehlende vertikale Zirkulation, stabile Halocline) bieten somit die Gewähr, daß aus abgelagerten schwermetallkontaminierten Feststoffen praktisch keine Metalle freigesetzt werden können. Auch bei organischen Verbindungen ist mit zunehmendem Halogenierungsgrad der reduktive Abbau günstiger als der oxidative (Vogel et al. 1987). Anaerobe Prozesse wandeln z.B. halogenaromatische Verbindungen zu weniger toxischen, weniger bioakkumulierbaren und leichter biologisch abbaubaren Spezies um (Sims et al. 1990); für den Abbau halogenierter Benzole fanden Susarla et al. (1996) Halbwertszeiten von 20 bis 433 Tagen.

Die hydrographischen Verhältnisse des Schwarzen Meeres dürfen über lange Zeiträume als stabil angesehen werden und könnten nur durch eine drastische Absenkung des Wasserspiegels der Weltmeere um einige Zehner von Metern verändert werden. Ablagerungen von Abfällen auf marinen Sedimenten werden mit unverschmutzten Sedimenten bedeckt und gewähren auf Dauer anoxische Bedingungen.

Permanente anoxische Bedingungen in marinen Subsedimentlagern bieten zwar Gewähr für die Immobilisierung nur schwermetallhaltiger Abfälle, nicht dagegen, wenn diese auch organische Bestandteile enthalten. Es ist nicht klar, ob sulfidische Bedingungen die Entstehung metallorganischer Verbindungen und giftiger Zwischenprodukte beim Abbau chlororganischer Verbindungen verhindern können. Marine Bedingungen sind aufgrund hoher Sulfidionenkonzentrationen günstig, da die Bildung von Monomethylquecksilber relativ unterdrückt wird (Craig u. Moreton 1984) und generell Abbau organischer Schadstoffe stattfindet (Kersten 1988). In der Gegenwart von Sulfidionen fällt Hg als unlösliches Quecksilbersulfid aus, für das die Methylierungsrate langsamer als für andere zweiwertige Spezies des Hg ist (Kistler et al. 1987). Man sollte hierbei nicht vergessen, daß die Bildung metallorganischer Spezies generell im anaeroben Milieu stattfindet (s. Kap. 3.2) und beim Abbau vieler organischer Verbindungen bekanntermaßen gefährliche Zwischenprodukte entstehen (s. Kap. 2.1).

Ein weiteres praktisches Problem könnte der länderübergreifende Abfalltransport darstellen: Für den Transport „gefährlicher Abfälle" existiert ein umfangreiches nationales und internationales Regelwerk, welches das grenzüberschreitende Verbringen solcher Abfälle strengen Bedingungen und Kontrollen unterwirft. Im nationalen Bereich sind hier das Abfallgesetz von 1986, die Abfall- und Reststoff-Überwachungsverordnung von 1990 und die Ausführungsgesetze zum Baseler Übereinkommen von 1989 über die Kontrolle der grenzüberschreitenden Verbringung gefährlicher Abfälle und ihrer Entsorgung zu nennen. Darüber hinaus sind auch die Richtlinien der EU zu beachten.

2.4 Partikuläres Material in der Atmosphäre

2.4.1 Atmosphärische Aerosole (Einführung)

2.4.1.1 Luftverschmutzung durch Stäube

Staubpartikel stellen die sichtbarste und offensichtlichste Form der Luftverschmutzung dar. Allgemein versteht man unter Staub sedimentierbare Partikel von Feststoffen mit einem Partikeldurchmesser > 1 μm (Fellenberg 1997). Je nach Partikelgröße werden Stäube als Schwebstaub oder als Staubniederschlag erfaßt, wobei als Schwebstaub in erster Näherung ein atmosphärisches Aerosol mit einer oberen Korngröße von etwa 25 μm zu verstehen ist. Angaben zum Staubanteil in der Atemluft existieren u.a. von Eichmann u. Kloke (1992), von denen Werte von 20 bis 500 μg Staub/m^3 mit einem Anteil inhalierbaren Feinstaubes von 10 bis 90% angegeben werden. Der allgemeine Staubgrenzwert für die BRD beträgt 6 mg/m^3, im Ausland (z.B. USA) dagegen meist 3,5 mg/m^3. Ein Aerosol ist eine Sammlung von festen Teilchen (Staub, Ruß) und flüssigen Tropfen (Nebel) mit einem Durchmesser < 100 μm, die in Luft dispergiert sind (Baird 1998). Aerosole sind metastabil und sedimentieren nicht direkt, verursachen jedoch als Kondensationskeime Wolkenbildung und Niederschläge. Es handelt sich um kolloidal dispergierte Systeme, wobei das Dispersionsmedium in der Regel Luft ist. Entsprechend der Definition von Kolloiden liegt die Partikelgröße zwischen 1 und 100 nm Durchmesser, womit diese Teilchen die Eintrittsöffnung der Lungenbläschen (ca. 150 nm Durchmesser) passieren können. Im Unterschied zu Stäuben enthalten Aerosole auch Flüssigkeitströpfchen, die aus kondensierten Dämpfen gebildet wurden oder aus Reaktionsprodukten von

Gasen hervorgehen. Solche Tröpfchen können gelöste Substanzen enthalten. In der Regel werden auch Flüssigkeitströpfchen der Größenordnung zwischen 0,1 und 1 µm den Aerosolen zugerechnet. Weniger einheitlich behandelt man Feststoffe gleichen Durchmessers. Mitunter zählt man sie zu den Aerosolen, häufig werden sie auch als Feinstäube bezeichnet.

Aus physiologischer Sicht kommt den Partikelgrößen < 5 µm besondere Bedeutung zu, denn mit kleiner werdendem Durchmesser tendieren die Teilchen immer stärker dazu, sich gasähnlich auszubreiten. Sie werden von den Flimmerepithelien der Bronchien des Menschen nicht mehr aus der Atemluft herausgefiltert und vom Regen kaum noch aus der Luft ausgewaschen. Dadurch erreichen sie zum einen die Lungenalveolen und zum anderen wesentlich höhere Verweilzeiten in der Atmosphäre als gröbere Stäube.

Die Depositionsraten im Alveolarbereich liegen für Partikel < 2 µm bei 100% und für Partikel zwischen 2 und 10 µm bei etwa 80%; als Retentionsfaktor wird in der Literatur überwiegend ein Wert von 0,75 angegeben. Untersuchungen von Dannecker et al. (1982) zeigten, daß die Maxima der Staubmassenkonzentration urbaner Aerosole im Größenbereich von < 0,5 µm und zwischen 3 und 7 µm liegen. Weiterhin konnte nachgewiesen werden, daß eine Reihe umweltrelevanter Elemente gerade im lungengängigen Feinstaub angereichert werden und dort gut löslich sind, wodurch eine hohe biologische Verfügbarkeit dieser Elemente besonders im Alveolarbereich gegeben ist; z.B. reichern sich in urbanen Stäuben Pb, Cd und Cu im Korngrößenbereich < 3 µm zu mindestens 71% an.

Staub ist eine Quelle toxischer Materialien entweder durch Aufnahme atmosphärischer Stäube durch die Lunge oder Ingestion von Oberflächenstaub (Fergusson 1992). Teilchen > 5 µm werden im Nasen-Rachenraum deponiert, solche von 1 bis 2 µm im Bronchialbereich, wohingegen Partikel von 0,1 bis 1 µm bis zu den Alveolen vordringen. Die Schwermetallaufnahme aus der Lunge in das Blut kann sehr effektiv und der Ingestionspfad bei Kleinkindern sehr ausgeprägt sein (s. z.B. Blutbleigehalt). Auch bei der technischen Staubabscheidung macht der Feinstaub Probleme: Je kleiner die Teilchen, desto schwieriger ist ihre Entfernung aus der Luft mittels elektrostatischer Abscheider und Filteranordnungen.

Die (lognormale) Häufigkeitsverteilung eines urbanen Aerosols ist trimodal (Fergusson 1992, Whitby 1978), Mikroteilchen in der Atmosphäre treten in drei typischen Partikelgrößenbereichen auf (Abb. 2.11), die sich hinsichtlich ihrer Entstehung und ihres Verhaltens unterscheiden (Kümmel u. Papp 1990). Solche im Aitken-Bereich (< 0,1 µm) stellen primäre Kondensationskerne dar (Gaskondensation bei Hochtemperaturprozessen), die wie Gasmoleküle transportiert oder an Oberflächen angelagert werden. Sie entstehen durch Kondensationsprozesse und werden durch Adsorption an größeren Partikeln entfernt. Partikel im Akkumulationsbereich (0,1 µm < d < 3 µm) entstehen durch Koagulation kleinerer Teilchen, werden durch die Brownsche Bewegung transportiert und durch Auswaschen bzw. Ausregnen aus der Atmosphäre entfernt; ihre Verweilzeit ist

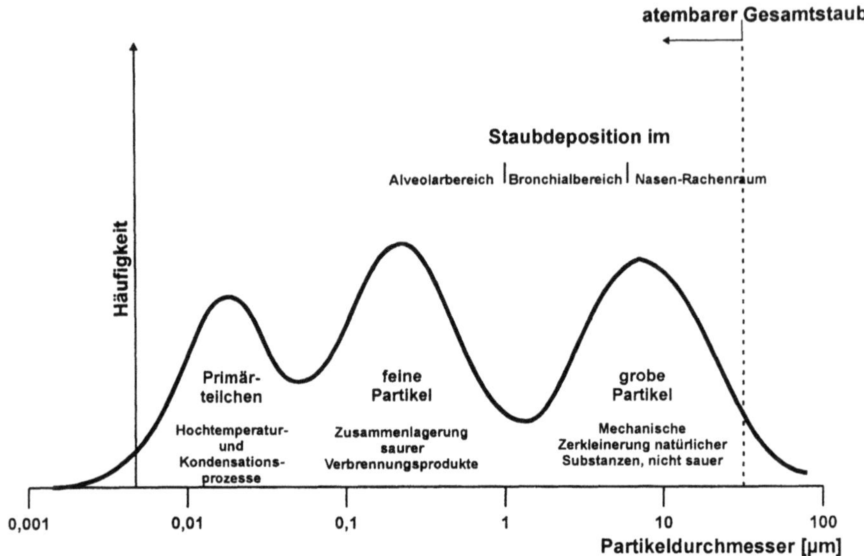

Abb. 2.11. Größenverteilung atmosphärischer Teilchen (modifiziert nach Colbeck 1995, Fergusson 1992 und Shaw 1987)

oft geringer als die Zeit, die unter atmosphärischen Bedingungen für die Aggregation zu größeren Teilchen nötig ist. Partikel der Grobteilchendimensionen ($d > 3$ µm) entstehen vorwiegend durch mechanische Dispergierung (Zerkleinerung) makroskopischer Teilchen; sie werden im Verlauf von Sedimentationsvorgängen wieder abgelagert. Teilchenbildungsraten reichen von 2 über entlegenen Ozeanbereichen bis zu 6×10^6 cm^{-3}/h im Kraftwerksabgas unter sonnigen Bedingungen (Whitby 1978).

Im Smog von Los Angeles machen Partikel mit einem Durchmesser von 0,1 bis 1 µm (feine Partikel) den Großteil der Gesamtmasse aus (Shaw 1987). Sie stammen vor allem aus chemischen Prozessen, insbesondere von Verbrennungsvorgängen, und sind im allgemeinen von saurer Natur. Hingegen entstehen die groben Partikel hauptsächlich bei der mechanischen Zerkleinerung von natürlich vorkommenden Materialien wie beispielsweise Erdboden; hier dominieren nichtsaure Substanzen. Zwar kann die Größe von atmosphärischen Partikeln durch Zusammenlagerung zunehmen, das Wachstum hört aber auf, wenn sich der Durchmesser einem Mikrometer nähert. Andererseits können mechanische Prozesse im allgemeinen nicht weiter zerkleinern als bis zu einem Mikrometer Durchmesser. Hughes et al. (1998) bestimmten die Massenkonzentration alveolengängiger ultrafeiner Teilchen < 0,1 µm in Pasadena im Winter zu größenordnungsmäßig 1 µg/m^3; diese Teilchen bestehen hauptsächlich aus organischen Stoffen.

Wacker (1994) analysierte Aerosolpartikel tiefenaufgelöst mit Hilfe einer Kombination aus SNMS (Sekundär-Neutral-Massenspektrometrie) und SIMS (Sekundär-Ionen-Massenspektrometrie). Alle Partikel waren schichtartig aufgebaut und konnten zwei Hauptklassen zugeordnet werden: Eine Klasse mit einem Teilchendurchmesser von < 1 µm besteht hauptsächlich aus graphitischen und organischen Kohlenstoffverbindungen, die nahezu deckend mit Ammoniumsulfat belegt sind und vermutlich aus Autoabgasen stammen. Das Ammoniumsulfat kann direkt aus den Gasen NH_3, SO_3 und Wasser auf der Partikeloberfläche gebildet werden. Die Klasse der größeren Teilchen dagegen enthält vorwiegend geogenes Material. Diese Partikel besitzen meist einen Kern aus Alumosilicaten, wahrscheinlich natürliche Zeolithe oder Tonminerale. Der Kern ist von zwei Schichten umgeben. Eine innere, 150 nm dicke Schicht besteht aus zumeist organischem Material mit wasserstoffarmen Verbindungen, die Stickstoff in Form von Amiden und Nitrogruppen beinhalten. Die obere Schicht von etwa 60 nm enthält wasserstoffreiche Kohlenstoffverbindungen und wie bei den kleinen Partikeln Ammoniumsulfat. Als Ursprung der organischen Verbindungen werden kondensierte gasförmige Atmosphärenbestandteile vermutet, die eventuell durch photochemische Immobilisation oder heterogene Gasreaktionen permanent auf den Partikeln deponiert werden.

Ein üblicher Qualitätsstandard für die Gesamtzahl atmosphärischer Teilchen (total suspended particulates TSP) ist 75 µg/m^3. Da jedoch nur atemgängige Teilchen für die menschliche Gesundheit wichtig sind, greift man meist auf die „PM$_{10}$" Fraktion zurück (particulate matter mit d < 10 µm; VDI-Richtlinie 2310 Blatt 19 und TRGS 900). Dies war ein erster Schritt zur Festlegung wirkungsbezogener Staubimmissionsgrenzwerte in der TA Luft von 1974 durch die Unterscheidung von Stäuben mit einer Partikelgröße < bzw. > 10 µm; die darin festgelegten Grenzwerte gelten für „nicht gefährdende Stäube". Als relevante Kornfraktion für die inhalative Aufnahme geben Eikmann u. Kloke (1992) < 5 µm, Dannecker et al. (1982) < 3,5 µm an.

Der Massenanteil des Luftstaubs, dessen Partikel einen Durchmesser von 10 µm und weniger aufweisen, liegt in städtischen Gebieten relativ konstant bei etwa 85% (Bliefert 1997). Unter „normalen" Emissionsbedingungen, also ohne den unmittelbaren Einfluß von Emissionsquellen, liegen in der bodennahen Atmosphäre nur etwa 5% der gesamten Masse des Luftstaubes als Partikel mit mehr als 30 µm Durchmesser vor; dies trifft besonders auf städtische Gebiete zu. Dieser Wert kann auf 40% des Gesamtstaubs ansteigen, wenn es sich um große Flächen mit unbefestigtem, nicht bewachsenem, sandigem Boden in der Umgebung stark Staub emittierender Industrien bei hohen Windgeschwindigkeiten handelt. Der Gehalt der Aerosolschwebstoffe nimmt mit der Höhe rasch ab. In Bodennähe über den Kontinenten liegt die Massenkonzentration von Aerosolen bei 30 bis 150 µg/m^3.

In den meisten Städten ist PM$_{10}$ etwa die Hälfte des TSP (Baird 1998). Der derzeitige Luftstandard in amerikanischen Städten liegt bei 150 µg/m^3. Man nimmt an, daß ein Zuwachs von 100 $\mu g/m^3$ bei PM_{10} in Städten die Mortalitäts-rate um 6 bis 17% erhöht. Die Ergebnisse an TSP- und PM_{10}-Proben können durchaus vergleichbar sein, wie z.B. Menichini u. Monfredini (1995) an PAK aus verkehrsbedingten Emissionen zeigen konnten.

Da die Aufnahme von Staubteilchen in den Körper vorwiegend über die Atmung erfolgt, werden Transport und Abscheidung durch das Verhalten von Partikeln in strömenden Gasen bestimmt. Funktionsbestimmende Größe ist somit der aerodynamische und nicht der geometrische Durchmesser (AD) eines (auch nicht unbedingt kugelförmigen) Teilchens. Abhängig von der aerodynamischen Teilchengröße eines Aerosolkollektivs ist zwischen „Gesamtstaub" (AD von etwa 0,001 bis 150 μm), „atembarem Gesamtstaub" (AD < 25 μm) und „lungen-gängigem Staub" zu unterscheiden (Puxbaum 1979). Zur Probenahme der lungengängigen Staubfraktion wurde 1952 vom British Medical Research Council ein Horizontalelutriator mit einem mittleren Abscheidedurchmesser von 5 μm vorgeschlagen. Die Abscheidefunktion ähnelt im Bereich der gröberen Teilchen (3 bis 10 μm AD) der experimentell ermittelten Abscheidefunktion bei Mundatmung, der Feinanteil < 3 μm wird in zunehmendem Maße, Teilchen < 1 μm werden praktisch vollständig erfaßt. Diese Abscheidekurve wurde 1959 als „Johannesburger Konvention" standardisiert. Eine noch bessere Anpassung an die experimentell ermittelte Abscheidefunktion zeigt die aus der „Los Alamos"-Kurve der Amerikanischen Atomenergiekommission hervorgegangene Abscheidekurve der „American Conference of Governmental Industrial Hygie-nists". Während weltweit in der Luftqualitätsüberwachung meist Teilchen < 10 μm als „PM_{10}-Standard" gesammelt werden, folgen die meisten europäi-schen Länder der Johannesburger Konvention mit einem AD von grob 5 μm; in USA gilt ein $AD_{50\%}$-Wert von 3,5 μm, $PM_{2,5}$ wird allgemein angestrebt.

Kiefernnadeln kämmen insbesondere Partikel mit aerodynamischen Durch-messern (AD) von 1 bis 10 μm aus und besitzen damit eine toxikologische Relevanz als Indikator für atmosphärische Schwermetallfrachten. Mit dieser Methode konnten z.B. Weißflog et al. (1994) im Gebiet Halle-Leipzig besonders in der Nähe von Hauptemittenten höhere Konzentrationen von mit Schadstoffen beladenen Flugstaubpartikeln nachweisen.

Insbesondere die Ergebnisse umfangreicher epidemiologischer Studien (u.a. aus den USA) in den 90er Jahren haben aufgezeigt, daß in erster Linie der lungen-gängige Feinschwebstaub ($PM_{2,5}$) zu erheblichen gesundheitlichen Beeinträchti-gungen führt (Kuhlbusch et al. 1998). In Übereinstimmung mit der Größe der Alveolaröffnungen wurde bei der GSF (Neuherberg) festgestellt, daß die Effekte Hustenreiz und Unwohlsein bei der Feinststaubfraktion (10 bis 100 nm) am ausgeprägtesten waren.

Stäube und Aerosole entspringen teils natürlichen, teils anthropogenen Emitten-ten. Auf natürliche Weise entstehen Salzkörnchen aus der Gischt des Meer-wassers, Mineralstäube stammen aus trockenen Böden, Stäube und Aschen aus Vulkanen, Rauchpartikel aus Vegetationsbränden und es bilden sich Staubpartikel bei Reaktionen von Gasen, wie beispielsweise Sulfate und Nitrate. Anthropogenen Ursprungs sind industriell erzeugte Stäube und Rauchpartikel, Ruß und Rauch aus Verbrennungsanlagen, sowie Reaktionsprodukte von Gasen anthropogenen Ursprungs; Sulfate spielen hier eine dominierende Rolle. Von den ca. 1670 Megatonnen Staub und Aerosolen, die jährlich in die Atmosphäre gelangen, dürfte weit über die Hälfte natürlichen Ursprungs sein, d.h. trotz zunehmender Industrialisierung und Urbanisierung überwiegen natürliche Quellen die anthropogenen bei weitem (Colbeck 1995).

Anthropogene Staubemissionen sind Begleiterscheinung menschlicher Aktivitäten (Emissionen bei Kohle- und Holzverarbeitung, Metallurgie, Baustoff-, Textil- und Glasindustrie, Verkehr und Landwirtschaft). Die auf industrielle Prozesse zurückgehende globale Partikelemission wird auf etwa 200 Mt/a geschätzt (Kümmel u. Papp 1990). Emissionsgrenzwert nach der GFAVO (Großfeuerungsanlagenverordnung) für Staub ist 50 mg pro m^3 Rauchgas.

Als Folge anthropogener Tätigkeit, vor allem im Ergebnis von Stoffumwandlungsprozessen und Mittel- bzw. Hochtemperaturprozessen (Energieerzeugung), kann sich der Stoffübergang in die Atmosphäre beträchtlich erhöhen, so daß die Grenzen des Selbstreinigungsvermögens der Atmosphäre möglicherweise überschritten werden und bleibende Veränderungen resultieren. Allerdings gingen in Industrienationen die Luftstaubkonzentrationen aufgrund technischer Maßnahmen zur Emissionsminderung ständig zurück: In Deutschland war die Luftstaubmenge z.B. 1986 nur mehr 32% derjenigen von 1966 (Kuttler 1991). Teilchen d < 2,5 µm (PM$_{2,5}$) werden Feinteilchen genannt und bleiben üblicherweise für Tage bis Wochen in der Luft; 20 bis 40% dieser Partikel stammen aus Fahrzeugemissionen, hauptsächlich solchen mit Dieselmotoren. Die Aufenthaltszeit in der Troposphäre eines Teilchens mit d = 2 µm und der Dichte von Wasser kann abgeschätzt werden, wenn man berücksichtigt, daß es nach dem Stokeschen Gesetz etwa 10 m pro Tag fällt (Baird 1998); ein 0,1 µm (20 µm) Teilchen der Dichte 1 g/cm^3 würde mit der Geschwindigkeit 28 m/a (4,7 m/h) sedimentieren (keine Windbewegung). Allgemein hängt die Verweildauer der Partikel in der Atmosphäre und damit ihre Ausbreitung von deren Größe und Dichte ab, aber auch von der herrschenden Windgeschwindigkeit und davon, wie hoch die Stäube primär in die Atmosphäre hochgewirbelt werden. Es konnten Stäube aus der Sahara im Süden der USA, in Mittel- und Südamerika nachgewiesen werden. Schwikowski et al. (1995) beobachteten noch Auswirkungen eines Sandsturms in der Sahara vom 20. bis 23. März 1990 auf dem 3450 m hohen Jungfraujoch in der Schweiz. Wüsten und wüstenähnliche Gebiete geben jährlich etwa 200 bis 500 Mt Mineralstaub in die Atmosphäre ab, wovon etwa 20% in den Ferntransport gehen (Bliefert 1997). Dieser Staub ist in allen Luftmassen auf der Erde – selbst in Reinluftgebieten – anzutreffender Bestandteil des atmosphärischen Hintergrundaerosols (Teilchenkonzentration etwa 300 cm^{-3}); seine mittlere Zusammensetzung entspricht im wesentlichen der Zusammensetzung der Erdkruste.

Mittels Röntgendiffraktometrie ist in atmosphärischen Partikeln Mullit nachzuweisen (Shaw 1987), ein Aluminiumsilicat, das sich nur bei hohen Temperaturen wie etwa bei der Verfeuerung von Kohle bildet. Beachtliche Mengen von
sulfathaltigen Partikeln in Reinluftgebieten im Great Smoky Mountains Nationalpark (Tennessee) gehen auf die Emissionen weit entfernter kohlebefeuerter
Kraftwerke (z.B. in Georgien) zurück. Vom Sulfat weiß man, daß es die größte
Menge der feinen Partikel über große Teile der östlichen USA und anderen
Regionen ausmacht. Da sulfathaltige Teilchen häufig hochgradig sauer sind,
können sie auch Materialien angreifen und wie der saure Regen das Säure-Base-
Gleichgewicht von Ökosystemen verändern. Durch die Streuung des Lichts
reduzieren hohe Konzentrationen sulfatreicher Staubpartikel in der Atmosphäre
die Sichtweite. Neben Sulfat die häufigste Komponente feiner Partikel in den
USA (z.B. Großraum Los Angeles) ist der Kohlenstoff als Kombination von
Ruß (reinem Kohlenstoff) und komplexen organischen Molekülen des Brenn-
stoffs. Sie streuen und absorbieren das Licht und verschlechtern die Sicht.
Die Stäube werden teils trocken deponiert, teils mit Regenwasser ausgewaschen.
Partikel, die sich gasähnlich ausbreiten, besonders solche von 1 μm Durch-
messer und weniger, entziehen sich weitgehend dem Auswaschungseffekt durch
Niederschläge, wodurch sie in bodennahen Luftschichten Verweilzeiten von 10
bis 20 Tagen erreichen. Bei starken Vulkanausbrüchen können Asche- und
Staubpartikel bis zu 20 km und höher getragen werden, wie im Falle des Kraka-
tau im Jahre 1883 und des Mount St. Helen im Jahre 1980. Für stratosphärische
Stäube und Aerosole rechnet man mit Verweilzeiten von 1 bis 3 Jahren. Ausschließlich von regionaler Bedeutung sind Stäube und Aerosole, die in Städten
und industriellen Ballungsgebieten erzeugt werden. Sie bilden über ihrem Ent-
stehungsort Dunstglocken, die jedoch bei kräftigen Luftbewegungen fahnenartig
leeseits verlagert werden und so die Umgebung der Emissionsquelle mit beeinträchtigen. Natürlich entstandene Stäube erreichen ihr Maximum während der
trockenen Sommermonate, während die anthropogen entstandenen Stäube,
speziell in dichten Siedlungsgebieten und Städten ein deutliches Wintermaxi-
mum aufweisen. Als Hauptverursacher hierfür sieht man die winterliche Wohnraumheizung an. Noch enger begrenzt auf lokale Emissionsorte bleiben Stäube
und Aerosole, die in geschlossenen Räumen erzeugt werden. Sofern keine
geeigneten Lüftungs- oder Absaugvorrichtungen vorhanden sind, können sie
dort Konzentrationen erreichen, die bereits die Gesundheit der Menschen gefährden (s. Kap. 2.4.4); dazu gehören besonders allergieerzeugende Stäube.
Chemisch lassen sich Stäube nur schwer definieren, denn sie können von reinen
Quarzkörnchen bis zu organischen Feststoffen oder Pollen von Pflanzen alle
denkbaren Substanzen enthalten. Global betrachtet dominieren Mineralstäube
bei weitem (z.B. Asbest, Quarz, Calcit und Albit). Regional können jedoch je
nach Hauptemissionsquelle ganz andere Substanzen dominieren, wie Alkali- und
Erdalkaliverbindungen, Schwermetalle, KW oder Farnsporen. Mineralteilchen
aus Gestein und Boden entsprechen in ihrer Elementzusammensetzung grob der

Erdkruste und enthalten hohe Konzentrationen an Al, Ca, Si und O in Form von Alumosilicaten. Nahe und über Ozeanen ist die Konzentration von festem NaCl in mittelgroßen Teilchen sehr hoch (sea spray, Gischt). Auch Pollen von Pflanzen stellen grobe Teilchen im Bereich von 10 bis 100 µm dar. Die chemische Zusammensetzung von Aerosolen und Stäuben hängt auch stark von der mittleren Teilchengröße ab (Kümmel u. Papp 1990). SiO_2, Al_2O_3 und CaO sind meist die oxidischen Hauptbestandteile. Über Ballungsgebieten enthalten atmosphärische Aerosole im Feinpartikelbereich 25 bis 50% Ammoniumsulfat, das durch Neutralisationsreaktionen in der Atmosphäre gebildet wird. Weltweit gemittelt stammen vom urbanen Luftstaub 40 bis 50% aus dem Boden, 10% aus dem Meer (Spray) und 13 bis 20% aus dem Verkehr.

Belastungen der Atmosphäre mit Stäuben und Aerosolen beeinflussen Ökosysteme in mehrfacher Weise. U.a. schädigen die Inhaltsstoffe der Stäube und Aerosole Organismen und Teile der abiotischen Umwelt durch ihre chemische und mechanische Wirkung. Sie führen bei der Deposition auf der obersten Bodenschicht zu pH-Verschiebungen (Aschen aus Energieerzeugungsprozessen sind alkalisch) und zur Anreicherung von toxischen Stoffen (Schwermetalle, kondensierte aromatische KW) auf pflanzlichen Oberflächen. Der Mensch reagiert auf staubförmige Luftschadstoffe mit Reizungen der Haut, der Augen und der Atmungsorgane, Allergien sowie Gewebsveränderungen der Lunge (Silikose, Asbestose) und Intoxikationen. In Kombination mit anderen Umweltstressoren (saure Gase, KW) sind Smog-Situationen wahrscheinlich.

Schließlich sind atmosphärische Stäube Träger von Radioaktivität aus geogenen und anthropogenen Quellen (Manahan 1999). Einige radioaktive Zerfallsprodukte wie ^{218}Po und ^{216}Po sind nicht gasförmig und lagern sich schnell an atmosphärisches partikuläres Material an. Weiterhin wirkt kosmische Strahlung auf atmosphärische Kondensationskeime ein und erzeugt andere Radionuklide wie ^{7}Be, ^{10}Be, ^{14}C, ^{39}Cl, ^{3}H, ^{22}Na, ^{32}P und ^{33}P. Verbrennung fossiler Energieträger bringt Radioaktivität in Form von Radionukliden in der Flugasche in die Atmosphäre. Große Kohlekraftwerke ohne Ascheabscheider können jedes Jahr einige Hundert mCurie an Radionukliden in die Atmosphäre einbringen, viel mehr als mit Kernkraft oder Öl betriebene Kraftwerke. Oberirdische Kernwaffenexplosionen können große Mengen an radioaktiven Teilchen in die Atmosphäre freisetzen (Manahan 1999). Unter den Radioisotopen, die nach solchen Detonationen im Regen nachgewiesen werden können, zählen ^{91}Y, ^{141}Ce, ^{144}Ce, ^{147}Nd, ^{147}Pm, ^{149}Pm, ^{151}Sm, ^{153}Sm, ^{155}Eu, ^{156}Eu, ^{89}Sr, ^{90}Sr, ^{115m}Cd, ^{129m}Te, ^{131}I, ^{132}Te und ^{140}Ba („m" bedeutet einen metastabilen Zustand, der unter γ-Emission in ein anderes Isotop des selben Elements zerfällt).

Nach der primären Deposition von Staub auf der Bodenoberfläche beinhaltet eine Resuspension („Staubaufwirbelung") eine abermalige Verteilung des Staubes in der Atmosphäre; sie kann lange nach der primären Deposition noch anhalten. Insbesondere hinsichtlich der Verteilung von Radionukliden in der Umwelt kommt diesem Prozeß eine große Bedeutung zu (Pinder et al. 1989).

Experimente mit fluoreszenzmarkierten Silicateilchen haben gezeigt, daß die Menge des durch Verkehr resuspendierten Materials stark von der Teilchengröße abhängt (Nicholson u. Branson 1990).

2.4.1.2 Toxikologie von Feinstaub

Staub ist für den Menschen ein wichtiger – vielleicht sogar der wichtigste – Träger von Schadstoffen. Eingeatmete atmosphärische Teilchen können deshalb zu Gesundheitsschäden führen. Es existiert eine starke Korrelation zwischen Sterblichkeitsrate und dem Grad der Luftverschmutzung durch Partikel und Gase (Manahan 1999). Eliminiert man den Einfluß des Rauchens und anderer erkennbarer Gefahren, tritt bei der Luftverschmutzung vor allem der Feinstaub als Risikofaktor hervor. Nach Angaben des Länderausschusses für Immissionsschutz wird das Krebsrisiko bei lebenslanger Exposition durch Dieselrußpartikel höher eingestuft als das durch Benzol, etwa gleich mit dem von Asbest, aber niedriger als das durch As, Benzo(a)pyren, Cd und besonders 2,3,7,8-TCDD. Während relativ große Teilchen im Atmungstrakt zurückgehalten werden, können sehr kleine Teilchen die Lunge erreichen und dort verbleiben. Im Einzelnen gelangen sie durch das Atemsystem – bestehend aus Schlund (Pharynx), Nasen-Rachen-Raum (Nasopharynx), gefolgt von Kehlkopf (Larynx) und Luftröhre (Trachaea) – in die beiden Bronchien (Durchmesser 10 bis 15 mm). Über mehrere Bronchiolen (Durchmesser 0,5 bis 1 mm) können die Aerosole schließlich die Lungenbläschen (Alveolen) erreichen. In den beiden Lungenflügeln (Gewebeoberfläche zwischen 55 und 75 m^2) befinden sich 3 bis 6 × 10^8 Lungenbläschen, deren Oberfläche im wesentlichen für den Gasaustausch verantwortlich ist (Bliefert 1997).

Das Atmungssystem besitzt Mechanismen zur Abscheidung von inhalierten Partikeln (Schleimhäute, Makrophagen, Verdauung). Der Abtransport der sich langsam auflösenden Partikel aus den Alveolen kann Wochen bis Jahre dauern. Über die Lungen gelangen schwer- und unlösliche Schadstoffe wie Bakterien, Schwermetalle und andere toxische Stoffe wie die PAK schließlich in das Lymphsystem und über das Blut in die Organe. Das Lungensystem kann mit Staubfracht so überladen werden, daß Reparatur- und Zellerneuerungssysteme überfordert sind (Hlavay u. Wesemann 1993).

Berufsbedingte Expositionen gibt es sowohl bei anorganischen Stäuben wie Quarzstaub, Asbestfasern oder Thomasmehl (früher als Dünger verwendetes Calciumphosphat, das bei der Stahlherstellung aus phosphatreichen Eisenerzen anfällt) als auch bei organischen Stäuben (z.B. beim Arbeiten mit Mehl, Baumwolle, Flachs oder Hanf). MAK- oder TRK-Werte werden für jeden gefährlichen Arbeitsstoff, der über die Atmosphäre einwirken kann, einzeln festgesetzt. Lediglich für Inertstäube – Stäube, die weder mutagene noch krebserzeugende, fibrogene, toxische oder allergisierende Wirkungen haben – ist als allgemeiner

Staubgrenzwert eine Feinstaubkonzentration von 6 mg/m^3 als MAK-Wert festgesetzt (Bliefert 1997).

Viele Einzelkomponenten von Aerosolen können spezifische Erkrankungen auslösen wie u.a. Silikose und Asbestose. Asbestnadeln führen zu Mikroverletzungen im Lungengewebe und begünstigen somit das Eindringen kanzerogener Substanzen in die verletzten Zellen. Deshalb können bei Asbeststaubexposition und gleichzeitigem Tabakrauchen besonders häufig Lungenkrebserkrankungen beobachtet werden. Regelmäßige Raucher unter den Asbestarbeitern haben ein achtfach höheres Risiko, an Bronchialkarzinomen zu sterben als Raucher ohne Asbestexposition und ein neunzigfach höheres Risiko als Menschen, die weder rauchen noch asbestexponiert sind (Ney 1986). Silikosen und Asbestosen treten vor allem bei jahrelanger, berufsbedingter Feinstaubexposition auf, wie bei Bergleuten, Steinmetzen, Sandstrahlern, in der Glas- und Keramikindustrie sowie bei der Asbestbearbeitung.

Der TRK-Wert für Asbeststäube liegt bei 0,05 mg Feinstaub oder 1 Mill. Fasern pro m^3 Luft. Für Arbeitsplätze, an denen Blei freigesetzt werden kann, gilt ein MAK-Wert von 0,1 µg Blei pro Liter Atemluft. Wegen der hohen Toxizität und der ganz außergewöhnlich langen biologischen Halbwertszeit von Cadmium (Jahrzehnte) wurde der MAK-Wert auf 0,05 mg/m^3 Luft festgesetzt. Auf diese Stoffe wird in Kap. 3.1.1 noch genauer eingegangen.

Eine Reihe von Stäuben unterschiedlicher Herkunft kann beim Menschen auch Allergien (Überempfindlichkeiten des Körpers gegen bestimmte Stoffe) hervorrufen. Relevante Krankheitssymptome sind z.B. Entzündungen, verstärkte Sekretion von Schleimhäuten oder Schwellungen. Wegen der unterschiedlichen Reaktionszeit des Körpers vom Zeitpunkt des Kontakts mit der allergieauslösenden Substanz bis zum Auftreten der Krankheitssymptome unterscheidet man einen Soforttyp, bei dem sich die allergische Reaktion innerhalb von Minuten bis zu wenigen Stunden nach dem Kontakt mit dem Allergen einstellt und verschiedene Spättypen mit Reaktionszeiten bis zu mehreren Tagen (Fellenberg 1997).

Eine direkte In-situ-Wechselwirkung zwischen Pollenoberflächen und Luftstaub (besonders Dieselruß) ist ausgeprägt in industrialisierten Gegenden mit hohen Gehalten an organischen Luftverschmutzungen und an stark verkehrsbelasteten Straßen (Behrendt et al. 1992). Pollenkörner akkumulieren Schwermetalle (z.B. Pb, Cd und Hg) wie auch Schwefel; z.B. ist der Schwefelgehalt von Pollen ein Bioindikator für die Gegenwart von schwefelhaltigen Aerosolen (Noll u. Khalili 1988). In feuchter Luft führen auf Luftstäuben adsorbierte Substanzen (z.B. PAK) zur Erzeugung und Freisetzung von allergenen Aerosolen. Zusätzlich zu dieser Sensibilisierung können staubbeladene Pollen in hochbelasteten Gebieten zu zytotoxischen und mutagenen Reaktionen führen (Beherendt et al. 1991). Exposition gegenüber hohen Luftstaubkonzentrationen kann zur Symptomverstärkung bei Allergien und zu anhaltenden allergischen Entzündungen führen (Hitzfeld et al. 1992).

Im konkreten Fall ist es ratsam, nutzergruppen- und expositionsszenariospezifische Aufnahmeraten zu ermitteln, die eine wichtige Grundlage für die Abschätzung der Wirkungen von schadstoffbelasteten Kontaktmedien auf die Gesundheit des Menschen bilden können. Diese Vorgehensweise ermöglicht eine realistische und flexible Beurteilung von Gesundheitsgefahren auch bei differenzierten Nutzungsverhältnissen und ist damit einer Gefährdungsabschätzung auf der Basis eines starren Vergleichs mit Grenz- uns Richtwerten überlegen. In diesem Zusammenhang diskutieren z.B. Stubenrauch et al. (1994) inhalative Aufnahmeraten für das allgemeine Expositionsszenario „Wohnhaus". Bei den speziellen Expositionsszenarien „gewerblich genutzte Gebäude" (ausschließlich von Erwachsenen frequentiert), „Sport- und Bolzplätze" (Flächen sportlicher Aktivitäten, in erster Linie Ballspiele) sowie „abgeschlossene Industrie- und Gewerbeflächen" (gewerblich genutzte oder brachliegende Flächen, ausschließlich von Erwachsenen benutzt) sind dagegen nur bestimmte Nutzergruppen exponiert, für die spezifisch Aufnahmeraten abgeleitet werden müssen. Nach EPA nimmt man für die auf inhalative Aufnahme für Erwachsene ein durchschnittliches Atemvolumen von 20 m^3 pro Tag an, für Kleinkinder 5 m^3.

2.4.2 Anorganische Schadstoffe in atmosphärischen Partikeln

2.4.2.1 Mineralfasern, Asbest

Einen ausführlichen Überblick über Vorkommen, Abbau, Verarbeitung und Einsatz von Asbest gibt Ney (1986).

Asbest (griech. asbestos, unzerstörbar) ist ein Sammelbegriff für sechs verschiedene Silicatminerale, deren Gemeinsamkeit darin besteht, daß sie relativ stabil gegen Laugen sind und sich in biegsame, nichtbrennbare Fasern unterschiedlicher Länge und Dicke aufteilen lassen (Förstner 1993a). Asbeste bilden eine Gruppe natürlicher Magnesiumsilicate mit verfilzter faserähnlicher Struktur, „verspinnbare mineralische Naturfasern kristalliner Natur" (DIN 60 001 Teil 1). Man unterscheidet zwei verschiedene Gruppen von Asbest: *Serpentinasbest* besteht aus Fasern mit einem Durchmesser von 18 bis 30 nm (Länge 0,2 bis 200 µm), ist bis ca. 1500 °C hitze-, aber wenig säurebeständig. Zu dieser Gruppe gehört Chrysotil (Weißasbest), der bei technischen Anwendungen zu ca. 95% verwendet wird. Die zweite Gruppe sind die *Amphibolasbeste*, wozu u.a. der Krokydolith (Blauasbest) gehört, der aus feinfaserigen und seidenglänzenden blauen bis braunen Aggregaten (Länge bis max. 18 µm, Durchmesser 60 bis 90 nm) besteht und weniger hitze- (bis 1200 °C), aber säurebeständiger ist als Chrysotil.

Obwohl Asbest seit ca. 4000 Jahren bekannt ist, begann die erste systematische Gewinnung um 1700 im Ural; um 1850 setzte die Asbestzementindustrie ein. Asbest zeichnet sich durch eine Reihe besonderer Eigenschaften wie einer geringen Wärme- und elektrischen Leitfähigkeit, einer hohen Elastizität und Zugfestigkeit sowie Adsorptionsfähigkeit und einer hohen thermischen Isolierfähigkeit aus. Wegen seiner faserigen Struktur kann Asbest unter anderem versponnen und verwoben werden (z.B. Feuerschutzanzüge oder -vorhänge). Hauptsächlich wird Asbest im Baubereich eingesetzt, vor allem als Zusatz bei Baustoffen aus Asbestzement. Asbestfasern und Zement wurden unter hohen Drücken zu Platten und Welltafeln verpreßt, die z.B. als Dach- und Fassadenplatten oder als Abwasserrohre eingesetzt wurden (Chrysotilanteil 5 bis 10%). Dagegen besteht Spritzasbest bis zu 90% aus Krokydolith (Rest Bindemittel). Spritzasbest wurde früher zur Isolierung auf Decken, Wänden und Böden in Hallen und sonstigen Räumlichkeiten, zur Ummantelung von Rohren und Leitungen, für Brandschutzabschottungen und Kabelschächte in Wand- und Deckendurchbrüchen aufgespritzt und ist seit 1979 in der BRD verboten (Bliefert 1997). Asbestfasern werden beim Lagerstättenabbau und der Verarbeitung von Asbestfasern und deren Produkten kontinuierlich freigesetzt . Ebenso beim Abrieb asbesthaltiger Brems- und Kupplungsbeläge und bei der Verbrennung asbesthaltiger Materialien sowie bei der Verwitterung asbesthaltiger Baustoffe, insbesondere unter aggressiven urban-industriellen klimatischen Bedingungen. Im Sinne des Vorsorgeprinzips ist während der vergangenen Jahre eine deutliche Reduzierung des Asbesteinsatzes vorgenommen worden. Das Branchenabkommen mit der Asbestzementindustrie, das 1982 abgeschlossen wurde, ist ein positives Beispiel für derartige Maßnahmen. Es hat zu einer erheblichen Reduktion der Asbestimporte von 157 kt 1980 auf 62 kt 1984 geführt. Nachdem Asbest seit 1990 im Hochbau nicht mehr verwendet wird, ist der Verbrauch in den alten Bundesländern auf weniger als 10 kt zurückgegangen (Förstner 1993a).

Asbest gehört zu den besonders gefährlichen, weil alveolengängigen faserförmigen Stäuben (Partikel mit einer Länge von > 5 µm und einem Durchmesser < 3 µm bei einem Verhältnis von Länge zu Durchmesser von mindestens 3:1). Man nennt Stäube wie Quarz oder Asbest, die Staublungenerkrankungen wie Silikose bzw. Asbestose verursachen können, auch fibrinogene Stäube. Asbest und asbesthaltiger Feinstaub sind in der MAK-Liste in die Gruppe III A1 eingestuft („eindeutig als krebserregend ausgewiesene Arbeitsstoffe; Stoffe, die beim Menschen erfahrungsgemäß bösartige Geschwülste zu verursachen vermögen"). Für Chrysotil-Asbeste ist ein TRK-Wert von 250000 Fasern pro Kubikmeter (F/m^3) festgelegt. Als Orientierungswert für Innenräume nimmt man 1000 Fm^{-3} an; nach einer Sanierungsmaßnahme sollen 500 Fm^{-3} nicht überschritten werden. Arbeitsplatzbelastungen sollten unter 1 Million Fasern pro m^3 Luft sein.

Eine der asbestbedingten Hauptkrankheiten ist die Asbestose, eine Lungenerkrankung ähnlich der Silikose. Da die Zeitspanne zwischen der Exposition und dem Ausbruch der Asbestose Jahre bis Jahrzehnte (als durchschnittliche Latenzzeit werden 17 bis 30 a angegeben) dauert, wird die Beurteilung einer Asbestexposition sehr erschwert. Die Asbestfasern bleiben jahrelang im Lungengewebe, das sich dadurch krankhaft verändert. Damit wird die aktive Lungenoberfläche für den Sauerstoffaustausch vermindert, und der Betroffene beginnt im Laufe der Zeit unter Atemnot zu leiden. Bei länger dauernder Einwirkung können die Fasern im Gewebe schließlich kanzerogen wirken und Lungenkrebs auslösen. Anfang der sechziger Jahre entdeckten Ärzte, daß Asbest zusätzlich zum Lungenkrebs zu einem seltenen Tumor des Brust- und Bauchfelles führt, dem Mesotheliom. Mehr als zwei Drittel aller in den letzten Jahren entschädigten Berufskrankheiten entfallen auf Asbest (Förstner 1993a).

Das Inverkehrbringen sowie das Herstellen und Verwenden der meisten Asbestprodukte – asbesthaltige Erzeugnisse und Zubereitungen müssen besonders gekennzeichnet werden – ist in Deutschland verboten [§1(1) ChemVerbotsV bzw. §15(1)1 GefStoffV]; Arbeitnehmer dürfen diesem gefährlichen krebserzeugenden Gefahrstoff nicht ausgesetzt sein [§15a(1) GefStoffV]. Deshalb ist das Asbestproblem in Deutschland heute eher ein Problem von zu sanierenden Bereichen oder Gebäuden als ein Problem durch neue asbesthaltige Produkte. In der TRGS 517 „Asbest" wird einiges zu Herstellung und Verwendung von Asbest gesagt. In der TRGS 519 „Asbest: Abbruch-, Sanierungs- und Instandhaltungsarbeiten" sind besondere Schutzmaßnahmen für den Umgang mit Asbest festgehalten.

In unserer Umwelt gibt es auch natürliche (geogene) Asbestquellen: Zum Beispiel besteht der Schutzwall um die City von San Jose (Kalifornien) aus asbesthaltigem Serpentingestein (Skinner u. Ross 1994). Aber auch andere faserförmige Minerale können zu Mesotheliomen führen, wie z.B. 1976 in Karain (Zentralanatolien) durch Erionit, einem seltenen Mineral der Zeolith-Gruppe (Ney 1986). Als Ersatzstoffe für Asbeste werden, je nach Anwendung, natürliche oder künstlich hergestellte organische oder anorganische Fasern verwendet (z.B. Flachs und Hanf, Kunststoffasern und künstliche Mineralfasern wie Glas- oder Steinwolle); letztgenannte werden in der MAK-Liste eingestuft „als ob" sie zur Stoffgruppe III A2 gehörten.

Während das Arbeitsplatzrisiko durch Asbest im Laufe der vergangenen Jahre quantitativ immer deutlicher erkannt wurde, bestehen hinsichtlich der allgemeinen Umweltrisiken noch sehr kontroverse Ansichten (Förstner 1993a). Messungen haben ergeben, daß in der Stadtluft wesentlich mehr faserförmige Staubpartikel und signifikant mehr Asbestfasern vorhanden sind als in der Luft von Landbezirken. Auch bestehen Unterschiede in der Faserkonzentration zwischen einzelnen Städten und verschiedenen Jahren bzw. Jahreszeiten. Als Jahresmittelwerte wurden bis 140 Fasern/m^3 in der Umgebung von Zementplattenanwendungen, bis 150 F/m^3 in städtischen Ballungsgebieten (darunter solchen mit ausgewiesener erhöhter Verkehrsdichte) und 80 bis 350 F/m^3 in der Umgebung von Asbestfasern verarbeitenden Fabriken gemessen. Eine erhöhte Mesotheliomhäufigkeit wurde bislang in zwei Fällen – in der Umgebung südafrikanischer Krokydolith-Minen und asbestverarbeitender Betriebe in Hamburg – bei Anwohnern ohne beruflichen Asbestkontakt nachgewiesen (Förstner 1993a); eine erhöhte Bronchialkrebshäufigkeit läßt sich allerdings unter diesen Bedingungen wegen der Dominanz des Zigarettenrauchens über andere Risikofaktoren nicht feststellen.

Das Mesotheliomrisiko wird bei lebenslangem Kontakt mit 100 F/m^3 auf etwa 2:100000 extrapoliert; diese Risikoabschätzungen basieren meist auf Beobachtungen an Arbeitsplätzen, an denen Amphibolasbeste (Krokydolith, Amosit) oder deren Gemische mit Chrysotil eingesetzt worden waren. Bei der in der Außenluft vorherrschenden Chrysotil(Weißasbest)-Belastung dürfte das Mesotheliomrisiko niedriger ausfallen. Es wurde errechnet, daß für einen Schüler im 11. bis 15. Lebensjahr das Unfallrisiko mit Todesfolge etwa fünfzigmal größer ist als ein Mesotheliomrisiko bei Aufenthalt in einer relativ hoch belasteten Schule mit 1000 F/m^3 (Förstner 1993a). Unter diesen Voraussetzungen ist die Verhältnismäßigkeit der zu erwartenden Risiken sorgfältig abzuwägen.

Zur Zeit gilt in Deutschland hinsichtlich der Entscheidung zur Notwendigkeit einer Asbestsanierung in erster Linie das Baurecht (6.12.95 KRdL Düsseldorf VDI). Die konkrete Gefahr wird aus potentiell Asbest enthaltenden Baustoffen abgeleitet, wozu in einer vom Umweltbundesamt 1993 beschriebenen vergleichenden Risikoabschätzung Bewertungslisten zum offensichtlichen Gebäudezustand nach einem Punktesystem zugrunde gelegt werden. Bei einer Bewertungszahl > 80 Pkt. nach AG Bau muß saniert werden. Die Messung der Konzentration von Asbestfasern in der Raumluft gilt nur noch als Kontrolle über den Erfolg einer Sanierung, nicht dagegen zur Feststellung der Sanierungsbedürftigkeit. Hieraus könnte ein Problem erwachsen: Was passiert, wenn < 80 Pkt. erreicht werden, aber dennoch 30000 Fasern gemessen werden?

2.4.2.2 Metall(oid)e

Von erheblicher toxikologischer Bedeutung sind Spurenmetalle in Aerosolen und Stäuben. Ihre Konzentration wird von der relativen Flüchtigkeit der Metallverbindungen bestimmt. Definiert man einen anthropogenen Mobilisierungsfaktor von Metallen als das Verhältnis des anthropogenen zum natürlichen Stofffluß, so werden die anthropogen stark mobilisierten Metalle (Cd, Pb, Zn, Cu, Sb) in kleineren (d < 0,25 μm) und die weniger anthropogen mobilisierten Metalle (Fe, Mn, Cr) in gröberen Partikeln (d > 2μm) angereichert. Partikuläre Metalle erreichen in der Luft ländlicher Gebiete für Be bis zu 0,03, für Cd, Co, Cr, Cu, Ni, Sb und V bis zu 10, für Mn, Pb und Zn bis zu 100 ng/m^3, für Fe noch höhere Werte; in städtischen Gebieten betragen dagegen die Anreicherungen Faktoren von 2 bis 10, für Be sogar 70 (nach VDI 2267 Blatt 5). Es ist trotzdem bemerkenswert, daß mit Ausnahme lokaler „hot spots" wie Industriestandorte, Bergbaugebiete und Vulkane die Elementzusammensetzung atmosphärischer Stäube in vergleichbaren Umweltbereichen (Hinterland, ländlich oder urban) weltweit relativ konstant ist, was prinzipiell ähnliche Staubquellen sowie großräumige Vermischungs- und Transportprozesse voraussetzt (Fergusson 1992).

Die niedrigsten atmosphärischen Spurenelementkonzentrationen sind in der Antarktis, sehr niedrige im Pazifischen Ozean anzutreffen. Große Unterschiede existieren zwischen maritimen und kontinentalen Bereichen, sowie zwischen südlicher und nördlicher Hemisphäre (Puxbaum 1979). Diese extremen Unterschiede seien beispielhaft für einige Elemente aufgezeigt (Werte in ng/m^3):

Pb   0,007 bis 96270   Cd   0,003 bis 7000
As   0,007 bis 2320   Sb   0,0008 bis 171

Ionen in Aerosolen lassen sich entsprechend ihrer Häufigkeit in folgender Reihe anordnen: Cl^- (meist mariner Herkunft) $= Na^+ > Mg^{2+} > Ca^{2+} > SO_4^{2-} > NO_3^- = NH_4^+$ (meist kontinentaler Herkunft).

Immissionen von Metall- und Metalloidverbindungen in urbanen Gebieten weisen gegenüber ländlichen Gebieten eine zwei- bis fünffach höhere, Emittentennahbereiche eine um mehr als eine Größenordnung erhöhte Belastung auf (Bruckmann u. Pfeffer 1991).

Spurenelemente machen dabei nur etwa 1% der gesamten Aerosolmasse aus, Eisenverbindungen 1 bis 8%, Elektrolyte 25 bis 35%, organisches Material 8 bis 11% und mineralische Anteile 16 bis 18% (Puxbaum 1979). Die größeren Teilchen aus Kohlefeuerungen enthalten hauptsächlich Oxide von Al, Si, Ca, Fe, Na, Mg und K, während kleinere Teilchen stark an flüchtigen Spurenelementen wie As, Sb, Se, Cd, Pb und Zn angereichert sind. Stäube und Aerosole sind die Hauptformen, in denen Schwermetalle in der Atmosphäre auftreten: Aus der Erdöl- und Kohleverarbeitung sind dies hauptsächlich Ni, Be, B, As, Se, V und Cd, aus Verkehr Pb sowie Hg, Cu, Mn, Cr, Ag, Zn aus gemischten Quellen; 92 bis 99% des Hg aus kohlebefeuerten Kraftwerken wird gasförmig emittiert.

Mit am häufigsten in atmosphärischen Aerosolen wird Pb untersucht, da dieses Element aus potenten Quellen wie Industrie, Verkehr oder Farben stammt (Barratt 1990); ähnliche Aufmerksamkeit wurde Cd in Zusammenhang mit der Müllverbrennung als stärkster Quelle im urbanen Bereich zuteil.

In den Auspuffgasen von Otto-Motoren, die noch mit bleihaltigen Kraftstoffen betrieben werden, ist u.a. unverbranntes Bleitetraethyl enthalten. Die größten Mengen dieses Stoffes emittiert ein Motor beim Kaltstart mit Konzentrationen bis zu 5 mg/m^3 im Auspuffgas; in der Stadtluft tritt dann eine Verdünnung auf ca. 0,1 bis 1 $\mu g/m^3$ ein. Das moderat flüchtige, wenn auch erst bei 200 °C siedende Bleitetraethyl wird in der Luft verdriftet und kann so bis in Reinluftgebiete vordringen. Bei diesem Transport können UV-Strahlen mit einer Wellenlänge von etwa 250 nm das Bleitetraethyl in ein Radikal umwandeln, das in Gegenwart von Elektronenakzeptoren Bleitriethylionen bildet. Die besondere Eigenschaft von $Pb(C_2H_5)_3^+$ besteht darin, daß es durch seinen Ionencharakter eine hydrophile Komponente aufweist und durch seine C_2H_5-Gruppen eine lipophile Seite. Dadurch kann es Zellmembranen passieren und innerhalb der Zellen vor allem an thiolgruppenhaltige Proteine angelagert werden (s. Kap. 3.2).

Für eine Reihe von Verbindungen der Elemente As, Cd, Cr, Ni, Co und Be sind in epidemiologischen Studien, durch Erfahrungen der Arbeitsmedizin oder im Tierexperiment kanzerogene Wirkungen nachgewiesen worden (Bruckmann u. Pfeffer 1991). Dabei bestehen zwischen den Elementen und zwischen ihren einzelnen Verbindungen große Unterschiede: Im Gegensatz zu den anorganischen Arsenverbindungen, die als kanzerogen gelten, sind es beim Nickel in erster Linie die schwer löslichen Verbindungen und beim Chrom Verbindungen mit der Oxidationsstufe VI. Auch der Aufnahmepfad der Metall- und Metalloidverbindungen hat entscheidenden Einfluß auf die kanzerogene Potenz: Während z.B. die inhalative Aufnahme von Cadmiumverbindungen krebserzeugend sein kann, fehlen Hinweise auf kanzerogene Effekte oral zugeführter Cadmiumverbindungen. Bei Arsenverbindungen führt die Inhalation zu einem erheblich höheren Krebsrisiko als die orale Aufnahme.

Langfristige Meßreihen zeigen allerdings einen erheblichen Konzentrationsrückgang kanzerogener Metallverbindungen in der Umwelt im vergangenen Jahrzehnt.

Speziesanalytik ist in der Atmosphärenchemie der Stäube wichtig, denn toxikologische Eigenschaften, das Umweltverhalten innerhalb geochemischer/anthropogener Kreisläufe und die katalytische Aktivität werden durch die molekulare Form der Spurenelemente festgelegt. Zur Abschätzung der Bindungsformen von Metall(oid)en in/auf Stäuben kann das Tessier-Schema zur sequentiellen Extraktion (s. Kap. 2.1.4) oft erfolgreich eingesetzt werden (Barratt 1990).

Noch vor wenigen Jahren wurden sowohl in der Emission als auch in der Immission ausschließlich Filter zur Erfassung der Schwermetall(oid)e eingesetzt. Dies galt als vollkommen ausreichend, da angenommen wurde, die Schwermetalle mit Ausnahme von Hg seien vollständig an Partikel gebunden. Schon eine Betrachtung der Dampfdruckkurven z.B. von As_2O_3 oder CdO zeigt aber, daß diese Annahme bei höheren Temperaturen von etwa 200 °C, wie sie bei Emissionsmessungen durchaus üblich sind, nicht zutrifft.

Bei Immissionsmessungen wurde in der BRD wie auch international wegen der im Verhältnis zur Emission niedrigen Temperaturen bei der Probenahme an der Analyse von Schwermetallen in Schwebstaubproben festgehalten, die mit Hilfe von Staubsammelgeräten auf Membran- oder Glasfaserfiltern abgeschieden werden. In der BRD kommen zur Probenahme i.wes. zwei Verfahren zur Anwendung (LIB-Verfahren und Kleinfilterverfahren), die in der VDI-Richtlinie 2463 beschrieben sind. Derartige Messungen werden sowohl zur allgemeinen Luftüberwachung in den Meßnetzen des Bundes und der Länder als auch im anlagenbezogenen Immissionsschutz nach der TA Luft durchgeführt. Ebenso beruhen die Expositionsdaten der Bevölkerung und daraus abgeleitete Dosis-Wirkungsbeziehungen oder Risikoabschätzungen und die Grenzwerte der TA Luft für Pb und Cd auf derartigen Meßdaten. Schon länger ist bekannt, daß die dieser Meßtechnik zugrunde liegende Voraussetzung einer vollständigen Bindung der Schwermetalle an filterbare Stäube für Hg nicht zutrifft; dies ergibt sich bereits aus der Dampfdruckkurve. Auch andere Schwermetalle und Metalloide wie Pb, Cd und As mit niedrigen Dampfdrücken bei Umgebungstemperatur lassen sich auf Filtern nicht vollständig abscheiden; ein etwa gleich großer Anteil passiert das Filter (P. Bruckmann, persönl. Mitt.).

2.4.2.3 Flugasche

Grobteilchen (aerodynamischer Durchmesser AD 2,5 bis 100 μm) werden durch mechanische Prozesse wie Erosion und Abrieb und bei der Verbrennung aschehaltiger Brennstoffe gebildet. Flugaschen liegen generell im unteren Größenbereich der Grobteilchen.

Auf der Grundlage ihrer Elementzusammensetzung (möglichst zusammen mit ihrer morphologischen und mineralogischen Zusammensetzung) können Stäube oft eindeutig den jeweiligen Emissionsquellen zugeordnet werden (Hlavay u. Nagy 1994). Die unvollständige Verbrennung mikroskopischer Öltröpfchen z.B. produziert charakteristische sphärische, innen hohle Teilchen ähnlich einem „Tropfenskelett" von 10 bis 200 μm, die man Cenosphären nennt (Paoletti et al. 1994). Aufgrund ihrer Hohlform besitzen Cenosphären eine geringe Dichte (ca. 0,4 bis 0,5 g/cm^3) und eine große spezifische Oberfläche (10 bis 100 m^2/g). Sie bestehen aus einer amorphen Komponente (besonders aus C, S, Si, Fe und Al) sowie aus Mikrokristallen von Sulfaten, Oxiden und Metallen und deren Legierungen.

Mit der chemischen Zusammensetzung von Flugaschen beschäftigen sich u.a. Polyak et al. (1994), die insbesondere große Mengen an austauschbarem Cd vorfanden. Röntgenabsorptionsfeinstruktur(XANES)-Untersuchungen wiesen nach, daß bei der Verbrennung von Holzkohle Hämatitteilchen entstehen und das Element Chrom im dreiwertigen Zustand vorliegt (Török et al. 1994). Flugaschen mit bis zu 380 g Pb/kg wurden aufgefunden (Hlavay u. Nagy 1994).

2.4.3 Organische Schadstoffe in atmosphärischen Partikeln

2.4.3.1 Herkunft organischer Bestandteile

Organisches Material in Aerosolen stammt entweder von biogenem Detritus ab (z.B. Pflanzenwachs oder Mikroben) oder aus anthropogenen Emissionen (z.B. Öle oder Ruß); mikrobielle und Landpflanzenlipide sind die vorherrschenden biogenen Rückstände und erdölbürtige KW mit kleineren Anteilen pyrogener PAK sind die hauptsächlichen anthropogen bedingten Rückstände (Simoneit 1986). Proben aus ländlichen Gebieten enthalten hauptsächlich Pflanzenwachse (KW, Fettsäuren und Fettalkohole) und Harze, solche aus urbanen Bereichen zusätzlich höhermolekulare Rückstände von Erdölprodukten (MKW = Erdölkohlenwasserstoffe) wie auch Biomarker aus der Flora (z.B. Phytosterole, Terpane und Wachsester).

Während Aerosole aus dem ozeanischen Bereich nur Spuren von Lipiden terrestrischer Pflanzenwachse und Fettsäuren marinen Ursprungs (C_{13} bis C_{18}) enthalten, machen in urbanen Aerosolen organische Stoffe signifikante Anteile aus, mit 27% bilden sie z.B. im Feinstaub des Innenstadtbereichs von Los Angeles die größte Fraktion. Das extrahierbare organische Material von feinen (d < 3,5 µm) urbanen Luftteilchen (Mischung von organischen, anorganischen und „black carbon" Partikeln) aus Los Angeles besteht aus aromatischen Säuren (18,2%), KW (13,8%), Ketonen (8,2%), aliphatischen Säuren (8,1%), Nitroverbindungen (7,8%) und Estern (4,6%); 39,3% wurden nicht identifiziert (Kaplan u. Gordon 1994). Mit Hilfe von ^{14}C-Bestimmungen wurde der Anteil des rezenten C aus der Biomasse zu 17 bis 63% bestimmt; die niedrigsten Gehalte stammten dabei aus Downtown Los Angeles (verkehrsmäßig am stärksten belastet). Die KW-Fraktion belief sich auf lediglich 1 bis 3%, wogegen die polare Fraktion und der „black carbon"-Anteil zwischen 16 und 44% lagen. Somit gilt nach Kaplan u. Gordon (1994) als nachgewiesen, daß urbane Aerosole signifikante Mengen nichtfossilen rezenten Kohlenstoffs enthalten.

Global rechnet man mit etwa 10^{12} g C in Form flüchtiger organischer Verbindungen (volatile organic carbon VOC), wobei die biogenen die geogenen Anteile um das Achtfache übersteigen.

KW bestehen aus n-Alkanen und einer komplexen Mischung verzweigter und zyklischer KW, von denen ein Großteil gaschromatographisch nicht aufgetrennt werden kann und im Chromatogramm als sog. Ölberg auftritt. So kann als diagnostischer Parameter das Verhältnis von unaufgelösten (Ölberg) zu aufgelösten KW eingesetzt werden: Werte > 2 weisen auf signifikante Kontamination durch Erdölprodukte hin (Simoneit 1986). Naturprodukte (z.B. Wachsalkane, Fettsäuren und Fettalkohole) weisen einen hohen CPI-Wert auf. Dabei bedeutet CPI den Carbon Preference Index und errechnet sich aus der Konzentration der Summe der Homologen mit ungerader Kohlenstoffzahl geteilt durch die Summe der Homologen mit gerader Kohlenstoffzahl über einen festgelegten C_n-Bereich (Bakterien und Algen bei $C_{10\ bis\ 25}$ und höhere Pflanzen bei $C_{26\ bis\ 35}$). Typische Konzentrationen für die gesamte Lipidfraktion liegen bei 100 ng bis zu 10 µg (pro m^3 Luft) über den Kontinenten und (deutlich niedriger) zwischen 0,1 und 100 ng über den Ozeanen (Simoneit 1986).

Bei der Realverbrennung unter Sauerstoffmangel werden PAK und Kohlenstoffteilchen < 100nm erzeugt. Die Tendenz von KW zur pyrosynthetischen PAK-Bildung nimmt in der Reihenfolge Paraffine < Olefine < Zykloolefine < Aromaten zu; diese Häufigkeitsreihenfolge ist damit auch in aus Verbrennungsprozessen stammenden Stäuben zu beobachten. Besonders PAK mit fünf bis sieben Ringen sind teilchengebunden. Derartige Assoziate in Aerosolen werden mittels Photoemission, laserinduzierter Fluoreszenz oder auch Festkörper-NMR untersucht. Neue und Niessner (1992) studierten die Sorption von Perylen und Coronen an einem polydispersen Kohlenstoffaerosol und fanden heraus, daß sich bei Normaltemperatur ein Teil der Moleküle in einem flüssigkeitsähnlichen Zustand befindet. Substituierte PAK wie auch die Cl-PAK mit stark mutagenen Vertretern wie 4-Chloropyren oder 6-Chlorochrysen werden nach der PAK-Pyrosynthese als Sekundärprodukte gebildet (Nilsson u. Östman 1993).

Durch unvollständige Verbrennung (aufgrund ungünstiger Feuerführung) der jährlich in Mengen von ca. 324 kt eingesetzten Braunkohle im Ballungsgebiet Leipzig-Halle-Bitterfeld als einer der Regionen mit der höchsten Umweltbelastung in Europa konnten Engewald et al. (1993) 152 flüchtige organische Verbindungen in Rauchgasen nachweisen, darunter atmosphärenchemisch bedeutende Schadstoffe wie Benzol, Alkyl- und Alkenylbenzole, PAK, niedermolekulare, ungesättigte KW, Phenole, Aldehyde und Ketone.

Jede unkontrollierte Verbrennung von Plastikmaterial, Papier und Holz läßt Pyrolyseprodukte entstehen, die u.a. vom verbrannten Material, der Temperatur und der Luftzufuhr abhängen. Beim Abbrennen eines zu diesem Zweck vorgefertigten Gebäudes konnten Sturaro et al. (1994) Phenole, Aniline, Cyanoarene, Quinoline, Acridine, PAK, Thiophene, Furane und Phthalate im Ruß nachweisen. Die Gegenwart von Einring-Phenolen wird auf das Vorhandensein von Papier aus der Bibliothek zurückgeführt, Naphthole entstehen bei der Oxidation von Naphthalen in Gegenwart von Wasser. Die Gegenwart von Anilinen deutet auf die Anwesenheit von Polyurethanschäumen hin. Bei thermischer Zersetzung dieses Polymers werden Olefine, primäre und sekundäre Amine sowie Retrosyntheseprodukte wie Isocyanate und Alkohol, möglicherweise auch Cyanoarene und Benzonitril gebildet. 21 Vertreter der PAK mit Phenanthren als häufigster Einzelverbindung und einige Methylderivate wurden ebenso identifiziert wie Carbazol sowie Butyl- und Octylphthalate aus Plastikzusätzen.

2.4.3.2 Industrieruße (black carbon)

Die bei der Verbrennung von kohlenstoffhaltigem Material auftretenden „Ruße" werden im Englischen „soot" genannt. Für großtechnisch hergestellte Industrieprodukte dagegen hat sich der Begriff „carbon black" eingebürgert, der als gewolltes Produkt zur Unterscheidung von den unerwünschten Rußen mit „Industrieruß" bezeichnet werden sollte (Degussa-Schrift „Was ist Ruß?"); ähnliche Differenzierungen wie für soot/carbon black existieren auch im Französischen (Suie/Noir de Carbone), Italienischen (Fuliggine/Nerofumo) und Spanischen (Hollin/Negro de Humo).

Industrieruß (carbon black) ist ein hochreiner kolloidaler Kohlenstoff, der weltweit in großen Mengen für unterschiedlichste industrielle Anwendungen hergestellt wird (z.B. 1984 weltweit 4450, in der BRD 360 und den USA 1515 Mt); zwischen 1983 und 1990 nahm der Weltverbrauch um 35% zu (Rivin 1986). Über 90% des Industrierußes wird als Füllmaterial in Elastomeren verwendet (hauptsächlich Reifenindustrie). Bei der Reifenherstellung werden

Gummiruße verwendet, Pigmentruße werden für Druckfarben und Lacke, aber auch zur UV-Stabilisierung von Polyethylen benötigt.

Kommerzieller Industrieruß unterscheidet sich in wichtigen Eigenschaften von Soot und anderen kohlenstoffhaltigen Teilchen in der Umwelt. Er wird verwendet als idealisiertes Modell, um Adsorptionseigenschaften, Reaktionen in der Atmosphäre und eingeschränkt auch umweltrelevante Effekte dieser Materialien zu erforschen. Eine Exposition des Menschen gegenüber Industrierußen erfolgt hauptsächlich am Arbeitsplatz.

Zur Herstellung von Industrierußen sind mehrere Verfahren im Einsatz. Sie erlauben die gezielte, reproduzierbare und gleichmäßige Herstellung einer Vielzahl von unterschiedlichen Rußtypen; etwa 100 einzelne Rußtypen mit speziellem Eigenschaftsprofil sind auf dem Markt. 98% der weltweit erzeugten Industrieruße sind Furnaceruße; der Rest entfällt vor allem auf Gas-, Flamm-, Thermal- und Acetylenruße.

Bei den meisten Herstellungsprozessen werden flüssige oder gasförmige KW bei 1200 bis 1700 °C pyrolysiert. Die gebildeten Molekülfragmente polymerisieren in der Gasphase zu polyzyklischen aromatischen Spezies, die kondensieren und flüssige Kerne bilden; hierbei werden als kleineres Nebenprodukt stabile PAK gebildet. Nachfolgende Zusammenballung und Kohlenstoffabscheidung ergibt kugelförmige Teilchen mit Durchmessern von 5 bis 20 nm in Furnace- und Channel-Prozessen und bis zu 500 nm im thermischen Prozeß (Rivin 1986). Zunehmende Wasserstoffabspaltung bedingt zunehmende Viskosität und Kompaktheit. Durch weitere Kollisionen lagern sich die Teilchen aneinander, bilden dabei aber keine Kugeln, sondern turbostratisch orientierte graphitähnliche Kohlenstoffschichten. Nichtkolloidaler Industriekohlenstoff wie Koks oder Holzkohle hat allgemein weniger graphitische Ordnung und höhere Verunreinigungen als Industrieruß (Maximalgehalte von Industrierußen in mg/kg: As 0,3, Bi 0,6, Co 0,5, Cu 2, Pb 1, Hg 0,1 und Mo 1; < 50 µg/kg: Be, Cd, Sb und Tl); lediglich Salze der Erdalkalielemente aus dem Kontakt mit Prozeßwässern sind die Hauptverunreinigungen von Industrieruß. Im Vergleich hierzu enthält der als Nebenprodukt der Verbrennung anfallende Ruß („soot" = Kaminruß, Dieselruß) signifikante Verunreinigungen und läßt sich daher leicht von Industrierußen unterscheiden. Bei Kaminruß liegt der C-Gehalt z.T. < 50%, der Extraktgehalt > 15% und der Aschegehalt > 20%. Erhöhter S-Gehalt im Ausgangsmaterial (Erdöl) führt zu höheren Schwefelkonzentrationen im Syntheseruß.

Die maximale Adsorption für Pyren beträgt mit 14 mg/100 m^2 auf graphitischem C und 12 mg/100 m^2 auf Furnaceruß etwa ein Drittel der Oberfläche, Benzo(a)pyren bedeckt etwa die Hälfte. Aufgrund der starken Sorption ist die Desorption der PAK aus Industrierußen schwierig, z.B. durch Wasserelution nicht möglich. Die im Industrieruß enthaltenen hauptsächlichen organischen Spurenverunreinigungen als stark an der Oberfläche sorbierte PAK sind teilweise mit anderen polynuklearen, N-, S- und O-haltigen aromatischen Verbindungen vergesellschaftet; eine Extraktion ist nur mit siedendem Toluol oder Chlorbenzol in Zeiträumen von Tagen bis Wochen möglich.

Nach bisherigen Erfahrungen sollen nach der Degussa-Schrift Industrieruße keine strukturellen Schädigungen der Lunge verursachen; auch werde keine Reizung der Schleimhäute oder der Augen beobachtet. Industrieruße zählen nicht zu den Gefahrstoffen, Gefahrgütern oder wassergefährdenden Stoffen. Manche Hinweise, daß Ruße die Gesundheit beeinträchtigen, konnten angeblich auf die Verwechslung von Industrierußen mit soot oder Kohlestaub zurückgeführt werden.

2.4.3.3 Dieselruß

Im Gegensatz zum Industrieruß, der hochreinen, kolloiden C spezifischer Morphologie (acinoformer C) aufgrund turbostratischer Anordnung graphitischer Lagen und Clusterbildung darstellt, ist die umweltrelevante Form des partikulären C der Ruß mit hohen Extraktanteilen und wenig kolloidalen Bestandteilen (Rivin 1986).

Kohlenstoffhaltige Aerosolteilchen aus unvollständiger Verbrennung sind eine Hauptkomponente des luftgetragenen partikulären Materials. Ruß verschlechtert nicht nur die Sicht und adsorbiert toxische Luftschadstoffe, sondern ist auch ein effizienter Katalysator für einige wichtige atmosphärische Reaktionen (z.B. mit Schwefel- und Stickoxiden, Ammonium und PAK). Die mittlere jährliche Staubfracht in Luftproben im Gebiet um Los Angeles liegt zwischen 70 und 130 $\mu g/m^3$ bei geringer Variation der extrahierbaren PAK ($9 \pm 1\%$); dabei stammen die PAK im Feinstaub von Straßentunneln (Konzentrationen bis zu mg/m^3) zum größten Teil von Diesellastkraftwagen (Rivin 1986).

Anders ist die Situation in Denver: Dort gehen 20 bis 30% des Luftstaubs während der Wintermonate auf das Verheizen von Holz zurück. Die emittierten Teilchen mit einem mittleren Durchmesser von 0,2 μm enthalten in Abhängigkeit von der Holzart Konzentrationen an Benzo(a)pyren von 3 bis zu 120 mg/kg (Rivin 1986). Flugasche aus der Verfeuerung von Weichholz enthält 33% elementaren und 38% organischen C, während jene bei Einsatz von Hartholz 8% elementaren und 46% organischen Kohlenstoff aufweist; für offene Feuerstellen gilt ähnliches. Auch Ruße aus der Verbrennung von Erdgas besitzen einen eigenen „chemischen Fingerabdruck": Obwohl Gasheizungen nur sehr wenig Ruß ausstoßen (ca. 0,1% im Gebiet von LA), enthält letzterer bis zu 22,5 % reine und substituierte PAK (Rogge et al. 1993).

Haumaier u. Zech (1995) stellen die Hypothese auf, daß ein Teil der hochgradig aromatischen Huminsäuren im Boden aufgrund ihrer strukturellen Ähnlichkeiten mit Soot von ihm abgeleitet sein könnte, z.B. in von Waldbränden erfaßten Gebieten. Schmidt (1998) und Schmidt et al. (1999) widmeten sich dem langjährigen Eintrag organischer Partikel aus der kohleverarbeitenden Industrie in

Böden und untersuchten die Auswirkungen auf Menge und chemische Struktur der organischen Bodensubstanz mit Hilfe zahlreicher analytischer Methoden. Dieselmotoremissionen bestehen aus einer Vielzahl gas- und partikelförmiger Stoffe (Buck u. Elbers 1992, Elbers et al. 1990). Nach den Ergebnissen von Inhalationsexperimenten verursachen die Partikel deutlich stärker als auf ihnen sorbierte Schadstoffe (z.B. PAK) bei Ratten gut- und bösartige Tumore (Pott u. Heinrich 1988). In der MAK-Liste sind sie dementsprechend als eindeutig krebserregender Arbeitsstoff in die Gruppe III A 2, in der Gefahrstoffordnung in Gruppe II der krebserzeugenden Stoffe (stark gefährdend) eingestuft worden. Es hat sich klar erwiesen, daß Rußexposition nicht nur zu Bronchitis und Pneumonie, sondern auch zu Hautkrebs und Krebs der Atemwege führen kann.

NRW betreibt eines der größten und aufwendigsten Netzwerke zur Überwachung der Luftqualität in Europa (Pfeffer 1994). Die Probenahme für Rußmessungen erfolgt mit dem Kleinfiltergerät MPGII (Dr.-Ing. Wazau, Berlin) mit einer der Johannesburger Konvention entsprechenden Filtercharakteristik. Solche Messungen ergaben, daß im Ruhrgebiet mit einem Jahresmittelwert von 13,5 $\mu g/m^3$ (Tagesdurchschnittswerte von 8 bis 42) Dieselruß durch den Autoverkehr mit Abstand den größten Beitrag zum individuellen Krebsrisiko beisteuert. Das Ergebnis einer zweijährigen Studie über die gesundheitliche Belastung im Ruhrgebiet brachte folgendes Ergebnis (NRZ vom 9.2.1994): Während ein Großstädter auf 1000 bis 5000 im Laufe seines Lebens an Krebs erkrankt, beträgt dieses Verhältnis auf dem Land 1:30000.

Im unmittelbaren Nahbereich emittierender Dieselfahrzeuge wurden Rußkonzentrationen bis zu 800 $\mu g/m^3$ gemessen (Lehmann et al. 1989), höhere Werte, als bei der technischen Richtkonzentration am Arbeitsplatz (200 $\mu g/m^3$) bzw. im Untertagebereich (600 $\mu g/m^3$) erlaubt sind. Real gemessene PAK-Konzentrationen am Arbeitsplatz können allerdings zwei bis drei Größenordnungen höher als in der Stadtluft sein und Einzelverbindungen zuweilen Konzentrationen von 1 mg/m^3 erreichen (Rivin 1986).

In der sog. Sommersmog-Verordnung (seit Juli 1995) werden u.a. auch für Ruß und Benzol Konzentrationswerte festgelegt (Massen bezogen auf einen Kubikmeter): 14 μg Ruß und 15 μg Benzol bis 1998, seitdem 8 bzw. 10 μg. Abgesehen von lokalen Spitzenbelastungen – auf dem westlichem Altstadtring Münchens wurden z.B. 50 μg Benzol gemessen – liegen die Konzentrationen an Dieselrußteilchen innerhalb von Städten meist zwischen 5 und 10 $\mu g/m^3$ (Thomas et al. 1995).

Bei Überschreitung der vorgegebenen Werte können Städte und Gemeinden verkehrslenkende Maßnahmen durchführen, wobei sich die zugrundeliegende Rußmessung nach VDI 2465 Blatt 1 zu richten hat. Allgemein sind Meßverfahren für Ruß und darin enthaltene Schadstoffe nicht unkritisch und hängen von vielen Parametern wie z.B. Probenahme, Probenlagerung, Extraktionsbedingungen oder Endbestimmungsmethoden ab (Götze u. Hundertmark 1995, Wenclawiak et al. 1993, Buck u. Elbers 1992, Claessens et al. 1991, Elbers et al. 1990).

In den USA benötigen Nutzfahrzeuge bereits seit 1994 eine Nachbehandlung der Dieselabgase (Rußfilter, Oxidationskatalysatoren).

Trotz der geschilderten Datenlage wird die Gesundheitsgefährdung durch Dieselruß in der Öffentlichkeit kontrovers diskutiert. Zuweilen wird sogar (meist von Physikern) die dadurch bedingte Krebsgefahr gegen das gleichzeitige Einsparpotential an Kohlendioxidemissionen und der dadurch erfolgenden Verminderung des globalen Treibhauseffekts verrechnet! Oder es wird der Einwand vorgebracht (bild der wissenschaft 2/1995, S.78 – 80), daß Ruß nur bei weiblichen Ratten und nur bei extrem hohen Dosen zu Krebs führen würde, die keinesfalls umweltrelevant wären. Dagegen stellt der Sachverständigenrat für Umweltfragen (Gutachten 1994) sowie der Länderausschuß für Immissionsschutz fest: Nicht nur Ratten, auch Mäuse zeigten Veränderungen (nur Hamster aufgrund eines effektiveren Abscheidesystems als Wüstentier nicht). Der Dieselmotor erzeuge ein mehr als zehnfach höheres Krebsrisiko als der Ottomotor mit niedrigerem Spritverbrauch und Dreiwege-Katalysator. In der BRD werden jährlich 72 kt Dieselruß emittiert, wovon 90% aus dem Verkehr und 42 kt von Nutzfahrzeugen stammen. Dies bedinge jährlich rund 1000 Todesfälle.

Die meisten Informationen über den Einfluß kohlenstoffhaltiger Aerosole auf das Atmungssystem wurden aus Tierexperimenten mit verdünnten Dieselabgasen gewonnen. Bei der Interpretation dieser Ergebnisse muß beachtet werden, daß Dieselabgase zusätzlich zu den lungengängigen Partikeln auch hohe Konzentrationen gasförmiger Verbrennungsprodukte wie z.B. Stickoxide enthalten. Auch treten in den Tierexperimenten Veränderungen auf, die keine Ähnlichkeit mit beim Menschen bekannten Krankheitssymptomen aufweisen.

Ein großer Teil der kanzerogenen Aktivität ist auf die PAK zurückzuführen, allein nahezu 50% auf das Benzo(a)pyren; in Biotests erwiesen sich besonders Nitroaromaten (bes. Nitropyren) als mutagen. Andererseits dient partikulärer C, besonders in Form von Aktivkohle, in der Medizin bekanntlich als sicheres und effektives Adsorbens für aufgenommene Toxine und gilt bei oraler Aufnahme selbst als weitgehend unbedenklich.

Immer mehr epidemiologische Studien zeigen auf eine mögliche Verbindung zwischen Luftverschmutzern und der Entwicklung von Erkrankungen der Atemwege oder allergischer Reaktionen in Menschen (Thomas et al. 1995); dabei sind offensichtlich unterschiedliche Funktionen der Zelle betroffen (Monocyten/alveolare Makrophagen). Die „Freßfunktion" der Makrophagen wird bei gleichzeitiger Steigerung der Freisetzung von (zu Entzündungsreaktionen führenden) Botenstoffen gehemmt.

Rußzellen regen die Freßzellen des Immunsystems zu einer erhöhten Produktion freier Radikale an – weit über das für die körpereigene Abwehr nötige Maß hinaus. Außerdem wandeln sie weniger toxische Radikale in Varianten mit höherer Toxizität um. Hinzu kommt, daß die Teilchen, einmal in den Geweben

abgelagert, von dort weder abtransportiert, noch auf irgend eine Weise biologisch abgebaut werden können. Als eine Art permanente Radikalquelle bleiben sie in den empfindlichen Zellstrukturen sitzen (E. Elstner, TUM).
Verunreinigungen und leichter lösliche Adsorbate auf den schwerlöslichen Partikeln in den Alveolen werden in den Makrophagen gelöst und enzymatisch verstoffwechselt. Einige der dabei entstehenden Produkte sind toxisch oder gentoxisch wie z.B. die Umwandlung der PAK in karzinogene Zwischenprodukte durch das Cytochrom P450. Um für enzymatische Transformationen verfügbar zu sein, müssen PAK und andere Adsorbate aber erst von den Partikeloberflächen eluiert werden, wobei natürliche Lösungsvermittler in Lungenflüssigkeiten und Blutserum wie Phospholipide oder Albumin eine besondere Rolle spielen (Rivin 1986).

2.4.4 Partikel im Innenraumbereich

2.4.4.1 Allgemeines zum Hausstaub

Obwohl Schadstoffkonzentrationen von Gebäude zu Gebäude signifikant unterschiedlich sind, sind die Schadstoffgehalte in Innenräumen oft höher als im Außenluftbereich (Baird 1998); letztere liegen zwischen 25 und 75 $\mu g/m^3$, nur in industriellen Gebieten werden je nach Witterung auch 100 $\mu g/m^3$ überschritten. Deshalb wird die Kontamination von Innenräumen, nicht nur am Arbeitsplatz, immer mehr als einer der wichtigsten Faktoren für die menschliche Belastung durch Luftschadstoffe erkannt (Förstner 1995a). Da zudem die meisten Menschen mehr Zeit innerhalb als außerhalb von Räumen verbringen, ist die Schadstoffbelastung von Innenräumen ein wichtiges umweltchemisches und -hygienisches Problem; genauere Zusammenhänge zwischen Stäuben und Erkrankungen der Atemwege diskutiert u.a. Nicholls (1992).
Allgemein ist Hausstaub ein Gemisch aus anorganischen und organischen Partikeln unterschiedlicher Größe aus dem Außen- und Innenluftbereich. Hausstaub kann somit in stofflicher Hinsicht als eine komplexe Mischung aus Sand, Ton, Organika, Bakterien, Viren, Allergenen, Rauchrückständen, Pestiziden, Asbestfasern, Farbteilchen, Lösungsmittel, Flammschutz- und Reinigungsmitteln, Fragmenten und Rückständen synthetischer Fasern, Baumaterialien und einer Vielzahl anderer Materialien und Schadstoffe, die durch Aktivitäten im Innenraumbereich entstanden sind oder von Straße, Boden oder Arbeitsplatz importiert wurden, bezeichnet werden (Roberts et al. 1992). Organische Partikel sind beispielsweise nicht nur Nahrungsreste oder Detritus, sondern auch lebende Pollen, Pilzsporen, Kleinlebewesen und Schimmelpilze (Elixmann 1991). Hausstaub aus Matratzen und Polstergarnituren enthält zum größten Teil menschliche Hautschuppen, die täglich in großen Mengen abgegeben werden (bis zu einem Gramm pro Person). Einer ganzen Reihe von Organismen bietet Hausstaub eine

Ernährungsgrundlage (Milben, Insekten, Schimmelpilze und Bakterien, Algen und Blaualgen).

Wie bereits einführend erwähnt, ist die Qualität der Raumluft im allgemeinen nicht besser als die Außenluft, sondern häufig schlechter. Dafür nennt das Katalyse-Institut (Köln) mehrere Gründe:

- Moderne Baustoffe können zahlreiche Zusatzstoffe enthalten, die teilweise leicht flüchtig sind und über lange Zeit ausdünsten können.
- Durch manche Haushalts- und Heimwerkerchemikalien werden Schadstoffe an die Raumluft abgegeben (z.B. Anstrichmaterialien, Reinigungsmittel, Klebstoffe, Korrekturflüssigkeiten oder Nagellacke).
- Mit Holzschutzmitteln behandelte Hölzer können durch Ausdünstung der Wirkstoffe eine langfristige Gesundheitsgefährdung darstellen.
- Aus dem Baugrund können Luftbelastungen in Innenräume, insbesondere Keller gelangen.
- Alte Nachtstromspeicheröfen, bestimmte Teppichböden und Baumaterialien können Fasermaterialien (insbes. Asbest) freisetzen.

Förstner (1993a) nennt weitere Ursachen: Anwendungen von Haushaltsgas, Verbrennung von Kohle, Koks und Holz sowie Emissionen von bestimmten Zimmerpflanzen oder bei Tätigkeiten wie Kochen und Putzen; nicht zu vergessen auch Abfälle unterschiedlichster Art (Küche, Heizung, Heimarbeit etc.).

Verschärft wird die Situation vielfach durch eine Anreicherung der Schadstoffe aufgrund mangelhafter Lüftung oder falsch konzipierter Energiesparmaßnahmen, so daß akute unspezifische Gesundheitsbeschwerden wie z.B. Kopfschmerzen, Schlafstörungen, Konzentrationsschwäche, Schleimhautreizungen oder fortdauernde Erkältungsanfälligkeit entstehen können.

Hausstaubproben zeigen bei In-vitro-Tests mutagene Wirkungen. Spezifische biologische und chemische Staubkomponenten sind Allergene und werden mit dem sog. Sick-Building-Syndrom in Verbindung gebracht (Roberts et al. 1992). Mutagenitätstests weisen höhere Werte mit abnehmender Korngröße der Staubteilchen nach wie auch eine Korrelation zwischen den Gehalten extrahierbarer PAK und der mutagenen Wirkung des Hausstaubes (Roberts et al. 1987). Mutagenitätstests an der PM_{10}-Fraktion kalifornischer Hausstäube haben gezeigt, daß in die Innenraumluft auch von Nichtraucherhaushalten noch signifikante Mengen mutagener Teilchen aus dem Außenraumbereich gelangen (Kado et al. 1994).

Jeder Innenraum hat eine jeweils raumspezifische Staubzusammensetzung und -konzentration, die von der individuellen Raumausstattung und -nutzung abhängt und im Tages- und Jahresverlauf starken Schwankungen unterworfen sein kann (SRU 1987). Zudem kann es durch das Staubsaugen im Haushalt zu einer Anreicherung von Feinstäuben kommen, wenn nicht durch gleichzeitiges Querlüften eine Luftströmung erzeugt wird, die diese Feinstäube wegtransportieren kann (Bliefert 1997). Auch sonstige Aktivitäten von Mensch und Tier im Raum führen zur Redeposition des Hausstaubes.

Da atmosphärische Deposition an Gebäudeoberflächen durch Niederschläge in den Boden ausgewaschen werden, sind Pb, Cd und PAK im Hausstaub höher konzentriert als im Straßenstaub oder Gartenboden; man spricht vom sog. Track-in-Anteil (Roberts et al. 1992). Pestizide, PAK, Pb und andere Metalle reichern sich im Hausstaub gegenüber Garten- und Wegeboden im Außenbereich oft bis zu Konzentrationen von 100 mg/kg an (Roberts et al. 1993). In Innenräumen werden viele Schadstoffe dann in Teppichen jahrelang angesammelt und vor Zerfall geschützt; in älteren Stadthäusern finden sich so z.B. in Teppichen über 10 mg/m^2 Pb. Ganz allgemein finden sich im Hausstaub mehr Pestizide als in der Raumluft.

Roberts et al. (1987) weisen darauf hin, daß besonders bei Kindern, die lange Zeit im Kontakt mit Fußböden verbringen, Hausstaub eine potentielle Quelle eines signifikanten Anteils für die Aufnahme von Schadstoffen darstellt. Auf einem Quadratmeter Fußboden sammeln sich täglich einige zehn mg bis zu einigen g über mehrere Tage (Schaefer et al. 1972, Solomon u. Hartford 1976). Insbesondere erfolgt die größte Bleibelastung für Kleinkinder über Hausstaub (Roberts et al. 1992).

1985 beschloß die KRdL (Kommission Reinhaltung der Luft) im VDI und DIN, die für den Außenluftbereich festgelegten MIK-Werte (Maximale Immissions-Konzentrationen) auch für den Innenraumbereich anzuwenden (Bollmacher 1995). Entsprechende Bestimmungen sind unter Worst-case-Bedingungen vorzunehmen, die die höchsten Schadstoffkonzentrationen erwarten lassen, z.B. bei hoher Raumtemperatur oder über längeren Zeitraum verschlossene Türen und Fenster.

2.4.4.2 Rauchen in geschlossenen Räumen

Das Rauchen ist die größte Gefahr für unsere Gesundheit, es fordert mehr Menschenleben als jede Krankheit: Weltweit sterben jährlich drei Millionen Menschen an den Folgen des Rauchens, zwei Millionen davon allein in den Industrienationen, was einem Sechstel aller Todesfälle entspricht; auf die mittleren Altersgruppen bezogen, sind es sogar 30% (FAZ vom 26.10.1994, S. N1). 1993 klassifizierte die amerikanische EPA den Environmental Tobacco Smoke (ETS) als bekanntes menschliches Karzinogen und schätzte jährlich 3000 dadurch verursachte Todesfälle durch Lungenkrebs. ETS wird auch für den Tod von jährlich 40000 Amerikanern verantwortlich gemacht, die an Herzkrankheiten sterben (Baird 1998); nach einer britischen Studie werden jährlich 140000 Europäer durch Krebs und Herzversagen getötet. Tabakrauch enthält tausende von Komponenten, von denen wiederum Dutzende kanzerogen sind (z.B. Formaldehyd, PAK oder radioaktive Elemente wie Polonium). Die Teer genannte

– zum Großteil lungengängige – partikuläre Phase enthält Nikotin und mittelflüchtige KW.

Auch Nichtraucher sind oft Zigarettenrauch ausgesetzt, wenn auch in geringeren Konzentrationen aufgrund des Verdünnungseffektes durch die Luft: Das Schwebstaubkonzentrationsverhältnis von Innen- zu Außenluft beträgt 0,5 bis 1 bei Abwesenheit, dagegen 2 bis 10 bei Anwesenheit von Rauchern (SRU 1987). Passivraucher atmen den Nebenstromrauch und den ausgeatmeten Teil des Hauptstroms ein. Feinstaubteilchen < 2 µm dringen ebenso wie Gase auch bei geschlossenen Fenstern in die Innenräume. Da für Innenräume die Existenz von Korrelationen zwischen akuten Atemwegserkrankungen und der Höhe der Feinstaubfraktion ($PM_{2,5}$) klar erwiesen ist, werden somit die Passivraucher gesundheitlich geschädigt.

Eine Zigarette enthält bis zu ca. 0,5 µg Ni, 0,2 µg Cu, 1,2 µg Zn, 0,3 µg Cd und 1 µg Pb; starke Raucher akkumulieren mehr als doppelt so viel Cd wie Nichtraucher (Fishbein 1991). Da Tabakblätter vor dem Trocknen nicht gewaschen werden, gelangen Schwermetalle aus der Staubdeposition wie Pb und Cd in die Zigarette (Schneider u. Krivan 1993). Die Cd-Aufnahme über den Atemtrakt bedingt eine zehnfach höhere Resorption als die Aufnahme über die Nahrung; daher liegen die Cd-Gehalte von Lunge und Niere von Rauchern zwei- bis viermal höher als bei Nichtrauchern. Aufgrund einer biologischen Halbwertszeit von 20 Jahren wird einmal resorbiertes Cd nur sehr langsam wieder ausgeschieden (Schneider u. Krivan 1993). Während Cd und Pb im Zigarettenrauch stärker konzentriert sind als im Tabak, wird eine Anreicherung in Asche und Filter nicht nur für Ce, Co, Fe, Mn und Ni beobachtet, sondern auch für As und Sb, obwohl deren Flüchtigkeit höhere Transferfaktoren erwarten ließe (Schneider u. Krivan 1993). In jeder Zigarette befinden sich zwischen 1 und 100 ng an As, Cd, Ni und Pb.

2.4.4.3 Anorganische Stoffe im Hausstaub

Asbesthaltige Baustoffe, Bauteile und haustechnische Einrichtungen sind Quellen für Asbestfasern in Innenräumen (SRU 1987). Während von Asbestzementprodukten mit niedrigem Faseranteil < 15 Gew.-% aufgrund der starken Einbindung der Fasern die geringste Gefahr ausgeht (Problem ist Herstellung und Verarbeitung), stellen schwachgebundene Asbestprodukte wie Spritzasbest mit einem hohen Faseranteil (> 60%) das Hauptproblem dar. Die Verwendung von Spritzasbest ist seit 1979 verboten.

Faserkonzentrationen in Häusern mit asbesthaltigen Baumaterialien sind mit 500 bis 200000 Fasern pro m³ höher als in der Außenluft (Spurny 1993). Das Gesundheitsrisiko für Arbeiter der Asbestindustrie liegt bei etwa 10^{-4} bis 10^{-3}, für Bewohner von Häusern mit asbesthaltigen Baustoffen bei < 10^{-5}. Das Risiko in Schulen mit einer Faserkonzentration von 10000 F/m³ liegt zwischen 10^{-5} und 5×10^{-5}.

Die Anwendung künstlicher Mineralfasern als Isolationsmaterial in Gebäuden muß wohl überlegt werden (Spurny 1993): Während Glaswolle oder Mineralfasern mit groben Fasern mit Durchmessern > 2 µm und geringer chemischer Resistenz kein oder nur geringes karzinogenes Potential besitzen, sollten dünnere und chemisch resistente Fasern nicht als Asbestersatz verwendet werden.

Unter Worst-case-Bedingungen in Form sichtbarer Bauschäden an Mineralwolleprodukten wurden in Innenräumen von Tiesler et al. (1993) bis zu 38000 F/m^3 angetroffen.

Die beim Asbest gewählte und zu Anfang von Kap. 2.4.2 beschriebene Vorgehensweise, bei der letztlich das Risiko der Exposition prioritär geprüft wird und nur orientierende Messungen bzw. Kontrollmessungen durchgeführt werden, erscheint Friege (1992) unter Vorsorgegesichtspunkten als vernünftig. Bevor Messungen überhaupt begonnen werden, sollte geklärt werden, welche Aussagekraft sie überhaupt haben. Messungen und Bewertungsschemata dürfen also nicht in Konkurrenz zueinander stehen, sondern müssen sich ergänzen.

Es gibt viele kontroverse Meinungen darüber, ob Asbest in Gebäuden wieder entfernt werden sollte (Baird 1998). Viele Experten meinen, man solle Asbest solange an Ort und Stelle lassen, bis der Schaden weit fortgeschritten ist und die Fasern in die Luft übertreten können. In der Tat erhöht die Entfernung von Asbestisolationen die Konzentration der luftgetragenen Fasern dramatisch, wenn nicht außerordentliche Vorkehrungen getroffen werden. Auf der anderen Seite meinen Umweltschützer, Asbest sei eine tickende Zeitbombe, die so schnell wie möglich entschärft werden sollte, da man nie vorhersagen könne, wann eine Asbestdämmung beschädigt wird. Somit sind bei jedem Realfall die jeweiligen Risiken sachgerecht gegeneinander abzuwägen und grundsätzlich Einzelfallentscheidungen zu treffen.

Die meisten Experten gehen davon aus, daß die Innenraumbelastung an Metallen und deren Verbindungen nicht so gravierend ist wie die durch organische Schadstoffe, Asbest und Radon (Fishbein 1991). Von den Metall(oid)en sind Ni, Cd, As und deren Verbindungen mit teilweise kanzerogenen und mutagenen Wirkungen am wichtigsten.

Die am häufigsten untersuchten Stäube sind Straßen- und Hausstaub, deren Elementkonzentrationen sich mit denjenigen von Böden oft überdecken (Fergusson 1992); neben verkehrsbedingten Emissionen und Baumaterialien tragen Böden zu > 50% zum Straßenstaub bei. Zum Hausstaub tragen sie mit etwa 33% etwas weniger bei, hausinterne Komponenten führen hier zur Anreicherung von Cu, Co, As, Sb, Zn, Cd, Au, Cl und C im Haus- gegenüber Straßenstaub. Spezifische Emissionen stammen vom Verkehr (Pb, Br), alten Hausanstrichen (Pb) und Teppichen (Cd, Cu, Pb und Zn). Fergusson et al. (1986) fanden in Hausstaub/Straßenstaub/Böden in Christchurch (Neuseeland) bis zu 10/5/6 µg/g Sb, 16/14/10 µg/g As und 730/1220/200 µg/g Pb.

Nach Barratt (1990) kommen die anorganischen Bestandteile des Hausstaubs zu 30 bis 40% vom Boden, 25 bis 30% vom Straßenstaub und 1 bis 2% von der

Aerosoldeposition im Hause. Ca. 60% des Hausstaubes ist anorganisch und hat den höchsten Bleigehalt.

Staubsaugerproben sind nur als Indikatorproben für die Größenordnung der Schwermetallbelastung einer Teppichprobe gut geeignet (Bero et al. 1995). Für quantitative Bestimmungen des Schwermetallgehaltes müssen jedoch direkte Festkörperanalysen durchgeführt werden (vorzugsweise mit der RFA). Durch normales Staubsaugen wird nur < 10% des in alten Teppichen enthaltenen Pb entfernt (Roberts et al. 1995). Allerdings ist eben dieses oberflächenbezogene Blei (mg Pb/m^2) für die Blutbleibelastung von Kleinkindern relevant. Bleigehalte in 55 Staubsaugerproben aus Dänemark erstreckten sich von 1 bis 49 mg/kg und entsprachen mit einem Mittelwert von 9 mg/kg dem regionalen Ackerboden (Jensen 1992).

Der Bleigehalt des im Staubsaugerbeutel gesammelten Hausstaubs hängt hauptsächlich von den örtlichen Gegebenheiten (Industriegebiet, Stadt, Vorort, Land) und der Gegenwart von Teppichbelägen ab (Schulz et al. 1993). Von geringerer Bedeutung sind Raumnutzung, Hausalter, Heizungsart, Wohnungsdichte im Haushalt und insbesondere Kinderzahl. Ähnliches gilt auch für andere Metall(oid)e, wobei bei Cd zusätzlich Industrieemissionen und die Gegenwart von Rauchern sowie bei As das Ausmaß des Ackerbaus in der Region eine Rolle spielen.

2.4.4.4 Organische Stoffe im Hausstaub

Hausstaub enthält Hunderte von flüchtigen und halbflüchtigen organischen Verbindungen (Wilkins et al. 1993). Von besonderer Bedeutung sind in der öffentlichen Diskussion folgende spezifischen Stoffe: Formaldehyd, Lindan, PCP, PCB und Pyrethroide. Formaldehyd und Pentachlorphenol (PCP) in Baumaterialien und Einrichtungsgegenständen sind dabei besonders umstritten (Förstner 1995a).

Formaldehyd dient als Ausgangsstoff für viele Kunstharze, Bindemittel für die Herstellung von Holzspanplatten, Holzfaserplatten und Sperrholz, sowie von Textilhilfsmitteln und Desinfektionsmitteln. Während seine Konzentration selbst in der Außenluft im Stadtbereich (bei Abwesenheit von photochemischem Smog) nur bei etwa 0,01 ppm liegt (Baird 1998), ist Formaldehyd in Innenräumen oft um Größenordnungen häufiger anzutreffen (Durchschnitt 0,1 ppm, zuweilen > 1 ppm). Hauptquellen der Innenraumbelastung sind neben synthetischen Materialien, Preßspanplatten und Teppichen auch Zigarettenrauch. Die hauptsächliche Emission findet in den ersten Monaten und Jahren nach der Einbringung statt. In Konzentrationen über 0,1 ppm kann es an seinem stechenden Geruch erkannt werden; in höheren Konzentrationen treten Reizungen von Augen und Haut auf. Formaldehyd ist kanzerogen in Tierexperimenten und möglicherweise beim Menschen; es wurde 1987 von der EPA als wahrscheinlich kanzerogen für das Atemsystem (einschl. Nase) erkannt. Hinsichtlich der Gefahr einer Formaldehydexposition bei niedrigen Dosen sind sich die Wissenschaftler noch uneinig. Die Diskussion erreichte Anfang der achtziger Jahre auch in Deutschland einen Höhepunkt, als Formaldehyd aufgrund von Tierversuchen als krebserregend eingestuft wurde.

Lindan (γ-HCH) war bis etwa Anfang 1985 das häufigste im Holzschutz eingesetzte Insektizid und war in etwa 45% aller Präparate enthalten (von Düszeln et al.1987). Die Konzentrationen betrugen zwischen 0,3 und 1,5 Gew.-%, für spezielle Anwendugen bis zu 10%. Pentachlorphenol (PCP) war früher das meist verwendete Fungizid im Holzschutz. Seit 1977 ist die Anwendung rückläufig. Bereits von 1978 bis 1983 ging in der BRD die PCP-Anwendung im Holzschutz von 1000 auf 50 t/a zurück. Die Anwendungskonzentrationen lagen mit 2 bis 7 Gew.-% höher als beim Lindan.

Aufgrund der weltweiten Anwendung und ihrer Persistenz in der Umwelt sind Lindan und PCP inzwischen ubiquitäre Organochlorverbindungen. In der häuslichen Umgebung konnten sie sowohl in behandelten Hölzern als auch in Kleidungsstücken und Teppichböden nachgewiesen werden. Durch Übergang in die Raumluft kommt es zu einer Anlagerung an Hausstaub. Die Konzentrationen in ca. 150 Staubproben betrugen in einer Studie von von Düszeln et al. (1987) zwischen 0,1 und 50 mg/kg (Medianwerte: Lindan 1,7 mg/kg, PCP 3,6 mg/kg); die Grundbelastung ohne erkennbare Einwirkung von Holzschutzmitteln war für Lindan ca. 2 mg/kg und für PCP ca. 5 mg/kg. PCP fand nicht nur im Holzschutz, sondern auch zu Konservierungszwecken Verwendung; es enthält signifikante Mengen an PCDD/F aus dem Produktionsprozeß und wurde 1989 in der BRD verboten (Förstner 1995a). PCP ist durch andere Fungizide substituiert worden. Das zunächst eingesetzte Furmecyclox ist inzwischen in Verdacht geraten, krebserregend zu sein (Gebefügi 1993).

PCB wurde als Weichmacher in dauerelastischen Fugendichtungen mit ca. 60 Gew.-% eingesetzt; der niedrige Dampfdruck der Verbindung führte zu einer breiten Kontamination der Räume (Gebefügi 1993). PCB finden sich z.B. häufig in Fugendichtmassen ostdeutscher Plattenbauten (VDI-Bericht 1122).

Von den sog. pyrethroiden Wirkstoffen war man der Meinung, daß diese der Natur (Pyrethrin) nachempfundenen Wirkstoffe für Warmblüter und Menschen unschädlich sind und durch sehr raschen Abbau Nach- und Nebenwirkungen nicht zu befürchten sind (Gebefügi 1993). In der Tat wurde bei dem landwirtschaftlichen Einsatz von pyrethroiden Wirkstoffen ein schneller Abbau und eine fehlende Persistenz bescheinigt. Rückstände auf Oberflächen (und sedimentierter Hausstaub) wurden aber selbst Jahre nach der Anwendung in Konzentrationen von einigen Hundert ppm vorgefunden. In der relativ trockenen und dunklen Innenraumsituation werden phyrethroide Wirkstoffe nicht abgebaut.

Flüchtige organische Verbindungen (VOC) mit bis zu vier Größenordnungen unterschiedlicher Toxizität sind in Innenräumen insbesondere neuer und renovierter Gebäude konzentrierter als in der Umgebungsluft (Rothweiler u. Schlatter 1993, Salthammer et al. 1993). Als Folge ergeben sich für die Hausbewohner meist Schleimhautreizungen (Nase, Augen), aber kaum toxische Organschäden. Chuang et al. (1995) fanden heraus, daß ETS nicht die einzige Quelle von PAK im Hausstaub darstellt, sondern auch Eintrag von außen über Bodenmaterial insbesondere auf Eingangswegen, die bis zu 880 mg/kg enthielten.

Budd et al. (1990) konnten im Hausstaub von neun Häusern in Jacksonville (Florida) bis zu 23 Pestizide nachweisen; die häufigsten Vertreter waren Chlorpyrifos mit einer mittleren Konzentration von 5 mg/kg und Chlordan mit einer solchen von 6 mg/kg im Hausstaub.

Ein 5%iger Fungizidanteil in der Holzschutzlasur führt innerhalb weniger Wochen zu einer Beaufschlagung der Oberflächen. Bei einer Luftkontamination von 0,5 bis 30 µg pro Kubikmeter werden adsorptive Oberflächen bis zu 100 mg/kg kontaminiert (Gebefügi 1993). Besonders weniger flüchtige Chemikalien wie Phenole oder PCP akkumulieren auf festen Oberflächen, hauptsächlich auf Textilien; über diesen Transferpfad gelangen sie schließlich auf die Haut (Gebefügi 1989). So wurden bei Anwendung von PCP Oberflächenkontaminationen je nach Luftfeuchte von bis zu 26 mg/kg gemessen. Obwohl 1975 in einem praktischen Fall nahezu 12 kg PCP und 3 kg Lindan in einem Holzhaus angewendet wurden, zeigte die Raumluft keine bedenklichen Konzentrationswerte, wohl aber die Textilien. Gebefügi u. Kreuzig (1989) analysierten in Räumen mit Luftkonzentrationen von einigen µg/m^3 an Lindan und PCP auf exponierten Textilien Konzentrationen zwischen 10 und 40 mg/kg. Für die Benutzer dieser Räume kann dies einerseits eine inhalative Exposition um einige µg/Tag bedeuten, andererseits kann auch die dermale Exposition einige Hundert mg/Tag erreichen.

Das sog. sick building syndrome (SBS) wird verschiedenen Faktoren zugeordnet (Gebefügi 1993): Neben physischen und optischen Faktoren wird als Ursache für die Beschwerden eine mangelhafte Lüftung und vor allem eine Belastung durch Chemikalien angenommen. Makromolekulare organische Bestandteile im Hausstaub (Proteine mit Molekulargewichten von 10 bis 150 kD) korrelieren nach Gravesen et al. (1993) signifikant mit Symptomen des SBS.

2.4.4.5 Hausstaubuntersuchungen

Obwohl die gesundheitliche Relevanz von Hausstaub im Alltagsleben unbestritten ist (z.B. werden 5% der Schwermetalle über die Lunge aufgenommen, zu ca. 50% resorbiert und verbleiben dann in Knochen, Niere und Leber), verwundert es, daß so wenig publizierte Studien über die chemische Zusammensetzung von Hausstaub existieren.

Das mag einerseits an der Diskussion über „Sinn und Unsinn von Hausstaubuntersuchungen" (Wensing 1994, Butte u. Walker 1994) liegen: Da manche Schadstoffe wie PCP, Lindan oder Pyrethroide im Hausstaub angereichert, in der Raumluft dagegen oft nicht nachweisbar sind, ermöglicht hier nur die Staubanalyse eine Beurteilung der Belastungssituation im Innenraumbereich. Aber ohne Analytik der entsprechenden Gasphase (Raumluft) sind Hausstaubanalysen *allein* für toxikologische Beurteilungen unzureichend; auch die Dynamik der Staubverteilung kann damit nicht erfaßt werden.

Andererseits darf nicht vergessen werden, daß Hausstaubanalysen als analytisch und finanziell aufwendig gelten und deshalb aus ökonomischen Gründen für den Normalbürger unbezahlbar sind. In analytischer Hinsicht geht es um den Einsatz preiswerter automatisierbarer Methoden wie der Thermodesorption zur Bestimmung organischer oder spezieller RFA-Techniken zur Bestimmung anorganischer Schadstoffe (Sulkowski et al. 1996).

Beispielhaft für die Untersuchung von Hausstaub seien deshalb an dieser Stelle die Ergebnisse an 352 Proben aus industriellen/ländlichen Gebieten Deutschlands/Italiens angeführt. Diese Proben wurden im ersten Halbjahr 1994 von Mitarbeitern der Firma Vorwerk (Wuppertal) genommen und hinsichtlich ausgewählter anorganischer und organischer Schadstoffe am Institut für Umweltanalytik (Universität GH Essen) untersucht.

Die wichtigsten Ergebnisse waren:

- Es ergaben sich gute Übereinstimmungen mit entsprechenden Studien des Umweltbundesamts (WaBoLu-Hefte 1991).
- In deutschen Proben finden sich in Hinblick auf PCP und PCB mehr „unbelastete" Proben, was als Resultat des Verwendungsverbots bzw. der Verwendungseinschränkung für diese Stoffe in der BRD interpretiert werden könnte.
- Jüngere Häuser sind schwächer belastet als ältere, solche an Nebenstraßen schwächer als jene an Hauptstraßen sowie Grobstaub schwächer als Feinstaub.
- Es ergaben sich leicht erhöhte durchschnittliche Schadstoffbelastungen in industriellen verglichen mit ländlichen Gebieten:
    –in deutschen Proben   Cr, Ni, Pb, Sr, Zn, Lindan, PAK, PCB
    –in italienischen Proben   Cu, Ni, Pb, Zn, PCB, PCP
    –umgekehrt für PCP in deutschen Proben

In Abb. 2.12 sind die Häufigkeitsverteilungen ausgewählter Schadstoffe exemplarisch aufgetragen. Interessanterweise unterscheiden sich die Verteilungscharakteristiken von rein anthropogen verbreiteten Stoffen (Beispiel PCB) von jenen, die auch geogen vorkommen (Beispiele Cu und Rn) eindeutig.

In Tabelle 2.3 wurden Schadstoffkonzentrationen einzelnen Belastungsklassen zugeteilt, die auf der Grundlage der für deutsche Hausstaubproben gemessenen Verteilungen nach statistischen Kriterien – ansonsten willkürlich – festgesetzt wurden. Da Grenzwerte hierfür nicht verfügbar sind, ist eine gesicherte Abschätzung der Gefährdung durch diese Belastungen jedoch nicht möglich.

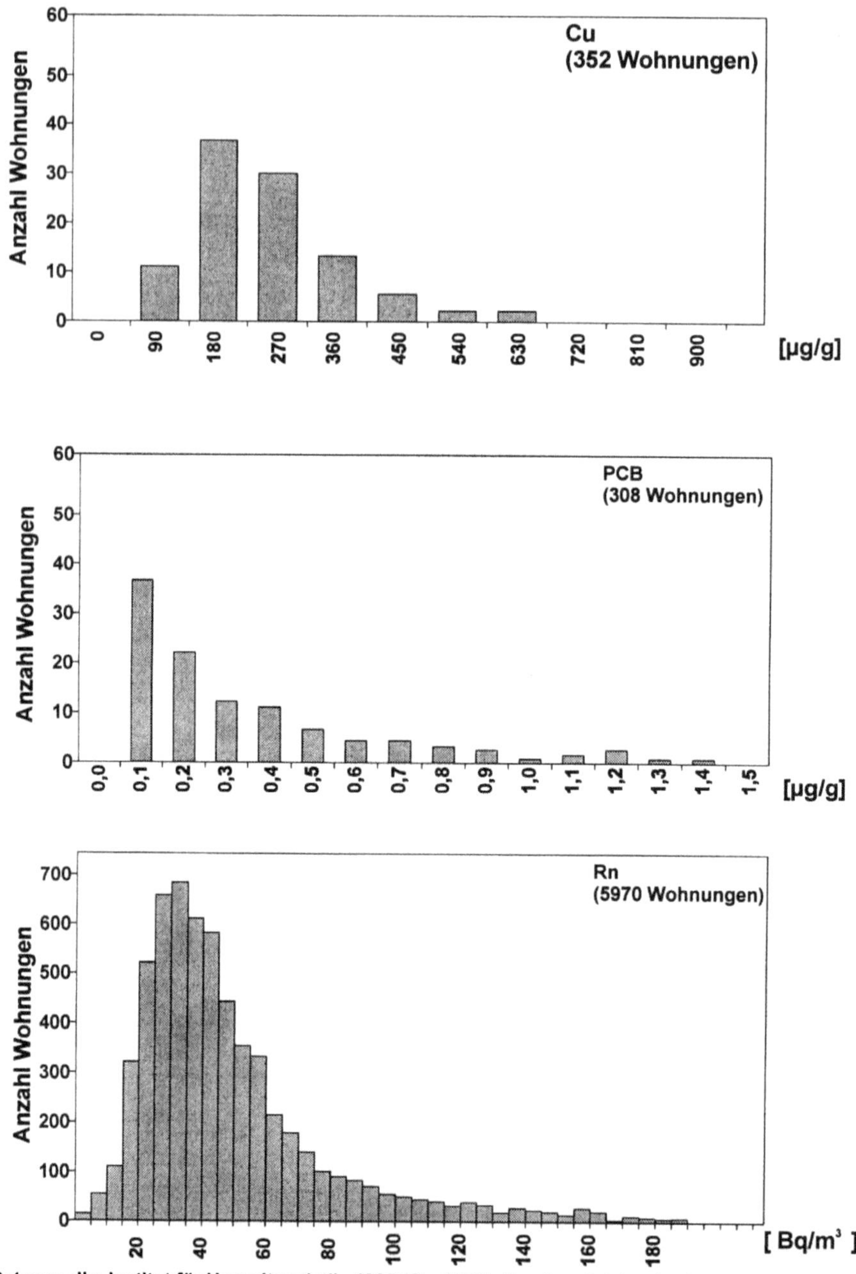

Abb. 2.12. Häufigkeitsverteilung von Cu und PCB im Staub und von Rn in der Raumluft deutscher Haushalte

Tabelle 2.3. Belastungsklassen nach Schadstoffkonzentrationen

	unbelastet bis niedrig belastet	normal belastet	erhöht belastet	außergewöhnlich stark belastet
	von – bis [ppm]	von – bis [ppm]	von – bis [ppm]	mehr als [ppm]
Cr	0 – 50	50 – 210	210 – 600	600
Co	0 – 7	7 – 27	27 – 66	66
Ni	0 – 20	20 – 85	85 – 210	210
Cu	0 – 75	75 – 300	300 – 870	870
Zn	0 – 440	440 – 1750	1750 – 5250	5250
Sr	0 – 35	35 – 135	135 – 400	400
Pb	0 – 95	95 – 400	400 – 1400	1400
Lindan	0 – 0,11	0,11 – 0,65	0,65 – 1,94	1,94
PAK	0 – 11	11 – 160	160 – 325	325
PCB	0 – 0,07	0,07 – 0,45	0,45 – 1,35	1,35
PCP	0 – 0,3	0,3 – 3,0	3,0 – 11,5	11,5

3 Spezielle Umweltgeochemie

Im Gegensatz zu der in Kapitel 2 beschriebenen allgemeinen Umweltgeochemie, in der als Untersuchungsobjekte Böden, Sedimente, Altlasten und Abfälle behandelt werden, stehen in der speziellen Umweltgeochemie die Stoffe selbst im Mittelpunkt der Betrachtung. Während aus der Vielzahl der existierenden anorganischen, organischen und radioaktiven Schadstoffe in Kap. 3.1 typische Vertreter exemplarisch vorgestellt werden, ist Kap. 3.2 der bisher wenig beachteten Gruppe der hochgradig mobilen und toxischen metall(oid)-organischen Verbindungen und Kap. 3.3 der Problematik der Herkunftsbestimmung von Schadstoffen in der Umwelt gewidmet („Forensische Umweltgeochemie").

Physikalisch-chemische Daten zu den in diesem Kapitel beschriebenen Stoffen finden sich im Anhang A.2.1. Nach Vorgaben der IUPAC (International Union for Pure and Applied Chemistry) sollen Stoffkonzentrationen als Verhältnisse zweier Massen bzw. Volumina angegeben werden (z.B. mg/kg oder mg/L) und nicht mehr wie früher (bes. in der Geochemie) als dimensionslose Verhältniseinheit (z.B. ppm). Dies wird in diesem Buch weitgehend befolgt bis auf Fälle, in denen ein grober Vergleich von Größenordnungen von Konzentrationen zwischen allen drei Aggregatzuständen formal möglichst unkompliziert erfolgen soll (d.h. „ppm" statt „mg/kg bzw. mg/L bzw. mg/m^3"). Aufgrund der Druck- und Temperaturabhängigkeit von Gasvolumina ist diese Gleichsetzung quantitativ allgemein nicht möglich und stellt nur eine grobe Näherung dar; beispielsweise müßte man bei Normalbedingungen mit 0,0416 und dem Molgewicht des Analyten multiplizieren, um 1 ppm auf die Einheit mg/m^3 umzurechnen (vgl. Exkurs 5.2 in Alloway u. Ayres 1996).

Oft kommt es nur auf die Größenordnung und nicht auf den genauen Wert einer Konzentration an; in diesen Fällen wird „X" als beliebige Zahl zwischen 1 und 9 verwendet. Nicht zu verwechseln mit „X" als Elementsymbol für Halogene oder Xylol in BTEX (Kap. 3.1.2).

3.1 Einführung in anorganische, organische und radioaktive Schadstoffe

3.1.1 Anorganische Schadstoffe

Obwohl die Gruppe anorganischer Schadstoffe zahlreiche Vertreter in allen drei Aggregatzuständen aufweist (z.B. Schwefel- und Stickoxide, Asbest oder Cyanide), werden hier nur beispielhaft ausgewählte Vertreter der Gruppe der Metall(oid)e und Schwermetalle (Metalle mit einer Dichte > 5 g/cm^3) herausgegriffen, da besonders diese für die in diesem Buch behandelten Festkörper umweltchemisch relevant sind. Mineralfasern wurden bereits in Kap. 2.4 unter dem Abschnitt über Stäube besprochen. Zur anorganisch-(geo)chemischen Einführung der Schwermetalle sowie zur Vertiefung des hier präsentierten Stoffes sei auf einschlägige Literatur verwiesen (s. A.1.2). Eine umfangreiche Datensammlung findet sich im mehrbändigen Handbook of Geochemistry, das vom Springer-Verlag herausgegeben wird.

Von den toxischen Metall(oid)en werden in den folgenden Abschnitten Cd, Hg, Sn, Pb, As, Sb und Bi genauer besprochen; auf andere Vertreter aus dieser Gruppe wie Ag, Al, Ba, Cr, In, Ni, Se und Te wird nicht, auf Be und Tl gegen Ende des Kapitels kurz eingegangen. Auf die umweltchemische Bedeutung der Speziierung von $Cr^{III/VI}$ und von $U^{IV/VI}$ wurde bereits in Kap. 2.1.4 hingewiesen; in ähnlicher Weise sind beim Nickel nur die löslichen Spezies toxikologisch relevant.

Im folgenden Abschnitt werden vorrangig jene Metall(oid)e besprochen, die auch mobile Hydride und organische Spezies bilden; letztere werden in Kap. 3.2 gesondert behandelt. Grundlegende phyikalisch-chemische Eigenschaften der Elementgruppen (Cd und Hg), (Sn und Pb) sowie (As, Sb und Bi) werden vor Besprechung der einzelnen Elemente kurz vorgestellt (s.a. Anhang A.1; weitere Details hierzu s. Greenwood u. Earnshaw 1997). Da regulatorische und gesetzliche Rahmenbedingungen ständig Änderungen unterworfen sind, werden sie hier keinesfalls vollständig, sondern nur beispielhaft angeführt.

3.1.1.1 Metall(oid)e

Herkunft

Metall(oid)e gelangen primär über den Prozeß der Gesteinsverwitterung an die Erdoberfläche. Hier nehmen sie an mannigfaltigen geochemischen Kreislaufprozessen zwischen gasförmigen (Atmosphäre), flüssigen (Hydrosphäre) und festen Phasen (Lithosphäre) teil. Die natürliche Hintergrundkonzentration eines Bodens (ohne Deckschicht) wird somit durch Deposition aus der Atmosphäre („von oben") und durch den geogenen Beitrag aus der Gesteinsverwitterung („von unten") festgelegt. Dabei freigesetzte Elemente bleiben entweder im Rückstand (Boden) erhalten (z.B. Sb, In, Bi) oder werden z.T. gasförmig oder in Lösung fortgeführt (z.B. Hg, As, Tl). Die Spurenmetallzusammensetzung von Böden variiert stark in Abhängigkeit vom Ausgangsmaterial. Durch die selektive Aufnahme von Elementen in bestimmten Mineralen während der magmatischen Kristallisation, durch unterschiedliche Verwitterungsraten und durch verschiedenartige Bildungsbedingungen von Sedimentgesteinen können die Variationsbreiten der geogenen Hintergrundwerte von zwei bis drei Größenordnungen festgestellt werden (s. Kap. 2.2.1.3). In von Natur aus hoch belasteten Böden wie z.B. in Serpentinitböden sind bis zu X000 mg/kg Cr zu finden oder in solchen aus Basalt bis zu X00 mg/kg Ni (X Zahl zwischen 1 und 9). Erhöhte Schwermetallkonzentrationen treten auch in der Nähe von Lagerstätten auf und dienen häufig als Hinweis auf Siedlungsabfall aus historischer Zeit.

Neben dem geogenen Schwermetallanteil gelangt ein anthropogener entweder durch gezielte Produktion für bestimmte technische Zwecke oder als unerwünschte Emissionen bei der Kohleverfeuerung zur Energieerzeugung und Stahlherstellung, bei der Zementproduktion und der Glasherstellung oder durch die Anwendung von Mineraldünger in die Umwelt. Diese Emissionen erfolgen primär in die Luft und dann, meist gebunden an Aerosole oder mit dem Niederschlagswasser, auf und in den Boden; auch die Verbrennung von Müll und Klärschlamm und die Kfz-Abgase sind wichtige Quellen anthropogener Schwermetallemissionen. Einen Überblick über Metall(oid)emissionen der wichtigsten Industrieunternehmen in der BRD geben diverse Schriften der Kommission Reinhaltung der Luft des VDI.

Während unbelastete Böden z.B. 0,01 bis 0,1 mg Cd bzw. 0,1 bis 1 mg Pb pro kg Boden enthalten, findet man nach Heintz u. Reinhardt (1996) in der BRD derzeit Durchschnittswerte von annähernd 0,5 mg Cd und 30 mg Pb pro kg Boden; diese Werte unterliegen allerdings großen lokalen Schwankungen. Von Emissionsquellen aus, die an Staubpartikel gebundene Schwermetalle durch Schornsteine an die Luft abgeben wie z.B. Kohlekraftwerke und Verhüttungsbetriebe, können diese Stäube über viele Kilometer transportiert werden, bevor es in Abhängigkeit von der Windrichtung und vom Wettergeschehen zur Deposition und damit zur Bodenbelastung kommt. Trockener Staub wird rascher und näher bei der Emissionsquelle abgelagert, während nasse Depositionen von in Regentropfen gelöstem Staub herrühren und generell weiter entfernt von der Quelle beobachtet werden. In der Nähe von Emissionsquellen sind deshalb die Bodenbelastungen höher als in sog. Reinluftgebieten. Aus diesem Grund spielen Schwermetalle oft eine lokal begrenzte Rolle, wie beispielsweise in den Sedimenten der Elbe (Hg) oder in Böden in direkter Umgebung von Zementwerken (Tl). In der Nähe einer Autobahn fällt die Bodenbelastung z.B. mit Blei mit zunehmender Entfernung ab: Während in unmittelbarer Straßennähe Werte von über 100 mg/kg gefunden werden, sind erst bei Abständen von über 100 m wieder durchschnittliche Bleigehalte zu erwarten (Heintz u. Reinhardt 1996).

Schwermetalle aus dem Abwasser von Industrie und Haushalten, aber auch durch direkte Deposition schwermetallhaltigen Staubs aus der Luft gelangen in Oberflächengewässer; ein großer Teil der Schwermetalle im Abwasser wird im Klärschlamm zurückgehalten. Über die Flüsse gelangen die Metall(oid)e ins Meer. Endstation sind zunächst die Sedimente der Flüsse, Seen und Meere, falls die Schwermetalle aus diesen Senken nicht remobilisiert werden und dadurch u.a. über das Trinkwasser oder die Nahrungskette zum Menschen gelangen. Eine weitere Senke für Schwermetalle sind Deponien, wo schwermetallhaltiger Klärschlamm und schwermetallhaltiger Müll abgelagert wird, sofern er nicht verbrannt wird. Selbst im letztgenannten Fall fallen schwermetallhaltige Emissionen an, die fachgerecht erfaßt und entsorgt werden müssen, sollen die

Schwermetalle dem Stoffkreislauf entzogen werden. Beispielsweise enthält Kohle schwankende Mengen nichtessentieller Schwermetalle (1 bis 100 mg/kg); Mittelwerte für Cd liegen bei 2 mg/kg und für Pb bei 75 mg/kg. Der größte Teil dieser Schwermetalle wird mit der Asche und dem Filterrückstand letztendlich auf Deponien abgelagert. Trotzdem gelangen noch große Mengen von Schwermetallen, die an kleine Staubpartikel gebunden sind und nicht durch die Filter zurückgehalten werden, in die Atmosphäre. Ein großes Kohlekraftwerk mit 12 Kraftwerksblöcken bei Vollast emittiert 4400 kg Blei und 70 kg Cd pro Jahr (Heintz u. Reinhardt 1996). Eine weitere nicht zu unterschätzende Emissionsquelle für Schwermetalle stellen die Müllverbrennungsanlagen dar. 6% des Hausmülls besteht aus Kunststoffen, die wegen eines hohen PVC-Anteils den größten Teil des Cd im Müll enthalten. 1 kg trockener Hausmüll enthält zwischen 3 und 20mg Cd und 180 bis 2000 mg Pb (Heintz u. Reinhardt 1996). Trotz der Abgasfilter von Müllverbrennungsanlagen gelangen noch einige Prozent des Cd in die Luft, beim Pb sind es 0,7%. Obwohl sie beim Pb gegenüber anderen Emissionsquellen kaum ins Gewicht fällt, macht beim Cd die Emissionsquelle Müllverbrennung fast 8% aus.

Das Ausmaß der anthropogenen Beeinflussung von Metallkreisläufen kann durch verschiedene Indices quantifiziert werden; zu ihnen gehören neben dem Technophilie-Index (Kümmel u. Papp 1990) vor allem

- der globale Interferenzfaktor als Verhältnis des anthropogenen Stoffflusses eines Elements in die Atmosphäre zum natürlichen Stofffluß,
- der Geoakkumulationsindex als Logarithmus des Verhältnisses von Elementkonzentrationen in realen Flußsedimenten und präbiotischen Sedimenten (G. Müller),
- der atmosphärische Anreicherungsfaktor (EF) als Verhältnis der relativen Konzentrationen eines Elements E in der Atmosphäre bzw. in der Erdkruste, jeweils auf Aluminium als Standard bezogen: $EF = (c_E/c_{Al})_{Atm}/(c_E/c_{Al})_{Kruste}$.

Zum Vergleich anthropogener und natürlicher Emissionen ist der atmosphärische Interferenzfaktor IF als das Verhältnis der gesamten anthropogenen zu den gesamten natürlichen Emissionen eingeführt worden (Bliefert 1997). Ein IF-Wert von 1 (d.h. 100%) bedeutet, daß sich Emissionen aus natürlichen und anthropogenen Quellen die Waage halten. Bei IF-Werten >100% überwiegen die anthropogenen Emissionen (z.B. Hg und Pb). Bei einem IF-Wert <100% gibt es mehr natürliche als anthropogene, die Atmosphäre belastenden Emissionen (z.B. Al und Fe). Das Verhältnis der anthropogen in die Atmosphäre emittierten Menge eines Schwermetalls zu derjenigen Menge, die auf natürliche Weise emittiert wird, beträgt bei Blei schätzungsweise 340 (nach Nriagu u. Pacyna (1988) liegt dieser Wert bei ca. 17), bei Cadmium 19 und beim Quecksilber 275 (Heintz u. Reinhardt 1996).

Im Durchschnitt überschreiten die anthropogenen Emissionen von As, Cd, Cu, Ni und Zn die geogenen Emissionen etwa zweifach oder mehr (Nriagu u. Pacyna

1988). In Seen und Flüssen wird weltweit durch industrielle Einleitung die geogene Metallfracht deutlich übertroffen. Auf lokaler Ebene ist städtischer Klärschlamm die wichtigste Quelle für Bodenverschmutzungen. Die gesamte Toxizität der jährlich mobilisierten Metalle übersteigt nach Nriagu u. Pacyna (1988) die Summe der Toxitäten der im gleichen Zeitraum erzeugten radioaktiven und organischen Abfälle.

Die Gehalte in den Böden von ländlichen, städtischen und industriellen Zonen verhalten sich nach Bliefert (1997) ungefähr wie 1:10:100. Es hängt stark von der Zusammensetzung der Böden ab, in welchem Ausmaß Schwermetalle zurückgehalten werden. Die „leichten" sandigen Böden Norddeutschlands sind nur wenig zu belasten: Diese Böden mit nur geringen Ton- und Huminstoffanteilen können Schwermetalle kaum adsorbieren. Anders ist dies mit den „schweren" Böden in Süddeutschland, in denen die Tonanteile erheblich zur ad- und absorbierenden sowie puffernden Wirkung beitragen. Aus diesem Grund sind die Schwermetallbelastungen der Böden in Süddeutschland im Durchschnitt höher als die der Böden in Norddeutschland.

Bei einer Untersuchung an Böden im Ruhrgebiet (ca. 1800 Proben von einer Fläche von etwa 1800 km^2) ergaben sich Überschreitungen der Grenzwerte der Klärschlammverordnung beim Pb (100 mg/kg) bei ca. 45%, beim Zn (300 mg/kg) bei ca. 35% und beim Cu (100 mg/kg) bei ca. 8% der Proben; die Cadmiumgehalte überstiegen bei etwa 4 bis 10% der Bodenproben den für den Anbau von Cd-akkumulierenden Pflanzen kritischen Wert von 1 mg/kg (Förstner 1993a). Auch in zahlreichen Messungen an städtischen Gärten und industriebeeinflußten Böden wurden beträchtliche Anreicherungen von Metallen festgestellt. Nicht nur auf Schrottplätzen, Deponie- und Abwasserverrieselungsflächen, sondern auch in den oft jahrhundertelang genutzten Hausgärten sind die Grenzkonzentrationen z.B. nach EG-Richtlinien deutlich überschritten. Mögliche Gegenmaßnahmen sind Nutzungsalternativen bzw. Anbaubeschränkungen, Bodenaustausch oder Vermischung mit unbelastetem Oberboden.

Weißflog et al. (1994) konnten erfolgreich Kiefernnadeln als passive Bioindikatoren zur differenzierten Bewertung der Belastungssituation der Region Leipzig mit Pb, Cr, Fe und V einsetzen. Im Untersuchungsgebiet München wurden an ausgewählten Standorten „Standardisierte Graskulturen" (vgl. VDI-Richtlinie 3792 1978) exponiert und auf die Akkumulation von Pb, Sb, As, Cd und Cu untersucht (Peichl et al. 1994). Die höchsten Anreicherungen wurden bei Sb an verkehrsnahen Standorten nachgewiesen: Die höchsten gefundenen Konzentrationen lagen mit über 2 mg/kg über zwanzig mal höher als typisches unbelastetes deutsches Weidegras. Der Vergleich der Ergebnisse an den verschiedenen Standorten weist den Kfz-Verkehr als Antimonquelle aus (Bremsbeläge).

Der Schwermetallgehalt von Sedimenten von Ober- und Niederrhein, Elbe und Main ist zwischen den Jahren 1972 und 1985 deutlich zurückgegangen; Hauptgrund dafür ist die zunehmende Behandlung der Abwässer in Kläranlagen, wodurch ein großer Teil der Schwermetalle im Klärschlamm zurückgehalten wird. Nordseesedimente enthalten in der Mehrzahl Pb-Konzentrationen, die bereits über dem Grenzwert der Klärschlammverordnung von 100 mg/kg liegen. Im Schwermetallendlager „Sediment" steckt somit ein umweltgefährdendes Potential, das in Zukunft nicht abnehmen wird, da das Meer ein Endlager darstellt, aus dem auf natürliche Weise i.wes. nichts mehr abgetragen werden kann.

Mobilität
Chemisches Verhalten und biologische Wirkung eines Metalls in der Umwelt werden von der Kombination verschiedener Eigenschaften bestimmt, zu denen die Löslichkeit der häufigsten Salze, das Redoxverhalten, die Fähigkeit zur Komplexbildung und die Aufnahmefähigkeit durch Biomasse gehören (Kümmel u. Papp 1990). Für einige Metalle, die mehrere unter Umweltbedingungen stabile Oxidationsstufen bilden können (Fe, Cu, Mn, As, usw.) sind Redoxreaktionen in biotischen Systemen typisch. Diese Reaktionen stellen Schutzmechanismen der Mikroorganismen dar, die die Metallionen in für sie weniger toxische Substanzen umwandeln. Häufig werden hierbei höhere Oxidationsstufen bevorzugt akkumuliert. Dominierende Speicherformen von Metallen in Biosystemen sind Komplexverbindungen mit organischen Liganden und für einige Metalle Alkylderivate (s. Kap. 3.2). Die Verteilungskoeffizienten von Metallen zwischen Organismen (Plankton) und ihrer abiotischen Umwelt (Seewasser) erreichen meist hohe Werte.
Während Wasser und Luft Transportmedien für die Schwermetalle darstellen, agieren Böden und Gewässersedimente als Senken. Dort werden die Metall(oid)e akkumuliert, da sie nicht wie andere Umweltchemikalien chemisch oder biologisch abbaubar sind. Böden und Sedimente stellen jedoch keine sicheren „Endlager" für Schwermetalle dar: Aus den Böden können sie durch Pflanzen aufgenommen werden, durch Prozesse wie Versauerung von Oberflächengewässern infolge sauren Regens sowie durch bakterielle Tätigkeit aus den Sedimenten wieder herausgelöst werden und so weiter am Kreislauf in der Biosphäre teilnehmen. Dabei erhöhen sich die Stoffströme bei fehlendem chemischen Abbau kontinuierlich.
Generell fördern Versauerung (Säure, Salzgehalt), Komplexbildner (NTA, EDTA), Biomethylierung (bes. für Hg, As, Sn, Se) und Oxidation/Reduktion (z.B. für Cd, Hg, Pb), induziert durch Milieuänderungen, die Mobilisierung von Schadstoffen.
Anthropogen unbeeinflußtes Regenwasser hat einen pH-Wert zwischen 5 und 5,6. Durch den Säureeintrag über das Regenwasser liegen die pH-Werte von Böden in Europa und Nordamerika inzwischen bei 4 bis 4,5. Böden mit pH < 4,2 sind für den Ackerbau nicht mehr geeignet (Tonmineralzerstörung). Der deutsche Waldboden zeigt bereits pH < 4,0. Im Fichtelgebirge kontaminieren bis zu 20 mg/L Al das Sickerwasser und selbst im Quellwasser wurden bereits bis zu 2 mg/L Al aufgefunden.

In Kohle- und Abraumhalden großer Dichte bildet sich bereits wenige cm unter der Oberfläche ein anaerobes Milieu aus. Aufgrund reduzierender Bedingungen kommt es zur Bildung von Sulfiden. Umgekehrt wird vormals anoxisch abgelagertes Material (z.B. Baggerschlämme) bei Luftkontakt oxidiert (Schwefelsäurebildung bei Oxidation von Sulfiden). Im *Corpus Christi Bay Harbor* stagniert im Sommer das Wasser, und es fallen Sulfide aus; im Winter fließen dann sauerstoffhaltige Wässer in die Bucht und lösen die Niederschläge wieder auf.

Viele Schwermetalle werden an Grenzflächen abiotischer Systeme (Luft/Boden bzw. Wasser/Sediment) angereichert und von dort durch Änderung physikalischer und chemischer Parameter (pH, Temperatur, Strömung usw.) remobilisiert.

Für Hg und Zn konnte man nachweisen, daß sie unter anaeroben Bedingungen im Meer, d.h. im Schlamm aus abgestorbenen Algen, hydriert und damit flüchtig werden. Man nimmt an, daß auch andere Schwermetalle Hydrierungsprozessen unterliegen (Fellenberg 1997). Diese Reaktionen zeigen, daß die in stark eutrophierten Meeresabschnitten auftretenden „Algenblüten" nicht nur eine akute Gefährdung für Meerestiere darstellen, sondern langfristig auch die Mobilisierung von Schwermetallen fördern, die in Form von Hydriden das Wasser verlassen können.

Eine Metallbindung kann durch Stoffumwandlung das Umweltverhalten der jeweiligen Verbindung stark ändern. In einigen Fällen führen erst solche Umwandlungsreaktionen zu den eigentlich toxischen Verbindungen (z.B. die Methylierung von Hg) oder zu seiner Immobilisierung (z.B. Ausfällung von Bleisulfat). Viele Schwermetalle bilden in Wasser schwerlösliche Verbindungen und scheiden auf diese Weise aus den Biozyklen aus; auf weiten Teilen des Meeresbodens sind so reiche Minerallager (Manganknollen u.a.) entstanden.

Während die zahlreichen Metalle hinsichtlich ihres chemischen Reaktionsverhaltens nach dem „HSAB"-Konzept („hard and soft acid-base" rules) in harte und weiche Säuren/Basen (Typ A und B Kationen/Anionen) eingeteilt werden (Morgan u. Stumm 1991), können sie nach dem Grad ihrer biologischen Verfügbarkeit und Toxizität in drei Gruppen zusammengefaßt werden (Kümmel u. Papp 1990):

1. Essentielle und unkritische Elemente
2. Biologisch verfügbare toxische Elemente
3. Wenig verfügbare (schwerlösliche bzw. seltene) toxische Elemente

Die umweltrelevanteste dieser Gruppen ist die zweite mit As, Bi, Cd, Hg, Pb, Pt, Sb, Sn und Tl als beispielhaften Vertretern. Die umweltrelevanten Kationen sind meist vom Typ B und koordinieren deshalb vorzugsweise mit Basen, die I, S oder N als Donoratome enthalten (Morgan u. Stumm 1991); diese Metallionen binden Ammoniak stärker als Wasser, CN^- stärker als OH^- und bilden stabilere I^-- oder Cl^--Komplexe als F^--Komplexe sowie unlösliche Sulfide und lösliche Komplexe mit S^{2-} und HS^-.

Im allgemeinen nehmen mit steigenden Schwermetallgehalten und anderen Schadstoffen im Boden die entsprechenden Gehalte in den Pflanzen zu. Der Übergang von Schwermetallen aus dem Boden in Pflanzen läßt sich mit Hilfe des Transferfaktors F, definiert als Quotient aus Metallkonzentration in der Pflanze und der Metallkonzentration im Boden, quantifizieren (Bliefert 1997). Je leichter das Metallion aus dem Boden von den Pflanzen aufgenommen wird, um so größer ist F. Die Schwermetallgehalte in Pflanzen und ihren Böden können sich, je nach Element, um bis zu drei Größenordnungen unterscheiden (F von 0,01 bis zu 10); F hängt von der Art des Bodens und weiteren Parametern wie dem pH-Wert ab. Als äußerst unbeweglich (immobil) in Bezug auf diesen Übergang gelten Pb und Hg (Sulfidbildung), gut beweglich ist beispielsweise Cd.

Metall(oid)e und Gesundheit
Grundsätzlich können Metall(oid)e – wie auch die anderen Elemente – für einen Organismus wie Pflanze oder Tier essentiell sein (wie z.B. Fe, Cu oder Zn) oder nicht. Nichtessentielle Metalle (z.B. Pt, Hg, Pb und Cd) werden nicht zum Leben gebraucht und stören oft schon in Spuren den normalen Ablauf von Stoffwechselvorgängen; solche Metalle wirken in höheren als den tolerierbaren Dosen toxisch (giftig). Anders als mit den unbenötigten verhält es sich mit den essentiellen Metallen. Diese braucht der Organismus in bestimmten Konzentrationen, wenn er normal funktionieren soll. Ob ein Element essentiell ist oder nicht, hängt davon ab, ob es an biochemischen Reaktionen in dem entsprechenden Organismus beteiligt ist. Beispielsweise ist Nickel für Pflanzen ein Schadstoff, von Tieren hingegen wird es in Spuren benötigt.
Wenn einem Organismus zu wenig von einem essentiellen Element in einer geeigneten Verbindung zur Verfügung steht, wird dadurch eine wichtige Funktion wie z.B. ein Stoffwechselvorgang behindert und es können Mangelerscheinungen auftreten (z.B. bei Fe oder Cu). Liegt ein Element dagegen in zu großer Konzentration vor, wirkt es toxisch. Mangel oder Überangebot sind zwei Erscheinungsformen der Toxizität von Metallen. Nur bei Konzentrationen innerhalb des für den jeweiligen Organismus gültigen Plateaubereichs und an der richtigen Stelle im Organismus übt das Element eine positive physiologische Wirkung auf Wachstum oder Produktion von Biomasse aus. Da die Metall(oid)e dem Organismus über die Nahrung zugeführt werden, muß bei der Ernährung ein Gleichgewicht zwischen dem Zuwenig und Zuviel der lebensnotwendigen Metall(oid)spezies (d.h. Metall(oid)en in bioverfügbaren Formen) gefunden sowie die Belastung mit nichtessentiellen Spezies minimiert werden. In diesem Sinne sollte man nur bei letzteren (wie auch bei organischen, metall(oid)-organischen und radiaktiven Stoffen mit ähnlichen Eigenschaften) von „reinen" Schadstoffen sprechen.
Etwa 75% der vom Menschen aufgenommenen Schwermetalle stammen aus pflanzlicher Nahrung, ca. 20% aus tierischer Nahrung und 5% werden über die

Atemluft aufgenommen (Heintz u. Reinhardt 1996). Von den in der Nahrung enthaltenen Schwermetallen wie Pb und Cd werden etwa 10% vom Magen-Darm-System resorbiert, der Rest verläßt den Körper wieder über Darm und Niere; über die Lunge via Stäuben aufgenommene Schwermetalle werden durchschnittlich zu ca. 50% resorbiert. Die zuletzt genannte Prozentzahl hängt weitgehend von der Korngröße des schwermetallhaltigen Staubs ab, denn aus feinem Staub werden mehr Schwermetalle aufgenommen als aus grobkörnigerem (Oberflächeneffekt). Durchschnittlich gelangen ca. 12% der insgesamt aufgenommenen Schwermetalle in das Blut. Akkumulation von Schwermetallen in der Umwelt führt über die Nahrungskette also auch zu einer verstärkten Anreicherung von Schwermetallen im Menschen. Die mittlere Verweilzeit von einmal in die Blutbahn gekommenen Schwermetallen im Körper des Menschen beträgt je nach Art des Schwermetalls ungefähr 10 bis 30 Jahre.

Die akute Giftigkeit von Metallen nimmt innerhalb einer Gruppe des Periodensystems grundsätzlich mit ihrer Elektropositivität zu:

$$\text{IB: Cu} < \text{Ag} < \text{Au; IIB: Zn} < \text{Cd} < \text{Hg; IIIA: Al} < \text{Ga} < \text{In} < \text{Tl.}$$

Die Metalle der sechsten Periode sind potentiell die giftigsten Elemente (Os, Ir, Pt, Au, Hg, Tl, Pb); die im allgemeinen schlechte Wasserlöslichkeit ihrer Salze jedoch maskiert ihre inhärente Toxizität (Wood 1974). Eine umweltmedizinisch sinnvolle Gruppierung der chemischen Elemente erfolgt nach ihrer Löslichkeit, Häufigkeit und Giftigkeit in der Umwelt: nicht kritisch (z.B. K oder Na)/giftig, aber schwer löslich (z.B. Ba oder Ir) oder selten/sehr giftig und relativ leicht verfügbar; mit Ausnahme von Si gehören alle in diesem Buch einzeln besprochenen Elemente in diese dritte Gruppe.

Die akute Toxizität eines Metall(oid)s hängt von mehreren Faktoren ab: vom Phasenzustand und der Spezies, in der das Element vorliegt (z.B. Gas/Lösung, Wertigkeit, als metallorganische Verbindung), von deren Wasser- und Fettlöslichkeit, von der Art der Aufnahme des Metall(oid)s (z.B. oral, inhalativ), von der Art des Lebewesens, seinem Alter und Entwicklungsstand, von der Konzentration an bestimmter Stelle im Organismus oder in einem bestimmten Organ. Der wichtigste Mechanismus, der die Toxizität von Schwermetallen generell bestimmt, ist die Inaktivierung von Enzymen. Dabei sind die zweiwertigen Übergangsmetalle besonders wirksam. Sie reagieren leicht mit den Amino- und Sulfhydrylgruppen der Proteine; einige (Cd, Hg) konkurrieren mit Zn und ersetzen dieses in zinkhaltigen Metallo-Enzymen. Metalle können die Durchlässigkeiten von Zellmembranen verändern und damit den Stofftransport beeinflussen, sowie mutagen (erbgutverändernd), teratogen (fruchtschädigend) und kanzerogen (krebserzeugend) wirken (s. Technische Regeln für Gefahrstoffe (TRGS); z.B. TRGS 905: Verzeichnis krebserzeugender, erbgutverändernder oder fortpflanzungsgefährdender Stoffe). Eine verstärkte Remobilisierung von Schwermetallen aus körpereigenen Depots kann eintreten, wenn der Körper durch Krankheit geschwächt ist, mit der Folge einer dann übermäßig hohen

Belastung. Kleinkinder sind besonders gefährdet, da bei ihnen die Bluthirn-
schranke noch nicht voll ausgebildet ist und die Schwermetalle in das Gehirn
gelangen können.

3.1.1.2 Cadmium und Quecksilber

Beide Elemente mit den Ordnungszahlen 48 (Cd) und 80 (Hg) gehören zusammen mit Zink zur Gruppe IIB (zweite Nebengruppe, IUPAC Gruppe 12) des
chemischen Periodensystems und besitzen mittlere Atommassen von 112,41
(Cd) und 200,59 (Hg).
Cadmium kommt mit einer mittleren Erdkrustenhäufigkeit von 0,16 mg/kg etwa
dem Antimon (0,2 mg/kg) gleich und ist demnach etwa doppelt so häufig wie
Quecksilber (0,08 mg/kg), Silber (0,08 mg/kg) oder etwa auch Selen
(0,05 mg/kg); all diese Elemente gelten als typisch chalkophil und bilden bevorzugt Sulfide. Im Vergleich mit anderen Metallen stechen bei Cadmium und
Quecksilber niedrige Schmelz- (Cd 320,8 und Hg −38,9 °C) und Siedepunkte
hervor (Cd 765 und Hg 357 °C); Quecksilber ist das einzige Metall, das bei
Raumtemperatur flüssig ist. Quecksilber ist abgesehen von den Edelgasen das
einzige Element, das in der Gasphase einatomig vorliegt. Seinem Aussehen
entsprechend leitet sich Quecksilber vom lateinischen Wort *hydrargirum* (flüssiges Silber) ab; aber auch Cadmium erscheint optisch als silbriger Feststoff, der
auf frischer Schnittfläche einen bläulichen Glanz zeigt.
Die Verbindungen beider Elemente sind durch die d^{10}-Konfiguration geprägt
und mit Ausnahme von Derivaten des Hg_2^{2+}-Ions, in denen rein formal Hg^I
vorliegt, findet man fast ausschließlich zweiwertige Ionen. Aufgrund der Stabilität der besetzten d-Schale zeigen diese Elemente nur wenige der charakteristischen Eigenschaften der Übergangsmetalle, auch wenn sie innerhalb des Peri-
odensytems dem d-Block zuzuordnen sind. Quecksilber zeigt deutlich mehr als
Cadmium eine Neigung zur Kovalenz und bevorzugt N-, P- und S-Donorligan-
den, die mit Hg^{II} Komplexe bilden, deren Stabilität kaum von irgendwelchen
anderen Komplexen zweiwertiger Kationen übertroffen wird. Die Hg-C-Bin-
dung ist an sich nicht sonderlich stark, die konkurrierende Hg-O-Bindung ist
noch schwächer. Da Quecksilber im Vergleich zu Cadmium 14 zusätzliche
Elektronen im vierten Orbital besitzt, sind die erwähnten Hg-C-Bindungen
stabil; Alkylcadmiumverbindungen gelten dagegen als instabil und sollten
eigentlich sofort mit Wasser und Dämpfen reagieren (s. hierzu weiterführende
Diskussion in Kap. 3.2).
In umweltchemischer Hinsicht sind beide Elemente typische Vertreter nichtessentieller, aber hochtoxischer Elemente, die durch anthropogene Aktivitäten in
die Umwelt eingebracht werden und aufgrund einer außerordentlich hohen
Mobilität ihrer umweltrelevanten Elementspezies über die gesamte Geosphäre
verteilt werden.

Meist stellten die Eisen-, Stahl- und Zementproduktion sowie die Kohleverbrennung die Hauptemissionsquelle für beide Elemente dar. Bei diesen Prozessen herrschen hohe Temperaturen in den Verbrennungs- und Sinteröfen, so daß sich die flüchtigen Elemente in Verbrennungsgasen und -stäuben anreichern.

Da Cadmium ein ubiquitäres Element und als natürliche Beimengung in nahezu allen Roh- und Naturstoffen enthalten ist, zudem ein Schwermetall mit guter Datenlage und einer eindeutigen toxikologischen Bewertung darstellt, wurde es von der Enquete-Kommission (1994) des Deutschen Bundestages zur Erstellung einer Umweltbilanzierung ausgewählt.

Cadmium (Cd)

Die stabilen Isotope des Cadmiums zeigen folgende relative Häufigkeiten: 106 (1,22%), 108 (0,88%), 110 (12,39%), 111 (12,75%), 112 (24,07%), 113 (12,26%), 114 (28,86%) und 116 (7,58%). Der Ionenradius von Cd^{2+} liegt zwischen 97 (nach Pauling) und 103 pm (nach Goldschmidt) und damit nahe an dem von Ca^{2+} (106 pm); die Koordinationszahl ist vier oder sechs, manchmal auch fünf, sieben, acht, neun oder zwölf. Cadmiumverbindungen sind oft isotypisch mit denjenigen von Zn^{2+}, Mg^{2+}, Fe^{2+}, Co^{2+}, Ni^{2+} und in einigen Fällen Ca^{2+}. Cadmiumerze sind Oxide, Sulfide und Carbonate; sie wurden vor 1950 kaum gezielt eingesetzt. Die bekanntesten Cd-Minerale sind Greenockit (hexagonales CdS), Hawleyit (kubisches CdS), Oktavit ($CdCO_3$), Monteponit (CdO) und Cadmoselit (hexagonales CdSe). Signifikante Mengen werden in Zinklagerstätten gefunden, z.B. befinden sich in Zinkblende (Sphalerit) meist 0,1 bis 0,5%, selten auch bis zu 5%. Als stark chalcophiles Element ist Cd in Sulfidlagerstätten zusammen mit Zn und Hg sowie weniger mit Pb und Cu angereichert. Cadmiumanreicherungen erfolgen im sedimentären Milieu: Kohlen z.B. enthalten zwischen 0,04 und 30 mg/kg mit einem Mittelwert von 1 mg/kg, Phosphate ca. 15 mg/kg.

Einige Cadmiumverbindungen sind farbig (gelb, rot, braun), andere farblos. An Luft oxidiert Cadmiumdampf sofort zu Cadmiumoxid und das Metall löst sich in schwachen Säuren, eine Eigenschaft, die zu akuten Vergiftungen des Menschen führen kann. Cd ist unlöslich in alkalischen Lösungen, gut löslich in Salpetersäure, aber nur gering löslich in Salz- und Schwefelsäure. CdS wird von Säuren unter Bildung von Schwefelwasserstoffgas zersetzt (Förstner 1980). Allgemein sind Cadmiumsalze starker Säuren in Wasser leicht löslich; weniger löslich sind Sulfide, Carbonate, Oxide, Fluoride und Hydroxide; letztere lösen sich aber unter Komplexbildung in Ammoniumhydroxid und Cd komplexiert auch mit Halogenionen. Cadmiumkomplexe sind stabiler als Zinkkomplexe, da Cd mit einem elektrochemischen Normalpotential von -0,40 V relativ zur Wasserstoffelektrode etwas edler als Zn ist.

Im Gegensatz zu vielen anderen Schwermetallen tritt Cd hauptsächlich als wasserlösliches zweiwertiges Ion, u.a. in Cd-Cysteinaten^0, Cd-Cysteinat(OH)$^-$ und Albumin-Cd-Komplexen auf (Merian 1990). Hinsichtlich der Speziierung ist zu unterscheiden zwischen zweiwertigen Cadmiumionen (z.B. $CdCl_2$), Chlorcadmiumkomplexen, sauren Cadmiumkomplexen sowie an Proteine und an kolloide Substanzen gebundenes Cadmium (Stoeppler 1991).

Geogene Emissionen. Der mittlere Cd-Gehalt nicht kontaminierter Böden sollte deutlich unter 1 mg/kg liegen; Förstner (1980) gibt für den normalen durchschnittlichen Cadmiumgehalt von Böden 0,4 mg/kg an. Allerdings können in Abhängigkeit vom geologischen Ausgangsgestein auch sehr viel höhere natürliche Cd-Gehalte auftreten, die den Richtwert von 3 mg/kg für Cd weit überschreiten (Marquard 1991), z.B. wurden Spitzenwerte von > 50 mg/kg in japanischen Reisböden gefunden. Auch in Deutschland gibt es Regionen mit extrem hohen Cd-Gehalten im Boden, wobei Cd vorzugsweise in fluvialen Sedimenten angereichert wird; z.B. betragen die Gehalte im Elbe-Schlick ca. 60 mg/kg und bis zu 100 mg/kg werden in den Aueböden des Okertals im Harzvorland gefunden. Die Ursache für die extreme Anreicherung ist hier anthropogener Art aufgrund der seit Jahrhunderten betriebenen Erzgewinnung im Harz.
Entsprechend den vom UBA (1986/87) erhobenen Daten zur Umwelt betrug die Grundlast an Cd in den Bachsedimenten der BRD um 1980 bis zu 1 mg/kg Cd. Größere Anreicherungen bis max. 100 mg/kg wurden in den Sedimenten von Oberläufen der Bäche beobachtet (z.B. im rechtsrheinischen Schiefergebirge, im Schwarzwald und in der Oberpfalz).

Anthropogene Emissionen. Cadmium gelangt schon seit Jahrhunderten in die Umwelt, da es bei der Zinkproduktion als Verunreinigung auftritt und Zink schon seit dem Altertum abgebaut wird (z.B. kann Messing bis zu 3% Cd enthalten). Insgesamt ist die atmosphärische Freisetzung von Cadmium zu rund zwei Drittel auf die Nichteisenmetallurgie (Verhüttung von Zink- und Kupfererzen) zurückzuführen. Hauptquellen des Cd-Eintrags in aquatische Systeme sind die Zinkerzförderung sowie industrielle Anwendungen (Oberflächenbehandlung, Farben); allein 95% des Cd wird als Nebenprodukt beim Rösten von Zinkmineralen gewonnen (Stoeppler 1991). Weitere anthropogene Emissionsquellen sind die Müllverbrennung, die Herstellung von Phosphatdüngemitteln und andere Hochtemperaturprozesse. In den Boden gelangt Cadmium durch Deposition, durch cadmiumhaltige Düngemittel und durch Klärschlamm. In Gewässer gelangt es durch industrielle Einleitungen, vor allem durch Deposition aus der Luft, auch über Niederschlagswasser aus Regenrinnen (verzinkte Rinnen enthalten stets Cadmium) und durch Sickerwasser aus Mülldeponien.
Der Cadmiumverbrauch in den alten Bundesländern beträgt mit etwa 2 kt/a ca. 8% des Weltverbrauchs. Ungefähr 30% des Cd werden als hellgelbe bis dunkelrote Pigmentfarbstoffe überwiegend für die Einfärbung von Kunststoffen eingesetzt. Cadmiumsulfid gibt beispielsweise dem „Postgelb" seinen Farbton. 23% des Cd-Verbrauchs entfällt auf Pigmente. In der Plastik- und Keramikindustrie

werden Cadmiumsulfid und -selenid eingesetzt; diese haben kräftige Farben im Bereich gelb-orange-rot und sind bis 600 °C lichtecht (Förstner 1980).

20% des Cd werden als Korrosionsschutzmaterial für Metallteile im Maschinenbau, vor allem bei Flug- und Fahrzeugen verwendet, weitere 20% werden als Stabilisatoren dem Kunststoff PVC zugesetzt. 30% werden zur Herstellung von Ni-Cd-Batterien und von Solarzellen benötigt; eine weitere Sonderanwendung erfolgt in Kernreaktoren als Neutronenabsorber. Sehr reines Cd erhält man durch elektrolytische Deposition oder Vakuumdestillation bei Temperaturen zwischen 420 und 485 °C; bereits 0,008 mm dicke Überzüge können Eisen und Stahl wirksam vor Korrosion schützen.

In den westlichen Industrieländern hat der Cadmiumgesamtverbrauch im Jahr 1989 mit 16901 t einen Höchstwert erreicht (Bätcher 1995). Die Entwicklungen waren in den einzelnen Ländern und in den verschiedenen Hauptanwendungsgebieten von Cd sehr unterschiedlich. Im Jahr 1979 war die Galvanotechnik mit 34% des Gesamtverbrauchs das größte Anwendungsgebiet, heute dagegen besitzen die Batterien einen Anteil von > 50%. 90% des gesamten Cadmiumverbrauchs in Japan werden für den steigenden Bedarf von Ni/Cd-Akkumulatoren benötigt. Der Pigment- und Stabilisatorbereich hat sich in den westlichen Industrieländern insgesamt nur wenig verändert. Substitutionserfolge bei den Stabilisatoren und den galvanischen Beschichtungen reduzierten den deutschen Cd-Verbrauch seit 1982.

Die Enquete-Kommission (1994) hat den gesamten Cadmiumstoffstrom, bezogen auf das Jahr 1986 (alte Bundesländer), bilanziert. Danach wurden insgesamt ca. 3200 t Cd in das Bundesgebiet eingetragen, wobei ca. 53% von metallhaltigen Erzen (insbes. Zinkerzen), Brennstoffen (insbes. Steinkohle) und anderen diversen Rohstoffen (u.a. Phosphaterzen) stammten. Der Rest wurde als reines Cadmiummetall oder als Bestandteil von Halbfertigprodukten und sekundären Rohstoffen importiert. Trotz der sinkenden Nachfrage blieb in der BRD in den achtziger Jahren die Produktionsrate von reinem Cadmiummetall mit jährlich ca. 1200 t konstant. Jährlich ca. 460 t des Schwermetalls gelangen als Bestandteil von Abfällen des privaten Verbrauchs und der Industrie auf Deponien. Industrielle Cadmiumemissionen weisen aufgrund von behördlichen Auflagen und technischen Verfahrensänderungen allerdings eine rückläufige Tendenz auf.

Anders als in Schweden (Cadmiumgesetz vom 1.7.1982 und „amtliche Verordnung über Cadmium" vom 7.11.1985), den Niederlanden, Dänemark und der Schweiz gibt es in Deutschland ein gesetzliches Verwendungsverbot für Cd bisher nicht (Bätcher 1995). Dagegen sollen EG-Richtlinien für „Produkte, für die der Einsatz von Cadmium und Cadmiumverbindungen für die Einfärbung" und für „Erzeugnisse, für die der Einsatz von Cadmium zur Oberflächenbehandlung" (91/338/EWG) verboten wird, in nationales Recht umgesetzt werden. Enorme anwendungstechnische Vorteile lassen ein Anwendungsverbot für Cd in Akkumulatoren bisher nicht durchführen, die Aufarbeitung gebrauchter Akkumulatoren ist jedoch angezeigt; Industriebatterien werden heute bereits zu > 90% dem Recycling zugeführt. Für Gerätebatterien wird häufig die Einführung eines Pfandsystems oder eine Rücknahmeverpflichtung des Herstellers vorgeschlagen.

Immissionskonzentrationen. Für Cadmium (wie auch für Zink) ist charakteristisch, daß der anthropogene Stofffluß in die Atmosphäre die hauptsächlich vulkanisch bedingten natürlichen Emissionen um mindestens eine Größenordnung übersteigt (Gesamtemission 8 bis 9 kt/a, anthropogener Anteil 90%). Einige grobe, durchschnittliche Konzentrationswerte in Umweltmedien sind für Luft 1 ng/kg, Meerwasser 10 ng/L und für Industrieabwasser typisch 1 g/L. Die Deposition von Cadmium in ländlichen Regionen (Reinluftgebiete) wird mit etwa 0,5 $\mu g/(m^2 d)$ angegeben; in verschmutzten Gebieten liegen die Werte bei mehr als dem zehnfachen.

Schätzungsweise gelangen jährlich 9 kt in die Atmosphäre, 22 kt in Böden und 15 kt in Gewässer (Merian 1990). Regenwasser enthält 0,05 – 0,8 $\mu g/L$, Flußwasser 0,01 – 0,15 $\mu g/L$ und Nebelwasser 0,3 – 7 $\mu g/L$; in abgelegenen Gebieten wie der Arktis enthalten Niederschläge dagegen < 5 ng/L Cd. Sedimente sind wichtige Senken für dieses Element; die Gehalte in Sedimenten nicht verschmutzter Gewässer liegen etwa zwischen 0,04 und 0,8 mg/kg und entsprechen denen unbelasteter Böden.

Oberflächenwässer des Ozeans (ca. 0,01 $\mu g/L$) sind gegenüber Tiefenwässern an Cd abgereichert (ca. 0,07 $\mu g/L$), was auf eine Aufnahme durch Organismen an der Wasseroberfläche und Abgabe aus absinkenden biologischen Rückständen hindeutet (Förstner 1980). In Buchten um England (z.B. Liverpool Bay, Bristol Channel) ist Cd gegenüber dem offenen Ozean jedoch um etwa eine Größenordnung angereichert. In Sedimenten des Ginsheimer Altrheins wurden bis zu 95 mg/kg, im Neckar bis zu 340 mg/kg und im Hudson River bis zu 50000 mg/kg gefunden (z.Vgl. Mississippi 0,5 mg/kg).

Obwohl der natürliche Hintergrundwert für Luftkonzentrationen von Cd unter 0,1 ng/m^3 liegt, werden in Stadtgebieten durchschnittlich 2 ng/m^3 (El Paso 120 ng/m^3) und in der Umgebung von Zinkschmelzwerken bis über 500 ng/m^3 gemessen (Förstner 1980). Nach den Qualitätsrichtlinien der WHO von 1987 sollten in Stadtgebieten Luftkonzentrationen von 10 bis 20 ng/m^3 nicht überschritten werden (Merian 1990).

Klärschlämme enthalten zwischen 7 und 15 mg/kg. Die jährliche Aufbringung einiger Tonnen auf Ackerland erhöht den Cadmiumgehalt der Ackerkrume um 1 bis 6 mg/kg. Die Cd-Auswaschung aus Deponien kann zu starken Kontaminationen führen, z.B. gelangten Abwässer eines Zn verarbeitenden Betriebs bei Nievenheim in den Rhein und erhöhten so die Cd-Konzentration des Flusses auf bis zu 600 $\mu g/L$. Cd-Gehalte sind in der Umgebung von punktförmigen Emissionsquellen besonders hoch. In Fällen, wo Stallmist und cadmiumreiche Düngemittel aufgebracht wurden, sind bis zu tausendfache Anreicherungen in den oberen Horizonten im Vergleich zu unbelasteten Ackerböden mit 0,01 bis 0,5 mg/kg möglich (Stoeppler 1991).

Eine Risikoanalyse in der stark immissionsbelasteten Industrieregion Leipzig-Halle ergab, daß an 9% der untersuchten Standorte eine potentielle Gefährdung der Bodenorganismen durch Cd vorliegt, wobei zum Teil auch effektive Konzentrationswerte deutlich oberhalb der Kategorie A der Holland-Liste vorhanden sind (Schüürmann et al. 1994).

Die unterschiedlichen Reservoirs für die Cadmiumkontamination können durch die mittleren Aufenthaltszeiten (Luft 20 – 30 Tage, Flußwasser X Tage, Seewasser 1 – 2 Jahre, Menschen 20 – 30 Jahre, Böden X00 Jahre, Ozeanwasser 250 Tausend und pelagische Sedimente 200 – 500 Millionen Jahre) und Konzentrationen (Luft 0,1 – 500 ng/m^3, Wasser 0,01 – 42000 µg/L, Wasserorganismen 0,001 – 1120 mg/kg, Böden 0,01 – 500 mg/kg und Sedimente 0,01 – 50000 mg/kg) charakterisiert werden (Förstner 1980).

Die Immissionsbelastung der Umweltmedien, gemessen an den Überwachungsmeßstellen des UBA, ist rückläufig und erreichte 1992 den Wert von 0,2 ng/m^3 für ländliche Gebiete. In NRW, einem industriellen Kerngebiet Deutschlands, gingen die Immissionswerte in den Jahren 1985 bis 1992 von 4 auf 1,6 ng/m^3 zurück und liegen somit im unteren Normbereich. Die Cadmiumbelastung von landwirtschaftlich genutzten Flächen durch atmosphärische Einträge lag im Jahr 1991 bei ca. 41,5 t (ca. 3,5 g/ha); dazu kamen u.a. noch rund 25 t (ca. 2,1 g/ha) durch Aufbringung von mineralischen Phosphatdüngern.

Mobilität in der Umwelt. Die außerordentlich hohe Mobilität von Cd in unserer Umwelt in allen Kategorien macht es zu einem vorrangigen Gefährdungspotential (Förstner 1995a). Diese Mobilität wird durch die ständig zunehmende Versauerung von (insbesondere mit Klär- oder Baggerschlamm beaufschlagten) Böden verstärkt. Insbesondere kann es in kalkarmen Böden immer leichter von Pflanzen aufgenommen werden.

Obwohl die Mobilität von Cadmiumverbindungen in der Hydrosphäre in erster Linie von der Löslichkeit der Hydroxide, Carbonate und Sulfide und der Löslichkeitsbeeinflussung durch pH-Änderung und Komplexbildung bestimmt wird, können durch pH-Erniedrigung selbst schwerlösliche Cadmiumverbindungen wie $CdCO_3$, $Cd(OH)_2$ und CdS wieder mobilisiert werden (Kümmel u. Papp 1990). Unter den aeroben Bedingungen ozeanischer Oberflächenschichten werden chlorhaltige Komplexe gebildet, in anoxischer Umgebung wird festes CdS gefällt, das bei Zutritt von Sauerstoff mikrobiell zu Sulfat oxidiert und damit remobilisiert wird. Auch die Löslichkeit des Cadmiumhydroxids hängt vom pH-Wert ab; durch stufenweise Komplexierung entstehen die Spezies $CdOH^+$, $Cd(OH)_2$, $HCdO_2^-$ und CdO_2^{2-}. In wässrigen Cadmiumsalzlösungen stellen Cd^{2+}-Ionen bei pH < 9 die Hauptkomponente und bei pH < 7,5 den praktisch einzigen Bestandteil des betrachteten Systems dar.

Die Mobilität des Cd in wässrigen Phasen wird durch Carbonationen erniedrigt. Die Konzentration sinkt z.B. bei pH = 8,3 von 637 mg/L Cd im carbonatfreien System auf einen Wert von 0,11 mg/L bei Erhöhung der totalen Kohlendioxid- und Carbonatkonzentration auf 5×10^{-4} mol/L. Aber auch organische Liganden wie Citrat und Nitrilotriacetat sowie Chlorionen spielen für die Mobilisierung von fixiertem Cd eine wesentliche Rolle: Während Cadmiumionen mit sulfidischem Schwefel in ihrer Stabilität mit Cu^{2+}-, Hg^{2+}- und Pb^{2+}-Komplexen vergleichbare Komplexe bilden, sind solche mit Carboxyl-Liganden schwächer als diejenigen vieler essentieller Spurenmetallionen.

Khan u. Frankland (1983) fanden heraus, daß ein sehr hoher Anteil des dem Boden in wasserlöslicher Form zugeführten Cd innerhalb einer Stunde Kontaktzeit mit dem Boden wasserunlöslich wird, wovon wiederum der größte Anteil in EDTA löslich ist. 1000 h dem Boden zuvor zugeführtes Cd wurde mittels EDTA als CdO extrahiert: Somit extrahiert EDTA, das normalerweise als Extraktionsmittel für organisch komplexierte Metalle verwendet wird, auch Schwermetalle, die an Kolloiden als unlösliche anorganische Verbindungen adsorbiert sind. Proben vom Oberflächenhorizont nicht kultivierter Böden wurden von Sanchez-Camazano u. Sanchez-Martin (1993) dünnschichtchromatographisch untersucht und die für Cadmiumchlorid gefundene Mobilität ähnlich wie für Pestizide klassifiziert: Cd war wenig mobil in 27%, mäßig mobil in 14%, mobil in 41% und sehr mobil in 18% aller Proben. Korrelationsanalysen zeigten positive Korrelation der Mobilität mit dem pH-Wert und Ca^{2+} sowie Mg^{2+} und negative Korrelation mit dem Tongehalt und der Austauschkapazität der Böden.

Anreicherung in Umweltkompartimenten. Da Phosphate meist aus sedimentären Lagerstätten abgebaut werden und oft mit Cd (sowie in unterschiedlichem Maße mit As, V, U, Th, Ra einschl. Zerfallsprodukten) verunreinigt sind, gelangen mit Phosphatdünger auch diese Elemente in den Boden, wo sie sich sukzessive anreichern können (Heintz u. Reinhardt 1996). So können hohe Cadmiumgehalte in Phosphatdüngern (zuweilen um 100 mg/kg) letztendlich auch Anreicherungen in Pflanzen bewirken (Sauerbeck 1984). Cd wird nämlich von Pflanzenwurzeln schnell aufgenommen und über die Pflanze verteilt. So entsprechen die Gehalte von Pflanzen auf kontaminierten Standorten in etwa denjenigen ihrer Substrate (Förstner 1980). Die Aufnahmemenge wird dabei von verschiedenen Bodenfaktoren wie Kationenaustauschkapazität, pH-Wert, P-Gehalt, Düngemittel, Gehalt an anderen Schwermetallen, Bodentemperatur oder organischer Substanz beeinflußt. Pflanzen können 0,1 bis 0,5 mg/kg Cd aus Böden und 0,5 mg/kg Cd aus der Luft aufnehmen (Stoeppler 1991). Problematisch ist die Cd-Belastung vor allem bei Leinsamen, die dem direkten Verzehr – entweder als Magen-Darm-Therapeutikum oder in Backwaren – zugeführt werden (Marquard 1991). In diesen Partien ist der angegebene Richtwert von 0,3 mg/kg unbedingt einzuhalten. Deshalb ist zu vermeiden, daß Leinsamen auf Flächen produziert werden, auf denen Klärschlamm ausgebracht wurde. Allgemein besteht aber bei Cd auf den meisten Standorten offenbar kein allgemeines Gefährdungspotential hinsichtlich der Akkumulation in Nahrungsprodukten; dies gilt insbesondere für den Getreideanbau.

Um den Cadmiumgehalt in Pflanzen zu begrenzen, haben einige Länder den Cd-Gehalt von Ackerböden eingeschränkt (Merian 1990), z.B. gelten in Deutschland 3 mg/kg (in anderen Ländern z.T. weniger); u.a. wurde auch der wasserlösliche Cd-Anteil auf 30 µg/kg begrenzt.

Akkumulationsfaktoren für Wasserpflanzen und andere Fischnahrung reichen von 500 bis zu 10^4 (Stoeppler 1991), weshalb Fischwasser nicht mehr als 0,5 µg/L Cd enthalten sollte. Bioakkumulation von Cd erfolgt z.B. in Algen, Krabben, Lachseiern und inneren Organen mit Anreicherungsfaktoren bis zu 10^4.

Human- und Ökotoxikologie. Cadmium gilt als nichtessentielles Element für Pflanzen, Tiere und Menschen (Stoeppler 1991, Förstner 1993a). Allgemein gilt Cd als das gefährlichste Schwermetall, da es sogar in kleinsten Konzentrationen in Luft, Wasser und Nahrung eine schwerwiegende Gesundheitsgefahr darstellt (Sanchez-Camazano u. Sanchez-Martin 1993). Cadmium und seine Verbindungen sind teratogen und karzinogen (eingestuft als „krebserzeugende Arbeitsstoffe" in der Gruppe III A2 der MAK-Werte-Liste). Inhalation von Cadmiumoxidstäuben und -dämpfen bewirkt Ödeme und Nekrosen des Lungenepithels (Manahan 1999); dabei werden vom Atemtrakt 10 bis 40% des Cd im Luftstaub zurückgehalten. Bereits 24 h nach Einatmung cadmiumhaltiger Aerosole treten Kurzatmigkeit, Schwäche und Fieber auf. Nach achtstündiger Exposition führen Gehalte von 1 mg/m³ zu klinischen Symptomen und solche von 5 mg/m³ zum Tode (Stoeppler 1991). Bei Cd-Vergiftung über die Nahrung (Wasser, Getränke) treten bereits nach Minuten Kopfweh und Übelkeit auf; Gehalte von 15 mg/L führen zum Erbrechen. Nitrosamine, Asbest, PAK, Stickoxide, Ozon und Schwefeldioxid wirken zu Cd synergistisch und erhöhen das Lungenkrebsrisiko, wogegen Zn antagonistisch wirkt. Da Cd zum Teil die Plazenta passieren kann, tritt ca. 50% des Cd aus dem Blut der Mutter in das Neugeborene über (Merian 1990).

Chronische toxische Effekte auf Arbeiter, die Cd-haltigen Stäuben und Dämpfen ausgesetzt sind, sind seit 1948 bekannt. Die Itai-Itai-Krankheit („Aua-aua-Krankheit") hat bis Ende 1965 schätzungsweise 100 Tote gefordert (Caglioti 1983, Förstner 1993a, 1980). In Japan war diese Krankheit seit den 40er Jahren in der Nähe von Cadmium-Zink-Hütten aufgetreten. Sie äußerte sich in einer starken Skelettverformung der in der Nähe lebenden Reisbauern und Fischer (Knochenerweichung, in Extremfällen Knochengerüstschrumpfungen bis zu 30 cm), Knochen brachen bei geringer Belastung, eine allgemeine Abwehrschwäche gegen Infektionskrankheiten wurde beobachtet und Nierenschäden traten auf. Erst Mitte der 60er Jahre erkannte man, daß die Bewässerung von Reisfeldern mit stark cadmiumhaltigen Abwässern eines Bergwerks die Ursache dieser Krankheit war. Die tägliche Aufnahme von Cadmium in diesen Gebieten lag bei etwa 600 µg mit der Nahrung (dort angebauter Reis enthielt ca. 0,3 mg/kg Cd) und 1000 µg mit dem Wasser – ein Vielfaches der von der WHO als zumutbar bezeichneten Aufnahmemenge von 1 µg/kg (bezogen auf das Körpergewicht), also von 70 µg für einen 70 kg schweren Erwachsenen.

Cadmiumverbindungen wirken stark toxisch. Durch ihre sehr hohe Affinität zu Sulfidschwefel können sie (z.B. zinkhaltige) Enzyme substituieren und deaktivieren. Für Transport und Anreicherung von Cd^{2+}-Ionen in biotischen Systemen kommen neben Erythrocyten den Metalloproteinen (Metallothioneinen), cytoplasmischen Proteinen mit molaren Massen $< 10^4$, einem hohem Cysteingehalt (30%) und einer hohen Metallkonzentration (6 bis 11%) entscheidende Bedeutung zu. Konkret wird Cd ähnlich wie Zn, Cu und Hg an das relativ niedermolekulare Metallothionein MT-1 (Molgew. 7 kD) gebunden (Sanchez Reus et al. 1991); MT-1 kann somit als molekularer Marker für Exposition und Toxizität gegenüber Cd bezeichnet werden.

Cd reichert sich im menschlichen Organismus vor allem in den Nieren und in der Leber an (Seemann et al. 1983, Kollmeier et al. 1985); die Aufnahme über einen längeren Zeitraum führt auch bei sehr geringen Dosen zu Funktionsstörungen. Die Akkumulation kann in schweren Fällen zu völligem Nierenversagen mit Harnvergiftung führen. Die Cadmiumkonzentrationen in der Nierenrinde sind wegen der zunehmenden Belastung zehn- bis fünfzigmal höher als vor 50 Jahren (Förstner 1993a).

Cd mit seinen höheren Koordinationszahlen wird fester an metallbindende Proteine gekoppelt als beispielsweise Hg. Auch die Stabilität von Cd-Thionein ist deutlich vom pH-Wert des Milieus abhängig: Sinkt der pH des Urins in der Niere auf Werte unter 5,8, dann dissoziiert zunehmend der Cd-Proteinkomplex und es wird vermehrt Cd ausgeschieden, es kann jedoch auch vermehrt wieder resorbiert werden. Vergleichbar den Metallthioneinen bei Menschen und vielen Tierarten können Pflanzen sog. Phytochelatine bilden, die sich ebenfalls durch einen hohen Cysteingehalt auszeichnen und deshalb Schwermetalle binden können (Gekeler 1988, Grill 1987). Die Fähigkeit der Pflanzen zur Chelatisierung von Schwermetallen verbunden mit der Eigenschaft, Schwermetalle in den Zellulosezellwänden zu deponieren, macht sie im allgemeinen wesentlich schwermetallresistenter als Menschen und Tiere. Besonders Pflanzen, die als Nahrungs- oder Futtermittel dienen, müssen stets auf ihren Schwermetallgehalt hin untersucht werden. Viele Pflanzen können wegen ihrer spezifischen Entgiftungsmechanismen auch bei Schwermetallkonzentrationen noch normal wachsen, die auf den Menschen bereits toxisch wirken.

Die Cd-Gehalte in der Nahrung schwanken stark (Merian 1990). Einige Pilze, Kakaopulver und Muscheln enthalten über 200 µg/kg, Innereien von Rind und Schaf zwischen 40 und 200 µg/kg, Milch- und Milchprodukte < 1 µg/kg; als besonders cadmiumreich gelten Muscheln, Austern und Eisbergsalat. Die gesamte tägliche Aufnahmemenge für Amerikaner, Europäer und Neuseeländer liegt somit zwischen 10 und 30 µg, von Japanern zwischen 35 und 50 µg (aufgrund des Reisanteils). Normalerweise werden ungefähr 85% mit der Nahrung und 15% mit dem Trinkwasser zugeführt (Förstner 1993a); die Aufnahme von Cd über die Luft spielt, sofern lokal nicht eine industrielle Quelle vorhanden ist (möglicher Beitrag ca. 30%), kaum eine Rolle. Dagegen liegt der Durchschnittsgehalt von Zigaretten mit 1,2, maximal bis zu 3 mg/kg sehr hoch. Mit dem Rauch einer Zigarette gelangen 0,1 bis 0,2 µg Cd in den menschlichen Körper, wovon 10 bis 50% in der Lunge resorbiert werden (Förstner 1993a); 20 Zigaretten am Tag können die tägliche und die gesamte Cadmiumbelastung verdoppeln: Der Körper eines erwachsenen Nichtrauchers enthält 15 mg, der eines Rauchers 30 mg Cd. An dieser Stelle muß kritisch angemerkt werden, daß die von Bürgern der Industrieländer täglich aufgenommene Cadmiummenge mit bis 0,05 mg (Raucher) sehr nahe an den von der WHO als gerade noch duldbar empfohlenen Wert von 0,07 mg (bezogen auf 70 kg Körpergewicht) heranreicht. Aus Experimenten mit radioaktivem Cd ergab sich nach Stoeppler (1991) eine mittlere Resorption von Cd aus der Nahrung von 6%; Ewers u. Wilhelm (1995) berichten von 5%. Auf der Grundlage einer täglichen Aufnahmemenge von 10 bis 30 µg bedeutet das für die westlichen Länder eine tägliche Cd-Resorption von 0,6 bis 1,8 µg; ein Mangel an Ca, Protein und Fe kann diesen Anteil erhöhen.

Die aktuelle Belastung der Bevölkerung wird durch die Blut-Cadmiumwerte erfaßt: 99% der Menschen haben inzwischen unauffällige oder leicht erhöhte Werte von durchschnittlich 0,3 µg/L; Raucher zeigen einen im Mittel 6,6-fach höheren Wert als Nichtraucher. Im Blut zirkulierendes Cd wird besonders stark in den Nieren angereichert, wo es durch Hemmung der enzymatischen und anderer zellulärer Aktivitäten zu Schäden führen kann (Ewers u. Wilhelm 1995). Daher sollten die Gehalte in Blut und Urin 15 µg/L und der Gehalt in der Nierenrinde 200 mg/kg nicht überschreiten (Merian 1990).

Da die Verweilzeit von Cd im menschlichen Körper zwischen 13 und 47 Jahren, im Mittel von 18 Jahren liegt, ist vermutlich das wahre Ausmaß der Belastung bislang noch nicht zu erkennen (Förstner 1993a).

Süßwasser- und marine Organismen reagieren auf Cadmiumionen unterschiedlich. Gehalte > 1 µg/L im Süßwasser und > 7 µg/L im Meerwasser können mit einigen Ausnahmen (z.B. Daphnien) toxische Effekte hervorrufen, solche > 2 bzw. > 100 µg/L sind für bestimmte Arten tödlich (Stoeppler 1991); Zunahme von Salinität und/oder Calciumgehalt sowie Temperaturabnahme verringern die Toxizität. In Cd-geschädigten Pflanzen (bei > 5 mg/kg Cd im Boden) nimmt die Produktivität, die Photosynthese- und Transpirationsrate ab und Enzymaktivitäten werden geändert (Merian 1990). Landtiere sind üblicherweise keinen Cadmiumdosen ausgesetzt, die toxische Effekte hervorrufen.

Quecksilber (Hg)

Quecksilber gehört mit Blei und Cadmium zu den meistdiskutierten Umwelt-
giften aus der Gruppe der Schwermetalle. Während der vergangenen Jahrzehnte
wurden häufig schwerwiegende Hg-Vergiftungen registriert, so daß Hg zuweilen
als das gefährlichste Metall bezeichnet wird (Kümmel u. Papp 1990). Während
die westlichen Industrieländer Hg als Umweltproblem weitgehend im Griff
haben, hat sich die weltweite Belastung der Atmosphäre demgegenüber erhöht,
indem eine Verlagerung in andere Länder wie Osteuropa oder Asien erfolgte.
Quecksilber kommt in Form von 7 stabilen (Massen 196, 198 bis 202, 204 in
Häufigkeiten von Spuren, 10, 17, 23, 13, 30 bzw. 7%, mittleres Atomgewicht
200,59) und 11 instabilen Isotopen (z.B. die γ-Emitter ^{203}Hg und ^{197}Hg mit
Halbwertszeiten von 47 Tagen bzw. 65 h) in den Oxidationsstufen +1 und +2
vor. Einwertiges Hg existiert infolge einer Metall-Metall-Ionenpaarbindung in
der Form Hg_2^{2+}, die wiederum mit (Hg^{2+} + Hg^0) im Gleichgewicht steht. Mit
einem Normalpotential von 0,85 V gehört Hg^0 zu den edlen Metallen, Dichte
und Oberflächenspannung sind mit 13,55 g/cm^3 bzw. 4,8 × 10^{-3} N/cm außergewöhnlich hoch, die elektrische Leitfähigkeit dagegen relativ gering (1,063 ×
10^{-4} m/Ω mm^2).
Viele Metalle lösen sich im Hg auf und bilden Legierungen (Amalgame). Obwohl für mehr als 100 anorganische und organische Quecksilberverbindungen
physikalische und chemische Daten existieren (Von Burg u. Greenwood 1991),
muß in umweltchemischer Hinsicht in erster Linie nur zwischen drei Haupt-
gruppen unterschieden werden (metallisches, anorganisches ionisches und
organisches Quecksilber). Metallisches Hg ist aufgrund seines hohen Dampfdrucks, seiner geringen Wasser- (ca. 20 µg/L) und relativ hohen Fettlöslichkeit
(5 bis 50 mg/L) toxikologisch bedeutend. Bei Sättigung befinden sich in Luft bei
24 °C 18 mg/m^3 monoatomares Hg^0. Hinsichtlich des anorganischen ionischen
Hg existiert das wasserlösliche (69 g/L bei 20 °C) und hochtoxische $HgCl_2$
sowie das weniger lösliche (2 mg/L bei 25 °C) und entsprechend weniger toxische Hg_2Cl_2. Mit Ausnahme der Fluoride sind alle Hg^I- Halogenide schwerlös-
lich (Kaiser u. Tölg 1980); Quecksilbersulfid (Zinnober HgS) zählt zu den
unlöslichsten Salzen (Löslichkeit 10 ng/L).
Welche Verbindung in aquatischen Systemen vorherrscht, hängt von den Löslichkeiten der beteiligten Spezies ab und u.a. auch davon, ob elementares
Quecksilber in das System eintritt oder es verläßt (Förstner 1993a). Beim zweiwertigen ionischen Quecksilber unterscheidet man zusätzlich zwischen einem
„reaktiven" Anteil, der durch das $SnCl_2$ reduziert wird, und einem „nichtreakti-
ven", der nur mittels $NaBH_4$ reduziert werden kann (Wilken 1999).
Organische Quecksilberverbindungen bestehen aus diversen Strukturen, in
denen Hg kovalent an C bindet (Mono-, Dimethyl- und Phenylquecksilber sowie
Alkoxyalkyl- und Aryl-Hg-Verbindungen). Organische Hg-Kationen bilden
Salze mit anorganischen und organischen Säuren (z.B. Chloride und Acetate)
und reagieren leicht mit biologisch wichtigen Liganden (bes. Sulfhydrylgrup-

pen). Mit organischen Stoffen wie beispielsweise schwefelhaltigen Proteinen und Huminstoffen bildet Quecksilber Komplexverbindungen.

Anthropogene Emissionen. Hg kommt in der Natur als rotes Sulfid (Zinnober) und seltener als schwarzes Sulfid der Zusammensetzung (Hg, Zn, Fe)(S, Se) vor, normalerweise vergesellschaftet mit Begleitmineralen wie Pyrit, Quarz, Calcit, Dolomit u.a.; der Hg-Gehalt liegt etwa zwischen 0,3 und 2% (Förstner 1993a). Hg kann bis in prähistorische Zeiten zurückverfolgt werden (Kaiser u. Tölg 1980). Die ersten Hinweise für den Gebrauch von Hg stammen aus dem alten China, wo das Metall und sein wichtigstes Mineral Zinnober als Medizin zur Lebensverlängerung eingesetzt wurde. Im ersten Jahrhundert a.Chr. war die Quecksilbergewinnung durch Rösten von Zinnober und Abdestillieren des Schwermetalls bereits bekannt. Römische Schriftsteller beschreiben den Prozeß der Amalgambildung bei der Goldgewinnung. Mit Einsetzen der industriellen Revolution nahm auch die anthropogene Freisetzung von Hg in die Umwelt in merklichen Ausmaßen ihren Anfang. Zusätzlich wurden Anfang dieses Jahrhunderts Organoquecksilberverbindungen (z.B. „Chlorphenolquecksilber") als Fungizid eingeführt. Die ständig zunehmende Menge an Hg-Spezies in der Umwelt blieb weitgehend unbemerkt, bis in den fünfziger Jahren in Japan und Schweden schwerwiegende Probleme auftraten und die Öffentlichkeit mobilisierten.

Beim Röstvorgang an Luft bei 500 bis 600 °C wird Hg abdestilliert und anschließend mit Kühlern kondensiert; die Erfassungsrate des gesamten Vorgangs liegt bei mehr als 95%. Nachdem durch Waschen mit Salpetersäure ein Reinheitsgrad von > 99% erreicht wird, kann er durch Mehrfachdestillation oder Elektrolyse noch deutlich verbessert werden (Förstner 1993a).

Metallisches Quecksilber und Quecksilberverbindungen haben verschiedenartige technische Nutzung (Chloralkalimetallelektrolyse, Katalysatoren, Biozide); die globale Quecksilberproduktion beträgt etwa 10 kt/a (Kümmel u. Papp 1990). Für die Gewinnung einer Tonne Gold werden rund 1,3 t Hg verbraucht. Allein im brasilianischen Amazonasgebiet gelangen auf diese Weise jährlich rund 140 t Hg in die Umwelt, relativ wenig im Vergleich zur Brandrodung mit 2 bis 9 t (Lacerda et al. 1995). Recycling von Hg während der Goldwäsche ist zwar möglich, wird aber kaum eingesetzt. In Indien und China werden zahlreiche Kohle- und Ölkraftwerke gebaut, die bei Einbau geeigneter Filter bis zu zwei Drittel ihres Hg-Ausstoßes vermeiden könnten.

In den alten Bundesländern werden jährlich 250 t Hg verwendet, 25% davon wird zur Chlor-Alkali-Elektrolyse eingesetzt, der Rest geht in die Produktion von Fungiziden (z.B. Phenylquecksilberacetat; in der BRD und in vielen anderen Ländern vollständiges Anwendungsverbot) und Zahnfüllungen (Legierungen aus Hg, Ag und Cu) sowie in die Herstellung von Batterien, Thermometer- und Sperrflüssigkeiten (Heintz u. Reinhardt 1996).

Maximal 3% des Stadtgebietes von Marktredwitz weisen eine Belastung von > 10 mg/kg Hg auf, verursacht durch die mittlerweile stillgelegte Chemische Fabrik Marktredwitz (SZ vom 22.2.1989). Quecksilber war in Dachrinnen und auf Böden in sichtbaren Mengen vorhanden. Rund 3 kt Erdreich wurden ausgebaggert und Untertage deponiert; insgesamt wurde ca. 70 kt Boden verseucht. In seiner Doktorarbeit aus dem Jahre 1947 berichtet Sebastian Gulich von vier Todesfällen bei Arbeitern dieser Fabrik aufgrund von Quecksilbervergiftungen; im Mai 1981 wird ein weiterer Fall aktenkundig. Bei mehr als der Hälfte der 1979 bis 1981 untersuchten Arbeiter wurden in Blutproben weit über den zulässigen Grenzwerten liegende Quecksilberkonzentrationen gemessen. Überhöhte Blutquecksilberkonzentrationen wurden u.a. auch bei Anliegern einer Batteriefabrik in Hagen-Wehringhausen gefunden, die über Kopfschmerzen, Funktionsstörungen der Nieren und Konzentrationsschwäche klagten; in Hausstaubproben wurden neben Quecksilber auch bis zu 36 mg/kg Cd und 4 g/kg Pb nachgewiesen.

Phenyl-Hg gelangt durch Aktivitäten der Papierindustrie (bes. in Schweden) und Methyl-Hg durch die der chemischen Industrie (z.B. in Japan) in die Umwelt. Quecksilberhaltige Saatgutbeizmittel waren in den sechziger Jahren sehr populär. Durch den Einsatz von Hg als Fungizid hat es in den letzten Jahren Tausende von Vergiftungen mit einigen Tausend Toten gegeben. Auch vorschriftsmäßig eingesetzt, können Organoquecksilberfungizide Böden sowie Oberflächen- und Grundwasser kontaminieren.

Während der 50er und 60er Jahre wurde in Japan Phenylquecksilberacetat als Fungizid in der Landwirtschaft ausgebracht. Dies konnte an Hand von ^{137}Cs datierten Sedimentkernen des brackischen Jinzai Sees in W-Japan nachgewiesen werden (Chandrajith et al. 1995). Das Hg war hierbei an Kornoberflächen von Eisenoxiden, -hydroxiden und -sulfiden sorbiert.

Immissionskonzentrationen. Anthropogene und natürliche Hg-Emission halten sich nach Ebinghaus et al. (1998) in etwa die Waage. Förstner (1993a) nennt für weltweite Emissionen in die Atmosphäre aus natürlichen Quellen Massen von 40 bis 50 kt, nach Fitzgerald (1996) liegen globale Vulkanemissionen jährlich zwischen 20 und 90 t. Nach Kaiser u. Tölg (1980) schlagen die insgesamt durch natürliche Vulkanausgasungen, Geothermalemissionen und Gesteinsverwitterung freigesetzten Mengen mit bis zu 150 kt zu Buche. Aus bisher vorliegenden Daten kann vor allem geschlossen werden, daß die Kontinente wesentlich größere Beiträge zur Hg-Emission liefern als die Ozeane, daß die Tiefseesedimente ein riesiges Quecksilberreservoir darstellen, und der atmosphärische Quecksilberfluß auf der Nordhalbkugel etwa doppelt so hoch wie der in der südlichen Hemisphäre ist.

In Kohle befinden sich durchschnittlich nur 0,03 bis 0,3 mg/kg an Hg (in amerikanischer Kohle dagegen bis zu 33 mg/kg); da jährlich ca. 200 Mt Kohle verbrannt werden (Förstner 1993a), ergibt das immerhin einen Wert von 6 bis 60 t

Hg, die ausschließlich auf diesem Weg in die Atmosphäre gelangen (mittlere Hg-Konzentration in der Atmosphäre industrieller Regionen 20 bis 50 ng/m^3). Nach Kaiser u. Tölg (1980) belaufen sich anthropogene Emissionen aus der Quecksilberindustrie auf etwa 6 – 10 kt, im Bergbau 1 – 20 kt, in der Metallverarbeitung auf bis zu ca. 20 kt und bei der Verbrennung fossiler Brennstoffe auf 0,1 – 8 kt. Rund 75% des als Abprodukt anfallenden Quecksilbers können heute durch Wiedergewinnungstechniken rezirkuliert werden.

Nach Kümmel u. Papp (1990) betragen die Hg-Konzentrationen in Atmosphäre, Boden und ozeanischen Sedimenten etwa 0,5 – 50 ng/m^3 und durchschnittlich 0,5 bzw. 0,2 mg/kg; die mittlere Verweilzeiten in diesen Umweltkompartimenten sind 0,03, 1000 bzw. 10^8 a. Die atmosphärische Durchschnittskonzentration in den USA während der achtziger Jahre lag bei 2 – 10 ng/m^3, an einigen Stellen in der Umgebung von Genua wurden bis zu 1600 ng/m^3 gemessen (Lagerstättenabbau). Während in Stolberg-Binsfeldhammer die gesamte Naßdeposition von Hg bei 10 bis 100 ng (4% davon Methyl-Hg) liegt, liegt diese im unbelasteten Leverbach bei 4 ng/m^{2}d (6% davon Methyl-Hg). Wässer enthalten Hg hauptsächlich in Form von Hg^{2+} als an Kolloide gebundene komplexe Salze.

Kaiser u. Tölg (1980) nennen als typische Umweltkonzentrationen: Atmosphärische Hintergrundbelastung 0,001 – 50 sowie Realbelastung BRD 2 – 37 ng/m^3, Regenwasser 0,02 – 0,5 und Grundwasser 0,01 – 0,4 µg/L, Meeressedimente 0,1 – 1 mg/kg, pflanzliche Nahrungsmittel 0,001 – 0,05 mg/kg, Blut (gesamt) 0,005 – 0,02 und Urin 4 – 114 µg/g. In der Atmosphäre wurden elementares Hg (1 – 15 ng/m^3), Mono- und Dimethyl- sowie Diethyl-Hg und partikulär gebundenes Hg (1 – 10 ng/m^3) nachgewiesen (Kaiser u. Tölg 1980). Im Fluß- und Küstenmeerwasser macht organisches Hg etwa die Hälfte des gesamten Hg aus. Die mittlere Hg-Konzentration im Gletschereis war von 800 a.Chr. bis 1952 mit ca. 60 ng/kg nur halb so hoch wie in der Zeit zwischen 1952 und 1965.

Die globale Durchschnittskonzentration von Hg in Böden liegt zwischen 20 und 150 ng/kg (Von Burg u. Greenwood 1991). In der Nähe von Emissionsquellen (Chloralkaliindustrie, Kohlekraftwerke und Lagerstätten) werden dagegen lokal Konzentrationen bis zu 10 mg/kg und darüber gefunden. Während das Hg in Gesteinen mit der Tiefe in etwa gleichverteilt ist, liegen in Böden die höchsten Gehalte in den obersten 5 bis 20 cm; die Abreicherung direkt an der Oberfläche resultiert aus chemischen und biologischen Umsetzungen.

Etwa die Hälfte der anthropogenen Hg-Emissionen tritt in den globalen Atmosphärenkreislauf ein, während die andere Hälfte lokal deponiert wird (Mason et al. 1994). Schätzungsweise haben die anthropogenen Emissionen im Laufe des letzten Jahrhunderts die Quecksilberkonzentrationen in der Atmosphäre und im ozeanischen Oberflächenwasser verdreifacht. Demnach wären 2/3 der gegenwärtigen Hg-Flüsse (wie auch der Deposition auf Land und Meer) direkt oder indirekt anthropogenen Ursprungs; entsprechende Ergebnisse anderer Studien beziffern den Anteil des Menschen an diesen Emissionen auf das Zweieinhalbbis Viereinhalbfache der natürlichen Konzentration. Nach einer angenommenen

Beendigung aller anthropogenen Emissionen würde eine Beseitigung der anthropogenen Last aus Atmosphäre und Ozean 15 bis 20 Jahre in Anspruch nehmen.

Im irischen Mace Head, Europas westlichster Station für Atmosphärenforschung, wurden 1 – 4 ng/m³ Hg in der Gasphase (TGM, total gaseous mercury) und 4 – 115 pg/m³ partikulär gebundenes Hg gemessen (Ebinghaus et al. 1996). Aufgrund der geringen Wasserlöslichkeit des den Hauptteil des TGM ausmachenden Hg^0 kann aus der Atmosphäre nur der mengenmäßig geringfügige partikuläre Anteil ausgewaschen werden; in lokalen Emissionen von Industriegebieten kann partikuläres Hg bis zu 90% ausmachen (Iverfeldt 1991). Der Hauptteil des emittierten Hg verbleibt grob etwa ein Jahr in der Atmosphäre und hat somit genug Zeit, um Tausende von Kilometern in der Atmosphäre zurückzulegen und dabei ca. einmal um den Globus zu wandern.

Die Verseuchung skandinavischer Seen in der Vergangenheit rührt vor allem aus den veralteten Betrieben der ehemaligen DDR her. Vor allem bei der Verbrennung der Braunkohle sowie bei der Herstellung von Chlor und Natronlauge im Bitterfelder Raum gerieten große Mengen an Hg in die Umwelt, die als Aerosole bis zu einem Monat in der Luft verblieben. Beispielsweise nennen Helwig u. Neske (1990) für 1988 als Hg^0-Emission der DDR einen Wert von 330 t (Europa 726 t).

Während die Hg-Emissionen der lokalen Industrie in Schweden seit zwei Jahrzehnten ständig zurückgegangen waren, beobachteten Hakanson et al. (1988) immer noch mit der Zeit zunehmende Quecksilberbelastungen von Fischen. In über 10300 Seen wurden Hechte mit mehr als 1 mg Hg/kg (schwedischer Grenzwert) vorgefunden (Hakanson et al. 1990). Der Hauptteil dieser Immissionsbelastung stammt aus Ostdeutschland, England, Westdeutschland und Polen.

Mobilität in der Umwelt. In der Lithosphäre liegt Hg hauptsächlich als Sulfid vor, das langsam mobilisiert werden kann; dies geschieht durch bakterielle Reduktion (*Pseudomonas*) von Hg^{2+}-Ionen zu Hg^0 bzw. durch rasch ablaufende Methylierungs- und Demethylierungsvorgänge (Kümmel u. Papp 1990). In luftgesättigten aquatischen Systemen findet sich Quecksilber als Hg^{2+}-Ion, unter mäßig oxidierenden bzw. schwach reduzierenden Bedingungen als Hg^0 bzw. Hg^{2+}, in anoxischen Bereichen dagegen als Hg^0 bzw. als anionischer HgS_2^{2-}-Komplex. Die Oxidation von Hg zu Hg^{2+} in Gewässern wird in Anwesenheit von geeigneten Komplexbildnern thermodynamisch begünstigt.

Im Hinblick auf die toxische Wirkung quecksilberhaltiger Substanzen haben Methylierungsreaktionen eine überragende Bedeutung, da die entstehenden Organoderivate stark lipophil sind und sich in aquatischen Lebewesen deutlich anreichern. Die Biomethylierung kann wahrscheinlich sowohl unter anaeroben Bedingungen durch Methylcobalamin als auch in aerober Umgebung in Zellen erfolgen, die normalerweise Methionin synthetisieren. Mikrobielle Prozesse transformieren Hg^{2+}-Ionen in elementares Hg und in Methylquecksilberverbindungen, die in Nahrungsketten angereichert werden. Durch Disproportionierung oder weitere Methylierung entsteht Dimethylquecksilber, das – wie auch metallisches Hg – infolge seines hohen Dampfdrucks in die Atmosphäre übergeht und dort mineralisiert wird. Näheres hierzu siehe Kapitel 3.2.

Senaratne u. Dissanayake (1989) fanden Hinweise für eine Remobilisation des Hg im Laufe der Zersetzung der organischen Substanz: Während Küstensedimente im NW von Sri Lanka 8 mg/kg Hg enthielten, stieg dieser Wert in torfreichen Sedimenten bis auf 95 mg/kg an. Da auf Sri Lanka weder quecksilberführende Lagerstätten noch eine quecksilberverarbeitende Industrie vorkommen, müssen für den beobachteten Anreicherungseffekt natürliche Prozesse verantwortlich gemacht werden.

In Böden wird Hg bereits an der Oberfläche stark an unlösliche Huminstoffe komplexiert und so vor einer weiteren Verfrachtung in tiefere Bodenschichten bewahrt. Pflanzen nehmen nur wenig Hg in ionischem und gasförmigem Zustand über die Blätter und Wurzeln auf. Allgemein wird Hg stark an organische Bodeninhaltsstoffe gebunden, so daß Mobilität durch Auswaschung minimal und eine Grundwasserkontamination unwahrscheinlich ist, falls nicht Hg aus einer Deponie ausgewaschen wird (Von Burg u. Greenwood 1991). Es gibt keine offensichtliche Beziehung zwischen dem Hg-Gehalt in Pflanzen und Böden und der Freisetzung von Hg aus Pflanzen (Siegel et al. 1980). Hg im Abraum von Lagerstätten wird mit zunehmendem Alter der Halde in immobile Spezies (Zinnober) überführt (Biester et al. 1999).

Die sequentielle Extraktion ist für Mobilitätsabschätzungen im Fall des Elementes Quecksilber problematisch, was Saouter et al. (1993) durch Modellexperimente an mit $^{203}HgCl_2$ und $CH_3^{203}HgCl$ dotierten Sedimentproben zeigen konnten. So wirkt das eingesetzte H_2O_2 nicht nur als Oxidationsmittel für das organische Material, sondern auch als Reduktionsmittel für das Hg, was zu Verlusten durch Verflüchtigung (hauptsächlich als Hg^0) führt. Derartige Probleme sind in der Quecksilberanalytik schon lange bekannt, selbst bei der Gesamtbestimmung gibt es ähnliche Schwierigkeiten (Pereira 1994).

Anreicherung in Umweltkompartimenten. Anorganisches und organisches Hg lagert sich an anorganische und organische Partikel an, die wiederum zu Bestandteilen der Sedimente werden. Auch dort kann es durch Bakterien methyliert und im Wasser lebenden Organismen wie Phyto- und Zooplankton zugänglich gemacht werden. Plankton und Zooplankton als Anfang der aquatischen Nahrungskette assimileren anorganische und alkylierte Quecksilberverbindungen aus ihrer direkten Umgebung und erreichen dabei Anreicherungsfaktoren bis zu 10^5 (Kaiser u. Tölg 1980); in Fischen (bes. in Leber, Niere und Muskelfleisch) werden Faktoren zwischen 5000 und 10^5 beobachtet. Monomethylquecksilber in Fischen kann weder durch Tiefkühlung noch durch Kochen zerstört werden.

Landorganismen enthalten allgemein weniger Hg als Wasserorganismen. Nach Von Burg u. Greenwood (1991) enthalten Gras ca. 4 µg/kg Hg (0,4 µg/kg davon methyliert), Meeresfische ca. 20 µg/kg (18 µg/kg methyliert), die menschliche Leber ca. 70 µg/kg (14 µg/kg methyliert) und Pilze sogar bis zu 1 mg/kg und mehr (40 µg/kg methyliert). Beim Reisanbau kann die Anwendung quecksilberhaltiger Fungizidsprays zur Anhebung des Hg-Gehalts im Reiskorn um das vier- bis sechsfache gegenüber nicht gesprayten Körnern führen, die etwa zwischen 0,1 und 1 mg/kg enthalten.

Human- und Ökotoxikologie. Die Giftigkeit des Elementes Quecksilber, das in der Medizin seit vielen Jahrhunderten eingesetzt wird, ist seit Anfang der Geschichtsschreibung bekannt (z.B. Plinius der Jüngere, Paracelsus); Hg gilt gemeinhin als das toxischste Schwermetall. Verschiedene Quecksilberverbindungen weisen Unterschiede im Umweltverhalten, der Bioverfügbarkeit für einzelne Organe, im Stoffwechsel und den auftretenden Wechselwirkungen auf. Umweltwissenschaftler, Toxikologen und Kliniker sind deshalb längst dazu übergegangen, zwischen den unterschiedlichen Spezies des Elements (metallisches Hg (Quecksilberdampf), anorganisches Hg^I und Hg^{II} sowie Alkyl- und Phenyl-Hg) zu differenzieren (Von Burg u. Greenwood 1991). Besonders kritisch wird dabei die Aufnahme von Organoquecksilber wie z.B. des neuro- und embryotoxischen Monomethylquecksilbers, in erster Linie über kontaminierte aquatische Organismen, gesehen; insbesondere in Entwicklungsländern kommen immer noch Vergiftungen über (organo)quecksilberhaltige Saatgutbeizmittel vor.

U.a. wurden folgende Vergiftungsfälle der Weltöffentlichkeit bekannt:

- Die Verwendung von Quecksilbersalzen bei der Herstellung von Filz, aus dem Hüte gefertigt wurden, und der beim darauffolgenden Trocknungsprozeß entstehende Staub in den schlecht gelüfteten Werkstätten führten zu nervösen Störungen bei den beschäftigten Handwerkern („mad as a hatter"). Die Folgen einer Exposition gegenüber metallischem Quecksilber waren Kopfschmerzen, Tremor, Blasenentzündungen und Gedächtnisverlust.

- An der Minamata-Krankheit, die 1956 erstmals als eine Gehirnkrankheit in der japanischen Kleinstadt Minamata (Insel Kyushu) auftrat und sich als Epidemie entwickelte, erkrankten weit über 1000 Menschen, Dutzende hiervon starben an den direkten Auswirkungen (Ellis 1989, Caglioti 1983). Viele Menschen dieser Region litten plötzlich unter Seh- und Gleichgewichtsstörungen, Empfindungsstörungen an Mund, Lippen, Zunge und Extremitäten, zunehmender Interesselosigkeit für die Umgebung bis hin zu schwerer Apathie; Gedächtnisstörungen und unkoordinierte Bewegungen kamen hinzu. Fische, die in der Minamata-Bucht gefangen wurden, enthielten extrem hohe Konzentrationen an Methylquecksilberchlorid; Gehalte von 10 bis 30 mg/kg wurden gemessen. Zum Vergleich sei erwähnt, daß in der

Schadstoff-Höchstmengenverordnung (SHmV) für Fische wie Aal, Lachs oder Rotbarsch und daraus hergestellte Erzeugnisse ein Höchstwert von 1 mg/kg festgelegt ist, für die meisten Fische liegt der Grenzwert sogar bei 0,5 mg/kg.

- Zwischen 1956 und 1960 entließ die Chisso Corporation, ein größerer Hersteller von Vinylchlorid, mit dem Abwasser etwa 200 bis 600 t Hg in die Minamata Bucht (Japan), wo es sich im Sediment auf Konzentrationen bis zu einigen 100 mg/kg anreicherte; die Hauptverbindungen des Hg waren das Oxid und das Sulfid (Von Burg u. Greenwood 1991). Lösliche Anteile dieser Quecksilberverbindungen wurden von Bakterien z.T. in gut fettlösliches $HgCH_3Cl$ umgewandelt und von Fischen mit der Nahrung aufgenommen. Durch Fischverzehr gelangte das im Fettgewebe des Fisches um drei Größenordnungen angereicherte Quecksilber dann in den menschlichen Körper. Dort kam es zur Zerstörung von Zellen des Zentralnervensystems. 1964 wurde ein ähnlicher Ausbruch der Minamata-Krankheit in Niigata (Japan) registriert; wiederum waren die Abwässer eines Chemiewerkes beteiligt, die in den Fluß Argano geleitet wurden.
- Eine akute Massenvergiftung durch Quecksilber ereignete sich 1971/72 im Irak. Die Bevölkerung hatte größere Mengen an Getreide (über hausgebackenes Brot) verzehrt, das mit überhöhten Dosen an Methylquecksilberchlorid zum Zwecke der Schädlingsbekämpfung behandelt worden war. Fast 500 Tote waren die Folge dieser Katastrophe.

Hg verursacht Stoffwechselstörungen und diverse psychopathologische Symptome; Hg^{2+} schädigt die Nieren. Elementares Quecksilber und Quecksilberalkyle werden als giftig eingestuft, Quecksilber(I)chlorid als mindergiftig. Die Verwendung von Quecksilberverbindungen als Pflanzenschutzmittel ist in der BRD verboten.

Elementares Quecksilber wird über Inhalation aufgenommen (Resorptionsgrad 80%) und mit dem Blut zum Gehirn transportiert, wo es die Blut-Gehirnschranke übertritt (Manahan 1999). Dagegen wird oral aufgenommenes metallisches Hg über Magen und Darm wieder nahezu vollständig ausgeschieden, ohne daß Vergiftungserscheinungen auftreten, weil das Hg durch die Schleimhaut des Magen-Darm-Kanals kaum resorbiert wird.

Bei inhalativer Aufnahme konzentrierter Quecksilberdämpfe erfolgt eine für die Auslösung akuter Intoxikationen ausreichende Resorption. Die Gefahr einer akuten Vergiftung besteht bei der oralen Aufnahme von etwas mehr als 8 mL bzw. bei großflächiger epikutaner Applikation. Als Vergiftungssymptome können u.a. auftreten: Schleimhautreizungen, Stomatitis, Pneumonie und Niereninsuffizienz.

Die Ausscheidung von Hg erfolgt bei Säugern über den Stuhl, über die Niere in den Urin, über Haare und zum kleinen Teil über die Milch. Beim Menschen liegt eine normale Abscheidung im Urin bei ca. 10 µg Hg/24 h; Mengen über 40 µg werden auf Vergiftungen zurückgeführt.

Im menschlichen Blut befinden sich normalerweise zwischen 5 und 20 ng/mL, bei Fischessern dagegen bis zu 100 ng/mL (Kaiser u. Tölg 1980). In Haaren von Minamata-Opfern wurden bis zu 249 µg/g Hg (unbelastete Referenzpersonen 5 µg/g) gemessen. Elementares und alkyliertes Hg hat im Gehirn Halbwertszeiten von Wochen.

Insgesamt hängt die biologische und toxikologische Aktivität von Hg von der Spezies, dem Aufnahmepfad (resorptiv, inhalativ oder durch Ingestion) und Absorptionsprozessen ab. Diese Aktivität zeigen folgende Spezies in absteigender Reihenfolge: Alkyl-Hg Salze (Methyl,Ethyl) > Hg-Dampf > anorganisches Hg, Phenyl- und Methoxyethyl-Hg-Salze.

Alkyl-Hg ist 10 – 100 mal toxischer als lösliche anorganische Spezies. Durch Schädigung der Zellvermehrung und des genetischen Materials verursachen Methylquecksilberderivate Karzino- und Teratogenese. Die bei Opfern in Japan und Irak beobachtete genetische Schädigung weist auf in Tierexperimenten gefundene Mechanismen hin. Methyl-Hg durchdringt effektiver als Hg^0 die Blut-Gehirnschranke, verteilt sich im Gehirn und produziert spezifische Symptome durch Schädigung von Nervenzellen (Miura et al. 1995); geschädigte Nervenzellen können im Gegensatz zu anderen Zellen nicht über Zellteilung ersetzt werden. Die auftretenden Schäden können kumulativ sein und lange Latenzzeiten aufweisen. Bereits bei Konzentrationen von 0,2 µg/g an Methyl-Hg treten Chromosomenschäden auf, bei knapp doppelt so hohen Werten werden wahrscheinlich bereits Föten geschädigt und Werte von 1,4 µg/g gelten als fatal. Bei empfindlichen Personen zeigen bereits niedrigere Werte eine Wirkung, während andere auch höhere Konzentrationen vertragen.

Methyl-Hg schädigt sowohl die primäre als auch sekundäre Immunabwehr. Das Zielorgan ist das zentrale Nervensystem, welches bei Erwachsenen etwa bei Blutkonzentrationen über 200 bis 500 ng/mL Hg geschädigt wird (entspricht einer täglichen Aufnahme von 3 – 7 µg Hg). Obwohl Hg^{2+} in Süß- und Salzwasser (Trinkwassergrenzwerte weltweit 1– 4 µg/L) wie auch Hg^0 in der Atmosphäre die vorherrschende Quecksilberform darstellt, ist Methyl-Hg die weitaus gefährlichste Spezies.

Die antimikrobiellen Eigenschaften von Quecksilbersalzen sind lange bekannt, z.B. werden Verbindungen wie Mercurochrom für antiseptische Zwecke eingesetzt. Organoquecksilberverbindungen, besonders die Alkyl- und Arylspezies, sind als Bakterizide und Fungizide noch wirksamer als die anorganischen Salze. Alkoxyalkyl- und Arylquecksilberverbindungen werden in biologischen Systemen schnell in anorganische Spezies umgewandelt.

Mit zunehmender Abnutzung (bes. Kaugummi-Kauen) werden Teilchen aus alten Amalgamfüllungen abgelöst. Der Hg-Spiegel im Urin ist von der Anzahl und dem Zustand letzterer abhängig. Noch ist aber ungeklärt, ob die Gegenwart von Amalgamfüllungen durch Emission anorganischer und organischer Quecksilberspezies die menschliche Gesundheit negativ beeinflussen kann.

Die MAK-Werte für das Metall betragen 0,1 mg/m^3 in Luft bzw. 0,01 mL/m^3 in Lösung; für Methylquecksilber 0,01 mg/m^3, 1 µg/L für Trinkwasser und 0,2 mg/m^3 bei einem Massenstrom von 1 g/h und mehr. Nach den EG-Richtlinien 82/176/EWG und 84/156/EWG bestehen Grenzwerte für Emissionsnormen für die Ableitung von Quecksilber aus Industriebetrieben und Qualitätsziele für Gewässer.

Als wöchentlich aufnehmbare duldbare Höchstmenge an Hg wird 0,3 mg/Person angegeben, wobei nicht mehr als 0,2 mg Methylquecksilber sein dürfen. Die akut toxische Wirkung wird für Fische ohne Speziesdifferenzierung mit 0,1 bis 1 mg/L angegeben.

Die MDI (maximale tägliche Aufnahmemenge) eines Standardamerikaners (70 kg) beträgt 0,8 µg Hg^0 aus der Luft, 0,4 µg Hg^{2+} aus dem Wasser und 5 µg Monomethylquecksilber aus der Nahrung. Für Hg^0 beträgt die Absorption bei Inhalation ca. 80% und bei Ingestion < 0,01%, aus der Nahrung werden etwa 7% des anorganischen (Quecksilbersalze) und ungefähr 95% des organischen Hg resorbiert.

Fischfressende Vögel können sich an Hg vergiften (z.B. in Skandinavien). Die Hg-Ausscheidung bei Fischen ist extrem langsam. Das Element kann sich im Fisch möglicherweise bis zu lethalen Konzentrationen anreichern. Grenzwerte für Hg in Fischen liegen in den USA bei 10 mg/kg und in Canada bei 0,5 mg/kg. Halbwertszeiten für Methyl-Hg reichen von 7 bis 8 Tagen in der Maus über ca. 70 Tage bei Primaten bis zu 700-1000 Tagen in einigen Fischen.

3.1.1.3 Zinn und Blei

Beide Elemente mit den Ordnungszahlen 50 (Sn) und 82 (Pb) gehören zusammen mit Germanium sowie Kohlenstoff und Silizium zur Gruppe IVB des Periodensystems und besitzen 10 (Sn) bzw. 4 (Pb) natürlich vorkommende Isotope sowie eine mittlere Atommasse von ca. 119 (Sn) bzw. 207,2 (Pb). Drei der vier natürlich vorkommenden Isotope des Bleis (Massen 206, 207 und 208) sind stabile Endprodukte radioaktiver Zerfallsreihen; lediglich ^{204}Pb (relative Häufigkeit 1,4%) ist auf nichtradiogene Weise entstanden.

Zinn liegt in der Häufigkeitsskala der Elemente mit 1 bis 2 mg/kg etwa in der Mitte. Dagegen ist Blei mit 13 bis 16 mg/kg das bei weitem häufigste unter den schwereren Elementen, wobei nur Thallium (8,1 mg/kg) und Uran (2,3 mg/kg) vergleichbare Größenordnungen aufweisen. Während alle Bleiminerale Pb^{II} enthalten, werden die Zinnminerale ausschließlich durch Sn^{IV}-Verbindungen gebildet. Sn und Pb sind beide sehr weiche und niedrigschmelzende Metalle (Schmelzpunkt bei 232 °C für Sn und bei 327 °C für Pb, Siedepunkt 2623 °C für Sn und bei 1751 °C für Pb).

Der stetige Trend zu zunehmender Stabilität von zwei- gegenüber vierwertigen Verbindungen in der Reihe Ge, Sn, Pb ist ein Beispiel für den sogenannte „Inert-Paar-Effekt" (Greenwood u. Earnshaw 1997); eine bemerkenswerte Ausnahme ist die metallorganische Chemie von Sn und Pb, die sich fast ausschließlich auf vierwertige Verbindungen beschränkt.

Zinn (Sn)
Im Gegensatz zu Pb und Hg mit ihrer hohen Toxizität für Lebewesen ist Zinn an sich nicht toxisch, bestimmte Zinnverbindungen können aber gefährlich sein. Die biologische Wirkung von Zinnverbindungen hängt ausschließlich davon ab, welche und wie viele Liganden an dieses Element gebunden sind.
Zinn tritt in zwei allotropen Formen auf: Die bei Raumtemperatur stabile Modifikation ist das weiße, tetragonale β-Zinn, das sich bei niedrigeren Temperaturen in das graue α-Zinn mit kubischer Diamantstruktur umwandelt (Umwandlungstemperatur 13,2 °C). Da Sn^{2+}-Ionen unter den Bedingungen der Erdrinde als Reduktionsmittel wirken, sind nur Oxo- und Hydroxoverbindungen des vierwertigen Zinns (Sn^{IV}) genügend stabil und bilden die dominierende Erscheinungsform des Elements. Die häufigsten Zinnisotope besetzen die Massen 122 (Häufigkeit 29%), 118 (22%), 116 (16%) und 119 (10%).

Geogene/anthropogene Emissionen/Immissionen. Zinn findet sich in Silicatgesteinen in Konzentrationen von 2 bis 50 mg/kg; das wichtigste natürlich vorkommende Zinnerz ist Zinnstein (Cassiterit SnO_2). Daneben ist Zinn in fossilen Kohlenstoffquellen und zahlreichen Gesteinen enthalten, aus denen es durch Aufarbeitung anthropogen bzw. geogen durch Verwitterung freigesetzt wird. SnO_2 ist wenig löslich und bildet kolloidale Lösungen. Zinn wird selten in Luft nachgewiesen mit Ausnahme in der direkten Umgebung von Emissionsquellen (z.B. wurden in Japan diesbezüglich Werte um 4 $\mu g/m^3$ angegeben). Bodenproben enthalten meist < 10 mg/kg und Wässer < 1 $\mu g/L$. Dagegen werden Anreicherungen von Zinnverbindungen in Böden (bis ca. 100 mg/kg), Phyto- und Zooplankton (bis ca. 20 mg/kg) sowie in atmosphärischen Partikeln über industriellen Ballungsgebieten beobachtet (bis ca. 1 g/kg). Die mittlere Verweilzeit von Zinn in Ozeanwasser beträgt etwa 100 ka.
Die jährliche Weltproduktion liegt etwa bei 200 kt (Bulten u. Meinema 1991) bis etwa 250 kt/a (Kümmel u. Papp 1990), wovon ca. 70% aus Lagerstätten und der Rest aus dem Recycling stammen. Die größte Einzelanwendung ist die Herstellung zinnbeschichteter Stähle, ansonsten wird es in zahlreichen Legierungen eingesetzt. Zwei- und vierwertige anorganische Zinnverbindungen (z.B. Chlorid, Sulfat, Fluorid und Oxalat) haben ein breites Anwendungsspektrum.
5% der Zinn-Weltproduktion dient zur Herstellung von Organozinnverbindungen. Organometallische Zinnverbindungen unterscheiden sich stark in ihren physikalischen, chemischen und biologischen Eigenschaften und werden vielfältig eingesetzt. In der Praxis sind zinnorganische Verbindungen mit vierwertigem

Zinn der vier Klassen mit der allgemeinen Formel R_nSnX_{4-n} mit n von 1 bis 4 wichtig (R Alkyl- oder Aryl- sowie X anionische Gruppe). Der Weltverbrauch von Organozinnstabilisatoren und -katalysatoren lag 1986 zwischen 30 und 35 kt.

So finden Dialkylzinnsubstanzen als Kunststoffadditive bzw. als Trialkylverbindungen wie Tri-n-butyl-zinnoxid als Biozide Verwendung. Trimethyl- und Triethylzinnderivate sind relativ stark toxisch; sie werden aber in wenigen Tagen abgebaut. Etwa 0,5 kt/a zinnhaltiger Biozide gelangen in die Hydrosphäre und reagieren dort rasch unter Spaltung der Zinn-Kohlenstoffbindung. Durch Pseudomonasarten werden Sn^{IV}-Verbindungen zu Dimethyl- und Trimethylzinnchloriden bioalkyliert (s. Kap. 3.2). In Gegenwart von Fe^{3+}- oder Co^{3+}-Ionen werden Sn^{II}-Salze von Methylcobalamin in einem radikalischen Mechanismus ebenfalls in Methylzinnverbindungen umgewandelt.

Human- und Ökotoxikologie. Zinn gilt als ein für Menschen und Tiere essentielles Spurenelement. Das Hormon Gastrin, das im Magen entsteht und mit der Nahrung in das Blut gelangt, enthält Sn. Dagegen erweisen sich Nährlösungen mit > 40 mg/L an Sn für Pflanzensamen als toxisch.

Die Humantoxizität anorganischer Zinnverbindungen ist viel geringer als die von Blei-, Arsen- oder Cadmiumsalzen; dies ist möglicherweise die Ursache dafür, daß die Reaktionen des Zinnkreislaufs weniger eingehend untersucht worden sind als die anderer Metalle. In großen Mengen zugeführtes Zinn wird in Menschen kaum absorbiert und wieder mit dem Stuhl, die absorbierte Menge dagegen mit dem Urin ausgeschieden. Diorganozinnverbindungen werden von Tieren im Zeitraum von Tagen bis Wochen hauptsächlich mit dem Stuhl ausgeschieden.

Während anorganische Zinnsalze gering giftig sind, ist die Giftigkeit von Organozinnverbindungen von Art und Zahl der organischen Liganden abhängig. Die giftigsten Vertreter gehören zur Klasse R_3SnX. Während jedoch das Triethylacetat (Et_3SnOAc) die höchste Toxizität aller Organozinnverbindungen aufweist (bei oraler Aufnahme durch die Ratte LD_{50} 4 mg/kg), ist das Trioctylzinnchlorid (Oct_3SnCl) im Tierversuch ungiftig (Bulten u. Meinema 1991). Tributyl- und Triphenylzinnverbindungen sind für verschiedene aquatische Lebewesen (besonders Algen, Mollusken und Fischlarven) im Konzentrationsbereich von einigen ng bis mehreren mg pro L hochtoxisch. Die akute Toxizität für Säuger nimmt in der Reihenfolge von den R_3- über die R_2- zu den R-Spezies ab, wobei Ethylderivate die giftigsten sind und die Toxizität mit zunehmender Länge der Alkylkette abnimmt. Lineare Trialkylzinnverbindungen sind hochgradig phytotoxisch und können daher nicht als Biozide eingesetzt werden. Kurzer Kontakt mit Dialkyl- und Trialkylzinnverbindungen verursacht Reizungen an Haut und Atemwegen; 1981 wurde von sechs Chemiearbeitern berichtet, die bei Reinigungsarbeiten trotz Schutzkleidung schwer geschädigt wurden (einer verstarb, zwei erkrankten chronisch).

Generell besteht eine Gesundheitsgefahr durch Zinn nur für damit arbeitende Menschen. Der MAK-Wert (1987) liegt bei 0,2 mg/m^3 (fünfminütige Exposition); während für anorganische Verbindungen bis zu 2 mg/m^3 vorgeschlagen wurden, liegt dieser Wert für organische Spezies bei 0,1 mg/m^3.
Weder vom anorganischen Zinn noch von organischen Zinnspezies sind teratogene und karzinogene Wirkungen bekannt. Effekte zur Unterdrückung der Immunabwehr wurden beim Triphenylzinnacetat beobachtet.
Die Hauptbelastung des Menschen mit Zinn erfolgt über die Nahrung. Zinnspuren sind in allen natürlichen Nahrungsmitteln enthalten; schätzungsweise nimmt der Mensch täglich zwischen 0,2 und 1 mg Sn zu sich (Bulten u. Meinema 1991). Dosennahrung enthält deutlich höhere Gehalte an Zinn: Oxidierende Stoffe wie Nitrate, der pH-Wert und die Lagertemperatur beeinflussen den Übergang von Zinn auf die Dosenfüllung und führen zur Belastung der Nahrung mit bis zu 500 mg/kg an Sn. Menschliche Organe (Knochen, Leber, Lunge) enthalten zwischen 0,1 und 1,4 mg/kg Sn, der durchschnittliche Erwachsene insgesamt etwa 30 mg.

Blei (Pb)

Da Blei leicht gewonnen (wichtigstes Erz: Bleiglanz PbS) und verarbeitet werden kann, war es eines der ersten von Menschen benutzten Metalle (Newland u. Daum 1982). Es wurde zum Glasieren von Töpferwaren und in Ornamenten von den Ägyptern bereits 7000 bis 5000 a.Chr. eingesetzt. Die Römer benützten Bleitöpfe zum Kochen, Bleisalze als Süßstoff und in ihren Städten Bleirohre als Wasserleitungen. Es gibt bei Griechen und Römern auch erste Hinweise über toxikologische Eigenschaften dieses Elementes. Hohe Bleikonzentrationen in den Knochen römischer Aristokraten haben zu Spekulationen über den Beitrag von Bleivergiftungen zum Fall des römischen Reiches geführt. In der Natur ist Blei ein ubiquitäres, nicht essentielles Element. Seine geogenen Konzentrationen sind nicht sehr hoch; es steht in der Erdkrustenhäufigkeit mit 16 mg/kg an der 36. Stelle (Ewers u. Schlipköter 1991). In den letzten fünfzig Jahren wurden anthropogen so große Mengen eingesetzt, daß lokal und regional deutlich überhöhte Konzentrationen auftraten. Höhere Bleigehalte in Körperflüssigkeiten von Mensch und Tier deuten auf mögliche drohende Gesundheitsgefahren hin.
Wie beim Cadmium, so sind heute auch beim Blei die Eisen- und Stahlherstellung und die Kohleverbrennung die Hauptemittenten in der BRD. Bis vor wenigen Jahren stellte die Bleiemission durch das dem Benzin zugesetzte Antiklopfmittel Bleitetraethyl den größten Anteil dar; noch im Jahr 1982 waren es 58%. Durch die Einführung des bleifreien Benzins verringerte sich die absolute Emissionsrate von Blei jährlich und damit auch der prozentuale Anteil aus dem Pkw-Verkehr im Verhältnis zu den anderen Emissionsquellen. Im Jahr 1989 wurde zum ersten Mal mehr bleifreies Benzin als verbleites umgesetzt. Seitdem sind die Eisen- und Stahlindustrie sowie die energieerzeugende Industrie die

Hauptemittenten. Insgesamt sinkt in den Industrieländern seit ca. 20 Jahren die Bleibelastung wieder.

Natürliches Blei besteht zu 52% aus dem Isotop der Masse 208, zu 24% aus dem der Masse 206, zu 23% aus dem der Masse 207 und zu 1% aus dem der Masse 204 (Ewers u. Schlipköter 1991); radioaktives ^{210}Pb aus dem Radonzerfall spielt z.B. in Wässern und Sedimenten eine Rolle. Unter Luftabschluß wird Blei von reinem Wasser nicht, in Gegenwart von Sauerstoff jedoch nicht nur von sehr schwachen Säuren, sondern sogar von Wasser angegriffen. Anorganische Blei(II)salze haben relativ hohe Schmelzpunkte mit entsprechend niedrigen Dampfdrücken bei Zimmertemperatur.

Die meisten anorganischen Blei(II)salze (Sulfide, Carbonat, Sulfat und Hydroxid) sind wenig wasserlöslich, so daß der Bleigehalt von Grundwässern relativ gering ist (s.u.). Blei neigt zur Bildung anionischer Hydroxo-, Carbonato-, Sulfato- und Carboxylato-Komplexe, die ebenso wie Nitrat, Acetat, Chlorat und in schwächerem Maße wie das Chlorid in der Hydrosphäre nachgewiesen werden können. Löslichkeitserhöhungen werden durch pH-Anstieg (Bleihydroxid ist amphoter) und durch Vergrößerung der Kohlendioxid-Konzentration in der flüssigen Phase bewirkt. Die wichtigsten natürlichen Bleierze sind Bleiglanz (PbS), Cerussit ($PbCO_3$) und Anglesit ($PbSO_4$). Anorganische Pb^{IV}-Verbindungen sind instabil und starke Oxidationsmittel.

Blei ist weich und kann mit einfachen und billigen Techniken bearbeitet werden; es läßt sich mit vielen anderen Metallen legieren. Metallisches Blei bildet an der Luft eine Schutzschicht aus Bleioxid gegen weitere Korrosion.

Pb^{2+}-Ionen sind gegen Oxidation relativ stabil und zeigen starke Affinität zu sauerstoff- und schwefelfunktionellen Liganden, so daß Blei mit anderen Metallen um Bindungsplätze an Enzymstrukturen konkurrieren kann. Blei-Kohlenstoffbindungen haben weitgehend kovalenten Charakter; sie bestimmen das Verhalten von Organobleiverbindungen der Koordinationszahl 4. Vierwertige Organobleiverbindungen sind zwar stabiler als die meisten zweiwertigen, aber nicht so stabil wie anorganische Blei(II)salze, in die sie zerfallen (z.B. durch Photolyse). Aufgrund ihres Einsatzes als Benzinblei sind Tetraethyl- und Tetramethylblei die wichtigsten organischen Bleiverbindungen. Tetraalkylbleiverbindungen sind nahezu unlöslich in Wasser, sehr gut löslich in unpolaren organischen Lösungsmitteln und in der Atmosphäre stabil. Tetraethyl- und Tetramethylblei sind klare, farblose Flüssigkeiten mit relativ hohem Dampfdruck bei Raumtemperatur und einem fruchtigen Geruch; die Möglichkeit ihrer photolytischen Zersetzung ist nachgewiesen (Newland u. Daum 1982). Die meisten Trialkylbleiverbindungen sind weiße Festkörper, stabil in Luft und löslich in Wasser, Alkohol und den meisten organischen Lösungsmitteln. Die ebenfalls weißen und festen Dialkylbleiverbindungen sind in polaren Lösungsmitteln besser löslich als in unpolaren. Tetraethyl- und Tetramethylbleiverbindungen werden nach der Verbrennung zu Bleioxiden von halogenierten KW-Benzinzusätzen wie Ethylendibromid oder -dichlorid als Bleihalogenide „abgefangen" (hauptsächlich PbBrCl), die den Auspuff mit den Verbrennungsgasen als Dämpfe, Partikel und Partikelbelag verlassen.

Die Möglichkeit der biologischen Methylierung anorganischer Bleiverbindungen zu Bleitetramethyl ist vielfach diskutiert worden, ohne daß der Ablauf der Umsetzung unter den Reaktionsbedingungen der Umwelt exakt nachgewiesen werden konnte (Kümmel u. Papp 1990). Auch Reaktionen von Pb^{II}- bzw. Pb^{IV}-Verbindungen mit Methylcobalamin führten zu keinem gesicherten Ergebnis. Mögliche Hinweise auf Biomethylierungen des Bleis könnten sich aus dem Auftreten von Alkylbleiderivaten in Fischen ergeben. Möglicherweise ist die Bildung des leichtflüchtigen Bleitetramethyls aber das Ergebnis einer rein chemischen Disproportionierung von Trimethylbleiverbindungen wie $(CH_3)_3PbCl$ oder $(CH_3)_3PbOCOCH_3$.

Geogene/anthropogene Immissionen/Emissionen. Die Hauptmenge des Pb in der Erdkruste befindet sich in Gesteinen und Sedimenten. Die Bleikonzentrationen in Gesteinen liegen meist zwischen 20 und 30 mg/kg; Granite enthalten größere Mengen als Basalte. Maximalkonzentrationen betragen 80 mg/kg in Tonschiefern, 200 mg/kg in kontaminierten Böden und bis zu 3000 mg/kg in Bioschlämmen; die Bleigehalte ländlicher Böden liegen zwischen 1 und 20 mg/kg (Förstner 1995a), in der Biomasse der Kontinente und der Meere sind insgesamt fast 5 Mt Pb gespeichert, davon weniger als 5% in lebenden Organismen.

Obwohl die Menge in der Atmosphäre klein ist, ist diese das wichtigste Reservoir, da sie für die meisten Transferprozesse zwischen den Reservoirs verantwortlich ist. Der überwiegende Teil (> 95%) der Emission von Bleiverbindungen in die Atmosphäre stammt aus anthropogenen Quellen; vulkanische Emissionen, Meeresgischt (seaspray) und pflanzliche Ausscheidungen liefern nur sehr bescheidene Beiträge zum globalen Bleibudget. Durch menschliche Tätigkeit hat sich die mittlere Bleikonzentration der Atmosphäre global von ursprünglich 0,6 ng m^{-3} auf ca. 3,7 ng m^{-3} erhöht, in der städtischen Atmosphäre kann die Bleikonzentration 0,5 bis 10 µg m^{-3}, an Verkehrsknotenpunkten bis zu 30 µg m^{-3} betragen. Die durchschnittliche Verweilzeit des Bleis in der Luft liegt bei 14 Tagen, durch Ablagerungsvorgänge erfolgt die Rückführung zur Erdoberfläche bzw. in die Ozeane. Grundwasser enthält weniger als 10 µg/L, Meerwasser nur 0,03 µg/L Pb. Im Trinkwasser aus Bleileitungen sind mehr als 100 µg/L Blei gefunden worden. Gelöste oder suspendierte Bleiverbindungen werden in aquatischen Systemen transportiert, ein erheblicher Teil wird von Organismen aufgenommen oder in Sedimenten abgelagert. Süßwasser enthält vorwiegend Carbonatokomplexe des Bleis, Meerwasser Chlorokomplexe, während im Bodenwasser Huminsäure- bzw. Fulvosäurekomplexe dominieren. Blei kommt in einigen Lagerstätten vor, hauptsächlich im Bleiglanz. Minerale anderer Elemente wie Zn, Cu und Ag werden zusammen mit Blei abgebaut, wobei auch kleinere Mengen an As, Au, Bi, Cd, Ga, Ge, In, Sb, Sn, Te und Tl anfallen können. Die Weltproduktion an Blei liegt seit zwei Jahrzehnten bei etwa 3,5 Mt/a; nach Angaben von Ewers u. Schlipköter (1991) wurden beispielsweise 1982 weltweit 3,7 Mt Pb gewonnen und 5,2 Mt verbraucht, davon 40% zur Herstellung von Batterien und 10% als Benzinblei. In den alten Bundesländern werden jährlich etwa 300 kt Blei verarbeitet, wovon fast 90% importiert werden (Heintz u. Reinhard 1996). Die Haupteinsatzgebiete sind Akkumulatoren (Autobatterien) und Anwendungen in der Lackindustrie (z.B. Mennige) und in der chemischen Industrie, wozu früher auch die Herstellung von Antiklopfmitteln (Bleitetraethyl) für Kraftstoffe in Ottomotoren gehörte. Blei wird als rotes und Bleichromat als gelbes Pigment eingesetzt, Bleiarsenat als Insektizid. Blei wird auch zur Oberflächenbeschichtung verwendet, da es als Oxid eine korrosionsbeständige Schutzschicht schafft.

Ein Großteil des in Erzeugnissen eingesetzten Bleis (ca. 90%) wird wieder rückgewonnen. Dieses Blei-Recycling ist bei Blei-Akkumulatoren am größten. Bei Blei, das als Schriftmetall, Lagermetall oder für Formgußteile verwendet wird, werden ebenfalls hohe Prozentanteile durch Recyclingverfahren zurückgewonnen. In den Bereichen, in denen Blei mit anderem Abfall vermischt ist, oder in denen es in großer Verdünnung eingesetzt wird, ist ein Recycling nicht möglich (z.B. Organoblei).

Blei wurde dem Benzin zugemischt, um die Oktanzahl zu erhöhen. Die Wirkung von Bleizusätzen als Antiklopfmittel beruht auf dem Zerfall in Blei und freie Ethyl-Radikale. Bei der Verbrennung werden dann unerwünschte Radikalkettenreaktionen von Benzin abgefangen. Die zunächst gebildeten Bleioxide reagieren mit geringen Mengen von Dihalogenethanen wie Dichlor- und Dibromethan, die in einigen Ländern dem Benzin zugesetzt sind (in Deutschland verboten nach der Kraftstoffzusatzverordnung, 17.BImSchV), zu flüchtigeren anorganischen Bleiverbindungen. Diese gelangen zusammen mit Staub (insbesondere Straßenstaub) zum großen Teil aus der Atmosphäre über nasse Deposition in den Boden. In den Auspuffabgasen von Automobilen ist Bleitetraethyl nicht zu beobachten; es wird während der Verbrennung vollständig in anorganische Verbindungen umgewandelt. Deshalb kommen über den Verbrennungsprozeß im Ottomotor keine organischen Bleiverbindungen, die leicht von Haut und Schleimhaut absorbiert werden, in die Atmosphäre. Im Niederschlag in Landgebieten wurden Bleimengen von 5 bis 20 mg/m^2 (pro Jahr) gefunden, in Stadtgebieten größere Mengen, in entlegenen ländlichen Gebieten niedrigere (Förstner 1993a). In der BRD ist seit 1971 nach dem Benzinbleigesetz (BzBlG) der Gehalt an Bleiverbindungen in Kraftstoffen für Ottomotoren begrenzt: Maximal erlaubt sind nach §2(1) BzBlG 0,15 g/L, dem „bleifreien" Benzin dürfen nur bis 0,013 g/L zugesetzt werden (Angaben bezogen auf das Element). Seit den 70er Jahren ging der Bleigehalt in der Atmosphäre der BRD um etwa den Faktor 10 auf ca. 25 ng/m^3 zurück; auch der durchschnittliche Blutbleispiegel im Menschen sank deutlich (Mielke 1997, s.a. Kap. 2.1.3).

Der Beitrag der Bleiemission bei der Benzinverbrennung zum atmosphärischen Blei war der weitaus größte: Die Weltproduktion von Benzinblei erreichte 1973 mit 380 kt ein Maximum, bereits zwei Jahre später war ein Rückgang um 30% zu verzeichnen. Allein in der BRD wurden seit Beginn der 50er Jahre rund 200 kt Blei durch den Betrieb von Verbrennungsmotoren mit verbleitem Benzin freigesetzt (Förstner 1993a). Wenn man von einer gleichmäßigen Verteilung dieser Bleimenge über das gesamte Bundesgebiet ausgehen würde, entspräche dies einer Belastung des Bodens mit Blei von etwa 800 kg/km^2, also fast 1 g/m^2. Während der sechziger und siebziger Jahre betrugen mittlere Bleigehalte im urbanen Bereich in den USA, Canada und Europa ca. 0,4 – 4 µg/m^3. Nach Einführung des bleifreien Benzins sanken diese Konzentrationen auf 0,2 – 0,8 µg/m^3 ab; weniger belastete ländliche Gebiete liegen bei etwa 0,05 – 0,3 µg/m^3. Um 1970 lagen die globalen Bleiemissionen um 4,5 Mt/a. In den USA lag 1984 die jährliche Bleiemission aus der Benzinverbrennung bei 34881 t (US EPA 1986), was 89,4% der gesamten Bleiemission der USA ausmacht. Organoblei in der Stadtluft liegt bei 5 – 200 ng/m^3; es macht 5 – 10% des urbanen partikulären Bleis aus. In Abhängigkeit von der Partikelgröße werden Luftstäube über große Entfernungen verfrachtet, selbst Gletscher und Polareis weisen Bleianreicherungen auf. Von den Bleiemissionen des Autoverkehrs erreichen ca. 55% nur die unmittelbare Umgebung der Emissionsquelle, weitere 10% einen Umkreis bis etwa 200 km und 35% gelangen in den Ferntransport. Bleikonzentrationen in Böden betragen 2 bis 300 mg/kg (Normalbereich 10 – 40, meist unter 20) und in Plankton 4000 – 8000 mg/kg, im Gesamtblut 0,2, in Knochen 3 – 30, Leber 3 – 12, Haaren 3 – 70 und Nägeln 14 – 170 mg/kg (Newland u. Daum 1982). Durch atmosphärische Deposition enthält die Boden-oberschicht gewöhnlich höhere Bleigehalte als tiefere Schichten, besonders im Innenstadtbereich, neben starkbefahrenen Straßen und in der Nähe von Bleihütten.

Mit der Gewinnung und der Verarbeitung von Blei befaßte Industriezweige haben eine Reihe von Vorschriften zu erfüllen: In Deutschland und der Schweiz liegt die Maximalkonzentration im Rauchgas bei 5 mg/m^3 bei einem gesamten Massenfluß von mindestens 25 g/h. In beiden Ländern ist der Bleigehalt von Normalbenzin auf 0,15 g/L begrenzt. Grenzwerte für Blei in Luft liegen zwischen 1 (Schweiz) und 2 µg/m^3 (EG), für Festkörper zwischen 50 (schweizer Ackerböden) und 1200 mg/kg (deutsche Klärschlämme). Nach 80/778/EEC und den Vorstellungen der EPA und WHO sind bis zu 50 µg/L im Trinkwasser zugelassen. Die höchste erlaubte Konzentration von Blei und seinen anorganischen Verbindungen in der Arbeitsplatzluft liegt in vielen Ländern bei 0,1 – 0,15 mg/m^3 (Mittelwert über acht Stunden). Nach 80/1107/EEC darf der Blutbleispiegel von Arbeitern 70 µg/100 mL nicht überschreiten. In Deutschland und einigen anderen Ländern sind Farben mit > 1% Pb (als lösliches Pb) für Innenanstriche nicht zugelassen.

Mobilität und Anreicherung in Umweltkompartimenten. Atmosphärische Bleiemissionen erfolgen hauptsächlich als anorganische Teilchen, deren Transport von Teilchengröße, chemischer Stabilität, Einbringungshöhe und lokalen atmosphärischen Bewegungen abhängig ist (Newland u. Daum 1982). In geringer Höhe eingebrachte große Teilchen werden in unmittelbarer Nähe der Emissionsquelle sedimentieren, während kleine und in größere Höhen ausgebrachte Teilchen über größere Entfernungen transportiert werden. Es besteht eine direkte Beziehung zwischen Verkehrsaufkommen und Luftbleibelastung; über die Hälfte des Luftbleis im Bereich bis zu 500 m vom Straßenrand besteht aus Teilchen < 2 µm. Der wichtigste Mechanismus zur Entfernung des Bleis aus der Luft ist trockene und nasse Deposition, wobei Pb meist in unlöslichen Formen zur Ablagerung gelangt (als Carbonat oder Sulfat oder adsorbiert an Eisenhydroxide). Allerdings ist in Fließgewässern auch ein Transport des unlöslichen Pb an Carriern (mineralische oder organische Teilchen, Kolloide) möglich.
Die mittlere Lebenszeit von bleihaltigen Aerosolen beträgt in Industriegebieten der USA zwei bis zehn Stunden und in ländlichen Regionen bis zu 26 Stunden. Hohe Bodenhumusgehalte und ein hoher pH-Wert sind die wichtigsten Faktoren zur Immobilisierung des Bleis (Ewers u. Schlipköter 1991). Auf einem Schießplatz in Schweden wandelte sich (Lin et al. 1995) innerhalb von 20 bis 25 Jahren das Blei der Munition zu 5% in Bleicarbonate und -sulfate um. Das Blei sammelte sich an der Bodenoberfläche und erwies sich als wenig mobil: Während der Oberflächenhorizont 52 – 3400 mg/kg Pb enthielt, waren es in den unterliegenden E- und B- Horizonten noch 8 – 37 mg/kg. Berrow et al. (1987) wiesen nach, daß ein Großteil des Bleis in schottischen Böden stark organisch komplexiert und in austauschbarer Form an Tonfraktionen sorbiert vorliegt.
Die normale Bleikonzentration in Trinkwasser liegt zwischen 2 und 25 µg/L; erhöhte Werte beruhen meist auf dem Einsatz alter, bleihaltiger Wasserrohre. Von Flüssen ins Meer getragenes Blei verbleibt dort für etwa tausend Jahre.

Human- und Ökotoxikologie. Das in metallischer Form und sowohl in anorganischen als auch metallorganischen Verbindungen weitverbreitete Blei weist zahlreiche toxische Wirkungen auf, z.B. die Störung der Hämoglobinsynthese. Es beeinträchtigt das zentrale und periphere Nervensystem und die Nieren. Über die Plazenta erfolgt ein Bleiaustausch zwischen Mutter und Fötus.
Die Giftwirkung von Pb beruht auf der Komplexierung durch Oxogruppen von Enzymen; es beeinflußt alle Schritte beim Prozeß der Hämsynthese und des Porphyrinmetabolismus. Es hemmt die Acetylcholinesterase, die Säurephosphatase, ATPase, Carboanhydrase und Proteinsynthese. Pb^{II} hemmt SH-Enzyme, wenn auch weniger stark als Cd^{II} und Hg^{II}.
Tetraethyl- und Tetramethylblei selbst sind nicht toxisch. Eine Giftwirkung ergibt sich durch Trialkylblei, welches durch Dealkylierung in der Leber entsteht; dieser Prozeß läuft für Tetramethylblei langsamer ab als für Tetraethylblei (Newland u. Daum 1982). Trialkylblei kann leicht die Blut-Gehirnschranke

passieren. Organische Bleiverbindungen werden als anorganische Verbindungen mit dem Stuhl und ein kleinerer Teil wird als Dialkylblei und anorganisches Blei mit dem Urin ausgeschieden. Bleiacetat, -subacetat und -phosphat wirkt bei Ratten karzinogen. Bleiarsenat und -chromat werden in Deutschland als karzinogene Substanzen klassifiziert (MAK, 1988). In hohen Dosen schädigt Blei die Fortpflanzungsorgane Erwachsener und ist für Föten lethal oder teratogen; bei niedriger Bleibelastung wird die Fruchtbarkeit eingeschränkt.

Typische Symptome einer Bleivergiftung sind Koliken, Anämie, Kopfschmerzen, Zuckungen, chronische Nierenentzündungen, Hirnschädigungen sowie Störungen im Zentralnervensystem. Die Behandlung beruht auf der Komplexierung und Maskierung des Pb. Hierzu werden stark chelatbildende Reagenzien wie EDTA oder British Anti-Lewisit (BAL) verwendet.

Viele Bleiverbindungen können direkt durch die Haut aufgenommen werden. Sie werden nach Aufnahme im Blut an die Erythrozyten gebunden und erreichen so die verschiedenen Organe. Letztlich wird es in den Knochen gespeichert, wo es Ca ersetzt. Kinder, die hohen Bleikonzentrationen ausgesetzt sind, sind in ihrer mentalen Entwicklung deutlich gestört. Ein gesunder Erwachsener mit 70 kg Körpergewicht hat hierzulande durchschnittlich etwa 120 mg Blei in seinem Körper. Als duldbaren Grenzwert für die Bleiaufnahme gibt die WHO für Erwachsene 0,5 mg Pb pro Tag an, bezogen auf 70 kg Körpergewicht.

Als Indikator für die individuelle Bleibelastung wird allgemein die Blutbleikonzentration anerkannt (Ewers u. Schlipköter 1991): Erwachsene sollten nicht mehr als 35 bis 40 µg Pb in 100 mL Blut aufweisen; Föten und Kleinkinder sollten die Blutbleikonzentrationen von einem Zehntel bis zur Hälfte dieses Wertes nicht überschreiten. Die Halbwertszeit von Blei im Blut beträgt normalerweise zwei bis vier Wochen, kann aber bei hoher Bleibelastung auch höhere Werte annehmen.

Bereits bei 50 bis 60 µg/100 mL Pb im Blut können Störungen des Allgemeinbefindens und Verhaltens auftreten (Förstner 1993a). Der BAT-Wert für Blei wurde für männliche Erwachsene mit 70 µg/100 mL sehr niedrig angesetzt. Nach Einführung des unverbleiten Benzins lag die mittlere Blutbleikonzentration bei Erwachsenen in der BRD Anfang der 90er Jahre mit im Mittel bei etwa 10 µg/100 mL deutlich niedriger als in anderen westlichen Ländern; auch in den USA läßt sich die drastische Einschränkung der Bleiadditive seit Ende der siebziger Jahre eindeutig auf einen entsprechenden Rückgang der Bleikonzentrationen im Blut der Bevölkerung verfolgen (Förstner 1993a).

Allgemein erfolgt die typische Bleibelastung des Menschen aus vier Bereichen: Nahrung, eingeatmete Luft, Trinkwasser und unterschiedliche Stäube (Inhalation und Ingestion). Der letztgenannte Punkt ist besonders bei Kleinkindern wichtig: Ein Gramm oral aufgenommener Staub kann zehnmal mehr Blei als die gesamte Nahrung enthalten.

Im Normalfall gelangt das Blei hauptsächlich in Form anorganischer Verbindungen in den menschlichen Körper: Zum einen in das Atmungssystem in Form bleihaltiger Aerosole (Absorption durch die Lunge), zum anderen über Essen, Trinkwasser und Getränke (Absorption durch den Magen-Darm-Trakt). Aber nur 10 bis 15% des eingenommenen Bleis gelangt aus dem Verdauungstrakt in das Blut; bei Kindern im Alter zwischen zwei Monaten und sechs Jahren dagegen > 50% (Schäfer et al. 1994). Vom inhalierten Blei erreichen 30 bis 40% das Blut. Trotz des geringeren Gehalts in der Luft wird deshalb relativ mehr Blei über die Lunge als über das Verdauungssystem in den menschlichen Körper gebracht. Im Gegensatz zu exponierten Arbeitern erhält die Normalbevölkerung die Hauptmenge der täglichen Bleizufuhr (bis zu 500 mg) trotzdem über die Nahrung. Besonders hohe Bleigehalte in Lebensmitteln werden beobachtet bei Innereien wie Rinder- und Kalbsleber sowie -nieren, bei Blattgemüse, Beerenobst und Tomatenmark. Die Bleiresorption erfolgt mit ca. 10% aus flüssiger Nahrung fünf- bis achtmal stärker als aus fester (Newland u. Daum 1982). Die Bleiausscheidung erfolgt über den Stuhl, die des resorbierten Bleis im Urin; üblicherweise ist der erstgenannte Vorgang um zwei Größenordnungen effektiver als der letztere.

Blei in Nahrungspflanzen stammt aus dem Bodeneintrag, obwohl mit Ausnahme von Kopfsalat und Erdbeeren für die eßbaren Pflanzenteile keine Beziehung zur Bodenbelastung gefunden wurde und sich entsprechende Anreicherungen nur in den nichteßbaren Pflanzenteilen niederschlagen (Newland u. Daum 1982).

Blei kann in hohen Gehalten in den Boden gelangen, wenn Klärschlamm als Dünger verwendet wurde. Das Einleiten von Blei in Gewässer ist in der BRD nach dem Abwasserabgabengesetz (AbwAG) abgabenpflichtig.

Mikroorganismen reagieren empfindlicher auf Bleiverschmutzungen als Pflanzen und können so als Monitororganismen eingesetzt werden. Obwohl es an Blei adaptierte Pflanzen gibt, treten bei Bodenbleikonzentrationen >1 mg/kg Wachstumshemmungen und bei 3 bis 10 mg/kg Wachstumsstopp der Mikroorganismen auf. In der Nähe von Bleihütten und Bleiabfällen können auch Wildtiere als Indikatoren eingesetzt werden.

Blei ist heute noch eine der wichtigsten Ursachen von gewerblichen Vergiftungen: 1961 bis 1970 wurden 5643 Fälle von Vergiftungen durch Blei oder seine Verbindungen gemeldet (Förstner 1993a). In etwa 150 verschiedenen Berufen besteht Kontakt zu Blei und Bleiverbindungen. Besonders gefährdet sind Arbeiter in Bleihütten und Bleigießereien, in Fabriken für Akkumulatoren, für Bleisalze und Bleifarben sowie in der Glas- und Automobilindustrie. Als besonders gefährlich werden Belastungen durch die fortgesetzte Aufnahme kleiner Bleimengen angesehen.

3.1.1.4 Arsen, Antimon und Bismut

Diese drei Elemente mit den Ordnungszahlen 33 (As), 51 (Sb) und 83 (Bi) gehören zusammen mit Stickstoff und Phosphor zur Gruppe VB des Periodensystems und besitzen eine mittlere Atommasse von 74,9216 (As), ca. 121,75 (Sb) bzw. 208,9804 (Bi). Arsen und Bismut besitzen nur ein einziges Isotop, sind also Reinelemente; Antimon besteht aus 57,25% ^{121}Sb und 42,75% ^{123}Sb. Bi ist das schwerste stabile Isotop von allen bekannten Elementen, da sämtliche schwereren Nuklide radioaktiv sind. Arsen und Antimon werden den Halbmetallen oder Metalloiden zugerechnet, Bismut ist ein typisches Metall der B-Untergruppe wie Zinn und Blei.

Arsen nimmt mit ca. 2 mg/kg eine Mittelstellung in der Häufigkeit der Elemente ein. Die Häufigkeit des Antimons beträgt nur ein Zehntel davon; die des Bismuts ist um den Faktor 20 geringer und liegt damit in der Größenordnung einiger der häufigeren Platinmetalle und Gold. Wie die anderen Metalle der B-Untergruppe sind As, Sb und Bi Chalkophile, d.h. man findet sie eher in Verbindung mit Chalkogenen (S, Se und Te) als in Form der Oxide und Silicate.

Jedes der Elemente As, Sb und Bi existiert in mehreren allotropen Formen. Arsen bildet bei Raumtemperatur als stabilste Form spröde, stahlgraue Kristalle von metallischem Aussehen. Auch Antimon ist sehr spröde und bildet schuppige, bläulich silberweiß glänzende Kristalle von hohem spezifischen Widerstand. Bismut ist ein sprödes, silberweißes, kristallines Metall mit einem Stich ins Rosa; es besitzt einen noch höheren spezifischen Widerstand sowie von allen Metallen den größten Diamagnetismus und den größten Hall-Effekt-Koeffizienten. Ungewöhnlich ist seine Ausdehnung beim Erstarren, eine Eigenschaft, die es unter den Elementen nur mit Ga und Ge gemeinsam hat.

Die Elektronenkonfiguration der drei Elemente ist im Grundzustand ns^{2}np^3 mit einem ungepaarten Elektron in jedem der drei p-Orbitale. Bei As besteht eine deutliche Elektronenaffinität zur Aufnahme des ersten Elektrons, doch müssen beim Hinzufügen weiterer Elektronen beträchtliche coulombsche Abstoßungskräfte überwunden werden; deshalb existieren keine Verbindungen mit Arsenidionen. Das Element bildet mit den meisten Nichtmetallen starke kovalente Bindungen. Antimon gleicht in vieler Hinsicht dem Arsen, ist allerdings etwas reaktionsträger; der Trend zu elektropositiverem Verhalten setzt sich beim Bismut fort. Allgemein bewirkt die zunehmende Größe des Metallatoms eine stetige Abnahme der Stärke kovalenter Bindungen in der Reihe P > As > Sb > Bi. Dies zeigt sich am deutlichsten in der Instabilität von BiH$_3$ und vieler bismutorganischer Verbindungen. Die am häufigsten angetroffenen Koordinationszahlen der drei Elemente sind 3, 4, 5 und 6, obwohl auch Verbindungen mit der Koordinationszahl 2 vorliegen.

Arsen (As)

Arsenverbindungen wurden sowohl als Medizin wie auch als Gift eingesetzt. Sie werden verdächtigt, sowohl Krebs auszulösen als auch das Tumorwachstum zu verzögern. Bei vielen Tieren und wahrscheinlich beim Menschen ist Arsen für ein gesundes Leben essentiell.

Arsen wurde seit Jahrhunderten ausschließlich mit kriminellen Vergiftungsfällen in Verbindung gebracht (im Mittelalter war es seit 1314 das bevorzugte, da geschmacklose Gift für Mord und Selbstmord). Heutzutage ist es vor allem durch seinen Einsatz als Pestizid und seine Emission bei der Erzaufbereitung und der Energiegewinnung (Verbrennung fossiler Energieträger, bes. Kohle; Geothermalenergie) umweltchemisch relevant (Leonard 1991). Die Langzeitfolgen einer Exposition gegenüber anorganischen Arsenverbindungen sind bedeutend, da diese Stoffe als krebserzeugend erkannt sind (bes. Lungenkrebs) und in einigen Ländern Wasch- und Trinkwasser geogen stark belastet sind (Hautkrebs). Bei einer umweltrelevanten Diskussion über Arsen spielt die Speziesbestimmung eine große Rolle: Hydride, Halogenide, Oxide, Sulfide, Arsenite, Arsenate und organische Arsenverbindungen haben alle unterschiedliche Eigenschaften.

Arsen ist an trockener Luft stabil, an feuchter Luft wird die Oberfläche oxidiert. Beim Erhitzen an Luft sublimiert es und wird zu giftigem As_4O_6 oxidiert, das einen knoblauchähnlichen Geruch besitzt.

Geogene/anthropogene Emissionen/Immissionen. Die Erdkruste und magmatische Gesteine enthalten ca. 2 bis 3 mg/kg As, Kohle zwischen 0,5 und 93 mg/kg mit einem Mittelwert von 18 mg/kg und Braunkohle bis zu 1500 mg/kg (Leonard 1991). Nahezu das gesamte irdische Arsen liegt in Gesteinen gebunden vor, auf Meer und Boden entfallen nur 0,16 bzw. 0,04% und auf Lebewesen und Atmosphäre lediglich $< 10^{-7}$ bzw. $< 10^{-10}$. Arsenkies (FeAsS) ist das häufigste Lagerstättenmineral. Arsenoxid fällt normalerweise als Nebenprodukt bei der Gewinnung von Cu, Pb und Ni mit an. In ca. 20 Ländern wird As als Trioxid beim Schmelzen oder Rösten von Nichtmetallagerstätten und Konzentraten gewonnen. Die gebräuchlichsten Trennmethoden sind Verflüchtigung aus dem Erz und Sublimation als Arsentrioxid (Maeda 1994), dessen Weltjahresproduktion 50 bis 53 kt pro Jahr beträgt (1985-1989). Metallisches As umfaßt 3% des Gesamtbedarfs und wird durch Reduktion des Arsentrioxids gewonnen. Die Hauptanwendung für As sind Pestizide im Ackerbau, Holzschutzmittel und Tierfutterzusätze. Speziell in Japan wurden 1988 15% des As in hochreiner Form in der Elektronik und in Amerika bei der Baumwollherstellung eingesetzt. Ein Großteil der arsenhaltigen Pestizide wurde von der US EPA verboten; in Deutschland existiert ein derartiges Verbot seit 1974.

Arsenate und Arsenite werden als Insektizide, Herbizide und Holzschutzanstriche eingesetzt. As fördert das Wachstum bei Tieren und findet bei der Tiermast Verwendung (meist in Form von Arsensäuren). Diese Futterzusätze werden einige Tage vor der Schlachtung abgesetzt. Durch die schnelle Ausscheidung überschreitet der Restarsengehalt im Fleisch 1 ng/kg nicht. In einigen Ländern (z.B. Frankreich) sind organische Arsenverbindungen als Futterzusatz verboten. Andere Einsatzgebiete von As sind die Glasindustrie (As_2O_3, As_2Se, As_2O_5, metallisches As), elektronische Anwendungen, Farben für Digitaluhren, die Textil- und Gerbindustrie, die Herstellung von Pigmenten und Antifoulingfarben, als Lichtfilter (dünne Scheiben von As_2O_5), in kosmetischen Produkten, in der Keramikindustrie und in Feuerwerken (As_4S_4). Arsen(III)chlorid ist Ausgangsmaterial für die Herstellung von Organoarsenverbindungen. Galliumarsenid spielt eine wichtige Rolle in Halbleitern, integrierten Schaltkreisen, Dioden, Infrarotdetektoren und in der Lasertechnologie; auch Arsin wird bei der Herstellung von Halbleitern eingesetzt. Zusätze von 0,5% As zu Bronze und anderen Legierungen erhöhen Härte und Korrosionswiderstand. As findet Anwendungen in der Veterinärmedizin und wird seit 2000 Jahren therapeutisch eingesetzt; es stimuliert die Bildung von Hämoglobin. Sein Einsatz in der Human- und Veterinärmedizin ist neben vereinzelten Spezialanwendungen wie z.B. zur Bekämpfung der Promyelozytenleukämie nur in den Industrieländern rückläufig.

Die Hauptquelle luftgetragener Arsenemissionen sind Metallschmelzen (hauptsächlich Ni-Cu), Kohleverbrennung, Pestizideinsatz und Vulkane. Hauptquellen der anthropogen verursachten atmosphärischen Arsenemissionen sind die Verhüttung von Erzen (50 kt/a), die Energieerzeugung (5 kt/a) und die Zementindustrie (3 kt/a). Atmosphärische Partikel enthalten um 300-fach höhere Arsenkonzentrationen als die Erdkruste, ihre Deposition als AsO_3^{3-} bzw. AsO_4^{3-} führt zu Arsenanreicherungen im Boden.

Die Kohleverbrennung erzeugt bis zu 30 Gew.-% Flugasche. Spurenelemente wie As, Cd, Mo oder Pb sind in den kleinsten Teilchen angereichert, die elektrostatische Abscheider noch passieren. So kommt es, daß die mittlere Konzentration von As in der Stadtatmosphäre um bis zu 125 mal höher ist als im Hinterland (Nerin et al. 1994). Da kleine Teilchen in der Atmosphäre über große Entfernungen transportiert werden können, kann die Arsenkonzentration als Tracer für die Luftverschmutzung durch atmosphärische Partikel über derartige Entfernungen dienen. Dies wurde in einer Gegend rund um ein mit Holzkohle befeuertes Kraftwerk in Spanien durch Nerin et al. (1994) aufgezeigt: Die Flugasche enthielt 3 bis 222 mg/kg As. Obwohl die Arsenkonzentration in den Böden unter 50 mg/kg lag, ergab sich bis zu etwa 80 km Abstand vom Kamin eine gute Korrelation zwischen Arsengehalt und Entfernung von der Emissionsquelle.

Der Arsengehalt normaler Böden liegt durchschnittlich bei 2 bis 20 mg/kg, kann aber in der Nähe von Schmelzwerken und in behandelten Ackerböden bis zu 2500 mg/kg betragen (Förstner 1995a); Arsenanreicherungen kommen insbesondere in Phosphatdüngemitteln und phosphathaltigen Waschmitteln vor. Innerhalb der EG sollten Böden nicht mehr als 20 mg/kg enthalten. Dies kann u.U. allein bei geogenen Belastungen schon problematisch sein: Zum Beispiel wurden in Sedimenten des Roten Meers im Bereich heißer Quellen Arsengehalte von bis zu 2100 mg/kg (Durchschnitt 115 mg/kg) vorgefunden (Newland 1982). Selbst an Sedimenten ohne bekannte natürliche oder anthropogene Kontamination mit As wie im Loch Lomond (Schottland) wurden von Farmer u. Lovell (1986) Anreicherungen von As bis zu 675 mg/kg gefunden (Hintergrundwerte 15 – 50 mg/kg).

Nicht nur in Böden und Sedimenten liegt As meist in unlöslichen Formen vor, auch in Luft existiert As hauptsächlich partikulär als Arsentrioxid in Konzentrationen zwischen 1 und 10 ng/m^3 in ländlichen Gebieten und 20 ng/m^3 in Städten. In der Nähe von Schmelzwerken und Kohlekraftwerken werden 1 μg/m^3 und mehr erreicht. Süßwasser enhält normalerweise 0,15 – 0,45 μg/L As meist in anorganischer Form, in einigen Gegenden aber mehr als 1 mg/L (z.B. in Chile, Oregon, Indien und Taiwan); Meerwasser enthält 2 bis 5 μg/L As. Mineralwässer können bis zu fünfzig und heiße Quellen bis zu dreihundert mal mehr As als die üblichen Hintergrundwerte aufweisen.

Natürliche Arsengehalte in Pflanzen überschreiten selten 1 mg/kg, der Gehalt in Blättern und in Weinen kann bei Pestizidanwendung aber höher liegen. Die Hauptquelle für As in der Nahrung sind Meeresfrüchte: Fische enthalten zwischen 1 und 10 mg/kg As, im Sediment gründelnde Fische und Krustentiere bis über 100 mg/kg. Dieses Arsen liegt hauptsächlich als stabiles, nicht toxisches Arsenobetain, Arsenocholin und Arsenolecithin vor. Süßwasserorganismen enthalten weniger As als Meeresorganismen.

Mobilität und Anreicherung in Umweltkompartimenten. Arsen ist in der Umwelt mobil und zirkuliert oftmals in unterschiedlichen Spezies durch Luft, Wasser und Boden, bevor es in Sedimente als letztendliche Senke eingeht (Leonard 1991). Bioakkumulation von As ist ausgeprägt bei Zooplankton, Benthos, Seetang und Algen; diese Anreicherung erfolgt generell nicht innerhalb der Nahrungskette.

Durch den natürlichen Kreislauf (Verwitterung, Transport in Flüssen) werden etwa 20 kt/a As mobilisiert und durch Oxidation, Reduktion und Methylierung kontinuierlich zirkuliert. Menschen können lediglich die Arsenverteilung an spezifischen Orten oder in bestimmten Verbindungen verändern, können aber die globalen natürlichen Verteilungsprozesse nicht kontrollieren. Im Laufe der letztgenannten werden As^V-Verbindungen mikrobiell zu den stärker toxischen As^{III}-Verbindungen reduziert (Dowdle et al. 1996) und von Pilzen bzw. Bakterien möglicherweise über mehrere unterschiedliche Mechanismen methyliert. Die entstehenden Di- und Trimethylarsine diffundieren als leichtflüchtige und stark giftige Substanzen in die Atmosphäre und werden dort oxidativ in Kakodylsäure überführt, wodurch sich der Redoxkreislauf schließt (Kümmel u. Papp 1990).

Sadiq (1997) beschreibt theoretisch und experimentell die Chemie des Arsens im Boden. So kommt As^V in oxischen, alkalischen Milieus vor, As^{III} in anoxischen und sauren. Als Partner bei Sorptionsprozessen fungieren in erster Linie Kolloide und Fe-Oxide/Hydroxide. Direkte arsenhaltige Ausfällungen kommen in der Umwelt nicht vor. Zur Immobilisierung von Arsenkontaminationen kann man sie jedoch gezielt produzieren: Voigt et al. (1996) setzten Eisensulfat zur Bildung unlöslichen Eisenarsenats sowie $Ca(OH)_2$, Portlandzement und Wasser zur Anbindung an die Bodenmatrix zu.

Letztendlich ist der Boden zwar die größte Senke für anthropogenes As (Newland 1982), aber nicht Endstation: Durch Bodenerosion sowie industrielle und ackerbauliche Bodennutzung können Arsenverbindungen wieder in Gewässer freigesetzt werden.

As ist in allen vier Oxidationsstufen unter den Eh-Bedingungen im wässrigen Milieu stabil. Unter sauerstoffarmen Ablagerungsbedingungen dürfte das Arsen in Sedimenten sulfidisch gebunden und damit immobil sein; z.B. liegt nach Soma et al. (1994) As in Seesedimenten als Sulfid und Arsenit vor.

Eine Anreicherung von As an der Sedimentoberfläche und eine Zunahme von gelöstem As mit der Tiefe rührt nach Belzile (1988) von der Vergesellschaftung des Arsens mit Eisenoxyhydroxiden her und hängt mit der redoxabhängigen Löslichkeit in der suboxischen Zone, mit der aufwärts gerichteten Diffusion und der Ausfällung an der Sedimentoberfläche zusammen. Arsenkonzentrationen im Porenwasser nehmen mit der Gegenwart von mit Pyrit vergesellschaftetem As zu. As wird in Pyrit im Verhältnis Fe/As von 1000 eingebaut.

Bergbaugenes As ist nur zu 0,1 bis 0,2% der Gesamtkonzentration mobil (Rüde, persönl. Mitt. 1996). Die enge Verknüpfung des As mit den pedogenen Fe-Mineralen dürfte v.a. aus dem gemeinsamen Auftreten von As und Fe bereits in den sulfidischen Primärmineralen resultieren. Damit unterscheidet sich dieses bergbaugene As deutlich von As-Belastungen durch Pestizide und Emissionen. Bergbaugene As-Kontaminationen können aus Sicht des Bodenschutzes als deutlich weniger belastend eingestuft werden als andere As-Quellen.

Geißeltragende, etwa einen Mikrometer große Bakterien mit dem Namen MIT-13 fanden sich in hochgradig schadstoffbelasteten Sedimenten am Grund eines wassergefüllten Rückhaltebeckens nahe Boston. Sie atmen Arsen als biochemischen Sauerstoffersatz ein und wandeln dabei As^V-Verbindungen in As^{III} um. Die Mikroorganismen verursachen damit ein Umweltproblem: Während nämlich As^V – an Sedimentpartikel gebunden – unschädlich ist, ist As^{III} wasserlöslich und gelangt so in die Umwelt. Bisher war es ein Rätsel, warum das Wasser des Rückhaltebeckens so hohe Konzentrationen an gelöstem Arsen aufweist (bild der wissenschaft 2/95).

Human- und Ökotoxikologie. Arsen ist ein Metalloid, das zahlreiche toxische Verbindungen bildet. Das toxische dreiwertige Oxid (As_2O_3) wird durch Lunge und Darm absorbiert. As^{III} bewirkt toxische Effekte hauptsächlich durch Reaktion mit Sulfhydrylgruppen lebender zellulärer Enzyme oder Ersatz von P in Phosphatgruppen der DNA (Maeda 1994). Fünfwertiges Arsen wirkt meist toxisch, weil es in vielen Fällen zu dreiwertigem reduziert wird. Wegen ihrer Giftigkeit wurden Arsenverbindungen als Schädlingsbekämpfungs- und Pflanzenschutzmittel, als chemischer Kampfstoff im Ersten Weltkrieg (Lewisit $ClCH=CH-AsCl_2$ und Blaukreuzkampfstoffe $(C_6H_5)_2AsCl$ bzw. $(C_6H_5)_2AsCN$ und für mittelalterliche Giftverbrechen eingesetzt.

Die größte Gefahr beim Umgang mit arsenhaltigen Verbindungen ist die Bildung von Arsin beim Kontakt anorganischer arsenhaltiger Lösungen mit aktiven Metallen wie Zn oder Al (Maeda 1994); Arsin bewirkt eine Hämolyse und zerfällt im Körper in anorganisches As. Allgemein gelten organische Formen des As als weniger toxisch als anorganische, eine Aussage, die nur für wässrige Medien gilt. Nimmt man die Gasphase hinzu, kommt das sehr giftige Trimethylarsin ins Spiel. Die weitere Reihenfolge fallender Toxizität organischer Arsenverbindungen lautet Phenylarsonate > Methylarsonate > Arsenobetain. Phenylarsonate wirken neurotoxisch bei Konzentrationen ab 4 mg/kg täglich; methylierte Arsensäuren sind deutlich weniger toxisch. Zur Entgiftung werden beim Menschen dreiwertige Arsenverbindungen zu fünfwertigen oxidiert und anschließend zu methylierten Arsensäuren umgesetzt.

Erhöhte Arsengehalte im Urin wurden bei Menschen zusammen mit dem Auftreten von Hautkrebs dort beobachtet, wo das Trinkwasser mit anorganischem Arsen belastet war (Leonard 1991). Nach WHO sollte Trinkwasser nicht mehr als 50 µg/L As enthalten. Eine Zusammenstellung weltweit auftretender derartiger Gesundheitsprobleme durch Arsen geben Abernathy et al. (1997).

Menschen nehmen in Abhängigkeit von ihrer täglichen Nahrung insgesamt 0,01 bis 0,3 mg As auf. Die tägliche Aufnahme von anorganischem As mit der Nahrung liegt in den meisten Ländern zwischen 10 und 20 µg; bei Fischessern kann die tägliche Zufuhr von Arsen hauptsächlich als (ungiftiges) Arsenobetain sogar ein Milligramm überschreiten. Fünfwertiges As wird schneller absorbiert als dreiwertiges und mit Ausnahme von Arsentrioxid anorganisches stärker als organisches. Dagegen ist die Hautabsorption beim dreiwertigen As schneller als beim fünfwertigen, insbesondere bei lipidlöslichen Trägern. 95 bis 99% des aufgenommenen As sitzt im Hämoglobin der Erythrozyten und wird innerhalb von 24 Stunden mit dem Blut im Körper verteilt (Muskeln, Leber, Niere, Lunge). Ca. 70% des aufgenommenen As wird hauptsächlich mit dem Urin wieder ausgeschieden. Fünfwertiges As wird schneller als dreiwertiges ausgeschieden aufgrund der Bindung des dreiwertigen As an Proteinthiolgruppen, organische Arsenverbindungen werden schneller ausgeschieden als anorganische. Die biologische Halbwertszeit für anorganische und methylierte Arsenverbindungen beträgt zwischen 10 und 30 Stunden. Arsenvergiftungen werden üblicherweise am Gesamtarsengehalt des Urins diagnostiziert: Während nichtexponierte Personen Konzentrationen zwischen 13 und 23 µg/L aufweisen sollen, wurden bei Chemiearbeitern bis zu 820 µg/L und bei Vergiftungen ohne Todesfolge 4 – 6 mg/L vorgefunden.

Arsenkonzentrationen > 3 µg/g im Haar weisen auf eine mögliche Vergiftung hin (Anke 1986). Arsengehalte im Haar korrelieren mit denen im Urin und der Umgebungsluft der Probanden. Ein hoher Arsengehalt des Trinkwassers spiegelt sich ebenfalls im Haar wider (nichtexponierte Personen 0,06, exponierte 1,2 µg/g). Unübliche Belastungen können auch erhöhte Konzentrationen in Finger- und Zehennägeln sowie im menschlichen Zahn hinterlassen.

Während Arsen bei Tieren das Wachstum fördert (Ziegen, Schweine und Hühner erhalten 50 µg zu 1 kg Futter), ist für einige Pflanzen das Gegenteil der Fall. Für Haustiere liegt die tödliche Dosis bei 1 bis 25 mg/kg an Natriumarsenit, welches drei- bis zehnmal giftiger als Arsentrioxid ist; Natriumarsenit als Herbizid ist in vielen Ländern verboten. 70 bis 180 mg Arsentrioxid sind für den Menschen tödlich. 1901 gab es 70 Todesfälle und 6000 Vergiftungen durch Bier mit 2 – 4 mg/L As. Das As gelangte über Glukose in das Bier; die Glukose wurde mittels arsenbelasteter Schwefelsäure hergestellt, die aus arsenhaltigen Pyriten stammte.

Während in Mikroorganismen oder Eukaryoten Arsenverbindungen keine Genmutationen induzieren können, sind für den Menschen Haut- und Lungenkrebs neben teratogenen Schädigungen die gravierensten Langzeitfolgen einer chronischen Exposition gegenüber anorganischem Arsen. TRK-Werte für As sind 50 µg/L und 0,2 mg/m^3 für Arsin und 0,2 mg/m^3 für Arsen und seine Verbindungen im Staub.

Im 19.Jhd. starben einige Personen durch Inhalation von Trimethylarsin („Gosio-Gas", LD_{50} bei Ratten 3 mg/kg), einer flüchtigen neurotoxischen Verbindung, die vom Schimmelpilz *Scopulariopsis brevicaulis* auf feuchten Tapeten gebildet wird. Die Tapeten waren mit arsenhaltigen Pigmenten gestrichen. Es konnte auch gezeigt werden, daß Pilze im Boden oder Abfall Trimethylarsin aus unterschiedlichen Arsenverbindungen bilden können. Die biologische Methylierung von Arsen ist ein generelles Phänomen bei Säugetieren.

Bei Arsen in der Nahrung muß man unterscheiden zwischen Arsenmangel bei < 50 ng/g, einer normalen Arsenzufuhr von 350 bis 500 ng/g und therapeutischen Dosen von 3,5 bis 5 µg/g. Darüber hinaus war es in bestimmten Regionen wie der Steiermark oder Thüringen für Menschen und Pferde üblich, große Mengen anorganischen Arsens zu sich zu nehmen („Arsenesser"). Die Betroffenen gewöhnten sich schrittweise an die hohen Dosen von etwa 0,5 g täglich (für „Untrainierte" sind 0,1 g tödlich) und glaubten, so ihre Gesundheit verbessern zu können.

Napoleons Krankheit und Tod auf St. Helena bleibt Gegenstand kontroverser Spekulationen. Seine Krankheitssymptome gleichen denen einer Arsenvergiftung. As wurde auch im Haar in relativ hohen Konzentrationen gefunden. Auch die unbeabsichtigte Vergiftung durch arsenhaltige (Scheele's Grün) Tapeten wird diskutiert, obwohl die Mengen möglicherweise für eine Krankheit, nicht aber für den Tod ausreichend waren. Erst 1982 wurde von David Jones die These von einer schleichenden Vergiftung durch Trimethylarsen vorgestellt. Sicher ist nur eines: Napoleon war Opfer einer Arsenvergiftung (Kaye 1995).

Antimon (Sb)

Antimon ist ein nicht essentielles Element in Pflanzen, Tieren und Menschen. Es ist ein toxisches Spurenelement, welches normalerweise zusammen mit Arsen und Schwefel vorkommt. Wie beim Arsen überwiegen inzwischen auch beim Antimon die menschlichen Quellen die natürlichen (Maeda 1994); die globalen Emissionen betragen für Sb etwa ein Fünftel der von As. Antimon wird in der Industrie massiv eingesetzt: In Japan werden jährlich ca. 10 kt pro Jahr und in den USA etwa doppelt so viel verbraucht. Antimonverbindungen werden in einer Vielzahl von industriellen Prozessen (z.B. Halbleiterherstellung) und in Arzneimitteln (z.B. gegen Tropenkrankheiten) eingesetzt (Fowler u. Goering 1991). Antimonverbindungen entsprechen in ihrer Toxizität in etwa denen von Arsen: Dreiwertige Spezies sind toxischer als fünfwertige, das Element wird irreversibel an thiolhaltige Enzyme gebunden. Zielorgane sind Lunge, Herz, Leber und Niere. Antimontrioxid ist im Tierexperiment kanzerogen. Aufgrund seines breiten Einsatzbereichs, seines leichten Eintritts in Umweltsysteme und seiner Giftigkeit ist heute Antimon als umweltchemisch relevant anzusehen.

Auch die Chemie des Antimons entspricht weitgehend der des Arsens mit einigen Ausnahmen, die durch die metallischeren Eigenschaften des Antimons bedingt sind, wie die Möglichkeit zur Bildung von Kationen in Lösung und die basische Natur seiner Oxide.

Antimon ist ein sprödes, relativ widerstandsfähiges Metalloid in den Oxidationsstufen -3, 0, +3 und +5; mehr als 3000 organische Antimonverbindungen sind bekannt (Fowler u. Goering 1991).

Als Metalloid besitzt Sb sowohl Eigenschaften von Metallen als auch von Nichtmetallen. Seine metallischen Eigenschaften werden durch Glanz und Leitfähigkeit belegt. Andere Eigenschaften, die Sb als Metall ausweisen, sind seine Fähigkeit, kationische Spezies auszubilden oder die basische Natur seines Trioxids. Die Doppelnatur dieses Elements zeigt sich im sauren (und deshalb amphoteren) Verhalten als Oxid, an seiner Fähigkeit, Hydride (negative Oxidationsstufe) sowie SbO^+ und SbO_2^+ als aquatische kationische Spezies eher als freies Sb^{3+} bzw. Sb^{5+} zu bilden. Das Trioxid erhält man bei Verbrennung des Elements an Luft. Das Pentoxid wird aus dem Trioxid bei hoher Temperatur und Druck in Gegenwart von Sauerstoff oder durch Auflösen des Metalloids in konzentrierter Salpetersäure unter Wasserentzug durch vorsichtiges Erhitzen hergestellt. Mit allen Halogenen bildet Sb gasförmige Trihalide. Eine Anzahl von organischen Komplexverbindungen existiert über Sauerstoff- oder Schwefelbrücken.

Antimontrioxid (Sb_2O_3) ist bei Zimmertemperatur ein weißer, geruchloser kristalliner Festkörper und wird kommerziell durch Oxidation von geschmolzenem Antimontrisulfid oder Antimonmetall in Luft bei 600 bis 800 °C oder durch alkalische Hydrolyse des Antimontrichlorids mit nachfolgender Wasserabspaltung gewonnen (Maeda 1994). Antimontetraoxid (Sb_2O_4) ist eine Mischung aus Sb^{III}- und Sb^V-Oxid und ist bei Zimmertemperatur ein weißer, kristalliner Festkörper; es entsteht beim Erhitzen des Antimontrioxids an Luft bei 460 – 540 °C. Sb_2O_4 wird als Oxidationskatalysator verwendet, insbesondere bei der oxidativen Wasserstoffabspaltung von Olefinen. Antimonpentoxid (Sb_2O_5) ist ein gelblicher, kristalliner Festkörper mit geringen Wassergehalten; es wird durch Oxidation von Antimontrioxid mit Nitraten oder Peroxiden gebildet. Sb wird zu 1 – 20% in vielen Legierungen verwendet. Insbesondere Bleilegierungen werden dadurch härter und widerstandsfähiger als Blei. Der Einsatz in Batterien, Kabelummantelungen, Gleitmitteln und Schreibköpfen macht etwa die Hälfte des gesamten verarbeiteten Sb aus. Antimontrioxid (Sb_2O_3) wird als Katalysator, in der Keramik- und Glasindustrie oder für den Feuerschutz von Textilien, Papier und Plastik eingesetzt. Sb wird auch in Arzneimitteln verwendet (z.B. als Tartrat).

Geogene/anthropogene Immissionen/Emissionen. Sb hat eine Erdkrustenhäufigkeit von 0,2 bis 0,3 mg/kg (Fowler u. Goering 1991) und kommt üblicherweise in Lagerstätten von Cu, Ag und Pb vor. Das wichtigste Mineral ist Stibnit (Sb_2S_3) und sein Zersetzungsprodukt Sb_2O_3 (Valentinit), daneben gibt es Metallantimonide (z.B. NiSb, NiSbS oder Ag_2Sb) oder Thioantimonate (z.B. Ag_3SbS_3). Antimon gewinnt man entweder durch Sulfidröstung mit Fe oder durch Sulfidröstung und Reduktion des Sublimates; hochreines Sb wird elektrolytisch dargestellt. Die jährliche Weltproduktion liegt für Sb bei ca. 68 kt (Maeda 1994).

Wie bereits einleitend beschrieben, wird Sb in Legierungen für Batterien und Motorteile, in Gläsern, Feuerschutzmitteln, Keramik, Halbleitern und Farbstoffen eingesetzt (de la Calle Guntinas et al. 1991); es wird zusammen mit Indium und Gallium zur Herstellung von superschnellen Computerchips verarbeitet. 55% des industriell eingesetzten Sb wird als Antimontrioxid verwendet; Recycling ist für dieses Element sehr wichtig (z.B. aus Batterien).

Antimon wird aus Schmelzwerken, Kohlekraftwerken und Vulkanen in die Umwelt entlassen. Sb wird in der Atmosphäre über große Entfernungen transportiert (z.B. von Zentraleuropa nach Norwegen) und schlägt sich dort u.a. in Böden, Pflanzen oder Moosen nieder. In der Luft in Chicago wurden 1 bis 55 ng/m³ gemessen, in der von Metallschmelzwerken 1 bis 10 mg/m³ (Fowler u. Goering 1991); in Wässern befinden sich üblicherweise unter 1 µg/L Sb als Sb^V, Sb^{III}, Methyl- und Dimethylantimon (Sb^V vorherrschend). In Gebieten ohne anthropogenen Sb-Input sind auch die Konzentrationen in Pflanzen und Tieren normalerweise relativ niedrig. Typische Antimonkonzentrationen in marinen und terrestrischen Sedimenten sowie Böden sind 0,X mg/kg (de la Calle Guntinas et al. 1991). Hohe Konzentrationen wurden in Landwirtschaftserzeugnissen aus geogen antimonbelasteten Gebieten gefunden. Ebenso werden in umweltrelevanten Partikeln (Haus- und Straßenstaub, Partikelfracht von Flüssen) durchaus X0 mg/kg erreicht, aus japanischen Industrieregionen wird von > 1000 mg/kg berichtet (Maeda 1994). Die Konzentration von Sb an der Bodenoberfläche nimmt mit zunehmender Entfernung von Punktemissionen ab. Sb in Pflanzen stammt aus Deposition aus der Luft und nicht durch Aufnahme aus dem Boden. Antimon wird in der Umwelt anthropogen mobilisiert, bei Verbrennung antimonhaltigen Abfalls wird Sb in die Atmosphäre emittiert. Aufgrund zunehmender Einsatzmengen von Sb sollten deshalb Luft und Gewässer sorgfältig überwacht werden.

Einige Pflanzen, Moose, Flechten und Pilze können Antimonverbindungen anreichern. Von weiteren speziellen Anreicherungseffekten für dieses Element wurde nicht berichtet, in Tieren traten solche auch bei stark kontaminierter Nahrung nicht auf (Maeda 1994).

Human- und Ökotoxikologie. Antimon hat keine bekannte essentielle Funktion in lebenden Organismen und gehört nicht zu den extrem toxischen Elementen, es entspricht in seiner Toxikologie etwa dem As und Bi. So sind Verbindungen (z.B. Oxide, Chloride) des dreiwertigen Sb toxischer als diejenigen von fünfwertigem. Sb und seine Verbindungen reagieren mit SH-Gruppen, besonders in Enzymen, die sie damit blockieren.

Antimonvergiftungen erfolgen meist über luftbürtige Teilchen am Arbeitsplatz. Antimonexponierte Arbeiter weisen die höchsten Antimonkonzentrationen in der Lunge auf, gefolgt von Leber und Niere. Während Haare von nichtexponierten Erwachsenen ca. 0,X mg/kg Sb enthalten, weisen solche von beruflich exponierten Personen bis zu X00 mg/kg Sb auf (Maeda 1994).

Die tägliche Aufnahmemenge für beruflich nicht exponierte Menschen liegt zwischen 10 und 70 µg (Fowler u. Goering 1991), was zu Blutkonzentrationen von ca. 3 µg/L führt (Serum 1 µg/L). (Besonders schlecht wasserlösliche) Antimonverbindungen in Nahrung und Getränken werden bei Tieren und Menschen aus dem Verdauungstrakt nur langsam resorbiert und ein Großteil mit dem Stuhl ausgeschieden. Fünfwertige Antimonverbindungen werden hauptsächlich mit dem Urin ausgeschieden, dreiwertige, die besonders im menschlichen Körper akkumulieren, mit dem Stuhl.

Stibin (SbH_3) ist ein instabiles Gas mit unangenehmem Geruch; es ist hochgradig toxisch und führt zu Symptomen im zentralen Nervensystem und im Kreislauf. Es entsteht, wenn naszierender Wasserstoff mit Sb unter sauren Bedingungen reagieren kann (z.B. in Bleibatterien). Für Stibin gibt es einen MAK-Wert von 0,1 mL/m^3 oder 0,5 mg/m^3 (Fowler u. Goering 1991).

In Experimenten mit Ratten führt die Inhalation von Antimontrioxid oder Antimontrisulfid zu Lungentumoren (Maeda 1994). Auch bei Arbeitern mit beruflicher Antimonexposition ist das Auftreten von Lungenkrebs bekannt.

Bei Opfern des plötzlichen Kindstods (SIDS = sudden infant death syndrome) wurden hohe Konzentrationen an Sb in der Leber gefunden (Taylor u. Hodges 1995). Kinder mit hohen Antimongehalten im Haar hatten auch hohe Antimongehalte in ihren Matratzen. Eine Zigarette enthält 60 bis 70 ng Sb, wobei aber die Gesamtmenge im Zigarettenrauch als Erklärung für SIDS nicht ausreichen dürfte. Eine Hypothese für das Auftreten von SIDS ist die Bildung der toxischen Gase Stibin und Phosphin durch Pilze aus dem Sb und P in den Feuerschutzmitteln der Matratze (s. Kap. 3.2). Inaktivierung von Cholinesterase durch Stibin und Phosphin könnte für eine Akkumulation von Acetylcholin verantwortlich sein, die über das Aussetzen der Atmung zum Tod führt.

Bismut (Bi)

Bismut ist ein seltenes Element. Einige Legierungen sowie anorganische und organische Verbindungen haben nützliche Eigenschaften und machen dieses Element materialtechnisch interessant (Thomas 1991). Aufgrund seiner Stellung im Periodensystem zeigt es Ähnlichkeiten mit Pb, As und Sb.

Im Gegensatz zu den Metalloiden Arsen und Antimon ist Bismut ein Metall: Es ist das diamagnetischste aller Metalle und seine Wärmeleitfähigkeit ist die niedrigste mit Ausnahme von Hg (Thomas 1991). Es hat einen hohen elektrischen Widerstand und die größte Widerstandserhöhung im Magnetfeld (Halleffekt) aller Metalle. Legierungen mit Zn und Cd haben niedrige Schmelzpunkte.

Bi verbrennt an Luft mit blauer Flamme, es bildet normalerweise dreiwertige Verbindungen, kann mit Sulfhydrylgruppen reagieren und Thiobismutverbindungen bilden; im fünfwertigen Zustand (z.B. $NaBiO_3$ oder BiF_5) ist es ein starkes Oxidationsmittel.

In Gasen wie BiCl oder BiO, in $Bi(AlCl_4)$ und legierungsähnlichen Verbindungen wie BiS oder BiSe tritt Bismut auch in den selteneren Oxidationszuständen +1 und +2 und in polynuklearen ionischen Spezies in den Oxidationsstufen +1, 0 und -1 auf. In Wasser hydrolysieren Bismutverbindungen leicht und bilden nahezu unlösliche basische Salze vom Typ BiOX, unlösliches Bismutoxychlorid (BiOCl) entsteht bei Salzsäurezugabe. Diese Eigenschaften begrenzen die Bioverfügbarkeit von Bi in der Umwelt und seine Resorption im Verdauungstrakt, wenn Bismutsalze von Tier und Mensch oral aufgenommen werden. In Meerwasser, Meerestieren und Landpflanzen liegt Bi in sehr niedrigen Konzentrationen vor.

Organobismutverbindungen haben stabile drei- und fünfwertige Zustände. Die Verbindungen werden stärker thermisch abgebaut als die entsprechenden Spezies von P, As und Sb, und sind toxischer als diese.

Ständig zunehmende Bismutmengen im kommunalen Abwasser zeugen vom tagtäglichen Umgang und Kontakt mit diesem Element. Hinsichtlich seiner Umweltchemie und Toxikologie (bes. von Organobismut) weiß man noch sehr wenig (vgl. Kap. 3.2).

Geogene/anthropogene Immissionen/Emissionen. Als mittlere Erdkrustenhäufigkeit für Bismut werden 0,08 bis 0,2 mg/kg angegeben (Maeda 1994, Thomas 1991); Bi belegt damit in der Reihenfolge der Elemente den 64. Platz. Die Erdkrustenhäufigkeit entspricht in etwa auch der mittleren Häufigkeit in Sedimentgesteinen und nieder- bis mittelgradigen metamorphen Gesteinen. Normalerweise ist Bi ein Nebenprodukt beim Abbau von Pb, Cu, Sn, Ag und Au; es folgt dem Pb im Veredelungsprozeß. Die jährliche Weltproduktion liegt in der Größenordnung von 5 kt.

Der Haupteinsatz von Bismut in der Industrie liegt in der Herstellung niedrig schmelzender Legierungen (< 100 °C) und pharmazeutischer Verbindungen. Oxide und Nitrate sind die am häufigsten verwendeten Bismutverbindungen (Maeda 1994). Das Trioxid wird bei der Herstellung von Glas- und Keramikprodukten, das Nitrat für Porzellanfarben und Bismuttellurid für thermoelektrische Anwendungen genutzt. Bismutverbindungen werden in einer Reihe von industriellen Prozessen und Produkten eingesetzt (z.B. Halbleiter und Katalysatoren). In den USA entfallen 46% des Bi auf die pharmazeutische und kosmetische Industrie. Bei zunehmendem Verbrauch wachsen die Abfallprobleme. Aufgrund der weitgestreuten Anwendungen ist eine Rückgewinnung nicht realisierbar. Andererseits kann Bi aber in vielen Fällen substituiert werden.

Bismut kann in Regenwasser, Bodenlösungen oder Flußwasser nicht und im Meerwasser in Konzentrationen von 0,1 bis 0,2 pmol/L nachgewiesen werden. Generell enthalten Küstengewässer um eine Größenordnung mehr Bi als der offene Ozean (an Oberfläche bis zu 0,05 ng/L Bi); dabei liegt 70% des gesamten Bi partikulär vor. In nicht kontaminierten Böden liegen die Konzentrationen von Bi mit < 1 mg/kg ähnlich niedrig wie für Sb (Maeda 1994).

Human- und Ökotoxikologie. Es gibt keine bekannten biologische Funktionen, für die Bi essentiell ist (Thomas 1991). Bi interferiert mit dem Wachstum von Mikroorganismen. Es gibt keine Hinweise auf Karzinogenität, Mutagenität und Teratogenität von Bismutverbindunmgen.

Wasserlösliche Bismutverbindungen werden schnell absorbiert und führen leicht zu akuten Vergiftungen. Die Mehrzahl der oral zugeführten Bismutverbindungen wird nicht absorbiert und mit dem Stuhl ausgeschieden; die absorbierte Fraktion wird mit dem Urin ausgeschieden. Die niedrigste publizierte orale lethale Dosis für Menschen ist 221 mg/kg.

Vergiftungen durch Bismut und seine Verbindungen geschehen häufiger bei medizinischer Behandlung (insbes. bei Langzeittherapie) als am Arbeitsplatz. Allgemein geht die Verwendung von Bi in der Medizin und in pharmazeutischen

Produkten deutlich zurück (Maeda 1994); dieser Effekt wirkt sich besonders in Frankreich als dem bisher größten Bismutverbraucher (1972: > 1000 t) aus.
In den USA wurde ein technischer Richtwert von 5 mg/m³ für Bismuttellurid in der Luft festgesetzt. Für den Einsatz in pharmazeutischen Produkten wurde eine Konzentration von 50 µg/L im Blut als obere Sicherheitsgrenze und von 100 µg/L als untere Toxizitätsgrenze vorgeschlagen.

3.1.1.5 Weitere ausgewählte Elemente und Spezies

Beryllium (Be)
Mit einer Masse von 9 ist Beryllium kein Schwermetall, aber trotzdem eines der gefährlicheren toxischen Elemente. Obwohl Be und seine Verbindungen hinsichtlich Ingestion kaum toxisch sind, kann die Inhalation seiner Stäube schwere Lungenschäden hervorrufen. Be zeigt sowohl akute (reversible Haut- und Augengeschwüre, Pneumonie, Tracheobronchitis) als auch chronische Wirkungen (Pneumonie). Be-Vergiftungen (Berylliose) sind durch pathologische Bedingungen charakterisiert (Lungeninsuffizienz) und zeigen eine Latenzzeit von 5 bis 20 Jahren. Nach epidemiologischen Befunden gilt Be als möglicherweise Lungenkrebs auslösend; in Tierstudien ist Be karzinogen. Be kann Ausschläge, Übersensibilisierung und Geschwüre der Haut verursachen und ist sowohl im atomaren als auch ionogenen Zustand sehr giftig. Be wirkt als makromolekularer Komplexbildner zwischen Nukleinsäuren und Proteinen, blockiert bestimmte Protein- oder Enzym-Phosphorylierungsreaktionen und vermag sich in Zellen an spezifische Regulatorproteine anzulagern.
Obwohl bekannt ist, daß die Inhalation von Be für Menschen sehr gefährlich ist, sind tatsächliche Gefährdungen nur für Exponierte in der betroffenen Industrie, nicht aber für die Allgemeinbevölkerung beschrieben.
Wegen seines hohen Schmelz- und Siedepunktes sowie seiner hohen thermischen und niedrigen elektrischen Leitfähigkeit ist Be ein wichtiger Werkstoff (Griffitts u. Skilleter 1991). Be ist ein Leichtmetall mit ähnlichen Eigenschaften wie Magnesium und daher für den Flugzeugbau sehr gut geeignet. Be ist in der Kernchemie und -physik aufgrund seiner Kombination von unüblichen physikalischen und mechanischen Eigenschaften mit niedrigem Neutroneneinfangquerschnitt und hoher Neutronenstreuung, d.h. Moderatoreigenschaften, von außerordentlichem Interesse. Be ist eines der effizientesten Materialien zur Abbremsung von Neutronen sowie ein exzellenter Neutronenreflektor. Be-Cu-Legierungen sind extrem hitzebeständig, hart und korrosionsresistent.
Jährlich werden weniger als 4 kt Beryll oder 500 t Be weltweit verarbeitet (Griffitts u. Skilleter 1991).
Das Be nimmt eine Zwischenstellung ein zwischen positiven Metallatomen, die leicht Elektronen abgeben, und solchen, die Komplexe bilden; in dieser Eigenschaft ist es Elementen wie Al, Ti, Zr, Nb, Ta und U ähnlich (Elektronegativitä-

ten zwischen 0,95 und 1,24). Es sind etwa 40 Be-Minerale bekannt, die meisten sind sehr selten. Die bekanntesten sind: Beryll, Chrysoberyll und Phenakit.

Die mittleren Häufigkeiten betragen für die Erdkruste 2,5 mg/kg und in Schiefern 6 mg/kg, das bei weitem häufigste Mineral ist Beryll ($Be_3Al_2Si_6O_{18}$). Die höchsten Konzentrationen finden sich in Pegmatiten, in denen große Beryllkristalle einige Prozent eines Pegmatitkörpers ausmachen können. Bei der Verwitterung von Kristallingesteinen und im Laufe von Sedimentationsprozessen scheint das Be sich wie das Al zu verhalten: Es ist in Bauxitlagerstätten, Tonen und Tiefseetonen vorhanden. Kohleaschen enthalten bis zu 100 mg/kg an Be.

Böden in den USA enthalten von < 1 bis 15 mg/kg Be (Durchschnitt 1 mg/kg), die amerikanische Stadtluft größenordnungsmäßig 1 ng/m^3 und Landluft mehr als eine Größenordnung weniger (Griffitts u. Skilleter 1991).

You et al. (1989) fanden heraus, daß Be in der Umwelt unter neutralen Bedingungen stark an Festkörperpartikeln gebunden wird, obwohl die Adsorption von Be an Böden prinzipiell aber als reversibler Prozeß zu betrachten ist. Es ist kein großes technisches Problem, Be aus Wässern mittels Filtration zu entfernen (Schöttler u. Nähle 1979).

Thallium (Tl)

Die ökonomische und technische Bedeutung von Tl ist vernachlässigbar, seine ökotoxikologische dagegen ist durch die mit Pb und Hg vergleichbare akute toxische Wirkung auf Organismen begründet (Kemper u. Bertram 1991). Chemische und physikalische Eigenschaften des metallischen Tl und seiner Verbindungen sind denen benachbarter Elemente ähnlich, besonders denjenigen des bereits besprochenen Pb; seine ionischen Eigenschaften sind mit Kalium und Rubidium vergleichbar.

Mit Ausnahme des Fluorides sind Halogenide des Tl^I vollständig dissoziiert und stabil in Luft; Halogenide des Tl^{III} dagegen sind instabil und verlieren das Halogen beim Erhitzen; sie sind wasserlöslich und hydrolysieren sofort. Verbindungen mit Sauerstoff existieren als Mono- und Trioxide ebenso wie gemischte Oxide und das Peroxid. Tl_2O entsteht bei der Oxidation von elementarem Tl in Luft, bei Erhitzen des Hydroxids auf 100 °C oder des Trioxids auf 700 °C; es ist stark hygroskopisch und reagiert sofort mit Wasser, um das Monohydroxid zu bilden. Allgemein sind anorganische Tl^I-Verbindungen stabiler als die von Tl^{III}. Dagegen sind kovalente Organothalliumverbindungen nur in der dreiwertigen Form stabil.

Die Hauptproduktion von Tl erfolgte von Ende des Zweiten Weltkriegs bis Anfang der siebziger Jahre. Tl wird weiterhin mit Anteilen zwischen 1 und 50% in Legierungen hauptsächlich mit Pb, Ag, Au und Cu verwendet, die sich u.a. durch Robustheit, niedrige Reibungskoeffizienten und Säureunlöslichkeit auszeichnen; weitere Anwendungen erfolgen als Katalysator und in der Elektronikindustrie.

Obwohl die Weltproduktion nur auf 10 bis 15 t/a geschätzt wird, rechnet man jährlich mit 600 t in Abfallmaterialien. Früher wurde das hochgiftige Tl^I-Sulfat als Rodentizid eingesetzt. Tl spielt nur bei der Produktion von Spezialprodukten (z.B. Tieftemperaturthermometer, niedrig schmelzende Gläser mit hohem Brechungsindex, Halb- und Supraleiter) eine Rolle.

Die industrielle Produktion thalliumhaltiger Erzeugnisse ist im Vergleich zu anderen Schwermetallen weniger bedeutend. Es hat aber lokale Probleme gegeben. Die Kontamination der Umwelt mit Tl erfolgt hauptsächlich durch die (Nichteisen-)Metallindustrie, durch Kohleverbrennung, durch Produktion von Stahl und Mn und aus Zementwerken. Hierfür zwei Beispiele (Schoer 1984): Unkontrollierte Abflußwässer aus Metallminen in New Brunswick (Canada) enthielten bis zu 80 µg/L Tl, 1979 wurde in Lengerich (Deutschland) eine schwere Tl-Kontamination der Umwelt durch ein Zementwerk erkannt.

Im betroffenen Areal von Lengerich verloren die Bäume ihre Blätter bereits im Juni, verstarben plötzlich Schafe und Hasen, Pferde verloren Haare; Lebensmittel waren im unteren mg/kg-Bereich mit Tl belastet. Schäden an Pflanzen und Haustieren wurden bereits jahrelang beobachtet, aber erst 1979 fand man Tl-haltige Staubniederschläge aus der Atmosphäre als Ursache. Die Tl-Quelle waren Zementzusätze aus der Pyritröstung, die etwa 400 mg/kg Tl enthielten. Bodenbelastungen von mehreren mg/kg fanden sich im Umkreis von ca. 500 m um den Fabrikkamin und nahmen in größerer Entfernung schnell ab. Personen in der Nachbarschaft des Zementwerkes hatten etwa zehnmal mehr Tl im Urin und bis über fünfzigfach mehr Tl in den Haaren als Referenzpersonen; der vorgeschlagene Grenzwert von 300 µg/L für Fabrikarbeiter wurde allerdings nicht erreicht. Es besteht eine klare Beziehung zwischen Immission und der Belastung für die in der Region lebenden Menschen. Die Tl-Aufnahme erfolgt hauptsächlich durch Ingestion, womit die Nahrung die wichtigste Kontaminationsquelle für den Menschen darstellt.

Das Element und seine Verbindungen sind extrem giftig; Hautkontakt, Verschlucken und Inhalieren führen zu Vergiftungserscheinungen. Tl ist ein Depotgift und bleibt für lange Zeit im Körper. Akute Toxizität tritt bei Dosen über 100 mg auf, die tödliche Dosis liegt zwischen 0,5 und 3 g. Das kritische Organ bei Tl-Vergiftungen ist das zentrale und periphere Nervensystem. Der MAK-Wert löslicher Thalliumverbindungen liegt bei 0,1 mg/m^3.

Zur Abschätzung der Thalliumemissionen aus der Kohleverbrennung kann man den Gehalt von 0,6 mg/kg ansetzen. Bilanziert man das gesamte Tl bei der Verbrennung, so finden sich bei Verwendung eines Staubfilters, der 95% der anfallenden Flugasche abscheidet, immer noch 55% des in der Ausgangskohle enthaltenen Tl in der emittierten Flugasche, welche eine Tl-Konzentration von 82 mg/kg aufweist. Da Tl in Kohlen nicht organisch, sondern in Sulfiden gebunden vorliegt, kann der Tl-Gehalt von Kohlen durch Abtrennung der Sulfide deutlich gesenkt werden. Bei der Metallgewinnung und -verarbeitung (z.B. beim Sintern) werden Temperaturen erreicht, bei denen Thalliumverbindungen verdampfen. Stäube aus Abkühlbereichen weisen deshalb besonders hohe Tl-Gehalte auf, z.B. wurden in solchen aus Zementwerken bis nahezu 4000 mg/kg gemessen. Das Tl in Stäuben aus Zementwerken ist wasserlöslich und deshalb bioverfügbar.

Aufgrund seines lithophilen und chalkophilen Charakters ist Tl weit verbreitet. Mit einer mittleren Häufigkeit von 0,3 bis 0,6 mg/kg in der Erdkruste übertrifft es immerhin die von Hg, Ag und Au. Im Gegensatz zu diesen Elementen tritt es nicht in elementarer Form auf und ist selten in spezifischen Mineralen angereichert, sondern kommt als Spurenelement in anderen Mineralen vor.

Tl gelangt entweder über wässrige Lösungen oder als Bestandteil von Staubpartikeln in die Umwelt. Die Tl-Gehalte in Trink- und Flußwasser liegen im unteren ng/L-Bereich (Axner et al. 1993). Übliche Gehalte in Böden und Sedimenten liegen in der Größenordnung 0,X mg/kg; in kontaminierten Sedimenten gilt Tl als kurzfristig sehr mobil. Langfristig wird in Böden dagegen das meiste Tl in den obersten cm fest- und in Pflanzenwurzeln zurückgehalten, was auf eine geringe Mobilität dieses Elements in Böden hinweist. Deshalb muß im Laufe der Zeit eine Transformation des leicht wasserlöslichen Inputs erfolgen, so daß eine Auswaschbarkeit nicht mehr gegeben ist (z.B. Anlagerung an Tonminerale oder Huminstoffen).

Platin (Pt), Platingruppenelemente (PGE)
In der technologischen Entwicklung haben die Metalle der Platingruppenelemente enorme Bedeutung erlangt, speziell als Katalysatoren in Kraftfahrzeugen. Der Platingehalt in Klärschlammasche nahm seit 1986, zwei Jahre nachdem der Katalysator eingeführt wurde, deutlich zu; 1992 war er bereits zehnmal so hoch. Elemente der Platingruppe sind in unserer Umwelt in kleinsten Mengen verbreitet und ihre Toxizität dürfte nur in Ausnahmefällen signifikant sein: Die Emissionen aus einem Katalysatorfahrzeug sind um zwei Größenordnungen kleiner als die MAK-Werte. Jedoch führt die Inhalation platinhaltiger Aerosole (u.U. auch die Aufnahme über die Nahrung) möglicherweise zu Symptomen wie Atmungsbeschwerden oder allergischen Reaktionen; nur in hohen Konzentrationen ist Platin für den Menschen akut giftig.

Die Platingruppenelemente gehören zur Gruppe der Übergangsmetalle des Periodensystems (Gruppe VIII, maximale Wertigkeit zu H: 0, zu O: 8). Neben den für Übergangsmetalle typischen Eigenschaften wie katalytische Wirkung, Tendenz zur Komplexbildung und Existenz einer Vielzahl von Oxidationszuständen sind alle PGE Edelmetalle (hohe Schmelz- und Siedepunkte, chemisch weitgehend inert). Die stabilen Isotope des Pt verteilen sich folgendermaßen: Masse 190 (natürliches radioaktives Isotop mit der Häufigkeit 0,01%), 192 (0,8%), 194 (32,9%), 195 (33,8%), 196 (25,4%) und 198 (7,2%).

Geogene/anthropogene Emissionen. Die Weltjahresproduktion beträgt etwa 200 t, wovon auf Platin und Palladium jeweils 45%, auf Rhodium und Ruthenium etwa jeweils 4% und Osmium und Iridium weniger als jeweils 1% entfallen (Renner u. Schmuckler 1991). 1996 wurden weltweit 137 kt Pt verarbeitet, davon etwa ein Drittel in der Schmuckindustrie und etwa ebenso viel in der Automobil-Katalysator-Branche. Zwischen 1986 und 1995 hat die Nachfrage nach Pt um 66%, nach Pd um 110% und nach Rh um 71% zugenommen. Für die Platingruppenelemente ist Recycling ein ständig wachsender Markt: Bereits 1982 wurden 12% des Platins und 8% des Palladiums wiederverwendet.

Die industrielle Verarbeitung von Edelmetallen steht in engem Zusammenhang mit deren herausragenden Eigenschaften, der Katalysatorwirkung und vor allem der hohen Resistenz gegenüber Korrosion und Oxidation. Edelmetalle gelangen vorwiegend dort zum Einsatz, wo Haltbarkeit und Beständigkeit gefordert sind. Genannt seien hier nur Platinelektroden, platinlegierte Zündkerzen und Platinspinnspulen. Platin wird als Katalysator bei der Oxidation von Ammoniak wie auch beim Raffinieren hochsiedender Ölfraktionen eingesetzt. Pt wird verwendet in der Elektrotechnik, Meßtechnik, Glastechnologie, Textilindustrie, bei der Schmuckherstellung und als chirurgisches Implantat. Bestimmte Platinverbindungen wie cis-Platin oder Carboplatin finden Verwendung in der Krebstherapie. Kümmerer u. Helmers (1997) fanden im Abwasser aus Krankenhäusern 110 – 176 ng/L Pt tagsüber und ca. 38 ng/L nachts; auch aus dem Medikamentenverbrauch würde sich ein ähnlicher Konzentrationsbereich von 110 – 210 ng/L Pt errechnen.

Mit der u.a. mit Platin beschichteten „aktiven" Oberfläche eines Katalysators können die Abgaskomponenten Kohlenmonoxid, KW und Stickoxide um etwa 90% (Benzole um ca. 85%, Toluol um ca. 90% und PAK sowie Formaldehyd um ca. 90%) vermindert werden. Dreiwegekatalysatoren enthalten 0,9 – 2,3 g Platin, 0,2 – 0,3 g Rhodium und gelegentlich Palladium auf einem keramischen Träger (Cordierit). Durch mechanische und thermische Beanspruchung im Fahrbetrieb werden die Edelmetalle freigesetzt. Platin liegt in Abgasen teils in Form von partikulärem (Partikelgröße 0,1 – 20 µm) metallischen Platin (43 – 88 ng/m^3) vor, teils wird es gasförmig als Platindioxid, kleine Cluster, Atome oder Moleküle von Platinmetall (21 – 53 ng/m^3) freigesetzt (Laschka et al. 1996).

Während die Autoabgaskatalysatoren in den USA bereits in den 70er Jahren eingesetzt wurden, wurde erst 1984 in Deutschland in den alten Bundesländern die Katalysatortechnik für Kfz mit Ottomotoren eingeführt. Der Verbreitungsgrad stieg bundesweit von 2% (1987) auf ca. 40% (1993) und bis heute praktisch auf 100% in diesem Fahrzeugbereich an.

Die ersten Katalysatoren in den USA waren vom „Pellet-Typ", in Japan basierten sie auf Pd. In Europa wurden monolithische Pt-Rh-Katalysatoren verwendet, später auch Pd-Rh-Katalysatoren.

Pro gefahrenem km rechnete man früher („Pellet-Typ") mit der Emission von 1 bis 2 µg an Platingruppenelementen, was einer Konzentration von 1 bis 2 µg im m^3 unverdünnten Abgases entspricht (Renner u. Schmuckler 1991). Von ähnlichen Ergebnissen berichten Hodge u. Stallard (1986): Der Kfz-Ausstoß von Pt beträgt 0,8 bis 1,9 µg/km. Im Staub auf Blättern von Pflanzen neben stark befahrenen Straßen wurden bis zu 0,7 mg/kg Pt und 0,3 mg/kg Pd gefunden. Mit dem Regen werden diese Mengen in das lokale Wassersystem eingebracht. Die Platinemissionen von monolithischen Katalysatoren wurden dagegen im Laborexperiment zu 3 bis 40 ng/m^3 bestimmt (König et al. 1992). Die Größenordnung der von Laschka et al. (1996) berechneten Gesamtemission liegt bei 80 – 110 ng/m^3; dies entspricht einer Emissionsrate von 7 – 80 ng/km. Zereini et al. (1997) geben zwar auch Emissionswerte von 2 – 78 ng/km als Prüfstandswerte an, errechnen aber für den Realfall aus der tatsächlichen Verteilung von Pt in Boden, Schlamm, Straßenstaub, Straßenkehrgut und Wasser einen mittleren Emissionswert von 270 ng/km. Helmers (1997) setzt diesen Wert noch höher im Bereich von 0,5 bis 0,8 µg/km an mit der Begründung, daß in der täglichen Praxis zum einen technische Probleme (z.B. Zündung) die Emissionsrate um zwei bis drei Größenordnungen erhöhen und diese zum anderen bei hohen Geschwindigkeiten überproportional stark ansteigt; beispielsweise erhöht sich der Pt-Ausstoß bei Geschwindigkeitsverdopplung von 100 auf 200 km/h um den Faktor 10.

Der Anteil von löslichem Pt war in Luftstaubproben ohne direkte Verkehrsbeeinträchtung (Gesamtplatinkonzentration 0,02 – 5,1 pg/m^3) mit 30 – 43% hoch im Vergleich zu 2,5 – 6,9%, dem Anteil, der im Staub aus einem verkehrsbelasteten Tunnel in Österreich festgestellt wurde (Alt et al. 1993). Für einen Autoparkplatz wurden Oberflächenbelegungen mit Pt von durchschnittlich 26 ng/m^2 und eine mittlere Platinkonzentration im Abflußwasser einer Autobahn von 0,1 bis 0,7 ng/L berechnet (Wei u. Morrison 1994). Messungen an exponiertem Weidegras an unterschiedlich stark vom Verkehr belasteten Standorten in München zeigen, daß die Platinbelastung der Grasproben von der Verkehrsbelastung (und anderen verkehrsbedingten Emissionen wie Sb, Cr oder Pb) abhängt und mit der Entfernung vom Straßenrand rasch abnimmt (Wäber et al. 1996). Während an stark verkehrsbelasteten Stellen Platinbelastungen von ca. 20 ng vorherrschen, liegt dieser Wert an unbelasteten Referenzorten bei etwa 3 ng pro m^2 und Tag. Die Pt-Belastung von Gräsern ist von 1992 bis 1995 um mehr als das Doppelte gestiegen (Helmers u. Mergel 1997).

Immissionen/Mobilität und Anreicherung in Umweltkompartimenten. PGE sind besonders empfindliche Tracer für menschliche Aktivität und menschliche Umweltkontamination, da sie geogen sehr selten vorkommen (jeweils max. X µg/kg nach Crocket u. Kuo (1979) und Koide et al. (1991); 5 – 13 µg/kg für Pt nach Helmers et al. 1994). Im Ozean befinden sich 0,1 bis 0,2 ng/L Pt; die

Verweilzeit im Ozean beträgt etwa eine Million Jahre. Das Gebiet der BRD dürfte jährlich mit etwa 200 bis 500 kg Pt belastet werden (Lustig et al. 1997a). Zahlreiche Studien belegen die Konzentrationserhöhung von Pt, Pd und Rh in der Umwelt durch Emissionen aus Automobilkatalysatoren (z.B. Eckhardt u. Schäfer 1997, Wei u. Morrison 1994, Hodge u. Stallard 1986, Lee 1983). Emissionen fallen auch bei der Verbrennung von Kohle (kann bis zu X00 µg/kg Pt enthalten) und beim Schmelzen von Erzen an: Crocket u. Teruta (1976) berichten von bis zu 11 mg/kg Pt und 3 mg/kg Pd in Verbrennungsrückständen und von bis zu 2800 µg/kg Pt und 230 µg/kg Pd in Sedimenten eines Sees in unmittelbarer Nähe. Sedimente mit bis zu 2 mg/kg Pt durch Kontamination mit Abfall und Klärschlamm wurden untersucht (z.B. Koide et al. 1991); allein durch Klärschlammablagerung werden 1% des jährlich verbrauchten Pt und 10% des Pd dem Wasserkreislauf zugeführt.

Im Regenabfluß einer Straße (16000 Kfz/Tag) mit einer Platindeposition von 14 ng pro m² und Tag erreichten die Platinkonzentrationen Werte bis 1,1 µg/L, der Medianwert lag bei 15 ng/L. Es existiert ein deutlicher First-Flush-Effekt und eine starke Abhängigkeit von klimatischen Bedingungen. Das Element liegt überwiegend partikulär gebunden vor (Laschka et al. 1996). Schäfer u. Puchelt (1998) schätzten mit Hilfe des Pt/Rh-Verhältnisses ab, daß weniger als ein Drittel des Pt im Karlsruher Klärschlamm aus Autoabgaskatalysatoren stammt und somit der Hauptteil Krankenhausabfällen und Industrieemissionen zuzuschreiben wäre.

In San Diego (Californien) enthält Staub 0,6 bis 0,8 mg/kg Pt, 10% davon in gelöster Form.

Klärschlammasche aus dem Hauptklärwerk der Stadt Stuttgart enthielt 1972 – 1987 durchschnittlich um die 100 µg/kg Pt, danach setzte ein ständiger Anstieg ein (1992: 605 µg/kg).

In Bodenproben entlang der Autobahn A66 (Frankfurt – Wiesbaden) betragen die Platinkonzentrationen im Durchschnitt 10 µg/kg (Zereini et al. 1993); sowohl für Palladium als auch für Rhodium liegen die Konzentrationen < 2 µg/kg und für Ruthenium bei 3 µg/kg. Mit zunehmender Entfernung vom Autobahnrand nehmen die PGE-Konzentrationen ab und sind in etwa 10 m Entfernung von der Autobahn mit dem angewandten Analyseverfahren nicht mehr nachzuweisen. Die PGE waren ausschließlich oberflächennah in den oberen 20 cm der Böden in meßbaren Konzentrationen vorhanden. Bei einer durchschnittlichen Bodenbelastung von 10 µg/kg Pt, die im Bereich von etwa 20 m links und rechts der Autobahn in einer Bodentiefe von 20 cm verteilt ist, ergibt sich für 1 km Länge der untersuchten Autobahnstrecke somit rein rechnerisch ein Pt-Gehalt von 120 g/km. Aus den Geländebeobachtungen leitet Zereini (1998) ab, daß der überwiegende Teil der Platinmetallemissionen in Form feiner Partikel als Katalysatorabrieb in die Atmosphäre gelangt und offensichtlich keine chemische Umwandlung erfährt.

Klärschlammasche aus der Verbrennungsanlage der Stadt Stuttgart zeigt einen Anstieg der Platinkonzentration seit 1987 von etwa 100 µg/kg pro Jahr (Helmers u. Barchet 1993). In den Abwässern der Gullies, die die Straßenabflüsse aufnehmen, wurden Platinkonzentrationen bis zu 13,6 ng/L gemessen. Im Vergleich dazu wurden im Trinkwasser 0,1 ng/L, im Meerwasser (Ostsee) 2,2 ng/L gefunden.

Die meisten industriell verwendeten Platingruppenelemente treten in metallischen Formen auf, die hinsichtlich biologischer Umsetzungen bisher als nahezu vollständig inert gelten. Die PGM werden von Pflanzen ähnlich aufgenommen wie Cu, Ni oder Cd und damit deutlich besser als beispielsweise Pb (Schäfer u. Puchelt 1998).

Pt reichert sich in den Pflanzenwurzeln an und wird in extrem geringem Maße auf andere Pflanzenteile übertragen (Ballach u. Wittig 1996).

In Meeresalgen finden sich Konzentrationen von ca. 1 µg/kg, was einer Anreicherung im Meerwasser um 5000 bis 100000 entspricht. Nach Renner u. Schmuckler (1991) können Bakterien wasserlösliche Platinverbindungen in Methylplatinverbindungen durch Demethylierung von Methylcobalamin umwandeln, wodurch toxischere Verbindungen entstehen (Brubaker et al. 1975).

Während metallisches Pt nicht bioverfügbar ist, kann es in feindisperser Form in organischen Substanzen gelöst werden; Lustig et al. (1997b) konnten experimentell zeigen, daß es sich hierbei um einen chemischen Vorgang handelt. Pt^{4+} und Cer zeigen Affinität zu Huminsubstanzen und akkumulieren in Pflanzenwurzeln (Ballach 1997).

Es gibt Hinweise für geogene Prozesse zur Mobilisation von Platingruppenelementen bei relativ niedrigen Temperaturen im sedimentärem Milieu (Wallace et al. 1990): In australischen Seesedimenten wurden bis zu 2 µg/kg Ir und 314 µg/kg Pt gefunden (geogene Hintergrundwerte 0,02 µg/kg Ir und 0,9 µg/kg Pt). Colodner et al. (1992) fanden in Sedimenten des Atlantik 1 bis 5 µg/kg Pt. Während der Frühdiagenese werden Pt, Re und Ir durch Veränderung der Redoxverhältnisse im Sediment umverteilt: Fe-Mn-Oxyhydroxide enthalten eine signifikante Menge des Ir und Pt in oxischen Sedimenten und diese Fraktion wird remobilisiert, wenn die Oxide reduziert werden.

Human- und Ökotoxikologie. Etwa die Hälfte der Personen, die in regelmäßigen Kontakt mit bestimmten Platinsalzen kommen, zeigen die als Platinosis bekannten allergischen Reaktionen (auch bei Palladium bekannt), meist jedoch erst nach einer bestimmten Expositionszeit (Renner u. Schmuckler 1991). Alle Symptome verschwinden bei Wechsel des Arbeitsplatzes. Für Platinverbindungen werden strenge Richtwerte nicht aufgrund der toxischen Wirkung, sondern wegen des sensibilisierenden Effekts vorgegeben. Bei Tierexperimenten liegt der LD_{50}-Wert bei 12 mg/kg. In Deutschland dürfen Platin oder Osmium im Abwasser die Konzentration von 3 mg/L nicht überschreiten.

Vor Festlegung des MAK- bzw. TRV-Wertes für lösliche Platinsalze (2 $\mu g/m^3$ für Pt) – für metallischen Pt-Staub gilt in den USA ein TLV von 1 mg/m^3 – wurden in edelmetallverarbeitenden Betrieben Pt-Arbeitsplatzkonzentrationen zwischen 0,9 und 1700 $\mu g/m^3$ gemessen. Im Urin von Beschäftigten aus der platinverarbeitenden Industrie konnten Platingehalte von 680 ng/L gegenüber einem Normalwert von 3,5 ng/L festgestellt werden (Helmers et al. 1994). Die eingeatmeten Platingehalte der Luft lagen hierbei teilweise über dem MAK-Wert von 2 $\mu g/m^3$.

In einer Literaturstudie wurde das Gefährdungspotential abriebbedingter Platin-emissionen aus Automobilabgas-Katalysatoren beurteilt (Rosner u. Hertel 1986). Das Allergisierungspotential der löslichen Fraktion des Platinabriebs (Oxidations-Katalysator, Gesamt-Platin: max. 0,2 $\mu g/km$, 10% wasserlöslich) wurde im Allergietest als gering eingestuft. Die aus Dispersionsmodellen abge-leiteten Immissionskonzentrationen an löslichem Platin sind im Bereich zwi-schen 0,01 (Straßenschluchten) und 7 ng/m^3 (Garage) einzuordnen. Eine Gefähr-dung der Allgemeinbevölkerung erscheint wenig wahrscheinlich. Bisher liegen keine Hinweise auf ein erhöhtes Krebsrisiko selbst bei berufsbedingter Expositi-on vor. Bisherige Angaben zu Pt- und Pd-Gehalten („Normwerte") in ausge-wählten menschlichen Geweben und Körperflüssigkeiten stammen aus dem US-amerikanischen Catalyst Research Program.

Elementhydride

Auf die große umweltchemische Bedeutung von Metall(oid)hydriden aufgrund ihrer Mobilität und Giftigkeit wurde bisher bei der Besprechung der Elemente stets eingegangen; diesbezüglich und hinsichtlich hier nicht besprochener Ele-mente wie z.B. Germanium und Selen sowie Sulfan sei auf Thayer (1995) hingewiesen. An dieser Stelle soll noch kurz die Hydridbildung bei dem Hetero-element Phosphor angesprochen werden.

Analog zur biochemischen Reduktion von Nitrat zu Ammoniak und von Sulfat zu Schwefelwasserstoff wird auch Phosphat zu Phosphin reduziert (Devai u. Delaune 1995). Devai et al. (1988) waren die ersten, die Phosphine in der Um-welt (in Klärgasen und anaeroben Sedimenten) mittels GC- und MS-Techniken nachweisen konnten; z.B. wurden in Sumpfböden aus Florida und Louisiana 0,4 – 6,2 ng PH_3 pro m^2 und Stunde gefunden.

Phosphinemissionen treten auch bei Hausmülldeponien, Kompostverarbeitung, Klärschlamm, Gülle und Flußsedimenten in Maximalkonzentrationen von 20 $\mu L/m^3$ auf (Glindemann et al. 1996a); Deponiegase enthalten die höchsten Konzentrationen. Man nimmt an, daß die Hydrierung biochemisch erfolgt. Eine rein chemische Bildung durch Hydrolyse von Metallphosphinen (besonders in Deponien) kann nicht ausgeschlossen werden, besonders im Hinblick auf die Phosphinbildung bei der Korrosion phosphidreichen Eisens (Glindemann et al. 1998). Fäulnisprozesse in offenen Becken erzeugten hohe Konzentrationen, aber niedrige Stoffmengenflüsse. Das Kompostieren (meist aerob) erzeugt mehr

Phosphin im Winter, da ein hoher Feuchtegehalt eher zur Ausbildung von anaeroben Teilbereichen führt. Deutsches Klärgas enthält um sechs Größenordnungen weniger Phosphin als die ungarischen Proben von Devai et al. (1988), was auf die effektivere Phosphatelimination in deutschen Klärwerken zurückgeführt wird.

Schweinegülle erzeugt etwa eine Größenordnung mehr Phosphin als Rindergülle. Die maximal nachgewiesene Konzentration betrug im Faulgas 15 $\mu L/m^3$ (Glindemann u. Bergmann 1995). Der vorwiegend methanogene Biogasprozeß erzeugt die geringsten Konzentrationen, aber die höchsten Flüsse von Phosphin. Stichproben der Immission in Luft ergaben einen Maximalwert von 35 nL/m^3.

Die analytischen Befunde lassen zur Zeit noch keine Interpretation aus human- bzw. veterinärmedizinischer Sicht zu. Phosphin ist hochgradig toxisch: Ab 100 mL/m^3 treten akute Stoffwechselstörungen auf und über 400 mL/m^3 Todesfälle. Bodenbakterien können Phosphan produzieren. In Faulgas wurden bis zu 450 mL/m^3 gefunden, was bei Inhalation tödlich wirken würde.

Auch Stadt- und Landluft aus unterschiedlichen Ländern enthält Phosphin; die höchste Konzentration wurde mit 157 ng/m^3 in Berlin angetroffen (Glindemann et al. 1996b). Phosphin ist somit in der unteren Troposphäre als globale Komponente zu betrachten. Da die Konzentrationen über Stadtgebieten signifikant höher sind als über dem Land, stammen diese Emissionen aus anthropogenen Aktivitäten. Phosphin akkumuliert nachts und wird tagsüber über Hydroxylradikale oxidiert.

Über dem offenen Meer (in der deutschen Bucht) wurden Phosphinkonzentrationen bis zu 885 pg/m^3 (Mittelwert 41 pg) gemessen (Gassmann et al. 1996). Deutlich waren die höheren Konzentrationen mit dem Auftreten von Ostwinden korreliert, die über mehr als 100 km Gase über dem Festland antransportieren.

3.1.2 Organische Schadstoffe

3.1.2.1 Organische Stoffe in der Umwelt

Aus der unüberschaubaren Zahl organischer Substanzen in der Umwelt wurden beispielhaft besonders häufige (erdölbürtige Stoffe) und gesundheitsgefährdende Stoffe (PAK, PCB, Dioxine und Biozide) ausgewählt. Die Strukturen einiger ausgewählter Vertreter dieser Stoffklassen finden sich in A.2.2, ergänzende Literaturquellen in A.1.2.

Organische Schadstoffe und ihre Verbreitung

Unter dem Begriff organische Verbindungen sind alle chemischen Verbindungen zusammengefaßt, bei denen Kohlenstoffatome das Grundgerüst bilden. Aufgrund der Molekülstruktur wird dabei zwischen aliphatischen Kohlenwasserstoffen (kettenförmige KW) und aromatischen KW (vom Benzolring abgeleitete

Verbindungen) unterschieden. Werden ein oder mehrere Wasserstoffatome durch Halogene ersetzt, entstehen Halogenkohlenwasserstoffe. Entsprechend ihrer physikalischen und chemischen Eigenschaften finden die chlorierten KW (CKW) in weiten Bereichen Anwendung (z.B. zur Metallentfettung, für die chemische Reinigung, als Extraktionsmittel und als Verdünner in der Farben- und Lackindustrie, Ausgangsstoffe für die Kunststoffherstellung (PVC), Insektizid, Fungizid, Bakterizid, Herbizid, Holzschutzmittel, Fleckwasser, Pinselreiniger u.ä.).

Während vor 50 Jahren die Weltproduktion der chemischen Industrie bei etwa 1 Mill. t/a lag, ist sie heute über 400 mal höher (Bliefert 1997). Die Anzahl der in der EU auf dem Markt befindlichen Chemikalien (Einzelstoffe) liegt bei über 100000, die Anzahl der Zubereitungen übersteigt 1 Million; viele dieser Chemikalien kommen in erheblichen Mengen auf den Markt. Bei offener Anwendung hat der Stoff Gelegenheit, sich unkontrolliert räumlich auszubreiten (z.B. Anstreichen oder Spritzen von Farben und Streuen von Pestiziden oder ihr Versprühen vom Flugzeug aus). Bei geschlossener Anwendung ist eine vollständige Wiederverwendung des Stoffes oder seine gezielte Vernichtung möglich. Typisches Beispiel ist die Verwendung von Chemikalien in einem geschlossenen chemischen Prozeß. Oftmals werden toxische Verbindungen, z.B. Phosgen, als reaktive Zwischenprodukte eingesetzt, die normalerweise nicht in die Umwelt gelangen, außer bei Unfällen. Erinnert sei an die bisher größte Chemie-Katastrophe, bei der in einem Betrieb der amerikanischen Firma Union Carbide India Limited in Bhopal am 3.12.1984 im Verlauf von zwei Stunden ca. 24 t gasförmiges und flüssiges Methylisocyanat als Zwischenprodukt bei der Herstellung von Carbamat-Pflanzenschutzmitteln, sowie 12 flüssige und feste, hieraus gebildete Reaktionsprodukte aus einem Lagertank entwichen.

Die wichtigsten ökochemischen Verteilungsprozesse umweltrelevanter Stoffe finden zwischen Wasser und organischen Phasen statt und sind Ergebnis der Hydrophilie bzw. Lipophilie der Stoffe (Kümmel u. Papp 1990). Als Maßstab der Hydrophobizität von chemischen Verbindungen hat sich der Verteilungskoeffizient K_{OW} (n-Octanol/Wasser) bewährt: Der Octanol/Wasser-Verteilungskoeffizient ist das Verhältnis zwischen den Konzentrationen einer Substanz in den miteinander in Kontakt stehenden Phasen des schwächer polaren Lösungsmittels n-Octanol und des polaren Lösungsmittels Wasser; er wird in der Literatur mit P_{OW}, P_{oct} oder K_{OW} bezeichnet. Je größer P_{OW} ist, um so größer ist auch der BCF-Wert (s.u.). Damit ist P_{OW} ein Maß für die Tendenz einer Substanz, sich im Fettgewebe von Organismen anzureichern. Besonders Cl erhöht in organischen im Vergleich zu weniger oder nicht halogenierten Verbindungen den P_{OW}-Wert; die höchsten Werte hat man bei chlorierten Dioxinen gemessen ($P_{OW} > 10^8$). Der Octanol/Wasser-Verteilungskoeffizient steigt für zahlreiche strukturell verwandte Verbindungen mit abnehmender Wasserlöslichkeit an, die Korrelation im doppelt-logarithmischen Maßstab ist annähernd linear (z.B. für CKW oder für Aromaten). Er ist als Maßzahl des hydrophoben Charakters auch zur Deutung der Bioakkumulation von chemischen Substanzen geeignet, da lipophile Substanzen von biologischen Systemen üblicherweise gut aufgenommen werden. Die Anreicherung von Ionen und Molekülen in biotischen Systemen kann durch Bioakkumulationsfaktoren quantifiziert werden, die als Verhältnis der pro Masseneinheit des Biosystems gefundenen Stoffmenge zum entsprechenden Wert in der abiotischen Umgebung definiert sind (s.u.). Biologische Membranen sind durchlässig für Wasser und hydrophobe Teilchen; hydrophile Teilchen (Ionen) diffundieren im allgemeinen nur dann durch Biomembranen, wenn sie durch reversible Bindung an geeignete Transportkatalysatoren (Carrier) hydrophobiert worden sind. Die Konzentrierung hydrophober Substanzen in lipidreichsten Organen biotischer Syteme entspricht hohen K_{OW}-Werten, so daß zwischen K_{OW} und der biologischen Aktivität empirische Struktur-Aktivitätkorrelationen abgeleitet worden sind (Kümmel u. Papp 1990). Das Verhalten von synthetischen organischen Verbindungen in Böden und Gewässern ist wesentlich von den Bindungsmechanismen an den Feststoffen geprägt. Die Sorption von organischen Chemikalien an Feststoffen hängt z.B. auch von ihren funktionellen Gruppen, der Größe und Form des Moleküls und von dessen Ladung ab. Auf der Grundlage dieser Eigenschaften können die folgenden Kategorien aufgestellt werden:

- Kationische oder basische Verbindungen (z.B. das Herbizid Paraquat), die eine starke Wechselwirkung mit negativ geladenen Oberflächen aufweisen und deshalb nahezu irreversibel gebunden werden,
- saure Verbindungen (z.B. die Herbizide 2,4-D oder 2,4,5-T), die von negativen Ladungen auf mineralischen oder organischen Partikeloberflächen abgestoßen werden und an Kationen binden,
- unpolare, leichtflüchtige Stoffe (z.B. Toluol), die eine schwache Wechselwirkung mit Partikeln durch hydrophobe Bindung aufweisen,
- unpolare, schwerflüchtige Stoffe, die starke hydrophobe Wechselwirkungen mit organischen Feststoffanteilen eingehen (z.B. Hexachlorcyclohexan, Hexachlorbenzol und DDT).

Eine Reihe anthropogener Stoffe weisen eine so hohe Mobilität auf, daß sie nahezu allgegenwärtig (ubiquitär) sind (Fellenberg 1997): Dazu gehören Phthalate, CKW, PCB, PAK, Dioxine und PCP; auch Silicone sind anthropogen massiv in Umweltsysteme eingebrachte, in Industrieländern als allgegenwärtig zu bezeichnende Stoffe (s. Kap. 3.2.5.11).
Während von diesen Substanzen die PAK, CKW, PCP, PCB und Dioxine noch besprochen werden, werden normalerweise Phthalate und Silicone nicht zu der Klasse humantoxikologisch relevanter Schadstoffe gezählt. Aufgrund hoher Produktionsmengen und relativ hoher Persistenz reichern sich diese und ähnliche Stoffe (sind in der Londoner „grauen Liste" aufgeführt) ständig in der Umwelt an. Zukünftig wird man sich auch mit diesen Stoffklassen eingehender befassen müssen.

Persistenz und Abbaubarkeit, Bioakkumulation

Für eine detaillierte Einführung zum Verhalten organischer Stoffe in der Umwelt (Löslichkeit, gas/flüssig/fest-Verteilung sowie chemische, photochemische und biologische Stoffumwandlung durch Hydrolyse, Reduktion und Oxidation) sei auf Larson u. Weber (1994), Grathwohl (1997) und Schwarzenbach et al. (1993) verwiesen.

Der Begriff „Persistenz" wurde erstmals im Zusammenhang mit Pflanzenschutzmitteln benützt, inzwischen wird er auch auf andere Substanzen angewendet. Persistenz ist die Eigenschaft von Stoffen, über lange Zeiträume hinweg in der Umwelt bleiben zu können, ohne durch physikalische, chemische oder biologische Prozesse verändert zu werden. Alle anorganischen Verbindungen, z.B. Schwermetallsalze, sind im Prinzip persistent, sie können höchstens in andere anorganische Verbindungen umgewandelt werden. Persistenz ist daher vor allem bei organischen Stoffen von Interesse. Solche Stoffe werden auch dann als persistent angesehen, wenn sie sich in andere organische Produkte umwandeln, die in der Natur nicht weiter abgebaut werden können. Persistente organische Stoffe können weltweit verfrachtet werden, bei niedrigen geographischen Breiten bevorzugt durch Verflüchtigung, in hohen Breitengraden und bei niedrigen Temperaturen erfolgt in erster Linie die Deposition dieser Stoffe (Wania u. Mackay 1996).

Man unterscheidet zwischen beabsichtigter und unbeabsichtigter Persistenz. Im Idealfall ist die Persistenz eines Stoffes dann optimal, wenn sie gerade bis zum Ende der gewünschten Wirkung dauert; danach soll die Substanz ihre Wirkungen verlieren und möglichst vollkommen abgebaut werden können. So verlangt man von Tensiden, daß sie während der Lagerung stabil bleiben sollen; abbaubar – um beispielsweise die Gewässer nicht zu gefährden – sollen sie erst sein, wenn sie bestimmungsgemäß benutzt worden sind. Lacke und Farben hingegen sollen als Schutzschichten auf Autos bzw. an Häusern lange persistent sein, d.h. sich nicht schon nach kurzer Zeit zersetzen. Man spricht von unerwünschter Persistenz, wenn die Stabilität einer Substanz denjenigen Zeitraum überdauert, während dessen man von ihr eine bestimmte Wirkung oder Eigenschaft erwartet. Typische unerwünscht persistente Stoffe sind zahlreiche chlororganische Verbindungen (z.B. DDT).

Um die Reaktivität von Substanzen abzuschätzen und zu vergleichen, kann man als Maß u.a. die Geschwindigkeit ihrer Reaktion mit reaktiven, in der Natur vorkommenden Stoffen, z.B. mit OH-Radikalen, mit Ozon oder mit atomarem Sauerstoff, zu Rate ziehen. Aussagen über den BSB-Wert für den Abbau von Stoffen in Kläranlagen oder Oberflächengewässern können zur vergleichenden Beschreibung der Persistenz dieser Stoffe ebenfalls herangezogen werden. Die Persistenz einer Verbindung läßt sich über die biologische Halbwertszeit charakterisieren. Sie liegt für zahlreiche persistente Stoffe (z.B. CKW) im Bereich von mehreren Jahren. Nichtpersistente Verbindungen hingegen können in der Umwelt schon nach wenigen Wochen, Tagen oder gar Stunden abgebaut werden.

Die beabsichtigte Persistenz einer Chemikalie ist Voraussetzung für ihren technologischen Einsatz und kann durch Zusatz von Stabilisatoren noch erhöht werden. Für die Abschätzung der relativen Persistenz organischer Chemikalien gegenüber der Summe biotischer und abiotischer Umwelteinflüsse können Strukturmerkmale einige Hinweise geben. Ungesättigte Verbindungen sind weniger persistent als gesättigte, unverzweigte Alkylgruppen sind weniger persistent als verzweigte, höhere Alkane weniger als niedrige, Alkene weniger als Alkane, Alkane sind weniger persistent als Aromaten, mono- und bizyklische Aromaten weniger als polyzyklische. Mit der Zahl der Substituenten steigt die Persistenz; Halogensubstitution erhöht die Persistenz mehr als Alkyl-, Carboxyl- oder Phenolsubstitution; der Triazin-Kern ist persistenter als der Benzolring.
Umwandlungen von organischen Chemikalien können abiotisch oder biotisch erfolgen. Abiotische oxidative Reaktionen sind solche mit molekularem Sauerstoff (Autooxidationen) sowie mit reaktiven Sauerstoffspezies wie Ozon oder Wasserstoffperoxid, die teilweise durch Enzyme entstanden sein können. Abiotische Reduktionen laufen besonders im anaeroben Milieu von Sedimenten ab; Beispiele sind die reduktive Dechlorinierung von DDT und die völlige Dechlorierung und Aromatisierung von Lindan zu Benzol. Bei den hydrolytischen Prozessen ist besonders die Verseifung von Pestiziden gut untersucht, da diese Umwandlung zu hydrophilen Endprodukten in der Natur meistens mit einer Entgiftung verbunden ist; die Hydrolysegeschwindigkeit vieler Pestizide in aquatischen Systemen ist ein wichtiges Kriterium für die Bestimmung der Umweltverträglichkeit dieser Chemikalien. Auch für den biotischen Abbau spielen Oxidations-, Reduktions- und Hydrolysevorgänge eine wichtige Rolle. Beim enzymatischen Angriff erfolgt entweder eine direkte Umwandlung der Chemikalie zu anorganischen Mineralisierungsprodukten bzw. zu niedermolekularen Fragmenten oder über den sog. Cometabolismus, bei dem vor allem Mikroorganismen die xenobiotischen Moleküle verändern, ohne daraus Kohlenstoff oder Energie zu beziehen. Für den optimalen biotischen Abbau sind bestimmte Umweltbedingungen erforderlich: chemische Faktoren wie günstige pH-Werte und Redoxpotential, ausreichende Gehalte an N, P und Elektrolyt; physikalische Faktoren wie eine entsprechende Wasserkapazität und Temperatur, Korngrößenverteilung, Porenvolumen und -größenverteilung, sowie Art und Menge der Tonminerale im Boden. Bei den biologischen Faktoren sind es die Art und Menge der organischen Masse bzw. die biologische Aktivität, die sowohl die Art als auch die Geschwindigkeit des Abbaus von xenobiotischen Substanzen durch Metabolismus und Cometabolismus steuern.
Im anaeroben Milieu verläuft der mikrobielle Abbau oft weniger effektiv, da dort Adaptionsprozesse langsamer sind: So wurden bei Versuchen zur Uferfiltration z.B. Phenoxycarbonsäuren auch nach sechs Wochen noch nicht abgebaut (Kuhlmann et al. 1995, Kuhlmann u. Kaczmarczyk 1995, Kuhlmann u. Schöttler 1995). Abiotischer Abbau liegt vor, wenn eine Substanz ohne den Einfluß von Lebewesen abgebaut wird, u.a. durch Hydrolyse, Oxidationen oder photoche-

mische Reaktionen. Im besonderen spricht man von Mineralisierung, wenn der Abbau einer organischen Substanz vollständig zu anorganischen Grundstoffen wie CO_2, H_2O, NH_4^+, NO_3^-, H_2S oder PO_4^{3-} führt.

Als leicht abbaubare Verbindungen gelten aromatische KW (z.B. Benzol, Toluol, Phenol), alizyklische KW, Alkane, PAK und bestimmte chlorierte aromatische KW (z.B. einige Chlorphenole), als schwer abbaubar gelten andere chlorierte aromatische KW, Nitrophenole, einige Polymere (z.B. PVC), PCB und PCDD/PCDF (Bliefert 1997).

Mikroorganismen werden immer häufiger mit Stoffen konfrontiert, die sich in ihrer Struktur deutlich von Naturstoffen unterscheiden, an die sie sich durch Evolution über lange Zeiträume anpassen konnten. Dennoch ist die Struktur einiger Enzyme unspezifisch genug, um durch eine oder wenige Mutationen an ein neues Substrat angepaßt zu werden; offensichtlich funktioniert dies auch bei extrem persistenten und toxischen Stoffen wie z.B. halogenierten aromatischen Verbindungen (Förstner 1995a).

Bei der biologischen Anreicherung (Bioakkumulation) werden Stoffe in Organismen oder nur in bestimmten Organen von Lebewesen angereichert, z.B. bestimmte organische Fremdstoffe in Organismen aquatischer Systeme oder Schwermetalle in der Leber von Säugetieren. Ebenfalls von Bedeutung ist der Pfad, auf dem Kontaminationen in einen Organismus gelangen: Direkt aus dem umgebenden Medium (Wasser, Boden, Luft) in den Organismus oder aber über die Nahrung, welche wiederum das Endglied von Nahrungsketten darstellen und z.B. durch Biokonzentrationseffekte beim Übergang vom Boden zur Pflanze charakterisiert sein kann (Trapp et al. 1990). Anreicherung von einem zum nächsten Glied der Kette kann dazu führen, daß beim letzten Konsumenten bestimmte Schadstoffe in besonders hohen Gehalten auftreten. Beispielsweise können Algen als Produzenten einen Stoff anreichern, dessen Gehalt sich in Konsumenten höherer Ordnung beispielsweise in der Abfolge Algen < Flohkrebse < Kleinfische < Raubfische sukzessive erhöhen kann. Um das Maß der Anreicherung (Akkumulation) in einem bestimmten biologischen System zu beschreiben, verwendet man den Bioakkumulationsfaktor (auch Biokonzentrationsfaktor, Anreicherungsfaktor oder Akkumulationsfaktor genannt; engl. Bioconcentration Factor, BCF). Es handelt sich dabei um eine Verhältniszahl zur Charakterisierung der (Schad-) Stoffanreicherung in einem Organismus: BCF = (Konzentration eines Stoffes in einem Lebewesen)/(Konzentration des Stoffes im umgebenden Medium). BCF-Werte können, je nach Bezugskompartiment, auf die Frischmasse, die Trockenmasse oder – bei lipophilen Schadstoffen – auf die Fettmasse bezogen sein. Die (Bio-)Anreicherung von Hg beispielsweise kann BCF-Werte von bis zu 10^5 (Fische im Wasser) erreichen. Von besonderer Bedeutung ist die Anreicherung fettlöslicher Substanzen wie CKW im Fettgewebe von Organismen, z.B.: $BCF_{Meeressäuger/Meerwasser} = 10^8$ oder $BCF_{Sediment/Meerwasser} = 5000$. Die Anreicherung von PCB im Sediment ist ein Beispiel für eine geologische Anreicherung (Geoakkumulation).

Rezentes organisches Material

Kohlenhydrate sind die häufigsten biochemischen Verbindungen auf unserer Erde (Hamilton u. Hedges 1988). Zusammen mit den Proteinen und Ligninen machen sie die Hauptmenge der marinen und terrestrischen Biomasse aus. Kohlenhydrate stellen etwa 75% des Pflanzengewebes dar und sind dort Bestandteile von Zellulosen, Hemizellulosen und Pektin; dagegen stellen Kohlenhydrate nur 20 bis 40 Gew.-% beim Plankton, weniger als die Hälfte davon ist in größere Strukturen eingebunden. Lignin ist ein komplexes, phenolhaltiges Polymer und auf Landpflanzen beschränkt. Bakterien können Kohlenhydrate gut und Lignin kaum anaerob abbauen. Aufgrund seiner hohen Stabilität dient es als Tracer für terrestrisches Material im marinen Milieu. Auch die Zusammensetzung von Mikrobengemeinschaften kann über geeignete chemische Marker (z.B. Fettsäuren, Aldehyde und Sterole) auf analytisch-chemischem Wege herausgefunden werden (Osipov u. Turova 1997).

Das Blattgewebe besteht zu etwa 50% aus Kohlenhydraten, 20% Tannin und Lignin sowie zu 15% aus Lipidkomponenten, Cutin und anderen aliphatischen Biopolymeren; beim Zerfall der Blätter zeigen die Kohlenhydrate geringe und Tannin mittlere, die Ligninbestandteile hohe Resistenz (Benner et al. 1990a,b). Die Stabilität der Polysaccharide nimmt von der Hemizellulose über Zellulose zum Pektin ab. Ca. 2% von grünen Blättern bestehen aus von Lignin abgeleiteten Phenolen.

Wie in Kap. 2.1.2 beschrieben, werden lösliche Huminsubstanzen aus Böden durch alkalische Extraktion („Verseifung") isoliert. Aus der erhaltenen Lösung werden Huminsäuren bei pH 2 ausgefällt; nach der klassischen Definition müßte dies sogar bei pH 1 erfolgen. Fulvosäurefraktionen bestehen aus bei pH 1 gelösten, nichtdialysierbaren Substanzen, nachdem bereits unterschiedliche Basen- und Säurefraktionen gegen dest. Wasser dialysiert wurden. Nach Passieren der Fulvosäurenfraktion durch ein XAD-8(Polymethylmethacrylat)-Austauscherharz verbleiben die „wahren" Fulvosäuren auf dem Harz, während polarere Verbindungen wie Saccharide und Peptide vom sauren Lösungsmittel eluiert werden. Wird XAD-8 mit XAD-4 (Styroldivinylbenzol) in Reihe geschaltet, so sorbiert bei pH 2 auf XAD-8 eine „hydrophobe" Fraktion und auf XAD-4 eine „hydrophile" Fraktion (Hayes 1996); eluiert man bei der Rückextraktion zusätzlich mit Ethanol, so erhält man eine (hydrophobe bzw. hydrophile) „Neutralfraktion".

Obwohl bei der Verseifung üblicherweise Lösungen mit Natrium- oder Kaliumhydroxid eingesetzt werden, ist auch eine Kombination von Natriumpyrophosphat (0,1 M) und Natriumhydroxid (0,1 M) möglich. Während das Pyrophosphat zwei- und mehrwertige Metalle komplexiert, verhindert ein hoher pH-Wert von 10,6 die Dissoziation schwacher Säuren; dies besorgt die starke Lauge NaOH. Nach Hayes (1985) sollten die dipolaren aprotischen Lösungsmittel Dimethylformamid und das Tensid Dimethylsulphoxid gute Lösungsmittel für Huminsubstanzen sein.

Huminsubstanzen werden auf die Gegenwart funktioneller Gruppen, freier Radikale und aromatischer Strukturen mittels Infrarotspektrometrie (FTIR), Elektronenspinresonanz (ESR) und Festkörper-Kernresonanzspektrometrie (CPMAS ^{13}C NMR) untersucht.

Natürliche Huminsubstanzen sind eine komplexe Mischung aus zerfallenen Pflanzen- und Bodenmaterialien und polymeren Matrices aus diesen und anderen organischen Materialien (Wilson et al. 1983). Zur Klärung der Frage, wie Huminsubstanzen als wichtigste organische Bodenkomponente aus Bestandteilen der Biomasse (z.B. den oben erwähnten Kohlenhydraten) gebildet werden können, dient eine Reihe experimenteller Untersuchungen.

Maillard (1912) fand heraus, daß sich beim Erhitzen von Glucose und Lysin eine braune pigmentartige Substanz bildet (Melanoidin genannt). Diese Kondensationsreaktion von Aminosäuren und Kohlenhydraten (Maillard Reaktion) wurde vielfach als ein möglicher Weg zur Bildung von Huminstoffen vorgeschlagen (z.B. Manskaya u. Drozdova 1968, Abelson u. Hare 1971). Abelson u. Hare (1971) und Hoering (1973) fanden große Ähnlichkeiten zwischen chemisch synthetisierten Melanoidinen und natürlichen Huminstoffen und Kerogenen. Freie Aminosäuren machen nur 4% der gesamten Aminosäuren aus. Yamamoto u. Ishiwatari (1989) konnten zeigen, daß auch Proteine (Casein) solche Kondensationsreaktionen eingehen. Rubinstain et al. (1984) schlugen als Gerüststruktur für die Melanoidine Zuckerpolymere mit stickstoffhaltigen Gruppen vor; zahlreiche Beobachtungen an marinen Substanzen sprechen für derartige Annahmen (Gagosian u. Stuermer 1977, Nissenbaum et al. 1975, Nissenbaum u. Kaplan 1972). Almendros et al. (1996) weist auf erhaltene Strukturen aliphatischer biogener Makromoleküle in aus Böden isolierten Huminfraktionen hin. Mittels Festkörper-NMR-Untersuchungen konnten Knicker et al. (1995) zeigen, daß sich zwischen Melaninen untereinander und solchen in Komposten und Böden große Unterschiede ergeben; beispielsweise schwankt der Gehalt an aromatischem Kohlenstoff zwischen 5 und 40%. Bei der Interpretation von Analysenergebnissen auf molekularer Ebene ist generell zu beachten, daß bei den üblichen drastischen Isolierungsprozeduren für Huminstoffe makromolekulare Artefakte entstehen können (Allard et al. 1997).

Huminextrakte aus dem terrestrischen und marinen Bereich enthalten Phenole (einige nicht aus Lignin, lediglich Methoxylphenole charakteristisch für Lignin), Pyrrole und Nitrile (aus Proteinen, Nukleinsäuren oder Porphyrinen) sowie wenig Furane (aus Kohlenhydraten) und ungesättigte Ketone (aus aliphatischen Carboxylsäuren) (Simmonds et al. 1969, Bracewell u. Robertson 1976, Bracewell et al. 1980a,b). Huminsubstanzen aus dem Süßwasserbereich enthalten mehr Phenol und Methylphenol, mehr Pyrolderivate, aber weniger Carboxylsäuren als marines Material. Wasserlösliche Komponenten wie Polyphenole können zwischen unterschiedlichen Umweltbereichen verfrachtet werden.

Die räumliche Anordnung von Huminsäuren in Wechselwirkung zu den Wassermolekülen und hydrophoben Schadstoffen beschreibt Schulten (1996). Werden hochmolekulare Huminsäuren photolytisch gespalten, nimmt ihre Möglichkeit, sich pseudomizellar anzuordnen, ab und damit ihre lösungsvermittelnden Eigenschaften für hydrophobe Schadstoffe (Engebretson u. von Wandruszka 1997). Huminsubstanzen können organische Spezies strukturmäßig einschließen und durch den hohen Gehalt an freien Radikalen spezifisch binden. Die Zunahme der Konzentration der freien Radikale von Humin- und Fulvosäuren im wässrigen Medium mit zunehmendem pH oder bei Bestrahlung mit sichtbarem Licht erhöht die chemische und biochemische Reaktivität deutlich. Bei der Wechselwirkung der organischen Schadstoffe mit den Huminsubstanzen kann es sich um spezifische chemische (hydrophile, ionische oder ionisierbare, basische oder saure Verbindungen) oder unspezifische physikalische Kräfte handeln (hydrophobe, nichtionische, hauptsächlich wenig polare Verbindungen). Chemikalien können somit an die Huminmatrix kovalent und irreversibel gebunden oder auch nur schwach physikalisch sorbiert sein (Senesi 1993). Huminstoffbürtige Makromoleküle enthalten sowohl Strukturen mit Elektronenmangel (z.B. Quinone) als auch -überschuß (z.B. Diphenole) und können deshalb als Elekronendonatoren bzw. -akzeptoren wirken; mit geeigneten Schadstoffen kann Ladungstransfer erfolgen. Gelöste und feste Huminstoffe können als nichtwässriges Lösungsmittel aufgefaßt werden, in das sich in wässriger Lösung homogen über das gesamte Volumen hydrophobe Schadstoffe verteilen (Chiou et al. 1983). Wechselwirkungen bestimmter organischer Schadstoffe mit gelöstem organischen Material wie z.B. Fulvinsäuren kann deren Löslichkeit und damit auch Mobilität und Migration beeinflussen. Der Effekt der Löslichkeiterhöhung nimmt mit zunehmender Wasserlöslichkeit des Schadstoffs ab (Kile u. Chiou 1989). Dieser Trend wurde für relativ wasserunlösliche höhere Alkane im Vergleich zu wasserlöslicheren Aromaten (Boehm u. Quinn 1973) sowie für DDT im Vergleich zu Lindan beobachtet (Caron et al. 1986). Diese Löslichkeitserhöhung wurde von Chiou et al. (1986) als verteilungsähnliche Wechselwirkung zwischen hydrophobem organischen Schadstoff und dem ungelösten hochmolekularen organischen Kohlenstoff als einer Mizelle ähnlicher organischer Mikrophase beschrieben. Die Hydrolyse ist eine wichtige Abbaureaktion und führt zu Produkten mit anderen physikalischen und chemischen Eigenschaften wie z.B. höherer Löslichkeit, Flüchtigkeit und Reaktivität, wodurch Migration und Verbleib von Schadstoffen im Boden beeinflußt werden. Besonders gelöste Huminstoffe können katalytische oder inhibitorische Wirkungen auf die abiotische Hydrolyse einer Zahl von Herbiziden ausüben.

Die Bindung von Xenobiotica an makromolekulares organisches Material verändert ihre Stabilität und Transportverhalten (Beller u. Simoneit 1986); für einige Schadstoffe stellt dieser Prozeß auch einen Detoxifizierungsmechanismus dar (Bollag u. Loll 1983).

Eine besonders elegante Methode zur Ermittlung des in den gebundenen Rückständen eingebrachten Schadstoffanteils sind Studien mit ^{14}C-dotierten Substanzen (Bumpus 1989). Darüber hinaus ist es schwierig, diese Bindungsverhältnisse aufzuklären (Cheng 1990). Richnow et al. (1994) konnten durch Hydrolyse mit $Na^{18}OH$ nachweisen, daß mikrobiologische Zersetzungsprodukte von PAK und PCB Esterbindungen mit funktionellen Gruppen der Huminstoffe eingehen; die Bildung der Esterbindung ist ein enzymkatalysierter Prozeß (Richnow et al. 1997).

Wie bereits in früheren Kapiteln mehrfach hingewiesen, sind Huminstoffe durch funktionelle Gruppen (z.B. Carboxylat- und Phenoleinheiten) zur Bindung und Komplexierung von Kationen wie Erdalkalielementen und Metall(oid)en fähig (s.a. Xia et al. 1997a,b, Bryan et al. 1997, Shin et al. 1996, Lead et al. 1994).

Fossiles organisches Material

Während der Erdgeschichte wurde nahezu das gesamte organische Material in marinen Sedimenten inkorporiert, die unter sauerstoffreichen Wässern entlang der Kontinentalränder abgelagert wurden. Auf der Grundlage der heutigen ozeanischen Produktions- und Sedimenteinbindungsraten von 50×10^{15} bzw. $0,16 \times 10^{15}$ g C/a, ist die Erhaltung organischen Materials im marinen Bereich nur mit $< 0,5\%$ anzusetzen; $> 99,5\%$ werden oxidativ abgebaut (Hedges u. Keil 1995). Wichtigste Parameter für diesen Vorgang sind Primärproduktivität, Sedimentbildungsrate, Sauerstoffgehalt des Tiefenwassers und Ursprungsquelle für das organische Material. Mehr als 90% des organischen Materials sitzen auf Mineraloberflächen. Die Freisetzung von den Mineraloberflächen bestimmt an Kontinentalhängen in erster Linie die Erhaltung des organischen Materials, das etwa 45% des gesamten organischen Kohlenstoffs in Sedimenten ausmacht und etwa in einer monomolekularen Schicht diese Oberflächen bedeckt. Sedimente in Deltas enthalten weitere 45% des organischen Kohlenstoffs, erreichen aber Bedeckungen mit Monolagen nicht (Hedges u. Keil 1995). Sedimente unter hochproduktiven, sauerstoffarmen Küstenwässern wie vor Peru oder Westmexiko machen zwar nur 5% des global in Sedimenten aufgenommenen organischen Kohlenstoffs aus, enthalten aber Oberflächenbelegungen mit zwei bis fünf Monoschichten.

Ca. 90% des global erhaltenen organischen Materials (ca. 15×10^{21} g C) sitzen als amorphe, hochgradig unlösliche Kerogenmoleküle feinverteilt in Schiefern und anderen Sedimentgesteinen. Flüsse transportieren ca. 1% der terrestrischen Produktionsmenge (ca. 6×10^{16} g C/a) in vergleichbaren Masseströmen (ca. 2×10^{14} g C/a) partikulären (POM) und gelösten (DOM) organischen Materials (Hedges 1992). Zieht man anthropogene Effekte ab, entfallen im globalen Kohlenstoffkreislauf $1,6 \times 10^{18}$ g C auf Bodenhumus und $0,95 \times 10^{18}$ g C auf Pflanzengewebe (Olson et al. 1985).

Das Studium der Verteilung und Entstehung von organischem Material in der Geosphäre ist Gegenstand der Organischen Geochemie (Hunt 1996, Engel u. Macko 1993, Johns 1986, Hollerbach 1985, Tissot u. Welte 1984, Eglinton u. Murphy 1969). Diese Aufgabe impliziert letztendlich die Klärung der Frage, inwieweit die in fossilem organischen Material aufgefundenen Moleküle auf in der Biosphäre vorhandene Vorläufermoleküle zurückgeführt werden können und inwieweit chemische Reaktionen zur Molekültransformation führten.

Weiter oben wurde aufgezeigt, daß man sich den Abbau von Biopolymeren der zerfallenden Biomasse schrittweise in immer kleinere Bruchstücke in Richtung Monomere vorstellt; aus den Fragmenten werden danach während der Diagenese durch Kondensation geogen wiederum Polymere gebildet, in diesem Fall Geopolymere und speziell Huminstoffe als wichtigster Bestandteil rezenter Protokerogene. Aus dem Protokerogen wird im Zuge der weiteren geologischen Entwicklung das Kerogen, aus dem bei geeigneten Bedingungen schließlich Kohle, Erdöl und Erdgas entstehen; chemisch begleiten diese Entwicklung die Abnahme der Zahl funktioneller Gruppen und der aliphatischen Strukturen zugunsten der Ausbildung immer weiter ausgedehnter Aromatenstrukturen (in Richtung Graphit). Dieser „rote Faden" der organisch-geochemischen Evolution kann auch für spezielle Umweltkompartimente aufgezeigt werden: Bei der Torfbildung aus Holz zerfällt zuerst die Hemizellulose, nach einer anfänglichen Anreicherung erfolgt dann die biochemische Depolymerisation der Zellulose (Stout et al. 1988). Die Makromoleküle des Lignins werden sukzessive depolymerisiert, demethyliert, demethoxyliert und verlieren funktionelle Gruppen. Zusätzliche geochemische Transformationen im Restlignin im Frühstadium der Inkohlung führen zur Ausbildung eines Netzwerkes mit hauptsächlich aromatischen Bausteinen.

Zusammengefaßt gilt in der traditionellen Organischen Geochemie folgendes Fortschreiten bei der organischen Evolution: Biomasse → Biopolymere (B) → Intermediärprodukte (I) → Monomere (M) → Geopolymere (G) → Mineralisierung zu CO_2 und H_2O. Nach Mayer (1994), Hedges (1992) und Hedges u. Keil (1995) entsteht das Geopolymer (G) dagegen parallel zu jeweils < 1% aus (B), (I) und (M).

Die Geopolymere Kerogen, Protokerogen (Kerogenvorläufer) und Asphaltene (kleine Kerogenfragmente) stellen nicht nur mengenmäßig die wichtigsten Formen des organischen Kohlenstoffs auf unserer Erde dar, sie sind auch analytisch eine sehr große Herausforderung. Ihre Struktur kann nur durch kombinierte Anwendung unterschiedlicher Analysentechniken wie CPMAS NMR und Pyrolyse-GC/MS in Verbindung mit gezielten chemischen Umwandlungen wie Oxidation, Reduktion, Hydrierung oder Methylierung näherungsweise untersucht werden (Bharati et al. 1995, Del Rio et al. 1995).

Biomarker oder Chemofossilien

Eine wichtige Rolle in der Organischen Geochemie nehmen jene Verbindungen in fossilen Materialien ein, die chemisch direkt bis zu den biologischen Vorläufersubstanzen verfolgt werden können. Das klassische Beispiel hierzu stammt vom Begründer der Organischen Geochemie (Alfred Treibs): Aus dem Chlorophyll rezenter Pflanzen bildet sich in 13 Zwischenschritten das Porphyrin, welches sich aufgrund einer sehr hohen Stabilität in fossilem Material wiederfindet. Einige dieser Biomarker oder Chemofossilien genannten Verbindungen werden am Beispiel des Erdöls exemplarisch vorgestellt (Schenck u. deLeeuw 1982): 1. Verteilungsmuster der n-Alkane, 2. Isoprenoide, 3. Steroide, 4. Triterpenoide und 5. Hopanoide.

1. In paraffinischen Erdölen nimmt die Menge der Alkane mit n > 25 bei steigender Kettenlänge zunehmend ab. Die Verteilung der n-Alkane in rezenten Sedimenten unterscheidet sich signifikant von derjenigen in Erdölen und weist eine Vorherrschaft der ungeraden n-Alkane im Bereich zwischen C_{25} und C_{33} auf. Dies wird auf deren Entstehung aus organischem Material höherer Pflanzen mit hohem CPI-Wert (carbon preference index) zurückgeführt, welches durch Flüsse in den marinen Bereich eingetragen wird. Bei thermischer Reifung (Maturation, organische Frühdiagenese) sinkt der CPI-Wert (bei Erdölen auf 1,0 bis 1,3). Da n-Alkane leicht von Mikroorganismen aufgenommen werden können, verändern sich Erdöle nach Exposition an der Erdoberfläche.

2. Die azyklischen isoprenoiden Kohlenwasserstoffe (KW) Pristan (2,6,10,14-Tetramethylpentadecan) und Phytan (2,6,10,14-Tetramethylhexadecan) stellen wichtige Beispiele für biochemische Fossilien dar (A.2.2.7c). Phytan stammt von Phytol ab, welches beim Zerfall von Chlorophyll von diesem abgespalten wird (A.2.2.7a). Isoprenoide können aber auch aus bakteriellen Membranen (z.B. von Archaebakterien) abgespalten werden.

3. Steroide sind tetrazyklische Isoprenoide und treten in der Natur weitverbreitet auf, z.B. in Lipiden von Eukaryoten. Dagegen enthalten nur wenige Prokaryoten Steroide, die sich strukturell von den letztgenannten unterscheiden. Die relative Verteilung steroider KW ergibt sich aus dem Zusammenwirken unterschiedlicher sedimentärer Parameter wie Redoxverhältnisse, Mineral- und Tongehalt, Wassergehalt und thermischer Gradient. Besonders die räumliche Anordnung der Seitenketten ermöglicht Aussagen zur Rekonstruktion der originalen Umweltbedingungen bei der Ablagerung der Sedimente. Zum Beispiel enthalten marine Organismen (bes. Algen) eine komplexe Mischung von Sterolen mit großen Unterschieden in den Strukturen der Seitenketten, höhere Pflanzen dagegen enthalten nur wenige, aber vorherrschende Steroltypen und Seitenketten. Sterane (A2.2.7d) werden mäßig biodegradiert, bei starkem Abbau überleben nur die Diasterane.

4. Geochemisch unterscheidet man zwischen Triterpenoiden mit Hopangerüst und solchen mit anderen Strukturen; letztere kommen z.B. in höheren Pflanzen vor. Gesättigte und/oder aromatische Hopane werden von Bakterien und/oder Cyanobakterien abgeleitet, penta- und tetrazyklische aromatische Spezies von Wachsen höherer Pflanzen. Triterpenoide mit funktionellen Gruppen kommen nur in sehr rezenten Sedimenten vor. Die Konfigurationen der Positionen C_{17}, C_{21} und C_{22} hopanoider KW lassen den Reifegrad eines Sediments erkennen. Diterpenoide kommen in sehr jungen Sedimenten und

Böden vor und sind ausgezeichnete Biomarker für harzhaltige höhere Pflanzen.

5. Hopanoide wurden in allen organischen Sedimenten unterschiedlichsten Alters aufgefunden; Guy Ourisson isolierte und charakterisierte über 200 Geohopanoide. Alle Hopanoide werden vom gleichen Baustein Isopren aufgebaut. Substanzen, die sich von diesem gemeinsamen Baustein ableiten, fassen Chemiker in der Großfamilie der Terpenoide (4) zusammen. Andere Terpenoide sind z.B. die Reaktionsprodukte von Steroiden (3).

Da das Biomarker-Konzept bei der Herkunftsbestimmung/Verursacherermittlung umweltrelevanter Ölkontaminationen eine wichtige Rolle spielt, wird in Kap. 3.3 hierauf noch ausführlicher eingegangen. Eine ähnliche Markerfunktion zur Quellenermittlung kommt auch den Verteilungsmustern der PAK (Kap. 3.1.2.3) zu. Ein weiteres Beispiel ist die Aufklärung der Herkunft der organischen Substanz in Oberböden, insbesondere der von Kohlenstoff aus Pflanzen und solchen aus Kohlepartikeln (z.B. Flugasche). Diese Differenzierung gelang beispielsweise recht gut im Lausitzer Braunkohlerevier an unterschiedlichen Korngrößenfraktionen mittels ^{14}C und CPMAS ^{13}C NMR (Heinkele et al. 1999, Rumpel et al. 1998a, 1998b, 2000).

Human- und Ökotoxikologie

Das Wirkungspotential („Hazard") eines Schadstoffes ist allgemein eine Funktion der Exposition und der potentiellen oder erwiesenen Schadeinwirkungen auf biologische und andere Systeme (Klöpffer 1994). In ihrem umweltchemischen Teil besteht die Expositionsanalyse aus der Erfassung

• der Verteilung der Chemikalien zwischen den Umweltmedien (oder Kompartimenten) Wasser, Luft und Boden/Sediment und ihren Subkompartimenten und

• von Abbau- und Transformationsprozessen der Chemikalien in den Kompartimenten und Subkompartimenten.

Da sich Bemerkungen zu toxikologischen Wirkungen von Einzelverbindungen im nachfolgenden Text finden, sollen hier einige Stoffe erwähnt werden, die nachfolgend nicht mehr berücksichtigt werden (Manahan 1999).

Oxide der KW mit einer funktionellen Epoxidgruppe (bes. Ethylen- und Propylenoxid) zeigen signifikante toxische Effekte. 1,2,3,4-Butadienepoxid (Oxidationsprodukt von 1,3-Butadien) ist ein primäres Karzinogen.

Methanol, das durch versehentliche Ingestion oder als Ersatz für Ethanol in Getränken viele Todesfälle verursacht hat, wird im Stoffwechsel zu Formaldehyd und Ameisensäure oxidiert. Zusätzlich zur Säurewirkung wird das zentrale Nervensystem und das Sehvermögen beeinträchtigt. Sublethale Dosen können zu Erblindung führen.

Formaldehyd ist besonders wichtig wegen seines weitverbreiteten Einsatzes und seiner Toxizität. In seiner Reinform ist es ein farbloses Gas mit stechendem Geruch; Formalin ist eine 37 bis 50%ige wässrige Lösung von Formaldehyd mit etwas Methanol. Kontinuierliche Exposition gegenüber Formaldehyd führt zur Überempfindlichkeit. Es reagiert mit anderen funktionellen Gruppen in Molekülen, wird zu Ameisensäure oxidiert und reizt Membranen im Atmungs- und Verdauungstrakt. In Tierversuchen führte es zu Lungenkrebs.

Carbonsäuren (z.B. Ameisensäure, Essigsäure (Eisessig) und Acrylsäure) sind Kontaktgifte und können als solche zu Hautätzungen führen. Besonders in Europa hat die versehentliche Einnahme von Entkalkungsmitteln mit bis zu 75% Ameisensäure durch Kinder zu zahlreichen entsprechenden Unfällen geführt.

Organostickstoffverbindungen bilden eine große Gruppe von Verbindungen mit unterschiedlicher Toxizität, z.B. aliphatische Amine als Kontaktgift, aromatische Amine als vermutete und Nitrosamine als erwiesene karzinogene Verbindungen. Isocyanate mit der allgemeinen Formel $R-N=C=O$ sind weitverbreitete Industriechemikalien mit einer hohen Reaktivität ihrer charakteristischen funktionellen Gruppe. Methylisocyanat ($R=CH_3$) war bei dem katastrophalen Chemieunfall 1984 im indischen Bhopal beteiligt.

Empfindlich reagiert das zentrale Nervensystem auf organische Lösemittel (Perchlorethylen, Hexan, Alkohole, Ester, Toluol, usw.); schon kurzfristige Belastungen können zu Kopfschmerzen, Gedächtnisstörungen, Abgeschlagenheit und Konzentrationsschwäche führen. Schwerflüchtige Organohalogenverbindungen wie z.B. Lindan sowie die PCB und PCDD veranlassen den Organismus zur beschleunigten Synthese der Enzyme (in der Regel Oxidasen), die sie entgiften sollen („Enzyminduktion"). Dabei wird nicht nur der natürliche Stoffwechsel beschleunigt, sondern es werden auch Schadstoffe rascher metabolisiert; so können z.B. aus PAK vermehrt hochtoxische Reaktionsprodukte entstehen.

Einige xenobiotische Organika können Wirkungen entfalten, die bei pränataler Exposition reproduktive Fehlentwicklungen männlicher Nachkommen in Wildtierpopulationen zur Folge haben (Vack 1996). Zur Diskussion stehen Xenobiotika mit östrogener Wirkung (endokrine Stoffe), die diese Schäden verursachen können. In Europa wurde auch beim Menschen ein Trend zur Verminderung der Spermienproduktion und andere Reproduktionsstörungen beobachtet (Schlumpf u. Lichtensteiger 1996); aus anderen Gebieten wird aber auch Gegenteiliges berichtet (Seibert 1996).

3.1.2.2 Aliphatische und aromatische Kohlenwasserstoffe

Mineralöle

Erdöle, speziell die Mineralöl-Kohlenwasserstoffe (MKW), spielen in unserer Gesellschaft nach wie vor eine dominierende Rolle als Energieträger und als Rohstofflieferant für die chemische Industrie.

Venezuela und Canada besitzen mit je über 250 Mrd. Barrel gewinnbare unkonventionelle Erdölreserven in der Größenordnung der gegenwärtig genannten sicheren Reserven Saudi-Arabiens (Bonse-Geuking 1994). Während sich die unkonventionellen Reserven im wesentlichen auf Venezuela (Orinoco-Gürtel) und Nordamerika (Kalifornien/USA und Alberta/Canada) beschränken, sind die konventionellen Erdölreserven in den politisch fragilen Gebieten des Mittleren Ostens und den GUS-Staaten zu finden.

Die Produktion aus Schwerölvorkommen spielt mit rund 3% der Welterdölproduktion gegenwärtig nur eine untergeordnete Rolle. Im Mittel enthält Schweröl 3,8 % S, 90 mg/kg Ni und 410 mg/kg V (Bonse-Geuking 1994). Die riesigen Vorkommen von Schwerölen alleine bieten zwar keine Garantie, daß sie in absehbarer Zukunft wirtschaftlich werden; trotzdem sind sich Fachleute weltweit darüber einig, daß die Zeit des Schweröls kommen wird.

Zusammensetzung, physikalische und chemische Eigenschaften. Erdöle und deren Verarbeitungsprodukte (Mineralöle) sind natürliche Vielstoffgemische aus überwiegend aliphatischen und aromatischen KW, deren Siedebereiche sich über mehrere Hundert Grad erstrecken. Als Strukturtypen kommen Aliphaten (n- und iso-Alkane, Cycloalkane, Isoprenoide), Aromaten (mono-, di- und polyaromatische KW) und der polare Rest vor (Heterozyklen, Alkohole, Carbonsäuren, Asphaltene u.a.).

Rohöle werden bei ihrer Verarbeitung im wesentlichen nach Siedefraktionen in fünf Produktgruppen aufgetrennt (Alfke et al. 1996): 1. Flüssiggase, 2. Benzine, 3. Mitteldestillate (Dieselkraftstoff und leichtes Heizöl), 4. Schmieröle und 5. schweres Heizöl und Bitumen sowie Wachse.

Die Wasserlöslichkeit von Benzin wird mit 100 bis 250 mg/L angegeben (Alfke et al. 1996). Die Flüchtigkeit von Benzin ist so hoch, daß z.B. die enthaltenen Monoaromaten nach 24 h bereits fast vollständig verdampft sind.

Etwa die Hälfte der Gesamtmenge – und zwar die leichter flüchtigen Bestandteile – des Öls, das bei einem Tankerunfall ausläuft, verdampft bereits während der Wochen bis Monate dauernden mikrobiellen/oxidativen Abbauphase auf der Wasseroberfläche. Die schwerer flüchtigen Bestandteile, hauptsächlich aromatische KW, reichern sich dabei an, verklumpen und versinken im Laufe der Zeit unter der Wasseroberfläche und erscheinen später möglicherweise wieder als Teerbällchen an benachbarten Stränden. Ölteppiche (Emulsionen aus Öl und Wasser) auf offenen Wasseroberflächen sind eine Gefahr für die darunter lebenden Organismen, weil sie den Gasaustausch zwischen Wasser und Luft behindern. In solchen Bereichen ersticken Lebewesen unter der Wasseroberfläche, weil kaum noch Sauerstoff in das Wasser gelangen kann; weiterhin sammelt sich das Kohlendioxid aus der Atmung in den Zellen der Lebewesen an und senkt so den pH-Wert der Zellflüssigkeit.

Abbaubarkeit. Als KW können Mineralöle von Mikroorganismen (Bakterien, Pilze und phototrophe Organismen) als Energiequelle genutzt und abgebaut werden; dabei vollzieht sich der aerobe Abbau am raschesten (Alfke et al. 1996). Der primäre Abbauschritt wird unter aeroben Bedingungen in der Regel durch eine enzymatische Hydroxylierung eingeleitet, denen sich weitere enzymatische Umsetzungen anschließen (z.B. Oxidation von n-Alkanen), zu denen fast alle lebenden Zellen in der Lage sind (Bundt 1991). Mineralölabbauende Mikroorganismen kommen ubiquitär vor; nach einer Adaptionsphase mit Mineralöl wird eine erhöhte Abbaugeschwindigkeit beobachtet. Daraus ergibt sich die allgemeingültige Aussage, daß mineralölkontaminierte Böden durch biologische Verfahren grundsätzlich sanierbar sind. Die Geschwindigkeit des mikrobiellen Abbaus hängt jedoch stark von äußeren Faktoren ab. Dazu gehören zahlreiche Umwelteinflüsse wie Bodenstruktur, Nährstoffverhältnisse (O-, N- und P-Gehalte), Temperatur, pH-Wert, Redoxpotential sowie die stofflichen Eigenschaften des Schadstoffs selbst, wie Struktur, Molekularmasse, Löslichkeit u.a.
So ist zu erklären, daß die natürlichen Rohölaustritte zu keiner nachhaltigen Schädigung von Boden oder Gewässern bzw. von Flora und Fauna geführt haben. Von Bedeutung für die Bodenkontamination sind von den fünf Produktgruppen in erster Linie die Benzine, Mitteldestillate und Schmieröle. Flüssiggas verdampft wegen seiner großen Flüchtigkeit, bevor es zu einer nachhaltigen Bodenkontamination kommen kann, während schweres Heizöl und vor allem Bitumen sowie Wachse wegen ihrer festen Konsistenz bei Umgebungstemperatur kaum oder gar nicht in den Boden eindringen.
Die im Benzin enthaltenen Monoaromaten sind biologisch gut abbaubar (Alfke et al. 1996); Bioakkumulation und Langzeitpersistenz in der Umwelt wurden nicht festgestellt. Mitteldestillate gelten als biologisch abbaubar, Monoaromaten bauen schneller ab als Polyaromaten. Naphthenische Öle sind langsamer abbaubar als paraffinische, Öle mit hoher Viskosität sind langsamer degradierbar als Öle mit niedriger Viskosität.
Von Fischer et al. (1994) durchgeführte Stabilitätsuntersuchungen an Böden im Zeitraum eines Jahres ergaben bei Raumtemperatur MKW-Abbauraten von etwa 25%, bei tieferen Temperaturen war kein Abbau nachweisbar.

Emission und Anreicherung in Umweltkompartimenten. Erdöl und Ölprodukte gelangen auf verschiedenen Wegen in die Umwelt (im Jahr 1992 insgesamt fast 0,2 Mm³), beispielsweise beim Erbohren von Öllagerstätten, beim Transport (Tankerunfälle, Schäden an Pipelines), beim Lagern und Aufarbeiten von Rohöl und beim Beseitigen von Altöl und Restöl der Tankschiffe (Bliefert

1997). Ca. 1 Mm^3 ergossen sich alleine während des Golf-Krieges von Januar bis Juni 1991 in den Persischen Golf. Die umfangreichsten lokalen Belastungen der Gewässer entstehen bei Bohrungen am Meeresgrund und bei der Havarie von Großtankern (Torrey Canyon 1967, Amoco Cadiz 1978, Atlantic Empress/ Aegean Captain 1979, Globe Asami 1981, Exxon Valdez 1989). Noch größer als diese direkten Einträge ist die Menge an Erdölkohlenwasserstoffen, welche bei unvollständiger Ölverbrennung global in die Atmosphäre gelangt und sich als „Fall-out" in den Ozeanen niederschlägt. Diese Einträge werden auf jährlich etwa 10 Mt geschätzt, so daß bei einem direkten Eintrag von etwa 2 Mt Öl pro Jahr in die Weltmeere die Unfälle nur mit etwa 10% beteiligt sind (Förstner 1993a).

Oberflächen- und Abwässer enthalten hauptsächlich MKW mit kleineren Beimengungen an biogenen KW. In Abwässern aus Südkalifornien wurden zusätzlich generell C$_{10-14}$ alkylsubstituierte Benzole aus Waschmittelzusätzen (LAS) nachgewiesen (Eganhouse et al. 1982). Da diese Verbindungen Abwasserbehandlungen überstehen und in Sedimenten erhalten bleiben, können sie als Tracer für das häusliche Abwasser verwendet werden. 56 bis 77% der KW im kommunalen Abwasser können chromatographisch nicht aufgetrennt werden und sind deshalb vermutlich auf importierte Erdölprodukte zurückzuführen (Eganhouse u. Kaplan 1982). Etwa 9700 bis 17400 metrische Tonnen Oberflächen- und Abwasser fließen in Südkalifornien ins Meer; das entspricht etwa 6% der KW in den weltweit anfallenden kommunalen Abwässern. Hiermit tragen anthropogene Abwässer etwa doppelt so viele KW in die Küstenwässer ein wie Regenwässer.

Mineralöle wirken auf den Boden ein, wenn sie durch Leckagen oder Unfälle aus dem im allgemeinen geschlossenen System (in dem Verarbeitung, Lagerung und Transport stattfinden) austreten und im Untergrund (d.h. im Boden) versickern. Hierbei besteht die Gefahr, daß es zu einer nachhaltigen Grundwasserkontamination und damit zu einer möglichen Beeinträchtigung der Trinkwassergewinnung kommen kann. Die Bewertung wie auch eine Wiedernutzung bzw. Umwidmung von Flächen, die von der Mineralölindustrie nicht mehr gebraucht werden, kann bei einer Kontamination problematisch sein.

Bei Haftwassersättigung ist das Wasser immobil und nur das Öl kann fließen. Dagegen ist bei Restölsättigung (Restölsättigung ist die durch Wasserfluten nicht reduzierbare Ölsättigung) das Öl immobil und nur Wasser kann fließen. Für Mineralöle ist das Rückhaltevermögen für leichte und gering viskose Arten (z.B. Benzin) gering, jedoch hoch für schwere und zähe Mineralölprodukte. Feine Böden besitzen ein höheres Rückhaltevermögen als grobe; im allgemeinen liegt das Rückhaltevermögen von Böden für Öl zwischen 5 und 50 L/m^3.

Ist die Oberfläche versiegelt und erreicht das Mineralöl nicht den Grundwasserraum, so liegen die Ölanteile im Untergrund in residualer Verteilung vor (Restölsättigung); ein Fließen ist nicht mehr möglich. Die versickerte Ölmenge ist kleiner als das Rückhaltevermögen des Bodens. Die Ausbreitungsphase ist in allen Richtungen beendet; der Ölkörper ist immobil. Bei dieser Situation geht somit keine Gefahr für das Grundwasser aus. Bodengrenzwerte kommen dann nicht zur Anwendung, eine Sanierung des Bodens ist nicht erforderlich (Alfke et al. 1996). Ist die Oberfläche dagegen nicht versiegelt, erfolgt weiterer Sickerwassereintrag. Das Grundwasser muß im Abstrom beprobt werden, Eluatanalysen des Bodens sind durchzuführen.

Dringt Öl bis zum Grundwasser vor, kann es sich dort weiträumig ausbreiten und bildet einen dünnen Film auf der Wasseroberfläche; auf diese Weise kann 1L dünnflüssiges Mineralöl 1 ML Wasser für Trinkwasserzwecke unbrauchbar machen. Solange Öl als freie Phase auf dem Grundwasser aufschwimmt, kann es sowohl weitertransportiert als auch eingelöst werden; durch die Bildung einer freien Ölphase sind weitgehende Sanierungsmaßnahmen erforderlich.

Zum Nachweis einer Bodenkontamination kann auch die Analyse von Bodenluft herangezogen werden. Dazu müssen die KW eine hinreichende Flüchtigkeit aufweisen, was insbesondere bei Ottokraftstoffen der Fall ist, bei Diesel und leichtem Heizöl weniger, bei schwerem Heizöl jedoch praktisch gar nicht mehr gegeben ist (Alfke et al. 1996).

Toxikologische Aspekte, behördliche Regelwerke. Nach der Gefahrstoff-Verordnung von 1993 gelten als Einstufungskriterien für umweltgefährliche Stoffe eine akute Fischtoxizität (LC_{50}, 98h) < 100 mg/L, eine Daphnientoxizität (EC_{50}, 48h) < 100 mg/L, eine Algentoxizität (LC_{50}, 72h) < 100 mg/L, die biologische Abbaubarkeit und ein log P_{OW} > 3 (Alfke et al. 1996). Die aquatische Toxizität von Benzin wird hauptsächlich den Di- und Triaromaten zugeschrieben und liegt für LC_{50}, 96h (Fisch) bei 0,3 bis 182 mg/L und für EC_{50}, 48h (Daphnien) zwischen 5 und 345 mg/L. Die für Mitteldestillate (Produktnamen auch Gasöl, Diesel und Heizöl) vorliegenden Daten für aquatische Toxizität (LC_{50}, 96h) reichen von praktisch nicht toxisch bei 100 bis 1000 mg/L bis zu sehr toxisch bei < 1 mg/L mit einem Schwerpunkt im Bereich < 1 bis 100 mg/L. Zusammenfassend sind Mineralöle entsprechend der Gefahrstoff-Verordnung als nicht umweltgefährlich eingestuft worden (Alfke et al. 1996).

Der Einfluß von Mineralölen im Boden z.B. auf die Keimung von Samen und die Entwicklung der Pflanzen wurde bis zu einer Konzentration von 4% Mineralöl im Boden als gering beurteilt (Alfke et al. 1996); auch bei indirekter Ausbringung von Aerosolen oder Emulsionen auf die Blätter wurden keine Schädigungen festgestellt.

Das häufigste toxikologische Problem in Verbindung mit der Verwendung flüssiger KW am Arbeitsplatz ist die Dermatitis, die durch Fettlösung aus der Haut verursacht und durch brennende und trockene Haut charakterisiert wird. Inhalation flüchtiger C_5- bis C_8-n-Alkane und verzweigter Alkane kann Depressionen des zentralen Nervensystems verursachen (Manahan 1999). Exposition gegenüber n-Hexan schädigt die Nerven (Polyneuropathie), verursacht Muskelschwäche und Funktionsstörungen von Händen und Füßen. Gravierender können Gesundheitsstörungen durch industriell gewonnene Produkte aus Erdöl sein (Manahan 1999); einige Beispiele: Ethylen, ein häufig eingesetztes farbloses Gas mit einem leicht süßlichen Geruch wirkt atmungshemmend und betäubend auf Tiere und ist phytotoxisch; ähnliches gilt für Propylen. Farb- und geruchloses gasförmiges 1,3-Butadien greift Membranen in Augen und Atmungssytem an; in höheren Konzentrationen führt es zur Bewußtlosigkeit und sogar zum Tode. Acetylen ist ein farbloses Gas mit Knoblauchgeruch; es wirkt atmungshemmend und betäubend und führt zu Kopfweh und Verdauungsstörungen. Einige dieser Effekte können auch auf Verunreinigungen im kommerziellen Produkt zurückzuführen sein.

Heizöl, Altöl u.ä. sind stark gewässerschädigende Stoffe. Altöle „sind gebrauchte halbflüssige oder flüssige Stoffe, die ganz oder teilweise aus Mineralöl oder synthetischem Öl bestehen, einschließlich ölhaltiger Rückstände aus Behältern, Emulsionen und Wasser-Öl-Gemischen" [§5a(1) Abfallgesetz], beispielsweise gebrauchte Schmierstoffe wie Motorenöl, Getriebeöl sowie Maschinen-, Turbinen- oder Hydrauliköle, soweit sie auf Mineralölbasis hergestellt worden sind. Altöl unterliegt seit 1986 dem Abfallgesetz (§30). Im besonderen sind für den Gehalt an PCB und an Gesamthalogen Grenzwerte von 20 mg/kg bzw. 2 g/kg in der Altölverordnung (§3 AltölV) festgehalten, die beim Aufarbeiten berücksichtigt werden müssen.

BTEX

Zur Gruppe der leichtflüchtigen aromatischen KW gehören neben der Grundsubstanz Benzol (B) vor allem die alkylierten Benzolabkömmlinge Toluol (T), Ethylbenzol (E) und Xylol (X) (s. A.2.2.1). Sie sind natürliche Bestandteile des Rohöls und finden sich nach seiner Verarbeitung vorwiegend im Ottokraftstoff wieder (Alfke et al. 1996). Wegen ihrer relativ guten Wasserlöslichkeit stellen sie bei einer Ölkontamination vor allem eine Gefahr für das Grundwasser dar. Dort werden sie aerob zu CO_2 oxidiert oder unter anaeroben Bedingungen bakteriell bei gleichzeitiger Nitrat- und Sulfatreduktion rasch zu organischen Säuren abgebaut (Schmitt et al. 1996); eine Erniedrigung des pH-Wertes wird bei Anwesenheit von Calcit abgepuffert (Kelly et al. 1997).

Benzol ist durch sein natürliches Vorkommen im Rohöl zwangsläufig in bestimmten Raffinierungsfraktionen enthalten bzw. wird bei den Raffinierungsverfahren selbst gebildet. Beim Steam-Cracken von Naphtha zur Ethylenherstellung fällt sog. Pyrolysebenzin mit einem Benzolgehalt von bis zu 40% als Nebenprodukt an. Den Kraftstoffkomponenten kann Benzol teilweise als Reinbenzol entzogen werden, wie es vor allem beim Pyrolysebenzin praktiziert wird. Nicht extrahiertes Benzol geht über die einzelnen Komponenten in die Kraftstoffe und hier insbesondere in Ottokraftstoffe ein, deren Benzolgehalt in der BRD derzeit zwischen 1,7 und 2,5 Vol.-% beträgt.

Neben Ethylen ist Reinbenzol der wichtigste Grundstoff für die chemische Industrie. Reinbenzol geht in eine große Palette von Folgeprodukten ein, von denen als mengenmäßig bedeutendste Ethylbenzol (Folgeprodukt: Polystyrol) und Cumol (Folgeprodukte: Kunststoffe, Phenolharze, Lösemittel) zu nennen sind.

Benzol wird in erheblichem Maße während der Verbrennungsprozesse im Motor neu gebildet und gelangt mit den Abgasen in die Umwelt. Die jährliche Gesamtemissionsmenge von etwa 56 kt Benzol in der BRD wird zu mehr als 90% durch den Kfz-Verkehr verursacht. Seitdem Benzol das Blei als billiges Antiklopfmittel im Benzin ersetzt hat, ist vor allem die Benzolbelastung der Luft stark angestiegen. In Stuttgart wurden 1992 an Verkehrszentren zu Spitzenzeiten 60 µg/m^3 gemessen, in München ist das gesamte Stadtgebiet mit durchschnittlich 8 µg/m^3 an Benzol belastet. Nach der Sommersmogverordnung gilt seit 1998 10 µg/m^3 als Benzolgrenzwert.

BTX sind auch im Olivenöl enthalten (Rumpel 1994). Benzol wurde zudem in Nahrungsmitteln gefunden, die an Tankstellen verkauft werden; vor allem in fetthaltigem Gebäck wie Hörnchen waren erhebliche Benzolmengen enthalten.

Inhaliertes Benzol wird sofort vom Blut aufgenommen und geht von dort in das Fett der Haut; für die nicht metabolisierte Verbindung ist der Prozeß reversibel und Benzol wird über die Lunge ausgeschieden (Manahan 1999). In der Leber wird Benzol oxidativ über ein Benzolepoxid als Zwischenprodukt zu Phenol umgesetzt. Inhalation von Luft mit ca. 7 g/m^3 Benzol verursacht innerhalb einer Stunde akute Vergiftungen aufgrund von narkotischen Wirkungen auf das zentrale Nervensystem, was sich als Erregung, Depression, Ausfall des Atmungssystem und Tod auswirkt; Inhalation bei Gehalten von mehr als etwa 60 g/m^3 kann innerhalb von Minuten tödlich sein. Langzeitexposition führt zu nichtspezifischen Wirkungen wie Müdigkeit, Kopfweh und Appetitlosigkeit. Chronische Benzolvergiftung verursacht Abweichungen in der Zusammensetzung des Blutes (zu wenig weiße Blutkörperchen, zu viele Lymphozyten, Anämie, zu wenig Blutplättchen und Knochenmarkschäden).

Benzol greift die Haut an und lokale Expositionen können zu Hautrötungen (Erythem), Verbrennungserscheinungen, Flüssigkeitsansammlungen (Ödem) und Blasenbildung führen. Brechreiz und Kopfschmerz, Schwindelgefühle, Bewußtlosigkeit, Reizungen der Schleimhäute und asthmaähnliche Anfälle sind noch die harmloseren Folgen einer Benzolvergiftung. Der aromatische KW ist eines der achtzehn eindeutig krebserregenden Arbeitsstoffe der einschlägigen DFG-Liste und ist auch in der Liste gentoxischer Substanzen zu finden (A.2.3). Benzol kann Knochenmarkkrebs und Leukämie verursachen. Die leicht fettlösliche Substanz wird nur teilweise von der Leber wieder abgebaut: Eine Studie des Umweltministeriums NRW ergab, daß Benzol zu 50% vom Körper zurückgehalten wird und sich in Fettgewebe und Knochenmark ablagert.

Da Benzol ein mutagener und kanzerogener Stoff ist, können keine Konzentrationen angenommen werden, unterhalb derer keine Gesundheitsrisiken mehr bestehen. Aufgrund des mit der Nutzung von Erdöl zwangsläufig verbundenen Anfalls dieses Stoffes sowie seines Einsatzes als Chemie-Rohstoff kann eine

Industriegesellschaft Benzol nicht vermeiden. Nach Meinung der Enquete-Kommission (1994) sollte der Umgang unserer Gesellschaft mit Benzol als Beispiel für den Umgang mit einem kanzerogenen Stoff generell betrachtet werden. Die Belastung durch Benzolexposition insbesondere an mit Kraftstoffen verbundenen Arbeitsplätzen (Tankstellen, Kfz-Werkstätten etc.) und in Ballungsräumen durch die beschriebenen Emissionen aus dem Kfz-Verkehr ist unter gesundheitspolitischen Gesichtspunkten relativ hoch.

Im Gegensatz zum Benzol wird Toluol, eine farblose Flüssigkeit mit Siedepunkt bei 101,4 °C, hinsichtlich Inhalation und Ingestion als moderat und in Bezug auf Hautkontakt als wenig toxisch eingestuft (Manahan 1999). Toluol kann in der Umgebungsluft in Konzentrationen bis zu 200 ppm geduldet werden, ohne merkenswerte Gesundheitsstörungen zu verursachen. Exposition zu 500 ppm können zu Kopfweh, Übelkeit, Mattigkeit und Koordinationsstörungen ohne nachweisbare physiologische Effekte führen. Massive Exposition hat einen narkotischen Effekt und kann zum Koma führen. Weil Toluol eine aliphatische Seitenkette besitzt, die enzymatisch zu leicht ausscheidbaren Produkten oxidiert werden kann, ist Toluol deutlich weniger toxisch als Benzol und wird in der Analytischen Chemie meist als Benzolersatz verwendet.

Für KW im Boden werden für BTEX meist Prüfwerte von 5 mg/kg und Maß-nahmewerte von 10 mg/kg sowie für KW (nach H18) solche von jeweils 1000 mg/kg angegeben (Alfke et al. 1996). Für KW im Grund- bzw. Sicker-wasser gelten für Benzol meist ein Prüfwert von 10 µg/L und für die KW (nach H18) ein solcher von 500 µg/L; die jeweiligen Maßnahmewerte sind doppelt so hoch angesetzt.

Die aerobe Biodegradation der BTEX wurde seit den 60er Jahren bei der Sanie-rung von Boden und Grundwasser eingesetzt; hierzu wurde mit Sauerstoff und Nährstoffen versetztes Wasser hydraulisch in die kontaminierten Bereiche verbracht. Eingesetzte BTX migrieren etwa mit 65 bis 90% der Grundwasser-geschwindigkeit und werden nach 410 Tagen vollständig abgebaut. BTEX können auch anaerob bakteriell degradiert werden (Cozzarelli et al. 1990, Bar-baro et al. 1992, Acton u. Barker 1992), möglicherweise mehr TEX und weniger Benzol.

Polyzyklische aromatische Kohlenwasserstoffe (PAK)

Polyzyklische aromatische Kohlenwasserstoffe oder Polyarene sind wahrschein-lich die größte und strukturell differenzierteste bekannte Klasse organischer Moleküle (Harvey 1997). Zusammen mit ihren heterozyklischen Analogen bilden sie für die chemische Industrie eine bedeutende Rohstoffquelle, deren Potential noch lange nicht ausgeschöpft ist.

Nur wenige PAK und strukturell verwandte Heteroaromaten wie Anthracen, Pyren oder Carbazol werden industriell in reiner Form hergestellt. Generell sind diese Ausgangsmaterial für die Herstellung von Kunststoffen, Herbiziden, Pestiziden oder Arzneimitteln. Kommerziell erhältliche reine PAK besitzen akute toxische oder krebserregende Wirkung. Die Hauptquelle für die Herstellung dieser Stoffe ist Kohlenteer (ca. 16 Mt jährlich).

PAK entstehen einerseits bei der unvollständigen Verbrennung fossiler Brennstoffe und anderer organischer Materialien, andererseits treten sie aber auch als natürliche Bestandteile fossiler Sedimente und von Erdölen sowie von Böden und rezenten aquatischen Sedimenten auf. Beispielsweise findet man Vertreter dieser Stoffgruppe in Kohle, Ölschiefer, Teer, Bitumen und Ruß, in Abgasen von Kfz (insbes. in Partikelemissionen der Dieselfahrzeuge), von Öfen und Heizanlagen oder auch auf Räucherwaren und vielen anderen Produkten. Da Pyrolyse- und Verbrennungsvorgänge allgegenwärtig sind, erklärt dieses das ubiquitäre Vorkommen der PAK in der Umwelt, also in Luft, Wasser, Böden und Nahrungsmitteln; PAK treten dabei nie einzeln, sondern stets in Gemischen auf.

Entstehung, Zusammensetzung, physikalische und chemische Eigenschaften. Formal ist das Molekülgerüst der PAK aus mehreren kondensierten Benzolringen aufgebaut; mit zunehmender Ringzahl verringern sich Wasserlöslichkeit und Flüchtigkeit der PAK, ihre Lipophilie nimmt dagegen zu (A.2.2.2). Da PAK in der Umwelt nicht als Einzelverbindungen auftreten, greift man einzelne Vertreter der Substanzklasse heraus und betrachtet die darauf basierenden Verteilungsmuster.

Die PAK-Profile der Mineralöle unterscheiden sich deutlich von denen aus thermischen Prozessen (Bundt 1991): Während bei Verbrennungsprozessen der Bildungsweg meistens über Acetylenzwischenstufen zu thermodynamisch stabilen, unsubstituierten PAK-Grundkörpern verläuft, dominieren im Mineralöl die alkylsubstituierten PAK einiger weniger Grundkörper, die sich im Laufe von Millionen von Jahren (Ausnahme: Geothermalöle) aus vorhandenen fossilen organischen Strukturen (z.B. aus Chlorophyllabkömmlingen oder aus Carotinoiden) gebildet haben; bei diesem Inkohlungsprozeß entstehen umso mehr PAK, je größer die Versenkungstiefe und damit auch der Druck und die Temperatur sowie der Reifegrad des erzeugten Öls sind (Grimmer u. Böhnke 1978). Während in Erdölen Alkylhomologe häufiger als nichtsubstituierte PAK sind, ist in rezenten Sedimenten das Gegenteil der Fall (Schenck u. deLeeuw 1982). Diese Beobachtung kann zur Beurteilung der geogenen/anthropogenen Herkunft der PAK herangezogen werden. Bei hohen Temperaturen entstehen hauptsächlich unsubstituierte Aromaten, alkylierte Spezies werden nur bei niedrigen Temperaturen erhalten. Zwar wurde die Biosynthese der PAK durch Bakterien (Hase u. Hites 1976), durch Algen (Borneff et al. 1968) und durch höhere Pflanzen (Gräf u. Diehl 1966) beschrieben, ein diesbezüglich aber viel deutlicherer Effekt ist die Akkumulation der PAK durch Organismen.

Konzentration und Verteilung der PAK in Erdölen werden von den Bildungsbedingungen, der Migration und den Veränderungen des Öls in der Lagerstätte festgelegt. Besonders die Verteilung der Zwei- und Dreiring-PAK hängt auch vom Reifegrad des Öls ab; sogar hohe Anteile an Naphthalinen von 42 bis 89% kommen vor (Requejo et al. 1996). In kalifornischen, hydrothermal entstandenen Erdölen konnten Simoneit u. Fetzer (1996) PAK mit sechs und mehr Ringen nachweisen; dabei wird der Alkylierungsgrad der PAK von der thermischen Entwicklung des Muttergesteins beeinflußt.

Verbrennungsbedingte PAK werden immer gebildet, wenn KW enthaltendes organisches Material (z.B. Peptide, Lipide, Kohlenhydrate, Lignin, Terpene, Pigmente, Erdöl oder Kohle) Temperaturen über 700 °C ausgesetzt und dabei pyrolytisch und unvollständig verbrannt wird (Zander 1980); wenn das Material Heteroatome enthält (z.B. N,O und S), entstehen auch Heteroaromaten. Während bei relativ niedrigen Verbrennungstemperaturen (ca. 830 °C), etwa bei der Verbrennung von Zigaretten, bevorzugt alkylsubstituierte PAK gebildet werden, fördern höhere Verbrennungstemperaturen dagegen die Bildung unsubstituierter PAK. Lediglich bei der Verbrennung von Erdgas und Biogas entstehen unerhebliche Mengen an PAK.

Die PAK-Bildung erfolgt über Radikalmechanismen: Radikale mit mindestens einem C-Atom lagern sich bei den in Flammen vorherrschenden Temperaturen von 500 bis 800 °C zusammen und stabilisieren sich durch Ringschluß, Kondensation und Wasserstoffabspaltung. Die Zahl isomerer PAK nimmt mit zunehmendem Molekulargewicht enorm zu. Bis zum Fünfringsystem sind alle theoretisch möglichen Isomere (22 beim Fünfringsystem) auch beschrieben worden; allerdings gelten aufgrund ihrer niedrigen Flüchtig- und Löslichkeit hochmolekulare PAK als nicht mehr besonders umweltrelevant.

In der Atmosphäre sind die PAK meist mit feinem (Durchmesser < 5 µm) partikulärem Material (Ruß) – möglicherweise über Wasserstoffbrückenbindungen – assoziiert (Zander 1980). Sie können eine Reihe von Reaktionen wie elektrophile und nukleophile Substitution, Cycloadditionen, Oxidation, Wasserstoffabspaltung und Kondensationen eingehen. Umweltchemisch wichtig ist hierbei die Photochemie der PAK: Trizyklische und höhermolekulare PAK und verwandte heterozyklische Systeme zeigen eine starke UV-Absorption bei Wellenlängen > 300 nm (in der Solarstrahlung enthalten) und werden sehr schnell photooxidiert. Photooxidation ist vermutlich einer der wichtigsten Prozesse zur Entfernung der PAK aus der Umwelt.

Die PAK zeichnen sich durch geringe Wasserlöslichkeit und niedrigen Dampfdruck aus; die Wasserlöslichkeit nimmt dabei mit steigender Molekularmasse ab (A.2.2.2). Allgemein sind Hetero-PAK polarer als die PAK und daher besser wasserlöslich (Paschke 1993). Der Octanol/Wasser-Verteilungskoeffizient (K_{OW}) nimmt von Naphthalin bis zu Benzo(g,h,i)perylen hin stetig zu. Schlecht wasserlösliche PAK werden deshalb wegen ihrer hydrophoben Eigenschaften in Böden und in Gewässersedimenten sowie in Pflanzen und über die Nahrungskette auch in Tieren angereichert. Obwohl die Löslichkeit reiner PAK in Wasser extrem niedrig ist, können diese aber durch andere organische Substanzen (Kolloide) solubilisiert werden. Kühnhardt u. Niessner (1994) wiesen im Sicker-

und Grundwasser während der Heizphase hohe PAK-Konzentrationen nach. Da diese höher als die theoretische Wasserlöslichkeit waren, wurden sie durch Adsorption und Transport der PAK an ungelöste Wasserinhaltsstoffe erklärt (z.B. Kolloide oder Tonminerale). Die Konzentrationen zeigen deutliche Schwankungen zwischen regenreichen und -armen Perioden und weisen auf die mögliche Existenz von regelrechten PAK-Anreicherungshorizonten hin.

Bei der Trinkwasseraufbereitung werden einerseits die PAK oxidiert (bei der Ozonierung), andererseits können aber auch chlorierte PAK entstehen (bei Chlorung).

Der Vollständigkeit halber soll an dieser Stelle noch darauf hingewiesen werden, daß auch mit Hilfe von Druckwellen (sowohl bei 290 K flüssiges als auch bei 77 K festes) Benzol und PAK mit Molekulargewichten zwischen 128 und 306 synthetisiert werden können (Mimura 1995); hierbei handelt es sich weniger um Radikal- als um Zykloadditionen. PAK in kohligen Chondriten und interplanetarem Staub dürften auf diese Weise entstanden sein. Becker et al. (1997) spekulieren, ob PAK in antarktischen Meteoriten vom Mars nicht von dortiger Biomasse abstammen könnten; allerdings ist die Differenzierung terrestrischer Kontaminationseffekte bei derartigen Proben nicht trivial.

Abbaubarkeit. Die freigesetzten PAK erweisen sich in allen Medien als sehr persistent. Bei fortgesetzter Emission besteht daher stets die Gefahr einer Akkumulation in der Umwelt. Für den mikrobiellen Abbau unter aeroben Bedingungen im Boden werden Halbwertszeiten von 2 bis 700 Tagen angegeben. In dieser Zeit werden die Substanzen jedoch nicht vollständig abgebaut, sondern nur metabolisiert (enzymatisch verändert). Wird einem unbelasteten Boden Teerlösung zugesetzt, erfolgt innerhalb von 7 Tagen gar kein Abbau der darin enthaltenen PAK (Fellenberg 1997). In Gewässersedimenten beträgt die Halbwertszeit für PAK 5 bis 10 Jahre. Wild et al. (1991) fanden in Böden mit einer PAK-Ausgangskonzentration von 5 mg/kg nach 20 Jahren noch die Hälfte.

Bakterien können PAK in der Größe vom Benzol bis zum Benzo(a)pyren oxidieren; höher kondensierte PAK gelten als sehr schwer abbaubar (Zander 1980). Bakterieller Abbau ist ein Hauptmechanismus für das Verschwinden der PAK und Hetero-PAK aus Sedimenten. Zahlreiche Arbeiten beschäftigen sich mit der Degradation der PAK durch Mikroorganismen (s. z.B. Übersicht von Cerniglia 1992), insbesondere auch im Hinblick auf gezielten Einsatz in der Bodensanierung (z.B. Wilson u. Jones 1993, Atlas 1991 oder Sims et al. 1990).

Bundt (1991) konnte in mineralölkontaminierter Parabraunerde über den Vergleich zu einer sterilen Kontrollprobe und über den Nachweis einiger Metabolite den mikrobiellen Abbau von Zwei- und Dreikernaromaten nachweisen. Mit steigendem Kondensationsgrad der Aromaten verlangsamte sich die mikrobielle Degradation, wahrscheinlich durch die abnehmende Wasserlöslichkeit und die damit verbundene verminderte Bioverfügbarkeit. Obwohl in Waldböden mit abnehmender Teilchengröße sowie zunehmender Tiefe die Zersetzung des organischen Materials allgemein zunimmt (Kögel-Knabner 1993, Zech u. Kögel-Knabner 1994), werden besonders die hochmolekularen PAK bakteriell nicht abgebaut und reichern sich mit zunehmender Tiefe an (Pichler et al. 1996). Lösungsmittelextrahierbare Abbauprodukte von PAK aus einer Boden/Kompost-Mischung wurden unter Aufreinigung mittels SPE in eine mäßig polare Fraktion von Ketonen und Quinonen und eine polarere Fraktion mit Phenolverbindungen und organischen Säuren aufgetrennt (Wischmann et al. 1996). Mittels HPLC mit Umkehrphasen (reversed phase RP) und GC-MS wurden mehrere Abbauprodukte identifiziert, z.B. von Phenanthren oder Fluoren. Ihr Auftreten in sterilisierten Kontrollböden deutet auf abiotische Abbaumechanismen für die PAK hin.

Aus Meerwasserproben und marinen Sedimenten wurden von Cullen et al. (1994) Mikroorganismen isoliert, die im Laborversuch Phenanthren und Pyren abbauen können; als Zwischenprodukt des Pyrenabbaus wurde ein cis-4,5-Dihydrodiol beobachtet. 100 µg Phenanthren wurden nach Inkubation mit 0,5 mL Bakterienkultur und 10 mL Mineralsalzmedium bei Zimmertemperatur innerhalb 23 Stunden vollständig mineralisiert (Li 1994). Ob die zugeführten PAK auch im Realsediment mikrobiell abgebaut werden können und dann ins Sediment eingehen (Sedimentationsrate ca. 2 bis 5 mm pro Jahr), hängt von den Abbauraten unter den Realbedingungen ab.

Bei der biotechnologischen Altlastensanierung bedeutet der Einsatz von Mikroben zum PAK-Abbau, daß Metabolite mit höherer Wasserlöslichkeit entstehen, die für das Grundwasser eine größere Gefährdung darstellen als die PAK.

Emission und Immission. Neben Punktquellen (industrielle Emissionen) tragen in erster Linie diffuse Emissionen aus Hausbrand und Verkehr (Abgase, Reifenabrieb) zur Belastung der Atmosphäre und zur Kontamination der Böden, insbesondere im Straßenumfeld, bei (Israel et al. 1985). Während in straßen- und industriefernen Böden Europas die PAK-Gehalte zwischen 50 und 500 µg/kg liegen, können sie in extrem frequentierten Straßen von Großstädten sogar den X0 mg/kg-Bereich erreichen.

In Böden und Gewässer gelangen die PAK vor allem durch nasse und trockene Deposition von Stäuben aus Rauch oder Flugasche, an denen sie adsorbiert sind. So ist die PAK-Konzentration in Regen- und Dachabflußproben in urbanen Ballungsräumen teilweise um mehr als das Zehnfache höher als die für Trinkwasser festgesetzten Grenzwerte (0,2 µg/L). Diese Wässer müssen vom Grundwasser ferngehalten werden (Shu u. Hirner 1998,1997). An einer Meßstation in München-Großhadern (Arbeitsgruppe Prof. Niessner) zeigte sich, daß PAK-Belastungen der Luft vier bis acht Wochen später im Sickerwasser und vereinzelt im Grundwasser in 12 m Tiefe nachweisbar waren; selbst dort wurden Grenzwertüberschreitungen diagnostiziert (TUM Mitteilungen 4-98/99). Bodenbelastungen mit PAK finden sich häufig auf Altstandorten von Mineralöllagern, Kokereien oder teerverarbeitenden Betrieben. So wurden PAK-Konzentrationen in der Größenordnung von X mg/kg (bis zu 100 mg/kg) Benzo(a)pyren (karzinogener PAK) im Boden von italienischen Industriegebieten, am französischen Mittelmeer, aber auch in 25% der untersuchten Gärten an Rhein und Ruhr gefunden. Zum Vergleich: Diese Konzentrationen sollten < 0,1 in Gärten und Spielplätzen und < 1 µg/kg auf Sportplätzen sein. Die Aufstellung von sinnvollen Bodenricht- oder -grenzwerten in derartigen Fällen ist illusorisch!

Schätzungsweise 5 kt an Benzo(a)pyren (BaP) werden jährlich global emittiert (Zander 1980); in den USA entfallen von diesen Emissionen 2% auf den Verkehr, 38% auf die Energie- und Wärmeerzeugung, 16% auf die Industrie und 45% auf Verbrennungsprozesse (Müllverbrennung, Waldbrände, u.a.). Konzentrationen von BaP betragen in Trinkwasser typisch X ng/L, im verschmutzten Oberflächenwasser bis zu X00 ng/L (z.B. Themse), in verkehrsnahen Böden und in industriell belasteten Sedimenten sogar > 1 mg/kg (s.o.); in aquatischen Organismen wurden 1 bis 70 µg/kg und in geräucherten Nahrungsmitteln bis zu X µg/kg gefunden (Zander 1980). Zum Vergleich liegen die durch natürliche Prozesse verursachten PAK-Konzentrationen in Böden in einem Bereich von 1 bis 10 µg/kg. In der Atmosphäre wenig belasteter Gebiete werden zwischen 0,01 und 2 µg/m³ BaP, in industriellen Ballungszentren und Räumen mit hoher Bevölkerungsdichte bis zu 70 µg/m³ analysiert. Bei Nahrungsmittelpflanzen konnte man zeigen, daß die Aufnahme mit den Pflanzen deutlich mit dem PAK-Gehalt des Bodens korreliert ist (Fellenberg 1997). Tiere zeigen sehr unterschiedliche Neigung zur Speicherung dieser Stoffe.

Berset u. Holzer (1995) bestimmten PAK in einer Vielzahl von umweltrelevanten Festkörperproben aus der Schweiz (in µg/kg): Agrikulturböden von 60 bis 575 (Mittelwert 175), Rindstallmist von 87 bis 309 (Mittelwert 165), Schweinestallmist von 66 bis 339 (Mittelwert 143), Klärschlamm von 1700 bis 15000 (Mittelwert 6300) und Kompost von 800 bis 2700 (Mittelwert 2000). Neben den 16 EPA-PAK wurden häufig Alkylderivate und Heteroaromaten nachgewiesen, was bei einer Toxizitätsabschätzung berücksichtigt werden müßte. Für die Schweiz ergeben sich nach diesen Ergebnissen zusammen mit ähnlichen über die PCB bei normalen Beaufschlagungsraten (0,5 t pro ha und Jahr) hinsichtlich der Klärschlammaufbringung auf Nutzböden keine ernsthaften Kontaminationsgefahren; ähnliches scheint für NRW zuzutreffen (Oberdörfer u. Schulz 1998). An industriefernen Regionen Bayerns unterschreiten über 80% der von Joneck u. Prinz (1995) untersuchten Acker- und Grünlandoberböden die in der Literatur angegebenen Hintergrundbelastungswerte für PAK (und PCB). Nur an wenigen Standorten werden, vermutlich durch punktuelle Zusatzeinträge, diese Werte zum Teil deutlich überschritten.

PAK sind in Mineralölen von Natur aus in relativ geringen Mengen enthalten. In Erstraffinaten liegen die Gehalte je nach Herkunftsland z.B. für BaP zwischen 0,02 und 0,06 mg/kg. In Zweitraffinaten ist aufgrund einer Anreicherung eine BaP-Konzentration zwischen 0,19 und 0,98 mg/kg festzustellen. In gebrauchten Ölen aus Benzinmotoren tritt eine bis zu tausendfach höhere BaP-Konzentration als im Originalöl auf.

Beispiele für Punktquellen der PAK-Emissionen sind die Anodenherstellung in Aluminiumhütten, Schmelzanlagen und Gießereien für Nicht-Eisenmetalle, die Verkokung von Steinkohle und die Steinkohlenteerdestillation. In der Vergangenheit hat vor allem die industrielle Produktion von Koks und Gas und die vielfältige Verwendung von Reststoffen aus dieser Produktion erheblich zur Belastung der Umwelt mit PAK beigetragen.

Ares (1994) untersuchte den Transport von Luftpartikeln im Bereich um eine PAK und Fluoride emittierende Fabrik an der patagonischen Atlantikküste mit Hilfe kontinuierlich messender Monitore über einen Zeitraum von über fünf Jahren. Die mittlere Lebensdauer der beobachteten PAK war 4,33 Tage und reichte von 1,1 Tagen für Fluoranthen bis zu 11,5 Tagen für Anthracen.

Oberflächensedimentproben aus dem Kitimat Fjord (Britisch Kolumbien, Kanada) sind mit EPA-PAK von < 1 bis zu > 10000 µg/g belastet (W.R. Cullen, pers. Mitt.). Die höchsten Konzentrationen liegen in der Nähe eines großen Aluminiumschmelzwerkes (jährlicher PAK-Ausstoß 120 t) und fallen mit zunehmender Entfernung rasch ab. Das vorgefundene PAK-Verteilungsmuster entspricht dem aus Verbrennungsprozessen. Zahlreiche weitere Beispiele zum Einsatz der PAK-Verteilungsmuster zur Herkunftsermittlung finden sich in Kap. 3.3, Daten zur Immissionssituation asiatischer Regionen bei Gennadiev et al. (1997).

Die toxikologische Bewertung der Brandgase von Kerzen kommt selbst bei einem angenommenen Worst-case-Szenario und unter Berücksichtigung von geltenden Grenz- und Richtwerten zu dem Ergebnis, daß von Paraffin-, Stearin- und Bienenwachskerzen ohne Farb- und Lackbeimischungen kein zusätzliches Gesundheitsrisiko ausgeht (Schwind et al. 1994).

Toxikologische Aspekte, behördliche Regelwerke. PAK durchlaufen im menschlichen Körper zunächst einige enzymatische Umwandlungen, wobei ein reaktionsfähiges Epoxid gebildet wird; dieses reagiert mit dem Guanin der DNA. Die DNA-Synthese wird dadurch gehemmt, und Fehlstellen oder Mutationen entstehen (Fellenberg 1997). Einige Metabolite der PAK (Epoxide, Dihydrodiole und Diolepoxide), insbesondere das 7,8-Diol-9,10-Epoxid des BaP, verursachen Krebs. Zwei Stereoisomere dieses Metaboliten sind potente Mutagene. Die Stoffwechselprodukte der PAK im Urin sind Phenole.

Mehr als 200 weitere Vertreter der PAK sind im Tierversuch krebserzeugend. Die PAK sind deshalb in der MAK-Werte-Liste unter III A2 „im Tierversuch eindeutig krebserzeugend" eingestuft; sie können Lungen- und Blasenkrebs sowie Hautkarzinome verursachen. Es sollen vor allem die vier bis sieben Ringe enthaltenden PAK sein, die Krebswachstum auslösen (Bliefert 1997). Generell korrelieren die Ergebnisse von Mutagenitäts-Screeningtests stark mit der in Tierexperimenten ermittelten Kanzerogenität.

Die Exposition des Menschen gegenüber PAK durch flüssige Nahrungsmittel kann die durch feste Nahrungsanteile nur unter besonderen Bedingungen erreichen oder übersteigen (Ihme u. Wichmann 1996). Der Anteil der über Flüssigkeiten inkorporierten an der gesamten nahrungsverursachten lebenslangen BaP- bzw. PAK-Belastung liegt bei etwa 4%. Er steigt bei Erreichen des niederländischen Interventionswertes für Grundwasser auf 56% und erreicht bei Ausschöpfung des WHO-Leitwertes für Trinkwasser 90%. Betrachtet man die Expositionssituation von Kleingärtnern in einer mit PAK belasteten Kleingartenanlage mit Hausbrunnen, zeigt sich, daß die höchste Belastung durch Gemüse verursacht wird, gefolgt von Hausstaub, Getränken und zuletzt durch den Boden. Nach Angaben der US EPA werden in städtischen Regionen täglich mit der Nahrung 50 ng BaP und 20 bis 2000 ng mit der Atemluft aufgenommen; in ländlichen Gebieten liegt der zuletzt genannte Konzentrationsbereich ein bis zwei Größenordnungen niedriger. Nach der Fleischverordnung darf der Gehalt an BaP, das meist als Leitsubstanz für die PAK angesehen wird, in Fleischerzeugnissen 1 µg/kg nicht überschreiten. Im Trinkwasser dürfen innerhalb der EG nicht mehr als 0,2 µg/L (Summe der PAK, berechnet als C) enthalten sein. Die WHO empfiehlt dagegen nur 0,01 µg/L zu tolerieren und in der UdSSR gelten sogar 0,005 µg/L als Obergrenze. Über die Atemluft kann ein Großstädter jährlich bis zu 200 mg Benz(a)pyren aufnehmen, ein Raucher (40 Zigaretten täglich) kommt zusätzlich auf ca. 150 mg im Jahr. Man fürchtet, daß diese Doppelbelastung der stadtbewohnenden Raucher bereits ausreicht, um deren Lungenkrebsrate zu erhöhen. Diese Annahme wird durch mehrere epidemiologische Untersuchungen an Rauchern und Nichtrauchern mit Wohnsitz in der Stadt bzw. auf dem Land gestützt (Fellenberg 1997).

Mittels Bioassays ermittelten Bispo et al. (1999) an Bodenextrakten Schätzwerte für die akute (Microtox-Test, *Daphnia magna*, *Thamnocephalus platyurus*), chronische (*Pseudokirchneriella subcapitata*) und genetische Toxizität (*Vibrio fischeri*, Mutatox-Test).

Die akute Toxizität der PAK und verwandter Heteroaromaten ist gering (Zander 1980). Beispielsweise kann Exposition gegenüber Naphthalin Anämie verursachen und die Zahl roter Blutkörperchen sowie die Menge von Hämoglobin zurücksetzen (Manahan 1999). Es verursacht Hautreizungen bis zu schwerer Dermatitis. Kopfweh, Verwirrung und Erbrechen können bei Inhalation oder Ingestion resultieren, in schweren Fällen sogar Tod durch Nierenversagen.

Substituierte PAK

Als wichtige Vertreter der Substanzklasse der substituierten Aromaten werden im folgenden Abschnitt hydroxylierte, alkylierte, chlorierte und nitrierte Spezies vorgestellt (s.a. A.2.2.3). In diese Gruppe gehören auch wenig beachtete Spezialchemikalien wie die schwerflüchtigen, persistenten und toxischen polychlorierten Naphthaline (PCN), die aufgrund ihrer großen chemischen und thermischen Stabilität, sehr geringen Entflammbarkeit sowie ihrer lipophilen und dielektrischen Eigenschaften in Europa bis Ende 1981 in ähnlichen Anwendungsszenarien eingesetzt wurden wie die weiter unten zu besprechenden polychlorierten Biphenyle (PCB). Borwitzky et al. (1997) konnten PCN im mg/kg-Bereich in industriellen Reststoffen nachweisen.

Phenole treten in der Natur mannigfaltig auf in niedrigen und höheren Pflanzen (Ribereau-Gayon 1972) sowie in Sedimenten unterschiedlichsten Alters und Ablagerungsbedingungen (Ertel u. Hedges 1984, Degens 1967). Von Klinnert u. Bechmann (1996) ermittelte Adsorptionsenthalpien charakterisieren die Anlagerung von Phenolderivaten an die organische Bodensubstanz als reine Physisorption.

Phenolische Verbindungen kommen im Schieferöl in Konzentrationen von 200 bis 400 µg/g (Hertz et al. 1980), z.B. in australischen Erdölen bis zu 29 µg/g (Ioppolo et al. (1992) und Kohleextrakten bis zu 30 mg/g vor (Guenther et al. 1981). Alkylphenole in Erdölen entstehen nach Ioppolo-Armanios et al. (1995) durch „geosynthetische" Methylierung (Öle unterschiedlichen Reifegrads), Propylierung und Butylierung (nur reife Öle). Die Fähigkeit von sedimentärem organischen Material zur Alkylierung geeigneter Akzeptorverbindungen ist auch in Laborexperimenten nachgewiesen worden: Smith et al. (1994) demonstrierten die Methylierung von Phenanthren, Anthracen und Pyren beim Erhitzen einer Mischung aus Kohle und Methan von 220 bis 400 °C.

Phenole stellen in der chemischen Industrie ein wichtiges Ausgangsmaterial zur Herstellung u.a. von Harzen, Desinfektions- und Arzneimitteln sowie Pestiziden dar. Es kam bereits vielfach zur Kontamination von Oberflächenwässern durch Phenole und Chlorphenole besonders durch die petrochemische Industrie, die Papierindustrie und durch Abfälle.

Die Entsorgung von toxischem, phenolhaltigen Abwasser kann bakteriell erfolgen (Firma Bio-System). Bei Zulaufwerten von durchschnittlich 14 g Phenol pro L konnte ein Abbaugrad von über 99% erreicht werden. Anaerobe, phenolabbauende Bakterien werden angereichert und zu Kulturen mit hoher Zelldichte vermehrt. Am anaeroben Abbau von Phenol sind Bakterien aus mindestens drei verschiedenen Stoffwechselgruppen (phenolvergärende Bakterien sowie wasserstoffverbrauchende und acetatspaltende Methanbakterien) in enger räumlicher Assoziation beteiligt. Sowohl aerobe als auch anaerobe Abbauprozesse werden durch hohe Phenolkonzentrationen und niedrige Temperaturen behindert (Eismann et al. 1997).

Ganz allgemein entfernen anaerobe Prozesse Halogene aus halogenaromatischen Verbindungen und bilden dehalogenierte Verbindungen, die weniger toxisch sind, weniger bioakkumulieren und leichter biologisch abbaubar sind (Sims et al. 1990). In diesem Sinne sind mit zunehmendem Halogenierungsgrad reduktive Umgebungsbedingungen für den Abbau günstiger als oxidative (Vogel et al. 1987). Susarla et al. (1996) haben die Kinetik der Dehalogenierung substituierter Benzole in Küstensedimenten erforscht und Halbwertszeiten von 20 bis zu 433 Tagen gefunden.

Chlorphenole entstehen auch bei der Trinkwasserchlorung. Phenole und Nitrophenole befinden sich in Regen, Nebel und Wolken. Nitrophenole werden auch als Herbizide eingesetzt.

Böden von Sprengstofffabriken und -lagern können jahrzehntelang hohe Konzentrationen an 2,4,6-Trinitrotoluol (TNT) und verwandten Nitroaromaten enthalten. Schneider et al. (1996) studierten die Aufnahme dieser Verbindungen durch Pflanzen und ermittelten bei einer Bodenkonzentration von 1 mg/kg an TNT einen Akkumulationsfaktor von 0,5.

Eine bedeutende wirtschaftliche Stellung nehmen eine Reihe nitrierter, hochsubstituierter Aromaten, die synthetischen Nitromoschusverbindungen, sowie weitere damit verwandte Duftstoffe ein (Geyer et al. 1994, Eschke et al. 1994). Positive Befunde in Oberflächen- und Abwässern, in Fischen sowie Humanfett und Frauenmilch belegen die Persistenz sowie ein relativ hohes Biokonzentrationspotential dieser Substanzen und lassen eine ubiquitäre Verbreitung in der aquatischen Umwelt vermuten.

Obwohl als erstes Antiseptikum in der Wundheilung verwendet, ist Phenol ein protoplasmatisches Gift, das alle Arten von Zellen schädigt (Manahan 1999). Akute toxikologische Wirkungen betreffen das zentrale Nervensystem, der Tod kann bereits eine halbe Stunde nach Exposition eintreten. Akute Vergiftungen können auch über die Haut erfolgen und betreffen den gastrointestinalen Trakt, Fehlfunktion der Nieren, Kreislaufkollaps, Lungenödeme und Krämpfe.

3.1.2.3 Halogenorganische Verbindungen

Die chemische Industrie verwendet das Element Chlor als wesentlichen Grundstoff. Da es direkt oder indirekt an 60% der Umsätze beteiligt ist (Buttgereit 1994), besitzt die chlororganische Industrie eine beträchtliche gesamtwirtschaftliche Bedeutung.

Die Ausgangssubstanz für die meisten anorganischen und vor allem organischen Chemikalien ist neben Chlorwasserstoff (HCl) das reaktionsfähige elementare Chlor (Cl_2). Erst das 1892 von Kastner und Kellner entwickelte Amalgamverfahren zur Natriumchloridelektrolyse markiert den Beginn der industriellen Chlorchemie (Förstner 1995a). Das steigende Interesse an chlororganischen Verbindungen (PVC, Pestizide) ergab einen Nachfrageschub bei Chlorgas und brachte Schwierigkeiten für den Absatz der Natronlauge mit sich. 1994 wurden weltweit 37,7 Mt Chlor pro Jahr aus der Elektrolyse von Kochsalz hergestellt, wovon 8,2% auf die deutsche Produktion entfielen (Bruckmann 1996). Während 1993 in den USA eine Stabilisierung der Chlormenge bei ca. 10 Mt zu verzeichnen war, zeigte Japan gleichzeitig eine Zunahme (Chemische Rundschau Nr.23, 1993). Die deutsche Primärchlorproduktion stagniert seit etwa 1980 bzw. ist leicht rückläufig. In zunehmendem Maße wird dagegen sekundäres Chlor aus Salzsäure zurückgewonnen, die z.B. als Nebenprodukt bei Chlorierungen und der Verbrennung anfällt. Das Verhältnis von Primär- zu Sekundärchlor betrug 1996 ca. 65 zu 35%.

Zwei Drittel der organischen Produkte der chemischen Industrie werden, selbst wenn sie kein Chlor mehr im Endmolekül enthalten, über chlorhaltige Zwischenprodukte hergestellt. Bei der Diskussion um die Chlorchemie sind deshalb neben dem vernetzten Chlorstrom und der Kopplung mit der Natronlaugeproduktion auch chlorhaltige Zwischenstufen zu berücksichtigen.

Allgemein nimmt Chlor in der synthetischen technischen Großchemie als ein außerordentlich reaktionsfreudiges Element eine Schlüsselstellung ein; es reagiert mit den meisten anderen Elementen und Verbindungen direkt. Diese Eigenschaft erlaubt die Einführung von Chlor in praktisch alle Grundsubstanzen, die das Gerüst der organischen Chemie bilden. Durch die Wahl geeigneter Reaktionsbedingungen kann eine große Zahl verschiedenster Produkte mit einer breiten Palette chemischer und physikalischer Eigenschaften hergestellt werden. Aufgrund seiner Reaktivität können chemische Reaktionen bei relativ tiefen Temperaturen ablaufen, was einen niedrigen Energieaufwand bedeutet. Aufgrund seiner Reaktivität gibt es bei vielen Synthesen in der Industrie für Chlor keine Alternative (EuroChlor-Conference „Environment and the Chlorine Industry" am 9./10.2.1995 in Brüssel). Auf Chlor will die Industrie auch bei den neueren Entwicklungen nicht verzichten (Bornewasser 1996); das Herbizid Chlorsulfuron ist ein solches Beispiel.

Andererseits ist Chlor ein hochgiftiges, aggressives Gas, und viele seiner Verbindungen sind gleichfalls toxisch oder gesundheitsschädlich. Selbst harmlose chlorhaltige Stoffe sind vielfach ökologisch bedenklich, weil sie biologisch schwer abbaubar sind oder sich unter bestimmten Bedingungen (z.B. bei der Verbrennung) in hochgiftige Substanzen umwandeln.

Die Toxizität von Alkylhaliden (z.B. Tetrachlorkohlenstoff) variiert in hohem Maße mit der jeweiligen Verbindung (Manahan 1999). Die meisten Vertreter dieser Verbindungsklasse verursachen Depression des zentralen Nervensystems und einzelne Verbindungen zeigen spezifische toxische Effekte. Der biochemische Mechanismus der Toxizität von Tetrachlorkohlenstoff schließt Radikale mit ein, die mit Biomolekülen wie Proteinen und der DNA reagieren; die schädlichste dieser Reaktionen erfolgt in der Leber. Exposition gegenüber Vinylchlorid (VC, Vertreter der Gruppe der Alkenylhalide), das wegen seiner Verwendung bei der Polyvinylchloridherstellung (PVC) breite Verwendung gefunden hat, beeinflußt das zentrale Nerven-, das Atmungs-, Blut- und Lymphsystem (Manahan 1999). Während Vinylchlorid an Arbeitern aus der PVC-Industrie nachgewiesenermaßen karzinogen wirkt, sind 1,1-Dichlor-, Trichlor- und Tetrachlorethylen vermutlich karzinogen. VC wird daher heute in geschlossenen Anlagen unter sehr strengen Sicherheitsvorkehrungen produziert und in PVC umgewandelt; es ist im geklärten Abwasser der VC-/PVC-Hersteller nicht mehr nachweisbar. Die geringen Spuren von VC, die in die Luft entweichen, werden photochemisch schnell abgebaut. Per(chlorethylen), Tri(chlorethylen) und Methylenchlorid werden in der MAK-Liste IIIB als krebsverdächtig aufgeführt. Aus toxikologischer Sicht gibt es mit Organochlorverbindungen zwei spezielle Probleme: Dies betrifft zum einen die Ermittlung einer Langzeitwirkung (chronische Toxizität) auf Mitglieder von Ökosystemen (Wangersky 1995), zum anderen mögliche Kombinationswirkungen dieser Substanzen. Jacobi u. Witte (1995) ermittelten, daß 4-Chloranilin, Dicofol und 4-Chlorphenol in subtoxischen Einzelkonzentrationen auf menschliche Fibroblasten synergistisch wirken, als Ursache werden starke Lipophilitätsunterschiede der kombinierten Substanzen diskutiert.

In hochentwickelten Ländern sind bereits viele chlororganische Verbindungen wie DDT, Aldrin, Dieldrin, Endrin, Chlordan, Heptachlor, Toxaphen, technisches HCH (Lindan) verboten.

Auch die Natur produziert chlorhaltige organische Verbindungen (Buttgereit 1994). Jährlich werden rund 5 Mt Methylchlorid von Meeresorganismen (Algen) erzeugt. In Moorböden in Schweden wurden Konzentrationen an natürlich gebildeten Chlororganika gemessen, die einem Gehalt von rund 300 kt Chlor entsprechen. Schließlich ist auch Chloramphenicol als ein Stoffwechselprodukt von Pilzen und natürliches Antibiotikum zu nennen. Organische Verbindungen können enzymatisch halogeniert werden wie auch in der Atmosphäre mit hochreaktiven oxidierten Chlorspezies zu Chlororganika reagieren (Schöler u. Haiber 1997). Zuweilen ist sogar eine Unterscheidung zwischen geogen und anthropogen entstandenen chlororganischen Verbindungen möglich. Natürlich gebildete chlorierte Benzoesäuren unterscheiden sich in ihrem Isomerenverhältnis von solchen aus dem PCB-Abbau.

Biogen entstandene organische Chlorverbindungen wurden bereits in den dreißiger Jahren in einer Flechte aufgefunden (Faulkner 1980). In den letzten Jahrzehnten wurde eine Fülle biologisch bedeutender Chlorverbindungen entdeckt. Die Zahl der bereits identifizierten Vertreter dieser Stoffklasse beträgt inzwischen mehrere Tausend. Diese Substanzen werden von Meeresalgen, Korallen und Schwämmen, von Bakterien und Pilzen in Böden und Süßwasser und sogar von höheren Pflanzen wie dem Mais oder der Herkulesstaude gebildet. Verglichen mit den 5 Mt Methylchlorid, welche die Natur im Jahr freisetzt, nehmen sich die 30 kt industrieller Herkunft eher bescheiden aus. Die Natur entläßt auch um Größenordnungen mehr Tetrachlormethan in die Luft als menschliche Aktivitäten. Manche Lebewesen nutzen ausgefallene Chlorverbindungen als Waffen, um sich gegen Feinde zu wehren. Viele von Pilzen und Bakterien gebildete Antibiotika wie Chloramphenicol, Griseofulvin oder Aureomycin enthalten Chlor. Andere Mikroorganismen produzieren chlorhaltige Insektizide und Herbizide, die ihnen den Nachschub an Nährstoffen erleichtern. Manche Tangarten schützen sich mit Organochlorverbindungen vor Pilzbefall, andere schrecken mit den schlecht schmeckenden Inhaltsstoffen Fische ab. Zecken nutzen ein Dichlorphenol als Lockstoff. Sogar ein wichtiges Pflanzenwuchshormon, die Chlorindolessigsäure, enthält das Element.

Die natürlichen organischen Chlorverbindungen haben sich nicht in Lagerstätten angesammelt und werden laufend von Mikroorganismen zersetzt. Manchen Bakterien und Schimmelpilzen können die teilweise sehr komplexen organischen Chlorverbindungen als Nahrungsquelle dienen; der Weißfäulepilz kann z.B. selbst PCP, DDT oder PCB abbauen.

Ähnlich wie viele der bisher besprochenen organischen Stoffe gelten zahlreiche halogenorganische Spezies aufgrund ihrer Flüchtigkeit und Anreicherungstendenz in Nahrungsketten in der Umwelt als relativ mobil. So kann z.B. die Ausgasung von halbflüchtigen Organochlorverbindungen (z.B. niedermolekulare Vertreter der PCB) aus kontaminierten Böden zur Belastung der Atmosphäre über lange Zeiten führen (Jones 1994). Im Boden reichern sich hydrophobe Organochlorverbindungen in Organismen wie Erdwürmern an (Belfroid et al. 1995); allerdings unterscheiden sich im Feldversuch beobachtete Anreicherungen in aquatischen und terrestrischen Milieus von den Ergebnissen aus Laboruntersuchungen z.T. noch um Größenordnungen (Hendriks et al. 1995).

Als lipophile Substanzen durchdringen Chlororganika verhältnismäßig leicht Zellmembranen; auch größere Moleküle werden von Organismen über die Außenhaut und andere Gewebe schnell aufgenommen. Chlororganika sind besonders persistent und bioakkumulierbar, z.B. in Fischen („Langzeitdepot"). Beispiele zur Umweltbelastung durch CKW gibt Bliefert (1997).

Auf der Schwarzen Liste der EG-Gewässerschutzrichtlinie sind von 129 Stoffen 92 chlorierte KW (Förstner 1995a). Von den chlorierten Lösemitteln werden weniger als 10% wiederverwendet und ein hoher Teil der in Reinigungs- und Lackieranlagen eingesetzten CKW wird in die Luft emittiert.

Die Diskussion zum „Ausstieg aus der Chlorchemie" hat in der BRD um 1985 begonnen. Direkter Anlaß hierfür waren nicht zuletzt die außer Kontrolle geratenen Chlorprozesse bei der BASF, bei Hoffmann La Roche in Seveso, bei Boehringer in Hamburg und bei Union Carbide in Bhopal. Aus der Forderung nach einer systematischen, umweltpolitischen Steuerung der Chlorchemie entstand im Jahr 1992 das Projekt „Konversion Chlorchemie" (Darimont 1995). Ausgangspunkt für das Projekt war eine Bilanzierung der bundesdeutschen Chlorchemie, die seit Anfang 1992 im „Chlorhandbuch" des UBA vorliegt. Nach einer Vorstudie zur „Konversion Chlorchemie" ließe sich die Primärchloreinsatzmenge in Deutschland innerhalb der nächsten 20 Jahre um 51% reduzieren.

Da die direkten Emissionen chlororganischer Stoffe durch die chemische Industrie relativ gering sind und hinter den Emissionen durch die Anwendung dieser Produkte in Haushalt und Handwerk weit zurücktreten, leitete die Enquete-Kommission des Deutschen Bundestages anstelle von Forderungen nach einem Ausstieg die Forderung nach einer Umgestaltung der Chlorchemie im Sinne des „sustainable development" ab und gelangte zu einer differenzierten Betrachtung. Insofern ist die Debatte um die Chlorchemie mit das prominenteste Beispiel für einen stoffbezogenen Ansatz der Umweltpolitik, der nicht primär wie der klassische Immissionsschutz bei den Emissionen und Umweltauswirkungen einzelner Anlagen oder bei den Immissionen einzelner Umweltschadstoffe ansetzt, sondern den gesamten Stoffstrom einer Produktfamilie von der Erzeugung bis zur Entsorgung betrachtet. Bruckmann (1996) diskutiert hierzu Fallbeispiele aus der sog. Prognos-Studie, wobei er eine grundlegende Schwierigkeit der Methode der Ökobilanz oder Produktlinienanalyse deutlich macht: In der Endbewertung müssen Vor- und Nachteile gegeneinander abgewogen werden, die nicht direkt miteinander vergleichbar sind und letztlich subjektiv gewichtet werden müssen. Trotzdem bietet die Methode der Produktlinienanalyse eine gute Grundlage für eine rationale Auseinandersetzung mit der Problematik und verringert somit den subjektiv zu entscheidenden Anteil an der Bewertung wesentlich. Im Fallbeispiel PVC-Fenster ergeben sich eindeutige ökologische Vorteile für die Holzfenster; die Kosten einer vollständigen Substitution wären allerdings enorm. Unter Einbeziehung ökonomischer Faktoren scheint deshalb der vollständige Ersatz von PVC- durch Holzfenster keine rationale Option zu sein.

Produktion und Absatz von PVC in Deutschland bewegen sich seit rund fünf Jahren um 1,2 Mt (Jopp 1996). PVC erreicht die höchste Einstufung für brennbare Baustoffe: DIN 4102 Klasse B1 schwerentflammbar; ähnliches ergibt sich beim für Kabelbündel konzipierten Test IEC 332.3. Nach Jahren einer intensiv geführten Diskussion ist PVC heute der hinsichtlich seiner Umweltrelevanz bei weitem am besten untersuchte Werkstoff (Jopp 1996). Langlebige PVC-Erzeugnisse aus dem Baubereich werden inzwischen nahezu flächendeckend wiederverwertet (1995 betrug die Recyclequote 70 bis 75%). Rund 60% des PVC wird für Fensterprofile, Dachbahnen, Bodenbeläge, Kabel oder Rohre verwendet, PVC stellt etwa 60% aller im Bau eingesetzten Kunststoffe. Mit einer prognostizierten PVC-Abfallmenge von jährlich rund 1 Mt nimmt dabei die Chlormenge in der Technosphäre ständig zu (Friege u. Engelhardt 1996); etwa 12 Mt PVC sind bereits im Umlauf. Da, anders als bei Baustoffen, das werkstoffliche Recycling des Post-Consumer-Abfalls nur < 5% beträgt, landet der größte Teil des PVC im Müll. Trotzdem hat PVC an der gesamten Abfallmenge der BRD nur einen Volumenanteil zwischen 1 und 2%. Die im PVC fest verankerten Schwermetalle werden bei der Verbrennung zu > 99% in Filtern zurückgehalten; die Filterstäube werden auf den dafür zugelassenen Deponien entsorgt. Weitere Fakten zur umweltrelevanten Diskussion um PVC sind Pohle (1997) und Klukas u. Bieling (1999) zu entnehmen.

Erfolge der kritischen Einstellung breiter Bevölkerungskreise gegenüber Produkten der Organochlorchemie sowie eines Rückgangs der Primärchlorproduktion, des Ausstiegs aus Produktion und Verwendung der FCKW im Sinne des Montrealer Protokolls (nach Bornewasser (1996) z.B. Reduktion der CKW-Menge von 1986 bis 1993 um mehr als 75%) und des oben erwähnten Produktions- und Anwendungsverbots sowie von Herstellungsverboten für Chlororganika (z.B. DDT 1972, PCP und PCB 1989) sind bereits sichtbar: So sind die Gehalte der Muttermilch an Hexachlorbenzol (HCB), Hexachlorcyclohexan, (HCH), DDT und PCB in den vergangenen zehn Jahren bereits auf ein Fünftel des vormaligen Wertes zurückgegangen. Auch wurden die Quecksilberemissionen in die deutschen Flüsse aus der Chlor-Alkali-Elektrolyse, mit der Chlor erzeugt wird, deutlich reduziert. So hat z.B. die Quecksilberbelastung des Rheins durch die Chlor-Alkali-Elektrolyse von 40 t (1971) auf 100 kg (1989) abgenommen; die chemische Industrie arbeitet auch mit quecksilberfreien Verfahren (Diaphragma). Sowohl die Konzentrationen an Tetrachlorethen in der Luft, die PCB-Gehalte im Schwebstoff des Niederrheins als auch die Gehalte an adsorbierbaren organisch gebundenen Halogenverbindungen haben seit den achtziger Jahren eine deutlich fallende Tendenz (Bruckmann 1996). Rheinsedimente zeigen mit einer Dioxinkonzentration von < 15 ng/kg einen Wert wie 1940; die höchste Belastung wurde 1965 mit 325 ng/kg erreicht. Nach einer Untersuchung des LUA NRW ist die Luft in Großstädten seit 1988 ebenfalls deutlich dioxinärmer geworden, in Dortmund sanken die Emissionen um 46%, in Duisburg und Essen um 63%, in Köln sogar um 69%.

Im Zusammenhang mit dem Düsseldorfer Flughafenbrand gerieten Dioxine erneut in die Schlagzeilen. Der vom Ministerium eingesetzte Gutachter kommt zu dem Ergebnis, daß PVC weder für die Entstehung noch für die Ausbreitung des Brandes ursächlich gewesen sei. Die betroffenen Flugsteige seien nicht dioxinverseucht, sondern vielmehr stark mit Ruß belastet; dieser enthielt 6,5 g/kg PAK, darunter Benzo(a)pyren mit 264 mg/kg und PCB mit 223 mg/kg und auch Dioxine, deren Konzentration gegenüber den übrigen Werten auffallend niedrig ist. Die Hauptquelle für Dioxine waren PCB, die im Flughafen etwa in Fugenmassen oder als Flammschutzmittel in Dämmatten im großen Umfang eingesetzt wurden (inzwischen verbotene Materialien).

Halogenorganische Verbindungen im Abfall werden in der Abfallwirtschaft zu den Problemabfällen gezählt (Bliefert 1997). An die Entsorgung dieser Stoffe, die früher auf offener See verbrannt wurden, werden besonders hohe Anforderungen gestellt: Beispielsweise müssen halogenorganikhaltige Abfälle in Abfallverbrennungsanlagen bei Temperaturen > 1200 °C und einer mittleren Verweilzeit von mindestens 2 s verbrannt werden [§4(2)17 BImSchV], da man unter diesen Bedingungen PCDD/F zersetzen will.

In den folgenden Abschnitten werden typische Vertreter aus der Klasse der chlororganischen Verbindungen besprochen. Neben der aufwendigen Bestimmung von Einzelstoffen ist in der Praxis die viel leichter realisierbare Gesamtgehaltsbestimmung chlororganischer Verbindungen in Form der Summenparameter AOX (adsorbierbare organische Halogenverbindungen) und/oder EOX (lösungsmittelextrahierbare organische Halogenverbindungen) als Einstieg in diese Thematik geeignet und als Überblick auch sinnvoll (Schöler u. Haiber 1997, Reemtsma u. Jeckel 1997, DIN 38414 T17).

Chlorierte Kohlenwasserstoffe (CKW) oder Chlorparaffine
Chlorparaffine werden durch Chlorierung von Paraffinen (Radikalreaktion) im Bereich von C_{10} bis C_{30} zu einem Chlorgehalt von 10 bis 70% erhalten; die häufigsten Vertreter basieren auf C_{12}, C_{15} und C_{24} mit 40 bis 70% Cl (Zitko 1980). In Abhängigkeit vom Chlorgehalt reichen Chlorparaffine von mobilen über hochviskose Flüssigkeiten bis hin zu Festkörpern. Chlorparaffine sind nach Aluminiumhydroxid die häufigsten Flammschutzmittel für Plastik. Geradkettige CKW sind thermisch sehr stabil und praktisch farblos; das Einfügen verzweigter Paraffine erhöht die thermische Stabilität und die Farbdichte von gelb bis dunkelbraun.
Chlorierte Lösungsmittel werden hauptsächlich zur Textilreinigung und in der Metallverarbeitung zum Entfetten der Werkstücke eingesetzt; in geringeren Mengen werden sie als Lösemittel in Klebstoffen, bei der Kunststoffverarbeitung, bei chemischen Synthesen und zur Lackentfernung verwendet (Friege u. Engelhardt 1996). CKW sind zudem als Weichmacher und Flammschutzmittel in Textilien, Lederwaren, Lackfarben und Metallschneidehilfsmitteln sowie in PVC enthalten. Fast alle CKW-Lösemittel sind krebserregend, sie sind nachweislich lebertoxisch (Tetrachlormethan, 1,1,2,2-Tetrachlorethan, 1,1,2-Trichlorethan und 1,2-Dichlorethan sind starke und Trichlorethen, Tetrachlorethen, 1,1,1-Trichlorethan und Dichlormethan schwache Lebergifte für den Menschen). Ihre Abbauprodukte in der Troposphäre stehen unter Verdacht, an den Waldschäden beteiligt zu sein: Das in der Atmosphäre persistente 1,1,1-Trichlorethan zerstört die Ozonschicht. Während zur Metallentfettung statt beispielsweise Tetrachlormethan bereits zunehmend wäßrige Lösungsmittel verwendet werden, wird zur Reinigung von Textilien noch immer hauptsächlich Tetrachlorethen (Per) benutzt. In den Müll gelangendes Tetrachlormethan kann dort unter anaeroben Bedingungen Trichlormethan bilden, das als Narkotikum bekannt ist.
Kurzkettige CKW gelangen über die Abwässer von Herstellern und Verwendern in die Flüsse und schließlich ins Meer. Nach Möglichkeit sollten die kurzkettigen durch als ungefährlicher geltende langkettige CKW ersetzt werden.
Ihr verhältnismäßig niedriger Siedepunkt (CCl_4, $CHCl_3$ und CH_2Cl_2 mit 76,7, 61,7 bzw. 40 °C) und eine gegenüber den PAK deutliche bessere Wasserlöslichkeit (etwa 1 g/L bei 25 °C) verleihen diesen Stoffen ein hohes Ausbreitungsvermögen und damit eine große Mobilität in der Umwelt (Fellenberg 1997). Die besonders leicht flüchtigen Komponenten können sogar Betonwände von Kanalisationsrohren durchdringen und auf diesem Weg in das Grundwasser gelangen. Da chlorierte Lösungsmittel auch die Dichtungsfolien von Deponien durchdringen können, sind CKW von der Deponierung auszuschließen. Gebrauchte Lösungsmittel müssen entweder wiederaufgearbeitet oder verbrannt werden. Einige CKW und andere Chlororganika werden in Kläranlagen schnell abgebaut (z.B. Chlorbenzol), andere nur sehr langsam (Hexachlorbenzol). Perchlorspezies werden zu Tri- und danach zu Dichlorverbindungen umgesetzt, schließlich zu VC. Zur Kinetik abiogener Abbaureaktionen siehe Pagan et al. (1998). Chlorhal-

tige Substanzen, die wie z.B. Per in Kläranlagen nicht abgebaut werden, müssen vorher durch Reinigungsverfahren aus dem Abwasserstrom herausgeholt werden.

Die Toxizität von CKW für gewässerbezogene Fragestellungen wird mit dem sog. Goldorfen-Test durch Ermittlung der lethalen Konzentration LD_{50} bestimmt; sie liegt z.B. für 1,2-Dichlorethan bei ca. 400 mg/L, für Gamma-HCH bei 0,07 mg/L (Förstner 1995a). Die Übertragung dieser unter standardisierten Laborbedingungen ermittelten Werte auf ein Gewässer ist jedoch mit Unsicherheiten verbunden, weil Wassertemperatur, Sauerstoffgehalt und pH-Wert die Giftwirkungen eines Stoffes beeinflussen können. Für chlorierte Lösemittel gilt in der BRD ebenso wie in der Schweiz ein inoffizieller Richtwert von 25 µg/L Trinkwasser, obwohl die WHO einen Grenzwert von 3 µg/L vorschlägt; EG-Richtlinien sehen einen Richtwert von 1 µg/L vor; für Tetrachlorkohlenstoff in Luft gilt ein MAK-Wert von 65 mg/m³ (Fellenberg 1997).

Pentachlorphenol (PCP)

PCP (C_6Cl_5OH) wird als Wirkstoff in Algiziden, Fungiziden, Desinfektions- oder Konservierungsmitteln verwendet. Der Stoff wurde in Deutschland 1989 verboten; er war zuvor jedoch weit verbreitet, vorwiegend als Fungizid in Holzschutzmitteln. Die Angaben über jährliche Produktionsmengen weltweit schwanken zwischen 25 und 90 kt.

Da die Substanz stark fungizid, bakterizid und insektizid wirkt, eignet sie sich hervorragend als Holzschutzmittel. PCP löst sich aber schwer in Wasser und dringt dementsprechend schlecht in Holz ein. Deshalb wendet man häufig das wesentlich besser wasserlösliche Natriumpentaphenolat an. Von dieser Verbindung lösen sich bei 20 °C 22,4 g in 100 g Wasser. Im Holz kann durch Säurezusatz oder Begasung mit Kohlendioxid wieder die schwer lösliche Form hergestellt werden. Aus behandelten Baustoffen werden durch Verdampfen kontinuierlich Spuren von PCP an die Luft von Innenräumen sowie ins Freie abgegeben. Aufgrund gesundheitlicher Bedenken (s.u.) sollte PCP in geschlossenen Räumen nicht angewendet und – wenn überhaupt – nur für den Holzschutz im Freien eingesetzt werden. Im Freien nachweisbares PCP entsteht zusätzlich durch mikrobielle Metabolisierung von Hexachlorbenzol (HCB), einem wichtigen Fungizid, das als Saatgutbeizmittel und als Holzschutzmittel verwendet wird.

In Neuseeland wurde von den 50er bis zu den 80er Jahren PCP in Sägewerken zur Holzkonservierung eingesetzt; Ende 1991 wurde es aus dem Verkehr gezogen. Obwohl in der unmittelbaren Umgebung der Sägewerke Bodenkontaminationen mit bis über 100 mg/kg PCP gefunden wurden, konnten keine weiterreichenden Emissionen in die Umwelt beobachtet werden (Gifford et al. 1995).

Der Mensch nimmt PCP über die Atmung (als Dampf oder staubgebunden), über die Nahrung oder über die Haut (Kleidung, Staub, Gebrauchsgegenstände) auf. Zielorgane sind im wesentlichen Leber und Niere. Weil ein Großteil des aufgenommenen PCP mit dem Urin ausgeschieden wird, ist die dort gemessene Konzentration ein gutes Maß für die durchschnittliche Belastung; übliche Werte liegen bei 10 µg/L, sind aber individuell sehr verschieden.

Bei Vergiftungsfällen, insbesondere bei beruflicher Exposition mit PCP, werden Schwindelgefühl, Kopfschmerzen, Übelkeit, Atemnot, Schweißausbrüche, eine erhöhte Körpertemperatur, starke Haut- und Schleimhautreizung, Lähmungen, Leber- und Nierenschäden und Herzversagen als Symptome beschrieben. Die LD_{50}-Dosis für Ratten liegt bei 50 mg/kg Körpergewicht, die für den Menschen akute tödliche Dosis wird auf 30 mg PCP je kg Körpergewicht geschätzt. Als Langzeitwirkungen werden Chlorakne und neurologische Störungen, vereinzelt auch Anämie oder Morbus Hodgkin gemeldet. Ob Chlorakne und Leberschäden tatsächlich auf PCP zurückzuführen sind, ist umstritten: Für diese Effekte könnten auch Verunreinigungen des technischen Produkts mit PCDD verantwortlich sein.

Langzeitversuche mit Mäusen zeigen eindeutig eine kanzerogene und eine schwach chromosomenschädigende Wirkung von PCP. Bei in der PCP-Produktion beschäftigten Arbeitern wurde im Vergleich zu einer unbelasteten Kontrollgruppe eine signifikant erhöhte Anzahl von Chromosomenaberrationen in Lymphozyten beobachtet.

In Innenräumen kann man PCP-Konzentrationen von ca. 0,5 µg/m³ Luft messen; der MAK-Wert liegt bei 500 µg/m³. PCP kann durch die Haut, mit der Nahrung und über die Atemluft resorbiert werden. Wegen seiner Lipophilie wird es im Körperfett deponiert, von wo aus die Exkretion nur zögernd erfolgt. Beispielsweise scheidet die Regenbogenforelle PCP aus dem Körperfett mit einer Halbwertszeit von 23 h aus.

Im Freiland liegen die PCP-Konzentrationen naturgemäß wesentlich niedriger als in Innenräumen. Im Wasser der Ruhr beträgt die mittlere Belastung 0,1 µg/L, im Zulauf von Kläranlagen 0,2 bis 10 µg/L und in Böden bis zu 184 µg/L; bei Getreide und Zuckerprodukten wurden Konzentrationen zwischen 1 und 100 µg/kg festgestellt. Im Freiland gehört PCP zu den schwer abbaubaren Substanzen. Im Wasser wurden unter aeroben Bedingungen Halbwertszeiten von ca. 72 bis 80 Tagen gemessen, für die Abbauzeit im Boden variieren die Angaben zwischen 2 Wochen und 2 Monaten.

In Deutschland ist die Verwendung von PCP und von Nonylphenolen nicht durch die Klärschlammverordnung, sondern durch die PCP-Verbotsordnung und eine freiwillige Verzichtserklärung geregelt. Nach der 1989 erlassenen PCP-Verbotsordnung dürfen PCP und seine Verbindungen in entsprechenden Erzeugnissen nur in Konzentrationen bis zu 0,01% angewendet werden; damit behandelte Gegenstände dürfen nicht mehr als 5 mg/kg PCP als Rückstand enthalten. Während Klärschlämme der Jahre 1994 und 1995 durchschnittlich 28 µg/kg PCP enthielten, lagen diese Werte 1987 bis 1989 bei durchschnittlich 19 µg/kg (Jobst 1998). Dagegen hat die Belastung mit Nonylphenolen bei einem Mittelwert von 4,6 mg/kg (1994/1995) im Vergleich zu 1987/1989 deutlich abgenommen (Mittelwert 83,4 mg/kg). Dies ist wohl eine Konsequenz aus der freiwilligen Verpflichtung der Industrieverbände aus dem Jahre 1986, auf Herstellung und Einsatz von Alkylphenolethoxylaten (nichtionische Tenside in Wasch- und Reinigungsmitteln) zu verzichten, aus denen Nonylphenole mikrobiell gebildet werden. Nonylphenole können biologisch kaum abgebaut werden, sind sehr toxisch (bes. zu Wasserorganismen) und zeigen hormonelle Wirkungen.

Polychlorierte Biphenyle (PCB)

1966 war Dr. Jensen (Bayer) bei der Untersuchung von Umweltproben auf Lindan und DDT mit dem ECD auf einige unbekannte Peaks gestoßen, die immer wieder in seinen Chromatogrammen auftauchten und die er durch Vergleich mittels GC-MS als PCB identifizierte. Während sich in den sechziger Jahren die Diskussion auf die zunehmende Kontamination der Umwelt vor allem mit Schädlingsbekämpfungsmittel (bes. DDT, s.u.) konzentrierte, setzte nach den grundlegenden Arbeiten von Jensen und besonders nach der PCB-Seuche in Japan (s.u.) eine Flut von Untersuchungen und Publikationen über den Umweltkontaminanten PCB ein. Im Gegensatz zu den Pestiziden wurden die PCB nie auf größeren Arealen eingesetzt, sondern fanden vor allem im technischen Bereich Verwendung; trotzdem sind sie aufgrund weiträumiger atmosphärischer Verfrachtungsprozesse heute auch in siedlungsfernen Gebieten nachweisbar. Trotz Einstellung von Produktion und Vertrieb dieser Verbindungen in den Industrieländern zu Anfang der 80er Jahre werden die PCB aufgrund ihrer Persistenz noch lange in der Umwelt präsent bleiben.

Zusammensetzung, physikalische und chemische Eigenschaften. PCB steht für polychlorierte Biphenyle, wovon insgesamt 209 mögliche PCB-Komponenten (Kongenere) existieren, die sich in der Zahl der Chloratome und ihrer Stellung an den beiden Phenylringen unterscheiden (s. A.2.2.4). Die Stabilität der PCB nimmt mit wachsender Anzahl der Chloratome zu: PCB mit mehr als vier Chloratomen sind bereits nicht mehr brennbar.

Die Bezeichnung der Kongenere nach der Systematik von Ballschmiter u. Zell (1980) hat sich inzwischen durchgesetzt: Sie ordnet den Kongeneren entsprechend dem Chlorierungsgrad und der Stellung der Cl-Atome an den Biphenylringen steigende, ganze Zahlen zu (1 bis 209). Innerhalb jeder Isomerengruppe wird in der Reihenfolge der Bezifferung der Substituenten nach den IUPAC-Regeln, bei denen entsprechend der Substituentenstellungen generell die Ziffernfolge 2 < 2' < 3 < 3' < 4 usw. gilt, weitergezählt.

Ab 1929 wurden einfache industrielle Synthesen entwickelt (Müller u. Korte 1973): Nach gängigem Verfahren wird Biphenyl unter der katalytischen Wirkung von Eisen bzw. Eisenchlorid mit elementarem Chlor behandelt; je nach Einwirkungsdauer und Temperatur bilden sich verschieden stark chlorierte PCB. Der entstehende Chlorwasserstoff wird in einem Folgeschritt mit Natronlauge

entfernt und das zurückbleibende Gemisch verschiedener PCB destillativ gereinigt. Aufgrund der geringen Spezifität der Reaktion wird bei der Chlorierung von Biphenyl eine ganze Reihe von Isomeren und Homologen gebildet; so bestehen technische PCB aus einem Gemisch verschieden stark chlorierter Biphenyle mit einem Chlormassenanteil von 30 bis 60% (Bliefert 1997).
Die bei der industriellen Fertigung anfallenden Produkte sind je nach Chloranteil leicht bewegliche oder zähe Flüssigkeiten, Harze oder Pulver; in Deutschland waren die technischen Produkte Arochlor der Fa. Monsanto (USA) und Clophen der Fa. Bayer (Leverkusen) am gebräuchlichsten. Diese PCB-Gemische sind in ihren physikalischen und chemischen Eigenschaften bemerkenswert: Sie besitzen niedrigen Dampf- bzw. hohen Siedepunkt, hohe Viskosität, thermische Stabilität, chemische Resistenz auch gegenüber Säure- und Alkalibehandlung, geringe Wasserlöslichkeit (von max. 7000 µg/L bei Monochlorbiphenylen bis zu 0,016 µg/L für das Decachlorbiphenyl), hohe Dielektrizitätskonstante und großen spezifischen Widerstand. Im einzelnen werden diese physikalisch-chemischen Eigenschaften auch von der Stellung der Cl-Atome an den Phenylringen beeinflußt, wobei niederchlorierte Kongenere mit besetzten para- oder para/meta-Positionen geringere Löslichkeiten und Dampfdrücke aufweisen können als höherchlorierte Kongenere (Ketterer 1991).
Aufgrund ihrer besonderen Eigenschaften wurden die PCB deshalb hauptsächlich als Isolier- und Kühlflüssigkeit bei Transformatoren eingesetzt, als Dielektrikum im Kondensatorenbau, als Weichmacher für Lacke, Harze und Kunststoffe sowie als Hydraulikflüssigkeit für Hubwerkzeuge. In diesen Anwendungsbereichen vermitteln die PCB thermische Stabilität, geringe Flüchtigkeit, Isolierfähigkeit, Verminderung der Entflammbarkeit, Oxidationsschutz, Chemikalienbeständigkeit und Haftvermögen.
In den frühen achtziger Jahren kam es in allen Industrieländern der Erde zur Einstellung von Produktion und Verwendung der PCB; in Deutschland waren offene Anwendungen (z.B. als Weichmacher für Kunststoffe, als Schmier- und Klebstoffe) bis 1972 üblich. Das sicherste Mittel zur Vernichtung der PCB ist bisher die Verbrennung in dafür geeigneten Verbrennungsanlagen.
PCB-Ersatzprodukte sind Siliconöle, Phosphorsäureester, Polyglykolether, Derivate des Diphenylethers und andere; beispielsweise wurden lange Zeit Monomethyltetrachlordiphenylmethane (Handelsname Ugilec) eingesetzt (Westermann u. Gerhards 1999).

Dioxine als Begleitstoffe. Während die Gefahr der PCB für die Umwelt mehr eine latente Bedrohung infolge ihrer Speicherung im Fettgewebe und in bestimmten inneren Organen und weniger in einer akuten Giftwirkung bestand, trat durch den Nachweis von Dioxinen Furanen (PCDD/F, s.u.) im PCB ein neuer Aspekt auf. Diese Verbindungen sind erheblich toxischer als die PCB und bilden sich aus ihnen bei höheren Temperaturen in Gegenwart von Sauerstoff oder sauerstoffhaltigen Stoffen. Die Aufmerksamkeit der Forschung richtet sich jetzt bevorzugt auf Situationen, bei denen PCB hohen Temperaturen ausgesetzt sind, also etwa auf die Vorgänge in Verbrennungsanlagen oder auf Brände in der Umgebung von PCB-gefüllten Transformatoren und Kondensatoren. Bereits bei der PCB-Herstellung fallen PCN und PCDD/F im mg/kg-Bereich an.

Abbaubarkeit. Allgemein gelten PCB in der Umwelt als außerordentlich persistent. Im Freiland hält man Halbwertszeiten von 10 bis 100 Jahren für möglich (Fellenberg 1997). In die Atmosphäre gelangte PCB unterliegen Umwandlungs- und Abbauprozessen; auch hier werden atmosphärische Verweilzeiten von immerhin einigen Wochen und mehr angegeben (Ketterer 1991). Mit dem Transport in Richtung der wassergesättigten Zone nimmt der mikrobielle Abbau gegenüber dem in der biologisch aktiven Bodenkrume kontinuierlich ab; daraus kann eine größere Verbreitung der PCB im Grundwasser resultieren (Ketterer 1991).

Haluska et al. (1995) konnten experimentell nachweisen, daß PCB unter anaeroben Bedingungen in lehmigen und tonigen Böden mit nativer Mikroflora erst dehalogeniert und dann weiter abgebaut werden. Dieser Prozeß kann optimiert werden, indem man aus bereits langfristig mit PCB belasteten Böden Bakterienstämme wie *Pseudomonas* oder *Alcaligenes* isoliert, kultiviert und in der Sanierung einsetzt (Dercova et al. 1995).

Emission und Anreicherung in Umweltkompartimenten. Nach einer Schätzung der US National Academy of Sciences betrug die Weltproduktion bis 1978 ca. 1 Mt PCB mit einem Anteil der USA von 64% (Ketterer 1991); in der Bundesrepublik Deutschland wurde die PCB-Produktion 1983 eingestellt.

Möglichkeiten zum direkten Eintritt der PCB in die Umwelt sind u.a. Lecks und unvollständige Verbrennung; erst bei Temperaturen um 1000 °C werden PCB in Abfällen vollständig verbrannt (Müller u. Korte 1973). Wird dieser Schwellenwert nicht erreicht, so verdampfen die PCB unzersetzt in die Atmosphäre. PCB können auch auf folgenden Wegen in die Umwelt gelangen: Offene Anwendungen (z.B. Konsumgüter, Insektizid-Zusätze), Entstaubungsmittel, Lackzusatz, Naßfestigkeitsverbesserer, alte Kondensatoren, kommunale Abfälle, Klärschlämme, Industrieabfälle wie Abwässer, PCB-haltige Altöle und Grubenwässer (PCB-Einsatz als Hydrauliköl). Derzeitige Hauptquelle für PCB ist nach Bliefert (1997) wahrscheinlich die Entsorgung von Altöl. Nach der Altölverordnung (§3 Altöl V) dürfen Altöle nicht mehr zu Ölraffinaten aufgearbeitet werden, wenn sie mehr als 20 mg/kg an PCB enthalten. Es besteht der begründete Verdacht, daß bei der Verschrottung ausgedienter Transformatoren, Kondensatoren und Hydraulikanlagen trotz Vermischungsverbot (§4 (2) AltölV) die abgelassenen PCB-haltigen Flüssigkeiten mit herkömmlichem Altöl vermischt werden.

Askarel ist der Name der PCB enthaltenden dielektrischen Flüssigkeit in Transformatoren in den USA, die 50 – 70% PCB und 30 – 50% Trichlorbenzol enthalten (Manahan 1999). 1989 waren in den USA noch schätzungsweise 100000

Askarel enthaltende Transformatoren in Betrieb. Bei Austausch der dielektrischen Flüssigkeit diffundiert noch monatelang PCB aus dem Transformatorenkern in die Ersatzflüssigkeit. In Binghampton/New York ereignete sich ein Feuer, bei dem ein PCB-gefüllter Transformator in den Brandherd geriet (Förstner 1995a); das ausgelaufene PCB entwickelte eine erhebliche Rußmenge, in der nach dem Brand ca. 3 mg/kg 2,3,7,8-TCDD gefunden wurde. Wegen der hohen Lebensdauer verschiedener Transformatoren von zwischen 30 und 50 Jahren wird die PCB-Problematik noch längere Zeit aktuell bleiben.

Nach ihrem Eintritt in die Umwelt werden die PCB durch die Medien Boden, Wasser und Luft aufgenommen, ständig ausgetauscht und von ihnen transportiert; untereinander kommunizieren die drei Medien über Niederschlag und Verdampfung, Ad- und Desorption. Global besehen repräsentieren die Wasserströmungen der Meere und besonders die Konvektionen in der Atmosphäre die wichtigsten Transportmechanismen. Dabei sind die PCB aufgrund ihrer geringen Wasserlöslichkeit größtenteils an Schwebstoffe und Biomaterial im Wasser adsorbiert, während in der Luft hauptsächlich Aerosole bzw. Staubpartikel als Träger anzusehen sind. Der Sediment-Wasser-Verteilungskoeffizient (K_d) von PCB wird von der Konzentration der im System vorhandenen Festkörper beeinflußt (Brannon et al. 1994): Mit zunehmender Festkörperkonzentration (gilt nur für den Bereich < 10 g/L) nehmen die Verteilungskoeffizienten ab. Die Ergebnisse der Laborversuche und Modellvorstellungen decken sich nicht immer mit Feldbefunden. Insbesondere treten bei Langzeitprozessen zusätzliche Effekte wie z.B. das Eindringen der Schadstoffe in Mikroporen von Festkörpern und organischem Material auf.

Ein ähnliches umweltrelevantes Verhalten wie die PCB zeigen polychlorierte Terphenyle und Naphthaline oder Chlorbenzole, die deshalb ebenfalls problematisch sind.

Die Umwelthintergrundkonzentration von PCB im Boden dürfte im Bereich 0,2 bis 100 µg/kg liegen (Travis u. Blaylock 1992); in mit Klärschlamm und Abfallkompost gedüngten Böden wurden allerdings bis zu 1,5 mg/kg und auf belasteten Industriestandorten bis zu 100 mg/kg gemessen. PCB-Gehalte in Oberbodenproben des nördlichen Rhein-Neckar-Raums liegen in der Größenordnung 0,X mg/kg (Ketterer 1991). Die Rückhaltung lufteingetragener PCB in Böden wird entscheidend vom Anteil des organischen Kohlenstoffs bestimmt. Überschwemmungsgebiete weisen generell überdurchschnittliche PCB-Gehalte auf. Manahan (1999) berichtet von PCB als vorherrschende Kontaminanten in den Sedimenten des Hudson River als Ergebnis der Abwassereinleitungen von zwei Elektronikfirmen (Kondensatorherstellung) im Zeitraum von 1950 bis 1976. Die Flußsedimente wiesen flußabwärts mit PCB-Gehalten um 10 mg/kg etwa um eine bis zwei Größenordnung zu hohe Werte auf. In Enten wurden durchschnittlich 7,5 mg/kg PCB gefunden, deutlich höher als der Grenzwert von 3 mg/kg für Hühnchen. Iannuzzi et al. (1995a) bestimmten PCB in Sedimenten aus der Newark Bay (New Jersey) im Zeitraum 1990 bis 1993 zusammen mit der Chronologie dieser Schadstoffe mittels ^{210}Pb und ^{137}Cs datierter Sedimentkerne. Die höchsten Konzentrationen stammten aus den sechziger und siebziger Jahren, der Hochzeit der Arochlorproduktion. Aufgrund hoher PCB-Gehalte in Sedimenten und Fischen im Gebiet der New York/New Jersey Hafenmündung wurde 1983 ein Fischverbot verhängt (Kennish et al. 1992).

Berset u. Holzer (1995) bestimmten PCB in einer Vielzahl umweltrelevanter Festkörperproben aus der Schweiz (Mittelwerte in µg/kg): Agrikulturböden 14 (entspricht der lokalen Hintergrundbelastung), Rinderstallmist 20, Schweinestallmist 37, Klärschlamm 400 und Kompost 32. Nach Abschätzungen von Prof. Hoffmann (Essen) dürften in Westdeutschland ca. 5 bis 40 mg/kg PCB auf den Hausmüll verteilt sein, Kläranlagen enthalten größenordnungsmäßig 1mg/kg und Deponiesickerwässer 1 µg/L; Müller u. Korte (1973) berichten von sehr hohen Konzentrationen (bis zu 12 mg/kg) in kommunalen Abfällen und Klärschlämmen.

Atmosphärische PCB-Konzentrationen (Summen der Tri- bis Decachlorbiphenyle) bewegten sich 1991/92 im Jahresmittel zwischen 106 pg/m^3 in der Eifel und 433 pg/m^3 in Düsseldorf-Mörsenbroich (Hiester 1994); die koplanaren PCB Nr. 77, 126 und 169 Co-PCB lagen im Jahresmittel unter 1 pg/m^3. Als allgemeinen globalen Hintergrundwert für PCB in der erdnahen Atmosphäre nimmt man grob 0,1 ng/m^3 an. Mittels hochauflösender GC-MS im SIM-Modus konnten Ohsaki et al. (1995) in Flugaschen und in Sedimenten eines Bewässerungsbeckens in der Nähe einer Müllverbrennungsanlage 1200 bzw. 270 ng/kg an Co-PCB nachweisen. Die Verteilungsmuster der Co-PCB-Kongeneren der Sedimentproben waren nur geringfügig unterschiedlich, die der Flugaschen jedoch völlig anders als entsprechende Verteilungsmuster technischer PCB-Gemische. Ähnlich wie bei den Dioxinen können somit möglicherweise auch Co-PCB bei Verbrennungsprozessen gebildet werden. Der Anteil koplanarer PCB am PCB-Gesamtgehalt in Abgasen und Flugasche aus der Müllverbrennung liegt mit 5 bis 10% höher als im „Yusho"-Öl und kommerziellen PCB-Produkten mit typisch 1% (Sakai et al. 1993). Noch höhere Anteile (bis zu 30% des gesamten Toxizitätsäquivalentwertes) werden für Böden und Sedimente berichtet (Boers et al. 1994). Hochtemperaturprozesse liefern ein PCB-Verteilungsmuster, welches sich stark von dem in Böden und Sedimenten unterscheidet, bei dem PCB 77 > 70% der koplanaren PCB ausmacht.

Emissionen von PCB aus Kleinkondensatoren sind ein gravierendes Umweltproblem (Barghoorn et al. 1988): in Berlin-West wurden von 1960 bis 1981 nach Schätzungen aus einer Erhebung zu den sechs problematischsten Gerätearten (Dunstabzugshauben, Geschirrspüler, Leuchtstofflampen, Ölbrenner, Trockenhauben und Waschmaschinen) mindestens 342 t PCB eingesetzt. Ein Teil dieser Menge ist noch nicht freigesetzt, weil sich die fraglichen Geräte noch in Gebrauch befinden.

Obwohl die PCB-Anwendung inzwischen weltweit eingeschränkt wurden, ist nach Bliefert (1997) dennoch kein rückläufiger Trend bei den Gehalten in der

Umwelt erkennbar. PCB sind inzwischen als ubiquitär zu bezeichnen: Fuoco et al. (1994) bestimmten mittlere Konzentrationen von PCB in Meerwasserproben aus der Antarktis im Bereich von X00 pg/L; die höchsten Gehalte ergaben sich hierbei nach Abschmelzen des Packeises. In antarktischen Meer- und Seesedimenten finden sich innerhalb einer 10 cm dicken Oberflächenschicht X0 ng/kg (Fuoco et al. 1995). In Bodenproben aus dem Hochgebirgsbereich des Nationalparks Krkonose (Nordböhmen, tschechisch-polnische Grenze) fanden sich dagegen bereits 31 bis 137 µg/kg PCB mit einem Beitrag der nichtortho- und mono-orthosubstituierten PCB zum Toxizitätsäquivalentwert (TEQ) zwischen 9 und 49% (Holoubek et al. 1994); PCB 77 war der häufigste Vertreter der koplanaren PCB.

Die für die Anwendung so hochgeschätzte außerordentliche Persistenz verhindert den Abbau der PCB in der Umwelt durch Hydrolyse, Strahlung oder durch enzymatische Prozesse und führt zu einer stetigen Anreicherung, besonders in der Leber und im Fettgewebe der Organismen am Ende der Nahrungskette. PCB-Mengen in Blut und Fettgewebe steigen stark an, wenn Testpersonen Kontakt mit PCB haben: In einer finnischen Studie wurden Extremwerte bis zu 635 mg/kg gefunden (Müller u. Korte 1973). In schwedischen Lebensmitteln wurden bis zu 1 mg/kg PCB entdeckt. In der Nahrungskette des Genfer Sees stellte man folgende Konzentrationen, jeweils bezogen auf die Trockenmasse der Organismen und Substrate fest (Angaben in mg/kg): Sediment 0,02 > Wasserpflanzen 0,04 – 0,07 > Plankton 0,4 > Muscheln 0,6 > Fische 3 – 4 > Eier des Haubentauchers (ein sich von Fischen ernährender Vogel) 56 (Fellenberg 1997). Von Gehalten in Seevögeln von 110 mg/kg und in Meeressäugern von 160 mg/kg sowie von 0,1 bis 10 mg/kg in menschlichem Fettgewebe wird berichtet (Bliefert 1997). Kamrin u. Ringer (1994) geben einen Überblick über PCB-Rückstände in Säugetieren in der terrestrischen und marinen Umwelt. Während diese Verbindungen in allen Proben aufzufinden sind, stammen die niedrigsten Konzentrationen aus dem Bereich der Antarktis und die höchsten von „Hot Spots" auf der nördlichen Hemisphäre (z.B. Ostsee).

Toxikologische Aspekte, behördliche Regelwerke. Erst Mitte der 60er Jahre wurde nach der analytischen Erfassung auch die ökologische Problematik bei der Verwendung von PCB erkannt. Dies betrifft weniger die akute Giftigkeit; die andauernde Aufnahme selbst sehr kleiner Dosen jedoch ist für Organismen schädlich. In Tierexperimenten wurden Dermatitis, Schädigungen von Leber, Milz und Nieren, Herzbeutelwassersucht, Induktion von Leberenzymen, teratogene Effekte und immunsuppressive Wirkung beobachtet. Der LD_{50}-Wert schwankt je nach Organismus zwischen 1 µg/L PCB (bezogen auf Wasser) für Garnelen über 50 mg/kg für Küken bis zu 2000 mg/kg (bezogen auf Futter) für Mäuse und Ratten (Müller u. Korte 1973). Synergismen von PCB und Insektiziden sind für bestimmte Lebewesen (z.B. Fliegen) nicht auszuschließen.

Nicht nur einige Dioxine und Furane (PCDD/F, s.u.) zeigen, hauptsächlich auf der Bindung an den Ah-Rezeptor beruhende, ähnliche toxische Wirkungen (dermale und endokrine Toxizität, Immunotoxizität, Reproduktionsschäden, Terato- und Kanzerogenität) wie TCDD (2,3,7,8-Tetrachlordibenzo-p-dioxin), sondern auch bestimmte (nicht-ortho koplanare) PCB (Co-PCB), die man als dioxinähnlich bezeichnet (Sommer et al. 1997, Ahlborg u. Hanberg 1994). Co-PCB wurden in hohen Konzentrationen in Fisch, Nahrung, Blutserum, Mutter-milch und Wildtieren nachgewiesen; sie sind von besonderer Bedeutung bei Tieren, in denen sie die Gehalte an PCDD/F übersteigen können. Da dioxin-ähnliche Substanzen in Umweltproben üblicherweise als komplexe Mischungen zahlreicher Kongenere vorliegen, wurde zur Vereinfachung der Risikoabschät-zung und administrativer Kontrollmaßnahmen das Konzept der toxischen Äqui-valente (TEQ) eingeführt: Auf der Grundlage von Versuchen in vitro und in vivo werden die Toxizitäten dioxinähnlicher Verbindungen über Toxizitäts-äquivalentfaktoren (TEF) auf das 2,3,7,8-TCDD als Referenzsubstanz bezogen. Die höchsten TEF-Werte zeigen mit 0,1 und 0,01 die PCB mit den IUPAC-Nummern 126 bzw. 169.

1968 erkrankten in Japan ca. 1000 Menschen nach dem Genuß von PCB-halti-gem Reisöl an einer Krankheit, die den Namen „Yusho" erhielt (Müller u. Korte 1973). Durch ein korrodiertes Kühlsystem gelangte das als Wärmeübertragungs-mittel eingesetzte PCB in das Reisöl. Ähnliche Ursachen hatte eine PCB-Konta-mination, die 1971 in den USA entdeckt wurde: In einer Futtermittelfabrik waren durch ein Leck größere Mengen an PCB in Geflügelfutter geraten. 1973 wurden in Michigan versehentlich als Flammschutzmittel eingesetzte polybro-mierte Biphenyle (PBB) anstelle von Magnesiumoxid dem Tierfutter beige-mischt (Manahan 1999). Als Folge davon mußten 30000 Rinder, 6000 Schwei-ne, 1500 Schafe, 1,5 Millionen Hühner, eine Unmenge an Milchprodukten und 5 Millionen Eier zerstört werden. Im Blut betroffener Farmer konnte PBB nachgewiesen werden. Sie zeigten deutlich verminderte Abwehrkräfte gegen-über Krankheiten. Die ökonomischen Kosten des Michigan-Unfalls überstiegen 100 M$.

Dermatologische Befunde ergaben eine Hautunverträglichkeit für den Men-schen, die als „Chlorakne" bezeichnet wird (schwer heilende und Narben hinter-lassende Hautausschläge). Bei „Yusho"-Patienten, die zwischen 0,5 und 2g PCB aufgenommen hatten, wurden neben den erwähnten Hautsymptomen eine Pig-mentierung der Nägel, Gewichtsverlust, Kopfschmerzen, Schwellungen von Lymphknoten und Lidern sowie Augenausfluß diagnostiziert (Müller u. Korte 1973). Eingehende Untersuchungen zeigten eine Beeinflussung des Stoffwech-sels (Fette, Porphyrine, Steroide), immunsuppressive Wirkungen, Leberschäden, Veränderungen im peripheren Nervensystem und Hinweise auf Fetotoxizität.

Die Verwendung von PCB ist in vielen Ländern starken Beschränkungen unter-worfen. In der BRD dürfen sie nur noch in geschlossenen Systemen (z.B. Trans-formatoren) verwendet werden (PCB-, PCT-, VC-Verbotssverordnung). Da für

PCB für den Menschen krebserzeugende Wirkungen vermutet werden, sind diese Verbindungen im Teil IIIB der MAK-Werte-Liste aufgeführt. Wie für die chemische Stabilität, ist auch die Toxizität der PCB deutlich direkt mit deren Cl-Gehalt korreliert (Fellenberg 1997), so daß bei einem Cl-Gehalt von 42% der MAK-Wert auf 1 mg/m^3, bei einem Cl-Gehalt von 54% dagegen auf 0,5 mg/m^3 festgesetzt wurde.

Lebensmittel dürfen nicht in den Verkehr gebracht werden, wenn ihr Gehalt die in der Schadstoff-Höchstmengenverordnung festgelegten zulässigen Höchstmengen überschreitet, z.B. 20 µg/kg für Eier (ohne Schale) und Eierprodukte (Bliefert 1997).

Polychlorierte Dibenzodioxine und -furane (PCDD/F)
Selten hat eine Gruppe organischer Verbindungen solch eine wissenschafts-politische und darüber hinaus wirtschaftliche Eigendynamik entfaltet wie die Dioxine (Ballschmiter u. Bacher 1996).

Zugespitzt formuliert, lautet der generelle Vorwurf breiter Kreise der Öffentlichkeit an die Chemieindustrie: Dioxine als Produkt chemisch-technischer Aktivitäten der Industriegesellschaft seien verantwortlich für schwere Erkrankungen wie Chlorakne und Leberschäden und würden außerdem Krebs hervorrufen. Demgegenüber lautet der Standpunkt der chemischen Industrie: Dioxine entstehen auch auf ganz „natürliche" Weise bei üblichen Verbrennungsprozessen in Gegenwart von anorganischem Chlor. Erkrankungen als Folge einer langandauernden Aufnahme kleiner Mengen seien beim Menschen bisher nicht bekannt; es gebe zwar Anhaltspunkte, aber keine eindeutigen Beweise dafür, daß Dioxine beim Menschen Krebs auslösen.

Thermische Prozesse ebenso wie die großtechnische Produktion einiger chlororganischer Stoffe seit den 40er Jahren dieses Jahrhunderts haben zu einer ubiquitären Anreicherung dieser persistenten und bioakkumulierenden Stoffe im Boden, in den Sedimenten der Flüsse und Seen geführt. Die wesentlichen mit einer Exposition gegenüber PCDD/F verbundenen Probleme betreffen vorrangig nicht die akute Toxizität, sondern die außerordentliche Persistenz und Lipophilie dieser Substanzen. Wegen des breiten Spektrums möglicher Gesundheitsschäden sollte man sich generell bemühen, PCDD/F weitgehend aus dem Lebensraum des Menschen zu eliminieren.

Trotzdem stellt sich nach Ballschmiter u. Bacher (1996) die Frage, ob der erhebliche Aufwand an finanziellen Mitteln für die Untersuchung einer einzigen Stoffgruppe gerechtfertigt war. Allein in Deutschland werden nämlich ca. 4600 Altstoffe mit mehr als 10 Jahrestonnen vermarktet, die im Vergleich hierzu nur unzureichend auf ihre Umweltauswirkungen untersucht sind.

Zusammensetzung und Klassifikation, physikalische und chemische Eigenschaften. Unter den PCDD/F („Dioxine" als Sammelbegriff für 75 polychlorierte Dibenzo-p-dioxine und 135 polychlorierte Dibenzofurane) wird eine Substanzgruppe chlorierter, trizyklischer, fast planarer Ether mit ähnlichen physikalischen, chemischen und biologischen Eigenschaften zusammengefaßt (s. A.2.2.5). Einzelverbindungen mit gleicher Anzahl und Art der Halogensubstituenten werden als Halogen-Homologe bezeichnet. Die polyhalogenierten Dibenzo-p-dioxine (PXDD) und Dibenzofurane (PXDF) mit X = Br,Cl lassen sich in jeweils 44 verschiedene Homologengruppen untergliedern (Ballschmiter u. Bacher 1996). Die quantitative Verteilung der PXDD/F auf die einzelnen Gruppen der Halogen-Homologen wird als Homologenprofil bezeichnet. Neben Anzahl und Art der Halogenatome ist ihre jeweilige Stellung am Grundkörper für eine bestimmte Einzelverbindung charakteristisch. So existieren innerhalb der einzelnen Halogen-Homologengruppen der PXDD/F eine große Anzahl von Isomeren; die relative Verteilung auf die verschiedenen Gruppen der Halogen-Homologen wird dementsprechend als Isomerenmuster bezeichnet. Die einzelnen Vertreter der von einem bestimmten Grundkörper abgeleiteten chemischen Substanzklasse werden schließlich unter dem Überbegriff Kongenere zusammengefaßt; für die Dioxine lassen sich insgesamt 1700 verschiedene Kongenere der PXDD und 3320 der PXDF unterscheiden (Ballschmiter u. Bacher 1996).

Die außergewöhnlich hohe Toxizität, die sich in sehr unspezifischer Weise äußert, hat das 2,3,7,8-Tetrachlordibenzodioxin (TCDD oder 2,3,7,8-Cl$_4$DD, „Seveso-Dioxin", Dioxin) seit fast zwei Jahrzehnten immer wieder in die Schlagzeilen gebracht. Weitere 16 Komponenten mit Chlorsubstituenten in 2,3,7,8-Stellung, die sogenannte 2,3,7,8-Klasse, sind jedoch unter toxikologischen Gesichtspunkten ebenso relevant. Ihre Gehalte in Luft, Boden oder Nahrungsmitteln werden in der Regel zu einem gewichteten Wert als sogenannte toxische Äquivalente (TEQ) zusammengefaßt und damit einer entsprechenden Belastung durch das 2,3,7,8-Tetrachlor-dibenzo-p-dioxin allein gleichgestellt; TCDD erhält den Faktor 1, während die entsprechenden Faktoren der anderen Substanzen zwischen 0 und 0,5 variieren. Die trotz ihrer deutlich geringeren Toxizität auch zur 2,3,7,8-Klasse gerechneten jeweiligen Octachlorverbindungen, OCDD und OCDF, dienen wegen ihres relativ leichten und sicheren Nachweises auch als Leitverbindungen für das generelle Auftreten von PCDD/F.

Obwohl in der Vergangenheit die Umrechnung der Konzentrationen der einzelnen Kongenere eines komplexen Vorkommens der PCDD/F in einen einzigen Belastungswert als sogenannte TCDD-Äquivalente (toxic equivalents TEQ) unterschiedlich gehandhabt wurde, werden seit 1993 fast ausschließlich die internationalen Toxizitätsäquivalentfaktoren (i-TEF oder I-TEF) verwendet. Beim Vergleich von Gehalten, die in TCDD-Äquivalenten (TEQ) als ng/kg angegeben sind, ist die mögliche unterschiedliche Wichtung der addierten Konzentrationen zu beachten und gegebenenfalls auf das I-TEF System umzurechnen (Futz et al. 1990). Im Prinzip ist dieses Verfahren, eine komplexe Vielstoffbelastung durch Äquivalentfaktoren addierbar zu machen, auch auf die in ihrer Struktur und Wirkung den Dioxinen vergleichbaren, in 2,6-Stellung nicht substituierten, mono- und disubstituierten Co-PCB (s.o.) und auf polychlorierte Diphenylether (PCDE) übertragen worden. Für 13 Kongenere der insgesamt 209 möglichen PCB wurden auf das 2,3,7,8-TCDD bezogene Toxizitätsäquivalentfaktoren (TEF) erstellt (Ahlborg et al. 1994). Das PCB-Kongener 126 (3,3',4,4',5-Pentachlorbiphenyl) hat dabei mit 0,1 den höchsten Wert erhalten und entspricht damit mit seinem Wert des I-TEF dem 2,3,7,8-Tetrachlordibenzofuran. Das System der TCDD-Äquivalente bekommt dadurch einen Stellenwert, der sich von seiner ursprünglichen Zuordnung zur Gruppe der Dioxine im Prinzip lösen kann (Ballschmiter u. Bacher 1996). Weitere Gruppen polychlorierter Verbindungen, wie z.B. spezifische Kongenere der bereits erwähnten PCN und insbesondere dioxinanaloger Verbindungen, könnten in das System aufgenommen werden.

Anläßlich eines Expertentreffens der WHO in Stockholm wurden die TEF-Werte zur Risikobewertung neu festgelegt (Schrenk u. Fürst 1999): Mit dem höchsten Wert von 1 wurde das 1,2,3,7,8-PnCDD dem 2,3,7,8-TCDD gleichgestellt, gefolgt vom 2,3,4,7,8-PnCDF mit 0,5; den Wert von 0,1 erhielten das 1,2,3,4,7,8-, 1,2,3,6,7,8- und 1,2,3,7,8,9-HxCDD, das 1,2,3,4,7,8-, 1,2,3,6,7,8-, 1,2,3,7,8,9- und 2,3,4,6,7,8-HxCDF und das PCB 126.

Die PXDD/F werden zu den schwerflüchtigen Substanzen gerechnet. Ihre Dampfdrücke nehmen mit steigendem Chlorierungsgrad ab. Bromierte Kongenere besitzen deutlich niedrigere Dampfdrücke als die entsprechenden chlorierten Komponenten; grob erhöht sich bei Temperatursteigerung um 10 °C der Dampfdruck um den Faktor drei bis vier (Ballschmiter u. Bacher 1996). Bei den PXDD/F handelt es sich um Substanzen mit einer Wasserlöslichkeit im Bereich von µg bis ng pro L; vergleichsweise beträgt dieser Wert beim schwerlöslichen Bariumsulfat bei 25 °C etwa 2,5 mg/L. Eine ausführliche Zusammenstellung von Werten für den Biokonzentrationsfaktor (BCF) von PCDD/F gibt eine Monographie von Mackay (1992). Über $\log BCF = 0{,}85 \log K_{OW} - 0{,}70$ kann hieraus der K_{OW}-Wert (Verteilung im hydrophoben/hydrophilen System) abgeschätzt werden (Veith et al. 1979), woraus näherungsweise über $K_{OC} = 0{,}41 \times K_{OW}$ die Bodensorptionskonstante K_{OC} abgeleitet wird (Karickhoff et al. 1979). In der Literatur finden sich nach Ballschmiter u. Bacher (1996) für die Henry-Konstante (Verteilung zwischen Luft und Wasser) der PXDD/F nur wenige und z.T. sehr widersprüchliche Daten.

Bildungsmechanismen. Dioxine und andere Klassen polyhalogenierter aromatischer KW entstehen allgemein bei jeglichen umweltrelevanten Verbrennungsprozessen, so auch bei Waldbränden („biomass borning", Tashiro et al. 1990, Smith 1978). Grundsätzlich kann man drei verschiedene Bildungswege diskutieren, die das Vorhandensein von PXDD/F in durch thermische Prozesse geprägten Proben erklären können (Ballschmiter u. Bacher 1996):

- Die PXDD/F werden bei *Niedertemperaturprozessen* gebildet und gelangen anschließend in das Brenngut. Aufgrund ihrer außergewöhnlichen Stabilität finden sich diese Komponenten in den Verbrennungsprodukten (Abgas, Abwasser und Asche) wieder.
  Hierbei ist zu bedenken, daß die Bildung der PXDD/F aus einfachen Vorläufermolekülen allgemein durch höherere Temperaturen (> 300 °C) stark begünstigt wird; im Temperaturbereich < 300 °C existieren nur relativ wenige chemische Reaktionen, bei denen aus Vorläufermolekülen direkt PXDD/F entstehen. Eine solche Reaktion stellt z.B. die Kondensation von ortho-halogensubstituierten Phenolen im alkalischen Medium dar, die schon oberhalb von etwa 150 °C in einem wahrscheinlich nukleophilen Bildungsmechanismus zu PXDD führt. Technische halogenierte Phenole können demzufolge beträchtliche Verunreinigungen an PXDD enthalten.
- Die Bildung von PXDD/F besteht prinzipiell in der direkten thermischen Umsetzung von Vorläufersubstanzen (*Precursor*-Verbindungen), insbesondere von halogenierten Phenolen, Benzolen, Biphenylen oder Diphenylethern, die im ursprünglichen Brenngut bereits vorhanden waren. Die In-situ-Synthese der Dioxine erfolgt dabei u.a. durch Kondensationsreaktionen unter Einbeziehung freier Radikale, Zyklisierungen und Halogenierungs- und Dehalogenierungsreaktionen.
- Eine weitere grundsätzliche Möglichkeit zur rein *thermischen Bildung* der PXDD/F besteht in ihrem sukzessiven Aufbau aus den zugehörigen Elementen C, H, O, Cl und/oder Br, im Rahmen der Aren-Chemie in der unvollständigen Verbrennung organischer Verbindungen. Die PXDD/F stellen bei dieser „De novo-Synthese" oder Pyrosynthese nur eine Gruppe aus der Vielfalt von Endprodukten aus den Gruppen der Arene, Oxaarene und Thioarene in einem äußerst komplexen Reaktionsgeschehen dar. Die Gruppe der Oxa-arene (= aromatische Ether) beginnt mit Benzo-p-dioxin und Benzo-furan und kann über die Benzo-naphtho-p-dioxine und -furane und die Dinaphtho-Derivate beliebig erweitert werden: Zum Beispiel Furanoarenofurane, PCN, Biphenyle und Anthracene, S- und S/S- bzw. O/S- Derivate der PCDD/F, polychlorierte Dibenzothiophene, Thianthrene und Phenoxathiine, oder entsprechende S-, S/S-, O/S- Derivate von Benzo-p-dioxin, Benzofuran und der Benzonaphtho- und Dinaphtho-Derivate.

Mit Hilfe thermodynamischer Daten lassen sich *Substanzmuster* der PXDD/F aus thermischen Prozessen deuten (Ballschmiter u. Bacher 1996): Zum Beispiel werden die Unterschiede in den freien Bildungsenthalpien zwischen verschiedenen Kongeneren desselben Chlorierungsgrades mit zunehmender Temperatur allgemein kleiner. Als Folge davon bewegen sich PCDD/F-Muster aus thermischen Prozessen bei hohen Temperaturen in Richtung einer Gleichverteilung der Kongenere, während die Muster bei niedrigeren Temperaturen durch die bei diesen Bedingungen thermodynamisch stabilsten Kongenere geprägt sind.

Die Anwendung chlorierter Chemikalien (Cl_2, $NaOCl$, ClO_2) für die Bleichung von Zellstoff und Papier führt ebenso wie die Chlorierung von Leitungswasser zur Entstehung von PCDD/F (Ballschmiter u. Bacher 1996). Das hierbei zugrunde liegende Kongenerenverteilungsmuster (auch als „Zellstoff- oder Chlormuster" bezeichnet) wird besonders durch die Dominanz weniger definierter Kongenere (2,3,7,8-Cl_4DF, 1,2,7,8-Cl_4DF und 2,3,7,8-Cl_4DD) geprägt; dies ist ein deutliches Unterscheidungsmerkmal zu thermischen Mustern, die sich durch das Auftreten einer komplexen Verteilung an Kongeneren auszeichnen. Der Umfang der Bildung der PCDD/F beim Chlorbleicheprozeß wird durch Verwendung von Chlordioxid anstatt von Chlor bereits erheblich vermindert. Die völlig chlorfreie Bleichung durch Wasserstoffperoxid ist aber vorzuziehen.

Photochemische Prozesse (insbesondere Reaktionen im UV-Bereich) können sowohl zur Bildung wie zur Transformation und zum Abbau der PXDD/F beitragen (Ballschmiter u. Bacher 1996, Rappe 1994). Die bekannteste photochemische Reaktion der PXDD/F ist die Hydrodehalogenierung, die höherhalogenierte in niedriger halogenierte Kongenere überführt. Die Bildung der PXDD/F ist durch Photolyse z.B. von PCB, PCDE, Chlorbenzolen, Halogenphenolen, Alkaliphenolaten oder chlorierten ortho-Phenoxyphenolen möglich.

Ein weiterer, wichtiger technischer Prozeß der Chlorchemie, der in erheblichem Umfang zu Bildung von PCDD/F bei niedrigen Temperaturen führen kann, stellt die Chloralkali-Elektrolyse dar (Ballschmiter u. Bacher 1996). Auch bei der Synthese des als Benzolhexachlorid (BHC) bezeichneten Gemisches von Hexachlorcyclohexan-Isomeren werden vermutlich unter Spuren von Wasser im Reaktionsgemisch auch PCDD/F gebildet. Diese lassen sich als typisches Kongenerenmuster im technischen BHC oder angereichert in den Rückständen aus der Gewimnung der γ-Isomere nachweisen.

Lange Zeit wurde davon ausgegangen, daß eine Bildung von PXDD/F unter physiologischen Bedingungen *in biologischen Systemen* nicht möglich ist. Verschiedene In-vitro-Studien belegen jedoch, daß das in aeroben Organismen weit verbreitete, unspezifische Enzymsystem der Peroxidasen im Spurenbereich zu einer Umwandlung von halogenierten Phenolen in PXDD/F befähigt ist (Öberg et al. 1993). Diese Reaktionen können auch unter realen Umweltbedingungen in Klärschlamm und bei der Kompostierung von Gartenabfällen ablaufen. Dies wird als Weg der Neubildung von Cl_8DD aus PCP als Substrat angesehen. So wurde von der Entstehung von OCDD in Klärschlamm und in Kühen berichtet, die hohen Konzentrationen an PCP ausgesetzt waren (Fiedler u. Van den Berg 1996).

Emission/Immission. Brzuzy u. Hites (1996) gelangen bei der Abschätzung der globalen Massenbilanz zu einer jährlichen weltweiten Deposition an Dioxinen von lediglich 12 kt; die durchschnittliche globale Depositionsrate wird dabei mit

15 ng/m² pro Jahr angesetzt. Anscheinend wurde die globale atmosphärische Deposition durch das bevorzugte Einbeziehen von Daten aus stark industrialisierten Gebieten bisher wesentlich überschätzt. Allerdings ist diese Zahl mit großer Unsicherheit behaftet: Während die gesamte jährliche Dioxinemission in Deutschland 1990 bei 1 kg lag (1995 300 und 2000 70 g/a nach UBA), betrug sie 1994 in den USA zwischen 3 und 26 kg und in Japan 1990 zwischen 4 und 8 kg TEQ (Djien Liem u. van Zorge 1995); demgegenüber unterscheidet sich die tägliche Expositionsmenge von Bürgern in Kanada, Deutschland, den Niederlanden und der USA aber kaum (120 bis 145 pg TEQ). Diesen Angaben stehen im Falle der USA die von Thomas u. Spiro (1995) für 1989 genannten Dioxinemissionen von 400 kg (1970 sogar 2000 bis 2600 t) gegenüber, die nahezu vollständig aus Verbrennungsprozessen stammen: Dem Hauptbeitrag durch städtische Müllverbrennung folgt die Verbrennung von Krankenhausabfällen, Waldbrände und Hausbrand; dabei steigen die Dioxinemissionen mit zunehmendem Chlorgehalt des verbrannten Materials an. Duarte-Davidson et al. (1994) bestimmten Konzentration und Deposition der 2,3,7,8-substituierten PCDD/F-Kongenere in englischen Großstädten zu 2 bis 4 pg/m³ bzw. 0,8 bis 1,5 ng/m² pro Tag; alle Daten zeigten jahreszeitliche Schwankungen mit Höchstwerten im Winter. Die gemessenen Werte sind vergleichbar mit Ergebnissen in anderen industrialisierten Ländern.

Basler (1995) nennt als wichtige Emissionsquellen (ng TEQ/m³): Kabelverschwelung 100, Metallsinterung 0,5 – 45, Aluminiumschmelze 0,1 – 22, Krematorien 8, Kupferrückgewinnung 2, Hausbrand 0,1 – 0,5 und Kraftwerke < 0,1. Die Papierhersteller reduzierten die Dioxingehalte ihrer Erzeugnisse auf < 1 ng/kg TEQ, d.h. inzwischen sind moderne Papiermühlen (Sulfitprozeß, keine Chlorbleiche) als Dioxinemittenten nicht mehr relevant.

Müllverbrennungsanlagen stehen wahrscheinlich deshalb im Verdacht, den Hauptbeitrag zur Belastung des Menschen durch Dioxine zu leisten, weil die PCDD/F zuerst in Abgasen von Müllverbrennungsanlagen nachgewiesen und diese Befunde weltweit bestätigt wurden. Genauere Untersuchungen haben aber ergeben, daß Rohgase nach dem Feuerraum nur sehr geringe Konzentrationen an PCDD/F aufweisen und die Dioxine und Furane erst durch ungenügenden Ausbrand der Rauchgase und Flugaschen im Abhitzekessel (250 – 450 °C) entstehen. Dioxine können bereits bei 800 °C völlig zersetzt werden (Fellenberg 1997), jedoch nur, wenn bei der Verbrennung kein Flugstaub mit unverbranntem C entsteht. Eine gründliche Entstaubung der Abgase ist also notwendig, wobei der einzusetzende Elektrofilter bei weniger als 250 °C betrieben werden sollte, um eine Neubildung von Dioxinen zu verhindern: Die aufgefangene Flugasche muß dann ihrerseits thermisch nachbehandelt werden. Außerdem wird dringend empfohlen, Cu aus dem zu verbrennenden Müll fernzuhalten, da es als Katalysator für die Dioxinbildung fungiert.

Das Schicksal der PCDD/F bei der Müllverbrennung ist ein Wechselspiel von Synthese und Zerstörung (Dechlorierung), zum Großteil auf der Oberfläche von

Flugaschepartikeln und in kühleren Teilen der Anlage (Blümich 1990). Auf Flugasche adsorbierte und gesammelte PCDD/F können durch thermische Behandlung unter Luftausschluß bei Temperaturen zwischen 400 und 600 °C effizient beseitigt werden. Inhibitoren (Triethanolamin, Triethylamin und katalytische Inhibitoren) werden bei 400 °C in den Gasstrom der von der Dioxinbildung betroffenen kühleren Anlagenteile gesprüht.

Durch die 17.BImSchV wurde ein PCDD/F-Grenzwert von 0,1 ng TE/m^3 für die Emissionen von Müll- und Sondermüllverbrennungsanlagen festgelegt. Um diese Werte einhalten zu können, müssen die Anlagen hinsichtlich Verbrennungsbedingungen, Heißstaubfiltration und Inhibierungsverfahren optimiert sein. Leichsenring et al. (1996) beschreiben gebräuchliche Verfahrensvarianten (z.B. Schwel-Brenn-, Thermoselekt-, Noell-DBI-, DeDiox- und Medisorbon-Verfahren). In Europa stellt die Müllverbrennung mit dieser moderner Technologie inzwischen keine größere Emissionsquelle von PCDD/F für die Atmosphäre mehr dar; metallverarbeitende Prozesse in der Industrie liefern hierzu größere Beiträge (Fiedler u. Van den Berg 1996). Im Abgas von Müllverbrennungsanlagen in der BRD bestimmte man 0,16 bis 0,65 ng/m^3, in den anfallenden Filteraschen 0,07 bis 4 µg/kg.

In Flugasche aus der Kohleverbrennung finden sich PCDD/F in der Größenordnung von ng/kg und damit um zwei bis drei Größenordnungen weniger als in Flugasche aus Müllverbrennungsanlagen, die sich in ihren Bildungsmechanismen nicht wesentlich von der erstgenannten unterscheiden sollte (Gohda et al. 1993). Bei der Verbrennung von Autoreifen finden sich in den öligen Verbrennungsrückständen PCDD/F im niedrigen µg/kg-Bereich; die Konzentration der PCDD ist dabei um ca. eine Größenordnung höher als die der PCDF, 2,3,7,8-TCDD ist kaum vertreten. Ohsaki et al. (1995) fanden in Flugascheproben 33 ng/g PCDD und 16 ng/g PCDF sowie in Sedimenten eines Bewässerungsteiches in der Nähe einer Hausmüllverbrennungsanlage 10 ng/g PCDD und 0,3 ng/g PCDF. In Rußproben aus Schornsteinen von Wohnhäusern wurden PCDD/F in mittleren Konzentrationen von 2 µg/kg (Öl-Zentralheizung) bis 680 µg/kg (Holz -Zentralheizung) nachgewiesen.

Industrieanlagen zur Metallerzeugung und -verarbeitung (z.B. Eisenerz-Sinteranlagen, Schachtöfen für Kupfer oder Blei, Elektrolichtbogenöfen oder Aluschmelzen) verursachen die höchsten Emissionen von Dioxinen und Furanen; beispielsweise wurden 1993 in der Hoesch-Sinteranlage Dortmund 43 ng Dioxin pro Kubikmeter Abluft gemessen (die tageszeitung vom 14.1.1995 auf S.7). Bei der Rückgewinnung von Metallen aus Computerschrott ist gleichfalls die Bildung von PXDD/F zu beachten (Ballschmiter u. Bacher 1996). Rückstände aus der Gewinnung von Lindan sind als Abfälle in der Nähe der Lindan produzierenden Fabriken, u.a. auch in Deutschland und in Spanien deponiert worden. Das Auftreten von Dioxinemissionen bei der Vinyl-Produktion ist aus den Niederlanden seit 1988 bekannt. Im Wilhelmshavener Werk der Firma ICI sind die Klärschlämme aus der PVC-Produktion massiv mit Dioxinen kontaminiert.

Die Wasserreinigung durch Bestrahlung mit UV-Licht zur Zerstörung organischer Verunreinigungen ist eine übliche Technik. Wenn Abwässer aber PCP oder Tetrachlorphenole (TCP) enthalten, können – wie bereits erwähnt – hieraus bei der Bestrahlung PCDD/F entstehen und so der TEQ des gereinigten Wassers um mehr als zwei Größenordnungen zunehmen (Vollmuth et al. 1994).

Am 10.7.76 gelangte in Seveso bei Mailand bei einer Fehlsynthese 2,3,7,8-Tetrachlordibenzodioxin in die Umgebung einer chemischen Fabrik (Hoffmann-La Roche). Bei der Herstellung von Trichlorphenol aus 2,4,5-Trichlorphenoxiessigsäure unter Zusatz von Formaldehyd und Schwefelsäure stieg die Reaktionstemperatur versehentlich auf 200 °C, weshalb der Autoklav abblies und sein Inhalt (u.a. Trichlorphenol, Ethylenglykol, Natriumcarbonat und Dioxin) freigesetzt wurde (Fellenberg 1997). Im Nahbereich um die Fabrik fand man nach dem Unglück ca. 30 µg/kg im Boden. In der Mülldeponie Münchehagen (Niedersachsen) konnten dagegen bis zu 1130 µg/kg nachgewiesen werden; im Sickeröl der Deponie Georgswerder (Hamburg) wurden 20 bis 50 µg/L festgestellt (Fellenberg 1997).

In den frühen siebziger Jahren wurden in Missouri TCDD-haltige Ölabfälle auf Straßen und Pferdebahnen gesprüht, um die Staubbildung zu unterbinden. Nachdem das Ausmaß der Kontamination 1982/83 untersucht war, kaufte die US EPA die gesamte, mit TCDD verseuchte Stadt Times Beach für 33 M\$ (Manahan 1999). 1990 wurden deren kontaminierte Böden und solche aus der Umgebung verbrannt (Kosten 80 M\$).

PVC-haltige Materialien sind als Vorläufer für die Bildung von PCDD/F aufzufassen, da beim Brand HCl als Chlorquelle gebildet wird. Bei Brandfällen, bei denen größere Mengen an PVC-haltigen Materialien anwesend waren, wurden deshalb auch Rückstände an PCDD/F im µg/kg-Bereich im Brandruß gefunden (Theisen et al. 1989, Marklund et al. 1989); es überwogen hierbei üblicherweise die PCDF gegenüber den PCDD. Dagegen erweist sich der Ausstoß von PCDD/F bei der Müllverbrennung als vom PVC-Anteil praktisch unabhängig.

Bei Immissionsmessungen in NRW (Jahresmittelwerte für 1991/92 der PCDD/F-Depositionen 10 bis 83 pg TE/m^2 pro Tag) werden mittels Außenluftmessungen in der Eifel die weiträumige Verfrachtung von schwerflüchtigen Substanzen sowie die mittlere Hintergrundbelastung abgeschätzt (Hiester 1994). Der Nachweis aller 2,3,7,8-Isomere an der Station Eifel und die übereinstimmenden Kongeneren- und Homologenverteilungen bestätigen die weiträumige Verfrachtung der PCDD/F in quellferne Gebiete. Geueke et al. (1999) geben einen Überblick über Messungen zu Dioxinemissionen aus Dieselmotoren: Während frühere Meßergebnisse (Ende der 80er Jahre) aus USA und Norwegen von Emissionswerten aus Diesel-LKW bis zu nahezu 10 ng I-TEQ/km ausgingen, ergaben spätere Nachmessungen in Schweden, Belgien und Deutschland Werte < 50 pg I-TEQ/km. Schließlich ergab eine europäische Hochrechnung von 1994 eine Jahresfracht von ca. 30 g I-TEQ, die im Vergleich zu Emissionen anderer Quellen als vernachlässigbar angesehen werden kann.

Der Einsatz von PCP- und lindanhaltigen Holzschutzmitteln in der Vergangenheit stellt noch heute eine andauernde Belastung in Innenräumen dar. Generell ist festzustellen, daß die Dioxinkonzentrationen in Innenräumen höher sind als in der Außenluft (PCDD/F-Konzentrationen in der Umgebungsluft liegen in der Regel im fg-Bereich). In einer Studie des BGA wurden in 15 untersuchten Haushalten hinsichtlich PCDD/F für Holz eine mittlere Flächenbelastung von 37,5 µg I-TEQ/m², für Hausstaub 0,43 µg I-TEQ/kg und Innenraumluft 0,89 pg I-TEQ/m³ gemessen. Horstmann u. McLachlan (1994) wiesen in ungebrauchten Kleidungsstücken PCDD/F in Konzentrationen vom niedrigen bis hohen µg/kg-Bereich nach. Beim Tragen der Kleidung gehen diese Stoffe auf die menschliche Haut über. Sie werden beim Waschprozeß teilweise herausgewaschen und finden sich im Hausstaub und kommunalen Klärschlamm wieder.

Folgende Quellen und Eintragspfade sind relevant für die Kontamination von *Klärschlämmen* mit PCDD/F: Einträge über die Atmosphäre, solche aus industriellen Abwässern, Einträge aus häuslichen Abwässern (wichtigster Eintrag) und sekundäre Erzeugung oder Eintrag während der Klärschlammbehandlung. Die im Klärschlamm festgestellten Kontaminationen mit PCDD/F sind Ausdruck oftmals komplexer Einträge aus verschiedenen primären Emissionsquellen. Damit ist die Angabe eines allgemein gültigen, definierten Dioxinmusters für Klärschlämme nicht möglich (Ballschmiter u. Bacher 1996). Trotz dieser einschränkenden Feststellung weisen viele Klärschlämme mit überwiegendem Anteil aus Haushaltungen Merkmale in den Chlorhomologenprofilen und Kongenerenmustern der PCDD/F auf (s.o.), die typisch für die entsprechenden Verteilungen in Chlorphenolen (insbes. PCP) sind. Eine Beschreibung der PCDD/F-Muster in *Kompost* (Basismaterial: Pflanzen- und Bioabfälle) wird von Wilken et al. (1990) gegeben. Danach überwiegen in Kompost die PCDD gegenüber den PCDF bei weitem, wobei die Maxima in den Chlorhomologenverteilungen bei den hochchlorierten Kongeneren, insbesondere Cl_7DD und Cl_8DD, liegen. Die Gesamtbelastung der untersuchten Proben mit PCDD/F lag im Bereich zwischen 0,8 und 35,7 ng I-TEQ/kg. Lahl (1991) nennt Gehalte an PCDD/F von 11 ± 8 in Grünkompost, 14 ± 9 in Biomüllkompost und 38 ± 22 ng I-TEQ/kg in Hausmüllkompost. Eine Interpretation über mögliche Eintragswege für Dioxine in den Kompost und mögliche Bildungsmechanismen während der Kompostierung wird von Öberg et al. (1993) und Krauß u. Wilken (1995) eingehend diskutiert. Besonders interessant ist u.a. die diskutierte Variante einer Neubildung von Dioxinen unter Beteiligung von Weißfäulepilzen während des Kompostierungsprozesses.

Der wichtigste Eintragspfad für PCDD/F in nicht landwirtschaftlich genutzten *Böden* besteht in Depositionen aus der Luft. Die Grundbelastung der Böden liegt in der BRD bei etwa 1 ng TEQ/kg Boden; durch die organische Streuauflage findet man höhere Werte in Wäldern. Hochgebirgsböden aus dem Nationalpark Krkonose (Nordböhmen, tschechisch-polnische Grenze) enthalten zwischen 17 und 29 µg/kg I-TEQ an PCDD/F (Holoubek et al. 1994). Höhere Konzentrationen als 1 µg BGA-TE/kg wurden bei einer Kabelabbrennanlage (Maulach), einem Metallumschmelzwerk (Rastatt) und in Ablagerungen aus der Papierindustrie gefunden (Ballschmiter 1991b). Nach großangelegten Bodenuntersuchungen des Landes Baden-Württemberg werden als Durchschnittsbelastung 0,8 ng, in städtischen Ballungsräumen 3,4 ng und in Industriegebieten 8,4 ng BGA-TE/kg angetroffen. In Laborversuchen mit einem PCDD/F-kontaminierten Boden konnte Krause (1993) nachweisen, daß 0,01% der PCDD/F über die Wasserdampfphase freigesetzt werden, Furane in größerer Menge als Dioxine, niederchlorierte stärker als höherchlorierte, wenn der Boden über entsprechende Feuchtigkeit verfügt und gleichmäßig auf ca. 60 °C erwärmt wird. Aufgrund der hohen Affinität zu Bodenkolloiden besitzen die Dioxine in diesem Medium nur eine relativ geringe Mobilität, so daß der Großteil dieser Substanzen zumeist in der oberen Bodenschicht (0 – 10 cm) verbleibt und der Transport in tiefere Bodenschichten in der Regel sehr langsam erfolgt; eine erhöhte Migration der PCDD/F kann jedoch in Anwesenheit von anderen Kontaminanten (z.B. Lösungsvermittler, organische Lösungsmittel) resultieren. Über die Belastung von Böden an kontaminierten Standorten, die auf den Eintrag spezifischer Emissionsquellen zurückzuführen sind, existiert in der Literatur eine sehr große Zahl von Studien (Ballschmiter u. Bacher 1996). Das Vorkommen von Dioxinen in diesen Proben (Rückstände an PCDD/F z.T. bis in den µg/kg-Bereich) spiegelt in den absoluten Gehalten und den relativen Verteilungen der Kongenere und Homologengruppen im wesentlichen die entsprechenden Dioxinmuster der Emittenten wider.

Aus einer groß angelegten Studie des LfU Baden-Württemberg werden folgende Aussagen zur Belastungssituation der Böden in diesem Bundesland abgeleitet:

- Die Hintergrundbelastung an Dioxinen in landwirtschaftlich genutzten Böden beträgt ca. 1 ng I-TEQ/kg.
- Die Dioxingehalte in Böden steigen generell mit zunehmender Besiedelungs- und Industriedichte an. Die Gehalte in Städten liegen ca. drei- bis fünfmal über der Hintergrundbelastung ländlicher Gebiete.
- Die Gehalte an PCDD/F in Böden nehmen im allgemeinen mit dem Chlorierungsgrad zu.
- Besonders hohe Rückstände an PCDD/F weisen oft Gartenböden und großflächig insbesondere Waldböden auf. Die mittleren Gehalte an PCDD/F betragen hier ca. 5 bis 20 ng I-TEQ/kg. Eine Bilanzierung ergibt über 70% aller PCDD/F in den Waldböden Baden-Württembergs.

In der Zeit von 1938 bis 1945 wurde in Marsberg/Westfalen aufgrund des damals herrschenden Rohstoffmangels ein wenig ergiebiges Kupferschiefervorkommen zur Gewinnung dieses wichtigen Metalls benützt. Im April 1991 wurde bekannt, daß auf einer Halde in Marsberg große Mengen eines dioxinhaltigen Laugungsrückstandes, genannt Kieselrot, aus der Produktion der früheren Kupferhütte lagert. In den 50er und 60er Jahren wurden von den angefallenen

roten Schlacken bis zu 800 kt unter der Bezeichnung „*Kieselrot*" als Belag für
Sport- und Spielplätze sowie für den Einsatz im Straßenbau verkauft. Das in
Marsberg angewendete Röstlaugenverfahren bot nach heutiger Kenntnis optimale Bedingungen für die Dioxinbildung, da das Kupfererz bis zu 10% Bitumen
enthielt. Ferner wurde dem zerkleinerten Erz bis zu 10% Kochsalz zugefügt und
das fein gemahlene Gemisch in Mehrtageöfen bei 550 bis 600 °C einer chlorie-
renden Röstung unterzogen. Während das Chlorwasserstoffgas in einem Wä-
scher weitgehend entfernt wurde, gelangten Schwefeldioxid, Chlorgas, Dioxine
und Arsen über den Kamin ins Freie. Die besonderen Umsetzungsbedingungen
(u.a. hohe Gehalte an C, S und Cl im Röstgut bei relativ niedriger Rösttempera-
tur) bei diesem Verhüttungsverfahren führten zur Bildung beträchtlicher Gehalte
an hochchlorierten Organochlorverbindungen (Theisen et al. 1993). So wurden
im Kieselrot auch Polychlorbenzole, -phenole, -biphenyle, -naphthaline sowie
schwefelhaltige Komponenten wie chlorierte Benzo- und Dibenzothiophene mit
Gehalten z.T. bis in den mg/kg-Bereich nachgewiesen; die größte Relevanz
besitzen jedoch Kontaminationen mit PCDD/F im Schlackenmaterial, die Spitzenwerte bis in den mg/kg-Bereich zeigen (Ballschmiter u. Bacher 1996). Als
quellentypisch im Dioxinmuster fällt dabei besonders die Dominanz der hochchlorierten Kongenere der $Cl_6DF - Cl_8DF$ auf. Für die Gesamtbelastung an
PCDD/F in Kieselrotlieferungen sind Werte zwischen 10 und 100 µg I-TEQ/kg
Trockenmasse bekannt geworden, die damit die Grenzwerte aus der Gefahrstoff-
verordnung bei weitem überschreiten.
Garten-, Wiesen-, Weiden- und Ödlandböden im Bereich Marsberg enthalten
größenordnungsmäßig X00 ng BGA-TE/kg PCDD/F, Waldböden bis um eine
Größenordnung mehr (Krause et al. 1993). Die Gehalte nehmen mit zunehmender Entfernung von den ehemaligen Emissionsquellen ab. Untersuchungen von
Gemüse aus Hausgärten oder Gras von Wiesen-/Weideflächen zeigen im Vergleich zu den hohen Bodengehalten relativ niedrige PCDD/F-Gehalte in der
Pflanzensubstanz (z.B. Salat ca. 2 ng BGA-TE/kg). Die in Nahrungspflanzen
und Weidegras nachgewiesenen PCDD/F-Gehalte unterscheiden sich damit
nicht von denen industrieller Ballungszonen. Die Milchgehalte liegen mit 0,6 bis
1,1 pg BGA-TE/g Fett im Bereich der in Konsummilch in der BRD festgestellten Werte. Erhebungen an Fichtennadeln, die als Bioindikatoren einer Langzeitwirkung für PCDD/F zunehmend Verwendung finden, belegen, daß außerhalb
der Kieselrothalde nur in geringem Umfang PCDD/F im Nadelmaterial nachweisbar war. Im Haldenbereich lag dies um den Faktor 10 höher, was auf luft-
getragene Immissionen (Abwehungen, Resuspension) in diesem Bereich hinweist.
Bei mehr als 1000 Sportanlagen sowie zahlreichen Kinderspielplätzen, Geh-
wegen und Plätzen in der BRD besteht der Oberflächenbelag aus Kieselrot.
Dieser wurde an hessischen Sportanlagen, Spielplätzen und Wegen von Schuller
et al. (1995) untersucht. Die mittlere Konzentration von PCDD/F in der Deckschicht betrug 45 µg I-TE/kg, im Unterbau der Anlagen wurden bis in eine Tiefe

von 10 cm Gehalte von 1000 bis 250, in den Oberböden einer 3 m breiten Randzone Gehalte von 6000 bis 600 ng I-TE/kg gefunden. Die vegetationslosen, meist trockenen und kohäsionslosen Kieselrotflächen sind extrem empfindlich gegenüber Winderosion. Entsprechend zu erwartende Emissionen werden für Fußballfelder auf jährlich 0,05 bis 0,5 g I-TE geschätzt (Lahl 1993). Die Feinstaubfraktion kann mit dem Wind über weite Entfernungen verfrachtet werden. Auf diesem Wege kann eine großflächig-diffuse Verbreitung erfolgen.

Methylsubstituierte PCDD/F wurden in Abwässern der Papierindustrie und Chlor-Nitro-substituierte Dioxine in Flugaschen aus kommunalen Müllverbrennungsanlagen nachgewiesen (Ballschmiter u. Bacher 1996). Verschiedene *bromierte* aromatische Verbindungen sind in großen Mengen zur Anwendung als Flammschutzmittel in technischen Produkten wie Plastikmaterialien und Textilien hergestellt worden. In Abhängigkeit von der Art des benutzten Flammschutzmittels und der thermischen Vorbehandlung der untersuchten Proben wurden z.T. sehr hohe Rückstände an PBDD/F festgestellt; hierbei überwiegen die PBDF gegenüber den PBDD meist bei weitem. Bei Bränden und anderen Verbrennungsprozessen (z.B. Edelmetallrecycling durch Thermolyse aus flammgeschützten Leiterplatten) besteht bei diesen Verbindungen ein erhebliches Gefährdungspotential durch Freisetzung von PBDD/F. Man geht außerdem davon aus, daß der Haupteintrag an bromierten Substanzen bei der Müllverbrennung aus in Kunststoffabfall vorliegenden bromierten Flammschutzmitteln herrührt. Beim Verbrennen bromierter Flammschutzmittel wurde von Ausbeuten für das eingesetzte Flammschutzmittel berichtet, die in einigen Fällen im Prozentbereich lagen. Schacht et al. (1995) untersuchten Brandrückstände auf PBDD/F an Elektrogeräten und fanden Konzentrationen z.T. vom oberen µg/kg- bis unteren mg/kg-Bereich. Ausgasversuche in einer experimentellen Kammer zeigten eindeutig, daß als Flammschutz für Elektrogeräte (Fernsehapparate, Computermonitore und Drucker) eingesetzte polybromierte Diphenylether (PBDE) als Precursor (Vorläuferverbindung) für die Bildung von PBDD/F anzusehen sind (Fluthwedel u. Pohle 1996). Bei einer Analyse der Kunststoffmaterialien der Elektrogeräte lagen ca. 70% der untersuchten Proben oberhalb der gesetzlichen Grenzwerte. Erwartungsgemäß lagen die PBDD/F-Gehalte in den unter realitätsnahen Bedingungen durchgeführten Brandversuchen im Brandhaus um ca. drei Größenordnungen höher als bei realen Brandschadensfällen unter Beteiligung von Fernsehapparaten.

Über das Vorkommen von bromhaltigen Kongeneren der PXDD/F in Klärschlämmen ist bisher nur wenig bekannt geworden. Hagenmaier et al. (1992) wiesen erstmalig $Br_1DF - Br_5DF$ in Klärschlämmen nach. Ihr mittlerer Gehalt betrug in den untersuchten Proben 1,2 µg/kg im Vergleich zu einem entsprechenden Gehalt der PCDD und PCDF von 11 bzw. 1 µg/kg. Da in diesen Klärschlämmen auch relativ hohe Mengen an polybromierten Diphenylethern gefunden wurden, wurde als Hauptquelle für die PBDF ein Eintrag aus bromierten Flammschutzmitteln angenommen.

Bilden sich Dioxine u.a. bei erhöhten Temperaturen aus chlorierten Phenolen, kondensieren zwei Chlorphenolmoleküle unter Eliminierung von zwei HCl-Molekülen. Unter oxidierenden Bedingungen können Phenole auch in den Parapositionen miteinander zu zweikernigen chinoiden Systemen (Strukturisomere der Dioxine) reagieren. Deshalb tritt in der Umwelt in Begleitung von Dioxinen und dioxinanalogen Verbindungen immer auch die Verbindungsklasse der *Diphenochinone* und bei zusätzlicher Beteiligung von Phenolen das Redoxpaar Diphenochinone/Dihydroxybiphenyl-Derivate auf (Otto et al. 1999). Vom Dihydroxybiphenyl-Derivat TCDHB (Tetrachlordihydroxybiphenyl) fanden sich in einer Flugasche 0,8, in einer Kieselrot-Probe 23 und einem Pyrolyseöl bis zu 352 µg/kg (Otto et al. 1999).

Analysiert man Dioxine in Luftproben, ergeben sich charakteristische Verteilungsmuster der Dioxinspezies, die man mit „Verbrennungsmuster" bezeichnet (Rippen et al. 1992); in Klärschlamm, Hausstaub oder Lösungsmittelrückständen chemischer Reinigungen findet sich jedoch eine andere Verteilung, welche „Klärschlammmuster" genannt wird (s.o.). Gemeinsam ist beiden Mustern der Konzentrationsanstieg der einzelnen Dioxine mit der Zahl der Chloratome. Während jedoch die niedrig chlorierten Vertreter (z.B. TCDD) im Verbrennungsmuster stark vertreten sind, fehlen sie weitgehend im Klärschlammmuster, in dem Dioxine mit sieben oder acht Chloratomen den Hauptteil bilden. Diese Verteilung schließt einen Eintrag der Dioxine aus der Luft aus.

Die Verteilung von hoch- und niedrig chlorierten Dioxinen in Textilien entspricht dem Klärschlamm-Muster. Sie lösen sich in der Waschmaschine zum Teil in der Lauge und gelangen an andere Kleidungsstücke oder direkt ins Abwasser. In den Hausstaub gelangen Dioxine an kleinen Hautschuppen und Fusseln.

Die international am häufigsten verwendete Variante für die Klassifizierung von PXDD/F-Mustern bedient sich der Halogen-Homologenverteilung der tetra- bis octahalogenierten Kongenere (*Homologenprofil*) als alleinigem Vergleichskriterium. Auf diesem Wege werden jedoch die komplexen Substanzmuster der diskutierten Stoffklasse nur grob und dazu unvollständig beschrieben. Um bei einer Quellenzuordnung nicht zu falschen Schlüssen zu kommen, sollten für einen Mustervergleich zwischen verschiedenen Proben deshalb unbedingt weitere Beurteilungskriterien verwendet werden (Ballschmiter 1991b). Mit dieser Vorgehensweise ließ sich bereits früh nachweisen, daß es das „Dioxinmuster für Müllverbrennungsanlagen" nicht gibt (Swerev 1988). Eine Vernachlässigung dieser Variabilität stellt in der Regel eine unzulässige Vereinfachung dar, da sich beispielsweise die isomerenspezifischen Muster trotz einer ähnlichen Chlorhomologenverteilung nicht zu entsprechen brauchen und umgekehrt. Das Dioxinmuster einer Probe kann sich darüber hinaus aus Einträgen verschiedenster primärer Emissionsquellen zusammensetzen. Dies ist z.B. bei quellenfern genommenen Umweltproben wie Böden, Sedimenten oder Luft häufig der Fall, da sich hier Beiträge unterschiedlichster Quellen und Eintragspfade in Kombination mit möglichen Austrägen und Abbauvorgängen zur eigentlichen Hintergrundbelastung mit PXDD/F aufsummieren. Die Anwendung statistischer Techniken stellt hier einen methodischen Ansatzpunkt für einen erfolgversprechenden Mustervergleich dar.

Korrelationen zwischen Quellen und beobachteten Umweltkonzentrationen werden durch die beschriebenen (und andere) Effekte deutlich erschwert, so daß eine direkte Zuordnung von Immissionen und Emissionen anhand der Homologen- und Kongenerenmuster nur selten möglich ist (Rippen et al. 1992). Zudem bewirken sowohl biochemische als auch abiotische Prozesse wie der Photoabbau im Laufe der Zeit eine Veränderung der Verteilungsmuster. Das in Böden und Klärschlamm hauptsächlich anzutreffende OCDD wird an Bodenflächen adsorbiert, photochemisch zum wesentlich toxischeren TCDD und anderen 2,3,7,8-substituierten PCDD transformiert. Das trotz der Dechlorierungsreaktionen im Vergleich zu den meisten anderen Umweltchemikalien im Boden sehr persistente OCDD kann so als Depot für die spätere Umwandlung zu stärker toxischen Isomeren dienen.

Das große Potential derartiger Mustervergleiche kann sich erst entfalten, wenn alle prozessbedingten Fraktionierungseffekte geklärt sind und deren Abzug aus den gemessenen Verteilungsmustern Rückschlüsse auf die Herkunft der Proben gezogen werden können. Insofern bestehen hier direkte Parallelen zu den in Kap. 3.3 besprochenen Multiparameter-Tracerstudien.

Anreicherung in Umweltkompartimenten, Chronologie. TCDD gehört in der Umwelt zu den langlebigen Substanzen. Im Boden von Seveso schätzt man die Halbwertszeit auf zwei bis drei Jahre, aus den USA wird von einer Halbwertszeit von ca. 1 Jahr und in Feldstudien von 9 bis 12 Jahren berichtet; im Süßwasser soll die Halbwertszeit ebenfalls bei 1 Jahr liegen (Fellenberg 1997). Photodegradation ist der wichtigste Prozeß für den Abbau des $2,3,7,8-Cl_4DD$; unter aeroben Bedingungen beträgt hier die Halbwertszeit schätzungsweise 3 bis 4 Tage (Fiedler et al. 1990). In Versuchen mit Ratten beobachtete man eine biologische Halbwertszeit von ca. 1 Monat; für den Menschen wird eine etwa achtzigmal längere Zeitspanne angegeben (Fellenberg 1997). Dioxine reichern sich wegen ihres lipophilen Charakters im Körperfett der Organismen um Faktoren von 100 bis 20000 gegenüber der Umwelt an.

Ein für den Menschen kritischer Belastungspfad verläuft vom Boden über Lebensmittel. Legt man für eine grobe Abschätzung einen Transferfaktor von 0,01 bis 0,1 zugrunde, so wäre bei einer Belastung durch 5 ng-TCDD-Äquivalenten (TE) pro kg Boden mit Gehalten von 50 bis 500 pg TE pro kg in den dort erzeugten Lebensmitteln zu rechnen. Bei einem Verzehr von 2 kg Lebensmitteln pro Tag wäre damit bei vollständiger Selbstversorgung eine tägliche Aufnahme von etwa 100 bis 1000 pg TE pro Person bzw. 1 bis 13 pg pro kg Körpergewicht zu erwarten. Diese Werte übersteigen die vorläufig duldbare tägliche Aufnahmemenge von 1 pg/kg Körpergewicht (KG). Insofern ist der vom Gesundheitsamt empfohlene Wert von 5 ng TE pro kg KG (s.u.) für Boden bei uneingeschränkter gärtnerischer und landwirtschaftlicher Nutzung keinesfalls zu hoch angesetzt.

Der durchschnittliche tägliche Belastungshintergrund für den Menschen beträgt in der BRD nach Basler (1995) 2 pg TEQ/kg. Ca. 95% hiervon stammt aus der Nahrung (Rippen et al. 1992): 32% Milchprodukte, 30% Fleisch und 26% Fisch (in Japan höher); auf dieser Grundlage erstellte Warenkorbberechnungen ergeben dann ca. 2,5 pg I-TEQ/kg KG für die tägliche Grundbelastung eines Erwachsenen. Auch Pflanzen stellen Senken für Dioxine und verwandte Verbindungen dar und bilden somit das erste Glied der Nahrungskette, in der sich lipophile Schadstoffe aufkonzentrieren. Bei Milch- und Fleischprodukten ist die Belastung auf PCDD/F in Futtermitteln zurückzuführen, bei Milchkühen beispielsweise auf das Fressen von Gras. Futtermittel sind indirekt für ca. zwei Drittel der menschlichen PCDD/F-Belastung verantwortlich.

Die Auswertung von Literaturdaten ergibt eine durchschnittliche Belastung des menschlichen Fettgewebes von ca. 30 pg BGA-TEQ/kg KG. Basierend auf einer Dioxingesamtbelastung des Bundesbürgers von 30 pg TEQ/kg Fett und unter der Annahme, daß ein 70 kg schwerer Mensch einen Fettanteil von 15 kg hat und daß sich 90% der PCDD/F im Fett finden (Schlatter 1991), würde ein Gesamtkörpergehalt von etwa 500 ng TEQ resultieren. Auch in anderen, fetthaltigen Körperkompartimenten wie im Blut (Vollblut oder Serum), Lebergewebe oder in der Humanmilch sind Dioxine nachgewiesen worden; entsprechend dem Vorkommen der PCB werden sie auch im Knochenmark und im Zentralnervensystem erwartet.

In den 90er Jahren wurde ein deutlicher Rückgang chlororganischer Verbindungen in der Muttermilch (bis etwa 1989: 30 pg TEQ/g) beobachtet, was den rückläufigen Trend in der Emission von PCDD/F und Organochlorpestiziden belegt (Brune u. Fiedler 1996). Muttermilch hat sich als ein geeigneter Monitor herausgestellt, um den Eintrag dieser Stoffe in die Umwelt und die Nahrungskette zu dokumentieren. Als geeigneter Bioindikator stellt Muttermilch die höchste trophische Ebene dar, d.h. die höchste Bioakkumulationsrate wird mit solchen Proben erfaßt. Nach übereinstimmender Stellungnahme der WHO und des BGA ist der Nutzen des Stillens aber in jedem Fall höher einzuschätzen als die Belastung der Muttermilch mit chlororganischen Verbindungen.

1993 lag der Dioxingehalt im Fett von Trinkmilch zwischen 0,1 und 5,6 pg TEQ/g mit einem Mittelwert von 1,1 pg TEQ/g; ähnliche Befunde gab es bei Milchprodukten. Der vorgeschlagene Zielwert liegt bei 0,9 pg TEQ/g Milchfett, der Grenzwert bei 5 pg TEQ/g.

Die Herkunft der PCDD/F aus zivilisatorischen Aktivitäten wird schon in der Vorgeschichte belegt (Rippen et al. 1992). Die Sedimente aus der bewohnten Osaka-Bucht, die durch weitere Einträge von Großstädten über den Fluß Yodo belastet sind, enthielten bei einem Alter von über 8000 Jahren noch 320 ng/kg OCDD im Gegensatz zu einem nicht PCDD/F-belasteten See im japanischen Binnenland ohne größere Städte im Einzugsbereich (< 10 ng/kg OCDD).

Eine interessante Studie beschäftigte sich mit der Untersuchung von Fettgeweben einer Gruppe von Eskimos, die vor etwa 440 Jahren bei einem plötzlichen Wintereinbruch in Alaska umgekommen und deren Leichen bis 1985 in einem Gletscher eingefroren waren (Tong et al. 1990). In diesen Humanfettproben konnten im Vergleich zum heutigen Belastungsniveau nur sehr geringe Spuren von Cl_7DD und Cl_8DD (12 bzw. 31 ng/kg) nachgewiesen werden. Dies deutet darauf hin, daß für die heutige Dioxinexposition des Menschen – die mittlere Hintergrundbelastung im Humanfettgewebe liegt in Deutschland für Cl_7DD und Cl_8DD bei 124 bzw. 633 ng/kg – anthropogene Quellen durch die Entwicklung der Industriegesellschaft bestimmend sind.

Durch die dauernde Ablagerung von Einträgen aus der Umwelt und die Stabilität der Dioxine erscheinen Sedimente als besonders geeignet für die Ableitung zeitabhängiger Trends in der Dioxinbelastung. Czuczwa u. Hites (1984, 1986) untersuchten Sedimentproben aus den Großen Seen (Lake Huron) und dem abgelegenen Siskiwit Lake auf der Isle Royale im Lake Superior. Als einziger Eintrag für den Siskiwit Lake kommen dabei aufgrund der vorliegenden Topographie Depositionen aus der Atmosphäre in Frage. Die Analyse datierter Sedimentkerne vom Beginn dieses Jahrhunderts bis 1983 ergaben für beide Probenahmegebiete (bei insgesamt wesentlich höheren Gehalten im Lake Huron) nach einer zunächst gleichbleibenden Belastung einen steilen Anstieg der Gehalte der PCDD/F ab dem Jahr 1940 bis etwa 1970. Danach war bis 1983 ein flacher Abfall der Gehalte im Vergleich zu diesem Niveau festzustellen. Eine fast identische Charakteristik der zeitlichen Entwicklung erhielten Czuczwa et al. (1985) an Sedimentproben verschiedener Seen in der Schweiz. Die Autoren erklärten diesen Anstieg mit gleichlaufenden Trends in der Produktion, dem Gebrauch und der Beseitigung chlororganischer Chemikalien, die ab etwa den 40er Jahren registriert wurden. Die Tendenz zur Abnahme im Belastungsniveau ab den 70er Jahren hängt dabei offensichtlich mit dem Greifen von Anwendungseinschränkungen und Produktionsverboten für verschiedene chlororganische Verbindungen, insbesondere der Chlorphenole, sowie einer stetigen Verringerung der Emission aus thermischen Quellen durch eine fortschreitende Optimierung der Verbrennungstechnik zusammen. Die Beobachtung einer rückläufigen Hintergrundbelastung an Dioxinen seit Beginn der 70er Jahre bis heute wird auch durch im zeitlichen Verlauf vergleichbare Ergebnisse von Untersuchungen datierter Sedimentkerne aus dem Green Lake (Zeitraum 1860 bis 1990; Smith et al. 1993), aus der Ostsee (Zeitraum 1880 bis 1990; Rappe u. Kjeller 1995) und aus einer ländlichen Gegend in Südostengland bestätigt (Kjeller et al. 1991).

Toxikologische Aspekte, behördliche Regelwerke. Hinsichtlich einer chronischen Toxizität der PXDD/F muß aufgrund der Ergebnisse von tierexperimentellen und In-vitro-Studien von reproduktionstoxischen, enzyminduzierten, genotoxischen und karzinogenen Wirkungen ausgegangen werden. Letztere werden nach dem Mehrstufenkonzept der Karzinogenese (Initiation, Promotion, Progression) von 2,3,7,8-Cl$_4$DD als extrem potente und eine der stärksten tumorpromovierenden Substanzen zugeschrieben (Huff et al. 1994). 2,3,7,8-Cl$_4$DD wird als vollständiges Karzinogen eingestuft, da auch bei alleiniger Gabe dieses Tumorpromotors eine karzinogene Wirkung beobachtet wurde (Cikryt 1995). Somit sind eine ganze Reihe von Kongeneren der PXDD/F, insbesondere das 2,3,7,8-Cl$_4$DD, als Stoffe mit krebserregendem Potential in der Gruppe III A2 der MAK-Liste enthalten. Da Mutagenitätstests jedoch keine eindeutigen Ergebnisse lieferten, bleibt die Frage offen, ob TCDD selbst kanzerogen oder nur cokanzerogen wirkt (Fellenberg 1997); unbestritten ist seine teratogene Wirkung (Gaumenspalten, Nierenschäden und Störungen der Knochenbildung). Vorwiegend an exponierten Arbeitern beobachtete nichtkanzerogene Wirkungen umfassen Veränderungen der Serumlipide, erhöhte γ-Glutamyltranspeptidase-Werte sowie die Zunahme von Diabetes und kardiovaskulären Erkrankungen (Schrenk u. Fürst 1999).
TCDD ist vermutlich die giftigste, künstlich (unabsichtlich) hergestellte Substanz, die man derzeit kennt; ihre Toxizität wird höher eingestuft als die der Blausäure. Allerdings wird die relative Toxizität von 2,3,7,8-TCDD durchaus von der anderer natürlicher Stoffe, besonders einiger Bakterientoxine wie beispielsweise die Stoffwechselprodukte des Tetanuserregers, noch um mehrere Zehnerpotenzen übertroffen (Bliefert 1997). Die tödliche Maximaldosis von Botulinustoxin A beträgt 0,03 ng/kg, von Tetanustoxin 0,1 ng/kg und von Diphterietoxin 0,3 µg/kg. Für TCDD reicht dagegen bei Meerschweinchen erst eine Dosis von 0,6 µg/kg KG aus, um in der Hälfte der Fälle zum Tod der besonders empfindlichen Tiere zu führen (LD$_{50}$-Wert), bei der Ratte etwa 20 µg/kg und bei der Maus 114 bis 280 µg/kg, bei Hasen sogar erst 115 mg/kg (Caglioti 1983). Untersuchungen zur Bindungsaffinität des für Dioxine wirkungsrelevanten Arylhydrocarbon(Ah)-Rezeptors und zu biochemischen Wirkungen, die unmittelbar mit einer Rezeptoraktivierung verknüpft sind, legen nahe, daß der Mensch weniger empfindlich als einige Nagerstämme reagiert (Schrenk u. Fürst 1999). Dioxine können über Aktivierung von Ah-Rezeptoren das Kip-1-Gen zur Hemmung der Zellteilung anregen (Spektrum der Wissenschaft, 10/1999, S. 25)
Einschneidende Maßnahmen, die zur Verringerung der Kontamination der Muttermilch in den letzten fünf Jahren beigetragen haben (s.a. Basler 1995), sind 1989 die Verordnungen zum Verbot von PCB und PCP, die Beschränkung der Dioxineinträge im Rahmen der Gefahrstoffverordnung (Grenzwerte für Dioxine in Stoffen und Artikel 1994), Grenzwert für Dioxine in Abgasen von 0,1 ng TEQ/m^3 (1990), Scavenger (Dichlorethan, Dibromethan)-Verbot als

Benzinzusatz 1992, eine verbesserte Rauchgasreinigung bei Verbrennungsanlagen sowie das Bestreben der Industrie, Produktionsverfahren zu optimieren (z.B. die Minimierung der Dioxingehalte in Kaffeefiltern und Milchkartons). Diese Vorschriften geben Anlaß zur Prognose, daß der Dioxingehalt der Muttermilch in den nächsten Jahren weiterhin abnehmen wird.

Für Bereiche, in denen eine Dioxinbildung bekannt geworden ist, gilt das Minimierungsgebot nach dem Stand der Technik. Die Chemikalienverbots-Verordnung in der Fassung vom 15.7.1994 erweiterte die Zahl der regulierten Kongenere auf 25, davon erstmals 8 bromierte Dioxine, die restlichen 18 Kongenere chlorierte Dioxine der 2,3,7,8-Klasse (Ballschmiter u. Bacher 1996). Zur Ermittlung der Grenzwerte für den Dioxingehalt in Erzeugnissen werden Summengrenzwerte für bestimmte Gruppen vorgegeben, z.B. für die Gruppe aller 2,3,7,8-substituierten Kongenere der Grenzsummenwert 100 µg/kg.

Als technische Richtkonzentration (TRK) für Dioxine wurde 1993 in Deutschland ein Wert von 50 pg I-TEQ/m^3 festgelegt. Dieser Wert schließt sowohl partikel- als auch gasförmig vorliegende Dioxine ein. Für die Kurzzeitexposition gilt als zulässige Spitzenbegrenzung das Fünffache des TRK-Wertes. Das Bundesumweltministerium hat einen Grenzwert für Müllverbrennungsanlagen von 0,1 ng/m^3 vorgegeben (Toxizitätsäquivalente in der Abluft). Seit der Grenzwert 1996 greift, reduzierte sich der frühere Eintrag von 432 g auf 4 g TE/Jahr.

Das Aufbringen von Klärschlamm ist nach der Klärschlammverordnung (1992) verboten, wenn in der Schlamm-Trockenmasse ein Dioxin-Furangehalt von 100 ng/kg überschritten ist. Bei Böden mit 5 bis 40 ng/kg sollen kritische Nutzungen vermieden werden, bei Gehalten > 40 ng/kg sollen Anbaubeschränkungen erfolgen. Auf Kinderspielplätzen sollen Maßnahmen ergriffen werden, wenn im Boden der Richtwert von 100 ng/kg überschritten ist, ab 1 µg/kg soll in Wohngebieten Bodenaustausch erfolgen und bei > 10 µg/kg soll unabhängig vom Standort ein Bodenaustausch durchgeführt und das Aushubmaterial als Sonderabfall entsorgt werden; als Zielgröße für einen Richtwert zur Bodensanierung und -nutzung werden 5 ng/kg anvisiert (Bliefert 1997, Rippen et al. 1992).

Sofern bei Schwelbränden eine den Grenzwert überschreitende Dioxinbelastung festgestellt worden ist, ist der Brandschutt als Sondermüll zu entsorgen. Für TCDD als Verunreinigung in Herbiziden gilt ein Grenzwert von 5 µg/kg. Obwohl es für TCDD keine Grenzwerte gibt, existieren Vorschläge, nach denen Trink- und Oberflächenwasser höchstens 2 pg/L enthalten dürfen.

Dioxine sind auch in Chlor-phenoxy-carbonsäure-Herbiziden („Agent Orange") enthalten, bei den im Vietnamkrieg eingesetzten Chargen nach Caglioti (1983) 40 mg/kg. Für die 2,4,5-Trichlor-phenoxycarbonsäure (2,4,5-T) und ihre Derivate galt in Deutschland lange ein Grenzwert von 10 mg/kg für 2,3,7,8-TCDD als Verunreinigung in diesem Wirkstoff. Dieser Wert wurde laufend zurückgesetzt, bis für das Herbizid 2,4,5-T die Zulassung nicht mehr erneuert wurde und es damit vom Markt genommen werden mußte.

Unter Berücksichtigung eines Sicherheitsfaktors von 100 gegenüber einem aus Tierversuchen hergeleiteten „No Observable Adverse Effect Level" (NOAEL) wurden in verschiedenen Ländern Empfehlungen für eine tolerierbare tägliche Aufnahme (TDI = Tolerable Daily Intake) an toxischen Äquivalenten des $2,3,7,8\text{-}Cl_4DD$ im Sinne einer „virtuell sicheren Dosis" erstellt. Aufgrund unterschiedlicher Vorgaben weichen die aus diesen Überlegungen resultierenden TDI-Werte in verschiedenen Ländern stark voneinander ab (Ballschmiter u. Bacher 1996). Beispielsweise wird bei dem von der US EPA ausgegebenen Dosiswert von 6 fg I-TEQ/kg KG und Tag im Sinne einer risiko-spezifischen Dosis (RSD) über eine 70-jährige Aufnahmezeit von einem zusätzlichen Krebsfall pro 1 Million exponierten Personen ausgegangen. Während die WHO eine maximale Menge erst von 10 pg pro kg KG und Tag (Bilthoven 1990) und später von 4 pg TE empfahl (Genf 1998), setzte die niederländische Gesundheitsbehörde den ADI-Wert (average daily intake) auf 4 pg/kg/Tag an, Schweden auf 5 und das BGA auf 1 pg/kg/Tag. Nachdem 1992 der deutsche Durchschnittsbürger täglich 1,3 bis 2 pg TE pro kg Körpergewicht (KG) aufnahm, war damit bereits der Vorsorgewert von 1 pg überschritten, wenn auch der Interventionswert von 10 pg noch nicht erreicht ist. Wie aus den genannten Zahlen zu ersehen ist, haben die diversen Versuche, Regel- und Grenzwerte zum Schutze von Mensch und Umwelt vor PCDD/F zu schaffen, um einige Größenordnungen unterschiedliche Werte hervorgebracht. Iannuzzi et al. (1995b) schlagen deshalb eine Methode vor, die sich auf Dioxinrückstände im Gewebe und auf Sedimentakkumulationsprozesse bezieht („Tissue-Residue Based Method"), Wappenschmidt et al. (1993) empfehlen begrenzende Werte für die Dioxinbelastung einzelner Glieder der Nahrungskette. Gerade wegen der Notwendigkeit der Konventionierung und Normierung sind Grenzwertableitungen nicht allein naturwissenschaftlich-medizinisch, sondern zum Großteil auch (umwelt)politisch begründet (Suchenwirth u. Prinz 1994).

Für den Menschen liegen einige epidemiologische Studien vor, die sich mit Langzeitwirkungen einmalig aufgenommener, hoher Dosen bei beruflich oder durch Unfälle exponierten Personengruppen beschäftigen: die Studie mit Boehringer-Arbeitern aus Hamburg (Manz et al. 1991), mit BASF-Arbeitern aus Ludwigshafen (Zober et al. 1994), Seveso-Studien (Mocarelli et al. 1991, Bertazzi et al. 1993) und Erhebungen an insgesamt über 5000 amerikanischen Arbeitern aus 12 Fabriken (Fingerhut et al. 1991). Die genannten Studien kommen unabhängig voneinander zu dem Schluß, daß bei diesen mit $2,3,7,8\text{-}Cl_4DD$ exponierten Personengruppen ein erhöhtes Auftreten verschiedener Krebsarten gegenüber nicht exponierten Kontrollgruppen zu beobachten ist. Es handelt sich dabei insbesondere um Leukämie, Tumore der Atmungsorgane und der Gallenblase sowie um die ansonsten relativ seltenen Weichteilsarkome.

In *Seveso* hatten über 10000 Anwohner gesundheitliche Schäden erlitten (Fink 1996). Zur Aufdeckung möglicher Folgeschäden durch Dioxin wurden insgesamt 30000 Personen regelmäßig beobachtet und rund eine Million Laborproben analysiert. Dabei wurden bei einzelnen Opfern bis zu 56 ng Dioxin pro Gramm Blutfett und damit die höchsten je am Menschen gemessenen Konzentrationen analysiert. Der normale Durchschnittswert beträgt 4 pg und selbst bei hochexponierten Chemiearbeitern in den USA fanden sich maximal 3 ng. Trotzdem wird bei den Betroffenen nur von leichten Leberschäden und Beeinträchtigungen des Immunsystems (s.u.) berichtet, die inzwischen ebenso wie die 180 Fälle von Chlorakne abgeklungen sind; unter dieser hatten sechzehn Patienten allerdings rund zehn Jahre zu leiden. Unerwarteterweise konnten auch an 14291 Kindern, die innerhalb des betroffenen Gebietes in den nächsten sechs Jahren geboren wurden, keine abnormen Häufungen größerer Fehlfunktionen diagnostiziert werden (Manahan 1999). Insbesondere haben diese akut gegenüber hohen TCDD-Konzentrationen exponierten und an Chlorakne erkrankten Kinder in Seveso nur geringfügige und vorübergehende Veränderungen verschiedener unspezifischer immunologischer Parameter gezeigt (Schrenk u. Fürst 1999). Während für Leukämie und Sarkome nur eine ganz leichte Steigerung gefunden wurde, mehren sich Anzeichen für eine Schädigung der Erbanlagen. Auch Wappenschmidt et al. (1993) berichten hinsichtlich der PCDD/F-Gehalte im Fettgewebe für die Allgemeinbevölkerung von Werten zwischen 25 und 107 ng TE/kg Fett, wobei eine eindeutige Altersabhängigkeit erkennbar war. Auch nach Kenntnis dieser Forschergruppe traten mit Ausnahme der Chlorakne sowie Leberenzymerhöhungen keine signifikanten, von der Norm abweichenden Veränderungen auf. Dagegen ist der Tagespresse (z.B. FAZ) zu entnehmen, daß Betroffene, die sich in mäßig verseuchten Gebieten aufhielten, bis zum Jahre 1986 doppelt so oft an Leukämie und Lymphdrüsengeschwulsten erkrankten wie diejenigen in nicht belasteten Regionen. Das Risiko für Weichteiltumore war in den Gebieten mit der geringsten Verseuchung dreimal so hoch wie in der Kontrollregion. Erstaunlicherweise ist die Krebsrate bei jener Gruppe, die in der am schwersten verseuchten Zone wohnte, nicht angestiegen. U.a. wird diskutiert, ob nicht andere Substanzen in dem freigesetzten Gemisch wie das 4-Aminobiphenyl für die erhöhte Krebsanfälligkeit verantwortlich sein könnten. Auch Wappenschmidt et al. (1993) weisen darauf hin, daß bei zahlreichen Vergiftungsfällen von einer Exposition gegenüber Stoffgemischen ausgegangen werden muß, d.h. die diesbezüglichen Wirkungsangaben können nicht unmittelbar mit der Exposition gegenüber 2,3,7,8-TCDD in Verbindung gebracht werden. Auch Fiedler u. Van den Berg (1996) sehen eine Korrelation zwischen hoher Dioxinexposition und erhöhter Krebsbildung, was sich beispielsweise an der erhöhten Krebsrate der Bevölkerung von Seveso nach inzwischen 15 Jahren seit dem Unfall zeige; eine räumlich differenzierte Auswertung wie oben beschrieben wurde allerdings nicht durchgeführt. Ebenso wie in Ufa (Rußland) wurden in den acht der Explosion folgenden Jahren deutlich weniger Knaben geboren. Anstelle eines normalen Verhältnisses Knaben zu Mädchen von 1,06 lag dies bei 0,54.

Nach Intoxikation mit chlorierten Dibenzofuranen wurden Wirkungen auf das Immunsystem beobachtet (Wappenschmidt et al. 1993). Die Anzahl der T-Lymphozyten insgesamt sowie bestimmter T-Lymphozytensubpopulationen nahmen signifikant ab, ferner die Serumkonzentration von Immunglobulinen (IgA und IgM). In den USA vorgenommene vergleichende Untersuchungen an Soldaten aus Vietnam und einer etwa gleich großen Kontrollgruppe zeigten Zusammenhänge zwischen den 2,3,7,8-TCDD-Gehalten im Körper und einem erhöhten Auftreten von Diabetes sowie Änderungen des Fettstoffwechsels.

Nach der Entdeckung der hohen Dioxinkonzentrationen mit > 100 µg BGA-TE/kg im Kieselrot aus der Marsberger Kupferproduktion wurden Frauenmilchproben aus der Region untersucht und PCDD/F-Gehalte im Normalbereich gefunden (Fürst et al. 1993). Von Wittsiepe et al. (1993) wurden ähnliche PCDD/F-Gehalte im Blut von Probanden aus Marsberg und einer Kontrollgruppe aus dem Kreis Steinfurt (Münsterland NRW) gefunden. Auch Untersuchungen von Ewers et al. (1994) zeigen, daß die PCDD/F-Gehalte exponierter Probanden überwiegend im Referenzbereich lagen. Hinsichtlich detaillierter Beschreibungen der Ergebnisse der durchgeführten umfangreichen Untersuchungen sei auf den im Auftrag des Ministers für Arbeit, Gesundheit und Soziales des Landes NRW im Jahre 1991 herausgegebenen Bericht des Hygiene-Instituts des Ruhrgebiets („Kieselrot-Studie") verwiesen.

In einem In-vitro-Modell zur Digestion mit Böden am Beispiel Kieselrot zur Abschätzung der Resorption von PCDD/F setzten Rotard et al. (1995) Modellgemische von Speichel, Magensaft, Zwölffingerdarmsaft und Gallensaft als Eluenten ein und ermittelten den Übergang von nur 2% der PCDD/F aus dem Kieselrot in das wäßrige Modellgemisch. Diese und die anderen durchgeführten Untersuchungen zeigen, daß die im Haldenmaterial und im Boden vorliegenden PCDD/F für den Menschen eine vergleichsweise geringe Bioverfügbarkeit aufweisen. Selbst Personen wie die Motocross-Fahrer, die bis in die jüngste Zeit hinein intensiven Kontakt mit Haldenmaterial gehabt hatten, weisen für einzelne Kongenere zwar deutlich erhöhte Gehalte im Blutfett auf, sind in Bezug auf die Gesamtbelastung, ausgedrückt in Toxizitätsäquivalenten, jedoch nicht auffällig belastet.

Im Immissionsbereich der Marsberger Kupferhütte ist es auch zu Erkrankungen von Wild- und Weidetieren gekommen. Man geht davon aus, daß vor allem die hohen Arsen- und Kupferemissionen zu den beobachteten Tiervergiftungen geführt haben.

Die Quintessenz der Erfahrungen aus den besprochenen Fällen ist wohl, daß eine brauchbare Humantoxikologie der Dioxine gerade im Hinblick auf klar erkennbare Ursache-Wirkungsbeziehungen immer noch nicht vorliegt und deshalb die Übertragbarkeit der Ergebnisse von Versuchstieren auf Menschen immer noch diskutiert wird (Nachr.Chem.Tech.Lab.47,694, 1999). Allgemein glaubt man, das Gesundheitsrisiko von Dioxinexpositionen bisher eher überschätzt zu haben (vgl. Worst-case-Szenario). In den USA erfolgen Diskussionen über das geringere Gefährdungspotential von Dioxinen und eine damit verbundene Neubewertung. In Deutschland hat der Länderausschuß für Immissionsschutz zur Gefährlichkeit krebserzeugender Luftschadstoffe festgestellt, daß Dioxinen im Vergleich zu Benzol, Dieselrußen oder PAK nur eine medizinisch extrem geringe Bedeutung zukommt. Möglicherweise bezieht man sich bei diesen Diskussionen einseitig auf das krebserzeugende Potential und ignoriert die mögliche Bedeutung von Dioxinen als potente, langlebige hormonell/endokrin in Umweltkonzentrationen bereits wirksame Stoffe (Colborn et al. 1996).

3.1.2.4 Biozide

Ein Klassiker der Umweltliteratur und zugleich ein die amerikanische Öffentlichkeit bewegendes Ereignis war 1962 Rachel Carsons Buch „Silent Spring". Akribisch wurde recherchiert, wie ein mit Insektiziden behandelter Baum zur Vergiftung von Vögeln führte; dies erfolgte nicht auf direktem Wege, sondern über Regenwürmer im Erdreich, in das das Insektizid eingewaschen wurde. Rachel Carson gelang es, nicht nur komplexe Zusammenhänge aufzuklären, sondern im Prinzip bereits die ganze Biozidproblematik aufzudecken (zunehmende Resistenzen führen zu steigenden Einsatzmengen/lipophile Anreicherungsketten). Schließlich führte die öffentliche Diskussion zur Gründung der amerikanischen Umweltbehörde EPA (Environmental Protection Agency).
Mehr als zwanzig Jahre später fragt David Pimentel: Is Silent Spring Behind Us? Ohne Zweifel sind Umweltprobleme im Zusammenhang mit dem Pestizideinsatz inzwischen deutlich zurückgegangen, sicherlich aber nicht vollständig gelöst und zum Großteil nur in Länder der Dritten Welt verlagert. Bisher ist kein Pestizid bekannt, das nicht bei irgendwelchen Organismen unerwünschte Nebenwirkungen hervorriefe. Der großflächige und weltweite Einsatz chlorhaltiger Insektizide wie DDT, Dieldrin und Toxaphen in der Zeit von 1945 bis 1972 hat den Bestand an Raubvögeln wie Adlern oder Falken sowie an Fischen wie Forellen und Lachsen deutlich dezimiert und ihr Fleisch mit Pestiziden kontaminiert; ähnliches gilt für Schlangen und Reptilien sowie auf chlororganische Verbindungen besonders empfindliche Invertebraten. Im Gewebe von Amerikanern fanden sich zwischen 1970 und 1974 zwischen 2 und 20 mg DDT-Äquivalente pro kg Fettgewebe.
Neben dem Problem, daß durch Biozide auch Nicht-Target-Organismen betroffen werden, hat sich zunehmend ein zweiter Problemkreis etabliert. In der modernen Landwirtschaft geht ein erhöhter Einsatz an Düngemitteln im allgemeinen mit einem höheren Einsatz an Pflanzenschutzmitteln einher. Die hohe Persistenz von Bioziden und ihre geringe Adsorption im Boden führt leicht zu Grundwasserbelastungen durch Biozide (z.B. durch Atrazin). Im Wasserhaushaltsgesetz wird u.a. davon gesprochen, daß das Abschwemmen und der Eintrag von Pflanzenbehandlungsmitteln in Gewässer zu verhüten sind, soweit es das Wohl der Allgemeinheit erfordert (§ 19 (1)3).

Die ersten als Insektizide benutzten Substanzen waren anorganische Stoffe, z.B. wurde von Arsenpentoxid bereits 1681 berichtet. Mit dem Einsatz natürlicher und synthetischer organischer Insektizide um 1945 (Vorläufer des DDT und der Organophosphate) haben die anorganischen Pestizide ihre Bedeutung verloren (Caglioti 1983). Besonders nach Einführung des 2,4-D (2,4-Dichlorphenoxyessigsäure) im Jahre 1945 stieg der Einsatz chemischer Herbizide sprunghaft an; letztere können in selektive und unselektive Typen eingeteilt werden. Beispiele für selektive Herbizide sind das bereits erwähnte 2,4-D und Abkömmlinge, 2,4,5-T (2,4,5-Trichlorphenoxyessigsäure), Atrazin (2-Chlor-4-ethylamino-6-isopropylamino-1,3,5-triazin), Dalapon (Dichlorpropionsäure) und Picloram (4-Amino-3,5,6-trichlorpicolinsäure). Beispiele für unselektive Herbizide sind aromatische Öle, PCP, Diquat, Paraquat oder Erbon.

Unter den (meist chemisch synthetisierten) Bioziden versteht man Stoffe, die Pflanzen während ihres Wachstums vor Krankheiten und tierischem Schädlingsbefall schützen, die Konkurrenz von anderen Pflanzen um Licht und Nährstoffe unterbinden und die eingebrachten Erntemengen vor Verlusten schützen sollen (Heintz u. Reinhardt 1996). Die übliche Bezeichnung für diese Stoffe ist Pestizide (= Schädlingsvernichtungsmittel). Als Synonyme für Pestizide werden in der BRD die Begriffe „Pflanzenschutzmittel" (PSM) wie auch „Pflanzenbehandlungsmittel" (PBM) verwendet; inzwischen spricht man meist von Pflanzenbehandlungs- und Schädlingsbekämpfungsmitteln (PBSM). Weder der ursprünglich eingeführte Begriff Pestizid, noch seine deutschsprachigen Beschreibungsversuche werden jedoch seiner Bedeutung in den tatsächlichen Anwendungsgebieten gerecht: Einerseits werden mit der Vernichtung der für die Pflanzen schädlichen Einwirkungen durch Krankheiten, tierische Schadorganismen und Unkräuter auch Organismen abgetötet, die für die Bodenökologie und das Pflanzenwachstum nutzbringend und zu erhalten sind. Andererseits werden bestimmte Mittel nicht zum Schutz der Pflanzen, sondern zum Schutz der eingebrachten Ernte, z.B. vor Pilzen und Schadinsekten, angewendet. Der Begriff Biozid ist daher umfassender; einige gebräuchliche sind in A.2.2.6 aufgeführt.

Breitband-Unkrautvernichtungsmittel sollen die ganze Unkrautflora vernichten. Zu den Bioziden zählen auch Wuchsstoffe und Wachstumsregulatoren, Lock- und Abwehrstoffe, Sterilanzien u.a. Von den Bioziden entfallen weltweit knapp 95% auf Herbizide, Insektizide und Fungizide. Die Biozidproduktion wie auch der Biozidverbrauch innerhalb der BRD stagnieren seit Beginn der 80er Jahre. In anderen Industriestaaten ist eine Konstanz sowohl an Mineraldünger- als auch an Biozideinsatz zu beobachten; dagegen steigt der Absatz an Mineraldünger und Bioziden in den Ländern der Dritten Welt ständig an (Heintz u. Reinhardt 1996). 70% der in den Ländern der Dritten Welt eingesetzten Biozide werden dort für Exportkulturen (Tee, Kaffee) verwendet (Heintz u. Reinhardt 1996). So gelangen selbst Biozide auf unseren Tisch, deren Anwendung bei uns verboten ist, wie beispielsweise DDT, Aldrin, technisches HCH, Chlordan, Endrin und Heptachlor, die in vielen Ländern der Dritten Welt zugelassen sind.

Insektizide

Unter den Insektiziden nehmen die chlorierten Verbindungen (CKW wie DDT (s.u.), Lindan = γ-1,2,3,4,5,6-Hexachlorcyclohexan (HCH), Dieldrin, Aldrin, Chlordan) und Phosphorsäureester (Parathion = E605, Malathion) eine dominierende Stellung ein. Auch andere Wirkstoffgruppen wie Carbamate (Pirimicarb, Aldicarb), organische Nitroverbindungen oder auch Insektizide pflanzlicher Herkunft (Pyrethrum-Derivate) sind in dieser Gruppe vertreten. Viele CKW dürfen inzwischen in der BRD nicht mehr angewendet werden. Der Grund liegt in der überaus hohen Persistenz dieser Verbindungen, die sich dadurch leicht in der Nahrungskette anreichern können. Technisches HCH besteht zu 65 – 70% aus der α-, zu 7 – 10% aus der β-, zu 14 – 15% aus der γ- und zu ca. 7% aus der δ-Konfiguration. Als Insektizid ist aber nur das γ-HCH (Lindan) wirksam, die restlichen Bestandteile belasten bei Verwendung von technischem HCH lediglich die Umwelt, weshalb technisches HCH in den meisten Industriestaaten verboten ist.

CKW sind sehr stabile Verbindungen und bleiben in der Umwelt für Monate bis Jahre intakt. Phosphorsäureester wie auch Mono- und Dimethylcarbamate werden gegenüber CKW wesentlich schneller biologisch abgebaut. Organophosphorverbindungen sind ebenso wie Carbamate zwar sehr giftig, werden aber ebenso schnell degradiert. Als Konsequenz öffentlicher Debatten wurden die meisten CKW verboten (in den USA DDT 1972, Aldrin und Dieldrin 1973 sowie Chlordan und Heptachlor 1975).

Herbizide

Als Herbizide bezeichnet man chemische Unkrautvernichtungsmittel, unter deren Einwirkung Pflanzen und Pflanzenteile stark geschädigt oder vernichtet werden. Unter Unkraut versteht man alle Pflanzenarten, die in Kulturbeständen unerwünscht sind. Die Aufnahme der Herbizide erfolgt über Blätter und Stengel sowie über die Wurzeln der Pflanzen. Unkrautvernichtungsmittel, die jeglichen Pflanzenwuchs verhindern, bezeichnet man als Totalherbizide.

Harnstoffherbizide wie das Isoproturon werden von den Wurzeln der Pflanzen aufgenommen und hemmen die Photosynthese und damit wichtige Stoffwechselprozesse. Die beiden bekanntesten Vertreter der als Herbizid eingesetzten Phenoxycarbonsäuren sind die hochgiftigen Substanzen 2,4-D und 2,4,5-T (in der BRD seit 1988 verboten). Mit Dioxin verunreinigtes 2,4,5-T wurde mit anderen Phenoxysäuren vermengt als Entlaubungsmittel im Vietnamkrieg eingesetzt („Agent-Orange"). Aufgrund der Verunreinigung und weniger wegen der eigentlichen Giftigkeit des Herbizids kam es zu schweren Vergiftungen bei der Bevölkerung in Vietnam, aber auch bei den Anwendern (US-Soldaten).

Isoproturon wird im Boden zuerst demethyliert; zudem wird eine Hydroxygruppe an den aromatischen Ring gebunden, bevor eine Hydrolyse zu dem entsprechenden Anilin stattfindet.

Dichlorprop ist eine dichlorierte Phenoxycarbonsäure (2-(2,4-Dichlorphenoxy)-propionsäure) mit Wuchsstoffeigenschaften. Zweikeimblättrige Pflanzen (Unkräuter) werden unter Störung des physiologischen Gleichgewichtes zu Verwachsungen angeregt. Das Unkraut stirbt ab, während das Getreide als einkeimblättrige Pflanze verschont bleibt. Die Halbwertszeit des mikrobiellen Abbaus beträgt beim Dichlorprop 3 bis 12 Tage. Als Metabolit tritt 2,4-Dichlorphenol auf, welches durch Oxidation der Phenoxycarbonsäure entsteht. Das Dichlorphenol wird über eine Orthohydroxylierung weiter zum 3,5-Dichlorcatechol umgesetzt.

Eine weitere Klasse von Herbiziden umfaßt heterozyklische Verbindungen (Paraquat und die Triazine, Atrazin, Simazin, Propazin und Terbutylazin). Atrazin wird vor allem im Maisanbau eingesetzt, da Mais selbst gegen Atrazin resistent ist. Ein Großteil der Unkräuter entwickelte im Lauf der Zeit resistente Formen, so daß höhere Konzentrationen an Atrazin eingesetzt werden mußten, die allerdings das Resistenzproblem auf diese Weise nicht haben lösen können. Atrazin gelangt bei sandigen Böden oder bei Böden mit geringer Deckschicht in das Grundwasser. Die anderen Triazine, allen voran das Simazin, sind giftige, ökologisch bedenkliche Substanzen; auch hier liegt das Problem der Anwendung in der Ausbildung von Resistenzen bei den Unkräutern und in einer Gefährdung für Boden und Grundwasser.

Prosulfocarb gehört zur Gruppe der Thiocarbamate, die im allgemeinen im Boden hydrolysiert werden. Die Carbamate bewirken einen Stillstand des Sproß- oder Wurzelwachstums, weil sie eine Zellteilung unterbinden (Mitosehemmer). Von 1965 bis 1969 nahm in den USA die Produktion von Herbiziden jährlich um 17% zu und hat längst einen Marktwert von über 1000 M$ erreicht (Bliefert 1997).

Fungizide

Fungizide werden im Unterschied zu den übrigen Bioziden prophylaktisch angewandt, damit die Pflanzen nicht von Pilzkrankheiten befallen werden; weitere Verwendungsarten sind der unmittelbare Schutz von Ernteprodukten und die sog. Saatgutbeize, um am Saatgut haftende Pilzkeime abzutöten. Von modernen metallorganischen Fungiziden haben die Hg- und Zn-Verbindungen Bedeutung erlangt (z.B. Methoxyethylquecksilbersilicat). Inzwischen sind die Hg-haltigen Präparate in der BRD verboten und durch quecksilberfreie ersetzt worden, da selbst bei vollständigem Abbau im Boden dort zunehmend Hg (als Hg^0) angereichert wird.

Pflanzenbehandlungs- und Schädlingsbekämpfungsmittel (PBSM)

Pflanzenschutzmittel sind im Sinne des Pflanzenschutzgesetzes (§2 PflSchG) Stoffe, die dazu bestimmt sind, Pflanzen oder Pflanzenerzeugnisse vor Tieren, anderen Pflanzen oder Mikroorganismen oder sonstigen Schadorganismen zu schützen. Zu den Pflanzenschutzmitteln zählen folglich die Schädlingsbekämpfungsmittel (Pestizide). Während Dünger vor allem für die Steigerung der Erträge eingesetzt werden, dienen Pflanzenschutzmittel deren Sicherung. Man kann die Pestizide in Untergruppen wie Akarizide gegen Milben, Algizide gegen Algen, Bakterizide gegen Bakterien, Molluskizide gegen Schnecken, Nematizide gegen Fadenwürmer, Rodentizide gegen Nagetiere und Virizide gegen Viren einteilen.

Die meisten Nutzpflanzen auf der Welt werden heute mit Pestiziden behandelt. Die eingesetzten Mengen sind – verglichen mit dem Einsatz an Düngemitteln – dabei klein, z.B. bei Herbiziden 0,1 bis 2 kg/ha und 10 bis 500 kg/ha für Fungizide, jeweils bezogen auf den Wirkstoff (Bliefert 1997).

Aus chemischer Sicht unterscheidet man mehrere Pestizidgruppen, die sich in ihrer Persistenz unterscheiden; die Gesamtmenge der deutlich stärker persistenten CKW, die heute noch verwendet werden, übersteigt vermutlich immer noch die der anderen Wirkstoffgruppen.

Weltweit werden mehr als 1,5 Mt von Bioziden eingesetzt und auch in Umweltkompartimenten zahlreich nachgewiesen. Beispielsweise fanden Nerin et al. (1996) in der Luft in einem spanischen Nationalpark (Pyrenäen) 70 bis 3076 pg/m^3 an α- und γ-HCH, Endosulfan und HCB. In der Luft über Deponien wurden 1551 bis 3512 ng/m^3 an Chlorbenzolen und 28 bis 78 ng/m^3 an α- und γ-HCH vorgefunden. Selbst im Regenwasser wurde die Gegenwart von Organochlorpestiziden (Lindan, Dieldrin, DDT) seit den frühen 60er Jahren beobachtet. Inzwischen wurden Pestizide als ubiquitärer Bestandteil von Regenwasser in Konzentrationen nachgewiesen, die manchmal sogar die EG Trinkwasser-Richtlinie von 0,1 µg/L für einzelne Pestizide übersteigen. Hauptsächlich durch Versuche mit ^{14}C dotierten Pestiziden konnte nachgewiesen werden, daß die Verflüchtigung von Pestiziden aus behandelten Flächen ein wichtiger Prozeß ist und zur weiträumigen Verfrachtung von Bioziden sowie zu Biozidrückständen in Luft, Nebel und Regen führt (Stork et al. 1994).

Bei der Herstellung von PBM werden über 300 verschiedene Wirkstoffe verwendet. In der BRD wurden im Jahr 1986 etwa 30 kt PBM in den Verkehr gebracht und ein wesentlicher Teil davon auf landwirtschaftlich genutzten Flächen ausgebracht (Reupert u. Plöger 1988). Daneben dürfen die Mengen nicht vernachlässigt werden, die an Gleisanlagen der Bundesbahn, Industriestandorten sowie auch im kommunalen Bereich meist als Unkrautvernichtungsmittel Verwendung finden. Ein Teil dieser Mittel gelangt durch Abschwemmung in Gewässer, die ohnedies schon durch Industrieeinleitungen mit diesen Stoffen belastet sind. Durch Uferfiltrat angereichertes Grundwasser kann auf diesem Wege kontaminiert werden. Unter gewissen hydrogeologischen Voraussetzungen kann ein anderer Teil dieser Mittel durch Versickerung ebenfalls ins Grundwasser gelangen.

Seit dem 1.10.1989 dürfen in einem Liter Trinkwasser insgesamt höchstens 0,5 µg PBSM (Pflanzenbehandlungs- und Schädlingsbekämpfungsmittel) enthalten sein, die Konzentration einzelner Biozide wurde auf 0,1 µg/L begrenzt. In vielen Gegenden, z.B. in Bayern, stammt das Trinkwasser nahezu ausschließlich aus Grundwasser, so daß besonders in Gegenden mit Maisanbau das dort eingesetzte Atrazin und sein Abbauprodukt Desethylatrazin im Grundwasser vorgefunden wurden; in oberflächennahen Grundwässern unter Maisfeldern auf der Schwäbischen Alb, im Donautal, Baden-Württemberg und Schleswig-Holstein wurden Atrazinkonzentrationen bis zu X µg/L festgestellt. Nach dem Vorsorgeprinzip ist hier das Reinheitsgebot für das Grundwasser zu fordern. Aus diesem Grund richtet sich die Aufmerksamkeit besonders auf solche Wirkstoffe, die als Herbizide eingesetzt werden und von denen über den Grenzwerten liegende Konzentrationen in Trink- und Grundwasserproben nachgewiesen wurden (Reupert u. Plöger 1988).

Den herbiziden Wirkstoffen kommt eine besondere Bedeutung zu, da sie verglichen mit den Insektiziden und Fungiziden meist in erheblich größeren Aufwandmengen eingesetzt werden. Ihr Anteil am Gesamtabsatz der PBM betrug im Jahr 1986 allein etwa 60%; wobei die Derivate aromatischer Carbonsäuren mit ungefähr 7 kt, die Triazinderivate mit etwa 4 kt und die Harnstoffderivate mit etwa 3,2 kt eine Spitzenstellung bei den Wirkstoffgruppen einnehmen (Reupert u. Plöger 1988).

In Europa werden Triazine (bes. Atrazin) als Herbizide hauptsächlich bei Getreide eingesetzt, in Deutschland war es eines der am häufigsten eingesetzten Herbizide, bevor es im April 1991 verboten wurde. Der weitverbreitete und starke Einsatz hat zum weiträumigen Nachweis von Atrazin und seinen Metaboliten in Grundwasser, Flüssen, Seen, Regenwasser und Boden geführt. Dankwardt et al. (1994) analysierten Regen- und Oberflächenwasserproben aus Bayern und Niedersachsen im Zeitraum 1990 bis 1992 mittels Enzymimmunoassay; die Ergebnisse korrelierten gut mit denjenigen konventioneller GC-MS-Analytik (r = 0,95). 60% der untersuchten Proben enthielten meßbare Mengen an Atrazin bei einem Mittelwert von 0,2 µg/L; die Bestimmungsgrenze lag bei 0,02 µg/L. Die höchsten Konzentrationen wurden im Sommer, in landwirtschaftlichen Gebieten und in Wäldern vorgefunden. Konzentrationen bis zu 0,6 µg/L im Regen über Nationalparks (Bayerischer Wald und Berchtesgaden) weisen auf weiträumige Transportprozesse hin.

Dichlordiphenyl-Trichlormethylmethan (DDT). DDT ist das bekannteste, in seinem Verhalten am besten untersuchte und das am weitesten verbreitete Pestizid. Es hat den systematischen Namen 1,1,1-Trichlor-2,2-bis(4-chlorphenyl)-ethan (Dichlorphenyltrichlorethan) und stellt das erste synthetisch hergestellte Insektizid dar (1874 von Zeidler synthetisiert, 1939 von Paul Müller insektizide Eigenschaften erkannt, nach 1949 intensiv eingesetzt). Handelsübliches DDT besteht aus einer Mischung von 14 Substanzen, darunter 65 bis 80% o-DDT, 15 bis 20% p-DDT und bis zu 4% DDD (Alloway u. Ayres 1996). Es ist billig, chemisch stabil, persistent und gut haftend, weil es praktisch wasserunlöslich ist und kaum verdampft: Es ist gut löslich in organischen

Lösungsmitteln, Fetten und Öl; die Wasserlöslichkeit liegt bei 1,2 µg/L (bei 22 °C). DDT wirkt gegen die Übertragung vieler tropischer Krankheiten wie Malaria, Fleckfieber, Gelbfieber und die Schlafkrankheit. Nicht nur Fliegen und Mücken, sondern auch Wanzen, Flöhe und Läuse – praktisch alle beißenden (im Gegensatz zu den saugenden) Insekten – können damit bekämpft werden; dazu gehören die Schädlinge fast aller Kulturpflanzen.

DDT wurde bisher insgesamt in der Größenordnung von Milliarden kg in die Umwelt entlassen. Die seit Ende der 40er Jahre in die Umwelt eingebrachten Mengen schätzt man auf ca. 55 kt jährlich, solange die Anwendung weltweit ohne Einschränkungen durchgeführt wurde. Trotz der DDT-Verbote wurden beispielsweise 1980 weltweit immer noch 96 kt auf die Felder versprüht, meist in Ländern der Dritten Welt (Bliefert 1997); nach Informationen der WHO wurden alleine in Mexiko und Brasilien im Jahre 1992 jeweils fast Tausend Tonnen DDT eingesetzt. Die bisher im Boden angereicherte Menge wird auf insgesamt 280 kt geschätzt.

Trotz dieses großen Aufwands gelang es nicht, die Malariamücke Anopheles auch nur gebietsweise auszurotten. Alle kurzfristig zu verzeichnenden Erfolge im Kampf gegen diese Insekten wurden innerhalb weniger Jahre nach dem Absetzen von DDT wieder zunichte gemacht, weil sich resistente Formen bildeten, die die durch DDT zunächst geschaffenen Freiräume wieder besiedelten. Schädlingspopulationen können nur durch kontinuierliche Anwendung von Pestiziden klein gehalten werden. Dieser Tatbestand hat zur Folge, daß sich im Laufe der Zeit ganz erhebliche Pestizidreste in der Umwelt anreichern, zumal die Resistenzbildung der Schadorganismen zu fortwährender Steigerung der Dosis zwingt. Inzwischen ist DDT ubiquitär und wurde sogar im Schnee der Antarktis nachgewiesen. Eine ubiquitäre Verteilung ist nicht nur für DDT, sondern auch für das Abbauprodukt DDE (s.u.) und Begleit- sowie Transformationsprodukte in Hunderten von Publikationen gut dokumentiert (s. z.B. Dikshith 1978). Ähnlich wie für andere Xenobiotika wie HCB oder PCB nahmen die Umweltkonzentrationen nach den diversen DDT-Verboten nur langsam ab, zum einen aufgrund des sehr langsamen Abbaus und zum anderen durch Einträge aus Ländern, in denen DDT noch eingesetzt wird. Dabei ist der Belastungsgrad auch dichter besiedelter Gebiete sehr unterschiedlich: Organe von Rehwild aus Rheinland-Pfalz weisen allgemein auf eine geringe Belastung mit DDT und DDE hin; lediglich Standorte mit früherer hoher DDT-Applikation zeigen höhere DDE-Werte (Guse u. Jäger 1994).

Bei der geschilderten Resistenzproblematik darf nicht vergessen werden, daß DDT in der Seuchenbekämpfung historisch gesehen eminente Leistungen aufzuweisen hat, insbesondere bei Malaria und anderen durch Insekten übertragenen Krankheiten. In Indien sank die Zahl der Malariakranken von 75 Millionen 1952 auf 100000 im Jahre 1964, in Rußland von 35 Millionen 1946 auf 13000 im Jahre 1956. Nach Angaben der WHO rettete DDT in den ersten acht Jahren seit seiner Einführung mindestens 100 Millionen vor Krankheit und 5 Millionen vor dem Tod. Millionen Tonnen von Hülsenfrüchten wurden vor Insektenfraß bewahrt. Norman Borlaug: „Bei Beginn der DDT-Anwendung gab es auf Ceylon über 2 Millionen Malariafälle, 1963 nur noch 17. Aus finanziellen Gründen wurde DDT ausgesetzt. 1967 waren es bereits wieder 3000 und Ende 1969 2 Millionen Fälle". Was Borlaug auf den unterbliebenen DDT-Einsatz zurückführt, erklärt dagegen Ivan Illich mit dem Auftreten immer resistenterer Stämme.

Die Anreicherung von DDT wurde mit ^{14}C-markierten Präparaten untersucht (Bliefert 1997). Es reichert sich im tierischen Fettgewebe an, die BCF-Werte von DDT sind > 10 000. Nach einmaliger Applikation von ^{14}C-DDT im Wasser eines Teiches stieg der Massenanteil nach 59 Tagen im Bauchfett von Barschen auf fast 24 mg/kg, während der Gehalt im Wasser nach dieser Zeit lediglich ca. 10 ng/kg betrug (was einem BCF-Wert von 2,4 × 10^6 entspricht). DDT reichert sich auch im Kiefernadelhumus an, wobei es sich im Harz der Nadeln löst. Anreicherungen erfolgen im menschlichen Fettgewebe; z.B. wurden in Leber oder Niere bis zu 10 mg/kg nachgewiesen. Für Nahrungsmittel zulässige Höchstmengen sind in der Pflanzenschutzmittel-Höchstmengenverordnung (PHmV) festgelegt; die zulässige Höchstmenge an DDT-Rückständen und die anderer Pflanzenschutzmittel für Milch und Milcherzeugnisse liegt mit einem Fettgehalt > 2% bei 1 mg/kg (bezogen auf das Gesamtgewicht des Lebensmittels). Für Babynahrung liegt nach der Diätverordnung [§14(1)Nr.1] die Höchstgrenze für DDT, wie auch für alle anderen Pflanzenschutzmittel, bei 0,01 mg/kg. Man hat so hohe DDT-Mengen in Muttermilch gefunden, z.B. in Japan über einen längeren Zeitraum im Durchschnitt 0,035 mg/kg, daß diese nach geltendem Recht in der BRD nicht mehr als Babynahrung verkauft werden dürfte.

Der Abbau von DDT im Freien ist sehr langsam und unvollständig. Unter aeroben Bedingungen verläuft er zum Dichlorethenderivat (DDE = 1,1-Bis(4-chlorphenyl)-2,2-dichlorethen), das weniger toxisch wirkt als DDT. Unter anaeroben Bedingungen erfolgt Reduktion zum Dichlorethanderivat (DDD), das relativ leicht in das entsprechende, wasserlösliche Essigsäurederivat (DDA) überführt werden kann. Wenngleich die Abbau- und Umbaurate mit den herrschenden Umweltbedingungen wie Temperatur, Organismenart und -dichte stark variieren kann, schätzt man die mittlere Halbwertszeit auf etwa 10 Jahre. Im Körper des Menschen scheint die Halbwertszeit bei ca. 1 Jahr zu liegen.

DDT ist stark toxisch für Insekten, aber verhältnismäßig wenig toxisch für Säugetiere. Beim Menschen beobachtet man nach Aufnahme von 300 bis 500 mg als erste Symptome Schweißausbrüche, Sensibilitätsstörungen an Lippen und Zunge sowie Kopfschmerzen und Übelkeit (Bliefert 1997). DDT ist ein typisches Kontaktgift, das relativ rasch durch die Außenhaut eindringt. An den Membranen der Nervenzellen inaktiviert DDT wahrscheinlich die Na$^+$-Pumpen, so daß nach einer Reizung die Wiederherstellung des Ruhepotentials verhindert wird. So entsteht erst ein Zustand der Übererregbarkeit, nach Inkorporation großer Mengen von DDT stellen sich jedoch Lähmungserscheinungen ein. Die Stärke des Effekts auf die nervale Reizleitung fällt artspezifisch sehr verschieden aus. Die biochemischen Ursachen sind hierfür unbekannt. Bis heute blieb ungeklärt, ob die in der Muttermilch auftretenden Konzentrationen von 10 bis 10000 μg/kg den Säugling schädigen können und ob die über die Gonaden ausgeschiedenen Chlorhalogenpestizide gegebenenfalls Fertilitätseinbußen hervorrufen. Da das wichtigste Stoffwechselprodukt des DDT, das DDE, an den Androgenrezeptor bindet und zuweilen höhere DDE-Mengen im Körper zu finden sind (z.B. auch bei Krokodilen im Apopka-See in Florida), stellt sich die Frage nach einer möglichen Abnahme der Fruchtbarkeit des Mannes durch DDT in der Umwelt.

In der BRD wurde früher als Ersatz für das verbotene DDT Hexachlorcyclohexan (HCH) eingesetzt, ebenfalls ein Kontaktgift, das bevorzugt das Nervensystem beeinträchtigt. Der Stoff ist stark lipophil, und er erweist sich als außerordentlich persistent im Freiland. Eine Akkumulation in Nahrungsketten beobachtet man ebenso wie beim DDT. Die noch tolerierbaren Höchstmengen in Lebensmitteln setzte man auf 0,1 bis 2 mg/kg fest. Die ökologischen Konsequenzen einer ausgedehnten Lindananwendung sind keinesfalls geringer einzuschätzen als diejenigen einer entsprechenden DDT-Anwendung. Die Anwendungsmengen von Lindan fielen jedoch geringer aus als die von DDT, weshalb weltweite Rückstandsprobleme noch nicht so gravierend in Erscheinung treten.

Pyrethroide. Etwa 30% des Pflanzenschutzmittelmarktes machen die erst Mitte der 80er Jahre eingeführten Pyrethroide aus, die vom Pyrethrum aus Chrysanthemenblüten abgeleitet sind. Der Hauptwirkstoff des Pyrethrums ist Pyrethris I, das auf die Natriumkanäle in den Nervenmembranen einwirkt. Pyrethroide sind photostabile synthetische Insektizide mit einem breiten Wirkungsspektrum und geringer Toxizität für Warmblütler. Hohe Wirksamkeit bei extrem geringen Aufwandmengen (10 bis 150 g pro ha) mit geringen Nebenwirkungen bedingen hohes Interesse für den Einsatz im Pflanzenschutz.
1989 waren in China 573 Vergiftungsfälle (mit 7 Todesfällen) medizinisch untersucht worden; die Gründe reichten von Unachtsamkeit bei der Anwendung über Unfälle bis zu Selbstmordversuchen mit Pyrethroidzubereitungen. Pyrethroide wirken als Nervengift. Eine Überdosis beim Menschen äußert sich in Parästhesien, Empfindungsstörungen wie beispielsweise Reizerscheinungen an der Gesichtshaut, Taubheitsempfindungen, Rötungen und Blasenbildung; auch Augen-, Nasen- und Rachenschleimhäute sind betroffen. Obwohl es bis zu Krämpfen kommen kann, sind alle Wirkungen (außer bei äußerst hohen, letalen Dosen) nur vorübergehend. Es ist weltweit keine einzige chronische Pyrethroidvergiftung dokumentiert.
1994 wurden in Deutschland etwa 42 t Pyrethroide im landwirtschaftlichen Pflanzenschutz verbraucht, dazu kamen 12 t für Innenraumanwendungen; nur eine halbe Tonne wird zum Teppich- und Kleiderschutz verwendet. Beispiels-

weise enthält Teppichware aus Wolle mit dem „Wollsiegel" immer Pyrethroide gegen Motten und Käfer.

Für Säugetiere wird ein Grenzwert von 10 µg/m^3 angenommen, für an Staub gebundene Pyrethroide 5 µg/cm^2. Bei der Anwendung dieser Stoffklasse muß (wie bei anderen Bioziden) zwischen Seuchenschutz (Käfer, Schaben und Pharaoameisen als Überträger von Keimen, Allergenen und Krankheitserreger) und dem Schutz der Bewohner vor Pyrethroid-Befindlichkeitsstörungen abgewogen werden.

Chemische Kampfstoffe. Chemische Waffen sind nach Caglioti (1983) neben Sprengstoffen unterschiedlichster Art (bes. TNT) lethale (z.B. Trichlornitromethan, diverse Sulfonate, Cyclon, (Di)Phosgen, Lewisit, Senfgas und Botulinustoxin A), kampfunfähig machende (z.B. Ni- und T-Stoff, CA, CN, CS, Clark I und II sowie Staphylococcen Enterotoxin) und neurotoxisch wirkende Kampfstoffe (z.B. Tabun, Sarin, Soman und Agent V) sowie Entlaubungsmittel (2,4-D, 2,4,5-T, Picloram, Monuron und Bromacil).

Bei Rüstungsaltlasten aus der Sprengstoffproduktion liegen häufig aus der Produktion von Trinitrotoluol (TNT) neben 2,4,6-Trinitrotoluol selbst andere nitroaromatische Schadstoffe als Vor- oder Abbauprodukte von TNT vor (Schneider et al. 1994); weiter sind unter Umständen anderweitige sprengstoffspezifische Stoffe wie Hexogen (Hexahydro-1,3,5-trinitro-1,3,5-triazin, RDX) anwesend. Die Probleme ergeben sich aus einer häufig sehr schlechten Datenlage für viele der relevanten Verbindungen, aus der Einschätzung von routinemäßig selten erfaßten Expositionspfaden (dermale Exposition, Anreicherung in Nutzpflanzen) und der Unkenntnis gemeinsamer toxikologischer Endpunkte vieler nitroaromatischer Schadstoffe (Methämoglobinbildung, mutagene und kanzerogene Wirkungen).

33 kt des stark hautschädigenden Schwefellosts (2,2'-Dichlordiethylsulfid) wurden in beiden Weltkriegen produziert (Haas u. Schmidt 1996); beim sog. Winterlost können als zusätzliche Kontaminationen Phenylarsinverbindungen vorhanden sein.

Kingery u. Allen (1995) behandeln das Schicksal von drei extrem toxischen (LD$_{50}$ in der Größenordnung 0,1 mg/kg) Organophosphorkampfstoffen in der Umwelt (Sarin, Soman und VX); Alkyl- und Methylphosphonate sind mit Halbwertszeiten von Jahren die langlebigsten Abbauprodukte in Böden.

Persistenz und Abbaubarkeit von Bioziden

Die Persistenz von organischen Stoffen ist ein zentrales Kriterium für die Bewertung als Umweltschadstoff (Klöpffer 1994); dies gilt in besonderer Weise für Biozide. Neben Waschmitteln gehörte in der Vergangenheit das Insektizid DDT hinsichtlich seiner Persistenz zu den auffälligsten Stoffen in unserer Umwelt.

Die Belastbarkeit eines terrestrischen oder aquatischen Ökosystems wird solange nicht überschritten, wie die betroffenen Biotope in der Lage sind, zugeführte

organische Stoffe abzufiltern und abzubauen. Je rascher die Abbaugeschwindigkeit einer organischen Verbindung unter den gegebenen Bedingungen ist, umso
höher kann ihre Belastungsrate sein, ohne daß Umweltprobleme wie die Bioakkumulation in Nahrungsketten auftreten können (Ottow 1990). Die Abbaugeschwindigkeit einer Substanz wird von der Persistenz (die für einen Schwund
von mindestens 90% der Ausgangssubstanz erforderliche Zeit) unter den
gegebenen Bedingungen bestimmt. Die Persistenz einer organischen Verbindung hängt im wesentlichen von ihren physikalisch-chemischen Eigenschaften
(molekulare Rekalzitranz) und von den Bodeneigenschaften und -bedingungen
ab. Je ausgeprägter die molekulare Rekalzitranz gegenüber mikrobiologischen
und/oder chemisch-physikalischen Umwandlungen unter den verschiedensten
(Extrem-)Zuständen von Böden und Gewässern ist, desto länger wird die Persistenz sein, und um so deutlicher ist der xenobiotische Charakter. Zu den
wichtigsten ökologischen Faktoren, von denen die Persistenz einer organischen
Verbindung abhängt, gehören (Ottow 1990): Adaption der Mikroflora als Folge
einer wiederholten Anwendung der gleichen oder strukturanalogen Substanzen,
Immobolisierung und Verfügbarkeit, Bodenbearbeitung und Düngung, Sauerstoffversorgung, Wassersättigung und Redoxpotential sowie die Feuchtspannung
und der Naß/Trockenwechsel.
Folgende Prozesse führen ganz allgemein zur Inaktivierung und zur Konzentrationsabnahme von Bioziden im Boden: Verdampfung (z.B. Thiocarbamate
oder verschiedene Dinitroaniline, Pflanzenaufnahme (bis maximal 8% der
applizierten Menge), Sorption, metabolischer Abbau, cometabolischer oder
chemischer Abbau, Witterung und Verlagerung in tiefere Bodenschichten (z.B.
in bis zu 1 m Tiefe nach Starkregenereignissen). Mit steigendem Bodenwasser-
gehalt nimmt die Abbaurate zu, weil mikrobielle und viele chemische Reaktionen vom Wasser abhängig sind (Reaktionspartner, Lösungs- und Transport-
mittel). Eine Erhöhung der Bodentemperatur um 10 °C steigert die Geschwindigkeit der meisten chemischen Reaktionen um das zwei- bis vierfache.
Die Stoffwechselaktivität der Bodenmikroorganismen ist ebenfalls temperatur-
abhängig. Die optimale Bodentemperatur für die Gesamtpopulation liegt zwischen 35 und 40 °C, während bei Temperaturen unterhalb des Gefrierpunktes
der Stoffwechsel der meisten Arten zum Stillstand gelangt.
Die Mehrzahl der heutigen Biozide ist gering löslich (kation- und anionaktive
Verbindungen) oder gilt als hydrophob (nichtionische Verbindungen). Infolgedessen neigen die meisten Verbindungen dazu, spontan aus der Bodenlösung
auszutreten und rasch und unspezifisch an Bodenkolloiden zu sorbieren. Unter
den Bodenkolloiden ist es primär die organische Substanz (Humus), die Ausmaß
und Bindungsintensität der unspezifischen Sorption bestimmt. Hingegen sorbieren die überwiegend negativ geladenen Tonminerale bevorzugt die kationaktiven
Verbindungen (z.B. Deiquat und Paraquat) und die schwach basisch wirksamen
Stoffgruppen (z.B. Triazine und Triazole) ausnahmsweise über Austauschprozesse und stellen in (Ton-)Böden eher die spezifischen Sorbenten. Tonim-

mobilisierte Pestizide sind infolgedessen gegen Kationen relativ leicht austauschbar, wenn auch bei den einzelnen Tonarten in sehr unterschiedlichem Ausmaß. Es wird verständlich, weshalb Humus und Tonminerale (und die Ton-Humuskomplexe) vor allem bei porenreicher, räumlicher Anordnung der Kolloide (durch Ca-Brücken und Lebendverbauung) mit ihren vergleichsweise großen und reaktiven Oberflächen eine außerordentlich wirkungsvolle Puffer- und Filterkapazität darstellen. Diese Eigenschaften und die metabolischen/co-metabolischen Umwandlungen bestimmen die Belastbarkeit eines Standortes entscheidend mit. Diese ist umso größer, je höher der Gehalt an Humuskolloiden und aggregierten Tonmineralen und je intensiver die mikrobiologische Aktivität ist. Pestizide in gebundenen Rückständen (bound residues) zeigen gegenüber der Ausgangsverbindung zwar eine teilweise erheblich erhöhte Persistenz; sie können aber möglicherweise später als Folge einer erhöhten Mineralisation der organischen Substanz (nach Kalkung, Bodenbearbeitung, Belüftung und Düngung) wieder schubweise freigesetzt werden.

Beispielhafte Werte zur Persistenz nach Ottow (1990): 2,4,5-T und Diuron bis 12 Monate, 2,4-D einige Wochen; Atrazin 50% Abbau nach 60 Tagen, terminales Zeitintervall 7 bis 300 Tage in Boden, Simazin bis zu 180 Tage; Malathion und Permethrin 6 bis 146 h in Pflanzen, Parathion 4 bis 21 d in Pflanzen und Metribuzin 14 bis 111 d im Boden. Für das Harnstoffderivat Isoproturon geben Kulshrestha u. Singh (1995) bei normaler Applikation von 0,7 bis 2,5 kg/ha eine Halbwertszeit in Böden von 15 bis 40 Tagen bei Eindringtiefen von meist bis zu 3 cm an.

Chlororganische Biozide werden in der Umwelt beispielsweise durch Hydrierung des Chlors reduktiv entfernt. Andererseits besteht die Möglichkeit, Chlor im Zuge der Dehydrohalogenierung zusammen mit Wasserstoff zu eliminieren: Dabei wird Chlor von einer Hydroxylgruppe im Zuge der Hydrolyse ersetzt. Schließlich ist auch eine oxidative Dehalogenierung unter Einbau von Sauerstoff nachgewiesen worden. Chemischer und mikrobieller Abbau sind nur schwer zu unterscheiden. Eine Unterscheidung ist nur dann möglich, wenn der Abbauverlauf des Biozids in sterilisiertem und in nicht sterilisiertem Boden verglichen wird. Die Konzentrationsabnahme setzt bei beiden Abbautypen sofort ein. Der chemische Abbau läßt sich in der Regel nach einer Reaktion erster Ordnung beschreiben, dies bedeutet, die Abbaurate ist konstant und unabhängig von der jeweils vorhandenen Biozidmenge. Verbindungen, die nach diesem Typ abgebaut werden, weisen in der Regel wesentlich längere Halbwertszeiten auf als metabolisch abbaubare.

Inzwischen steht eindeutig fest, daß halogenierte aliphatische Verbindungen ebenso wie die verschiedenen halogenierten aromatischen Verbindungen im Prinzip mikrobiell abgebaut werden können. Obwohl es im Unterboden zweifelsfrei Mikroorganismen gibt, die potentiell zur Degradation befähigt sind, zeigt jedoch die Erfahrung, daß Gesamtschadstoffkonzentrationen im µg/L-Bereich nicht ausreichen, um eine Induktion und somit eine Anpassung in Böden auszulösen. Dieser Sachverhalt wird für die Verlagerung der verschiedensten relativ persistenten Substanzen wie Paraquat und Atrazin bis in das Grundwasser verantwortlich gemacht.

Die Mineralisierung der Biozide zu Kohlendioxid und Wasser (und eventuell Phosphaten und Chloriden) ist nur in gelöster, also bioverfügbarer Form möglich. Werden Biozide im Boden durch Mikroorganismen abgebaut, so erfolgt der Abbau erst nach einer Phase, in der keine oder nur eine geringe Konzentrationsabnahme erfolgt. Diese Phase wird als Lag-, Latenz- oder Adaptionsphase, die Phase des eigentlichen Abbaus als Abbauphase bezeichnet. Wird die Verbindung in einem Substrat nicht sorbiert, geht die Konzentration rasch gegen Null. Bei Substraten, in denen das Biozid sorbiert wird, verbleibt jedoch ein Rest, der aufgrund seiner begrenzten Verfügbarkeit langsamer abgebaut wird. Deshalb ist zu Beginn der Abbauphase die Abbaugeschwindigkeit gering (Übergangsphase), wonach der Abbau in eine Phase übergeht, in der die Konzentrationsabnahme proportional zur Biozidkonzentration ist. Für das Auftreten der Lag-Phase existieren zwei mögliche Erklärungen: Die erste besagt, die Lag-Phase ist die Zeitspanne, in der sich eine Organismenmutante entwickelt, die sich durch ihren Ernährungsvorteil anderen Organismen gegenüber rascher vermehrt und dadurch den schnelleren Abbau des Biozids bedingt. Der zweiten Erklärung nach ist die Lag-Phase die Zeit, welche die potentiell zum Abbau befähigten Organismen benötigen, um sich dem Biozid anzupassen. Die Lag-Phase ist in diesem Zusammenhang die Zeit, in der die zum Biozidabbau nötigen Enzyme induziert werden.

Für die Abbaugeschwindigkeit cometabolisch abbaubarer Verbindungen sind alle jene Maßnahmen von Bedeutung, welche die allgemeine mikrobielle Aktivität erhöhen, also z.B. Pflügen, Zufuhr von Sauerstoff oder mineralischen Düngern (vor allem P und N). Ein periodischer Wechsel von Wassersättigung und Austrocknung in hydromorphen Böden verkürzt die Persistenz chlorierter aromatischer Verbindungen wesentlich, weil cometabolische Dechlorierungen bei niedrigem Eh und metabolische aerobe Ringöffnungen aufeinanderfolgen.

Veränderungen der chemischen Struktur von Xenobiotika, verursacht durch biotische oder abiotische Faktoren, bewirken die Bildung neuer xenobiotischer Verbindungen, die mehr oder weniger toxisch und ökotoxisch als die Ausgangsverbindungen sein können und unerwünschte chemische Rückstände in ökologischen Systemen darstellen (Mansour et al. 1993). Diese neuen Verbindungen können sich aufgrund veränderter physikalisch-chemischer Eigenschaften auch im Umweltverhalten deutlich unterscheiden. Somit ist eine genaue Speziierung ebenso notwendig wie die Erforschung der Kinetik von deren Bildung und Abbau. Im Gegensatz zur Umwandlung in persistente Zwischenprodukte ist die Mineralisierung xenobiotischer Substanzen als die einzige Möglichkeit zur endgültigen Elimination von Xenobiotika aus der Umwelt der letztendlich erstrebenswerte Prozeß.

Biotische Reaktionen organischer Xenobiotika in Böden können grob in oxidierende, reduzierende und hydrolytische Umsetzungen unterteilt werden (Mansour et al. 1993); zusätzlich zu diesen Abbaureaktionen kommen im Boden auch Synthesereaktionen vor. Xenobiotika können an natürlichen Reaktionen zur Humusbildung teilnehmen und dabei die Stelle natürlicher Reaktionspartner einnehmen. Es können beispielsweise natürliche Aminogruppen durch Amine aus Xenobiotika (aus dem Biozidabbau) ersetzt werden; ähnliches gilt für Phenole. Somit können sich Xenobiotika als nunmehr Bestandteile eines natürlichen Polymers und somit als gebundener Rückstand (bound residue) dem analytischen Nachweis entziehen.

Toxikologische Aspekte
Bei auf Menschen toxisch wirkenden Pestiziden stellt sich die Frage nach einer zahlenmäßigen Bewertung ihrer Giftigkeit, z.B. auf der Grundlage von LD_{50}-Werten. Zur Bewertung der Toxizität von Pestizidrückständen in Lebensmitteln eignet sich die „duldbare tägliche Aufnahme" (acceptable daily intake ADI) aber weitaus besser. Die ADI-Werte ermittelt man durch Fütterungsversuche bei zwei Tierarten über deren gesamte Lebensdauer und mit zwei Folgegenerationen. Die höchste Dosis, die bei diesen Versuchen noch keine Erkrankungen erkennen läßt, nennt man „no effect level". Damit ergibt sich für den Menschen als duldbare Tagesdosis ADI = (no effect level)/100. Für die tägliche, noch tolerierbare Pestizidhöchstmenge in Nahrungsmitteln ("permissible level" PL) ergibt sich, ausgedrückt in mg/kg: (ADI × Körpergewicht)/(Tagesverbrauch des Lebensmittels in kg).
Hinsichtlich ihrer humantoxikologischen Relevanz unterscheiden sich die einzelnen Pestizide beträchtlich. Einige Beispiele seien hier angeführt:
Chlorkohlenwasserstoffinsektizide werden vom Menschen über den Darmtrakt und die Außenhaut resorbiert, wenn sie in gelöster Form vorliegen. Man nimmt an, daß sie sich in die Membranen der Nervenzellen einlagern und somit die Erregbarkeit der Nervenzellen steigern (Fellenberg 1997). Das Herbizid Paraquat (Organostickstoffpestizid) beeinflußt Enzymaktivitäten und schädigt zahlreiche Organe (Manahan 1999). Gefährliche oder sogar tödliche Expositionen können auf allen Expositionspfaden erfolgen einschließlich Inhalation des Sprühnebels, Hautkontakt und Ingestion. Viele Organohalogen-Insektizide wirken auf das zentrale Nervensystem und verursachen Symptome wie Zittern, Augenzucken, Persönlichkeitsveränderungen und Gedächtnisverlust; solche Symptome sind z.B. charakteristisch für akute Vergiftungen mit DDT. Die chlorierten Cyclodien-Insektizide (Aldrin, Dieldrin, Endrin, Chlordan, Heptachlor, Endosulfan und Isodrin) wirken auf das Gehirn, setzen Betainester frei und verursachen Kopfweh, Schwindel, Übelkeit, Erbrechen, Muskelzucken und Krämpfe. Dieldrin, Chlordan und Heptachlor haben im Tierversuch Leberkrebs ausgelöst, auch andere Vertreter dieser Insektizidgruppe sind teratogen oder fetotoxisch. Trotz der hohen Giftigkeit von Schwefelwasserstoff sind nicht alle

Organoschwefelverbindungen hoch toxisch; zudem zeigt ihr starker aggressiver Geruch ihre Gegenwart deutlich an. Organophosphorverbindungen sind unterschiedlich toxisch. Einige dieser Verbindungen wie die industriell hergestellten Nervengase, sind bereits in kleinsten Mengen tödlich. Die lethale Dosis von Sarin liegt beispielsweise bei etwa 0,01 mg/kg. Ein einziger Tropfen kann einen Menschen töten. Aus Umweltschutzgründen sind aber Organophosphat-Insektizide im allgemeinen geeigneter als viele der Organochlor-Insektizide, da Organophosphate schnell biologisch abgebaut werden und nicht bioakkumulieren. Das 1944 auf den Markt gebrachte Parathion ist (ebenso wie das Methylparathion) sehr toxisch und hat einige Hundert Menschen das Leben gekostet; 120 mg sind tödlich für einen Erwachsenen und 2 mg für ein Kind.

Eine der größten Umweltkatastrophen in Verbindung mit der Herstellung von Pestiziden passierte bei der Produktion des Insektizids Kepone (Manahan 1999). Kepone zeigt akute, verzögerte und kumulative Toxizität bei Vögeln, Nagetieren und Menschen und verursacht bei Nagetieren Krebs. Es wurde Mitte der siebziger Jahre in Hopewell (Virginia) hergestellt. Mit der Herstellung der Chemikalie betraute Arbeiter erlitten Gesundheitsschäden und das belastete Abwasser legte zuweilen die örtliche Kläranlage lahm. Vermutlich gelangten 53 t Kepone über das Abwasser in den James River, wo sie aquatische Organismen vergifteten. Die Dekontamination des Flusses hätte das Ausbaggern und die Entgiftung von 135 Mm^3 Flußsediment bei Kosten von einigen Milliarden \$ erfordert.

3.1.3 Radioaktive Stoffe

Die Signifikanz radioaktiver Elemente in der Umwelt ist zweifach (Fukai u. Yokoyama 1980): Erstens ist die Wirkung ionisierender Strahlung der Radionuklide auf terrestrische Organismen ein die Volksgesundheit wesentlich beeinflussender Faktor und zweitens werden natürliche Radionuklide als Tracer zum Verständnis geochemischer Prozesse eingesetzt, um Verteilung und Schicksal von Schadstoffen in der Umwelt zu bestimmen. Da Radionuklide hinsichtlich des Aufbaus der äußeren Elektronenschale stabilen Elementen chemisch entsprechen, verhalten sie sich auch geochemisch (z.B. in Lösungs-, Niederschlags-, Sorptions- oder Komplexierungsprozessen) analog: So verhält sich radioaktives ^{40}K in situ exakt wie das stabile ^{39}K (Isotopenhäufigkeit ca. 93%) und ^{41}K (Isotopenhäufigkeit ca. 7%), obwohl seine Isotopenhäufigkeit nur 0,01% beträgt.

Die Zeitabhängigkeit des radioaktiven Zerfalls ermöglicht den Einsatz von Radionukliden zur Bestimmung von Zeitkonstanten geochemischer Prozesse; die Halbwertszeiten natürlicher Radionuklide reichen von Bruchteilen von Sekunden bis zu 10^{16} Jahren. Zusätzlich zu dieser Zeitcharakteristik zerfällt jedes Radionuklid hinsichtlich der dabei emittierten Strahlung und Partikel in ganz spezifischer Weise. Radioanalytische Bestimmungen werden im Prinzip nicht von Matrixeeffekten und Blindwertproblemen beeinflußt und erreichen deshalb meist ohne großen Aufwand ausgezeichnete Nachweisgrenzen.

Im geschlossenen System stehen Mutter- und Tochternuklide im Gleichgewicht zueinander. In der Umwelt handelt es sich jedoch meist um dynamische Systeme und bei unterschiedlichen Spezies von Mutter- und Tochternuklid kann eine Separation zwischen beiden erfolgen, z.B. durch Abwanderung des Tochternuklids. Hier kann als Beispiel das Zerfallsprodukt ^{228}Ra genannt werden, welches als Erdalkalielement wasserlöslicher als das Ausgangsnuklid ^{232}Th ist, so daß sich ^{228}Ra bevorzugt löst, während ^{232}Th im festen Rückstand zurückbleibt. Sobald das Tochternuklid das Ausgangssystem verlassen hat, beginnt es seine eigene Zerfallsreihe, da es keine Beiträge aus dem Zerfall des früheren Mutternuklids mehr erhält. In Kenntnis dieses Sachverhalts kann man aus dem Grad des Ungleichgewichts zwischen den Nuklidkonzentrationen im Rahmen einer Zerfallsreihe auf die Zeitkonstante eines geochemischen Vorgangs schließen.

Heute wird die Aktivität einer radioaktiven Substanz in Becquerel (Bq) gemessen (Wild 1995): Ein Becquerel entspricht einem radioaktiven Zerfall pro Sekunde; die veraltete Einheit Curie entspricht $3{,}7 \times 10^{10}$ Bq. Allgemein werden nach dem internationalen System der Maßeinheiten (SI) zur Quantifizierung ionisierender Strahlung folgende Einheiten verwendet (Butler u. Hyslop 1980): 1 Roentgen (R) für die Exposition (entsprechend $2{,}58 \times 10^{-4}$ Coulomb/kg Luft), 1 Bequerel (Bq) für die Aktivität (entsprechend $2{,}7 \times 10^{-11}$ Curie), 1 Gray (Gy) für die absorbierte Dosis (entsprechend 1 J/kg oder 100 rad) und 1 Sievert (Sv) für die Äquivalentdosis (entsprechend 100 Rem). Äquivalentdosen errechnen sich, indem man die absorbierte Dosis mit einem Qualitätsfaktor multipliziert, der für Röntgen- und Gammastrahlen sowie für Elektronen 1 beträgt, für thermische Neutronen 2,3, für Spaltneutronen und Protonen 10 und für Alphateilchen sowie andere mehrfach geladene Teilchen 20.

3.1.3.1 Strahlenbelastung des Menschen

Radioaktiver Zerfall natürlich in Luft und Gesteinen vorkommender Nuklide, Fallout von Atombomben(versuchen) und Reaktorkatastrophen, kosmische Höhenstrahlung sowie ihre Folgeprodukte und vieles mehr setzen unseren Körper alltäglich ionisierenden Teilchen und Photonen aus. Diese Quellen verursachen eine ständige Hintergrundstrahlung, die neben der Weltraumstrahlung sämtliche Lebewesen auf der Erde erreicht. Schätzungsweise 79% der radioaktiven Strahlung, der ein Mensch ausgesetzt ist, sind natürlichen Ursprungs; 19% stammen aus der Medizin und die restlichen 2% aus dem Fallout der Atomwaffentests, aus Fernsehgeräten und der Kernindustrie. Diese Zahlen werden in der einschlägigen Literatur jedoch sehr unterschiedlich angegeben, insbesondere, wenn man von globalen Durchschnittsabschätzungen auf konkrete lokale Erhebungen übergeht: So macht beispielsweise nach Kammerer et al.

(1995) die natürliche Strahlenbelastung nur ca. 60 % und die zivilisatorische Strahlenexposition bereits ca. 40 % an der gesamten mittleren Dosis für die Bevölkerung der BRD im Jahr 1993 aus. Beiträge von > 1 mSv pro Jahr entfallen hierbei auf medizinische Anwendungen sowie auf die Inhalation von Radonfolgeprodukten und jeweils 0,3 bis 0,4 mSv pro Jahr auf terrestrische Strahlung, kosmische Strahlung sowie Ingestion natürlicher radioaktiver Stoffe. Jeweils < 0,1 mSv pro Jahr sind dem Kernwaffen-Fallout, der Anwendung radioaktiver Stoffe und ionisierender Strahlung in Technik, Forschung und Haushalt, der beruflichen Exposition sowie Emissionen kerntechnischer Anlagen sowie des Tschernobyl-Unfalls zuzuschreiben. Die vom Menschen in 70 Jahren akkumulierte mittlere effektive Äquivalentdosis (Lebenszeitdosis) liegt zwischen 0,10 und 0,15 Sv (Stolz 1996).

Dringen die Strahlen in das Gewebe ein, können wichtige Moleküle, insbesondere die Erbsubstanz, beschädigt werden (Burkart 1994). Dagegen hat der Körper Reparatur- und Anpassungsmechanismen parat, die aber versagen können, wenn etwa die Strahlungsintensität zu hoch ist. Photonen und schnelle Ionen ionisieren in Biomolekülen gebundene Atome und spalten Zellwasser zu hochreaktiven Wasser-Ionen und -Radikalen, welche ihrerseits die DNA angreifen; diese Wirkung beschränkt sich auf die unmittelbare Umgebung des Partikelpfades. Der sogenannte Primärschaden wird entweder fehlerfrei repariert oder bleibt als Dauerschaden im genetischen Informationsspeicher der Zellen. Verschiedene Strahlenarten wirken unterschiedlich zerstörerisch: Weil α-Teilchen (^{4}He-Kerne) besonders stark ionisieren, erzeugen sie vermehrt Doppelstrangbrüche. Deshalb ist α-Strahlung biologisch viel wirksamer als β-(Elektronen) oder γ-/Röntgenstrahlung (hochenergetische elektromagnetische Wellen). Zusätzlich zur reinen Energiedosis, also der auf Materie übertragenen Energie in Gray (= 1 Joule/kg) gibt man daher als Maß für das Risiko die sogenannte Äquivalentdosis (in Sievert) an (wie oben beschrieben).
Da körpereigene Reparaturmechanismen Strahlenschäden im niedrigen Dosisbereich ausgleichen können, sollte es nach Grasmuk (1997) Grenzwerte für die Wirkung radioaktiver Strahlung auf den menschlichen Körper geben; dagegen existiert nach Mangano (1998) auch bei Niedrigdosen ein direkter Zusammenhang der Strahlendosis mit Schäden am Immunsystem. Nicht oder falsch reparierte Partien der DNA beeinträchtigen je nach Entwicklungsstadium der Zelle deren Ausgestaltung (Differenzierung), ihre Funktion oder weitere Teilung. Insbesondere embryonale Zellen und Stammzellen (nicht differenzierte Zellen, die sich im Prinzip unbegrenzt oft teilen können) nutzen in ihrer weiteren Entwicklung sehr viele Anteile der Erbsubstanz und sind dementsprechend strahlenempfindlich. Der Schwellenwert für verspätete Teilung, Wanderung und Differenzierung von Zellen bei der Großhirnbildung des menschlichen Embryos beträgt etwa 0,1 Gray; ab dieser Dosis haben sich bei einem Teil der in Hiroshima und Nagasaki im Mutterleib bestrahlten Kinder Entwicklungsdefekte gezeigt.

Für den Menschen ist für die Krebsart Leukämie und die Krebsentstehung in Schilddrüse, Brust und Lunge durch Strahlenexposition bei Atombomben (Hiroshima/Nagasaki), Radiotherapie/Diagnostik und berufliche Expositionen sowie zusätzlich Hautkrebs bei Radiologen epidemiologisch nachgewiesen. Bei etwa vier Gray kann der Tod innerhalb einiger Wochen eintreten. Erst ab einem sehr hohen Schwellenwert von Dutzenden von Gray werden Zellen so umfassend zerstört, daß der sofortige Tod eintritt, weil Körperfunktionen akut ausfallen und das Zentralnervensystem versagt. Menschliche Lymphozyten sind unter gewissen Umständen aber zu Adaptionen fähig: Nach einer einmaligen Bestrahlung mit nur zehn Millisievert sind viele Zellkulturen strahlenunempfindlicher, sofern die nächste Bestrahlung erst in einigen Stunden Abstand erfolgt.

Nach Auswertung der bis Ende der 80er Jahre geführten Datenerhebung über die Bombenopfer von Hiroshima und Nagasaki gab die internationale Strahlenschutzkommission (ICRP) 1991 Koeffizienten an (in 10^{-4} pro Sievert), mit denen die Äquivalentdosis zu multiplizieren ist (z.B. Werte von 85 für Dickdarm sowie Lunge und 110 für Magen). Damit kann die Wahrscheinlichkeit abgeschätzt werden, wann die Bestrahlung eines Organs mit einer niedrigen Dosis zur Todesursache wird. Kinder und Heranwachsende sind deutlich strahlungsempfindlicher als Erwachsene; je nach deren Strahlenempfindlichkeit wichtet man die Strahlendosis einzelner Organe (z.B. erhalten Keimdrüsen den Wichtungsfaktor 0,2 und Knochenmark, Dickdarm, Lungen und Magen den Faktor 0,12) und berechnet so eine effektive Dosis als einheitlichen Risikowert.

Laut Strahlenschutzbericht 1993 beträgt die mittlere effektive Dosis des Durchschnittsbürgers aus natürlichen Quellen, medizinischer Diagnostik und dem Innenraumschadstoff Radon bereits etwa 4 mSv pro Jahr. Während Beschäftigten in kerntechnischen Anlagen 20 mSv zugemutet werden, wurde die zusätzliche effektive jährliche Strahlendosis aus künstlichen Quellen, der die Normalbevölkerung ausgesetzt sein darf, auf 1 mSv begrenzt.

Risikoabschätzungen für strahleninduzierten Krebs und andere strahlenbedingte Krankheiten ermittelt man hauptsächlich durch die Epidemiologie, d.h. durch Erfassen und Bewerten von Gesundheitsrisiken in Personengruppen mit bekannten Strahlenexpositionen. Dabei handelt es sich meist um relativ kleine Gruppen, die hohen Dosen ausgesetzt waren. Von den gewonnenen Daten muß man deshalb anhand von rechnerischen Modellen, den Dosis-Wirkungs-Beziehungen, auf das Risiko großer Gruppen mit eher geringer Belastung schließen.

Das Lungenkrebsrisiko für Raucher liegt bei 6 bis 8%; die Risikoerhöhung durch Radon wie durch Passivrauchen beträgt nach theoretischen Überlegungen bis zu einem Zehntel davon.

Ende der 40er Jahre wurde in der Wiederaufbereitungsanlage Majak bei Tscheljabinsk im Südural waffenfähiges Plutonium produziert. Unter katastrophalen Strahlenschutzbedingungen wurden mehrere tausend Arbeiter mit 1 Gray pro Jahr und mehr belastet; etwa 28000 Anwohner des Flusses Tetscha erhielten Strahlendosen bis zu 3 Gray, weil man stark radioaktive Spaltstoffe der Anlage in den Fluß leitete. Einige zehntausend Menschen wurden mit etwa 0,02 Gray belastet, als 1957 ein Tank mit hochradioaktiven Abfällen explodierte; zudem verfrachtete 1967 der Wind Nuklide aus einem offen liegenden stark radioaktiven Teich über Land. Ein erhöhtes Lungenkrebsrisiko bei den Majak-Arbeitern und strahlenbedingte Leukämiefälle entlang des Flusses Tetscha sind inzwischen offensichtlich.

Zu den häufigsten im Fallout vorkommenden Radionukliden gehört ^{131}I, das wie das stabile ^{127}I in der Schilddrüse stark angereichert wird und das Gewebe durch Betazerfall schädigt. Während das Risiko für Karzinome der Schilddrüse bei den in Hiroshima und Nagasaki betroffenen Kindern und Jugendlichen etwa um das Vierfache größer war als bei nichtstrahlenbelasteten Gleichaltrigen, war es bei den Bewohnern der Marshall-Inseln im Pazifik infolge der dort durchgeführten amerikanischen Kernwaffen-Versuchsexplosionen rund 30-fach erhöht.

Die durchschnittliche Latenzzeit zwischen Strahleneinwirkung und dem Auftreten von Symptomen wird mittlerweile mit 10 bis 15 Jahren angegeben; Minimal- und Maximalwerte liegen bei 3 bzw. 40 Jahren. Allen bisherigen Erfahrungen entsprechend hätte in Tschernobyl nach geltender Lehrmeinung zunächst die Zahl der Leukämiefälle ansteigen müssen, denn das Knochenmark ist sehr strahlenempfindlich und bei dieser Krankheit ist eine durchschnittliche Latenzzeit von nur fünf Jahren durchaus üblich. Jedoch wurde eine statistisch gesicherte Zunahme der Häufigkeit von Leukämien in Weißrußland und der Ukraine in diesem Zeitraum nicht beobachtet. Die Diskrepanz beruht vermutlich darauf, daß die Schilddrüse Iod stark anreichert und dadurch in diesem Organ auch bei geringerer Gesamtkontamination extrem hohe Strahlendosen möglich sind. Das Knochenmark unterlag demgegenüber keiner vergleichbaren Belastung.

Eine besondere Rolle spielt die Strahlenbelastung bei Flugreisen: Um Treibstoff zu sparen, fliegen Jets in Höhen von 10 bis 12 km, Ultraschall-Flugzeuge bis zu 18 km hoch. Dort ist zwar der Luftwiderstand geringer, allerdings die Dichte ionisierender Strahlen größer. Während der Wert für kosmische Strahlung am Boden in Mitteleuropa lediglich 0,3 Millisievert pro Jahr beträgt – rund 15% der mittleren natürlichen Umgebungsstrahlung –, kann er in Reiseflughöhen bis mehrere hundert- oder sogar bis tausendmal so groß sein (Schalch u. Scharmann 1994). Der kosmische Strom trifft stetig mit rund zehn Teilchen pro Quadratzentimeter und Sekunde auf die Atmosphäre. Weil geladene Teilchen im Magnetfeld durch die Lorentz-Kraft senkrecht zu ihrer Bewegungs- und zur Feldrichtung abgelenkt werden, wird ein Großteil von ihnen auf Spiralbahnen um die Feldlinien gezwungen, die sie dann zu den Polen führen. Der Gesamtstrahlenfluß ist an den Polen deshalb etwa doppelt so hoch wie am Äquator. Zwischen 50 und 60 Grad geomagnetischer Breite erreicht der atmosphärische Strahlungsfluß sein Maximum und bleibt auf diesem Niveau bis zum Pol. Da dies bereits den Norden Großbritanniens und die Grenze zwischen den USA und Kanada betrifft, führen Flüge zwischen Europa und Nordamerika über weite

Strecken durch Gebiete mit maximalem atmosphärischem Strahlungsfluß. Infolge der Abschirmung geladener Teilchen durch die Wandung sind es im Flugzeug hauptsächlich sekundäre Neutronen und Gammaquanten, die das menschliche Gewebe schädigen. Das Magnetfeld der Erde bewirkt, daß der Beitrag der Sonne zur Höhenstrahlung im zeitlichen Mittel gering ist. Kurzfristige Aktivitätsschwankungen etwa durch gelegentliche starke Sonneneruptionen (Flares) und die damit verbundenen intensiven Protonenflüsse prägen allerdings das atmosphärische Strahlungsfeld. Innerhalb von wenigen bis zu etwa 24 Stunden kann der Strahlungsfluß in hohen Breiten um das Zehn- bis Hundert- und seltener um das Tausendfache anwachsen (Auftreten intensiver Nordlichter).

Die Belastung fliegenden Personals liegt bei wenigen Millisievert pro Jahr, also unter einem Zehntel des in den siebziger Jahren geltenden Grenzwerts von 50 mSv pro Jahr für beruflich strahlenexponierte Personengruppen; die internationale Strahlenschutzkommission senkte 1991 die durchschnittliche zulässige Jahresdosis auf 20 mSv, das deutsche Bundesamt für Strahlenschutz empfiehlt eine Absenkung dieses Wertes auf 8 mSv.

David et al. (1993) demonstrierten, daß die zusätzliche Strahlenexposition von Flugpersonal und -passagieren trotzdem in der Streubreite der natürlichen Exposition eines jeden Bundesbürgers liegt.

Für den größten Teil der Biosphäre entspricht die durchschnittliche Strahlenbelastung dem natürlichen Hintergrund in der Umwelt mit jährlich ca. 1 mSv (100 mrem). Allerdings erhalten einige Organismen aufgrund ihrer Lage höhere Strahlendosen (Butler u. Hyslop 1980): Kontamination von Pflanzen durch Fallout (z.B. ^{137}Cs in Flechten), Kontamination von Pflanzen und Tieren in den an Monazit angereicherten Gebieten Brasiliens und Indiens oder in der Umgebung von Kernreaktoren oder deren Abwasser und Plutoniumanreicherungen in Benthos in belasteten Tiefseesedimenten. Erhöhte Strahlenbelastungen können auch im Verlaufe der Nahrungskette auftreten, wie z.B. bei den sich von Cs-kontaminierten Flechten ernährenden Karibus oder bei mit radioaktivem Iod belastetem Gras fressenden Haus- und Weidetieren. Nach dem Unfall in Windscale 1958 fanden sich in der Schilddrüse von Kühen und Schafen bis zu 10 Gy (1000 rad).

An dieser Stelle ist noch zu erwähnen, daß in der aktuellen Umweltdiskussion auch gesundheitliche Aspekte niederenergetischer Strahlungen Beachtung finden. Beim „Elektrosmog" handelt es sich um Wirkungen von statischen/niederfrequenten elektromagnetischen Feldern geogener (Atmosphärenpotential 0,X kV/m bei Schönwetterlage und X0 kV/m bei Gewitterlage, 40 µT Erdmagnetfeld) und anthropogener Herkunft (5 kV/m unter Starkstromleitung nicht in Mastnähe). Während beim elektrischen Feld eine Abschirmwirkung von Körpern und Gebäuden existiert, ist dies bei magnetischen Feldern nicht der Fall. Der Personengrenzwert liegt nach der Elektrosmogverordnung bei 100 µT, ein amerikanischer Vorschlag benennt 200 nT (nichtthermische Wirkungen

nicht bewertet). Eine Promotion der Krebsentstehung an (LD_{50} äquival.) vor-
geschädigten Ratten durch elektromagnetische Strahlung ist bereits erwiesen.

3.1.3.2 Anthropogene Emissionen und Endlagerungsproblematik

Im Boden enthaltene Radionuklide in höheren Konzentrationen aus anthropogenen Quellen stammen meist aus Atomversuchen und Unfällen in Kernkraftwerken; außerdem gelangen sie durch falsche Praktiken bei Entsorgung und Lagerung atomarer Abfälle in den Boden. Bei den sehr geringen Ionenmengen, in
denen Radionuklide normalerweise im Boden auftreten, spielt die Adsorption
eine besonders große Rolle. Je stärker ein Radionuklid im Boden gebunden ist,
umso weniger wird von Pflanzen aufgenommen und umso weniger gelangt ins
Sickerwasser.
Im Jahr 1945 fanden die ersten oberirdischen Atomversuche statt. Weltweite
Ängste vor dem Fallout führten dazu, daß die USA, die damalige Sowjetunion
und Großbritannien sich 1963 im Atomtestabkommen einigten, keine weiteren
oberirdischen Atomversuche durchzuführen. Dennoch verzichten andere Staaten
nicht auf solche Tests.
Der bisher schwerste Unfall ereignete sich am 26.4.1986 im Kernkraftwerk
Tschernobyl in der Ukraine. Während nach offiziellen Verlautbarungen 3 bis 4%
des radioaktiven Inhalts emittiert wurde, war es kritischen Schätzungen nach ein
Vielfaches davon (Reiners 1994). Durch dieses Unglück starben mehrere Arbeiter des Kernkraftwerks und eine nicht bekannte Zahl von Menschen in der
Umgebung des Reaktors. Nach Aussage russischer Wissenschaftler wird es noch
rund hundert Jahre dauern, bis der radioaktive Kern des zerstörten Reaktors so
weit erkaltet ist, daß die Betonhülle nicht mehr zusätzlich gekühlt werden muß;
durch die riesigen Kühlgebläse wird ständig radioaktiver Staub in die Umwelt
geblasen. Ein Gebiet von der Größe Bayerns (etwa 25000 km^2 in der Ukraine,
Weißrußland und Rußland) ist so stark belastet, daß unklar ist, ob dort jemals
wieder Landwirtschaft betrieben werden kann. Bei den Kindern sind die häufigsten Krankheiten Fehlfunktion der Schilddrüsen, gravierende Schwächung des
Immunsystems, Krebserkrankungen sowie Trübungen der Augenlinse. Seit 1990
hat die Häufigkeit des Schilddrüsenkrebses bei Kindern in den besonders betroffenen Gebieten deutlich zugenommen (Reiners 1994): 1986, 1990 und 1993 lag
die Zahl der an Schilddrüsenkrebs erkrankten weißrussischen Kinder bei 2, 29
bzw. 79. In Teilen betroffener Gebiete können Obst, Gemüse und Milch nicht
verzehrt werden, ein deutlicher Anteil am Jungvieh ist mißgebildet. Pflanzen mit
grotesken Auswüchsen wurden beobachtet (z.B. mehr als 30 cm lange Eichen-
blätter).
In benachbarten Gebieten wurde festgestellt, daß die Hauptmenge des ^{137}Cs im
Boden fixiert vorliegt, während ^{90}Sr zum Großteil mobil ist (Korobova et al.
1998). Von der Bodenoberfläche abhängige Nahrung (Pilze, grasende Rinder)
kann stark belastet sein.

Durch die Explosion entstand eine radioaktive Wolke, die aus verschiedenen Radionukliden bestand und über Skandinavien, Polen und andere nordeuropäische Länder einschl. Deutschland hinwegzog. Der meiste Fallout ging dort nieder, wo es beim Eintreffen der Wolke regnete. Zunächst war der Fallout durch seinen Gehalt an ^{131}I, ^{134}Cs und ^{137}Cs gefährlich. Wegen der längeren Halbwertszeit von ^{137}Cs (30 Jahre) wird die Strahlung dieses Isotops noch lange anhalten. Speziell Südbayern erhielt relativ hohe Depositionsraten, z.B. für Cs zwischen 10 und 40 kBq/m^2; dies entspricht etwa dem Fünffachen der kumulativen Deposition aus atmosphärischen Kernwaffentests. Nach Ankunft der radioaktiven Wolke in der Nacht vom 29. auf den 30. April 1986 wurden drei Phasen des Fallout beobachtet: (1) Frischer Fallout mit maximalen Luftkonzentrationen pro Stunde von ca. 50 Bq/m^3 an ^{132}Te und ^{131}I und etwa 10 Bq/m^3 an ^{103}Ru und ^{137}Cs. Ungefähr 70% der deponierten Aktivität erfolgte am Nachmittag des 30. Aprils im Zuge eines starken Gewitters. (2) Schneller Abfall der Radionuklidkonzentrationen in der Luft und im Niederschlag bis Mitte Juni 1986. (3) Jahrelanges langsames Abklingen der langlebigen Nuklide. Für Cs lagen die Gehalte immer noch 10 bis 20 mal höher als der Kernwaffentest-Fallout am Standort Neuherberg unmittelbar vor dem Unfall. Im Gegensatz zu anderen Orten in Westeuropa (Cambray et al. 1987, Aarkrog 1988) war die ^{137}Cs-Konzentration an der Erdoberfläche in Neuherberg im Herbst 1986 ungefähr hundert mal so hoch wie der Kernwaffentest-Fallout 1985 und ist bis Ende 1987 nur auf das 30-fache des Kernwaffentest-Fallouts gefallen. Diese langsame Abnahme war nicht erwartet. In Bezug auf Neuherberg wurden z.B. in Braunschweig und Berlin 1988 viel niedrigere Cs-Monatsmittelwerte gefunden. Da dieser Unterschied vor Tschernobyl nicht vorhanden war, schließen Cambray et al. (1987) und Aarkog (1988) auf einen großen Einfluß der lokalen Resuspension von Partikeln der obersten Bodenschicht. Da Ru nicht so stark an der Bodenoberfläche gebunden wird, wird es schneller als Cs in tiefere Bodenschichten verfrachtet (Bunzl u. Schimmack 1988), so daß die Luftkonzentrationen des erstgenannten Elements schneller abnehmen als die des zweitgenannten. Die Depositionsgeschwindigkeit korreliert signifikant mit der Windgeschwindigkeit. Da ^{7}Be an Aerosolteilchen < 1 μm assoziiert ist und keinen Resuspensionseffekt zeigt (Crecelius 1981), wird es mit einer Depositionsgeschwindigkeit von durchschnittlich ca. 1 cm/s als Referenz herangezogen. Mit 10 und 20 cm/s liegen ^{137}Cs bzw. ^{106}Ru nach Tschernobyl deutlich höher.

Zwischen August 1986 und Ende 1988 nahmen in München-Neuherberg sowohl im nassen als auch trockenen Niederschlag ^{134}Cs und ^{137}Cs mit einer Halbwertszeit von ca. 250 Tagen und ^{106}Ru in der Luft mit einer Halbwertszeit von ca. 150 Tagen ab (Hötzl et al. 1989); an anderen Standorten in Deutschland wurden ähnliche Ergebnisse erhalten.

Bei der Explosion in Tschernobyl wurden auch Nuklide der Transuranreihe einschl. einer bedenklichen Menge an ^{241}Pu freigesetzt (Paatero et al. 1994). Oberflächenkonzentrationen an ^{241}Pu in finnischen Torfproben reichten bis zu

430 Bq/m^2; das Radioaktivitätsverhältnis von ^{241}Pu zu ^{239,240}Pu im Tschernobyl-Fallout war 94,8. Das Fallout-Muster von ^{241}Pu entspricht dem anderer refraktärer Nuklide wie ^{95}Zr und ^{141}Ce. Konzentrationen in Flechten aus Gebieten in Finnland mit höchster Deposition sind vergleichbar mit denen des stärksten Fallouts im Laufe der Kernwaffentests. Die mittlere ^{137}Cs-Konzentration in schwedischen Fischen nahm zwischen 1986 und 1987 zwischen 13% (Forelle) und 240% (Hecht) zu (Hakanson et al. 1992). Im Herbst 1987 überschritten in über ca. 14000 Seen die ^{137}Cs-Konzentrationen in Fischen den schwedischen Richtwert von 1500 Bq/kg; die höchsten Konzentrationen fanden sich ungefähr in Landesmitte (Persson et al. 1987).

Mit radiologischen Prognosemodellen wurde die Bewertung der Ingestion für ^{90}Sr, ^{131}I, ^{134}Cs und ^{137}Cs für österreichische und anderweitige topographische Verhältnisse in Europa für das Jahr 1986 durchgeführt (Mueck et al. 1992). Für ^{90}Sr errechnete sich für Anfang August mit 102 µSv die höchste Ingestionsdosis bei Annahme einer ursprünglichen Deposition von 1 Bq/m^2, im November war dieser Wert aber bereits um den Faktor 28 niedriger. Für Cs lag der höchste Wert mit 124 µSv Anfang Juli; niedrigere Boden-Pflanzen-Transferfaktoren führten zu einer Abnahme um den Faktor 200 im November. Dosiswerte für ein fünfjähriges Kind entsprachen etwa 55% (^{90}Sr) und 30% (^{137}Cs) der für Erwachsene geltenden Werte; die für ^{131}I lagen mindestens eine Größenordnung niedriger.

Während zehn Jahre nach dem Tschernobyl-Unfall in belasteten Regionen kein signifikanter Anstieg der Leukämie- und Tumorerkrankungen zu verzeichnen war, stieg in Belarus als der am stärksten belasteten Region die Anzahl der an Schilddrüsenkrebs erkrankten bis zu siebenjährigen und gegenüber ca. 2 – 40 Sv (200 – 4000 rem) exponierten Kinder um nahezu drei Größenordnungen (Eisenbud u. Gesell 1997).

Verschiedene Radionuklide müssen sicher gelagert werden, damit ihr Zerfall die Umwelt nicht gefährdet. Dazu gehören Nuklide, die bei der Produktion von Kernwaffen, bei der Wiederaufbereitung verbrauchter Brennelemente aus Kernreaktoren sowie in medizinischen und wissenschaftlichen Laboratorien anfallen; alleine in Hanford und Savannah River (beide USA) lagerten 1994 366 × 10^3 m^3 hochradioaktiven Mülls mit einer Gesamtaktivität von 883 MCi bzw. 10^6 TBq (Eisenbud u. Gesell 1997). Mehrere dieser Nuklide besitzen lange Halbwertszeiten und müssen daher so gelagert werden, daß sie über Tausende von Jahren keine Gefahr darstellen. Einige Radionuklide, zum Beispiel Isotope von Cer, Plutonium und Ruthenium, werden in Böden sehr fest gebunden. Plutonium reagiert mit organischen Bodenbestandteilen sowie Eisen-, Mangan- und Aluminiumoxiden und wird dadurch fixiert. Cer und Ruthenium liegen in sauren Lösungen als Ce^{3+} bzw. Ru^{3+} vor; diese Ionen werden infolge ihrer hohen positiven Ladung stark adsorbiert, bei höheren pH-Werten fällt Ce^{3+} als Hydroxid oder Carbonat aus.

Bei der Beurteilung der Sicherheit nuklearer Endlager spielt die Modellierung des Radionuklidtransports in der Geosphäre eine wesentliche Rolle (Moulin u. Moulin 1995). Während in Böden dreiwertige Aktiniden (Am, Cm, Np, U) durch Komplexbildung mit organischen Liganden stark beeinflußt werden, liegen sie in fünf- und sechswertiger Form hauptsächlich als Carbonate und Hydroxide vor; Variationen von pH und des CO_2-Partialdrucks können diese Verhältnisse jedoch beeinflussen. Zudem bedeutet die Bildung hochstabiler Komplexe nicht notwendigerweise, daß Huminsubstanzen den Radionuklidtransport erhöhen, da Adsorptions-, Flokkulations- und Filtrationsprozesse in natürlichen Systemen zu gegenläufigen Effekten führen können (vgl. auch Abb. 2.8) Beispielsweise fanden Poinssot et al. (1998) heraus, daß sich im durch den heißen radioaktiven Abfall vorgegebenen thermischen Gradienten Rekristallisierungseffekte ausbilden, die u.a. eine Immobilisierung von Fe, Zn oder Zr bewirken.

Als für die Endlagerung geeignete Ausgangsgesteine werden u.a. Kristallin- und Sedimentgesteine diskutiert. Das hierfür relevante Auslaugmedium sind granitische Wässer und solche aus Tonlagen.

Aufgrund des Restrisikos kerntechnischer Anlagen und der noch nicht gelösten Endlagerproblematik ist der Wunsch breiter Bevölkerungsteile nach einem Ausstieg aus der Kernenergie verständlich. In Verbindung mit derartigen Diskussionen zur Zunahme von Strahlenwirkungen beim Einsatz der Kernenergie muß man auch die Emissionen anderer Energieträger wie beispielsweise die Freisetzung natürlicher Radionuklide (z.B. U und Th) bei der Verbrennung fossiler Brennstoffe wie Erdöl oder Kohle mit in die Betrachtung einbeziehen.

3.1.3.3 Geogene Quellen

Im Prinzip gibt es zwei Quellen für die Herkunft natürlicher Strahlungen von Radionukliden auf auf der Erdoberfläche befindliche Ökosysteme; die Strahlung kommt von unten (radioaktive Stoffe in Gesteinen und deren Verwitterungsprodukten) und von oben (kosmische Strahlung und deren atmosphärischen Folgeprodukte). Die kosmische Strahlung setzt sich aus einem galaktischen und einem solaren Anteil zusammen und besteht zu etwa 85% aus schnellen Protonen, zu 12,5% aus α-Teilchen, zu 1% aus sehr energiereichen Elektronen und Photonen, den Rest machen schwere Ionen aus. Beim Eindringen in die Atmosphäre werden durch die Wechselwirkung mit den Sauer- und Stickstoffmolekülen der Luft sekundäre Strahlenteilchen (π- und μ-Mesonen, Neutronen und Photonen) gebildet. Im Gegensatz zum γ-Spektrum am Boden, das bei 2,6 MeV (γ-Linie des ^{208}Tl) abbricht, zeigt das Spektrum der Höhenstrahlung einen deutlichen Ausläufer zu Energien bis 40 MeV und darüber. Bei beiden Spektren findet sich die charakteristische γ-Strahlung des natürlichen ^{40}K (1,4 MeV) aus dem Flugzeug bzw. aus der natürlichen Umgebung am Boden. Die γ-Linien von ^{137}Cs, ^{214}Bi und ^{208}Tl sind nur im Bodenspektrum vorhanden (terrestrische

Strahlung, Kontamination mit natürlichen Spaltprodukten von Uran und Thorium). Dagegen weist das Höhenspektrum die Linie der Vernichtungsstrahlung von Positronen und Elektronen bei 0,51 MeV auf.

Vor zwei Milliarden Jahren entstanden in Uranlagerstätten von Oklo und Bangombe in Äquatorial-Westafrika 17 natürliche Kernspaltungsreaktoren, die nicht nur Energie (ca. 17800 MW, Temperaturen 160 bis 360 °C), sondern auch jene Spaltprodukte freisetzten, die sich heutzutage im radioaktiven Abfall anthropogener Kernreaktoren wiederfinden (Nagy 1993). Diese Entdeckung wurde 1972 in einer französischen Wiederaufbereitungsanlage aufgrund der Beobachtung einer ^{235}U-Abreicherung im Uran aus diesen Lagerstätten gemacht. Man nimmt an, daß die ^{235}U-Konzentrationen etwa fünfmal höher als heute waren und daß bei Gegenwart von Wasser als Moderator langsame (thermische) Neutronen aus ^{235}U-Kernen wiederum andere ^{235}U-Atome spalteten und so zu einer sich selbst aufrecht erhaltenden Kettenreaktion führten (Verbrauch von ca. 6,5 t an ^{235}U). Durch Klüfte im umgebenden klastischen Sedimentgestein entwichen uranhaltige Lösungen, wobei in Gegenwart von organischem Material das gelöste Uran reduziert wurde und z.B. als Uraninit ausfiel.

Abhängig von ihrer Herkunft unterscheiden sich Böden in ihrem Gehalt an Radionukliden um bis zu zwei Größenordnungen. In monazitreichen Gebieten in Brasilien und Indien finden sich hohe Thoriumgehalte, z.B. enthalten Monazitsande in Kerala (Indien) bis zu 10 Gew.-% an Th; dort ergibt sich eine jährliche Strahlendosis von 1140 mrad im Vergleich zum globalen Durchschnittswert von 40 mrad. Obwohl die effektive Dosis aus natürlichen Strahlenquellen für Bürger der BRD im Mittel 2,4 mSv pro Jahr beträgt, unterliegt dieser Wert in Abhängigkeit von der Höhe über dem Meeresspiegel (externe kosmische Komponente), dem geologischen Untergrund (externe terrestrische Komponente) und der Radonkonzentration in der Raumluft (interne Komponente über Inhalation) großen regionalen Schwankungen und kann bis zu 10 mSv im Jahr betragen (Kammerer et al. 1995). Die spezielle lokale Situation hinsichtlich der Strahlenbelastung im Freiland wie auch in Wohnungen kann entsprechenden Isodosenkarten (Volkmer 1996) sowie einigen regionalen Studien entnommen werden (Siehl 1996).

In Gewässersedimenten erzgebirgischer Fließgewässer der Freiberger, der Zwickauer und der vereinten Mulde wurden von Hoppe et al. (1996) mittels γ-Spektrometrie natürliche und künstliche (aufgrund ehemaliger Uranerzproduktion) radioaktive Isotope untersucht; in den bergbaulich beeinflußten Flußabschnitten sind die spezifischen Aktivitäten in den Sedimenten für Uran maximal 20-fach, für ^{226}Ra und ^{210}Pb maximal achtfach erhöht. Während ^{134}Cs in den Sedimenten ausschließlich auf Fallout des Reaktorunfalls von Tschernobyl zurückzuführen ist, stammt ^{137}Cs zusätzlich aus den Kernwaffenversuchen in der Atmosphäre (1950-1962).

Seit etwa 30 J. ist die ungewöhnliche Eigenschaft des Paranußbaums *Bertolletia excelsa*, Radium in seinen Früchten anzureichern, bekannt (Weckwerth 1987).

Die Nüsse enthalten zwischen 100 und 1000 mal mehr Radium als alle anderen Lebensmittel und tragen daher zu den sehr unterschiedlichen Radiummengen bei, die man in menschlichen Knochen findet. In Paranüssen sind im Vergleich zu anderen Lebensmitteln die schwereren Erdalkalielemente in Bezug zum Boden nicht abgereichert, sondern kommen nahezu in den gleichen Mengen und Verhältnissen wie im Erdboden vor. Deswegen ist damit zu rechnen, daß die unterschiedlich hohen Gehalte in Paranüssen durch das jeweilige Angebot des Bodens entstehen und daher auch beeinflußbar sind.

Dagegen kann ^{40}K, das, abgesehen von der Belastung der Lunge durch inhalierte α-Strahler, im Durchschnitt die höchste interne Dosis im Menschen produziert, in seiner Häufigkeit im Menschen nahezu nicht beeinflußt werden. Kalium, das immer 0,012% vom radioaktiven Isotop ^{40}K enthält, wird vom Körper durch geregelte Aufnahme oder Abgabe wie die anderen Hauptelemente auf einer konstanten Häufigkeit gehalten, die für den Körper lebensnotwendig ist. Eine Reduzierung der Kaliumkonzentration auf weniger als die Hälfte des Normalwerts ruft bereits Mangelerkrankungen hervor.

Aus Gebieten in Brasilien und Indien mit hohem Monazitgehalt des Bodens ist bekannt, daß ein großer Teil der Nahrungsmittel, z.B. Kartoffeln bis zu 50 Bq/kg, Radium aufweist. Im Gegensatz zum Radium in Paranüssen handelt es sich hier hauptsächlich um ^{228}Ra aus der Thorium-Zerfallsreihe, das in Monazit besonders häufig vorkommt. Fünf- bis zehnfach erhöhte Radiumgehalte sind auch von Vulkangesteinen und Granit-Böden bekannt, z.B. im Fichtelgebirge oder im Bayerischen Wald.

Im Mittel läßt sich ein Anwachsen des Radiumgehalts der Knochen mit dem Alter nachweisen, was auf eine nahezu lebenslange Aufenthaltsdauer des Radiums hindeutet. Durch die hohe Aufnahmerate der Knochen wird von der hochenergetischen α-Strahlung des ^{226}Ra vor allem eine hohe Knochenoberflächendosis erzeugt. Zumindest durch große Mengen von Radium wird auf diese Weise die Entstehung von Knochenkrebs begünstigt, ein Zusammenhang, der bereits in den 20er Jahren vor allem durch die gehäuften Fälle bei Radium-Streicherinnen die Gefährlichkeit von Radioaktivität im Menschen deutlich werden ließ. Radium läßt sich wie kaum ein anderes natürliches Radioisotop in seiner Auswirkung mit der künstlicher Radioisotope vergleichen, insbesondere mit dem Spaltisotop ^{90}Sr, das ähnlich wie Radium in die Knochen eingebaut wird.

3.1.3.4 Innenraumradioaktivität

Die Ursachen erhöhter Radonkonzentration in Wohnräumen liegen in der Hauptsache im Radiumgehalt der Böden und des tieferen Untergrundes; nur untergeordnet spielt die Radonfreisetzung aus Baumaterialien sowie Brauch- und Trinkwasser eine Rolle; Ziegel und Granit strahlen stärker als beispielsweise Zement oder Holz.

Die Radonkonzentration in der Bodenluft ist ein wesentliches Indiz bei der Belastungsvorhersage. In zwei Metern Tiefe schwankt sie etwa zwischen 10^3 und 10^5 Bq/m^3 und ist damit um den Faktor 100 bis 1000 höher als in der Freiluft (Medianwert in der alten BRD 15 Bq/m^3) und der Raumluft (Median 50 Bq/m^3, Bundesminister des Inneren 1985). Sie wird von den Konzentrationen der Radionuklide in Böden und Gesteinen, im Kluft- und Grundwasser sowie der Migration in durchlässigen Gesteinen und Böden bestimmt, letztere wiederum durch ein kompliziertes Wechselspiel interagierender Prozesse der Hydro- und Atmosphäre, die zeitlich und räumlich variieren.

Möglicherweise sterben 1000 bis 3000 Menschen in der BRD jedes Jahr an Lungenkrebs, weil sie in Innenräumen – sei es in den eigenen vier Wänden oder am Arbeitsplatz – einer übermäßig hohen Konzentration von Radon ausgesetzt sind (Schätzung der Strahlenschutzkommission SSK). Nach einer Empfehlung der SSK sollte der Radongehalt der Luft in Wohnungen und Häusern 250 Bq/m^3 nicht übersteigen. Der EPA-Richtwert liegt bei 4 Picocurie pro L und wird von ca. 7% der amerikanischen Eigenheime überschritten, 1 bis 3% liegen sogar über 8 Picocurie pro L. Nach Kerr (1988) tötet in Häuser eindringendes Radon jährlich etwa 5000 bis 20000 Amerikaner (ca. 0,4% der Bevölkerung) und ist damit deutlich wirkungsvoller als z.B. Asbest, Pestizide oder Benzol. Die wirkungsvollste Gegenmaßnahme wäre die Einstellung des Rauchens, da die Risiken der Radonbelastung sich mit denen gleichzeitigen Rauchens multiplizieren. Weil es als Edelgas kaum im Körper gebunden wird und seine Löslichkeit in Körpergeweben niedrig ist, induziert nicht so sehr das radioaktive Radon selbst den Lungenkrebs, sondern seine kurzlebigen Folgeprodukte, in die es zerfällt (bes. ^{218}Po und ^{214}Po). Sie können in der Lunge, hauptsächlich in dem empfindlichen Gewebe der Bronchien, abgeschieden werden und dort durch ihre relativ hohe α-Strahlung das Gewebe verändern.

Durch Löcher, Fugen und Risse in der Fundamentplatte eines Hauses gerät Radon aus dem Untergrund in die Kellerräume und von da in die Wohnungen. Es kann auch durch poröse Baumaterialien aufsteigen und in die Wohnung eindringen. Der Durchschnittsgehalt an Radon in deutschen Haushalten liegt zwischen 40 und 50 Bq/m^3 (SZ Nr. 252, S.28).

Im Eifeldorf Döttingen wurde 1984 bei einer durch das Bundesinnenministerium initiierten Übersichtsstudie von 6000 Wohnungen mit 1800 Bq/m^3 eines der am höchsten belasteten Wohnhäuser in der damaligen BRD gefunden, ohne daß dort eine geochemische Uran/Radium-Anomalie vorliegt. Der geologische Untergrund wird aus Sand- und Siltsteinen des Devon mit niedrigen Werten von 0,2 bis 2 mg/kg U und 20 Bq/kg Ra gebildet. Im Süden gibt es aber eine altquartäre Maarstruktur (vulkanischer Explosionstrichter). Radonmessungen in der Bodenluft zeigten, daß an den Störungen und den Rändern des Maares die höchsten Radonwerte mit bis zu 60 kBq/m^3 auftreten, die z.T. zeitlich stärker fluktuieren, während die Untergrundwerte in der Umgebung mit 5 bis 10 kBq/m^3 recht stabil bleiben. Radonaustritte an Störungen spielen auch am NE-Rand des Neuwieder

Beckens am Mittelrhein bei Koblenz eine große Rolle. Innerhalb des Beckens sind die Radiumkonzentrationen mit 30 Bq/kg in den Sedimentgesteinen ebenfalls gering, die errechneten Untergrundwerte von Radon liegen bei ca. 15 bis 20 kBq/m^3; entlang der Randstörungen treten aber Zonen hoher Radonkonzentrationen bis zu 140 kBq/m^3 auf. Untersuchungen in Schweden zeigten die höchsten Radon-Innenraumkonzentrationen für Häuser auf Ausgangsgestein mit mittleren bis hohen Urangehalten (Granit und Schiefer), für Häuser aus uranhaltigen Schiefern, bei fehlender Unterkellerung und eigener Wasserversorgung durch Brunnen (Tell et al. 1994).

3.1.3.5 Ausgewählte Nuklide

Es gibt in der Umwelt mehr als 60 natürliche Radionuklide aus terrestrischen und kosmogenen Quellen. Die terrestrischen Radionuklide befanden sich bereits bei der Erdentstehung in den Mineralen und Gesteinen der Erdkruste und schließen langlebige primordiale Nuklide ein, die mit den entsprechenden stabilen Isotopen dieser Elemente sowie drei primordialen Mutternukliden aus der Gruppe der Aktiniden (^{232}Th, ^{235}U und ^{238}U) vergesellschaftet sind. Kosmogene Radionuklide dagegen werden kontinuierlich in der Erdatmosphäre durch Beschuß von dort vorhandenen Elementen wie N, O, Ar u.a. durch kosmische Teilchen aus dem Weltraum erzeugt und gelangen über nasse und trockene Deposition auf die Erdoberfläche.

Zu den primordialen Nukliden mit entsprechenden koexistierenden stabilen Isotopen gehören hauptsächlich ^{40}K und ^{87}Rb. Beide sind als Erdalkalimetalle weit über alle Umweltbereiche verteilt, aufgrund ihrer bevorzugten Beteiligung bei Verwitterungsprozessen besonders in der Hydrosphäre. Die Radioaktivität von ^{40}K macht mehr als 90% der gesamten Radioaktivität des Meerwassers aus, ^{87}Rb etwa 1%. In einem geschlossenen System bildet der Zerfall von ^{40}K zu ^{40}Ar und von ^{87}Rb zu ^{87}Sr die Grundlage für die Datierung von Gesteinen, Mineralen, Meteoriten, Manganknollen, Sedimenten u.a. für Alter über 10^5 Jahre. Die Zerfallsreihe der Aktiniden beinhaltet ^{232}Th, ^{235}U und ^{238}U als primordiale Nuklide und über 35 Radioisotope (Pb, Po, Rn, Ra, Ac, Th, Pa, U u.a.) als Zerfallsprodukte; es sind hier die Zerfallsreihen von Thorium (^{232}Th → ^{228}Ra → ^{228}Th → ^{208}Pb), Actinium (^{235}U → ^{231}Pa → ^{227}Ac → ^{207}Pb) und Uran zu nennen (^{238}U → ^{234}Th → ^{234}U → ^{230}Th → ^{226}Ra → ^{222}Rn → ^{210}Pb → ^{210}Po → ^{206}Pb). Während zur Zeitbestimmung geologischer Ereignisse, wie die Bestimmung von Sedimentationsraten (Zeitskala Größenordnung 10^5 Jahre), langlebige Nuklide (z.B. ^{230}Th oder ^{231}Pa) Einsatz finden, werden zum Studium von relevanten rezenten Prozessen für den Schadstofftransport (Größenordnung 1 bis 100 Jahre) kurzlebigere Nuklide wie ^{210}Pb, ^{228}Th oder ^{228}Ra eingesetzt.

Mindestens 14 Radionuklide werden in der Erdatmosphäre bei Kernreaktionen zwischen Gasatomen und kosmischen Teilchen wie hochenergetischen Protonen gebildet. Eine annähernd konstante Produktionsrate für diese Radionuklide macht es möglich, sie als Tracer für unterschiedliche geochemische Prozesse wie Mischprozesse, Teilchentransport oder Sedimentation zu verwenden (Fukai u. Yokoyama 1980). Die wichtigsten, geochemisch signifikanten Vertreter dieser Gruppe sind ^{3}H (Halbwertszeit 12,3 J.), ^{7}Be (53 Tage), ^{10}Be (2,5 Mill. J.), ^{14}C (5730 J.), ^{26}Al (0,7 Mill. J.) und ^{32}Si (ca. 700 J.). Beträchtliche Mengen an ^{3}H und ^{14}C wurden durch die oberirdischen Kernwaffentests künstlich freigesetzt. Dabei wurde die natürliche Umweltbelastung von 34 bzw. 300 MCi zu Anfang der 70er Jahre um etwa 4500 bzw. 6 MCi erhöht.

In Abhängigkeit von ihren Halbwertszeiten setzte man diese Radionuklide zum Studium von Umweltprozessen ein (Fukai u. Yokoyama 1980). Das kurzlebige ^{7}Be wird als Tracer für Studien des atmosphärischen Fallout oder von Mischprozessen des Ozeanoberflächenwassers verwendet und ^{3}H mit mittlerer Halbwertszeit für den Austausch von Oberflächen- mit Tiefenwässern, während Langzeitprozesse wie Zirkulation der Tiefenwässer oder Sedimentationsprozesse mittels ^{14}C durchgeführt wird.

Tritium

Die Hauptquellen anthropogener Tritiumproduktion sind Kernwaffen und -reaktoren. Bis 1970 wurden durch Kernwaffentests 1,3 bis 1,7 × 10^{20} Bq (3500 bis 4500 MCi) freigesetzt, 20% davon in der südlichen und die übrigen 80% in der nördlichen Hemisphäre. Nach einer mittleren Aufenthaltszeit von etwa einem Jahr in der Stratosphäre gelangt das radioaktive Material über Tropo- und Atmosphäre in den Wasserkreislauf, so daß die mittlere Aktivität in Oberflächenwässern der USA von ca. 0,6 Bq (15 pCi)/L zu Anfang der 50er Jahre in den 60er Jahren auf 185 Bq (5 nCi)/L anstieg; im Ottawa River waren die Werte doppelt so hoch.

Nach Angaben der Ontario Hydro betragen die Emissionen aus einem Kernreaktor etwa 10^{12} Bq pro MW Leistung (ähnliche Werte gelten auch für Windscale), wobei 20% auf das Abwasser und 80% auf die Umgebungsluft entfallen. Diese Werte ergeben sich aus Leckstellen und kleineren Unfällen im Normalbetrieb und aufgrund der Neutronenbestrahlung des als Moderator und Kühlmittel eingesetzten schweren Wassers. Sie unterscheiden sich deutlich bei unterschiedlichen Reaktortypen und Betriebsweisen. Der jährliche Personendosisäquivalenzwert errechnet sich in 1 bzw. 5 km Entfernung vom Kraftwerk zu 8 bzw. 2 µSv.

Radiokohlenstoff

^{14}C ist ein natürlich vorkommendes Radionuklid. Es entsteht in der Atmosphäre durch die Einwirkung kosmischer Strahlen auf Stickstoff (^{14}N). Weil ^{14}C eine Halbwertszeit von 5,7 × 10^3 Jahren besitzt, ist dieses Isotop in allen lebenden Pflanzen und Tieren sowie im Boden vorhanden. Dagegen ist ^{14}C aus dem Ausgangsmaterial fossiler Brennstoffe heute fast vollständig zerfallen, so daß fossile Energieträger kaum ^{14}C enthalten. Aufgrund des Verdünnungseffektes des atmosphärischen CO_2 durch die Verbrennung fossiler Brennstoffe, die kein ^{14}C enthalten, nimmt die ^{14}C-Konzentration in der Atmosphäre seit Jahrzehnten kontinuierlich ab (Suess-Effekt).

Häufig wird dieses Isotop benutzt, um das Alter kohlenstoffhaltiger archäologischer Funde zu bestimmen.

Radiokalium

Die Halbwertszeit von ^{40}K ist mit $1,3 \times 10^9$ Jahren viel länger als die von ^{14}C. ^{40}K bildete sich bei der Entstehung des Universums. Heute macht dieses Isotop etwa 0,01% des Kaliums aus, das in Gesteinen und Böden enthalten ist. Große Mengen an ^{40}K kommen in kaliumreichen Gesteinen wie Granit vor. Aus Granit entstandene Böden enthalten ebenfalls viel ^{40}K. Kalidünger werden aus natürlichen Lagerstätten von Kalisalzen gewonnen, und ihre Anwendung erhöht die Konzentration von ^{40}K in Böden und Pflanzen. ^{40}K gelangt durch alle üblichen Lebensmittel in die Nahrungskette, vor allem durch Blattgemüse und Milch.

Radiocäsium

Die Radionuklide ^{134}Cs und ^{137}Cs werden in Kernkraftwerken gebildet und können in deren flüssigen Abfällen enthalten sein. Durch den Reaktorunfall von Tschernobyl (s.o.) gelangten bedeutende Mengen beider Isotope in die Atmosphäre und gingen auf große Teile Europas nieder. Wegen ihrer langen Halbwertszeiten von 2 bzw. 30 Jahren gelten diese Isotope innerhalb anthropogener Zeitmaße als vergleichsweise persistent. Im Norden und Westen Großbritanniens, also 2000 km von Tschernobyl entfernt, wurden Transport und Verkauf von Schafen für mehrere Jahre eingeschränkt, weil Böden und Weiden durch radioaktives Cäsium verunreinigt waren.

Cäsiumionen werden im Boden an Tonmineralen adsorbiert (vor allem Illit); dieser Prozeß ist nur schwer rückgängig zu machen. Aus diesem Grund verbleiben die aus dem Fallout des Tschernobyl-Unfalls stammenden Cäsiumisotope lange in den oberen Zentimetern unbearbeiteter Böden. Ein Teil des Cäsiums wird von den Pflanzen aufgenommen, vor allem aus humusreichen Böden (zusätzlich zu dem Cäsium, das sich direkt auf den Blättern ablagert), und gelangt in die Nahrungskette.

Ein spezifischer Expositionspfad von ^{137}Cs im Fallout erfolgt für die Polarbevölkerung über Flechten, Rentiere und Karibus. Flechten und Moose reichern Luftverunreinigungen an, zudem ist die Deposition bombenbürtiger Spaltprodukte in nördlichen Breiten höher. Da Rentiere und Karibus diese Nahrung im Winter zu sich nehmen, reichern sie in ihrem Fleisch ^{137}Cs an. So zeigten Arktisbewohner in den 60er Jahren 50 bis 100 mal höhere Körperbelastungen an ^{137}Cs als andere Bewohner der nördlichen Hemisphäre.

Radioiod

Das Radionuklid ^{131}I entwich 1957 beim Reaktorunfall von Windscale (heute Sellafield) an der englischen Küste (Cumbiren) und 1986 beim Unglück von Tschernobyl in die Atmosphäre. Wegen seiner kurzen Halbwertszeit von lediglich acht Tagen gefährdet ^{131}I die Gesundheit nur, wenn es schnell in die Nahrungskette eintritt, z.B. durch die Milch von Kühen, die auf belasteten Flächen weiden, oder durch den Verzehr verunreinigter Blattgemüse. Die Kontamination von Böden durch ^{131}I stellt ein geringeres Risiko dar als die Belastung mit ^{134}Cs und ^{137}Cs, weil der größte Teil des radioaktiven Iods bereits im Verlauf einer Vegetationsperiode zerfällt.

In Bodenlösungen liegt Iod als Anion vor. Dieses reagiert mit organischen Bodenbestandteilen, Eisen- und Aluminiumoxiden sowie aluminiumhaltigen Tonmineralen und wird dadurch im Boden festgelegt. Die Bindung an die Oxide verstärkt sich bei niedrigen pH-Werten, da sie in saurem Milieu positiv geladen sind.

Ein weiteres Isotop, ^{129}I, kommt im Abfall von Wiederaufbereitungsanlagen vor. Wegen seiner Halbwertszeit von 17 Mill. Jahren bedeutet seine Festlegung im Boden ein langfristiges Risiko.

Einige radioaktive Iodisotope werden in hohen Ausbeuten bei Kernspaltungen oder als Tochternuklide anderer Spaltprodukte (z.B. Te) freigesetzt. Das umweltchemisch wichtigste Iodisotop ^{131}I entsteht mit einer Ausbeute von 3% beim Spaltprozeß etwa halb so häufig wie ^{137}Cs. Beim Windscale-Unfall entwichen nach der Überhitzung der Brennstäbe ca. 7×10^{14} Bq (20 kCi) aus dem Schornstein.

Radiostrontium

Von den beiden Radionukliden des Strontiums hat ^{89}Sr eine Halbwertszeit von 52 Tagen, während ^{90}Sr erst nach 28 Jahren zur Hälfte zerfallen ist. Beide gelangen durch Kernwaffenversuche und Reaktorunfälle in die Atmosphäre. Diese Isotope geben Anlaß zu großer Sorge, weil sie sich in der Nahrungskette wie Calcium verhalten. In Lösung liegt Strontium als Sr^{2+} vor, das beim Kationenaustausch wie Ca^{2+} reagiert. Sr^{2+} wird von Pflanzenwurzeln leicht aufgenommen und in Blätter, Früchte und Samen transportiert. Die Zugabe von Gips oder Kalk kann die Aufnahme dieses Ions vor allem bei calciumarmen Böden vermindern.

^{90}Sr ist ein Spaltprodukt, welches in Abhängigkeit vom spaltbaren Material und der Spaltmethode in Ausbeuten von 1 bis 9% anfällt; bei Kernwaffentests rechnet man grob mit der Emission von 4×10^{15} Bq (0,1 MCi) pro Mt Explosivkraft. Daten für lokale Emissionen bei Kernwaffentests sind nicht öffentlich zugänglich. Während beim Normalbetrieb von Kernreaktoren größenordnungsmäßig ca. 10^6 Bq freigesetzt werden, sind dies bei einer Kernschmelze vermutlich 1% des vorhandenen ^{90}Sr.

Uran

Die Umgebung uranhaltiger Erzlager, thoriumhaltige Monazitsande und radiumreiche Gesteine weisen starke Strahlung auf. Phosphatreiche Gesteine, die zur Gewinnung von Phosphatdüngern dienen, enthalten auch hohe Urankonzentrationen. Die mit dem Dünger ausgebrachten Uranmengen sind zwar sehr klein, erhöhen jedoch die radioaktive Belastung landwirtschaftlich genutzter Böden.

Im Zeitraum von 1979 bis 1990 fanden Gellermann u. Stolz (1997) in Ostdeutschland Urankonzentrationen im Grundwasser von unter 0,1 bis über 1000 mBq/L (Median 12 mBq/L) und Aktivitätsverhältnisse $^{234}U/^{238}U$ von 0,85 bis 12,6 (Median 1,66). Messungen an Flußwässern und -sedimenten gaben Werte für die Elbe aus Zeiten intensiver Urangewinnung in Sachsen und Thüringen wider.

Radium

^{226}Ra tritt als Zwischenprodukt beim Zerfall des natürlichen ^{238}U auf. Üblicherweise enthalten radiumbelastete Umweltproben einige kurzlebige Tochternuklide; es sind dies α-Teilchen von ^{226}Ra, ^{222}Rn, ^{218}Po und ^{214}Po, β-Teilchen von ^{214}Pb, ^{214}Bi und ^{210}Tl zusammen mit einer Mischung aus γ-Strahlen hauptsächlich von ^{226}Ra und ^{214}Bi. Seitdem ^{238}U in der Natur existiert, bilden ^{226}Ra und seine Mutter- und Tochternuklide normale Bestandteile der Erdkruste; in hohen Konzentrationen kommen sie in Uranlagerstätten vor. ^{226}Ra ist als Umweltschadstoff nicht nur aufgrund seiner Omnipräsenz und der deshalb unvermeidlichen Inhalation und Ingestion wichtig (z.B. brasilianische Nüsse oder pazifischer Lachs), sondern auch wegen seiner ersten radioaktiven Tochter, dem ^{222}Rn. Als Edelgas wird dieses Isotop in der Luft transportiert und zusammen mit der Luft veratmet. Es kontaminiert die Umwelt durch Deposition seiner radioaktiven Tochternuklide. Phosphate enthalten 0,04 bis 5 Bq/g an ^{226}Ra.

Radon und Thoron

Das Gas ^{222}Rn kann Probleme bereiten, wenn es sich in Wohnhäusern anreichert (s.o.). ^{222}Rn zerfällt zu radioaktiven Tochteratomen, die sich an Staubpartikel anlagern. Mit diesen können sie eingeatmet werden und sich in der Lunge festsetzen.

Radon (^{222}Rn) und Thoron (^{220}Rn) entstehen als kurzlebige, natürliche radioaktive Edelgase aus ^{226}Ra und ^{224}Ra bzw. deren langlebigen Mutternukliden ^{238}U und ^{232}Th, die in Böden und Gesteinen in variablen Konzentrationen als primordiale Elemente enthalten sind. Die Gase treten aus der Feststoffphase in Poren- und Kluftwässer, in die Bodenluft und schließlich in die Atmosphäre ein. Neben der diffusen Ausbreitung ist der konvektive Transport von Radon durch Grund- und Kluftwasserbewegungen und durch Trägerbodengase (CO_2, CH_4) von Bedeutung. Selektive An- und Abreicherungen durch hydrochemische Vorgänge und Verwitterungsprozesse können das radioaktive Gleichgewicht innerhalb der Zerfallsreihen erheblich stören, so daß U- und Th-Gehalte in

Böden und Gesteinen keine unmittelbaren Rückschlüsse auf Radon in der Bodenluft erlauben. Radon mit einer Halbwertszeit von 3,8 Tagen und Thoron mit einer Halbwertszeit von 55 Sekunden sind beides α-Strahler. Sie zerfallen in eine Reihe weiterer kurzlebiger Tochternuklide, unter denen sich vor allem Isotope des Poloniums als energiereiche α-Strahler – z.T. nach Anlagerung an Aerosole – bei Inhalation in den Bronchien und der Lunge ablagern können und dort das Gewebe schädigen. Bei Bergarbeitern in Urangruben ist eine signifikante positive Korrelation zwischen Expositionsdauer und Bronchial- und Lungenkrebserkrankungen nachgewiesen („Schneeberger Krankheit"). Seit den 70er Jahren werden weltweit Programme zur Messung der Radon- und Thoron-Aktivitätskonzentrationen in Häusern durchgeführt, die z.T. erstaunlich hohe Werte in der Raumluft ergeben haben. Annähernd die Hälfte der natürlichen Strahlenexposition der Bevölkerung wird danach durch Radon und seine Folgeprodukte verursacht (nach United Nations Environ. Progr. 1985, New York).

Krypton

^{85}Kr ist neben anderen Krypton- und Xenonisotopen eines von mehreren radioaktiven Edelgasen, die beim Betrieb von Kernreaktoren anfallen (ca. 25 cm^3 pro MW thermischer Leistung). Bei Kernwaffentests wurden schätzungsweise 1 bis 2×10^{17} Bq (3 bis 5 MCi) durch ^{85}Kr freigesetzt. Als Edelgas wird radioaktives Krypton nicht abgelagert und nimmt nicht an Stoffwechselvorgängen teil. Somit werden Dosen für Personen allein durch Luftexposition unter Berücksichtigung unterschiedlich empfindlicher Gewebe abgeschätzt. ^{85}Kr trägt zwar nicht signifikant zur lokalen oder regionalen Strahlenbelastung bei, aufgrund einer langen Halbwertszeit verdient es aber in globaler Hinsicht mehr Beachtung.

Plutonium

^{239}Pu entsteht durch Neutroneneinfang aus ^{238}U und liegt in der Umwelt üblicherweise als schwer zu differenzierende Mischung von ^{239}Pu mit ^{240}Pu vor, weshalb man meist von $^{239\,u.\,240}$Pu spricht. Schätzungsweise über 10^{16} Bq wurden bei Kernwaffentests freigesetzt und über die Welt verteilt. Plutonium im Boden verlagert sich nur langsam nach unten und weist ein zum ^{137}Cs ähnliches Tiefenprofil auf. 95% des ins Meer und in Süßwasserseen gelangenden Plutoniums wird sofort in Sedimenten abgelagert. Nachdem im Januar 1968 ein atombombenbeladener B52-Bomber in Griechenland ins Meer gestürzt und dieses mit etwa 10^{12} Bq kontaminiert hatte, konnten Plutoniumanreicherungen im Sediment und darin lebenden Organismen, nicht aber in höheren Säugetieren nachgewiesen werden. Am Festland wurde eine abnehmende Plutoniumkonzentrationen entlang der Nahrungskette vom Boden zum Menschen festgestellt. Als kritischster Expositionspfad für Plutonium gilt beim Menschen die Inhalation kontaminierter Luft.

Die größte Menge an ^{239}Pu fällt bei der Herstellung von Kernwaffen an. Pu gilt als der gefährlichste Kontaminant für Arbeiter bei der Herstellung und Wiederaufbereitung von nuklearem Material, nicht dagegen als wichtiger Umweltkontaminant.

Obwohl ^{241}Pu nur niederenergetische β-Strahlung (E = 21 keV) emittiert, ist es aus zwei Gründen wichtig (Paatero et al. 1994): Es macht erstens den größten Teil des gesamten Plutoniums aus und ist zweitens der Vorläufer des ^{241}Am, einem hochradiotoxischem Nuklid aufgrund seiner Emission von α-Teilchen und langen physikalischen und biologischen Halbwertszeiten in Tier und Mensch. Nach Hochrechnungen wird im Jahre 2059 das Aktivitätsverhältnis ^{241}Am/^{239,240}Pu 2,43 betragen.

3.2 Assoziationen zwischen Metall(oid)en und organischem Material

3.2.1 Fossile und rezente Sedimente

Organische Extrakte und unlösliches organisches Material (Humin, Protokerogen, Kerogen) rezenter und fossiler Sedimente enthalten Metalle und Metalloide in z.T. relativ hohen Konzentrationen (oftmals in der Größenordnung von X00 mg/kg). Hirner et al. (1990) fanden in Algenmatten in neuseeländischen Geothermalfeldern X0 g/kg As sowie X g/kg an Zn und Sb in organischen Extrakten ebenso wie X0 g/kg an Fe und Sb zusammen mit X00 mg/kg an La und Ce in der Protokerogenfraktion (X Zahl zwischen 1 und 9).

Trotzdem gelang es nur selten, die organischen Träger der Metall(oid)e zu identifizieren (Saxby 1969, Williams 1987, Parnell 1988). Von allen bioanorganischen Sedimentbestandteilen sind lediglich die molekularen Strukturen von einigen Metallchelaten mit organischen Säuren, von niedermolekularen alkylierten Verbindungen, von Cobalamin und Haem-Eisenverbindungen, von bestimmten Metallproteinen, insbesondere aber von Metalloporphyrinen (P) hinreichend gut bekannt (Filby u. Branthaver 1987, Miller et al. 1984). Aus Chlorophyll-a, -b, -c$_1$, -c$_2$, und Bacteriochlorophyll-b und -d bilden sich über Pheo- und Pyrophorbide die metallfreien Porphyrine ((Benzo-)EtioP, DPEP, THBP), die noch im diagenetischen Stadium metallisiert werden. In Erdölmuttergesteinen bilden sich fast ausschließlich Ni^{II}P und VO^{II}P, was mit der Häufigkeit dieser Elemente in Sedimenten und mit Stabilitätsüberlegungen erklärt wird. Im Kupferschiefer wurden hohe Konzentrationen an FeP, in Kohlen (Gilsonit) Fe^{III}-, Ga^{III}- und Mn^{III}-Porphyrine, in rezenten Tiefseeablagerungen in geringsten Konzentrationen Fe-, Co-, Ni- und Ga-Porphyrine sowie in Böden CuP-Komplexe nachgewiesen (Bonnett et al. 1990, 1984; Goodman u. Cheshire 1976). Die Porphyrine zählen zu den Koordinationsverbindungen (das Metallatom ist direkt an N koordiniert) und damit nicht zu den metallorganischen Verbindungen (bei denen die Koordination an C erfolgt).

Die Existenz fossiler nichtporphyrinischer metallorganischer Verbindungen (z.B. von Co oder Mo), seien sie in organischen Lösungsmitteln löslich (Erdöl, Bitumen) oder unlöslich (Kerogen), kann nicht bestritten werden (Ellrich et al. 1985, Hirner 1987). Aufgrund der Unklarheit in Fragen der molekularen Konstitution können lediglich Modellverbindungen diskutiert werden (z.B. Naphthenate, Humate oder Tetradentate). Methyl- und Phenylarsinsäuren im Methanolextrakt des Green-River-Ölschiefers dürften zusammen mit in Erdölen detektierten Organoarsenverbindungen die bisher einzigen in fossilem organischen Material aufgefundenen organometallischen Verbindungen darstellen. Die Bindungsverhältnisse von Metallen in der wichtigsten Verbindungsklasse von organischem Material in aquatischen Systemen, Böden sowie limnischen und marinen Sedimenten, den Humussubstanzen (Humin- und Fulvosäuren, Humine) mit Molekulargewichten von etwa 700 bis > 2.000.000, können bisher nur sehr unvollkommen und modellhaft beschrieben werden.

Huminsäuren aus marinen Sedimenten können sehr effektiv Metallionen durch Chelatbildung, Kationenaustausch und Oberflächenadsorption aufnehmen; nach Rashid (1974) etwa 40 bis 205 mg Metalle (Co, Cu, Mn, Ni und Zn) pro g organisches Material. Andererseits können Huminstoffe Metalle in Lösung halten und sie vor Ausfällung (als unlösliche Carbonate, Hydroxide oder Sulfide) bewahren (Rashid u. Leonard 1973). Fulvosäuren im Boden vermögen Cu deutlich stärker zu komplexieren als Cd, Mn, Ni und Zn (Rainville u. Weber 1982). Lignin und andere Pflanzenbestandteile wie Tannin, Catechole, Flavonoide und andere phenolische Komponenten bilden bei Oxidation und enzymatischen Umsetzungen Quinone; bis zu 9% der gesamten Metallsorption von Huminsäuren können auf Reaktionen mit Quinonen zurückgeführt werden (Rashid 1972).

Die Komplexbildung mit vielzähnigen Liganden, z.B. mit natürlichen Fulvo- und Huminsäuren (z.B. Khan et al. 1984), nennt man auch Chelatbildung. In vielen Fällen verläuft die Komplexierung im Vergleich zu vielen Konkurrenzprozessen relativ schnell. Gleichgewichtsrechnungen liefern hier realistische Abschätzungen. Die Stabilitätskonstanten von Komplexen von Ca, Cd, Co, Cu, Hg, Mg, Mn, Ni und Zn bei pH 8 mit Huminstoffen aus Meer-, Fluß- und Seewässern entsprechen der Irving-Williams-Reihe (Mantoura et al. 1978). Während in Süßwasser > 90% des Cu und Hg an Huminstoffe komplexiert sind, trifft dies nur für < 11% der anderen Metalle zu. In Meerwasser werden > 99% der Huminstoffe von Ca und Mg aufgrund ihrer relativ hohen Konzentrationen komplexiert; Chelatbildung mit Metallen spielt nur für Cu mit 10% eine untergeordnete Rolle.

Schwermetalle und Chlorphenole können zusammen im kontaminierten Grundwasser auftreten, insbesondere in Zusammenhang von Holzimprägnierung, bei der Biozide eingesetzt werden (Pollard et al. 1993); weltweit dürfte es derzeit einige Hundert derartige Lokalitäten geben (Mueller et al. 1989). Daughney u. Fein (1997) konnten nachweisen, daß in aquatischen Systemen Metall-Phenolatkomplexe gebildet werden und somit die Schwermetallmobilität deutlich erhöhen. Trotz niedriger Gehalte im Oberboden reichert sich Cu in Pflanzenwurzeln bis zu 800 mg/kg, Pb dagegen kaum an (Berthelsen et al. 1995). Schwermetallanreicherungen in Pilzen erreichen ca. 38, 33 bzw. 2% der entsprechenden Bodengehalte für Zn, Cd und Pb; in Blättern eines Hellerkrautes hat man Zinkgehalte bis zu 1,6% gefunden.

Biogeochemische Verteilungsprozesse von Metallen führen zu unterschiedlichen Formen wie hydratisierte oder freie Ionen, Kolloide, Niederschläge, adsorbierte Phasen und unterschiedliche Koordinationskomplexe mit gelösten organischen und anorganischen Liganden (Elder 1986). Die Affinitäten von Metallen für organische Moleküle sind das Ergebnis von Wechselwirkungen zwischen geladenen Metallionen sowie gegensätzlich geladenen Koordinationsplätzen wie Carboxyl- und Sulfhydrylgruppen der organischen Molekülen. Da für diese Koordinationsplätze das Wasserstoffion als Konkurrenz auftritt, ist die Aktivität der Wasserstoffionen ein wichtiger Parameter bei der möglichen Bildung von Organometallspezies. So werden Metalle bei einem pH-Anstieg von 2 auf 6 deutlich stärker an Huminsäuren angelagert. Wie die Sorptionskapazitäten sind auch die Stabilitäten von Metall-Ligandkomplexen pH-abhängig. Nach Irving u. Williams (1948) nimmt die Stabilität dieser Komplexe mit abnehmendem Ionenradius zu, d.h. in der Reihe $Mn^{2+} < Fe^{2+} < Co^{2+} < Ni^{2+} < Cu^{2+} > Zn^{2+}$ sind die Kupferkomplexe die stabilsten. Wenn nun einerseits die Metallspeziierung stark vom pH abhängt und andererseits die Bioverfügbarkeit primär von der Metallspezies, folgt hieraus insgesamt, daß die biogene Metallaufnahme von der Aktivität der Wasserstoffionen abhängig ist.

Ein beträchtlicher Teil des organischen Kohlenstoffs in der als gelöst bezeichneten Fraktion ist mit kolloidalem Material vergesellschaftet. Kolloide sind besonders wegen ihrer hohen spezifischen Oberfläche und Sorptionskapazität wichtig. Dai et al. (1995) fanden eine signifikante Korrelation zwischen organischem C und Cu in der kolloidalen Fraktion (Korngröße < 0,4 µm) aus dem Rhone-Delta, dagegen eine für Ni, Cd und C_{org} in der wirklich gelösten Fraktion. Martin et al. (1995) erkannten, daß signifikante Korrelationen zwischen C und dem Großteil der Spurenelemente (bis zu 89% für Fe) in der Lagune von Venedig auf Kolloide zurückzuführen sind. Baskaran et al. (1992) zeigten die kolloidale Natur eines Großteils (bis zu 80%) des natürlichen ^{234}Th im Golf von Mexiko. Nach Buddemeier u. Hunt (1988) erfolgt der Radionuklidtransport im Grundwasser im wesentlichen durch Teilchen < 0,2 µm. Somit ist die einfache Einteilung in eine gelöste und partikuläre Fraktion unzureichend, um den biogeochemischen Elementkreislauf zu verstehen.

Nelson et al. (1985) fanden, daß kolloidaler C_{org} in natürlichen Wässern die Adsorption von reduziertem Plutonium an Sedimentteilchen verhindert. Es würde sich hiermit um einen zum „kolloidalen Pumpen" reversiblen Prozeß handeln, bei dem Material von der partikulären zur gelösten Phase über kolloidale Zwischenstufen übergeht.

Förstner (1984) gibt einen Literaturüberblick zum Prozeß der Metallsorption auf organischen Festkörperoberflächen in aquatischen Systemen. Diese können auf drei Arten entstehen:

- Organismen wie Bakterien und Algen,
- Zersetzung von Pflanzen- und Tiermaterial und
- Sorption von niedermolekularem Material auf Ton- und Metalloxidoberflächen.

Metalle werden organisch komplexiert (z.B. mit Aminosäuren, Zitraten, Tartraten, Phthalaten, synthetischen Chelatbildnern wie NTA oder EDTA) und nach Zerfall wieder als Ionen freigesetzt (und möglicherweise anorganisch, z.B. als Chlorid komplexiert). Aufgrund einer hohen Dichte positiver Ladungen wechselwirken Zellwände stark mit gelösten elektropositiven Metallionen und können so deren Akkumulation bewirken (Beveridge u. Koval 1981). Aus diesen Überlegungen heraus ergibt sich die Notwendigkeit, zur Klärung geochemischer Metall(oid)anreicherungen in organischen Phasen, neben den oben erwähnten abiogenen auch biogene Prozesse mit in die Diskussion einzubeziehen.

Der Hauptteil der rezenten Biomasse besteht aus Organismen, die immobil innerhalb von biologischen Matrices auf Festkörperoberflächen fixiert sind (Flemming et al. 1996). Mehr als 99% aller irdischen Mikroorganismen aggregieren als immobilisierte Biomasse in Gestalt von Biofilmen (Costerton et al. 1987). Daher sind Biofilme auf der Erdoberfläche ubiquitär verbreitet und finden sich selbst unter extremen Bedingungen (Flemming 1991). Mikroben überstehen Temperaturen bis zu 115 °C (Stetter et al. 1985) und herab bis zu -50 °C sowie Temperaturschwankungen von 50 °C (Atlas u. Bartha 1987). Biofilme bedecken Gesteinsoberflächen und führen dort zum Abbau von Mineralen und zur Solubilisierung von Metallen (Krumbein 1988, Eckhardt 1985, Flemming 1993).

Nach der Fixierung auf Substratoberflächen scheiden die Mikroorganismen extrazelluläre polymere Substanzen (EPS) aus; dieses gelartige Material macht den größten Teil des Biofilms aus (85 bis 95% der Trockenmasse) und bestimmt seine physikalisch-chemischen Eigenschaften (z.B. mechanische Stabilität, Sorptionskapazität) maßgeblich (Flemming et al. 1996). Freie Hydroxyl- sowie Carboxyl-Gruppen ebenso wie NH_2-Gruppen in Proteinen verleihen den aufgrund ihres Proteinanteiles hydrophoben EPS auch hydrophile Eigenschaften. Sorption der EPS auf hydrophoben Oberflächen führt zur Hydrophilierung derselben. Eine Vielzahl komplexer Wechselwirkungen (z.B. Chelatbildung, Oxidation/Reduktion, mikrobielle Umsetzungen, Methylierung/Demethylierung) bestimmt die Sorptionseigenschaften von Biofilmen (Brierley 1990, Silver 1980) und somit auch die Immobilisierung/Remobilisation von Spurenelementen (McLean u. Beveridge 1990). Obwohl die EPS im Prinzip in der Lage sein sollten, Metalle sehr effektiv zu binden (Flemming et al. 1996), fanden Späth et al. (1998) mehr als 80% des vorhandenen Cd und Zn mit dem Zellmaterial assoziiert.

3.2.2 Metalloproteine

Das Leben von Pflanzen, Bakterien, Tieren und Menschen ist eng an die Verfügbarkeit von Spuren- und Ultraspurenelementen wie Co, Cr, Cu, Fe, Mn, Mo, Ni, V, W und Zn geknüpft. Diese Metallionen sind oft in einer organischen Matrix, den Proteinen, chemisch in genau definierter Position gebunden; sie stellen in Metalloproteinen häufig das Zentrum des chemischen Geschehens dar (Metalloenzyme).

1957 wurde erstmals ein unüblich stabiles, niedermolekulares Protein aus einer Tierniere isoliert, welches je etwa 10% Metalle (Cd, Cu und Zn) und S, aber keine aromatischen Aminosäuren enthielt und „Metallothionein" genannt wurde (Kägi u. Vallee 1960, Schäffer u. Kägi 1991). Metallothioneine gehören zu einer Familie niedermolekularer (6000 bis 6500 Da) zytoplasmatischer Metalloproteine, die in praktisch allen Tieren und in einigen Pflanzen und Mikroorganismen vorkommen. Sie haben im Gewebe mariner Säuger hohe Cd- und niedrige Cu-Gehalte, in Fischleber ist es umgekehrt (Wagemann et al. 1994).

Während im Organismus von Mensch und Tier Metallothioneine dabei helfen, Schwermetalle unschädlich zu machen, sind bei Pflanzen Peptide für diesen Entgiftungsprozeß zuständig (Gekeler 1988, Grill 1987). Peptide bestehen aus 5 bis 23 kettenförmig aneinandergereihten Aminosäuren; dabei ist kennzeichnend, daß nur die Aminosäuren Cystein, Glutaminsäure und Glycin vorkommen. Wenn es gilt, Schwermetalle unschädlich zu machen, lagern sich mehrere Peptide aneinander und fangen die Metallionen ein. Dabei entstehen Chelate, weshalb die Peptide als Phytochelatine bezeichnet werden. Die Metalle können einen großen Teil des Komplexes ausmachen: Man fand Phytochelatine, die bis zu 16 Gew.-% Cd enthielten. Die Phytochelatine unterscheiden sich nicht nur in der Struktur grundsätzlich von metallbindenden Proteinen, sondern auch in der Biosynthese; so werden sie z.B. nicht von Ribosomen zusammengebaut. Gelangen Schwermetalle in die Pflanzenzelle, wird ein als Phytochelatin-Synthase bezeichnetes Enzym aktiviert. Phytochelatine hat man auch bei Hefen- und Schimmelpilzen gefunden; manche Pilze bilden allerdings auch Metallothioneine.

In ähnlicher Weise binden auch Polysaccharide in Algen selektiv Schwermetalle (bes. Pb), an Carboxyl- stärker als an Sulfatgruppen (Güven et al. 1995).

Da Schwermetalle durch spezifisch hierfür gebildete Phytochelatine gebunden werden (Gekeler et al. 1988), wurden in Umkehrung dieses Sachverhalts die Phytochelatine als Bioindikatoren für eine Metallexposition bezeichnet (Robinson 1990). Freilanduntersuchungen von Knauer et al. (1998) zur Exposition von Cd, Cu, Mn und Zn von Phytoplankton in vier schweizer Seen lassen jedoch keine Korrelation zwischen Phytochelatin- und Metallkonzentration erkennen.

3.2.3 Metall(oid)organische Verbindungen

Die metallorganische Chemie ist weltweit zu einem bedeutenden Wirtschafts-
faktor geworden. Metall(oid)organische Verbindungen sind Substanzen, in
denen Metalle oder Halbmetalle mindestens eine direkte Bindung zu einem
Kohlenstoffatom aufweisen, das seinerseits Teil eines Kohlenwasserstoffsystems
(„organischer Rest") ist. Viele dieser Verbindungen sind, im Gegensatz zu den
klassischen anorganischen und organischen Verbindungen, an sauerstoff- und
wasserdampfhaltiger Luft nicht beständig und können nur unter Stickstoff- oder
Argon-Atmosphäre dargestellt und untersucht werden. Dagegen zählen die
siliciumorganischen Verbindungen, die sich alle von der Grundsubstanz Tetramethylsilan, einem mit vier Methylgruppen verbundenen Siliciumatom ableiten,
zu den unter Normalbedingungen beständigsten Elementorganylen. Silicone als
hochpolymere Organosiliciumverbindungen sind als temperaturbeständige Öle
und Kunstharze zu technischen Großprodukten geworden.
Beispielsweise werden zinnorganische Verbindungen als Stabilisatoren für
Kunststoffe, als Biozide und als Katalysatoren für großtechnische Prozesse in
Tonnenmengen produziert (s.u.). Selbst Organometallverbindungen, die wie
Triethylaluminium von Luftsauerstoff augenblicklich oxidiert werden, werden
heute industriell in riesigen Mengen hergestellt und als Synthesehilfsmittel
eingesetzt. Übergangsmetalle sind in der Lage, stabile und höchst interessante
Metallorganyle zu bilden (z.B. Ferrocen, Dibenzolchrom). Al-, Ni-, Ti-, Zr-, Pd-,
Mo- und Rh-Organyle werden als Katalysatoren und Lithiummethyl im Tonnen-
maßstab produziert und in der Arzneimittelsynthese verwendet. Neue Werk-
stoffe werden durch Zersetzung von Metallorganylen (z.B. von Al und Si)
erhalten. Für die Gasphasenabscheidung (MOVPE = Metal-Organic Vapor
Phase Epitaxy) der in der Halbleitertechnik wichtigen Verbindungen GaAs und
InP werden in der Regel Trimethylgallium und Arsenwasserstoff bzw. Tri-
methylindium und Phosphorwasserstoff eingesetzt.
Die Darstellung organometallischer Verbindungen setzt höhere Fertigkeiten bei
der Laborsynthese voraus (Thayer 1984). Da diese Verbindungen gegenüber
Luftsauerstoff und Wasser nicht stabil sind, werden sie in der Umwelt bisher als
kurzlebig und unwesentlich betrachtet und ihre Bedeutung als Laborartefakte
reduziert. Die Entdeckung der Biomethylierung von Arsen zu $AsMe_3$, die durch
Challenger in den 30er Jahren dieses Jahrhunderts erfolgte und erstmals zeigte,
daß Metall(oid)organyle ständig auch auf ganz natürliche Weise ohne Mitwirkung des Menschen entstehen können, blieb offensichtlich weitgehend
unbeachtet. Erst in den 60er Jahren zeigte die Tragödie von Minamata, daß
Methylquecksilberverbindungen in aquatischen Systemen lange Zeit existieren
können und eine große Gefahr für Ökosysteme darstellen. Ein Hauptgrund für
die späte Aufklärung dieser Problematik liegt in der Notwendigkeit der analytischen Erfassung niedrigster Konzentrationen (bis herunter zu wenigen ng/L), die
der instrumentellen Analytik erst seit ein bis zwei Jahrzehnten zugänglich sind,

begründet. Dies ist erstaunlich angesichts der Tatsache, daß elementorganische Spezies durchaus globale Signifikanz besitzen: So liegt beispielsweise der Anteil des nicht in Iodidform vorliegenden atmosphärischen Iods (Iodat und Organoiod, besonders CH_3I) über der Antarktis bei etwa 77%, sonst bei durchschnittlich 15% (Gäbler u. Heumann 1993); eine ähnliche Situation könnte für Pb und Zn vorliegen (Rädlein u. Heumann 1992), Organyle des Cd, Hg, Pb und Tl konnten im polaren Meerwasser bereits nachgewiesen werden und wurden vermutlich von Makroalgen und Bakterien gebildet (Pongratz u. Heumann 1998, 1996, Schedlbauer 1998).

Eine weitere Organometall(oid)verbindungen kennzeichnende Eigenschaft ist deren Flüchtigkeit. Insbesondere die vollständig methylierten (permethylierten) Verbindungen wie $HgMe_2$, $SnMe_4$, $PbMe_4$ und $AsMe_3$ sind unter Normalbedingungen Gase oder leicht verdampfbare Flüssigkeiten, die schnell in die Atmosphäre gelangen. Auch teilmethylierte Metall(oid)verbindungen wie $MeHgCl$ und Me_nSnCl_{4-n} ($n = 1 - 3$) weisen hohe Dampfdrücke auf. Eine weitere wichtige Eigenschaft ist die Wasserlöslichkeit. Während permethylierte Verbindungen nahezu unlöslich sind, zeigen teilalkylierte Spezies eine ausgeprägte Löslichkeit, insbesondere wenn die Zahl der Alkylgruppen um Eins kleiner als die Gruppenzahl im Periodensystem ist (z.B. RHg^+, R_2Tl^+, R_3Pb^+ oder R_4Sb^+). Organometallverbindungen sind in Lipiden (einschl. aller Kohlenwasserstoffe) ebenfalls gut löslich. Schließlich zeigen die meisten Organometallverbindungen eine ausgeprägte Tendenz zur Anlagerung an Oberflächen. Während sich Metall(oid)e in anorganischen Verbindungsformen in Flußsedimenten gegenüber der Wassersäule um zwei bis acht Größenordnungen anreichern, ist dies für ihre organische Spezies nicht der Fall: Hier liegen die Anreicherungsfaktoren zwischen 10^{-3} und 10^5 (Crompton 1998, Hirner et al. 1990). Der Grund hierfür dürfte das amphiphile Verhalten dieser Spezies sein, das zu Konkurrenzprozessen zwischen Wassertransport und Festkörperadsorption führt (vgl. Abb. 2.8).

Im marinen Bereich mit seinen hohen Chloridkonzentrationen existieren diese Verbindungen oft als Chloride (z.B. CH_3HgCl oder $(n-C_4H_9)_3SnCl$). Organometallchloride sind üblicherweise kovalent gebundene Moleküle mit geringer Neigung zur Ionisation und guter Löslichkeit in Kohlenwasserstoffen.

Metall(oid)organische Verbindungen sind nur unter anaeroben Bedingungen wirklich stabil. Obwohl sie im Hinblick auf Oxidation thermodynamisch instabil sind – was streng genommen auf alle organischen Verbindungen und biologische Systeme zutrifft – kann die Geschwindigkeit einer Oxidation im Realfall enorm unterschiedlich sein. So führen kinetische Stabilisierungseffekte z.B. zum Auftreten von Ultraspuren von $HgMe_2$ und $AsMe_3$ in der Atmosphäre (Cullen u. Reimer 1989).

Wird die Stabilität metall(oid)organischer Verbindungen bezüglich Wasser und Luft sowie Temperatur detaillierter diskutiert, so steht die Metall(oid)-Kohlenstoffbindung im Mittelpunkt, da diese die schwächste bzw. thermodynamisch instabilste Bindung ist. Wird die molare Standardbildungsenthalpie der ver-

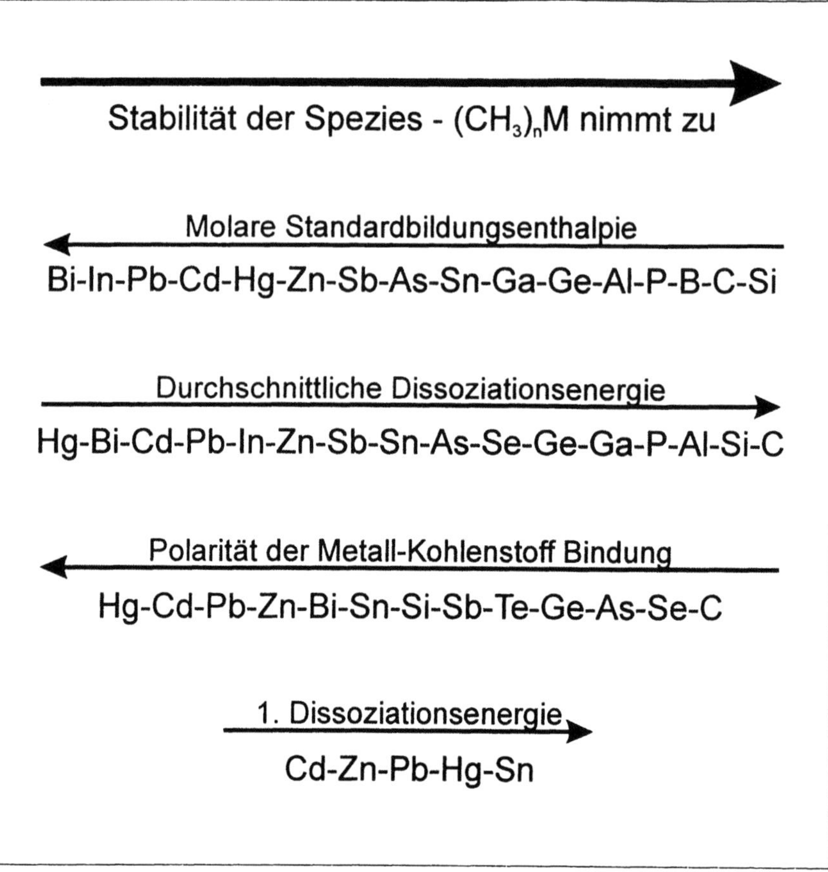

Abb. 3.1. Stabilitätsreihen nichtpolarer metall(oid)organischer Spezies (Feldmann 1995)

schiedenen Elemente in Bezug auf die Bildung der vollmethylierten Spezies betrachtet, so ergibt sich die in Abb. 3.1 in der obersten Reihe dargestellte Stabilitätsreihe (Feldmann 1995): Die Stabilität nimmt von Bi zu Si hin zu. Erst die Bildung einer Sn-C-Bindung stellt eine exotherme Reaktion dar. C und Si bilden mit C die stärksten Bindungen aus.

Wird von einer homolytischen Spaltung der Metall-C-Bindung in der Atmosphäre ausgegangen, kann die Dissoziationsenergie als Kriterium für die atmosphärische Stabilität einer metall(oid)organischen Verbindung herangezogen werden (Feldmann 1995): Je niedriger die Energie, desto eher ist es aus thermodynamischer Sicht möglich, die Verbindung zu spalten. Hg- (123 kJ/mol) und Bi-C-Bindungen (141 kJ/mol) zählen zu den am wenigsten stabilen Verbindungen. Die σ-Bindungen der C-Si- (320 kJ/mol) bzw. C-C-Bindung (347 kJ/mol) zeichnen sich durch große Stabilität aus; noch höhere Dissoziationsenergien weisen z.B. Bindungen von Si mit Halogenen oder Heteroelementen auf (Walsh 1989).

Beim Zerfall der Metall-C-Bindung wird selten eine homolytische Spaltung permethylierter Verbindungen ablaufen, da die Bindung in Abhängigkeit von der Elektronegativität des Metalls polarisiert ist. Da die Stärke der Bindung mit Zunahme der Polarität der Bindung abnimmt, kann ebenso eine auf die Elektronegativität bezogene Stabilitätsreihe aufgestellt werden. Wird eine peralkylierte Verbindung betrachtet, ergibt sich aus thermodynamischen Berechnungen und kinetischen Untersuchungen, daß die Spaltung der ersten Metall-C-Bindung die Stabilität der gesamten Verbindung bestimmt. Wird nicht die durchschnittliche Bindungsenergie, sondern die erste Dissoziationsenergie zur Beurteilung herangezogen, verschiebt sich die Stabilitätsreihe (Feldmann 1995): Me_2Hg (218 kJ/mol) besitzt eine größere Stabilität als Me_4Pb (205 kJ/mol) beispielsweise.

Weiterhin muß die Aktivierungsenergie der Reaktionen als kinetisches Stabilitätskriterium betrachtet werden. Zudem können diese Verbindungen durch andere Liganden destabilisiert werden und so eine Minderung der Aktivierungsenergie erfahren, was einer Verringerung der kinetischen Stabilität entspricht. Zusammenfassend können allgemeine Regeln aufgestellt werden, nach denen Metall(oid)verbindungen in der Umwelt stabil sind (Feldmann 1995): Die Stabilität flüchtiger metall(oid)organischer Verbindungen ist umso größer,

- je stärker die Metall-C-Bindung und je geringer die Metall-C-Polarität ist,
- je geringer die Verfügbarkeit von leeren Orbitalen niedriger Energie ist, d.h. je vollständiger die Absättigung bzw. Komplexierung des Metalls ist und
- je geringer die Anzahl der H-Atome in β-Position der organischen Substituenten ist.

Flüchtige Alkylverbindungen bildende Metall(oid)e verdienen besondere Beachtung, da diese in Zellen akkumulieren und für das zentrale Nervensystem der Organismen giftig sind. Metallalkyle können schneller gebildet werden, als sie von anderen Organismen abgebaut werden und akkumulieren auf diese Weise. Viele B-Typ Metalle (d.h. die weichen Lewis-Säuren) werden nicht nur methyliert und so in der Umwelt angereichert, sondern sie sind auch wegen ihrer Tendenz, mit weichen Basen wie SH- oder NH-Gruppen in Enzymen zu reagieren, mögliche Gefahren für Ökosysteme und die menschliche Gesundheit.

Daten zur Toxizität metall(oid)organischer Verbindungen sind kaum und nur für Hg, Pb, Sn und As vorhanden (Crompton 1998): Beispielsweise liegt der LD_{100}-Wert des Methylquecksilberchlorids bei Fischen bei 3 µg/L, deutliche Beeinträchtigungen treten bei > 1 µg/L auf, bei Tributylzinn bei > 0,6 µg/L (Crompton 1998). Generell geht man davon aus, daß viele aquatische Organismen bei Konzentrationen im oberen ng/L-Bereich geschädigt werden.

Abschließend zu diesem Abschnitt soll noch erwähnt werden, daß allgemein die Toxizität der Schwermetalle, von denen mehr als 6 Mt (allein rund 1 Mt Pb) in aller Welt jährlich durch den Einfluß des Menschen in Luft, Wasser und Böden gelangen, von der Mehrzahl der in Kap. 3.1.1 zitierten Wissenschaftler höher eingestuft wird als die aller radioaktiven und organischen Abfallprodukte zusammen. Dabei ist zu bedenken, daß in derartigen Überlegungen der Beitrag der ungleich toxischeren organischen Schwermetallverbindungen noch gar nicht mit einbezogen wurde.

3.2.4 Carbonyle

Die chemische Industrie stellt durch Vergasung von Kohle und Erdöl-(fraktionen) zur Weiterverarbeitung in Synthesen, insbesondere zur Gewinnung von Alkoholen und anderen sauerstoffhaltigen Verbindungen weltweit einige Milliarden Kubikmeter Kohlenmonoxid und kohlenmonoxidhaltiger Gasgemische her (Beeg et al. 1993). Bei diesen Vergasungs- und Weiterverarbeitungsprozessen kommt es oft unter dem erhöhten Kohlenmonoxidpartialdruck und den besonderen thermischen und anderen Randbedingungen durch Reaktion des Kohlenmonoxids mit Komponenten der metallischen Anlagenwerkstoffe und/ oder der Vergasungsrohstoffe zur Bildung von Metallcarbonylen, insbesondere Eisenpentacarbonyl und Nickeltetracarbonyl. Einerseits führt die Anwesenheit an Metallcarbonylen bei diesen Prozessen zu technologischen Problemen. Andererseits ist der Metallcarbonylgehalt human- und ökotoxikologisch relevant; insbesondere das Nickeltetracarbonyl ist als eindeutig krebserregend ausgewiesen. Somit verdienen die oft im $\mu g/L(mg/m^3)$-Bereich liegenden Metallcarbonylkonzentrationen in den in großen Mengen gehandhabten Kohlenmonoxidgasgemischen umweltchemisches Interesse.

Während die Entstehung organischer Carbonyle in der Umwelt z.B. durch Photolyse von KW (Ehrhardt u. Weber 1991) schon länger bekannt ist, wurden Metallcarbonyle erst kürzlich nachgewiesen: Feldmann u. Cullen (1997) fanden in Deponiegas Mo- und W-Carbonyle im ng/m^3-Bereich.

Aufgrund seines Einsatzes als Benzinbleiersatz sollte die Verbindung Methylcyclopentadienylmangantricarbonyl in der Umwelt ebenso Beachtung finden wie die mögliche Bildung von Nickelcarbonyl durch CO aus Verbrennungsprozessen unter Mitwirkung nickelhaltiger Katalysatoren (Crompton 1998).

3.2.5 Biomethylierung der Elemente

Bakterien spielen eine sehr wichtige Rolle bei der Umwandlung von Metallspezies, insbesondere bei mikrobiellen Transformationen von Metall(oid)en durch Methylierung oder Hydridbildung (Summers u. Silver 1978, Thayer u. Brinckman 1982). In umweltrelevanten biogeochemischen Systemen unter (oft stark) reduzierenden Bedingungen wird für die Elemente As, Sb, Se, Sn und Te die Bildung von Hydriden beschrieben, Methylierungen zusätzlich für S, Cl, Br und I (Wever 1991) und Cd, Ge, Hg und Pb (ebenfalls für Cr, Pd, Pt, Au und Tl unter Laborbedingungen) (Craig u. Glockling 1988, Rapsomanikis u. Weber 1986). Viele dieser Elemente sind sehr giftig und die Transformation in flüchtige Verbindungen ist als Entgiftungsmechanismus für die Mikroorganismen zu verstehen (Bachofen 1994, Wood u. Wang 1985). Beispielsweise schützen sich Algen vor toxischen Schwermetallen durch Biomethylierung, die enzymatisch und intrazellulär eine Reaktion des Metall(oid)s mit SH-Gruppen verhindern kann. Als alternative Schutzmechanismen nennt Maeda (1994): Wechsel des Oxidationszustands, Bindung des Metalls an die Zelloberfläche oder an Proteine oder Polysaccharide, Fällung, Komplexierung und anderweitige Verflüchtigung des störenden Metall(oid)s. Für Mensch und Tier bedeutet die Verflüchtigung jedoch häufig eine Erhöhung der Giftigkeit, da die Aufnahme durch die Luft unkontrolliert geschieht und die flüchtigen Verbindungen lipophiler sind als die Ionenformen und sich daher im Gewebe akkumulieren. Bei der Bildung extrazellulärer Komplexverbindungen als einer weiteren Art biologischer Aktivität produzieren z.B. Blaualgen Siderophore (Trihydroxamate), die selektiv Eisenionen chelatisieren (Murphy et al. 1976) und so durch die Zellmembranen transportieren; ähnliches wird als Entgiftungsmechanismus für Kupfer berichtet (McKnight u. Morel 1979, Van den Berg et al. 1979).

Als Mechanismen der biologischen Methylierung werden enzymatische Methylgruppenübertragungen von Methylcobalamin, Methylcoenzym M, S-Adenosylmethionin und N^5-Methyltetrahydrofolat auf das Metall angenommen. Choi et al. (1994) konnten zeigen, daß bei der Methylierung von Hg^{2+} durch *Desulfovibrio desulfuricans* LS ein 40 kDa Protein corrinoider Struktur der in-vivo-Methyldonor ist, dem die Methylgruppe vorher vom Methyltetrahydrofolat übertragen wurde. Während Methylcobalamin die Methylgruppe als CH_3^- überträgt, geschieht dies bei S-Adenosylmethionin und N^5-Methyltetrahydrofolat als CH_3^+ (Craig 1980, 1986). Leicht reduzierbare Metalle (Elektronenakzeptoren) reagieren leicht mit elektronenreichen CH_3^- Gruppen als M^{n+}; dies gilt meist bei $E^0 > 0{,}8$ V (z.B. für Hg/Hg^{2+}). Nicht so leicht reduzierbare Metalle (üblicherweise bei $E^0 < 0{,}6$ V) reagieren mit Methylradikalen in einer formalen Additionsreaktion mit Sauerstoff, wobei das Metall bereits reduziert vorliegt. Nicht enzymatische Methylierungen sind ebenfalls möglich, z.B. wenn methylierte Stoffwechselprodukte mit den betreffenden Elementen reagieren (z.B. Methyliodid, Dimethylsulfid oder Betaine, aber auch Humin- und Fulvinsäuren) (Thayer u. Brinckman 1982). Neben der Methylgruppenübertragung (Transmethylierung) sind auch Demethylierungen gängige Prozesse (Craig 1980, 1986): Biogen entstandene Methylverbindungen wie z.B. Monomethylblei können hydrolysieren, HgMe in Seesedimenten bakteriell in Methan und Hg^0 abgebaut werden oder Methylderivate von Hg, Tl, Sn und Pb in einer Reaktion zweiter Ordnung ihre Methylgruppen als Anionen austauschen.

Die Fähigkeit von Mikroorganismen zur Volatilisierung könnte gezielt genutzt werden, um durch einen biologischen Vorgang die genannten Elemente aus Wasser und Böden zu entfernen und eventuell sogar wieder nutzbar zu machen.

In Kalifornien sind erfolgreich Großversuche angelaufen, wo in ausgetrockneten Bewässerungsteichen die im Boden angereicherten Selenverbindungen mikrobiell verflüchtigt, großflächig abgesaugt und chemisch oder physikalisch abgefangen werden (Frankenberger u. Karlson 1992).

Voraussetzungen für den Ablauf der Biomethylierung sind neben der Anwesenheit geeigneter Mikroorganismen Metall(oid)e in verfügbarer Form (normalerweise als ionische Spezies) sowie entsprechende Donoren von Methylgruppen; wichtig ist die Abwesenheit von Sauerstoff, zumindest in der submikroskopischen Umgebung am Ort des Geschehens. Die Anwesenheit anaerober Bakterien wie z.B. *Clostridia* in aeroben Makroenvironments wie Oberböden spricht für die Existenz derartiger anaerober Mikroenvironments (Davids et al. 1998).

Das Zusammenfallen all dieser Bedingungen trifft für viele Bereiche der Natur und besonders im Zusammenhang mit anthropogenen Abfällen zu (Deponien, Kläranlagen). Beispielsweise kann mariner Sulfatschwefel erst nach Verflüchtigung durch Biomethylierung über die Atmosphäre zum Festland verfrachtet werden. Biomethylierung erfolgt auch in Sedimenten und im menschlichen Stuhl, selbst beim Menschen finden sich methylierte zusammen mit anorganischen Spezies für Hg und As im Speichel und für Se, Sb und Pb im Urin (Feldmann, pers. Mitt.).

Untersuchungen an Deponien in Frankfurt, Mainz und in NRW ergaben für eine Reihe von Elementen (As, Bi, Br, Hg, I, Pb, Sb, Sn und Te) Mengen von 0,X bis zu X000 ng pro Kubikmeter Deponiegas (X Zahl zwischen 1 und 9). Speziesidentifikationen konnten mit Hilfe der GC/ICP-MS und für Si mittels GC-MS durchgeführt werden (methylierte Zyklosiloxane).

Aus diesen Befunden ergeben sich als Gesamtkonzentration X bis X0 µg an element- und metall(oid)organischen Verbindungen pro m³ Deponiegas (Silicone X mg); zum Vergleich liegt die Gesamtkonzentration aller bisher identifizierten ca. 125 organischen Spurenstoffe im Deponiegas bei ca. 1 g/m³ (Allen et al. 1996). Nimmt man an, daß im Durchschnitt 40% eines Deponiegases aus Methan bestehen, würde dies unter Zugrundelegung von Daten nach Rettenberger, dem Fraunhofer-Institut in Karlsruhe, der Klima-Enquete-Kommission des Deutschen Bundestages und dem Bayr. Staatsminister für Wirtschaft und Verkehr für die BRD eine jährliche Emission von 0,X – X kg und global eine solche von X – X0 t an diesen Spezies bedeuten (nach Daten von Bingemer u. Crutzen 1987). Diese ersten Schätzungen sind noch sehr ungenau, da 82 bis 94% der gesamten globalen Methanemission (z.B. natürliche Gasaustritte, Kohleabbau, Reisfelder, Tierhaltung, Abwasserklärung) wie auch die Rolle der Biomethylierung innerhalb dieser Szenarien noch nicht erfaßt sind.

Glindemann et al. (1996c) weisen darauf hin, daß bei der Verbrennung von Deponiegas durch Oxidation der metall(oid)organischen Spezies eine Reihe toxischer Metall(oid)oxide entstehen, weshalb man diese Anlagen mit effektiven Flugstaubfiltern ausrüsten sollte.

Als Überblick über die in einzelnen Umweltkompartimenten aufgefundenen Maximalkonzentrationen an metall(oid)organischen Verbindungen dient Tabelle 3.1, in die neben Daten aus dem umweltanalytischen Institut in Essen auch solche von Ebinghaus et al. (1994), Hintelmann et al. (1995), Pecheyran et al. (1998), Stichnothe et al. (1999) und Wilken et al. (1994) eingearbeitet wurden.

Tabelle 3.1. Konzentration metall(oid)organischer Verbindungen in Umweltkompartimenten

Geogene/biogene Kompartimente		
Bodengase nahe Lagerstätten (bei Mainz)	$AsMe_3$, $HgMe_2$	bis zu 4 ng/m³
	$TeMe_2$	bis zu 3 ng/m³
	IMe, $SeMe_2$,	bis zu 1 ng/m³
Geothermalwasser (N.Z.)	As, Hg, Sn	bis >10 µg/L
	Ge, Sb, Te	<1 µg/L
Boden (Hg-Lagerstätte bei Mainz)	Hg_{org}	bis zu 5 mg/kg

Anthropogene Kompartimente		
Landluft (Frankreich, England, Schottland)	Pb (tetraalkyliert)	0,03 – 1,8 ng/m³
	$SeMe_2$	0,4 – 0,9 ng/m³
Stadtluft (Bordeaux, Antwerpen, Stockholm)	Pb (tetraalkyliert)	10 – 102 ng/m³
Gasemissionen aus mechanischer/biologischer	As, Sb, Se, Sn	bis >1 µg/m³
Restmüllbehandlung	Bi, Te	bis 100 ng/m³
	Hg, Pb	bis zu 50 ng/m³
Gasemissionen aus Industrieschlämmen (Fermenter)	Te	bis > 100 µg/m³
	As, Bi, Sb	bis >1 µg/m³
Klärgas	As, Bi, Sb	bis >10 µg/m³
	Se, Te	bis zu 1 µg/m³
	Hg, Pb	bis 100 ng/m³
	Sn	bis zu 10 ng/m³
Deponiegas	As, Sb, Sn	bis >10 µg/m³
	Bi, Hg, Te	bis zu 1 µg/m³
Deponiesickerwasser	As	bis zu >1 µg/L
	Sb, Sn	<1 µg/L
Fluß- und Hafensedimente	Sn	bis >45 mg/kg
	As, Hg	bis >10 µg/kg
	Bi, Ge, Te	<1 µg/kg

Feldmann (1999) und Feldmann u. Cullen (1997) gelang der Nachweis von Carbonylen ($Mo(CO)_6$, 0,2 – 0,3 µg/m³; $Ni(CO)_4$, ca. 0,1 µg/m³ ; $W(CO)_6$, 5 – 10 ng/m³) im Deponiegas. Ebenso wie $BiMe_3$ und $TeMe_2$ wurden auch Carbonyle bisher in der Umwelt noch nicht beschrieben (Thayer 1995). Die geringe

Stabilität des $Fe(CO)_5$ in Gegenwart von Wasser ist wahrscheinlich der Grund, warum in Umweltgasen keine flüchtigen Eisenverbindungen auftreten (Feldmann 1999).

Metall(oid)organische Verbindungen finden sich nicht nur in Umweltgasen (z.B. Deponiegas), sondern auch in mit ihnen assoziierten Wässern (z.B. Deponiesickerwasser), wofür hier die Berliner Deponie Schöneicher Plan angeführt sei: Neben einer Sickerwasserprobe aus der Deponie wurde unmittelbar am Fuße des Deponiekörpers in 30 cm Tiefe anstehendes „Grundwasser" beprobt. Während Monobutylzinn und Diethylquecksilber in der Sickerwasserprobe gegenüber der Grundwasserprobe um den Faktor 197 bzw. 80 angereichert waren, kam Dimethylquecksilber etwa gleich häufig vor (ca. 0,4 ng/g). Bezogen auf den hydrierbaren Gehalt, ließ sich für beide Proben eine Methylierungsrate von ca. 3% berechnen, was auf eine deutliche Korrelation zwischen dem Gehalt an (über Hydrierung verfügbarem) anorganischem Zinn und der Bildung methylierter Zinnspezies hinweist. Frühere Untersuchungen von Hodge et al. (1979) zeigten, daß die Methylspezies in nahezu allen natürlichen Gewässern im ng/L-Bereich nachzuweisen sind. Abweichend von den methylierten Verbindungen ist eine wesentlich stärkere Abreicherung des Monobutylzinns in der Grundwasserprobe festzustellen. Monobutylzinn findet vielfache Anwendung als Stabilisator bei der PVC-Herstellung. Somit läßt sich die hohe Konzentration im Deponiekörper mit einer Auslaugung des relativ stabilen Monobutylzinns aus den abgelagerten Kunststoffresten erklären. Der signifikante Unterschied bei den Gehalten an anthropogen eingetragenem Monobutylzinn ist ein starkes Indiz dafür, daß der Transfer von Sickerwasser in das benachbarte anstehende Wasser nur eine geringe Bedeutung für die dortigen Gehalte an alkylierten Metall- und Metalloidspezies haben dürfte. Vielmehr ist davon auszugehen, daß auch in den Bereichen, die außerhalb des eigentlichen Deponiekörpers liegen, eine Methylierung von anorganischen Verbindungen erfolgt. Der Nachweis von Dimethylbutylzinn in der Grundwasserprobe sowie in Deponiegas- und Kondenswasserproben spricht dafür, daß neben anorganischen auch organische Metall(oid)spezies in der Umwelt methyliert werden.

Für Arsen ergeben sich Methylierungsraten von ca. 1% für die Sickerwasserprobe und von ca. 5% für die Grundwasserprobe. Bei den nachgewiesenen Trimethylarsenspezies dürfte es sich ursprünglich um das Trimethylarsenoxid handeln, welches in der wäßrigen Phase relativ stabil ist und mittels Natriumborhydrid in das flüchtige Trimethylarsen umgewandelt wird (Parris u. Brinckman 1976). Für die Antimonspezies ergeben sich ebenso Methylierungsraten von ca. 1% für die Sickerwasserprobe und von ca. 5% für die Grundwasserprobe; auch das Trimethylantimon dürfte in den wäßrigen Proben in oxidischer Form vorgelegen haben. Organoquecksilberderivate wie z.B. das Diethylquecksilber wurden noch in den 60er und 70er Jahren vielfach als Fungizide eingesetzt, bis schließlich die Verwendung von Quecksilberfungiziden verboten wurde. In allen Proben war Methyliodid nachzuweisen. Dies ist insofern von

Interesse, als diese Verbindung als hervorragendes Methylierungsreagens bekannt ist (Craig u. Rapsomanikis 1985).

Das am Fuße der Deponie anstehende Grundwasser ist durch die meisten im Sickerwasser aufgefundenen Verbindungen nicht merklich kontaminiert, enthält aber auch methylierte Spezies in Konzentrationen < 1 µg/L, wie sie in derartigen Wässern aufgrund der dort ablaufenden natürlichen Biomethylierungsprozesse typisch sein dürften.

Hohe Konzentrationen an metall(oid)organischen Verbindungen wurden auch in kontaminierten Sedimenten und Böden (Tabelle 3.1) und in Süßwassersystemen festgestellt. Beispielsweise wurden nach einem Ölunfall im Flußwasser bis zu 530 µg/L Alkylblei festgestellt (Crompton 1998). In Nordamerika wurden auf der Oberfläche zahlreicher Flüsse und Seen hohe Konzentrationen an Organozinnverbindungen gefunden (bis zu 475 µg/L Tributylzinn), die den 24 h LD_{50}-Wert von 1,3 µg/L für die Regenbogenforelle überschreiten. Durch Bioakkumulation und Anreicherung über Nahrungsketten bedingt, reichern sich metall-(oid)organische Verbindungen in Geweben und Organen von Lebewesen bis in den mg/kg-Bereich an; z.B. wurden im Karpfen bis zu 19 mg/kg Tetraalkylblei, im Thunfisch bis zu 12 mg/kg Methylquecksilber und in Weichtieren bis zu 23 mg/kg Alkylarsen nachgewiesen (Crompton 1998).

3.2.5.1 Methanogenese

Die Bedeutung der Biomethanogenese für die Biomethylierung ergibt sich aus der empirischen Beobachtung, daß durch die Tätigkeit methanogener Bakterien neben möglicherweise gebildeten metall(oid)organischen Verbindungen in erster Linie größere Mengen an Methan entstehen. In Umkehrung dieses Sachverhalts kann die Suche nach Methanemissionen in der Umwelt, z.B. mit berührungslosen Fernmeßverfahren wie FTIR (Bröker u. Gärtner 1998), erste Anhaltspunkte für das potentielle Auftreten metall(oid)organischer Spezies geben. Auch hinsichtlich des Gesundheitsschutzes ist diese Thematik relevant: Bereits mehrere Fälle sind bekannt geworden, in denen es aufgrund von Methanemissionen in bewohnten Gebieten zur Räumung z.B. von Schulen (Morris L.M. u. Staff M.G., J.Iwem, 1993, 7, 584) oder Gartenhäusern kam (Krajewski S., Umwelt, 1994, 24, 87); auch in diesen Fällen wäre die Frage nach der Anwesenheit metall(oid)organischer Verbindungen wohl angebracht.

Der Gesamtgehalt der Atmosphäre an Methan beträgt ca. 49000 Mt (Bliefert 1997), die globale Jahresproduktion beträgt nach Benarde (1992), Bingemer u. Crutzen (1987) und Schön et al. (1993) zwischen ca. 320 und 350 Mt, dagegen 594 ± 192 Mt nach Chynoweth (1991) und Houghton et al. (1990); ca 11% hiervon entfallen auf Rußland (Andronova und Karol 1993).

Daten zur jährlichen Methanproduktion in Mt aus biologischen Quellen stammen von Tyler (1991):

Reisfelder	70	– 300
Sümpfe und Moore	100	– 200
Wiederkäuer (Rinder, Schafe, Elefanten)	90	– 130
Termiten	25	– 125
Verbrennung von Biomasse und Wildfeuer	40	– 75
Deponien	30	– 70
Tundra	15	– 35
Süßwasserseen	1	– 25
Ozeane	1	– 17
Summe	372	– 977

Nach dieser Aufstellung machen anthropogene Methanquellen nur etwa 10% der weltweiten Emissionen aus. Als troposphärische Methansenken nennen Houghton et al. (1990): Reaktionen mit troposph. OH-Radikalen 500, photochem. Abbau in der Stratosphäre 40 und mikrobieller Abbau im Boden 6 (Methanflüsse in Mt/a). Schön et al. (1993) schätzen für das Referenzjahr 1990 die jährlichen Methanemissionen in der BRD auf 5409 bis 7697 kt mit Anteilen für Abfalldeponien von 33 – 41%, Viehhaltung 25 – 35%, Kohlebergbau 18 – 23% und Gas- und Mineralölwirtschaft 4 – 6%. Nach Chynoweth (1991) sind vom troposphärischen Methan 42% geogen bedingt, 8% entfallen auf Abfälle. Nach Wild (1995) liegt der Anteil der Methanemissionen aus natürlichen Feuchtgebieten und aus Naßreisfeldern bei etwa 43%, St. Louis et al. (1996) bezeichnen Sumpfgebiete als wichtige Produktionsstätten auch für Monomethylquecksilber. Aus den hier gebrachten Beispielen wird die große Diskrepanz innerhalb der Literaturdaten offenbar, die sich zum einen aus großen Schwankungsbereichen und zum anderen aus unterschiedlichen Zuteilungsweisen zwischen anthropogen und geogen ergeben.

Die Methankonzentration der Atmosphäre nimmt jährlich um etwa 0,9% zu (Wild 1995), sie ist von etwa 0,6 ppm vor einigen hundert Jahren auf heute 2 ppm angestiegen. Dieser Anstieg korreliert in etwa mit der Wachstumsrate der menschlichen Bevölkerung und wird hauptsächlich auf die wachsende Anbaufläche von Naßreis (die sich zwischen 1960 und 1980 um 20% vergrößerte), auf Lecks von Erdgasleitungen, die höhere Zahl von Rindern und Schafen sowie auf das zunehmende Abbrennen der Vegetation zurückgeführt. Über die Gesamtgröße der Sumpfgebiete und die verschiedenen Sumpftypen (Auen-, Küsten-, See-, Salz-, Quell- und Versickerungssümpfe) liegen wenig Zahlen vor. Die Methanfreisetzung aus Wiederkäuern hat sich seit 1940 um etwa 60%, aus Reisfeldern um 80% erhöht, die bei Erdgas- und Erdölgewinnung freigesetzte Methanmenge ist in dieser Zeit sogar auf das 17-fache angestiegen (Bolle et al. 1986). Auch dürfte eine allgemeine Erhöhung der Temperatur der Atmosphäre weltweit die Aktivität der Mikroorganismen stimulieren und damit die Bildung von Treibhausgasen, zu denen auch Methan gehört, zusätzlich erhöhen (Bachofen 1994).

Die biologische Bildung von Methan ist ein Prozeß, bei dem Bakterien organisches Material zersetzen und dabei in Abwesenheit von molekularem Sauerstoff oder anderer Elektronenakzeptoren Kohlendioxid als Elektronenakzeptor benützen (Chynoweth 1991). Diese mikrobielle Aktivität ist verantwortlich für den Kohlenstoffkreislauf unter anaeroben Bedingungen, z.B. in Sümpfen, Reisfeldern, Sedimenten, im Verdauungstrakt von Tieren und in Gülle; Methan wird deshalb als Sumpfgas bezeichnet. Die beteiligten Populationen von Mikroorganismen schließen die Methanogenen als eine einzigartige Bakteriengruppe ein, die nach genetischen und phyllogenetischen Gesichtspunkten eine besondere Entwicklungslinie unter den Lebensformen einnehmen und als Archaebakterien bezeichnet werden.

Methanproduzierende (methanogene) Bakterien können verschiedene Substrate nutzen, die durch Zersetzung pflanzlichen Materials entstehen; Acetat und eine Mischung aus elementarem Wasserstoff und Kohlendioxid scheinen in Böden mit die wichtigsten Substrate zu sein (Wild 1995). Methan wird nur in stark reduzierender Umgebung gebildet (Redoxpotential $E_h < 100$ mV), so daß seine Produktion normalerweise durch SO_4^{2-} gehemmt wird. SO_4^{2-} kommt in Marschböden vor und hält einen höheren Wert von E_h aufrecht. Wasser, das gelösten Sauerstoff enthält, kann Methan oxidieren. Daher hängt die Methanmenge, die an die Oberfläche gelangt, von der Wassertiefe ab. Die Methanproduktion nimmt mit steigender Temperatur zu. Das pH-Optimum der methanproduzierenden Bakterien liegt bei etwa 7, so daß saure Sumpfgebiete nur wenig Methan abgeben. Auch von Pflanzenwurzeln abgegebene Kohlenstoffverbindungen können ein Substrat der methanproduzierenden Bakterien darstellen.

3.2.5.2 Cadmium

Organische Verbindungen des Cadmiums gelten in der Umwelt als äußerst instabil; dies gilt insbesondere für Dimethylcadmium, welches sich bei Kontakt mit Wasser sofort zersetzt. Seit einigen Jahren werden erfolgreich elektrochemische Methoden (bes. die DPASV = Differential Pulse Anodic Stripping Voltametry) für die Cadmiumspeziierung im Meerwasser eingesetzt: So fand Helmers (1994) im Oberflächenwasser des Atlantik 2 bis 4 ng/kg Cd in organisch komplexierter Form (huminstoffhaltiger DOC). Durch Vergleich mit Kontrollexperimenten unter sterilen Bedingungen konnten Chanmugathas u. Bollag (1987a,b) nachweisen, daß Cd aus Böden biologisch mobilisiert wird; ein Teil des mobilisierten Cd ist mit hydrophilen organischen Substanzen komplexiert (Chanmugathas u. Bollag 1988). Pongratz u. Heumann (1996) konnten im Südatlantik bis zu 700 pg/L an $MeCd^+$ nachweisen. Gute Korrelationen mit der lokalen Bioaktivität (und dem Auftreten von Me_3Pb^+?) weisen auf eine mögliche Entstehung durch Biomethylierung hin.

3.2.5.3 Quecksilber

Organische Quecksilberverbindungen wirken bereits in geringen Mengen auf alle Organismen toxisch (Clarkson 1992); allgemein werden sie als etwa 10 bis 100 mal toxischer als anorganische Quecksilberverbindungen charakterisiert, wobei Mono- und Dimethylquecksilber durch besonders hohe Toxizität hervorzuheben sind. Eine Exposition des Menschen erfolgt zumeist über biologische Ketten. Inkorporierte Verbindungen werden infolge ihrer lipophilen Eigenschaften relativ schnell resorbiert, mit dem Blut im Organismus verteilt und vorzugsweise in Leber, Herz, Gehirn, Muskelgeweben und Haaren gespeichert. Die Exkretion erfolgt in geringen Mengen renal, vorzugsweise jedoch mit den Fäces; bei Säugern erfolgt ebenfalls eine Exkretion über die Milch. Die Passage der Blut-Hirnschranke und der Plazenta sind nachgewiesen. Durch Bindung an SH-Gruppen der Blutproteine ist ein schneller und weitläufiger Transport im Organismus gewährleistet. Akkumulation von Methylquecksilber erfolgt in der Leber (50%) und im Gehirn (10%). Toxisches Wirkprinzip im Warmblüterorganismus ist u.a. die Reaktion mit Sulfhydryl- und Aminogruppen von Enzymen. Veränderungen des peripheren Nervensystems zählen zu den auffälligsten Effekten chronischer Intoxikationen. Methylquecksilber ist mutagen aktiv und führt beim Menschen u.a. zu Chromosomenaberrationen und zu anomalen Chromosomenteilungen.

Die Zufuhr von 0,005 mg/kg pro Tag an Methylquecksilberionen ist beim Menschen ohne toxische Wirkung; dagegen führen 0,08 mg/kg pro Tag über 32 Tage oral zu Schädigungen des Zentralnervensystems und zum Tode (Kaiser u. Tölg 1980). In Fischen sind Biokonzentrationsfaktoren bis zu 2500 festgestellt. Für Methylquecksilberchlorid liegen die LD_{50}-Werte (oral) für die Ratte bei 58 und für das Meerschwein bei 21 mg/kg, der MAK-Wert bei 0,01 mg/m^3. Bei Ausgangskonzentrationen von 1 mg/L in Wasser wurden in Fischen über 30 Tage Biokonzentrationsfaktoren bis zu 27000 festgestellt.

Dimethylquecksilber hat bereits mehrere Menschen das Leben gekostet (Chemical u. Engineering News, June 16, 1997). Zwei Todesfällen kurz nach der erstmaligen Synthese dieser Verbindung folgten 1943 zwei Sekretärinnen, die in der Nähe eines undichten Behälters arbeiteten. 1974 starb ein Chemiker einige Monate nach der Synthese von Me$_2$Hg und schließlich 1997 die amerikanische Chemieprofessorin Karen E. Wetterhahn, die bei der Vorbereitung eines Me$_2$Hg-Standards für NMR-Untersuchungen im Abzug einige Tropfen der Substanz verschüttet hatte. In wenigen Minuten drang Me$_2$Hg durch die Latex-Handschuhe, durch die Haut und gelangte über das Blut und die Blut-Gehirnschranke in das Gehirn. Als „klassisches" umweltchemisches Fallbeispiel für eine Umweltkontamination mit Organoquecksilber gilt Minamata (s. Kap. 3.1.1.2). Organoquecksilberverbindungen sind im neutralen und schwach sauren Milieu zumeist stabil; dagegen erfolgt im alkalischen Bereich hydrolytische Spaltung. Die Verbindungen sind nur wenig photolyse- und temperaturstabil; sie werden chemisch und bio- sowie photochemisch abgebaut. In Gegenwart von Sonnen-licht werden durch den UV-Anteil letztendlich alle anorganischen und organi-schen Quecksilberspezies in elementares Quecksilber umgewandelt; allgemein erhöht sich die Stabilität mit Länge der Kohlenstoffkette (Kaiser u. Tölg 1980). Das Umweltverhalten organischer Quecksilberverbindungen, insbesondere der ökotoxikologisch relevanten Alkylquecksilberverbindungen, wird durch eine hohe Flüchtigkeit sowie durch die Lipophilie dieser Verbindungen maßgeblich bestimmt. Damit verbunden sind eine hohe Mobilität in der Atmosphäre, bevor-zugte Stoffübergänge zwischen Hydro- sowie Pedo- und Atmosphäre und eine ausgeprägte Bio-und Geoakkumulationstendenz. In aquatischen Systemen erfolgt eine schnelle Sorption an partikuläre Stoffe in der wäßrigen Phase bzw. an Sediment. MeHg (MMHg Monomethylquecksilber) wird vorzugsweise durch Phyto- und Zooplankton akkumuliert, während Me_2Hg (DMHg Dimethylqueck-silber) durch den Übergang von Wasser in die Luft charakterisiert ist.

In Sedimenten sind sowohl Demethylierungsprozesse als auch Methylierungen des schwerlöslichen und stabilen Hg^{II}-Sulfids nachgewiesen. Auch Prozesse zum Alkylgruppenübertrag (Transalkylierung) sind möglich; beispielsweise konnte in In-vivo-Studien ein Übertrag der Methylgruppe von Methylquecksilber auf Selen nachgewiesen werden. Hempel et al. (1998) führen bis zu 40 mg/kg $EtHg^+$ an einem bleikontaminierten Industriestandort auf die Umsetzung von Et_4Pb mit $HgCl_2$ zurück. Ähnliche Transalkylierungsprozesse können zu $EtHg^+$ in Böden und Sedimenten der Everglades in Florida geführt haben, falls eine biologische Ethylierung wirklich ausgeschlossen werden kann (Cai et al. 1997).

Die Bildung von DMHg aus Hg^{2+} erfolgt über MMHg als Zwischenprodukt. DMHg ist bei niedrigen pH-Werten instabil; bei seinem Zerfall bildet sich wieder MMHg als End- oder Zwischenprodukt. In der Atmosphäre wird DMHg in ein MMHg- und ein Methyl-Radikal durch UV-Strahlung photolytisch abge-baut. DMHg kann auch mit Schwefelwasserstoff zu unlöslichem Dimethyl-quecksilbersulfid reagieren, das zur Wasseroberfläche aufsteigt und in die Atmosphäre verdampft. Dort wird es zu elementarem Hg zersetzt und kehrt mit dem Niederschlag zum Land zurück. In Gegenwart von Hg^{2+} (z.B. im sauren Regen) wird ein Molekül DMHg in zwei Moleküle MMHg umgewandelt.

Während MMHg im sauerstoffhaltigen Süßwasser mit niedrigem Sulfidgehalt Komplexe mit Huminstoffen bildet, sollte in sauerstoffarmen und schwefelrei-chen Gewässern MeHgSH vorherrschen; MeHgCl kann mit beiden Komplexen nicht konkurrieren (Hintelmann et al. 1997).

Die ökologische Folge der anthropogenen Hg-Freisetzung sind eine höhere Rezirkulation aus organogenen Sedimenten und höhere Konzentrationen von MMHg in aquatischen Organismen. Anthropogen eingeführte Spezies (z.B. Phenylquecksilberacetat) zerfallen schnell und nehmen als Hg^0 am beschriebe-nen Kreislauf teil (Thayer 1984). Allerdings hat Craig (1980) darauf hingewie-sen, daß Quecksilberacetat völlig abiotisch auf photochemischem Wege viel schneller als durch Biomethylierung methyliert werden kann (3% des Acetats täglich bei UV-Bestrahlung).

Zusätzlich zu der bei hohen pH-Werten begünstigten direkten chemischen Methylierung von Hg können eine Reihe von Bakterien und Pilzen Hg methylieren, falls sie gegenüber Hg resistent sind (Von Burg u. Greenwood 1991). Die ersten beschriebenen Beispiele für die Biomethylierung von Hg involvierten Methylcobalamin (Analog von Vitamin B_{12}) und bezogen sich auf die anaerobe Spezies des Methanobakteriums. Auch der Übertrag eines Methylcarboniumions vom S-Adenosylmethionin auf anorganisches Hg erscheint als möglicher biologischer Mechanismus; N^5-Methyltetrahydrofolat- und/oder Methylcorrinoid-Derivate werden ebenfalls als Methylgruppendonoren diskutiert.

DMHg wie auch MMHg werden von in Sedimenten anwesenden Bakterien gebildet. Biomethylierung wird in Fluß-, See- und Meerwasser sowie Böden und Sedimenten beobachtet, an deren Oberflächen HgS unter aeroben Bedingungen (erst chemisch oxidiert und danach biologisch) methyliert wird; auch einige Mikroorganismen im Verdauungstrakt von Fischen vermögen Quecksilber zu methylieren (Kaiser u. Tölg 1980). Pilze bioakkumulieren MeHg (Biokonzentrationsfaktoren bis zu 200) und/oder verwandeln anorganisches in organisches Hg (Fischer et al. 1995). In der Wurzelzone einer tropischen Wasserhyazinthe wurde bis zu 25% des zugegebenen $HgCl_2$ in MMHg umgewandelt (Mauro et al. 1998). In vergleichbaren Freilandexperimenten fanden Guimaraes et al. (1998) in der Wurzelzone aufschwimmender Wasserpflanzen Methylierungsraten bis zu 10%, im unterliegenden Sediment aber nur ca. 1%.

Bedingungen, die zum Wachstum von Bakterien führen, fördern auch die Produktion von MMHg; der für die Methylierung optimale Redoxpotentialbereich liegt zwischen –100 und +150 mV. Obwohl allgemein aber nur ein kleiner Teil (ca. 0,1 bis 1,5 %) des gesamten Hg im Sediment zu Methyl-Hg umgewandelt wird, werden weltweit jährlich ungefähr 10 metrische Tonnen an MeHg im Süßwasser und 480 metrische Tonnen im Salzwasser erzeugt. Schätzungen von Methylierungsraten in Sedimenten reichen von 15 ng/g bis zu 5 $\mu g/m^2$ pro Tag; trotzdem erreicht MeHg selbst in kontaminierten Sedimenten nicht mehr als 1,5% des Hg_{tot}. Im Gegensatz zu Sedimenten liegt die Methylierungsrate in Wässern höher, üblicherweise um die 5% mit Höchstwerten in Flüssen und Seen bis zu 65% (Potgeter 1998). Hohe Methylierungsraten scheinen auch in den Everglades (Florida) vorzuliegen, wo seit 1989 der Quecksilbergehalt in der Biomasse ständig zugenommen hat (Cleckner et al. 1998, Gilmour et al. 1998, Krabbenhoft et al. 1998, Hurley et al. 1998).

Mikroorganismen demethylieren auch Methylquecksilberverbindungen und reduzieren das gebildete Hg^{2+} zu Hg^0, welches verdampft (Von Burg u. Greenwood 1991). Auch der organische Teil der Verbindung verflüchtigt sich: Phenyl-Hg produziert Benzol, Methyl-Hg Methan und Ethyl-Hg Ethan; beide Prozesse sind enzymgesteuert. Mikroorganismen, die sowohl methylieren als auch demethylieren können, kommen in aquatischen Sedimenten, Böden und im menschlichen Stuhl vor. Als Ergebnis von Methylierungs- und Demethylierungsreaktionen bildet sich in einem gegebenen Ökosystem ein MeHg-Gleichgewichtszustand aus, der von allen Faktoren mitbestimmt wird, die diese beiden Reaktionen beeinflußen. Methylquecksilberchlorid steht im Gleichgewicht mit MMHg + Cl⁻, welches in Gegenwart von Chlorionen zum Chlorid verschoben wird, das biologische Membranen durchdringen kann. Bei pH > 5 wird das Chlorid in das löslichere Hydroxid umgewandelt, welches Membranen nicht so leicht durchdringen kann.

Bis zu 50 oder 60% des Hg im Meerwasser liegt in Form organischer Verbindungen oder an organisches Material assoziiert vor. In Sedimenten wurden Konzentrationen bis zu 80 µg/kg, in Wasser bis zu 2 µg/L gemessen (Bachofen 1994). Bei Untersuchungen in schwedischen Gewässern hat man Fische gefunden, deren Gehalt an MMHg bis zu einer Million mal höher lag als im Sediment. Unter sauren Bedingungen ist MeHg stabiler als Me$_2$Hg, so daß in Fischen aus versauerten Seen hohe MeHg-Gehalte vorgefunden wurden. Mikrobielle Demethylierung in Süßwasserseen ist nicht für den Abbau von MeHg verantwortlich, sondern Photodegradation im Oberflächenwasser (Sellers et al. 1996). Dieser Prozeß ist abiotisch und von erster Ordnung im Hinblick auf die MeHg-Konzentration und die Intensität des Sonnenlichtes.

In industriellen Altlasten wurden von Hempel et al. (1995) und Hintelmann et al. (1995) nicht nur metallisches und ionisches Hg sowie Me-, Et- und PhHg nachgewiesen, sondern auch weitere nicht identifizierte organische Hg-Spezies. Die Extraktion erfolgte mit Dithizon, die Endbestimmung mittels HPLC mit Atomfluoreszenzspektrometrie (AFS). In Lysimeterexperimenten blieben die organischen Hg-Verbindungen in den oberen cm stecken, was auf eine Umwandlung in anorganische Hg-Spezies hindeutet. In der Elbe fanden sich bis zu 120 mg/kg Hg⁺ und bis zu 130 µg/kg MeHg (Ebinghaus et al. 1994). Die Bildung von MeHg in Sedimenten erfolgt durch Biomethylierung sulfatreduzierender und methanogener Bakterien oder durch Transmethylierung mit Organometallen; in kontaminierten Sedimenten waren bis zu 1 mg/kg „Vitamin B$_{12}$-Abkömmlinge" vorhanden. Bei Sulfidzugabe zu Elbsedimenten erfolgte Me$_2$Hg-Produktion (R.-D. Wilken, pers. Mitt. 1996). Bei hohen Sulfidkonzentrationen verschwindet MeHg, indem es mit Sulfid zu HgS und Me$_2$Hg reagiert.

Hg-Spezies in natürlichen Wässern können beim heutigen Stand der Analysentechnik prinzipiell direkt in Konzentrationen bis zu ng/L bestimmt werden. Mit die gebräuchlichste Methode zur Abtrennung organischen Quecksilbers aus der Probe ist die Flüssig/flüssig-Extraktion mit Säuren, Basen und organischen Lösungsmitteln wie Benzol oder Toluol (Weber 1997). Diese auf den Anfang der 60er Jahre zurückgehenden Techniken sind nicht nur aufwendig (umfangreiche Rückextraktionen zur Matrixabtrennung erforderlich), sondern haben auch mit zahlreichen Problemen wie Ablösung des MMHg von Huminstoffen, Proteinen und Kolloiden, Störungen durch im Überschuß vorhandenes anorganisches Quecksilber und anderen Matrixeffekten zu kämpfen. Aus diesen Gründen ist die quantitative Bestimmung organischer Quecksilberspezies nach wie vor eine analytische Herausforderung.

Mena et al. (1995) konzentrierten alkylierte und anorganische Quecksilberspezies an einer Sulfhydryl-Baumwolle-Mikrosäule auf, eluierten mit Salzsäure, phenylierten mit NaBPh$_4$ und injizierten schließlich in eine GC/MIP-AES; die Derivatisierung ist aufgrund der Instabilität von Hg-Spezies zu empfehlen. Liu et al. (1994) setzten hierzu Pentylierung mittels Pentylmagnesiumbromid ein, Rapsomanikis u. Craig (1991) ethylierten mit Hilfe von Natriumtetraethylborat. Decadt et al. (1985) setzten Methylquecksilberverbindungen mit Iodessigsäure in Methylquecksilberiodid um. Bei der Hydridtechnik (Umwandlung von MeHg zu MeHgH) treten Probleme wegen der Flüchtigkeit und Unbeständigkeit der Organoquecksilberhydride auf. Zur Vermeidung von Matrixeffekten kann MeHg statt durch Extraktion über Destillation aus der Probe freigesetzt werden (Horvat et al. 1993, Hintelmann 1998); Probentrocknung im Ofen ist wegen der Analytverluste zu vermeiden. Morrison u. Weber (1997) optimierten die Methode durch Vakuumdestillation für MMHg und DMHg. Sie validierten sie anhand eines Referenzsediments und durch Vergleich mit Ergebnissen unter Einsatz einer gebräuchlichen Extraktionsmethode. Bloom et al. (1997), Hintelmann et al. (1997) und Hintelmann (1999) weisen darauf hin, daß bei Wasserdampfdestillation und Extraktion an bestimmten C$_{org}$-reichen Proben analytische Artefakte durch zusätzlich gebildetes MMHg auftreten können. Einen anderen Weg beschreiten Gerbersmann et al. (1997): Aufbauend auf positiven Erfahrungen mit Organozinn und Organoselen entwickelten sie eine schonende Methode zum drucklosen Aufschluß mit Hilfe fokussierter Mikrowellen; eine Validierung erfolgte mit einer zertifizierten Standardprobe.

Da sich an der heißen Innenwand von GC-Säulen bei der Analyse von Alkylquecksilberverbindungen Reaktionen abspielen können, als deren Produkte sich die korrespondierenden Dialkylquecksilberverbindungen ergeben, sollten diese durch Verwendung von Quarzglassäulen weitgehend vermieden werden.

Aceto et al. (1995) extrahierten organische und anorganische ionische Hg-Verbindungen aus biologischen Proben (z.B. Fisch, Pilze) mit Thioharnstoff und erreichten mit der HPLC(an C$_{18}$)/CV-AAS Nachweisgrenzen im ng/g-Bereich; Berman et al. (1989) beschreiben drei marine biologische Referenzmaterialien für MeHg. Rubischung u. Tobschall (1980) trennten die Hg-Spezies nach Extraktion mittels zweidimensionaler Dünnschichtchromatographie auf, Potgeter (1998) bestimmte quecksilberorganische Verbindungen in Sedimenten mittels Chromatographie mit überkritischen Phasen (SFC/AFS).

Hg^0 und Me$_2$Hg können quantitativ aus trockenen Gasen auf Au-Pt-Kollektoren bei 80 °C gesammelt werden (Frech et al. 1996). Generell ist jedoch zu bemerken, daß die meisten Analysenmethoden Me$_2$Hg nicht nachweisen, selbst wenn es vorhanden ist (Puk u. Weber 1994); MeHg-Bestimmungen zwischen unterschiedlichen Labors weichen um 20 bis 25% voneinander ab.

3.2.5.4 Zinn

Von allen Metallen gibt es für Zinn die größte Zahl organometallischer Verbindungen (u.a. Alkyl-, Aryl-, und Allylstannane, Organozinn-Halide, -Oxide und -Hydride) im kommerziellen Gebrauch (Davies 1997, Manahan 1999). Zusätzlich zu synthetischen Organozinnverbindungen können methylierte Zinnspezies in der Umwelt biologisch gebildet werden (Ashby u. Craig 1987); auch eine chemische Methylierung von anorganischem Zinn durch Methylcobalamin oder methylierte Halogene wie MeI konnte nachgewiesen werden (Bulten u. Meinema 1991, Craig et al. 1998). Mikroorganismen vermögen Tri-n-butylzinnoxid zu Mono-n-butylzinntrichlorid abzubauen, in Gegenwart von Sulfid wird Trimethylzinnsulfid in Tetramethylzinn umgewandelt (Craig u. Rapsomanikis 1982, Thayer 1984). Transmethylierungen sind möglich, z.B. können Methyl-Hg- oder -Pb-Verbindungen anorganisches Zinn methylieren oder umgekehrt.
Hauptsächliche industrielle Anwendungen von Organozinnverbindungen schließen die Verwendung in Fungiziden, Akariziden, Desinfektionsmitteln, Antifouling-Anstrichen und als Stabilisatoren zur Verminderung des Hitze- und Lichteffekts auf Plastikprodukte aus PVC, Katalysatoren und Zuschlagstoffe für die Herstellung von Zinnoxidfilmen auf Glasoberflächen mit ein. Weltweit wurden 1955 5 kt an Organozinnverbindungen hergestellt, 1976 27 kt, 1986 bereits 63 kt und 1992 ca. 50 kt (Mercier et al. 1994); Organozinnverbindungen machen damit etwa 4% der jährlichen Zinnproduktion aus (Craig 1980). Zwei Drittel dieser Menge werden in Form von Dialkylzinnverbindungen mit Thio- und Esteranionen, Dibutyl-, Dioctyl- und Methylzinnverbindungen als PVC-Zusätze (thermische und photochemische Stabilisatoren) eingesetzt. Tributylzinnchlorid und verwandte Tributylzinnverbindungen (TBT) zeigen bakterizide, fungizide und insektizide Eigenschaften und sind von besonderer Umweltrelevanz wegen ihrer wachsenden Anwendung als industrielle Biozide (ca. 20% der gesamten Organozinnproduktion). Zusätzlich zu Tributylzinnchlorid gibt es andere als Biozide genutzte TBT-Hydroxide und -Naphthenate, Bistributylzinnoxid und Tristributylzinnphosphat. TBT wird hauptsächlich verwendet, um die Holzoberflächen von Booten und Schiffen vor Schädlingsbefall zu schützen; andere Anwendungen betreffen den Schutz von Leder, Papier und Textilien. Wegen ihrer fungiziden Wirkung werden TBT-Verbindungen auch als Kühlwasserzusätze verwendet. TBT gilt mit als das potenteste Mittel gegen das Biofouling, dem unerwünschten Wachstum von Mikroorganismen in Biofilmen auf Materialoberflächen (Flemming 1998).
Art und Zahl der organischen, kovalent gebundenen Liganden R bestimmen die physikalischen, chemischen und biologischen Eigenschaften von Organozinnverbindungen (Bulten u. Meinema 1991). Das an sich sehr stabile R_4Sn kann langsam zu Verbindungen vom Typ R_3SnX umgesetzt werden. Während R_2SnX_2 und $RSnX_3$ nur schwach giftig sind, scheinen Trimethyl- und Triethylzinnverbindungen die giftigsten in der Alkylreihe zu sein, wirken auf das zentrale

Nervensystem (Craig 1980); in der Dialkylchlorreihe sind die Butylverbindungen die giftigsten, Ethyl- und Methylderivate sind etwas weniger toxisch (Fent 1996, Hamasaki et al. 1995). Da Ethyl- und Methylzinnspezies toxischer als die kommerziell verwendeten höher alkylierten Zinnverbindungen sind, geht eine Methylierung des Zinns mit einer Erhöhung der Toxizität einher. TBT ist wahrscheinlich die giftigste Chemikalie, die von Menschen in aquatische Systeme emittiert wurde; Toxizitäten für TBT: Bei 0,08 µg/L Wachstumshemmung bei Muscheln, 1 µg/L für 2d-LC_{100} bei marinen Algen und 6h-LC_{50} bei Lachs. Während für TBT mittlere Konzentrationen von 25 ng/L im Süßwasser und 150 ng/L in Meerwasser gemessen wurden, kamen auch Maximalwerte von 1 µg/L vor (Kalbfus et al. 1991). Zinnorganische Verbindungen wie Tributyl- und Triphenylzinn (Horiguchi et al. 1997) oder Tributylzinnchlorid (BUA-Stoffbericht Nr. 36) sind bei Weichtieren (z.B. Schnecken) und möglicherweise beim Menschen endokrin wirksam. Zahlreiche Diskussionsbeiträge zur ökologischen Bedeutung von TBT sind bei Champ u. Seligman (1996) zu finden.

Organozinnverbindungen (besonders jene vom Typ R_3SnX) werden sofort durch die Haut absorbiert und verbinden sich mit Proteinen, wahrscheinlich über den Schwefel an Cystein und Histidin. Die Beeinflussung der Funktion der Mitochondrien scheint einer der Wirkungsmechanismen zu sein, die zu toxischen Effekten führen.

Eine potentielle Quelle von Organozinn in Lebensmitteln und Getränken könnte durch den Einsatz von Triorganozinnverbindungen als Biozide im Ackerbau und durch den von Diorganozinnverbindungen als Hitzestabilisatoren in PVC in Packungsmaterialien entstehen. Für Japaner wird die tägliche TBT-Aufnahme über die Nahrung auf 2 bis 7 µg geschätzt (Tsuda et al. 1995). Forsyth et al. (1992) konnten in kanadischen Weinen TBT normalerweise nicht, vereinzelt jedoch in Konzentrationen bis zu 19 µg/L nachweisen.

Normalerweise enthalten Lebensmittel keine nachweisbaren Mengen an Organozinnverbindungen, die zudem beim Verarbeiten zerstört werden. Kannan et al. (1995) bestimmten Mono-(MBT), Di-(DBT) und Tributylzinn (TBT) in Fischen aus Australien, Papua Neuguinea und den Solomon-Inseln; sie fanden bis zu 47 ng/g in Muskeln und bis zu 570 ng/g in der Leber. MBT war die vorherrschende Spezies. Die tägliche Butylzinnaufnahme der Australier über den Fischverzehr wird zu 377 bis 416 ng pro Person abgeschätzt, eine Menge, die gesundheitlich unbedenklich erscheint.

Mono-, Di- und Trimethylzinnverbindungen sind in Konzentrationen von 0,01 bis 8,5 ng/L in Meer- und Süßwasserproben nachgewiesen worden, ebenso Umsetzungen zu flüchtigeren Organozinnverbindungen wie Me_4Sn und Me_2SnH_2 (Bulten u. Meinema 1991). In Wässern tauschen Organozinnverbindungen ihre Anionengruppen X schnell mit Hydroxylgruppen aus, so daß Hydroxide oder Oxide gebildet werden. Durch diese Hydrolyse wird die (hauptsächlich von R und kaum von X abhängige) Toxizität der Verbindung kaum verändert (Bulten u. Meinema 1991). Triphenyl- und Trizyklohexylderivate werden durch UV-Licht stufenweise photochemisch abgebaut; auch Tributylzinn im Wasser wird durch Licht und Mikroben degradiert. Die Halbwertszeit von Triphenylzinnacetat in Böden ist ungefähr 140 Tage.

Im Rheinwasser wurden von Schebeck u. Tobschall (1991) Dimethylzinn sowie Mono- und Dibutylzinn im unteren ng/L-Bereich gefunden; im Abfluß industrieller Klärwerke liegen die Gehalte im unteren µg/L-Bereich. Rheinsedimente dagegen enthielten Methyl- und Butylzinnverbindungen im mittleren ng/L-Bereich; die höchsten TBT-Konzentrationen wurden mit bis zu 73 ng Sn/L in Häfen angetroffen.

In Kanada gelang es 1989 trotz Regulierung nicht, die TBT-Konzentrationen im Wasser und Sediment auf unkritische Werte abzusenken. Man geht von unerlaubtem Einsatz und alten Lagerbeständen aus. In Hafensedimenten und Klärschlamm wurden neben den drei Butyl- auch andere Organozinnverbindungen gefunden: Methyl, Phenyl-, Octyl-, Propyl- und Cyclohexylzinn. Tetramethylsowie n-Butyl- und n-Butylmethylzinnhydrid kommen auch in Deponiegasen vor (Feldmann 1995).

Obwohl zahlreiche Analysenmethoden für Organozinnspezies existieren, kann anhand von Vergleichsexperimenten an Referenzproben leicht gezeigt werden, daß das Hauptproblem in der quantitativen Extraktion des Analyten aus komplexen Probenmatrices besteht (Zhang et al. 1991). Jantzen u. Wilken (1991) zeigten, daß die Extraktionsmethode (z.B. Ethylierung/Hexan oder Hexan/Tropolon) einen deutlichen Einfluß auf die Ausbeute an Organozinnverbindungen aus Sedimenten hat: Bei der Extraktion mit Hexan/Tropolon ist das größte Problem die schlechte Extraktionsausbeute der polaren Mono- und Dialkylzinnspezies (5 bis 30%); deshalb sollte der Schwerpunkt mehr auf die tri- und tetraalkylierten Verbindungen gerichtet sein. In allen Hafensedimenten waren Butyl-, nicht aber Methyl- oder Phenylzinnverbindungen nachweisbar (Nachweisgrenzen lagen zwischen 1 und 20 pg Sn); aufgrund der relativ hohen Konzentrationen sind Transalkylierungen nicht auszuschließen. Liu et al. (1993) extrahierten einige Tetraalkylzinnspezies und mehrere ionische Organozinnverbindungen aus Bodenproben mittels überkritischem Kohlendioxid und Methanol als Modifier mit unterschiedlichen Wiederfindungsraten.

Wilken et al. (1994) bestimmten Organozinnverbindungen in Elbesedimenten mittels GC/AAS nach Ethylierung der nassen Sedimentproben. Diese Spezies wurden nicht nur in den Häfen, sondern auch weiter flußaufwärts gefunden. MBT und DBT weisen auf bakteriellen Abbau des TBT hin: Sarradin et al. (1995) beschrieben den schrittweisen Abbau von TBT in DBT, MBT und Sn^{IV} in einem mehrstufigen kinetischen Modell erster Ordnung bei mittleren Halbwertszeiten von 2,1, 1,9 und 1,1 Jahren für TBT, DBT bzw. MBT.

Unbehandelte Abwässer einer Chemiefirma in Bitterfeld führten zur Belastung der Muldesedimente mit 20 mg Sn/kg Tetrabutylzinn und 1 mg Sn/kg Tributylzinn. Tetrabutylzinn kann über die Mulde und weiter in der Elbe bis Cuxhaven verfolgt werden. Während Tetrabutylzinn in Organismen nicht nachzuweisen war, wurden in Erdwürmern bis zu 1 µg/g Tributylzinn gefunden.

3.2.5.5 Blei

Die organische Bindung des Pb ist aufgrund ähnlicher Elektronegativitäten von Pb und C deutlich stärker kovalent als ionisch; sie ist vom Donor-Akzeptortyp, in dem beide Orbitalelektronen vom Kohlenstoffatom stammen (Newland u. Daum 1982). In einfachen Bleikomplexen mit einzähnigen Liganden liegt das Metall üblich als Pb^{IV} vor, bei mehrzähnigen Liganden dagegen als Pb^{II}; die letztgenannten thermodynamisch hochstabilen Komplexe (meist mit der Koordinationszahl 6) sind aber kinetisch sehr labil. Die Toxizität von Alkylblei nimmt in der Reihenfolge $R_4Pb > R_3Pb^+ > R_2Pb^{2+}$ (R = Me oder Et) ab; methylierte Bleispezies sind weniger toxisch als ethylierte, aber stabiler und flüchtiger. Tetramethyl- und Tetraethylblei sind etwa tausendmal giftiger als anorganische Bleivervindungen (Crompton 1998)

1 bis 15% des gesamten luftgetragenen Bleis in Städten ist organisch gebunden (Craig 1980). Insbesondere stammen die in der Umwelt am häufigsten vorkommenden Organobleispezies Tetramethyl- (TML) und Tetraethylblei (TEL) aus Autoabgasen und reichern sich in der Stadtluft an. Das rasche Auftreten von Zwischen- und Umwandlungsprodukten ist für Organoblei charakteristisch (Thayer 1984). In Deponiegasen finden sich beispielsweise alle zwischen den Endgliedern TML und TEL möglichen gemischtalkylierten Spezies und dies in z.T. höheren Konzentrationen als TML und TEL selbst (Feldmann u. Hirner 1995); ob der Alkylgruppentransfer hierbei abiogen oder biogen erfolgt, ist unklar.

Organobleikonzentrationen im Wein nahmen von 1950 bis in die siebziger Jahre zu; als Folge der EG-Restriktionen zum Benzinblei ist seit Ende der 70er Jahre jedoch ein deutlicher Rückgang zu verzeichnen. Erst wenn das gesamte anthropogene TML aus der Umwelt verschwunden sein wird, wird es möglich sein, die Frage nach einer möglichen Biomethylierung des Pb in der Umwelt endgültig zu beantworten.

Chau et al. (1979, 1984) beschreiben Methoden zur Extraktion und GC/AAS-Bestimmung von Organobleiverbindungen in Wasser- und Sedimentproben. In ähnlicher Weise wie vorher für Hg beschrieben, macht Alkylblei nur 0,1 – 1% des Gesamtbleis aus und muß daher aus letzterem ungestört analysierbar sein. Ionische Alkylbleiverbindungen aus Wasserproben werden nach Komplexierung mit organischen Lösungsmitteln extrahiert, bei Böden und Sedimenten wird meist eine Reihe sequentieller Extraktionen durchgeführt (Pyrzynska 1996). Um für die GC genügend flüchtige und thermisch stabile Verbindungen zu erhalten, wird mittels Grignard-Reagentien (Propyl-, Butyl-, Pentyl- und Phenylmagnesiumchlorid) derivatisiert. Speziell für Trialkylblei als häufigste Organobleiverbindung im Regenwasser (welches wiederum Rückschlüsse auf das atmosphärische Trialkylblei zuläßt) derivatisierten Craig et al. (1995) die Wasserproben direkt mit Tetraethylborat.

3.2.5.6 Arsen

Von allen Elementen, die in der Umwelt stabile organische Spezies bilden, hat As die umfangreichste Chemie (Thayer 1984). Arsen ist in der Umwelt weit verbreitet und als Transformationen sind Oxidationen, Reduktionen und Methylierungen bekannt (Bachofen 1994, Tamaki u. Frankenberger 1992). Arsenat (AsO_4^{3-}) und Arsenit (AsO_3^{3-}) werden durch verschiedene Bakterien und Pilze zu den flüchtigen Verbindungen Arsin (AsH_3), Dimethylarsin ($AsHMe_2$) und Trimethylarsin ($AsMe_3$) transformiert.

Die große Bedeutung der biologischen Verflüchtigung von Arsen ist aus der Beobachtung abzuleiten, daß im geochemischen Kreislauf dieses Elements über dem Festland der atmosphärische Massenfluß in der Gasphase achtmal höher ist als der in der Partikelphase (Tamaki u. Frankenberger 1992). Im aquatischen Milieu kann ähnlich wie Hg auch As in Gegenwart eines Methylgruppendonors, wie z.B. Methylcobalamin durch Bakterien, in mobilere toxische Methylderivate wie Monomethylarson- (monomethyl arsonic acid MMAA) und Dimethylarsinsäure (dimethyl arsinic acid DMAA) umgewandelt werden. In den meisten Meerestieren liegt As als Arsenobetain und in Meerespflanzen als Arsenzucker vor.

Neben anorganischen toxischen Arsenverbindungen wie Bleiarsenat ($Pb_3(AsO_4)_2$), Natriumarsenit (Na_3AsO_3) und Pariser Grün ($Cu_3(AsO_3)_2$), die insbesondere vor dem Zweiten Weltkrieg eingesetzt wurden, finden auch organische Arsenspezies als Pestizid Verwendung (Maeda 1994): Die arsenhaltigen Herbizide Mono- (MSMA) und Dinatriummmethylarsonat (DSMA) werden aus Arsentrioxid hergestellt. Der Einsatz von MSMA, DSMA, MMAA, DMAA und Arsensäure im Baumwollanbau ist nahezu konstant oder nimmt schwach ab. Eine kleine Menge arsenorganischer Verbindungen (z.B. einige Phenylarsenate) wird bei der Tierzucht als Futterzusatz eingesetzt.

Alle wichtigen Organoarsenverbindungen können im Prinzip vier Gruppen zugeordnet werden (Cullen u. Reimer 1989):

* *Methylderivate der Arsensäure* (MMAA, DMAA und deren Salze).
  MMAA und DMAA werden von Tieren und Menschen gut aufgenommen, über den Urin ausgeschieden und verursachen ähnliche Effekte wie anorganisches As, aber viel schwächer. MMAA und DMAA sind in Wasser stabil; DMAA diffundiert durch biologische Membranen schneller als MMAA. Methylderivate werden vom Körper aus anorganischem As gebildet und dienen allgemein seiner Entgiftung.

- *Phenylderivate der Arsensäure.*
  Diese Verbindungen werden meist absorbiert und ohne Stoffwechselveränderung wieder ausgeschieden; die toxische Wirkung auf Menschen ist nicht gut untersucht.
- *Fischarsen.*
  Fische und Schalentiere akkumulieren oft hohe Arsengehalte, meist in Gestalt von Arsenobetain oder -cholin; diese Verbindungen gelten als gesundheitlich unbedenklich (Arsenobetain kann nicht mit Sulfhydrylgruppen reagieren).
- *Methylderivate von Arsin.*
  Methylarsine werden industriell kaum genutzt, finden sich aber als Produkte der Biomethylierung unter reduzierenden Bedingungen (z.B. in Abfalldeponien).

Arsen kann gut methyliert werden. Zahlreiche Experimente zur Biomethylierung von As sind u.a. für Pilze, Bakterien und Algen unter anaeroben sowie aeroben Bedingungen durchgeführt und von Cullen u. Reimer (1989) zusammenfassend dargestellt worden. Es wurden hierbei flüchtige Arsine (AsH_3, $MeAsH_2$, Me_2AsH und Me_3As) sowie Methylarsen(V)verbindungen $Me_nAs(O)(OH)_{3-n}$ (n = 1,2,3) beobachtet. Man nimmt an, daß Organoarsenverbindungen in Meeresorganismen aus Arsenat in niedrigen trophischen Stufen gebildet werden. Aquatische methylierte Arsenverbindungen sind gegenüber den meisten Organismen weniger toxisch als anorganische. Die Reihe der abnehmenden Toxizität der Arsenspezies lautet: R_3As {R = H,Me,Cl,etc.} > As_2O_3 {As^{III}} > $(RAsO)_n$ > As_2O_5 {As^V} > $R_nAsO(OH)_{3-n}$ (n = 1,2) > R_4As^+ > As^0. Reduktion von Arsenat zu Arsenit kann z.B. aerob durch *Pseudomonas fluorescens* oder anaerob im Klärschlamm erfolgen. Die Bakterien *Pseudomonas, Alcaligenes* oder *Desulfovibrio vulgaris*, der Schimmelpilz *Scopulariopsis brevicaulis* wie auch eine Reihe anderer Pilze produzieren in Böden unter anaeroben Bedingungen Me_3As sowohl aus Arsenat als auch aus Arsenit; ähnliches machen sie für andere Elemente wie Se oder Te. Der intensive Knoblauchgeruch ist indikativ für diese Reaktion. Die Geruchsschwelle für Arsin in wässeriger Lösung liegt bei 2 ng. Sowohl Me_3As als auch Me_2AsH werden aus Arsenat durch *Methanobacterium thermoautotrophicum* gebildet. Die Reduktion von Me_3AsO (TMAO) zu Me_3As wird durch zahlreiche Mikroorganismen durchgeführt, z.B. von solchen, die das Meer, die menschliche Haut oder Zahnplomben bevölkern. Methylierung von As bei Algen und Pflanzen im Süßwasserbereich wird begünstigt durch Nitrat- oder Phosphatmangel oder bei Eutrophierung. Im menschlichen Urin findet sich Arsenit, Arsenat, Methylarsonat und Dimethylarsinat (analysiert nach Anwendung der Hydridtechnik).

Als biologischer Methylgruppendonor fungieren u.a. Methylcobalamin ($Me-B_{12}$) und S-Adenosylmethionin als „aktives Methionin"; letzteres spielt wahrscheinlich bei der Methylierung von As durch Pilze eine Rolle.

Während die Möglichkeit einer Biomethylierung des As außer Frage steht, ist auch von Interesse, ob – wie für Pb üblich (s.o.) – eine abiogene Alkylgruppenübertragung auf As möglich ist. Daß dies durchaus eintreten kann, sei mit zwei Beispielen belegt:

- Bei der Umsetzung des in der Halbleiterindustrie wichtigen GaAs mit Iodmethan konnten Craig et al. (1994) für As neben Hydriden Mono- und Dimethylspezies nachweisen. Das (seinerseits durch Biomethylierung entstandene) Iodmethan ist aufgrund einer jährlichen Produktionsrate von global bis zu 4 Mt als natürliches Transmethylierungsagens wichtig.
- In Erdöl und Ölschiefer wurde an organischen As-Spezies neben MMAA Phenylarsonsäure nachgewiesen ($PhAsO(OH)_2$). Da eine biologische Phenylierung unbekannt ist, nimmt man für die Entstehung dieser Verbindung die Umsetzung von anorganischem As mit Benzolderivaten an.

Organoarsenverbindungen sind in der Umwelt ähnlich weit verbreitet wie anorganisches As. As-C Bindungen liegen wie die meisten Metall(oid)-Kohlenstoffbindungen im Normalbereich chemischer Bindungsenergien. Obwohl alle Organometallverbindungen thermodynamisch instabil in Bezug auf die konstituierenden Elemente wie auch auf die Zerfallsprodukte sind, sind viele kinetisch stabil, so daß sie unter normalen Umweltbedingungen mehr als nur einen Übergangszustand darstellen. Bakterielle Demethylierung ist die wahrscheinlichste Degradation der Organoarsenverbindungen, in der oberen Atmosphäre die Photooxidation.

Die instrumentelle Analytik der Arsenspezies in Lösungen (meist auf Basis der HPLC/ICP-MS) ist inzwischen in hoher Qualität möglich (z.B. Lindemann et al. 1999, Londesborough et al. 1999, Mattusch u. Wennrich 1998, Zheng et al. 1998, Guerin et al. 1997, Byrne et al. 1995, Caroli et al. 1994, Odanaka et al. 1983). So ist bereits lange bekannt, daß die Konzentrationen von Arsenverbindungen in Meeres- und Landtieren mit bis zu X00 mg/kg deutlich höher sind als die Umgebungskonzentrationen im Wasser (Meerwasser ca. 2 und Süßwasser bis zu 80 µg/L) und daß sich „Fischarsen" chemisch und physiologisch von Arsenat und Arsenit unterscheidet. Seit knapp zwei Jahrzehnten weiß man, daß es sich hierbei um Arsenobetaine, Arsenocholin und Arsenzucker handelt; ähnliches trifft für Ribofuranosid-Derivate mariner Pflanzen und Algen zu (Larsen 1995). Im Vergleich zu As_2O_3 (LD_{50} 34,5 mg/kg) liegt für Arsenobetain der LD_{50}-Wert bei Mäusen höher als 10 g/kg.

Methylarsen-Oxysäuren, MMAA und DMAA (Kakodylsäure) machen im Süßwasser etwa 10 bis 20% und maximal 70% des gesamten As aus. MMAA ($CH_3As(O)(OH)_2$) und DMAA (($CH_3)_2As(O)(OH)$) finden sich als relativ stabile Verbindungen im Ozeanoberflächenwasser als Folge der Aktivität von Phytoplankton. Die Konzentration des gesamten gelösten Arsens korreliert signifikant ($r > 0,9$) mit der Summe arsenorganischer Verbindungen (= MMAA + DMAA

+ TMAO), was zeigt, daß der Grad der Methylierung von der Menge der gelösten Arsenionen abhängt.

Anorganische Arsenspezies erleiden im Süßwasser eine Reihe von Speziesumwandlungen: Die Hydroxylgruppen der Arsensäure $AsO(OH)_3$ werden sukzessive durch Methylgruppen ersetzt, und es entsteht erst MMAA, dann DMAA und schließlich TMAO oder Arsenobetain $((CH_3)_3AsCH_2COOH)$. Zuerst wird anorganisches As von autotrophen Produzenten wie Algen inkorporiert und dann über die Nahrungskette zu heterotrophen Konsumenten wie Zooplankton und Fischen transportiert, wobei die zunehmende Methylierung zumeist in aeroben Organismen erfolgt. Je höher der Methylierungsgrad der Arsenverbindung ist, umso niedriger ist ihre Toxizität für Süßwasserorganismen, da höher methylierte Arsenverbindungen schneller ausgeschieden werden als niedriger methylierte. In dieser Hinsicht kann die Arsenmethylierung als Entgiftungsmechanismus aufgefaßt werden. Unter anaeroben Bedingungen können die arsenorganischen Verbindungen durch Bakterien wieder demethyliert werden. Gailer et al. (1995) versetzten Blaumuscheln (*Mytilus edulis*) mit unterschiedlichen Arsenspezies. Arsenobetain wurde am effizientesten aufgenommen, gefolgt von Arsenocholin und Tetramethylarsoniumiodid. Während letzteres und TMAO stabil blieben, wurden Arsenobetain und Arsenocholin in TMAO umgewandelt. Ähnliche Experimente führten Cullen et al. (1994a) mit der einzelligen marinen Alge *Polyphysa peniculus* durch, wobei bei Zugabe von Arsenat Arsenit und Dimethylarsinat, bei Arsenitzugabe Dimethylarsinat und schließlich bei Monomethylzugabe Dimethylarsinat entstanden; DMAA und Arsenzucker wurden nicht umgesetzt.

Menschen, die sich von Meeresfrüchten ernähren, nehmen täglich möglicherweise mehr als 1 mg As hauptsächlich in der Form von Arsenobetain zu sich; vergleichsweise beträgt die täglich aufgenommene Menge anorganischen Arsens 10 bis 20 µg. Absorbiertes Arsenat (As^V) wird wahrscheinlich größtenteils bereits im Blut zu As^{III} reduziert. Dann läuft die sukzessive Methylierung ab, wie oben für Süßwasser beschrieben.

Als militärische Kampfstoffe (Blaukreuzgruppe) eingesetzte Diphenylarsinverbindungen (Diphenylarsinchlorid (CLARK I) und Diphenylarsincyanid (CLARK II)) sind sehr reaktiv und sind in Abhängigkeit von der Bodenmatrix nach längerer Verweilzeit im Boden in Form zahlreicher Umwandlungsprodukte zu finden (Haas 1996, Haas u. Krippendorf 1997); z.B. reagieren sie mit Dithiolen bei Raumtemperatur schnell und quantitativ unter Bildung von Diphenylarsinthiolthioether (Haas 1997). Phenylarsindichlorid (PFIFFIKUS) reagiert mit Alkoholen und mit Dithiolen zu zyklischen Derivaten (Haas u. Schmidt 1997, Haas et al. 1997). Diese Verbindungen sowie Triphenylarsin, Phenylarsinoxid, Bisdiphenylarsinoxid und Phenarsazinchlorid (ADAMSIT) besitzen eine große aquatische Ökotoxizität (Haas et al. 1996). Selbst bei einer Hydrolyse dieser Kampfstoffe ist nicht mit einer Entgiftung zu rechnen, auch wenn diese Substanzen nicht mehr die Reizwirkungen der Kampfstoffe besitzen.

3.2.5.7 Antimon

Hunderte von organometallischen Verbindungen des Sb sind bekannt, von denen ein signifikanter Teil umweltchemisch relevant ist. Die Bindung von Kohlenstoff mit Antimon ist schwächer als die mit Arsen, so daß Antimonalkylverbindungen als sehr instabil gelten. Vergleichsweise stabile Antimonarylverbindungen tauschen leicht mit Arsen aus, und es entstehen Antimonmetall und Arsenarylverbindungen.

Trialkylstibine wie Trimethyl- und Trivinylstibin werden für die Herstellung von Halbleitern und Triethylstibin zur Korrosionshemmung von Eisen verwendet. Von den Phenylverbindungen des Sb existieren mehr als von den Alkylverbindungen. Da sie in der Umwelt bisher nicht nachgewiesen wurden, räumte man ihnen noch keine umweltchemische Bedeutung ein. Einige dieser Verbindungen werden in der Industrie als Flammschutz in Polymeren und Antikorrosionsschutz in Stahl eingesetzt.

In Meer- und Süßwasser findet sich hauptsächlich Sb^V, aber auch Sb^{III}. Methylantimonsäuren sind das Ergebnis biologischer Prozesse. Methylstibine sind ebenso wie Methylarsenverbindungen Gegenstand einer Vielzahl von Reaktionen wie Oxidation oder Komplexbildung, wodurch ihre Verbreitung in der Umwelt sowohl gefördert als auch unterdrückt wird. Sb hat man auch in Huminsäuren gefunden, meist als Chelate mit Amino- und Phenolsäuren. Viele Organoantimonverbindungen sind in Luft und Wasser nicht stabil und viele sind wasserunlöslich. Auch Trimethylstibin ist wasserunlöslich, aber in Gegenwart von Sauerstoff bildet sich sehr schnell das wasserlösliche Oxid Me_3SbO. Trimethylantimondihalide sind an Luft stabil und schwer wasserlöslich. Dimethylantimonige Säure ist schwach wasserlöslich und bildet polymere, amorphe Festkörper. Methylantimonverbindungen kommen auch in terrestrischen Pflanzen vor.

Gürleyük et al. (1997) konnten in Laborversuchen an Bodenproben zeigen, daß unter anaeroben Bedingungen vermutlich durch Mikroorganismen anorganische und organische Antimonsalze reduziert und zu Trimethylstibin $(CH_3)_3Sb$ methyliert werden. Unter aeroben Bedingungen konnten Jenkins et al. (1998b) die Bildung dieser Verbindung durch *Scopulariopsis brevicaulis* nachweisen. Wahrscheinlich verhindert ein schneller oxidativer Abbau dieser Spezies die Akkumulation gefährlicher Mengen in aeroben Milieus. Andererseits könnten durch Methylierung wasserlöslichere Spezies wie z.B. Me_3SbO entstehen, womit zum einen die gewünschte Substanzwirkung (z.B. Flammschutz) nachlassen und zum anderen die Hydrosphäre kontaminiert würde.

Obwohl *Scopulariopsis brevicaulis* aus Sb_2O_3 das $SbMe_3$ bilden kann, wird dieser Reaktionsmechanismus von Jenkins et al. (1998a) nicht ursächlich mit dem plötzlichen Kindstod (sudden infant death syndrome SIDS) in Verbindung gebracht, da in Babymatratzen das als Flammschutz zugesetzte Sb_2O_3 in PVC verkapselt und somit nicht bioverfügbar ist.

3.2.5.8 Bismut

Triarylbismutverbindungen sind stabil, alle Trialkylbismutverbindungen außer Trimethylbismut entzünden sich an Luft (Maeda 1994). Triarylbismutdichloride und -dibromide sind die wichtigsten Organobismutverbindungen.

Deponiegase enthalten so ausgefallene Spezies wie Trimethylbismut, Klärgase hiervon sogar bis über 20 $\mu g/m^3$ (Krupp 1999) und in mit Industrieschlämmen gefüllten Fermentern entstanden bis zu 50 ng/kg (Feldmann et al. 1999). Derart hohe Konzentrationen an Trimethylbismut im Klärschlamm waren völlig unerwartet, zählt diese exotische bismutorganische Spezies doch zusammen mit jenen von As und Sb zu den weitaus häufigsten Organometall(oid)en im Klärschlamm. Sie übertrifft dort sogar die quecksilberorganischen Spezies um Faktoren zwischen 10 und 100.

Wie bereits in Kap. 3.1.1 erwähnt, wird Bi jährlich in Mengen von ca. 5 kt produziert und findet zunehmend als „umweltfreundliches Element" Einsatz in Medikamenten und Kosmetikprodukten sowie als Ersatz für Pb und Sn. Ob die geringe toxikologische Relevanz anorganischer Verbindungen des Bi auch für seine organischen Spezies zutrifft, ist äußerst fraglich, da diese Verbindungen wie andere metallorganische Spezies auch amphiphil und in biologischen Systemen sehr mobil sein dürften.

Bei genauerer Betrachtung erweist sich dieses Element in der Umwelt also nicht als so harmlos wie bislang angenommen und sollte deshalb in seiner methylierten Form schnellstens toxikologisch untersucht werden.

3.2.5.9 Selen

Dimethylselenid und Dimethyldiselenid wurden in der Luft über aquatischen Systemen nachgewiesen (Thayer 1984). Dimethylselenid ist weniger toxisch als anorganische Selenverbindungen. Bakterien entledigen sich des Selenits durch Austrag, Methylierung oder Verflüchtigung und Ausfällung als unlösliches Selenmetall. Auch der Mensch gibt Se als Dimethylselenid in Konzentrationen von 0,1 bis 1 $\mu g/m^3$ in der Atemluft ab (Feldmann et al. 1996).

In Pflanzenkläranlagen konnten 89% des Se in selenitbelasteten Abwässern einer kalifornischen Ölraffinerie beseitigt werden (Hansen et al. 1998); während dabei der größte Teil des Se an Festkörperoberflächen immobilisiert wurde, wurden ca. 10 bis 30% biomethyliert.

3.2.5.10 Tellur

Tiere und Menschen, die Telluriumverbindungen zu sich nehmen, erzeugen Dimethyltellurid (Thayer 1984), das in umweltrelevanten Gasen im ng/m^3-Bereich vertreten ist. In der menschlichen Atemluft ist diese Verbindung höchstens in pg-Mengen pro m^3 vorhanden, bei Exposition gegenüber Te (z.B.

Minenarbeiter) allerdings in deutlich höheren Konzentrationen, beschrieben als „Bismut-Atem" seit Anfang des letzten Jahrhunderts (Feldmann et al. 1996). Mittels LC/ICP-MS konnten Klinkenberg et al. (1990) in unbehandeltem Abwasser elf organische Tellurverbindungen nachweisen.

3.2.5.11 Silicium

Übertragungen von Alkylgruppen auf das Silicium sind in der Natur bisher nicht bekannt, siliciumorganische Verbindungen werden ausschließlich industriell hergestellt. Bei diesen zusammenfassend als Siliconen bezeichneten Verbindungen handelt es sich meist um hochmolekulare Spezies auf der Basis der PDMS (Polydimethylsiloxane) und in kleinerer Menge um Vertreter der VMS (volatile methylated siloxanes) wie lineare (z.B. N2 bis N4 mit zwei bis vier Siliciumatomen) und zyklische Siloxane (z.B. D3 bis D5 mit drei bis fünf Siliciumatomen). Einen umfassenden Überblick über Herstellung und weiteres Schicksal von Siliconen gibt Chandra (1997).

Aufgrund eines breiten Einsatzspektrums von Siliconen in Industriegesellschaften und einer hohen Persistenz dieser Verbindungen finden sich diese Spezies in Abfällen in signifikanten Konzentrationen: In Abwässern wurden beispielsweise bis zu 100 mg/kg an organischen Siliciumverbindungen nachgewiesen (z.B. im Potomac River). Im Klär- und Biogas befinden sich u.a. zyklische Siloxane D3 bis D6, bei deren Verbrennung sich mikrokristalline Ablagerungen in den Turbinen bilden und die Lebensdauer von Gasturbinen zur Energieerzeugung aus Biogas verkürzen (Huppmann et al. 1996).

Hinsichtlich der Stabilität siliciumorganischer Verbindungen existieren einige Erkenntnisse (Pawlenko 1986): Die Si-C-Bindung ist thermodynamisch nahezu so stark wie eine einzelne C-C-Bindung. Dissoziationsenergien für Siliconverbindungen sind oft widersprüchlich, so daß z.B. für die Dissoziation der Si-C-Bindung in Tetramethylsilan Werte von 271 bis zu 374 kJ/mol angegeben werden. Vergleichsweise liegt die Dissoziationsenergie einer paraffinischen C-C-Bindung bei 356 kJ/mol. Die heterolytische Spaltung der Si-C-Bindung erfolgt aufgrund des ausgeprägteren Ionencharakters schneller als die einer C-C-Bindung. Die Spaltung kann durch einen nukleophilen Angriff auf Si oder einen elektrophilen Angriff auf C erreicht werden. Die Si-C-Bindung ist immer polarisiert mit einer positiven Teilladung auf dem Si-Atom. In Abhängigkeit von den Substituenten für Si und C wird die Polarisation vergrößert oder verkleinert. Positiv geladene Gruppen am C (insbes. H) und negativ geladene Gruppen am Si (speziell O) verkleinern die Polarisation und stabilisieren die Bindung. Ein optimaler Grad des Zusammenspiels zwischen den Wasserstoffatomen am C und dem Sauerstoff am Si liegt bei den Polydimethylsiloxanen vor. Beispielsweise müßten die Si-C-Bindungen in Trimethylsilanol etwas stabiler sein als in $SiMe_4$. Eine umweltchemisch wichtige Frage betrifft eine mögliche Beteiligung von Siliconen bei der Entstehung element- und metall(oid)organischer Verbindungen auf indirektem Wege als Alkylgruppendonor. Eine solche Methylgruppenübertragung von Siliconen auf Metall(oid)e wurde in-vivo nur einmal als direkter enzymkatalysierter Transfer beschrieben (Craig 1986). In Laborexperimenten konnten dagegen Nagase et al. (1988) leicht aus chemischen Umsetzungen von anorganischem Hg mit kurz- und langkettigen Siliconen, zyklischen Siloxanen und ähnlichen Verbindungen das MMHg erzeugen. Laborsimulationsexperimente in Essen zeigten, daß Bismut in wässriger Lösung von *Methanosarcina barkeri* nur in Gegenwart von VMS methyliert wird.

Eine direkte (möglicherweise auch eine indirekte) Mitwirkung von Siliconen an Prozessen der Biomethylierung setzt voraus, daß PDMS und VMS in kleinere Moleküle abgebaut und damit mobiler und reaktiver werden. PDMS werden aerob in Böden zu Dimethylsilandiolen (DMSD) hydrolysiert, teilweise in zyklische VMS zurückverwandelt und wahrscheinlich anschließend biologisch zu CO_2 und SiO_2 abgebaut (Xu 1999, Sabourin et al. 1996). Darüber hinaus konnte für anaerobe Bereiche nachgewiesen werden, daß Silicone (z.B. in Deponien) abgebaut werden (Grümping et al. 1998, Grümping u. Hirner 1999): Im Deponiegas fand sich Trimethylsilanol (TMS) im mg/m^3-Bereich, im Deponiesickerwasser im µg/L- und DMSD im mg/L-Bereich; dies steht im Einklang mit dem Aufbau der PDMS aus mittel- (zerfallen zu DMSD) und endständigen Baueinheiten (zerfallen zu TMS) im Verhältnis X000:1. Grümping et al. (1999) konnten den mikrobiellen Abbau von D4 in DMSD im Klärschlamm experimentell nachvollziehen.

Auch der Mensch inkorporiert Silicone: VMS aus der Umwelt von Artikeln des täglichen Bedarfs (z.B. Sprays, Kosmetikartikel) sowie PDMS und VMS bei Trägern von Siliconimplantaten. Die toxikologischen Implikationen dieser Situation sind noch weitgehend unklar. Es dürfte lediglich feststehen, daß Material aus Siliconbrustimplantaten in Blut und Körpergewebe diffundiert und zu Gesundheitsbeeinträchtigungen führt (s. amerikanisches Gerichtsurteil gegen die Firma Dow-Corning) und die Kurzzeitinhalation von D4 einen signifikanten Anstieg mit nachfolgendem schnellen Abbau von D4 im Blut (Utell et al. 1998) unter Abwesenheit toxischer oder immunologischer Effekte bewirkt (Looney et al. 1998); Aussagen über die Auswirkungen chronischer Belastungen mit D4 oder ähnlichen Substanzen können hieraus nicht abgeleitet werden. Interessanterweise werden aber L3 und D4 von Doeltz et al. (1984) als Kandidaten für Bioassays auf karzinogene Stoffe benannt.

3.3 Chemische Tracer

In ähnlicher Weise wie in den forensischen Wissenschaften seit den späten achtziger Jahren durch Alex Jeffreys das genetische Fingerprinting über den Mustervergleich elektrophoretisch getrennter DNA-Fragmente zur Überprüfung der Identität von Täter und Opfer erfolgte (Kaye 1995), werden zur Klärung von Haftungsfragen bei Umweltdelikten spezielle analytische Untersuchungen durchgeführt. Von besonderer praktischer Bedeutung sind jene juristisch relevanten Fälle, in denen alle potentiellen Täter abstreiten, die fragliche Kontamination verursacht zu haben.

Auch im Umweltschutz sollte das Verursacherprinzip gelten: Wer mit umweltschädlichen Stoffen die Natur belastet, soll dafür haftbar gemacht werden. Hier kennen Geochemiker, Umweltchemiker wie auch forensische Analytiker einige wirksame Methoden („chemische Fingerabdrücke"), um Umweltsündern auf die Schliche zu kommen (Hirner 1991). Als Indikatoren für die Prüfung der Zusammengehörigkeit unterschiedlicher Proben werden hierbei typische ausgewählte Analysengrößen hinsichtlich der anorganischen, organischen und isotopen Probenzusammensetzung gezielt eingesetzt (Abb. 3.2).

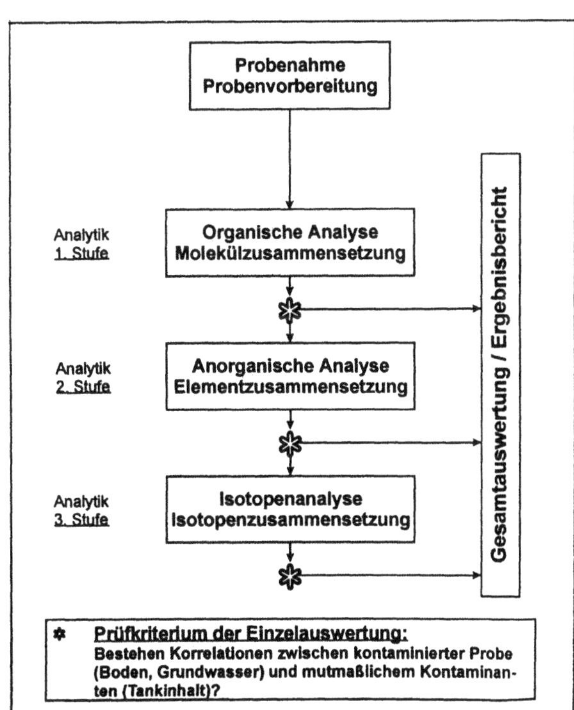

Abb. 3.2. Tankdichtigkeitsprüfung nach dem Markerkonzept

Diese Tracermethoden können nicht nur lokal zur Klärung von Verursacherproblemen, sondern auch ganz allgemein regional und überregional zur quantitativen Evaluation geochemischer Kreisläufe erfolgreich eingesetzt werden. Besondere Bedeutung haben bereits Isotopenuntersuchungen zur Bestimmung des anthropogenen Pb (hauptsächlich Benzinblei) im Aerosol, Oberflächenwasser, Boden und menschlichen Blut erlangt (Flegal et al. 1989, Mueller 1988, Campbell u. Delves 1989); weitere Ausführungen hierzu erfolgen im Kap. 3.3.2.

Die Hauptklassen der in der Praxis eingesetzten chemisch-analytischen Markerspezies werden in den folgenden Kapiteln getrennt nach organischen Markerverbindungen (Biomarker, Chemofossilien), ausgewählten Isotopenverhältnissen leichter und schwerer Elemente und charakteristischen Spurenelementverteilungen besprochen; auf mineralogische Untersuchungen wird an dieser Stelle nicht eingegangen (s. „forensische Geologie", Murray 2000). Da die Aussagekraft derartiger Korrelationsstudien mit der Anzahl der eingesetzten, voneinander unabhängigen Parameter überproportional zunimmt, wird der kombinierte Einsatz von Markertechniken behandelt.

Das Biomarker-Konzept geht auf den Münchner Chemiker Alfred Treibs zurück, der aufgrund seiner Entdeckung der Porphyrine in Erdöl und Kohle in den frühen 30er Jahren die biogene Herkunft der fossilen Energieträger nachweisen konnte und deshalb als Begründer der Disziplin der Organischen Geochemie gilt (Johns 1986, Tissot u. Welte 1984, Eglinton u. Murphy 1969; s.a. Kap. 3.1.2): Bei der Umwandlung des Chlorophylls (mit Mg als Zentralatom, s. A.2.2.7a) über Mg-freie Chlorine zu den Porphyrinen (mit Ni oder VO als Zentralatomen, s. A.2.2.7b) bleibt die stabile zyklische Kernstruktur erhalten.

Das Tetrapyrrolringsystem aus vier stickstoffhaltigen Pyrrolen war bereits Bestandteil des Chlorophylls und findet sich in den Porphyrinen wieder. Durch die Koordination des Zentralatoms an den Tetrapyrrolring über Stickstoff zeichnen sich Porphyrine durch große Stabilität aus und können geologische Zeiten überstehen (Chemofossilien). Nach Abspaltung der Phytylseitenkette vom Chlorophyll (A.2.2.7a) entsteht aus dem Phytol unter anoxischen Bedingungen bevorzugt Pristan, unter suboxischen Bedingungen dagegen eher Phytan (A.2.2.7c); diese beiden Isoprenoide stellen ebenfalls geeignete Markerverbindungen dar. Inzwischen sind die Analysentechniken für Petroporphyrine so hochentwickelt, daß über 80 unterschiedliche Vertreter dieser Stoffklasse selektiv erfaßt werden können; beispielsweise kann mittels Ramanstreuung die Stellung der Alkylsubstituenten in Nickel(II)zykloalkanporphyrinen bestimmt werden (Rankin et al. 1999).

Eines der wichtigsten Anwendungsgebiete von Tracerstudien ist ihr Einsatz bei der Kontamination von Umweltkompartimenten mit erdölbürtigen Stoffen. Allein in den USA sind mehr als 1,8 Millionen unterirdische Tanks gemeldet. Hiervon dürfte ein großer Anteil undicht sein; weltweit rechnet man mit etwa einer halben Million undichter Untertagetanks. Rund 290 kt Öl verschmutzen jährlich die Nordsee. Applikationsbeispiele zu dieser Thematik werden deshalb einen Großteil dieses Kapitels ausmachen.

Mittels Radar kann man vom Weltall aus zwischen Ölteppichen und anderen Stoffen unterscheiden (X-SAR/SIR-C-Mission), was in einem Ölexperiment vor Sylt demonstriert werden konnte, in dem zwei Forschungsschiffe Diesel- und Heizöl gezielt abgelassen hatten. Obwohl geeignet bestückte Umweltsatelliten als Umweltdetektive einsetzbar sind, wird in kritischen Fällen erst der direkte analytische Nachweis die in der Rechtsprechung benötigten Beweise liefern.

Petrogenetische KW werden in kerogenreichen Muttergesteinen erzeugt, wenn dieses für lange Zeit erhöhten Temperaturen ausgesetzt wird (Geogenese). In diese Kategorie gehören beispielsweise das Exxon-Valdez-Rohöl, Raffinationsprodukte, natürliche Ölaustritte und Verwitterungsprodukte kerogenreicher Sedimente einschl. Kohlen. Biogene KW werden dagegen entweder durch biologische Prozesse oder durch diagenetische Reaktionen in rezenten Sedimenten gebildet. Sie schließen Pflanzenwachse, durch marine Organismen synthetisierte Alkane und Alkene sowie Perylen mit ein. Pyrogene KW schließlich entstehen bei der Verbrennung von organischem Material einschl. Holz, Kohle und Erdölprodukten.

Die Auswahl von Verbindungsgruppen, die die Identifikation von KW-Quellen und die quantitative Mischungsanalyse multipler Quellen ermöglichen, nennt man chemisches Fingerprinting. Es schließt die Anwendung molekularer (gesättigte und aromatische Biomarker-KW) und isotoper Kriterien (z.B. Verhältnis der stabilen Isotope des Kohlenstoffs) ein, die quellenspezifisch (d.h. zwischen unterschiedlichen Quellen unterscheiden können) und refraktär sind (d.h. genügend stabil, so daß seit der Kontamination die Parameter nicht vollständig degradiert sind). Die differentielle Degradation einiger Verbindungen wird häufig eingesetzt, um Altersabschätzungen ansonsten chemisch ähnlicher Öle durchzuführen.

Die differenzierte Unterscheidung von Ölprodukten kann zu großen ökonomischen Auswirkungen führen. Ein Öl kann auch an Ort und Stelle bleiben, wenn gezeigt werden kann, daß es für das lokale Ökosystem nicht giftig ist und nur eine kleine Wahrscheinlichkeit für eine Migration ins Grundwasser besteht. Für Grundwasser bestehen hinsichtlich dieser Fremdstoffe folgende Grenzwerte (in mg/L): Benzin 10, Dieselkraftstoff 100, Benzol/Toluol 0,3 und Xylol/Ethylbenzol 1.

Auf den Begriff des Tracers muß hier näher eingegangen werden: In der Geochemie kann dies ein hervorstechender stofflicher Parameter (z.B. häufiges oder seltenes Element, Isotopenzusammensetzung, bestimmte Verteilungsmuster) sein, der die Probensubstanz charakterisiert (man spricht auch von einem natürlichen Tracer); der geochemische Tracer ist also in der zu untersuchenden Substanz enthalten. Letzteres trifft für den umweltchemischen Tracer nicht zu: Um einen umweltrelevanten Prozeß zu untersuchen, setzt man dem System absichtlich einen in ihm nicht enthaltenen Stoff als „Pfadfinder" zu, den man dann analytisch verfolgen kann. Der umweltchemische Tracer muß daher in seinen chemischen oder physikalischen Eigenschaften der realen Substanz (die möglicherweise analytisch nicht bekannt ist) möglichst gut entsprechen. Ein guter umweltchemischer Tracer soll billig, gut nachweisbar, nicht toxisch und in der natürlichen Umwelt in geringsten Konzentrationen anwesend sein. In der Luftchemie wurden hierzu extrem nachweisbare inerte Trägergase wie perfluorierte Kohlenstoffe und deuterierte Methane eingesetzt, um Luftmassen über Hunderte von Kilometern verfolgen zu können. Perfluorcarbontracer sind ideal wegen ihrer chemischen Inertheit und fehlenden Sorption in Tropfen oder auf Festkörperoberflächen. Sie kommen geogen nicht vor und können in extrem niedrigen Konzentrationen (etwa $1 : 10^{15}$) nachgewiesen werden; deuterierte Methane lassen sich durch Massenspektrometrie sogar noch empfindlicher erfassen.

In diesem Kapitel wird im weiteren zwischen Tracern im geo- und umweltchemischen Sinne (man könnte auch von internen und externen Tracern sprechen) nicht mehr explizit unterschieden.

Allgemein kann während eines Tracerexperimentes der Untergrund des Tracersignals nicht bestimmt werden, d.h. ein großes Signal-/Untergrund-Verhältnis ist erforderlich. Kelly u. Ondov (1990) nehmen deshalb an, daß Isotopentracer den Elementtracern meist überlegen sein sollten.

3.3.1 Biomarker

3.3.1.1 Flüchtige Komponenten

Erdgase können entweder durch Bakterien biogen gebildet werden oder thermogen durch thermische Zersetzung des sedimentären organischen Materials. Biogenes Gas enthält hauptsächlich Methan und Kohlendioxid in etwa vergleichbaren Mengen; teilweise auch Spuren von Ethylen und Propylen. Im Gegensatz hierzu enthalten thermogene Gase Ethan und andere flüchtige KW, aber nur sehr selten Ethylen oder Propylen; bei hohen Temperaturen ist Methan der einzige stabile KW. Zusätzlich zu diesen KW-Gasen machen anorganische Komponenten wie Wasserstoff, Helium, Stickstoff, Argon und gelegentlich Schwefelwasserstoff weniger als 5% des gesamten Gases aus. Sie können demnach in geeignet gelagerten Fällen eine Tracerfunktion erfüllen.

Nach den EPA-Vorschriften 8020, 602 und 624 werden die Aromaten Benzol, Toluol, Ethylbenzol und Xylol (BTEX) in Luft-, Boden- und Wasserproben teilweise bis herab in den ppb-Bereich bestimmt; in der genannten Reihenfolge nimmt auch die Wasserlöslichkeit dieser Verbindungen ab. Aufgrund dieser Unterschiede ist es möglich, Verhältnisse der BTEX und anderer flüchtiger KW zu verwenden, um den Auslaugungsgrad in Abhängigkeit von der Expositionszeit zu bestimmen (Kaplan 1992).

3.3.1.2 Alkanverteilung

Im ersten Untersuchungsschritt wird ein Öl oder Destillat (wie Diesel oder Flugbenzin) über die n-Alkanverteilung der Paraffinfraktion charakterisiert.
Zur Erstellung der Alkanfingerprints werden gesättigte, geradkettige KW (n-Alkane) von C_{12} bis C_{35} für Öle, C_4 bis C_7 für Benzin und C_1 bis C_5 für gasförmige Emissionen untersucht. In reifen fossilen Ölen sind die Paraffine zwischen C_{15} und C_{24} am häufigsten; je reifer das Öl ist, desto niedriger ist die vorherrschende Kohlenstoffzahl: Wenn man ungeradzahlige Alkane mit geradzahligen vergleicht (carbon preference index CPI), ergibt sich bei reifen Ölen ein Verhältnis von $1,0 \pm 0,1$. Unreife Öle, Pflanzenöle oder Pflanzenwachse können dagegen hohe CPI-Werte aufweisen, die im Bereich C_{27} bis C_{33} sogar Werte von 5 übersteigen können. Geradkettige KW werden am leichtesten biologisch abgebaut; danach werden die verzweigten Alkane (Isoprenoide) angegriffen. Stark biodegradierte Öle können sogar fast alle gerad- und verzweigtkettigen Paraffine verloren haben. Nur die resistentesten polyzyklischen Alkane bleiben übrig und im Gaschromatogramm ist nur noch ein Buckel unaufgelöster Peaks zu erkennen („Ölberg" z.B. bei biodegradiertem Dieselkraftstoff); mechanisch und thermisch stark beanspruchte Altöle weisen einen unaufgelösten Buckel um C_{30} auf (Abb. 3.3).
Luo et al. (1995) schlugen eine Methode vor, mit der man Dieselkraftstoffanteile in kontaminierten Wässern und Böden identifiziert: Mittels GC-MS wird die Verteilung der n-Alkane im Bereich von C_{11} bis C_{22} untersucht, für Schweröle entsprechend C_{23} bis C_{34}. Es konnte nachgewiesen werden, daß keinerlei Interferenzen mit den mehr als hundert halbflüchtigen Verbindungen der US EPA Methode 8270 (u.a. Phenole, Phthalate, PAK, diverse stickstoff-, chlor- und phosphororganische Verbindungen) auftreten.

3.3.1.3 Gesättigte polyzyklische KW

Vertreter der Sterane und Triterpane (z.B. Hopane als oft untersuchte Vertreter der pentazyklischen Triterpene, s. A.2.2.7d) weisen noch zahlreiche Strukturen ihrer Ausgangsmaterialien (Biolipide) auf; etwa 20 bis 30 Verbindungen dieser Klassen werden bei Erd- und Schieferölen als Tracer eingesetzt (Hunt 1996). Unterschiedliche Verhältnisse ausgewählter Isomere dieser Verbindungen werden in Balken-, Dreiecks- oder Sterndiagrammen zu Vergleichszwecken einander gegenübergestellt. Selbst die thermische Geschichte eines Erdöls wird in bestimmten Isomerenverhältnissen reflektiert (α- zur β- oder R- zur S-Form). Die Verteilung der Alkylzyklohexane wurde von Kaplan et al. (1997) eingesetzt, um Erdölprodukte und Lösungsmittel in kontaminierten Umweltbereichen erfassen zu können.

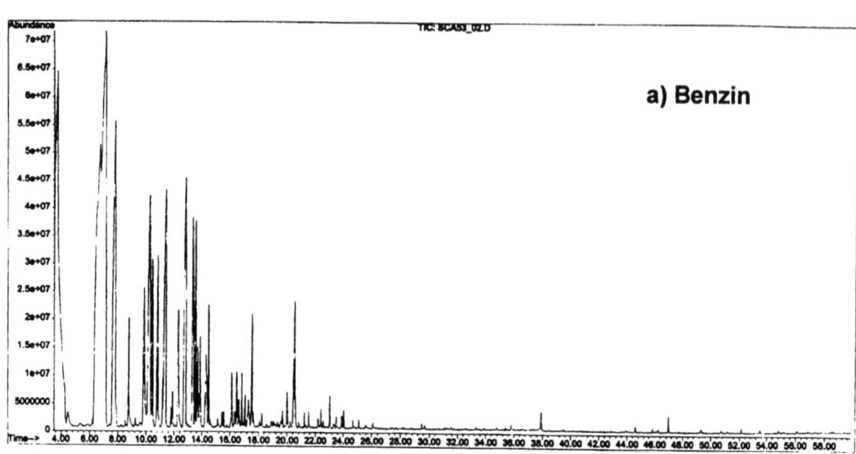

Abundance
7e+07
6.5e+07
6e+07
5.5e+07
5e+07
4.5e+07
4e+07
3.5e+07
3e+07
2.5e+07
2e+07
1.5e+07
1e+07
5000000
TIC: BCA53_02.D
a) Benzin
Time-->
4.00 6.00 8.00 10.00 12.00 14.00 16.00 18.00 20.00 22.00 24.00 26.00 28.00 30.00 32.00 34.00 36.00 38.00 40.00 42.00 44.00 46.00 48.00 50.00 52.00 54.00 56.00

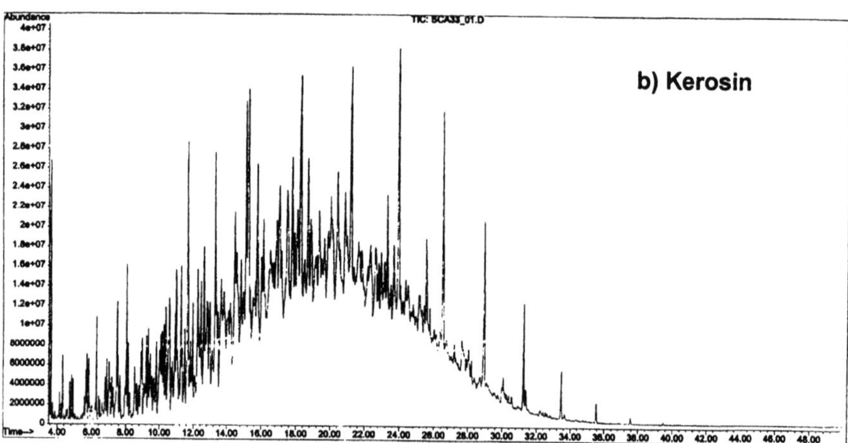

Abundance
4e+07
3.8e+07
3.6e+07
3.4e+07
3.2e+07
3e+07
2.8e+07
2.6e+07
2.4e+07
2.2e+07
2e+07
1.8e+07
1.6e+07
1.4e+07
1.2e+07
1e+07
8000000
6000000
4000000
2000000
TIC: BCA33_01.D
b) Kerosin
Time-->
4.00 6.00 8.00 10.00 12.00 14.00 16.00 18.00 20.00 22.00 24.00 26.00 28.00 30.00 32.00 34.00 36.00 38.00 40.00 42.00 44.00 46.00 48.00

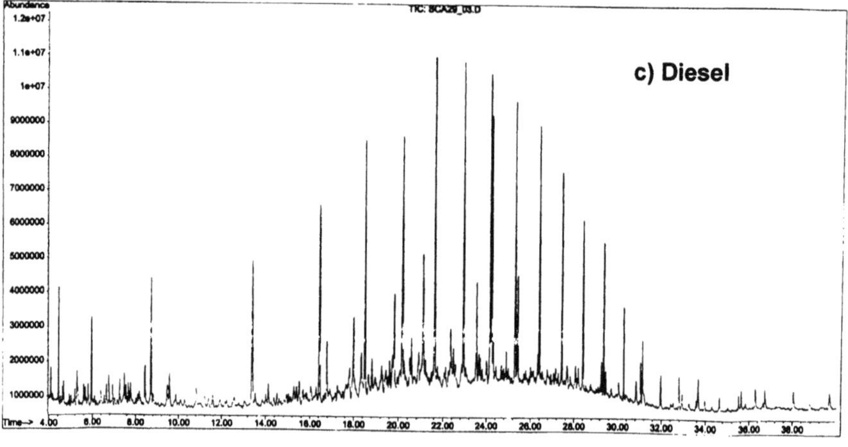

Abundance
1.2e+07
1.1e+07
1e+07
9000000
8000000
7000000
6000000
5000000
4000000
3000000
2000000
1000000
TIC: BCA28_03.D
c) Diesel
Time--> 4.00 6.00 8.00 10.00 12.00 14.00 16.00 18.00 20.00 22.00 24.00 26.00 28.00 30.00 32.00 34.00 36.00 38.00

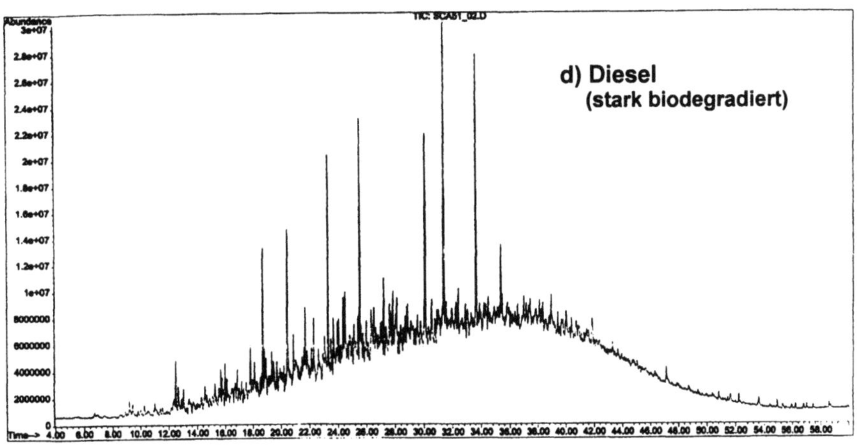

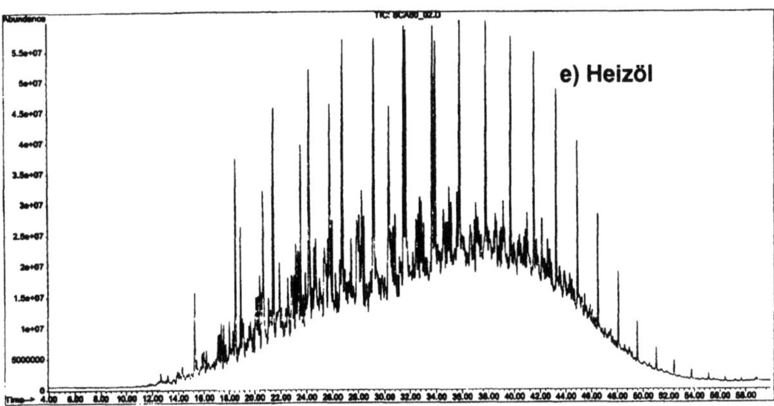

Abb. 3.3. Typische Chromatogramme fossiler Kohlenwasserstoffe

Coprostanol (5β-cholestan-3β-ol) ist im aquatischen Bereich ein sehr wichtiger Indikator für eine Wasserverschmutzung mit Fäkalien; es entsteht durch mikrobielle Reduktion von Cholesterol im Verdauungstrakt. Coprostanol kann deshalb als umweltchemischer Tracer für anthropogene Aktivitäten dienen (Düreth et al. 1986).

3.3.1.4 Aromatische KW

Ähnliches wie das für Sterane und Triterpane Gesagte gilt für die PAK und ihre Schwefelanalogen (Thiophene). Vorsicht ist lediglich bei den niedermolekularsten Vertretern dieser Stoffgruppe angezeigt: So wird z.B. Naphthalen aufgrund seiner Löslichkeit schnell vom Öl in die Umwelt abwandern. Mit zunehmender thermischen Reife werden bei einer Vielzahl von Biomarkern durch Stereoisomerisierungen Diastereomere und durch Aromatisierung der Sterane monoaromatische Sterane (MAS) gebildet. Unter extremer Hitze können die Alkylseitenketten abgespalten werden und MAS werden in triaromatische Sterane umgewandelt (TAS); zur Struktur von MAS und TAS siehe A.2.2.7e.

Chakhmakhchev et al. (1997) schlugen einige Reifeparameter aufgrund der in der 4-Position methylsubstituierten stabilen Alkyldibenzothiophenisomeren im Vergleich zu den weniger stabilen, in der 1-Position substituierten Vertretern vor.

Ähnlich wie für Erdöl werden auch Zuordnungen des elementaren Kohlenstoffs im Aerosol zu möglichen Quellen (bes. Verkehr) auf der Basis der Verteilung der PAK als Mustervergleich in Form von PAK-Fingerprints gemacht (Venkataraman u. Friedlander 1994, Venkataraman et al. 1994); dabei muß auch das physikalische Verhalten der einzelnen PAK berücksichtigt werden. Pfeffer (1994) benützte das Benzo(a)pyren/Coronen-Verhältnis zur Unterscheidung von verkehrsbezogenen und anderweitigen PAK-Quellen; über ähnliche Studien zur Herkunftsbestimmungen atmosphärischer Immissionsbelastungen mit Hilfe von PAK-Verteilungsmuster berichten u.a. Sturaro et al. (1994), Vogt et al. (1987) und Masclet et al. (1986). Das Kohlenstoffisotopenverhältnis einzelner PAK ist von den Verbrennungsbedingungen abhängig (mit steigender Temperatur wird ^{12}C angereichert), so daß es gezielt zur Herkunftsbestimmung eingesetzt werden kann (McRae et al. 1999, Lichtfouse et al. 1997, O'Malley et al. 1997). Auch Polycarboxylsäuren des Benzols gelten als Marker für Ruß in Böden (Glaser et al. 1998). Neben den PAK werden zur Herkunftsbestimmung organischer Aerosole z.B. im marinen Bereich auch andere molekulare Marker wie n-Alkane, Hopane oder Alkansäuren eingesetzt (Gogou et al. 1996).

PAK exponierte Personen weisen PAK-DNA-Addukte in weißen Blutkörperchen auf, die mikroskopisch durch grüne Fluoreszenz erkannt werden können (Perera 1996). PAK-DNA-Addukte in Blut, Lunge und Plazenta sind somit als Marker für eine PAK-Exposition (erhöhtes Lungenkrebs-Risiko) zu betrachten. Die von Horvath et al. (1988) indirekt mit Hilfe eines Tracerverfahrens ermittelten Rußkonzentrationswerte, bei denen eine Dysprosiumverbindung als Tracer dem Dieselkraftstoff zudotiert und die Dysprosiumkonzentration in den später gesammelten Schwebstaubproben bestimmt wurde, bewegen sich in einem Bereich von 5 bis 23 $\mu g/m^3$.

Eganhouse et al. (1982) fanden in kalifornischen Abwässern in Verbindung mit Tensiden vom LAS-Typ auch eine Gruppe von synthetischen Verbindungen, die C_{10}- bis C_{14}-alkylsubstituierten Benzole. Mit Hilfe dieser Verbindungen als Tracer ist es möglich, den Weg des Abwassers in die Umwelt zu verfolgen. Diese Verbindungen scheinen Kläranlagen unbeschadet zu passieren und in benachbarten Sedimenten erhalten zu bleiben.

Aufgrund der Abwesenheit eines speziellen Dinorhopans im Abwasser schlossen Eganhouse u. Kaplan (1982), daß kalifornisches Erdöl sich nicht in größeren Mengen im Abwasser befinden kann.

3.3.1.5 Höhersiedende Komponenten

Während es häufig schwierig ist, bei Konzentrationen unter 1000 mg/kg bzw. L Treibstoffkomponenten in Böden und Grundwasser zu charakterisieren, können höhersiedende Bestandteile geringer Flüchtigkeit noch in bedeutend geringeren Konzentrationen (z.B. 10 mg/kg bzw. L) mit üblichen Lösungsmitteln (z.B. Methylenchlorid) extrahiert und untersucht werden.

Da Erdöl in der Umwelt in vielen Prozessen in Teerbälle und Asphaltrückstände umgewandelt wird, gehören die Heteroelement(O,S,N)-haltigen polaren makromolekularen Asphaltene zu den refraktärsten und mit interessantesten Komponenten. Dies ist besonders wichtig bei Kontaminationen mit Kerosin, Dieselkraftstoff, Erd-, Heiz-, Schmier- und Altöl. Schließlich soll noch erwähnt werden, daß es sogar möglich ist, im Van-Krevelen-Diagramm über das H/C- und O/C-Verhältnis selbst Kerogen als refraktärstes organisches Material nach seiner marinen/terrestrischen Herkunft und seinem Gas-/Öl-Bildungspotential zu klassifizieren (Tissot u. Welte 1984).

3.3.1.6 Benzin, Dieselkraftstoff und Heizöl

Automobilkraftstoffe (Benzin, Gasolin) sind eine komplexe Mischung flüchtiger KW mit den Hauptkomponenten C_3 bis C_{12} im Siedepunktbereich von 40 bis 230 °C; von den über 300 bekannten Einzelverbindungen werden ausgewählte Vertreter für das Fingerprinting eingesetzt. Automobilkraftstoffe werden aus vielen Raffinationsprozessen zusammengemischt, z.B. von der direkten Destillation, aus katalytischen und thermischen Crackprozessen und aus der Alkylierung und Isomerisierung von Leichtdestillaten. Flüchtige Paraffine ($C_4 - C_8$) werden schneller abgebaut als die weniger flüchtigen ($C_9 - C_{14}$); damit kann der Abbaugrad auch aus den Relativanteilen der vorhandenen Paraffine abgeschätzt werden. Olefine finden sich nur in Raffinerieprodukten (Bruce u. Schmidt 1994).

Die Bestimmung der Benzinzusammensetzung im Bereich C_3 bis C_{10} liefert chemische Parameter, die wesentlich sind bei der Herkunftsbestimmung, der Benzintypbestimmung (niedrige oder hohe Oktanzahl = Isooctan/Methylzyklohexan), der Unterscheidung gegenüber anderen KW-Produkten wie Flug- oder Waschbenzin und der Bestimmung des Biodegradationsgrades. Die Zusammensetzung von Benzinen wird konventionsmäßig auf die Komponenten Paraffine, Isoparaffine, Aromaten, Naphthene und Olefine (PIANO) bezogen. Unterschiedliche Verhältnisse dieser Parameter ermöglichen die Abschätzung der Veränderung des Benzins durch Verflüchtigung, Auslaugung und Biodegradation. In Bezug auf die Verflüchtigung werden die Verhältnisse zwischen Vertretern derselben KW-Gruppe wie z.B. der (Iso)Paraffine mit unterschiedlicher Flüchtigkeit gebildet (z.B. $n\text{-}C_5/n\text{-}C_7$ oder 2-Methylpentan/2-Methylheptan). In Bezug auf die Auslaugung werden Benzol und Toluol mit nicht-aromatischen KW von etwa derselben Molekülgröße und Flüchtigkeit in Beziehung gesetzt (z.B. Benzol/Zyklohexan oder Toluol/Methylzyklohexan); auch wird die Summe aller aromatischen KW mit der nichtaromatischer KW verglichen. Parameterverhältnisse zur Biodegradation vergleichen Olefine bzw. Isoparaffine und Naphthene mit Paraffinen (z.B. Methylzyklohexan/n-Heptan).

Bei Bodenkontaminationen mit Benzin ist u.a. zu beachten, daß alkylierte Benzole stark an Festkörperoberflächen sorbieren. Von den im Benzin enthaltenen KW sind besonders die Alkylbenzole und -naphthalene relativ resistent gegenüber Biodegradation; Alkylnaphthalene sind etwas resistenter als Alkylbenzole, Alkylzyklohexane sind weniger löslich als Alkylbenzole und degradationsresistenter als Paraffine.

Dieselkraftstoff ist durch eine ausgeprägte n-Alkanverteilung mit Maxima zwischen C_{14} und C_{17} und beginnendem Abfall bei ca. C_{23} charakterisiert (Abb. 3.3). Die Isoparaffinverteilung (oder Isoprenoidverteilung) reicht von i-C_{10} bis i-C_{20} (Phytan) mit Maximum bei i-C_{19} (Pristan); insgesamt dominieren KW im Bereich C_9 bis C_{22} im Siedepunktbereich von ca. 163 bis 382 °C. Dieselkraftstoff ist eine Mischung aus Kerosin, Mitteldestillat, entschwefelten Mitteldestillaten und katalytisch sowie thermisch gecrackten Destillaten. Neben einem großen Bereich an PAK von den dominierenden Naphthalenen bis zu den Phenanthrenen enthält Diesel oft Schwefelaromaten wie Benzothiophen und Dibenzothiophen. Die Gegenwart der Isoparaffine ist besonders wichtig, um den Grad der Biodegradation von Dieselkraftstoffen abzuschätzen: Das stabilste Isoprenoid ist i-C_{19} (Pristan). Es bleibt übrig, wenn i-C_{10} bis i-C_{18} sowie die n-Alkane bereits verschwunden sind.

Heizöl (in USA: Bunker C fuel) ist eine viskose Flüssigkeit mit einem KW-Bereich von C_9 bis C_{36} und ist durch das Fehlen der flüchtigen Kondensatfraktion sowie der Gegenwart der PAK Benzofluoranthen und Benzopyren gekennzeichnet. Diese KW resultieren von der Hochtemperaturdestillation von Restölfraktionen. Unter den Terpanen sind die C_{30}-pentazyklischen Terpane (Hopane) und bestimmte trizyklische Terpane die stabilsten. Verglichen mit den regulären tetrazyklischen Steranen sind die Diasterane sehr degradationsresistent. Die meisten Erd- und Heizöle enthalten ein modifiziertes Steran, in welchem ein oder mehrere Kohlenstoffringe durch Hitzeeinwirkung aromatisiert wurden und so sehr resistente mono- und triaromatische Sterane gebildet werden.

3.3.1.7 Einfluß sekundärer Effekte in der Umwelt

Viele physikalische und biologische Prozesse (Verflüchtigung, Auslaugung, Biodegradation, Migration und Vermischungen) im Boden oder in Gewässern (Fluß, See, Meer) können zur Veränderung der freigesetzten Chemikalien führen. Einige dieser Prozesse ergeben ähnliche Änderungen, so daß es schwierig ist, einen spezifischen Prozeß zu identifizieren. Migration betrifft hauptsächlich die flüchtigsten und niedermolekularsten Verbindungen. Im Falle von Erdöl und seinen Produkten beginnt die Biodegradation mit der Oxidation ungesättigter Alkanketten, gefolgt von der Oxidation der n-Alkane, der flüchtigen aromatischen KW (z.B. Benzol, Toluol) und schließlich der verzweigten kettenförmigen (Isoalkane) und und zyklischen KW (Naphthene). Endprodukte der meisten Oxidations- und Hydrolyseprozesse sind organische Säuren wie Essigsäure oder Phenole.

Auswascheffekte durch Wasser von KW aus Ölkontaminationen zählen zu wichtigen akuten Umweltgefährdungen (Southworth et al. 1983, Ducreux et al. 1990, Shiu et al. 1990, Odermatt 1994). Lafargue u. Thiez (1996) ermittelten in Laborexperimenten ein schnelles Verschwinden leichter Aromaten bei sehr langsamer Veränderung der C_{10+}-Verbindungen. n-Alkane werden schneller ausgewaschen als Zykloalkane, was der Löslichkeit der Verbindungen allerdings widerspricht. Auch sollten in geologischen Zeiten Benzol und Toluol vollständig aus dem Öl entfernt sein, was in Wirklichkeit nicht der Fall ist. Man nimmt deshalb an, daß Öl-Wasser-Wechselwirkungen realiter nicht so effektiv ablaufen, wie in Gleichgewichtslöslichkeitsmodellen angenommen wird, und daß weitere Effekte (z.B. Kosolvens-Effekte) zu berücksichtigen wären.

Zwei wesentliche Parameter bestimmen die Abbaurate von KW in Erdölen, die Temperatur und die Anwesenheit von Sauerstoff. Obwohl Stetter et al. (1993) zeigten, daß Bakterien selbst bei Temperaturen über 110 °C und hohen Drücken wachsen können, zeigen nach Phillipi (1977) tiefliegende Erdöle bei Temperaturen über 82 °C keine Anzeichen signifikanter Biodegradation. Im Bereich unserer Umwelt spielt die Zersetzung des Erdöls bei Gegenwart von Sauerstoff die größte Rolle; anaerober Abbau, obwohl prinzipiell möglich (Rueter et al. 1994), kann hier dagegen meist unberücksichtigt bleiben.

Huesemann (1995) fand heraus, daß das Ausmaß der Biodegradation von erdölbürtigen Stoffen im Boden durch den Typ der beteiligten KW bestimmt wird, während andere Variable wie Bodentyp, Düngerkonzentration sowie Ausbringungsmethode oder Mikroorganismenzahl sich als nicht signifikant erweisen. Die Biodegradation scheint nicht mit der Wasserlöslichkeit eines KW-Moleküls zusammenzuhängen, da eine signifikante Fraktion hochmolekularer ($> C_{44}$) gesättigter ($> 70\%$) und aromatischer KW (25%) experimentell abgebaut wurde. Der Grad der Degradation der gesättigten KW $< C_{44}$ hängt hauptsächlich vom KW-Typ ab: Ca. 90% der geradkettigen oder verzweigten Alkane und monozyklischen gesättigten KW wurden durch Biodegradation entfernt. Dizyklische gesättigte KW wurden zu 25% und trizyklische zu 50% angegriffen; tetrazyklische und pentazyklische blieben dagegen stabil.

Solange die n-Alkane in hohen Konzentrationen vorhanden sind, werden Pristan und Phytan nicht angegriffen. Ein schwach degradiertes Öl zeigt teilweise Abreicherung der n-Alkane; ein mäßig degradiertes wird charakterisiert durch gravierende Abnahme der n-Alkane und schwachen Verlust der leichteren PAK. Als Gradmesser für die Degradation können u.a. der Verwitterungsindex ($n\text{-}C_8 + n\text{-}C_{10} + n\text{-}C_{12} + n\text{-}C_{14})/(n\text{-}C_{22} + n\text{-}C_{24} + n\text{-}C_{26} + n\text{-}C_{28}$), das Alkan-Isoprenoid-

Verhältnis (Verhältnis der Summe von n-C_{14} bis n-C_{18} zu der Summe aus Farnesan, Trimethyl-C_{13}, Norpristan, Pristan und Phytan) oder bestimmte Aromatenverhältnisse (z.B. Naphthalen/Chrysen, Phenanthren/Chrysen, Dibenzothiophene/Chrysen oder Fluoren/Chrysen) verwendet werden. Hochgradig degradierte Öle haben ihre n-Alkane und Isoparaffine weitgehend verloren und PAK und ihre Alkylhomologen sind stark abgebaut. In solchen Fällen kann kein Fingerprinting mittels n-Alkanen/PAK durchgeführt werden, und es verbleiben nur noch ausgesprochen degradationsresistente Biomarker, um Kontaminationsquelle, Abbaugrad und weiteres Schicksal der Ölkontamination zu klären.

Sehr stark biologisch abgebaute Öle enthalten viele Heteroelemente (N,O,S) und Polyzyklen, die entweder beim biologischen Angriff gebildet wurden oder nach Zerstörung weniger stabiler Verbindungen übriggeblieben sind. Obwohl bei diesen Veränderungsprozessen viele wertvolle Markerverbindungen verloren gehen können, enthalten selbst die stärksten abgebauten Öle bestimmte chemische Strukturen, die zu Korrelationszwecken ausreichen können. Beispiele sind thermisch umgebildete, bioresistente Sterane oder Triterpane (Mackenzie 1984, Philp 1985), PAK (Seifert u. Moldawan 1978) und mehrkernige Thiophenaromaten (Thiarene) (Ho et al. 1974). Auch die Verteilung der Ringzahlen und die Stereochemie der Alkyl- und Wasserstoffgruppen wurde bereits erfolgreich in Korrelationsstudien eingesetzt.

Da nach starkem biologischen Abbau nur noch umgewandelte polyzyklische und aromatische Verbindungen herangezogen werden können, ist es ratsam, andere Parameter wie Spurenmetalle und stabile Isotope mit einzusetzen.

Volkman et al. (1983) beschreiben den Einfluß der Biodegradation auf die Zusammensetzung eines typischen reifen Paraffinöles in neun Stufen.

Kaplan et al. (1995) geben eine ähnliche Degradationsreihe in zehn Stufen für Benzin, Diesel und Heizöl an. 13 Monate nach der Ölkontamination von Mangrovensedimenten waren > 50% der Alkane und ca. 30% der Aromaten durch Lösen in Wasser ($\geq$ 56%), Verflüchtigung ($\leq$ 27%) und Biodegradation ($\leq$ 17%) verschwunden (Burns et al. 1999). Durch Einbeziehung von Isotopenbestimmungen ($^{13}C/^{12}C$) können diese Abbauprozesse noch detaillierter untersucht werden (Wilkes et al. 2000).

3.3.1.8 Altersabschätzung

Wie im letzten Abschnitt dargelegt, werden geradkettige (n-Alkane), verzweigte (Isoprenoide), alizyklische (Naphthene oder alkylierte Zyklohexane), polyzyklische (Sterane und Terpane) und aromatische Strukturen (BTEX, alkylierte Benzole, PAK und aromatische Sterane) in unterschiedlichem Maße von umweltrelevanten Umwandlungsprozessen wie Verdampfung, Laugung (Wasserauswaschung) und Biodegradation verändert. Bei genauer Kenntnis dieser Stabilitätsverhältnisse können diese Verbindungen somit auch zur Altersbestim-

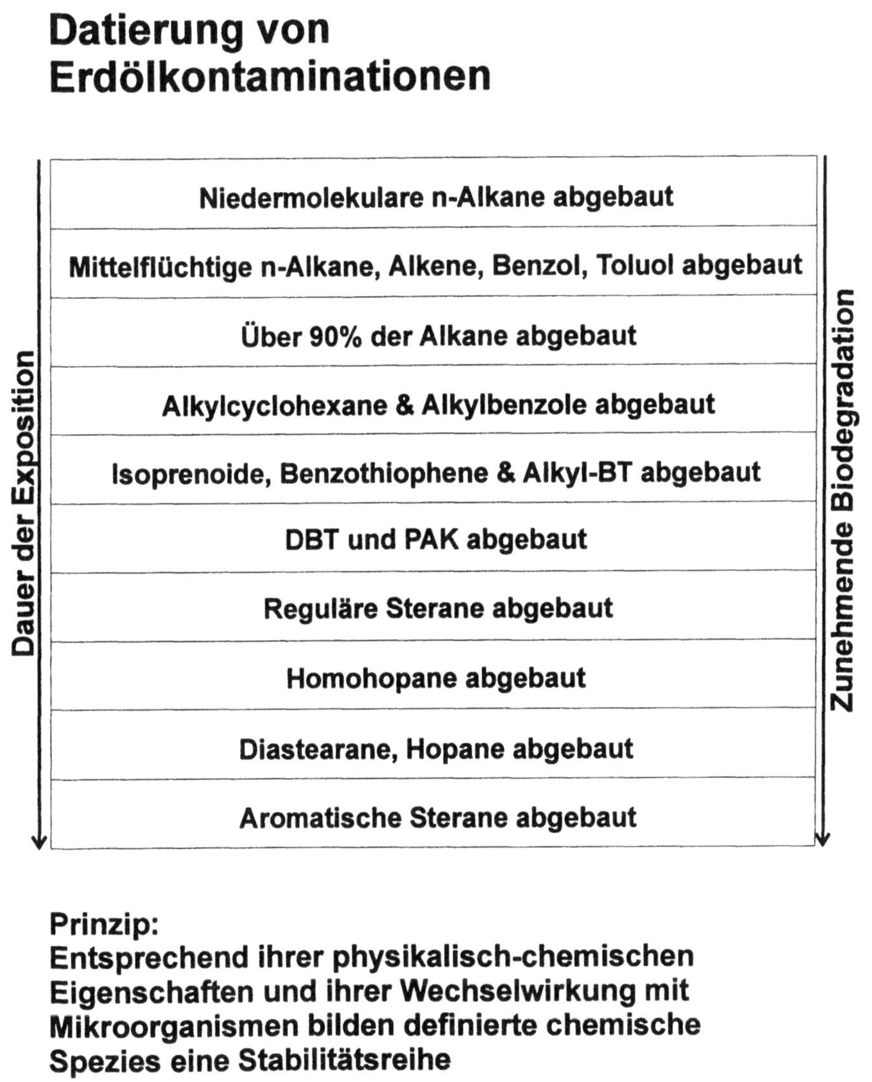

Datierung von Erdölkontaminationen

Niedermolekulare n-Alkane abgebaut
Mittelflüchtige n-Alkane, Alkene, Benzol, Toluol abgebaut
Über 90% der Alkane abgebaut
Alkylcyclohexane & Alkylbenzole abgebaut
Isoprenoide, Benzothiophene & Alkyl-BT abgebaut
DBT und PAK abgebaut
Reguläre Sterane abgebaut
Homohopane abgebaut
Diastearane, Hopane abgebaut
Aromatische Sterane abgebaut

(linke Achse: Dauer der Exposition; rechte Achse: Zunehmende Biodegradation)

Prinzip:
Entsprechend ihrer physikalisch-chemischen Eigenschaften und ihrer Wechselwirkung mit Mikroorganismen bilden definierte chemische Spezies eine Stabilitätsreihe

Abb. 3.4. Veränderung fossiler Schadstoffe durch Biodegradation

mung eingesetzt werden. (Abb. 3.4). Dabei handelt es sich genau besehen um eine relative Alterseinstufung und damit absolut betrachtet um eine grobe Altersabschätzung.

Generell werden niedermolekulare KW mit hohen Dampfdrücken aus dem Erdöl schnell entweichen. Als nächstes werden die wasserlöslichen Verbindungen abgeführt; z.B. besitzt Benzol eine Wasserlöslichkeit von 1750 mg/L. Nach dem Verschwinden der flüchtigsten und löslichsten Ölkomponenten weisen die

Komponenten im Restöl eine deutlich höhere Stabilität auf. Drei Kontrollparameter regeln die biologische Zersetzung der KW:

- die Temperatur
- die Gegenwart von Nährstoffen und Sauerstoff
- die Gegenwart freien oder adsorbierten Wassers.

Weil Flüchtigkeit und Wasserlöslichkeit zwischen Benzol und Xylol um einen Faktor 10 differieren, stellen die BTEX einen hervorragenden Parametersatz zur Bestimmung der Wasserauswaschung und Verdunstung dar (Potter 1989, Odermatt 1994). Aus BTEX-Laborexperimenten ergeben sich bei frisch in Wasser gegebenem Benzin B+T/E+X-Verhältnisse zwischen 1 und 5, während sich z.B. nach zehn Jahren Kontaktzeit Werte unter 0,5 eingestellt haben. Allgemein können auf dieser Basis für Benzin Verhältnisse von Komponenten angegeben werden, die Veränderungen durch Verdampfung, Auswaschprozesse und Biodegradation abschätzen lassen.

In Ergänzung zu den Alkanen sind die drei homologen Reihen der Alkylbenzole, -naphthalene und -zyklohexane für KW wichtige Stabilitätsparameter. Alkylbenzole und -naphthalene sind gegenüber Biodegradation widerstandsfähiger als die meisten anderen Benzinkomponenten (Eganhouse et al. 1993). Je länger die Alkylkette am aromatischen Ring ist, um so resistenter wird der KW gegenüber Biodegradation (Volkman 1984). Alkylnaphthalene erscheinen degradationsresistenter als Alkylbenzole. Alkylzyklohexane sind weniger löslich als Alkylbenzole und gegenüber Biodegradation resitenter als Paraffine; sie sollten deshalb in der Umwelt signifikant länger vorhanden sein als Alkylbenzole und Paraffine. Christensen u. Larsen (1993) ermittelten das Alter von Dieselkontaminationen in Böden aus dem n-C_{17}/Pristan-Verhältnis (Obergrenze 20 Jahre). Die Analyse polarer Verbindungen wie Ketone, Aldehyde, Phenole, Alkohole, Säuren und deren Salze, Amine u.a. kann für eine Produktzuordnung und Altersbestimmung von großer Wichtigkeit sein, denn damit besteht die Möglichkeit, den Weg der Biodegradation, sofern sie aerob abläuft und ausschließlich polare Verbindungen produziert, zurückzuverfolgen (Hödl u. Schindlbauer 1995).

3.3.1.9 Anwendungsbeispiele

1992 wurde eine Ölkontamination im Grundwasser nahe New York City untersucht. GC-Untersuchungen ergaben, daß neben einer rezenten Kontamination mit Dieselkraftstoff zwei unaufgelöste Buckel auf (möglicherweise mehr als 20 Jahre) alte Kontaminationen mit Diesel- sowie mit Altöl zurückzuführen sind.

In Ventura (Kalifornien) wurde 1992 in einem Überwachungsbrunnen in der Nähe eines Tanklagers Öl gefunden. Aus Biomarkerverteilungen konnte geschlossen werden, daß die Kontaminationen auf einen natürlichen Ölaustritt in ca. 10 Meilen Entfernung zurückzuführen sind.

Wang et al. (1995) untersuchten zwölf Jahre alte Ölrückstände in einer arktischen Bucht. Die Ölcharakterisierung wurde nicht nur durch Analysen der einzelnen Aliphaten, Aromaten und Biomarkerverbindungen realisiert, sondern auch durch Mustererkennung der Verteilung von über 100 wichtigen Ölkomponenten und Komponentengruppen; die Verwitterungsanteile der Restölrückstände wurden dabei auf einen geeigneten internen Standard bezogen und quantifiziert. Während Naphthalen und seine Alkylhomologen relativ zu anderen PAK deutlich abgereichert waren, blieb die Konzentration von Chrysen praktisch unverändert.

Bei der Havarie der Exxon Valdez wurden am 24.3.1989 ca. 41 ML Alaska-North-Slope-Erdöl in den Prince William Sound freigesetzt. Die marine Umwelt der Bucht besteht aus einer komplexen Mischung petrogenetischer, pyrogenetischer und biogener KW aus natürlichen und anthropogenen Quellen. Eine Vielzahl an molekularen und isotopen Techniken wurde zur Quellenidentifikation und quantitativen Mischungsanalyse der beteiligten KW eingesetzt (Bence et al. 1996): Verteilungen von PAK und Dibenzothiophenen unterscheiden das Exxon-Valdez-Öl und seine Verwitterungsprodukte von den im Sediment vorhandenen KW. Verhältnisse von C_2-Dibenzothiophen/C_2-Phenanthren und C_3-Dibenzothiophen/C_3-Phenanthren waren teilweise nützlich. Verteilungen der Kohlenstoffisotope und Terpane unterschieden Teeransammlungen an der Küste nach Exxon-Valdez-Rückständen und anderen Quellen (kalifornisches Öl, Diesel und diverse Raffinationsprodukte). Diesel und Dieselruß wurden durch die Abwesenheit alkylierter Chrysene und eine enge Verteilung der n-Alkane identifiziert, während pyrogene Produkte durch die Vorherrschaft der 4- bis 6-Ring-PAK über die 2- und 3-Ring-PAK sowie durch die Vorherrschaft nicht-alkylierter über die alkylierten Homologen jeder PAK-Serie differenziert wurden. Die Gegenwart von 18α(H)-Oleanan in benthischen Sedimenten bei gleichzeitiger Abwesenheit im Exxon-Valdez-Öl und seinen Rückständen charakterisiert eine andere petrogenetische Komponente. Es wird angenommen, daß die sedimentäre Hintergrundbelastung auf Ölaustritte im östlichen Teil des Golfes von Alaska zurückzuführen ist. Aus der Verteilung der PAK ließ sich ableiten, daß 6% der untersuchten biologischen Proben höherer Lebensformen (Fische, Vögel und Säugetiere) erkennbare Rückstände des Exxon-Valdez-Öles aufweisen. Nach den n-Alkanen werden die Isoprenoide Pristan und Phytan abgebaut und der Ölberg nimmt zu; nach zwei bis drei Jahren waren diese Verbindungen in den Teerklumpen im Küstenbereich verschwunden.

Im Arabischen Golf waren einige der nach dem Golfkrieg gesammelten Öle so stark degradiert, daß alkylierte Phenanthrene nicht mehr zuverlässig nachgewiesen werden konnten (Sauer et al. 1993). In solchen Fällen muß man auf widerstandsfähigere Verbindungen wie Chrysen und C_{30}-Hopane zurückgreifen.

3.3.2 Isotopenverteilungen

3.3.2.1 Isotope leichter Elemente

Referenzbücher zum Isotopentracing gibt es von Lajtha u. Michener (1994), Rundel et al. (1989), Fritz u. Fontes (1980, 1986, 1989), Hurst et al. (1987) und Krouse u. Grinenko (1991). Hinsichtlich Nomenklatur, Einheiten und Standardproben bei der Analytik stabiler Isotope siehe Coplen (1996).

Isotopenverteilungen, insbesondere Isotopenverhältnisse werden durch umweltrelevante Prozesse nicht in dem Maße verändert wie die molekulare Zusammensetzung. Bei Biodegradation, Wärmezufuhr oder anderen umweltrelevanten Prozessen werden die $^{13}C/^{12}C$-Verhältnisse in die Umwelt freigesetzter Erdöle nur wenig verschoben. Laborsimulationsexperimente zur Biodegradation bestätigen, daß Kohlenstoffisotopenverhältnisse als einige der stabilsten Parameter eines Öls betrachtet werden können (Harrington et al. 1999, Kennicutt 1988). Es erscheint angebracht, bei Fingerprintstudien von Ölkontaminationen nach Möglichkeit auch die Isotopenverhältnisse von $^{15}N/^{14}N$ und $^{34}S/^{32}S$ mit einzubeziehen (Le'tolle 1980, Krouse 1980).

Trotzdem zeigen im Gegensatz zu den schweren Isotopen (s.u.) die stabilen Isotope der leichten Elemente mit ihren relativ hohen Massenunterschieden Fraktionierungseffekte bei bestimmten, in der Umwelt ablaufenden Vorgängen wie Verdampfung, Diffusion und Biosynthese sowie -degradation. Kennt man den Betrag der mit diesen Prozessen verknüpften Isotopenfraktionierung, kann man dies berücksichtigen und trotzdem eine genetische Information ableiten.

Markierungstechniken werden eingesetzt, um eine gezielte und eindeutige Kennzeichnung umweltgefährdender Stoffe zu ermöglichen. Hierzu wird die radioaktive Markierung bereits seit längerer Zeit eingesetzt. Die amerikanische Firma Isotag markiert die Produkte gezielt mit stabilen Isotopen, um deren weiteres Schicksal verfolgen zu können. Da diese Isotopenmarker in der Natur nicht vorkommen, können Verwechslungen nicht passieren. Die Isotope können in den verschiedensten Kombinationen zugesetzt werden; damit wird eine individuelle Kennzeichnung möglich. Ein Stoff hat dann seinen eigenen „chemischen Fingerabdruck" und ist von anderen eindeutig zu unterscheiden. Zunächst für die Markierung von Rohöl und Erdgas konzipiert (Öldiebstahl), können mittlerweile alle Stoffe, z.B. auch Gifte, Kosmetika und sogar Kunstwerke, gekennzeichnet werden. Unternehmen, die mit Gefahrgütern umgehen, können ihre Produkte markieren und sich so vor ungerechtfertigten Schuldzuweisungen schützen. Naturschutzbehörden können Umweltsünder ohne großen Aufwand aufspüren, wenn sie die Substanzen potentieller Verursacher mit der „Isotopen-Wanze" kennzeichnen (Umwelt 24, 208, 1994).

Umweltrelevante Gase

Explosive und toxische Gase werden weltweit in Haus- und Industriemüll-deponien erzeugt. Solche Gase entstehen auch in Sümpfen, Tiefenwässern, Öl-, Gas- und Reisfeldern. Im Hinblick auf umweltchemische Fragestellungen ist die Abklärung der Herkunft dieser Gase (z.B. Methan, andere gasförmige KW, Schwefelwasserstoff) wichtig, insbesondere wenn Gasmischungen vorliegen. Dies ist unter Heranziehung der stabilen Isotope des Wasserstoffs, des Kohlenstoffs und des Schwefels möglich (Kaplan 1994).

Gaslecks können unter verschiedenen Umständen auftreten: Baut Deponiegas Druck auf, kann es plötzlich aus dem Deponiekörper ausbrechen. Eine andere Situation betrifft korrosionsbedingte Undichtigkeiten kommunaler Gasleitungen innerhalb von Wohngebieten. Ein drittes Beispiel sind natürliche Gasaustritte über Sümpfen oder unterirdischen Anhäufungen von Biomasse und ein viertes Beispiel natürliche Öl- und Gasaustritte. Der professionelle Umweltanalytiker sollte zwischen diesen Möglichkeiten unterscheiden können.

Hauptsächlich drei Prozesse sind für die Methanentstehung verantwortlich: 1. thermisches Cracken von Kerogen (üblicherweise in großen Teufen), 2. biogene Methanproduktion durch Bakterien in anaeroben Milieus oder im Verdauungstrakt zahlreicher Tiere, und 3. Verbrennung von Öl, Kohle oder Biomasse.

Unter ökologischen Bedingungen erfolgt die Methanbildung von Gemeinschaften unterschiedlicher Mikroorganismen (Ward et al. 1978). Es existieren in der Umwelt verschiedene Wege zur Methanogenese: Mah u. Sussman (1967) zeigten, daß im Klärschlamm die Methanbildung hauptsächlich durch Fermentation erfolgt; im Meer erfolgt die Methanbildung dagegen durch Reduktion von CO_2 (Claypool u. Kaplan 1974). In einem Experiment mit radioaktiv markierter Glukose in einem Reisfeld konnte Conrad (1993) zeigen, daß 8% des Methans durch Reduktion von CO_2 und der Rest durch Fermentation über Essigsäure gebildet wird.

Kohlenstoffisotopenmessungen lassen in manchen Fällen signifikante Unterscheidungen zu: So unterscheiden sich beim biogenem Methan durch CO-Reduktion entstandene Gase mit einem Isotopenverhältnis von -90 bis -60‰ von durch Fermentation gebildeten (-60 bis -45‰). Auch beim thermogenen Methan können unreife Gase (Tieftemperaturgase) bei -50 bis -40‰ von reifen (Hochtemperaturgase) bei -30 bis -15‰ unterschieden werden. Weltweit liegen die Kohlenstoffisotopenverhältniswerte in Umweltgasen (z.B. Deponie- und Klärgase) für Methan zwischen -45 und -77‰ (Weltmittel Deponiegase -51‰) und für mit Methan assoziiertes Kohlendioxid zwischen -10 und -20‰. Hieraus ist zu entnehmen, daß die Methanproduktion in Deponien sowohl durch Reduktion von CO_2 mit Wasserstoff als auch durch Fermentation und Dissoziation der Essigsäure erfolgt. Jedrysek (1995) entdeckte tages- und jahreszeitliche Schwankungen (-63 bis -47‰) des Kohlenstoffisotopenverhältnisses bei aus polnischen Seesedimenten entweichendem Methan. Er erklärt die Minima am

Morgen mit einer verstärkten Methanogenese und die Maxima am Nachmittag durch die Dominanz des Fermentationsprozesses.

Grob zusammengefaßt liegt $^{13}C/^{12}C$ biogener Gase im Bereich -45 bis $-100‰$ und D/H von -150 bis $-300‰$, während $^{13}C/^{12}C$ thermogener Gase zwischen -15 und $-50‰$ und D/H zwischen -90 und $-300‰$ liegt. Deshalb ist es in einigen Fällen sinnvoll, GC-Untersuchungen an Gasen durch Isotopenmessungen zu ergänzen.

Treten zusammen mit Methan auch andere KW wie Ethan, Propan und Butan in deutlichen Mengen (etwa $> 0,5\%$) auf, ist ein thermogener Ursprung möglich. Da einerseits Deponiegase Ethan und Propan und andererseits thermogene Gase auch nur Methan enthalten können, kann die Herkunft der Gase nicht nur aufgrund ihrer chemischen Zusammensetzung ermittelt werden. Interessant kann die Hinzuziehung von Edelgasen wie Ar oder He sein, da diese sich konservativ verhalten und an Stoffwechselprozessen nicht teilnehmen. So kann N_2/Ar und O_2/Ar in Deponiegasen nutzbare Hinweise auf mögliche Stoffwechselvorgänge im Deponiekörper geben.

Zusammengefaßt sollte eine Analyse von Gasen zur Klärung ihrer Herkunft Konzentrationsbestimmungen von Methan, Ethan, Propan, Butan und Isobutan, Pentan, Iso- und Neopentan, Kohlendioxid, Schwefelwasserstoff, Stickstoff, Sauerstoff, Argon und Helium ebenso wie Isotopenbestimmungen des $^{13}C/^{12}C$, D/H und $^{34}S/^{32}S$ an KW, CO_2 und H_2S umfassen.

Im Phasengleichgewicht zwischen Öl und Gas befinden sich Aromaten bevorzugt in der Öl- und Isoalkane meist in der Gasphase (Carpentier et al. 1996). Zwischen beiden Phasen besteht eine kleine Isotopenfraktionierung mit der Gasphase als der isotopisch leichteren Phase.

Aerosolteilchen $< 3,5$ µm aus der Stadtluft in Südkalifornien wurden von Kaplan u. Gordon (1994) auf $^{13}C/^{12}C$ und $^{14}C/^{12}C$ untersucht. Dabei stellte sich heraus, daß 17 bis 63% des gesamten Kohlenstoffs (besonders die polareren Komponenten) jung (nicht fossil) ist und damit nicht mit verkehrsbedingten, sondern mit biogenen Emissionen zusammenhängt. Mit Hilfe von ^{14}C-Untersuchungen konnten Lichtfouse u. Eglinton (1995) in ähnlicher Weise nachweisen, daß auch n-Alkane in Böden Mischungen aus rezenten und fossilen Kohlenstoffquellen darstellen.

Die Infektion der Magenschleimhaut durch das Bakterium *Heliobacter pylori* ist als einer der Auslöser für Gastritis, Magen- und Zwölffingerdarmgeschwüre und auch Magenkrebs erkannt worden. Der zuverlässigste Nachweis einer Infektion gelingt mit dem nichtinvasiven ^{13}C-Harnstoff-Atemgastest (^{13}C-UBT). Der Test gründet auf der Abwesenheit von Urease (Harnstoff spaltendes Enzym) im gesunden menschlichen Magen-Darm-Trakt. Oral aufgenommener Harnstoff wird daher vom gesunden Menschen unverändert ausgeschieden. *H. pylori* hat jedoch eine hohe endogene Ureaseaktivität, bei der Harnstoff in CO_2 und NH_3 gespalten wird. Das CO_2 gelangt über die Blutbahn zur Lunge und wird ausgeatmet. Ist der aufgenommene Harnstoff mit ^{13}C markiert, wird der Atem $^{13}CO_2$ enthalten, wenn das Bakterium im Magen vorhanden ist.

Aquatische und biogene Systeme

Die Analyse von Schnee aus Hochgebirgsregionen liefert Informationen über den Ferntransport von Schadstoffen. Herkunftsbestimmungen für Schnee- und Filterproben hinsichtlich unterschiedlicher Emittergruppen (geogen, biogen und anthropogen) werden mit Isotopenanalysen auf S, N und C durchgeführt (Pichlmayer et al. 1994); Daten zu Temperatur und Herkunft des Niederschlagswassers liefern D/H und Sauerstoffisotopenmessungen am Schneewasser.

Chlorierte organische Lösungsmittel haben ebenfalls spezifische Isotopenmuster. So ist es möglich, sie aufgrund von ^{13}C- und ^{37}Cl-Verteilungen innerhalb von Umweltmedien zu identifizieren und voneinander zu differenzieren (Ertl et al. 1996, van Warmerdam et al. 1995). Beim Transport mit dem Grundwasser bleibt die Isotopenzusammensetzung erhalten, solange die Lösungsmittel nicht biodegradiert werden (Benetean et al. 1999). Während bei Verdampfung eine negative Korrelation zwischen den C- und Cl-Isotopenverhältnissen besteht, ist diese bei Biodegradation positiv (Huang et al. 1999). Größere Isotopenfraktionierungen treten nur bei reduktiver Dehalogenierung an Katalysatoroberflächen auf (Dayan et al. 1999).

Bei der Ölraffination wird das $^{13}C/^{12}C$-Verhältnis nur geringfügig geändert; weniger ist über D/H bekannt. C-Isotopenuntersuchungen können somit zur Identifizierung der Quelle einer Ölverschmutzung und zur Aufklärung der Mischungsverhältnisse unterschiedlicher Quellen herangezogen werden. Hierzu ein Beispiel: Am 7.2.1990 erfolgte eine Ölfreisetzung bei einem Tankerunfall in Huntington Beach (Südkalifornien). Es stellte sich die Frage, ob Teerbälle an kalifornischen Stränden mit dieser Ölkontamination in Zusammenhang stehen. Mit $^{13}C/^{12}C$ von -23 bis $-24‰$ entsprechen die Teerbälle kalifornischen Erdölen und können nicht mit den Erdölen aus Alaska (-29 bis $-30‰$) in Verbindung gebracht werden, die der Tanker geladen hatte.

C3-Pflanzen sind aufgrund unterschiedlicher Kohlenstofffixierung gegenüber C4-Pflanzen um ca. 15% an ^{12}C angereichert. Dieser Unterschied kann bis in typische molekulare Komponenten der Pflanzen verfolgt werden, z.B. findet er sich auch in phenolischen Strukturen der Ligninfraktion wieder (Goni u. Eglinton 1996) oder kann Hinweise zur Entstehungsweise mikrobieller Fettsäuren liefern (Van der Meer et al. 1998, Schouten et al. 1998). Solche isotopischen Zusammenhänge können in der Lebensmittelüberwachung gezielt eingesetzt werden: So liegt $^{13}C/^{12}C$ von Mais ähnlich wie bei Zuckerrohr um $-11‰$ und es ist möglich, z.B. die Echtheit von Maishonig oder die Süßung alkoholischer Getränke zu überprüfen. So konnte Dunbar (1982) anhand von Kohlenstoffisotopenuntersuchungen nachweisen, daß einige Weine aus Neuseeland unter Verwendung von Ethanol aus Rohrzucker künstlich verstärkt worden waren (Abb. 3.5). Dies war möglich, da Wein- und Rohrzucker im Verlauf des C3-

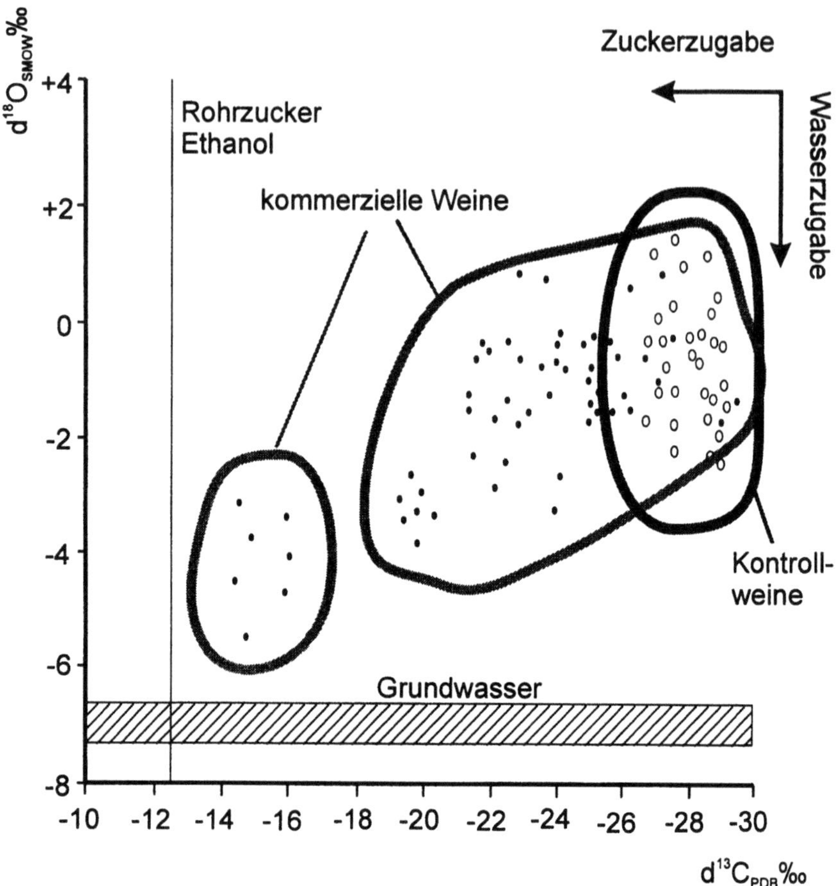

Abb. 3.5. Isotopenuntersuchungen zur Herkunftsbestimmung neuseeländischer Weine (Dunbar 1982)

bzw. C4-Zyklus zur Kohlenstoffixierung unterschiedlich fraktionieren. In derselben Studie wurde außerdem unter Verwendung der Sauerstoffisotopenzusammensetzung demonstriert, mit wieviel Wasser der Wein zusätzlich verdünnt wurde. Hier macht man sich zunutze, daß Wasser in Früchten aufgrund von Diffusionsvorgängen bei der Evapotranspiration gegenüber Boden- und Grundwasser an schweren Isotopen angereichert ist.

Mit Hilfe von Kohlenstoffisotopenuntersuchungen werden unterschiedlichste C-Flüsse innerhalb von Ökosystemen erforscht. Wegen der hohen Produktivität und des ebenso schnellen Zerfalls der Biomasse in tropischen Regenwäldern konnten van der Merwe u. Medina (1989) nahe der Bodenoberfläche deutliche ^{12}C-Anreicherungen gegenüber atmosphärischem Kohlendioxid feststellen. Estep u. Vigg (1985) zeigten an aquatischen Systemen auf unterschiedlichen

Trophieebenen, daß die Isotopenzusammensetzungen in Fischen von deren Nahrung festgelegt werden.

Aufgrund eines großen Isotopenunterschieds zwischen Polysacchariden und Lignin können z.B. jene biogeochemischen Prozesse verfolgt werden, bei denen Polysaccharide sukzessive verloren gehen und in der Biomasse die isotopisch leichte Ligninfraktion angereichert wird (Benner et al. 1987). Dies zeigten Spiker u. Hatcher (1987) an Hölzern unterschiedlichen Alters. Während der organischen Frühdiagenese wurde das Restholz wegen der Abreicherung der Kohlenhydrate und der Anreicherung von Lignin um 1 bis 2‰ isotopisch leichter. Damit ist auch klargestellt, daß Degradationsprodukte der Kohlenhydrate nicht in die aromatische Ligninstruktur aufgenommen werden. Im organischen Material eines Sapropels (Mangrove Lake, Bermuda) war dieser Diagenese-effekt mit 4‰ noch ausgeprägter (Spiker u. Hatcher 1984). Durch selektiven Erhalt isotopisch leichter Residuen von Pflanzen müßte eigentlich die organische Bodensubstanz isotopisch auch immer leichter werden. Dies ist nach Lichtfouse et al. (1995b) nicht der Fall, so daß neben dem Effekt der selektiven Erhaltung ligninartiger Bestandteile auch ein Effekt der Polykondensation kleiner, isotopisch schwerer Moleküle anzunehmen ist.

Zwischen der Kohlenstoffisotopenzusammensetzung und dem Molekulargewicht von Humin- und Fulvosäuren besteht nach Gerzabek et al. (1991) ein Zusammenhang: Mit zunehmendem Molekulargewicht wird ^{12}C angereichert. Nicht-huminsubstanzen können leichter von Mikroorganismen angegriffen werden und sind deshalb an ^{13}C angereichert.

Die Kohlenstoffisotopenzusammensetzung von Phenanthren und Methylphen-anthren aus marinen und terrestrischen Kohlen ist unterschiedlich (Radke et al. 1998). Kohlenstoffisotopenanalysen lassen Rückschlüsse auf die Art des verbrannten Materials und auf den Verbrennungsprozeß selbst zu (Hallam et al. 1988): So glich die Isotopenzusammensetzung des CO derjenigen des eingesetzten Öls, war aber bei Naßoxidation und Niedertemperaturveraschung um 3 bis 6‰ isotopisch schwerer.

Ungefähr 35 – 40% des Abfalls in Altdeponien sind organischer Natur, ein Großteil davon unterliegt dem biologischen Abbau über Hydrolyse und Fermentation, Säurebildung und Methanbildung bis zu den Endgliedern Methan und Kohlendioxid. Während Methan den Müllkörper vorwiegend durch Entgasung in die Atmosphäre verläßt, wird Kohlendioxid zum größten Teil als Hydrogencarbonat gelöst und kann zusammen mit aus dem Abfallmaterial herausgelösten carbonathaltigen Bestandteilen mit dem Sickerwasser aus der Deponie das Grundwasser erreichen. Die im Grundwasserstrom (geogener Hintergrundwert) von Arneth u. Hoefs (1988) gemessenen Isotopenwerte lagen mit -11‰ im für terrestrisches Bicarbonat typischen Bereich. Dagegen zeigte das Deponiesicker-wasser Werte von +10‰ und höher, was auf die Abspaltung der isotopisch schweren Carboxylgruppe aus Essigsäure während der bakteriellen Methanogenese zurückgeführt wird. Kohlenstoffisotopenuntersuchungen scheinen also dazu geeignet zu sein, eine starke Grundwasserkontamination durch eine Altablagerung nachzuweisen, zumindest dann, wenn sich diese Altablagerung in der stabilen Spätphase der Methangärung befindet. Nachtweyh et al. (1991) berichten von isotopisch sehr leichtem Bicarbonat und erklären dies mit einem „erhöhten Anteil an organischen Inhaltsstoffen". Isotopenstudien zu Schwefel können hinzugezogen werden, auch wenn derzeit diesbezügliche Befunde noch nicht eindeutig interpretierbar sind (Hoefs 1997).

C-Isotopenanalysen können sinnvollerweise auch durch andere Analysenparameter komplettiert werden: So konnten Hackley et al. (1999) durch Hinzuziehung von D/H, Radiokohlenstoff (^{14}C) und Tritium (^{3}H) bei der Quellenzuordnung von Methan zwischen sedimentären Quellen und der Herkunft aus einer Deponie differenzieren oder Waseda u. Nishita (1998) japanische Erdöle durch Ergänzung der Kohlenstoffisotopenuntersuchungen durch Biomarkerverteilungen in zwei genetische Gruppen unterteilen.

Intermolekulare Isotopenverteilung

Durch die Kopplung eines GC über einen Verbrennungsofen an ein Isotopen-Massenspektrometer (GC-IR-MS) können Kohlenstoffisotopenverhältnisse in einem Stoffgemisch verbindungsspezifisch bestimmt werden (Rullkötter 1995). Über die Isotopensignatur (Verteilungsmuster) lassen sich z.B. Schlüsse auf Vorläuferorganismen ziehen, die sich in besonderer Weise durch die Fraktionierung der Kohlenstoffisotope bei der Biosynthese auszeichnen. Schon lange werden Verteilungsmuster von n-Alkanen zur Deutung der Herkunft organischen Materials in Sedimenten herangezogen. Ein Problem besteht darin, daß n-Alkane von verschiedenen Organismen synthetisiert und diagenetisch aus einer Vielzahl von Vorläuferverbindungen gebildet werden können; es kann nur durch Einbeziehung geeigneter Isotopeninformation gelöst werden.

Molekulare Isotopenmuster leichtflüchtiger KW sind geeignete Hilfsmittel für Korrelationsuntersuchungen und von Effekten bei der Probenlagerung weitgehend unabhängig. Zahlreich sind die Einsatzgebiete dieser Methode in der Umweltgeochemie, z.B. zur Klärung der Herkunft von KW aus Erdölen, Feuerungsabgasen, Autoabgasen und Getriebeölen. Die Isotopenbestimmungen liefern dabei Informationen, die zu denen der molekularen Analysen komplementär sind.

Guthrie (1996) führte die Isotopenvariationen von Pristan, Phytan, Heptadecan, Steranen und Arylisoprenoiden aus organischen Sedimenten auf regionale Unterschiede verschiedener Lebensgemeinschaften von Algen und Bakterien zurück. Man erhält auf diese Weise einen konkreteren Einblick in den spezifischen Stoffwechsel einer speziellen Mikrobengemeinschaft, was über eine undifferenziert auf die Primärproduktion ausgerichtete Betrachtungsweise deutlich hinausgeht (Freeman et al. 1990). Kohlenstoffisotopendaten von n-Alkyl- und isoprenoiden Lipiden zeigten umgekehrte Isotopenordnungen für Proben aus dem Proterozoikum und dem Phanerozoikum: Es stellte sich heraus, daß erstgenannte von heterotrophen und letztgenannte von autotrophen Organismen abstammen (Logan et al. 1997). Aus cyanobakteriellen Lipiden konnten langkettige n-Alkane isoliert werden, die sich aufgrund ihrer Isotopenverteilungen als petrochemische Kontaminationen entpuppten (Sakata et al. 1997). Zur Aufklärung der Herkunft von Fettsäuren in Böden führten Lichtfouse et al. (1995a) Inkubationsexperimente mit ^{13}C-dotierter Glukose durch und fanden n-$C_{14, 16, 18}$-Alkansäuren an ^{13}C angereichert, höhere nicht. In ähnlicher Weise kann die Fraktionierung von D/H zur Aufklärung offener Fragen bei der Biosynthese von Fettsäuren beitragen (Sessions et al. 1990). Huang et al. (1997) verfolgten den anaeroben Abbau von Pflanzenabfällen experimentell. Obwohl nach 23 Jahren für das gesamte Material und die C_{23} – C_{35}-n-Alkan-Fraktion der Gewichtsverlust 90% betrug, blieb die Kohlenstoffisotopenzusammensetzung der einzelnen n-Alkane erhalten und erfüllt dementsprechend die für Biomarker geltenden Kriterien.

Vergleiche von Isotopenmustern lassen sich auch bei stark biodegradierten Ölen durchführen. Diese Proben haben oft zu geringe Biomarkerkonzentrationen, und man muß zweckmäßigerweise auf die Pyrolyse der Asphaltenfraktion zurückgreifen. Interessanterweise stimmen die Isotopenmuster der Pyrolysate mit denen des Ausgangsöls recht gut überein; diese Technik ist im Prinzip auch bei Ölkontaminationen von Lebewesen anwendbar (z.B. Vogelfedern).

Dowling et al. (1995) verglichen Biomarkerverteilungen in Erdölen mit deren Isotopenmustern und konnten so die Ähnlichkeit australischer Öle mit solchen aus Zentralsumatra aufzeigen. Auch Isotopenmuster erweisen sich hilfreich, wenn es um die Analyse von Mischungen mehrerer Öle geht. Aus den Isotopenmustern der Alkane und Aromaten konnten Simoneit u. Schoell (1995) die marine Herkunft und das Muttergesteinskerogen hydrothermaler Erdöle aus dem Guayamas Becken (Golf von Kalifornien) ermitteln.

Auch zur $^{13}C/^{12}C$-Isotopenbestimmung an einzelnen Aminosäuren gibt es geeignete instrumentelle Techniken (Silfer et al. 1991). Es stellte sich heraus, daß die Isotopenzusammensetzung der Mehrzahl der Aminosäuren in Foraminiferen im Einklang mit deren Biosynthese steht (Uhle et al. 1997); ähnliche Studien wurden an Cholesterol und Knochenkollagen durchgeführt (Stott et al. 1997). Fogel et al. (1997) setzten diese verbindungsspezifischen Isotopenanalysen auch für Stickstoff ein und versuchten, auf diese Weise Rückschlüsse auf die Nahrung vorgeschichtlicher Menschen zu ziehen. Schließlich zeigen die Verhältnisse der stabilen Isotope in einzelnen Aminosäuren des Murchison-Meteoriten Werte, die mit +5 bis +28‰ für $^{13}C/^{12}C$ und +37 bis +184‰ für $^{15}N/^{14}N$ weit außerhalb aller terrestrischen Werte liegen (Macko et al. 1997, Merritt u. Hayes 1994).

Fettsäuren und PAK wurden von Ballentine et al. (1996) im Zuckerrohr sowie in dessen Verbrennungsprodukten als mögliche Tracerspezies für die Folgeprodukte der Verbrennung von Biomasse untersucht. Die im Aerosol über dem Feuer gesammelten Fettsäuren waren geradzahlig und gesättigt und erstreckten sich von C_{12} bis C_{22}; ihre Kohlenstoffisotopenzusammensetzung lag mit -20 und

-24‰ deutlich niedriger als die des Zuckerrohrs (-13‰) und dessen Gesamt-lipidextrakt (-18‰). Während beim Verschwelen dieses Isotopenmuster erhalten blieb, war beim Verbrennen mit offener Flamme eine Isotopenabreicherung von 1 bis 6‰ gegenüber dem unverbrannten Zuckerrohr zu beobachten; auch Phenanthren, Fluoranthen und Pyren waren mit -23 bis -25‰ gegenüber der Originalpflanze an ^{13}C abgereichert.

Stickstoff

Die gegenwärtige industrielle Stickstoffixierung ist mit 60 Mt/a vergleichbar mit der natürlichen biologischen Stickstoffixierung. Dies führt zuweilen zur anthropogen bedingten Kontamination von Grund- und Oberflächenwasser mit Nitrat, das in hohen Konzentrationen für Mensch und aquatische Organismen toxisch ist. Darüber hinaus führt die Verbrennung von Luftstickstoff mit Sauerstoff in Kraftwerken und Verbrennungsmotoren zur Emission reaktiver NO_x-Gase, die u.a. auch an der Bildung von Smog und saurem Regen beteiligt sind. Heaton (1986) gibt einen Überblick, wie Isotopenbestimmungen des ^{15}N/^{14}N-Verhältnisses zur Klärung von Herkunft und Mechanismen der Belastung von Hydro- und Atmosphäre mit Stickstoffverbindungen beitragen können. Durch Ackerbau bedingte Mineralisierung des Bodenstickstoffs, Düngeranwendung und Aufbringung von Gülle und Klärschlamm sind die drei Hauptquellen für die Nitratbelastung der Hydrosphäre. In vielen Fällen resultieren Nitrate mit unterscheidbaren ^{15}N/^{14}N-Verhältnissen. Kontaminationen von Grund- und Oberflächenwasser können so geklärt werden.
Auch bei Isotopenstudien des stabilen Stickstoffs müssen die wichtigsten Isotopenfraktionierungen bekannt sein: Diese betragen normalerweise zwischen Ammonium und Ammoniak +25 bis +35‰, zwischen molekularem Stickstoff und Nitratstickstoff um die -35‰ und können zwischen molekularem und organischem Stickstoff vernachlässigt werden. Grundwassergefährdende abwärts gerichtete Sickerwässer enthalten nur Nitrat als relevante Stickstoffspezies, während Oberflächenwässer zusätzlich noch mit Ammonium und organischem Stickstoff belastet sein können und es zur Eutrophierung kommen kann. Nitrat und Ammonium in Düngern werden durch Fixierung des Luftstickstoffs industriell gewonnen und weisen deshalb Isotopenwerte um die 0‰ auf. Gülle und Klärschlämme enthalten Stickstoff meist in Form von Harnstoff mit ^{15}N/^{14}N von typischerweise +10 bis +20‰; NO_x aus Kraftwerken und Fahrzeugen liegt schwerpunktsmäßig im Bereich von -5 bis +5‰.
Bei der Synthese von Aminosäuren durch Mikroorganismen entstehen prozeß-spezifische Isotopenfraktionierungen von ^{15}N/^{14}N von bis zu 12‰ (Macko et al. 1987).
Bei der thermischen Reifung von sedimentärem organischen Material wird aus organischen Molekülen ^{14}N eher als ^{15}N freigesetzt (Williams et al. 1995). ^{14}N geht damit bevorzugt in Lösung oder adsorbiert an Minerale und läßt ein an ^{15}N angereichertes Öl zurück. Deshalb kann auch NH_4^+ mit der Isotopenzusammen-

setzung des mobilisierten Stickstoffs in Zwischenschichten der im Temperaturbereich der KW-Genese („Ölfenster") neu entstehenden diagenetischen Tonminerale (z.B. Illit) fixiert werden.

Stickstoffisotopenverhältnisse sind erfolgreich zur Unterscheidung von Erdölen aus unterschiedlichen Muttergesteinen (Reed u. Kaplan 1977) und zur Typisierung von terrestrischem und marinem organischen Material in Sedimenten herangezogen worden (Peters et al. 1978, Sweeney u. Kaplan 1980, Rigby u. Batts 1986).

Erfolgt in aus Böden extrahierten Huminstoffen neben der Bestimmung der $^{13}C/^{12}C$-Verhältnisse auch noch die von $^{15}N/^{14}N$, kann man neben einer reinen Beschreibung der Huminstoffe auch Aussagen zu ihrer Umsetzungsdynamik erhalten. So steigt in österreichischen Waldböden $^{15}N/^{14}N$ mit der Tiefe wesentlich stärker an als $^{13}C/^{12}C$, was auf eine rasche Umsetzung des organischen Stickstoffs schließen läßt (Gerzabek et al. 1989).

Schwefel

Aufgrund seiner verschiedenen chemischen Erscheinungsformen, vielen Wertigkeiten und zahlreichen Fraktionierungsprozesse sind Variationen der Schwefelisotopenverhältnisse oft ausgeprägter als die von Kohlenstoff (Thode et al. 1949). Unter Bedingungen an der Erdoberfläche ereignen sich deutliche Isotopenverschiebungen am Sulfat nur bei mikrobiologischen Prozessen, nicht dagegen bei Oberflächenwechselwirkungsprozessen mit Mineralen (Van Stempvoort et al. 1990). Insbesondere ist eine starke Abreicherung an ^{34}S (um 40 bis 50‰) bei der Sulfatreduktion (durch vielerlei Arten sulfatreduzierender Bakterien wie *Desulfovibrio* und *Desulfovibrio desulfuricans*) in biogen entstandenem H_2S zu beobachten (Kaplan u. Rittenberg 1964, Rees 1973, Krouse 1980); bei chemischer oder bakterieller Oxidation von S^0 dagegen tritt kaum eine Isotopenfraktionierung auf (McCready u. Krouse 1982). Spezifische Isotopenmuster ergeben sich bei der dissimilatorischen Sulfitreduktion durch *Alteromonas putrfaciens* (Semple et al. 1987).

Bei Kenntnis dieser Isotopenfraktionierungen ist es möglich, genetische und quantitative Beziehungen im sedimentären Schwefelkreislauf zu ergründen: So haben in Sedimenten organisch gebundener und elementarer Schwefel nahezu die gleiche Isotopenzusammensetzung (Hirner u. Robinson 1992), beide sind aber gegenüber koexistierendem Pyritschwefel um ca. 30‰ an ^{34}S angereichert (Anderson u. Pratt 1995). Während die Bildung von Eisensulfiden aber innerhalb eines Jahrzehnts abläuft, dauert der Einbau von Schwefel in organisches Material größenordnungsmäßig ein Jahrhundert.

Eine Schwefelkontamination kann isotopisch durch die Biosphäre verfolgt werden, wenn sie sich isotopenmäßig vom Rezeptor in der Umwelt unterscheidet und spätere Isotopenfraktionierungsprozesse sehr klein sind. Auftragungen von $^{34}S/^{32}S$ gegen den Kehrwert der zugehörigen Schwefelkonzentrationen in Luft, Wasser, Boden und Pflanzen können benützt werden, um Schwefelquellen und deren Mischungsverhältnisse herauszufinden (Krouse 1980). So konnte der industrielle Schwefelanteil im Gefieder von Geflügel im Abwind einer Erdgasraffinerie in Alberta (Canada) zu etwa 50% bestimmt werden.

Die $^{34}S/^{32}S$-Werte in Böden reichen etwa von -30 bis +30‰ und deuten auf die Existenz einer Vielzahl von Schwefelquellen hin. Mit Isotopenbestimmungen kann man nachweisen, ob der Schwefel in einem bestimmten Bodenhorizont aus atmosphärischen Niederschlägen oder Oberflächenwässern stammt; auf diese Weise können Isotopenbestimmungen zur Aufklärung vertikaler Transportvorgänge in Bodensäulen beitragen. Isotopenunterschiede zwischen unterschiedlichen Schwefelverbindungen oder -klassen deuten auf Isotopenselektivität in biochemischen Reaktionen oder auf unvollständige Isotopenhomogenisierung. In der Nähe einer Erdgasraffinerie in Alberta (Kanada) stellen im Boden lösliche Schwefelanteile atmosphärische Schwefelemissionen durch die Industrie dar und sind isotopisch deutlich „schwerer" (d.h. an ^{34}S angereichert) als der unlösliche Schwefelanteil, der aus Blättern und Baumnadeln stammt. Auch kann organischer Schwefel isotopisch schwerer als gelöster Schwefel sein, falls dieser aus der Sulfatreduktion stammt. Kommt dagegen jeglicher Bodenschwefel aus einer einzigen Quelle wie aus der Meeresgischt in Neuseeland, weisen sowohl wasserlöslicher als auch unlöslicher organischer Anteil dieselbe Isotopenzusammensetzung auf (Kusakabe et al. 1976). Da marines Sulfat isotopisch bei +21‰ liegt und seine Assimilation nicht von größeren Isotopenfraktionierungen begleitet wird, sind auch alle Mitglieder der marinen Nahrungskette ähnlich isotopisch schwer wie auch Flora, Fauna und Boden kleiner, von marinem S beeinflußten Inseln, falls der Einfluß von Sümpfen und heißen Tiefseequellen auszuschließen ist.

Pflanzen unter hohem Schwefelstreß emittieren isotopisch leichtes H_2S und andere reduzierte Schwefelverbindungen. Solche Fälle äußern sich darin, daß die Vegetation positivere $^{34}S/^{32}S$-Werte als die vorhandenen Schwefelquellen aufweist.

Da $^{34}S/^{32}S$-Verhältnisse in präindustrieller Zeit bei 0‰ oder negativ waren, nimmt von tieferen zu geringer tiefen Bodenschichten hin bis zu den Epiphyten (Flechten) an der Bodenoberfläche $^{34}S/^{32}S$ aufgrund des zunehmenden industriellen Schwefeleintrags kontinuierlich zu.

Höhere Glieder der Nahrungskette nehmen mit der Nahrung Organoschwefelverbindungen auf, die im Körper ohne deutliche Isotopenfraktionierung in schwefelhaltige Aminosäuren umgewandelt werden. Verschiedene Körperteile wie Fell, Haare und Körperflüssigkeiten von Tier und Mensch spiegeln i.wes. die Isotopenzusammensetzung der aufgenommenen Nahrung wider. Die Nahrung von Einwohnern von Calgary (Alberta, Kanada) besitzt $^{34}S/^{32}S$-Werte von +20 (importierte Meeresfrüchte) bis zu -7‰ (Korn und Kleie aus Ostkanada); lokale Tier- und Milchprodukte liegen dagegen bei etwa 0‰.

Krouse et al. (1991) beschreiben eine Anzahl von Fallstudien, in denen $^{34}S/^{32}S$ zur Charakterisierung anthropogener Schwefeleinträge in die Umwelt weltweit eingesetzt wurde. Auch in der Erdölgeochemie können durch Schwefelisotopenverteilungen genetische Beziehungen zwischen unterschiedlichen Erdölen und ihren Muttergesteinen erkannt werden (z.B. Manowitz et al. 1989, Hirner et al. 1984). Unterschiedliche Schwefelspezies in Flüssigkeiten und Festkörpern können mittels Pyrolyse separiert und dann isotopisch bestimmt werden (Krouse et al. 1987).

Erdöle sollten nahezu eine identische Isotopenzusammensetzung aufweisen wie die Tiere und Pflanzen, von denen sie abstammen (Krouse 1989). Es ist jedoch möglich, daß S aus anderen Quellen wie bakterielles Sulfid oder Sulfid aus der thermochemischen Sulfatreduktion in zerfallendes oder reifendes organisches Material aufgenommen wird. Während mit Erdöl koexistierendes H_2S dieselbe Isotopenzusammensetzung wie das Öl aufweist, zeigen tiefliegende Sauergase oft Isotopenzusammensetzungen ähnlich dem Anhydrit in ihren carbonatischen Speichergesteinen; abiogene Sulfatreduktion kann nach Krouse et al. (1988) bei Temperaturen zwischen 90 und 175 °C auftreten.

S-Isotopenstudien können zur Erforschung ökologischer Systeme sehr effektiv eingesetzt werden, optimal in der gegenseitigen Ergänzung eines Multielementansatzes (S, C, H, O und N), wie z.B. Peterson et al. (1985) für den Fluß des organischen Kohlenstoffs im Bereich von Mündungsgebieten zeigen konnten. Durch kombinierte Isotopenanalyse von S und O konnten Robinson u. Bottrell (1997) in Fluß- und Seewasserproben aus Neuseeland geogene (geologische, geothermale und vulkanische) und anthropogene Schwefelquellen unterscheiden.

3.3.2.2 Isotope schwerer Elemente

Im Gegensatz zu den eben besprochenen stabilen Isotopen der leichten Elemente werden schwere Isotope wie die der Elemente Blei, Neodym, Osmium und Strontium in der natürlichen Umwelt aufgrund ihrer relativ kleinen Massenunterschiede nicht wirksam fraktioniert. Das ursprünglich eingeprägte Isotopenverhältnis im Ausgangsgestein wird deshalb im Laufe des weiteren Schicksals dieser Stoffe in der Umwelt beibehalten.

Innerhalb der Erdwissenschaften werden in der Isotopengeochemie seit etwa 1950 mit großem Erfolg Isotopenverhältnisse von einigen chemischen Elementen in Mineralen, Gesteinen, Wasser und Gasen zur Aufklärung geologischer Zusammenhänge eingesetzt (Fehn et al. 1990). Dabei ist es gleichgültig, ob die Elemente in reiner Form oder als Verbindungen vorliegen. So ist es möglich, anhand der Isotopenverhältnisse von Strontium, Blei oder Neodym zu entscheiden, ob ein bestimmtes Gestein durch thermische oder chemische Umwandlung aus einem anderen hervorgegangen ist oder ohne jeden genetischen Zusammenhang mit diesem gebildet wurde. Ebenso lassen sich anhand von Isotopenzusammensetzungen der Elemente die Liefergebiete von Sedimentgesteinen über große Entfernungen hinweg ermitteln.

Steinmann u. Stille (1997) konnten mittels $^{144}Nd/^{143}Nd$ die anthropogene Herkunft einer Schwermetallkontamination eines Bodens in der Schweiz nachweisen. Satir u. Bracke (1997) sowie Horn et al. (1998) berichten über ausgewählte Anwendungsbeispiele zum Einsatz radiogener Isotope in der Umweltgeo- und Lebensmittelchemie und beziehen hierbei auch Sr und Nd mit ein, die hier nicht mehr besprochen werden.

Osmium

Während typische Krustengesteine vergleichsweise hohe Werte für Re/Os und $^{187}Os/^{186}Os$ aufweisen, zeigen Ultramafite, aus denen Os für medizinische Anwendungen gewonnen wird, niedrige Re/Os-Verhältnisse. Somit erniedrigen Zusätze von nicht radiogenem anthropogenen Os zu den Küstensedimenten das $^{187}Os/^{186}Os$-Verhältnis unter den für radiogene Krusten typischen Wert und stellen einen isotopischen Fingerabdruck anthropogener Metalle dar.

Hohe Osmium- und Silberkonzentrationen und niedrige $^{187}Os/^{186}Os$-Verhältnisse im Bostoner Klärschlamm stellen für diese Elemente empfindliche Tracer für den Einfluß von ins Meer geleitetem Klärschlamm auf die dortigen Sedimente dar (Ravizza u. Bothner 1996); unbeeinflußte Meeressedimente haben um mehr als 200 mal niedrigere Silber- und um 10 bis 40 mal niedrigere Osmiumgehalte sowie ein um sechsmal höheres $^{187}Os/^{186}Os$-Verhältnis als Klärschlamm. Der hohe Gehalt von durchschnittlich etwa 25 mg/kg Ag im kommunalen Klärschlamm resultiert aus dem im fraglichen Gebiet erfolgenden Einsatz dieses Elements in der Photographie, bei Röntgenanwendungen und in der Elektronik. Kommunaler Klärschlamm ist eine Hauptquelle für anthropogenes Os. Erhöhte Konzentrationen von Os im Klärschlamm werden von erhöhten Konzentrationen anderer Platingruppenelemente wie Pt, Pd und Rh begleitet, die u.a. in Abgaskatalysatoren eingesetzt werden.

Blei

Bei den Bleiisotopen gibt es das ^{204}Pb mit keinem bekannten radioaktiven Vorläufer und einige radioaktive Bleiisotope mit langen Halbwertszeiten: ^{208}Pb von ^{232}Th, ^{207}Pb von ^{235}U und ^{206}Pb von ^{238}U. Aufgrund dieser Zusammenhänge können Bleiisotopenbestimmungen zur Klärung der Mobilität von Uran im geologischen Untergrund wertvolle Beiträge z.B. zur Erkundung radioaktiver Endlager liefern (Iyer et al. 1999). Darüber hinaus ist die Identifizierung von Bleiquellen möglich, wenn sich natürliches und anthropogenes Blei in ihrer Isotopenzusammensetzung unterscheiden und weil die Isotopenverhältnisse durch industrielle und biologische Prozesse nicht fraktioniert werden (Ault et al. 1970).

$^{206}Pb/^{207}Pb$ kann zur Unterscheidung von industriellem gegenüber natürlichem Pb eingesetzt werden: Industrieblei aus uranhaltigen Lagerstätten unterscheidet sich isotopisch vom Gesteinsblei. Während der Bildung der Lagerstätten wird Pb vom U getrennt, so daß nach der Lagerstättenbildung ^{206}Pb aus dem ^{238}U-Zerfall nicht länger akkumulieren kann. Dadurch liegt ^{206}Pb/^{207}Pb in diesen Lagerstätten niedriger als in jenen Gesteinen, in denen die Bildung von ^{206}Pb nicht gestoppt wurde. Demgegenüber ist die Akkumulation von ^{207}Pb in der letzten Milliarde Jahren relativ unbedeutend, da das entsprechende Mutternuklid ^{235}U i.wes. bereits zerfallen ist; ^{207}Pb wird deshalb als Bezugswert gewählt.

In Erdölprodukten kann neben dem Bleigesamtgehalt und dem ^{206}Pb/^{204}Pb-Verhältnis auch das Organoblei bestimmt werden. Bleialkylverbindungen sind bis vor kurzem zusammen mit Ethylendihaliden als Antiklopfmittel eingesetzt worden. Beispielsweise wurden in den USA bis etwa 1980 die Alkylbleiverbindungen in Mengen, die manchmal 1 g/gal erreichten, eingesetzt. Nach 1980 nahmen in Kalifornien die Konzentrationen stetig ab und näherten sich 0,1 g/gal. Nach 1980 wurde nur Tetraethylblei verwendet, wohingegen vor dieser Zeit Tetramethyl-, Trimethylethyl-, Dimethyldiethyl- und Methyltriethylblei zum Einsatz kamen. Deshalb kann durch Analyse der Bleialkylzusätze geklärt werden, wie lange sich eine Ölkontamination bereits im Grundwasser befindet, insbesondere, ob der Treibstoff vor oder nach 1980 vermarktet wurde. Da Organobleiverbindungen unterschiedliche Stabilitäten aufweisen, kann aus ihren Verteilungen auf die Zeit der Ölfreisetzung geschlossen werden. Dies ist für Traceruntersuchungen eine Komplementärinformation zur Herkunftsbestimmung von Benzinblei aufgrund der Verteilung von ^{206}Pb/^{204}Pb.

Bleihaltige Kraftfahrzeugemissionen stellen aufgrund von Benzinbleizusätzen als Antiklopfmittel ein Musterbeispiel anthropogener Umweltverschmutzung dar und sind deshalb gut untersucht worden. In einem öffentlichen Isotopenexperiment im Turiner Raum in den Jahren 1977 – 79 wurde hierzu Benzinblei mit ^{206}Pb/^{207}Pb = 1,18 durch solches mit 1,04 ersetzt, wodurch der Weg dieses Bleis in den menschlichen Körper grob quantitativ verfolgt werden konnte (Gilli et al. 1989). Dabei zeigte sich, daß das nichtbiodegradierbare Benzinblei anthropogen einige Male rezykliert wird und ein deutlich größeres Risiko als vorher angenommen darstellt, da der menschliche Organismus so mehrfach mit einem Bleimolekül und seinen möglichen Schadwirkungen in Berührung kommt. 25% des Blutbleis rührt vom Benzinblei her.

Hauptsächlich aus Bleiisotopenmessungen an grönländischen Eiskernen weiß man, daß Ende der sechziger Jahre die globale Luftbleibelastung gegenüber vorindustriellen Zeiten um mehr als zwei Größenordnungen zu- (Murozumi et al. 1969) und seitdem aufgrund der sukzessiven Elimination bleihaltigen Benzins um knapp eine Größenordnung wieder abgenommen hat (Rosman et al. 1993). Beispielsweise konnten Yoshinaga et al. (1998) nachweisen, daß das Blei in Knochen von Japanern vorindustrieller Zeiten isotopisch dem der lokalen Lagerstätten, Gesteine und Böden entsprach, während das der Zeitgenossen – besonders der vor dem japanischen Benzinbleiverbot Ende der 70er Jahre Geborenen – Blei auswärtiger Herkunft darstellt.

Bleiisotope wurden erfolgreich eingesetzt, um in praktischen Fallstudien die Verteilung und Herkunft vom anthropogenem Pb zu bestimmen (Sturges u.

Barrie 1987, Flegal et al. 1989). Da die Bleiverschmutzung weit ins marine Milieu hineinreicht und Pb durch atmosphärische Transportprozesse dominiert wird, sind Bleiisotopenvariationen z.B. nicht gut geeignet, um vor diesem Hintergrund weitere Kontaminationen speziell von Küstensedimenten durch zusätzliche anthropogene Punktquellen zu verfolgen. Trotzdem konnten Croudace u. Cundy (1995) in Küstensedimenten (Southampton) mit Hilfe von Bleiisotopen nachweisen, daß nach 1950 in der lokalen Industrie nichtenglische präkambrische Bleierze verwendet wurden.

Die primären natürlichen Quellen von Pb in Seesedimenten schließen Gesteinsverwitterung des Beckens, atmosphärische Einträge aus vulkanischen Emissionen und Staub aus Böden ein. Zugabe von Pb aus anthropogenen Quellen beinhalten Verbrennung der Biomasse bei Entwaldung, den Verbrauch fossiler Brennstoffe einschl. Holz, Torf, Kohle und Erdöl, Abbau und Verarbeitung von Bleilagerstätten, Recycling, kommunale und industrielle Abwässer und Verwendung verbleiter Kraftstoffe (Nriagu 1979, Nriagu u. Pacyna 1988). Bleiisotopenverhältnisse vieler anthropogener und natürlicher Bleiquellen sind aus der Literatur erhältlich.

Erel et al. (1997) bestimmten die Bleiisotopenzusammensetzung von Aerosolen und Böden in Israel, um Quellen anthropogenen Bleis zu ermitteln, um die Isotopenzusammensetzung von natürlichem, aus Gesteinen abgeleitetem Blei in bestimmten Gegenden herauszufinden und um die Geschwindigkeit der Bleidiffusion in Böden zu bestimmen. Die Isotopenzusammensetzung der Bleiemissionen aus israelischen Automobilen für $^{206}Pb/^{207}Pb$ ist 1,115 und wird durch Alkylblei aus Frankreich und Deutschland festgelegt. In Aerosolen finden sich zusätzlich zum Benzinblei noch weitere Bleiquellen aus der Türkei, Griechenland und der Ukraine mit Isotopenverhältnissen bis zu 1,160. Anthropogenes Blei ist leichter säurelöslich als geogenes Blei und deshalb in Böden labiler. Aus Bohrkernprofilen in Straßennähe kann man aus der Veränderung der Isotopenwerte mit der Tiefe auf eine Migration des anthropogenen Bleis im Boden von ca. 0,5 cm im Jahr schließen.

Unterschiede in der Bleiisotopenzusammensetzung in Sedimenten der großen und kleinen Seen im NO der USA wurden von Graney et al. (1995) eingesetzt, um zeitlich unterschiedliche anthropogene Bleieinträge zu differenzieren. So folgte der Entwaldung von 1860 bis 1890 die Verbrennung von Kohle und das Schmelzen von Erzen bis 1930. Die Verbrennung verbleiten Benzins war die dominante Pb-Quelle für die Atmosphäre von 1930 bis 1980, wobei die Herkunft der Benzinbleizusätze im Laufe der Zeit wechselte.

Während im Thompson Canyon (Sierra Nevada) der $^{206}Pb/^{207}Pb$-Wert des Luftbleis vor 1967 bei etwa 1,150 (alte Bleilagerstätten) lag, wurde er 1979 zu 1,22 bestimmt (Shirahata et al. 1980). Der Grund hierfür war die Herstellung von isotopisch schwerem Benzinblei aus einer Lagerstätte in Missouri bis 1984 (Sturges u. Barrie 1987). In Bodenprofilen aus derselben Region konnten Erel et al. (1990) nachweisen, daß die Bodenproben nahezu das gesamte Industrieblei in den obersten 2 cm enthielten und die Bodenschichten ab 30 cm nur noch geogenes Blei aufwiesen. Im Gebiet der großen nordamerikanischen Seen machen industrielle Quellen 64% des Bleis im Lake Ontario und > 90% im Lake Superior aus. Die Hauptquellen dieser Bleikontamination kommen aus Kanada und den USA und konnten von Flegal et al. (1989) mit Hilfe des $^{206}Pb/^{207}Pb$-Verhältnisses voneinander unterschieden werden (1,141 – 1,161 bzw. 1,212 – 1,230).

Sedimente im Mündungsgebiet des Humber (Großbritannien) zeigen Isotopenwerte, die typisch für industrielles Pb (Croudace u. Cundy 1995) und europäisches Benzinblei sind, das als Aerosol von Flechten (Keinonen 1992) und Gras (Bacon et al. 1995) aufgenommen wird. Trägt man $^{206}Pb/^{204}Pb$ gegen den Kehrwert der Bleikonzentration auf, so kann man eine Mischungsreihe aus drei Komponenten erkennen (natürlicher Hintergrund, Bleiglanzlagerstätten und Industrieblei).

Klüftiger Sandstein unter einer mittelalterlichen Bleischmelzhütte in Derbyshire (England) ist stark mit Pb kontaminiert: Mit Hilfe von $^{206}Pb/^{207}Pb$ konnten Whitehead et al. (1997) nachweisen, daß 88% des Pb im Sandstein und 98% des Pb der Tonminerale in den Klüften der Kontamination zuzuschreiben sind; aus den Daten errechnet sich eine jährliche Diffusionsrate des Oberflächenbleis in den Untergrund zwischen 6 und 10 mm.

Bacon et al. (1995) führten Bleiisotopenuntersuchungen im schottischen Hochland durch und fanden für $^{207}Pb/^{206}Pb$ im Regenwasser einen Bereich von 1,101 bis 1,153. Während die niedrigen Verhältniswerte dem lokalen Benzinblei entsprachen, rührten die höheren von industriellen Emissionen her; ähnliche Ergebnisse zeigten auch Bodenproben nahe bzw. entfernt von Straßen. Giesemann et al. (1992) isolierten einzelne Fraktionen aus Rheinsedimenten mittels sequentieller Extraktion und stellten ein mit zunehmender Löslichkeit der Sedimentfraktion abnehmendes Pb-Isotopenverhältnis fest (anthropogener Eintrag durch australisches Benzinblei); diese Differenzierung konnte bei alleiniger Betrachtung der Gesamtproben nicht erkannt werden.

Keinonen (1992) bestimmte Bleiisotopenverhältnisse in Emissionsquellen (Kraftstoff, Verbrennungsanlagen, Bleiverhüttung, Kohle), Luft, Boden, Seesedimenten, Flechten und Körpergewebe aus der Region um Helsinki im Zeitraum 1966 bis 1987. Die Mittelwerte für $^{206}Pb/^{207}Pb$ im Kraftstoff unterschieden sich mit 0,098 bis 1,150 von denjenigen anderer Emissionsquellen (1,149 bis 1,226); die entsprechenden Werte für die weltweit wichtigsten Bleilagerstätten liegen zwischen 1,04 und 1,39. Während Pb neben Straßen die Isotopenzusammensetzung von Benzinblei aufwies, war in Flechten auch der Einfluß industriellen Bleis zu erkennen. In Humanproben Verstorbener im Zeitraum von 1976 bis 1979 waren Beiträge der Verbrennungsanlagen und Bleiverhüttung auszumachen. In Bohrkernen aus Seesedimenten ergaben sich Korrelationen zwischen Isotopenverhältnissen, Bleikonzentrationen und Tiefe. Während bei mehr als 100 Jahre alten Schichten der geogene Bleianteil vorherrscht, macht in jenen nach 1900 der anthropogene Bleianteil ca. 40 bis 95% aus.

In Broken Hill (Australien) wurde eine starke Korrelation zwischen der Blei-isotopenzusammensetzung von Blut der Einwohner und dem Staubniederschlag beobachtet (Gulson et al. 1995). Delves u. Campbell (1988) und Campbell u. Delves (1989) konnten nachweisen, daß $^{206}Pb/^{207}Pb$ in Humanproben (Haut, Blut und Zähne) dem Benzinblei entsprach. Für im Raum München lebende Menschen ermittelten Horn et al. (1987), daß 35% des Blutbleis dem Benzinblei zuzurechnen war, während 65% aus einem Kohlekraftwerk und dem Bodenblei (Aufnahme über die Nahrung) stammten. Auch Bier enthält aufgrund seiner Zutaten Getreide und Hopfen etwa 40% Benzinblei; Aerosole aus einem Luftfilter in Straßennähe waren zu 75% mit dieser Komponente belastet.

Heutzutage gibt es in industrialisierten Gebieten praktisch keine Böden mehr, in denen nicht wenigstens die obersten Schichten, in denen die Pflanzen wurzeln, mit Blei kontaminiert sind. Um mit Isotopenuntersuchungen den Kontaminationsgrad zu ermitteln, braucht man Referenzwerte für unkontaminierte Böden. Während mit der Thermionen-MS Bleiisotopenverhältnisse bis auf 0,01% genau bestimmt werden können, ist dies mit der ICP-MS nur mit 0,8 bis 1,1% Reproduzierbarkeit möglich (Hinners et al. 1987). Ghazi (1994) erreichte zwar mit der ICP-MS teilweise noch kleinere Standardabweichungen, fand aber, daß diese in Abhängigkeit von der Probenmatrix stark variieren können. Die Nachweisempfindlichkeit massenspektrometrischer Verfahren ist sehr hoch (Fehn et al. 1990): Mengen von 100 ng eines Elements sind routinemäßig meßbar; selbst pg/g sind bei einigen Elementen noch einer Isotopenanalyse zugänglich.

Zur Demonstration einer möglichen Anwendung des isotopischen Fingerprintings in der gerichtlichen Chemie wurde von Fehn et al. (1990) ein doppelter Blindversuch durchgeführt, bei dem anhand der Isotopenverhältnisse von Blei Munitionsschrotkörner zugeordnet wurden.

3.3.3 Spurenelemente, Ölzusätze

3.3.3.1 Emissionsmarker

Beissler et al. (1996) schlagen das Element Gold als Tracer für Aerosole vor, Huang et al. (1994) nennen als geeignete Markerelemente für die wichtigsten umweltrelevanten Emissionsquellen:

Kohlekraftwerke	As, Se, S
Erdöl befeuerte Kraftwerke	V, Ni, Seltene Erdelemente (bes. La, Sm)
Automobile	Sb, Br, Zn
Müllverbrennung	Ag, In
Kalkstein-/Zementindustrie	Ca, Mg
Boden	Mn, Al, Sc

Holzbrand   K, flüchtiger und elementarer C
Mobile Quellen   flüchtiger und elementarer C
Raffinerien   Seltene Erdelemente (rare earth elements REE)
Stahlherstellung   Fe, Mn
Sulfidröstung   In und andere Chalcophile
Meer   Na, Cl

Die Kohleverbrennung ist eine der größeren Quellen für den atmosphärischen Teilchenniederschlag. Dabei entstehen bis zu 30 Gew.-% Flugasche, in der Spurenelemente wie As, Cd, Mo oder Pb gerade in den feinsten Kornfraktionen angereichert sind, die als Feinststaub auch elektrostatische Staubabscheider passieren. So reichen diese Emissionen von der Quelle bis weit in die Umgebung hinein, so daß z.B. As in der urbanen Atmosphäre um bis zu zwei Größenordnungen höher konzentriert ist als in der ländlichen. Nerin et al. (1994) konnten die Emissionen ausgewählter spanischer Kraftwerke (Flugasche mit 3 bis 222 mg/kg As) anhand des Arsengehalts der Böden bis in Entfernungen von 80 km um das Kraftwerk verfolgen.

Einige Spurenmetalle sind in Ölen enthalten: V und Ni sind in Petroporphyrinen gebunden und hängen mit der Herkunft des Erdöls zusammen, insbesondere mit dem Bildungsmilieu (Hodgson 1954, Baker 1964). Altöle dagegen enthalten Metalle (z.B. Pb, Zn, Cr, Cu oder Al) aus Maschinenabrieb, die als Hinweis auf ihre Herkunft dienen können.

Emissionen aus Kraftfahrzeugen haben sich mit der Zeit aufgrund des Rückgangs bleihaltigen Benzins, der Einführung des Katalysators und Änderungen von Schmierölzusätzen und Treibstoff-Formulierungen charakteristisch verändert (Kitto et al. 1992). Ein offensichtlicher Marker, der von jeder KW verbrennenden Einrichtung emittiert wird, sind unverbrannte KW als Folge einer unvollständigen Verbrennung. Diese partikulären organischen Emissionen (Ruß) aus mobilen Quellen können als Marker nur im lokalen Maßstab verwendet werden (Daisey et al. 1986). Viele Studien versuchen, von den emittierten PAK Gebrauch zu machen (vgl. Kap. 3.3.1). Zum Beispiel rühren PAK im Hafentunnel von Baltimore zum größten Teil von Diesellastkraftwagen her (Benner et al. 1989). Allgemein gibt es auch andere Quellen für diese Verbindungen wie Hausbrand oder Kohlekraftwerke, in Albuquerque fanden Lewis et al. (1988) beispielsweise einen deutlichen Beitrag aus der Verbrennung von Holz. Eine Möglichkeit zur Differenzierung des Dieselrußes gegenüber anderen PAK-Trägern besteht in der zusätzlichen Einbeziehung von K als Marker für Holzrauch und in der Messung des $^{14}C/C_{tot}$ Verhältnisses, um fossilen von rezentem biogenen Kohlenstoff zu unterscheiden.

Im Feinstaub um Philadelphia sind die REE stark angereichert (Dzubay et al. 1988, Olmez et al. 1988) und La/Sm reicht bis 40 (Krustenwert 6); auch Kraftfahrzeuge mit Dreiwegekatalysatoren emittieren REE (Mizohata 1986).

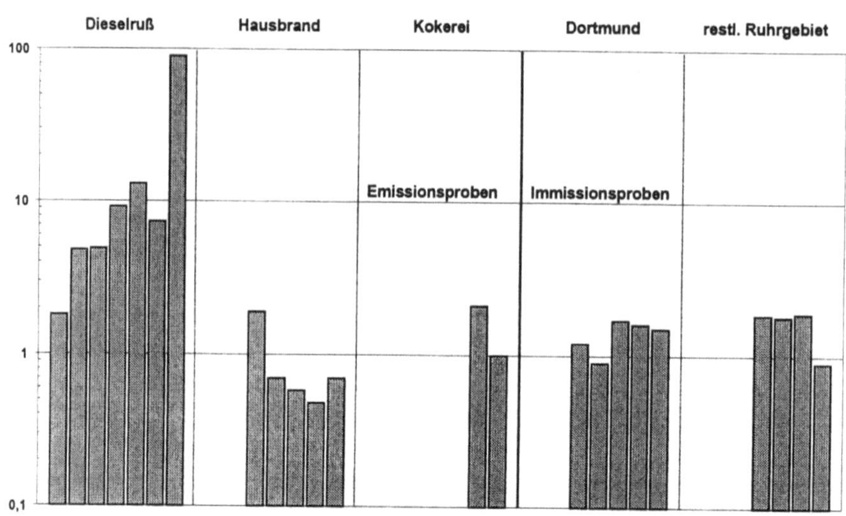

Abb. 3.6. Cu/Mn-Verhältnis in Rußproben aus NRW

Docekal et al. (1992) bestimmten die Konzentrationen von 20 Spuren- und Nebenelementen (Metalle, N und S) in Dieselabgasen von Personenfahrzeugen. Dabei lagen Au, La, Sb, Sc und V im µg/kg-, As, Ba, Cd, Co, Cr, Mn, Ni und Se im unteren mg/kg- sowie Ca, Cu, Fe, N, Na, Pb, S und Zn im oberen mg/kg- bis im unteren %-Bereich. Die Emission einiger Elemente ist das Ergebnis mehrerer unabhängiger Faktoren wie der Einsatz organometallischer Zusätze (Ca, Na, Zn) zum Dieselkraftstoff oder Schmieröl, Kontamination des Dieselkraftstoffs mit Alkylbleiverbindungen sowie Abrieb und Korrosion des Motors und des Auspuffsystems. Allgemein verändert sich die Elementzusammensetzung des Dieselrußes mit den Betriebsbedingungen, die auch Kraftstoff- und Ölverbrauch, Verbrennungsgrad (Rußbildung) und mechanischen Abrieb beeinflussen.

Im Raum NRW konnten Hirner et al. (1996) verkehrsbedingte Dieselruß-Emissionen anhand des Cu/Mn-Verhältnisses signifikant von anderen Immissionsproben unterscheiden (Abb. 3.6).

Auch über Ermittlung der Metallexposition von Lebewesen sind Immissionschronologien bestimmbar: Zum Beispiel trugen Evans et al. (1995) Walroßzähne schichtenweise mittels Laserverdampfung ab und wiesen Pb, Cu, Zn und Sr mit der ICP-MS nach.

Hauptsächlich aufgrund seiner Verwendung als Bleichzusatz in Waschmitteln (Perborate) gelangt das Element Bor in die Umwelt. Dieser anthropogene Boreintrag unterscheidet sich isotopisch ($^{11}B/^{10}B$) signifikant vom geogenen Bor und kann deshalb ermittelt werden (Gäbler u. Bahr 1999, Eisenhut u. Heumann 1997).

Als ausgezeichnete Tracer für Prozesse in geogenen Environments gelten die bereits erwähnten REE, die massenspektrometrisch (TIMS = Thermionen-Massenspektrometrie) sehr genau erfaßt werden, nicht toxisch, chemisch stabil, nicht radioaktiv, relativ preisgünstig und in allen natürlichen Materialen in ähnlicher Häufigkeit enthalten sind. Ondov u. Kelly (1991) erläutern, wie isotopenangereicherte REE eingesetzt werden können, um die Verfrachtung und Deposition von Feinstaub zu verfolgen.

Giorgi et al. (1987) diskutierten den Einsatz des Elements Dysprosium (Dy) als Tracer für Dieselmotoremissionen und Horvath et al. (1988) setzten diese Methode erfolgreich ein. Lin et al. (1992) gaben dem Dieselkraftstoff öffentlicher Nutzfahrzeuge ^{149}Sm und dem in der Wohnraumheizung eingesetzten Heizöl ^{150}Sm zu.

Da die Spurenelementzusammensetzung eines Weines von der des Bodens abhängt, kann diese prinzipiell zur Herkunftsbestimmung verwendet werden. Es ist dabei aber zu beachten, daß Prozesse bei der Weinproduktion (z.B. Aufreinigung mittels Bentoniten) Elementverteilungen wie beispielsweise die der REE verändern können (Jakubowski et al. 1999).

3.3.3.2 Öl- und Kraftstoffadditive

Der Verbrauch von Kraftstoffadditiven stellt sich in Europa 1992 folgendermaßen dar (nach ATP Europa):

Antioxidanzien	3 kt	Flugbenzin und Kerosin
Korrosionsinhibitoren	1 kt	
Farbstoffe	0,4 kt	Benzin und Diesel
Ablagerungshemmer	30 kt	Einsatzmengen steigend
Bleiantiklopfmittel	30 kt	Einsatzmengen fallend wegen bleifreiem Benzin
Wachsverflüssiger	25 kt	Niedertemperatur-Fließverbesserer

Nach OECD wurden in Europa 1992 insgesamt 83 kt Treibstoffzusätze und 400 kt Schmierölzusätze eingesetzt. Alternative Kraftstoffe wie Alkohol und Biokraftstoffe haben gegenüber konventionellen Kraftstoffen stark unterschiedliche Eigenschaften und benötigen spezielle Zusätze. Zum Beispiel müssen den in Schweden aus Umweltschutzgründen eingeführten schwefelarmen Dieselkraftstoffen Schmiermittelzusätze zugemischt werden, um die Schmiereigenschaften denen konventioneller Dieselöle anzugleichen.

In der EG werden jährlich mehr als etwa 110 Mt Benzin und 80 Mt Diesel verbraucht. Das mehrfach erwähnte Benzinblei wurde früher Benzinen in Konzentrationen bis zu 800 mg/L zugemischt.

Im einzelnen werden folgende Additive angeboten; viele von ihnen werden kommerziell zusammen als Multifunktionspackung veräußert:

- Antistatik-Additive (lösliche Cr-, polymere S- und N- sowie quarternäre Ammonium-Verbindungen) z.B. bei Kerosin
- Farbstoffzusätze nach Hersteller-/Steuerbereichen (meist Azoverbindungen und/oder Anthraquinon)
- Deemulsifierstoffe
- Korrosionsinhibitoren (Oberflächenfilme aus Carbonsäuren und Aminen sowie ihren Salzen; die polare Seite des Films wechselwirkt mit der zu schützenden Metalloberfläche)
- Antioxidanzien (Zusätze von 8 bis 40 mg/kg an Phenolen, aromatischen Diaminen oder alkylierten Phenolen verhindern Polymerisation von Olefinen und Dienen)
- Enteisungsmittel (z.B. Isopropylalkohol, Glykol oder Carbonsäuren)
- Ablagerungshemmer (Amide, Amine, Polyether- und polyolefinische Amine, seit Mitte der 50er Jahre im Einsatz)
- Emulsionsbrecher (alkoxylierte Polyglykole und Arylsulfonate für Dieselkraftstoffe)
- Antischaummittel (auf PDMS basierende Verbindungen für Dieselkraftstoffe)
- Dieselstabilisatoren (generell langkettige und zyklische Amine)
- Dieseldetergentien (aschefreie Polymere)
- Zündverbesserer (Alkylnitrate für Dieselkraftstoff)
- Inhibitoren (Zinkdithiophosphate als Antiaddition)

Seit etwa 1980 wurden teiloxidierte Treibstoffe mit speziellen KW versetzt, um im Autoabgas CO und andere Schadstoffe zu vermindern; in den USA wurde hierzu hauptsächlich MTBE (Methyltertiärbutylether) eingesetzt. MTBE kann in der EPA-Methode 602 zusammen mit den BTEX bestimmt werden.
Auch zur Erhöhung der Oktanzahl wird dem Benzin u.a. MTBE zugegeben, in den USA 5 bis 15 Vol.-%. MTBE ist persistent und gut wasserlöslich (50 g/L) und wird im Grundwasser in der Nähe von MTBE-Benzinemissionen in Konzentrationen zwischen 100 und 5000 mg/L erwartet (Hubbard et al. 1994). Obwohl MBTE nicht als giftig gilt, wird die Geschmacksbeeinträchtigung als kritisch angesehen, so daß für Trinkwasser Grenzwerte zwischen 10 und 50 µg/L gelten.
Nach Angaben der Geotimes vom August 1995 wurden 1993/1994 von amerikanischen Behörden bis zu 23 mg/L MTBE in Leitungswasser aus acht urbanen und zwanzig landwirtschaftlichen Regionen nachgewiesen; keines dieser Wässer wurde als Trinkwasser verwendet. Bei Raumtemperatur ist MTBE eine flüchtige, entflammbare und farblose Flüssigkeit, die wie Terpentin riecht und neben Wasser in Benzin, Alkohol und Ethern löslich ist. Die US EPA klassifiziert MTBE als potentielles Kanzerogen für den Menschen ein. 1992 gelangte etwa 0,03% des industriell hergestellten MTBE in die Luft. MTBE ist das in den USA meist benutzte Antiklopfmittel zur Erhöhung der Oktanzahl, hauptsächlich weil es billig und einfach herstellbar und handhabbar ist. Im Blut von Tankstellenper-

sonal wurden 0,05 bis 37 µg/L MTBE festgestellt. In Kalifornien darf ab 2003 Ottokraftstoff kein MTBE mehr enthalten.

Vreugdenhil u. Butler (1995) fanden ein anderes Antiklopfmittel in Böden, Methylzyklopentadienylmangantricarbonyl (MMT). Obwohl MMT photolytisch und thermisch innerhalb von Minuten zersetzt wird, wird es physisorbiert an Bodenteilchen offensichtlich für Jahre vor diesem Schicksal bewahrt.

Unterschiedliche organometallische Verbindungen wie Metallnaphthenate, Dialkyldithiophosphate und Zyklopentadienkomplexe werden als Antiklopfmittel, als Schmierstoff und als Verbrennungskatalysator zur Optimierung des Verbrennungsprozesses eingesetzt (Herabsetzung der Verbrennungstemperatur, Erhöhung des Verbrennungsgrades, Unterdrückung der Rußbildung und Erhöhung der Rußoxidation). Insbesondere Ferrocen wirkt wegen seiner katalytischen Eigenschaften in Verbrennungsprozessen emissionsmindernd (Jungbluth u. Lohmann 1999).

Andere Zusätze zu Erdölprodukten können ebenfalls als Tracer interessant sein: Zum Beispiel enthält Diesel oft Ba als Zusatz. Allerdings ist hierbei zu beachten, daß dieses Element im Boden oder Wasser als Sulfat oder Carbonat ausfallen kann. Von einigen Erdölfirmen werden Farbstoffe zur Unterscheidung unterschiedlicher Kraftstoffqualitäten eingesetzt (gelb – gold – rosarot). Diese Pigmente haben aromatische oder olefinische Strukturen, sind meist etwas wasserlöslicher als die KW und leichter biologisch abbaubar.

3.3.3.3 Zusammensetzung moderner Schmierstoffe

Kein Thema hat die Schmierstoffindustrie im letzten Jahrzehnt so bewegt, wie jenes der biologisch abbaubaren Schmierstoffe (Baumann et al. 1996). Die Gründe sind einerseits im unmittelbaren Zusammenhang mit der sensiblen Umweltproblematik und andererseits in der unterschiedlichen Qualität der angebotenen Produkte zu suchen.

Der jährliche Eintrag von Hydraulikölen in die Umwelt wird für Deutschland vom UBA mit 60 kt beziffert. Dazu kommen die Produkte aus den Verlustschmierungssystemen mit insgesamt 40 kt. Auf dem Sektor der Hydrauliköle beträgt der Marktanteil an biologisch rasch abbaubaren Produkten 8 bis 10%, bezogen auf die Gesamtmenge an Schmierstoffen etwa 1%. Das UBA prognostiziert die Entwicklung sehr optimistisch und erwartet noch 2000 mehr als 10%.

Als Basisöl eignet sich hochraffiniertes Pflanzenöl, in Europa wird hierzu Rapsöl favorisiert; weiter kommen synthetische organische Ester und Polyglykole in Betracht. Für Rapsöle bieten sich Polymere oder geblasenes Rüböl als Verdicker an. Um die Viskosität abzusenken, findet ungeestertes Rapsöl Anwendung. Weiterhin sind als Zusätze phenolische Antioxidanzien und geschwefelte Fettsäuren zu nennen. Die in Mineralölen stark eingeschränkte hydrolytische Stabilität von Esterölen kann bei Wasserzutritt starke Korrosion verursachen.

Die hydrolytische Stabilität nimmt in der Reihenfolge Rapsöl → Ölsäureester →
vollsynthetische, gesättigte Ester zu.
Während Mineral- und Weißöl als langsam (schlecht) biologisch abbaubar
gelten, sind einige Ester und Polyglykole sowie Pflanzenöle besser und rascher
abbaubar.

3.3.4 Kombinationsstudien

Im Idealfall kann bei einer Ölfreisetzung aus vielen potentiellen Quellen die
Kontamination direkt bis zu ihrer Quelle zurückverfolgt werden (Potter 1990).
So wird bei unverbleitem Benzin das Produktfingerprinting meist mittels hochauflösender GC-MS und anschließender multivarianter Datenanalyse (z.B.
Clusteranalyse) der erhaltenen KW-Verteilungsmuster durchgeführt. Trotzdem
ist es noch nicht möglich, in allen praktischen Fällen eine vollständige Übereinstimmung der Fingerprints von Kontamination und potentiellem Verursacher zu
erzielen, so daß noch weitere Analysenparameter hinzugezogen werden müssen.
In der geochemischen Exploration auf KW werden zahlreiche Methoden verwandt (z.B. Öl-Öl- und Öl-Muttergestein-Korrelation), die direkt in der Umweltforschung einsetzbar sind. Exemplarisch seien hierfür Arbeiten zur Herkunftsbestimmung neuseeländischer und kuwaitischer Erdöle auf der Grundlage der
Isotopenverteilung leichter Elemente (Hirner u. Lyon 1989, Hirner u. Robinson
1989, Robinson et al. 1991) zitiert, insbesondere eine Studie zur Genese süd-
deutscher Erdöle unter zusätzlicher Berücksichtigung organisch-geochemischer
Daten und der Spurenelementverteilungen (Hirner 1987). Die bei den zitierten
Korrelationsstudien eingesetzten C-Isotopenmuster auf Basis einzelner Ölkomponenten („Isotopentypkurven") können auf Einzelverbindungen ausge-
dehnt und damit aussagekräftiger gemacht werden (Whiticar u. Snowdon 1999,
Rogers u. Savard 1999).
Die Firma Global Geochemistry Corp. setzte als Fingerprints für den Inhalt von
Öltanks organische Verbindungen, Spurenelemente und die stabilen Isotope von
C und H ein. In Sterndiagrammen werden Verteilungsmuster mehrerer Para-
meter miteinander verglichen (z.B. % Aromaten, % Zykloalkane, % Isoalkane,
% n-Alkane). Unterschiedliche geochemische Fingerprint-Parameter wurden von
Kaplan et al. (1997) in zahlreichen Fallbeispielen aus den USA zur Aufklärung
von Herkunft, Alter und Verursacher der Umweltkontaminationen, u.a. auch in
Gerichtsprozessen, im Sinne einer Forensischen Geochemie eingesetzt (Los
Angeles Times vom 6.10.1990, S. J5-J6).

Im einzelnen geht es bei Ölschadensfällen meist um

- Identifikation des freigesetzten Produktes
- Klärung des Mischungsverhältnisses unterschiedlicher Produkte
- Bestimmung der seit der Freisetzung verstrichenen Zeitspanne
- Bestimmung des Verursachers der Schadstofffreisetzung
- Verteilung der Verantwortlichkeiten bei mehreren Verursachern

Obwohl die Komplexität eines Erdöls und seiner Raffinationsprodukte sehr hoch ist, gibt es spezifische Ähnlichkeiten in bestimmten chemischen Parametern unter Ölen derselben geologischen Herkunft. Herkunftsmäßig können Erdöle schwefelreich, andere dagegen paraffinisch sein. Auch nach der Raffination können sich im Produkt einige Charakteristika des Ausgangsöls erhalten haben, welche die Rolle eines „natürlichen Tracers" einnehmen können (interner oder geochemischer Tracer).

Zusätzlich zu diesen natürlichen Tracern fügen Raffinerien häufig bestimmte Chemikalien zur Identifizierung ihrer Produkte zu, wie gelbe oder rote Farbstoffe zum Benzin und blaue zum Flugbenzin (externe oder umweltchemische Tracer). Detergentien werden zur Sauberhaltung der Maschinen ebenso zugesetzt wie Antioxidanzien und früher Bleialkyle sowie Bleiscavenger. Diese Chemikalien können als Fingerprint verwendet werden wie Zusätze an MTBE, Methanol oder Ethanol.

Ein mehrstufiges, die wichtigsten Analysenparameter umfassendes Konzept könnte für den Praktiker mit den analytischen Möglichkeiten eines üblichen anorganisch-organischen Analysenlabors (ohne Isotopenlabor) etwa folgendermaßen aussehen:

1. GC-FID von ca. 80 flüchtigen KW im Benzinbereich ($C_3 - C_{10}$), bis C_{33} bei Kerosin, Diesel und Schwerölen,
2. Ethylendibromid- und Alkylbleizusätze in Benzin,
3. aromatische KW (BTEX) und das Oxidationsmittel Methyltertiärbutylether (MTBE),
4. polyzyklische gesättigte KW wie Sterane und Triterpane (Biomarker) mit GC-MS,
5. Spurenelemente, bes. V und Ni in Erdöl sowie Pb, Zn und Cr in gebrauchten Ölen.

Becker (1997) stellte sich die Aufgabe, internationale Erdöle, die immerhin über 86% des deutschen Erdölimportes ausmachen, mit Hilfe eines multianalytischen Ansatzes (stabile C- und S-Isotope, Biomarkerverhältnisse, organische Schwefelverbindungen und Spurenelementverteilungen) voneinander zu differenzieren. In Abb. 3.7 ist dargestellt, inwieweit dies auf der Grundlage der stabilen Isotope (Becker u. Hirner 1998) und Mengenverhältnisse von S, V, Ni, Pristan (Pr) und Phytan (Phy) möglich ist. Ausgewählte Verhältnisse von Hopanen/Steranen

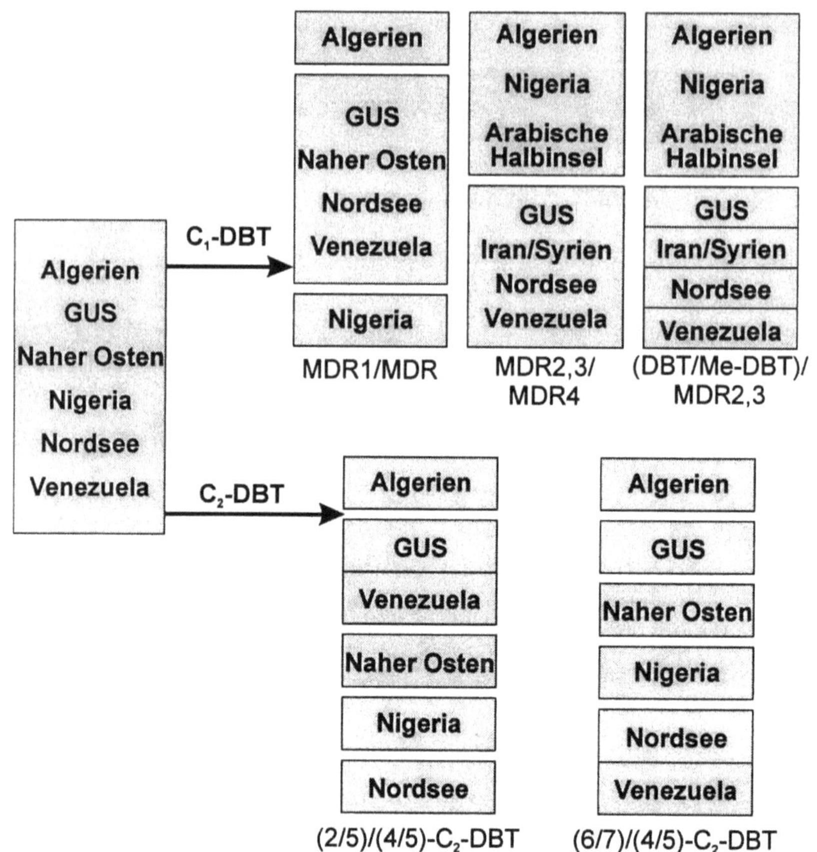

DBT = Dibenzothiophen, MDR=Methyl-Dibenzothiophen-Verhältnis

Abb. 3.7. Multiparameter-Fingerprinting zur Herkunftsbestimmung von Erdölproben (Becker 1997)

sowie Dibenzothiophenen ermöglichen sogar eine vollständige Differenzierung. Im Hinblick auf eine gerichtliche Verwertbarkeit dieser Ergebnisse ist zu bemerken, daß bei Einsatz mehrerer Parameter sich die jeweils immanenten Aussageunschärfen insgesamt multiplikativ beeinflussen und somit die Zutreffwahrscheinlichkeit des Ergebnisses durch den multianalytischen Ansatz gleichsam beliebig nahe an 100% herangeführt werden kann.

4 Kolloidale Systeme in der Umwelt

4.1 Allgemeine Grundlagen

4.1.1 Die besonderen Eigenschaften kolloidaler Systeme

Im Bereich der Umwelt finden ständig Transportprozesse statt, bei denen Stoffe zwischen der Atmosphäre, dem Wasser oder der Erde ausgetauscht werden. Bei diesen Vorgängen dienen Kolloide oftmals als Trägermaterialien. Typische Systeme, die derartige Eigenschaften aufweisen, sind Aerosole, Tonmineralien, gelöste Feststoffpartikel oder Substanzklassen wie Huminsäuren, DNA, Phospholipide und Proteine. Kolloide sind in der Natur weit verbreitet und sie spielen im Bereich der Umweltchemie, besonders für den Transport von Schad- und Wirkstoffen, eine große Rolle. Das Wort Kolloid ist aus dem griechischen Wort „κωλλα" abgeleitet, was soviel wie Leim oder Klebstoff bedeutet. Als erster Entdecker kolloidaler Systeme gilt Thomas Graham (Graham 1861;1862). Dieser Wissenschaftler erkannte bereits 1861, daß leimartige Substanzen interessante Eigenschaften besitzen, die sich von normalen Molekülen grundlegend unterscheiden. Ein anschauliches Beispiel ist die behinderte Diffusion durch Membranen oder Haut: kleine Moleküle - wie anorganische Salze - können ohne weiteres durch natürliche oder künstliche Membranen wandern. Makromoleküle - wie Polymere oder Proteine bleiben hingegen in den engen Poren stecken und neigen zur Verstopfung. Graham konnte bereits Kolloide von anderen Substanzen trennen, und seine Methode der Dialyse hat sich, weil sie einfach anzuwenden ist, bis heute unverändert erhalten.

Kolloide haben Ähnlichkeiten sowohl mit echten Lösungen als auch mit groben Dispersionen. Sie besitzen aber auch Eigenschaften, die bei keiner dieser Substanzklassen auftreten. Die klassischen Anwendungen kolloidaler Systeme basieren auf der ungewöhnlich großen Oberfläche dieser Partikel: Grenzflächenerscheinungen wie die Bildung elektrisch geladener Doppelschichten, Adsorptionsprozesse und die Fähigkeit zur Bildung von Assoziaten und Aggregaten gehören dazu. Diese Eigenschaften werden bei Partikeln beobachtet, die geringe Eigenvolumina und im Verhältnis dazu große Grenzflächen aufweisen. Wo sich dispergierte Partikel und Lösung begegnen, an den Phasengrenzen also, dominieren Adsorptionsprozesse oder die Freisetzung von Fremdstoffen. Diese Effekte konkurrieren dann mit dreidimensionalen Eigenschaften, und dies führt zu neuen, interessanten Phänomenen. Im Bereich der Umweltchemie spielen Kolloide für die Sanierung und die Abtrennung toxischer Verbindungen eine große Rolle. Typische Beispiele für derartige Anwendungen betreffen den Gebrauch von Fällungsmitteln in Kläranlagen, die

Verwendung von Mikroemulsionen für Bodensanierungen oder die Abdichtung von Altlasten mit Hilfe spezieller Kieselsäuregele.

4.1.2 Einteilung kolloidaler Systeme

Kolloide sind besonders fein verteilte Partikel, die sich in ihrer molekularen Struktur von dreidimensionalen Stoffen nicht grundlegend unterscheiden. Allein ihre Kleinheit verleiht ihnen jedoch ungewöhnliche Eigenschaften. Diese Phänomene sind immer dann besonders gut zu beobachten, wenn die Partikelgröße der Kolloide zwischen einem Nanometer und einem halben Mikrometer liegt. Die untere Grenze ergibt sich aus der Überlegung, das bei einem Nanometer kolloidale Partikel etwa genauso groß sind wie die Lösungsmittelmoleküle. Unter diesen Bedingungen können Kolloide nicht mehr als eigene Phase angesehen werden. Der obere Schwellenwert ist nicht so scharf definiert und folgt aus der optischen Beobachtung der Teilchen. Partikel mit einem Durchmesser von 500 nm sind in einem guten Mikroskop gerade noch sichtbar.

Tabelle 4.1. Disperse Systeme (d: Teilchengröße)

Hochdisperse Systeme	Kolloide	Grobdisperse Phasen
molekulare Lösungen	kolloidale Systeme	mechanische Dispersionen
$d < 1 nm$	$1 nm < d < 500 nm$	$d > 500 nm$

Diese Definition über die Größe der Partikel wurde erstmalig von Wolfgang Ostwald vorgeschlagen, der bereits im Jahre 1914 ein berühmtes Buch mit dem Titel: *Die Welt der vernachlässigten Dimensionen* publizierte (Ostwald 1914). Gleichzeitig damit gründete er die Kolloidchemie, die heutzutage an vielen Universitäten als ein Spezialgebiet der physikalischen Chemie gelehrt wird. Die besonderen Eigenschaften kolloidaler Systeme ergeben sich aus dem großen Oberflächen/Volumen Verhältnis. Es ist leicht zu zeigen, daß bei Partikeln mit einem Durchmesser von 100 nm ungefähr 8% aller Atome in der Oberfläche angeordnet sind. Bei noch kleineren Systemen steigt dieser Anteil rasch. Dies ist einer der Gründe, warum Nanopartikel zur Zeit intensiv untersucht werden. Kolloide sind also keine besondere Stoffklasse sondern nur ein besonderer Zustand, den fast alle Substanzen annehmen können. Es gibt im wesentlichen drei unterschiedliche Systeme, die kolloidale Dimensionen aufweisen: Dispersionen, Assoziationskolloide und Lösungen von Makromolekülen, zu denen Proteine, DNA, Polysaccharide, Huminstoffe und Polymere gehören.

Dispersionen sind in der Regel thermodynamisch instabile Systeme, die aus einem Lösungsmittel und einer gelösten Substanz bestehen. Die Substanz, die in dem Lösungsmittel fein verteilt ist, kann in gasförmiger, flüssiger oder fester Form vorliegen.

Assoziationskolloide sind thermodynamisch stabile Systeme, die normalerweise ebenfalls in Form einer Lösung vorliegen. Diese Strukturen werden von Molekülen aufgebaut, die in der Lage sind, spontan und reversibel supramolekulare Aggregate zu bilden. Typische Beispiele für derartige Lösungen sind Tenside (Seifenlösungen) oder Farbstoffmoleküle. Alle Assoziationskolloide zeigen das Phänomen der Selbstorganisation, d. h. bei einer bestimmten Konzentration beobachtet man die Bildung definierter Aggregate, die im Gleichgewicht mit gelösten Monomeren stehen. Diese supramolekularen Strukturen sind typisch für lebende Systeme, und sie besitzen im Bereich der Umweltforschung eine große Bedeutung bezüglich des Transports hydrophiler (polarer) und hydrophober (unpolarer) Schadstoffe.

Makromolekulare Lösungen sind thermodynamisch stabile Systeme, die unterschiedliche Eigenschaften besitzen können. Im hochverdünnten Konzentrationsbereich liegen oftmals niedrigviskose Phasen vor, die ähnlich gut fließen wie reines Wasser. Im Bereich höherer Konzentrationen bilden sich durch Wechselwirkungen zwischen den Molekülen oftmals komplizierte Überstrukturen wie Gele oder flüssigkristalline Phasen aus, die stark elastische Eigenschaften besitzen. Derartige Stoffe sind in lebenden Systemen weit verbreitet, und sie spielen daher in der Umwelt für das Verständnis von Stoffaustauschprozessen eine wichtige Rolle.

Tabelle 4.2. Typische Kolloidsysteme

Disperse Phase	Dispersions-medium	Bezeichnung	Beispiel
fest	Gas	Aerosol	Rauch, Pollen, Vulkanasche
flüssig	Gas	Aerosol	Nebel, Dunst
fest	Flüssigkeit	Sol, Dispersion	Farben, Schlamm, Abwasser
flüssig	Flüssigkeit	Emulsion	Milch, Salben, Spülwasser
gasförmig	Flüssigkeit	Schaum	Seifenschaum, Schaumberge auf Gewässern
fest	Festkörper	feste Dispersion	farbiges Glas, Holz, Knochen
flüssig	Festkörper	feste Emulsion	Bitumen, Öltröpfchen im Gestein
gasförmig	Festkörper	fester Schaum	Styropor, Zeolite

Aerosole bestehen aus feinsten luftgetragenen Partikeln, die im festen oder flüssigen Aggregatzustand vorliegen (siehe Kap. 2.4.1). Die Größe dieser Teilchen ist sehr unterschiedlich und kann zwischen 10 nm und 10 μm liegen. Derartige Partikel spielen für den Bereich der Atmosphärenchemie eine große Rolle, da sie spezifisch Gase adsorbieren und eine Vielzahl von chemischen Reaktionen katalysieren können. Es ist interessant zu erwähnen, daß sogar zahlreiche Nahrungsmittel kolloidale Systeme darstellen. Typische Beispiele dafür sind Milch, Butter, Käse, Bier, Brotteig, Pudding oder Mayonnaise.

Aufgrund der vielfältigen Anwendungen besitzen Kolloide auch in der Technik ein großes Interesse. Das Spektrum ist weit gespannt und reicht vom Pflanzenschutz bis zu chemischen, biologischen oder pharmazeutischen Produkten. Auch alle Wasch- und Reinigungsverfahren, die wir zur Zeit kennen, beruhen auf kolloidchemischen Prozessen, die zu einer größeren Hygiene und zur Verhinderung der Ausbreitung ansteckender Krankheiten führen. In der Medizin werden Kolloide in Form von Liposomen oder Mikrokapseln eingesetzt, um Medikamente an bestimmte Wirkungsorte gezielt zu transportieren. Zahlreiche Bestandteile des menschlichen Körpers wie Knochen oder Erythrozyten (rote Blutkörperchen) gehören ebenfalls zu diesen kolloidalen Systemen, denn sie zeigen charakteristische Eigenschaften, die sich nur durch die Art und Beschaffenheit der beteiligten Phasengrenzflächen erklären lassen. Im Bereich der Umweltchemie spielen Kolloide für die Luft- und Wasserreinigung eine wichtige Rolle. Auch der Boden besteht aus einer Vielzahl kolloidaler Partikel wie Tonmineralen oder Huminstoffe, die toxische Moleküle fest binden oder freisetzen können (siehe Kap. 2.1.2.3). Zahlreiche Verfahren zur Entfernung von Staubpartikeln, zur Abtrennung toxischer Chemikalien oder zur Reinigung kontaminierter Böden beruhen ebenfalls auf kolloidchemischen Prinzipien. Trotz ihrer überwältigend großen Erscheinungsformen besitzen alle derartigen Systeme gemeinsame Eigenschaften, die sich aus grundlegenden physikalisch-chemischen Gesetzen ableiten lassen. Die folgenden Kapitel geben eine kurze Einführung in diese Problematik und zeigen einige neue, innovative Wege zur Lösung aktueller Umweltpobleme.

4.1.3 Grundlegende Kolloidstrukturen

Kolloide können eine Vielzahl unterschiedlicher Strukturen aufweisen. Kugelförmige Partikel ergeben sich immer dann, wenn bei der Herstellung der Teilchen Grenzflächenspannungen eine dominierende Rolle spielen. Die Systeme sind dann bemüht, möglichst kleine Oberflächen anzunehmen. Es ist leicht zu zeigen, daß eine Kugel der geometrische Körper ist, der bei vorgegebenem Volumen eine minimale Oberfläche besitzt.
Typische Kolloide, die einen nahezu sphärischen Aufbau besitzen, sind Emulsionen, Latexpartikel, Aerosole, oder einige Proteine. Auch kristalline Verbindungen und schwerlösliche Salze wie Gold- und Silber-Iodid zeigen eine Kugelsymmetrie. Leichte Abweichungen von dieser Gestalt lassen sich durch Rotationsellipsoide beschreiben, die prolate (scheibchenartige) oder oblate (stäbchenartige) Formen aufweisen können. Diese geometrischen Körper lassen sich durch eine Hauptachse und eine Nebenachse charakterisieren. Zahlreiche Makromoleküle und Naturstoffe wie Proteine zeigen in wäßrigen Lösungen derartige Partikelgestalten.
Einige Suspensionen von Eisenoxiden und Tonmineralien nehmen eine charakteristische Scheibchengestalt an (siehe Kap. 2.1.2.3). Diese Partikel werden

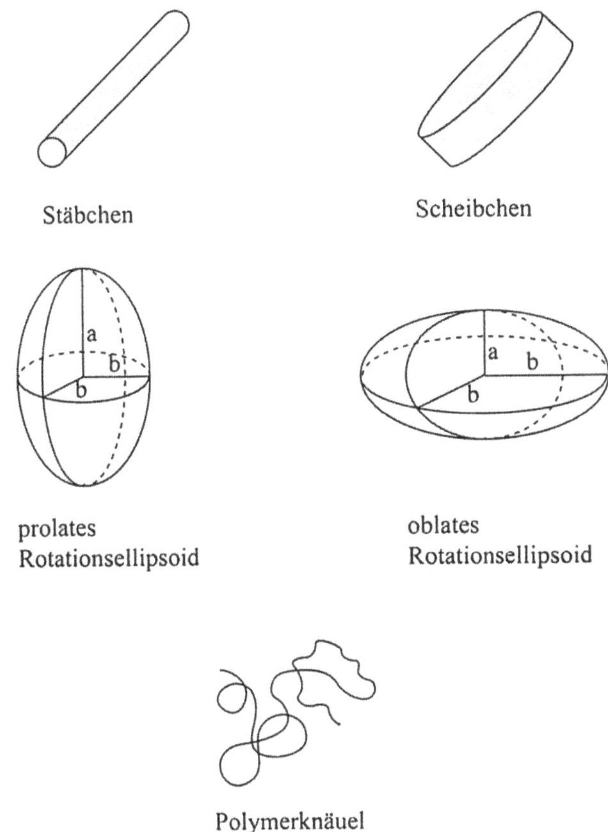

Abb. 4.1. Schematische Darstellung typischer Kolloidstrukturen

im Bereich höherer Konzentration leicht geordnet, und man erhält dann anisotrope, flüssigkristalline Phasen. Bei Makromolekülen und zahlreichen Naturstoffen ergeben sich flexible Knäuel, die durch externe Kräfte leicht verformt werden können. Eine schematische Übersicht vereinfachter kolloidaler Strukturen ist in der Abb. 4.1 dargestellt.

In vielen Fällen wird das Volumen, das von den einzelnen Teilchen in der Lösung beansprucht wird, durch die Bildung von Hydrathüllen stark vergrößert. Künstlich hergestellte Kolloide, die in der Industrie oder im Alltag eingesetzt werden, sind oftmals durch eine breite Größenverteilung gekennzeichnet. Eine Ausnahme bilden hier Latexsuspensionen, die auch im Labor monodispers synthetisiert werden können. Natürliche Kolloide wie Proteine oder Polysaccharide besitzen hingegen meistens eine einheitliche Größe und Gestalt. Es ist interessant zu erwähnen, daß kolloidale Partikel aufgrund vielfältiger Wechselwirkungen sehr leicht übergeordnete Strukturen bilden können, bei denen sich die einzelnen Teilchen zu komplizierten Phasen zusammensetzen. Derartige Lösungen zeigen dann gelartige oder flüssigkristalline Eigenschaften.

4.1.4 Synthesen kolloidaler Systeme

Für die Herstellung kolloidaler Systeme stehen im Prinzip zwei unterschiedliche Methoden zur Verfügung. Man kann entweder von grobdispersen Materialien wie Festkörpern ausgehen, die man dann in weiteren Schritten durch Malprozesse systematisch zerteilt. Dieses Verfahren wendet man zum Beispiel bei Emulsionen an, bei denen man mit Hilfe eines starken Rührers ein unpolares Öl in einem polaren Lösungsmittel wie Wasser dispergiert. Der andere Weg besteht darin, von sehr kleinen Partikeln auszugehen, die sich anschließend selbständig zu supramolekularen Strukturen zusammensetzten. Dieser Prozeß erfolgt sehr häufig durch Selbstorganisation der betreffenden Systeme. Ein typisches Beispiel für derartige Phänomene zeigen die Assoziationskolloide. Hier beobachtet man bei einer definierten Konzentration, der sogenannten kritischen Mizellbildungskonzentration (cmc), das Auftreten unterschiedlicher Aggregate, die man Mizellen nennt. Dieser Vorgang läuft vollkommen selbständig ab, und er bildet die Grundlage für alle Wasch- und Reinigungsprozesse.
Kolloidale Strukturen aus anorganischen Partikeln entstehen oft durch Keimbildung und anschließende Wachstumsprozesse zu kleinen Teilchen. Immer dann, wenn die Bildung aktiver Keime relativ rasch erfolgt, bilden sich monodisperse Suspensionen. Dies ist leicht zu erklären, denn die Partikel fangen dann praktisch alle gleichzeitig an zu wachsen. Werden jedoch während der Synthese der Teilchen noch Keime gebildet, ergibt sich eine breite Größenverteilung (Shaw 1992). Das Verhältnis der Reaktionsgeschwindigkeiten von Keimbildungsrate und Wachstumsgeschwindigkeit bestimmt daher in hohem Maße die Polydispersität der kolloidalen Systeme. Für den Fall, daß das Teilchenwachstum diffusionskontrolliert abläuft, erhält man in der Regel fraktale Geometrien (Weitz et al. 1987). Diese Partikel besitzen dann oft schneeflockenähnliche Strukturen mit großen inneren Oberflächen.

4.1.5 Stabilität kolloidaler Systeme

Die Struktur und Stabilität kolloidaler Systeme ist für viele biologische und technische Prozesse von fundamentaler Bedeutung. Auch im Umweltbereich gibt es zahlreiche Anwendungen, bei denen Schadstoffe quantitativ aus wäßriger Lösung entfernt und ausgefällt werden müssen. Dies geschieht zum Beispiel durch Koagulation, das heißt durch Zusammenlagerung der dispergierten Partikel, die dann in Form von groben Flocken ausfallen. Sehr häufig werden diese Vorgänge durch ionische Wechselwirkungen induziert, bei denen ein spezielles Fällungsmittel die gleichartigen Ladungen zwischen den Kolloidteilchen kompensiert. Die Grundlagen dieser Prozesse lassen sich leicht verstehen, wenn man die verschiedenen Arten von Wechselwirkungen zwischen kolloidalen Partikeln betrachtet.

4.1.5.1 Ionische Wechselwirkungen

In wäßriger Lösung weisen fast alle Partikel Oberflächenladung auf. Die Ursachen dafür können auf unterschiedliche Prozesse zurückgeführt werden. Als typisches Beispiel soll ein Dodecantropfen betrachtet werden, der in Wasser suspendiert ist. Zunächst wird man vermuten, daß die Grenzfläche dieses Tröpfchens ungeladen ist. Legt man aber an diese Emulsion eine elektrische Spannung an, beobachtet man die Wanderung des Dodecantröpfchens in Richtung der positiv geladenen Elektrode. Dieses einfache Experiment zeigt, daß die Grenzfläche des Öltröpfchens offenbar einen negativen Ladungsüberschuß trägt. Diese Anreicherung ionischer Gruppen kommt durch die bevorzugte Adsorption der Hydroxylionen des Wassers zustande. In Gegenwart eines Salzes wie Natriumchlorid sind diese Phänomene sogar noch wesentlich stärker ausgeprägt. In diesem Fall stellen die Cl$^-$-Anionen die aktiven Komponenten dar, die an der Oberfläche des Tropfens durch spezifische Adsorption angereichert werden.

Ein weiterer Prozeß, der ebenfalls zum Auftreten diskreter Ladungen an Grenzflächen führt, betrifft die Adsorption von Molekülen, die einen Dipolcharakter aufweisen. Hierzu gehören z. B. Wassermoleküle, die an den Sauerstoffatomen eine negative Partialladung und an den Wasserstoffatomen einen positiven Ladungsüberschuß tragen. Nehmen derartige Moleküle in der Nähe von Oberflächen eine bestimmte Orientierung an, können positive oder negative Ladungen induziert werden (Abb. 4.2). Andere Moleküle, die auch diese Eigenschaften besitzen, sind Amine oder Alkohole.

Einige Substanzen, die im Lösungsmittel suspendiert werden, bilden Oberflä-

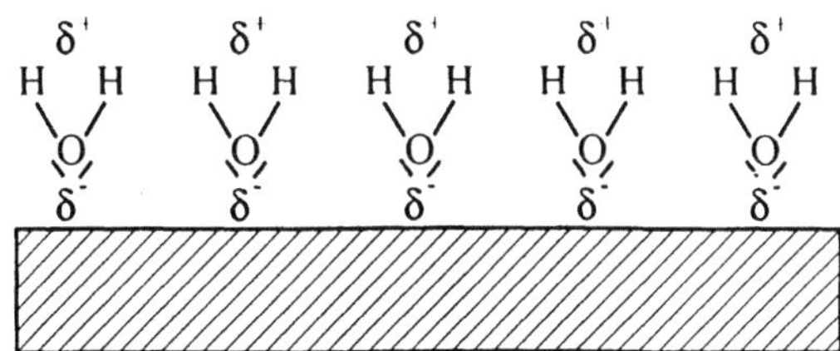

Abb. 4.2. Durch die spezifische Adsorption von Dipolen können geladene Grenzflächen entstehen

chenladung durch die Hydrolyse ionischer Gruppen. Ein typisches Beispiel für derartige Prozesse zeigen Proteine, die $-COO^-$ und $-NH_3^+$ Gruppen enthalten. Die Oberflächenladung dieser Moleküle hängt stark vom pH-Wert ab. Im sauren Bereich sind diese Partikel positiv geladen, da sowohl die Carboxylatgruppe als auch die Amingruppe protoniert sind ($-COOH$ und $-NH_3^+$). Bei niedrigen pH-Werten bilden sich durch die Dissoziation der Säuregruppe negative Ladungsüberschüsse ($-COO^-$ und $-NH_2$). Die zwitterionischen Proteine besitzen demnach auch einen charakteristischen pH-Wert, bei dem sich beide Effekte kompensieren und daher kein Ladungseffekt mehr auftritt. Dieser spezielle Wert der Wasserstoffionenkonzentration wird als isoelektrischer Punkt bezeichnet.

Ladungen können auch durch unterschiedliche Geschwindigkeiten der Ionendissoziation induziert werden. Dies liegt darin begründet, daß die Diffusionsgeschwindigkeit proportional zum Ionenradius ist. Ein Beispiel hierfür bildet ein Silberiodidkristall, den man ins Wasser gibt. Die kleineren und daher schneller löslichen Silberionen diffundieren mit höherer Geschwindigkeit ins Wasser als die größeren Jodionen. Die Oberflächen dieser Kristalle weisen deswegen in wässriger Lösung negative Überschußladungen auf, die allerdings auch vom pH-Wert der Lösung abhängen.

4.1.5.2   Stern-Potential

Die Wechselwirkungen zwischen den Ladungszentren an der Oberfläche der Festkörper und den Ionen in der Lösung führen zur Ausbildung charakteristischer Doppelschichten. Ein einfaches Modell, das die molekulare Struktur dieser Grenzflächen beschreibt, ist bereits von Stern im Jahr 1942 abgeleitet worden. Wir betrachten eine ebene Grenzfläche, die gleichförmig geladen ist. Das Lösungsmittel wird als reines Kontinuum betrachtet. Die Existenz von Ladungszentren an der Oberfläche des Festkörpers führt zur Bildung einer starren Adsorptionsschicht entgegengesetzt geladener Ionen (Stern-Schicht). Die Gegenionen in unmittelbarer Nähe der Oberfläche sind durch Coulombsche Kräfte so stark gebunden, daß sie nicht mehr der Brownschen Molekularbewegung unterliegen. Beim Transport der kolloidalen Partikel werden diese Gegenionen ebenfalls mit bewegt, und es bildet sich eine Scherebene, die etwas außerhalb der Partikeloberfläche verläuft. Alle Ionen außerhalb dieser Grenzzone sind frei beweglich und bilden eine diffuse Ionenwolke, während die geladenen Moleküle innerhalb dieser Schicht fest gebunden sind. Die Konzentrationsverteilung der frei beweglichen Ionen außerhalb der Sternschicht wird durch die Konkurrenz zwischen den Coulombschen Wechselwirkungen und der thermischen Bewegung der Ionen kontrolliert. Man findet hier in erster Näherung einen exponentiellen Abfall der Gegenionenkonzentration als Funktion des Abstands von der Teilchenoberfläche.

Trägt man das elektrische Potential als Funktion des Abstands auf, so erhält man innerhalb der Stern-Schicht einen linearen Abfall und außerhalb dieses Grenzwertes eine exponentielle Abhängigkeit (Abb. 4.4). Das Abklingverhalten der Kurve wird durch eine Größe charakterisiert, die als Debye-Länge bezeichnet wird. Dieser Parameter charakterisiert den Abstand, bei dem das elektrische Potential auf 1/e seines ursprünglichen Wertes abgefallen ist. In grober Näherung läßt sich diese Größe auch als Reichweite der elektrostatischen Kräfte beschreiben. Unter vereinfachten Annahmen gilt für einen einfachen Elektrolyten:

$$l_D = \sqrt{\frac{\varepsilon_0 \varepsilon_r kT}{\sum_i (z_i e)^2 c_{i0}^*}} \tag{4.1}$$

In dieser Formel bezeichnet l_D die Debyelänge, die ε_0 und ε_r die Dielektrizitätskonstanten des Vakuums und des Wassers, z_i die Wertigkeit der Ionen, und c_{i0}^* die Gleichgewichtsionenkonzentration in der Lösung weit außerhalb der Stern-Schicht. Die Summe im Nenner des Bruches wird häufig als Ionenstärke bezeichnet. Diese Größe bestimmt im wesentlichen die Wechselwirkungskräfte in ionischen Systemen, und sie ist deshalb für viele Betrachtungen von fundamentaler Bedeutung.

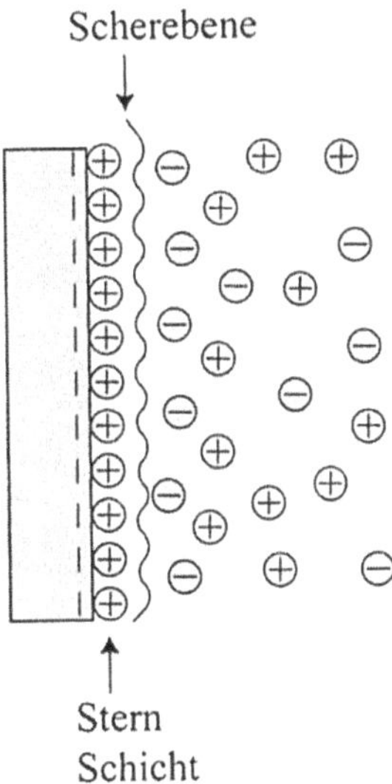

Abb. 4.3. Schematische Darstellung der Stern-Schicht. Die Ionen in unmittelbarer Nähe der geladenen Grenzfläche sind durch elektrostatische Kräfte so stark gebunden, daß sie fest an der Oberfläche haften. Bei dem Transport der kolloidalen Teilchen werden diese Ionen deshalb mit bewegt und es bildet sich eine Scherebene aus, die außerhalb der Teilchenoberfläche verläuft. Diese Linie trennt die leicht beweglichen Ionen von den fest gebundenen Gegenionen

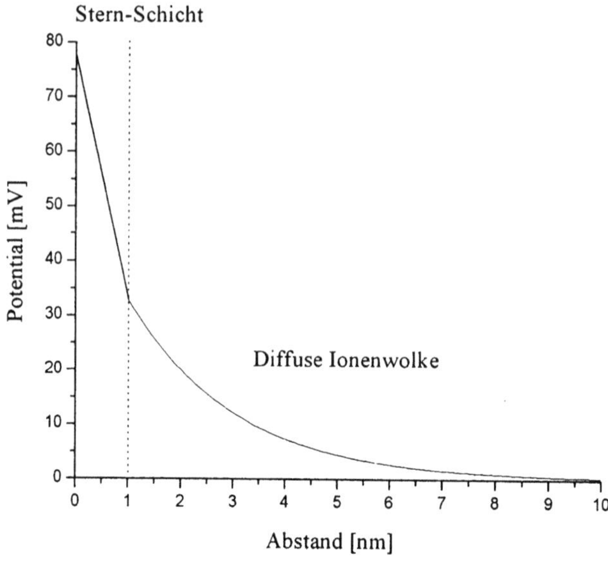

Abb. 4.4. Innerhalb der Sternschicht beobachtet man einen exponentiellen Abfall der diffusen Ionenwolke

Für wäßrige Lösungen (T = 25°C) ergeben sich bei Konzentrationen von 0,1 mol/L bei einwertigen Elektrolyten charakteristische Debyelängen von etwa einem Nanometer. Beträgt die Konzentration der Ionen hingegen 0,001 mol/L, dann steigt dieser Wert um den Faktor 10. Dieses Beispiel zeigt deutlich die abschirmende Wirkung hoher Ionenkonzentrationen. Durch die Kondensation der Gegenionen in der Nähe der Oberflächen werden die Ladungszentren effektiv abgeschirmt. Unter diesen Bedingungen verhalten sich die Teilchen nahezu wie ungeladene Partikel.

Das elektrische Potential in der Nähe der Stern-Schicht wird in der Literatur als elektrokinetisches oder Zeta-Potential bezeichnet. Diese Größe läßt sich experimentell durch eine Reihe von Meßmethoden leicht bestimmen. Hierzu gehört die Elektrophorese, bei der die Geschwindigkeit des kolloidalen Teilchens im elektrischen Feld gemessen wird, oder das Strömungspotential, bei dem man eine Potentialdifferenz unter definierten Strömungsbedingungen bestimmt. Das ζ-Potential stellt die wichtigste Größe zur Charakterisierung des Ladungszustandes kolloidaler Partikel dar. Teilchen mit hohen Zetapotentialen zeigen starke Wechselwirkungen aufgrund der Coulombschen Kräfte.

4.1.5.3   Van-der-Waals-Kräfte

Da Kolloide im Vergleich zu einfachen Molekülen bereits relativ große
Durchmesser besitzen, beobachtet man bei diesen Partikeln auch ausgeprägte
anziehende Wechselwirkungskräfte, die durch Van-der-Waals-Attraktionen
zustande kommen. Diese Kräfte führen zu Fluktuationen in der Ladungsverteilung der Elektrodenhüllen der beteiligten Moleküle. Es bilden sich dann induzierte Dipole, die proportional zur sechsten Potenz des reziproken Abstandes
miteinander in Wechselwirkung treten. Van-der-Waals-Kräfte sind daher im
Vergleich zu Coulombschen Wechselwirkungen relativ schwach und nur bei
kurzen Teilchenabständen von Bedeutung.

Attraktive Van-der-Waals-Wechselwirkungen werden durch einen Parameter
H beschrieben, den man die Hamaker-Konstante nennt. Diese Variable hängt
von der Teilchenart und den Eigenschaften des Lösungsmittels ab, und sie
besitzt Werte in der Größenordnung von 10^{-20} J. Im Gegensatz zu anderen
Naturkonstanten lässt sich die Hamaker-Konstante leider bis heute noch nicht
genau bestimmen. Je nach Untersuchungsmethode erhält man für Wasser
Werte zwischen 3,3-6,4 $\times 10^{-20}$ J, und Festkörper wie Metalle und Polymere
zeigen etwa um den Faktor 2 erhöhte Werte (Shaw 1992). Die Hamaker-
Konstante ist für viele theoretische Betrachtungen von grundlegendem Interesse, da sie ein Maß für die attraktiven Dispersionswechselwirkungen darstellt. Im einfachsten Fall läßt sich die Stabilität kolloidaler Systeme durch die

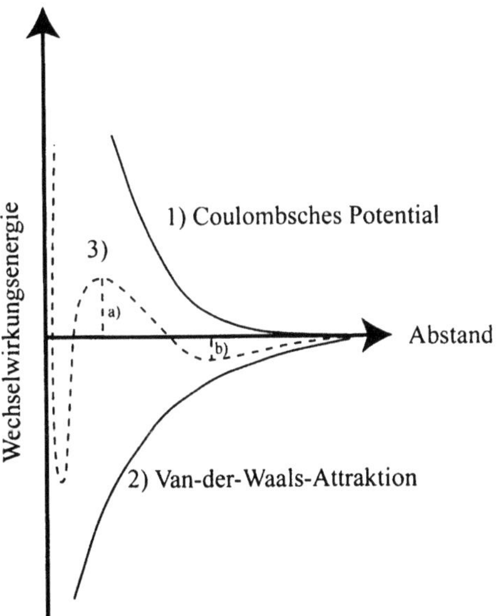

Abb. 4.5. Darstellung der Coulombschen Wechselwirkung 1) und der Van-der-Waals-
Wechselwirkung 2) als Funktion des Abstandes zweier kugelförmiger Teilchen. Die Summe
der beiden Kräfte 3) ergibt eine Kurve mit einem lokalen Maximum und 2 Minima

lineare Kombination Coulombscher Kräfte mit Van-der-Waals Wechselwirkungen beschreiben. Dieses Verfahren wurde unabhängig voneinander von
Deryagin und Landau in der UDSSR und Verwey und Overbeek in den USA
entwickelt (Takeo 1999). In der Literatur wird diese vereinfachte Ableitung
nach den Anfangsbuchstaben dieser Autoren meist DLVO-Theorie genannt.
Im Rahmen dieser Überlegungen werden die Wechselwirkungskräfte zwischen den kolloidalen Teilchen durch die Addition der beiden grundlegenden
Kräfte verursacht. Dieses Verfahren ist in der Abb. 4.5 schematisch dargestellt.

Das stark ausgeprägte Minimum kennzeichnet den mittleren Abstand zweier
Teilchen im koagulierten Zustand, und das weniger ausgeprägte Minimum,
hier mit b) bezeichnet, charakterisiert den mittleren Teilchenabstand der stabilen Suspension.

Wenn das Maximum der Kurve 3 einen Wert annimmt, der im Vergleich zur
thermischen Energie kT sehr groß ist, können sich die Teilchen aufgrund der
hohen Energiebarriere nicht zusammenlagern. Die Energie der Brownschen
Molekularbewegung ist in diesem Fall zu gering, um die abstoßenden Coulombschen Kräfte zu überwinden. Die kolloidale Suspension ist in diesem Fall

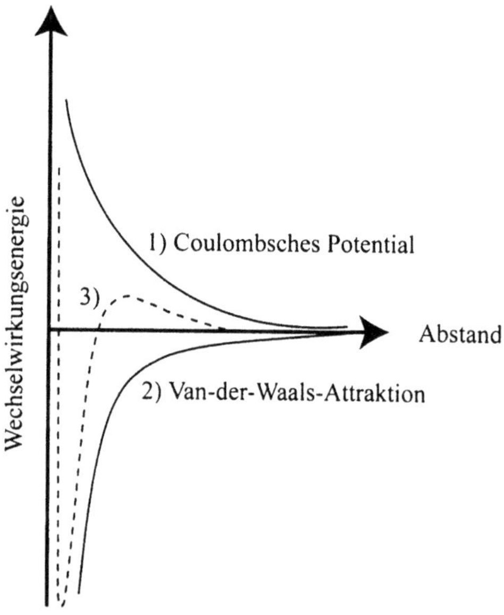

Abb. 4.6. Wechselwirkungsenergie zwischen zwei kugelförmigen Kolloidteilchen als
Funktion des Abstandes. Die Summe der beiden Wechselwirkungsenergien (Kurve 3) zeigt
nur noch ein schwach ausgeprägtes Maximum. Wenn die Potentialschwelle dieses Extrem-
wertes nur wenig höher ist als die thermische Energie kT, erfolgt eine rasche Koagulation
des Systems. Die Position des Minimums bestimmt dann den mittleren Abstand zwischen
den koagulierten Teilchen

stabil, und es ergibt sich ein mittlerer Abstand zwischen den Partikeln, der durch die Position des lokalen Minimums b) bestimmt wird. Bei geringfügigen Änderungen der Wechselwirkungskräfte kann auch eine andere Additionskurve entstehen (Abb 4.5).

Bei der Überlagerung dieser Kurven ergibt sich eine mittlere Energie-Abstands-Kurve, die nur noch ein kleines lokales Maximum aufweist. In diesem Fall können sich die Partikel auf Grund der thermischen Bewegung zusammenlagern, da die Energiebarriere zu gering ist, um diesen Vorgang zu verhindern. Die Teilchen aggregieren dann und fallen schließlich aus; ein Vorgang den man Koagulation nennt. Im Rahmen der DLVO-Theorie läßt sich eine kritische Konzentration des Elektrolyten berechnen, bei dem dieser Vorgang spontan einsetzt. Dieser Schwellenwert wird c.c.c. genannt (critical coagulation concentration). Die Ergebnisse der DLVO-Theorie zeigen, daß im Bereich hoch geladener Grenzflächen die kritische Koagulationskonzentration umgekehrt proportional zur sechsten Potenz der Ionenwertigkeit des Elektrolyten ist. Diese strenge Abhängigkeit wurde bereits im Jahre 1900 in Experimenten beobachtet, und sie ist als Schulze-Hardy-Regel in die Literatur eingegangen. Dieses Gesetz sagt voraus, daß sich die reziproken Flockungsschwellenwerte von ein-, zwei- und dreiwertigen Ionen zueinander verhalten wie die Zahlen 1:50:10.000 (Dörfler 1994). Wenn man als Beispiel die Ionen Na^+, Ca^{2+} und Al^{3+} betrachtet, bedeutet dies, daß beim dreiwertigen Al-Ion nur ein 1/10.000 der Konzentration notwendig ist, die man benötigt, um die vorliegende kolloidale Substanz mit Natriumionen auszufällen. Man erkennt daher, daß mehrwertige Ionen bereits in Spuren Wirkung zeigen und koagulieren (flocken) können. Dies ist einer der Gründe für die toxische Wirkung von mehrwertigen Schwermetallionen (siehe auch Kap. 3.1.1.1). Diese Verbindungen können bereits bei sehr kleinen Konzentrationen Proteine ausfällen, was dann zu irreversiblen Gewebeschädigungen führt. Im Bereich der Abwasserreinigung wird die Schulze-Hardy-Regel häufig auch gezielt benutzt, um ionische Schadstoffe durch Flockung auszufällen. In diesem Fall werden wasserlösliche, hochgeladene Polymere als Fällungsmittel eingesetzt. Typische Makromoleküle, die in der Praxis häufig Verwendung finden, enthalten speziell modifizierte Acrylat- oder Acrylamidgruppen. Bedingt durch die hohe Anzahl ionischer Zentren reichen bereits äußerst geringer Konzentrationen aus, um unerwünschte Produkte quantitativ aus polaren Lösungsmitteln zu entfernen. Makromoleküle sind aufgrund ihrer Größe auch in der Lage, gleichzeitig an zwei oder mehreren kolloidalen Partikeln zu adsorbieren. Man spricht in diesem Fall von „Brückenflockung". Da die so erhaltenen Aggregate große Molmassen besitzen, lassen Sie sich besonders schnell und effektiv vom Wasser abtrennen. Neben Makromolekülen werden in der Trinkwasseraufbereitung häufig anorganische Salze wie $Al_2(SO_4)_3$ zugesetzt. Das Wasser wird anschließend mit CaO in den basischen pH-Wert-Bereich überführt. Das Aluminiumsulfat reagiert unter diesen Bedingungen mit überschüssigen Hydroxilionen und es bildet sich ein lockeres Gel, das sich langsam absetzt und dabei fein verteilte Schwebstoffe und Bakterien mit ausfällt. Gleichzeitig bilden die Al^{3+}-Ionen Komplexe mit entgegen geladenen Kolloiden, die dann ebenfalls mit ausfallen. Auf diese Weise lassen sich auch feinteilige Partikel quantitativ in relativ kurzer Zeit ausfällen. Die Geschwindigkeit der Ausflockung läßt sich durch Rühren der Lösung sehr stark erhöhen. Dieser Effekt, der unter dem Namen orthokinetische Koagulation bekannt ist, beruht auf der größeren Stoßfrequenz der kolloidalen Partikel im Strömungsfeld.

4.1.5.4   Sterische Wechselwirkungen

Neben der relativ starken und weitreichenden Coulombschen Wechselwirkung werden in der Technik auch noch andere Mechanismen benutzt, um kolloidale Dispersionen zu stabilisieren (Takeo 1999). Von großer Bedeutung ist hierbei ein Effekt, der vereinfachend als sterische Wechselwirkung bezeichnet wird. Dieses Phänomen tritt immer dann auf, wenn Makromoleküle an der Oberfläche von Kolloiden absorbiert werden. Bedingt durch die Größe der eingesetzten Substanzen sind diese Vorgänge oft irreversibel, d.h. die Haftung dieser Moleküle an der Unterlage ist so hoch, daß sie nur schwer wieder entfernt werden können. Auf diese Weise bilden sich dichte Filme der absorbierten Fremdmoleküle, die als Lösungsvermittler und Barriere gegenüber der Bildung von Aggregaten dienen. Diese ultradünnen Hüllen der adsorbierten Moleküle werden häufig auch als Schutzkolloide bezeichnet. In der Praxis benutzt man neben synthetischen Polymeren auch Proteine oder natürliche Substanzen wie Alginate oder Gelatine. Im Gegensatz zu Coulombschen Wechselwirkungen sind sterische Stabilisierungsmechanismen auch dann noch wirksam, wenn die Lösungen sehr viel Salz enthalten. Deshalb finden derartige Prozesse zahlreiche Anwendungen, und man benutzt sie zur Stabilisierung von Tinte, Medikamenten, Farben, Emulsionen oder kosmetischen Präparaten.
Nennenswerte sterische Wechselwirkungskräfte treten erst auf, wenn die kolloidalen Partikel kleine Abstände besitzen. Ähnlich wie zwei Haarbürsten, die man aufeinanderpreßt, entwickeln auch die Adsorptionsschichten an den Oberflächen der Teilchen abstoßende Kräfte, wenn sie sich berühren. Die Ursachen dieser Wechselwirkungen liegen in Änderungen der Molekülkonformationen begründet, die zu reversiblen Verformungen und Verschlaufungen der Ketten führen. Dies sind im wesentlichen entropisch bedingte Phänomene, die sich als elastische Abstoßungskräfte manifestieren. Die Größe dieser Wechselwirkungen hängen von der Packungsdichte der Moleküle in der Grenzschicht, von den Bindungskräften zwischen den Kolloidteilchen und den Makromolekülen, der Temperatur und den Eigenschaften des Lösungsmittels ab. Besonders günstige Verhältnisse beobachtet man bei A-B-Blockcopolymeren, bei denen ein Teil des Moleküls besonders gut an der Festkörperoberfläche haftet (Anker-Gruppe). Der andere Teil der Moleküle ist mit

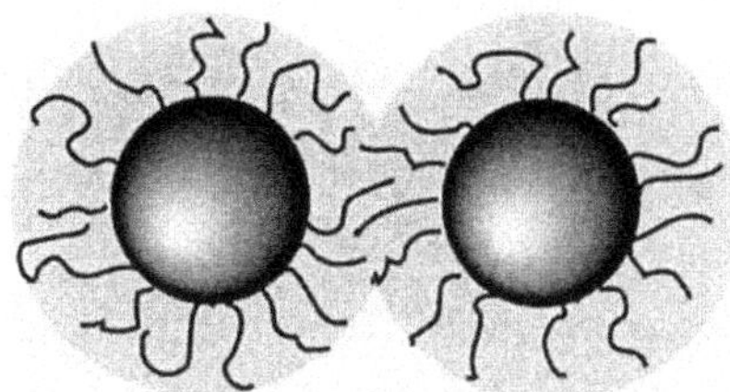

Abb. 4.7. Sterische Abstoßungskräfte entstehen, wenn Teilchen mit adsorbierten Makromolekülen auf kurze Distanzen angenähert werden.

Lösungsmitteln verträglich. Ähnliche Prozesse entstehen offenbar auch bei der Adsorption von Huminsäuren, die ebenfalls in der Lage sind, dichte Oberflächenfilme zu bilden (Schlebaum et al. 1998; Kawahigashi u. Fujitake 1998; Jones u. Bryan 1998; Wilkinson et al. 1997). Diese Substanzen können daher zur Stabilität kolloidaler Systeme maßgeblich beitragen.

Makromoleküle, die eine besonders große Masse besitzen, können an mehreren Kolloidteilchen gleichzeitig absorbieren. In diesem Fall bilden sich Aggregate, die leicht ausflocken (Brückenflockung). Diese Suspensionen sind instabil und werden in relativ kurzer Zeit wieder in ihre Einzelkomponenten zerfallen.

4.1.5.5   Depletion-Kräfte

Wenn Partikel unterschiedlicher Größe in einer kolloidalen Suspension vorhanden sind, kommt es zu einer weiteren Art der Wechselwirkung, die seit einigen Jahren von großem theoretischen Interesse ist (Takeo 1999). Die Ursache dieser Kräfte läßt sich leicht verstehen, wenn man eine bimodale Verteilung kugelförmiger Partikel betrachtet. Aufgrund der Brownschen Molekularbewegung können Fälle auftreten, bei denen sich zwei große Teilchen zufällig so stark einander annähern, daß keine kleineren Partikel mehr in den Spalt zwischen diesen beiden Kolloiden hineinpassen. Unter diesen Bedingungen treten osmotische Kräfte aufgrund der Konzentrationsunterschiede auf. Der Spalt zwischen den beiden großen Teilchen bildet dann ein so genanntes „excluded volume"; also eine verbotene Zone, die kleineren Partikeln verwehrt ist („depletion layer"). Bedingt durch diese Konzentrationsunterschiede formen die kleineren Teilchen einen Käfig um die größeren Partikel, und sie begünstigen dadurch die Aggregatbildung. Diese Art von Wechselwirkungen, die ebenfalls auf entropischen Kräften beruht, kann deswegen zur Koaleszenz kolloidaler Lösungen führen. Ein typisches Beispiel, das praktische Bedeutung hat, betrifft die Ausflockung von Emulsionen in Gegenwart überschüssiger Tensidkonzentrationen. In diesem Fall bilden die Tensidmizellen, die in die-

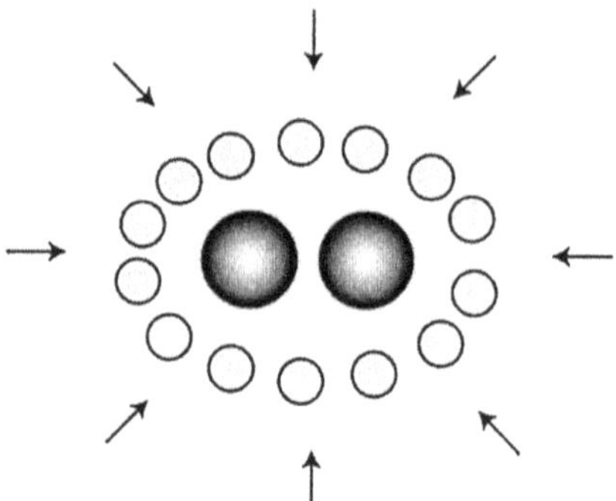

Abb. 4.8. Depletionkräfte beruhen auf Konzentrationsgradienten, die immer dann auftreten, wenn größere Partikel sich so nahe annähern, daß im Spalt zwischen ihnen nur noch Lösungsmittelmoleküle vorkommen. Die kleineren Teilchen bilden dann einen osmotischen Käfig um die größeren Partikel und stabilisieren auf diese Weise die Cluster der eingeschlossenen Kolloide

sem System die kleineren Partikel darstellen, Konzentrationsgradienten, die schließlich zur Instabilität der größeren Emulsionstropfen führen (Bibette et al. 1992). Depletionkräfte sind in der Natur weit verbreitet, da sie immer dann auftreten, wenn unterschiedlich große Partikel in einer Lösung vorliegen. Einfache Moleküle wie Proteine, Huminsäuren oder Polymere können bereits diese Wirkungen entfalten und somit zur Flockung und Koaleszenz kolloidaler Systeme beitragen.

4.1.5.6   Solvatationskräfte

Die bisher betrachteten Theorien behandeln das Lösungsmittel als reines Kontinuum, dessen Wirkung im wesentlichen durch die Dielektrizitätskonstante ε_r beschrieben wird. Bei kurzen Teilchenabständen bemerkt man aber die molekulare Struktur des Lösungsmittels. In der Nähe von Grenzflächen treten daher große Abweichungen auf, die durch die Orientierung der Lösungsmittelmoleküle oder die Bildung von Aggregaten verursacht werden. So ist z.B. bekannt, daß die Dielektrizitätskonstante von Wasser in der Nähe von Oberflächen signifikant von ihrem Gleichgewichtswert abweicht (Israelachvili 1985). Auch die Dichte oder andere physikalische Größen wie die Viskosität unterliegen oszillatorischen Schwankungen, die durch sterische Packungseffekte erklärt werden können. Während die Lösungsmittelmoleküle in der Nähe der Festkörper durch die Adsorption an den ebenen Grenzflächen hoch geordnet sind, verliert sich diese Eigenschaft im Inneren der Lösung. Diese Änderung führt zu oszillatorischen Dichteschwankungen (Israelachvili 1985). Diese Effekte sind bei glatten Grenzflächen wie Glimmerplatten besonders stark ausgeprägt,

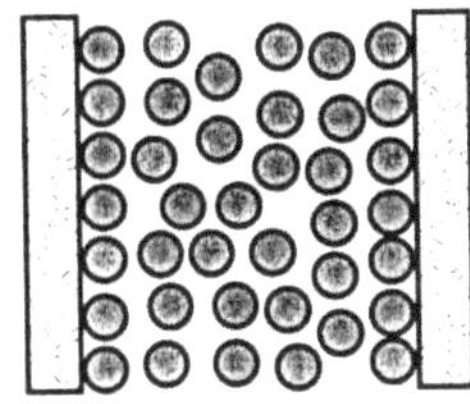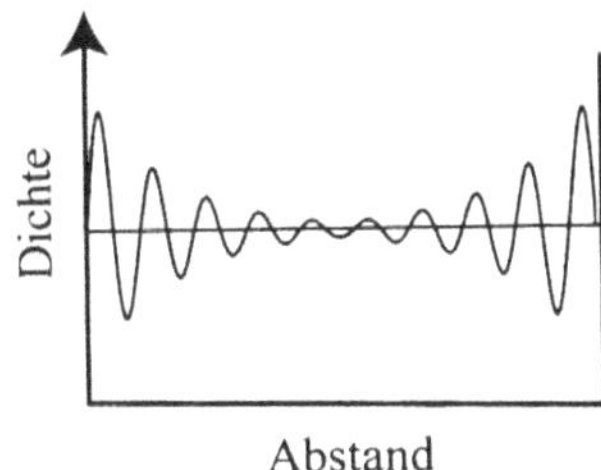

Abb. 4.9. Bei kurzen Abständen zwischen kolloidalen Partikeln können sinusförmige Dichteschwankungen der Lösungsmittelmoleküle auftreten, die durch unterschiedliche Packungen der Moleküle verursacht werden. Am Rand der Flüssigkeit ergeben sich hohe Ordnungsgrade, die im Inneren des Systems allmählich abklingen.

und ihre Bedeutung für die Stabilität kolloidaler Suspensionen ist zur Zeit noch nicht endgültig geklärt.

4.2 Grenzflächen

4.2.1 Flüssige Oberflächen

In der Nähe von Phasengrenzen ändern sich die physikalischen Eigenschaften der Systeme. Dazu gehört z. B. die Dichte, die Wärmekapazität, der Brechungsindex, die Viskosität oder die Dielektrizitätskonstante. In der Thermodynamik werden Phasengrenzen als idealisierte, scharfe Trennschichten angesehen. Auf molekularen Skalen ändern sich die Eigenschaften graduell, wobei der Übergang von der Flüssigkeit in die Gasphase durch starke Änderungen der betreffenden physikalischen Parameter geben ist. Die Zone, in der diese kontinuierlichen Übergänge stattfinden, beträgt bei normalen Flüssigkeiten etwa ein Nanometer.
Moleküle, die in der Nähe der Phasengrenze vorliegen, unterscheiden sich energetisch von den darunterliegenden Nachbarn. Die Ursache dieses Phänomens liegt in den unterschiedlichen Wechselwirkungen zwischen den kondensierten (flüssigen oder festen) und gasförmigen Molekülen. Es ist leicht zu verstehen, daß Moleküle im Inneren der Lösung gleichförmig von allen Nachbarn angezogen werden. Dies führt zu einer Kompensation aller Wechselwirkungskräfte, so daß keine bevorzugten Nettokräfte resultieren. An der flüssigen Oberfläche treten hingegen unterschiedliche Wechselwirkungen mit den Gasmolekülen und den darunterliegenden Atomen der flüssigen Phase auf. Als Nettobilanz ergibt sich dann eine zusätzliche Kraft, die versucht, die Moleküle

der Grenzfläche in die flüssige Phase hinein zu ziehen. Umgekehrt kann man feststellen, daß eine bestimmte Arbeit verrichtet werden muß, um ein Molekül aus dem Volumeninneren in die Phasengrenze zu bringen. Flüssigkeiten haben deshalb immer das Bestreben, eine möglichst geringe Oberfläche anzunehmen. Dieses Phänomen wird in der Thermodynamik durch die Oberflächenspannung γ beschrieben. Aus der Definitionsgleichung dieser Größe läßt sich erkennen, daß man zur Vergrößerung der Grenzfläche einen bestimmten Arbeitsbetrag aufwenden muß.

$$dW_A = \gamma \cdot dA \qquad (4.2)$$

In dieser Formel bezeichnet W_A die Oberflächenarbeit und A die Größe der Grenzschicht. Die Oberflächenspannung γ ist eine Funktion der Temperatur und des Druckes. Für reines Wasser ergibt sich bei einer Temperatur von 293 K einen Wert von $72{,}8 \cdot 10^{-3}$ N/m. Diese Angaben gelten allerdings nur an ebenen Grenzflächen. Ist die Oberfläche gekrümmt, ändern sich die thermodynamischen Bedingungen. Es gilt dann die Laplace-Gleichung.

$$\Delta p = \gamma \cdot \left(\frac{1}{r_1} + \frac{1}{r_2} \right) \qquad (4.3)$$

In dieser Gleichung bezeichnen r_1 und r_2 die Hauptkrümmungsradien der betrachteten Oberfläche. Für eine Kugel gilt $r_1 = r_2$, und für ein Zylinder ist $r_2 = \infty$. Die Größe Δp bezeichnet die Druckdifferenz zwischen der inneren und äußeren Phase, wobei die konkave Seite immer unter einem höheren Druck steht als die betreffende andere Phase.

Aus der Laplace-Gleichung läßt sich ableiten, daß ein kleiner Tropfen immer einen höheren Dampfdruck besitzt als die reine, ebene Phase. Der Zusammenhang zwischen der Tropfengröße und dem Dampfdruck wird durch die Kelvin-Gleichung beschrieben:

$$\ln \left(\frac{p}{p_\infty} \right) = \frac{2 \cdot \gamma \cdot V_m}{r \cdot R \cdot T} \qquad (4.4)$$

In dieser Formel bezeichnet r den Tropfenradius, V_m das Molvolumen und p_∞ den entsprechenden Dampfdruck der ebenen Grenzschicht. Eine signifikante Erhöhung des Dampfdruckes kleiner Tröpfchen ergibt sich erst bei sehr kleinen Radien. Wenn der Durchmesser des Tröpfchens zwei Nanometer beträgt, beobachtet man einen Druckanstieg um etwa den Faktor 3. Dieses Phänomen hat zahlreiche Konsequenzen. Wenn sich in einer Wolke kleine Wassertröpfchen bilden, besitzen diese einen hohen Dampfdruck und sind daher instabil. Diese Partikel werden sich dann relativ rasch wieder auflösen. Der Wasserdampf bleibt daher in einem übersättigten Zustand. Wenn aber fremde Partikel anwesend sind, kann der Wasserdampf an deren Oberfläche kondensieren und große Tropfen bilden. Derartige Vorgänge sind also für die Bildung von Re-

gen äußerst bedeutsam. So führt z. B. die Zugabe von feinkristallinem Silber-
jodid, das die Keimzahl erhöht, zu einem raschen Abregnen der Wolke. Auch
Hagelbildungen lassen sich durch den Zusatz von KNO_3 und Aceton verhindern. Bei diesem Vorgang wird die Anzahl der Keime in einer Wolke drastisch erhöht. Es bilden sich dann relativ kleine Eispartikel, die beim Herabfal-
len aufschmelzen und daher als Regen niederfallen. Wenn nur wenige Keime
vorhanden sind, bilden sich hingegen große Hagelkörner, die während der
Periode des freien Falls nicht mehr schmelzen.

Ein anderes Phänomen, das aus Gl. 4.3 folgt, betrifft die sogenannte Ostwald-
Reifung. Mit diesem Begriff bezeichnet man den Alterungsprozeß kolloidaler
Lösungen. Kleine Kristalle oder Emulsionströpfchen, die in einem Lösungsmittel suspendiert sind, werden sich ebenfalls aufgrund ihrer geringen Größe
auflösen. Große Partikel besitzen hingegen eine geringere Löslichkeit und sind
daher viel stabiler. In derartigen Lösungen werden die großen Teilchen daher
auf Kosten der kleineren Partikel wachsen. Dieser Effekt führt allmählich zu
immer größeren Partikeln. Aus diesem Grund werden in technischen Systemen häufig Stabilisatoren wie Schutzkolloide oder Tenside zugesetzt. Diese
Verbindungen setzen sich aufgrund ihrer amphiphilen Eigenschaften auf die
Oberfläche der Partikel und verhindern damit deren Auflösung.

In der Natur und in der Umwelt ist Wasser bei weitem das wichtigste Lösungsmittel. Unpolare Substanzen, zu denen auch toxische Stoffe wie PAK,
Phenole oder chlorierte Kohlenwasserstoffe gehören, werden in Form von
ultradünnen Filmen an der Oberfläche angereichert. Dieser Prozeß läßt sich in
der Thermodynamik mit Hilfe der Gibbsschen Gleichung quantitativ beschreiben. Im Bereich geringer Konzentrationen gilt:

$$\Gamma = -\left(\frac{1}{RT}\right) \cdot \left(\frac{\partial \gamma}{\partial \ln c}\right)_{T,P} \tag{4.5}$$

In dieser Gleichung bezeichnet Γ den Grenzflächenüberschuß. Diese Größe
kennzeichnet eine zweidimensionale Konzentration und ist bei verdünnten
Lösungen hydrophober Stoffe in guter Näherung gleich der Anzahl der adsorbierten Moleküle pro Quadratmeter Oberfläche (mol/m^2). c charakterisiert die
dreidimensionale Konzentration des gelösten Stoffes (mol/L). Die Gibbssche
Gleichung beschreibt also einen Zusammenhang zwischen der Konzentration
des Stoffes in der Lösung und der Anreicherung dieser Moleküle in der Grenzschicht. Man vergleicht hierbei die Molekülschicht an der Oberfläche mit
einer entsprechenden Zone im Inneren der Lösung, wobei die Dicken der betrachten Volumina im wesentlichen durch die molekularen Dimensionen der
adsorbierten Fremdstoffe gegeben sind. Der Zusammenhang zwischen diesen
beiden Größen wird maßgeblich durch die Oberflächenspannung der Flüssigkeit bestimmt. Bei einer Anreicherung des Fremdstoffs in der Phasengrenze
sinkt die Grenzflächenspannung. Es gibt einige Moleküle wie die Polysaccharide, die so gut wasserlöslich sind, daß sie in der Oberfläche verarmen. In

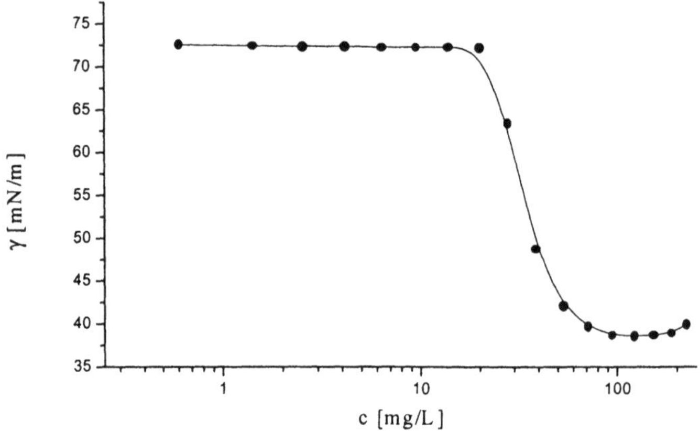

Abb. 4.10. Oberflächenspannung eines Naturstoffs (Phospholipidmischung: Asolectin) als Funktion der Konzentration

diesem Fall mißt man einen Anstieg der Oberflächenspannung. Zur quantitativen Auswertung der Daten wird die Oberflächenspannung als Funktion des natürlichen Logarithmus der dreidimensionalen Konzentration dargestellt. Die Steigung der Kurve enthält dann Informationen über den Grenzflächenüberschuß. Eine typische Meßkurve ist für grenzflächenaktive Naturstoffe in der Abb. 4.10 dargestellt (Kuske 1996).

In dieser Abbildung wurden grenzflächenaktive Phospholipide untersucht. Asolectin wird aus Sojabohnen gewonnen und enthält eine Mischung aus ca. 30% Phosphatidylcholin, 30% Phosphatidylethanolamin, 31% Phosphatidylinositol und 6% unterschiedlichen hydrophoben Bestandteilen. Bei sehr niedrigen Konzentrationen ist die Belegung der Oberfläche so gering, daß die Oberflächenspannung des reinen Wassers gemessen wird. Bei weiterer Substanzzugabe ergeben sich Adsorptionsprozesse, die sich in dem starken Abfall der Kurve äußern. Bei hohen Konzentrationen wird schließlich ein Plateauwert erreicht, bei dem die Oberfläche mit Molekülen vollständig abgesättigt ist. Derartige Verhaltensweisen sind typisch für eine große Anzahl von Naturstoffen, zu denen neben Proteinen auch Huminstoffe gehören.

Die Anwesenheit dichter Filme an der Oberfläche von Wasser beeinflußt die Ausbildung von Wellen und die Verdunstung. Bedingt durch die Wechselwirkungen zwischen den adsorbierten Molekülen zeigen die ultradünnen Filme oftmals einen hohen Wert der Oberflächenviskosität. Dies führt dann zu zusätzlichen Energiedissipationen und somit zur effektiven Dämpfung von Wellen (Gade et al. 1998; Puri 1997; Hühnerfuss et al. 1983; Hühnerfuss 1983; Hühnerfuss et al. 1982; Hühnerfuss et al. 1984). Da andererseits bekannt ist, daß ein wesentlicher Mechanismus des Eintrags von Sauerstoff über die Oberflächenbewegung der Gewässer erfolgt, ist die Anwesenheit ultradünner Filme mit Problemen verbunden (O'Brien et al. 1976). Ähnliche Vorgänge, wie z. B. das Lösen von CO_2 im Meerwasser werden ebenfalls durch die Anwesenheit ultradünner Filme an der Wasseroberfläche beeinflußt (Hawke u. Wright 1966). Die Verringerung der Verdunstungsgeschwindigkeit ist bereits seit vielen Jahrzehnten gut bekannt und in zahlreichen Studien detailliert untersucht worden (Barnes 1978; Barnes 1993; Barnes 1997; Barnes et al. 1980; Barnes u. Hunter 1990; Barnes 1968; Bartholic et al. 1967; Domenech u. Mans 1987; Domenech et al. 1983; Domenech et al. 1987; Dressler u. Guinat 1973; Greif 1973; Kappesser et al. 1969; Krmoyan et al. 1967; Kudritskii 1973; Lu et al. 1971; MacRitchie 1969; O'Brien et al. 1976; Quickenden u. Barnes 1978; Saleeb u. Wanes 1970; Schulz et al. 1998; Snead u. Zung 1968; Trapeznikov u. Avetisyan 1970). Dieser Effekt läßt sich ausnutzen, um Süßwasser in heißen Regionen der Erde vor Verdunstung zu schützen. Als besonders wirksam haben sich dabei Monoschichten aus Cetylalkohol erwiesen, die sich besonders leicht verteilen lassen und Wind- oder Wellenbewegungen trotzen (Adamson 1982). Ein dünner, geschlossener Film dieser Verbindung kann die Verdunstungsrate um mehr als 90% senken (Adamson 1982). Derartige Vorgänge besitzen auch einen Einfluß auf die Wolkenbildung, da auch an der Meeresoberfläche Filme aus natürlichen Proteinen adsorbiert sein können (Baier et al. 1974). Neben diesen Verbindungen wurden Lipide und komplexere organische Substanzen wie Wachse an der Meeresoberfläche gefunden (Jullien et al. 1982). Auch zahlreiche Süßwasserreservoire wie z. B. der Züricher See sind offenbar zeitweilig von dünnen Filmen organischer Moleküle bedeckt (Naegeli et al. 1993). Diese Verbindungen stammen oftmals aus abgestorbenen Mikroorganismen oder Algen. Ähnliche Phänomene wurden an der Oberfläche von Regentropfen untersucht. Hier bilden sich offenbar ultradünne, organische Filme aus, die einen großen Einfluß auf Radikalreaktionen in der Atmosphäre zeigen können (Graedel et al. 1982). In der Atmosphäre werden große Mengen organischer Verbindungen beobachtet, die eindeutig Tensidcharakter aufweisen (Lehninger et al. 1994). Die adsorbierten Filme dieser Verbindungen können Transportbarrieren für den Austausch von Spurengasen darstellen, und die Kinetik von Gasphasenreaktionen maßgeblich beeinflussen. In der Atmosphäre liegen flüssige Aerosole oft in übersättigter oder unterkühlter Form vor. Der Phasenübergang in den thermodynamisch stabilen Aggregatzustand erfolgt meistens über Keimbildungen. Diese Nukleationsprozesse sind eng mit der Aufnahme oder Abgabe von Gasen durch die Grenzfläche der Aerosole verbunden (Lehninger et al. 1994). Es ist daher anzunehmen, daß diese Prozesse durch die Anwesenheit ultradünner Tensidfilme an der Oberfläche der Teilchen maßgeblich beeinflußt werden.

4.2.2 Unlösliche dünne Filme an der Wasseroberfläche

Einige Moleküle, zu denen langkettige Carbonsäuren, Huminsäuren, Proteine oder Polymere gehören, sind schwer wasserlöslich. Diese Verbindungen werden sich daher nahezu vollständig in der Grenzschicht anordnen. Die Anwesenheit fremder Moleküle führt in der Regel zu einer drastischen Erniedrigung der Oberflächenspannung. Dies ist nur möglich, wenn die adsorbierten Moleküle einen zweidimensionalen Druck erzeugen, der die Kontraktionstendenz der Oberflächenspannung kompensiert. Dieser Oberflächendruck π wird durch die folgende Gleichung bestimmt:

$$\pi = \gamma_0 - \gamma \tag{4.6}$$

Hierbei ist γ_0 die Oberflächenspannung des reinen Lösungsmittels. Die Größe π kann mit Hilfe eines Langmuir-Troges (Filmwaage) direkt gemessen werden. Die Bedeutung dieses Parameters liegt darin, daß man mit seiner Hilfe ein Phasendiagramm der adsorbierten Molekülschicht messen kann. Hierbei wird der Oberflächendruck als Funktion der Molekülfläche mit Hilfe der Filmwaage bestimmt. Der Langmuir-Trog besteht aus einer Teflonwanne, in die eine feste und eine bewegliche Barriere eingebaut ist. Zu Beginn der Messung wird eine definierte Anzahl von Molekülen auf die Wasseroberfläche aufgebracht. Dies geschieht mit Hilfe eines leicht flüchtigen Lösungsmittels, zum Beispiel Tetrachlorkohlenstoff. Nach dem Verdunsten des Lösungsmittels wird der Film durch das Zusammenschieben der beiden Barrieren komprimiert. Mit Hilfe eines empfindlichen Sensors wird dann der Oberflächendruck bei der Variation der Filmfläche gemessen. Eine typische Meßkurve für derartiger Experimente ist in der Abb. 4.11 schematisch dargestellt.

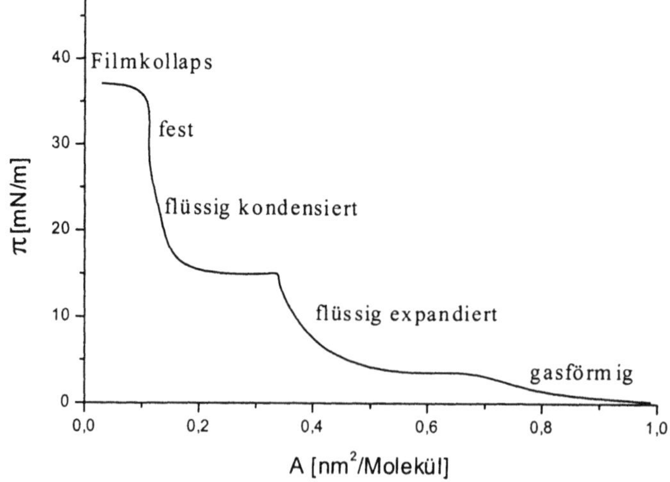

Abb. 4.11. Schematische Darstellung eines zweidimensionalen Phasendiagramms

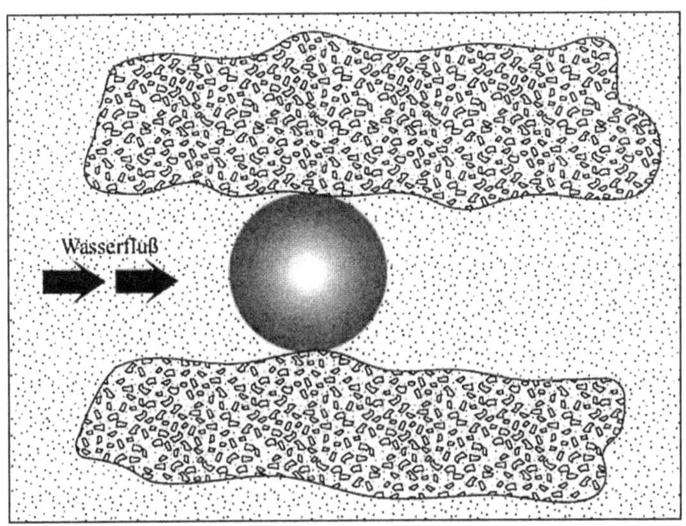

Abb. 4.12. Schematische Darstellung der Adsorption eines Öltröpfchens in einer Gesteinspore

Wenn ein adsorbiertes Molekül eine relativ große Fläche beansprucht, erhält man Filme, die sich in einem gasanalogen Zustand befinden. Bei einer Kompression des Films beobachtet man zwei unterschiedliche, flüssigkeitsanaloge Phasen: die flüssig expandierte und flüssig kondensierte Struktur. Im Übergangsgebiet zwischen diesen beiden Phasen treten Entmischungserscheinungen auf, die Domänen unterschiedlicher Formen und Größen zeigen. Diese Strukturen lassen sich sehr schön mit Hilfe der Fluoreszenzmikroskopie (Knobler 1998; Kretzschmar et al. 1997; Tanaka et al. 1997) oder der Brewster-Winkel-Mikroskopie beobachten (Henon u. Meunier 1999; Kaganer et al. 1999; Möbius 1998; Vollhardt et al. 1998; Graham 1861). Bei einer noch stärkeren Verringerung der Filmfläche tritt eine festanaloge Phase auf. Unter diesen Bedingungen ist die Oberfläche mit Molekülen gesättigt und eine weitere Kompression führt daher zu einem Kollaps des Films. In diesem Bereich des Phasendiagramms werden dann Moleküle übereinander geschoben (Bildung von Multischichten). Es ist interessant, zu erwähnen, daß man mit Hilfe der Brewster-Winkel-Mikroskopie natürliche Monoschichten auf der Wasseroberfläche optisch untersuchen kann. Eine systematische Studie, die sich mit jahreszeitlich unterschiedlichen Konzentrationen von Lipiden auf der Meeresoberfläche beschäftigt, ist kürzlich publiziert worden (Gasparovic et al. 1998). Die Ergebnisse dieser Experimente deuten darauf hin, daß diese grenzflächenaktiven, organischen Verbindungen aus abgestorbenem Plankton und Bakterien stammen.

4.2.3 Die Grenzfläche zwischen zwei Flüssigkeiten

Grenzflächen zwischen einem unpolaren Öl und einer hydrophilen Flüssigkeit wie Wasser sind in der Natur weit verbreitet. Typische Beispiele hierfür bilden Emulsionen, oder auch Erdöllagerstädten. Im Gegensatz zur Phasengrenze zwischen einer Flüssigkeit und einem Gas, die meist vereinfachend als Oberfläche bezeichnet wird, nennt man die Trennzone zwischen zwei Flüssigkeiten eine (fluide) Grenzfläche. Für Phasengrenzen zwischen flüssigen Aggregatzuständen gelten im allgemeinen ähnliche Gesetzmäßigkeiten wie für Oberflächen. Es gibt zum Beispiel eine große Anzahl von Stoffen, zu denen Tenside, Proteine oder Blockcopolymere gehören, die durch Filmbildung die Grenzflächenspannung zwischen Wasser und Öl drastisch herabsetzen. Auch in diesem Fall kann die Adsorption der Moleküle mit Hilfe der Gibbsschen Gleichung quantitativ beschrieben werden. Die Ausbildung dünner, geschlossener Filme an der Phasengrenzfläche erhöht die Stabilität von Emulsionströpfchen und verhindert die Auftrennung in eine Öl- und in eine Wasserphase. Derartige Vorgänge sind für die Sanierung kontaminierter Böden oder für die tertiäre Erdölförderung von Bedeutung. Bei diesen Verfahren liegen Öltröpfchen vor, die in Gesteinsporen fest adsorbiert sind (siehe Kap. 2.2.1.5). Diese Partikel können mit Wasser ausgespült werden, wobei dann allerdings ein externer Druck angewandt werden muß, der für eine Deformation und Entfernung der Öltröpfchen sorgt (Abb. 4.12).
Eine vereinfachte Analyse zur strömungsinduzierten Freisetzung der Öltröpfchen zeigt, daß die Entfernung der Partikel in erster Näherung durch die viskosen Kräfte und die Grenzflächenspannung bestimmt wird. Die Strömung sorgt zunächst für die Deformation der Öltröpfchen, die schließlich langgestreckt werden und sich in der Pore bewegen können. Für diesen Vorgang muß Arbeit gegen die Grenzflächenspannung Öl/Wasser verrichtet werden. Das Verhältnis dieser beiden Größen wird durch die dimensionslose Zahl π_N beschrieben (Neumann et al. 1981)

$$\pi_N = \frac{\eta \cdot v}{\gamma} \tag{4.7}$$

In dieser Gleichung bezeichnet η die Wasserviskosität, v die Strömungsgeschwindigkeit und γ die Grenzflächenspannung. Aus zahlreichen Experimenten ist bekannt, daß sich das Öl relativ gut aus dem porösen Gestein entfernen läßt, wenn $\pi > 10^{-3}$ ist (Neumann et al. 1981). Es ist daher günstig, die Grenzflächenspannung zwischen Öl und Wasser mit Hilfe von geeigneten Substanzen abzusenken. Man benötigt dann nur verhältnismäßig kleine Drücke und niedrige Strömungsgeschwindigkeiten, um die Öltröpfchen aus dem Gestein zu entfernen. Die Viskosität von Wasser läßt sich mit Hilfe von speziellen Additiven (Verdickern) erhöhen. Im Idealfall werden diese beiden Größen auf die gewünschten Werte eingestellt. Dies erfordert jedoch für jeden Boden oder jede Lagerstätte eine besondere Optimierungsarbeit.

4.2.4 Grenzflächen zwischen Festkörpern und Flüssigkeiten

Während sich Flüssigkeiten durch externe Kräfte relativ leicht verformen lassen, besitzen Festkörper eine eigene Gestalt, die sie auch unter Einwirkung externer Kräfte behalten. Feste Stoffe sind meistens plastisch verformbar, und dabei werden in der Regel keine neuen Oberflächen gebildet. Ein Fließprozeß findet erst statt, wenn ein bestimmter Schwellenwert der angreifenden Kraft überschritten wird. Dieser Grenzwert wird als Fließgrenze bezeichnet. Bei kleinen mechanischen Beanspruchungen finden elastische Deformationen statt, und oberhalb der Fließgrenze tritt eine flüssigkeitsanaloge Verformung auf. Wenn die äußere Kraft wieder entfernt wird, bleibt eine irreversible Deformation des Festkörpers zurück. Die Energie, die zur Verformung notwendig ist, besteht aus elastischen Anteilen, die zur Überwindung der molekularen Wechselwirkungskräfte notwendig sind, und aus Beiträgen, die durch Grenzflächenspannungen hervorgerufen werden. Dies ist einer der Gründe, warum über Grenz- und Oberflächenenergien von Festkörpern nur relativ wenig bekannt ist.

4.2.5 Spreitung und Benetzung

Wenn man einen Tropfen einer beliebigen Flüssigkeit auf eine Festkörperoberfläche aufbringt, bilden sich, je nach Polarität der beiden beteiligten Phasen, verschiedene Strukturen aus. Festkörper mit hydrophoben Eigenschaften zeigen nur kleine Kontaktzonen zu polaren Flüssigkeiten wie Wasser (Abb. 4.13a).
In diesem Fall perlt der Wassertropfen leicht ab. Diesen Prozeß kann man beobachten, wenn man mit dem Auto eine automatische Waschanlage verläßt. Das aufgetragene Wachs bildet eine hydrophobe Schicht auf der Karosserie und die Wassertropfen haften dann nur schlecht. Ein anderes Beispiel betrifft einen Regenmantel, der gerade frisch imprägniert wurde. Wenn die Oberfläche des Festkörpers polar ist, bildet der Wassertropfen eine flache Linse aus.

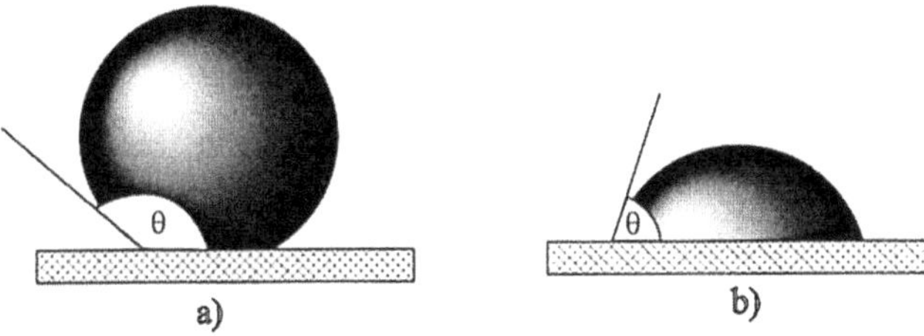

Abb. 4.13. Schematische Darstellung eines Wassertropfens auf a) einer unpolaren und b) einer polaren Festkörperoberfläche

Diese Situation ist in der Abb. 4.13 b dargestellt. Eine wichtige physikalische Größe zur Charakterisierung der Wechselwirkung zwischen dem Festkörper und der Flüssigkeit ist der Randwinkel oder Kontaktwinkel θ, den man aus der Tropfengeometrie direkt bestimmen kann. Die Tropfengröße spielt dabei keine Rolle, sie sollte aber so bemessen sein, daß Austrocknungsvorgänge die Messung nicht beeinflussen können. Der Zusammenhang zwischen den verschiedenen Größen wird durch die Youngssche Gleichung bestimmt:

$$\gamma \cos \theta = \gamma_{f,g} - \gamma_{f,fl} \qquad (4.8)$$

In dieser Formel bezeichnet $\gamma_{f,g}$ die Oberflächenenergie des Festkörpers gegenüber der Gasphase. $\gamma_{f,fl}$ ist die entsprechende Größe für die Phasengrenze fest-flüssig. Aus der Youngsschen Gleichung läßt sich leicht erkennen, daß die Oberflächenenergie des Festkörpers gegenüber der Gasphase berechnet werden kann, wenn die Größe $\gamma_{f,fl}$ bekannt ist. Es lassen sich folgende Fälle unterscheiden:

- Für $\theta = 0^0$ wird der Festkörper durch die Flüssigkeit vollständig benetzt. Es bildet sich dann ein dünner Flüssigkeitsfilm auf der Oberfläche aus.
- Für $\theta < 90^0$ wird die feste Oberfläche vollständig benetzt.
- Für $\theta > 90^0$ wird die feste Oberfläche unvollständig benetzt.
- Für $\theta = 180^0$ bildet die Flüssigkeit keine Kontaktzone mehr zum Festkörper aus. Der Tropfen perlt dann besonders leicht ab.

In all diesen Fällen kann durch die Adsorption grenzflächenaktiver Moleküle der Kontaktwinkel stark geändert werden. Dies führt zu neuen Austauschprozessen zwischen der festen und flüssigen Phase. Die Benetzbarkeit von Festkörpern spielt bei zahlreichen technischen Prozessen eine große Rolle. Hierzu gehören alle Wasch- und Reinigungsprozesse, die Flotation und die Anwendung von Klebstoffen. Veränderungen der Benetzungseigenschaften führen auch zu unterschiedlichen Lösungseigenschaften der Schadstoffe, die zwischen der flüssigen und der festen Phase ausgetauscht werden. Dies hat direkte Auswirkung auf die Adsorption und Mobilität dieser Stoffe.

Der Kontaktwinkel besitzt auch einen Einfluß auf das Ansteigen von Wassersäulen in engen Kapillaren. Durch diesen Vorgang können Bäume und Sträucher Grundwasser entgegen der Erdanziehungskraft zu den Blättern führen (Abb 4.14). Für enge Kapillaren gilt (Adamson 1982):

$$\rho \cdot g \cdot h = \frac{2\gamma}{r} \cdot \cos \theta \qquad (4.9)$$

In dieser Formel bezeichnet ρ die Dichte der aufsteigenden Flüssigkeit, h die Höhe der Wassersäule, γ die Oberflächenspannung, r den Kapillarradius und θ den Benetzungswinkel. Bei einer Kapillare mit dem Innendurchmesser 0,2 mm würde reines Wasser nach dieser Gleichung etwa 7,4 cm aufsteigen (T = 25° C).

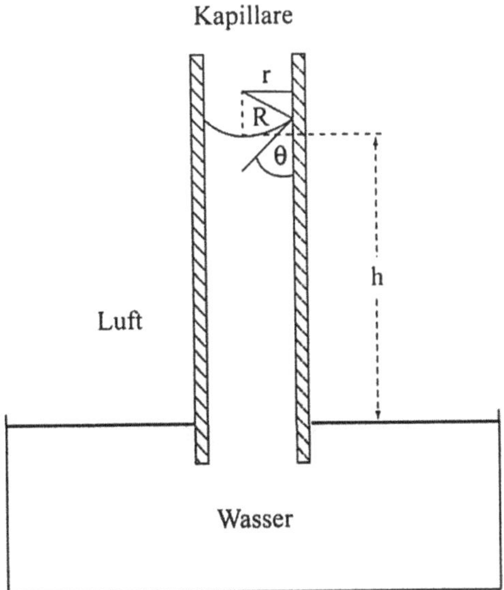

Abb. 4.14. Schematische Darstellung des Anstiegs von Wasser in engen Kapillaren

4.2.6 Flotation

Unter dem Begriff Flotation versteht man ein spezielles Trennverfahren, bei dem dispergierte Partikel durch die Anlagerung an Luftblasen aus wässrigen Lösungen aufrahmen, so daß sie von der fluiden Phase leicht abgetrennt werden können. Diese Technologie ist ursprünglich für die Aufbereitung von Erzen im Bergbau entwickelt worden; sie läßt sich neuerdings auf viele andere Probleme anwenden. Hierzu gehören zum Beispiel die Abtrennung von Druckerschwärze, die aus Altpapier stammt, die Gewinnung von Rohstoffen aus Abwasser, die Abscheidung von Mikroorganismen aus Suspensionen, die Aufbereitung und Reinigung chemischer Produkte und die Entfernung gefällter Niederschläge oder Ionen aus Lösungen (Dörfler 1994). Eine weitere Anwendung im Bereich der Abwasserreinigung betrifft die Entfernung von Schwermetallionen aus wäßrigen Lösungen (Zouboulis u. Matis 1997). Diese Substanzen lassen sich auch aus Abfall und Böden mit Hilfe der Flotation leicht entfernen (Zouboulis u. Matis 1997; Marino et al. 1997; Langen et al. 1994). Auch hydrophobe, toxische Substanzen kann man mit Hilfe dieses Verfahrens relativ leicht und effektiv aus Böden abtrennen (Imhof u. Bunge 1999; Kuhlman u. Greenfield 1999; Willichowski et al. 1998; Matsuura et al. 1997; Seselj 1997; Seselj u. Strazisar 1997; Hebisch 1997; Szeja et al. 1997; Sablik 1996a; Sablik 1996b; Langen et al. 1994; Kasi et al. 1993; Peters u. Wentz 1991). Weitere Anwendungen im Umweltbereich betreffen die

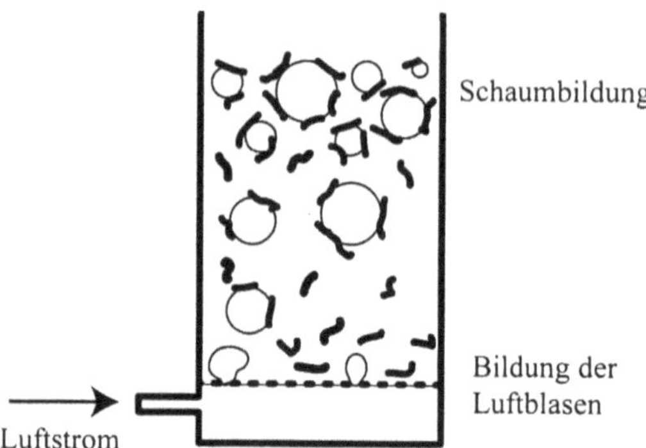

Abb. 4.15. Grundprinzipien der Flotation. Durch das Einblasen von Luft werden hydrophobe Partikel an die Oberfläche befördert, wo sie in Form einer Schaumphase abgezogen werden können. Die Luftblasen werden durch ein feines Sieb am Boden des Behälters erzeugt

Entfernung von radioaktiven Giftstoffen aus festen Materialien (Cho et al. 1997; Misra et al. 1995; Richardson et al. 1994) (siehe Kap. 2.3.1.4). Auch Munition und andere explosive Gefahrstoffe lassen sich mit Hilfe von Flotationsverfahren auf relativ einfache Weise dekontaminieren (Backof et al. 1992; Hebisch 1997). Zur Durchführung der Flotation muß die anzureichernde Substanz zunächst möglichst fein verteilt in einer flüssigen Phase vorliegen. Der Durchmesser der suspendierten Partikel kann hierbei zwischen fünf und 5000 Mikrometer liegen. Die Vorstufe für die Abscheidung besteht daher oft zunächst in der mechanischen Zerkleinerung der abzutrennenden Partikel. Anschließend wird die Flüssigkeit mit den suspendierten Partikeln intensiv gerührt und mit Luftblasen vermengt. Wenn die abzutrennenden Komponenten hydrophobe Grenzflächen aufweisen, lagern sich die suspendierten Partikel an die Oberfläche der unpolaren Luftblasen an. Die mit Fremdteilchen bedeckten Luftblasen besitzen eine geringere Dichte als Wasser, sie rahmen daher schnell auf. An der Oberfläche der zu behandelnden Flüssigkeit bildet sich dann ein dichter Schaum, der kontinuierlich abgezogen werden kann. Nach der Zerstörung der Luftblasen erhält man die hydrophoben Teilchen in verhältnismäßig reiner Form. Das Grundprinzip dieses Verfahrens ist in der Abb. 4.15 dargestellt.

Für die Anlagerung der Feststoffteilchen an die Oberfläche der Luftblasen gilt ebenfalls die Youngsche Gleichung (Gl.4.8). Eine gute Adhäsion der Luftblase ergibt sich für $\theta > 75°$. Kleine Kontaktwinkel von $50\text{-}75°$ lassen sich oft schon realisieren, wenn nur 5% der Festkörperoberfläche aus hydrophoben Zentren besteht. Die Adhäsion der Luftblasen erreicht ein Maximum bei 5-15% der Oberflächenbelegung und nimmt bei höheren Werten wieder ab (Dörfler 1994).

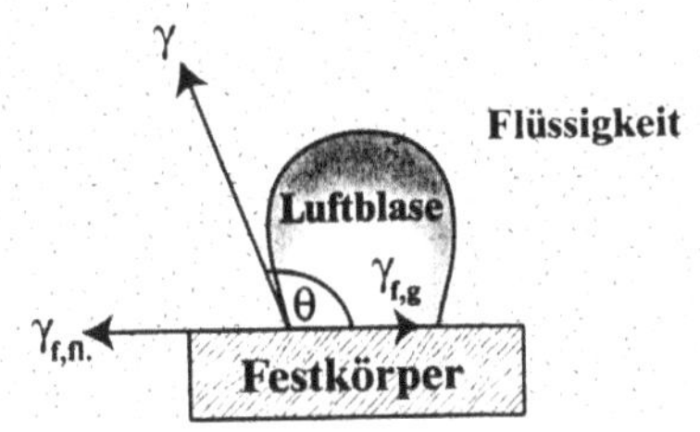

Abb. 4.16. Die Haftung von Gasblasen an Festkörperoberflächen wird durch die Youngsche Gleichung bestimmt (Dörfler 1994)

Wenn die abzutrennenden Feststoffpartikel keine ausgeprägten hydrophoben Eigenschaften besitzen, was in der Praxis leider sehr häufig vorkommt, kann die Oberfläche der Teilchen durch den Zusatz von speziellen Hilfsstoffen, die man Sammler nennt, gezielt modifiziert werden. Diese Sammler bestehen vorwiegend aus grenzflächenaktiven Molekülen (Tensiden), die in Form von monomolekularen Filmen an den Festkörperoberflächen absorbieren. Auf diese Weise wird eine ursprünglich polare Oberfläche in eine hydrophobe Grenzschicht überführt. Ein typisches Einsatzgebiet für die Wirkung dieser Sammler betrifft die Abtrennung sulfidhaltiger Mineralien. Bei diesen Erzen werden Xanthogenate für die Oberflächenmodifizierung verwendet (Brezesinski u. Mögel 1993). Die allgemeine Strukturformel dieser Stoffe lautet:

$$\left[R-O-\underset{\underset{S}{\|}}{C}-S \right]^{\ominus} M^{\oplus}$$

In dieser Formel bezeichnet R eine kurze, unpolare Alkylkette, die zwei bis sechs CH_2-Gruppen umfaßt. Diese Xanthogenate besitzen die Eigenschaft, fest an der Oberfläche der Mineralpartikel zu absorbieren, wobei stabile Sulfidgruppen ausgebildet werden. Für eine typische Anwendung werden nur zwischen 10 und 100 Gramm Xanthogenat pro Tonne Erz benötigt. Flotationsverfahren sind daher kostengünstig und ohne großen Energieaufwand durchzuführen. Für jede Trennoperation muß allerdings der Sammler speziell angepaßt werden, was unter Umständen umfangreiche Vorarbeiten voraussetzt. In der Praxis werden meist komplizierte Mischungen grenzflächenaktiver Moleküle eingesetzt, die Tenside, langkettige Fettsäuren, Amine, Terpene und Alkohole beinhalten (Brezesinski u. Mögel 1993). Einige dieser Inhaltsstoffe dienen zur Stabilisierung der Schäume und zur Regulierung der geeigneten Größenverteilung der Luftblasen.

4.2.7 Adsorptionsprozesse an flüssigen und festen Grenzflächen

Adsorptionsprozesse spielen in den Umweltwissenschaften für die Mobilisierung und den Transport von Schadstoffen eine große Rolle. Es ist bekannt, daß unpolare (hydrophobe) Substanzen wie PAK, PCB oder CKW an Tonmineralien des Bodens so stark gebunden werden können, daß sie nicht mehr ins Grundwasser gelangen (siehe auch Kap. 2.2.2.2). Der bekannteste Fall betrifft die Adsorption organischer Fremdstoffe an Aktivkohle. Derartige Techniken werden für die Reinigung von Trinkwasser in Kläranlagen häufig eingesetzt. Die hohe Bedeutung von Grenzflächen in allen Bereichen der Umweltchemie ist in ausführlichen Artikeln in dem Buch von M. J. Schwuger dargestellt (Schwuger 1996).

Da Kolloide große Oberflächen besitzen, sind diese Partikel in besonderer Weise geeignet, um große Mengen giftiger Substanzen fest zu binden. Diese kolloidalen Systeme wirken daher als Trägersystem, und sie können den Schadstofftransport in der Luft oder im Wasser übernehmen. Bekannte Beispiele hierfür sind feine Staubpartikel, die Schwermetalle angelagert haben (siehe auch Kap. 2.4.4.3) oder Huminsäuren, die toxische organische Verbindungen oder auch Metallionen anreichern. Im Grundwasser treten ebenfalls zahlreiche Kolloide auf, die Schadstoffe anreichern (Hofmann u. Schoettler 1998). Lagern sich Gase oder gelöste Substanzen an eine Phasengrenzfläche an, wird dieser Vorgang als Adsorption bezeichnet (lat. ad = heran, sorbere = verschlingen). Der an der Oberfläche angereicherte Stoff wird dabei Adsorptiv genannt, und das Material, an dem sich der Fremdstoff anlagert, stellt das Adsorbens oder Substrat dar. Das nach der Adsorption vorliegende System aus Adsorptiv und Adsorbens liefert das Adsorbat. Die Bezeichnung Adsorpt bezieht sich auf die bereits gebundene Form des Adsorptivs. Da die Adsorption direkt von der Struktur und Größe der Oberfläche abhängig ist, finden in der Technik hauptsächlich Stoffe mit großer spezifischer Oberfläche wie Kieselgel oder Aktivkohle Verwendung. Diese Substanzen lassen sich durch Behandlung mit Säure oder heißem Wasserdampf nach Beladung oftmals wieder regenerieren, so daß sie langfristig in technischen Anlagen benutzt werden können.

Man unterscheidet generell die chemische Bindung des Adsorbats an die Grenzfläche (Chemisorption) von der physikalischen Bindung (Physisorption). Diese Einteilung ergibt sich über die Größenordnung der freiwerdenden Adsorptionwärme (Atkins 1996). Von Physisorption wird immer dann gesprochen, wenn relativ schwache, reversible Wechselwirkungen die Bindungen zwischen Adsorptiv und Adsorbens hervorrufen. Hierzu gehören Van-der-Waals-Kräfte, Dipol-Dipol-Wechselwirkungen oder anziehende und abstoßende elektrostatische Phänomene. Die bei der Adsorption freiwerdende Energie liegt bei diesen Systemen in der Größenordnung von etwa 10 kJ/mol (Atkins 1996). Eine Sonderstellung nimmt die Adsorption durch Was-

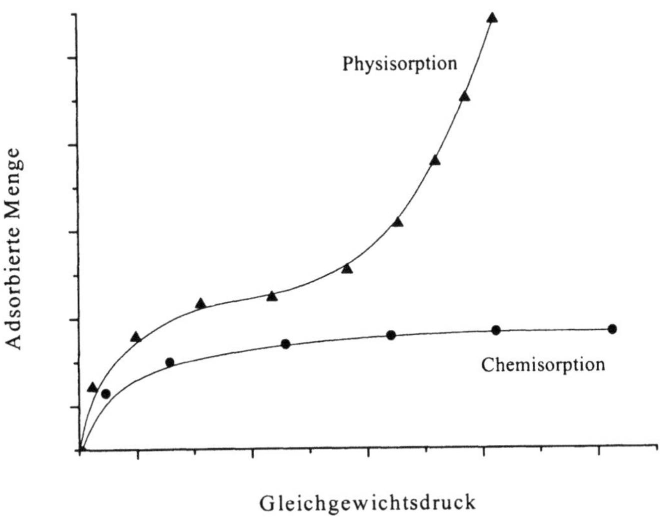

Abb. 4.17. Schematische Darstellung für den unterschiedlichen Verlauf der Adsorptionsisotherme bei chemischen und physikalischen Adsorptionsprozessen am Beispiel eines Gases

serstoffbrückenbindungen ein, wo Energien zwischen 10 - 40 kJ/mol gemessen werden. Da bei der Chemisorption echte chemische Bindungen neu geknüpft werden, treten hierbei wesentlich größere Energien auf, die ungefähr 50 bis 200 kJ/mol betragen (Atkins 1996; Adamson 1982). Derartige chemische Bindungen an den Oberflächen eines Substrates werden in der Technik zum Beispiel für die Rauchgasentschwefelung genutzt. Neben unterschiedlichen Werten der Enthalpie zeigen physikalische und chemische Adsorptionsmechanismen auch verschiedene Gleichgewichtsisothermen. Diese Kurven werden erhalten, wenn man die Menge der adsorbierten Substanz bei konstanter Temperatur als Funktion der Gesamtkonzentration im Lösungsmittel oder als Funktion des Druckes bei Gasadsorption aufträgt.

Bei der Ausbildung chemischer Bindungen bildet sich meistens nur eine Monolage und die Adsorptionsisotherme geht dann in eine Sättigung über (Abb. 4.17). Bei physikalischen Wechselwirkungskräften steigt die Kurve nach dem Erreichen einer monomolekularen Bedeckung wieder steil an. In diesem Fall bilden sich Multischichten, bei der große Mengen von Atomen, Ionen oder Molekülen an das Adsorptionsmittel gebunden werden (Abb. 4.17).

Die Adsorption wird durch zahlreiche Parameter beeinflußt. Die wichtigsten Größen betreffen den Druck, die Temperatur, die Konzentration des Adsorptivs und die chemischen Eigenschaften des Adsorbens. Neben diesen Variablen zeigen auch Poren, Oberflächenheterogenitäten oder die Rauhigkeit der Grenzfläche einen gewissen Einfluß. Die unterschiedlichen Adsorptionsphä-

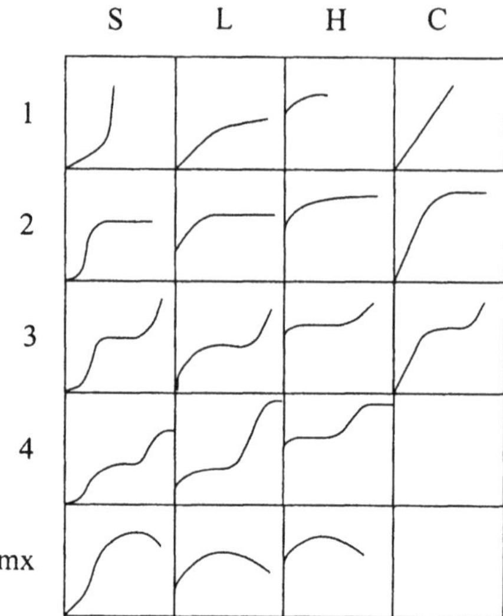

Abb. 4.18. Prinzipieller Verlauf der Adsorptionsisothermen nach Giles et al.

nomene lassen sich in vier verschiedene Kategorien einteilen (Giles et al. 1960).

Man unterscheidet vier unterschiedliche Klassen (S, L, H, C). Jede dieser Gruppen zeichnet sich durch den gleichen anfänglichen Kurvenverlauf aus. Die Mechanismen zu Beginn der Adsorption sind also innerhalb einer Klasse immer gleich. Die Typen S zeichnen sich dadurch aus, daß mit zunehmender Konzentration eine weitere Adsorption begünstigt wird. Dieses Phänomen tritt oft dann auf, wenn die Sorptionsplätze unterschiedliche Energien besitzen. Die zweite Gruppe L entspricht dem Adsorptionsverhalten der Langmuir-Isotherme. In diesem Fall ist die Energie für alle Sorptionsplätze gleich und zwischen den adsorbierten Molekülen herrschen keine Wechselwirkungskräfte. Die Adsorptionstypen der Klasse H leiten sich von dem Wort „high affinity" ab. Diese Kurven zeigen bereits bei kleinen Konzentrationen eine starke Adsorption. Dies erklärt den besonders steilen Anstieg der entsprechenden Isothermen.

Kurven des Typs C („constant partition") zeigen einen linearen Anstieg im Bereich kleiner Konzentrationen. Derartige Verhältnisse treten immer dann auf, wenn ein konstantes Angebot an Sorptionsplätzen besteht.

Die weitere Einteilung in Untergruppen erfolgt durch die Klassifizierung des Kurvenverlaufs bei hohen Konzentrationen. Der Typ 1 beschreibt die Bildung von Polyschichten. Der Untergruppe 2 liegt eine Sättigung zugrunde. Hier werden alle verfügbaren Plätze in Form einer Monoschicht belegt. Kurven der Gruppen 3 und 4 zeigen einen Wendepunkt. Hier wird zunächst eine Mono-schicht aufgebaut, auf die dann im weiteren Verlauf der Adsorption Multischichten aufkondensieren. Die letzte Unterklasse mx zeigt ein deutliches Maximum. Derartige Phänomene treten z. B. auf, wenn in der Lösung Aggregate gebildet werden, wodurch bereits adsorbierte Moleküle wieder in die flüssige Phase übergehen. Das Maximum der Kurve entspricht dann in etwa einer monomolekularen Schichtbelegung.

Zur quantitativen Beschreibung der Adsorptionsisotherme sind bereits etwa 50 verschiedene Gleichungen abgeleitet worden. Einige der am häufigsten verwendeten Gesetze sollen im folgenden kurz diskutiert werden (Dörfler 1994).

4.2.7.1   Henry-Isotherme

Dieses Gesetz wurde bereits im Jahre 1903 von Henry und Dalton für die Adsorption von Gasen an Festkörperoberflächen abgeleitet. Es gilt oftmals auch für die Adsorption aus verdünnter wäßriger Lösung. Bei der Ableitung der Gleichung wird vorausgesetzt, daß sich die Adsorptionsschicht wie ein ideales Gas verhält. Es treten also nur äußerst schwache Wechselwirkungen auf.

$$\theta = bc \tag{4.10}$$

In dieser Gleichung bezeichnet θ den Bedeckungsgrad. Diese Größe hängt mit der Oberflächenüberschußkonzentration Γ zusammen.

$$\theta = \frac{\Gamma}{\Gamma_{max}} \tag{4.11}$$

Γ_{max} ist die Sättigungskonzentration für die voll ausgebildete Monoschicht. Die Größe b stellt den Adsorptionskoeffizienten dar. Bei der Auftragung der adsorbierten Menge als Funktion des Druckes oder der Konzentration ergibt sich nach der Henry-Isotherme eine Gerade, wie sie in einigen Kurven der Abb. 4.18 erkennbar ist.

4.2.7.2   Langmuirsche Adsorptionsisotherme

Die Langmuirsche Adsorptionsisotherme kann durch ein kinetisches Gleichgewicht zwischen adsorbierten und desorbierten Partikeln beschrieben werden. Dieses Gesetz gilt ausschließlich für monomolekulare Schichtbildungen, wobei die adsorbierten Moleküle keine Wechselwirkungen untereinander ausüben dürfen (Dörfler 1994).

$$\theta = \frac{\Gamma}{\Gamma_{max}} = \frac{bc}{1+bc} \tag{4.12}$$

In dieser Gleichung bezeichnet Γ_{max} die zweidimensionale Konzentration der vollständig ausgebildeten Monoschicht. Die Größe b wird als Adsorptions-

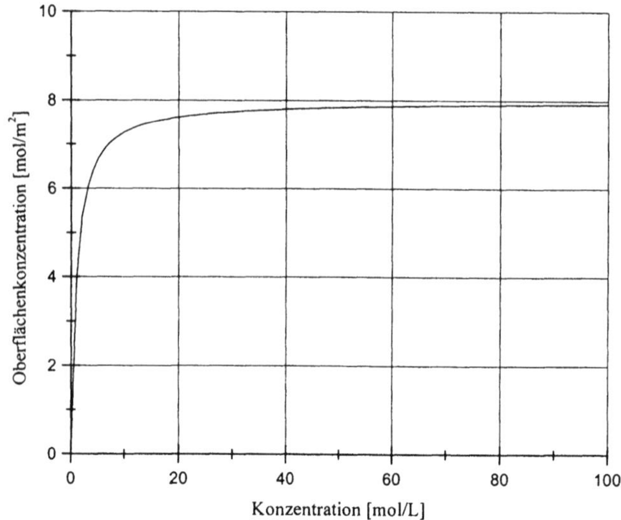

Abb. 4.19. Typischer Verlauf der Langmuirschen Adsorptionsisotherme

koeffizient bezeichnet. c ist die Volumenkonzentration. Dieses Gesetz gilt für verdünnte Lösungen und für die Adsorption gasförmiger Verbindungen.
Die Langmuirsche Adsorptionsisotherme zeigt bei kleinen Konzentrationen einen starken Anstieg, der mit dem Henryschen Gesetz übereinstimmt. Im Bereich hoher Konzentrationen geht die Kurve in eine Sättigung (Plateaubereich) über. Unter diesen Bedingungen wird eine geschlossene Monoschicht aufgebaut.

4.2.7.3   Freundlich-Isotherme

Die Isotherme, die bereits ihm Jahr 1906 von Freundlich abgeleitet wurde, gilt für Festkörper, die eine energetisch heterogene Oberfläche besitzen. Bei der Ableitung des entsprechenden Gesetzes wird vorausgesetzt, daß die Adsorptionsenergie mit steigender Oberflächenbelegung exponentiell abnimmt. Für eine monomolekulare Schichtbildung gilt dann (Dörfler 1994):

$$\theta = b \cdot c^{\frac{1}{m}}$$

$$(4.13)$$

Für $m = 1$ ergibt sich wiederum die Henry-Isotherme. Der Exponent m ist in der Literatur für zahlreiche Systeme ausführlich beschrieben.

4.2.7.4 Volmer-Isotherme

Dieses Gesetz, das auf der Langmuirschen Adsorptionsisotherme beruht, wurde von Volmer im Jahre 1925 abgeleitet. Es gilt für die Bildung einer Monoschicht und berücksichtigt das Eigenvolumen der adsorbierten Moleküle. Intermolekulare Wechselwirkungen werden jedoch vernachlässigt. Die Wärmebewegung der Moleküle wird in dieser Isotherme durch einen exponentiellen Term beschrieben.

$$\frac{\theta}{1-\theta} \cdot \exp\left(\frac{\theta}{1-\theta}\right) = bc \qquad (4.14)$$

Für kleine Belegungen geht die Vollmer-Isotherme in die Langmuirsche Adsorptionsgleichung über.

4.2.7.5 Frumkin-Isotherme

Dieses Gesetz, das von verschiedenen Autoren wie Frumkin, Temkin, Fowler-Guggenheim und Bragg-Williams abgeleitet wurde , berücksichtigt die lateralen Wechselwirkungen innerhalb der Adsorptionsschicht (Dobias u. von Rybinski 1999). Bei der Berechnung dieser Gleichung wird vorausgesetzt, daß die Adsorptionswärme linear vom Bedeckungsgrad abhängt.

$$\frac{\theta}{1-\theta} \cdot \exp(a\theta) = bc \qquad (4.15)$$

Die Größe a ist definiert als:

$$a = \frac{e}{RT} \qquad (4.16)$$

e bezeichnet die lateralen Wechselwirkungskräfte. Dieser Parameter kann positive und negative Werte annehmen. Für $e < 0$ ergibt sich eine S-förmige Kurve. Wenn a ein Limit überschreitet ($a > -4$) tritt innerhalb der Adsorptionsschicht eine Phasenumwandlung auf (Dobias u. von Rybinski 1999).

4.2.7.6 Kelvin-Isotherme

Die Kelvin-Isotherme ist geeignet, um spezielle Informationen über die Porosität von Festkörpern zu erhalten. In kleinen Poren tritt bereits bei sehr kleinen Drücken Kondensation zur Flüssigkeit auf; ein Phänomen, daß man als Kapillardepression bezeichnet. Die Kelvin-Gleichung beschreibt den Zusammenhang zwischen dem Porenradius und dem Dampfdruck der in den Poren befindlichen Flüssigkeit.

$$RT \cdot \ln\left(\frac{p}{p_0}\right) = \frac{2 \cdot \gamma \cdot V}{r} \cos\theta \qquad (4.17)$$

In dieser Gleichung beschreibt p_0 den Dampfdruck der reinen Flüssigkeit, γ ist die Oberflächenspannung, V das Molvolumen, r der Porenradius und θ der Kontaktwinkel zwischen der Flüssigkeit und der Porenwand.

4.2.7.7   BET-Isotherme

Die BET-Isotherme wurde von Brunauer, Emmet und Teller für multimolekulare Adsorptionsschichten von Gasen auf Festkörperoberflächen abgeleitet. Dieses Gesetz beruht auf der Langmuirschen Adsorptionsisotherme für die erste Monoschicht und berücksichtigt Oberflächenkondensationsprozesse für alle weiteren Schichten (Dörfler 1994).

$$\theta = \frac{b \cdot p}{(1 - \frac{p}{p_0})(1 + \frac{p(K-1)}{p_0})} \qquad (4.18)$$

In dieser Gleichung bezeichnet p_0 den Sättigungsdampfdruck, p den Gleichgewichtsdruck, b die Adsorptionskonstante und K bezeichnet eine Konstante. Für kleine Drücke ($p << 1$) und große Adsorptionskonstanten b, geht diese Gleichung in die Langmuirsche Isotherme über. Für $p \to p_0$ erhält man einen unendlich großen Bedeckungsgrad, was physikalisch nicht sinnvoll ist. Die BET-Isotherme wird daher in der Regel nur bis $p \approx 0{,}35 p_0$ angewandt. Die große Bedeutung dieser Gleichung liegt darin, daß man mit ihrer Hilfe die spezifische Oberfläche von Festkörpern bestimmen kann. Für diesen Zweck läßt sich Gl. 4.17 umschreiben und man erhält (Dobias u. von Rybinski 1999):

$$\frac{p}{\Gamma(p_0 - p)} = \frac{1}{K\Gamma_{\max}} + \frac{K-1}{K \cdot \Gamma_{\max}}\left(\frac{p}{p_0}\right) \qquad (4.19)$$

Zur Berechnung der Oberfläche pulverförmiger Materialien wird $p/(\Gamma(p_0\text{-}p))$ gegen p/p_0 aufgetragen. Aus dem Anstieg der Geraden erhält man dann den Term $(K\text{-}1)/K\Gamma_{max}$ und der Ordinatenabschnitt ergibt $1/(K\Gamma_{max})$.
Die bisher erwähnten Adsorptionsisothermen lassen sich bei realen Materialien meistens nur in bestimmten Konzentrationsbereichen einsetzen. Abweichungen zur theoretischen Beschreibung liegen oft in der heterogenen Probenoberfläche begründet. Viele Festkörper besitzen polare und unpolare Regionen und außerdem Adsorptionsplätze unterschiedlicher Energien. Poren und Hohlräume bedingen aufgrund der Kapillarkondensation zusätzliche Effekte, die Anlagerungsprozesse von Molekülen stark beeinflussen können.

4.2.7.8 Adsorption an porösen Festkörpern

Poröse Stoffe wie Beton, Ziegel, Hölzer oder Böden enthalten eine komplizierte Hohlraumstruktur, die durch hohe innere Grenzflächen gekennzeichnet sind. Typische Beispiele sind Aktivkohle oder gesintertes Glas (Siporax), die spezifische Oberflächen in der Größenordnung von 1000 m^2/g aufweisen können. Poröse Materialien sind in der Lage, gasförmige Stoffe wie Wasserdampf zu adsorbieren und flüssige Substanzen kapillar aufzusaugen. Die Porenstruktur dieser Festkörper kann in unterschiedliche Bereiche eingeteilt werden. Hohlräume, mit Radien kleiner als ein Nanometer werden als Mikroporen bezeichnet. Mesoporen können Bereiche zwischen einem und 25 Nanometern annehmen. Alle Hohlräume, die größere Dimensionen besitzen, werden als Makroporen bezeichnet. Die Bestimmungen der Porenradienverteilung kann mit Hilfe der Stickstoffsorption, durch die elektronische Bildanalyse mikroskopischer Untersuchungen oder die Quecksilberdruckporosimetrie erfolgen (Brezesinski u. Mögel 1993).

Poren können entweder beidseitig offen oder an einem Ende geschlossen sein. Bedingt durch die starken Wechselwirkungen mit den Wänden treten im Bereich der Mikroporen erstaunliche physikalische Phänomene auf. So ist zum Beispiel bekannt, daß die Wasserstruktur infolge der starken Wechselwirkungen mit den Festkörperwänden stark gestört ist (Drost-Hansen 1971). In engen Poren unterhalb von 0,1 µm kann der Gefrierpunkt von Wasser auf -60°C sinken (Beddoe u. Setzer 1988). Andere physikalische Größen wie der Dampfdruck, der thermische Ausdehnungskoeffizient, der Siedepunkt, die Wärmekapazität oder die Viskosität verschieben sich ebenfalls drastisch (Beddoe u. Setzer 1988). Die Poren füllen sich in diesen Bereichen bereits bei sehr kleinen Drücken mit Flüssigkeit. Strukturen, deren Radien in den Bereich der Mesoporen gehören, zeigen noch das Phänomen der Kapillarkondensation; allerdings bei höheren Drücken. Mesoporen sind bereits zu groß für diese Effekte. In derartigen Strukturen bilden sich aber dünne Adsorptionsschichten, die alle Oberflächen der Hohlräume auskleiden.

4.2.7.9 Adsorption an Biofilmen

In der natürlichen Umwelt sind alle Grenzflächen des Wassers mit Biofilmen bedeckt (Flemming 2000). In diesen gelartigen Strukturen kommt der überwiegende Anteil aller bekannten Mikroorganismen vor; man schätzt, daß nur etwa 1% der Bakterien und Zellen im Wasser frei suspendiert sind. Diese Biofilme spielen für die Selbstreinigung von Böden und Gewässern eine große Rolle. Typische Beispiele für derartige Lebensgemeinschaften sind die Kahmhaut auf der Wasseroberfläche von Pfützen oder Teichen oder der schleimige Überzug von Steinen in Flüssen und Seen, auf dem man beim Baden so leicht ausrutscht. Biofilme bilden sich auch auf den Oberflächen der Schiffskörper, die dem Wasser ständig ausgesetzt sind. Diese Beläge sind meist unerwünscht, da sie den Reibungswiderstand der Schiffe erhöhen. Für die Abwasserreinigung oder die Trinkwasseraufbereitung spielen diese Filme eine große Rolle. Man verwendet hier häufig hochporöse Filtermaterialien, auf denen sich Biofilme besonders leicht ansiedeln können. Auch technische Membranen, die für zahlreiche Filter- und Trennaufgaben verwendet werden, sind nach einer kurzen Betriebszeit von derartigen schleimartigen Überzügen bedeckt. Diese Strukturen bestehen aus einer großen Zahl unterschiedlicher Mikroorganismen, die in einer Matrix von Hydrogelen verankert sind. Detaillierte mikroskopische Untersuchungen, die von Flemming und Mitarbeitern durchgeführt worden sind, zeigen, daß diese Biofilme durch eine hohe Heterogenität gekennzeichnet sind. Es gibt aerobe und anaerobe Zonen, sowie polare und hydrophobe Bereiche. Diese Filme können auch Stoffe aus dem Wasser oder dem Boden adsorbieren oder desorbieren (siehe Kap. 2.1.1). Für derartige Vorgänge stehen innerhalb der Biofilme verschiedene Bereiche zur Verfügung (Flemming 2000):

- Hydrogele aus extrazellulären polymeren Substanzen (diese Strukturen enthalten überwiegend polare aber auch hydrophobe Bereiche)
- die Cytoplasmamembran bestehend aus Phospholipiddoppelschichten (vorwiegend unpolare Strukturen)
- Zellwände, bestehend aus Polysacchariden (polare Bereiche)
- Cytoplasma als wasserreiche, in sich abgeschlossene Phase

Aufgrund dieser heterogenen Struktur sind innerhalb dieser Biofilme komplexe Adsorptionsphänomene zu erwarten. Systematische Studien von Flemming zeigen, daß Schwermetalle wie Zn, Cd und Ni an den Zellwänden gebunden sind (Flemming 2000). Unpolare Stoffe wie Benzol, Toluol oder Xylol wurden überraschenderweise hingegen in der überwiegend polaren Hydrogelmatrix gefunden. Da die adsorbierten Substanzen auch an biochemischen Reaktionen teilnehmen können, ergeben sich komplizierte Stoffflüsse, die erst in wenigen Grundzügen bekannt sind. Es ist sehr wahrscheinlich, daß zahlreiche Adsorptionsisothermen, die in der Literatur publiziert wurden, durch derartige Vorgänge beeinflußt werden.

4.3 Assoziationskolloide

4.3.1 Typische Eigenschaften von Assoziationskolloiden

Assoziationskolloide sind in der Natur und der Technik weit verbreitet. Diese Substanzen bestehen aus Molekülen, die kleiner sind als es den kolloidalen Dimensionen entspricht. Ein wesentliches Merkmal dieser Systeme besteht darin, daß sich bei höheren Konzentrationen außer den in Wasser gelösten

Monomeren auch Aggregate bilden. Diese Partikel bilden sich spontan durch Selbstorganisationsprozesse. Da diese Assoziate größer als Einzelmoleküle sind, entsprechen sie der Definition kolloidaler Systeme. Zur Gruppe der Assoziationskolloide gehören Farbstoffmoleküle, bestimmte Arten von Proteinen, amphiphile Blockcopolymere und Tenside.

4.3.2 Klassifikation der Tenside

Grenzflächenaktive Substanzen wie Tenside, im engeren Sinne also Seifen, sind im täglichen Leben in Form von Wasch- und Reinigungsmitteln weit verbreitet. Die besonderen Eigenschaften dieser Substanzen lassen sich durch ihren strukturellen Aufbau erklären (Tab. 4.3). Tenside besitzen gleichzeitig hydrophile (also polare) und hydrophobe (unpolare) Molekülgruppen. Der hydrophobe Teil dieser Substanzen besteht meistens aus einer Paraffinkette, aber es gibt auch andere wasserabstoßende Gruppen wie synthetische Polymere, fluorierte Ketten oder Polysiloxan-Verbindungen. Die polare Kopfgruppe der Tenside kann hingegen ganz unterschiedliche Strukturen aufweisen. Je nach chemischer Natur und Art der Oberflächenladung unterscheidet man verschiedene Tensidklassen.

Tabelle 4.3. Überblick über die wichtigsten Tensidklassen. Bei ionischen Tensiden erfolgt die Klassifizierung über die Ladungen der polaren Kopfgruppe.

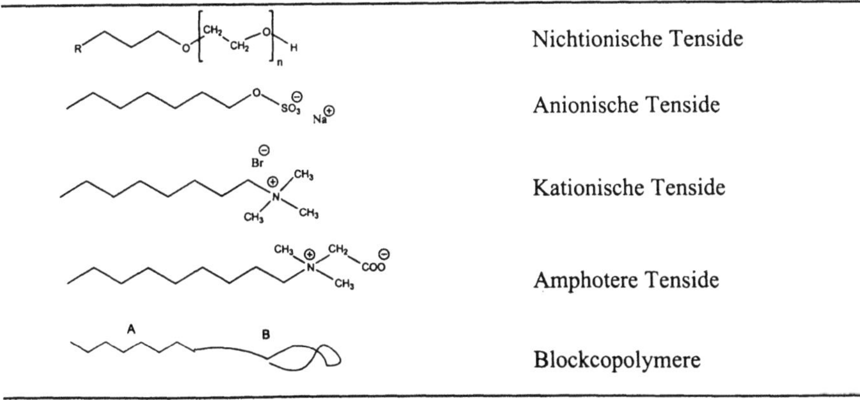

Grenzflächenaktive Substanzen sind wichtige Komponenten biologischer Zellmembranen, aber auch wertvolle Industrieprodukte, die als Wasch- und Spülmittel, als Zusatz zu Schmiermitteln, als Textilhilfsmittel, im Bergbau, bei der Erdölförderung, sowie in der pharmazeutischen Industrie und Kosmetik Verwendung finden. In der Praxis werden diese Stoffe häufig auch zur Stabilisierung flüssiger Grenzflächen eingesetzt, wobei Emulsionen, Mikroemulsionen und Schäume nur einige wenige Beispiele darstellen. Zu den wichtigsten grenzflächenaktiven Substanzen gehören Tenside, Phospholipide, Huminsäuren, Proteine, Blockcopolymere oder auch spezielle Arten fein dispergierter Festkörper (Pickering Emulgatoren, Janus-Beads). In der Technik sind Tenside wegen ihrer großen Bedeutung für alle Wasch- und Reinigungsprozesse stark verbreitet. Da Tenside in vielen unterschiedlichen Ausführungen leicht erhältlich sind, eignen sie sich als Modellsysteme zur Untersuchung umweltrelevanter Fragestellungen. Allgemeine Eigenschaften von Tensiden inklusiv der technischen Anwendung und Synthese sind in dem Standardwerk von Kosswig u. Stache detailliert dargestellt (Kosswig u. Stache, 1993).

4.3.3 Tensidadsorption an fluiden Grenzschichten

In hochverdünnten Lösungen werden Tenside zunächst in Form von monomolekularen Filmen an flüssigen Oberflächen adsorbiert. Auf diese Weise wird der energetisch ungünstige Kontakt zwischen den polaren Lösungsmittelmolekülen und hydrophoben Tensidgruppen stark reduziert. Die adsorbierten Filme stehen normalerweise in einem dynamischen Gleichgewicht mit einzelnen Monomeren, die im Lösungsmittel frei beweglich sind (Abb. 4.20). Diese Vorgänge sind durch ständige Austauschprozesse gekennzeichnet. In einer bestimmten Zeitspanne werden einige Moleküle aus der Lösung die Oberfläche erreichen, und im selben Zeitraum desorbieren andere Moleküle aus der Monoschicht und treten in die darunterliegende flüssige Phase ein. Die Kinetik dieser Prozesse hängt von der Diffusion der Moleküle ab und auch von anderen Phänomenen wie z.B. Änderungen in der Hydrathülle (Solvationsschicht). Die adsorbierten Moleküle können sich zu supramolekularen Phasen zusammenlagern, die durch Aggregationsprozesse entstehen. Je nach Größe der grenzflächenaktiven Moleküle kann die Austauschzeit für Monomere zwischen einigen Mikrosekunden oder - vorwiegend bei Proteinen und Blockcopolymeren - einer Zeitspanne von einigen Tagen liegen.
Die Anreicherung amphiphiler Stoffe an flüssigen Phasengrenzen führt zu einem drastischen Abfall der Oberflächen- oder Grenzflächenspannung. Es bilden sich dann monomolekulare Filme aus, die die Oberflächen der flüssigen Phasen bedecken. Die Erniedrigung der Grenzflächenspannung hängt mit der Konzentration der in den Oberflächen angereicherten Moleküle zusammen, und sie ist von der Volumenkonzentration der beteiligten Stoffe abhängig. Der

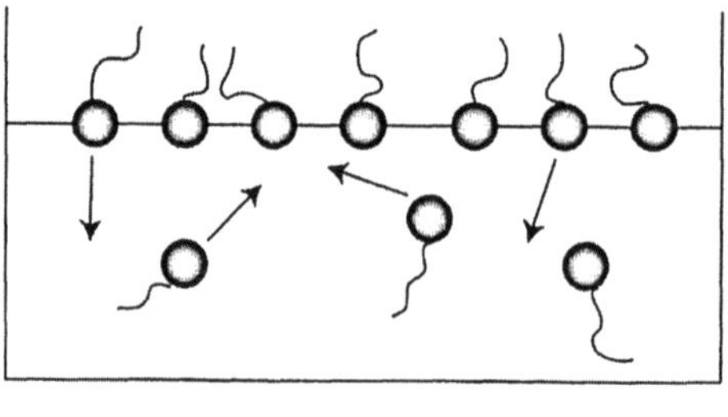

Abb. 4.20. Schematische Darstellung des dynamischen Gleichgewichts zwischen adsorbierten und gelösten Tensidmolekülen

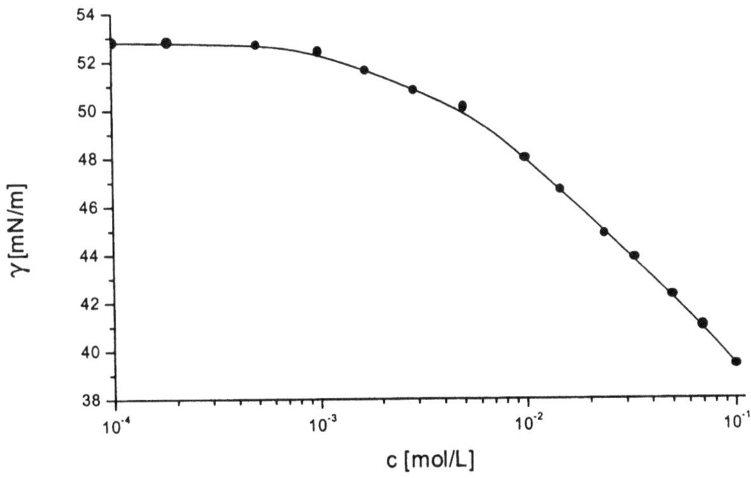

Abb. 4.21. Grenzflächenspannung zwischen Wasser und Dodecan bei Zugabe des Esters 1,12-Dodecandioldimethacrylat (T=20^{0}C). c bezeichnet die Esterkonzentration in der Ölphase

Zusammenhang zwischen diesen Größen wird durch die Gibbssche Gleichung quantitativ beschrieben (Gl. 4.5). Zur Auswertung der experimentellen Daten wird die Oberflächenspannung als Funktion des natürlichen Logarithmus der dreidimensionalen Konzentration dargestellt. Die Steigung der Kurve enthält dann Informationen über den Grenzflächenüberschuß. Eine typische Meßkurve ist für grenzflächenaktive Diester in der Abb. 4.21 dargestellt (Burger 1994).

In dieser Abbildung wurden Diester an der Phasengrenze zwischen Öl und Wasser untersucht. Die grenzflächenaktive Substanz ist in diesem Fall nur in einer der beiden Phasen (im Öl) löslich, denn nur unter diesen Bedingungen gilt die einfache Form der Gibbsschen Gleichung auch bei fluiden Phasengrenzen. Bei sehr niedrigen Konzentrationen ist die Belegung der Oberfläche so gering, daß der entsprechende Wert der reinen Öl-Wasser Grenzschicht gemessen wird. Bei weiterer Substanzzugabe ergibt sich eine immer stärkere Grenzflächenbelegung, was sich in dem starken Abfall der Kurve äußert. Bei hohen Konzentrationen wird schließlich ein Plateauwert erreicht, bei dem die Oberfläche mit Molekülen vollständig abgesättigt ist. Derartige Verhaltensweisen sind typisch für eine große Anzahl von grenzflächenaktiven Substanzen, zu denen neben Tensiden auch Proteine oder Huminstoffe gehören.

In den letzten Jahren sind flüssigkeitsanaloge Strukturen intensiv untersucht worden. Von großem Interesse waren hierbei flüssig kondensierte Filme. Diese Monoschichten lassen sich mit Hilfe der Fluoreszenzmikroskopie untersuchen (Demeijere et al. 1997; Gehlert u. Vollhardt 1997; Knobler 1998; Sun et al. 1998; Tanaka et al. 1997; Watanabe et al. 1998; Wilson et al. 1998;

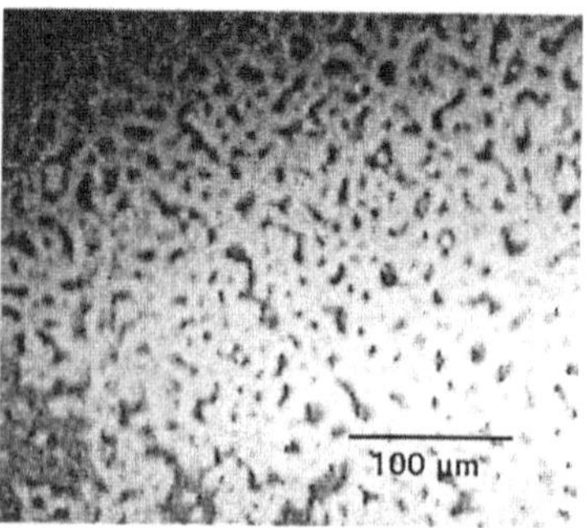

Abb. 4.22. Netzwerkartige Überstruktur eines Filmes von AOT (Di-2-ethyl-hexyl-sulfosuccinat) an der Oberfläche von Wasser (Konzentration des Tensids in Wasser c(AOT) = $7 \cdot 10^{-7}$ mol/L, $Al_2(SO_4)_3 \cdot 18\,H_2O = 1 \cdot 10^{-3}$ mol/L)

Worthman et al. 1997;Yee et al. 1997; Britt u. Hlady 1999; Calvert u. Leck-band 1997; Cheng et al. 1999; Cotton et al. 1998; Dahmen Levison et al. 1998; Davies et al. 1997; GirardEgrot et al. 1997; Koppenol et al. 1998; Kurnaz u. Schwartz 1997a; Lee et al. 1998; Ma et al. 1998; Momsen et al. 1997; Nag et al. 1997; Pendland u. Boucias 1998; Pollard et al. 1998; Rietz et al. 1996; Soderlund et al. 1999; Sohn et al. 1996; Tanaka et al. 1998; Tanaka et al. 1999; Wang et al. 1997; Watanabe et al. 1998; Worthman et al. 1997; Yee et al. 1997). Bei dieser Methode werden dem Film Fluoreszenzsonden zugesetzt, die in den gebildeten Aggregaten nicht löslich sind und auf diese Weise einen hohen optischen Kontrast zwischen den Domänen und der Umgebung erzeugen. Mit der Entwicklung der Brewsterwinkel-Mikroskopie können derartige Filme neuerdings auch optisch abgebildet werden (Patino et al. 1999; Pollard et al. 1998; Prieto et al. 1998; Qian et al. 1997; Ramos u. Castillo 1999; Tanaka et al. 1997; Tanaka et al. 1998; Teer et al. 1997; Uredat u. Findenegg 1998; Vollhardt 1999; Vollhardt et al. 1998; Wilde et al. 1998; Wüstneck et al. 1998; Xia et al. 1998; Gasparovic et al. 1998; Grigoriev et al. 1999; Harke et al. 1997; Jayalakshmi u. Langevin 1997; Kozarac et al. 1998; Kurnaz u. Schwartz 1997b; Lautz u. Fischer 1997; Li et al. 1998a; Li et al. 1998b; Melzer et al. 1997; Möbius 1998; Patino et al. 1999; Prieto et al. 1998; Qian et al. 1997; Tanaka et al. 1998; Uredat u. Findenegg 1999; Vollhardt et al. 1998; Vollhardt 1999; Wilde et al. 1998). Die laterale Auflösung dieser Meßmethode beträgt ca. 0,8 μm, es lassen sich aber auch extrem dünne Filme von der Dicke einer einzigen Molekülschicht noch gut erkennen. Mit Hilfe dieser experimentellen Technik wurde eine große Anzahl unterschiedlicher Domänenstrukturen beobachtet, die auf nichthomogene Filme schließen lassen. Diese Aggregate besitzen oftmals eine fraktale Struktur, aber sie können auch scheibchen- oder kugelförmige Geometrien aufweisen. Eine aktuelle Übersicht über verschiedene Formen der zweidimensionalen Aggregatbildung ist in einer neueren

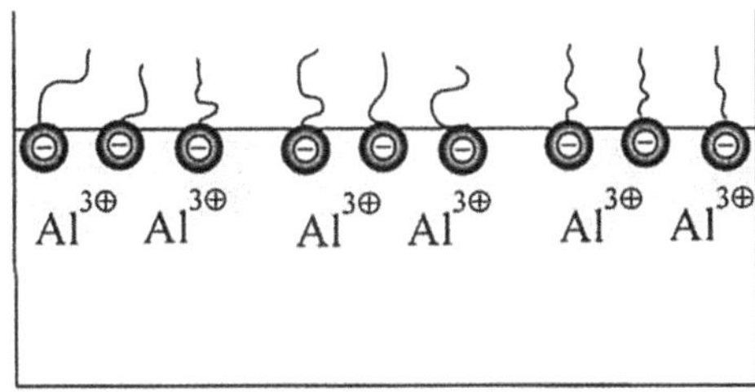

Abb. 4.23. Vernetzung negativ geladener Tensidmoleküle mit Hilfe von positiv geladenen Aluminiumionen

Arbeit von Knobler dargestellt (Knobler 1998b). Ein typisches Beispiel für eine derartige Struktur zeigt die Abb. 4.22.

In dieser Abbildung wurde das anionische Tensid AOT (Bis(2-ethylhexyl)-natriumsulfosuccinat) untersucht. Diese Abbildung zeigt deutlich, daß durch die Zusammenlagerung der grenzflächenaktiven Moleküle netzwerkartige Überstrukturen entstehen können. Dies ist nur ein Beispiel für die hohe Komplexität dieser Filme; es gibt eine große Anzahl anderer Strukturen, die ebenfalls interessante Verhaltensweisen aufweisen. Zweidimensionale netzwerkartige Phasen besitzen ausgeprägte viskoelastische Eigenschaften, und sie verhalten sich im Prinzip wie Gele. Derartige Phänomene findet man besonders häufig, wenn anionische oder kationische Tenside mit multivalenten Gegenionen in Kontakt kommen (Rehage et al. 1997). Die Ursache der Netzwerkbildung ist offenbar durch die Coulombsche Wechselwirkung zwischen den multivalenten Gegenionen und den negativ geladenen Kopfgruppen der Tensidmoleküle bedingt. Diese Situation läßt sich in einem vereinfachten Modell leicht darstellen.

Man kann sich leicht vorstellen, daß die negativ geladenen Kopfgruppen der Tensidmoleküle starke Komplexe mit den multivalenten Metallionen eingehen. Die $Al^{3\oplus}$-Ionen wirken hierbei sozusagen als Vernetzer, und sie können aufgrund ihrer hohen Ladungsdichte mit drei benachbarten Tensidmolekülen Bindungen eingehen (Abb. 4.23). Ein ähnlicher Mechanismus tritt auf, wenn man positiv geladene Tenside mit multivalenten Gegenionen kombiniert. Dies zeigt sich deutlich am Beispiel der folgenden „Brewsterwinkel-Mikroskop-Bilder", in der die Wechselwirkungen zwischen der Monoschicht eines positiv geladenen Tensids (Cetyltrimethylammoniumbromid; CTAB) und Cersulfat an der Wasseroberfläche gemessen wurden.

Man beobachtet hier die Kinetik der Bildung eines zweidimensionalen Netzwerkes, das an der Oberfläche von Wasser aufgebaut wird. Nach einer Zeitspanne von 1800 Sekunden hat sich bereits ein „unendlich" großer zusammenhängender Cluster gebildet. Dieses Ergebnis entspricht den Vorhersagen von „Perkolations-Theorien" (Stauffer 1995). Diese Modelle sind entwickelt worden, um Sol-Gel-Übergänge quantitativ zu beschreiben. Solange die

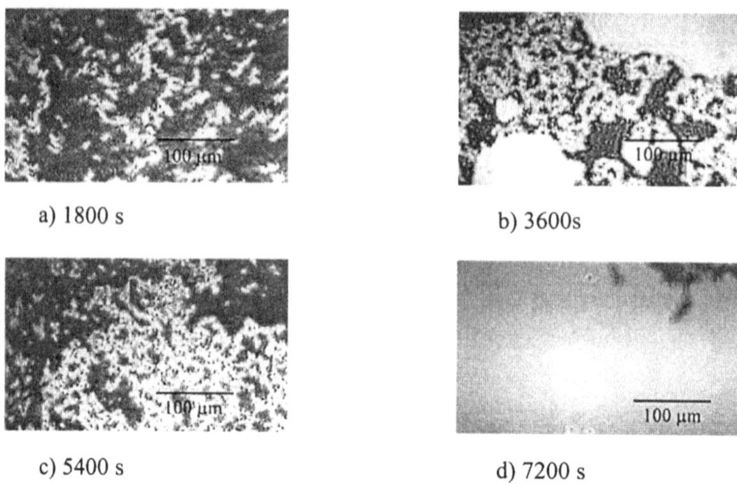

Abb. 4.24 a-d. Brewster-Winkel-Mikroskopie-Aufnahmen eines Filmes von CTAB und Cer(IV)-sulfat zu verschiedenen Zeiten (CTAB c = 5 $\times 10^{-7}$ mol/L, Cersulfat c= 10^{-3} mol/L, pH = 2)

Cluster noch relativ klein sind, verhalten sie sich unabhängig voneinander, und das System befindet sich in einem flüssigkeitsanalogen Sol-Zustand. Genau an dem Punkt, an dem ein unendlich großes Aggregat gebildet wird, erfolgt der Übergang zur Gel-Phase. In der Abbildung Abb. 4.24 ist diese spezielle Situation im Bild a erkennbar. Dieser Punkt kennzeichnet den Übergang der fluiden Phase zum festkörperanalogen Verhalten. Mit zunehmender Zeit werden die Cluster immer größer und sie verwachsen schließlich miteinander (Bild b-c). Das Netzwerk wird daher immer dichter und der Film an der Wasseroberfläche wird kompakter. Da grenzflächenaktive, ionische Moleküle in der Umwelt in Form von Huminsäuren, Proteinen, Fettsäuren, oder Phospholipiden weit verbreitet sind, könnten derartige Mechanismen leicht zur Fixierung von Schwermetallionen führen. Auch die Membranen lebender Zellen bestehen zum großen Teil aus geladenen, grenzflächenaktiven Molekülen. Nach den gleichen Mechanismen können gelöste Schwermetallionen dann an die Oberfläche dieser Biomembranen gebunden werden. Dies hat für die Toxizität und Mobilität derartiger Verbindungen weitreichende Konsequenzen.

4.3.4 Struktur und Eigenschaften von Schäumen

Die starke Adsorption von Tensiden an der Grenzfläche zwischen Wasser und Luft führt zu einer erhöhten Stabilität dieser Oberfläche. Dieser Effekt bewirkt zum Beispiel, daß auch hohe Konzentrationen von Luftblasen im Wasser gelöst werden können. Ohne den Zusatz von Tensiden würden die einzelnen

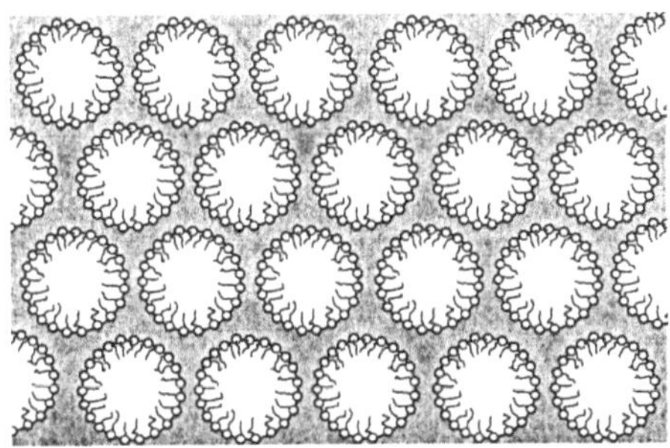

Abb. 4.25. Bildung eines Kugelschaums durch eine Anhäufung von Luftblasen

Blasen beim Kontakt durch Koaleszenz rasch zerfallen. Da Luft eine viel geringere Dichte als Wasser besitzt, rahmen diese Blasen sehr schnell auf und bilden an der Oberfläche von Wasser eine geschlossene Schicht, die als Schaum bezeichnet wird. Derartige Vorgänge sind uns allen geläufig; sie finden zum Beispiel beim Einschenken eines Bieres statt oder bei Wasch- und Reinigungs-Prozessen. An der Oberfläche der Flüssigkeit kommen die Luftblasen in sehr hohen Konzentrationen vor, und sie sind lediglich durch dünne Wasserfilme voneinander getrennt. Diese Situation ist schematisch in Abb. 4.25 dargestellt.

Beim Einbringen von der Gasen in Flüssigkeiten entsteht an der Oberfläche eine dichte Packung der Luftblasen. Diese Partikel sind durch schmale Wasserstege voneinander getrennt. Eine derartige Anordnung nennt man einen (wäßrigen) Kugelschaum. Mit der Zeit läuft das Wasser aus den Stegen aufgrund seiner höheren Dichte langsam nach unten, und die mittleren Abstände zwischen den Luftblasen werden dadurch immer geringer. Da sich die Luftblasen unter dem Einfluß der Gravitation verformen können, erhält man schließlich einen Polyederschaum (Abb. 4.26). Diese Strukturen weisen höhere Konzentrationen der Gasblasen auf, und sie besitzen aufgrund der besseren Packung auch eine höhere Stabilität.

In der Realität sind die Schaumlamellen nicht alle gleich groß und man erhält

Abb. 4.26. Schematische Darstellung eines Polyederschaums

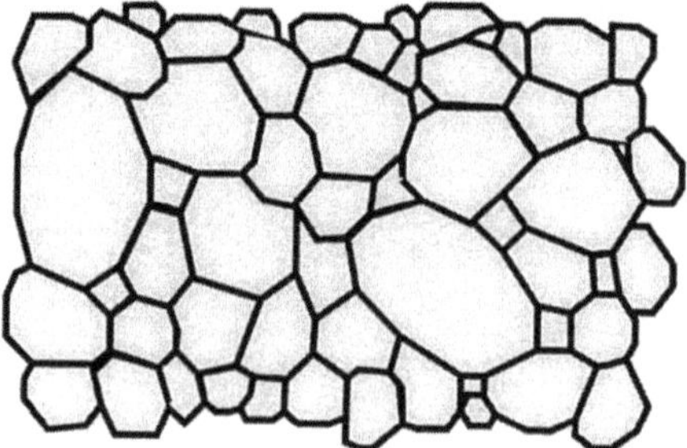

Abb. 4.27. Darstellung unterschiedlich großer Schaumlamellen

dann eine Struktur, die in der Abb. 4.27. dargestellt ist.

Bei realen Schäumen findet infolge der Einwirkung der Schwerkraft ein Abfließen der Flüssigkeit aus den Lamellen statt. Es bildet sich dann an der Oberseite des Systems ein Polyederschaum und weiter unten, wo noch mehr Flüssigkeit vorhanden ist, der Kugelschaum. Eine derartige Situation ist in der Abb. 4.28 schematisch dargestellt.

Die Schaumstruktur läßt sich durch den Volumenbruch φ des Gasanteils beschreiben. Für den Polyederschaum gilt:

$$\varphi \geq 0,74 \tag{4.20}$$

Kugelschäume bilden sich, wenn der Volumenbruch des Gasanteils geringe Werte annimmt:

$$0,52 \leq \varphi \leq 0,74 \tag{4.21}$$

Für noch geringere Werte erhält man eine einfache Gasdispersion. Hierbei gilt:

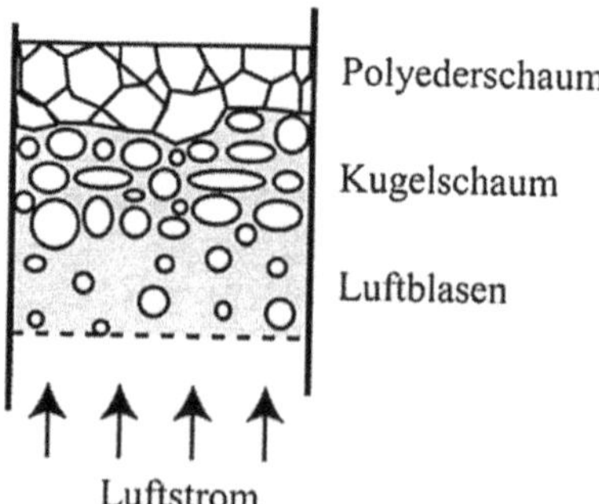

Abb. 4.28. Typischer Aufbau eines Schaums. Durch die Anreicherung der Luftblasen bildet sich an der Oberfläche ein Polyederschaum, der im Inneren der Flüssigkeit in einen Kugelschaum übergeht. Im unteren Teil des Gefäßes liegen isolierte Luftblasen vor, die aufgrund ihrer Dichtedifferenz relativ schnell aufrahmen

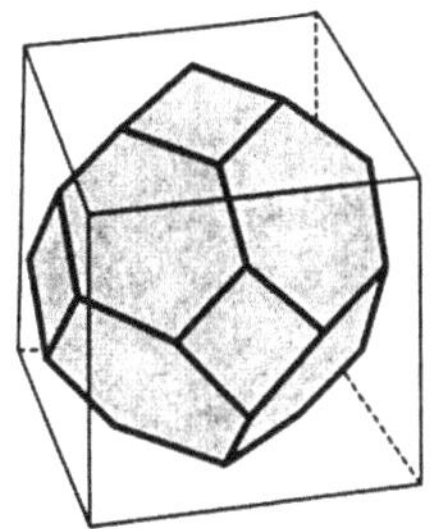 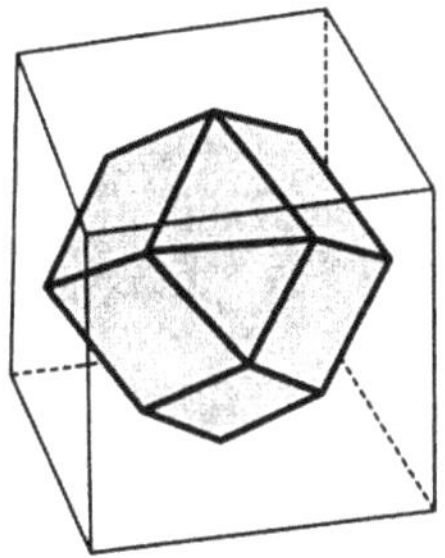

Abb. 4.29 a und b. Polyeder als Grundstrukturen eines Schaums: a) Tetrakaidekaeder, b) Rhomboedrischer Dodekaeder

$$\varphi \leq 0{,}52 \qquad\qquad (4.22)$$

Konzentrierte Schäume lassen sich näherungsweise durch Polyeder beschreiben (Abb. 4.29). Von besonderem Interesse sind hierbei Tetrakaidekaeder und rhomboedrische Dodekaeder. Die Einheitszelle der Tetrakaidekaeder ist aus 14 Oberflächen aufgebaut: aus sechs quadratischen und acht hexagonalen Flächen gleicher Seitenlänge. Eine Kugel, die in eine derartige Einheitszelle hineingelegt wird, berührt nur die hexagonalen Flächen. Die Einheitszelle des rhomboedrischen Dodekaeders setzt sich aus zwölf identischen Flächen zusammen. Wenn man in diese Einheitszelle Kugeln hineinlegt, ergibt sich eine dichte Kugelpackung mit einem Volumenbruch von $\varphi = 0{,}74$.

Durch die Zusammensetzung dieser Polyeder läßt sich eine definierte Schaumstruktur aufbauen. Es ist jedoch schwierig, den Raum mit nur einer Polyederart vollständig auszufüllen (Abb. 4.30).

In Polyederschäumen treffen sich jeweils drei Lamellen unter einem Winkel von 120° und bilden einen Plateaukanal. Aus der gekrümmten Oberfläche ergibt sich eine Druckdifferenz zwischen dem Plateauinneren (p_p) und den Luftblasen (p_B). Diese Situation ist in der folgenden Zeichnung schematisch dargestellt (Abb. 4.31).

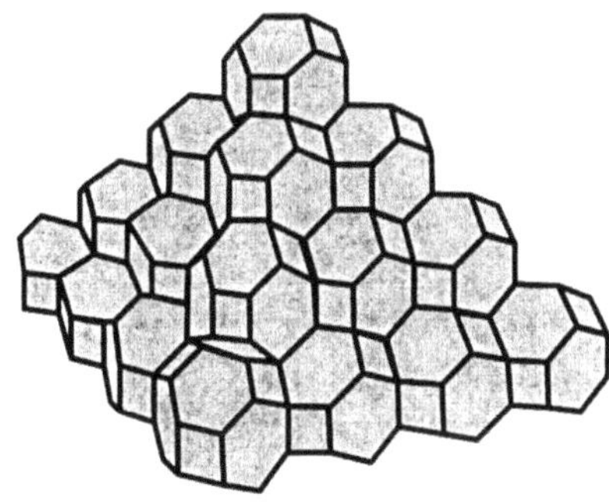

Abb. 4.30. Schematische Darstellung einer Schaumstruktur durch die Anlagerung von Polyedern

Aus der Laplace-Gleichung (Gl.4.3) folgt:

$$\Delta p = p_B - p_p = \frac{\gamma}{r_p} \qquad (4.23)$$

Der Druck in den Gasblasen ist gegenüber der Umgebung deutlich erhöht. Dies läßt sich durch die Gewichtskraft des Schaums und die Zugkraft der Schaumlamellen erklären. In einem realen Polyederschaum sind Gasblasen unterschiedlicher Größe unmittelbar benachbart. Da kleine Blasen infolge der höheren Krümmung einen größeren Druck aufweisen, ergibt sich eine Diffusion der Luftmoleküle in Richtung der größeren Polyeder. Aufgrund dieser Druckunterschiede lösen sich kleine Luftblasen allmählich auf, und es entstehen immer größere Schaumblasen.

4.3.5 Bodensanierung mit Schäumen

Schäume lassen sich im Rahmen vieler Anwendungen auch für Reinigungsprozesse benutzen, wobei hydrophobe Verbindungen besonders leicht in die Schaumstruktur eingelagert werden können. Ein typisches Verfahren, das jeder kennt, betrifft die Verwendung von Teppichschaum oder Polsterreinigungsmitteln. Auch das tägliche Rasieren mit nassem Schaum führt zu einer gründlichen Reinigung der Gesichtshaut. Der Vorteil der Verwendung von Schäumen liegt in der relativ hohen Viskosität dieser Substanzen begründet. Dadurch läßt sich Schaum leicht dosieren und beim Einwirken von Kräften zerfließt diese Substanz, was eine gute Verteilung und Dosierung bedingt. Im Bereich kleiner Konzentrationen werden unpolaren Stoffe durch Solubilisation zunächst in die Außenseite der Schaumlamellen eingebaut (Abb. 4.32).
Bei höheren Konzentrationen führen diese Vorgänge allerdings zum Bruch der Schaumlamellen, und es entstehen dann in der Gegenwart von überschüssigem Wasser Emulsionstropfen. Auf diese Weise können große Mengen unpolarer Substanzen in Wasser gelöst und durch Strömungskräfte weitertransportiert werden (Abb. 4.33).

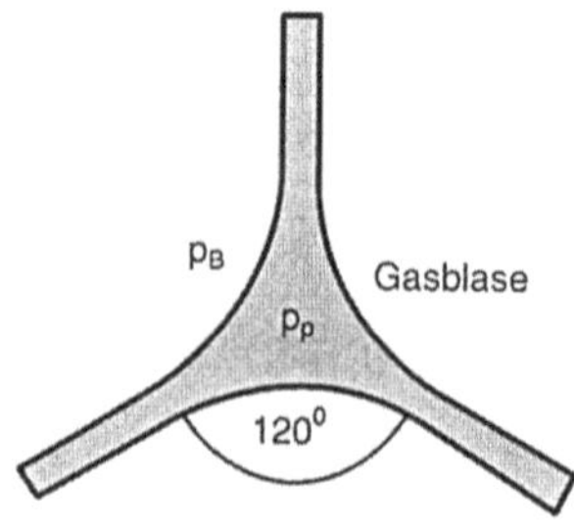

Abb. 4.31. Zusammentreffen dreier Schaumlamellen im Plateau-Kanal unter einem Winkel von 120°

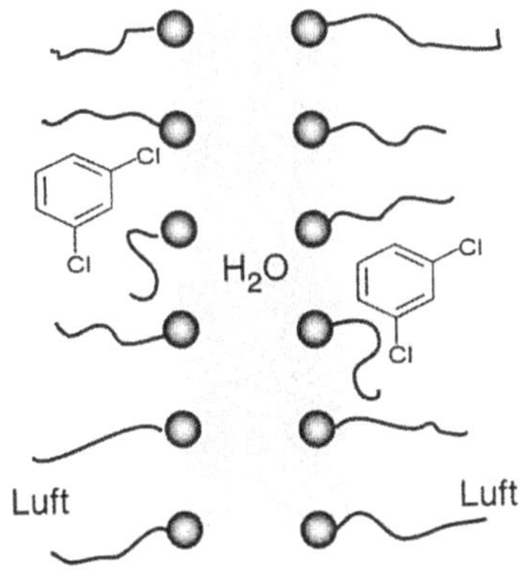

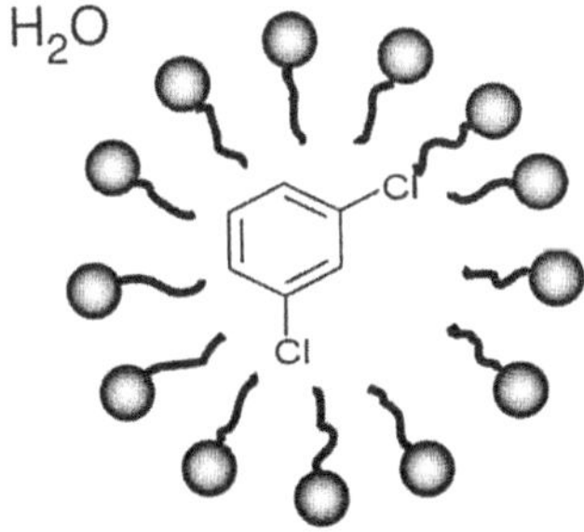

Abb. 4.32. Anreicherung unpolarer Stoffe an den äußeren Schaumlamellen

Derartige Vorgänge lassen sich gezielt für Sanierungsprozesse ausnutzen (siehe auch: Kap. 2.2.3.2). Dies ist besonders effektiv, wenn die unpolaren Schadstoffe eine höhere Dichte besitzen als Wasser. Diese Bedingung ist häufig bei chlorierten oder bromierten Kohlenwasserstoffen erfüllt (siehe auch Kap. 2.2.1.5). Da sich diese Verbindungen am Boden und an den Rändern der Wasserschichten absetzen, lassen sie sich durch einfache Tensidlösungen auswaschen (siehe auch Kap. 2.1.6.3). Bedingt durch ihre geringe Viskosität zeigen derartig kontaminierte Zonen einen relativ niedrigen Fließwiderstand, so daß an diesen Zentren nur verhältnismäßig schwache Strömungskräfte auftreten, die zu einer mechanischen Entfernung durch Emulgierung führen können. Diese Situation läßt sich durch das Einblasen von Luft in die Tensidlösungen erheblich verbessern. Die Luftblasen sind ebenfalls unpolar und setzen sich

Abb. 4.33. Schematische Darstellung eines Emulsionstropfens. Die unpolaren Schadstoffe sind im Inneren des Partikels angereichert und die Tensidmoleküle vermitteln die Löslichkeit in polaren Stoffen wie Wasser

daher auf die Oberfläche der hydrophoben, toxischen Substanzen (Choori et al. 1998). Aufgrund der niedrigen Dichte der Luft/Festkörper-Aggregate rahmen diese Partikel rasch auf und können als Schaum abgeschöpft werden. Durch die Erhöhung der Wasserviskosität infolge der Schaumbildung greifen stärkere Strömungskräfte an, die zu besseren mechanischen Entfernungen kontaminierter Zonen führen. Aufgrund dieser positiven Eigenschaften eignen sich Schäume ausgesprochen gut zu Entfernung chlorierter Kohlenwasserstoffe aus kontaminierten Böden. In den USA sind einige Feldversuche in den letzten Jahren mit großem Erfolg durchgeführt worden (Szafranski et al. 2000).

4.3.6 Mizellbildung

Die starke Adsorptionsfähigkeit grenzflächenaktiver Moleküle bewirkt schon bei relativ kleinen Konzentrationen Sättigungsprozesse, bei denen die Oberfläche der betrachteten Flüssigkeit vollkommen belegt ist. Auch die Löslichkeit der Monomeren ist meistens begrenzt; dies sind zwei Erscheinungen, die der Tensidkonzentration sehr rasch ein Limit setzen. Es gibt aber bei den meisten oberflächenaktiven Substanzen einen Prozeß, der ihre Löslichkeit entscheidend erhöht: die Zusammenlagerung der Monomeren in Form von Aggregaten, die man Mizellen nennt (Abb. 4.34). Je nach Geometrie der gelösten Monomere beobachtet man kugelförmige, stäbchenförmige oder scheibenförmige Aggregate. Auch diese Strukturen stehen in einem dynamischen Gleichgewicht mit Monomeren (Abb. 4.34). Zur theoretischen Beschreibung der Systeme benötigt man im wesentlichen zwei Zeitkonstanten: die Diffusionszeit der Monomeren, die in der Literatur mit τ_1 bezeichnet wird, und die mittlere Lebenszeit der Aggregate, die man mit dem Parameter τ_2 charakterisiert. Bei normalen Tensiden liegt τ_1 in der Größenordnung von einigen Mikrosekunden und die mittlere Lebenszeit der Mizellen im Bereich einiger Millisekunden (Aniansson u. Wall 1975a; Aniansson u. Wall 1974; Aniansson et al. 1976; Aniansson u. Wall 1975b; Aniansson u. Wall 1980; Aniansson 1979; Aniansson 1978; Aniansson 1983; Wall u. Aniansson 1980). Es gibt auch spezielle Tenside, bei denen der Parameter τ_2 Werte von einigen Minuten annehmen kann. Dies ist bei stäbchenförmigen Mizellen häufig der Fall; die Lösungen zeigen dann viskoelastische Eigenschaften. Bei Blockcopolymeren findet man außergewöhnlich stabile Mizellen, deren Lebenszeit sogar einige Tage oder Wochen betragen kann (Michels et al. 1997). Diese Aggregate werden durch eine glasartige Erstarrung der Polymerketten stabilisiert.

Mizellen bilden sich erst, wenn die Tensidkonzentration einen definierten Wert erreicht hat, den man die kritische Mizellbildungskonzentration (cmc) nennt. Bei zweikettigen Tensiden kann dieser Schwellenwert bereits bei sehr geringen Konzentrationen von 10^{-7} mol/L erreicht sein. Grenzflächenaktive Stoffe mit kurzen Alkylketten sind hingegen auch als Monomere gut löslich

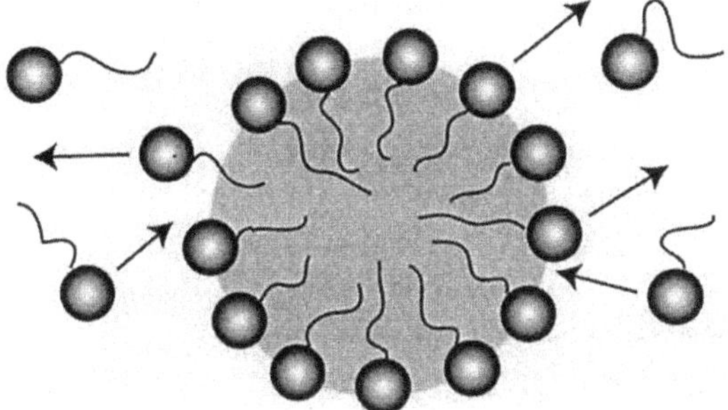

Abb. 4.34. Schematische Darstellung einer kugelförmigen Mizelle. Das Aggregat steht im thermischen Gleichgewicht mit einzelnen Monomeren. Im zeitlichen Mittel dringen genauso viele Monomere in die Mizelle ein wie auch hinaus diffundieren

und zeigen typische cmc-Werte von 1 mmol/L bis 0,1 mol/L. Die kritische Mittelbildungskonzentration läßt sich leicht experimentell bestimmen. So zeigen z.B. die Oberflächenspannung, die elektrische Leitfähigkeit, der osmotische Druck, die Lichtstreuung, die Viskosität oder auch die Dichte Knickpunkte bei genau dieser Konzentration. Die cmc hängt von zahlreichen Parametern wie der Temperatur, der Ionenstärke oder der Natur des Lösungsmittels ab, und sie stellt einen charakteristischen Parameter für das betrachtete Tensidsystem dar. Typische Mizellen bestehen aus 30 bis 70 Monomeren. Bei Kohlenwasserstofftensiden spielt die Länge der Alkylkette für die cmc eine große Rolle. Nach der Klevens-Gleichung gilt (Brezesinski u. Mögel 1993):

$$\lg(cmc) = a_M - b_M n \tag{4.24}$$

Hierbei bezeichnet n die Anzahl der Kohlenstoffatome der hydrophoben Kohlenstoffketten und die beiden Größen a_M und b_M sind stoffbezogene Konstanten. Der erste Wert a_M wird durch die hydrophilen Kopfgruppen bestimmt, und die Größe b_M liegt bei Kohlenwasserstofftensiden etwa zwischen 0,3 und 0,5. Die Gleichung zeigt deutlich, daß sich bei einer Erhöhung der Kohlenstoffanzahl auch die cmc drastisch verschiebt. Man beobachtet oft eine Erniedrigung der cmc um den Faktor drei bei einer Verlängerung der Alkylkettenlänge um eine CH_2-Einheit. Da Tensidaggregate in ihren inneren Schichten hydrophobe Stoffe einlagern können, ist es möglich, große Mengen unpolarer Substanzen in polaren Lösungsmitteln wie Wasser zu lösen. Die Mizellen quellen dabei auf – einen Prozeß, den man Solubilisierung nennt – und werden schließlich zu Tröpfchen, die durch adsorbierte Tensidschichten stabilisiert werden. Bei höheren Konzentrationen der gelösten Stoffe bilden sich oftmals größere Aggregate aus, die einfache Vorläufer von Mikroemulsionen oder Emulsionströpfchen darstellen.

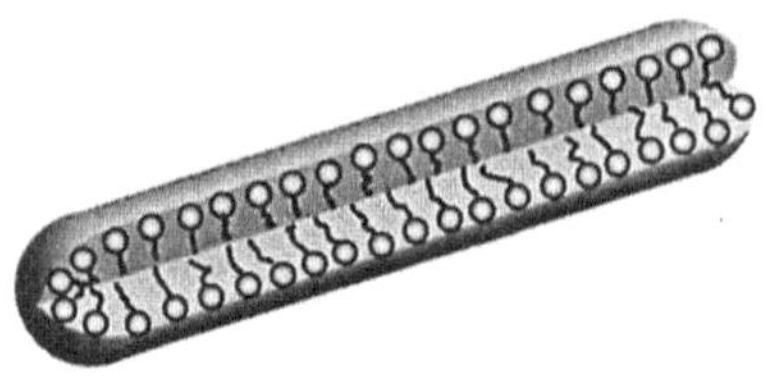

Abb. 4.35. Schematische Darstellung einer stäbchenförmigen Mizelle

In den meisten Fällen werden an fluiden Grenzflächen ultradünne Filme im Gleichgewicht mit Mizellen vorliegen, die über die Monomerdiffusion in Verbindung stehen. Dabei ist zu beachten, daß grenzflächenaktive Stoffe sowohl zweidimensionale Aggregate an Phasengrenzen als auch dreidimensionale Strukturen ausbilden können, die beide miteinander gekoppelt sind. Die Analyse dieser dynamischen Phänomene ist für das Verständnis derartiger Strukturen von großer Bedeutung.

4.3.7 Unterschiedliche Mizellformen

Neben kugelförmigen Mizellen können bei höheren Konzentrationen anisometrische Aggregate gebildet werden. Hierzu gehören stäbchenförmige oder scheibchenartige Partikel. Die Ausbildung dieser Aggregate hängt im wesentlichen von drei Parametern ab. Hierzu gehört die Fläche a_T, die ein Tensidmolekül beansprucht, das Volumen der Alkylkette v_A und der Radius der Mizelle r_M. Aus einer einfachen geometrischen Überlegung folgt für kugelförmige Mizellen:

$$\frac{v_A}{a_T} = \frac{r_M}{3} \tag{4.25}$$

Aus dieser Formel ist ersichtlich, daß immer dann kugelförmige Mizellen gebildet werden, wenn der Flächenbedarf der Tensidkopfgruppen relativ groß ist. Für stäbchenförmige Partikel (Abb. 4.35) ergibt sich aus einer analogen Überlegung:

$$\frac{v_A}{a_T} = \frac{r_M}{2} \tag{4.26}$$

Anisometrische Mizellformen bilden sich immer dann, wenn die polaren Kopfgruppen der grenzflächenaktiven Moleküle näher zusammenrücken können. Dies geschieht bei ionischen Tensiden z. B. durch den Zusatz von Salzen oder durch die Zugabe von Additiven wie Alkoholen. Bei sehr kleinen Kopfgruppenflächen beobachtet man schließlich einen Übergang zu planaren Aggregaten (Abb. 4.36). Für scheibchenförmige Mizellen gilt:

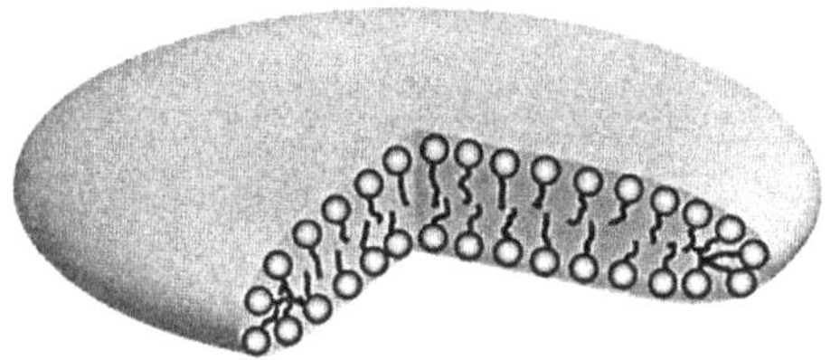

Abb. 4.36. Schematische Darstellung einer scheibchenförmigen Mizelle

$$\frac{v_A}{a_T} = r_M \tag{4.27}$$

Wenn die Fläche der Kopfgruppen noch weiter verringert wird, ergeben sich oftmals inverse Mizellen. Diese Aggregate bilden sich sehr häufig in unpolaren Lösungsmitteln, wie zum Beispiel Kohlenwasserstoffen oder Siliconölen. In diesem Fall lagern sich die polaren Kopfgruppen der Tenside im Zentrum der Mizelle zusammen und die Paraffinketten ragen nach außen und vermitteln somit die Löslichkeit dieser Mizellen. Ein typisches Beispiel für eine inverse, kugelförmige Mizelle ist Abb. 4.37 dargestellt.

Das Lösungsmittel besteht in diesem Fall aus einem Kohlenwasserstoff, und in der Nähe der Kopfgruppe sind meistens Spuren von Wasser vorhanden. Die Stabilität dieser Mizelle wird dann durch Wasserstoffbrückenbindungen weiter erhöht. Lösungen aus inversen Mizellen wirken deswegen häufig hygroskopisch, d. h. sie ziehen Wasserdampf aus der umgebenden Luft an.

4.3.8 Lyotrope Mesophasen

Wenn die Konzentration der grenzflächenaktiven Moleküle weiter erhöht wird, können die Mizellen selbst als Bausteine übergeordneter Phasen dienen. Diese Strukturen weisen sehr häufig eine Vorzugsrichtung auf, d.h. sie besitzen anisotrope Eigenschaften. Dieses Phänomen äußert sich in einer Richtungsabhängigkeit aller physikalischen Eigenschaften. Hierzu gehört z.B. die elektrische Leitfähigkeit, der Brechungsindex, die Viskosität oder die diamag-

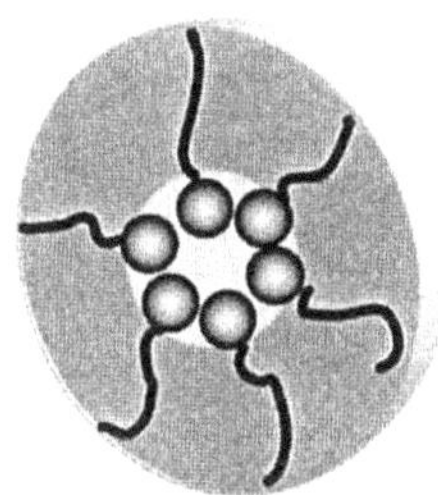

Abb. 4.37. Schematische Darstellung einer inversen, kugelförmigen Mizelle

netischen Suszeptibilität. Da diese Strukturen aufgrund ihrer Anisotropie oftmals Eigenschaften besitzen, die typischerweise bei Festkörpern auftreten, werden diese Phasen auch Flüssigkristalle genannt. Diese Überstrukturen besitzen demnach gleichzeitig Eigenschaften von Flüssigkeiten und Festkörpern. Im Unterschied zu thermotropen flüssigkristallinen Phasen, bei denen man derartige Phänomene durch Temperaturerhöhung beobachten kann, nennt man die entsprechenden Strukturen bei grenzflächenaktiven Molekülen lyotrope Phasen. Dieser Begriff bringt zum Ausdruck, daß man allein durch die Erhöhung der Konzentration von einer niederviskosen mizellaren Phase zu hochgeordneten, supramolekularen Strukturen gelangen kann. Die einfachste Mesophase, die man bei höheren Konzentrationen beobachten kann, besitzt eine kubische Geometrie. Derartige Strukturen treten häufig bei Tensidkonzentrationen von 40 bis 50 Gew-.% auf. Kubische Phasen besitzen eine extrem hohe Viskosität und sie sind optisch isotrop (Abb. 4.38). Neben der hier dargestellten Anordnung kugelförmiger Aggregate sind auch Strukturen bekannt, bei denen stäbchenförmige Mizellen auf kubischen Gitterplätzen angeordnet sind. Es gibt außerdem entsprechende inverse Strukturen, bei denen sich das Wasser im Inneren der Kugeln befindet. Neben diesen Strukturen wird auch ein bikontinuierlicher Aufbau dieser Phasen diskutiert. In diesem Fall muss man sich vorstellen, daß sowohl die Wasserphase als auch die Tensidphase netzwerkartig ineinander verflochten sind.

Die Voraussetzung für die Bildung anderer Phasen liegt oft in der Ausbildung anisometrischer Mizellen. So können stäbchenförmige oder scheibchenförmige Aggregate bei Konzentrationen von ca. 5 Massenprozent lyotrope nematische Phasen bilden. Diese Strukturen sind durch eine Vorzugsorientierung der Mizellhauptachsen gekennzeichnet, wobei aber die Schwerpunkte der Aggregate weitgehend ungeordnet sind (Abb. 4.39).

Nematische Phasen zeichnen sich durch verhältnismäßig niedrige Viskositäten

Abb. 4.38. Schematische Zeichnung einer kubischen Phase. Die kugelförmigen Mizellen sind auf Gitterplätzen angeordnet

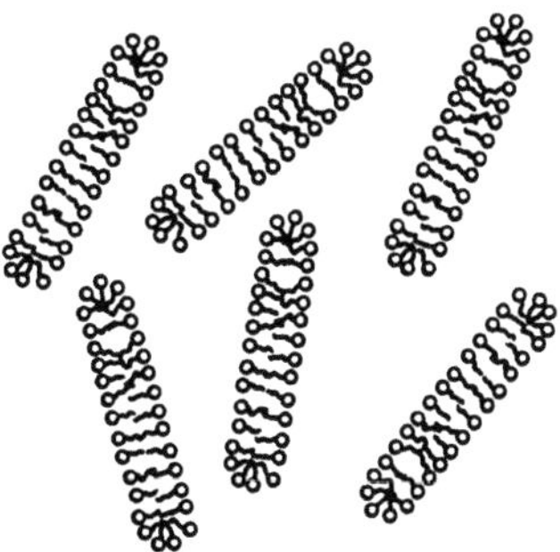

Abb. 4.39. Lyotrope nematische Phase aus stäbchenförmigen Mizellen

aus. Da sich die stäbchenförmigen oder scheibchenförmigen Aggregate relativ leicht in elektrischen und magnetischen Feldern oder auch in Strömungen orientieren lassen, eignen sich diese Überstrukturen zum Herstellen von schaltbaren Flüssigkeiten. Nematische Phasen werden aus diesen Gründen häufig als Anzeigeelemente in Digitaldisplays benutzt. Im Unterschied zu thermotropen nematischen Phasen besitzen die entsprechenden lyotropen Systeme häufig nur eine begrenzte Stabilität. Die entsprechenden Strukturen, die durch Selbstorganisation der anisometrischen Mizellen entstehen, können meistens nur in einem sehr engen Konzentrations- und Temperaturintervall gebildet werden. Dies schließt eine breite technische Anwendung derartiger Systeme häufig aus. Im Ruhezustand bilden nematische Phasen meistens Domänenstrukturen aus. Dies führt zu charakteristischen Texturen (Schlieren), die man im Polarisationsmikroskop leicht beobachten kann.
Nematische Flüssigkristalle können noch kompliziertere Überstrukturen aufbauen, die unter dem Namen cholesterische Phasen bekannt sind. Diese lyotropen Strukturen bestehen aus einzelnen nematischen Schichten, die schraubenförmig, also helical, gegeneinander verdrillt sind (Abb. 4.40). Die Orientierung der scheibchen- oder stäbchenförmigen Aggregate ändert sich daher in jeder Schicht. Die Ganghöhe der Helix ist eine charakteristische Größe der jeweiligen Phase, und sie bestimmt auch die optischen Eigenschaften der anisotropen Flüssigkeiten. Cholesterische Phasen sind meistens intensiv gefärbt, und sie zeichnen sich durch ein hohes Absorptionsvermögen für zirkular polarisiertes Licht aus. Ähnlich wie nematische Phasen können auch die entsprechenden cholesterischen Strukturen durch ihre charakteristischen Texturen leicht erkannt werden. In vielen Fällen sind kleine Mengen chiraler Verbindungen notwendig, um cholesterische Strukturen zu induzieren.
Bei Tensidkonzentrationen zwischen 40 bis 50 Gew.-% beobachtet man häufig die Ausbildung hexagonaler Flüssigkristalle. Diese Phasen besitzen ausgesprochen hohe Viskositäten, und sie zeigen anisotrope physikalische Eigenschaften. Hexagonale Phasen bestehen aus stäbchenförmigen Mizellen, deren Länge nicht genau bekannt ist (Abb. 4.41). Diese anisometrischen Mizellen

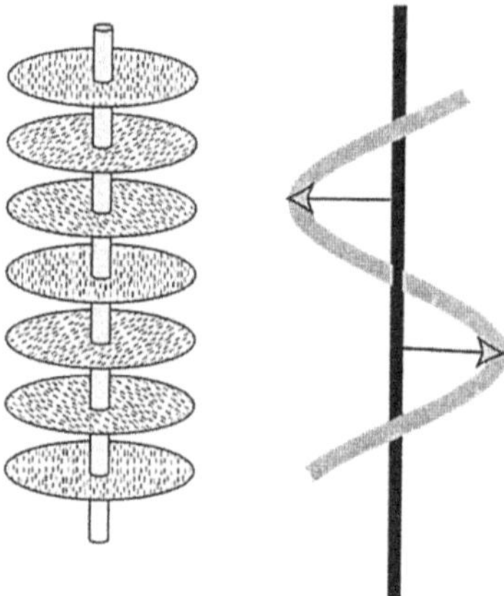

Abb. 4.40. Cholesterische Phasen bestehen aus einzelnen Schichten nematischer Flüssig-kristalle, die schraubenförmig verdrillt sind

sind auf hexagonalen Gitterplätzen angeordnet. Diese Strukturen lassen sich im Polarisationsmikroskop aufgrund ihrer typischen fächerartigen Textur leicht als eigene Phase identifizieren. Bei sehr hohen Tensidkonzentrationen können sich auch inverse hexagonale Phasen bilden. In diesen Strukturen befindet sich das Wasser in der Nähe der hydrophilen Kopfgruppen im Inneren der Zylinder.

Im Anschluß an die hexagonalen Phasen bilden sich bei höheren Tensidkonzentrationen oftmals lamellare Phasen. Bei zweikettigen Tensiden, wie beispielsweise Phospholipiden, können diese Strukturen bereits im hochverdünnten Konzentrationsbereich gebildet werden. Lamellare Phasen bestehen aus Doppelschichten, die durch Wasserzonen voneinander getrennt sind (Abb. 4.42). Je nach Konzentration können die Abstände zwischen den einzelnen Schichten Werte zwischen 6 und 600 Nanometer betragen. Der genaue Aufbau der Tensiddoppelschichten ist zur Zeit noch nicht in allen Einzelheiten geklärt. Es wird vermutet, daß diese Schichten aus scheibchenförmigen Mizellen aufgebaut sind, die alle gleichförmig orientiert sind. Dies würde sich so äußern,

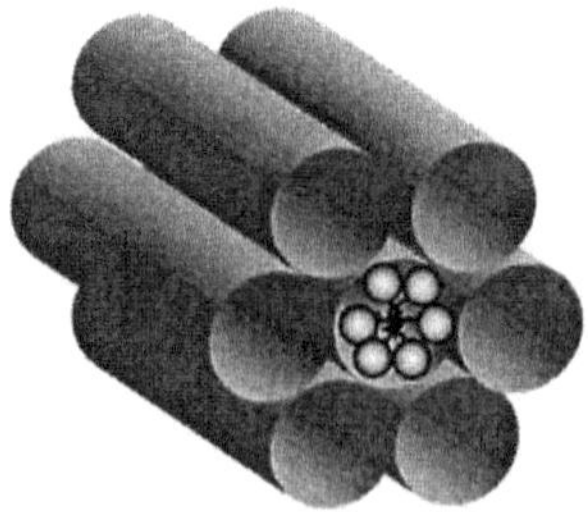

Abb. 4.41. Hexagonale Phasen bestehen aus stäbchenförmigen Mizellen, die auf hexagonalen Gitterplätzen angeordnet sind

als ob eine große Anzahl von Löchern oder Poren in den Membranen existieren. Dieser Effekt bewirkt eine relativ hohe elektrische Leitfähigkeit in der Richtung senkrecht zu den Doppelschichten. Wenn diese Abstände zwischen den Lamellen in den Bereich der Lichtwellenlänge geraten, ergeben sich schillernde Lösungen, die durch Interferenzen verursacht werden. Ähnlich wie bei einem Regenbogen hängt die Farbe dieser Lösungen vom Beobachtungswinkel und vom mittleren Abstand zwischen den Lamellen ab (Hoffmann u. Ulbricht 1993).

Da die einzelnen Doppelschichten der lamellaren Phasen nur ungefähr zwei bis fünf Nanometer dick sind, unterliegen diese Strukturen der Brownschen Molekularbewegung. Dies führt zur Bildung thermischer Fluktuationen, die man Undulationen nennt. Diese Membranen unterliegen daher ständigen Auslenkungen aus ihren Gleichgewichtslagen. Diese Phänomene äußern sich in wellenförmigen Bewegungen, die über die Tensiddoppelschichten laufen. Diese Fluktuationen, die übrigens auch bei Zellen wie den roten Blutkörperchen auftreten, bewirken zwischen zwei Lamellen abstoßende Wechselwirkungskräfte, so daß Fusionen und Verschmelzungen der Membranoberflächen vermieden werden. Beim Einwirken von Strömungskräften können die Lamellen gut voneinander abgleiten. Die Viskosität lamellarer Strukturen ist daher wesentlich geringer als die der hexagonalen oder kubischen Phase. In der Regel werden lamellare Strukturen daher bereits unter dem Einfluß der Schwerkraft fließen.

Lamellare Phasen sind in der Natur weit verbreitet, da die äußere Hülle lebender Zellen, die sogenannte Plasmamembran, einen ähnlichen Aufbau besitzt.

Derartige Strukturen werden automatisch von Phospholipiden gebildet, die bereits im Bereich kleiner Konzentrationen zur Bildung von Doppelschichten neigen. Auf diese Phänomene und die Bedeutung für Transportprozesse in der Umwelt wird in den nachfolgenden Kapitel eingegangen.

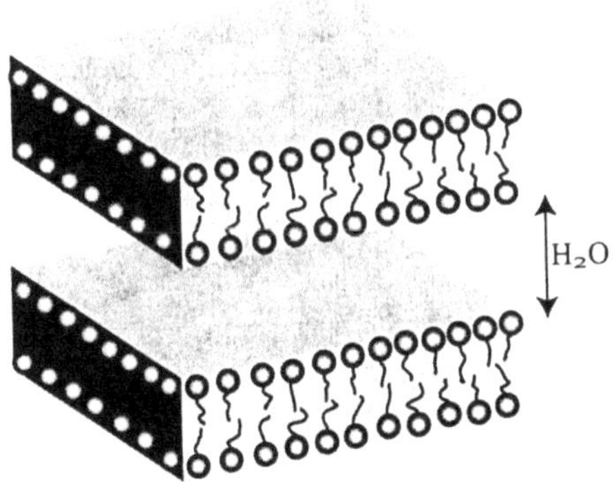

Abb. 4.42. Schematische Darstellung einer lamellaren Phase. Diese Struktur besteht aus Tensiddoppelschichten, die durch Wasserzonen voneinander getrennt sind

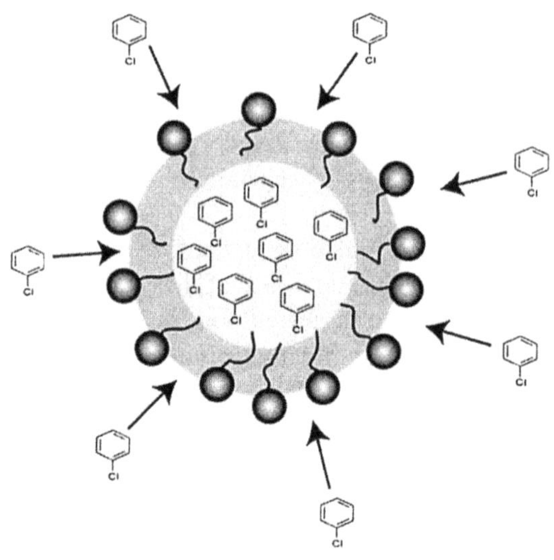

Abb. 4.43. Grundprinzip der Solubilisierung: Unpolare Stoffe diffundieren in das hydrophobe Zentrum einer Mizelle und reichern sich dort an

4.3.9 Grundprinzipien der Solubilisierung

Alle Aggregate grenzflächenaktiver Moleküle besitzen unterschiedliche polare und unpolare Regionen. Während wasserlösliche Verbindungen wie Schwermetallionen durch Coulombsche Wechselwirkungen an die Kopfgruppen der Mizellen gebunden werden, bilden die hydrophoben Regionen flüssigkeitsanaloge Zentren, in denen unpolare Stoffe eingelagert werden. Die Anreicherung unpolarer Moleküle im Inneren einer Mizelle wird Solubilisierung genannt. Die Solubilisierung spielt für alle Wasch- und Reinigungsprozesse, das Färben und die Stofftrennung eine große Rolle, da auf diese Weise große Mengen hydrophober Substanzen in polaren Flüssigkeiten gelöst werden können. Der in der Abb. 4.43 dargestellte Mechanismus läuft nur ab, wenn die zu solubilisierende Substanz eine geringe Wasserlöslichkeit besitzt, so daß sie in endlicher Zeit ins Innere der Mizellen diffundieren kann. Zu den Substanzen, die diese Bedingung erfüllen, gehören kurzkettige Kohlenwasserstoffe, aromatische Moleküle wie Benzol oder Toluol und organische Verbindungen wie Aldehyde, Ketone, Alkohole, Carbonsäuren und halogenierte Moleküle. Der Einbau des Solubilisats führt zum Aufquellen der Mizellen und verläuft somit unter Aufwendung von Druck-Volumenarbeit pV. Der Druck im Inneren der Mizellen kann durch den Laplace-Druck (Gl. 4.3) beschrieben werden. Für kugelförmige Mizellen ergibt sich dann im Bereich kleiner Konzentrationen (Hoffmann u. Ulbricht 1993):

$$c = c_\infty \cdot \exp\left(-\frac{2\gamma V_m}{r_m RT}\right) \qquad (4.28)$$

Hierbei bezeichnet r_m den Radius der Mizelle, γ die Grenzflächenspannung zwischen Wasser und der Mizelle, und c_∞ die Sättigungskonzentration des Solubilisats in einer vergleichbaren makroskopischen Phase. Man erkennt aus dieser Gleichung, daß die Solubilisationskapazität exponentiell mit der Größe der einzulagernden Moleküle abnimmt. Auch die Grenzflächenspannung spielt für die Anreicherung hydrophober Stoffe im Inneren der Mizellen eine große Rolle. In erster Näherung kann man hier den entsprechenden Wert einer Tensidlösung einsetzen, die im direkten Kontakt mit der zu solubilisierenden Substanz steht (Hoffmann u. Ulbricht 1993).

Es ist bekannt, daß Kugelmizellen ein viel kleineres Solubilisierungsvermögen aufweisen als stäbchen- oder scheibchenförmige Aggregate. Flüssigkristalline Strukturen wie lamellare oder hexagonale Phasen können noch größere Mengen unpolarer Substanzen einlagern. Die Kapazität der Solubilisierung hängt außerdem von der Temperatur, der Salzkonzentration und der Struktur und Polarität des Solubilisats ab.

Verbindungen, die im Wasser nur schlecht löslich sind, werden meistens nach einem anderen Mechanismus solubilisiert, bei dem die Tensidmoleküle an der Grenzfläche beteiligt sind. Dieses Prinzip ist in der Abb. 4.44 schematisch dargestellt (Evans u. Wennerström 1994). In diesem Fall wird die Solubilisierung durch die Diffusionsgeschwindigkeit der Tensidmoleküle bestimmt. Mizellen können sich an flüssigen Grenzflächen anlagern, und infolge des Tensidüberschusses kommt es zu einer Abnabelung eines Aggregates an einer anderen Stelle der Grenzfläche. Bei diesem Vorgang wird ein wenig der unpolaren Ölphase mitgerissen, und es bilden sich solubilisierte Mizellen. Derartige Prozesse sind weit verbreitet, und sie spielen beim Waschen und Reinigen eine große Rolle. Auch Grundwasser läßt sich durch diese Mechanismen von ölhaltigen Schadstoffen befreien (Sabatini et al. 1998) (siehe auch Kap. 2.2.2.2.).

4.3.10 Phospholipide

In der Natur gibt es eine große Anzahl verschiedener Lösungsvermittler, zu denen Enzyme, Proteine, Huminsäuren, Fulvinsäuren, Gerbsäuren, Triacylglycerine, Fettsäuren, Steroide und Phospholipide gehören. Diese Moleküle sind weit verbreitet, da sie in lebenden und abgestorbenen Organismen vorkommen. Gute Beispiele hierfür bilden die äußeren Zellmembranen von Tieren und Pflanzen, die zum großen Teil aus grenzflächenaktiven Molekülen bestehen, wobei Phospholipide am häufigsten verbreitet sind (Abb. 4.45).

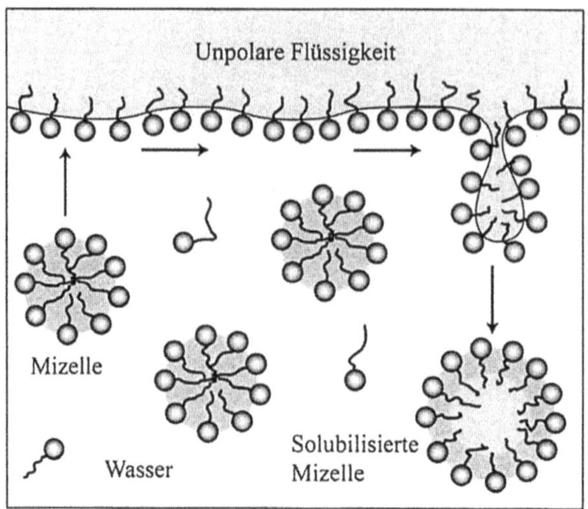

Abb. 4.44. Die Wechselwirkung von Mizellen mit flüssigen Grenzflächen kann zur Solubilisierung wasserunlöslicher Flüssigkeiten führen

Biologische Membranen umschließen alle höheren Zellen und bilden unterschiedliche Reaktionsräume, in denen vielfältige biochemische Aktivitäten ablaufen. Die Plasmamembran dient als äußere Hülle lebender Organismen und schirmt das Cytoplasma von der Umgebung der Zelle ab.
Biologische Membranstrukturen können mit dem von Singer und Nicholson bereits 1972 entworfenen „Fluid-Mosaic-Model" beschrieben werden (Singer 1972; Singer u. Nicolson 1972). Diese Modellvorstellung geht davon aus, daß die Phospholipide eine lamellare Phase bilden, in die Cholesterin und verschiedene Membranproteine eingelagert sind.
Diese Doppelschicht der grenzflächenaktiven Moleküle wirkt als Permeabi-

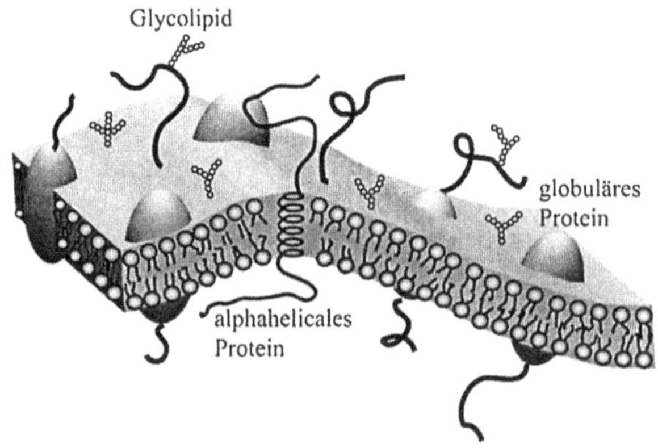

Abb. 4.45. Fluid-Mosaic-Modell der äußeren Plasmamembran lebender Zellen. Die Phospho- und Glycolipide liegen als Doppelschicht vor, in die verschiedene Membranproteine eingelagert sind

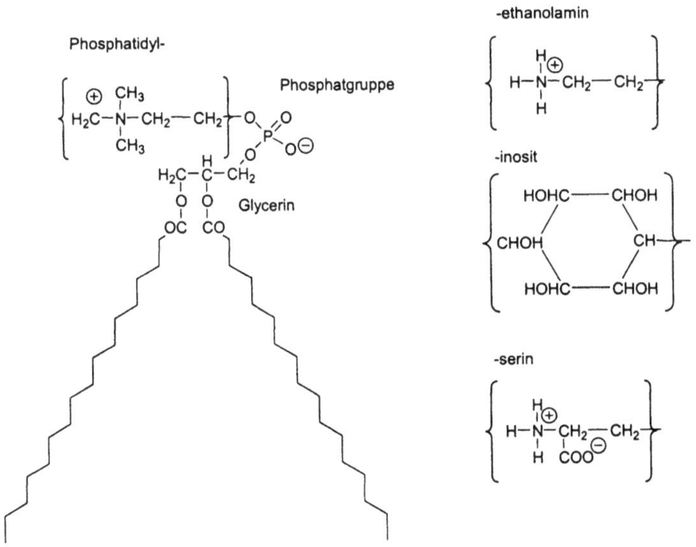

Abb. 4.46. In Membranen von Tieren findet man vier verschiedene Arten von Phospholipiden. Die linke Abbildung zeigt Phosphatidylcholin und die drei anderen Phospholipidarten besitzen andere Kopfgruppen, die rechts in der Abbildung separat dargestellt sind

litätsbarriere und dient auch als Lösungsmittel für die integralen Membranproteine. Die Membran ist also mosaikartig aus Lipiden und Proteinen zusammengesetzt. Bedingt durch den flüssigkeitsanalogen Zustand der Lipiddoppelschicht können sich die Membranproteine durch laterale Diffusion frei in der Ebene bewegen. Die untere, dem Cytoplasma zugewandte Zone besteht aus anderen grenzflächenaktiven Molekülen als die obere Schicht. Natürliche Phospholipide können unterschiedliche Strukturen besitzen. Sie weisen in der Regel eine polare phosphorhaltige Kopfgruppe auf, an die meistens zwei hydrophobe Kohlenwasserstoffketten angebunden sind.

In allen biologischen Systemen kommen außerdem Proteine vor, die ebenfalls polare und unpolare Molekülteile besitzen. Die wasserlöslichen Eiweiß-Verbindungen zeigen in wäßriger Lösung spontane Faltungen, so daß die hydrophoben Seitenketten den Kontakt mit Wasser minimieren. Die polaren Ketten liegen an den Außenseiten und vermitteln somit die Löslichkeit dieser Makromoleküle. Phospholipide bilden in der Natur den größten Anteil an den sogenannten Membranlipiden, zu denen auch andere Verbindungen wie Glycolipide und Cholesterin gehören. Grenzflächenaktive Phospholipide bestehen aus drei unterschiedlichen Komponenten:

- einem phosphorylierten Alkohol
- Glycerin oder Sphingosin
- zwei Fettsäureketten

Je nach Art der mittleren Komponente liegen Phosphoglyceride oder Phosphosphingoside vor. Die hydrophoben Fettsäurenketten enthalten gewöhnlich eine gerade Anzahl von Kohlenstoffatomen, typischerweise zwischen 14 und 24 unterschiedliche Gruppen. Es können gesättigte und ungesättigte Fettsäureketten auftreten, wobei an Doppelbindungen sehr häufig die cis-Konformation bevorzugt wird. Durch die Existenz von zwei hydrophoben Resten pro polare Kopfgruppe können Phospholipide keine Mizellen mehr bilden, und man beobachtet bereits bei kleinen Konzentrationen lamellare Phasen.

Typische Membranbestandteile wie Glycerophospholipide, Sphingolipide und Steroide sind in molekularer Form praktisch unlöslich in Wasser. Bei höheren Konzentrationen bilden sich Aggregate aus, die man Vesikel oder Liposomen nennt. Diese Aggregate bilden sich bereits bei kleinen Strömungen aus lamellaren Phasen, die sich zurückfalten und dabei geschlossene Partikelformen erzeugen (Abb. 4.47). Vesikel bestehen in einfachster Form aus einer Doppelschicht der grenzflächenaktiven Moleküle, wobei die hydrophoben Ketten durch die Zusammenlagerung den energetisch ungünstigen Kontakt Kohlenwasserstoff-Wasser weitgehend vermeiden. Die polaren Kopfgruppen der Lipidmoleküle sind nach außen gerichtet, und vermitteln auf diese Weise die gute Wasserlöslichkeit der Vesikel. Neben Liposomen, die lediglich aus einer Doppelschicht bestehen, bilden sich häufig auch kompliziertere Aggregate, die eine zwiebelartige Anordnung mehrerer Doppelschichten enthalten. Im Zentrum der Liposomen befindet sich immer ein mit Wasser gefüllter Hohlraum, in dem polare Stoffe gespeichert werden können.

Vesikel besitzen die interessante Eigenschaft, mit biologischen Membranen zu verschmelzen. Dies geschieht in ähnlicher Weise wie die Fusion zweier Seifenblasen, die in engem Kontakt zueinander stehen (Abb. 4.48-4.50).

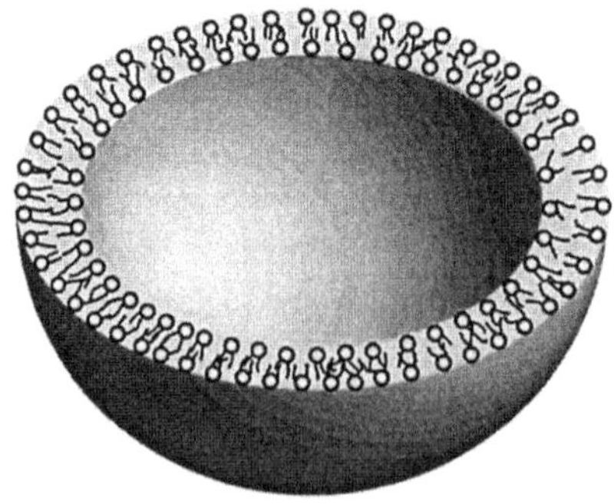

Abb. 4.47. Schematische Darstellung eines unilamellaren Vesikels. Die Außenseite des Aggregats wird durch eine Phospholipid-Doppelschicht begrenzt.

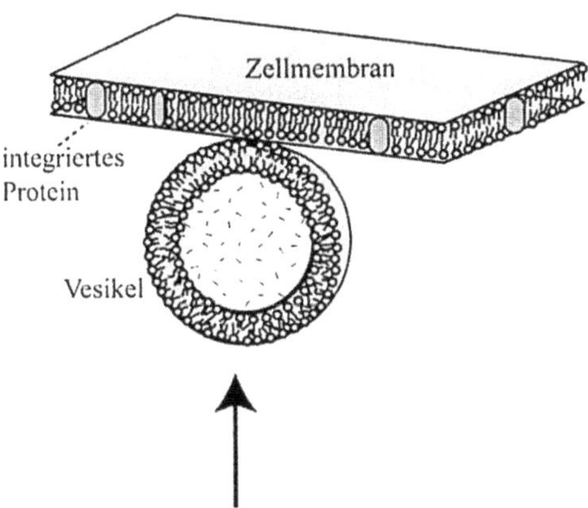

Abb. 4.48. Schematische Darstellung der Fusion eines Vesikels, das mit Wirk- oder Schadstoffen (gestrichelt gezeichnet) beladen ist, mit der Plasmamembran einer lebenden Zelle

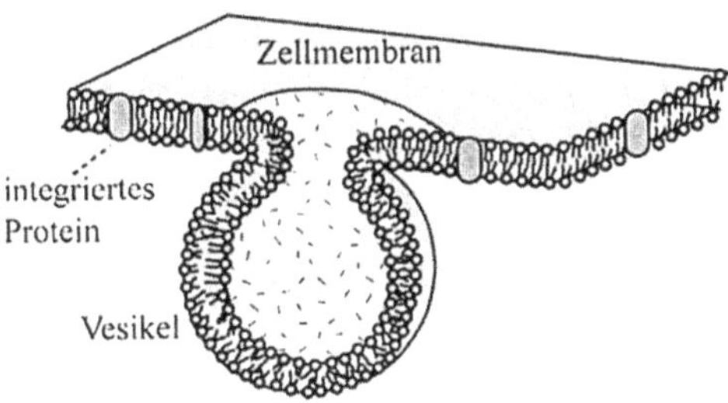

Abb. 4.49. Verschmelzen eines Vesikels mit der Plasmamembran einer Zelle unter der Freigabe von Wirk- oder Schadstoffen

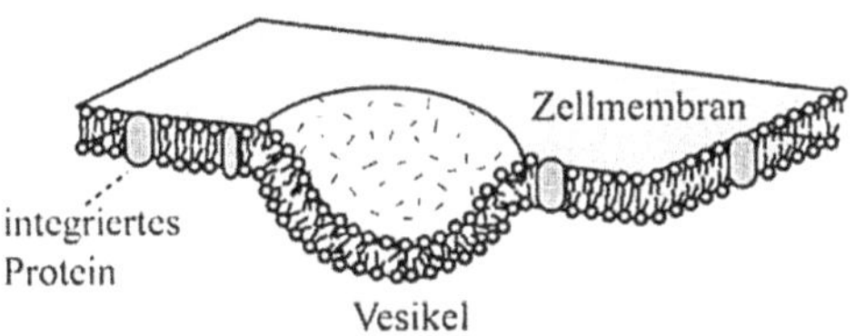

Abb. 4.50. Nahezu vollständige Fusion eines Liposoms mit einer Plasmamembran

In lebenden Organismen finden ständig Umlagerungen und Reorganisationen der Zellmembranen statt. Kleine Vesikel werden von den Golgi-Körpern abgeschnürt, um neu synthetisierte Lipide und Proteine zu anderen Organellen zu transportieren (Lehninger et al. 1994). Bei der Exocytose geben Liposomen, die aus den Golgi-Körpern stammen, Wirkstoffe durch die Zellmembran nach außen ab. Bei der Endocytose schnüren sich Vesikel aus der Zellmembran ins innere Protoplasma ab und können dabei Stoffe von außen in die Zelle transportieren (Lehninger et al. 1994). Dies ist ein wichtiger Prozeß, um beispielsweise Medikamente in Organismen einzuschleusen. Dieser Mechanismus ist besonders bei größeren Molekülen von Bedeutung, da die äußere Plasmamembran eine undurchlässige Barriere für derartige Bestandteile darstellt. Kleine Moleküle wie bestimmte Ionen können auch durch proteinkatalysierte Prozesse, über Transmembrankanäle, Carrier oder Pumpen ins Innere der Zellen transportiert werden (Bretscher 1985). Größeren Molekülen ist dieser Weg allerdings versperrt, und die Verkapselung im Inneren von Vesikeln ist der effektivste Transportweg für derartige Substanzen. Es ist daher interessant, zu untersuchen, wie Schadstoffe in Liposomen angereichert werden. In dieser Form könnten sie eventuell auch durch Fusionen der Membranen ins Cytoplasma der Zellen transportiert werden. Diese Prozesse sind für die Ausbreitung toxischer Verbindungen im Wasser von fundamentaler Bedeutung.

4.3.11 Freisetzung natürlicher Lösungsvermittler

Wasser ist die weit verbreitetste Substanz in lebenden Systemen; es macht oftmals 70% und mehr des Gewichts der meisten Organismen aus. Dieses Lösungsmittel durchdringt alle Teile der Zelle und stellt ein ideales Medium für alle Transport- und Stoffwechselprozesse dar. In urbanen und ländlichen Gebieten stehen Organismen oft im direkten Kontakt mit kontaminiertem Wasser. Toxische Wirkungen werden z.B. durch Schwermetalle oder durch hydrophobe Verbindungen wie polychlorierte PAK, PCB, PCT, PCN, Pestizide und Düngemittel verursacht (Bliefert 1997). Während Schwermetalle, bedingt durch ihren ionischen Charakter, auch in hohen Konzentrationen im Wasser löslich sind, zeigen unpolare Schadstoffe nur eine geringe Affinität zu polaren Lösungsmitteln. Derartige Substanzen reichern sich daher zunächst an Grenzflächen an und treten nur in äußerst geringen Konzentrationen direkt im Wasserstrom auf. Es gibt aber eine große Anzahl von Molekülen, die lösungsvermittelnde Eigenschaften besitzen. Hierzu gehören alle industriell hergestellten waschaktiven Substanzen (Tenside), und zahlreiche natürliche Stoffklassen wie Enzyme, Proteine, Huminsäuren, Fulvinsäuren, Gerbsäuren, Triacylglycerine, Fettsäuren, Steroide und Phospholipide. Phospholipide und Steroide wie Cholesterin sind zu etwa 50% am Aufbau biologischer Membranen beteiligt, so daß diese Verbindungen in der Umwelt häufig vertreten sind. Beim Absterben von Pflanzen und Organismen werden diese Stoffe oft ins Wasser gespült, was dann zu Wechselwirkungen mit Schadstoffen führt. Ein typisches Beispiel hierfür bieten Laubblätter, die im Herbst in großen Mengen zu Boden fallen (Abzission). Diese Pflanzen verrotten allmählich und werden schließlich in Bodenbestandteile umgewandelt (siehe auch: Kap.2.1.6.3). Der herbstliche Blattfall wird bei Pflanzen, die länger als eine Vegetationsperiode überdauern, durch einen Alterungsprozeß verursacht, den man Seneszenz nennt. Bei fast allen Holzgewächsen, also Bäumen und Sträuchern, tritt eine periodische Blattseneszenz auf. Unter diesen Bedingungen bleiben die Wurzeln, der Stamm und die Äste erhalten. Der koordiniert ablaufende Blattfall ist ein komplizierter Prozeß, der bisher nicht in allen Einzelheiten aufgeklärt worden ist. Ein wesentlicher Bestandteil der Seneszenz ist die Spaltung der Chlorophylle, Proteine und Nucleinsäuren in solche Produkte, die in den Speichergeweben der Äste und des Stammes für die Zeit des Winters abgelagert werden können (Thimann 1980). Damit ist gewährleistet, daß die Pflanzen im Frühjahr diese Nährstoffe wieder nutzen können. Derartige Vorgänge sind im Herbst mit bloßem Auge an der Gelbfärbung des Laubes erkennbar. Die Freisetzung grenzflächenaktiver Moleküle läßt sich leicht messen, wenn man die Oberflächenspannung von wäßrigen Lösungen betrachtet, in denen Pflanzenteile verrotten. Typische Ergebnisse derartiger Messungen sind in den Abb. 4.51 dargestellt (Kuske 1996).

In diesem Experiment wurden pflanzliche Substrate wie Eichenlaub, Hopfen und ein Pilz (Trichterling) eine Woche lang an der Luft getrocknet, gemahlen und anschließend mit Wasser versetzt. Diese Mischungen wurden über Nacht in einen Überkopfschüttler gegeben, die Partikel anschließend abzentrifugiert und die Oberflächenspannungen der wäßrigen Lösungen bestimmt. Es ist klar zu erkennen, daß die Grenzflächenaktivität mit zunehmender Substratkonzentration zunimmt. Bei allen Substraten werden also bereits durch die Elution mit

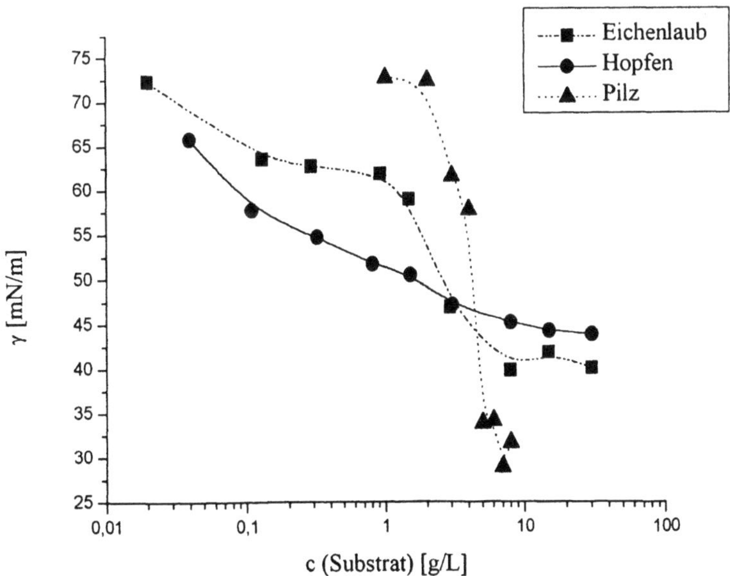

Abb. 4.51. Oberflächenspannung wäßriger Eluate aus Pflanzen

reinem Wasser verschiedene Arten grenzflächenaktiver Moleküle freigesetzt, die solubilisierende Eigenschaften besitzen. Mit Hilfe spezifischer Analysen ist es auch möglich, den Anteil von Phospholipiden in Pflanzen zu bestimmen. So enthält eine Probe aus frischem Rasenschnitt ungefähr 0,1-1 % Lipide bezogen auf die Trockenmasse (Kuske u. Rehage 1998; Kuske 1996). Einen ähnlichen Wert erhält man für grüne Laubblätter (ca. 1%) (Kuske 1996). Bakterienzellen und Säugetierzellen enthalten etwas höhere Anteile von 2-3 % Phospholipiden (Kuske 1996). Proteine werden aus verrottenden Pflanzen trotz der Seneszenz in stärkerem Maße freigesetzt; man findet typische Werte um etwa 10% (Kuske u. Rehage 1998).

4.3.12 Mobilisierung hydrophober Stoffe durch Liposomen

Hydrophobe organische Schadstoffe wie PAK oder PCB werden im Boden zunächst an organischen Substanzen adsorbiert (siehe auch 2.1.2.4). Man findet diese Verbindungen deshalb häufig im humusreichen Oberboden oder den Auflagehorizonten (Kögel-Knabner u. Totsche 1998). Das natürliche organische Material enthält große Mengen an Huminsäuren, Fulvosäuren und Huminen. Die spezifischen Wechselwirkungen zwischen Huminsäuren und kolloidalen Bodenpartikeln lassen sich mit Hilfe der Röntgenmikroskopie untersuchen (Thieme u. Niemeyer 1998). Bei der Adsorption hydrophober Schadstoffe an diesen Materialien können unterschiedliche Mechanismen wie Ligandenaustausch, Ionenaustausch, Dipol-Dipol-Wechselwirkungen, Van-der-Waals Kräfte, Wasserstoffbrückenbindungen oder Komplexbildungen eine Rolle spielen. Da die Wechselwirkungen der Schadstoffe mit den Huminstoffen lediglich durch relativ schwache Kräfte vermittelt werden, können diese Umweltchemikalien durch andere lösungsvermittelnde Stoffe relativ leicht wieder entfernt werden (siehe auch Kap. 2.1.2.4). Bei diesen Betrachtungen spielen wasserlösliche organische Bodenbestandteile, die in der Regel als DOM (dissolved organic matter) zusammengefaßt bezeichnet werden, offenbar eine große Rolle (siehe Kap. 2.1). In systematischen Untersuchungen konnte eine signifikante Erhöhung der Desorption in Anwesenheit von DOM für PAK und PCB beobachtet werden (Kögel-Knabner u. Totsche 1998). Viele Huminsäuren besitzen polare und unpolare Zentren. In Analogie zu Tensiden bilden sie mizellartige Strukturen aus (von-Wandruszka 1998; Schulten u. Schnitzer 1997). Es ist daher zu erwarten, daß diese Stoffe die Mobilität hydrophober Umweltchemikalien deutlich beeinflussen (Johnson u. John 1999). Phospholipide, die ebenfalls einen wichtigen Bestandteil des DOM bilden, besitzen die Möglichkeit, große Mengen unpolarer Flüssigkeiten im Wasser zu dispergieren. Bei diesen Betrachtungen ist allerdings zu berücksichtigen, daß Phospholipide im Boden durch Mikroorganismen wieder abgebaut werden oder als Ausgangsmaterial zum Aufbau neuer Zellmembranen dienen. Durch Exocytose oder beim Absterben von Mikroorganismen werden diese Substanzen auch wieder abgegeben. Es resultieren daher komplizierte Stoffkreisläufe. Bei Anwesenheit von Vesikeln können hydrophobe Schadstoffe wie PAK oder PCB zwischen den Fettsäureacylketten der Phospholipide eingelagert werden. Auch diese Substanzen werden in den unpolaren Zentren dieser Aggregate angereichert (Brückner et al. 2000; Brückner u. Rehage 1998). Wenn kleinere Mengen unpolarer Substanzen in den Vesikel solubilisiert werden, lassen sich diese Phänomene mit Hilfe von NMR-Messungen, Fluoreszenz-Messungen , Röntgen-Kleinwinkelbeugungen oder kalorimetrischen Meßverfahren wie der DSC (Differential Scanning Calorimetry) leicht nachweisen (Brückner u. Rehage 1998). Man beobachtet dann Quellungsvorgänge, bei denen sich die mittlere Dicke der Doppelschichtmembranen vergrößert. Der Einbau der Fremdmoleküle verändert die Vesikelgestalt und führt auch zu stärkeren thermischen Fluktuationen (Undulationen) dieser Aggregate. Durch die quantitative Analyse dieser Fluktuationen läßt sich der Biegesteifigkeitsmodul der Phospholipid-Doppelschichten bestimmen (Brückner et al. 2000). So erhält man für reine Dimyristoylphosphatidylcholin-Vesikel (DMPC-Vesikel) bei einer Temperatur von 30°C einen Biegesteifigkeitsmodul von $k_c = (1,4 \pm 0,2) \times 10^{-19}$ J. Die Solubilisierung von Toluol im lipophilen Bereich der Doppelschicht bewirkt eine Reduzierung des Biegesteifigkeitsmoduls ($k_c = (0,3 \pm 0,1) \times 10^{-19}$) (Brückner et al. 2000). Die Einlagerung unpolarer Stoffe führt somit zu einer „Verflüssigung" der Doppelmembran, die Vesikel werden weicher und können daher in diesem Zustand vermutlich noch besser mit lebenden Zellen fusionieren. Wenn größere Mengen fremder Moleküle in den Vesikelmembranen solubilisiert werden, lassen sich diese Phänomene auch mit Hilfe spezieller mikroskopischer Apparaturen (Video-Enhanced-Microscopy) beobachten. Bei dieser Technik erhält man durch die Kombination von Optik, Videoverstärkung und anschließender elektronischer Bildanalyse eine nahezu störungsfreie Untersuchung dynamischer Prozesse kolloidaler Strukturen. Gleichzeitig können kontrastreiche Abbildungen erzielt werden, was eine detaillierte Beobachtung der mikroskopischen Aggregate ermöglicht (Brückner et al. 2000; Brückner u. Rehage 1998). Der wesentliche Vorteil dieser Methode liegt in der Tatsache, daß die Videokamera schwächere Kontraste empfindlicher detektieren kann als das menschliche Auge. Ein typisches Beispiel für die Untersuchung derartiger Phänomene ist in der Abb. 4.52 dargestellt (Brückner 2000). Man erkennt in diesem Bild eine tropfenförmige Erweiterung der Membran, die durch überschüssiges Toluol verursacht wird. Auch im unpolaren Bereich zwischen den Alkylketten der Doppelschicht sind Fremdmoleküle eingelagert, was zum Aufquellen der Vesikelhülle führt. Dieses Beispiel zeigt deutlich, daß Vesikel offenbar in der Lage sind, größere Mengen hydrophober Stoffe zu transportieren.

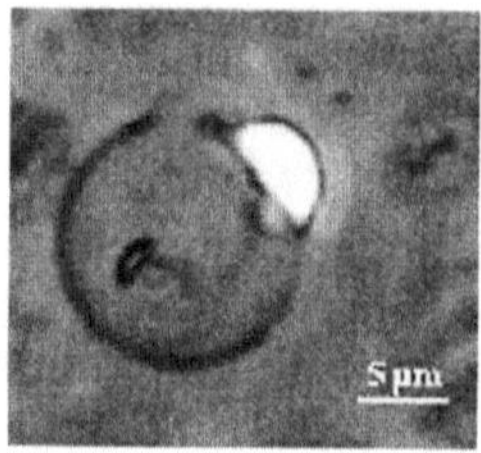

Abb. 4.52. DMPC-Vesikel im Bereich maximaler Solubilisierungskapazität. Ein Teil des Membranbereichs ist durch die Separation von Toluol (heller Bereich) tropfenförmig deutlich verbreitert. Der weiße Balken kennzeichnet die Distanz von 5 Mikrometern

Interessant ist die Bildungsgeschichte derartiger Aggregate. Mit Hilfe von zeitaufgelösten mikroskopischen Beobachtungen kann das Verhalten von Liposomen in der Nähe flüssiger Grenzflächen beobachtet werden. Ein typischer Mechanismus, der leicht zur Solubilisierung führt, ist in der Abb. 4.53 dargestellt.

Hierbei kann zunächst eine Initiierungsphase der Solubilisierung beobachtet werden, die auf einen Prozeß der Diffusion der Vesikel zur Phasengrenzfläche zurückzuführen ist. Die Koaleszenz der Vesikel mit der Grenzfläche Öl/Wasser führt vermutlich zunächst zu einer Monoschichtbelegung durch das Tensid unter Erniedrigung der Grenzflächenspannung. Es bilden sich dann Emulsionstropfen, die ebenfalls gut in Wasser löslich sind. Die Solubilisierungsgeschwindigkeit ist während dieser Phase entsprechend klein. Erst nach einer deutlichen Erniedrigung der Grenzflächenspannung und der Ausbildung einer Monoschicht wird eine signifikante Abnahme des Tropfenradius durch die Aufnahme des Öls in Vesikeln beobachtet.

Neben der Koaleszenz unter Ausbildung einer Monoschicht ist die Adsorption der Vesikel an der Phasengrenzfläche Öl/Wasser mit anschließender Solubilisierung des Öls und Diffusion des ölbeladenen Aggregats in die Wasserphase möglich. Auf diese Weise könnten hydrophobe Schadstoffe mobilisiert wer-

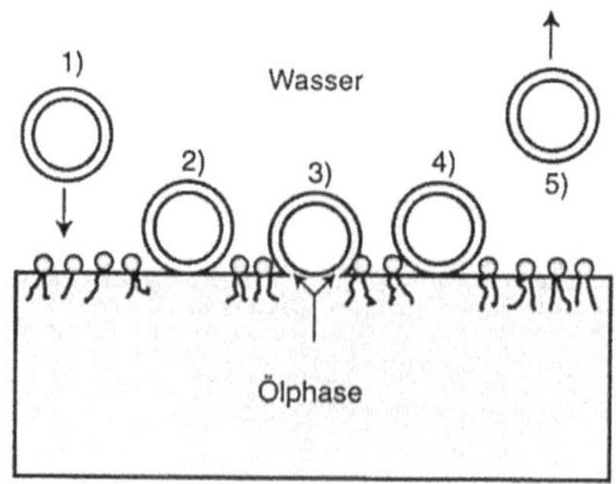

Abb. 4.53. Interaktion von Vesikeln mit der Grenzfläche zwischen Wasser und Öl. 1) Diffusion zur Grenzfläche, 2) Adsorption, 3) Beladung mit Öl, 4) Desorption, 5) Diffusion in die Wasserphase

den. Da Vesikel ähnlich aufgebaut sind wie Zellmembranen, besteht die Möglichkeit, daß in lebenden Organismen ähnliche Schadstoffeinlagerungen auftreten wie bei den Phospholipid-Aggregaten. Derartige Studien beinhalten daher interessante Fragen hinsichtlich der Schadstoffausbreitung in urbanen und natürlichen Gewässern.

4.4 Emulsionen

Wenn hydrophobe Öltröpfchen von Tensidmonoschichten umgeben werden, können sie leicht in Wasser gelöst werden. Es bilden sich dann Emulsionen, die auch hohe Konzentrationen der Öltröpfchen enthalten können. Emulsionen sind thermodynamisch instabil und neigen prinzipiell zur Entmischung; sie sind aber durch kinetische Prozesse stabilisiert und können in der Praxis durchaus mehrere Jahrzehnte lang gebrauchsfähig sein. Als Emulsionen bezeichnet man tröpfchenförmige Verteilungen einer Flüssigkeit in einer anderen fluiden Phase, die ein Kontinuum bildet und mit der dispergierten Phase nicht mischbar ist (Becher 1983). Derartige Systeme sind in der Praxis weit verbreitet, und wir kennen sie aus dem täglichen Leben in Form von Milch, Mayonnaise, Salben, kosmetischen Präparaten oder Bitumen. Je nachdem, welche Komponente das kontinuierliche Lösungsmittel bildet, unterscheidet man Öl-in-Wasser-Emulsionen (O/W-Emulsionen) von Wasser-in-Öl-Emulsionen (W/O-Emulsionen) (Abb. 4.54). Die Art der sich bildenden Emulsion hängt von mehreren Parametern ab. Einen wichtigen Einfluß zeigt der Volumenanteil der beiden unterschiedlich polaren Phasen. In der Regel wird immer die Flüssigkeit, die im großen Überschuß vorliegt, auch die kontinuierliche Lösungsmittelphase ausbilden. Eine andere wichtige Größe, die die charakteristischen Eigenschaften der adsorbierten Tenside wiedergibt, ist der sogenannte HLB-Wert. Dieser Begriff wurde von Griffin bereits in den 50er Jahren eingeführt, und er leitet sich aus dem Wort „hydrophilic-hydrophobic-balance" ab (Shinoda u. Kunieda 1983). Die Bedeutung dieses Parameters liegt in der Tatsache begründet, daß man auf diese Weise die Eigenschaften des Tensids beschreiben kann. HLB-Werte technisch bedeutsamer Tenside liegen normalerweise zwischen den Zahlen 0 und 20, obwohl in Ausnahmefällen manchmal auch höhere Zahlen auftreten. Stoffe mit einem HLB-Wert von 0 – 9 sind überwiegend in Kohlenwasserstoffen löslich. Ein HLB-Wert von 10 entspricht einem Tensid, daß gleich gut löslich ist in Öl und Wasser. Grenzflächenaktive Substanzen mit HLB-Werten über 10 sind überwiegend polar und deshalb im Wasser aktiv. Eine grobe Einteilung der Eigenschaften grenzflächenaktiver Substanzen in Abhängigkeit ihres HLB-Wertes ist in der Tabelle 4.4 zusammengefaßt (Shinoda u. Kunieda 1983; Dörfler 1994).

Tabelle 4.4. Zusammenhang zwischen HLB-Werten und den Tensideigenschaften

HLB Wert	Eigenschaften
1,5-3	Antischaummittel
3-8	W/O Emulgatoren
7-9	Netzmittel
8-18	O/W Emulgatoren
13-15	Waschmittel
12-18	Lösungsvermittler

HLB-Werte stellen charakteristische Stoffkonstanten dar, die für technische Produkte experimentell bestimmt wurden. Bei unbekannten Produkten lassen sich HLB-Werte mit Hilfe einfacher Formeln leicht berechnen, wobei alle chemischen Gruppen des Moleküls durch charakteristische Parameter berücksichtigt werden (Shinoda u. Kunieda 1983). Es ist zu erwähnen, daß diese Werte allerdings nur eine relativ grobe Beschreibung der Tensideigenschaften erlauben. So spielt zum z. B. bei nichtionischen Tensiden die Temperatur des Systems eine große Rolle. Diese Effekte werden besser durch eine andere charakteristische Größe beschrieben, die in der Literatur als PIT (Phasen-Inversionstemperatur) bezeichnet wird. Auch diese Größe läßt sich experimentell bestimmen und theoretisch in guter Näherung vorhersagen (Shinoda u. Kunieda 1983).

Die Größe der dispergierten Emulsionströpfchen kann weite Bereiche umfassen. Typische Radien liegen zwischen 0,05 µm und 50 µm. Emulsionen sind meistens polydispers und bestehen daher aus Tröpfchen unterschiedlicher Dimensionen.

In der Praxis werden Emulsionen möglichst feinteilig hergestellt, mit mittleren Tropfengrößen um 0,1 µm. Unter diesen Bedingungen ergibt sich eine relativ geringe Aufrahmgeschwindigkeit. Nach dem Stokesschen Gesetz gilt (siehe auch Gl. 5.1):

$$v = \frac{2gr^2\Delta\rho}{9\eta} \tag{4.29}$$

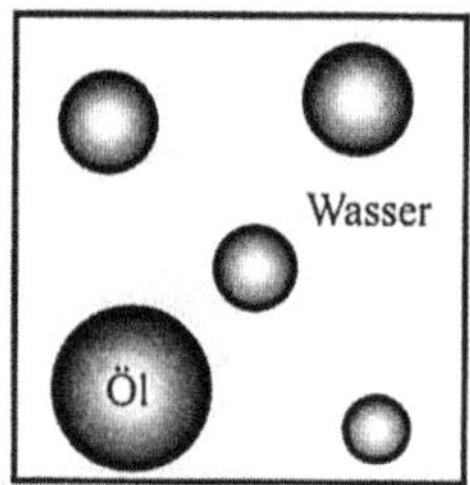

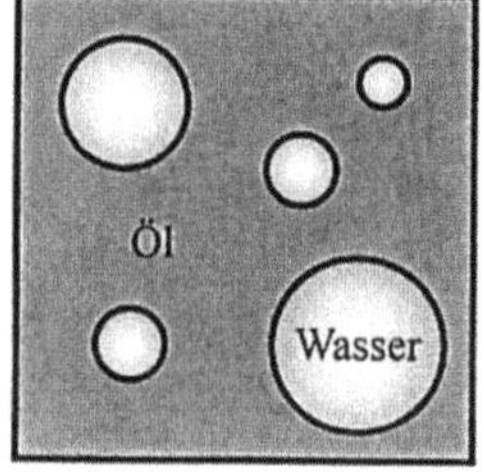

Abb. 4.54. Modellhafte Darstellung unterschiedlicher Emulsionstypen. Links: O/W-Emulsion, rechts: W/O-Emulsion

In dieser Formel bezeichnet v die Aufrahm- oder Sedimentationsgeschwindigkeit der Tröpfchen, r den Radius und $\Delta\rho$ die Dichtedifferenz der Öl- und Wasserphase. g ist die Gravitationskonstante und η die Viskosität der kontinuierlichen Flüssigkeitsphase. Da die Geschwindigkeit der Entmischung proportional zum Quadrat des Tröpfchenradius ist, ergibt sich für kleine Partikel eine gute Emulsionsstabilität. Zusätzlich wird auch die Viskosität der kontinuierlichen Phase erhöht, so daß die Aufrahm- bzw. Sedimentationsgeschwindigkeit relativ gering ist. Aus praktischen Gründen ist man oftmals bemüht, eine Fließgrenze in diese Systeme einzubauen. Dies bedeutet, daß die Viskosität der kontinuierlichen Phase bei kleinen mechanischen Beanspruchungen unendlich hoch ist und daher keine Phasentrennung auftritt. Erst wenn die äußere einwirkende Kraft größer als ein bestimmter Schwellenwert ist, beginnt das System zu fließen, und die Viskosität sinkt dann meist als Funktion der mechanischen Beanspruchung. Dieses Phänomen wird in der Literatur als Strukturviskosität bezeichnet. Dieser Begriff weist auf einen Abbau interner Lösungsstrukturen durch mechanische Kräfte hin.

Es ist interessant zu erwähnen, daß die Stokessche-Gleichung nur eine größenordnungsmäßige Beschreibung der Destabilisierung von Emulsionen ergibt. Beim Aufrahmen oder Sedimentieren der Tröpfchen treten noch zusätzliche Effekte auf, die in der Literatur als Marangoni- und Gibbs-Instabilitäten bezeichnet werden. Die Ursache dieser Prozesse liegen im Auftreten von Gradienten der Grenzflächenspannung begründet, die durch interne Strömungen im Inneren der Tröpfchen induziert werden. Diese Effekte lassen sich quantitativ behandeln, und sie hängen im wesentlichen von einem Elastizitätsmodul der Tensidfilme ab, der in der Literatur als Young-Modul bezeichnet wird (Edwards et al. 1991).

Außer den Entmischungserscheinungen, die durch die Dichteunterschiede der wässrigen und kohlenwasserstoffreichen Phasen verursacht werden, ist die Stabilität von Emulsionen noch von zahlreichen anderen Faktoren abhängig. Dies betrifft z. B. auch die Frage, was passiert, wenn zwei Emulsionströpfchen zusammenstoßen. Dies kann entweder zur Koaleszenz führen, bei der sich die beiden Tröpfchen vereinigen, oder auch zur Bildung von Aggregaten oder multiplen Emulsionen. Von multiplen Emulsionen spricht man immer dann, wenn kleinere Emulsionströpfchen in einem größeren Tröpfchen gelöst sind, und dieses wiederum in einer kontinuierlichen Phase dispergiert ist. Durch zahlreiche Untersuchungen konnte bisher bestätigt werden, daß die Koaleszenz durch die Grenzflächenviskosität und die Grenzflächenelastizität der Tensidfilme stark beeinflußt wird. Man kann generell feststellen, daß hohe Werte dieser rheologischen Parameter Koaleszenzprozesse nahezu unterbinden. Bei diesen Betrachtungen spielt auch die Wechselwirkung zwischen den Tröpfchen und somit das Zetapotential eine große Rolle. Aggregate zwischen den dispergierten Tröpfchen können auch durch „Depletion Forces" induziert werden. Da diese Aggregate und koaleszierte Tropfen relativ groß sind, neigen

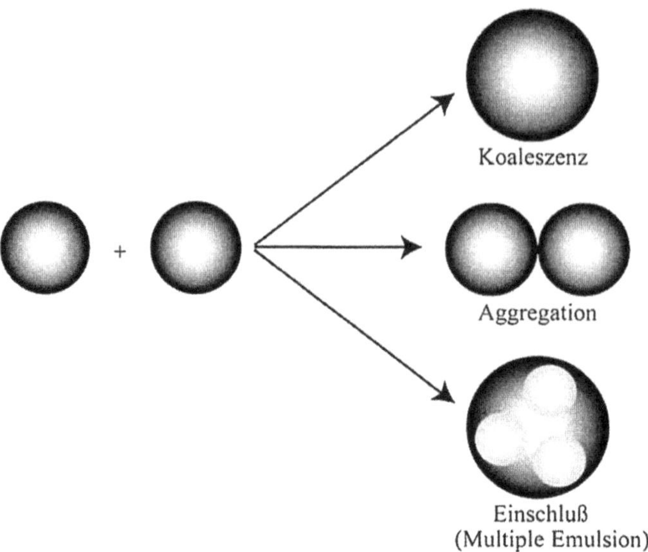

Abb. 4.55. Tröpfchenkoaleszenz, Aggregatbildung und die Entstehung multipler Emulsionstropfen

sie zur Entmischung und führen dann meistens relativ rasch zur Spaltung der Emulsionen. Dies geschieht oft an der Oberfläche des Systems, da hier die Konzentrationen der beteiligten Strukturen relativ hoch sind. Stabile Makroemulsionen zeichnen sich daher durch sehr geringe Tendenzen zur Bildung von Koaleszenzstrukturen aus (Abb. 4.55).

Emulsionen können niedrige oder hohe Konzentrationen einer Tröpchenphase enthalten. Wenn alle Partikel die gleiche Größe besitzen, kommt es bei einem Volumenbruch von $\varphi = 0{,}74$ zur Ausbildung von kubisch oder hexagonal dichtesten Kugelpackungen. In diesen Fällen ist es nicht möglich, noch zusätzliche Tröpfchen in diesen Lösungen unterzubringen. Bei polydispersen Systemen können diese Schwellenwerte überschritten werden, denn die kleineren Partikel können dann auf Zwischengitterplätzen angeordnet werden. Auch in diesem Fall ergibt sich ein maximaler Volumenbruch, der nicht überschritten werden kann. Bei Emulsionen beobachtet man im Bereich hoher Konzentrationen polyederartige Deformationen der Tröpfchen. Man erhält dann schaumartige Strukturen, die hohe elastische Eigenschaften und festkörperanaloge Konsistenzen besitzen. Derartige Systeme werden in der Literatur häufig als kohlenwasserstoffreiche Schäume, Pasten oder gelartige Emulsionen bezeichnet.

Bei der Herstellung von Emulsionen muß zunächst eine große Oberfläche neu geschaffen werden. Es ist daher notwendig, Arbeit gegen die Grenzflächenspannung zu verrichten, und bei sehr kleinen Tröpfchen spielt auch der Laplace-Druck Δp der Systeme eine große Rolle. Die Energie, die notwendig ist, um diese beiden Limitierungen zu überwinden, wird meistens in Form von Strömungsenergie in das System eingebracht. Aus diesem Grund wurde für technische Anwendungen eine große Anzahl spezieller Apparaturen konstruiert, die aufgrund hoher Druck- und Scherkräfte für eine intensive Durchmischung der beiden unterschiedlich polaren Flüssigkeiten sorgen. Im Labor werden Emulsionen oft mit Hilfe des Ultra-Tourrax hergestellt, bei dem hohe Druckgradienten und Strömungskräfte eine gute Dispergierung erzeugen. Mit Hilfe von Ultraschall kann man ebenfalls sehr viel Energie in Flüssigkeiten einbringen und somit neue Grenzflächen bilden. Neben der Herstellung von Emulsionen spielt bei vielen Prozessen der umgekehrte Vorgang eine große Rolle. Dies ist z. B. bei der tertiären Erdölförderung erforderlich, um Salzwasser von Öl abzutrennen, oder manchmal auch in Kläranlagen, wenn große Mengen unpolarer Substanzen ins Wasser gelangen. Für diese Zwecke wird häufig ein Fällungsmittel zugegeben, das mit den Tensiden der Emulsion schwerlösliche Komplexe bildet. Derartige Emulsionen lassen sich oft durch rein physikalische Effekte zerstören. In einem Separator wird z.B. der Zusammenprall der Tröpfchen durch Strömungskräfte gefördert, so daß es zu einer künstlich induzierten Erhöhung der Koaleszenzraten kommt. Bei Verwendung ionischer Tenside können elektrische Felder benutzt werden, um die Tröpfchen an der Oberfläche von Elektroden in Form einer kontinuierlichen Öl-Schicht abzuscheiden. Bei einigen Emulsionen genügen sogar bereits Temperaturänderungen, um kritische Instabilitäten zu erzeugen.

4.5 Mikroemulsionen

Der Name „Mikroemulsion" ist bereits in den 40er Jahren durch die grundlegenden Arbeiten von Schulman geprägt worden (Friberg u. Venable 1983). Ursprünglich wurden mit diesem Begriff Mehrkomponentensysteme des Typs Wasser/Öl/Tensid/Cotensid bezeichnet, er wird heutzutage auch auf einfachere Lösungen angewendet (Bellocq 1987). Bei der Zugabe geeigneter Mengen dieser Ausgangsmaterialien bilden sich spontan isotrope, dünnflüssige Lösungen, die thermodynamisch außerordentlich stabil sind. Mikroemulsionen stellen daher thermodynamisch stabile Dispersionen zweier nicht mischbarer Flüssigkeiten, Flüssigkeitsgemische oder Lösungen dar. Zur Bildung von Mikroemulsionen benötigt man mindestens eine amphiphile Komponente. Im einfachsten Fall werden also drei verschiedenen Stoffe benötigt: Tensid, Öl und Wasser. Derartige Systeme lassen sich vorwiegend aus nichtionischen Tensiden herstellen. Ein typisches Beispiel bildet das System Hexadecan, Wasser und $C_{12}(EO)_4$, bei dem man derartige Mikroemulsionen neben verschiedenen Arten von flüssigkristallinen Phasen beobachtet. Diese Systeme sind allerdings nur in relativ kleinen Temperaturintervallen stabil. Bei ionischen Tensiden muß zur Bildung der Mikroemulsionen meist noch ein Cotensid zugesetzt werden. Dies sind schwach grenzflächenaktive Substanzen wie

Alkohole oder Amine, die mit dem Tensid synergetische Wechselwirkungen ausüben und daher dicht gepackte Grenzflächenfilme ermöglichen. Rein ionische Tenside bilden normalerweise keine Mikroemulsionen, da sie zu gut wasserlöslich und zu schlecht öllöslich sind. Die Zugabe von Salzen erniedrigt die Löslichkeit der grenzflächenaktiven Komponenten im Wasser und ermöglicht daher den Übergang zu Mikroemulsionen. Auch Alkohole und andere Cotenside wirken in diese Richtung, da sie die Öllöslichkeit der Tenside erhöhen. Derartige Systeme zeigen komplizierte Phasendiagramme, in denen Mikroemulsionen mit verschiedenen Arten von Mesophasen konkurrieren. Es gibt auch bikontinuierliche Mikroemulsionen, die doppelbrechend sind und daher eine Vorzugsrichtung aufweisen. Diese Systeme verhalten sich wie niedrigviskose Flüssigkristalle und der Übergang zwischen diesen Phasen erfolgt daher kontinuierlich. Für alle technischen Anwendungen ist es erforderlich, Mikroemulsionen herzustellen, die über große Temperatur- und Konzentrationsbereiche stabil sind. Neben diesen Systemen, die meist sehr viel Tensid beinhalten, sind einige Mikroemulsionen bekannt, die nur mit Cotensiden wie Alkoholen gebildet werden. Ein typisches Beispiel zeigt das System Wasser/Hexan/2-Propanol. Hier beobachtet man Mikroemulsionen, die 8-10 Gew % Wasser und etwa gleiche Anteile von Hexan und 2-Propanol enthalten (45-46 Gew %).

Die natürliche Transparenz der Mikroemulsionen zeigt bereits an, daß die hier zugrundeliegenden Strukturen sehr viel kleiner sind als die Lichtwellenlänge. Im Unterschied zu Emulsionen, bei denen die neue Grenzfläche erst durch Strömungskräfte erzeugt werden muß, genügen bei Mikroemulsionen die schwachen Kräfte, die beim Mischen der Komponenten auftreten. Mikroemulsionen zeigen geringe Viskositäten und fließen ähnlich gut wie Wasser. Detaillierte Untersuchungen zeigen, daß Mikroemulsionen aus kleinen Tröpfchen oder sogenannten bikontinuierlichen Strukturen bestehen, die charakteristische Dimensionen von 10 bis zu 200 Nanometer aufweisen. Mikroemulsionen sind also normalerweise sehr viel kleiner als Emulsionströpfchen, was man bereits aus dem Namen ableiten kann. Es besteht allerdings noch ein anderer Unterschied, der zu vollkommen anderen Verhaltensweisen führt. Eine typische Emulsion besitzt normalerweise Grenzflächenspannungen von etwa 20 mN/m. Bei Mikroemulsionen beobachtet man hingegen charakteristische Werte, die um mehrere Größenordnungen kleiner sind. Je nach Konzentration und Mischungsverhältnis der oberflächenaktiven Komponenten erhält man Grenzflächenspannungen, die im Bereich von 10^{-2} - 10^{-6} mN/m liegen. Normalerweise sorgt die Grenzflächenspannung dafür, daß die dispergierten Partikel kugelförmig sind, denn dieser geometrische Körper besitzt bei vorgegebenem Volumen die geringste Oberfläche. Wenn aber die Grenzflächenspannung sehr geringe Werte annimmt, ist für die Verformung der Tröpfchen kaum noch Energie nötig. Geringste Strömungen oder die Brownsche Molekularbewegung führt dann bereits zu großen Fluktuationen, und neben kugelförmigen

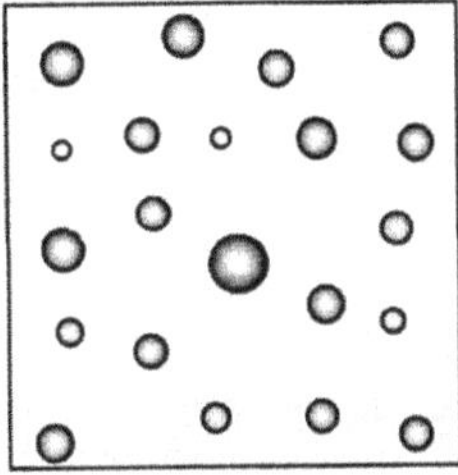

Tröpfchenartige
Mikroemulsion

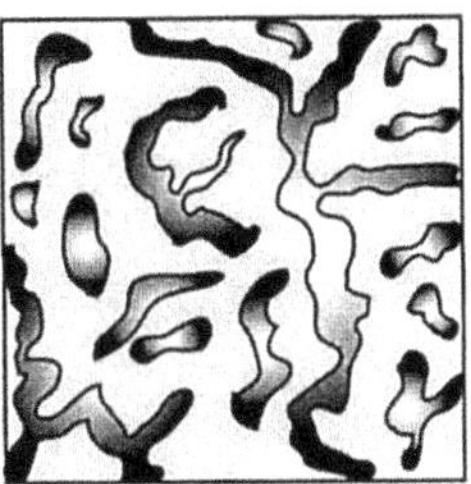

Domänenstruktur
einer Mikroemulsion

Abb. 4.56. Unterschiedliche Arten von Mikroemulsionen

Tröpfchen können auch andere Formen auftreten, die durch größere Grenzflächen ausgezeichnet sind. Man unterscheidet daher O/W- und W/O-Mikroemulsionen von domänenartigen, schwammartigen Systemen, die man auch bikontinuierliche Phasen nennt. Diese Strukturen bestehen aus netzwerkartig ineinander verflochten Domänen, die aufgrund der niedrigen Grenzflächenspannungen stark ausgeprägte Fluktuationen zeigen (Abb 4.56).
Mikroemulsionen besitzen keine scharfen Grenzen zwischen Tropfen-, Domänen- und Schwammstruktur, da die Dynamik dieser Systeme außerordentlich starke Fluktuationen erlaubt. Aus diesem Grund zeigen Mikroemulsionen nur selten eine Fernordnung. Bikontinuierliche Phasen bestehen aus etwa gleichen Anteilen von Öl und Wasser, sie können daher große Mengen unpolare Stoffe in Lösung bringen. Auch polare Substanzen können in den Wasserdomänen angereichert werden, und amphiphile Komponenten adsorbieren an den Grenzflächen. Bedingt durch die niedrigen Viskositäten und die außerordentlich geringen Grenzflächenspannungen spreiten Mikroemulsionen sehr gut auf festen Oberflächen. Sie eignen sich daher für alle Arten von Reinigungsprozessen. Andere Anwendungen betreffen Flüssig-flüssig-Extraktionen, Imprägnierungen in der Textilveredlung oder die Verwendung von Schmier- und Schneideölen (Stickdorn et al. 1994). Mikroemulsionen bilden sich oftmals spontan bei Waschprozessen aus den eingesetzten Ausgangskomponenten. Im Rahmen der tertiären Erdölförderung müssen Öltröpfchen, die in engen Poren des Gesteins adsorbiert sind, zu einer Ölbank zusammengeschoben werden (siehe Kap. 2.2.1.5). Auch hierzu eignen sich Mikroemulsionen, denn bei diesen Anwendungen sind hohe Fluiditäten und niedrige Grenzflächenspannungen von großem Vorteil (Friberg u. Venable 1983). Bei einigen neueren Anwendungen in der Chemie benutzt man Mikroemulsionen für die Durchführung chemischer Reaktionen. Hier dient ein einzelnes Tröpfchen quasi als chemischer Reaktor, in dem spezielle Synthesen durchgeführt werden. Da die Tröpfchen selber nur geringe Dimensionen besitzen, erhält man auf diese einfache Art Nanopartikel, die interessante, neue Eigenschaften aufweisen. Im

Bereich der Umweltwissenschaften kann man Mikroemulsionen für die Sanierung kontaminierter Böden einsetzen, was eine besonders schonende und effektive Reinigung erlaubt (Dierkes et al. 1998; Clemens et al. 1993).

4.5.1 Wasch- und Reinigungsprozesse

Die Produktion kosmetischer Reinigungs- und Pflegemittel zeigt seit Jahren steigende Tendenzen. Durch die Entwicklung moderner Seifen wurde es möglich, die Verbreitung von Krankheiten wirksam zu unterbinden. Zahlreiche Gegenstände des täglichen Lebens wie Kleidung, Lebensmittel oder Gebrauchsgegenstände werden mit Hilfe von Tensiden nachhaltig gereinigt und wirkungsvoll vor weiterer Verschmutzung geschützt. Obwohl der Waschprozeß im Haushalt und in der Industrie mittlerweile als Standardanwendung anzusehen ist, treten hierbei viele unterschiedliche Phänomene auf, die durch komplizierte Nichtgleichgewichtsprozesse in Strömungsfeldern charakterisiert sind (Siekmann u. Schwuger 1987). Die Zugabe von Tensiden führt zunächst zu Adsorptionsprozessen, bei denen hydrophobe Schmutzpartikel von dünnen Schichten grenzflächenaktiver Moleküle umgeben werden (Abb. 4.57, Dörfler 1994). Diese Partikel werden dann von Wasser benetzt. Die Änderung der Polarität führt meistens zur Verkleinerung der Kontaktwinkel, ein Prozeß, den man Umnetzung nennt (Siekmann u. Schwuger 1987). Durch diesen Vorgang werden die Verunreinigungen allmählich von der Festkörperoberfläche gelöst und sie können dann solubilisiert werden. Im Anschluß daran bilden sich auf der Festkörperoberfläche dünne Filme, die das Material vor der Anlagerung weiterer Schmutzpartikel schützen. Diese Filme bewirken häufig auch zusätzliche abstoßende Kräfte zu den solubilisierten Partikeln aufgrund ionischer Wechselwirkungen, so daß die Anschmutzungen leichter entfernt werden. Infolge der meist starken Strömungen werden die solubilisierten Mizellen weiter in kleinere Aggregate zerteilt, die gut löslich sind und die unpolare Verunreinigungen mit frischem Wasser abtransportieren. Neben diesen solubilisierten Mizellen bilden sich manchmal Emulsionstropfen oder Mikroemulsionen, die ebenfalls große Mengen der zu entfernenden Stoffe in wasserlösliche Formen überführen können. Waschmittel für Textilien enthalten noch zahlreiche Hilfsstoffe wie Enzyme, Mikrobiozide (siehe auch Kap. 3.1.2.4), Weißtöner, Härteregulatoren, Schaumregulatoren, Bleichmittel und Schutzpigmente, die die Reinigung der Festkörperoberfläche effektiv unterstützen. Moderne Waschmittel sind mittlerweile so konzipiert, daß sie auch bei niedrigen Temperaturen mit relativ wenig Wasser auskommen. Außerdem ist erforderlich, daß alle eingesetzten Chemikalien umweltverträglich sind und daher in Kläranlagen relativ schnell wieder abgebaut werden können. Der biologische Tensidabbau und die aquatische Toxizität sind in zwei Artikeln von Schöberl et al. detailliert beschrieben. (Schöberl 1993; Schöberl u. Scholz 1993). Auch Spaltprodukte wie Phosphate müssen

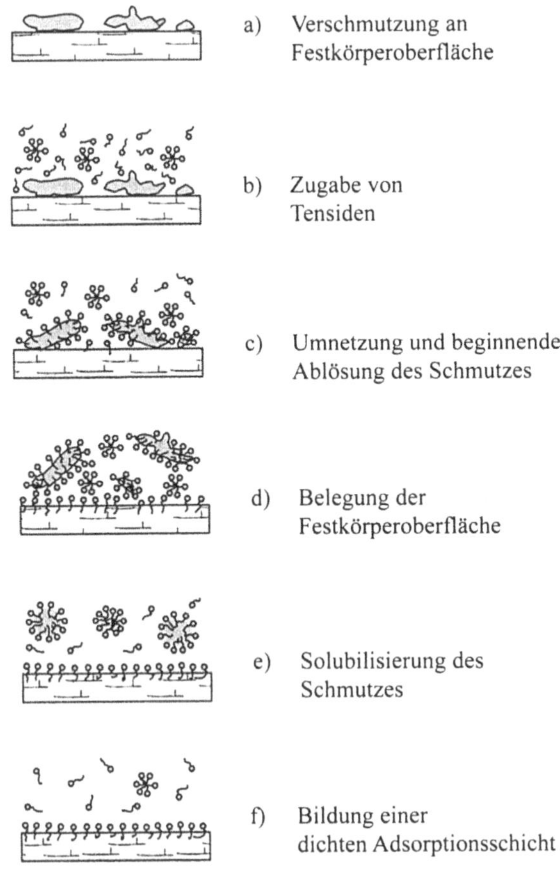

Abb. 4. 57. Schematische Darstellung des Waschprozesses (Dörfler 1994)

vermieden werden, um die Eutrophierung von Gewässern langfristig zu unterbinden.

4.5.2 Bodensanierung mit Mikroemulsionen

Hydrophobe Schadstoffe, die meist an feinkörnigen Partikeln des Bodens adsorbiert sind, lassen sich durch natürliche oder anthropogene Tenside auswaschen. Dies geschieht, ähnlich wie im Waschprozeß dargestellt, durch die Bildung von Schäumen, Emulsionen, Mikroemulsionen oder der Solubilisierung der unpolaren Substanzen in mizellartigen Aggregaten. Bei höheren Tensidkonzentrationen können auch flüssigkristalline Strukturen an der Mobilisierung hydrophober Stoffe beteiligt sein. Verschiedene Beobachtungen und die

Bewertung dieser Befunde sind bereits im Kapitel 2.1.6 (Elutionstest zur Mobilitäts-Abschätzung) detailliert dargestellt. Für unterschiedliche Schadstoffklassen wie PAK, PCB, Phenole oder KW findet man beim Zusatz von Phospholipiden oder Tensiden oft erstaunlich hohe Elutionsraten, die in der gleichen Größenordnung liegen wie Extraktionen mit Lösungsmitteln wie Toluol. Es ergeben sich aber große Unterschiede in Abhängigkeit der Bodenart, Tensidart und Tensidkonzentration. Ähnlich wie in der tertiären Erdölförderung ist es sinnvoll, die Tenside an die Bodenart anzupassen (siehe Kap. 2.2.1.5). Grenzflächenaktive Substanzen zeigen im Vergleich zu organischen Lösungsmitteln wesentlich bessere Benetzungseigenschaften, so daß sie auch enge Poren oder Spalten erreichen können (siehe 2.1.6.3). Dies ist besonders bei In-situ-Verfahren von großer Bedeutung. Da Mikroemulsionen besonders niedrige Grenzflächenspannungen aufweisen, eignen sie sich gut für derartige Zwecke. Der Hauptunterschied zwischen der Verwendung von Tensidlösungen und Mikroemulsionen liegt in der zusätzlichen Löslichkeit der hydrophoben Verunreinigungen in den bikontinuierlichen Ölphasen der Mikroemulsionen begründet. Mikroemulsionen können polare, unpolare und grenzflächenaktive Substanzen lösen. Ein spezielles Problem stellt allerdings die beschränkte Temperaturstabilität dieser Systeme dar. Auch die spezifische Adsorption grenzflächenaktiver Substanzen an Festkörperoberflächen des Bodens kann zu Veränderungen der Zusammensetzung der Mikroemulsionen führen und im Extremfall sogar den Zerfall dieser Phase initiieren. Andererseits ist es auch möglich, daß einfache Tensidlösungen durch die Aufnahme von „natürlichen" Cotensiden im Boden automatisch in Mikroemulsionen überführt werden, die dann als Reinigungsflüssigkeit dienen. Hier können, in Abhängigkeit zahlreicher externer Parameter wie der Salzkonzentration, Temperatur, Huminsäuregehalt und der Phospholipidkonzentration komplizierte Phasendiagramme durchlaufen werden, die von Mikroemulsionen zu flüssigkristallinen Strukturen führen. Da diese Systeme meist sehr hohe Viskositäten besitzen, muß man bei Sanierungsaufgaben besondere Vorsorge treffen, um das Auftreten dieser Phasen zu vermeiden (Bonkhoff et al. 1998). Dies läßt sich zum Beispiel durch die Zugabe von Salzen erreichen.

In den letzten Jahren sind spezielle Mikroemulsionssysteme aus umweltfreundlichen Tensiden und biologisch abbaubaren Ölen wie Rapsöl, Rapsölmethylester oder Rizinusöl entwickelt worden, die sich für Bodensanierungen sehr gut eignen (Bonkhoff et al. 1997; Clemens et al. 1993; Mönig et al. 1998). Diese Systeme sind für niedrige Umgebungstemperaturen von ungefähr 10° C optimiert worden (Dierkes et al. 1998). Die Phasendiagramme sind so beschaffen, daß der extrahierte Schadstoff über eine Temperaturerniedrigung zusammen mit einem Teil des Öls entfernt werden kann (Mönig et al. 1996). Andere Methoden nutzen die Emulsionsbildung bei Verdünnung der Mikroemulsion mit überschüssigem Öl oder Wasser. Die eingesetzten Tenside lassen sich abtrennen und für neue Sanierungsaufgaben erfolgreich wieder einsetzen (siehe auch Kap. 2.2.3). Das abgesonderte Öl mit den gelösten Schadstoffen wird anschließend deponiert, verbrannt oder mit Hilfe spezieller Mikroorganismen dekontaminiert (Mönig et al. 1998). Die Behandlung von Böden mit Hilfe dieser speziell entwickelten Mikroemulsionen erweist sich als äußerst wirksam und ergibt oft wesentlich bessere Ausbeuten als die Extraktion mit reinen Kohlenwasserstoffen (Dierkes et al. 1998).

4.6 Gele

4.6.1 Struktur und Eigenschaften von Gelen

Ein Gel ist ein Stoff, dessen Zustand zwischen einem Festkörper und einer Flüssigkeit liegt. In der Kolloidchemie ist dieser Zustand deutlich abgegrenzt von den sogenannten „Solen", die als flüssig angesehen werden. Gele sind in der Natur weit verbreitet (Tanaka 1981). Man erkennt sie leicht anhand ihrer kautschukelastischen Eigenschaften; daneben besitzen sie die Fähigkeit, ihre Form und Gestalt unter der Einwirkung von Kräften langsam zu ändern. Die Bezeichnung Gel ist vom Wort „Gelatine" abgeleitet, was bereits von Graham so definiert wurde (Graham 1861, 1862). Gelatine bildet in Wasser viskoelastische, gallertartige Strukturen aus, die wir alle in Form des allseitig beliebten Nachtisches „Götterspeise" kennen. Das Netzwerkgerüst besteht in diesem Fall aus Proteinketten, die über helixartige Domänen miteinander verknüpft sind. Aufgrund dieser Eigenschaften wird Gelatine in vielen Lebensmitteln zum Verdicken eingesetzt. Beispiele hierfür sind Marmeladen, Nachspeisen, Joghurt, Kuchen usw. Andere Beispiele für gelbildende Substanzen sind Stärken, Alginate, Polymere, Biopolymere, Kautschuk, assoziative Verdicker, Tenside, oder Dispersionen fester Teilchen wie Tonminerale. All diesen Systemen ist gemeinsam, daß sich supramolekulare, netzwerkartige Überstrukturen ausbilden. Diese Phasen unterliegen dem Kohärenzkriterium. Das Wort kohärent bedeutet, daß sowohl das Lösungsmittel als auch die dispergierte Substanz eine zusammenhängende Phase bilden, wobei sich beide Komponenten gegenseitig durchdringen. Die Kohärenz des Lösungsmittels erkennt man leicht daran, daß kleine Moleküle in dem Gel fast genauso schnell diffundieren wie in dem entsprechenden reinen Lösungsmittel. Kolloidale Partikel, die etwa die gleiche Größe besitzen wie die mittlere Maschenweite, bleiben jedoch in den Poren stecken und können sich nicht weit fortbewegen. Gele bilden sich immer dann, wenn anziehende Kräfte zwischen den dispergierten Partikeln dafür sorgen, daß sich dreidimensionale Netzwerke bilden. Die Kohärenz dieser supramolekularen Phase erkennt man daran, daß man von einer beliebigen Stelle des Netzwerkes einen anderen Punkt dieser Struktur erreichen kann, ohne das Netz zu verlassen. Man ist also nicht gezwungen, durch das Lösungsmittel zu gehen. Ein typisches Beispiel für derartige Kohärenzkriterien zeigt das Verhalten von Grafitgelen. Ein Grafitsol besteht aus einer verdünnten Lösung blättchenförmiger Partikel, die in Mineralöl gelöst sind. Eine derartige Dispersion leitet den elektrischen Strom nicht. Wenn sich bei höheren Konzentrationen die Blättchen zu einem dreidimensionalen Netzwerk zusammenlagern, beobachtet man eine rapide Abnahme des elektrischen Widerstandes, und das System leitet nun den elektrischen Strom. Die notwendige Kohärenz beider Phasen unterscheidet Gele grundsätzlich von Schäumen. Bei einem Schaum unterliegen nur die Schaumlamellen, nicht aber das Lösungsmittel dem Kohärenzkriterium. Das Dispersionsmedium bildet somit auch keine kontinuierliche, zusammenhängende Phase, sondern es ist in den Schaumpolyedern gefangen. Bei Gelen stehen die supramolekularen Netzwerkstrukturen im Gleichgewicht mit dem kontinuierlichen Dispersions- oder Lösungsmittel, das entweder flüssig oder gasförmig sein kann. Die Wechselwirkungen zwischen den beiden Bestandteilen führen zu den charakteristischen Geleigenschaften. Die Flüssigkeit verhindert, daß das Netzwerk kollabiert und die dreidimensional vernetzte Struktur sorgt dafür, daß die Flüssigkeit nicht ausfließt (Tanaka 1981). Gele mit gasförmigen Phasen werden als Aerogele bezeichnet. Diese Systeme haben ein sehr niedriges Gewicht und die besitzen trotzdem definierte, feste Formen. Auf Grund ihrer exzellenten Isolationseigenschaften eignen sich Aerogele sehr gut als Dämmaterial im Bauwesen. Gele, die flüssige Dispersionsmittel enthalten, nennt man Lyogele. Wenn Wasser die flüssige Komponente darstellt, bezeichnet man diese Strukturen auch als Hydrogele. Diese Strukturen sind in biologischen Systemen weit verbreitet. Beispiele hierfür sind Froschlaich, der Glaskörper im Inneren des Auges, die Flüssigkeit, die die Gelenke schmiert (Synovia), die Lederhaut oder das Eiweiß eines Hühnereies. Diese Gele besitzen den Vorteil, daß sie Dank ihrer flüssigen Komponente für Sauerstoff, Nährstoffe und andere Stoffwechselprodukte durchlässig sind, aber trotzdem noch eine feste Gestalt besitzen. Die Porenstruktur dieser Substanzen wird auch bei analytischen Trennverfahren wie der Gelchromatographie und der Elektrophorese benutzt. Die Separation erfolgt hier durch die unterschiedlichen Geschwindigkeiten, mit denen die zu trennenden Moleküle durch die Porenstruktur des Gels wandern.

Gele können aus steifen oder flexiblen Bauelementen zusammengesetzt werden. Auch die Größe der verknüpfen Einheiten kann stark variieren. Es gibt Gele, die aus einfachen Molekülen wie Gelatine oder Alginat aufgebaut sind, und andere Netzwerke sind aus größeren Partikeln wie Mizellen oder Festkörperteilchen zusammengesetzt. Bei festen Teilchen sind Strukturen bekannt, die aus kugelförmigen, stäbchenartigen oder scheibchenförmigen Partikeln bestehen. Ein typisches Beispiel für netzwerkartige Strukturen, bei denen sich kugelförmige Teilchen zusammenlagern, zeigen Aerosilgele. Diese Strukturen bestehen aus kugelförmigen SiO_2-Partikeln, die durch Flammenhydrolyse oder

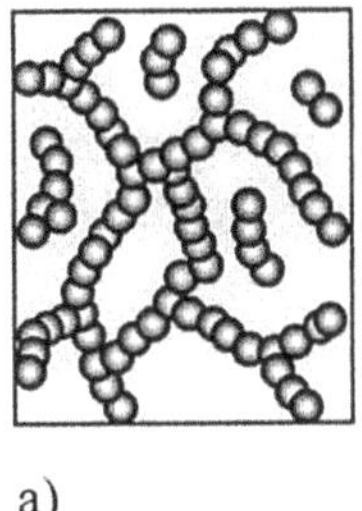 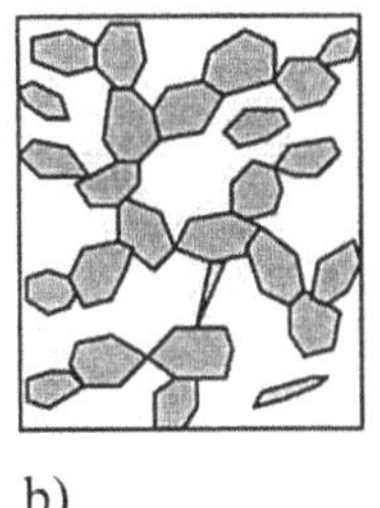 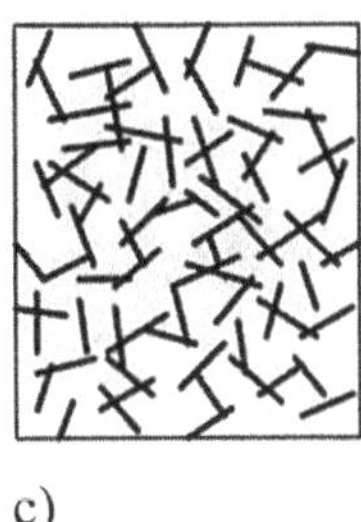

a)   b)   c)

Abb. 4.58. Gele aus a) kugelförmigen, b) scheibchenförmigen und c) stäbchenförmigen Partikeln

durch Fällungsreaktionen hergestellt werden. Die Vernetzung der Teilchen erfolgt über Wasserstoffbrückenbindungen, die die Silanolgruppen zweier Partikel miteinander verknüpfen. Aerosile werden in der Praxis für die Verdickung von Dispersionsfarben, Lacken und zahlreichen anderen Stoffen eingesetzt (Abb. 4.58).

Gele, die aus scheibchenförmigen Elementen aufgebaut sind, sind in der Natur ebenfalls weit verbreitet. Hierzu gehören z. B. Tonminerale, wobei besonders Montmorillonite und Bentonite als Verdickungsmittel eingesetzt werden (siehe auch Kap. 2.1.2.1). Diese Substanzen bilden charakteristische Netzwerke aus, die man als Kartenhaus-Struktur bezeichnet. Die Aggregation der Tonminerale beruht auf attraktiven Wechselwirkungen zwischen den Flächen und Kanten. Im sauren pH-Bereich sind die Kanten positiv aufgeladen und die Flächen besitzen einen Überschuß negativer Ladungen. Unter diesen Bedingungen ergeben sich starke ionische Wechselwirkungen, die zur Aggregation führen. Mit steigendem pH-Wert brechen die Kante/Fläche-Kontakte zusammen, da die Kanten nun ebenfalls negativ aufgeladen werden (Abb. 4.58). Eine Gelbildung ist in diesem Bereich nur möglich, wenn mehrwertige Gegenionen wie Ca^{2+} den Kontakt zwischen den gleichförmig geladenen Oberflächen vermitteln. Unter diesen Bedingungen kommt es vermehrt zu Flächen/Flächen-Wechselwirkungen, was dann schließlich zu charakteristischen Bänderstrukturen führt. Aus diesen Gründen zeigen Gele aus Tonminerale ausgesprochen starke Abhängigkeiten vom pH-Wert der Lösung und der Salzkonzentration.

Typische Beispiele für Gele, die aus stäbchenförmigen Partikeln aufgebaut sind, sind V_2O_5-Dispersionen oder Suspensionen des Tabak-Mosaik-Virus. Auch Asbest besitzt eine faserförmige Struktur und wurde deswegen früher in großem Umfang als Verdickungsmittel eingesetzt (Lagaly et al. 1997) (siehe auch Kap. 2.4.2.1). Ähnliche Strukturen besitzen die faserförmigen Sepiolithe oder Palygorskite. Die Netzwerkstrukturen dieser Minerale bestehen aus miteinander verfilzten Fasern, so daß diese Gele gegenüber dem Zusatz von Additiven relativ unabhängig sind (Lagaly et al. 1997).

Gele lassen sich bezüglich ihrer Vernetzung in verschiedene Kategorien einteilen. Netzwerke, bei denen die Kontakte zwischen den elastischen effektiven Ketten auf echten Bindungen beruhen, nennt man chemisch vernetzte Systeme (Abb. 4.59 a). Diese Strukturen werden häufig auch als Hauptvalenz-Gele bezeichnet. Ein typisches Beispiel hierfür ist Kautschuk, bei dem eine Vernetzung über Schwefelbrücken stattfindet. In diesen Strukturen sind die Verknüpfungspunkte zwischen den Ketten eindeutig fixiert, und ihre Anzahl ändert sich nicht bei einer mechanischen Belastung des Systems. Physikalisch vernetzte Strukturen, die häufig als Nebenvalenz-Gele bezeichnet werden, bilden sich dann, wenn helixartige Domänen, Mikrokristalle, Wasserstoffbrückenbindungen, Dipol-Dipol-Wechselwirkungen, Coulombsche Kräfte oder Komplexbildungen die Ursache für die Verknüpfung zwischen den flexiblen Makromolekülen bilden (Abb. 4.59 b). Da diese Kräfte zwischen den Molekülen relativ schwach sind, kann die Konzentration der Vernetzungsstellen bei einer mechanischen Belastung der Systeme ab- oder zunehmen. Bei Polymeren beobachtet man relativ häufig eine Zunahme von vernetzenden Kristalldomänen, wenn das System einer mechanischen Belastung ausgesetzt ist. Dieses Phänomen wird in der Literatur als Dehnungskristallisation bezeichnet. Bei Gelatine bestehen die Vernetzungspunkte aus helixartigen Domänen, bei deren mehrere Moleküle miteinander in Kontakt stehen.

Gelartige Überstrukturen können auch dann gebildet werden, wenn mechanische Kontakte oder Verhängung (Entanglements) zwischen den Ketten gebildet werden (Abb. 4.59 c). Diese Verhängung löst sich beim Einwirken von Kräften leicht wieder auf, so daß die Gele beim Einwirken von Strömungskräften anfangen zu fließen. Diese Systeme werden häufig als temporär vernetzte Gele bezeichnet, da man die elastischen Eigenschaften nur in bestimmten Zeitbereichen beobachten kann. Bei kurzen mechanischen Deformationen speichern diese Systeme elastische Energie, und im Bereich längerer Zeiten treten vorwiegend viskose Effekte auf. Der intermediäre Zeitbereich ist durch ein ambivalentes Verhalten gekennzeichnet. Gele, die eine mechanische Verhängung zwischen den Partikeln bilden, sind bei Polymerstrukturen weit verbreitet. Verdünnte Lösungen stäbchenförmiger Mizellen zeigen diese Phänomene und sie besitzen daher ausgeprägte viskoelastische Eigenschaften.

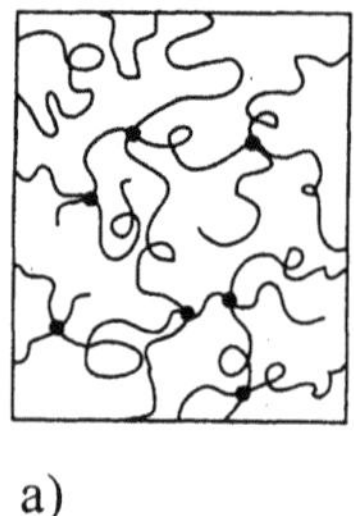 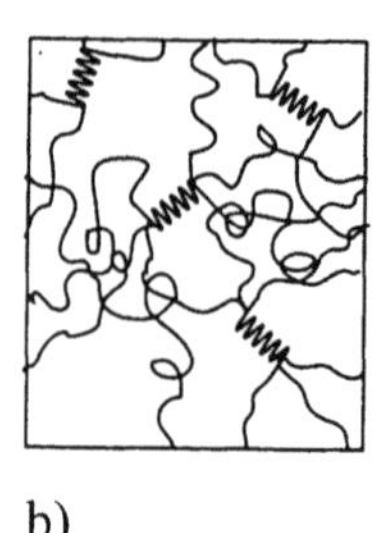 

a)   b)   c)

Abb. 4.59. a) Netzwerk mit chemischen Vernetzungsstellen, b) Gelstruktur mit helixartigen Bereichen, c) Entanglement-Netzwerk

Bei anorganischen Partikeln wird die Gelbildung meistens durch die Abschirmung der Coulombschen Wechselwirkungskräfte induziert. Aus diesem Grund nennt man diese Strukturen häufig Koagulationsstrukturen.

Gele sind aufgrund ihrer starken strukturellen Unordnung optisch isotrop. Das Einwirken von Kräften führt zu Orientierungseffekten. Diese Gele werden dann doppelbrechend; sie verhalten sich also im Prinzip wie ein flüssiger Kristall. Es gibt auch Gele, die bereits im Ruhezustand anisotrope Eigenschaften besitzen. Beispiele hierfür sind Alginatgele, bei denen die Vernetzung durch das Eindiffundieren mehrwertiger Gegenionen induziert wird. Diese Strukturen werden als ionotrope Gele bezeichnet.

Beim Zusatz von Lösungsmitteln weiten sich die Gelstrukturen auf; ein Vorgang, den man Quellung nennt. Unter diesem Begriff versteht man die Flüssigkeit- oder Dampfaufnahme eines Gels unter Volumenvergrößerung, wobei der gequollene Körper eine gewisse Steifigkeit und Formbeständigkeit behält. Es gibt Gele, die beim Eintauchen in reines Lösungsmittel ihr Volumen relativ rasch um den Faktor 100 ändern können. Die eigentliche Gestalt der Gele ändert sich allerdings bei diesem Vorgang nicht. Wird einem Gel relativ viel Flüssigkeit entzogen, nennt man dieses System ein Xerogel.

In der Praxis werden Gele für zahlreiche Anwendungen eingesetzt. Beispiele hierfür sind Ionenaustauscher, Adsorbenzien in Windeln, semipermeable Membranen und chromatographische Anwendungen. Da man Gele in elektrischen Feldern relativ leicht schalten kann, ergeben sich für die Zukunft interessante Perspektiven für die Herstellung von künstlichen Muskeln oder Biomotoren.

4.6.2 Gele für die Sicherung von Deponien

Neben vielfältigen Anwendungen in der Chromatographie werden Gele im Bereich der Umweltwissenschaften auch für die Abdichtung von Altlasten benutzt (siehe Kap. 2.2.1.1). Für diese Zwecke haben sich Kieselsäuregele aufgrund ihrer chemischen Stabilität bisher gut bewährt (Belouschek et al. 1992; Belouschek et al. 1990). In verdünnten Lösungen von Wasserglas liegen Alkalisilikate in Form von Na^+-Kationen und Silikatanionen vor. Diese Lösungen sind im Bereich von pH-Werten >10 vollkommen stabil. Bei einer Erhöhung der Säurekonzentration tritt bei pH-Werten < 9 eine Polymerisation zu hochmolekularer Kieselsäure statt (Belouschek et al. 1992).

$$SiOH + HO - Si(OH)_3 \rightarrow Si - O - Si(OH)_3 + H_2O$$

Durch diese Reaktion bilden sich zunächst kleine Cluster, die allmählich immer größer werden und schließlich miteinander vernetzen (Abb. 4.60). Diese Polymerisation führt dann zur Ausbildung von dreidimensionalen Strukturen aus Kieselsäure (Belouschek et al. 1992).

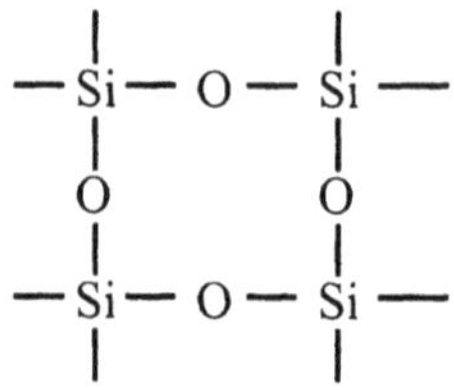

$$\begin{array}{ccccc}
 & | & & | & \\
-&Si&-O-&Si&- \\
 & | & & | & \\
 & O & & O & \\
 & | & & | & \\
-&Si&-O-&Si&- \\
 & | & & | &
\end{array}$$

Abb. 4.60. Schematischer Aufbau eins SiO_2-Gelgerüstes

Außer einer Absenkung des pH-Wertes bewirkt auch die Umsetzung mit Metallsalzlösungen wie Mg^{2+}, Fe^{3+} oder Ca^{2+} den Aufbau derartiger Gele (Belouschek et al. 1992). Es bilden sich praktisch unlösliche Silikatstrukturen, die festkörperanaloge Eigenschaften besitzen.

Weitere Reaktionen, die ebenfalls zur Gelbildung führen, basieren auf Umsetzungen mit organischen Substanzen, wie z.B. Mono- oder Dicarbonsäuren (Belouschek et al. 1992). Da im Boden und in Deponiesickerwässern sowohl organische Säuren als auch Erdalkalisalze vorkommen, können die Gelbildungsreaktionen auch in diesen Umgebungen ablaufen. Die Bildung hochmolekularer Kieselsäure läßt sich nutzen, um feinkörnige Böden so zu versiegeln, daß langzeitbeständige Dichtungsschichten entstehen (Belouschek et al. 1990). Auf diese Weise kann man Aue-, Hochflut- und Lößlehme mit Feinkornanteilen um 40% oder Sande, Kiessande, Gehänge und Geschiebelehme mit Schluffanteilen von 30-35% behandeln (Belouschek et al. 1992). Zur Herstellung einer mineralischen Abdichtung wird pulverförmiges Wasserglas zunächst sorgfältig in den Boden eingearbeitet. Durch die nachfolgende Verdichtung des Erdreiches wird Porenwasser freigesetzt, das die Polymerisation der Kieselsäure initiiert (Belouschek et al. 1992). Die sich bildenden Gele verstopfen kleinste Bodenporen und dichten diese Hohlräume effektiv ab. Durch die Anwendung dieser Technik ergeben sich langzeitbeständige Sperrschichten, die typische Durchlässigkeitswerte von Tonen besitzen (Belouschek et al. 1992). Diese Wasserglasvergütungen eignen sich daher gut für Abdichtungen von Teichanlagen, Altlastensicherungen und Deckelabdichtungen für Deponien.

4.7 Kurzer Ausblick

Industrielle, gewerbliche oder private Aktivitäten des Menschen führen zur immer größer werdenden Kontamination seiner Umwelt. Von dieser Entwicklung sind alle Kompartimente betroffen; die Luft, das Wasser und der Boden. Zahlreiche toxische Stoffe, zu denen Schwermetalle, metall(oid)organische Verbindungen oder organische Moleküle gehören, reichern sich durch Adsorptionsprozesse an Grenzflächen an. In dieser Form sind solche Schadstoffe oftmals stark an das Trägermaterial gebunden, und die Gefährdungspotentiale sind dann relativ gering. Wenn die schadstoffbeladenen Partikel allerdings kolloidale Dimensionen besitzen, unterliegen sie besonderen Gesetzmäßigkeiten. Bedingt durch die Konkurrenz zwischen Volumen- und Oberflächeneigenschaften ergeben sich komplizierte Umwandlungs-, Aggregations- oder Transportprozesse, die vollkommen neue Eigenschaften ergeben. Dies kann dazu führen, daß toxische Stoffe plötzlich über große Entfernungen mobilisiert werden und dann in hohen Konzentrationen auftreten. Derartige Vorgänge sind, in Anbetracht möglicher gesundheitlicher Gefährdungen, von großer Brisanz. Man kann kolloidale Systeme aber auch gezielt einsetzen, um schädliche Stoffe aus der Umwelt wieder zu entfernen. Die ungewöhnlichen Eigenschaften dieser Substanzen bieten zahlreiche neue technische Anwendungen und ermöglichen auch für die Zukunft innovative und schonende Sanierungskonzepte.

5 Analytische Chemie in Umweltmatrices

Im Zentrum des Interesses stehen hier Böden und Sedimente, untergeordnet auch Gesteine, Abfälle, Stäube, sonstige Festkörper und Flüssigkeiten.

Böden und Sedimente werden in ihrer Gesamtheit ebenso wie Gesteine zu der Gruppe der Festkörper gezählt. *Nicht poröse* Gesteine, zum Beispiel Granite, bilden einen durchgängigen Festkörper, der aus unterschiedlichen Mineralphasen aufgebaut ist. All diese Mineralphasen für sich sind wiederum Festkörper. *Poröse* Gesteine, beispielsweise Sandsteine, besitzen ein stabiles, durch diagenetische Vorgänge stabilisiertes Gerüst aus mineralischen Partikeln. Zwischen diesen befindet sich der sogenannte Porenraum, der durch Flüssigkeiten und/oder Gase gefüllt ist. Die Flüssigkeiten werden als Porenlösung bezeichnet; zusammen mit den Gasen bilden sie die fluide Phase.

Sedimente und Böden unterscheiden sich von Gesteinen wesentlich dadurch, daß sie (noch) kein verfestigtes Gerüst aus Festkörperpartikeln besitzen. Zwischen den Partikeln befindet sich eine fluide Phase, die sich in ständiger Wechselwirkung mit diesen befindet. Geologisch betrachtet stellen Sedimente und Böden Vorläufer von Gesteinen dar; chemische Gleichgewichte konnten sich hier meist noch nicht einstellen. Somit sind sie einer permanenten chemischen, aber auch mechanischen Umstrukturierung unterworfen. Eine Boden- oder Sedimentprobe stellt also immer nur eine Momentaufnahme mit einer in der Regel kurzen Historie dar.

Während in Sedimenten die mineralischen Komponenten eindeutig überwiegen, besitzen Böden häufig einen großen Anteil an vorwiegend pflanzlichem organischem Material. Sedimente sind meist homogener als Böden.

5.1 Einordnung der Probenmaterialien

5.1.1 Analytische Objekte

5.1.1.1 Böden und Sedimente

Böden und Sedimente sind heterogene Gemische im klassischen Sinn, in ihnen liegen die mineralischen und organischen festen Partikel neben der fluiden Phase vor. Diese Phasen (feste und fluide) trennen sich nicht freiwillig oder spontan. Es handelt sich um die häufigsten Vertreter heterogener Gemische, die Fest-flüssig-Gemische, bei denen der Festkörperanteil den größeren Massenanteil ausmacht. In den Porenräumen zwischen den Festkörperpartikeln oder in Porositäten der einzelnen Partikel (Cavitäten) befindet sich eine z.T. anhaftende und z.T. freie flüssige Phase. Sowohl feste als auch flüssige Phase sind Teile eines dynamischen Systems, wobei die Variabilität der mobileren Flüssigphase sowohl über kleinere als auch größere Zeiträume ausgeprägter ist. Weitere steuernde Kriterien sind die Korngröße, Korngrößenverteilung und das Porenvolumen, die entscheidenden Einfluß auf die innere Oberfläche des Bodenkörpers haben. Je größer die innere Oberfläche und deren Zugänglichkeit ist, desto leichter lassen sich Bestandteile mobilisieren. Bei der Bearbeitung derartiger heterogener Gemische ist auf eine exakte Zuweisung der Analyten zu den einzelnen Phasen zu achten.

5.1.1.2 Abfälle

Abfälle sind meist wesentlich inhomogener als Böden und Sedimente. Die chemische Zusammensetzung besitzt häufig eine größere Bandbreite (dies gilt zumindest für Abfälle auf Hausmülldeponien); mineralische Komponenten stellen normalerweise nicht den überwiegenden Massenanteil dar. Aufgrund des geringen Alters konnten sich Gleichgewichte noch viel weniger als in Böden und Sedimenten einstellen, die Bandbreite der vorliegenden Einzelpartikelgrößen ist größer, da in Böden und Sedimenten bereits durch die natürliche Umlagerung eine Sortierung stattgefunden hat.

5.1.1.3 Gesteine

Neben der Porosität ist die Permeabilität eine weitere wichtige Eigenschaft von Gesteinen. Voraussetzung für eine nennenswerte Permeabilität ist das Vorhandensein von Poren, die miteinander in Verbindung stehen, so daß eine fluide Phase den Gesteinskörper durchdringen und Bestandteile herauslösen oder in den Porenräumen abscheiden kann. Je größer das Porenvolumen ist und je kleiner die Einzelpartikel sind, desto größer ist die zur Verfügung stehende Oberfläche und desto mehr Material kann mobilisiert oder abgeschieden werden.

5.1.1.4 Sonstige Festkörper

Diese Gruppe subsummiert eine Vielzahl sehr unterschiedlicher Materialien. Das Spektrum reicht von Baumaterialien wie Beton, Ziegel, Mörtel, Estrich und Putz über Stäube z.B. aus Verbrennungs- und Produktionsanlagen bis hin zu Produkten der metallverarbeitenden Industrie. Auf die Analytik hierzu wird in diesem Rahmen nicht explizit eingegangen, sie ist der einschlägigen Literatur zu entnehmen.

5.1.1.5 Flüssigkeiten

Flüssigkeiten unterscheiden sich in der Regel von den beschriebenen Objekten dadurch, daß sie häufig homogen sind. Trifft dies zu, kann aus ihnen eine Probe an beliebiger Stelle zu Analysenzwecken entnommen werden; diese ist dann repräsentativ für die Gesamtprobe.

5.1.2 Konzentrationen
(Haupt-, Neben-, Spurenbestandteile; Ultraspuren)

In der analytischen Chemie werden die in unterschiedlichen Konzentrationen vorkommenden Bestandteile nach ihrer Konzentration in folgende Klassen eingeteilt (Schwedt 1995):

- Hauptelemente (Hauptbestandteile)
  Konzentrationsbereich $0,1 - 1$ g Analyt/g Probe
  $\hat{=} 10 - 100\%$ der Probenmasse
- Nebenelemente (Nebenbestandteile)
  Konzentrationsbereich $0,01 - 0,1$ g/g
  $\hat{=} 1\% - 10\%$ der Probenmasse
- Spurenelemente (Spurenbestandteile)
  Konzentrationsbereich $< 0,01$ g/g
  $\hat{=} < 1\%$ der Probenmasse

Die letzte Gruppe (Spurenelemente, Spurenbestandteile) umfaßt in dieser nicht weiter differenzierten Form einen sehr großen Konzentrationsbereich, der zu einer besseren Beurteilung noch weiter differenziert werden muß. Hierbei werden Bereiche, die jeweils drei Größenordnungen umfassen, wiederum in einzelne Gruppen zusammengefaßt, so daß sich folgende Gruppierungen ergeben:

- 10^{-6} g/g $\hat{=}$ ppm (part per million) $\hat{=}$ mg/kg
- 10^{-9} g/g $\hat{=}$ ppb (part per billion) $\hat{=}$ μg/kg
- 10^{-12} g/g $\hat{=}$ ppt (part per trillion) $\hat{=}$ ng/kg
- 10^{-15} g/g $\hat{=}$ ppq (part per quadrillion) $\hat{=}$ pg/kg

Parallel zu dieser auf einem Rastermaß von drei Größenordnungen beruhenden Klassifizierungen werden häufig die Bezeichnungen:

Spuren – Mikrospuren – Nanospuren – Picospuren

eingesetzt. Diese verlaufen allerdings nicht parallel zu den o.g. zahlengebundenen Klassifizierungen und werden zudem von verschiedenen Autoren bei unterschiedlichen Konzentrationen eingesetzt. Nach IUPAC (International Union for Pure and Applied Chemistry) sollten die Konzentrationen grundsätzlich als Mengen-,

Massen oder Volumenverhältnisse angegeben werden, d.h. statt z.B. ppm sollte mg/kg verwendet werden.

Während die Vorstellung für den Bereich % – ‰, bedingt durch den täglichen Umgang mit vergleichbaren Größenordnungen, noch sehr ausgeprägt ist, entziehen sich die weiter darunter liegenden Konzentrationen sehr schnell dem Vorstellungsvermögen. Auch erscheinen die jeweils drei Größenordnungen umfassenden Bereiche nicht sehr übersichtlich und anschaulich. Ein kleines Beispiel soll dies veranschaulichen (angegeben sind Probenmasse und Gesamtmasse):

1 Stück Würfelzucker (2,5 g)	allein	$\hat{=} 100\,\%$
1 Stück Würfelzucker (2,5 g)	in einerTasse Tee (150 g)	$\hat{=} 16\,‰$
1 Stück Würfelzucker (2,5 g)	in einer Badewanne (100 kg)	$\hat{=} 25$ ppm
1 Stück Würfelzucker (2,5 g)	in einem Schwimmbad 20000 t	$\hat{=} 0,125$ ppb
1 Stück Würfelzucker (2,5 g)	in einem Großtanker 300000 t	$\hat{=} 8,3$ ppt

Für noch niedrigere Konzentrationen lassen sich kaum Vergleiche finden [das Stück Würfelzucker gleichmäßig verteilt in der gesamten Braunkohlenförderung der BRD (1990) von ca. 110 Millionen Tonnen ergibt ~ 0,02 ppt = 20 ppq, in der Weltbraunkohlenförderung (ca. 1,2 Milliarden t) etwa 2 ppq]. Die Verhältniszahlen (Konzentrationen) zeigen, daß die moderne Analytik, deren Nachweis- und Bestimmungsgrenzen häufig im unteren ppb- oder ppt- Bereich liegen, sehr leistungsfähig ist. Es fällt allerdings auf, daß die Angaben von Analysengeräteh_erstellern (Nachweisgrenzen x ppt bis xx ppq) unsinnig sind. Es ist nicht möglich, bei der Präparation der Probe so sauber zu arbeiten, daß durch diese Präparation nicht deutlich mehr Analytelement in die Probe eingebracht wird als die Nachweisgrenze für die jeweiligen Elemente (Verbindungen) beträgt. Das Herstellen einer Nullprobe ist nicht möglich; diese Nachweisgrenzen sind somit ein rein theoretischer Wert ohne jegliche analytische Bedeutung. In der Regel sind keine geeigneten Lösungs- oder Aufschlußmittel zu beschaffen; stehen sie zur Verfügung, sind sie extrem teuer.

5.2 Probenahme und Probenvorbereitung

5.2.1 Probenahme

Die Probenahme ist im Rahmen der analytischen Chemie von entscheidender Bedeutung, da Fehler, die hier gemacht werden, im Laufe der nachfolgenden Analytik nicht wieder korrigiert werden können. Häufig wird aus Kostengründen an dieser Stelle nicht ausreichend qualifiziertes Personal eingesetzt, die daraus resultierenden Folgekosten werden nicht berücksichtigt.

Unabhängig von der verwendeten Probenahmemethode stellt die Probenahme bei Festkörpern an die Probenahmestrategie andere Anforderungen als bei Gasen oder

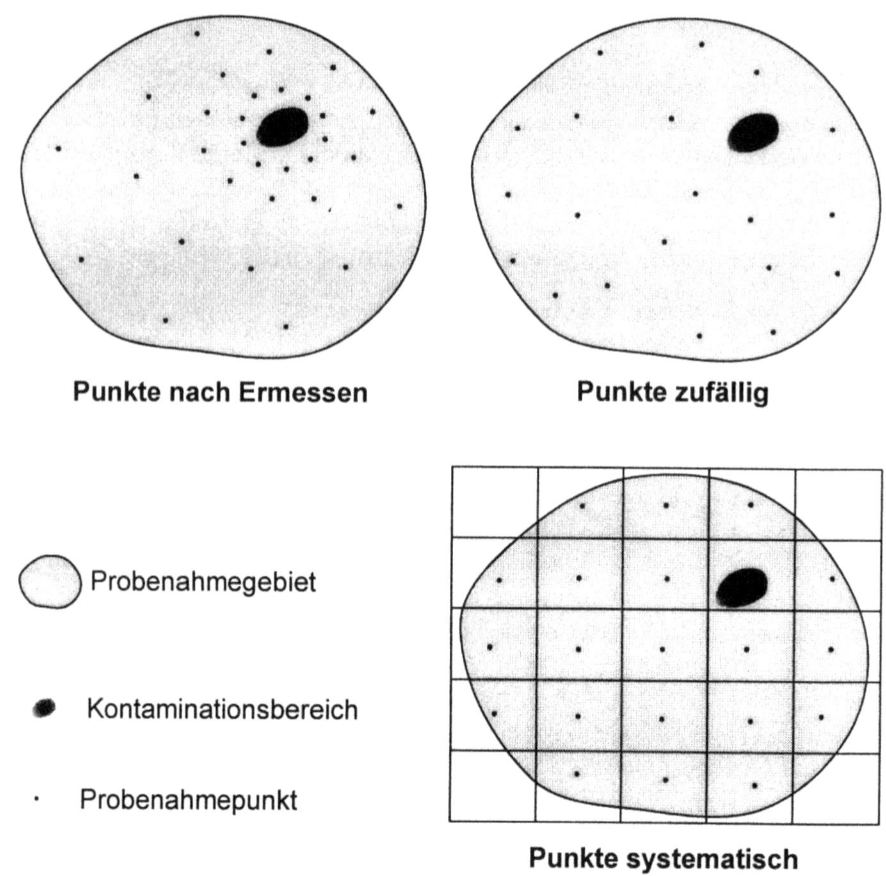

Abb. 5.1. Probenahmestrategien

Flüssigkeiten. Während die beiden letztgenannten in der Regel ausreichend homogen vorliegen, sind Böden, Sedimente oder gar Abfall inhomogen.

Hieraus resultiert, daß vor der Probenahme eine angepaßte Probenahmestrategie ausgearbeitet werden muß. Sollten sich während der Sammlung der Proben Änderungen der die Strategie begründenden Parameter ergeben, müssen diese deutlich dokumentiert werden. Im Anschluß daran wird mit einer geänderten Strategie weiter beprobt.

Grundsätzlich gibt es drei verschiedene Strategien der Probenahme bei Festkörpern (Abb. 5.1). Ist der Herd einer Kontamination bekannt, können die Probenahmepunkte nach Ermessen gelegt werden. Ist dies nicht der Fall, sollte zu einer Strategie mit zufällig oder systematisch gewählten Punktlagen gegriffen werden. Bei einer eng begrenzten Kontamination besteht immer die Gefahr, daß keine der Proben kontaminiertes Material enthält. Dem kann nur durch ein sehr

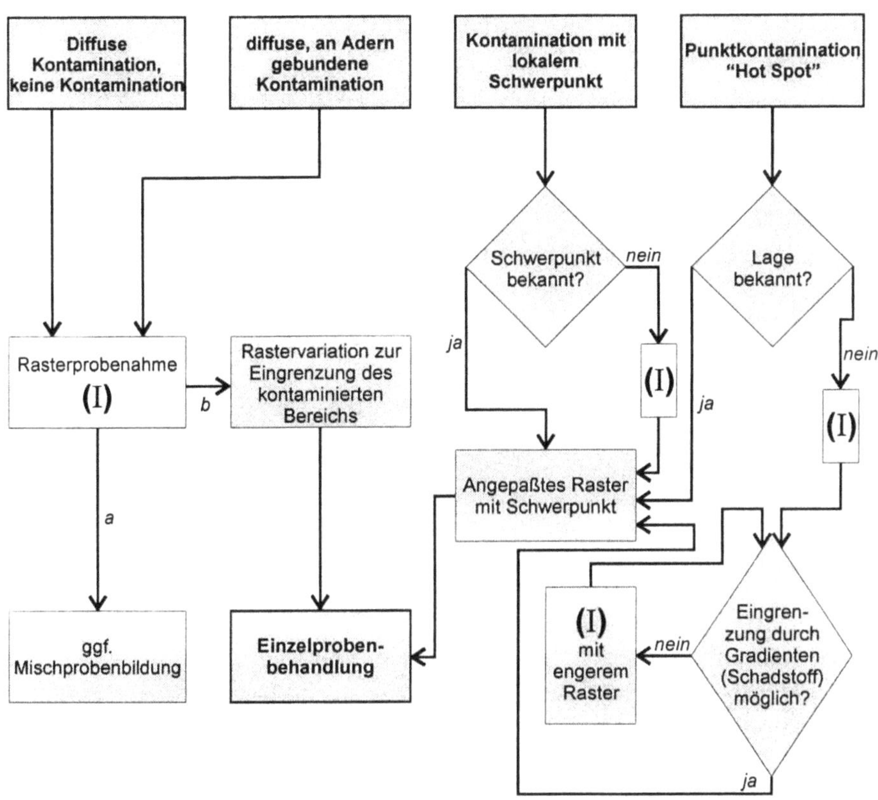

a: Nur die durchschnittliche Belastung soll ermittelt werden.
b: Die Lage einer potentiellen Kontamination ist von Interesse.

Abb. 5.2. Flußdiagramm zur Probenahmerasterung

enges Probenraster entgegengewirkt werden, was allerdings zu sehr hohen Kosten sowohl für die Probenahme als auch für die nachgeschaltete Analytik führt. Abbildung 5.2 zeigt die schematisierte Vorgehensweise bei einer Rasterprobenahme mit dynamischer Anpassung des Probenahmerasters. Anwendbar ist diese Form der Rasterung auf die am oberen Rand aufgeführten vier Formen der Kontamination. Der Aufwand der Probenahme und Analytik, sowie die damit verbundenen Kosten steigen von links nach rechts deutlich an. Muß eine Frage im Flußdiagramm mit nein beantwortet werden, erhöht dies den Aufwand nochmals. Ist die Probenahmestrategie endgültig festgelegt, muß die Menge (Masse, Volumen) der Einzelproben bestimmt werden. Diese ist primär abhängig von den durchzuführenden analytischen Verfahren und muß groß genug gewählt werden, um neben den Analysen auch noch für eine Rückstellprobe auszureichen.

Jede Einzelprobe muß mit einer eindeutigen Kennung versehen sein, die im Probenjournal wiederzufinden ist. Im Journal müssen folgende Angaben aufgeführt sein:

Titel
Probenbezeichnung
Probennummer
Probennehmer

Daten
Probenahmedatum und -uhrzeit
Witterungsbesonderheiten
Probelokalität
Rechts- und Hochwert des Probenahmeortes
Derzeitige Nutzung des Geländes
Probentyp (Boden, Anschüttung, Abfall ....)
Probenahmemethode (Bohrung, Schurf, Aufschluß ....)
Entnahmetiefe
Einzelprobe oder Mischprobe (Anzahl Einzelproben angeben)

Angaben zum Transport und Lagerung
Material des Sammelgefäßes (Glas, Edelstahl, Kunststoff ....)
Gefäßart (Flasche, Beutel, Box)
Lagerungstemperatur vor Ort
Lichteinfluß vor Ort
Lagerungstemperatur auf dem Transport
Lichteinfluß auf dem Transport
Transportdauer

Festkörperproben können auf sehr unterschiedliche Art gewonnen werden. Im einfachsten Fall kann die Probe direkt von der Oberfläche abgenommen werden, wobei es allerdings fraglich ist, ob die Zusammensetzung dieser Probe dem darunterliegenden Material entspricht. Die Zielsetzung hierbei kann nur die Information über die Grenzschicht zur umgebenden Atmosphäre sein. Probenahmegerät ist hier meist eine Schaufel aus Kunststoff oder Metall.
Sollen Proben aus weiter unten liegenden Schichten entnommen werden, kann dies entweder durch Anlegen eines Schurfs oder durch Abtäufen von Bohrungen geschehen. Der *Schurf* hat den Vorteil, daß das Probenmaterial vor Ort unter Augenschein genommen werden kann; größere Tiefen als einige wenige Meter können auf diesem Weg allerdings nicht erreicht werden, das Anlegen eines Schurfs ist mit großem technischen Aufwand und damit hohen Kosten verbunden. Es ist dringend davon abzuraten, Schürfe von mehr als einem Meter Tiefe ohne geeignete Sicherung der Wände anzulegen. Beim Zusammenfallen kann der im Schurf arbeitende Probenehmer erschlagen oder verschüttet werden und ersticken.

Die Probenahme mittels *Schlitzsonde*, *Rammkernsonde* oder *Kernbohrung* eröffnet die Möglichkeit, Probenmaterial aus größerer Tiefe zu gewinnen. Die Schlitzsonde stellt die kostengünstigste Methode dar und liefert Proben aus bis zu 20 m Tiefe. Die gewonnene Probenmenge ist allerdings gering (x · 1 g), und es können leicht Verschleppungseffekte auftreten. Bei der Rammkernsondierung erreicht man in der Regel geringere Tiefen als mit der Schlitzsonde, die Probenmenge ist aber erheblich größer (x · 100 g), Verschleppungseffekte sind weniger stark ausgeprägt. Der apparative Aufwand ist höher als bei der Schlitzsonde und somit entstehen höhere Kosten. Die Kernbohrung ist in Bezug auf die erreichbare Tiefe kaum eingeschränkt, die gewinnbare Probenmenge genauso groß oder größer als bei der Rammkernsonde. Verschleppungseffekte sind denen der Rammkernsonde vergleichbar. Von Nachteil sind die durch den großen technischen Aufwand bei der Kernbohrung bedingten sehr hohen Kosten; zudem ist nicht jedes Gelände mit dem notwendigen schweren Gerät zu erreichen.

Sollen an einer Probe sowohl organische, als auch anorganische Kontaminationen untersucht werden, ist darauf zu achten, daß von dieser Probe mindestens zwei Aliquote in verschiedenen Transport- bzw. Lagergefäßen genommen werden. Für Untersuchungen auf Metalle sind Polyethylen-Gefäße sehr gut geeignet, bei der Analyse von organischen Bestandteilen können diese gegebenenfalls zu Kontaminationen führen. Falls ihre bedenkenlose Verwendung nicht sichergestellt ist, sind Glas- oder Edelstahlgefäße zu verwenden.

Im allgemeinen sollten Feststoffproben möglichst sofort kühl bei ca. 4 °C gelagert und möglichst bald getrocknet werden. Ist Trocknung innerhalb von 24 Stunden nicht möglich, sollte die Lagerung unter -18 °C erfolgen, da die Aktivität von Mikroorganismen hierbei deutlich herabgesetzt wird.

Geeignete Trockenmethoden sind Lufttrocknung (Restfeuchtegehalt 3 – 5%, Stoeppler 1994) oder besser Gefriertrocknung (Restfeuchte < 3%).

Nach der Trocknung, dem Absieben der Fraktion > 2 mm und ggf. dem Mahlen wird die Probe in geeigneten, sauberen, dicht schließenden Lagergefäßen kühl, trocken und dunkel gelagert.

Bei Abfällen sind noch einige weitere Besonderheiten zu beachten. Aufgrund ihrer Inhomogenität (in Bezug auf Inhalt und Größe der einzelnen Bestandteile, wie z.B. Joghurtbecher mit Resten, Waschmittelkartons etc.) kann das Absieben bei 2 mm zu stark verfälschten Analysenergebnissen führen. Daher geht man folgendermaßen vor: Aus der gesamten Abfallmenge wird möglichst repräsentativ eine größere Zahl von Einzelproben genommen. Diese werden zu einer Rohprobe, welche die Grundgesamtheit repräsentiert, vereinigt. Die Rohprobe wird zerkleinert und homogenisiert. Das Zerkleinern der einzelnen Partikel kann unter Umständen sehr aufwendig sein, da sich Kunststoffe wegen ihrer Zähigkeit nicht ohne besonderen Aufwand zerteilen lassen. Starke Unterkühlung mit flüssigem Stickstoff und Zermahlen ist oftmals die einzige anwendbare Methode, da Schreddern leicht zu Kontaminationen durch Metalle und Schmierstoffe führen kann.

Aus diesem Homogenisat wird durch Verjüngen (Abtrennen einer repräsentativen kleinen Teilmenge) die Analysenprobe gewonnen.

5.2.2 Probenvorbereitung

Ist ein Material nicht direkt einem Analysenverfahren zuzuführen (was leider nur sehr selten vorkommt, z.B. direkte Analyse von Gasen mittels GC) muß eine Probenvorbereitung durchgeführt werden. Die Qualität dieser Vorbereitung ist von entscheidender Bedeutung für die sich anschließende Analyse. Es dürfen keine Teile des Analyten verloren gehen, aber auch keine Kontaminationen, welche die Analytik stören können, eingebracht werden. Auch Substanzen, die den eigentlichen Analyten gar nicht enthalten, können die Messungen so verfälschen, daß die Meßergebnisse unbrauchbar werden. Eine zu hohe Salzfracht z.B. kann die Analytik mit ICP-Methoden behindern oder gar unmöglich machen, eingebrachte schwere Elemente die Analytik auf leichte Elemente mittels der Röntgenfluoreszenz in hohem Maße verfälschen.

Bei der Probenvorbereitung handelt es sich im Wesentlichen um physikalische oder chemische Methoden. Häufig muß eine Kombination angewendet werden.

Zu den physikalischen Methoden gehören unter anderem Aliquotieren, Sieben zur Korngrößenseparation, Mahlen zur Verringerung der Partikelgröße, das Anfertigen von Preßlingen mit oder ohne Bindemittel und das thermische Veraschen. Bei den chemischen Probenvorbereitungen handelt es sich meist um Elution, Extraktion, Aufschluß oder Derivatisierung. Kombinationen von chemischen und physikalischen Methoden werden i.d.R. bei der Anreicherung oder Aufkonzentration des Analyten angewendet.

5.2.2.1 Trocknen

Meist werden zur Trocknung des Probenmaterials thermische Trocknungsverfahren zum Einsatz gebracht. Gase werden durch Durchleiten durch ein hygroskopisches Trockenmittel getrocknet, Flüssigkeiten in der Regel nicht. Nicht getrocknet werden Proben, bei denen Aktivitäten von Lebewesen in der Probe aufrechterhalten werden sollen.

Beim Trocknen der feldfrischen Probe im Labor muß darauf geachtet werden, daß das Analysenobjekt so wenig wie möglich verändert wird. Trocknung bei mäßig erhöhter Temparatur (30 – 40 °C) stellt die schonendste Trocknung neben der Gefriertrocknung dar, dauert allerdings sehr lange und ist für die Bestimmung der Trockenmasse nicht geeignet, da hierbei sämtliches Haftwasser an den Partikeloberflächen bleibt. Dieser Teil läßt sich nur sehr schwer und ungenau abschätzen. Trocknung bei 105 °C entfernt in vergleichsweise kurzer Zeit zwar das gesamte freie Wasser und das Haftwasser, greift allerdings bereits weitreichend in die Phasenzusammensetzung einiger thermisch instabiler Phasen ein. Auswirkungen können stoffliche oder strukturelle Änderungen der Probe sein, die die Ergebnisse der nachfolgenden Analytik verfälschen oder gar unbrauchbar machen können. Trocknung bei 115 °C entfernt zusätzlich noch große Teile des Kristallwassers, verstärkt allerdings auch die negativen Auswirkungen der Trocknung bei 105 °C.

5.2.2.2 Aliquotieren, Vereinigen

Gründe für die Teilung einer Probe sind:

- Nicht das gesamte Probenmaterial kann verwendet werden, so daß ein Aliquot entnommen werden muß, welches die gesamte Probe repräsentiert.
- Es müssen Rückstellproben gebildet werden, welche in der Zusammensetzung der Analysenprobe entsprechen.
- Das Probenmaterial soll von verschiedenen Abteilungen eines Labors oder verschiedenen Laboren untersucht werden.

Je kleiner die Partikelgröße und je homogener das Material ist, desto kleiner kann das weiter zu behandelnde Aliquot gewählt werden. Es bieten sich verschiedene Verfahren an: Bei Gasen oder homogenen, einphasigen Flüssigkeiten können Teile abgesaugt oder abgegossen werden. Besteht eine Flüssigkeit aus mehreren Phasen, so muß diese zunächst homogenisiert werden.

Homogene Feststoffproben mit bezogen auf ihr Volumen kleiner Partikelgröße können durch Häufeln und Teilen oder durch einen einfachen mechanischen Teiler aliquotiert werden. Solche Teiler werden von Laborgeräteherstellern in verschiedenen Ausführungen, die den jeweils zu bearbeitenden Probenmengen angepaßt sind, angeboten. Gegenüber dem Häufeln und manuellen Teilen hat ein mechanischer Teiler den Vorteil, daß unbewußte Selektion von Teilen des Probenmaterials nicht auftritt. Dem steht entgegen, daß Inhomogenitäten im Probenmaterial nicht so gut erkannt werden und hierdurch eine nicht repräsentative Teilprobe ausgewählt wird. Für Abfälle und Schreddermaterial ist der mechanische Teiler meist nicht verwendbar, da die großen Unterschiede bei der Partikelgröße und Dichte nicht zu einer gleichmäßigen Aliquotierung führen würden.

Probenvereinigung wird dann durchgeführt, wenn eine Einzelprobe nicht die ausreichende Menge Material für die vorgesehenen Untersuchungen liefert oder durchschnittliche Analytkonzentrationen für ein größeres Gelände gesucht werden. In beiden Fällen ist genauestens darauf zu achten, daß sich die Gesamtprobenzusammensetzung bezüglich der Einzelproben nachvollziehen läßt. Durchschnittliche Analytkonzentrationen für ein Gebiet lassen sich nur dann richtig ermitteln, wenn alle die Gesamtprobe bildenden Einzelproben in exakt der gleichen Menge gemischt werden. Besser, wenngleich auch erheblich teurer, ist das Anfertigen von mehreren Einzelanalysen.

5.2.2.3 Trennmethoden

Trennmethoden kommen immer dann zum Einsatz, wenn eine Probe in verschiedene Teile mit unterschiedlichen chemischen oder physikalischen Eigenschaften zerlegt werden muß. Dies kann verschiedene Gründe haben, zum Beispiel bei bekannter Anreicherung eines Schadstoffes in einer bestimmten Korngrößenfraktion die Erhöhung der Analytkonzentration im Ausgangsmaterial des analytischen Prozesses. Hierbei muß auch der Anteil der untersuchten Fraktion an der Gesamtprobe ermittelt werden.

Ziel der Trennung in der Analytischen Chemie ist meist das Abtrennen des Analyten von der störenden Matrix (gleiche oder unterschiedliche Phase). Die auftretenden Störungen können die direkte Behinderung des Analysenvorganges im Analysengerät oder eine zu starke Verdünnung sein. Ist die Analytmenge in der Probe so gering, daß sie klein gegenüber den auftretenden Fehlern ist, muß sie auf geeignetem Wege angereichert werden. Der Anreicherungsfaktor muß bekannt sein.

- *Trennung gasförmig/flüssig*
  Durch Ausgasen und Abfangen des gasförmigen Anteils (gezielte Veränderung der Löslichkeit des Gases in der flüssigen Phase z.B. durch Druck-, Temperaturveränderung und Abfangen des freigesetzten Gases).
- *Trennung gasförmig/fest*
  Durch Austreiben mit reinem Inertgas.
- *Trennung flüssig/fest*
  Durch Elution oder Extraktion.
- *Trennung flüssig/flüssig*
  Durch fraktionierende Destillation, Ausschütteln oder gravimetrische Trennung.
- *Trennung fest/fest*
  Die Trennung fest/fest nimmt im Rahmen der Analytik an Festkörpern den größten Raum ein. Hierbei kann man zwei grundsätzlich verschiedene Ansätze unterscheiden. Trennung nach chemischen Kriterien oder nach Partikelkriterien (physikalische Kriterien).

Bei der Trennung nach *chemischen* Kriterien können eine oder mehrere Phasen durch Elution, Extraktion oder gezielte Reaktionen aus dem gesamten Verband entfernt werden. Die Selektivität eines solchen Verfahrens ist nicht sehr hoch, meist werden auch Gruppen von Verbindungen beeinflußt, die eigentlich nicht entfernt werden sollen. Neben dem unerwünschten Entfernen von Phasen kann die Behandlung auch zu Umstrukturierungen in situ führen. Das Resultat kann eine Veränderung des Chemismus einzelner Phasen sein, die später nicht mehr nachvollzogen werden kann. Das Ergebnis sind falsche Analysen.

Die *physikalischen* Trennmethoden sind die am häufigsten benutzten. Die wichtigsten hiervon wiederum sind Korngrößenseparation und Dichteseparation.

Korngrößenseparation

Sieben stellt die einfachste Methode mechanischer Trennung dar. Partikel werden hierbei in der Regel über eine Folge mehrerer verschiedener Siebe mit unterschiedlichen Maschenweiten nach ihrer Größe sortiert. Hierbei entstehen Teilmengen, welche jeweils einen durch die Siebmaschenweiten gegebenen Partikel- oder Korngrößenbereich umfassen. Gängige Siebmaschenweiten sind: 63 mm, 20 mm, 6,3 mm, 2 mm, 1 mm, 630 µm, 350 µm, 180 (200) µm, 63 µm, (35 µm), 20 µm, 10 µm, 6,3 µm, 2 µm. Während das Sieben bei großen Maschenweiten (> 630 µm) und trockenem Material leicht vonstatten geht, stellen sich bei kleineren Maschenweiten Probleme ein. Trockensieben ist hier meist nicht möglich, ohne das Siebgewebe zu beschädigen. Beim nassen Sieben in einer Suspension findet häufig bereits ein Eingriff in den Chemismus der Probe statt.

Es sollte nicht verschwiegen werden, daß auch bei gröberen Körnungen bedeutende Fehler auftreten können. Hierbei handelt es sich weniger um mechanische Beschädigungen oder Abrieb an den meist aus Metall bestehenden Siebdrähten, sondern um während des Siebvorgangs nicht zerfallende Aggregate, die bereits vor dem Sieben vorliegen oder sich bei nicht ganz trockener Probe während des Siebens bilden. Durch Naßsieben kann hier Abhilfe geschaffen werden. Der Fehler hierdurch ist bei groben Partikeln aufgrund der geringeren Oberfläche meist nicht so gravierend wie bei feinen Fraktionen, sollte aber nicht vernachlässigt werden; es empfiehlt sich, auch das Eluat zu untersuchen. Die Siebflüssigkeit sollte so ausgewählt werden, daß eine möglichst geringe Beeinflussung der Probe stattfindet, und die Siebflüssigkeit sollte im Umlaufverfahren benutzt werden, was deren Elutionskraft deutlich reduziert.

Das Sieben der Proben kann entweder von Hand oder wesentlich komfortabler unter Verwendung von automatischen Siebmaschinen erfolgen. Hier können mehrere Siebe unterschiedlicher Maschenweite und eine Auffangschale übereinander gestapelt werden. Nach Einfüllen der Probe in das oberste (gröbste) Sieb wird die Maschine verschlossen und das Material durch Rütteln gesiebt und gleichzeitig fraktioniert. Nach dem Siebvorgang, der Minuten bis Stunden dauern kann, werden die vorher ausgewogenen Siebe erneut gewogen. Aus den Massen der einzelnen Fraktionen wird im Anschluß daran eine Korngrößenverteilungskurve erstellt. Siebgrößen unter 63 µm lassen sich allerdings für trockenes Sieben kaum noch verwenden; sie sind sehr empfindlich gegen mechanische Beschädigungen, schwer zu reinigen, verstopfen leicht und sind dann für keine Korngröße mehr zu verwenden. Abhilfe kann durch Naßsieben, ebenfalls in automatischen Siebmaschinen, geschaffen werden. Vor Einsatz dieser Methode sollte man sich allerdings darüber im Klaren sein, daß die Probe im Anschluß an den Siebvorgang erneut getrocknet werden muß und man gegebenenfalls wasserlösliche

Anteile entfernt oder in eine andere Fraktion verschleppt. Ist nur wenig Probenmaterial vorhanden, was für den feinkörnigen Anteil sehr häufig der Fall ist, verliert man zusätzlich einen erheblichen Teil, der im Sieb hängen bleibt. Besser trennt man die Fraktion unter 180 (200) µm mittels eines Sedimentationsverfahrens weiter auf.

Neben den oben beschriebenen vertikalen Siebverfahren (trocken oder naß) besteht die Möglichkeit des horizontalen Siebens im Luftstrom. Hierbei wird in der Regel verhindert, daß sich ein undurchlässiger Kuchen auf den einzelnen Sieben bildet, der den Siebvorgang stört. Siebanlagen dieser Bauform sind technisch allerdings aufwendig und daher selten anzutreffen, desgleichen gilt für Luftflotationsanlagen, auf die hier nicht eingegangen werden soll.

Was in Bezug auf die chemische Beeinflussung der Probe für die Naßsiebmethoden gilt, trifft auf die *Flotationsverfahren* in noch stärkerem Maße zu. Von Flotationsverfahren spricht man, wenn das feste Probenmaterial in einem flüssigen Flotationsmittel aufgeschlämmt und durch Bewegung getrennt wird. Hierbei ist das Massenverhältnis Flotationsmittel/Probe meist sehr groß (> 20).

Ein einfaches, billiges und sicheres, wenn auch sehr zeitaufwendiges Verfahren zur Korngrößentrennung ist die Trennung in Atterberg-Zylindern (Abb. 5.3). Hiermit lassen sich Proben sehr genau nach Korngrößen separieren.

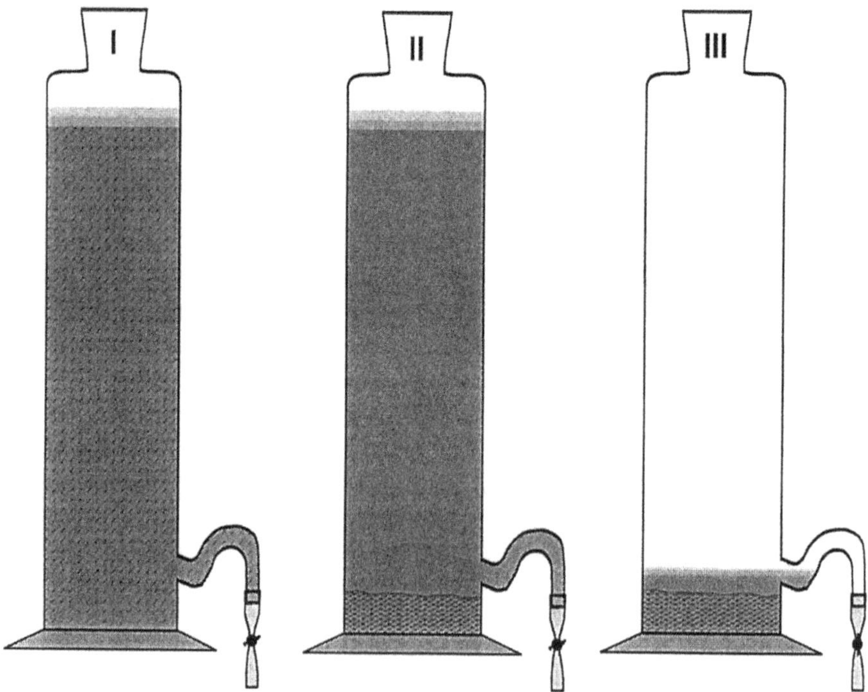

Abb. 5.3. Atterberg-Zylinder; I: aufgeschüttelt, II: sedimentiert, III: abgelassen

Bei dieser Methode werden die unterschiedlichen Fallgeschwindigkeiten verschieden großer und dichter Partikel in einer Flüssigkeit ausgenutzt. In die Atterberg-Zylinder, deren Auslaufschlauch abgeklemmt ist, wird eine Probenmenge von ca. 20 g so eingefüllt, daß nichts in den Auslaufsiphon gelangt. Anschließend wird bidestilliertes Wasser bis zu einer bestimmten Marke eingefüllt und das Ganze so lange geschüttelt, bis sich eine gleichmäßige Suspension ergibt. Die so vorbereiteten Zylinder werden zur Korngrößentrennung durch Sedimentation auf eine stabile Unterlage in einem klimatisierten dunklen Raum gestellt. Um eine ausreichend quantitative Trennung zu erzielen, müssen meist 3 bis 20 Durchgänge bei einer Probe durchgeführt werden.

Das Fallen der Partikel im Atterberg-Zylinder folgt dem Stokeschen Gesetz:

$$v = \frac{2}{9} \cdot g \cdot \frac{\rho_1 - \rho_2}{\eta} \cdot r^2 \qquad (5.1)$$

Hierbei sind:

v = Fallgeschwindigkeit $(cm \cdot s^{-1})$

g = Erdbeschleunigung = 981 $(cm \cdot s^{-2})$

ρ_1 = Dichte der fallenden Kugel $(g \cdot cm^{-3})$

ρ_2 = Dichte der Flüssigkeit $(g \cdot cm^{-3})$

η = Viskosität der Flüssigkeit $(g \cdot cm^{-1} \cdot s^{-1})$

r = Radius der fallenden Kugel (cm)

Besitzen die einzelnen Partikel in der Probe sehr unterschiedliche Dichten, so findet eine Verschleppung der schwereren Komponenten in eine gröbere Fraktion statt. Schwerminerale oder besonders dichte Partikel sollten aus diesem Grunde vorher durch eine Schweretrennung entfernt werden.

Häufig werden die nach der Atterberg-Trennung noch in der Schwebe befindlichen Partikel durch Filtration mit Membranfiltern von der Flüssigkeit abgetrennt. Die Flüssigkeit kann anschließend für weitere Trennungsgänge derselben Probe weiter benutzt werden. Die Filtration kann wegen der Ausbildung eines „Filterkuchens" sehr zeitaufwendig werden. Auch bei Anwendung der Druckfiltration kann es mehrere Stunden dauern, bis die gesamte Flüssigkeitsmenge, bei gängigen Atterberg-Zylindern ca. 0,75 L, durchgedrückt und die Filtration abgeschlossen ist. Ein weitaus schnelleres Verfahren ist das Abtrennen mit einer Zentrifuge. Nach dem Abzentrifugieren kann der Überstand dekantiert und für weitere Durchgänge verwendet werden. Für das nahezu quantitative Abtrennen der Fraktion < 2 µm aus einer Bodenprobe müssen bei Verwendung der Atterberg-Methode ca. 1 bis 2 Wochen einkalkuliert werden (Trennzeit pro Durchgang im Atterberg-Zylinder ca. 24 h).

Müssen die Fraktionen nicht voneinander getrennt werden, ist also nur die Kenntnis der Korngrößenverteilung notwendig, kann diese mit Hilfe einer Sedimentationswaage ermittelt werden. Hierbei wird das in einem Sedimentationsvorgang auf einen in der Flüssigkeit befindlichen Wägeteller fallende Material kontinuierlich ausgewogen. Über die Korrelation zwischen Partikelgröße und Fallgeschwindigkeit läßt sich die Korngrößenverteilung im Anschluß daran berechnen.

In neuerer Zeit sind Apparaturen auf den Markt gekommen, die auf optischem Wege arbeiten und die Korngrößenverteilung in sehr kurzer Zeit ermitteln. Auch hier findet keine Separation statt; die geringe eingesetzte Probenmenge wird nach der Messung verworfen. Mit den hieraus gewonnen Informationen kann gegebenenfalls ein bestimmter Siebsatz für die Trennung gewählt oder die Fallzeiten für die Atterberg-Trennung bestimmt werden.

Dichteseparation (Schweretrennung)

Bei der Schweretrennung werden einzelne Phasen einer Probe von den anderen nach ihrer Dichte, ohne Berücksichtigung der Korngröße, abgetrennt. Häufig werden hierbei Schwerminerale von Leichtmineralen getrennt. Ein großes Problem der Schweretrennung ist die häufig sehr hohe Toxizität der Trennmittel (vgl. Tabelle 5.1). Im Bereich der Geowissenschaften wird sehr häufig Bromoform benutzt, da hierbei Schwerminerale gut von den häufig auftretenden Mineralphasen Quarz und Feldspat getrennt werden können. Häufig sind toxische Schwermetalle an Schwerminerale bzw. an schwerere Komponenten im Probenmaterial gebunden und treten in Quarz und Feldspäten nur untergeordnet auf. Auf diesem Wege erreicht man eine Anreicherung der interessierenden Analyten.

Die Probe sollte vor der Durchführung einer Schweretrennung mittels eines Mikroskops daraufhin untersucht werden, ob die unterschiedlichen mineralogischen Phasen getrennt voneinander vorliegen. Ist dies nicht der Fall, muß der Versuch unternommen werden, sie zu trennen. Sind sie nur locker miteinander verbacken, kann dies duch Ultraschall oder schonendes Mahlen geschehen. Lassen sie sich auf diese Weise nicht trennen, ist die Anwendung einer Schweretrennung nicht sinnvoll.

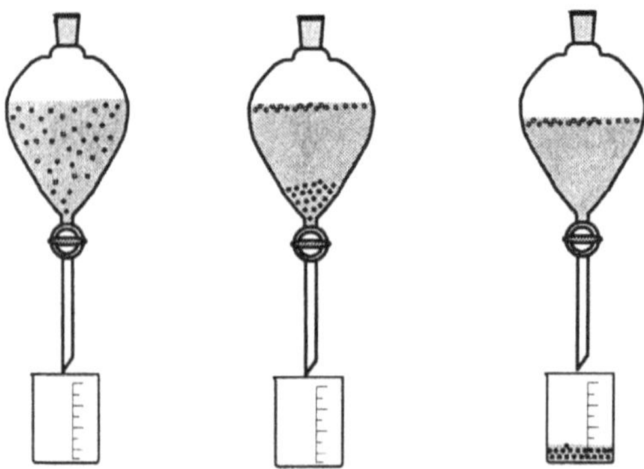

Abb. 5.4. Schweretrennung im Scheidetrichter

Tabelle 5.1. Gängige Schweretrennungsmittel

Name	Zusammensetzung	max. Dichte bei 20°C	Lösungsmittel	Toxizität
Bromoform	$CHBr_3$	2,87 – 2,89	1,1,1-Trichlorethan	giftig, reizend
1,1,2,2-Tetrabromethan (Muthmanns Flüssigkeit)	$C_2H_2Br_4$	2,963 – 2,964	1,1,1-Trichlorethan, Toluol	kanzerogen, reizend
Diiodmethan	CH_2I_2	3,31 – 3,32	1,1,1-Trichlorethan	giftig
Thoulet's Lösung	Kaliumtetraiodomercurat-Lsg. K_2HgI_4	3,15 – 3,16	Wasser	stark giftig
Rohrbach's Lösung	Bariumtetraiodomercurat-Lsg. $BaHgI_4$	3,48 – 3,49	Wasser	sehr stark giftig!
Clerici's Lösung	Lsg. von Thallium(I)-formiat $[TlHCO_2]$ und Thalliummalonat $[Tl_2C_3H_2O_4]$ im Molverhältnis 1:1	4,03 – 4,04	Wasser	sehr stark giftig!
Natrium-metatungstat (Natriumpoly-wolframat)	gesättigte Lsg. von $Na_6(H_2W_{12}O_{40})$	3,1	Wasser	ungiftig

In der Folge soll die Vorgehensweise kurz erläutert werden. In einem Scheidetrichter wird das Trennungsmittel mit der gewünschten Dichte (vgl. Tabelle 5.1) vorgelegt und die Probe zugegeben. Nach anschließendem kräftigen Schütteln wird die Trennung der Partikel abgewartet: Partikel mit einer niedrigeren Dichte als die der Flüssigkeit schwimmen oben auf, die mit einer höheren Dichte sinken zu Boden und können mit einer geringen Menge der Trennflüssigkeit abgelassen und weiter verarbeitet werden (vgl. Abb. 5.4). Die im Becherglas befindliche Trennflüssigkeit kann durch Filtration abgetrennt werden.

Der Umgang mit den Schweretrennmitteln erfordert besondere Sorgfalt, da sie oft in hohem Maße toxisch und flüchtig sind. Es muß daher zwingend in einem geeigneten Abzug gearbeitet werden.

Die organischen Schweretrennmittel besitzen bereits bei Raumtemperatur einen relativ hohen Dampfdruck. Der Dampf selbst ist schwerer als Luft und sinkt somit nach unten. Um Kontakt zu vermeiden (die Verbindungen werden durch die Haut resorbiert) muß der Abzug eine Wanne und eine untere Absaugung besitzen. Nur dann ist gewährleistet, daß man den Trennmitteln mit den Händen und Armen so wenig wie möglich ausgesetzt ist und nichts an der Vorderseite des Abzugs austritt.

In der Regel wird jede der oben genannten Trennmethoden mit einer gravimetrischen Untersuchung gekoppelt, um die Massenverhältnisse der einzelnen durch das Trennverfahren gewonnenen Fraktionen bestimmen zu können. Diese sind notwendige Voraussetzung für die nachfolgende Analytik. Nur wenn die Bestimmung der Massenanteile der einzelnen Fraktionen hinreichend genau ist, können aus den durch die Analytik gewonnenen fraktionsbezogenen Konzentrationen die Konzentrationen der Gesamtprobe berechnet werden. Fehler, die bei diesen gravimetrischen Untersuchungen gemacht werden, können die Richtigkeit auch noch so genauer instrumentell analytischer Verfahren in Frage stellen. Dies sei an einem Beispiel erläutert:

- 1000 g feldfrischer Probe wird im Labor vorbereitet.
- Die Trockenmasse beträgt 850 g.
- Nach der Korngrößentrennung bei 2 µm ergeben sich folgende zwei Fraktionen

$$
\begin{array}{lll}
I\ (> 2\ \mu m) = & 840{,}0\ g & \\
II\ (< 2\ \mu m) = & 8{,}0\ g & \\
\Sigma\ \ \ \ \ = & 848{,}0\ g \approx & 99{,}75\%\ .
\end{array}
$$

Dies scheint auf den ersten Blick eine gute Wiederfindungsrate zu sein. Welche Anteile der fehlenden 2 g befinden sich aber in den beiden Fraktionen? Die auftretenden Fehler werden an den zwei möglichen Extremen durchgerechnet:

Der Verlust stammt   a) vollständig aus der Grobfraktion
                      b) vollständig aus der Feinfraktion

Zu a):
840 g von theor. 842 g gefunden   → 99,76% Wiederfindungsrate, somit bei 1 signifikanten Nachkommastellen identisch mit Gesamtwiederfindungsrate, es treten nur marginale Unterschiede auf.

Zu b):
8 g von theor. 10 g gefunden   → 80% Wiederfindungsrate, somit deutlich niedriger als bezüglich der Gesamtprobe.

Viele Schadstoffe sind in den verschiedenen Fraktionen unterschiedlich stark vertreten, es treten An- und Abreicherungen auf. Im o.g. Beispiel wurden in der Grobfraktion 10 µg/kg und in der Feinfraktion 25 mg/kg PAK gefunden. Hieraus ergeben sich:

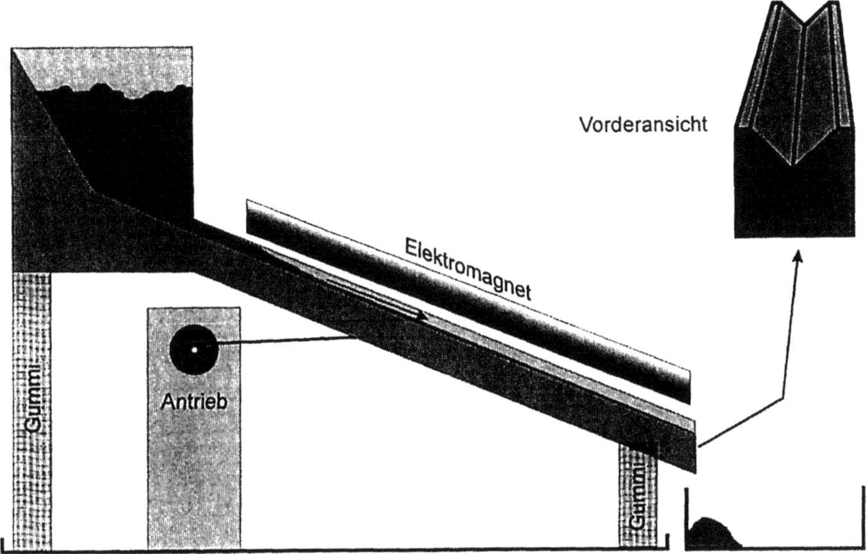

Abb. 5.5. Magnetscheider

8,4 μg PAK   in 840 g Grobfraktion,
200 μg PAK   in 8 g Tonfraktion.

In der Gesamtprobe sind dann enthalten:

208,4 μg PAK, wenn der Verlust nicht beachtet wird,
im Fall a) 208,42μg; Unterschied von ~ 0,01%,
im Fall b) 258,4 μg; Unterschied von ~24%.

Trennung nach weiteren Eigenschaften
Partikel, die voneinander getrennt werden müssen, können neben der Korngröße
noch eine Vielzahl anderer Eigenschaften besitzen, nach denen sie getrennt
werden können. Zu nennen wären hier unter anderem der Schmelz- und Siedepunkt, die spezifische Löslichkeit und magnetische Eigenschaften. Bei Böden und
Sedimenten werden die ersten beiden eher selten, die beiden anderen dagegen
häufig angewandt.
Ferromagnetische Substanzen können aus einem Gemisch mittels eines Elek-
tromagneten aussortiert werden. Hierzu wird die trockene und gemahlene Probe
durch eine schräge Rüttelrinne geleitet. Über dieser ist ein starker Elektromagnet
angebracht, der die magnetischen Partikel aus der Probe entfernt (s. Abb. 5.5).
Hierbei ist auf mehrere Punkte zu achten: Die Probe muß fein genug sein und sie
muß die Rinne genügend langsam herunter laufen. Ist der Anteil an ferromagneti-

schen Partikeln sehr hoch, muß der Elektromagnet häufiger im eingeschalteten Zustand zur Seite geschwenkt, dort ausgeschaltet und abgepinselt werden. Für eine möglichst weitgehende Abtrennung der magnetischen Partikel muß die Probe gegebenenfalls mehrfach durch den Magnetscheider geleitet werden. Die Trennung kann nie vollständig sein, da magnetisches Material mit nichtmagnetischem verbunden sein kann. Dies kann dazu führen, daß entweder die Magnetkraft nicht ausreicht, den Verbund zu heben (dann bleibt magnetisches Material im Rest), oder nicht Magnetisches mitgerissen wird.

5.2.2.4 Mahlen

Das Mahlen des Probenmaterials ist immer dann notwendig, wenn die einzelnen Partikel der Probe zu groß sind, um in der Analytik quantitativ erfaßt zu werden, oder die Probe auf diesem Weg homogenisiert werden muß. Je feiner das Analysenmaterial vermahlen und homogenisiert ist, um so kleiner kann eine noch repräsentative Probe sein.

Durch den Mahlvorgang darf sich die Probe nicht in den Eigenschaften, die analysiert werden sollen, verändern. Sollten fein vermahlene Probenbestandteile miteinander reagieren, läßt sich dies gegebenenfalls durch sehr starkes Kühlen mit flüssigem Stickstoff einschränken oder verhindern. Reaktion mit dem Luftsauerstoff lassen sich durch den Einsatz von Schutzgas verhindern.

Der Vermahlungsgrad ist abhängig von dem Analysenverfahren, dem die Probe zugeführt werden soll. Hierbei sind die Anforderungen für die weitere Probenvorbereitung mit in die Betrachtungen einzubeziehen. Für eine möglichst vollständige Elution oder Extraktion sowie einen Aufschluß ist eine möglichst weitgehende Aufmahlung vorteilhaft, es ist jedoch darauf zu achten, daß bei vergleichenden Untersuchungen immer die gleichen Bedingungen zur Anwendung kommen. Sollen optische Verfahren an den einzelnen Partikeln zur Anwendung kommen, dürfen die Einzelpartikel nicht zu klein werden. Die optimale Bandbreite der Partikelgröße ist oftmals nicht sehr groß. Für die Röntgenpulverdiffraktometrie sollten die Partikel kleiner als 10 µm, aber größer als 1 µm sein; bei Größen deutlich unter 1 µm wird das Pulver röntgenamorph, das heißt, es lassen sich keine Strukturen mehr erkennen.

Der apparativ einfachste, wenngleich für den Anwender anstrengendste, ist das Zermahlen von Hand mit einem Pistill im Mörser. Hierbei wird häufig Achat als Material für das Mahlgeschirr verwendet. Achat ist hart und zäh zugleich, er ist in großer Reinheit zu noch vertretbaren Preisen zu erhalten und der Abrieb besteht im Wesentlichen nur aus SiO_2.

Auch in Scheibenschwingmühlen und Planetenschnellmühlen wird oft ein Mahlgeschirr aus Achat eingesetzt. Jede der beiden genannten Mühlentypen hat spezifische Vor- und Nachteile. Die Scheibenschwingmühle führt in sehr kurzer Zeit zu sehr feinem Mahlgut; meist dauert der Mahlvorgang nur wenige Minuten.

Hierbei wird das Probenmaterial durch die Reibung der sehr schnell bewegten Scheibe thermisch sehr stark belastet. In der Planetenschnellmühle sorgen Mahlkugeln in Mahlbechern für die Zerkleinerung. Die Mahlbecher, in denen trocken, naß oder sogar unter Schutzgas gemahlen werden kann, werden in Rotation um zwei parallele Achsen versetzt. Hierdurch rollen die Mahlkugeln immer eine bestimmte Strecke an der Gefäßwandung entlang und werden dann zur gegenüberliegenden Seite geschleudert. Sowohl der Roll- als auch der Aufschlagprozeß sorgen für den Mahleffekt. Dieser Vorgang dauert je nach Material und Ausgangskorngröße mehrere Stunden bis hin zu einigen Wochen. Hier wird das Mahlgut allerdings thermisch nur sehr wenig belastet.

Neben Achat als Material für die Mahlwerkzeuge werden in mechanischen Mühlen häufig auch Edelstahl oder Wolframcarbid verwendet. Edelstahl ist relativ preiswert, aber nicht sehr hart und kann die Probe sehr leicht kontaminieren. Wolframcarbid besitzt fast dieselbe Reinheit wie Achat und ist bedeutend härter, aber auch sehr viel teurer.

5.2.2.5 Pressen und Schmelzen

Diese Verfahren kommen bei der Probenvorbereitung für die Röntgenfluoreszenzanalyse zum Einsatz. Pulvriges, trockenes, gemahlenes Probenmaterial wird zu festen Tabletten gepreßt. Wenn genügend bindende Komponenten vorhanden sind, daß eine stabile Tablette entstehen kann, kann das Material direkt in einer Tablettenpresse verpreßt werden. Ist dies nicht der Fall, so muß ein Bindemittel zugesetzt werden, welches die Tablette nicht nur unter Atmosphärenbedingungen für lange Zeit stabil hält, sondern auch unter Analysenbedingungen (Vakuum und erhöhte Temperaturen) seine Bindekraft nicht verliert. Die Menge des Bindemittels muß bei Proben und Standards natürlich gleich groß gewählt werden und sollte so gering wie möglich gehalten werden, um einen möglichst geringen Verdünnungseffekt zu liefern.

Sind die interessierenden Komponenten der Probe auch bei hohen Temperaturen nicht flüchtig und liegt der Interessenschwerpunkt auf Haupt- und Nebenbestandteilen, so kann auch eine Schmelztablette erstellt werden. Diese ist, sofern die Herstellung einmal erfolgreich durchgeführt wurde, ebenso langzeitstabil wie ein Pulverpressling. Der Vorteil der Schmelztablette ist die große Homogenität der Probe. Diese wird allerdings durch einen starken Verdünnungseffekt erkauft. Meist ist das Mengenverhältnis zwischen Flußmittel (häufig Li-Tetraborat) und Probe größer oder gleich 9 zu 1. Häufig wird im analytischen Verfahren eine geringere Verdünnung gewählt; hierbei entsteht allerdings oft keine klare, transparente Tablette, die für eine exakte Analytik notwendig ist. Die Tablette muß eine vollständige Lösung des Probenmaterials im Flußmittel sein, da ansonsten Partikeleffekte die Analytik stören können (vgl. Kapitel 5.5.1).

5.2.2.6 Elution, Extraktion und Aufschluß

Auf die Elution und Extraktion wird in den Kapiteln 2.1.5 sowie 2.1.6 intensiv eingegangen. Diese sollen hier nicht nochmals geschildert werden.

Aufschlußverfahren

Ein Probenaufschluß wird immer dann benötigt, wenn die zu untersuchenden Substanzen nicht leicht löslich sind, aber für die Analyse in gelöster Form vorliegen müssen. Der Begriff *Aufschluß* ist nicht sehr klar umrissen: Die Probe wird mit mehr oder weniger *aggressiven* Methoden so behandelt, daß das Analysenobjekt *(nahezu) vollständig* in Lösung gebracht wird. Daher kommen Aufschlußverfahren grundsätzlich immer nur dann zum Einsatz, wenn keine Speziesanalytik gefragt ist.

Die meisten Aufschlußverfahren werden in der *Elementanalytik* eingesetzt. Die Vorgehensweise muß im Vorfeld genau geplant und an die Problemstellung angepaßt werden. Das häufigste Problem ist der *unvollständige* Aufschluß (ein Teil der Probe ist nicht aufgeschlossen oder das Produkt des eigentlichen Aufschlusses ist unlöslich). Dieses Problem läßt sich häufig nur durch Anwendung eines mehrstufigen Verfahrens lösen. Ein solches birgt in sich die Gefahr, daß Fehler kumulieren und darunter die Richtigkeit der Analysenergebnisse leidet. Bei den auftretenden Fehlern handelt es sich im Wesentlichen um:

- Verflüchtigung leicht flüchtiger Probenbestandteile,
- Adsorption von Analyten an den Gefäßwandungen,
- Erhöhung der Blindwerte aus den verwendeten Aufschlußchemikalien,
- Kontamination aus der Luft durch Staubeintrag,
- Kontamination, ausgehend von Gefäßen und der Analysenapparatur.

(Mikrowellen-)Druckaufschluß. Der Aufschluß erfolgt in einem geschlossenen System (Aufschlußbombe) bei erhöhter Temperatur. Das geschlossene System verhindert (im Idealfall) ein Entweichen des Analyten und sorgt gleichzeitig dafür, daß das Aufschlußreagenz aufgrund des sich einstellenden erhöhten Druckes erst bei höheren Temperaturen siedet. Nach Jackwerth und Würfels (in Stoeppler 1994) ist der erhöhte Druck hier aber nur ein unerwünschter Nebeneffekt, auf den man gut verzichten könnte. Er stellt in Verbindung mit den in der Regel sehr aggressiven Aufschlußreagenzien eine nicht zu unterschätzende Gefahr dar. Um diese möglichst klein zu halten, besitzen Druckaufschlußbomben meist nur ein Volumen zwischen 10 und 100 mL, die eingesetzte Probenmenge liegt meist unter 1 g. Die Gefäße besitzen Überdrucksicherungen, die ein mehr oder weniger kontrolliertes Entweichen der Füllung ermöglichen, wenn der Druck im Inneren über den zulässigen Höchstwert für die Apparatur ansteigt. Das Material ist dann allerdings für weitere analytische Untersuchungen verloren und die Apparatur muß dekontaminiert werden. Die verwendeten Gefäße bestehen meist entweder aus Glas oder Polytetrafluorethylen (PTFE). Letztere befinden sich in der Regel zu ihrer Stabilisierung in einer Umhüllung aus Kunststoff. PTFE ist zwar recht temperaturbeständig (bis ca. 250 °C), neigt aber dazu, sich fließend zu verformen. Dies kann dazu führen, daß die Aufschlußgefäße nur sehr schlecht oder gar nicht aus ihren Halterungen entfernt werden können. Der hohen Reinheit und Beständigkeit auch gegen heiße Flußsäure steht die ausgeprägt Porosität gegenüber, die bewirkt, daß Analytsubstanz in das PTFE hineindiffundieren und sich somit der Analyse entziehen kann. Bei weiteren Aufschlüssen kann sie sukzessive aus der Gefäßwand herausgelöst werden und zur Kontamination der Probe beitragen.

Die Wärmequelle für den Aufschluß kann ein konventioneller Ofen oder ein Mikrowellenherd sein. Der wesentliche Vorteil des Mikrowellenaufschlusses ist eine deutliche Zeitersparnis, da nicht die gesamte Apparatur aufgeheizt werden muß. Die benötigte Energie läßt sich gezielt in die Aufschlußlösung bringen.

Offene Aufschlußverfahren, Königswasseraufschluß (S7). Die offenen Aufschlußverfahren fassen eine Vielzahl möglicher Vorgehensweisen zusammen. Im einfachsten Fall wird in einer offenen Schale mit Wasser, häufiger mit Säuren oder Laugen aufgeschlossen. Gebräuchliche Aufschlußreagenzien sind:

- Salzsäure
- Phosphorsäure
- Schwefelsäure
- Salpetersäure
- Perchlorsäure
- Flußsäure

Die oben genannten Säuren sind in der Lage, auch mineralische Proben aufzuschließen. Bei der Verwendung von *Perchlorsäure* besteht immer die Gefahr der Bildung von explosiven Perchloraten, die sich gegebenenfalls in Nischen des Abzuges oder der Lüftungskanäle abscheiden. Bei Erreichen einer kritischen Menge kann sich das Material explosionsartig zersetzen und zu erheblichen Schäden und Verletzungen führen. Aus diesem Grunde sollte bei Verwendung von Perchlorsäure *immer* ein Abzug mit einem Gaswäscher verwendet werden.

Der Kontakt mit *Flußsäure* bei niedrigen Konzentrationen ruft nicht unmittelbar Reizungen oder Schmerzen hervor, so daß er gegebenenfalls gar nicht bemerkt wird. Schädigungen am Nervensystem und den Knochen sind dann nicht auszuschließen. Flußsäure kann aufgrund ihrer ausgeprägten Agressivität gegenüber Silicaten nicht in Glas, sondern nur in Kunststoffflaschen aufbewahrt werden, durch die sie allerdings hindurchdiffundieren kann. Das Arbeiten mit Flußsäure sollte aus diesen Gründen auf ein Mindestmaß eingeschränkt werden und die betroffenen Mitarbeiter sollten auf die besonderen Gefahren beim Umgang mit

Flußsäure hingewiesen werden. Für Notfälle sind Calcium-Braun Spritzampullen (nur von einem Arzt anzuwenden), Auxiloson-Spray und gegebenenfalls ein glycerinhaltiges Gel vorzuhalten.

In der Regel wird bei einem offenen Aufschluß in Glasschalen oder Glasgefäßen gearbeitet. Die Arbeiten haben grundsätzlich im Abzug stattzufinden, damit ätzende Dämpfe oder Gase entweichen können, ohne Personen oder Material zu gefährden. Aufschlüsse mit Flußsäure werden in PTFE(Polytetrafluorethylen, Teflon®)-Gefäßen durchgeführt. Je nach Art der Probe können alle offenen Aufschlußverfahren kalt oder warm angewendet werden.

Soll mit starker Erwärmung gearbeitet werden, ist es sinnvoll, den Aufschluß unter Rückfluß durchzuführen. Das Aufschlußgefäß (mit Schliff) und ein Rückflußkühler werden so montiert, daß die darunter stehende Wärmequelle jederzeit ohne Abbau der gesamten Apparatur entfernt und gegebenenfalls gegen ein Kühlbad ausgetauscht werden kann.

Ein Sonderfall des offenen Aufschlusses unter Rückfluß ist der *Königswasseraufschluß* nach DIN 38414 Teil 7, meist kurz *S7* genannt. Ein Teil Probe wird hierbei mit 10 Teilen Königswasser (frische Mischung aus drei Teilen Salzsäure und einem Teil Salpetersäure) zwei Stunden unter Rückfluß gekocht.

Schmelzaufschluß. Beim Schmelzaufschluß wird das Probenmaterial mit Lithiummetaborat oder Lithiumtetraborat bei ca. 1200 °C im Platintiegel aufgeschmolzen und gelöst. Die Schmelze wird in flache Platinausgußschalen gegossen. Die beim Abkühlen entstandene Tablette wird zur Bestimmung der Haupt- und Nebenbestandteile der Röntgenfluoreszenzanalytik zugeführt. Aufgrund der starken Verdünnung der Probe durch das Aufschlußmittel (meist etwa 10 zu 1), ist die Bestimmung von Spurenbestandteilen meist nicht möglich. Bei Aufschlüssen mit erhöhter Temperatur ist immer darauf zu achten, daß flüchtige Elemente leicht entweichen können und sich somit der Analyse entziehen.

Verdampfen. Die Flüchtigkeit bestimmter Komponenten (z.B. Thallium oder Quecksilber) kann man sich zunutze machen, indem die Probe in einem Kieselglasrohr in einem Gasstrom (Wasserstoff/Stickstoff) auf 1150 – 1200 °C erhitzt wird. Die flüchtigen Bestandteile werden an einem Kühlfinger abgeschieden und mit einem geeigneten Lösungsmittel in Lösung gebracht.

5.2.2.7 Anreicherung

Häufig ist der Analyt im Probenmaterial, dem Extrakt oder einer zu untersuchenden Lösung in einer Konzentration vertreten, die unterhalb einer analytisch quantifizierbaren liegt. In diesem Fall muß eine Anreicherung stattfinden. Der einfachste Weg einer Anreicherung aus Feststoffen ist, den Analyten aus einer großen Probenmenge zu extrahieren und den Extrakt im Anschluß einzuengen.

Dies funktioniert nur, wenn der Analyt nicht zu flüchtig und vollständig extrahierbar ist. Für eine exakte Analyse sollte der Extrakt nahezu zur Trockne eingedampft und der Analyt mit einer definierten Menge eines geeigneten Lösungsmittels aufgenommen werden. Diese Vorgehensweise gilt auch für bereits in flüssiger Form als Lösung vorliegenden Proben.

Wesentlich eleganter ist eine Anreicherung des Extrakts an einer geeigneten Festphase, da in diesem Fall keine erhöhten Temperaturen die Gefahr der Verflüchtigung des gesuchten Materials bedingen. Hierbei wird eine definierte Menge des Extrakts über eine Adsorberkartusche geschickt. An der Oberfläche des Adsorbermaterials reichert sich der Analyt an. Nach einigen Reinigungsschritten, bei denen unerwünschte Komponenten von der Adsorbersäule entfernt werden, wird der Analyt im letzten Schritt mit einer kleinen Menge eines sehr starken Lösemittels vom Adsorbens entfernt (siehe Schwedt 1995).

5.3 Auswahl der geeigneten Methode

Das folgende kurze Kapitel soll dazu dienen, eine Korrelation der wichtigsten in diesem Buch beschriebenen Methoden mit umweltanalytischen Anwendungen zu geben. Die für ein analytisches Problem beste Methode sollte dieses Problem natürlich in erster Linie lösen. Weitere Kriterien sind die Einfachheit und Sicherheit im Einsatz sowie die Genauigkeit und Reproduzierbarkeit. Auch die Justiziabilität ist von großer Bedeutung, denn selbst wenn die benutzte Analytik alle Kriterien einer guten Analytik erfüllt, wird sie nie vor Gericht Bestand haben und auch die Bedingungen für die immer bedeutender werdende GLP (Gute Labor Praxis) nicht erfüllen, wenn sie nicht normiert ist. Zuguterletzt wird sich eine noch so gute analytische Methode nicht durchsetzen, wenn die Kosten (Gerät, Material und Arbeit) unangemessen hoch sind.

In den folgenden Tabellen werden die grundlegenden Methoden Atomabsorptionsspektrometrie (AAS), Atomemissionsspektrometrie (AES/OES), Röntgenfluoreszenzanalytik (RFA), Gaschromatographie (GC), Hochleistungsflüssigkeitschromatographie (HPLC), Hochleistungsdünnschichtchromatographie (HPTLC) und Infrarotspektroskopie (IR/FTIR) den durch sie zu erfassenden Analyten gegenübergestellt. Sind die Verfahren normiert, werden die entsprechenden DIN-Normen aufgeführt. Diese wurden den „Deutschen Einheitsverfahren zur Wasser-, Abwasser- und Schlammuntersuchung" entnommen. Die instrumentellen Bestimmungsverfahren für Wasser- und Abwasserproben können auf Untersuchungen an Schlämmen, Sedimenten und Böden übertragen werden, sofern eine korrekte Probenahme und anschließende Probenaufbereitung vorgenommen wird. Diese Verfahren werden innerhalb der o.g. Einheitsverfahren mit Kurzbezeichnungen mit vorangestelltem „S" aufgeführt. Am Ende dieses Kapitels sind sie mit der entsprechenden DIN-Bezeichnung gelistet.

Die aufgeführten Methoden und Verfahren erheben keinen Anspruch auf Vollständigkeit und sollen lediglich einen Überblick und eine Einstiegshilfe darstellen. In den hier aufgeführten Tabellen bedeuten:

X   = geeignete Methode
DIN#####,   = geeignete Methode, beschrieben in der entsprechenden Norm
EN ISO####   = geeignete Methode, beschrieben in der entsprechenden Norm
Leerfeld   = Methode weniger gut geeignet oder sogar ungeeignet

5.3.1 Atomabsorptionsspektroskopie (AAS)

AAS	Standard	Graphitrohr	Kaltdampf-Hydridtechnik
Alkalimetalle	DIN 38406 Teil 13; **E13** (K)	X	
	DIN 38406 Teil 14; **E14** (Na)		
As	X	X	DIN 38405 Teil 18; **D18**
Be			
Bi	DIN 38406 Teil 21; **E21**	X	
Cd	EN ISO 5961; **E19**	EN ISO 5961; **E19**	
	DIN 38406 Teil 21; **E21**		
Cr	DIN EN 1233 (DIN38406-10); **E10**	X	
Erdalkalimetalle	DIN 38406 Teil 3; **E3** (Ca, Mg)		
Hg			DIN EN 1483 (DIN 38406-12); **E12**
Metalle	X	X	
Pb	DIN 38406-6; **E6**	DIN 38406-6; **E6**	
Pt-Gruppe			
Sb			
Sn			
Tl	DIN 38406 Teil 21; **E21**	DIN 38406 Teil26; **E26**	

Folgende Störungen sind bekannt:

Kalium: E13 Störungen:
bei >1000 mg/L: Sulfat, Phosphat, Natrium, Magnesium, Calcium
keine Störungen bei <1000 mg/L: Eisen, Nickel, Cobalt, Cadmium, Blei

Natrium: E14 Störungen:
bei >1000 mg/L: Sulfat, Phosphat, Kalium, Magnesium, Calcium
bei >10000 mg/L: Chlorid

Cadmium: E19 Störungen:

Störkomponente	Konzentration [mg/L]	Störkomponente	Konzentration [mg/L]
Sulfat	10000	Eisen	3000
Chlorid	10000	Kupfer	10000
Phosphat	10000	Nickel	3000
Natrium	10000	Cobalt	10000
Kalium	10000	Blei	10000
Magnesium	10000	Silicium	1000
Calcium	3000	Titan	3000

Auch die Bestimmung von Schadstoffen in Stäuben kann zum Teil mit der AAS durchgeführt werden. Hierbei kommen verschiedene VDI-Richtlinien zum Einsatz:

VDI-Richtlinie	Blatt	Analyt
2267	3	Pb
2267	4	Pb, Cd und deren anorganische Verbindungen
2267	6	Cd
2267	7	Tl und seine anorganischen Verbindungen
2268	1	Ba, Be, Cd, Co, Cr, Cu, Ni, Pb, Sr, V, Zn
2268	2	As, Sb, Se
2268	3	Tl
2268	4	As, Sb, Se

5.3.2 Atomemissionsspektroskopie (AES/OES)

Die Flammen-AES (Standard) sowie die ICP-OES eignen sich zur Analyse der meisten Elemente. In der Norm EN ISO 11885 (Ersatz für DIN 38406-22; **E22**) wird die Bestimmung der folgenden Elemente mit der ICP-OES beschrieben: Ag, Al, As, B, Ba, Be, Bi, Ca, Cd, Co, Cr, Cu, Fe, K, Li, Mg, Mn, Mo, Na, Ni, P, Pb, S, Sb, Se, Si, Sn, Sr, Ti, V, W, Zn, Zr.

5.3.3 Röntgenfluoreszenzanalytik (RFA)

Es besteht eine Normierung für die Röntgenfloreszenzanalytik (WDRFA und EDRFA) im Rahmen der DIN 51418-2, auf die Bestimmung von einzelnen Elementen wird im Rahmen dieser DIN nicht eingegangen. Für die TXRF ist die DIN 51003 in Vorbereitung.
Prinzipiell lassen sich mit der WD- und der EDRFA (bei geigneter Ausstattung) alle Elemente ab Bor bestimmen. Leichte Elemente müssen dabei allerdings in relativ hohen Konzentrationen vorhanden sein. Die Quantifizierung von B, C, N, O, F ist problematisch. Die TXRF eignet sich zur Analyse der Elemente ab Aluminium.

5.3.4 Anionenbestimmungsmethoden

Anion	Methode 1	Norm 1	Methode 2	Norm 2
Chlorid	Potentiometrisch	DIN 38405 Teil 1; **D1**		
Fluorid	Ionenselektive Elektrode	DIN 38405 Teil 4; **D4**	Aufschluß, Destillation, Potentiometrisch	DIN 38405 Teil 4; **D4**
Sulfat	Gravimetrisch	DIN 38405 Teil 5; **D5**		
Nitrat	Photometrisch	DIN 38405 Teil 9; **D9**	Photometrisch	DIN 38405 Teil 29; **D29**
Nitrit	Spektrometrisch	EN 26777; **D10**		
Phosphor	Photometrisch	DIN EN 1189 als Ersatz für DIN 38405-11; **D11**		
Cyanide	Maßanalytisch/ Photometrisch	DIN 38405 Teil 13; **D13**		

Anion	Methode 1	Norm 1	Methode 2	Norm 2
Fluorid, Chlorid, Nitrit, Ortho-phosphat, Bromid, Nitrat, Sulfat	Ionenchromato-graphisch	DIN 38405 Teil 19; **D19**		
Chlorid, Nitrit, Or-thophosphat, Sulfat Bromid, Nitrat	Ionenchromato-graphisch	EN ISO 10304 -2 als Ersatz für DIN 38405-20; **D20**	Photometrisch (UV/VIS)	EN ISO 10304-2 als Ersatz für DIN 38405-20; **D20**
Chromat, Sulfit, Thiocyanat, Thio-sulfat	Ionenchromato-graphisch	EN ISO 10304 - 3; **D22**		
Sulfid	Photometrisch	DIN 38405 Teil 26; **D26**		
Sulfid (leicht frei-setzbar)	Photometrisch	DIN 38405 Teil 27; **D27**		

5.3.5 Gaschromatographie

GC	FID	ECD	MS
Aliphatische KW	X		X
Aromatische KW (hier BTEX)	X (Headspace + Kapillar)		X (Headspace + Kapillar)
PAK			X
Chlorierte KW (CKW)		DIN 38407 Teil 2; **F2** (für schwer flüchtige) EN ISO 10301; **F4** (für leicht flüchtige) DIN 38407 Teil 5; **F5** (Headspace)	
Pentachlorphenol (PCP)		X	
Polychlorierte Biphenyle (PCB)		DIN 48407-3; **F3** EN ISO 6468; **F1**	DIN 48407-3; **F3**
Polychlorierte Dibenzo-Dioxine/Furane			VDI 3499 Blatt 2 EPA 8280
Pflanzenbehandlungs- und Schädlingsbekämpfungs mittel (PBSM)	N- und P-Detektoren DIN 48407-6; **F6**		DIN 48407-14; **F14**

5.3.6 Andere Methoden für organische Kontaminationen

	FTIR	HPLC	HPTLC
Aliphatische KW	DIN 38409 Teil 18; **H18** LAGA- Richtlinie KW/85		
PAK		DIN 48407-8; **F8**	DIN-Entwurf 48407-7;**F7**
Pflanzenbehandlungs- u. Schädlingsbekämp- fungsmittel (PBSM)		DIN EN ISO11369; **F12**	DIN V 38407-11; **F11**

Höhersiedende aliphatische Kohlenwasserstoffe können zusätzlich gravimetrisch bestimmt werden (DIN 38409 Teil 17; **H17**).

5.3.7 Ausgewählte Verfahren zur Schlamm- und Sedimentuntersuchung nach DIN

Bezeichnung	Norm	Abk.
Anleitung zur Probenahme von Schlämmen aus Abwasserbehandlungs- und Wasseraufbereitungs- anlagen	EN ISO 5667-13, als Ersatz für DIN 38414-1	**S1**
Bestimmung des Wassergehaltes und des Trocken- rückstandes bzw. der Trockensubstanz	DIN 38414 Teil 2	**S2**
Bestimmung des Glührückstandes und des Glüh- verlustes der Trockenmasse eines Schlammes	DIN 38414 Teil 3	**S3**
Bestimmung der Eluierbarkeit mit Wasser	DIN 38414 Teil 4	**S4**
Bestimmung des pH-Wertes	EN 12176 als Ersatz für DIN 38414-5	**S5**
Aufschluß mit Königswasser zur nachfolgenden Bestimmung des säurelöslichen Anteils von Metallen	DIN 38414 Teil 7	**S7**
Probenahme von Sedimenten	DIN 38414 Teil 11	**S11**
Bestimmung von 6 polychlorierten Biphenylen	DIN 38414-20	**S20**
Bestimmung von 6 polyzyklischen aromatischen Kohlenwasserstoffen (PAK) mittels Hochleistungs- flüssigkeitschromatographie (HPLC) und Fluoreszenzdetektion	DIN 38414-21	**S21**

5.4 Chromatographische Methoden

5.4.1 Allgemeines zu Trenn- und chromatographischen Methoden

Trennmethoden nutzen physikalische oder chemische Eigenschaften von Komponenten eines Gemisches aus, um diese zu separieren. Zu nennen sind die Destillation, Sublimation, Umkristallisation oder Extraktion, sowie die Aufreinigung durch ein Zonenschmelzverfahren. Bei fast allen genannten Verfahren ändern die Komponenten ihren Aggregatzustand mehrfach und liegen anschließend mehr oder weniger gut voneinander getrennt vor.

Chromatographische Methoden sind Trennverfahren, die dazu dienen, Analyten voneinander zu trennen, um sie entweder auf diesem Wege direkt zu analysieren oder einer geeigneten anderen Analysenmethode zuzuführen.

Der Name Chromatographie bedeutet „mit Farben schreiben". Er stammt aus einer Zeit, in der mit dieser Methode farbige Komponenten voneinander getrennt wurden. Zunächst wurden Trennsäulen eingesetzt, später folgten beschichtete Platten. Heute wird der Begriff auf alle Methoden angewendet, bei denen Stoffe beim Durchgang durch ein Trennmedium getrennt und danach detektiert werden. Prinzipiell kann zwischen einer Adsorptionschromatographie und einer Verteilungschromatographie unterschieden werden (vgl. Tabelle 5.2).

Tabelle 5.2. Chromatographische Methoden

Name	Bezeichnung	Adsorptions-chromatogr.	Verteilungs-chromatogr.
Papierchromatographie	PC	X	
Dünnschichtchromatographie	DC	X	X
Säulenchromatographie	SC	X	
Hochleistungsflüssigkeitschromatographie	HPLC	X	X
Gaschromatographie	GC	X	X

Wie man aus dieser Tabelle entnehmen kann, gibt es bei den meisten chromatographischen Methoden beide Varietäten, die je nach gestelltem Problem eingesetzt werden können.

Von den hier genannten Verfahren werden im Bereich der Umweltanalytik hauptsächlich die HPLC und GC, untergeordnet auch die DC, eingesetzt. Hierfür gibt es eine Reihe von Gründen: Mit der PC, DC und SC lassen sich nur Gemische sinnvoll trennen, die nur wenige Komponenten enthalten. Vielstoffgemische lassen sich nur in Substanzgruppen auftrennen. Quantitative Aussagen sind nur selten zu machen, die Reproduzierbarkeit ist meist schlecht und eine sinnvolle Automatisierung nicht gut möglich. Für jede einzelne Analyse müssen zeitaufwendige Handhabungen erfolgen. Dem gegenüber steht der geringe Aufwand an Material und Geräten sowie die vergleichsweise kurze Einarbeitungszeit der Anwender.

Mittels HPLC und GC können Gemische getrennt werden, die bis zu 100 bzw. 1000 Komponenten enthalten. Die Reproduzierbarkeit ist bei beiden Verfahren sehr gut, (automatisierte) Quantifizierung ist möglich. Automatisierung ist Standard, pro Probe fällt wenig manuelle Arbeitszeit an den Analysengeräten an, die Geräte können prinzipiell rund um die Uhr laufen. Nachteilig sind der hohe Geräteaufwand, die lange Einarbeitungszeit der Anwender und die häufig zeitintensive Probenvorbereitung.

Sowohl bei der HPLC als auch bei der GC kann es sich um eine Adsorptionschromatographie oder Verteilungschromatographie handeln.

5.4.1.1 Verteilungschromatographie

Grundsätzlich sind für eine Verteilungschromatographie zwei verschiedene fluide Phasen notwendig, die sich nicht miteinander mischen. Eine dieser Phasen ist die sogenannte stationäre Phase, welche sich in der Säule befindet. Sie sitzt immobilisiert entweder direkt auf der Wand der Säule, auf Partikeln an der Säulenwand oder der Säulenfüllung aus einem feinen Feststoffpulver. Die andere Phase ist die mobile Phase, welche die Säule durchläuft; in ihr befindet sich der Analyt primär. Sowohl stationäre als auch mobile Phase sind *fluid*. Im Probenaufgabesystem wird der gelöste Analyt in die mobile Phase eingebracht und auf die Trennsäule gegeben. Die mobile Phase kann eine Flüssigkeit (HPLC) oder ein Gas sein (GC). Besitzen die zu analysierenden Substanzen unterschiedliche Löslichkeiten in der stationären und der mobilen Phase, so lassen sie sich mit der Verteilungschromatographie trennen. Die Verteilung jedes einzelnen Stoffes auf die beiden fluiden Phasen gehorcht hierbei dem Nernstschen Verteilungsgesetz:

$$\alpha = \frac{c_{m(A)}}{c_{s(A)}}$$

α = Verteilungskoeffizient

$c_{m(A)}$ = Konzentration des Analyten in der mobilen Phase

$c_{s(A)}$ = Konzentration des Analyten in der stationären Phase

Bei den genannten Konzentrationen handelt es sich um Gleichgewichtskonzentrationen, die sich einstellen, wenn die stationäre und die mobile Phase nebeneinander vorliegen. Auf dem Weg durch die Trennsäule stellt sich eine hohe Zahl von Gleichgewichten der Analytverteilung zwischen der stationären und der mobilen Phase ein. Ist ein Stoff in der stationären Phase unlöslich, wird er zusammen mit der Front der mobilen Phase am Detektor ankommen. Je höher die Löslichkeit in der stationären Phase ist, desto länger wird die Zeit zwischen Ankunft der Front der mobilen Phase und Ankunft des interessierenden Stoffes am Detektor sein. Diese Zeit wird *Retentionszeit* genannt. Man unterscheidet grundsätzlich zwischen Bruttoretentionszeit und Nettoretentionszeit. Die Bruttoretentionszeit ist die Zeit, die vom Aufgeben des Analyten auf die Trennsäule bis zu seinem Erscheinen am Detektor vergeht. Mit dieser wird analytisch meist gearbeitet. Unter der Nettoretentionszeit versteht man die Zeit, die zwischen dem Erreichen des Detektors durch die Front der mobilen Phase und dem Erreichen durch den Analyten vergeht. Die Zeit zwischen der Aufgabe der mobilen Phase auf die Trennsäule (Start des chromatographischen Prozesses) und dem Erscheinen der Front am Detektor wird Totzeit (oder chromatographisch tote Zeit) genannt.

Grundsätzlich ist darauf zu achten, daß der Analyt und alle ihn begleitenden Stoffe eine gewisse Löslichkeit in der mobilen Phase haben, da sie ansonsten zu lange auf der Säule bleiben und diese gegebenenfalls unbrauchbar machen. Da bei Extrakten aus natürlichen Materialien nicht auszuschließen ist, daß bei einem auf den Analyten optimierten Eluenten einige Komponenten dauerhaft auf der Säule verbleiben, ist diese in regelmäßigen Abständen mit verschiedenen Lösungsmitteln zu reinigen und gegebenenfalls zu konditionieren. Besser ist es noch, sofern präparativ möglich, die Probenvorbereitung zum Beispiel durch Aufreinigung des Extraktes mittels einer Festphasenextraktion (SPE) zu optimieren;.

5.4.1.2 Adsorptionschromatographie

Bei der Adsorptionschromatographie nutzt man physikalische Wechselwirkungen zwischen dem Analyten und einer *festen* Phase in der Trennsäule aus. Es stellt sich auch hier ein Verteilungsgleichgewicht des Analyten zwischen der fluiden mobilen Phase und dem Feststoff ein, nur ist hier nicht die unterschiedliche Löslichkeit die treibende Kraft, sondern die Adsorption des Analyten an der Oberfläche der stationären Phase. Formal läßt sich die Wanderungsgeschwindigkeit in folgende Formel, die allerdings nur eine Abschätzung darstellt, fassen:

$$v = \frac{v_{mob}}{1 + \dfrac{V_{stat}}{V_{mob}} \cdot K}$$

v = Wanderungsgeschwindigkeit des Stoffes
v_{mob} = Fließgeschwindigkeit der mobilen Phase
V_{stat} = Volumen der stationären Phase
V_{mob} = Volumen der mobilen Phase
K = Adsorptionsgleichgewichtskonstante für den Stoff an der stationären Phase

Die Adsorptionsgleichgewichtskonstante K ist eine Funktion der Aktivität des Säulenmaterials, der Elutionskraft der mobilen Phase und der Art des zu adsorbierenden Stoffes. Für jeden einzelnen Analyten in einer gegebenen Säule ist die Elutionskraft der eingesetzten mobilen Phase eine andere Stoffkonstante.

Sollen zwei Stoffe A und B voneinander getrennt werden, ist dies nur dann möglich, wenn sich die Adsorptionsgleichgewichtskonstanten für A und B in ausreichendem Maße unterscheiden. Alle anderen Parameter bleiben für beide Stoffe gleich.

Identisches Säulenmaterial kann sehr unterschiedliche Aktivitäten besitzen. Über den Herstellungsprozeß kann die Korngröße, ggf. der Gitterbau und das Porenvolumen beeinflußt werden. Vom Herstellungsprozeß sind die Größe der Oberfläche, der Porenraum und der Wassergehalt abhängig, maßgebliche Parameter für die meßbare Aktivität. Wichtig für die Aktivität ist weiterhin die Polarität des Säulenmaterials. In die Gleichung geht das *Volumen* der stationären Phase ein, obwohl der eigentliche bestimmende Parameter die *nutzbare Oberfläche* ist. Wurde das Säulenmaterial bei der Herstellung der Säule korrekt verarbeitet, haben Säulen des gleichen Volumens die gleiche nutzbare Oberfläche.

Zur Trennung polarer Substanzen ist eine Säule mit hoher Polarität, zur Trennung unpolarer eine mit niedriger Polarität zu verwenden. Die Wechselwirkung zwischen dem Analyten und dem Eluenten, also der mobilen Phase, muß größer sein als die zwischen Säulenmaterial und Analyten. Anderenfalls wird das Material auf der Säule verbleiben und diese zum Teil inaktivieren. Bei unbekannten Substanzen sollten verschiedene Eluenten ausgetestet werden. Gegebenenfalls können Eluentengemische eingesetzt werden. Werden diese im Verlauf des chromatographischen Vorgangs systematisch variiert, spricht man von einer *Gradientenelution*.

Geeignete Säulenmaterial- und Eluenteneigenschaften für einen Analyten mit bekannter Polarität lassen sich mittels eines Polaritätsdreiecks leicht herausfinden (vgl. Abb. 5.6 nach W. Gottwald, 1996).

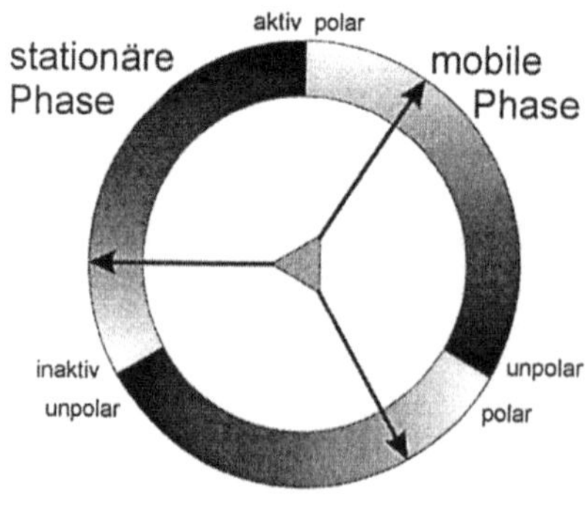

Abb. 5.6. Polaritätsdreieck

Da sie im Bereich der Umweltanalytik von eher untergeordneter Bedeutung sind, soll hier nicht auf die Säulen- und Dünnschichtchromatographie eingegangen werden, sondern direkt mit den instrumentellen Methoden HPLC und GC fortgefahren werden.

5.4.2 Hochleistungs-Flüssigkeitschromatographie

Bei der Hochleistungs-Flüssigkeitschromatographie (HPLC) handelt es sich im Gegensatz zur Säulenchromatographie um ein rein instrumentell-analytisches Verfahren, das sich gegebenenfalls auch automatisieren läßt.
Eine HPLC besteht im Wesentlichen aus vier getrennten Einheiten, die zusammen das Analysensystem (vgl. Abb. 5.7) bilden. Hierbei handelt es sich um die Pumpen für die Eluenten, das Probenzuführungssystem (Einspritzblock mit Probenschleife), die Trennsäule und den Detektor. Dem Detektor ist ein Schreiber oder ein Computer mit Auswertesoftware nachgeschaltet.
Der in Abbildung 5.7 nur mit dem Detektor verbundene Computer dient in modernen Anlagen zur gesamten Prozeßsteuerung und besitzt aus diesem Grund Verbindungen zu allen Komponenten der Anlage. Häufig besitzen die Anlagen ein Bussystem, das mit nur einem vieladrigen Kabel alle Einheiten miteinander verbindet. Das Interface zum Computer ist häufig eine proprietäre Schnittstellenkarte, die die Kommunikation zwischen Hardware und eingesetzter Software abwickelt. Dies gilt im Wesentlichen für alle instrumentell analytischen Verfahren.

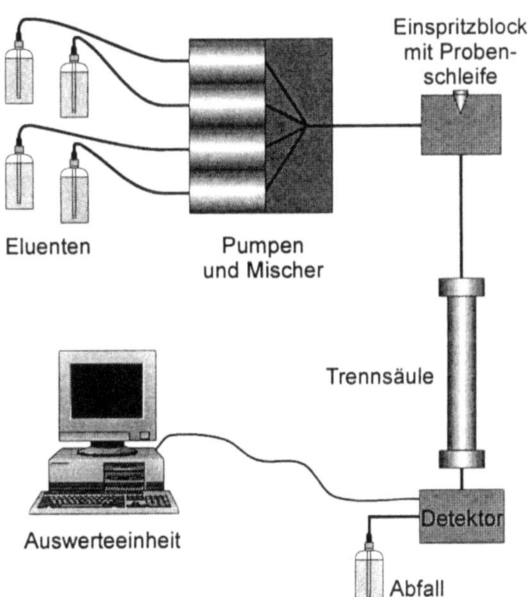

Abb. 5.7. Prinzip einer HPLC

Die in einer HPLC verwendeten Pumpen müssen den Eluenten bzw. das Eluenten-
gemisch ohne Druckschwankungen oder Pulsieren durch die verwendete Trennsäule hindurchpumpen und gleichzeitig einen hohen Druck, bis zu einigen hundert
Bar, aufbringen. In hochwertigen Anlagen werden häufig Tandempumpen eingesetzt, die einen besonders gleichmäßiges Pumpen gewährleisten. Das Probenmaterial wird zunächst druckfrei in eine Probenschleife eingespritzt und von dort aus
durch Umlenken des Eluentenstroms durch die Schleife in die Säule gebracht. Die
Übergangsstellen zwischen den einzelnen Komponenten des Probensystems
sollten im Idealfall kein Totvolumen besitzen und müssen den hohen und wechselnden Drücken standhalten ohne sich zu verändern.
Die verwendeten Säulen besitzen meist wenige mm Innendurchmesser und sind
normalerweise 10 bis 30 cm lang. Der Mantel um das gepackte Säulenmaterial
besteht in der Regel aus Edelstahl und sollte zur Gewährleistung eines tempera-
turkonstanten Arbeitens thermostatisierbar sein. Es werden im Gegensatz zur
Gaschromatographie aber keine Temperaturgradienten gefahren, da diese bei der
Flüssigkeitschromatographie keine nennenswerte Steigerung der Trennleistung
ermöglichen, außer beim Einsatz von Mikrobore-Säulen, welche einen deutlich
geringeren Innendurchmesser haben als Standardsäulen.
Die hier verwendeten Gradienten werden durch kontinuierliche Variation des
Eluentengemisches während des chromatographischen Prozesses erreicht. Die
Mischung der Lösungsmittel kann entweder auf der Niederdruckseite vor der/den
Pumpe(n) oder auf der Hochdruckseite erfolgen. Bei der Mischung auf der Hochdruckseite müssen zwangsläufig mehrere Pumpen eingesetzt werden, die gut
miteinander synchronisiert sind. Dem höheren Aufwand steht eine bessere und
sicherere Durchmischung der verschiedenen Eluenten gegenüber. Des weiteren
können gegebenenfalls besonders auf das einzelne Lösungsmittel angepaßte
Pumpen verwendet werden. Unerwünschtes Verschleppen eines Elutionsmittels in
eine nachfolgende Analyse wird weitgehend verhindert.
Zur Detektion kann je nach Analyt eine Vielzahl verschiedener Detektoren in
einer Durchflußzelle eingesetzt werden. Zu nennen sind Leitfähigkeitsdetektoren,
Fourier-Transform-IR-Spektrometer, UV/Vis-Spektrometer, Fluoreszenzspektro-
meter und Diodenarrayspektrometer. Allen Detektoren, die bei der HPLC eingesetzt werden, ist das geringe Volumen der Durchflußzelle gemeinsam. Um trotz
dieses kleinen Volumens bei optischer Detektion eine ausreichende Extinktion zu
erhalten, besitzt die Durchflußzelle eine ausgeklügelte Geometrie, die am Beispiel
des Diodenarray-Detektors dargestellt werden soll (vgl. Abb. 5.8). Das Besondere
an diesem Detektor ist das holographische Gitter, welches für eine Aufspaltung
nach verschiedenen Wellenlängen sorgt. Die Durchflußzelle ist bei allen optischen Detektoren im Wesentlichen gleich.

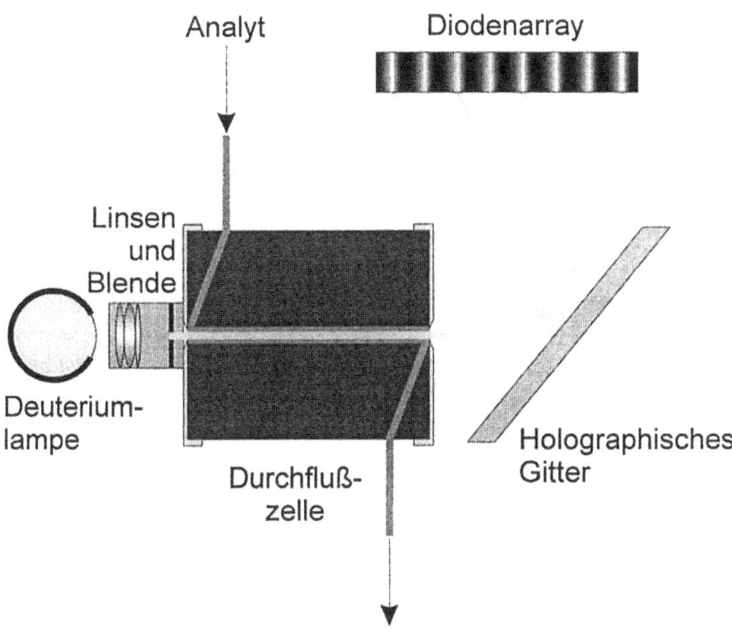

Abb. 5.8. Prinzip einer Durchflußzelle mit Diodenarraydetektor

Die HPLC kann mit anderen analytischen Verfahren gekoppelt werden, für die sie damit eine Vortrennung darstellt. Direkte und indirekte Kopplungsmöglichkeiten bestehen z.B. mit der GC, der GC-MS oder der ICP-MS. Häufig wird derzeit auch eine direkte Kopplung der HPLC mit einem Massenspektrometer eingesetzt. Außer zu analytischen Zwecken wird die HPLC auch präparativ eingesetzt.

5.4.3 Gaschromatographie

Die mobile Phase ist bei der Gaschromatographie ein inertes Gas (He, N_2, Ar und mit Einschränkungen H_2, CO_2), das nicht mit dem Säulenmaterial und dem Analyten reagieren darf.

Ein Gaschromatograph besteht im Wesentlichen aus den Komponenten *Aufgabesystem*, *Säule* (durch einen Ofen temperierbar) und *Detektor*. Abbildung 5.9 zeigt die verschiedenen Säulentypen, der gesamte Gaschromatograph ist in Abbildung 5.10 dargestellt.

Bei den *Trennsäulen* unterscheidet man gepackte Säulen, welche heute nur noch wenig Bedeutung haben, und Kapillarsäulen. Erstere können immer dann benutzt werden, wenn nur wenige Komponenten voneinander getrennt werden müssen. Ihre Vorteile sind kurze Analysenzeiten und große durch die Säule schleusbare Substanzmengen. Die Kapillarsäulen werden in Dünnschicht- und Dünnfilmsäu-

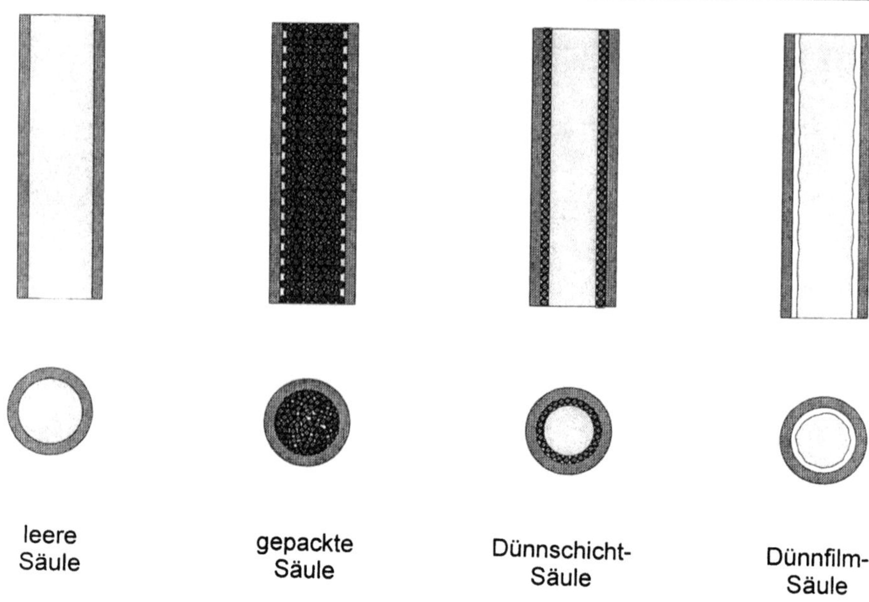

Abb. 5.9. Säulentypen der GC

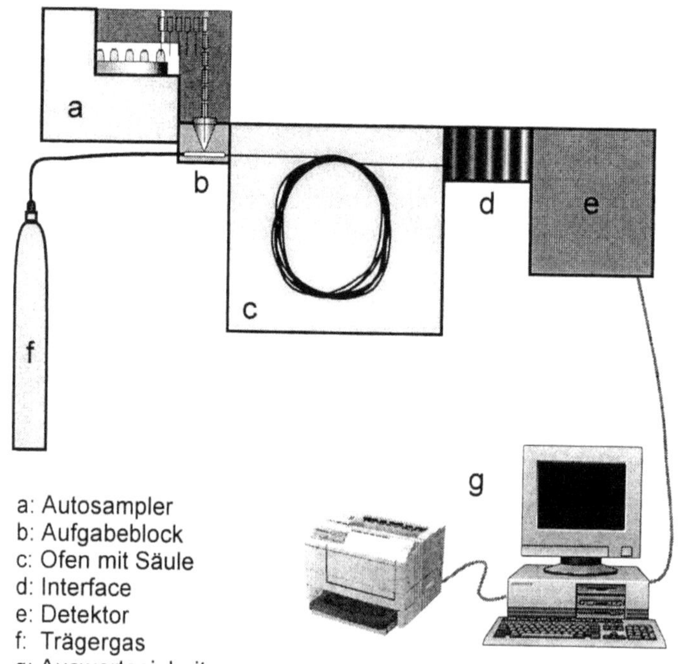

a: Autosampler
b: Aufgabeblock
c: Ofen mit Säule
d: Interface
e: Detektor
f: Trägergas
g: Auswerteeinheit

Abb. 5.10. Prinzip einer GC

len unterteilt. Beide besitzen eine erheblich höhere Trennleistung als gepackte Säulen. Dünnfilmsäulen sind empfindlicher als Dünnschichtsäulen, sie können leichter durch Überhitzung zerstört werden. In der Dauer der Analyse unterscheiden sie sich nicht wesentlich.

Die gaschromatographische Trennung findet in der Trennsäule unter definierten Temperaturbedingungen statt. Voraussetzung für eine reproduzierbare und gute Trennung der verschiedenen Komponenten eines Analytgemisches ist, daß man die Temperatur sehr genau regeln kann. Die gewählte Temperatur oder der Temperaturverlauf ist von vielen Parametern abhängig. Überschritten werden darf die Maximaltemperatur für den Analysenbetrieb nur im Verlauf der Konditionierung der Säule, die nach den jeweiligen Angaben des Herstellers durchgeführt werden muß, ansonsten wird die Säule zerstört. Die Zerstörung einer Säule kann sich auf sehr unterschiedliche Art äußern; zunächst kann das Säulenmaterial ausbluten und den Detektor überschwemmen. Diese Zerstörung würde man sofort bemerken, denn anschließend hätte die Säule keine nennenswerte Trennwirkung mehr. Zersetzt sich das Säulenmaterial in der Säule, kann diese durch die Abbauprodukte verstopft werden, ein Defekt, der ebenfalls sofort erkennbar wird, denn der Fluß durch die Säule geht gegen Null. Wesentlich unangenehmer ist eine leichte und fortschreitende Veränderung des Verhaltens der Säule, da in diesem Fall falsche Analysenergebnisse zu erwarten sind, welche nicht unbedingt direkt auffallen müssen. Säulenalterung durch Probenrückstände und häufige Temperaturwechsel ist ein ganz normaler Prozeß. Schneller treten Veränderungen dann auf, wenn Säulen oft und lange nahe bei ihrer Maximaltemperatur betrieben werden. Um derartige schleichende Veränderungen der Säule zu erkennen, sollten in regelmäßigen Abständen Chromatogramme mit bekannten Stoffgemischen unter genau definierten Bedingungen angefertigt werden. Hierbei auftretende signifikante Änderungen der Retentionszeiten einzelner Substanzen können als Kriterium dafür gelten, daß eine Säule nicht mehr eingesetzt werden kann.

Außer auf die für eine Säule zuträgliche Maximaltemperatur ist darauf zu achten, daß die Zersetzungstemperatur der Analyten weder im Injektor noch in der Säule überschritten wird. Hierbei ist besonders wichtig, daß diese sich bei den Bedingungen in der Kapillarsäule mit ihrer großen aktiven Oberfläche deutlich von der in der freien Gasphase unterscheiden kann.

Bei der gaschromatographischen Trennung kann grundsätzlich davon ausgegangen werden, daß niedrige Temperaturen hohe Retentionszeiten und hohe Temperaturen niedrige Retentionszeiten bedingen. Niedrige Temperaturen bedeuten hierbei gleichzeitig höhere Auflösung. Es muß ein Kompromiß zwischen notwendiger Auflösung und zur Verfügung stehender Zeit gefunden werden. Hilfreich kann hier die Möglichkeit der GC-Öfen sein, ein Temperaturprogramm zu fahren, welches an kritischen Stellen die notwendige Auflösung liefert und gleichzeitig zu einem schnellen Analysenergebnis führt. So läßt sich häufig eine Analysenzeit von nur X bis X0 Minuten erreichen.

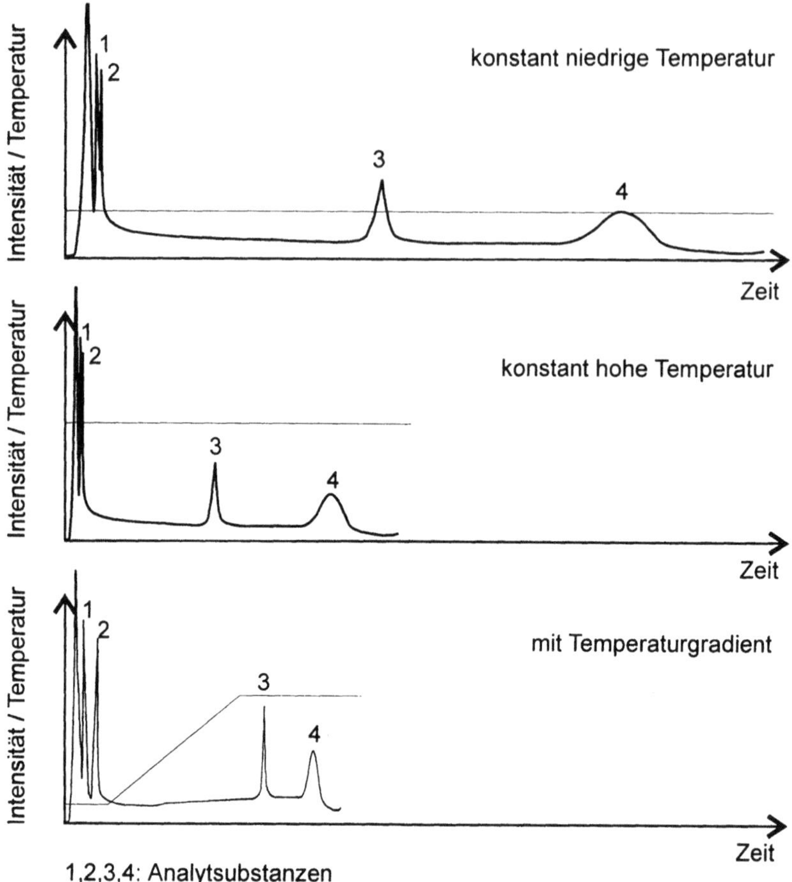

Abb. 5.11. Meßzeitoptimierung durch Temperaturgradienten

Prinzipiell ist dieser Sachverhalt in Abbildung 5.11 dargestellt. Die Benutzung von Temperaturprogrammen ist in der modernen Gaschromatographie Standard, isotherme Analysenbedingungen werden höchst selten benutzt.

Die *Probenaufgabesysteme* müssen jeweils auf den Aggregatzustand der zu untersuchenden Substanz und die verwendete Säule angepaßt sein. Auf die je nach Hersteller sehr unterschiedlich gestalteten Aufgabesysteme (incl. Sampler etc.) soll an dieser Stelle nicht detailliert eingegangen werden, einige grundsätzliche Anmerkungen müssen jedoch erfolgen.

Gepackte Säulen verkraften wegen ihres deutlich größeren Volumens erheblich größere Substanzmengen als Kapillarsäulen. Der Analyt, der auf die chromatographische Trennsäule aufgegeben wird, soll in diese zu einem genau definierten Zeitpunkt eintreten. Die Zeit des Einströmens soll so kurz wie möglich sein, denn nur dann ist eine saubere Trennung mit scharfen Peaks möglich. Relativ einfach ist dies, wenn der Analyt als Flüssigkeit in den Injektorblock mit einer vor der Säule liegenden Kammer eingebracht wird und dort schlagartig verdampft. Von dort wird er mit dem Trägergasstrom auf die Säule gespült. Je kleiner die Menge ist, die aufgegeben wird, desto kürzer ist die Zeit, bis alles verdampft ist. Soll nicht die gesamte Menge auf die Säule gegeben werden, kann ein Teil über den sogenannten Splitstrom abgeführt und verworfen werden. Der sogenannte Split/Splitless-Injektor ist der Standardinjektor.

Selten werden Substanzen direkt auf die Säule aufgegeben (on column); die eingesetzten Volumina müssen sehr klein sein und genau dosiert werden, um die Säule nicht zu überladen oder zu beschädigen. Die Reproduzierbarkeit bei quantitativen Untersuchungen ist hier besser als bei der klassischen Aufgabe mit Split/Splitless-Injektor.

Gase müssen nach dem Einbringen in den Injektorblock nicht erst verdampft werden und können direkt vom Trägergasstrom aufgenommen werden; der Aufgabezeitpunkt kann also sehr exakt gesteuert werden.

Eine Spezialversion des direkten Gasaufgabesystems ist die sogenannte „Headspace-Technik". Bei ihr wird aus dem Raum über einer hermetisch verschlossenen Feststoff- oder Flüssigkeitsprobe Gas entnommen und mittels eines Dosierventils in den Trägergasstrom eingebracht. Bestimmt werden mittels dieser Technik beispielsweise Ausgasungen aus Flüssigkeitsproben, Sedimenten oder Sedimentgesteinen aus Bohrkernen im Rahmen der Erdölexploration.

Als *Detektor* für die Gaschromatographie kommen je nach Problemstellung sehr unterschiedliche Detektoren zum Einsatz. Der Standarddetektor ist der sogenannte Flammenionisationsdetektor (FID), bei dem der Analyt in einer Luft-Wasserstoffflamme verbrannt wird. Hierbei entstehen Kohlenstoffradikale, die die Leitfähigkeit des Gases im Detektorraum erhöhen. Die Leitfähigkeitsschwankungen werden registriert und zur Auswertung herangezogen. Stickstoff- und phosphorhaltige Substanzen lassen sich besser mit einem thermionischen Detektor (Thermionen-Detektor TID oder Phosphor-Stickstoff-Detektor PND) analysieren. Hierbei wird nicht mit einer Flamme, sondern mit einem Tieftemperaturplasma und einer rubidiumhaltigen Glasperle gearbeitet.

Für halogenorganische Analyten, welche häufig schon bei sehr geringen Konzentrationen als gefährdend eingestuft werden müssen, ist der Elektroneneinfangdetektor (ECD) sehr empfindlich. Bei ihm wird durch einen radioaktiven Strahler, häufig ein ^{63}Ni-Präparat, das Trägergas ionisiert. Bei diesem Vorgang werden langsame Elektronen mit niedriger thermischer Energie freigesetzt. In einem elektrischen Feld wandern sie zur Anode. Der Strom, der fließt, wenn sich kein Analyt im Trägergas befindet, wird als Referenz (Nullstrom) herangezogen. Tritt eine Substanz mit elektronenabsorbierenden Eigenschaften (in besonderem Maße Verbindungen mit Halogenen) in die Meßzelle ein, sinkt der gemessene Strom.

Diese Änderung wird detektiert und kann zur Quantifizierung der zuvor durch die Gaschromatographie getrennten Stoffe herangezogen werden.

Ein weiterer wichtiger Detektor für die Gaschromatographie ist das Massenspektrometer (MS). Das MS ist in der Lage, sehr niedrige Konzentrationen der Analyten zu detektieren und noch weitergehende Informationen über die Stoffe zu liefern. Durch Auswertung der Fragmentogramme lassen sich die Strukturen der Analyten bestimmen; die Identifikation der einzelnen Substanzen ist sicherer als nur über die Retentionszeit. Durch all diese Eigenschaften ist das Massenspektrometer der universellste Detektor für die Gaschromatographie.

5.4.4 Anwendungen

Chromatographische Methoden finden im Rahmen der Umweltwissenschaften hauptsächlich Anwendung beim Aufspüren organischer Kontaminationen, die Ionenchromatographie bei der Bestimmung von Anionen in Wässern. Flüchtige organische Kontaminationen können über das oben genannte Headspace-Verfahren direkt der Gaschromatographie zugeführt werden. In allen anderen Fällen müssen sie aus dem Probenmaterial eluiert oder extrahiert werden. Nach entsprechender Anreicherung werden sie dann mittels der HPLC oder der GC bestimmt. Bestimmbar sind PAK, PCB, PCP, CKW, FCKW, KW, sowie Pestizide, Herbizide und Fungizide. Tabelle 5.3 stellt gängigen GC-Detektoren typische Probenmaterialien aus dem Umweltbereich gegenüber (nach H. Hein und W. Kunze 1994).

Tabelle 5.3. GC-Detektoren und typisches Probenmaterial aus dem Umweltbereich

Detektor	Bezeichnung	Probenmaterial
Wärmeleitfähigkeitsdetektor	WLD	Bodenluft, Deponiegase, Biogase
Flammenionisationsdetektor	FID	Kohlenwasserstoffe (KW), BTEX, Lösemittel, Vinylchlorid
Phosphor-Stickstoff-Detektor, Thermionendetektor	PND, TID	Pflanzenbehandlungsmittel, Nitrolotriessigsäure
Elektroneneinfangdetektor	ECD	leichtflüchtige halogenierte KW, Pflanzenbehandlungsmittel, Phenole nach Derivatisierung, PCB schwerflüchtige halogenierte KW,
Photoionisationsdetektor	PID	aromatische KW
Kopplung GC mit FTIR	GC/FTIR	KW
Kopplung GC mit MS	GC-MS	Dioxine und Furane, PCB, Pflanzenbehandlungsmittel

5.4.5 Kopplung mit anderen Analysenmethoden

Wie bereits aus Tabelle 5.3 zu ersehen ist, besteht die Möglichkeit, die Gaschromatographie mit anderen analytischen Verfahren zu koppeln. Auch die Kopplung anderer Analysenmethoden untereinander ist oft vorteilhaft, denn häufig gehen hierbei die über den Analyten gewonnenen Erkenntnisse deutlich über die Summe der mit den einzelnen Methoden erzielbaren Ergebnisse hinaus. Den Kopplungsmöglichkeiten sind nur wenige Grenzen gesetzt.

Zwei Anwendungsbeispiele sollen stellvertretend für viele andere genannt werden: Von Schweigkofler und Niessner (1999) wurden mit der „Kanister-Sammelmethode" gewonnene Proben mit der GC-MS/AES analysiert. Hierbei wird das Gas mit der GC getrennt und simultan einem MS und einer AES (Atomemissionsspektrometrie) zugeführt. Die Atomemissionsspektrometrie ist in der Lage, Elemente mit hoher Empfindlichkeit über einen großen dynamischen Bereich zu detektieren, die Massenspektrometrie liefert über die entsprechenden Identifikationsmethoden Strukturinformationen zu den getrennten Substanzen. Die Korrelation der Ergebnisse beider Methoden ermöglicht eine sehr empfindliche und exakte Identifikation der in den Gasproben enthaltenen Verbindungen. Jede einzelne Methode wäre nicht in der Lage, eine so eindeutige Zuordnung zu treffen.

Bei der von Schweigkofler und Niessner (1999) beschriebenen Methode handelt es sich um eine *Simultan*kopplung zweier Methoden. Diese unterscheidet sich grundsätzlich von einer von Feldmann und Hirner (1995) entwickelten *sequentiellen* Kopplungsmethode. Hierbei werden ein Tieftemperatur-GC (LT-GC) und eine ICP-MS gekoppelt. In der LT-GC werden zuvor aus Gasen (Deponiegase, Rottengase etc.) ausgefrorene Proben langsam desorbiert und die austretenden Gase über eine Säule getrennt. In der nachgeschalteten ICP-MS werden die Gase auf ihren Metall bzw. Metalloidgehalt hin untersucht. Auf diese Weise können sehr viele metall(oid)organische Verbindungen identifiziert und zum Teil auch quantifiziert werden.

5.5 Röntgenmethoden

Die wichtigsten Röntgenmethoden eignen sich in erster Linie zur Untersuchung von *Festkörperoberflächen*.

Die Röntgen*emissions*methoden (WDRFA, EDRFA, TRFA, SYRFA, PIXE, EMA) sowie die Röntgen*absorptions*methoden (EXAFS, XANES) gehören zu den *spektroskopischen Methoden*, während es sich bei der Röntgendiffraktometrie um eine *Beugungs*methode handelt.

5.5.1 Röntgenemission

Bei der Röntgenemissionsanalytik handelt es sich um ein physikalisches (zer-störungsfreies) Analysenverfahren, bei dem das Probenmaterial mittels Röntgen-, Elektronen oder γ-Strahlung zur Aussendung von sekundärer Röntgenstrahlung angeregt wird. *Röntgenfluoreszenzstrahlung* wird diese Strahlung strenggenom-men nur dann genannt, wenn die Anregung durch Röntgenstrahlung erfolgt. Die Energien bzw. Wellenlängen der emittierten Strahlung sowie deren Intensitäten werden detektiert. Aus den hieraus gewonnenen Daten wird die Elementzusam-mensetzung des Probenmaterials sowohl qualitativ als auch quantitativ bestimmt. Man unterscheidet grundsätzlich verschiedene Methoden: die wellenlängen-dispersive Röntgenfluoreszenzanalytik (WDRFA), die energiedispersive Rönt-genfluoreszenzanalytik (EDRFA) und die Totalreflexionsröntgenfluoreszenz-analytik (TXRF oder TRFA), eine spezielle Form der EDRFA. Jede dieser Me-thoden hat ihre spezifischen Vor- und Nachteile, auf die an späterer Stelle noch eingegangen werden soll. Eine Vielzahl von Anwendungsbeispielen und Literatur-stellen zum Einsatz der RFA geben Hahn-Weinheimer et al. (1995). Dort wird auch auf die verschiedenen Methoden der Matrixkorrektur eingegangen.

Das Prinzip: Bei der Bestrahlung der Probe mit Röntgenphotonen wird ein Teil dieser Strahlung gestreut, ein anderer Teil wird photoelektrisch *absorbiert*. Letzteres führt dazu, daß ein kernnahes Elektronen eines Probenatoms aus seiner Schale herausgeschlagen wird. Damit dies stattfinden kann, muß die Energie des Photons größer oder gleich der Bindungsenergie des Elektrons sein. Diese ist umso größer, je näher die Schale, auf der sich das Elektron befindet, dem Kern ist. Die Absorption von Röntgenstrahlung gehorcht dem Lambert-Beerschen Gesetz:

$$I = I_0 \cdot e^{-\mu \cdot x} \tag{5.2}$$

Dabei ist I_0 die Intensität der einfallenden Strahlung der Wellenlänge λ, I die Intensität nach Passieren einer Probenschicht der Dicke x und μ der lineare Schwächungskoeffizient; μ/ρ (ρ = Dichte der Probe) wird Massenabsorptions-koeffizient genannt; beide hängen unter anderem von der Ordnungszahl des Absorbers sowie der eingestrahlten Wellenlänge ab. Abbildung 5.12 zeigt den Zusammenhang zwischen μ/ρ und der Wellenlänge der Strahlung. Bei sehr hohen Photonenenergien (d.h. kleinen Wellenlängen) wird nur ein kleiner Anteil der Strahlung absorbiert, d.h. die Wahrscheinlichkeit, daß ein Elektron aus der inner-sten, der K-Schale, herausgeschlagenschlagen wird, ist nicht sehr hoch, daß ein Elektron aus einer darüberliegenden Schale (L, M...) geschlagen wird, noch geringer. Photonen mit kleinerer Energie werden besser absorbiert, d.h. durch diese Photonen entstehen mehr Leerstellen in der K- Schale und auch den da-rüberliegenden Schalen. Die Absorption steigt mit sinkender Energie (steigender

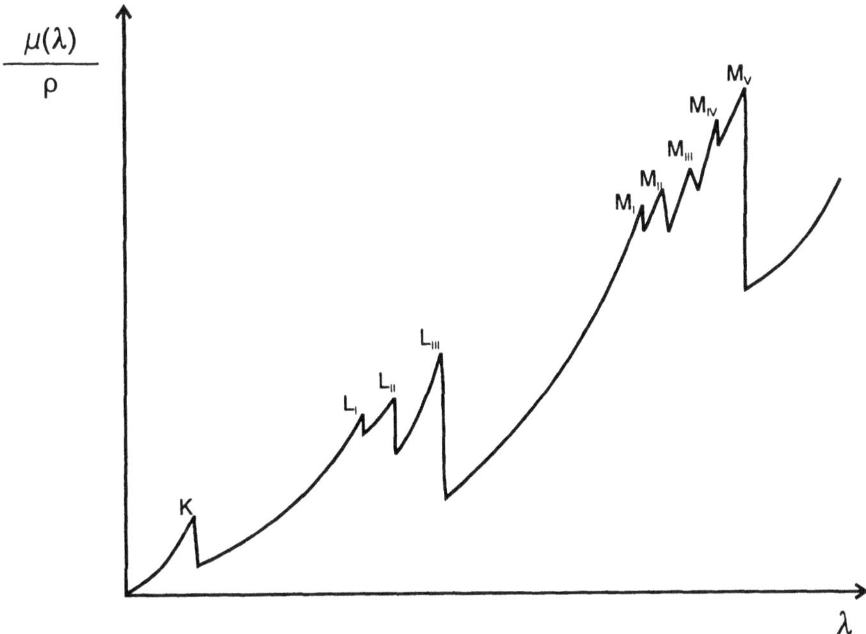

Abb. 5.12. Schematischer Verlauf der Massenabsorptionskoeffizienten mit der Wellenlänge

Wellenlänge) an, bis die Energie nicht mehr zur Entfernung eines Elektrons aus der K-Schale ausreicht: Dort sinkt sie steil ab (*Absorptionskante*). Allerdings ist die Energie immer noch hoch genug, um eine Leerstelle in einer höheren Schale zu erzeugen. Verringert man die Energie der Strahlung weiter, steigt die Absorption also wieder bis zur nächsten Absorptionskante an usw.

Wenn die entstandene Leerstelle durch ein Elektron aus einer höheren Schale desselben Atoms ersetzt wird, wird *Fluoreszenzstrahlung emittiert*, deren Energie der Differenz zwischen den beteiligten Niveaus entspricht und die für das entsprechende Element charakteristisch ist.

Bei der Bestrahlung der Probe mit Röntgenstrahlung wird das gesamte Spektrum der Röntgenröhre (siehe Abb. 5.14) eingesetzt. Da in jedem Probenatom eine große Zahl von verschiedenen Elektronenübergängen möglich ist und in der Probe sehr viele Atome gleichzeitig angeregt werden, enthält die gesamte von der Probe emittierte Fluoreszenzstrahlung die charakteristischen Energien aller Elemente, die in der Probe vorhanden sind. Trennt man die Strahlung nach ihren Energien auf (Dispersion), erhält man ein Linienmuster, mit dem man die einzelnen Elemente identifizieren kann. Die Intensitäten der Linien *eines* bestimmten Elements stehen in definierten Verhältnissen zueinander. Je höher die Konzentration eines Elements ist, desto höher sind die Intensitäten der zugehörigen Linien.

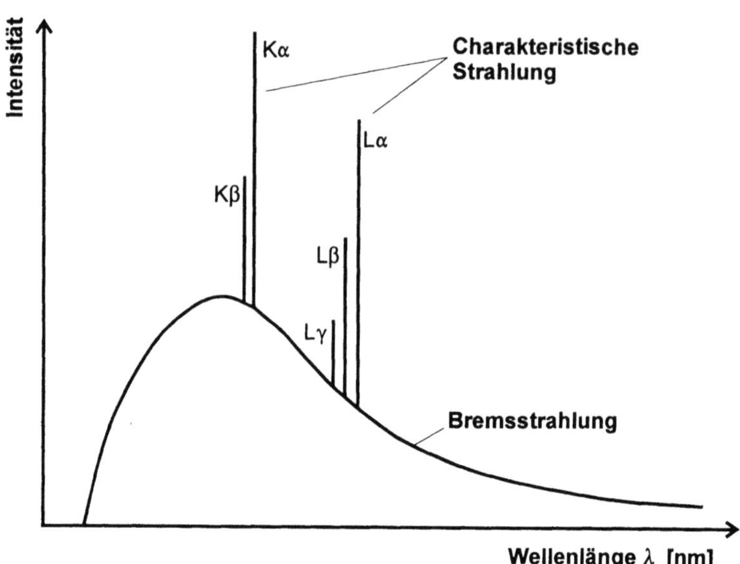

Abb. 5.13. Emissionsspektrum einer Röntgenröhre

5.5.1.1 Wellenlängendispersive und energiedispersive RFA

Bei der *wellenlängendispersiven RFA* (WDRFA; Abb. 5.14) wird die von der Probe ausgesendete Strahlung zunächst durch einen Kollimator parallelisiert und dann durch Beugung an einem Analysatorkristall nach Wellenlänge zerlegt. Die Beugung gehorcht der Braggschen Beziehung:

$$n \cdot \lambda = 2 \cdot d \cdot \sin \theta. \tag{5.3}$$

Hierbei ist n die Beugungsordnung ($n = 1, 2, 3...$). (Linien mit $n \geq 2$ sind i.d.R. nur für *schwere* Analytelemente, die *Hauptbestandteil* der Probe sind, zu beobachten.) λ ist die Wellenlänge der Röntgenstrahlung, d der bekannte Gitterabstand des Analysatorkristalls und θ der Winkel, bei dem *konstruktive Interferenz* auftritt ($\theta < 90°$) (siehe Abb. 5.15). Je größer die Wellenlänge bzw. je niedriger die Energie der Strahlung (bei gleicher Beugungsordnung) ist, desto größer ist dieser Beugungswinkel. Der Anteil der Strahlung mit der Wellenlänge λ trifft genau dann auf den Detektor, wenn der Analysatorkristall mechanisch gegenüber dem einfallenden Strahl um den Winkel θ verdreht wird und die Detektoren gleichzeitig so positioniert werden, daß Kristall und Detektoren im gleichen Winkel θ zueinander stehen (Abb. 5.14 und 5.15). Der gesamte Winkel zwischen der von der Probe abgestrahlten Fluoreszenzstrahlung und den Detektoren beträgt also 2θ. Die Positionierung von Kristall und Detektoren erfolgt durch ein Gonio-

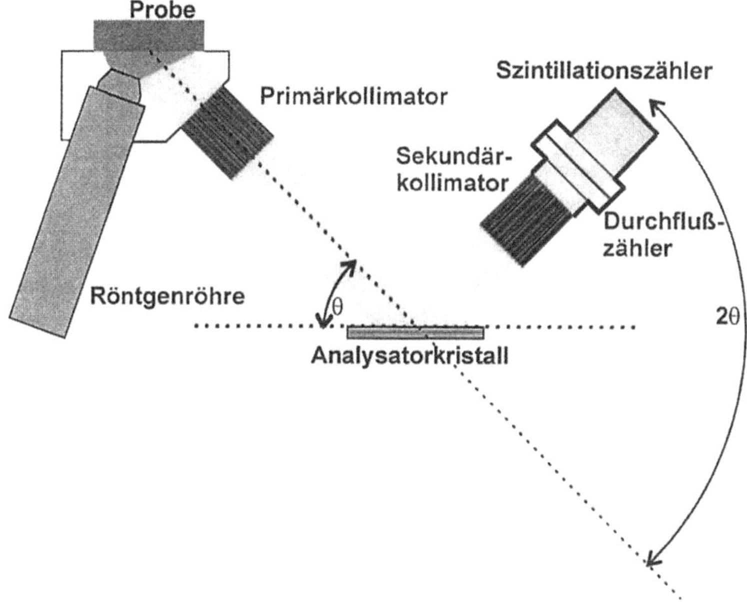

Abb. 5.14. Prinzip einer WDRFA

meter. Als Detektoren werden meist ein Durchflußzählrohr und ein Szintillationszähler verwendet. Das Durchflußzählrohr ist für die Strahlung leichter Elemente, der Szintillationszähler für die schwerer Elemente empfindlicher. Die Zähler sind hintereinander angeordnet und werden häufig im Tandembetrieb benutzt.

Durch kontinuierliche Variation von θ erhält man Scans, aus denen man durch Vergleich der Peaklagen mit einer Datenbank die in der Probe vorhandenen Elemente identifizieren kann.

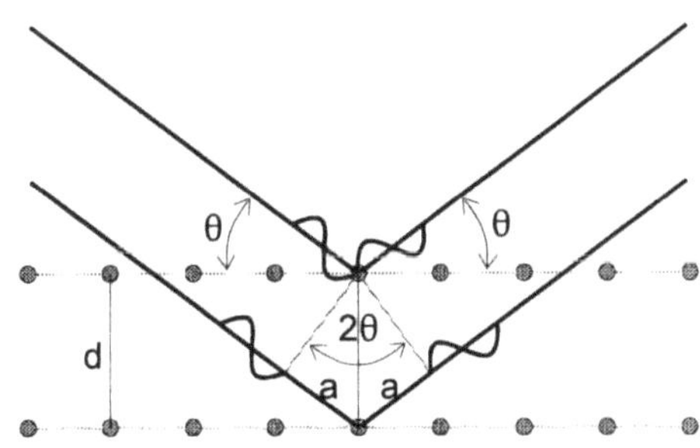

θ = Einfallswinkel
d = Gitterabstand
a = halber Gangunterschied

Abb. 5.15. Röntgenbeugung am Kristallgitter

Bei der *quantitativen* Bestimmung von Elementgehalten wird nicht wie bei der qualitativen Identifikation mit Scans gearbeitet, sondern „on peak" gemessen. Hierbei wird ausgenutzt, daß man die Lage eines Elementpeaks bei der gegebenen Gerätegeometrie und dem Analysatorkristall kennt. Zur Steigerung der Empfindlichkeit wird längere Zeit direkt auf dem Peakmaximum und eventuell an einer oder mehreren Stellen im Bereich des Untergrunds gemessen. Aus der Differenz zwischen Untergrund- und Peakintensität kann die Nettopeakintensität bestimmt werden, die letztendlich zur Bestimmung der Konzentration und Nachweisgrenze herangezogen wird. Durch Messen unter Vakuum wird die Empfindlichkeit gesteigert; die Absorption von Strahlung durch die Luft entfällt, und auch leichte Elemente wie Kohlenstoff, Stickstoff und Sauerstoff können erfaßt werden. Flüssigkeiten verbieten eine Arbeit unter Vakuum; hierbei wird die Kammer in der Regel mit Helium gefüllt.

Bei der *energiedispersiven RFA* (siehe Abb. 5.16) entfällt die gesamte aufwendige Mechanik, die zur Bewegung des Analysatorkristalls und der Zähler notwendig ist. Als Detektor findet ein Halbleiterdetektor Verwendung, der in Verbindung mit einer genügend schnellen Elektronik in der Lage ist, die Energie einzelner ankommender Röntgenquanten zu erfassen. Es handelt sich meist um aufwendig mit flüssigem Stickstoff gekühlte Si(Li)-Detektoren, welche mit einer extrem rauscharmen Hochspannung von ca. 1000 V betrieben werden. Einfallende Röntgenstrahlung ionisiert das Detektormaterial im Wesentlichen durch den Photoeffekt,

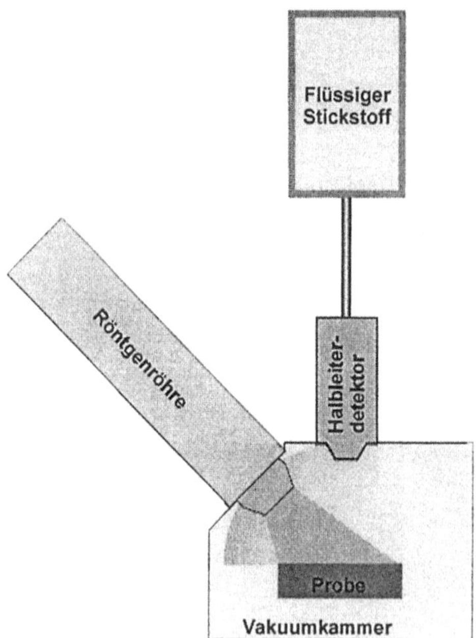

Abb. 5.16. Prinzip der EDRFA

bei Energien der Röntgenstrahlung oberhalb von 40 keV tritt ein merklicher Comptoneffekt auf. Je höher die Energie des einfallenden Strahlungsquants ist, desto mehr freie Ladungsträgerpaare werden erzeugt. Diese werden durch die Hochspannung abgezogen. Die Anstiegszeit der zu detektierenden Spannungsimpulse ist mit 20 – 30 ns sehr kurz. Die nachgeschaltete Verstärkerelektronik integriert und verstärkt diese Signale und muß daher sehr schnell und gleichzeitig rauscharm sein, da jedes Rauschen die Empfindlichkeit herabsetzt. Halbleiterdetektoren besitzen eine Totzeit von ca. 10 µs, was zu einer begrenzten Zählrate führt.

Die energiedispersive RFA besitzt ein schlechteres Auflösungsvermögen als die wellenlängendispersive. Obwohl für die EDRFA häufig luftgekühlte Röhren von nur wenigen Watt Leistung verwendet werden (bei der WDRFA meist Röhren mit 1 bis 4 kW), ist deren Empfindlichkeit höher als die der WDRFA. Dies ist hauptsächlich auf den unterschiedlichen Abstand zwischen Probe und Detektor zurückzuführen (WDRFA ca. 50 cm, EDRFA wenige cm). Unter Berücksichtigung des hier geltenden quadratischen Abstandsgesetzes und der Absorption durch die Kollimatoren und den Analysatorkristall ist die höhere Empfindlichkeit der EDRFA nicht verwunderlich. Die Meßzeit ist bei der EDRFA kürzer, da alle Elemente simultan erfaßt werden, Messungen mit der WDRFA sind in der Regel sequentiell. Es gibt auch sogenannte Simultanspektrometer, bei denen für jedes zu bestimmende Element ein fest installierter Strahlengang mit eigenem Detektor integriert ist. Aus geometrischen Gründen können hiermit meist nur wenige, bis max. 20 Elemente bestimmt werden, diese aber mit hoher Geschwindigkeit. Dies ist von besonderer Bedeutung, wenn das Spektrometer in der Produktionsprozeßkontrolle eingesetzt wird.

Mit beiden röntgenfluoreszenzanalytischen Verfahren können je nach verwendeter Methode Elemente ab dem Bor qualitativ und/oder quantitativ bestimmt werden. Die generellen Nachweisgrenzen hängen im Wesentlichen von zwei Faktoren ab:

- der Ordnungszahl des Analytelementes
- der Matrix, in der sich die Analytelemente befinden

Die Ordnungszahl eines Elements hat einen starken Einfluß auf die Fluoreszenzausbeute. Diese ist ein Maß dafür, wieviel der eingestrahlten primären Strahlungsenergie in Fluoreszenzstrahlung umgesetzt wird.

Die Energie, die frei wird, wenn ein Elektron in eine Leerstelle in einer inneren Schale fällt, kann auch Elektronen aus einem anderen Niveau des Atoms herausschlagen. Es werden sogenannte Auger-Elektronen emittiert; der gesamte Vorgang wird als Auger-Effekt bezeichnet. Grundsätzlich stehen der Auger-Effekt und die Fluoreszenz innerhalb der Probe in Konkurrenz zueinander. Bei leichten Elementen überwiegt der Auger-Effekt, so daß hier die Fluoreszenzausbeute gering ist. Die Mindestmenge leichter Elemente, die noch nachgewiesen werden kann, muß allein aus diesem Grunde schon höher als die von schwereren Elementen sein.

Matrixeffekte

Unter der *Matrix* versteht man alle Elemente, die mit dem interessierenden Analytelement in der Probe vergesellschaftet sind. Die durch sie hervorgerufenen Beeinflussungen werden allgemein unter dem Begriff *Matrixeffekte* subsummiert. Besondere Bedeutung haben hier die folgenden Effekte:

- *Absorption der Primärstrahlung*
  Die Probe absorbiert einen Teil der *Primär*strahlung. Die Primärstrahlung kann um so weiter in das Probenmaterial eindringen und dort Fluoreszenzstrahlung auslösen, je leichter die Matrix, d.h. die durchschnittliche Atommasse des Probenmaterials ist. Hohe Anteile schwerer Elemente absorbieren einen großen Teil der eingestrahlten Energie bereits nahe der Oberfläche. Diese ist dann nicht mehr verfügbar, um andere Elemente weiter im Inneren der Probe anzuregen.

- *Absorption der Fluoreszenzstrahlung*
  Ebenso wird auch *Fluoreszenz*strahlung auf dem Weg durch die Probe von der Matrix absorbiert. Nur ein kleiner Teil der Fluoreszenzstrahlung von leichten Elementen in einer schweren Matrix kann die Probe verlassen und steht zur Identifikation oder Quantifizierung zur Verfügung.

- *Sekundäranregung, Tertiäranregung usw.*
  Durch die Fluoreszenzstrahlung können andere Elemente innerhalb der Probe angeregt werden. Diese Sekundäranregung täuscht eine höhere Intensität der Linien dieser Elemente vor, die Strahlung der anregenden Elemente verläßt die Probe nicht, und es stellt sich somit hierfür ein Minderbefund ein.

- *Linienüberlagerung*
  Liegen Linien sehr eng beieinander und können sie mit Hilfe der RFA nicht voneinander getrennt werden, wird die Analytik auf die Elemente, die diese Linien emittieren, empfindlich gestört. Beispiel: Die nachweisstärksten Linien für Pb bzw. As sind die Pb-Lα- und die As-Kα-Linie. Die Linien sind mit gängigen Spektrometern aber nicht voneinander trennbar. Die Kα-Linie des in natürlichen Böden in sehr niedrigen Konzentrationen vorkommenden Arsen wird somit durch das häufigere Element Blei überlagert. Um Arsen zu bestimmen, muß auf die wesentlich weniger intensive As-Kβ-Linie ausgewichen werden, was in der Folge zu einer drastischen Verschlechterung der Nachweisgrenze führt, bei niedrigen Arsenkonzentrationen ggf. sogar dazu, daß As nicht quantifiziert werden kann. Gleichzeitig stört in der Probe vorkommendes Arsen auch die Bestimmung von Blei.

Probenvorbereitung
Wichtigstes Probenmaterial für die RFA sind Feststoffe. In speziellen Probenbechern können zwar auch Flüssigkeiten untersucht werden, aber hierfür sind meist andere Methoden, wie AAS oder AES, günstiger.
Die wichtigsten Präparationsmethoden sind:

- *Herstellung eines Pulverpreßlings*
  Festkörperproben von Umweltmaterialien sind meist sehr inhomogen. Da bei der Vermessung der fertigen Preßtablette nur deren Oberfläche analysiert wird, muß deren Zusammensetzung diejenige der gesamten Probe widerspiegeln. Daher wird die trockene Probe gründlich durchmischt und auf eine Korngröße < 63 µm heruntergemahlen. Hierbei ist besonders darauf zu achten, daß bei der Durchmischung durch Schütteln nicht der gegenteilige Effekt durch eine Schwereseparation erreicht wird. Es sollte eine richtungsunabhängige Mischbewegung eingesetzt werden. Dies läßt sich sehr gut durch den Einsatz einer Turbula erzielen. Das entstandene Pulver wird, falls nötig, mit einem Bindemittel (z.B. Wachs) versetzt und zu einer festen Tablette (Pulverpreßling) verpreßt und kann sofort vermessen und anschließend archiviert werden.
- *Herstellung einer Schmelztablette*
  Eine weitere Methode der Homogenisierung ist die des Lösens oder Aufschließens in einem Schmelzaufschluß (Kap. 5.2.2.6). Die hierbei entstehenden Schmelztabletten beinhalten das Probenmaterial homogen verteilt in sich und somit auch an der Oberfläche. Dies gilt aber nur dann, wenn die Schmelztablette vollständig klar und ohne jede Trübung ist. Trübungen sind ein sicheres Anzeichen für das Vorhandensein von kleinen Probenpartikeln. Auch beim Vorhandensein von Schlieren liegt eine homogene Verteilung sicherlich nicht vor. Eine gleichmäßige Färbung der Schmelztablette ist dagegen kein Zeichen von Inhomogenität. Bei sehr dunklen Tabletten ist eine Beurteilung der Homogenität meist nicht möglich; die Analysenergebnisse sollten hier in jedem Fall sehr kritisch betrachtet werden. Um einen vollständigen Aufschluß zu erzielen, müssen die Mengenverhältnisse zwischen Aufschlußmittel und Probenmaterial in einem sinnvollen Verhältnis zueinander stehen; ein Verhältnis von neun zu eins hat sich als sehr praktikabel erwiesen. Sehr viel Aufschlußmittel und sehr wenig Probe führt zwar mit hoher Wahrscheinlichkeit zu einer homogenen Tablette, aber auch zu niedrigen Analytkonzentrationen, so daß Spurenbestandteile meist unterhalb der Nachweisgrenze liegen. Haupt- und Nebenbestandteile lassen sich dahingegen recht gut untersuchen. Da beim Schmelzaufschluß mit sehr hohen Temperaturen (oberhalb von 1200°C) gearbeitet wird, muß die Flüchtigkeit bestimmter interessierender Komponenten mit in die Interpretation einbezogen werden. Es macht sicherlich keinen Sinn, in einer Schmelzaufschlußtablette Quecksilber untersuchen zu wollen. Schmelzaufschlüsse für die Röntgenfluoreszenz finden verbreitet Einsatz bei

metallurgischen Problemstellungen, bei denen es auf eine Bestimmung der durchschnittlichen Zusammensetzung des Probenmaterials ankommt und nicht auf die der Oberfläche.

* *Herstellung von Scheiben aus dem vollen Material*
Soll die Zusammensetzung direkt an der Oberfläche eines z.B. aus dem Produktionsprozeß stammenden Materials bestimmt werden, kann diese nach geeigneter Vorbehandlung, meist Polieren der Oberfläche, direkt erfolgen. Beim Polieren muß darauf geachtet werden, daß möglichst kein Material aufgebracht wird. Dies läßt sich nicht immer vermeiden. Dann aber darf das Poliermittel nur Elemente enthalten, die analytisch nicht von Interesse sind und die Analyse der interessierenden Elemente nicht stören. Proben, die miteinander verglichen werden, müssen auf identische Weise, d.h. auch mit identischen Poliermitteln vorbehandelt werden.

Anwendungen

Obwohl sich die RFA sowohl zur qualitativen als auch zur quantitativen Multielementanalyse von Feststoffen im besonderen Maße eignet, hat sie sich allerdings aufgrund der hohen Anschaffungskosten und der bis vor kurzem nicht vorliegenden Normierung des Verfahrens noch nicht in der Umweltanalytik durchsetzen können. Ein nicht zu unterschätzender Vorteil ist, daß die Proben nicht (wie bei anderen üblichen Methoden wie ICP-OES, ICP-MS, AAS z.B.) in Lösung vorliegen müssen.

Die quantitative Analyse von Proben mit komplexer Matrix setzt in der Regel voraus, daß zertifizierte Referenzproben von ähnlicher Zusammensetzung zur Kalibrierung verfügbar sind. Für Erze, Gesteine und Mineralien, Böden, Schlacken, diverse Aschen, Sedimente und Schlämme werden solche Referenzmaterialien von diversen Firmen hergestellt und vertrieben.

Abfall- oder Staubstandards beispielsweise sind jedoch nicht in ausreichendem Maß verfügbar. Die Kalibration kann dann mit anderen Methoden, wie z.B. dem Standardadditionsverfahren, durchgeführt werden, oder es können selbsthergestellte Standards eingesetzt werden. Materialien, die auf Filtern gesammelt werden, wie z.B. Stäube, können vielfach zusammen mit dem Filter vermessen werden. Da es sich hierbei meist um sehr geringe Probenmengen handelt, treten kaum Matrixeffekte auf und die Kalibration kann beispielsweise mit Einelementstandardlösungen, die auf das Filtermaterial aufgebracht werden, durchgeführt werden (Sulkowski et al. 1996).

Die Nachweisgrenzen für schwere und mittelschwere Elemente liegen im unteren ppm-Bereich. Dies erscheint relativ hoch im Vergleich zu Methoden wie ICP-OES oder AAS. Dabei muß man jedoch bedenken, daß bei der RFA die Bezugsmasse der Feststoff selbst ist, während sie bei den letztgenannten Methoden die verdünnte Lösung der Probe ist.

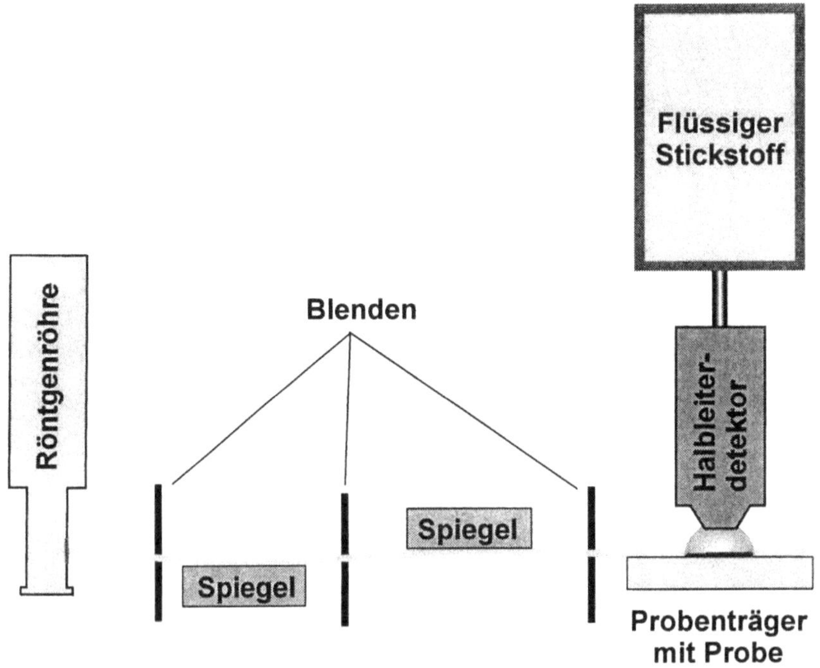

Abb. 5.17. Prinzip einer TRFA

5.5.1.2 Totalreflexionsröntgenfluoreszenzanalyse

Eine spezielle Form der energiedispersiven RFA ist die *Totalreflexionsröntgen-fluoreszenzanalyse* (TRFA, TXRF) (siehe Abb. 5.17). Eine definierte, geringe Menge der Probenlösung wird auf den Träger aufgebracht und eingedampft. Es bleibt ein dünner Film auf dem Träger zurück. Die Anregungsstrahlung fällt mit einem Winkel, der kleiner als der Glanzwinkel für das Trägermaterial (Quarz oder Plexiglas) ist, ein und wird am Probenträger totalreflektiert. So durchdringt er die gesamte Probenmenge zweifach. Auf diesem Weg wird das ganze Volumen der Probe angeregt und die charakteristische Strahlung der enthaltenen Elemente emittiert.

Matrixeffekte treten bei dieser Form der RFA kaum oder gar nicht auf, eine Kalibration über Standards mit einer vergleichbaren Matrix wie bei der WD- oder EDRFA ist in der Regel nicht erforderlich. Die Geräte werden zu Beginn oder bei einem Röhrenwechsel mit einer Multielementstandardlösung kalibriert; diesem Standard sowie allen Proben wird ein seltenes Element in bekannter Konzentration als interner Standard, der zur Kalibration benutzt wird, zugesetzt. Nur extrem wenig Probe ist nötig (u.U. weniger als 1 µg Feststoff, bzw. 10 µL Lösung), die Probenvorbereitung für flüssige Proben ist sehr einfach. Zur quantitativen Bestimmung von homogenen Lösungen beispielsweise wird einem Teil der Lösung der interne Standard zugesetzt, eine geringe Menge auf den Probenträger pipettiert und das Lösungsmittel abgedampft. Die Probe kann dann direkt analysiert werden. Um Feststoffe quantitativ bestimmen zu können, muß allerdings in den meisten Fällen ein Aufschluß durchgeführt werden. Für Ultraspurenanalysen sind oft zusätzliche Anreicherungs- bzw. Matrixabtrennungsschritte nötig. Von Bohlen et al. (1987) beschreiben auch die direkte Untersuchung von Feststoffen mittels der TRFA. Qualitative Analysen dagegen sind auch für Feststoffe sehr einfach durchzuführen. Beispielsweise kann die Bestimmung von Farbpigmenten von Gemälden völlig zerstörungsfrei dadurch durchgeführt werden, daß mittels eines Wattestäbchens etwas Farbe abgerieben, diese einfach auf den Probenträger übertragen und direkt vermessen wird. Anhand der charakteristischen Peakmuster kann dann eine Identifizierung durchgeführt werden.

Die TRFA eignet sich für Elemente, die schwerer als das Aluminium sind; die Nachweisgrenzen reichen bis in den µg/kg – ng/kg-Bereich.

5.5.1.3 Weitere Röntgenemissionsmethoden

Durch sehr niedrige Nachweisgrenzen zeichnen sich die folgenden Verfahren aus: Bei der PIXE (Particle Induced X-ray Emission spectroscopy) erfolgt die Anregung der Probe (z.B. Aerosole) in einem Teilchenbeschleuniger durch Ionenstrahlen (z.B. Protonen oder α-Teilchen); bei der SYRFA (SYnchroton - RFA) erfolgt sie durch Synchrotonstrahlung. Diese hat gegenüber der Strahlung aus Röntgenröhren wesentlich höhere Intensitäten, besitzt einen hohen Polarisationsgrad und liefert gleich günstige Anregungsbedingungen für alle Elemente bei gleichzeitig niedrigem Untergrund. Sie ist durchstimmbar und bietet somit fast monochromatische Anregung. Der Einsatz der teuren Teilchenbeschleuniger ist zugleich aber auch der wesentliche Nachteil der beiden Verfahren.

Zur Oberflächenanalyse im Mikrobereich wird der Elektronenstrahl-Mikrosonden-Analysator (EMA) eingesetzt. Hier erfolgt die Anregung durch einen stark gebündelten Elektronenstrahl (Ø kleiner 1 µm), so daß einzelne Partikel untersucht und die gefundenen Elemente bestimmten Phasen und Strukturen innerhalb der Probe zugeordnet werden können; günstig ist daher die Kombination von energiedispersiven Zusatzsystemen für konventionelle Raster- oder Durchstrahlungselektronenmikroskope.

5.5.2 Röntgenabsorptionsmethoden (XANES, EXAFS)

Die Theorie der Röntgenabsorption wurde bereits in Kap. 5.5.1 kurz erläutert. Hochaufgelöste Absorptionsspektren zeigen in der Nähe der Kanten Feinstruktureffekte (EXAFS, Extended X-ray Absorption Fine Structure; XANES, X-ray Absorption Near Edge Structure). Durch Streuung der emittierten Photoelektronen, die auch als de-Broglie-Wellen aufgefasst werden können, an *Nachbaratomen* treten Interferenzen auf, die zum Teil für diese Strukturen verantwortlich sind (EXAFS: Untersuchung der Einfachstreuungen bei höheren Energien; XANES: Untersuchung der Mehrfachstreuungen bei niedrigeren Energien). Die Auswertung des Feinstrukturverlaufs bei EXAFS durch Fouriertransformation liefert Informationen zur Nahordnung um das absorbierende Atom. Es handelt sich um eine wichtige Methode zur *Struktur*analyse von Flüssigkeiten und Festkörpern. Auch amorphe Festkörper, die für die Röntgenbeugung nicht brauchbar sind, lassen lassen sich hiermit untersuchen.

Synchrotonstrahlung wird als kontinuierliche Röntgenquelle benutzt, da sie wesentlich höhere Intensitäten als Röntgenröhren liefert. Diese Strahlung wird fokussiert und durchläuft einen durchstimmbaren Monochromator. Die Intensität I_0 wird in einer Ionenkammer gemessen, durchläuft die Probe und verläßt diese mit der Intensität I, die in einer zweiten Ionenkammer bestimmt wird (vgl. Gl. 5.2). Abbildung 5.18 zeigt die Feinstruktureffekte in der Nähe der Absorptionskante.

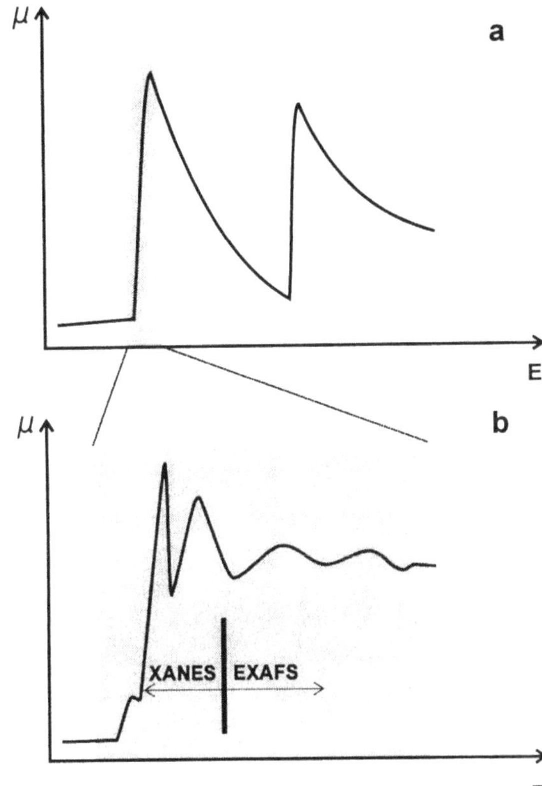

Abb. 5.18. Feinstruktur in der Nähe einer Absorptionkante
a: Absorptionskanten
b: Feinstruktur an einer Absorptionskante

5.5.3 Röntgendiffraktometrie

Die Röntgendiffraktometrie ist eine Methode zur Bestimmung von Mineralphasen und/oder Kristallstrukturen in Festkörpern. Im Prinzip ist ein Röntgendiffraktometer (Abb. 5.21) ähnlich aufgebaut wie ein WDRFA-Gerät (Abb. 5.14): Die Probe ersetzt dabei den Analysatorkristall; sie wird *direkt* mit der Röntgenstrahlung aus der Röntgenröhre bestrahlt. Die Diffraktometrie ist keine spektroskopische Methode wie die Röntgenfluoreszenz, sondern ein Beugungsverfahren; die Probe soll nicht durch die Primärstrahlung zu eigener Strahlung angeregt werden, sondern die eingestrahlte *monochromatische* Röntgenstrahlung wird an den Kristallgittern der in der Probe befindlichen Stoffen gebeugt. Es gilt die Braggsche Gleichung (5.3). Die dort ablaufenden Prozesse entsprechen im Prinzip denen, die bereits zuvor im Zusammenhang mit der Beugung der Fluoreszenzstrahlung am Analysatorkristall einer WDRFA beschrieben wurden (Abb.5.15). Bei der Diffraktometrie ist allerdings die Wellenlänge λ bekannt, während die Gitterabstände (Netzebenen) d abhängig von den in der Probe anwesenden, zu analysierenden Mineralphasen sind.

Bei der Röntgendiffraktometrie unterscheidet man im Wesentlichen zwei grundsätzlich unterschiedliche Zielsetzungen. Die *Röntgenfeinstrukturanalytik* hat die Strukturaufklärung als Ziel. Hierbei werden die Beugungsreflexe von Einkristallen einer Reinsubstanz exakt vermessen. Hieraus werden die Zellparameter und die Kristallstruktur bestimmt. Für den Einsatz im Bereich der Umweltanalytik ist diese Form der Diffraktometrie quasi ohne Bedeutung.

Die *Pulverdiffraktometrie* ist eine im Bereich der Umwelt- und Geowissenschaften sehr häufig eingesetzte Methode. Mit ihr wird die mineralogische Zusammensetzung von Gemischen kristalliner Substanzen bestimmt. Hierbei steht die qualitative Bestimmung im Vordergrund, obwohl auch quantitative Untersuchungen möglich sind. Die Pulverdiffraktometrie ist die einzige Methode, mit der mineralische Phasen in so heterogenen Systemen wie Sedimenten oder Böden in vertretbarer Zeit identifiziert werden können. Vieles, aber nicht alles, kann zwar unter Zuhilfenahme eines Polarisationsmikroskops erkannt werden, die benötigte Zeit liegt aber leicht um den Faktor 100 darüber. Die Empfindlichkeit der Pulverdiffraktometrie ist verglichen mit den elementanalytischen Verfahren gering. Es können nur Haupt- und Nebenbestandteile erfaßt werden.

5.5.3.1 Probenvorbereitung

Die Probenvorbereitung bei der Pulverdiffraktometrie ist in Bezug auf den Aufwand mit der Röntgenfluoreszenzanalytik vergleichbar. Häufig können die Proben für die Diffraktometrie aus demselben Material entnommen werden, das für die Röntgenfluoreszenz vorbereitet wird. Die Diffraktometrie stellt an die Probe neben der Homogenität nur den Anspruch, daß die einzelnen Partikel kleiner als

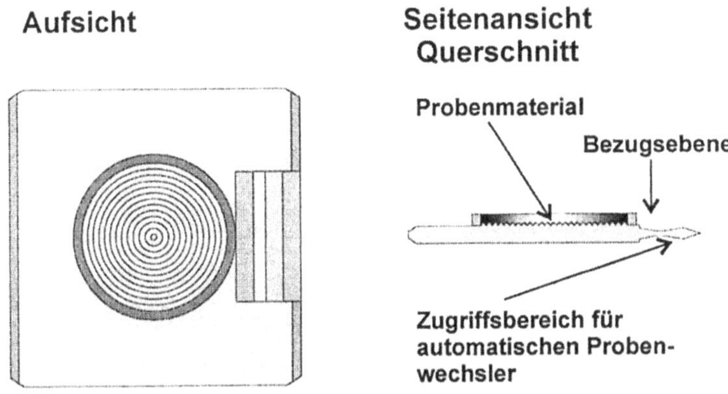

Abb. 5.19. Probenträger für die Pulverdiffraktometrie

10 µm und größer als 1 µm sein müssen, so daß die einzelnen Partikel im gesamten Volumen erfaßt werden, im betrachteten Probenvolumen alle möglichen Partikelorientierungen vorhanden sind, gleichzeitig die einzelnen Partikel noch nicht röntgenamorph sind und daher nicht mehr erfaßt werden können. Amorphe Anteile haben zusätzlich den Nachteil, daß sie das Untergrundrauschen erhöhen und somit die Identifikation anderer Bestandteile erschweren.

Die Präparation der Proben für die Pulverdiffraktometrie ist prinzipiell sehr einfach. Da es sich bei den Proben in der Regel um Lockermaterial handelt, wird es in geeignete Probenträger (siehe Abb. 5.19), meist kleine Kunststoffschalen, eingefüllt. Diese Probenträger müssen vollständig gefüllt und die Oberfläche der Probe muß möglichst glatt sein. Um dies zu erreichen, darf das Probenmaterial auf keinen Fall in den Träger eingepreßt werden, da dann eine Textur aufgeprägt würde, die zu deutlichen Verfälschungen im Analysenergebnis führen würde. Beim Pressen können Mineralpartikel, die eine Blättchen- oder Stäbchenform besitzen, eingeregelt werden, so daß keine statistische Verteilung aller Orientierungen mehr vorliegt. Im ungünstigsten Fall können dann bestimmte Reflexe einer Phase ganz fehlen, zumindest ist ihre Intensität erheblich verringert. Da die Intensitätsverhältnisse verschiedener Reflexe einer Phase in die Bestimmung eingehen, kann hierdurch eine vorhandene Phase unentdeckt bleiben. Neben diesem Effekt, der auf der äußeren Form der Kristalle beruht, besteht eine weitere Möglichkeit der Störung durch starkes Pressen: Die Kristalle der Mineralphasen, die eine ausgeprägte Spaltbarkeit besitzen, können zerbrechen. Werden die dabei entstehenden Kristallite nur um einen kleinen Winkelbetrag gegeneinander verkippt, führt dies zu einer Reflexverbreiterung und gegebenenfalls zur Erhöhung des Untergrunds. Beides führt zur Verschlechterung der Qualität des Diffraktogramms, schlimmstenfalls dazu, daß Phasen nicht erkannt werden. Nach dem Einfüllen der Probe in den Probenträger muß das Aufstoßen vermieden werden,

Aufsicht

Seitenansicht
Querschnitt

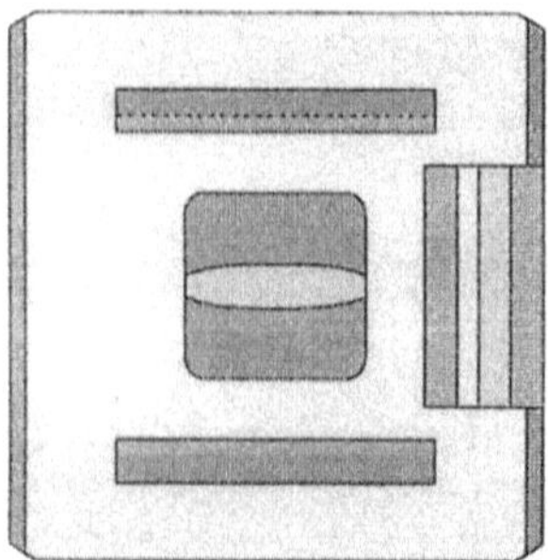

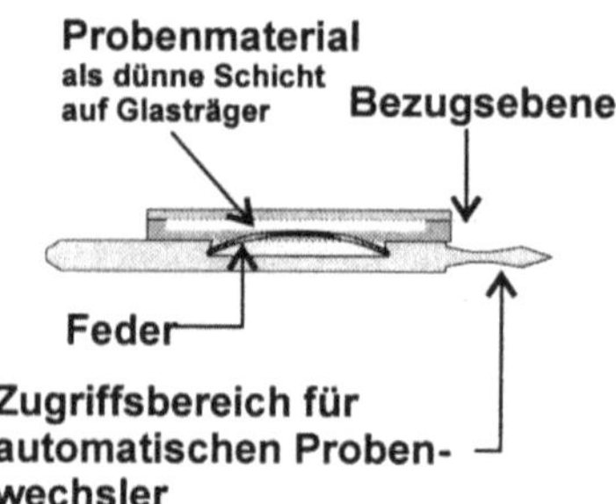

Abb. 5.20. Probenträger für die Tonmineralanalytik

damit sich keine Dichteseparation einstellt, denn diese würde ebenfalls dazu
führen, daß Phasen nicht erkannt werden. Eine probate Methode zur Präparation
von Pulverdiffraktometrieproben ist das Aufhäufeln der Probe im Träger mit
anschließendem Verteilen durch Hacken mit einem Spatel und Abstreifen des
überstehenden Materials mit Hilfe eines Glasplättchens.

Eine andere Möglichkeit der Präparation von Proben für die Diffraktometrie ist
die Herstellung von Texturpräparaten für die Tonmineralanalytik. Tonminerale
besitzen in der Regel eine blättchenförmige Struktur, bei denen der Gitterabstand
parallel zu den Blättchen für die Identifikation von Interesse ist. Die texturierten
Präparate werden hergestellt, indem man aus den Tonmineralen und Wasser eine
Suspension herstellt, hiervon einen Tropfen auf ein Glasplättchen gibt und anschließend ohne Erwärmen zur Trockne eindampft. Ein Träger ist in Abbildung
5.20 dargestellt.

Die *Tonmineralanalytik* mittels Diffraktometrie ist aufwendiger als die Analytik
auf andere kristalline Phasen. Nach dem Trocknen wird das Präparat vermessen
und das Diffraktogramm abgespeichert. Im Anschluß daran wird die Probe für 24
Stunden auf 115 °C erhitzt und erneut vermessen. Danach erfolgen 24 Stunden
Lagerung in Glykolatmosphäre und erneutes Vermessen. In der Folge wird das
Präparat in mehreren Stufen bei steigenden Temperaturen getempert. Aus der
Verlagerung von Reflexen, beziehungsweise deren Verschwinden kann auf die in
der Probe vorhandenen Tonminerale geschlossen werden.

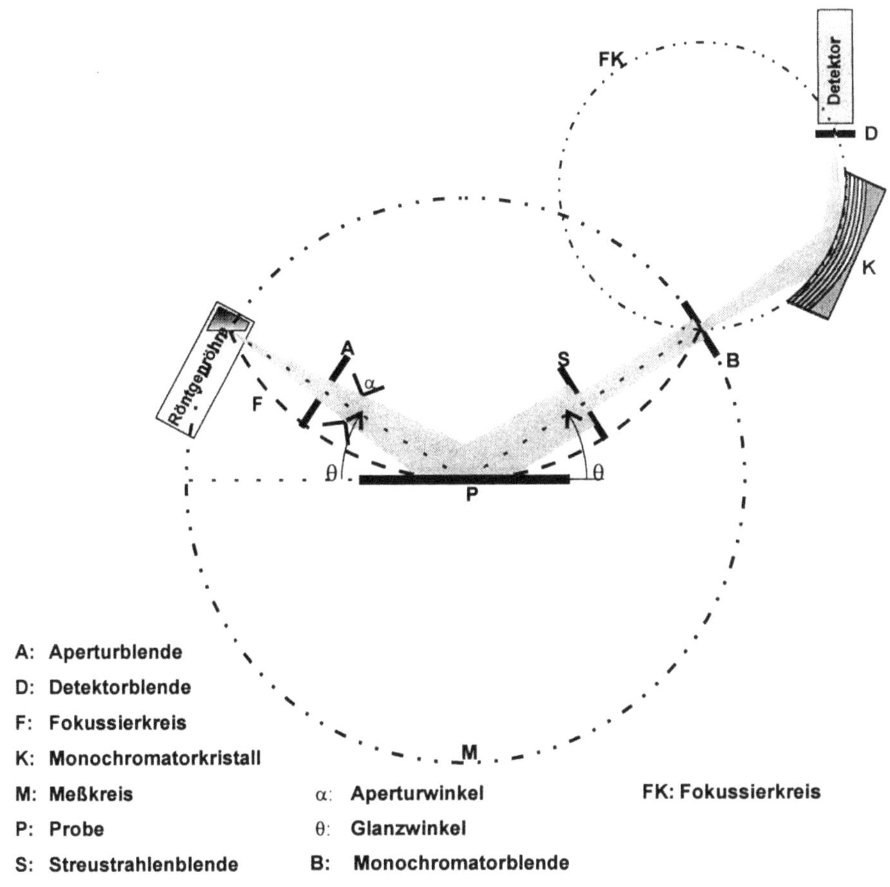

A: Aperturblende
D: Detektorblende
F: Fokussierkreis
K: Monochromatorkristall
M: Meßkreis
P: Probe
S: Streustrahlenblende

α: Aperturwinkel   FK: Fokussierkreis
θ: Glanzwinkel
B: Monochromatorblende

Abb. 5.21. Prinzip eines Pulverdiffraktometers

5.5.3.2 Pulverdiffraktometer

Bei den Pulverdiffraktometern gibt es verschiedene Formen, die hier nur ganz kurz vorgestellt werden sollen. Man unterscheidet grundsätzlich zwischen *Transmissionsdiffraktometern*, bei denen die gesamte Probe durchstrahlt wird und *Standarddiffraktometern*, bei denen die Oberfläche bestrahlt wird. Bei den Transmissionsdiffraktometern wird eine sehr kleine Probenmenge (meist wenige mg) zwischen dünnen Mylarfolien oder in einer Glaskapillare untersucht.

Bei den Standarddiffraktometern befinden sich die Proben offen in oder auf den bereits beschriebenen Probenträgern. Es wird zwischen zwei unterschiedlichen Bauformen unterschieden, dem θ-2θ- und dem θ-θ-Diffraktometer. Beim ersteren ist die Position der Röntgenröhre fixiert, der Probenträger wird während der Messung um den Winkel θ, der Detektor um den Winkel 2θ aus der Horizontalen gedreht. Beim θ-θ-Diffraktometer bleibt die Probe horizontal fixiert und die Röhre, sowie der Detektor werden um den Winkel θ geschwenkt.

Für die Bearbeitung von Tonmineralproben sollte ein θ-θ-Diffraktometer (Abb. 5.21) verwendet werden. Da hierbei die Probe während der gesamten Analyse in horizontaler Position bleibt, kann das im Laufe der Temperprozesse sehr spröde gewordene Tonmineralpräparat nicht so leicht vom Träger herunterrutschen.

Bei der Verwendung automatischer Probenwechsler ist auf folgendes zu achten: Glykolisierte oder getemperte Tonmineralproben sollten einzeln verarbeitet werden, da sie sich nach mehrstündigem Aufenthalt in der Atmosphäre verändern (können) und die gewünschten Aussagen über sie nicht mehr gemacht werden können. Standardpulverpräparate können normalerweise auch in größerer Zahl in einen Autosampler gegeben werden, allerdings sollte man sich nach Abschluß der Messungen die einzelnen Proben nochmals genau ansehen. Es besteht die Möglichkeit, daß das Probenmaterial unter Einfluß der Temperatur und Luftfeuchtigkeit sein Volumen ändert; damit liegt dann die durch den Strahlengang definierte Referenzfläche nicht mehr auf Höhe der realen Probenoberfläche. Kleine Abweichungen lassen sich während der Bearbeitung der Diffraktogramme durch Verschieben unter Zuhilfenahme eines Reflexes einer bekannten Verbindung auf den Referenzwinkel korrigieren. Bei Umweltproben ist diese Referenzverbindung meist der Quarz, der fast überall vorkommt.

5.6 Spektroskopische Methoden

Unter dem Oberbegriff „Spektroskopische Methoden" werden alle Methoden zusammengefaßt, bei denen die Wechselwirkungen von elektromagnetischer Strahlung mit Materie, d.h. mit der Probe, ausgenutzt werden. Je nachdem, ob diese Strahlung in Form von Gammastrahlen, Röntgenstrahlen (s. Kap. 5.5), sichtbarem oder ultraviolettem Licht, als Wärmestrahlung oder als Mikro- oder Radiowellen eingesetzt wird, finden unterschiedliche Prozesse statt, die zu den diversen spektroskopischen Analysenmethoden führen (siehe Tabelle 5.3). Elektromagnetische Strahlung läßt sich als Welle mit einer Wellenlänge λ oder Frequenz ν, mit einer Amplitude und Geschwindigkeit beschreiben, oder aber als Strom von Teilchen, Photonen, mit diskreter Energie E. Es gilt:

$$E = h \cdot \nu \tag{5.4}$$

mit h = Plancksches Wirkungsquantum .

Tabelle 5. 3. Spektroskopische Methoden und deren Anwendung

Methode	Analysenziel	Anwendung
UV/Vis-Spektroskopie	Anionen, Kationen, org. Verbindungen, Färbungen	auch als Detektor für die HPLC
IR-Spektroskopie	Kohlenwasserstoffe, Tenside	auch als Detektoren für GC (HPLC), TOC- und DOC-Messungen
Fluoreszenzspektroskopie	Kationen, org. Verbindungen	auch als Detektor für die HPLC
Atomabsorptions-spektroskopie	Nichtmetalle, Metalle	Flammen-AAS Graphitrohr-AAS Hydrid-AAS Zeeman-AAS
Emissionsspektroskopie	Nichtmetalle, Metalle	Flammen-, Funken-, Bogen- AES (OES) ICP-AES (OES) RFA
	Moleküle, Komplexe	Raman

Eine weitere häufig benutzte Größe zur Charakterisierung von elektromagnetischer Strahlung ist die Wellenzahl $\tilde{v}$ mit $\tilde{v} = 1 / \lambda$. Frequenz und Wellenlänge sind durch die Beziehung

$$v = c / \lambda \tag{5.5}$$

miteinander verknüpft, wobei c die Geschwindigkeit des Lichtes ist. Frequenz und Wellenzahl sind also direkt proportional zur Energie der Strahlung.

Wenn Licht mit geeigneter Energie auf ein Atom oder Molekül im Grundzustand ψ_1 trifft, kann es absorbiert werden und das Atom/Molekül in einen angeregten Zustand ψ_2 anheben (Anregung). Durch spontane oder stimulierte Emission kann das System in den Grundzustand zurückkehren.

Die Lagen der Energieniveaus $E(\psi)$ sind charakteristisch für die Art des Atoms, bzw. bei Molekülen für die Art der beteiligten Atome, die Bindungen zwischen ihnen und die Einflüsse, die Nachbaratome auf sie haben. Charakteristisch sind daher auch die Energien, die absorbiert, bzw. emittiert werden können. Nur Strahlung mit der Energie ΔE erfüllt die Resonanzbedingung

$$\Delta E = h \cdot v = E(\psi_2) - E(\psi_1). \tag{5.6}$$

Doch nicht alle Übergänge, die diese Bedingung erfüllen, sind gleich wahrscheinlich; es existieren „erlaubte" und „verbotene" Übergänge, die sich in ihrer Intensität deutlich voneinander unterscheiden.

5.6.1 UV/Vis- Spektralphotometrie

Die UV/Vis-Spektralphotometrie beruht auf der spezifischen Absorption von Strahlung in den Wellenlängenbereichen zwischen $\lambda = 180$ nm bis 400 nm (ultravioletter Bereich, UV) und $\lambda = 400$ nm bis 780 nm (sichtbarer Bereich, Vis). Dabei werden n-, σ- und π-Elektronen, die in organischen Verbindungen vorkommen, sowie d- oder f-Elektronen aus Metallionen und Charge-Transfer-Übergänge in Komplexverbindungen angeregt. $\sigma \rightarrow \sigma^*$ -Übergänge werden vorwiegend im Vakuum-UV (10 nm bis 180 nm) beobachtet und sind nur von untergeordneter Bedeutung, da die Messung nur mit relativ aufwendigen Vakuum-Spektrometern durchgeführt werden kann.

Weil die angeregten elektronischen Molekülzustände durch Schwingungs- und Rotationsniveaus überlagert sind, ergeben sich eine Reihe von nahe aneinanderliegenden möglichen Übergängen (Feinstruktur). Wegen der starken Wechselwirkungen mit benachbarten Molekülen in der Probelösung sind jedoch meist breite, kontinuierliche Absorptionsbanden zu finden.

5.6.1.1 Lichtabsorption und Spektrum

Wenn Licht der Wellenlänge λ mit der Intensität I_0 die Probe mit der Schichtdicke d durchstrahlt, dann kann es durch Absorption geschwächt werden. Die Intensität I des austretenden Strahls wird durch das Bouguer-Lambert-Beersche Gesetz beschrieben. Es gilt:

$$I = I_0 \cdot e^{-\alpha(\lambda) \cdot c \cdot d} \tag{5.7}$$

$$\text{und} \quad A(\lambda) = \log \frac{I_0}{I} = \varepsilon(\lambda) \cdot c \cdot d , \tag{5.8}$$

wobei $\alpha(\lambda)$ der Absorptions- oder auch Extinktionskoeffizient, $\varepsilon(\lambda)$ der dekadische oder molare Extinktionskoeffizient (L mol^{-1} cm^{-1}), c die Konzentration des absorbierenden Stoffes (mol L^{-1}) und d die Schichtdicke (cm) ist. $A(\lambda)$ wird als „Absorption" (manchmal auch als „Extinktion") bezeichnet.

Folgende Voraussetzungen müssen erfüllt sein:
- Das Licht muß monochromatisch (d.h. nur eine Wellenlänge) und parallel sein.
- Die absorbierenden Teilchen müssen homogen verteilt sein, dürfen das Licht nicht streuen und keine Wechselwirkungen untereinander zeigen (keine hohen Konzentrationen) oder mit anderen Teilchen in der Lösung reagieren.
- Es dürfen auch an der Probenoberfläche weder Streuungen noch Reflexionen auftreten.
- Die Atome oder Moleküle müssen Absorption im UV- oder Vis-Bereich zeigen.

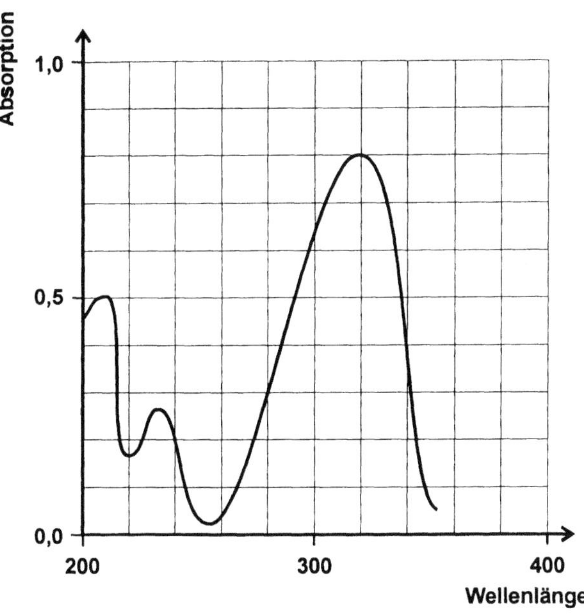

Abb. 5.22. UV-Absorptionsspektrum eines Benzolderivats (nach Schwedt 1995)

Ein UV/Vis-Spektrum erhält man, indem man für alle interessierenden Wellenlängen λ (oder für alle Wellenzahlen $\tilde{\nu}$) die nicht absorbierte Lichtintensität I und die ursprüngliche Intensität I_0 mißt und daraus gemäß Gleichung 5.8 die Absorptionskurve $A(\lambda)$ bestimmt. Abbildung 5.22 zeigt ein solches Spektrum für ein Benzol-Derivat.

Die Lage und Struktur der verschiedenen Banden sind nicht nur abhängig von der Art der angeregten Teilchen selbst, sondern auch von Faktoren wie Temperatur und Lösungsmittel. Anhand der Lage der Absorptionsmaxima können die gelösten Substanzen identifiziert werden. Die Gestalt und Feinstruktur läßt Rückschlüsse auf die Struktur zu. Die Intensitäten erlauben eine Quantifizierung. Dazu müssen Kalibrierfunktionen erstellt werden, indem die Absorptionen von Lösungen bekannter Konzentrationen bei einem geeigneten Absorptionsmaximum gemessen und gegen diese Konzentrationen aufgetragen werden. Hierdurch kann gleichzeitig der lineare Meßbereich, für den das Bouguer-Lambert-Beersche Gesetz Gültigkeit hat, ermittelt werden. Abbildung 5.23 zeigt schematisch eine typische photometrische Kalibrierfunktion.

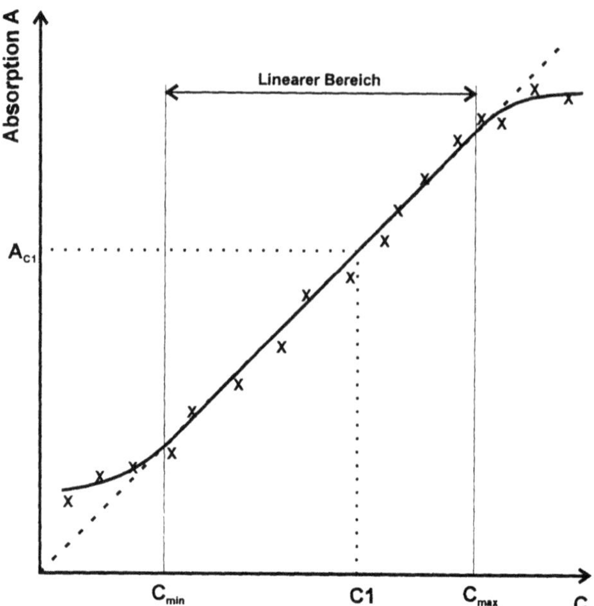

Abb. 5.23. Photometrische Kalibrierfunktion

Durch Umsetzung mit einem geeigneten Reagenz zu einer farbigen Verbindung lassen sich viele an sich nicht absorbierende Stoffe photometrisch bestimmen (z.B. Nachweis von Metallionen als farbige Metallkomplexe). Auch die Bestimmung von mehreren Komponenten einer Lösung ist möglich, wenn deren Absorptionsspektren sich hinreichend voneinander unterscheiden. Berücksichtigt werden muß hierbei, daß die Absorption, von Ausnahmen abgesehen, eine additive Eigenschaft ist, d.h. für n absorbierende Spezies i mit den Extinktionskoeffizienten ε_i und den Konzentrationen c_i gilt:

$$A(\lambda)_{gesamt} = \log \frac{I_0}{I} = d \cdot \sum_{i=1}^{n} \varepsilon_i \cdot c_i \qquad (5.9)$$

Die *Derivativ-Spektralphotometrie* benutzt dies, indem Absorptionsbanden, die sich überlagern, mittels mathematischer Methoden erkannt werden. Auch Gemische mehrerer Einzelsubstanzen lassen sich so relativ störungsarm aus derselben Lösung bestimmen.

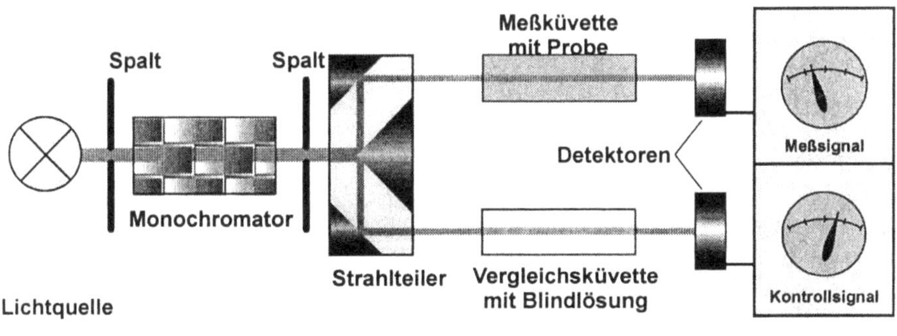

Abb. 5.24. Aufbau eines Zweikanalphotometers

5.6.1.2 Spektralphotometer

Abbildung 5.24 zeigt den formalen Aufbau eines gängigen Zweistrahlphotometers. Die Strahlungsquelle ist im UV-Bereich meist eine Deuteriumlampe, im sichtbaren Bereich eine Wolframband- oder eine Halogenlampe. Bei der Aufnahme eines UV/Vis-Spektrums wird zwischen beiden Lampen umgeschaltet. Im Monochromator wird das polychromatische Licht, das diese Lampen ausstrahlen, mit Hilfe von Gittern, seltener Prismen, spektral zerlegt. Durch Drehen des Dispersionssystems kann man die am Austrittsspalt gewünschte Wellenlänge einstellen. Bei einfachen Photometern werden ganz bestimmte Wellenlängen mit Hilfe von Filtern ausgewählt; die Aufnahme eines Spektrums ist hiermit nicht möglich.

Das monochromatische Licht wird in zwei gleiche Teilstrahlen geteilt. Der eine durchläuft eine Küvette, in der sich die Probelösung befindet, der andere eine gleiche Küvette mit einer Blindlösung. Das nicht von der Probe bzw. der Blindlösung absorbierte Licht fällt auf Photomultiplier oder Photodioden und wird dort in elektrische Signale umgewandelt. Nach Verstärkung erhält man aus dem Meßsignal I der Probe und dem Referenzsignal I_0 der Blindlösung gemäß Gl. 5.9 die Absorption $A(\lambda)$. Die Registrierung, Auswertung und Ausgabe erfolgen mittels PC.

Sehr schnell registrierende Photometer sind die sogenannten *Dioden-Array-*Photometer. Hier durchläuft das polychromatische Licht erst die Probelösung, wird dann, meist an einem holographischen Gitter, spektral zerlegt und auf einer Photodiodenzeile, dem Dioden-Array, simultan detektiert, so daß verschiedene Substanzen gleichzeitig bestimmt werden können.

5.6.1.3 Bestimmung von umweltrelevanten Feststoffen mit der UV/Vis-Spektralphotometrie

UV/Vis-spektrometrische Verfahren werden in Umweltanalytiklabors häufig eingesetzt. Die Investitionskosten sind gering, die entsprechenden Geräte i.a. leicht zu bedienen. Die Metallbestimmung mit dieser Methode ist allerdings weit weniger selektiv als mit atomspektroskopischen Methoden wie der AAS und ICP-OES. Durch geschickte Wahl der Meßbedingungen oder die Kombination mit einem Trennverfahren wie der HPLC kann die Selektivität jedoch deutlich erhöht werden. Üblicherweise werden die absorptionsphotometrischen Verfahren zur Bestimmung von Neben- und Spurenbestandteilen, insbesondere organischen, eingesetzt. Optimale Bedingungen vorausgesetzt, sind Konzentrationen bis herunter zu 1 µg/L noch bestimmbar.

Probenvorbereitung

Eine direkte Vermessung fester Proben wie Böden, Altlasten, Sedimente usw. ist nicht möglich, da die Proben in der Regel als verdünnte Lösungen vorliegen müssen. Gut geeignet ist die Methode zur Bestimmung verschiedener Inhaltsstoffe von Eluaten.

Aromatische Verbindungen wie Benzol, Phenole usw. in Wasser, lassen sich im UV-Bereich sehr gut analysieren. Wenn die zu untersuchende Substanz selbst farbig ist, wie z.B. Farbstoffe oder farbige Metallionen, dann ist eine direkte Bestimmung im sichtbaren Bereich möglich. Viele „farblose" Metallionen oder Anionen bilden bei Zugabe bestimmter organischer oder anorganischer Reagentien farbige Verbindungen, die dann ebenfalls detektiert werden können.

Eine Automatisierung der Probenvorbereitung kann mit Hilfe der *Fließinjektionsanalyse* (FIA) oder der *kontinuierlichen Durchflußanalyse* (CFA) errreicht werden. Abbildung 5.25 zeigt ein Schema zur Fließinjektionsanalyse. Mittels einer Flüssigkeitspumpe wird ein kontinuierlich fließender, laminarer, unsegmentierter Flüssigkeitsstrom erzeugt, in den eine definierte Menge der Probe hineininjiziert wird. In der Mischeinheit werden Trägerstrom und Probe durch Konvektion und Diffusion vermischt, dem Trägerstrom zugemischte Reagentien (z.B. Komplexbildner) reagieren hier mit der Probe. Diese wird dann dem Detektor (z.B. UV/Vis-Spektralphotometer mit Durchflußzelle) zugeführt. Der Grad der Durchmischung und damit das Signal am Detektor ist abhängig von der eingespritzten Probenmenge, der Länge der Fließstrecke und der Fließgeschwindigkeit. Auch wenn diese Parameter konstant sind, wird sich dieses Signal mit der Zeit, die seit dem Einspritzen der Probe vergangen ist, verändern. Da der Signal - Zeit - Verlauf reproduzierbar ist, muß auf eine vollständige Entwicklung des Peaks nicht gewartet werden. So können sehr viele Proben innerhalb kürzester Zeit analysiert werden; der Verbrauch an Reagentien kann minimiert werden. Als Detektor werden, je nach Probe und den zu bestimmenden Substanzen, nicht nur Photo-

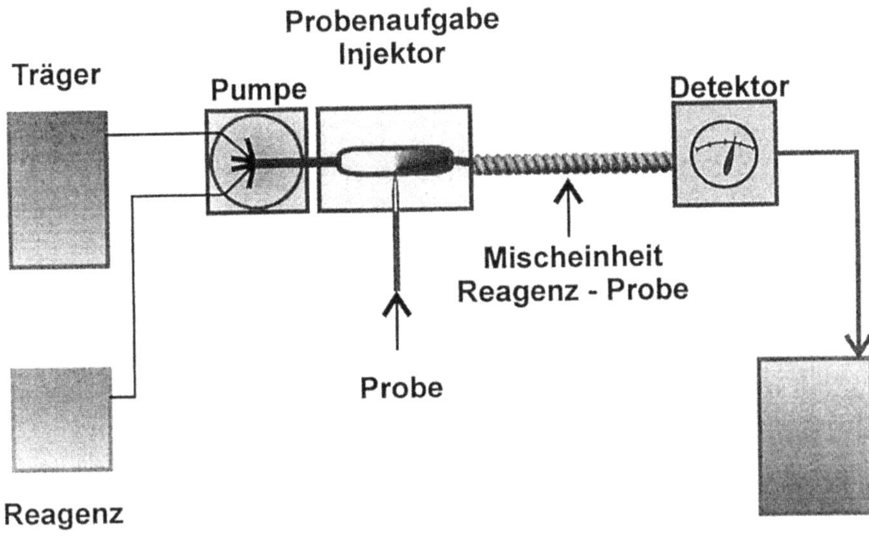

Abb. 5.25. Fließinjektionsanalyse

meter benutzt, sondern auch Fluorimeter, elektrochemische Sensoren, AAS-Spektrometer usw. Nicht nur die Zumischung von Reagentien, sondern auch die Einstellung des pH-Wertes, Verdünnung, Flüssig/flüssig-Extraktion, UV-Aufschluß, Destillation usw. können durch spezielle Fließanalysesysteme automatisch durchgeführt werden.

Das Fließinjektionssystem kann für andere analytische Verfahren als Probenzuführungssystem verwendet werden, wenn der Analyt derivatisiert werden muß und die Möglichkeit besteht, dies in einem kontinuierlichen Prozeß durchzuführen.

Auch für Fließanalyseverfahren bei Wasser-, Abwasser- und Schlammuntersuchungen gibt es DIN-Normen. Der Nitritnachweis z.B. kann nach DIN 38405-D28 erfolgen; zugrunde liegt hier die Griessreaktion, bei der ein roter Azofarbstoff gebildet wird. Die Nitratbestimmung wird ebenfalls in dieser DIN beschrieben, die Ammoniumbestimmung in DIN 38406-E23. ISO CD 11905 beschreibt den Nachweis von gesamt-N.

Norm-Vorschriften für die Anwendung der UV/Vis-Spektralphotometrie beziehen sich in der Regel auf die Wasser- und Abwasseruntersuchung, sind aber auf die Eluate von Feststoffen wie Böden, Sedimente usw. (Herstellung nach DIN 38414, Teil 4) und aufgeschlossene Proben übertragbar. Hierbei sind besonders von Bedeutung die Bestimmungen folgender Inhaltstoffe (vgl. Tabellen in Kapitel 5.3):

Ammonium	DIN 38406, Teil 5
	ISO 7150-(1-2)
Arsen	DIN EN 26595
Bor	DIN 38405, Teil 17
Chrom (IV)	DIN 38405, Teil 24
Cyanide	DIN 38405, Teile 13 und 14 ,
Nitrate	DIN 38405, Teil 9
	ISO 7890-(1-3)
Nitrite	DIN 38405, Teil 10
	DIN EN 26777
	ISO 6777
Phenole (als Phenolindex)	DIN 38409, Teil 16
	VDI 3485 Blatt 1 (liefert häufig falsch positive Ergebnisse)
Phosphor in Schlämmen und Sedimenten	DIN 38414, Teil 12

VDI 3795 Blatt 1 beschreibt den photometrischen Nachweis von Fluorid nach Destillation aus einer NaOH-Schmelze.

Die Bestimmung von Tensiden ist mittels UV-Vis-Spektrometrie möglich (DIN 38409, Teile 20 und 23, H. Hellmann, 1990, 1991).

DIN 38405, Teil 27, eignet sich auch zur Untersuchung leicht freisetzbarer Sulfide in feinkörnig aufbereiteten Feststoffen (Allen et al., 1993).

5.6.2 Infrarot-Spektroskopie

Während Atome ausschließlich elektronisch angeregt werden können, können Moleküle zusätzlich Schwingungs- und auch Rotationsenergie aufnehmen. Diese Energien liegen für die meisten Moleküle im infraroten Bereich des elektromagnetischen Spektrums.

Infrarotes Licht wird absorbiert, wenn das Dipolmoment des schwingenden Moleküls sich in einem Extrem der Schwingung von dem im anderen Extrem derselben Schwingung unterscheidet. Dies heißt, daß eine Schwingung, die symmetrisch zu einem Symmetriezentrum des Moleküls erfolgt, IR-inaktiv ist, da sich dabei das Dipolmoment nicht ändert. Neben der Anregung von Molekülschwingungen erfolgt gleichzeitig auch eine Rotationsanregung, was zu einer mehr oder weniger ausgeprägten Feinstruktur der einzelnen Schwingungsbanden führt. Die Liniendichte dieser Feinstruktur ist bei großen Molekülen jedoch so groß, daß nur noch breite Banden erkennbar sind.

Ein komplexes Molekül besitzt eine große Zahl von Schwingungsmöglichkeiten. Viele davon sind ganz typisch für bestimmte Bindungen oder bestimmte funktionelle Gruppen in diesem Molekül und verursachen Absorption in definierten Energiebereichen. Der Bereich von $\tilde{v} = 1000 - 1600 \ cm^{-1}$ wird als „Fingerprint-

Bereich" bezeichnet, da hier die für das Gesamtmolekül charakteristischen Gerüstschwingungen angeregt werden. Zuordnungen der Absorptionsbanden zu bestimmten funktionellen Gruppen und Molekülen sind anhand von Tabellen möglich. So ist das IR-Spektrum eine wertvolle Hilfe zur Identifizierung von Substanzen und deren Struktur.
Da die Symmetrieeigenschaften eines Moleküls in einem Kristall anders als im isolierten Molekül sein können, ist es möglich, daß in Festkörperspektren IR-Absorptionsbanden auftreten, die in Lösung oder als Gas nicht vorkommen.

5.6.2.1 IR-Spektrometer

Abbildung 5.26 zeigt den prinzipiellen Aufbau eines Doppelstrahl-IR-Spektrometers. Als Lichtquelle dient meist ein weißglühender Nernst-Stift. In Zweistrahlgeräten wird das Licht in zwei gleiche Lichtbündel geteilt. Diese durchlaufen, bei Lösungen z.B., jeweils die Probenküvette und die Vergleichsküvette (mit reinem Lösungsmittel gefüllt) und dann abwechselnd den Monochromator (Gitter oder Prisma). Als Detektor dient meist ein Thermoelement. Bei gleicher Strahlungsintensität von Meß- und Vergleichsstrahl wird am anschließenden

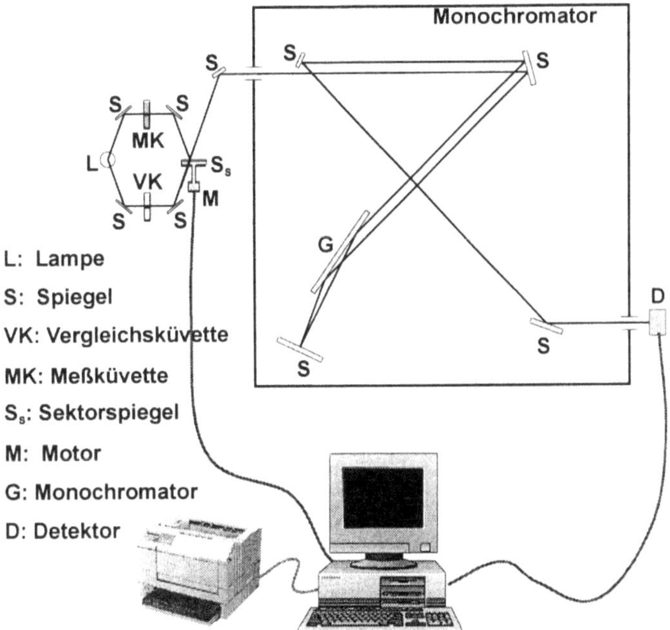

Abb. 5.26. Prinzip eines Doppelstrahl-IR-Spektrometers (nach Naumer und Heller 1986)

Verstärker kein Signal gemessen. Durch Absorption in der Meßküvette wird die Intensität des Meßstrahls, im Idealfall entsprechend dem Bouguer-Lambert-Beerschen Gesetz (Gleichung 5.7 bzw. 5.8), verringert, so daß ein Wechselstrom entsteht. Durch eine regelbare Blende wird der Vergleichsstrahl solange geschwächt, bis kein Signal gemessen wird (Nullabgleich). Die Stellung der Blende kann dann als Maß für die Absorption ausgewertet werden. Üblich ist die Darstellung von IR-Spektren als Funktion der Transmission T [%] von der Wellenzahl $\tilde{\nu}$. Es gilt:

$$T(\tilde{\nu}) = I / I_0. \tag{5.10}$$

Prinzipiell lassen sich Gase, Flüssigkeiten und Feststoffe vermessen. Die einfachste Methode ist das Pressen eines Tropfens einer Flüssigkeit zwischen zwei Natriumchloridplatten. Natriumchlorid ist im Bereich von $4000 - 667$ cm^{-1} durchlässig für IR-Strahlung. Lösungen können in speziellen Natriumchloridzellen vermessen werden. Das Lösungsmittel sollte dabei möglichst wenig absorbieren und, wenn möglich, unpolar sein. Auf jeden Fall darf weder in der Lösung noch in der reinen Flüssigkeit Wasser vorhanden sein, da hierdurch das Natriumchlorid angelöst wird. Außerdem gelten natürlich die allgemeinen Einschränkungen für die Gültigkeit des Bouguer-Lambert-Beerschen Gesetzes (Kapitel 5.6.1). Feste Proben (etwa 1 mg) können mit einem Tropfen Paraffinöl, z.B. Nujol, fein zerrieben werden und dann zwischen Natriumchloridplatten gepreßt werden. Sollen C-H-Schwingungen gemessen werden, nimmt man statt Paraffinöl besser Hexachlor- oder Hexafluor-Butadien. Eine andere Möglichkeit ist die Herstellung eines Kaliumbromidpreßlings: Der Feststoff wird mit der $10 - 100$fachen Menge Kaliumbromid gründlich verrieben und in einer hydraulischen Presse unter Vakuum zu einer Tablette verpreßt. Diese Technik wird häufig verwendet, da das Kaliumbromid keine IR-Banden zeigt. Da Kaliumbromid allerdings hygroskopisch ist, findet man meist eine zusätzliche OH-Bande.
Quantitative Bestimmungen lassen sich nur dann durchführen, wenn das Bouguer-Lambert-Beersche Gesetz gilt. Dies ist für stark streuende Proben wie Feststoffproben sowie für reine Flüssigkeiten und konzentrierte Lösungen nicht der Fall. Zur quantitativen Bestimmung müssen Kalibrationskurven erstellt werden.

5.6.2.2 Fouriertransform (FT)-IR-Spektrometer

In jüngster Zeit werden immer mehr FTIR-Spektrometer eingesetzt. Auch hierbei wird das Licht, das von der Strahlungsquelle kommt, in zwei Teilstrahlen geteilt. Diese durchlaufen beide die Probe und werden dann durch ein System von festen und beweglichen Spiegeln reflektiert und wieder vereinigt (Michelson Interferometer). Es treten Interferenzen auf, die abhängig von der Stellung der Spiegel zueinander sind. Der Strahl trifft auf den Detektor, der das Interferogramm, d.h. die Intensität in Abhängigkeit von der Wegdifferenz der beiden Teilstrahlen, registriert. Der Spektralbereich vom nahen IR bis zum fernen IR-Bereich, also von etwa 10000 bis < 400 cm^{-1}, ist zugänglich, was bei herkömmlichen Spektrometern kaum möglich ist. Aufgrund der sehr kurzen Meßzeiten lassen sich FTIR-Spektrometer als Detektoren für die HPLC einsetzen.

5.6.2.3 Einsatzbereiche in der Umweltanalytik

Die IR-Spektroskopie ist ein weit verbreitetes Analysenverfahren, das zur Identifikation und zur Strukturanalyse von Verbindungen gut geeignet ist. Allerdings sind das Signal zu Rausch-Verhältnis und die Empfindlichkeit des Verfahrens nicht so gut wie bei anderen Methoden, z.B. der Gaschromatographie oder der Atomabsorptionsspektroskopie. Diese liefern allerdings meist keine Strukturinformationen; Ausnahme ist hier die GC mit einem Massenspektrometer als Detektor. Spurenanalytik ist mit der IR-Spektroskopie in der Regel nur möglich bei entsprechenden Meß- und präparationstechnischen Maßnahmen und durch Computereinsatz in der Spektrenauswertung. Besonders bewährt haben sich hierbei FTIR-Geräte. Für Proben, die aus vielen verschiedenen Verbindungen bestehen, wird die IR-Spektroskopie normalerweise nicht eingesetzt. Mit Hilfe geeigneter Rechenprogramme können aber auch quantitative Mehrkomponentenanalysen von Gemischen durchgeführt werden. Beispiele hierfür sind die Bestimmung einiger Mineralphasen wie Quarz oder Korund in Stäuben von Mahlsteinen und die Bestimmung von Asbest- und Quarzstäuben (Zeller 1976). Mineralische Stäube können vermessen werden, indem sie am Filter abgeschieden und ein Kaliumbromidpreßling hergestellt wird. Hierfür werden etwa 1 mg Substanz benötigt. Ist so viel nicht vorhanden, kann die Mikropreßtechnik angewandt werden (Günzler u. Böck 1988).

Wässrige oder alkoholhaltige Extrakte von umweltrelevanten Feststoffen lassen sich mit Hilfe der IR-Spektroskopie direkt nicht untersuchen. Gut geeignet ist das Verfahren jedoch zur Detektion von lipophilen Stoffen, wie Kohlenwasserstoffen, die mit dem Lösemittel 1,1,2-Trichlortrifluorethan extrahierbar sind. Hierbei wird vielfach das Verfahren für Abfallproben nach der LAGA-Richtlinie KW85 herangezogen. Die zerkleinerte und homogenisierte Feststoffprobe wird einer Soxhlet-Extraktion mit 1,1,2-Trichlortrifluorethan unterzogen. Der Extrakt wird säulenchromatographisch von polaren Verbindungen, wie Alkoholen, Ketonen usw., abgetrennt. Mit Hilfe der IR-Spektrometrie erfolgt eine quantitative Bestimmung anhand der Extinktion der C-H - Schwingungen der CH_3- und CH_2 - Gruppen und der aromatischen CH-Bande. Die Bestimmungsgrenzen für die aliphatischen Kohlenwasserstoffe liegen hierbei zwischen 1 und 10 ppm. Die Methode ist ausführlich in DIN 38409, Teil 18 beschrieben.

IR-Spektrometer können auch als Detektoren in der Elementaranalyse auf C, H, S und O eingesetzt werden, um CO_2, H_2O, bzw. SO_2 zu bestimmen.

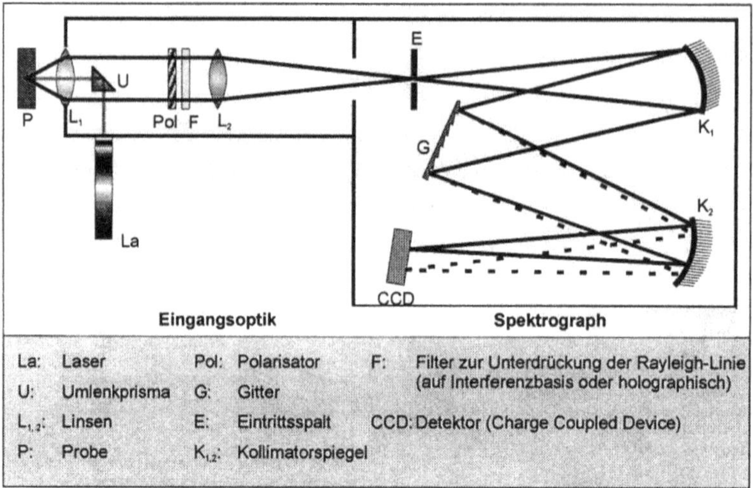

Abb. 5.27. Prinzip eines Raman-Spektrometers

5.6.3 Raman-Spektroskopie

Grundlage der Raman-Spektroskopie ist – wie bei der IR-Spektroskopie – die Anregung von Molekülschwingungen durch Licht. Während IR-Spektren jedoch in Absorption gemessen werden, handelt es sich bei Raman-Spektren um Emissionsspektren.

Die Probe wird mit sehr intensivem, monochromatischen Licht bestrahlt. Hierzu werden in der Regel Laser, die Licht im UV/Vis-Bereich oder im nahen Infrarotbereich aussenden, benutzt. Der größte Teil der auftreffenden Photonen erleidet elastische Stöße (ohne Energieverlust) an den Molekülen (Raleigh-Streuung). Ein geringer Teil des Lichtes regt beim Stoß Molekülschwingungen an und erleidet dadurch für diese Schwingungen charakteristische Energieverluste (Stokes-Strahlung) oder aber nimmt aus angeregten Molekülzuständen Schwingungsenergie auf (die noch seltenere Anti-Stokes-Strahlung). Es treten also Frequenzverschiebungen Δv des eingestrahlten Lichtes auf. Die Beträge dieser *Raman-Verschiebungen* sind unabhängig von der anregenden Frequenz. Wäre die Schwingung IR-aktiv, so würde die Raman-Frequenzverschiebung der Frequenz der IR-Absorptionsbande entsprechen.

Die Streustrahlung tritt in alle Raumrichtungen aus; sie wird senkrecht zur Anregungsstrahlung in einem Monochromator spektral zerlegt und mit Hilfe eines photoelektronischen Detektors registriert. Das Spektrum wird in der Regel als Intensität der Streustrahlung in Abhängigkeit von der gemessenen Wellenzahlverschiebung $\Delta \tilde{v}$ dargestellt. Abbildung 5.27 zeigt schematisch ein Raman- Spektrometer. Symmetrisch zur Raleigh-Streuung erscheinen, allerdings mit abweichenden Intensitäten, die Stokes- und Anti-Stokes-Linien. Normalerweise wird jedoch nur der Teil des Spektrums gemessen, der die Stokes-Linien enthält.

Besonders störend macht sich die oft hohe Untergrundstrahlung bemerkbar, die durch Fluoreszenz hervorgerufen wird. Diese Fluoreszenzstrahlung kann das intensitätsschwache Raman-Streulicht völlig überdecken. Verwendet man als Lichtquelle einen Laser, dessen Licht im nahen Infrarotbereich (NIR) liegt (Nd:YAG-Laser, 1,064 µm), so tritt diese Störung nicht auf, denn dieses Licht besitzt nicht genug Energie zur Anregung von elektronischen Übergängen, die die Fluoreszenz hervorrufen. NIR-Laser können außerdem mit wesentlich höherer Leistung als entsprechende Laser mit UV- bzw. sichtbarem Licht betrieben werden, ohne eine Photodissoziation der Probenmoleküle zu verursachen. Um reproduzierbare Spektren zu erhalten, werden NIR-Laser mit Fourier-Transform-Spektrometern kombiniert (NIR/FT-Raman-Spektroskopie).

Raman-Spektren sind meist einfacher als die entsprechenden IR-Spektren. Raman-aktiv sind die Schwingungen, bei denen sich die *Polarisierbarkeit* des Moleküls während der Schwingung ändert. Daher sind Schwingungen symmetrisch zu einem Symmetriezentrum, wie z.B. die symmetrische Valenzschwingung des CO_2-Moleküls, zwar IR-inaktiv, aber Raman-aktiv, Schwingungen, die nicht symmetrisch zum Symmetriezentrum erfolgen, IR-aktiv, aber Raman-inaktiv (z.B. asymmetrische Valenzschwingung des CO_2).

Besonders geeignet ist die Raman-Spektroskopie zur Charakterisierung von unpolaren oder wenig polaren Bindungen, wie C-C- Einfach-, Doppel- und Dreifachbindungen, S-S-, O-O- Einfachbindungen und ringförmigen Molekülen.

Da Wasser nur ein wenig intensives, linienarmes Raman-Spektrum besitzt, kann – im Gegensatz zur IR-Spektroskopie – Wasser als Lösungsmittel benutzt werden; Glas eignet sich als Küvettenmaterial.

Proben können reine Flüssigkeiten oder Lösungen sein, in Schmelzpunktröhrchen eingeschmolzene, pulverisierte Feststoffe oder auch Gase in speziellen Küvetten.

5.6.3.1 Anwendungen

Die Raman-Spektroskopie wird in der Regel zur Untersuchung von Molekülstrukturen oder zur Identifizierung von Substanzen eingesetzt, eignet sich aber auch für die quantitative Analyse von Haupt- und Nebenbestandteilen. Auch anorganische Verbindungen wie komplexierte Metallionen können analysiert werden (Nakamota, 1978). Besonders Fourier-Transform-Spektrometer erlauben schnelle, präzise Bestimmungen, auch in Kombination mit der Flüssigkeitschromatographie oder Fließanalysesystemen. Da Laserstrahlen sehr genau fokussiert werden können, ist es möglich, sehr kleine Proben, wie Flugascheteilchen oder mikroskopisch kleine Einschlüsse in Mineralien, zu untersuchen. Hierfür werden sogenannte Laser-Mikrosonden eingesetzt. Sehr kleine Probenmengen oder Spuren organischer Stoffe lassen sich auch mit der oberflächenverstärkten

Raman-Spektroskopie (SERS, surface-enhanced Raman Spectroscopy) vermessen (Garrel 1989, Chang 1987, Freeman et al. 1988, Vo-Dinh et al. 1984)

5.6.4 Atomabsorptionsspektrometrie (AAS)

Die Atomabsorptionsspektrometrie ist eine der gebräuchlichsten Methoden zum quantitativen Nachweis von Metallen und Halbmetallen vom Prozentbereich bis zum Ultraspurenbereich.

Durch Wechselwirkung mit Licht geeigneter Wellenlänge (UV/Vis-Bereich von etwa 190 nm bis 850 nm) können die äußeren Elektronen von Atomen auf höhere Energieniveaus gehoben werden, d.h. die Atome werden angeregt. Die möglichen Anregungsenergien sind charakteristisch für die einzelnen Elemente. Die Spektrallinienverteilung ist wie ein Fingerabdruck für jedes Element. Dies wird bei der AAS ausgenutzt, indem Licht eingestrahlt und dessen Schwächung durch Resonanzabsorption gemessen wird.

Abbildung 5.28 zeigt den schematischen Aufbau eines AAS-Gerätes. AAS-Spektrometer sind normalerweise für die Konzentrationsbestimmung nur eines Elementes aus einer Probe ausgelegt. Es können keine Kontinuumstrahler zur Anregung benutzt werden wie zum Beispiel in der Photometrie, da die Absorption der nur sehr schmalen Atomlinien den Strahl nur fast unmerklich schwächen würde. Daher werden Lampen benutzt, die das Linienemissionsspektrum des zu untersuchenden Elementes direkt abstrahlen. Dies sind hauptsächlich Hohlkatho-

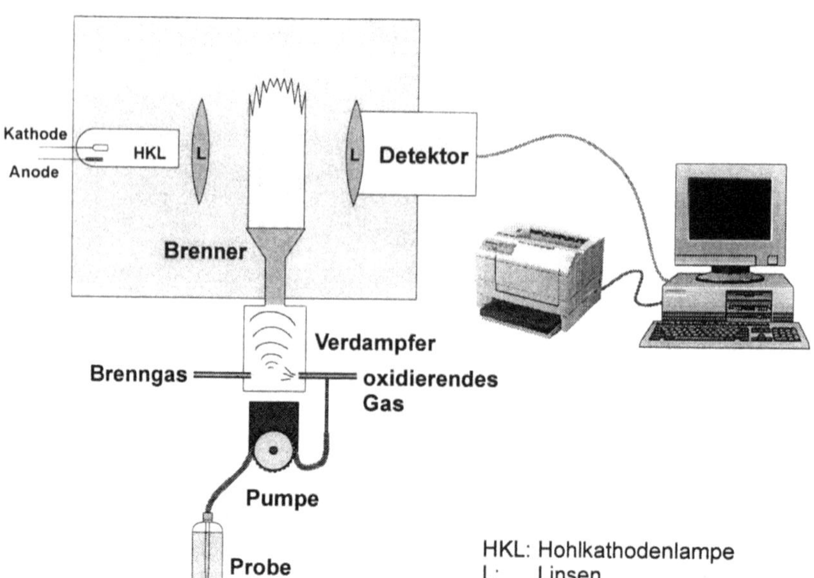

Abb. 5.28. Prinzip einer Flammen-AAS

denlampen (HKL), deren Kathoden genau das zu analysierende Element enthalten, oder für Elemente wie As, Sb, Se und Te elektrodenlose Entladungslampen (EDL). Sollen also mehrere Elemente bestimmt werden, muß jeweils die entsprechende Lampe in das Gerät eingesetzt werden. Mit Mehrelementlampen ist auch eine Mehrkomponentenanalyse möglich, günstiger ist hierfür in der Regel die Atomemissionsspektrometrie.

Durch den sogenannten Atomisator (Atomizer) wird die zu analysierende Probe in ein Gas aus Einzelatomen überführt. Dieses Gas wird vom Licht der Lampe durchstrahlt. Die Atome des zu bestimmenden Elementes, die sich im Gas befinden, können dieses Licht absorbieren, alle anderen, sofern keine Linienüberlagerungen auftreten, nicht. Im Kollimator werden bis auf die interessierende Resonanzlinie alle weiteren Emissionslinien der Lampe ausgeblendet und damit werden gleichzeitig auch störende Streustrahlung sowie Molekülbanden von im Gas befindlichen Molekülen unterdrückt. Im Detektor (meist ein Sekundärelektronenvervielfacher) wird die durchgelassene Strahlung registriert. Es gilt das Bougouer-Lambert-Beersche Gesetz (siehe Gl. 5.7 bzw. 5.8). Man geht dabei davon aus, daß die Anzahl der im atomisierten Gas befindlichen Atome eines Elements ihrer Konzentration in der festen, bzw. flüssigen Probe proportional ist. Da der molare Extinktionskoeffizient und die Weglänge des Lichtes durch das Atomgas (d) Konstanten sind, läßt sich die gesuchte Konzentration direkt aus der Absorption bestimmen. Voraussetzung ist die Erstellung einer Kalibrationsfunktion.

Als Atomisierungseinrichtungen sind in der AAS die Flamme, der Graphitrohrofen und beheizbare Quarzküvetten in Verbindung mit der Hydrid- oder Kaltdampftechnik gebräuchlich. Alle arbeiten bei Temperaturen unter 4000 K, so daß sich die meisten Atome im Grundzustand befinden und somit die Absorptionswahrscheinlichkeit hoch ist.

5.6.4.1 Flammen-AAS

Hierbei wird die Probe über einen Zerstäuber in Form von Flüssigkeitströpfchen in eine Flamme überführt. Sie muß also in Lösung vorliegen. Das Gasgemisch der Flamme bestimmt die Brenntemperatur. Die meisten Elemente können bei Temperaturen bis etwa 2500 K mit einem Gemisch aus Acetylen und Luft nachgewiesen werden. Durch Variation des Gasgemisches kann eine Optimierung für die jeweilige Bestimmung erreicht werden. Der Anteil des zu analysierenden Elementes, der in der Flamme tatsächlich als Atome vorliegt, hängt von verschiedenen Faktoren wie Temperatur, Konzentration und Probenmatrix ab. Daher ist eine Kalibration mit probenvergleichbarer Zusammensetzung erforderlich, zum Beispiel mit Hilfe des Standardadditionsverfahrens.

5.6.4.2 Graphitrohr-AAS (Graphite furnace AAS, GFAAS)

Hier erfolgt die Atomisierung der Probe in einem Rohr aus Graphit, das in der Regel eine Länge von etwa 3 cm und einen Durchmesser von 6 mm hat. Die Probe wird entweder durch ein Loch an der Oberseite des Rohres eingespritzt oder aber in ein Schiffchen aus Graphit, Nickel oder Tantal gegeben, welches in das Rohr geschoben wird (Boottechnik). Unter Inertgasatmosphäre wird das Rohr durch eine elektrische Widerstandsheizung aufgeheizt. Dabei wird durch ein optimiertes Temperatur-Zeit-Programm die Temperatur auf bis zu 3000 °C erhöht, so daß die Probe zuerst getrocknet, dann verascht und dabei möglichst von störenden Begleitsubstanzen befreit wird und erst dann die Atomisierung eintritt. Es bildet sich im Rohr eine „Atomwolke", die durch das Quarzfenster hindurch vom Licht der Lampe durchstrahlt wird.

Da die gesamte Probe atomisiert wird (nicht nur etwa 10% wie bei der Flammen-AAS) und gleichzeitig ihre Aufenthaltsdauer im Rohr länger als in der Flamme ist, ist das Nachweisvermögen der GFAAS je nach Element und Matrix um zwei bis drei Zehnerpotenzen höher. Durch die Veraschung werden Störungen durch die Matrix verringert. Prinzipiell können bei geeigneter Kalibration mit der GFAAS auch feste Mikroproben analysiert werden, hauptsächlich auf die leicht verdampfbaren Elemente wie Zink, Cadmium, Silber, Kupfer, Quecksilber, Thallium, Blei, Selen und Tellur.

Allerdings ist die GFAAS gegenüber der Flammen AAS eine relativ teure Methode, da Küvetten aus reinstem Graphit verwendet werden und eine Schutzgaseinrichtung eingesetzt werden muß.

5.6.4.3 Hydridtechnik

Zur Atomisierung der Elemente Arsen, Wismut, Antimon, Selen, Zinn und Tellur, eingeschränkt auch Germanium, Blei und Phosphor, kann vorteilhaft die sogenannte Hydridtechnik angewandt werden. Hierbei werden diese Elemente durch Reduktion mit Natriumborhydrid zum Beispiel in die flüchtigen Hydride überführt. Diese werden aufgefangen und in einer auf 850 – 1000 °C beheizten Quarzküvette durch thermische Zersetzung atomisiert.

Matrixeffekte treten wegen der Abtrennung von der Matrix nicht auf. Die Hydridtechnik wird heute vor allem zusammen mit der Fließinjektion als FIAS-Technik (Fließinjektionsatomspektroskopie) angewandt.

5.6.4.4 Kaltdampftechnik

Quecksilber kann aufgrund seines geringen Dampfdruckes auch in metallischer Form bestimmt werden. Hierzu werden Quecksilberverbindungen zunächst mit $NaBH_4$ oder $SnCl_2$ zu elementarem Quecksilber reduziert; dieses kann dann bei Raumtemperatur als Amalgam auf Gold angereichert werden (Amalgamtechnik) und durch schnelles Erhitzen auf $500 - 700°$ C in eine beheizbare Quarzküvette überführt werden. Die Atomisierung erfolgt auch hier durch Aufheizen auf einige hundert Grad. Störende Matrixeinflüsse sind weitestgehend ausgeschlossen.

5.6.4.5 Untergrundkorrektur

Vor allem durch Anregung von Molekülen und Streuung der Strahlung an Partikeln wird eine sogenannte Untergrundabsorption verursacht, die die Empfindlichkeit und die Nachweisgrenzen verschlechtern. Zur Untergrundkompensation kommen verschiedene Verfahren in Frage.

Eines dieser Verfahren arbeitet mit zwei Lampen, der Hohlkathodenlampe und einem Kontinuumstrahler (Deuteriumlampe; Deuteriumuntergrundkompensation), die abwechselnd in den Strahlengang gebracht werden. Die Absorption des Kontinuumstrahlers wird dabei zur Bestimmung der Untergrundabsorption benutzt. Dieses Verfahren wird relativ häufig angewandt, bringt aber ein verschlechtertes Signal zu Rausch-Verhältnis.

Die Zweilinienmethode wertet neben der eigentlichen Absorptionslinie noch eine zweite, unspezifische Linie als Untergrundabsorption aus. Hierzu sind Spektrometer notwendig, die gleichzeitig zwei Meßkanäle besitzen.

Eine weitere Möglichkeit zur Korrektur auch eines sehr hohen Untergrundes bietet die Zeeman-AAS (ZAAS). Hierbei wird ausgenutzt, daß die Energieniveaus im Atom bei Einwirkung eines Magnetfeldes aufspalten. Damit verbunden ist auch eine Aufspaltung der Spektrallinien (Zeeman-Effekt) und eine Polarisierung der Strahlung. Ein pulsierendes Magnetfeld wird an die Atomisierungseinrichtung gelegt. Die Strahlung der anregenden Lampe bleibt unverändert. Bei eingeschaltetem Magnetfeld bewirkt ein vor den Detektor geschalteter Polarisator, daß nur die Untergrundabsorption gemessen wird, bei ausgeschaltetem Magnetfeld die Gesamtabsorption (Untergrundabsorption + spezifische Absorption).

5.6.4.6 Anwendungen

In fast allen analytisch chemischen Laboratorien werden routinemäßig AAS-Geräte eingesetzt. Fast 70 Metalle und Halbmetalle lassen sich damit quantitativ bestimmen. Mit der Flammen-AAS erreicht man dabei Nachweisgrenzen im Bereich mg/kg – µg/kg (ppm – ppb), mit der GFAAS µg/kg – ng/kg (ppb – ppt). Für die letztere sind außerdem nur sehr geringe Probenmengen nötig (etwa 10 –

200 µL bei Lösungen). Während die Flammen-AAS zunehmend durch die Atomemissionsspektrometrie verdrängt wird, behält die GFAAS wegen dieser Vorteile auch weiterhin ihre Bedeutung. Ein Nachteil der AAS im Allgemeinen ist, daß bei ihr normalerweise immer nur ein Element simultan bestimmt werden kann, so daß für die Routineanalytik auf mehrere Elemente auch mehrere Geräte nötig sind. Bei sehr komplizierten Probenmatrices, wie sie bei der Feststoffbestimmung in der Umweltanalytik gängig sind, treten häufig Probleme mit spektralen Interferenzen auf, denen durch die Anwendung von zuverlässigen Untergrundkorrekturmethoden, wie bei der ZAAS oder durch Vorbehandlung der Probe, zum Beispiel einer Vortrennung mit Hilfe von Ionenaustauschern, Rechnung getragen werden kann.

Die FIA eignet sich sehr gut zur Probenvorbereitung und -einführung in der AAS. Sie ist sowohl in der Flammen-AAS, als auch bei der Graphitrohr-, Hydrid- und Kaltdampftechnik einsetzbar.

Prinzipiell ist eine direkte Feststoffanalytik mit Hilfe der GFAAS möglich. Da die Matrix umweltrelevanter Feststoffe meist sehr kompliziert ist und die zu untersuchenden Elemente oft sehr inhomogen in ihnen verteilt sind, wird in der Regel immer zunächst ein Aufschluß der Probe durchgeführt oder ein Elutionsverfahren angewendet. Die erhaltenen Lösungen lassen sich mit der AAS untersuchen, indem zum Beispiel die entsprechenden DIN-Vorschriften für unbelastete und belastete Wässer angewendet werden (siehe Kapitel 5.3).

5.6.5 Optische Atomemissionsspektrometrie (AES / OES)

Bei der optischen Atomemissionsspektrometrie werden die äußeren Elektronen von Atomen angeregt und geben ihre Energie beim Zurückfallen in niedrigere Energieniveaus in Form von UV/Vis-Strahlung wieder ab. Die emittierten Spektrallinien sind charakteristisch für die angeregten Elemente und werden daher zum Nachweis und zur quantitativen Analyse verwendet.

Die verschiedenen AES-Methoden unterscheiden sich im wesentlichen durch die Art der Anregung der Atome. Prinzipiell erfolgt sie nicht wie bei der Atomabsorptionsspektrometrie durch eine spezielle Lichtquelle, sondern direkt in der Atomisatoreinheit. Um eine ausreichend hohe Intensität der emittierten Strahlung zu erreichen, sind hohe Temperaturen (> 3000 K) notwendig. Nur dann sind die angeregten Zustände in hinreichender Anzahl besetzt. Die Flamme als Anregungsquelle wird daher hauptsächlich nur für leicht anregbare Elemente, wie die Alkali- und Erdalkalimetalle eingesetzt (Flammen-AES, Flammenphotometrie). Hierbei treten vielfach Störungen auf, z.B. durch Ionisierung der Metallatome, Bildung von Metalloxiden, Matrixeffekte, Schwankungen der Flammentemperatur usw. Bogen- und Funkenentladung erzeugen wesentlich höhere Temperaturen. Mit dieser Anregungsart können bevorzugt Feststoffe analysiert werden; für die Lösungsanalytik ist die Plasmaanregung interessanter.

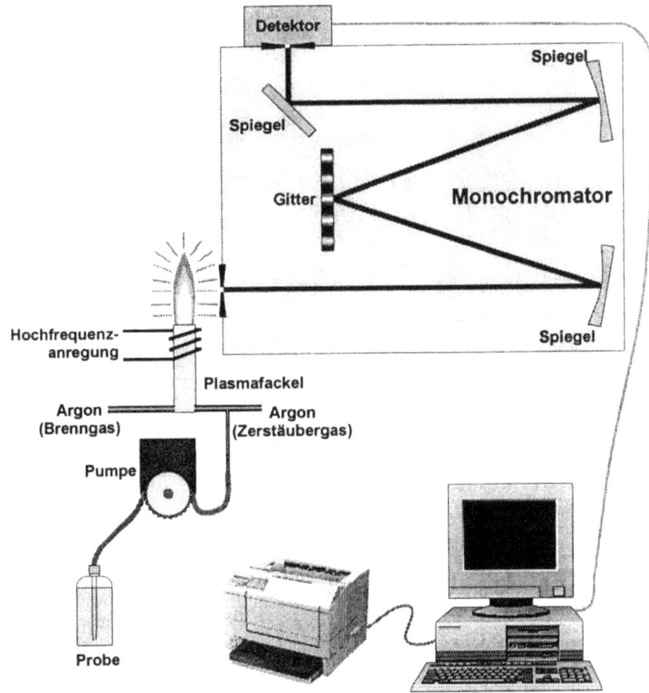

Abb. 5.29. Prinzip einer (ICP-)AES

Am häufigsten werden induktiv gekoppelte Hochfrequenzplasmen (ICP, inductively coupled plasma) verwendet. Die *ICP-AES* ist eine der wichtigsten Analysenmethoden in der Elementanalytik.

Der sogenannte Plasmabrenner besteht aus drei konzentrischen Quarzrohren, die sich in der Spule eines Hochfrequenz(HF)-Generators befinden und von Argon durchströmt werden. Der Hochfrequenzgenerator liefert die elektrische Leistung an die HF-Spule des Plasmabrenners, die nötig ist, um das durch das äußere Rohr strömende Argon zu ionisieren; es entsteht ein Plasma, d.h. ein Gas aus Atomen, Molekülen, Kationen, Anionen und Elektronen. Dieses Plasma wird räumlich durch das starke Feld der HF-Spule begrenzt. Die fein zerstäubte Probelösung wird mit Hilfe eines Argonträgerstroms durch das innerste Rohr in das ringförmige, 6000 – 8000 K heiße Plasma transportiert. Die Probe wird dort getrocknet und atomisiert. Aufgrund der mit etwa 1 ms relativ langen Verweilzeit im Plasma kann eine effiziente Energieübertragung auf die Probenatome stattfinden: Sie werden angeregt. Enthält das Probenaerosol organische Lösungsmittel, dann wird ein weiterer Argonstrom als Hilfsgas durch das mittlere der drei Rohre geleitet. Für wässrige Lösungen ist dies nicht erforderlich.

Den prinzipiellen Aufbau eines ICP-Atomemissionsspektrometers zeigt Abbildung 5.29. Der Zerstäuber saugt die Probe an und erzeugt daraus möglichst kleine Tropfen, die dann dem Brenner zugeleitet werden. Es werden verschiedene Zerstäubertypen angeboten, welche pneumatisch oder mit Ultraschall arbeiten. Die erzielbaren Nachweisgrenzen hängen auch vom optimierten Zerstäubereinsatz ab.

In sogenannten Sequenzspektrometern wird mit Hilfe eines Monochromators immer jeweils eine ausgewählte Spektrallinie aus dem vom Plasma emittierten polychromatischen Licht abgetrennt. Hierfür sind hochauflösende Monochromatoren notwendig. Besonders hohe Auflösungen können mit einem sogenannten Echelle-Monochromator erzielt werden. Im Detektor, meist ein Photomultiplier, wird die Intensität der Strahlung, die proportional zur Konzentration des betreffenden Elements ist, ermittelt. Das Emissionsspektrum erhält man durch Messung der Intensität in Abhängigkeit von der Wellenlänge der emittierten Strahlung. Der Wellenlängenbereich konventioneller Spektrometer reicht etwa von 160 – 800 nm.

Simultanspektrometer können bis zu etwa 60 Elemente aus einer Probe innerhalb von wenigen Sekunden gleichzeitig bestimmen. Dazu wird statt des Monochromators eine „Polychromator" eingesetzt, meist ein sogenannter Rowland-Kreis mit Paschen-Runge-Aufstellung, auf dem für jedes Element ein Austrittspalt mit zugehörigem Photomultiplier als Detektor angebracht ist

5.6.5.1 Anwendungen

Aufgrund der ausgezeichneten Anregungsbedingungen für sehr viele Elemente im Plasma ist die ICP-Atomemissionsspektrometrie eine der wichtigsten Methoden zur quantitativen Multielementbestimmung in der Umweltanalytik. Es treten kaum chemische Matrixeffekte auf, die Kalibration ist einfach durchzuführen und häufig über mehrere Größenordnungen linear. Die Nachweisgrenzen sind niedrig (mg/kg - Bereich), Richtigkeit und Präzision hoch. Nachteilig wirkt sich allerdings der sehr hohe Argonverbrauch aus (grob gerechnet eine 50-L-Flasche Argon 5.0 pro Betriebstag). Die Proben müssen in Lösung vorliegen, weshalb zur Analyse von Feststoffen ein Aufschluß oder eine Elution durchgeführt werden muß. Zur Bestimmung der Elemente S, P und B im Bereich 160 bis 190 nm muß die Optik des Spektrometers mit Stickstoffgas gespült werden. Der Nachweis für diese Elemente ist sehr empfindlich und störungsarm. Für viele schwer atomisierbare Elemente, wie zum Beispiel Bor, Silicium, Tantal, Titan, Zirkon, Wolfram und Uran sind die Nachweisgrenzen mit der ICP-OES niedriger als die der Graphitrohr-AAS.

Die Atomemission kann auch zur Detektion in der Gaschromatographie eingesetzt werden (AED = Atomemissionsdetektor). Hierzu sind spezielle Geräte mit schnell zählenden Detektoren, wie z.B. Diodenarraydetektor, erforderlich. Beispielsweise für die Analyse von metallorganischen Verbindungen sind solche Geräte von Vorteil, da Kohlenstoff und Metalle selektiv detektiert werden können.

5.6.6 Instrumentelle Neutronenaktivierungsanalyse (INAA)

Die Neutronenaktivierungsanalyse zählt zu den radiometrischen Analysenmethoden. Die Anregung der Atome erfolgt durch Beschuß der Probe mit Neutronen. Fast alle Elemente besitzen wenigstens ein Isotop, welches Neutronen absorbieren kann und dadurch in ein anderes Isotop übergeht. Oft sind diese neuen Isotope radioaktiv, zerfallen also mit einer bestimmten Halbwertszeit unter Abgabe von charakteristischer Strahlung.

Diese Strahlung kann α- oder γ-Strahlung mit diskreten Energieen oder aber β-Strahlung mit einer kontinuierlichen Energieverteilung sein. Auch charakteristische Röntgenstrahlung in Folge des sogenannten K-Einfangs tritt auf.

Durch Messen der Intensität und der Energie der beim Zerfall ausgesandten elektromagnetischen Strahlung kann eine qualitative und quantitative Elementanalyse durchgeführt werden. In vielen Fällen ist die Empfindlichkeit der Methode so groß, daß noch 10^{-7} bis 10^{-11}g eines Elementes bestimmt werden können, so daß die Neutronenaktivierungsanalyse neben der Haupt- und Nebenelementanalyse besonders für die Messung von Spuren und Ultraspuren von Bedeutung ist.

Die Intensität der von der Probe nach der Bestrahlung mit Neutronen emittierten Strahlung hängt von vielen Faktoren ab:

Eine Probe enthalte N_A Kerne des stabilen Isotops A. Durch Beschuß mit Neutronen (Fluß φ in Neutronen pro cm^2 und s) entstehen daraus instabile Kerne B. Für die Bildung von B gilt:

$$\frac{dN_B}{dt} = \sigma \cdot N_A \cdot \varphi \tag{5.11}$$

Dabei ist σ der sogenannte Wirkungsquerschnitt. Er ist für eine bestimmte Kernreaktion und für konstante Neutronenenergie eine Konstante und kann als Maß für die Wahrscheinlichkeit, daß diese Kernreaktion eintritt, bezeichnet werden. Die Anzahl N_A ist proportional zur Konzentration des Elementes in der Probe und zur relativen Häufigkeit des aktivierbaren Isotops A dieses Elements.

Die Kerne B zerfallen gemäß dem Zerfallsgesetz:

$$\frac{dN_B}{dt} = -\lambda_B \cdot N_B \quad , \tag{5.12}$$

wobei λ_B die für diese Reaktion charakteristische Zerfallskonstante [s^{-1}] ist.

Durch Kombination dieser beiden Gleichungen kann die Intensität der Strahlung, die der Anzahl der Zerfälle pro Zeiteinheit proportional ist, theoretisch berechnet werden. Hierzu müssen natürlich auch die Bestrahlungszeit und die Zeit, die zwischen Bestrahlung und Messung vergangen ist, bekannt sein. Umgekehrt kann aus der gemessenen Zählrate direkt die zugehörige Konzentration bestimmt werden. Diese ist in der Regel jedoch aus den unterschiedlichsten Gründen mit großen Fehlern behaftet, da zum Beispiel der Neutronenfluß während der Bestrahlung nicht konstant war. Daher werden normalerweise eine Referenzprobe mit bekannter Masse w_{Ref} des zu bestimmenden Elementes und die Probe gleichzeitig bestrahlt und dann die Zählraten R_{Ref} und R ermittelt. Die Masse w des Analyten in der Probe berechnet sich dann zu

$$w = (R / R_{Ref}) \cdot w_{Ref} .$$

Anwendung findet die Neutronenaktivierungsanalyse immer dann, wenn Elemente im Ultraspurenbereich in Feststoffen analysiert werden müssen. Es werden nur sehr geringe Probenmengen benötigt, was aus Sicht der Homogenität allerdings auch ein Nachteil sein kann, und das Probenmaterial muß nicht chemisch behandelt werden. In der Praxis besitzt die INAA keine wesentliche Bedeutung, da sie aufgrund der Notwendigkeit des Einsatzes eines Reaktors kaum verfügbar und extrem teuer ist.

5.7 Massenspektrometrie

Die Massenspektrometrie hat in den letzten Jahren eine rasante Entwicklung erfahren. Dies gilt sowohl für die Massenspektrometer (MS) mit ihrer spezifischen Ionisation der Probe als solche als auch für gekoppelte Systeme (z.B. GC-MS, ICP-MS). Es handelt sich um eine relativ teure Analysenmethode. Die anfallenden Kosten sind sehr stark von der notwendigen Auflösung des Massenspektrometers und der Bandbreite der zu bestimmenden Atom- bzw. Molekülmassen abhängig.

Mittels der Massenspektrometrie können Molekulargewicht, elementare Zusammensetzung und, durch Analyse der beim Zerfall des Probenmaterials entstehenden Fragmentierungsmuster, Struktur des Analyten bestimmt werden.

5.7.1 Massenspektrometer

Im folgenden wird kurz die prinzipielle Arbeitsweise von Massenspektrometern erläutert. Der Aufbau der einzelnen Massenspektrometertypen kann hiervon abweichen (s. Kap. 5.7.1.1).

Massenspektrometer bestehen in der Regel aus den vier Elementen

Probenzuführung, Ionenerzeugung, Massentrennung und *Ionendetektion.*

Ionisation und Massentrennung erfolgen im Hochvakuum. Die Probe (in der Regel sind deutlich weniger als 1 mg ausreichend) muß also im Zuführungssystem vom Normaldruck in das Ionenerzeugungssystem überführt werden, ohne daß das Hochvakuum unterbrochen wird.

Es gibt eine Vielzahl unterschiedlicher Methoden der Ionisation. Der Analyt kann chemisch, elektrisch oder durch Stoß ionisiert werden. Welche Methode Verwendung findet, hängt vom jeweiligen Analyten und dem verwendeten Massenspektrometer ab.

- *Elektronenstoßionisation (EI)*
  Hierbei wird die in der Gasphase befindliche Analytsubstanz mit Elektronen beschossen und auf diesem Weg ionisiert.
- *Feldionisation (FI)*
  an sehr feinen Spitzen eines speziellen Emitters in der Ionenquelle. Die Ionisation erfolgt durch die extrem hohe Feldstärke an den Spitzen.
- *Felddesorption (FD)*
  Wie FI, jedoch wird die Probe auf den Emitter aufgebracht und dieser langsam aufgeheizt.
- *Chemische Ionisation (CI)*
  Der Analyt in der Gasphase wird mit einem Überschuß eines Hilfsgases zusammen mit Elektronen beschossen. Hierbei wird nur das Hilfsgas ionisiert. In weiteren (chemischen) Schritten wird der Analyt ionisiert.
- *Fast Atom Bombardment (FAB)*
  Beschuß der Probensubstanz, die auf einem Träger aufgebracht ist, mit schnellen Argon- oder Xenon-Atomen.
- *Thermionisation (TI)*
  Die Festkörperprobe wird auf ein geeignetes Trägermaterial aufgebracht und im Hochvakuum des Massenspektrometers abgedampft. Die Ionisation erfolgt gleichzeitig mit dem Abdampfvorgang.

Die Ionisation ist fast immer mit einer Fragmentierung der beteiligten Moleküle verbunden. Die nicht ionisierten Teilchen werden abgepumpt, die ionisierten durch elektrische Felder beschleunigt und fokussiert. Dann passiert der Ionenstrahl ein magnetisches Feld, in dem die einzelnen Ionen unterschiedlich abgelenkt werden: Je höher die Masse m von Ionen mit gleicher Ladung z ist, desto weniger stark ist die Ablenkung, so daß sich die Ionen im Feld auf Bahnen mit unterschiedlichen Radien bewegen. Der Ablenkradius ist abhängig vom Verhältnis m/z, von der Beschleunigungsspannung und der Magnetfeldstärke.

Variiert man die Magnetfeldstärke, können die Ionen mit unterschiedlichen m/z-Verhältnissen nacheinander mit einem Ionenauffänger z.B. detektiert werden.

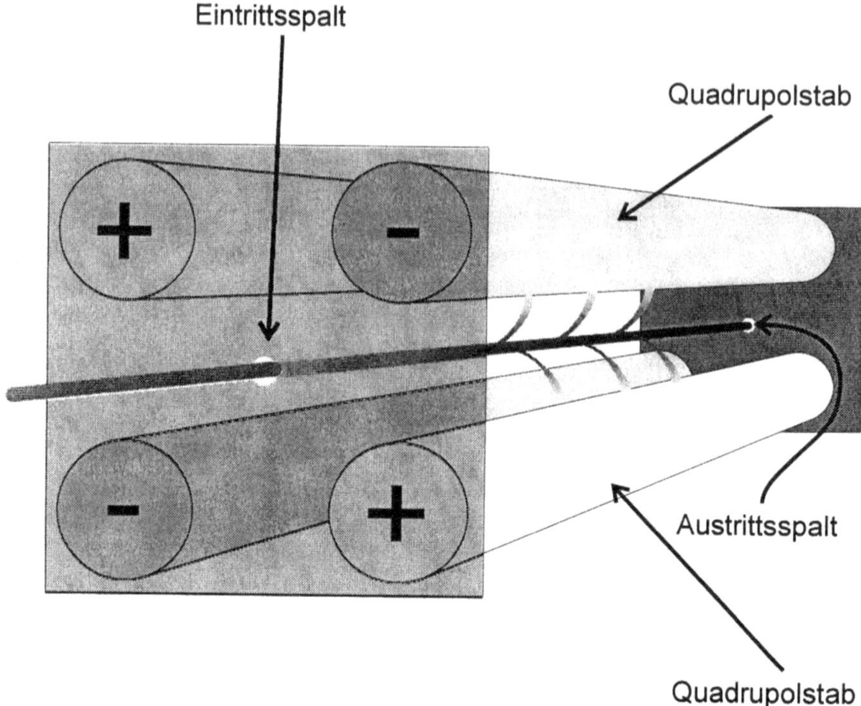

Abb. 5.30. Prinzip des Quadrupol-Massenspektrometers

5.7.1.1 Massenspektrometertypen

Bei den Massenspektrometern unterscheidet man im Wesentlichen zwischen vier verschiedenen Gerätetypen: Dem *Quadrupol*, der „*Ion Trap*", dem *Flugzeit-Massenspektrometer* und den *Sektorfeldgeräten*. Die einzelnen Formen lassen sich für spezielle Analysenzwecke miteinander koppeln.

Die verschiedenen Typen der Massenspektrometer unterscheiden sich deutlich in ihrem Aufbau und damit in ihrer Leistungsfähigkeit, den Kosten für ihre Beschaffung, sowie dem Platzbedarf und sonstigen Anforderungen an den Aufstellungsort.

Vergleichsweise kostengünstig sind Quadrupol-Massenspektrometer (Abb. 5.30), wie sie bei der ICP-MS (induktiv gekoppeltes Plasma/Massenspektrometer) oder der GC-MS (Gaschromatographie mit MS als Detektor) häufig eingesetzt werden. Sektorfeldgeräte (magnetisch fokussierend, elektrostatisch fokussierend oder doppelfokussierend, Abb. 5.31) sind erheblich teurer.

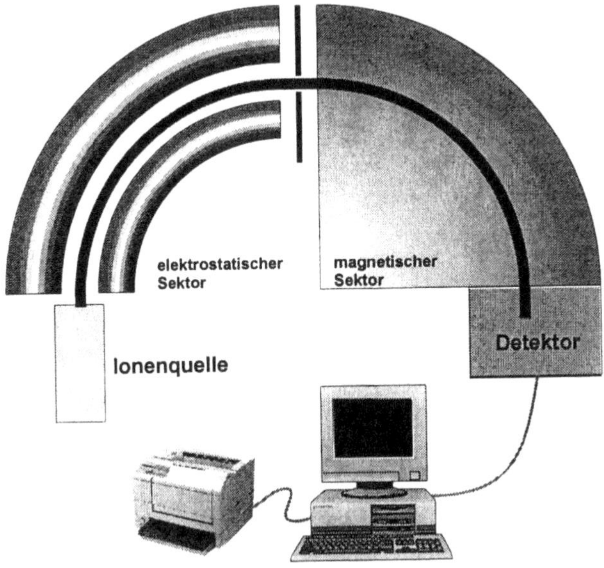

Computer zur Steuerung und Auswertung

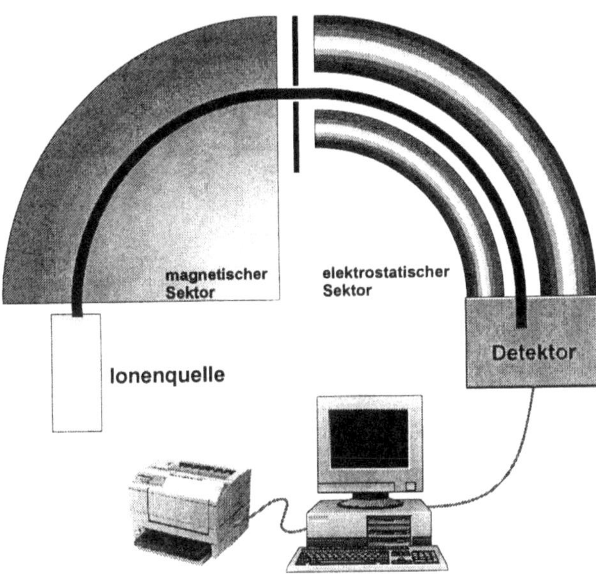

Computer zur Steuerung und Auswertung

Abb. 5.31. Doppelfokussierende Sektorfeld-Massenspektrometer

Soll ein Massenspektrometer zur genaueren Strukturaufklärung großer organischer Moleküle eingesetzt werden, reicht ein Quadrupol-Massenspektrometer nicht mehr aus. Aufgrund der kompakten Bauform mit einem Flugweg von weniger als 50 cm können nur Moleküle mit einer maximalen Massenzahl von 4000 untersucht werden. Das Auflösungsvermögen reicht nicht aus, um Isotope einzeln oder als Teil eines Moleküls zu unterscheiden. Das Auflösungsvermögen ist definiert als Quotient der Masse m eines Moleküls und der Differenz Δm zu einer benachbarten, trennbaren Masse. Zwei Massen gelten dann als getrennt, wenn die Intensität zwischen den beiden Massenpeaks (Tal) nicht höher als 10% der Peakhöhe ist. Für Quadrupol-Massenspektrometer gelten davon abweichende Bedingungen; sie haben aufgrund ihrer Technologie nicht über den gesamten Bereich das gleiche Auflösungsvermögen. Für sie gilt die sogenannte Einheitsauflösung, d.h. es können die Massen m und $m+1$ voneinander unterschieden werden. In Tabelle 5.4 sind massenspektroskopische Methoden dem Auflösungsvermögen und der größten meßbaren Massenzahl gegenübergestellt.

Tabelle 5.4. Massenspektroskopische Methoden, Auflösungsvermögen und maximale Massen.

Methode	Auflösungsvermögen	maximale Masse
Magnetisches Sektorfeld	5000	bis 1500
Elektrostatisches Sektorfeld	50	–
Doppelfokussierendes Sektorfeld	> 100000	bis 50000
Quadrupol	Einheitsauflösung	bis 4000

Ein für Isotopenanalysen genügend hohes Auflösungsvermögen weisen *magnetische* Sektorfeldgeräte auf; die maximalen Massen sind hier allerdings sehr stark eingeschränkt (max. 1500). Keine Masseneinschränkung besitzen *elektrostatische* Sektorfeldgeräte, deren Auflösung aber um zwei Größenordnungen schlechter als die der magnetischen Sektorfeldgeräte ist. *Doppelfokussierende* Geräte liefern ein exzellentes Auflösungsvermögen, verbunden mit der Möglichkeit, sehr große Massen untersuchen zu können. Prinzipiell besteht die Möglichkeit, beliebig viele Sektorfelder hintereinander zu schalten; bei mehr als vier steht der Gewinn an Auflösung allerdings nicht mehr in einem vernünftigen Verhältnis zum Aufwand.

Sollen Moleküle mit sehr großen Massen untersucht werden, ist der Einsatz von *Flugzeitmassenspektrometern* sinnvoll. Mit ihnen können auch Polymere untersucht werden. Bei ihnen wird nicht kontinuierlich ionisiert, sondern gepulst. Gemessen wird die Zeit zwischen der Ionisation und dem Eintreffen des Ions am Detektor (Flugzeit).

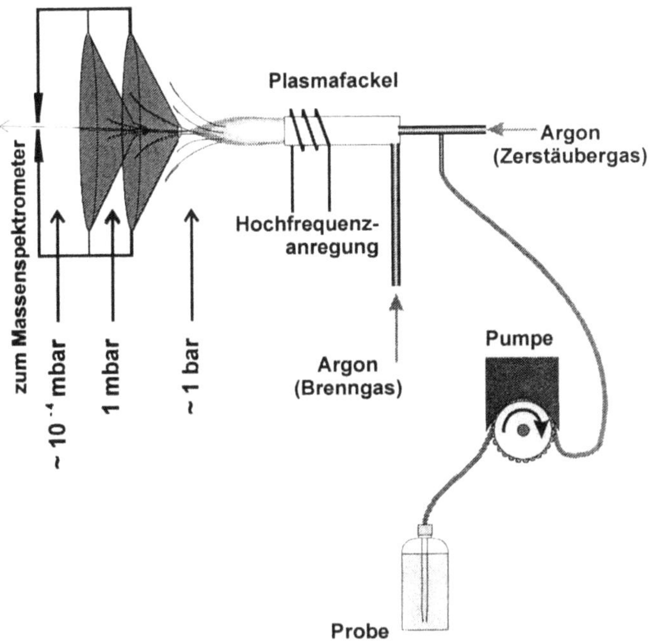

Abb. 5.32. MS-Probenzuführung bei der ICP-MS

5.7.2 ICP-MS und GC-MS

Bei der *ICP-MS*, mit der *Elemente* analysiert werden, dient das Argonplasma zur Atomisierung *und* Ionisation der Probenatome. Die Methode ist sehr empfindlich, da das in das Massenspektrometer gelangende Probenmaterial nahezu vollständig ionisiert vorliegt. Eine Ionisation innerhalb des Massenspektrometers ist in diesem Fall nicht mehr notwendig, die Ionenquelle entfällt. Diesem Vorteil steht das Problem der Probenzuführung in das Massenspektrometer gegenüber (s. Abb. 5.32): Das Argonplasma arbeitet unter Atmosphärendruckbedingungen und erzeugt eine sehr heiße Ionenwolke. Aus dem mehrere tausend Grad heißen Plasma müssen die Ionen in einem mehrstufigen Prozeß in das Hochvakuum des Massenspektrometers gebracht werden, ohne daß sie sich entladen.

Praktisch wird dies durch ein auf einen Nickel-Cone gerichtetes Plasma erreicht. Hinter diesem Cone befindet sich eine evakuierte Kammer (erste Vakuumstufe). Er hat in der Mitte ein kleines Loch, durch das Gas aus dem Plasma angesaugt wird. Der größte Teil des Gases streicht außen am Cone vorbei, wodurch dieser sehr stark erhitzt wird und deshalb stets mit Wasser gekühlt werden muß. Hinter diesem ersten Cone (dem sogenannten Scimmer-Cone) sitzt in geringem Abstand ein weiterer, der sogenannte Sampler-Cone. Hinter diesem befindet sich der Quadrupol mit dem Hochvakuum, dahinter der Detektor (Photoelektronenmultiplier oder Chaneltron). An die Stelle des Detektors kann auch ein weiteres Massenspektrometer treten. In diesem Fall spricht man von einem ICP-MS-MS.

Auch bei der *GC-MS*, der Kopplung einer GC mit einem Massenspektrometer, wird heute in der Regel ein Quadrupol-MS verwendet, da seine Auflösung für sehr viele analytische Zwecke vollständig ausreicht. Hier benötigt das Massenspektrometer eine separate Ionenquelle, die dem Interface zwischen GC und MS nachgeschaltet ist. Ein Interface ist notwendig, um auch hier die Druckverhältnisse (etwa Atmosphärendruck in der Säule des GC und Hochvakuum im MS) anzupassen. Bei der Verwendung von Kapillarsäulen wird der gesamte Probenstrom in das MS geleitet. Finden gepackte Säulen Einsatz, muß der Strom gesplittet werden, und es darf nur ein kleiner Teil in das Massenspektrometer gelangen, um es nicht zu überladen. Bei der Ionisation handelt es sich bei der GC-MS meist um eine Elektronenstoßionisation (EI), aber auch chemische Ionisation (CI) ist möglich. Der Ionisationsgrad ist verglichen mit dem bei der ICP-MS sehr niedrig, nur etwa jedes 10000ste Molekül wird ionisiert. Hierdurch und da es sich um Moleküle handelt, ist die Empfindlichkeit deutlich schlechter als bei der ICP-MS. Während bei der ICP-MS keine aufwendigen Bibliotheken zur Identifikation der Substanzen erforderlich sind (es handelt sich mit Ausnahme einiger Störungen um ionisierte *Atome*), müssen die während der Ionisation organischer *Moleküle* entstandenen Molekülfragmente mit Fragmentmustern aus einer Datenbank verglichen werden, um eine eindeutige Identifikation zu gewährleisten. In die Interpretation der Daten gehen die ermittelten Fragmentogramme sowie die Retentionszeiten der GC ein.

Natürliche Proben lassen sich nach einer geeigneten Probenvorbereitung in der Regel gut mit der ICP-MS beziehungsweise der GC-MS untersuchen. Zur Vortrennung von metall(oid)organischen Verbindungen kann vor einer ICP-MS zum Beispiel ein Tieftemperatur-Gaschromatograph eingesetzt werden.

5.8 Ausgewählte Anwendungen der analytischen Methoden

5.8.1 Speziesanalytik organischer und anorganischer Substanzen

Kapitel 2.1.4 befaßt sich mit der chemischen Speziesbestimmung an natürlichen Festkörpern. Bevor Umweltproben mit instrumentellen Analysenmethoden untersucht werden können, ist mit wenigen Ausnahmen (z.B. Röntgen- und γ-Spektrometrie an festen Originalproben) eine physikalische und naßchemische Probenvorbereitung zur Anreicherung des Analyten durch Matrixabtrennung oder/und seine Umwandlung in eine geeignete Form unumgänglich. Dies gilt besonders für organische Probenbestandteile. Sie müssen vor der Anwendung chromatographischer Trennmethoden in flüssiger Form vorliegen. Aus festen Proben können viele organische Bestandeile durch Extraktion mit organischen Lösungsmitteln wie n-Hexan, Aceton, Methanol, Ethanol, Dichlormethan, Toluol, Chloroform oder Benzol oder Mischungen dieser Lösungsmittel gewonnen werden. Die Extraktion wird in einem Soxhlet-Extraktor, mittels Ultraschallbad oder durch Zufuhr von Mikrowellenenergie durchgeführt (Lopez-Avila et al. 1995, 1994). Bei dieser Vorgehensweise (besonders bei Einsatz von Chloroform und Benzol) besteht das Problem des Arbeitens mit gesundheitsgefährdenden Stoffen, so daß in offiziellen Arbeitsvorschriften als Eluent meist ein geeigneter Vertreter aus der Gruppe der FCKW (Fluor-Chor-Kohlenwasserstoffe) ausgewählt wird. Seit die FCKW als Treibhausgase in Verruf gekommen sind, sollten auch sie ersetzt werden. Hierfür bietet sich die Extraktion mit überkritischem Kohlendioxid an (supercritical fluid extraction SFE). Will man hiermit polare Komponenten extrahieren, so muß z.B. Methanol als sog. Modifier zugesetzt werden (Barnabas et al. 1995, Low u. Duffy 1995). Einfacher gestaltet sich die Abtrennung gasförmiger Verbindungen (VOC volatile organic compounds) aus Bodenproben mittels statischer und dynamischer Headspace-Analyse (Voice u. Kolb 1993).

Bei der Isolierung organischer Substanzen mittels Extraktion besteht ein generelles Problem: In der Regel wird man die organische Substanz nicht *vollständig* extrahieren können, sondern es wird ein *nichtextrahierbarer Rückstand* im Feststoff verbleiben. Erhöht man die Extraktions- oder Elutionskraft des Lösungsmittels, so steigt natürlich die Extraktionsausbeute. Gleichzeitig steigt auch die Gefahr, daß der organische Analyt vom Lösungsmittel degradiert wird. Insofern ist über die Extraktion eine *quantitative* Molekülanalytik an Umweltproben nicht möglich. An die Stelle von Absolutbestimmungen müssen durch Konventionen festgelegte Relativbestimmungen treten, so daß alle Analysen mit demselben Fehler behaftet und deshalb untereinander vergleichbar sind.

Der nichtextrahierbare Anteil wird auch als „gebundener Rückstand" bezeichnet, da die starken Wechselwirkungen zwischen Analyt und Huminstoffmatrix in Böden auch zur Ausbildung von chemischen Bindungen wie z.B. zwischen 4-Chloranilin und Catecholeinheiten führen können (Adrian et al. 1989), was mittels isotopendotierter Substanzen (z.B. ^{14}C) nachgewiesen werden kann (Scheunert et al. 1986); Agrochemikalien wie auch Atrazin oder PCP werden so Bestandteile des Huminstoffkörpers (Klein u. Scheunert 1982).

Die weitere Auftrennung organischer Extrakte beinhaltet Aspaltenabtrennung durch wiederholtes Auswaschen mit n-Pentan oder Petroleumether 40/60 (Tissot et al. 1978) und die Isolierung von Humin- und Fulvosäuren. Obwohl letztere üblicherweise in wässriger Lösung erfolgt, kann diese in geringen Mengen auch von organischen Lösungsmitteln aufgenommen werden, wie Nishimura u. Baker (1987) durch Einsatz einer methanolisch-/benzolischen 0,5 N KOH-Lösung gezeigt haben. Diese Variante sollte nur gewählt werden, wenn die Proben deutliche Mengen an lösungsmittellöslichen organischen Komponenten aufweisen und wenn chemische Vergleiche zu den Maltenen (deasphaltierte Extrakte) gezogen werden sollen.

Die Maltene ihrerseits können weiterhin mittels Säulenchromatographie (SC) oder präparativer Mitteldruck-Flüssigkeitschromatographie (MPLC) nach Radke et al. (1980) an Silikagel und Aluminiumoxid bei Einsatz von Eluentenmischungen unterschiedlicher Polarität (z.B. zwischen n-Hexan, Dichlormethan und Methanol) in unterschiedliche Fraktionen wie Alkane (durch Molekularsieb zusätzlich Unterscheidung zwischen geradkettigen und verzweigten Alkanen möglich), niedrig- und hochmolekularen Aromaten und Harze unterteilt werden. Die eingesetzten Lösungsmittel werden mittels Lösungsmittelverdampfer (Evaporator) wieder abgezogen und die isolierten Fraktionen bei niedrigen Temperaturen (40 – 60 °C) getrocknet, noch besser gefriergetrocknet.

Ungleich schwieriger als die Gewinnung des organischen Extraktes ist die Isolierung von organischem Material, das in normalen Lösungsmitteln bei Temperaturen bis zu 80 °C nicht löslich ist. Dieses wird bei rezenten Proben (d.h. jungen Alters) *Humin* und bei fossilen Proben (d.h. geologischen Alters) *Kerogen* genannt. Rezente Humine werden im Endstadium der organischen Diagenese als Vorläufer des Kerogens auch als *Protokerogen* bezeichnet. Diese Bestandteile werden aus den vorextrahierten Proben hauptsächlich durch starke Mineralsäuren abgetrennt (z.B. Carbonate und metastabile Sulfide mittels HCl, Silicate mittels HF, Pyrit mit $NaBH_4$ und Schwerminerale mit einer $ZnBr_2$-Lösung der Dichte 2,1 bis 2,5), weshalb man bei dieser Prozedur auch von *Demineralisierung* spricht. Bei der Demineralisierung fossiler Proben ist das Herauslösen von Metallen aus Kerogen in nur sehr geringem Maße möglich.

Je größer die Instabilität eines kontaminierten Systems, umso schwieriger sind bereits Handhabung und Lagerung der Proben. Viele analytische Techniken beinhalten zerstörerische Präparationsmethoden, die die chemische Spezies anorganischer Probenkomponenten verändern können oder einen Verlust des Analyten vor der Analyse bewirken, wie: Einfrieren, Gefriertrocknung, Verdampfung, Oxidation, pH-Verschiebungen, durch Licht katalysierte Reaktionen, Reaktionen mit dem Probengefäß, Zeitverzögerungen bis zur Analyse bei biologisch aktiven Proben und Probenkontamination (Förstner u. Salomons 1991). Andererseits ist es gerade das gestreßte System, bei dem Handlungen sofort erfolgen müssen und eine Bewertung oder Prognose möglicher nachteiliger Effekte die Spezies und ihre Transformationen der Kontaminationen herausgefunden werden müssen.

5.8.2 Analytik ausgewählter organischer Schadstoffgruppen

5.8.2.1 Polyzyklische aromatische Kohlenwasserstoffe (PAK)

In der Umweltanalytik und -chemie beschränkt man sich im allgemeinen auf sechs (nach Ballschmiter) oder 16 ausgewählte Vertreter der PAK (EPA-Liste). Im Anhang A.2.2.2 sind die Strukturen dieser Verbindungen zusammen mit einigen ihrer Eigenschaften zusammengestellt, deren Abhängigkeit vom Molekulargewicht klar erkennbar ist.

Bei der Soxhlet-Extraktion zur Isolierung organischer Bestandteile aus Festkörpern, z.B. Mineralölaltlasten, liefert das Gemisch Cyclohexan/Aceton (1:1 v/v) bei einer optimalen Extraktionszeit von sechs Stunden mit die höchsten Ausbeuten; auch die Anwendung von Ultraschall kann dieses Ergebnis nicht signifikant verbessern. Eschenbach et al. (1994) konnten zeigen, daß nach der üblichen Extraktion mit organischen Lösungsmitteln bei anschließender Verseifung durch Hydrolyse mit Methanol weitere PAK durch Aufbrechen ihrer (Ester-)Bindungen zu den Huminmakromolekülen freigesetzt werden. Es ist hierbei darauf zu achten, daß bei Einsatz höherer Konzentrationen von Säure oder Lauge in der Probe enthaltene aromatischen Verbindungen nicht zerstört werden. Akhlaq (1997) führte die PAK-Extraktion aus belasteten Böden in zwei Schritten durch: Er eluierte erst mit Wasser, um den grundwassergängigen Anteil zu bestimmen; anschließend wurde mit Toluol extrahiert.

Bei der PAK-Bestimmung (16 EPA-PAK ohne Naphthalin) von Sedimenten und anderen zertifizierten Materialien entspricht auch die SFE (Extraktion bei 120 °C mit Kohlendioxid und einer Mischung aus Wasser, Methanol und Dichlormethan als Modifier) hinsichtlich Wiederholpräzision und Genauigkeit der üblichen Soxhlet-Extraktion (Lee et al. 1993). Bei der Untersuchung von Bodenproben konnten Reindl u. Höfler (1994) durch Zusatz von 5 bis 10% Methanol zur Soxhlet-Extraktion äquivalente PAK-Ausbeuten erzielen; Störungen durch den Gehalt der Proben an Wasser und Organoschwefel können durch geeignete Maßnahmen behoben werden.

Der Effluent der SFE kann off-line in einer Kühlfalle aufgefangen oder on-line in einen GC eingespritzt werden (Levy et al. 1993). Im Off-line-Betrieb kann ein Aufreinigungsschritt (an Petrolether/Silikagel) implizit enthalten sein (Meyer et al. 1993). Während die komplette Probenbearbeitung mit der konventionellen Soxhlet-Extraktion ungefähr 27 Stunden benötigt, erhält man mittels SFE vergleichbare oder sogar bessere Ergebnisse in nur drei Stunden. Nach Wilgeroth u. Schwedt (1994) ist die Festphasenextraktion (SPE) an Cyanopropyl- und Silikagel-Phasen mit anschließender HPLC-Trennung und Fluoreszenzdetektion das geeignetste Verfahren. Die SPE liefert die reproduzierbarsten und genauesten Analysenergebnisse bei gleichzeitig kurzer Analysenzeit.

Zur Isolierung der PAK aus Wässern und Feststoffeluaten wird häufig die Säulen-chromatographie angewendet, aus Erdöl und seinen Folgeprodukten die Fest-phasenextraktion.

In der *Extrographie*, einer speziellen Säulenchromatographie, wird die Probe im Lösungsmittel aufgenommen, mit Kieselgel gemischt und das Lösungsmittel am Rotationsverdampfer wieder abgezogen. Mit diesem Kieselgel wird Aluminium-oxid überschichtet. Die Aliphaten werden mit einem unpolaren Lösungsmittel isoliert, während die Aromaten vom Aluminiumoxid adsorbiert werden. Mit stärker polaren Elutionsmitteln findet anschließend eine Desorption der Aromaten statt. Cerny et al. (1990) nahmen diese Fraktionierung bei Kohleflüssigprodukten vor.

Als Extraktionsmittel werden in der Säulenchromatographie bzw. Festphasen-extraktion von Erdöl und seinen Produkten Kombinationen aus einem Alkan und Benzol bzw. Toluol oder einem Alkan und Dichlormethan gewählt. Die Elutions-reihenfolge beginnt mit dem reinen Alkan, dem nach und nach höhere Gehalte des stärker polaren Lösungsmittels (Benzol oder Dichlormethan) zugegeben werden. Oft dient das reine polare Lösungsmittel der Elution der letzten Fraktion, die zumeist aus polaren Substanzen besteht. Für komplexe Proben wie Schmieröl ist eine solche Fraktionierung alleine nicht ausreichend; es muß vorher eine Anrei-cherung der aromatischen Fraktion erfolgen bzw. eine Abtrennung des hohen Anteils der aliphatischen Bestandteile. Dieses kann durch eine vorhergehende Flüssig-flüssig-Extraktion erfüllt werden. Zur Isolierung der aromatischen Frakti-on bzw. der PAK werden selektive Lösungsmittel eingesetzt, die möglichst nur die aromatischen Verbindungen lösen, andere Stoffgruppen aber in der Proben-matrix zurücklassen. Zum Einsatz kommen Zweiphasensysteme mit einem lipo-philen (z.B. n-Hexan oder Cyclohexan) und einem nukleophilen Lösungsmittel (z.B. Dimethylformamid, Dimethylsulfoxid oder Nitromethan).

Die GC (bis zu Molekulargewichten von etwa 300) und die HPLC sind die gebräuchlichsten Methoden der PAK-Analytik. Nondek et al. (1993) reinigten die für die GC-MS-Analyse auf PAK bestimmten Extrakte flüssigkeitschromatogra-phisch mittels Silikagel mit chemisch gebundenem 2,4-Dinitroanilin, um Stör-fraktionen wie Alkane, Alkylbenzole, Naphthaline, PCB oder chlorierte Pestizide abzutrennen.

Die HPLC ist eines der Standardverfahren zur Bestimmung von PAK in Wässern und Eluaten. Das Trennverfahren mit Gradientenelution an einer Umkehrphase und kombinierter Detektion über UV (z.B. bei 230 nm für Acenaphthylen) und programmierter Fluoreszenzdetektion ermöglicht einen Nachweis einzelner PAK im Bereich von 5 bis 1000 µg/L (Jansen 1996). Zur Erfassung des vorgegebenen WHO- und EG-Grenzwertes mit 200 ng/L für die Summe von sechs ausgewähl-ten PAK sowie 10 ng/L für Benzo(a)pyren (BaP) ist eine Anreicherung der Analyten über Flüssig-flüssig- oder Flüssig-fest-Extraktionen notwendig. So erhielten Godwin et al. (1995) bei Anreicherung über SPE (Fertigkartuschen mit lg C_{18} und 500 mg Aminopropyl) Nachweisgrenzen von 1 bis zu 8 ng/L bei Wiederfindungsraten > 90%. Williams et al. (1994) konnten durch Modifikation der US EPA-Methode 610 zur PAK-Analytik mittels HPLC (Einsatz einer PAK-spezifischen C_{18}-Säule und eines programmierbaren Fluoreszenzdetektors) an Flugascheproben von Müllverbrennungsanlagen Nachweisgrenzen von 1 bis 70 pg pro mL Extrakt erreichen. Fischer et al. (1994) wiesen in Dotierungs-experimenten an derartigen Flugascheproben für PAK aber deutliche – insbesondere durch den Kohlenstoffgehalt der Probe bedingte – Matrixeffekte nach.

Die vom Landesumweltamt NRW im Merkblatt Nr. 1 „Bestimmung von poly-zyklischen aromatischen Kohlenwasserstoffen (PAK) in Bodenproben" 1994 vorgeschlagene Methode dient zur qualitativen und quantitativen Bestimmung von PAK in Bodenproben. Hierbei ist der primäre Anwendungsbereich die Untersu-chung von Kulturböden im Rahmen der Aufgaben des Bodenschutzes (z.B. Ermittlung von Hintergrundwerten) und bei der Gefährdungsabschätzung von Altlasten; das Verfahren ist grundsätzlich aber auch für die Untersuchung von Feststoffen und Abfällen geeignet. Die Anwendbarkeit für die Untersuchung von Abfällen ist von der Gesamtmatrix abhängig und muß daher im Einzelfall über-prüft werden. Der untere Anwendungsbereich der Methode liegt bei 0,05 mg/kg pro PAK-Einzelkomponente. Die PAK im Boden werden nach Extraktion mit einem organischen Lösungsmittel mittels HPLC (Extraktion 1 h mit Tetrahydro-furan oder Acetonitril bei 40 °C im Ultraschallbad) bzw. GC (Soxhlet-Extraktion mit Toluol, mind. 80 Zyklen) aufgetrennt, identifiziert und quantifiziert. Weitere Details zu Probengefäßen, Probentransport und -lagerung, Aufbereitung, Extrakt-aufbereitung (an modifiziertem Silikagel und Florisil), Meßverfahren sowie Maßnahmen zur analytischen Qualitätssicherung sind dem Merkblatt zu entneh-men.

Im Land Baden-Württemberg wird bei der PAK-Analytik von Bodenproben die „feldfrische", d.h. ungetrocknete Probe 30 Minuten mit einem Gemisch aus gleichen Teilen Aceton und Cyclohexan kalt extrahiert. Obwohl eine Soxhlet-Extraktion eine zusätzliche Ausbeute von 10 bis 20% ergab, lagen bei einem zertifizierten Standard beide Ergebnisse innerhalb des zertifizierten Bereichs.

Codina et al. (1994) untersuchten unterschiedliche Extraktions- und Extrakt-aufreinigungsmethoden zur PAK-Analyse von mit Klärschlamm gedüngten Böden. Am besten geeignet waren Soxhlet-Extraktion und Verseifung, Aufreini-gung mit Silikagel und HPLC-Analyse mit Fluoreszenzdetektion. Es wurde festgestellt, daß niedermolekulare PAK im Laufe der Zeit (Größenordnung Tage bis Wochen) durch biogene und abiogene Prozesse verloren gehen.

Samara et al. (1995) bestimmten PAK in Abwasser und Klärschlamm nach Cyclohexanextraktion und Säulenaufreinigung mittels HPLC mit Fluoreszenz-detektion. Hartmann (1996) untersuchte Waldböden durch ultraschallunterstützte Verseifung, Hexanextraktion, Festphasenaufreinigung und GC-MS mit deuterier-ten Standards.

Zwar kann der Analytiker hinsichtlich PAK und (N-, O-, S- oder Cl-) substituierter PAK auf zahlreiche Referenzmaterialien zurückgreifen (Lindsey et al. 1989), trotzdem sind die in der Praxis erzielten Ergebnisse nicht immer befriedigend: Die z.B. bei einem PAK-Ringversuch an Dieselruß- und Staubproben ermittelte Ergebnisvariabilität zwischen einzelnen Laboratorien ist, insbesondere bei Proben mit niedrigen Gehalten, beträchtlich; die entsprechenden Standardabweichungen lagen meist über 50%, zuweilen auch über 100% (Winkler et al. 1994).

5.8.2.2 BTEX

Die leichtflüchtigen Aromaten werden bevorzugt mit Hilfe der Dampfraumtechnik (Headspace) gaschromatographisch analysiert. Statt mit der Dampfraumanalyse können die Aromaten auch mit einem Lösungsmittel (z.B. Pentan) extrahiert und gaschromatographisch bestimmt werden. Beide Verfahren werden in der DIN 38407 Teil 9 beschrieben; die Bestimmungsgrenzen liegen bei ca. 5 µg/L bzw. 5 µg/kg.

5.8.2.3 Phenole

Aufgrund der toxikologischen Relevanz und weiten Verbreitung der Phenole in der Umwelt ist eine zuverlässige Überwachung der Phenolkonzentrationen in unterschiedlichen Umweltkompartimenten geboten. In Deutschland gibt es hierzu als Summenparameter für Phenole die Bestimmung des „Phenol-Index" nach DIN 38409 H16, bei der durch oxidative Kopplungsreaktion des Phenols mit 4-Aminoantipyrin ein Farbkomplex erzeugt wird, der bei 510 nm photometrisch vermessen wird. U.a. sind nicht wasserdampfdestillierbare und parasubstituierte Phenole dieser Methode nicht zugänglich, so daß hierfür Alternativen wie z.B. die von Martin u. Otto (1995) entwickelte Multikomponenten-UV-Methode für Braunkohleprozeßwässer eingesetzt werden müssen. Baum (1993) entwickelte ein Analysenverfahren für Phenol und die drei Isomeren des Kresols unter Einsatz der Festphasenextraktion und eines Puffersystems nach Parameteroptimierung (Säurestärke, Lösungsmittel und Extraktionsdauer), dessen Brauchbarkeit für wässrige Lösungen im Ringversuch belegt werden konnte.
Phenole und besonders Nitrophenole (insbes. 4-Nitrophenol) sind wegen ihrer sehr hohen Wasserlöslichkeit nur sehr schwer aus wässrigen Proben zu extrahieren: Diskontinuierliche und kontinuierliche Flüssig-flüssig-Extraktion, Wasserdampfdestillation und SPE (an Austauscherharz, Cyclohexylphasen und graphitisiertem Kohlenstoff) werden hierzu eingesetzt. Mußmann et al. (1994) konnten die SPE für die quantitative Bestimmung von 27 Phenolen, Chlor- und Nitrophenolen optimieren. Da Phenole und insbesondere Nitrophenole in der GC zum Peaktailing neigen, werden sie oft durch Derivatisierung mit Pentafluorbenzoylchlorid oder Essigsäureanhydrid zu den entsprechenden Estern umgesetzt.

5.8.2.4 Chlorierte Kohlenwasserstoffe (CKW)

CKW können von mitextrahierten Lipiden durch Verteilung zwischen Hexan und Dimethylformamid oder zwischen Hexan und Acetonitril und anschließender Aufreinigung durch Säulen- und Dünnschichtchromatographie oder deren Kombination (Bauer 1971) an Al, SiO_2 oder Florisil getrennt werden. Im aquatischen Milieu besteht eine starke Neigung zur Adsorption an Schwebstoff- und Sedimentteilchen.

Da in umweltrelevanten Wasser- und Festkörperproben Erdöl-KW üblicherweise im Konzentrationsbereich von µg/L bzw. µg/g enthalten sind, überdecken sie leicht die um Größenordnungen geringeren Konzentrationen der CKW im Konzentrationsbereich bis herab zu pg/L bzw. pg/g. Bei massenspektrometrischer Detektion stecken die Signale der CKW entweder im Untergrund oder im nicht aufgelösten Ölberg. Somit müssen spezielle Nachweistechniken für Verbindungen mit hoher Elektronenaffinität (z.B. Halogene) wie der Elektroneneinfangdetektor (ECD) oder die Massenspektrometrie mit negativer chemischer Ionisation eingesetzt werden. Abd-Allah (1994) entwickelte eine Methode in Form einer Kombination zwischen HPLC und Adsorptionschromatographie an einer Florisil Mikrosäule zur Abtrennung der CKW von aliphatischen und polyaromatischen KW.

5.8.2.5 Polychlorierte Biphenyle (PCB)

Zahlreiche Schwierigkeiten bei der Abtrennung chemisch verwandter Pestizide und die unzureichenden Empfindlichkeiten der eingesetzten Identifizierungstechniken waren Gründe für die relativ späte Entdeckung der PCB in Umweltproben.

Nach Extraktion mit organischen Lösungsmitteln wie Hexan oder Benzol werden die PCB durch dünnschicht- und säulenchromatographische Verfahren angereichert (Müller u. Korte 1973); die Endbestimmung erfolgt fast ausschließlich durch die Gaschromatographie mit Elektroneneinfangdetektor (GC-ECD), dessen Response vom Chlorierungsgrad der Moleküle abhängt. Parallelläufe mehrerer GC mit unterschiedlichen Säulen („mehrdimensionale GC") können weitere Verbesserungen (insbes. hinsichtlich der Auflösung) bringen (Hajslova et al. 1995), die Anwendung flüssigkeitschromatographischer Methoden scheint dagegen weniger erfolgversprechend zu sein (Hüttenhain u. Arnold 1996). Einen umfassenden Überblick über die PCB-Analytik gibt Erickson (1997).

Amerikanischen Wissenschaftlern ist es gelungen, alle 209 möglichen PCB-Einzelverbindungen zu synthetisieren und die Lage ihrer Peaks im GC festzulegen. Heute wird die Mehrzahl dieser Verbindungen kommerziell angeboten. Aus diesen insgesamt 209 Kongeneren der PCB wählten McFarland u. Clarke (1989) auf der Basis von deren „Umweltsignifikanz" 36 Vertreter aus, die sie in vier Gruppen einteilten und die mittels GC-MS im SIM-Modus mit einer DB-XLB-

Säule bestimmt werden können (Hastings 1995). In Gewebeproben von Säugetieren sind üblicherweise zwischen 50 und 75 PCB Kongenere zu finden. Van den Berg et al. (1995) analysierten Muttermilchproben aus holländischen Großstadtbereichen mit HRGC-ECD (Extraktaufreinigung über Florisil) und mit niederauflösender Massenspektrometrie gekoppelter hochauflösender Gaschromatographie (HRGC/LRMS mit negativer chemischer Ionisation NCI; zusätzliche gelpermeationschromatographische Reinigung). Sie fanden heraus, daß die Verteilungsmuster der untersuchten PCB (einschließlich der toxikologisch besonders relevanten koplanaren PCB ,Co-PCB) sehr ähnlich waren, so daß als ein typischer Vertreter zur Abschätzung des Toxizitätsäquivalentwertes (TEQ) das PCB 118 vorgeschlagen wurde.

PCB-Gesamtgehalte sind am genauesten über die Summe der Konzentrationen aller Kongenere zu bestimmen. Da dies jedoch unangemessen aufwendig ist, bedient man sich des Peakmustervergleichs mit Standards von PCB-Produkten oder der einfachen Methode nach LAGA (Länderarbeitsgemeinschaft Abfall), wonach die Summe der 6 Ballschmiter-Kongenere (28, 52, 101, 138, 153 und 180) mit dem Faktor 5 multipliziert wird (Ketterer 1991). Voraussetzung hierfür ist die Existenz eines ursprünglichen PCB-Verteilungsmusters. Damit wird die Problematik der Berechnung nach LAGA gerade bei Umweltproben deutlich, in denen normale PCB-Verteilungsmuster nicht mehr zu finden sind. Während im Bereich der wassergesättigten Zone die Methode genügend verlässliche Daten zu liefern scheint, können sich beispielsweise bei durch Lufteintrag belasteten Proben starke Diskrepanzen zu den tatsächlichen Gehalten ergeben.

Die in Deutschland übliche Standarduntersuchung auf PCB bezieht sich auf DIN 38414 Teil 20 (S20). Dieses Analysenverfahren ist geeignet zur Untersuchung von Klärschlämmen und Gewässersedimenten auf diese sechs PCB-Einzelkomponenten; die unteren Anwendungsgrenzen liegen für jede Einzelkomponente bei 1 µg/kg.

Bowadt et al. (1995) demonstrierten die Leistungsfähigkeit der SFE (Extraktion mit überkritischem CO_2 und 2% Methanol als Modifier) an mit 7 bis 137 µg/g PCB belasteten Industrieböden, wobei Standardabweichungen zwischen 9 und 13% erreicht wurden. Die Ergebnisse waren prinzipiell mit denen der konventionellen Soxhlet-Extraktion vergleichbar. Es ergaben sich eindeutige Vorteile hinsichtlich der benötigten Zeit (SFE 36 bis 50 min und Soxhlet 2 bis 24 h) und des Lösungsmittelbedarfs (SFE < 10 mL und Soxhlet 60 bis 500 mL). Darüber hinaus konnten SFE-Extrakte ohne jegliche Aufreinigung direkt in den GC-ECD eingespritzt werden.

Kimbrough et al. (1994a-c) werteten die Ergebnisse eines Ringversuches zur Analyse von PCB in Böden aus. Die von den einzelnen Laboratorien gemessenen Konzentrationen unterschieden sich dabei um Faktoren > 5. Insbesondere klassifizierten ca. 40% der beteiligten Laboratorien eine mit dem doppelten Grenzwert von 50 mg/kg aufgestockte Probe als unkritisch belastet (d.h. < 50 mg/kg). Große

Abweichungen waren häufig, systematisch (reproduzierbar) und linear. Untersuchungen an mit Arochlor 1260 aufgestockten Proben zeigten, daß die Soxhlet-(EPA-Methode 3540) der Ultraschallextraktion (EPA-Methode 3550) hinsichtlich Genauigkeit (bei gleicher Wiederholpräzision) überlegen war; ähnliches traf für den Einsatz polarerer Lösungsmittel (z.B. Dichlormethan, Isooctan oder Propanon) im Vergleich zu unpolareren (z.B. Hexan oder Trimethylpentan)zu. Extraktnachreinigung an Florisilsäulen war besonders bei kleinen Konzentrationen für die Genauigkeit und Reproduzierbarkeit vorteilhaft. Der ECD muß durch sorgfältiges Ausheizen frei von Kohlenstoffablagerungen gehalten werden. Es ist zweckmäßig, durch geeignete Probenverdünnungen innerhalb des geringen dynamischen Bereichs des Detektors zu gelangen.
Auch für PCB wurden Immunoassays entwickelt; beispielsweise konnten sie Zullei u. Benecke (1978) auf Blaualgen und Harrison u. Melnychuk (1995) im Konzentrationsbereich von 1 bis 50 µg/g auf Bodenproben anwenden.

5.8.2.6 Polychlorierte Dibenzodioxine und -furane (PCDD/F, „Dioxine")

Da die PCDD/F in Abfall- und Umweltproben meist in komplexen Gemischen im Ultraspurenbereich vorliegen, stellt die Trennung und Bestimmung der PXDD/F (polyhalogenierte Dibenzodioxine bzw. -furane) eine große Herausforderung an die moderne Analysentechnik dar; grundsätzlich sind flexible, modular aufgebaute, hochgradig spezifische, selektive und nachweisstarke Analysenverfahren gefragt. In der Dioxinanalytik wurde daher eine nur schwer zu überblickende Anzahl verschiedenartigster Analysenmethoden entwickelt. Hier ist z.B. die US EPA Methode 8280 zu nennen, die sich mit der Bestimmung der Dioxine in Proben wie z.B. Flugaschen befaßt. In Deutschland verfolgt insbesondere der Verein Deutscher Ingenieure (VDI) das Ziel der Vereinheitlichung von Analysenvorschriften für die Dioxinbestimmung. Die VDI-Kommission „Reinhaltung der Luft" hat dazu eine Reihe von Richtlinien zusammengestellt, die die Frage der Messung der Dioxine in der Matrix Luft und in Flugaschen behandelt. Eine detaillierte Analysenvorschrift zur Bestimmung der Dioxine in Klärschlamm ist in der Klärschlammverordnung der BRD von 1992 zu finden. Die Kenntnis von oder der Bezug auf Standardvorschriften ersetzt jedoch nicht den analytisch-chemischen Sachverstand, der gerade bei der Dioxinanalytik gefordert ist, wenn richtige Ergebnisse erhalten werden sollen.
Eine detaillierte Zusammenfassung der Dioxinanalytik geben Clement u. Tosine (1988). Hagenmaier et al. (1987) stellen ein allgemeines Analysenschema vor, in dem durch unterschiedliche Kombination von relativ wenigen effektiven Aufarbeitungsschritten (mit SC an Aluminiumoxid und Kieselgel, GPC und HPLC) eine Bestimmung der Dioxine in vielen Matrices realisiert werden kann (Sediment, Boden, Klärschlamm, Straßen- und Hausstaub, Pflanzen, Flugasche, Abgase, Motoröle, Sickerwasser, Humanfett, Vollblut und Fisch).

Kjeller et al. (1993) beschreiben Extraktions- und Extraktaufreinigungsverfahren zur Bestimmung von PCDD/F in Sedimentproben. Soxhlet-Extraktionen mit Methylenchlorid/Acetongemischen sind ebenso effizient wie die mit Toluol. Dioxine wurden auch mittels überkritischer Phasen (SFE) extrahiert; die meisten Methoden benützen Kohlendioxid für unterschiedliche Verbindungsklassen in unterschiedlichen Matrices. Um die Polarität des Extraktanden zu erhöhen und die Wechselwirkung zwischen Analyt und Matrixoberflächen zu erhöhen, werden oft organische Modifier zugesetzt. Onuska et al. (1993) erhielten bei Mehrfachmessungen an Flugaschen mittels SFE eine geringere Streuung als mit Soxhlet-Extraktion. Eine andere Methode zur Reduktion von Lösungsmittelverbrauch und Analysenzeit ist die aufgrund höherer Temperaturen und Drücke beschleunigte Lösungsmittelextraktion ASE (accerlerated solvent extraction). Üblicherweise wird z.B. 10 g Boden mit 15 mL Toluol bei 170 °C und einem Druck von etwa 100 bar in 15 Minuten extrahiert.

SALE (supercritical assisted liquid extraction) vereint die Vorteile von ASE und SFE. SALE und konventionelle Soxhlet-Extraktion eines Bodens zeigen annähernd gleiche Ausbeuten. Hier ist auch die MWAE (microwave assisted extraction) zu nennen: Im Vergleich zu Soxhlet mit 250 mL Lösungsmittel und 20 h Dauer dauert die MWAE mit 20 bis 40 mL Lösungsmittel 10 bis 20 Minuten bei gleicher Extraktionsausbeute.

Die Gelpermeationschromatographie (GPC) ist Bestandteil vieler Extraktaufreinigungsverfahren (Clean-up) auch in der Dioxinanalytik geworden, z.B. GPC auf dem Polystyrolgel Bio-Beads S-X3 (Hagenmaier et al. 1987). Die Aufarbeitung von Bioproben und anderer Umweltproben (z.B. Klärschlamm, Sedimente und Böden) mit diesem Verfahren ist oft sinnvoll, da die GPC eine Entfernung hochmolekularer Verbindungen (z.B. Huminsäuren) aus Probenextrakten dieser Matrices zuläßt.

Zur Isolierung der PXDD/F werden auch flüssigkeitschromatographische Verfahren wie SC mit Aluminiumoxid, Florisil und ausgewählten Kohlephasen eingesetzt. In Abhängigkeit von ihrer spezifischen Oberfläche lassen sich zwei Typen von Kohlephasen unterscheiden: Auf Phasen mit einer spezifischen Oberfläche von ca. 3000 m^2/g (z.B. Amoco AX 21, Serva SP1) erfolgt eine so starke Retention der PXDD/F, daß eine Elution der Dioxinfraktion nur in umgekehrter Flußrichtung (back flush) mit Toluol möglich ist (Donnelly et al. 1990). Bei dem anderen Typ handelt es sich um graphitisierten Kohlenstoff (z.B. Carbopak C), der eine sehr viel kleinere spezifische Oberfläche (ca. 12 m^2/g) besitzt (Riehle 1990). Wegen der geringeren Adsorptivität lassen sich die PXDD/F mit Toluol in normaler Flußrichtung eluieren. Die Hochleistungsflüssigkeitschromatographie (HPLC) wird in der Analytik der PXDD/F in erster Linie für eine selektive Nachreinigung von Probenextrakten eingesetzt; eine Reihe von Trennphasen unterschiedlichster Selektivität stehen hierzu zur Verfügung. Zur Matrixabtrennung sind in der Dioxinanalytik auch verschiedene Fest-flüssig- und Flüssig-

flüssig-Verteilungsverfahren wichtig; allgemein ist zwischen Verteilungen mit und ohne Einschluß einer chemischen Reaktion zu unterscheiden (Ballschmiter u. Bacher 1996).

Nach Matrixabtrennung und Aufarbeitung des Extrakts erfolgen Gruppentrennungen, insbesondere Auftrennung, Identifizierung und Quantifizierung der gesuchten 17 Einzelverbindungen der 2,3,7,8-Klasse (Ballschmiter 1991a), aller einzelnen Isomeren (Isomerenmuster) oder der Summen der Chlorisomeren (Homologenprofil). Den letztlich entscheidenden Trennschritt und damit die Grundlage der Identifizierung der gesuchten Verbindungen liefert die Methode der hochauflösenden Gaschromatographie (HRGC) in 0,2 bis 0,3 mm engen Kapillaren aus Quarz mit Längen von 50 bis 60 m, die mit hochtemperaturstabilen Trennphasen in optimaler Weise belegt sein müssen. Die Art und Qualität dieser Trennkapillaren entscheiden letztlich, ob eine ausreichende Abtrennung dieser 17 Komponenten von anderen ähnlichen Verbindungen erhalten wird. Isomerenspezifische Trennungen sind in unterschiedlichem Maße auf Polysiloxanphasen möglich. Der spezifische massenspektrometrische Nachweis gelingt über die Auftrennung der in einem Elektronenstrahl direkt (EI-Quelle) oder indirekt (CI-Quelle) erzeugten Molekülionen oder Molekülbruchstücke.

Bei der analytischen Endbestimmung ist gerade für eine isomerenspezifische Trennung der PXDD/F die hochauflösende Kapillar-GC die Methode der Wahl; sie wird dabei mit hochspezifischen und nachweisstarken Detektionsverfahren (MS) kombiniert (Ballschmiter u. Bacher 1996). GC-Detektoren geringerer Spezifität wie der Elektroneneinfangdetektor (ECD) oder der Flammenionisationsdetektor (FID) werden dagegen mehr bei Übersichtsanalysen verwendet. Der Vorteil einer Quantifizierung mit dem Atomemissionsdetektor (AED) besteht darin, daß zusätzlich zu dem relativ unspezifischen Kohlenstoffsignal auch die Quantifizierung der vorliegenden Chlor- bzw. Bromgehalte (z.B. bei den Emissionslinien 479 bzw. 478 nm) einer Verbindung ermöglicht wird; die Bestimmungsgrenzen liegen hierbei im mittleren bis oberen pg-Bereich (Schmid 1991). Die Kombination mit der infrarotspektroskopischen Detektion als FTIR hat noch keine für eine allgemeine Anwendung ausreichende Nachweisstärke erreicht. Die Kopplung der hochauflösenden Kapillar-GC (mit Trennphasen unterschiedlichster Selektivität) mit der massenspektrometrischen Detektion (HRGC-MS) läßt als wichtigste Bestimmungstechnik in der Dioxinanalytik eine Quantifizierung von Absolutmengen der PXDD/F zu, die günstigenfalls bis in den Bereich von 50 bis 100 fg pro Kongener reichen können; Fiedler u. Van den Berg (1996) nennen hier den unteren fg-Bereich. Zur Optimierung der Empfindlichkeit werden oft substanzspezifische Indikatormassen bei der Einzelionenmeßtechnik (SIM) für die Detektion herangezogen. Die Elektronenstoßionisierung (EI) wird wegen ihrer Robustheit und Reproduzierbarkeit besonders häufig benutzt, hat aber den Nachteil, daß die Massenspektren sich in der Regel sehr ähneln. Daher ist eine Unterscheidung von verschiedenen Isomeren derselben Halogen-Homologengruppe über unterschiedliche Indikatorfragmente allein durch das Massenspektrometer nicht möglich (Ballschmiter u. Bacher 1996); damit ist die hochauflösende gaschromatographische Trennung vor der massenspektrometrischen Detektion nach wie vor die Basis für eine isomerenspezifische Bestimmung der PXDD/F. Hinsichtlich einer isomerenspezifischen Ionisation ist auch die Technik der Flugzeitmassenspektrometrie (TOF) mit laserinduzierter Ionisation (REMPI) von Interesse (Zimmermann et al. 1994). Eine weitere massenspektrometrische Technik, die besonders für den selektiven und empfindlichen Nachweis von PXDD/F in komplexen Substanzgemischen geeignet ist, ist die Tandem-Massenspektrometrie (MS/MS). Die Anwendung der MS/MS in der Art einer „MS^n" ist dabei durch Einsatz einer Ionenfalle (Ion Trap) möglich (Plomley et al. 1995); hierbei erfolgt die Analyse nicht räumlich (wie bei Quadrupolen), sondern zeitlich hintereinander (Tandem „in time").

Auch in Bezug auf schnelle Screening-Methoden mittels Bioassay gibt es Fortschritte: CALUX (chemical activated luciferase gene expression) ist ein verläßlicher Biomarker für Ah-Rezeptor-bezogene Prozesse.

Das Ziel chemometrischer Methoden in der Dioxinanalytik ist die Klassifizierung der verschiedenen Dioxinmuster eines Probensatzes. Eine Klassifizierung eröffnet oftmals auch Aussagen über die Zuordnung einer Probe zu bestimmten Eintragsquellen. Eine einfache Methode zur Korrelationsanalyse von Kongenerenmustern der PCDD/F wird von Sadler u. Campbell (1994) beschrieben. Anwendungsbeispiele für Mustervergleiche mittels Ähnlichkeitskoeffizienten geben de Alencastro et al. (1985) und Schreitmüller et al. (1994) für PCB und Bacher (1992) für Dioxine. Der bei weitem am häufigsten angewandte und insgesamt bewährteste methodische Ansatz zur Klassifizierung von Mustern in der Dioxinanalytik ist die multivariante Datenanalyse, insbesondere die Clusteranalyse (Massart et al. 1988) und die Hauptkomponentenanalyse, auch als Principal Component Analysis (PCA) oder Varianzanalyse bezeichnet (Jackson 1991). Beispiele für den Einsatz multivarianter Datenanalysen zur Mustererkennung und Quellenidentifizierung der PCDD/F werden u.a. von Stalling et al. (1985, 1986), Ding et al. (1989), Lindström et al. (1989), Brakstadt (1992), She u. Hagenmaier (1993), Tysklind et al. (1993) und Fiedler et al. (1996) vorgestellt.

5.8.2.7 Biozide

Nach Bekanntwerden erhöhter Pflanzenschutzmittelgehalte im Roh- und Trinkwasser wurden Analysenmethoden für die hauptsächlich angewendeten Spritzmittel (z.B. Triazine und ihre Metaboliten) entwickelt. Allgemein geht es um die Erfassung möglichst vieler Einzelkomponenten und Substanzgruppen in einem Analysengang. Dabei liegen die Bestimmbarkeitsgrenzen der Wirkstoffe deutlich unterhalb der Grenzwerte der Trinkwasserverordnung von 100 ng/L.

Schlett (1989) gibt ein Verfahren für die quantitative Analyse von 67 Wirkstoffen an. Die Analytik gliedert sich in die Teilschritte Extraktion, Anreicherung, Extraktreinigung, chromatographische Trennung, Detektion, Identifizierung und Quantifizierung. Die Anreicherung der Wirkstoffe aus der Wasserprobe erfolgt durch Festphasenextraktion an 3 g C_{18}-modifiziertem Kieselgel; zur Anreicherung stark polarer Substanzen (z.B. Bentazon oder Phenoxyalkancarbonsäuren) wird die Wasserprobe auf pH 1,5 angesäuert sowie vor der chromatographischen Trennung derivatisiert. Die Extraktaufreinigung (Clean-up) erfolgt an Florisil bzw. Florisil/Kieselgelkartuschen.

Als GC-Detektoren werden in der Routineanalytik der stickstoffselektive Detektor und der ECD eingesetzt, die Ergebnisse werden mit einem massenselektiven Detektor (MSD) im SIM-Modus abgesichert. Die Bestimmbarkeitsgrenzen liegen im allgemeinen bei 10 bis 50 ng/L bei einem Anreicherungsfaktor von typischerweise 4000; einzelne Triazine können bis 1 ng/L nachgewiesen werden. Mit der HPLC wurden einige ausgesuchte Wirksubstanzen wie thermisch labile sowie stark polare Stoffe untersucht (mit einer Hypersil ODS-Trennsäule und einem 0,005 M Natriumacetatpuffer/Acetonitril-Gemisch); die Bestimmbarkeitsgrenzen lagen bei 10 bis 25 ng/L. Viele Pestizide können in Konzentrationen unter 0,05 µg/L (Nachweisgrenze ca. 0,025 µg/L) nachgewiesen werden (Schlett 1991).

Reupert u. Plöger (1989) beschreiben ein Analysenverfahren unter Anwendung der HPLC mit Diodenarray-Detektion, das eine simultane Bestimmung von insgesamt 27 relevanten Einzelstoffen ermöglicht (hauptsächlich Triazine und Phenylharnstoffe). Die Anreicherung der Wirkstoffe aus der filtrierten Wasserprobe erfolgt durch Festphasenextraktion an geeigneten RP-C18-Materialien. Danach wird das Adsorbermaterial gewaschen und gefriergetrocknet, wonach die Wirkstoffe mit CH_3CN eluiert werden. Die Wiederfindungsraten liegen im allgemeinen oberhalb von 90% und sind besonders für die polaren Verbindungen höher als die Werte, die nach Flüssig-flüssig-Extraktion mit CH_2Cl_2 erhalten werden. Extrakte von stärker belastetem Oberflächenwasser werden an Silikagel fraktioniert. Die analytische Trennung der Wirkstoffe erfolgt an Hypersil 3 µm ODS durch Gradientenelution. Die Bestimmungsgrenzen des Verfahrens liegen für die Einzelsubstanz bei 50 ng/L, die unter realen Bedingungen ermittelte relative Wiederholstandardabweichung unter 10%. Im Vergleich zur GC-Bestimmung mit P/N-selektiver Detektion besitzt das beschriebene HPLC-Verfahren den wesentlichen Vorzug, daß zum Nachweis der z.T. thermolabilen Phenylharnstoffe und Carbamate keine Derivatisierungsschritte erforderlich sind. Die Möglichkeit der Identifizierung nachgewiesener Wirkstoffe, die unter Verwendung eines Diodenarray-Detektors durch den Vergleich der vollständigen Absorptionsspektren zwischen einem zugeordneten Signal und der betreffenden Reinsubstanz gegeben ist, stellt ohne Zweifel einen weiteren Vorteil dar.

Stahl et al. (1989) beschreiben eine analytische Methode zur Bestimmung von 7 Triazin-Herbiziden in Trink- und Grundwasser. Die Trennung mit Hilfe der HPLC erfolgt auf einer LiChrosper-Säule 100 RP 18/5 µm bei 20 °C unter isokratischen Bedingungen mit Acetonitril/KH_2PO_4-Puffer als Eluent; die Detektion erfolgt mit einem UV-Detektor bei 230 nm. Bei einem Anreicherungsfaktor von 2000 werden Nachweisgrenzen von < 10 ng/L für jede Substanz erhalten, die Wiederfindungsrate liegt im Bereich von 81 bis 129%.

Hamann et al. (1989) bestimmten Phenoxycarbonsäure-Herbizide mit HPLC und On-line-Anreicherung (Einsatz von Octadecyl- und Nitril-Silika-Säulen sowie von Säulenschaltungen); detektiert wird bei 230 nm (Meier et al. 1989), Wiederfindungsraten reichen von 68 bis 92% für 2,4-D und von 60 bis 83% für 2,4,5-T.

Sukul (1994) beschreibt eine Analysenmethode zur Erfassung der Pyrethroide mittels GC/ECD nach vorheriger Extraktaufreinigung durch dünnschicht- und säulenchromatographische Methoden. Probleme durch die Probenmatrix beim Einsatz der SFE zur Analytik von Organochlorpestiziden diskutieren u.a. van der Velde et al. (1994) und Wenclawiak et al. (1994).

Im Duisburger Institut für Wasserforschung (IWW) werden insgesamt 3 L Wasserprobe standardmäßig auf drei unterschiedliche Arten aufbereitet: Zur Bestimmung von Triazinen und von Phenylharnstoffen wird bei pH 7 mittels C_{18}-Festphase extrahiert, die beladenen Kartuschen mit Essigester (Triazine) bzw. Acetonitril (Phenylharnstoffe) eluiert und mittels GC/NPD (Triazine) bzw. HPLC/DAD (Phenylharnstoffe) die Endbestimmung durchgeführt; die z.T. geringe thermische Stabilität z.B. des Phenylharnstoffderivats Diuron läßt eine gaschromatographische Analyse nicht zu. Zur Bestimmung der Phenoxyalkancarbonsäuren wird bei pH 2 extrahiert, die Festphase mit Essigester eluiert und nach Derivatisierung mit Diazomethan mit GC-MS im SIM-Modus detektiert. Das eine in Mecoprop vorhandene Chloratom z.B. reicht nicht aus, um mit ECD die notwendige Empfindlichkeit zu erreichen. Auf ähnliche Weise (SPE, GC-MS im SIM-Modus) ist auch die Analyse von Pflanzen wie z.B. medizinischer Kräuter auf Organochlorpestizide möglich (Molto et al. 1994).

Schuelein et al. (1996) reicherten Isoproturon [N-(4-Isopropylphenyl)-N',N'-dimethylharnstoff] und seine Metabolite (z.B. 2-Hydroxy-, Monodesmethyl- und 2-Hydroxy-monodesmethyl-Isoproturon) an einer C_{18}-Festphase an und analysierten mit RPHPLC mit DAD.

Driss u. Bouguerra (1996) beschreiben die Anreicherung von Organophosphorpestiziden an C_{18}-Material und den Nachweis mit Kapillar-GC mit thermionischer Detektion. Molina et al. (1996) bestimmten polare Pestizide in Grundwasser mittels der HPLC/MS-Kopplung unter Einschaltung eines Elektrospray-Interfaces und erhielten deutlich bessere Nachweisgrenzen (im unteren pg-Bereich) als bei Einsatz eines Thermospray-Interfaces; Chiron et al. (1996) führten ähnliche Untersuchungen für die Insektizidklasse der Carbamate und deren Abbauprodukte durch.

Der Grenzwert von 0,1 µg/L liegt für Atrazin in der Nähe der analytischen Nachweisgrenze. In diesem Bereich stellen der sichere Nachweis und die quantitative Bestimmung sehr hohe Anforderungen an die Qualität des analytischen Könnens, wie Ergebnisse von Ringversuchen zeigen (Weil u. Hörmann 1991); nach Horwitz et al. (1980) sind bei Analysen im Konzentrationsbereich um 0,1 µg/L auch relative Standardabweichungen von ca. 70% zu erwarten. In einem Ringversuch gab es neben 31 richtigen auch 22 falsch positive und zwei falsch negative Resultate. Die falsch positiven Resultate erreichten ein Maximum von 4,6 µg/L für eine Probe, die < 0,005 µg/L Atrazin enthielt. Andererseits zeigten die Resultate von drei Laboratorien, die alle Proben richtig analysiert hatten, daß es durchaus möglich ist, 0,1 µg/L Atrazin im Wasser zu bestimmen. Auch bei der Analyse dieser Wasserproben mit Immunoassays konnten in spezialisierten Laboratorien richtige Ergebnisse erzielt werden. Ähnliche Resultate wurden in einer Studie der EPA gefunden (Worthy 1991): 22 bis 47% der Befunde waren falsch positiv, etwa 1% falsch negativ.

Es müssen jedoch Analysenmethoden vorgelegt werden, die eine Registrierung der zu bestimmenden Substanz im Wasser bei einer Konzentration von 0,1 µg/L mit einem höchstzulässigen Fehler von 0,05 µg/L erlauben. Bei der GC/PND liegt die Bestimmungsgrenze für Triazin-Herbizide aber bei 2 µg/L, immerhin noch um den Faktor 20 über dem Grenzwert der TVO. Aus diesem Grund sind die beschriebenen Anreicherungen des Analyten mittels Extraktion mit organischen Lösungsmitteln oder lösungsmittelsparenden Festphasenextraktionen unumgänglich; die Erfassungsgrenze sinkt dann auf etwa 10 ng/L.

Praktische Erfahrungen mit *Immunoassays* gibt es hauptsächlich aufgrund zahlreicher Anwendungen im medizinischen Bereich. Ein wesentlicher Vorteil bei diesen Anwendungen ist, daß man hier von einer weitgehend konstanten Matrix (Blutserum, Urin) ausgehen kann. Ganz anders verhält es sich bei der Matrix Wasser: Hier beeinflussen sowohl der Gehalt an organischen Stoffen, pH-Wert-Schwankungen als auch Ionenstärken den Ablauf des Immunoassays. Beim Enzymimmunoassay (EIA) wird als Markierung ein Enzym eingesetzt. Dieses Enzym kann einfach nachgewiesen und quantifiziert werden, wenn die von ihm katalysierte Umsetzung mit einer photometrisch meßbaren Reaktion gekoppelt wird. Beim ELISA (Enzyme-Linked Immunosorbent Assay) handelt es sich um einen heterogenen Immunoassay: Eine aktivierte Oberfläche, in der Regel Polystyrol, wird z.B. mit Triazin-Antikörpern beschichtet; diese nicht-kovalente Bindung beruht hauptsächlich auf hydrophoben Wechselwirkungen. Im ELISA konkurrieren nun markiertes (Tracer, z.B. enzymgekoppeltes Atrazin) und unmarkiertes Antigen (z.B. Atrazin in der Probe) um eine limitierte Anzahl von Bindungsstellen dieser Antikörper. Nach einer gewissen Inkubationszeit wird der Überschuß an markiertem und unmarkiertem Antigen ausgewaschen. Die Bestimmung der Menge an gebundenem Enzym erfolgt in einer nachfolgenden enzymatischen Farbreaktion. Durch Zugabe eines Substrats für das Enzym (Chromogen) wird diese Menge sichtbar gemacht. Die Farbintensität wird mit einem Photometer gemessen (Weil et al. 1991). Im Gegensatz zu konventionellen Methoden ist keine Anreicherung der Herbizide notwendig und der Kosten- und Zeitaufwand damit wesentlich geringer. Als Nachteil ist anzuführen, daß das Ergebnis im allgemeinen einen summarischen Wirkungsparameter darstellt, weshalb zwischen manchen Einzelsubstanzen einer Wirkstoffgruppe nicht differenziert werden kann. Das Ergebnis eines ELISA stimmt in der Regel sowohl quantitativ als auch qualitativ mit den Resultaten der klassischen Analyse überein (Schneider et al. 1990).

Mittels ELISA wurden Nachweisempfindlichkeiten von 3 ng/mL für 2,4-D, 5 ng/mL für 2,4,5-T, 0,05 ng/mL für Simazin und 0,1 ng/mL für Atrazin erreicht, Werte, die für die ökologische Umweltbeobachtung als ausreichend erachtet werden können (Dzantiev et al. 1996). Übertragen auf die Untersuchung von Lebensmittelrückständen auf Pestizide kann ELISA allerdings nur als halbquantitative Screeningmethode bezeichnet werden (Williams et al. 1996).

Kreuzig u. Bahadir (1997) weisen darauf hin, daß durch die analytische Erfassung der eingesetzten Pflanzenschutzmittel die Rückstandssituation im Boden nur unvollständig erfaßt werden kann. Diese kann nur durch die analytische Einbeziehung aller Metabolite sowie über den Nachweis gebundener Rückstände mittels Radiotracertechnik abgeschätzt werden.

5.8.3 Organometallanalytik

Während Organometall(oid)spezies aus Luftproben einfach ausgefroren werden können, erfordert ihre Abtrennung aus flüssigen und festen Umweltproben erheblich mehr Aufwand (Wells 1992). Sutton et al. (1997), Zoorob et al. (1998) sowie Szpunar-Lobinska et al. (1995) geben einen Überblick über analytische Trennmethoden für metall(oid)organische Verbindungen mit Schwerpunkten auf Thermodesorption, Gas- und (überkritische) Flüssigkeitschromatographie (GC und HPLC, Ionenchromatographie IC), elektrophoretische Techniken und Derivatisierungsmethoden (Hydrierung und Ethylierung). Im Hinblick auf Nachweisempfindlichkeit und Trennvermögen ist die GC die eindeutig optimale Methode. Während zur Trennung methylierter Spezies gepackte Säulen meist ausreichen (Pecheyran et al. 1998, Feldmann u. Hirner 1995), sind für die Trennung höher und gemischt alkylierter Spezies oft Kapillarsäulen nötig (Moens et al. 1997, De Smaele et al. 1995); hochmolekulare metall(oid)haltige Substanzen werden mittels Ausschlußchromatographie getrennt (Schöppenthau et al. 1996). Ein unverzichtbarer Bestandteil metall(oid)organischer Analysentechniken ist eine die Trennung begleitende, simultane (on-line, in-time), hochempfindliche und schnelle Multielementanalyse mit spektroskopischen und massenspektrometrischen Verfahren (AAS, ICP-AES, ICP-MS oder MIP-MS; Dunemann u. Begerow 1995, Lespes et al. 1992, Dauchy et al. 1994, Read et al. 1997); während ein He MIP (mikrowelleninduziertes Plasma) besonders für die Anregung von Nichtmetallen (N, O, S, Halogene) geeignet ist, wird für Metalle und Metalloide normalerweise ein Ar ICP (induktiv gekoppeltes Plasma) eingesetzt. Oft werden zusätzliche Maßnahmen zur Erhöhung der Empfindlichkeit (z.B. durch Hochdruckzerstäubung) oder Richtigkeit (z.B. durch Isotopenverdünnungsanalyse) des Nachweises ergriffen (Seubert 1996). Zur Überprüfung der analytischen Qualität der eingesetzten Analysentechniken stehen Referenzmaterialien nur selten zur Verfügung, z.B. für Methylquecksilber in Fisch und Butylzinn in Sedimenten (Quevauviller 1995a).

Im Hinblick auf die Untersuchung flüchtiger Metallverbindungen in der Umwelt wurde eine GC/ICP-MS-Methode entwickelt und zur Untersuchung von Boden-, Klär- und Deponiegasen bereits eingesetzt (Feldmann u. Hirner 1995, Krupp et al. 1996, Hirner et al. 1998a,b). Aufgrund der Flüchtigkeit der interessierenden anorganischen und organometallischen Spezies wird der GC bis herab zu - 80°C betrieben, so daß prinzipiell auch instabile Verbindungen wie Hydride, teilmethylierte Hydride, Alkyle und teilmethylierte Chloride in der ausgefrorenen Gasprobe voneinander getrennt werden können und nicht zerfallen.

Aufgrund der methodischen Schwierigkeiten bei der Quantifizierung von Gasen mittels externer Kalibration in der ICP-Analytik, wurde eine Methode der internen Standardisierung erarbeitet (Feldmann 1995): Simultan zur gasförmigen Probe wird eine Standardlösung, die Elemente enthält, welche nicht in der Probe vorkommen, dem Plasma zugeführt. Durch eine zeitabhängige, quasisimultane Isotopenmessung ist nun die Möglichkeit gegeben, die im internen flüssigen Standard und die im Probegas enthaltenen Isotope zu bestimmen. Mit Hilfe eines sogenannten Saha-Faktors, eines relativen Empfindlichkeitsfaktors, der in einer Standardlösung vorab für jedes Element ermittelt werden muß, kann eine semiquantitative Bestimmung von Elementisotopen in Gasproben über eine Kreuzelementkalibration durchgeführt werden.

Auf der Basis dieser Methode mit der ICP-MS als Detektor sind auch Kopplungen mit anderen chromatographischen Trenntechniken wie der HPLC oder IC möglich (Wickenheiser et al. 1998, Furchtbar 1996).

5.8.4 Radioanalytik

Zur Analyse der von den Radionukliden ausgesandten α- , β- oder γ-Strahlung sei auf einschlägige Literatur verwiesen (u.a. L'Annunziata 1998, Stolz 1996 oder Lieser 1991). An dieser Stelle werden deshalb lediglich einige ausgewählte umweltrelevante Beispiele für diese drei Bereiche angeführt.

- *α-Strahlung*
  Mittels α-Spektrometrie wird beispielsweise Plutonium in Böden bestimmt (Hölgye 1991). Dabei werden üblicherweise zwei Methoden zur Extraktion

von Plutonium aus Böden oder Sedimenten eingesetzt: Die erste bezieht sich auf eine direkte Auflösung von Plutonium in Salpeter- oder Salzsäure oder in einer Mischungen aus beiden Säuren und wurde oft bei der Untersuchung atmosphärischer Emissionen von Kernwaffentests eingesetzt. Da Plutoniumoxid aber in diesen Säuren unlöslich ist, muß es Salzsäuredämpfen oder diversen Schmelzaufschlußtechniken unterzogen werden. Zhu et al. (1994) setzen eine TOPO- (Tri-n-octylphosphinoxid)Extraktion und ein α-Spektrometer mit paralleler Gitterionisationskammer zur Bestimmung von $^{239+240}$Pu und ^{238}Pu in Boden und Gras ein; die Nachweisgrenze der Methode liegt bei 4×10^{-2} Bq/kg.

In vielen radiochemischen Verfahren werden (nach der Extraktion) Ionenaustausch mit nachfolgender Elektrodeposition und α-Spektrometrie eingesetzt. Die Messung von Radon und Thoron in Bodenluftproben erfolgt in situ durch α-Spektrometrie nach elektrostatischer Abscheidung der Folgeprodukte auf einem Oberflächensperrschichtdetektor.

- *β-Strahlung*

Hier wird als Beispiel ^{99}Tc als ein weicher β-Emitter (E_{max} = 292 keV) mit langer Halbwertszeit (0,213 Mill. J.) angeführt. Die Menge dieses Nuklids in der Umwelt hat aufgrund von Freisetzung aus kerntechnischen Anlagen und seinem Einsatz in der Nuklearmedizin als ^{99m}Tc (Halbwertszeit 6,01 h), das direkt zu ^{99}Tc zerfällt, zugenommen und sollte deshalb überwacht werden. In aeroben und aquatischen Milieus (einschl. Bodenoberflächen) kommt Tc als lösliches Pertechnetat TcO_4^- vor. Deshalb ist dieses Element im Boden sehr mobil und im Boden-Pflanzen-System hochgradig bioverfügbar. Während als übliche Nachweismethode für ^{99}Tc Gasdurchflußzähler mit niedrigen Untergrundraten durch Antikoinzidenzeinrichtungen eingesetzt wurden, kamen später Flüssigkeitsszintillatoren und die INAA hinzu; aufgrund relativ hoher Nachweisgrenzen benötigten die letztgenannten Methoden allerdings lange Meßzeiten. Morita et al. (1993) setzten die ICP-MS ein, wobei Interferenzen durch das isobare ^{99}Ru durch vorherige Cyclohexanonextraktion beseitigt wurden. ^{95m}Tc wird als innerer Standard eingesetzt. Im Vergleich zu konventionellen Techniken ist die Empfindlichkeit um ein bis zwei Größenordnungen höher und die Meßzeit 300 bis 10000 mal kürzer. Aufschlußlösungen können wegen zahlreicher Interferenzen nicht direkt mit der ICP-MS vermessen werden. Zur Elimination von Matrixstörungen werden deshalb organische Bestandteile trockenverascht und anorganische Bestandteile durch eine kombinierte Behandlung aus Eisenhydroxidkopräzipitation, Anionenaustausch und Lösungsmittelextraktion abgetrennt. Die ICP-MS kann so erfolgreich für die Analyse auch anderer Radionuklide wie ^{226}Ra, ^{232}Th, ^{238}U, ^{237}Np, ^{239}Pu oder ^{240}Pu in Konzentrationen bis herab zu ng bis pg pro kg eingesetzt werden. Auch Tagami u. Uchida (1993) beschreiben eine einfache Methode zur Bestimmung von ^{99}Tc in Böden mit der ICP-MS in vier Schritten:

1. Tc wird in einem Verbrennungsofen für 3 h bei 950 °C verflüchtigt und in einer K_2CO_3-Lösung aufgefangen.
2. Nach Zugabe von H_2O_2 wird Tc in Cyclohexanon extrahiert und somit vom isobaren ^{99}Ru abgetrennt.
3. Tc wird aus der organischen Phase in entionisiertes Wasser zurückextrahiert.
4. Nach Ansäuerung mit HNO_3 wird die Lösung mit ICP-MS vermessen.

Die Wiederfindungsraten der gesamten Prozedur liegen zwischen 52 und 64%.

- *γ-Strahlung*

Die großflächige Überwachung von γ-Emittenden erfolgt üblicherweise aus der Luft mittels mit hochempfindlichen speziellen γ-Szintillationszählern bestückten Flugzeugen (Eisenbud u. Gesell 1997); dabei ermittelte erhöhte Strahlenbelastungen müssen aber durch direkte Bodenmessungen verifiziert werden. Stationäre Meßstationen zur Langzeitüberwachung machen oft von Thermolumineszenz-Dosimetern Gebrauch. Anderweitige γ-Detektoren sind Ionisationskammern, Geiger-Müller-Zählrohre, Szintillometer, insbesondere Th-aktivierte NaI-Szintillatoren mit niedriger spektraler Auflösung und Ge(Li)-Halbleiterdetektoren mit hoher. Gomez et al. (1994) bestimmten natürliche γ-Emitter in Luft (z.B. ^{7}Be, ^{40}K, ^{226}Ra, ^{212}Pb, ^{214}Pb, ^{208}Tl und ^{214}Bi) mittels γ-Spektrometrie an kombinierten Zellulose/Aktivkohle-Filtern. γ-Strahler in Böden wurden von Elejalde et al. (1993) mittels empfindlichem γ-Spektrometer (Reinstgermanium-Detektor und Vielkanalanalysator) nach selektiver Vorabtrennung mit Ammoniumacetat bei pH 7 untersucht. Während die gesamte Extraktionsausbeute etwa 70% betrug, lagen ca. 20% in austauschbarer Form vor, woraus für künstlich eingebrachte Radionuklide wie ^{137}Cs eine hohe Mobilität zu erwarten ist. Mit zunehmender Bodentiefe nehmen die Konzentrationen von ^{137}Cs stark, die von ^{214}Pb und ^{40}K dagegen wenig ab. Ähnliche Verteilungsmuster von ^{40}K und ^{137}Cs sprechen für die Möglichkeit isomorpher Substitutionen zwischen beiden Elementen. Meriwether et al. (1995) plädieren aufgrund der vorgefundenen Verteilungscharakteristik von Radionukliden in Böden dafür, Bodenbeprobungen nicht kontinuierlich nach Tiefe, sondern diskret nach Horizonten vorzunehmen.

Wie bereits erwähnt, verhalten sich radioaktive Spezies in der Umwelt wie die entsprechenden anorganischen (oder organischen) Verbindungen, so daß bereits früher besprochene Untersuchungstechniken hier ebenfalls Einsatz finden: So verwendeten beispielsweise Vidal u. Rauret (1995) sequentielle Extraktionen zur Bestimmung austauschbarer und mobiler Radionuklidfraktionen. Übliche (BCR-Schema für Sedimente) und organisch ausgerichtete Schemata wurden zum Studium von Radiosilber, -strontium und -cäsium eingesetzt. Bei der organisch ausgerichteten Extraktion wurde in folgender Sequenz extrahiert:

$MgCl_2$ 1 M (pH 7) → $Na_4P_2O_7$ 0,1 M (pH 10) → NaOH 0,1 M → H_2O_2/NH_4OAc; bei torfhaltigen Böden wurden Extraktionsvolumen und -zeit höher angesetzt. Cooke et al. (1995) führten Experimente zur Verfügbarkeit von Radionukliden in Böden für Wiederkäuer durch. Dabei konnten maximal 20% der Radionuklide in die flüssige Phase überführt werden, wovon wiederum nur ein bestimmter, an hochmolekularem organischen und kolloidalem Material sorbierter Anteil vom Tier nicht aufgenommen wurde.

5.8.5 Klärschlammanalytik

In Fragen der Bewertung von Klärschlämmen gilt es, durch langfristig festgelegte Analysenkonventionen die Rechtssicherheit herzustellen. Zur Klärschlamm-analytik machen Stock u. Alberti (1995) genauere Angaben: Eines der größten Probleme der Analytik von Klärschlamm ist wohl darin begründet, daß Schlämme keine homogene Materie und nicht einheitlich zu bearbeiten sind; so kann z.B. der Schlamm einen Feststoffanteil von 1 bis 10% haben. In der Regel sollte ein großes Schlammvolumen entnommen werden, durch Rühren homogeniesiert und danach auf Analysenmaß reduziert werden. Häufig ist auch die Entnahme mehre-rer Stichproben aus dem Schlammanfall sinnvoll, die zu einer Mischprobe ver-einigt werden, wie dies in der Klärschlammverordnung vorgeschrieben ist. Bei der Entnahmetechnik ist zwischen stichfesten und nicht stichfesten Schlämmen zu unterscheiden. Um zu repräsentativen Ergebnissen zu kommen, bedarf es langjäh-riger Erfahrung und der genauen Kenntnis der Anlage. Um dies zu erleichtern, werden Konventionen in der Länder-Arbeitsgemeinschaft Abfall (LAGA) entwi-ckelt und in DIN und CEN eingebracht. Stock u. Alberti (1995) geben einen Überblick zur Analytik von organischen Parametern in Klärschlämmen.
Eine richtige und genaue Analyse ist insbesondere für den Gesamtgehalt und die verfügbaren Anteile des im Klärschlamm enthaltenen Se wichtig, da für dieses Element der Konzentrationsbereich zwischen Mangelerscheinungen und dem Einsetzen toxischer Wirkungen sehr klein ist (Heninger et al. 1997).

5.8.6 Abfallanalytik

Zuerst muß der Abfall nach folgenden Eigenschaften klassifiziert werden: Ent-zündlichkeit, Wassermischbarkeit, Korrosivität oder Radioaktivität (Lesage 1993). Die Bestimmung dieser Eigenschaften muß schnell und korrekt sein. Screeninganalysen und die Bestimmung von allgemeinen anorganischen und organischen Summenparametern können in kurzer Zeit und ohne großen Aufwand zum Teil bereits mittels Schnelltestverfahren (z.B. Teststäbchen für Schwer-metalle und Anionen, kolorimetrische Verfahren als Küvettentests, Prüfröhrchen für Gasmessungen, elektrochemische Verfahren und Biosensoren zur Messung von pH, O_2, Leitfähigkeit oder selektive Ionenbestimmungen) bereits im Gelände (insbes. Deponieeingangskontrolle) durchgeführt werden (Götzl et al. 1997). Im Rahmen des Screenings von heterogenen Abfallmischungen nimmt die Gasanalytik (im einfachsten Fall mit Hilfe der sog. Polytest-Röhrchen) eine besondere Stellung ein (Bahadir 1994), aus der sich eine erste Bestimmung der Belastungssituation mit leichtflüchtigen Verbindungen ergibt, die oftmals auch als Indikator für das Vorliegen weiterer, oft toxischerer Substanzen dienen können.

Speziell bei der Deponieeingangskontrolle sind neben Sichtkontrollen im Rahmen der Annahmekontrollen bei Auffälligkeiten weitergehende Kontrollanalysen durchzuführen. Diese haben alle Werte des Anhanges B der TA-Siedlungsabfall für die entsprechende Deponieklasse zu umfassen und sind mit Rückstellproben und einer Dokumentationspflicht verbunden. Die Einhaltung der Zuordnungswerte nach Anhang B gilt noch als gegeben, wenn die bei den Kontrollanalysen ermittelten Werte festgesetzte Abweichungen von den Zuordnungswerten nicht überschreiten (z.B. 50% bei Glühverlust, TOC und Eluatkriterien). Die Durchführung der Analysen hat nach den in Anhang A der TA-Siedlungsabfall festgelegten DIN-Vorschriften, die bereits in der TA-Sonderabfall enthalten sind, zu erfolgen. Mit dem relativ einfach zu bestimmenden Parameter Glühverlust werden auch thermisch zersetzbare und flüchtige Bestandteile wie Carbonate, Wasser u.ä. erfaßt. Trotzdem bedeutet dies im Sinne des Worst-case-Szenarios, daß, wenn der Glühverlust im Rahmen der Zuordnungswerte liegt, mit keiner nennenswerten Gasentwicklung zu rechnen ist. Die Bestimmung des TOC in der Originalsubstanz ist wahlweise alleine oder zusätzlich zum Glühverlust zugelassen. Der TOC sollte immer dann bestimmt werden, wenn zu vermuten ist, daß ein gefundener zu hoher Glühverlust nicht auf organisches Material zurückzuführen ist.

Obwohl in der TA-Siedlungsabfall im Gegensatz zur TA-Sonderabfall vom Abfallanlieferer keine Deklarationsanalyse verlangt werden kann, ist mit einem starken Anwachsen der Nachfrage nach analytischen Leistungen zu rechnen, so daß die Analytik bei der Siedlungsabfallentsorgung durch die TA-Siedlungsabfall einen deutlich höheren Stellenwert erhalten hat. Die Umsetzung in die Praxis stellt hohe Ansprüche an den quantitativen Ausbau von geeigneten Analysekapazitäten und die qualitative Weiter- und Neuentwicklung von Verfahren und Apparaturen.

Schadstoffmobilitäten werden über Elutionstests z.B. mit verdünnter Essigsäure durchgeführt (Toxic Characteristic Leaching Procedure TCLP der US EPA oder Regulation 309 in Canada). In diesem Zusammenhang sei auf die ausführlichen Darlegungen in Kap. 2.1.6 verwiesen.

Zur gezielten Einzelstoffanalytik enthält ein Anhang zum US EPA Hazardous Substance Act (Resource Conservation and Recovery Act RCRA) eine Liste von über 400 Targetchemikalien. Die von der US EPA vorgeschlagenen Analysenmethoden für diese Verbindungen sind in einem Handbuch beschrieben (SW846 manual). Die Schadstoffe werden in mehrere analytische Gruppen wie flüchtige, basisch-neutrale und saure Verbindungen (Extraktionen bei pH 10, 7 und 2),

Pestizide (Organochlorverbindungen) und PCB (extrahiert unter neutralen Bedingungen) sowie Schwermetalle eingeteilt. Die basisch-neutrale Fraktion enthält
Verbindungen wie die PAK, Phthalatester, chlorierte Ether und Nitrosamine, die
saure Fraktion Phenol, Methylphenole und chlorierte Phenole. Die eingesetzten
Analysenmethoden basieren auf der Chromatographie (GC, HPLC und GC-MS)
für organische Verbindungen und auf der Spektroskopie (AAS und ICP-Techni-
ken) für die Metalle. Flüchtige Verbindungen werden mittels Purge-and-
Trap(P&T)-GC (dynamischer Headspace) analysiert und weniger flüchtige
Bestandteile mit Pentan, Hexan oder Dichlormethan extrahiert und mittels GC mit
unterschiedlichen Detektoren (z.B. FID, ECD) nachgewiesen. Die Gruppe der
flüchtigen Verbindungen beinhaltet chlorierte Methane und Ethane und aromatische Verbindungen leichter Erdöldestillate wie BTX (Benzol/Toluol/Xylol) oder
BTEX (BTX plus Ethylbenzol). Bei der Purge-and-Trap-Technik werden mittels
Trägergas aus der Probenlösung flüchtige Spezies ausgetrieben. Das Analysengas
wird an einem festen Träger wie Tenax oder Carbotrap sorbiert und anschließend
in das GC oder GC-MS thermisch desorbiert. Bei Proben mit Schaumbildung
wird die statische Headspace eingesetzt. Stark wasserlösliche Lösungsmittel wie
1,4-Dioxan oder Tetrahydrofuran (THF) können aufgrund fehlenden Übertritts in
die Gasphase nicht mit P&T, sondern nur bei höheren Temperaturen mittels DTS
(dynamic thermal stripping) untersucht werden (Lesage 1993).
Die Analyse flüchtiger Stoffe in Bodenproben stellt eine besondere Herausforderung dar, da jeder Versuch, die Probe zu homogenisieren oder zu trocknen,
zu großen Substanzverlusten führen kann; deshalb werden die Proben naß analysiert und das Trockengewicht an einer separaten Probe bestimmt. Für eine P&T-
Analyse wird die Bodenprobe zuerst in Polyethylenglycol oder Methanol dispergiert. Hochspezifische, aber relativ unempfindliche instrumentelle Koppelmetho-
den wie die HPLC-MS oder GC-FTIR können bei den gerade in Abfällen oft hoch
konzentrierten Schadstoffen zuweilen erfolgreich eingesetzt werden (Lesage
1993).
Umfangreiche Analysenbeschreibungen für Abfallmaterialien hat auch das amerikanische Department of Energy (DOE) herausgegeben (McCulloch et al. 1995).

Radioaktive Abfallstoffe
(Vgl. auch Kap. 5.8.3 Radioanalytik.) Meist im Zusammenhang mit dem Betrieb
kerntechnischer Anlagen werden Radioaktivitätsmessungen hinsichtlich der
Kontrolle der Einhaltung erlaubter Maximalkonzentrationen (maximum permissible level, MPL) mit Hilfe gebräuchlicher Methoden routinemäßig durchgeführt (Wang et al. 1994). Von besonderem Interesse ist in dieser Hinsicht
radioaktives Strontium, welches durch Substitution des Calciums in die Biosphäre
eintreten und sich so z.B. kontinuierlich in menschlichen Knochen anreichern
kann. Die Messung niedriger Konzentrationen an $^{89}Sr/^{90}Sr$ wird durch Interferenz
anderer β- und γ-Emitter in nicht vorgetrennten Realproben stark erschwert. Mit

einem System bestehend aus einem zentralen $CaF_2(Eu)$-$NaI(Tl)$ β-Detektor in Antikoinzidenz mit einem HPGe-NaI(Tl) γ-Spektrometer konnten für ^{90}Sr Nachweisgrenzen um 20 pCi/L erzielt werden, die z.B. für die Überwachung der üblicherweise im unteren nCi/L-Bereich angesiedelten MPL-Werte bei Abwässern kerntechnischer Anlagen ausreichen (Wang et al. 1994).

5.8.7 Staubanalytik

Eine Einführung in Sammel- und Analysentechniken für Stäube geben u.a. Holländer (1995), Landsberger u. Biegalski (1995), Samara (1995) und Lodge (1989).
Eine korngrößenfraktionierende Probenahme von Staub zur nachfolgenden chemischen Analyse ist in einem weiten Korngrößenbereich mit Niederdruck-Kaskadenimpaktoren möglich (Puxbaum 1979). Mit dem Epiphaniometer können Aerosole aller Art (z.B. Dieselemissionen oder Raumluft) mit hoher Nachweisempfindlichkeit und großem dynamischen Meßbereich erfaßt werden (Gäggeler et al.1989). Hierbei wird Luft kontinuierlich durch eine geschlossene Kammer mit kurzlebigen ^{211}Pb aus einer ^{227}Ac Quelle gepumpt. Die Atome lagern sich an Aerosolteilchen an. Nach Transport durch eine dünne Kapillare auf ein Filter wird der Zerfall von ^{211}Pb (über ^{211}Bi) mittels Alphadetektor erfaßt. Bei der Technik der Aerosol-Photoemission (APE) wird das Aerosol mit UV-Licht bestrahlt (Schmidt-Ott 1991). Es wurde eine starke Korrelation zwischen APE und der Gesamtmenge an PAK in Aerosolen aus einem Ölbrenner und Autoabgas festgestellt (McDow et al. 1990, Burtscher u. Schmidt-Ott 1986). Kohlenstoffaerosole im Submikrometerbereich für Test- und Referenzzwecke können durch Atomisierung der Elektrode in einer Funkenentladung (Schwyn et al. 1988) oder durch Fragmentierung kohlenstoffreicher Gase erzeugt werden (Spanner et al. 1994). Fragmentierung von Acetylen in einem durch Laser erzeugten Plasma erzeugt Teilchen zwischen 80 und 800 nm, die in Größe und Morphologie realen Verbrennungsaerosolen sehr ähnlich sind.
Chemisch-toxikologische Kombinationsanalysen organischer Bestandteile von Aerosolen weisen methodisch in die Zukunft (Hein u. Zimmermann 1997, Legzdins et al. 1995, Thompson et al. 1993): Mittels Extraktion und Separation durch semipräparative HPLC bzw. durch Festphasenextraktion auf Anionenaustauscherbasis (Fraktionierung von neutralen/basischen und unterschiedlich sauren Komponenten) wurden urbane Aerosole nicht nur auf die Gegenwart organischer Schadstoffe (z.B. nichtpolare und polare (N-)PAK, Carbonsäuren, nitrierte Phenole und Alkohole), sondern anschließend auch mit Bioassay (Ames-Test, Leuchtbakterientest) auf deren Mutagenität hin (z.B. gegenüber *Salmonella typhimurium*) untersucht. Sollen derartige umfassende Tests sinnvoll sein, müssen die Wiederfindungsraten bei den einzelnen analytischen Schritten hoch genug

sein, um auf der Grundlage der Fraktionen stimmige Massen- und Mutagenitäts-
bilanzen gewährleisten zu können.

Es existieren Richtlinien für die Planung von Innenraumluftmessungen (VDI 4300
Bl. 1 bis 3) sowie für die Messung von Aldehyden/Phenolen (VDI 3484 Bl. 1 bis
3), Dioxinen (VDI 3498), PAK (VDI 3875), PCP/Lindan (VDI 4300 Bl.4/4301
Bl.1,2) leichtflüchtigen KW (VDI 3864) und anorganischen faserförmigen Partikeln (VDI 3492); insbesondere bei PAK, PCP und Lindan wird der auf Glasfaserfiltern abgeschiedene Schwebstaub untersucht.

Asbest und künstliche Mineralfasern

Bei der Probenahme auf faserförmige anorganische Partikel werden die Teilchen
auf einem mit Gold bedampften Kernporenfilter abgeschieden. Das beladene
Filter wird im Rasterelektronenmikroskop ausgewertet. Die Einzelfasern werden
gezählt und nach vorgegebenen Faserarten klassifiziert. 1994 hat ein VDI-Asbest-
Ringversuch zur Prüfung der richtigen Anwendung der Richtlinie VDI 3492 Bl.2
stattgefunden. Die Ergebnisse zeigten allerdings, daß hier noch erheblicher
Handlungsbedarf besteht.

Im Prinzip gibt es für Asbestfasern eine einfache Bestimmungsmethode, bei der
aussortierte Fasern auf Rotglut erhitzt werden (Ney 1986): Den Asbest- und
Keramikfasern passiert nichts, Amphibolasbeste werden oxidiert und dadurch
braun, organische Fasern verkohlen oder verbrennen und Glasfasern verschmelzen. Um lungengängige Asbestfasern anhand ihrer Struktur und Elementverteilung
eindeutig identifizieren und sicher von anderen anorganischen und organischen
Fasern unterscheiden zu können, reicht ein Lichtmikroskop nicht aus. Hierzu
benötigt man ein Rasterelektronenmikroskop (SEM) mit einem energiedispersiven
Zusatz und einer Beugungsvorrichtung, oder ein Transmissionselektronenmikro-
skop (TEM) mit einer Vergrößerung von > 5000 (Skinner u. Ross 1994). Generell
muß bei der Messung von Asbestfasern in sedimentiertem Staub zwischen freien,
atemgängigen und an andere Matrices gebundenen Fasern unterschieden werden
(Lee et al. 1995). Im Hinblick auf letztere ist die Disaggregation von Einzelfasern
aus dieser Matrix und aus Faserbündeln während der Probenvorbereitung der
wichtigste Faktor, der die Zahl der gemessenen Fasern festlegt. Werden z.B. die
Proben vor der Untersuchung mit dem TEM mit Ultraschall behandelt, werden
Einzelfasern aus dem Verband separiert und in vielerlei Strukturen zerbrochen.
Eine darauf folgende Bestimmung der Faseranzahl ist somit nicht repräsentativ
für die Anzahl atemgängiger Asbeststäube, sondern kann nur Aussagen über die
generelle Anwesenheit von Asbestfasern im Staub machen.

Neben Asbestfasern sind im Innenraumbereich auch künstliche Mineralfasern zu
erfassen (Spurny 1993). Zu deren Analyse ist die Phasenkontrastmikroskopie
nicht geeignet, wohl aber SEM (scanning electron microscopy) und TEM (transmission electron microscopy). Besonders die letztgenannte Methode ist vorzuziehen und wird z.B. in den USA als einzige Methode anerkannt. Die auf

Nucleopore-Filtern gesammelten Proben können zudem noch chemisch mit EDRFA (energiedispersive Röntgenfluoreszenzanalyse) und SAED (selected area electron diffraction) untersucht werden.

5.8.8 Öl-Analytik

Für die Untersuchung von Wasser- und Eluatproben auf Mineralölkohlenwasserstoffe (MKW) gibt es das deutsche Einheitsverfahren DIN 38409 (H18). Bei dieser Analysenmethode wird eine Wasser-, Boden- oder Abfallprobe mit einem Lösungsmittel (Trichlortrifluorethan) extrahiert (Soxhlet). Der gewonnene Extrakt wird an Aluminiumoxid von polaren Begleitstoffen (z.B. Triglyceriden) befreit und im IR quantitativ analysiert. Das Verfahren ist auf gering belastete und auf belastete Wässer anwendbar, die eine Massenkonzentration an KW von mindestens 0,1 mg/L haben; Massenkonzentrationen zwischen 0,1 und 0,01 mg/L können halbquantitativ bestimmt werden. In Abhängigkeit von den zu untersuchenden Matrices liegen die Bestimmungsgrenzen der H18-Methode bei 0,01 mg/L für Trinkwasser, bei 0,1 mg/L für normale (Grund-)Wasserproben und bei ca. 15 mg/kg für Bodenproben.

Für die Quantifizierung von MKW als Summenparameter werden die charakteristische Absorption der aromatischen CH-Gruppe bei 3030 cm^{-1}, der CH_2-Gruppe bei 2924 cm^{-1} und der CH_3-Gruppe bei 2958 cm^{-1} herangezogen; 1,1,2-Trichlortrifluorethan (CFE) zeigt in diesem Spektralbereich keine störende Eigenabsorption. Das Intensitätsverhältnis dieser Absorptionsbanden hängt in starkem Maße von der Zusammensetzung des Mineralölproduktes ab, so daß zur Kalibrierung des Analysenverfahrens die Verwendung eines geeigneten Referenzkohlenwasserstoffs zu empfehlen ist (z.B. BCR-Mineralölstandard).

Auf europäischer Ebene ist im ISO/TC 190 ein Standard zur MKW-Bestimmung im Boden vorgesehen, der vorrangig die GC vorsieht. Nach dem GC-Verfahren wird der Bodenextrakt üblicherweise an einer unpolaren Kapillarsäule aufgetrennt und der MKW-Gehalt durch Integration der Peakflächen von C_{10} bis C_{40} als Summenwert gemessen. Während Wiederhol- und Vergleichbarkeit nach der IR-Methode (H18) zur Bestimmung von MKW bei etwa 5 bzw. 23% lagen, wurde von Fischer et al. (1994) bei der GC-Analyse dagegen ein wesentlich höherer Fehlerstreubereich gefunden.

Allerdings ist nach der „Verordnung zum Verbot von bestimmten, die Ozonschicht abbauenden Halogenkohlenwasserstoffen" vom 16.5.1991 die Herstellung und Verwendung von Trichlortrifluorethan (ebenso wie das in der H18-Methode alternativ vorgeschlagene Tetrachlormethan) verboten. Trotzdem und trotz des beabsichtigten weltweiten FCKW-Ausstiegs wird an diesen Extraktionsmitteln weiterhin festgehalten und in einer Präambel auf die besonderen Umweltaspekte hingewiesen. Als alternatives Verfahren könnte die überkritische Flüssigkeitsextraktion (SFE) mit überkritischem Kohlendioxid bei Kontrolle des Wassergehalts Eingang in die Normung finden (Hawari et al. 1995); zur Gewährleistung einer Polarität des Lösungsmittels müssen auch hier Modifier (z.B. Methanol) in geringen Mengen zugesetzt werden. Zur Sicherstellung der Richtigkeit der MKW-Analyse wird ein BCR-Mineralölstandard empfohlen.

Ein weiteres Problem liegt darin, daß mikrobielle Abbauprodukte des Mineralöls durch die H18-Methode nicht erfaßt werden: Auf dem Wege der Mineralisierung der KW entstehen z.B. polare Substanzen, die im verwendeten Lösungsmittel nicht löslich sind oder aber bei der Reinigung des Extraktes vom Aluminiumoxid adsorbiert werden.

Die gegenwärtige Standardanalytik von *flüssigen MKW* erfolgt in Anlehnung an DIN 38409 H18, die Extraktion dieser MKW aus dem Boden wird mittels Soxhlet oder mit überkritischen Flüssigkeiten (SFE) durchgeführt (Hawari et al. 1995) und die flüchtigen Vertreter der KW werden mittels Headspace-GC bestimmt (Voice u. Kolb 1994); nach Wanior et al. (1996) müßten diese Analysenmethoden aktualisiert und standardisiert werden.

Als Methoden einer mobilen Vor-Ort-Analytik zur Erfassung von MKW-Kontaminationen bieten sich die nichtdispersive IR-Spektroskopie, die Dünnschichtchromatographie oder die mobile MS an. Diese Analysenmethoden ergänzen die konventionelle Laboranalytik in sinnvoller Weise: Nachdem vor Ort ein schneller, qualitativer bis semiquantitativer Überblick erreicht werden kann, werden kritische und wichtige Proben anschließend im Labor genauer untersucht und quantifiziert.

Zu weiteren Details der Mineralölanalytik siehe Hellmann (1995).

Screening-Analytik der halbflüchtigen organischen Verbindungen (semi-VOCs) als chemische Tracer

Die EPA-Methode 8270 ist ähnlich zu 8240 und benützt GC-MS zur Bestimmung der Konzentrationen halbflüchtiger organischer Verbindungen (semi-VOCs) in Extrakten aus Abfallmaterialien, Böden und Grundwasser (Baugh u. Lovegreen 1990). Sie ist anwendbar auf die meisten neutralen, sauren und alkalischen organischen Verbindungen, die in Methylenchlorid löslich sind und ohne Derivatisierung auf einer schwach polaren, mit Silicon beschichteten Kapillarsäule gut getrennt werden (z.B. PAK, CKW, Pestizide, Ester, Aldehyde, Ether, Ketone, Aniline, Pyridine, Quinoline, aromatische Nitroverbindungen und Phenole). Folgende Kriterien werden zur Unterscheidung zwischen Erdöl und seinen Raffinationsprodukten im Boden herangezogen:

- Auftreten von TPH im GC (TPH = Total Petroleum Hydrocarbons)
- Vergleich von TRPH mit TPH (TRPH = Total Recoverable Petroleum Hydrocarbons; IR-Bestimmungsmethode nach EPA 418.1)
- BTEX-Konzentrationen
- Andere vorhandene VOCs

- Vorhandene Semi-VOCs
- Gegenwart von Organobleiverbindungen (s. Kap. 3.3.4)

Benzin erscheint im Gaschromatogramm innerhalb der ersten zehn Minuten, Kerosin von 5 bis 16 min und Diesel von 7 bis 22 min (Abb.3.3); Raffinationsprodukte zeigen ein glockenförmiges GC-Profil.

5.8.9 Vor-Ort-Analytik

Schnellanalytische Meßverfahren auf immunchemischer Basis (Immunoassay) ermöglichen mittels Test-Kits vor Ort innerhalb von 30 Minuten ausreichend selektive und empfindliche halbquantitative Bestimmungen von Bodenkontaminationen wie PCB, PAK oder PCP (Herziger-Möhlmann 1994). Mit 95%iger Sicherheit werden Bodenkontaminationen, bezogen auf die Nachweisgrenzen des Verfahrens, erfaßt. Störeinflüsse (Querempfindlichkeiten) sind zwar selten, müssen aber für den jeweiligen Test beachtet werden. Die Tests sind meist ausreichend empfindlich, um gesetzliche Richt- bzw. Grenzwerte für Bodenbelastungen überprüfen zu können. Immunoassays können somit als Feld-Analyse-Test zur Erkundung von kontaminierten Standorten, zur Voruntersuchung von Laborproben und auch zur Begleitung von Sanierungsaktivitäten eingesetzt werden. Kosten- und zeitintensive Laboranalysen mit Referenzverfahren können so auf ein Minimum reduziert werden, sollten jedoch zur Bestätigung der Feldanalyse-Ergebnisse durchgeführt werden.
Ist für den interessierenden Schadstoff ein für die vorliegende Probenmatrix geeigneter Schnelltest nicht vorhanden, setzt man ein mobiles Labor ein. Anorganische, organische und radioaktive Schadstoffe können mittels einer transportablen energiedispersiven Röntgenfluoreszenzspektrometrie (EDRFA)-Anlage, eines tragbaren Gaschromatographen oder eines mobilen GC-MS bzw. mittels handlicher Zählrohre erfaßt werden.

5.9 Analytische Qualitätskriterien und Qualitätssicherungsmaßnahmen

5.9.1 Statistik in der Analytischen Chemie

5.9.1.1 Fehler

Fehlerquellen können in der gesamten Abfolge des analytischen Prozesses, der die Probenahme und Auswertung einschließt, auftreten. Erster gravierende Fehler können bereits bei der Planung der Probenahme auftreten, lange vor den ersten Aktivitäten am Probenmaterial. Ein falsches Probenahmekonzept macht die nachfolgende, kostenintensive Analytik wertlos.

Das Probenahmekonzept muß dem Begutachtungsziel angepaßt werden, welches wiederum vom vorliegenden Kontaminations- beziehungsweise Nichtkontaminationsproblem abhängig ist.

Prinzipiell gibt es vier verschiedene Fehlertypen (nach Günzler 1994):

- Zufallsfehler (statistische Fehler)
- systematische Fehler
- Ausreißer
- grobe Fehler

„*Grobe Fehler*" können aus Versehen von Menschen oder geräte- bzw. rechentechnischen Fehlern hervorgehen, die häufig sachlogisch leicht erkenn- oder korrigierbar sind.

Zufallsfehler (statistische Fehler) oder nicht vermeidbare Fehler erzeugen eine Streuung der Meßergebnisse einer Probe um einen Mittelwert, der idealerweise dem „wahren" Wert der jeweiligen Probe entspricht. Durch die Abweichung der Meßwerte von diesem Mittelwert wird die *Präzision* der Analysen definiert.

Systematische oder vermeidbare Fehler führen zu einer Verschiebung der Meßwerte einer Meßreihe in eine bestimmte Richtung vom „richtigen" Meßwert weg. Sie haben somit Einfluß auf die *Richtigkeit*, nicht aber zwingend auf die Präzision der Messung.

In den Abbildungen 5.33 a bis d sind Kalibrierfunktionen dargestellt, die die Auswirkungen von statistischen und systematischen Fehlern verdeutlichen sollen. Die durchgezogene Linie stellt die Kalibrierfunktion mit den „wahren", tatsächlich in der Probe vorhandenen Werten dar.

a) Statistischer Fehler klein, systematischer Fehler klein
   Dies stellt das angestrebte Optimum dar. Die additive Komponente der Regression ist klein, der Korrelationskoeffizient ist groß: hohe Präzision, hohe Richtigkeit.

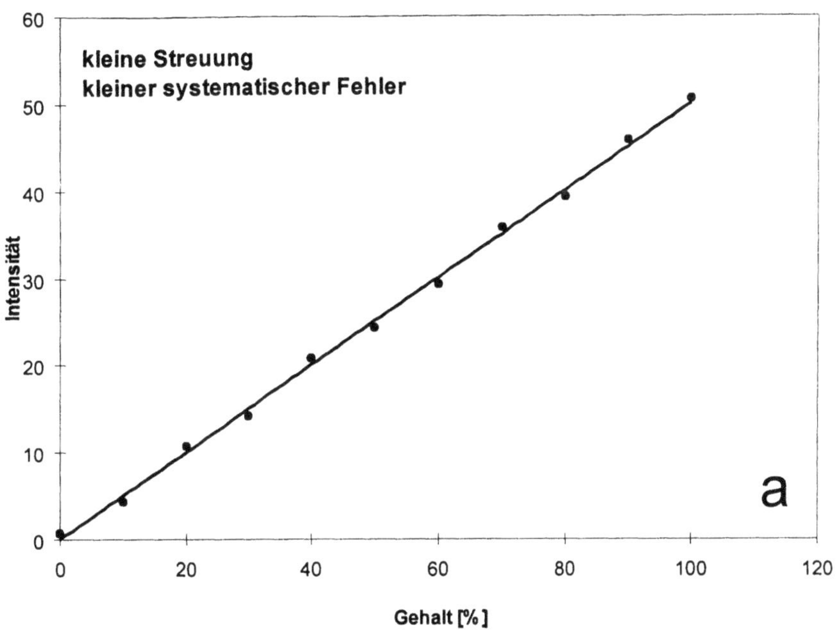

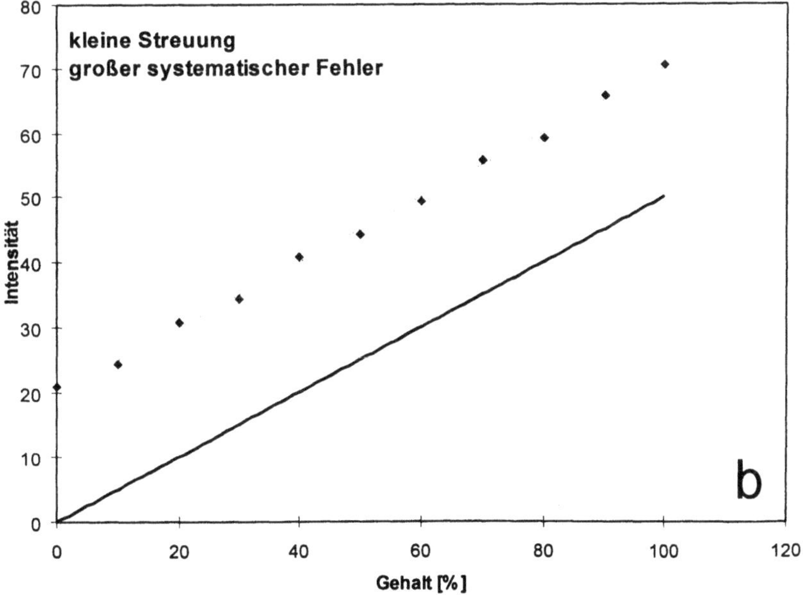

Abb. 5.33 a und b. Zufallsfehler und systematische Fehler

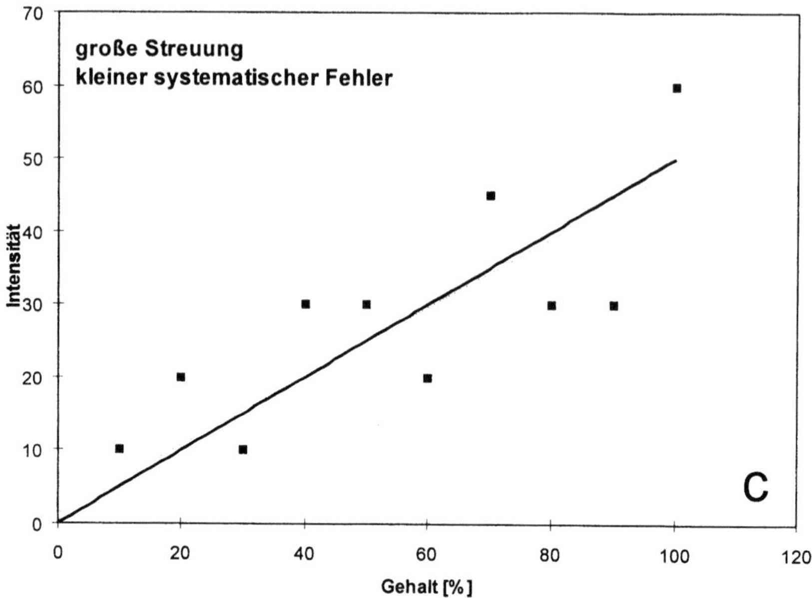

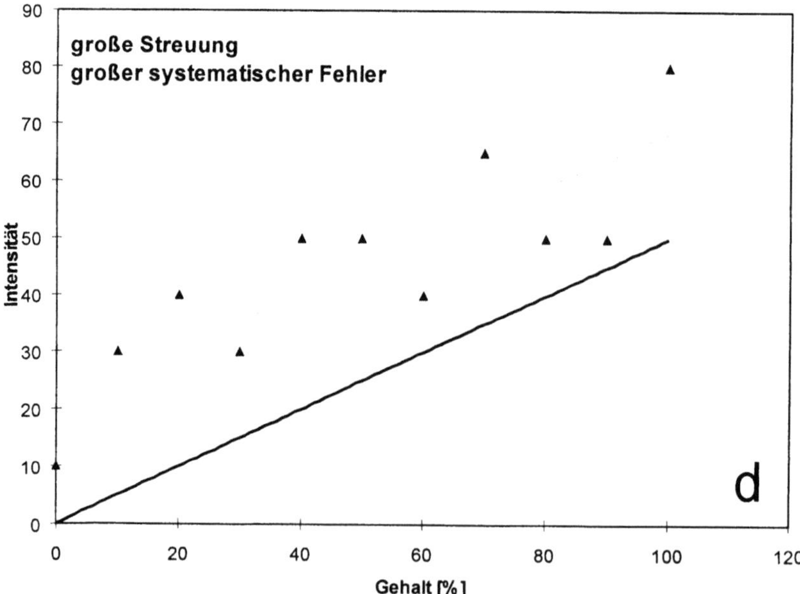

Abb. 5.33 c und d. Zufallsfehler und systematische Fehler

b) Statistischer Fehler klein, systematischer Fehler groß
   Die Streuung um die Regressionsgerade ist zwar klein (großer Korrelationskoeffizient, hohe Präzision), die additive Komponente zeigt aber einen großen
   systematischen Fehler (geringe Richtigkeit). Wird dieser erkannt und läßt sich
   rechnerisch eliminieren, können die erhaltenen Werte sehr wohl benutzt
   werden.
c) Statistischer Fehler groß, systematischer Fehler klein
   Die additive Komponente der Regressionsgeraden ist klein, die Korrelation
   aber schlecht. Die erhaltenen Meßwerte sind wenig präzise, aber im Mittel
   richtig.
d) Statistischer Fehler groß, systematischer Fehler groß
   Die Korrelation ist schlecht die additive Komponente groß (geringe Präzision
   und Richtigkeit). Dies bedeutet, daß die Daten nicht verwendbar sind, da sich
   meist auch der systematische Fehler, aufgrund der statistischen Unsicherheit
   nicht rechnerisch eliminieren läßt.

Nur die Analysendaten, die in den Fall a eingeordnet werden können, sollten als
gesicherte Analysendaten „verkauft" werden. Dies schließt nicht aus, daß man
sich auch auf die anderen Fälle (b − d) bezieht; die Qualität der Daten muß
allerdings immer offen gelegt und in die Diskussion um die Relevanz der Daten
einbezogen werden.

Systematische Fehler können in allen Phasen des analytischen Prozesses (Probenahme, Probenvorbereitung, Messung, Auswertung) auftreten. Hierbei ist besonders darauf zu achten, daß der gemeinhin als nicht fehlerbehaftet geltende Teil
„Auswertung" nicht zwingend frei von systematischen Fehlern sein muß. Nicht
korrekt angepaßte oder falsche Algorithmen bei der Berechnung können systematische Fehler in die Bestimmung von Gehalten einbringen.
Grundsätzlich sind drei verschiedene Arten systematischer Fehler zu unterscheiden:

* *Nicht lineare, meßwertabhängige Fehler* sorgen dafür, daß bei linearem
  Zusammenhang zwischen Meß- und Analysengröße kein linearer Meßwertver-
  lauf zu erkennen ist. Die erhaltenen Meßwerte sind falsch, Korrekturen sind
  nicht möglich, da sich der Fehler der Einzelmessung nicht abschätzen läßt
  (Abb. 5.34).
* *Additive Fehler* führen zu Meßwerten, die in eine Richtung verschoben sind
  (Abb. 5.35). Sie gehorchen folgender Beziehung:

$$I_{(X_{gem})} = I_{(X_{wahr})} + \Delta I_{(X)} \, , \quad \text{mit } \Delta I_{(X)} = \text{konstant}$$

$\Delta I_{(X)}$ kann sowohl positiv als auch negativ sein. Ursachen sind hierfür in der
Regel nicht oder falsch erkannte Blindwerte.

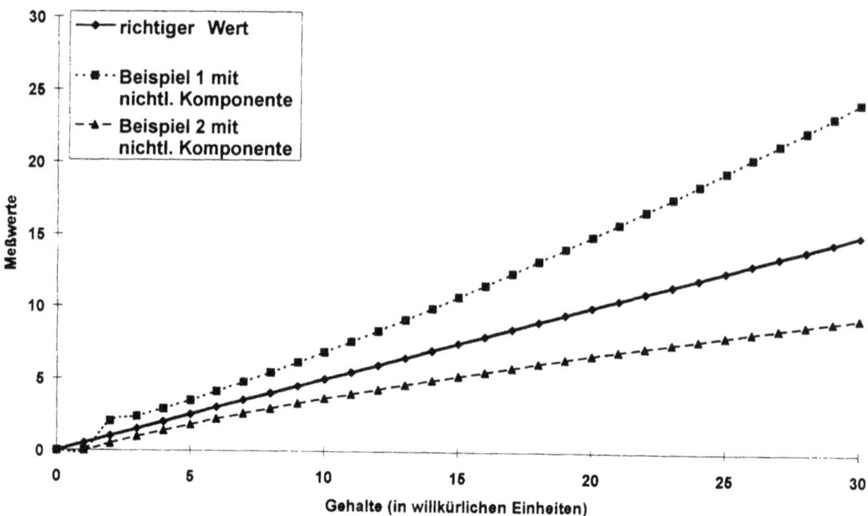

Abb. 5.34. Nichtlineare, meßwertabhängige Fehler

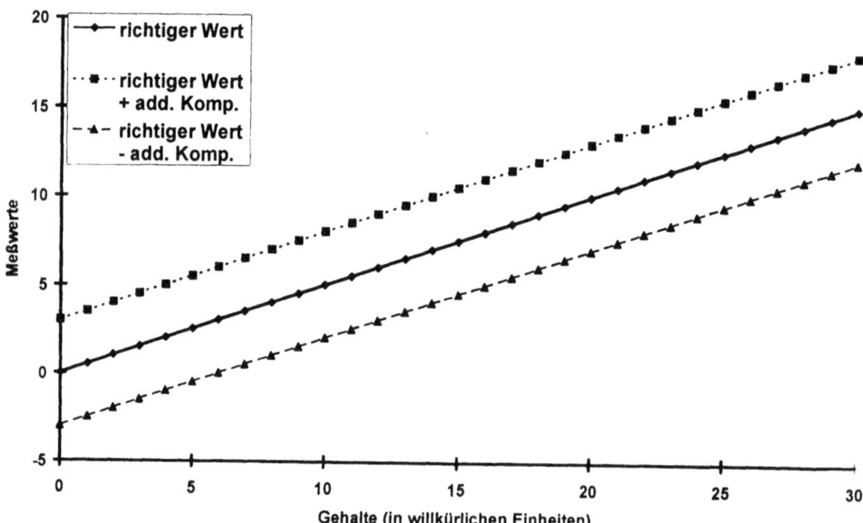

Abb. 5.35. Additive Fehler

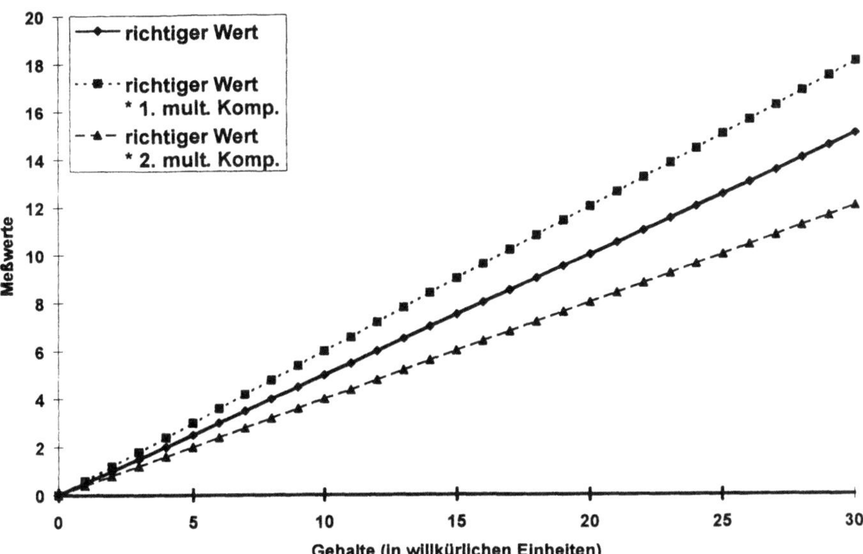

Abb. 5.36. Multiplikative Fehler

- *Multiplikative Fehler* (Abb. 5.36) werden sehr häufig durch falsch bestimmte Kalibrationskurven und Kalibrationsfaktoren verursacht.
Die erhaltenen Meßwerte gehorchen folgender Beziehung:

$$I_{(X_{gem})} = I_{(X_{wahr})} \cdot \Delta I_{(X)} \, , \quad \text{mit } \Delta I_{(X)} = \text{konstant}$$

Fehlerhafte Konzentrationsangaben können nachträglich korrigiert werden, da der Zusammenhang zwischen gemessenem Wert und angegebener Konzentration durch die Kalibrationsfunktion hergestellt wird und die gemessenen Werte häufig korrekt sind.

Die oben genannten systematischen Fehler treten in der Regel nicht einzeln, sondern in Kombination auf. Sie lassen sich durch den Einsatz von Referenzmaterial ermitteln. Stehen keine zertifizierten Standards zur Verfügung, können synthetisch hergestellte „Standards" aus Reinsubstanzen herangezogen werden. Diese können direkt zur Kalibration herangezogen oder im Standardadditionsverfahren eingesetzt werden. Qualitätssicherung ist allerdings nur durch Einsatz von zertifiziertem Referenzmaterial (CRM), welches dem benutzten Analysenverfahren angepaßt ist, möglich.

5.9.1.2 Mittelwert, Nachweisgrenze, Bestimmungsgrenze

Zur statistischen Absicherung sollte jede Probe mehrfach vermessen werden. Aus den erhaltenen Werten kann der *Mittelwert* $\bar{x}$ gebildet werden, der dann die einzelne Probe repräsentiert.

$$\bar{x} = \sum \frac{x_i}{n} \qquad\qquad 5.13$$

x_i = Einzelmeßwert, n = Anzahl der Meßwerte

Man sollte allerdings die Mittelwertbildung nicht ohne Kontrolle Computerprogrammen überlassen, da diese in der Regel Ausreißer mit in die Berechnung einbeziehen, was zu gravierenden Verfälschungen der Ergebnisse führen kann. Der *Medianwert*, d.h. derjenige Wert, bei dem 50% der Meßwerte größer und 50% der Meßwerte kleiner sind, ist bezüglich derartiger Fehler aussagekräftiger. Der Mittelwert sollte immer mit seiner *Standardabweichung s* angegeben werden.

$$s = \pm \sqrt{\frac{\sum (x_i - \bar{x})^2}{n-1}} \qquad\qquad 5.14$$

x_i = Einzelmeßwert, $\bar{x}$ = Mittelwert, n = Anzahl der Meßwerte.

Die Standardabweichung hilft bei der Abschätzung der Relevanz der einzelnen Meßwerte und geht in den *Vertrauensbereich des Mittelwertes* $s_{\bar{x}}$ ein.

$$s_{\bar{x}} = t \cdot \frac{s}{\sqrt{n-1}} \qquad\qquad 5.15$$

Der sogenannte Student-Faktor t ist für die jeweils verlangte statistische Sicherheit (S) in Abhängigkeit von der Anzahl der durchgeführten Messungen (n) tabelliert (Tabelle 5.5). Zwei Meßwerte unterscheiden sich nur dann signifikant voneinander, wenn deren Vertrauensbereiche der Mittelwerte sich unterscheiden, d.h. wenn sich die Bereiche $\bar{x}_1 \pm s_{\bar{x}_1}$ und $\bar{x}_2 \pm s_{\bar{x}_2}$ nicht überschneiden. Alle bisher genannten statistischen Betrachtungen beziehen sich auf Zufallsfehler, die einer Normalverteilung unterliegen. Für diese gilt:

68,26% der Ergebnisse liegen innerhalb von $\bar{x} \pm 1 \cdot s$
95,46% der Ergebnisse liegen innerhalb von $\bar{x} \pm 2 \cdot s$
99,74% der Ergebnisse liegen innerhalb von $\bar{x} \pm 3 \cdot s$

Beim Erstellen der Kalibrierfunktion erhält man meist für einen Standard, der den Analyten nicht enthält, einen von Null verschiedenen Intensitätswert, den sogenannten *Blindwert*. Nach mehrmaliger Messung kann man den Mittelwert des Blindwertes berechnen. Die Einzelmeßwerte streuen um diesen herum und bilden eine Gaußsche Verteilungskurve; 99,74% aller Werte der Verteilung liegen

Tabelle 5.5. Student-Faktoren t

n	S	20%	40%	60%	80%	90%	95%	98%	99%
2		0,325	0,727	1,376	3,078	6,314	12,706	31,821	63,657
3		0,289	0,617	1,061	1,886	2,920	4,303	6,965	9,925
4		0,277	0,584	0,978	1,638	2,353	3,182	4,541	5,841
5		0,271	0,569	0,941	1,533	2,132	2,776	3,747	4,604
6		0,267	0,559	0,920	1,467	2,015	2,571	3,365	4,032
7		0,265	0,553	0,906	1,440	1,943	2,447	3,143	3,707
8		0,263	0,549	0,896	1,415	1,895	2,365	2,998	3,499
9		0,262	0,546	0,889	1,397	1,860	2,306	2,896	3,355
10		0,261	0,543	0,883	1,383	1,833	2,262	2,821	3,250
11		0,260	0,542	0,879	1,372	1,812	2,228	2,764	3,169
12		0,260	0,540	0,876	1,363	1,796	2,201	2,718	3,106
13		0,259	0,539	0,873	1,356	1,782	2,179	2,681	3,055
14		0,259	0,538	0,870	1,350	1,771	2,160	2,650	3,012
15		0,258	0,537	0,868	1,345	1,761	2,145	2,624	2,977
16		0,258	0,536	0,866	1,341	1,753	2,131	2,602	2,947
17		0,258	0,535	0,865	1,337	1,746	2,120	2,583	2,921
18		0,257	0,534	0,863	1,333	1,740	2,110	2,567	2,898
19		0,257	0,534	0,862	1,330	1,734	2,101	2,552	2,878
20		0,257	0,533	0,861	1,328	1,729	2,093	2,539	2,861
30		0,256	0,530	0,854	1,311	1,699	2,045	2,462	2,756
∞		0,253	0,524	0,842	1,282	1,645	1,960	2,326	2,576

innerhalb des Bereiches der sechsfachen Standardabweichung des Blindwertes ($\pm 3 \cdot s_B$).

Ein Meßwert gilt als oberhalb der *Nachweisgrenze* liegend, wenn er größer ist als der Blindwert $+ 3 \cdot s_B$; s_B = Standardabweichung für den Blindwert. Liegt der Meßwert nach dieser Definition genau an der Nachweisgrenze, kann er allerdings nur mit einer Wahrscheinlichkeit von 0,5 als wirklich nachgewiesen angenommen werden, denn nicht nur der Blindwert, sondern auch der Meßwert selbst unterliegen einer statistischen Streuung in Form einer Gaußschen Verteilung. (Dies gilt nur dann, wenn zwischen der Standardabweichung des Untergrundes und der der Meßwerte kein großer Unterschied besteht.) Trotzdem wird dieser Wert landläufig als Nachweisgrenze postuliert.

Die *Bestimmungsgrenze* ist definiert als Blindwert $+ 6 \cdot s_B$. Für Meßwerte, die so hoch sind, kann die Substanz mit einer Wahrscheinlichkeit von 99,74% als *nachgewiesen* betrachtet werden. Die Bestimmungsgrenze ist also aussagekräftiger als die Nachweisgrenze. Liegt der Meßwert $9 \cdot s_B$ über dem Blindwert, ist die Wahrscheinlichkeit 99,74%, daß sich der Wert wirklich signifikant von einer Blindprobe unterscheidet.

Anzahl
100
80
60
40
20
0
3 3,2 3,4 3,6 3,8 4 4,2 4,4 4,6 4,8 5 5,2 5,4 5,6 5,8 6 6,2 6,4 6,6 6,8 7
Intervallmittelwert

Anzahl
200
180
160
140
120
100
80
60
40
20
0
3 3,2 3,4 3,6 3,8 4 4,2 4,4 4,6 4,8 5 5,2 5,4 5,6 5,8 6 6,2 6,4 6,6 6,8 7
Intervallmittelwert

Anzahl
300
250
200
150
100
50
0
3 3,3 3,6 3,9 4,2 4,5 4,8 5,1 5,4 5,7 6 6,3 6,6 6,9 7,2
Intervallmittelwert

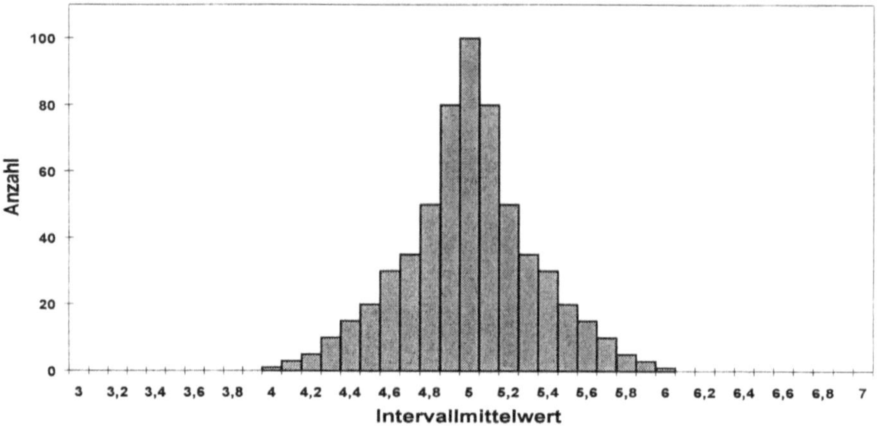

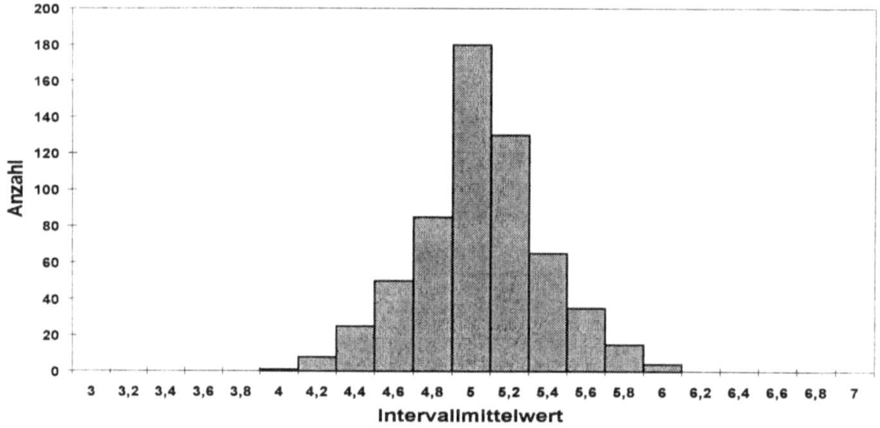

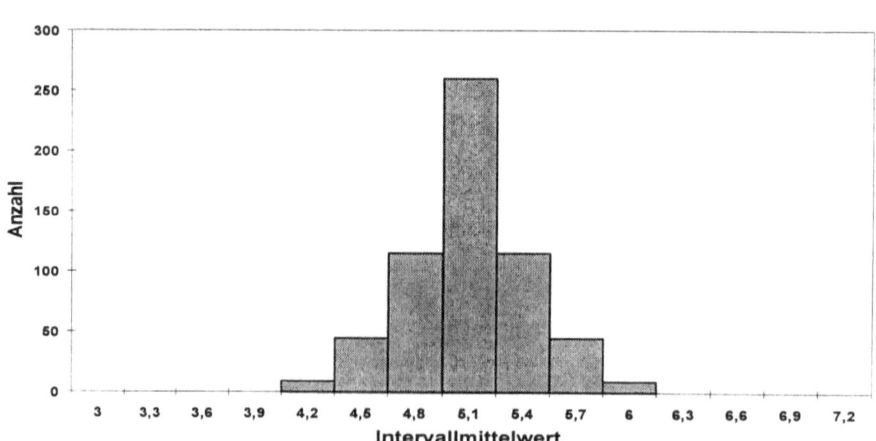

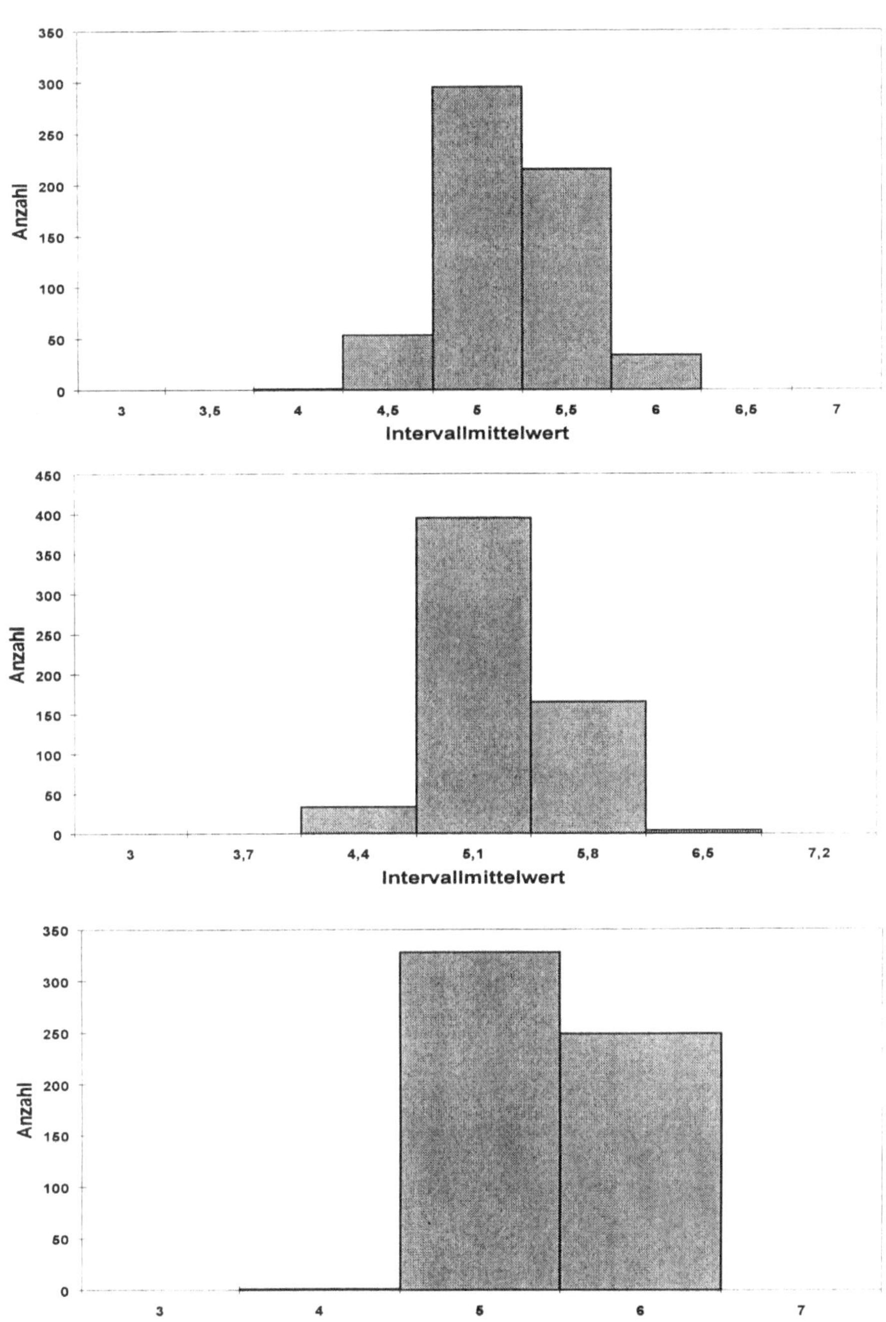

Abb. 5.37. Einfluß der Intervallbreite bei Häufigkeitsverteilungen

Wenn die Standardabweichung für einen Meßwert, der innerhalb des Kalibrier-
bereiches liegt, größer ist als die Standardabweichung der gesamten Kalibration,
müssen die Meßergebnisse einer Überprüfung unterzogen werden: Es liegt die
Vermutung nahe, daß entweder Ausreißer in die Berechnung des Meßwertes oder
in die Kalibration einbezogen wurden oder das Analysengerät keinen stabilen
Wert lieferte. Während die Korrektur des ersten Fehlers vergleichsweise einfach
rechnerisch durchführbar ist, muß im zweiten Fall erneut gemessen werden,
nachdem die Instabilität am Meßgerät beseitigt ist.

5.9.1.3 Häufigkeitsverteilungen

Wenn unter Berücksichtigung aller Möglichkeiten Fehler bei der Analyse so weit
wie möglich minimiert wurden, können die erhaltenen Ergebnisse ausgewertet
werden. Meist werden auf eine große Zahl von Daten statistische Verfahren
angewendet. *Häufigkeitsverteilungen* werden eingesetzt, wenn die Ergebnisse
von sehr vielen Proben miteinander verglichen und eingeordnet werden müssen
oder beispielsweise Streuungen von Mehrfachmessungen einzelner Proben anschaulich dargestellt werden sollen.
Mehrfachmessungen derselben Probe sollten im Idealfall zu identischen Meß-
ergebnissen führen. Der Realfall weicht hiervon allerdings mehr oder weniger
stark ab. Es ergibt sich eine Verteilung der Häufigkeiten der erzielten Meßergebnisse, die sich in Häufigkeitsverteilungsdiagrammen darstellen läßt. Hierbei
werden die einzelnen Analysenergebnisse nach ihrem Gehalt in unterschiedliche
Gehaltsgruppen (Intervalle) eingeteilt. Die Anzahl aller Analysen pro Intervall
wird gegen den Intervallmittelwert aufgetragen. Hierbei ist darauf zu achten, daß
die Darstellung der Intervallgruppen der Probe und der Problemstellung angepaßt
ist. Dies veranschaulichen die Abbildungen 5.37 a bis f (s. Vorseiten); alle Darstellungen basieren auf identischen Datensätzen.

5.9.1.4 Beurteilung der Richtigkeit der Analyse

Statistik kann dazu dienen, Analysenwerte objektiv zu kontrollieren, die Übereinstimmung mit Vergleichs- oder Referenzwerten zu bestimmen oder eine Überschreitung von Grenzwerten zu erkennen. Sie ersetzt hierbei allerdings in keiner
Weise die kritische Auseinandersetzung mit der benutzten Methode und den
ermittelten Ergebnissen.
Sollen verschiedenen Analysenergebnisse verglichen werden, ist besonders darauf
zu achten, daß sowohl die Methoden als auch die jeweiligen Verfahrensweisen,
die zur Ermittlung der Meßwerte geführt haben, identisch sind. Exakte Begriffs-
erklärungen für den Einsatz der Statistik in der analytischen Chemie sind den

„Einheitsverfahren zur Wasser- Abwasser- und Schlammuntersuchung" Band I, Kapitel 1 – 5 zu entnehmen.

Statistische Betrachtungen sind in der Regel nicht in der Lage, Aussagen über die Richtigkeit von Analysenergebnissen zu machen, wenn die gewonnenen Werte aus *einem* Labor und von *einer* Methode stammen. Nur wenn verschiedene Methoden und/oder Labore zum Einsatz kommen, können Aussagen über die Richtigkeit gemacht werden, genaugenommen über die Wahrscheinlichkeit der Richtigkeit. Von besonderer Bedeutung ist hierbei die Auswahl der Referenzmethode(n) für eine andere (zu untersuchende) Methode. Hoher Übereinstimmungsgrad der Ergebnisse der Referenzmethoden können im Extremfall das de facto richtige Ergebnis einer anderen Methode falsch erscheinen lassen. Aus diesem Grunde muß die Möglichkeit der korrekten Abschätzung der Leistungsfähigkeit der Referenzmethode(n) gegeben sein. Stärken und Schwächen müssen berücksichtigt werden, es sollte eine möglichst breit gestreute Auswahl an Referenzverfahren gewählt werden. Diese sollten in vielen verschiedenen Laboren von vielen Analytikern benutzt werden.

5.9.2 Labor-Informations- und Management-Systeme

Qualitätssicherung in der analytischen Chemie beinhaltet eine Vielzahl verschiedener Parameter. Auf diese Parameter kann und muß mit dem Ziel Einfluß genommen werden, das Ergebnis der Analyse möglichst genau, richtig und reproduzierbar zu erhalten. Hierzu gehören neben ausgefeilter Analytik Systeme, die für die notwendige Datenkonsistenz sorgen. Das präziseste Analysenergebnis ist wertlos, wenn es nicht eindeutig einer Probe zugewiesen werden kann.

Zur Erfüllung dieses Anspruchs können sogenannte LIMS (*Labor-Informations-Management-Systeme*) herangezogen werden. Abbildung 5.38 zeigt Parameter, welche auf LIMS Einfluß nehmen und umgekehrt. Hierbei handelt es sich um GLP, GALP und GMP, von denen hier nur GLP angesprochen werden soll.

LIMS gibt es mit sehr unterschiedlichen Fähigkeiten und Schwerpunkten, ebenso unterschiedlich sind auch die Preise. Bei der Anschaffung eines solchen Systems sollte an erster Stelle eine sehr detaillierte Bedarfserkundung stattfinden. Wesentliche Parameter sind:

- Probenaufkommen
- Art der durchzuführenden Analytik
- Gerätepark
- EDV-Infrastruktur
- Personalstruktur
- Größe des Labors, finanzielle Leistungsfähigkeit

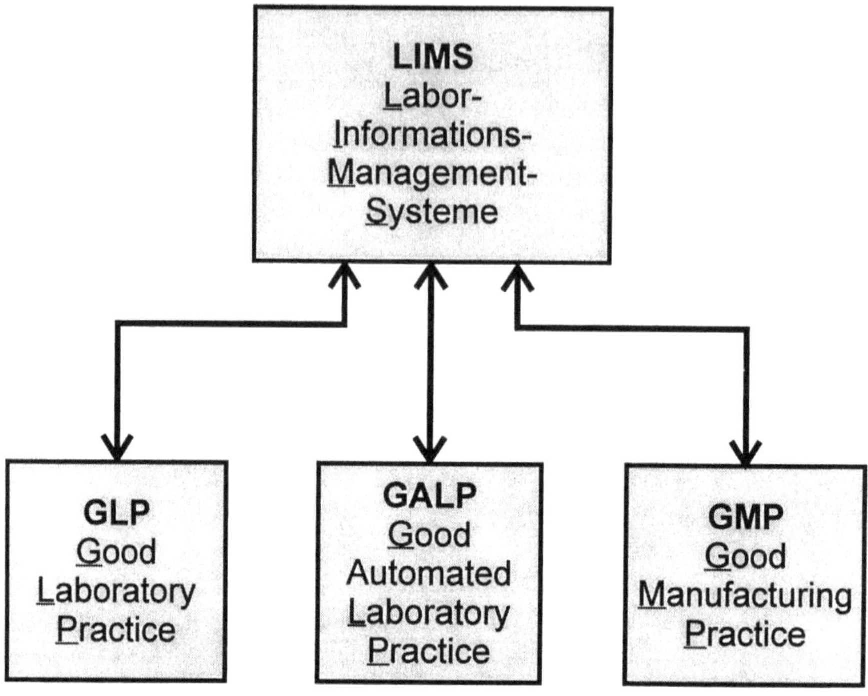

Abb. 5.38. LIMS und seine direkte Umgebung

Bei Laboren, welche ein nur sehr geringes Probenaufkommen haben oder bei denen immer nur wenige, gleichartig zu behandelnde Proben vorliegen, ist die Anschaffung eines LIMS nicht notwendig, da in diesem Fall der zu betreibende Aufwand für das System in keinem sinnvollen Verhältnis zum erzielten Nutzen steht. In diesem Fall kann besser auf eine Tabellenkalkulation zurückgegriffen werden, innerhalb derer die Proben und deren Daten einzelfallbezogen erfaßt werden. Auch in diesem Fall können einfache Datenbankstrukturen aufgebaut werden. Bei steigendem Probenaufkommen kann auf ein einfaches, PC-gestütztes Datenbanksystem zurückgegriffen werden, innerhalb dessen die Proben und deren Daten erfaßt werden können. Hierbei lassen sich bereits einfach Formulare für die Datenein- und -ausgabe erstellen, welche auch höheren Ansprüchen gerecht werden. Auch bei der Verwendung dieser Systeme müssen die Daten der einzelnen Proben manuell erfaßt werden, die Übergabe der Analysendaten muß zumindest manuell initiiert werden, ein direktes Einlesen vom elektronischen Datenträger ist, sofern das Format bekannt ist, in der Regel möglich. Hierdurch werden Übertragungsfehler deutlich reduziert, welche bei der manuellen Eingabe in eine Tabellenkalkulation noch recht wahrscheinlich sind. Wenn auf einen zentralen Datenbestand in einem PC-Netzwerk zugegriffen werden kann, besteht zudem die Möglichkeit der Aktualisierung und Abfrage von mehreren Arbeitsplätzen aus.

Beim Einsatz eines LIMS entsteht in der Regel ein konsistenter Datensatz für die Einzelprobe. Sie muß nur einmal erfaßt werden. Hierbei erhält der Datensatz für die Probe auch gleich das Profil der an ihr durchzuführenden Analytik. Das LIMS überwacht nun in der Folge alle analytischen Vorgänge im Zusammenhang mit der Probe und ordnet den einzelnen Feldern des Datensatzes die dazugehörigen Meßergebnisse zu. Gegebenenfalls wird der Betreiber des Systems auf noch anstehende Aufgaben hingewiesen. Nach Beendigung der Arbeiten kann automatisch ein Bericht erstellt werden, wobei es zudem noch möglich ist, die Daten auf Schlüssigkeit hin zu untersuchen.

Die Abbildungen 5.39 und 5.40 stellen schematisch die Vorgehensweise bei den verschiedenen Formen der Datenhandhabung dar.

Mit steigender Automatisierung steigen auch die Anforderungen an das Personal und an die EDV-Infrastruktur. Während bei der „Laufzettel/Spreadsheet"- und Datenbank-Methode nicht alle Mitarbeiter über generelle EDV-Kenntnisse verfügen müssen und die Daten von ausgesuchten Personen erfaßt werden, müssen sich bei einem LIMS-System alle Mitarbeiter zwangsläufig mit dem eingesetzten EDV-System auseinandersetzen. Parallel zu den Anforderungen an das Personal entwickelt sich die Komplexität der einzusetzenden EDV. Während bei der „Laufzettel/Spreadsheet"- und Datenbank-Methode nicht vernetzte Rechner zum Einsatz kommen können, schließt sich dies bei einem LIMS-System zwingend aus. Neben dem analytisch arbeitenden Personal und denjenigen, welche die Daten erfassen und aufbereiten, muß somit eine Person zur Verfügung stehen, die für den reibungslosen Ablauf innerhalb der vernetzten Rechner zuständig ist. Störungen in diesem Bereich haben weitreichende Auswirkungen auf den gesamten Analysenbetrieb und können ihn zum Stocken bringen. Dieser Gefahr stehen allerdings die bestmögliche Verfügbarkeit aller Daten und die sofortige Erfassung von Störungen im Analysenablauf gegenüber. Desweiteren bietet ein gut gestaltetes LIMS-System die Möglichkeit, entsprechende Arbeitsvorschriften zentral zu verwalten und anzupassen bzw. umzustellen. Hierbei werden die Daten der Modifikation exakt zeit- und bearbeiterbezogen erfaßt und dokumentiert. Die Zugriffsrechte für Modifikationen an den Arbeits- und Ausführungsvorschriften lassen sich für jeden einzelnen Analysenvorgang gesondert vom Systemsupervisor setzen. Ein solches System kann ein wesentlicher Baustein für die Einhaltung der GLP-Richtlinien sein, ersetzt allerdings nicht die kompetenten Mitarbeiter an den einzelnen Analysengeräten und bei den vorbereitenden Schritten. Bei einer weitgehenden Automatisierung eines Labors ist ein funktionstüchtiges, stabil laufendes und fehlertolerantes LIMS-System eine wesentliche Voraussetzung.

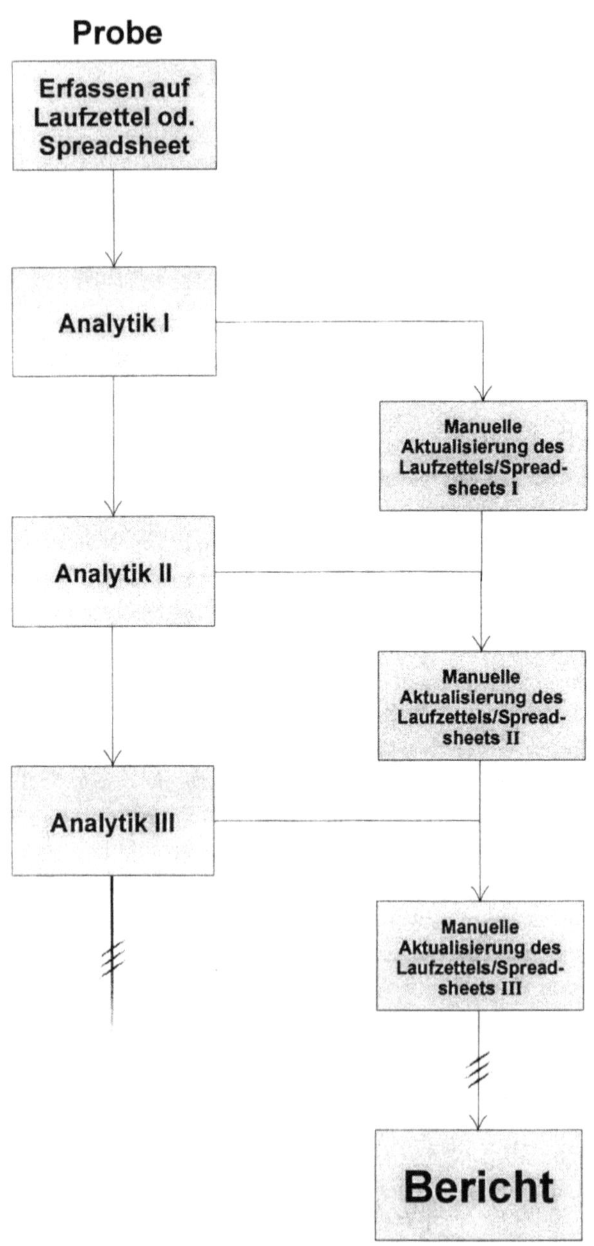

Abb. 5.39. Datenhandhabung ohne EDV

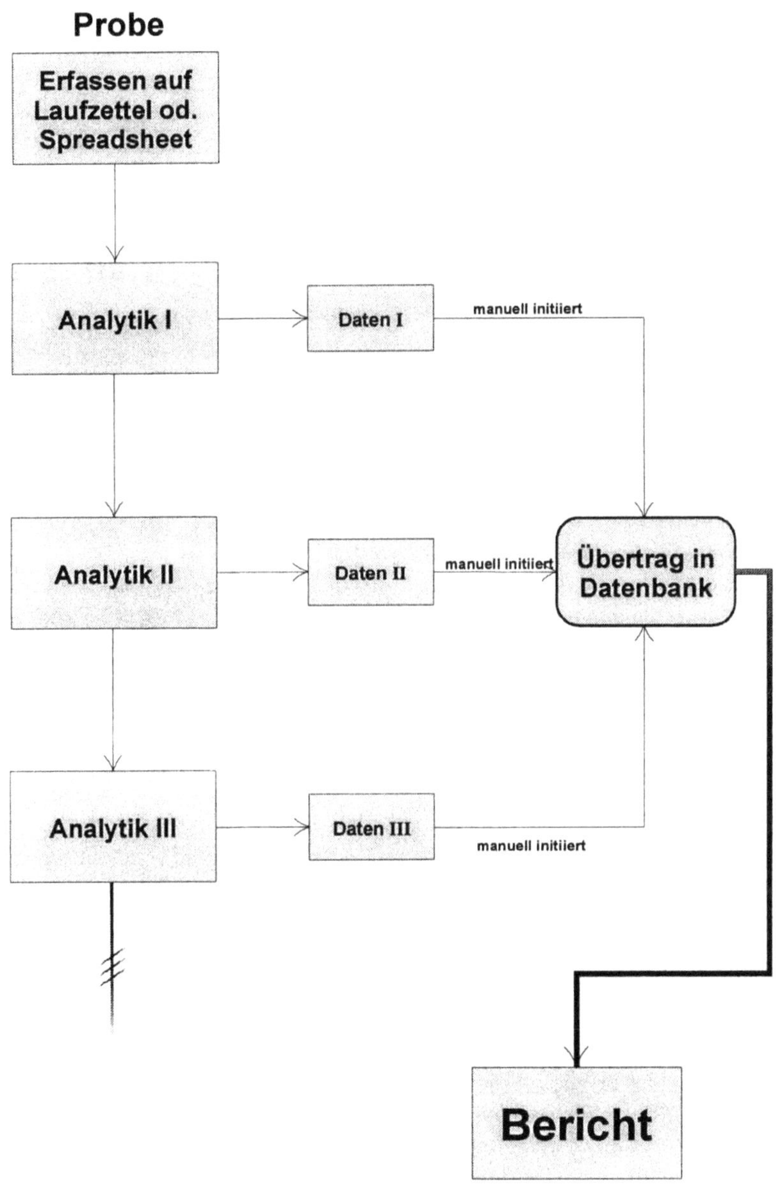

Abb. 5.40. Datenhandhabung mit EDV

5.9.2.1 GLP (*Good Laboratory Practice*; *Gute Labor Praxis*)

GLP geht von einigen gesundheits- und umweltrelevanten Gesetzen aus. Zu nennen sind hier:

- Arzneimittelgesetz
- Pflanzenschutzgesetz
- Chemikaliengesetz
- Lebensmittel- und Bedarfsgegenständegesetz
- Bundesimmissionsschutzgesetz

Die Vorschriften der GLP zwingen Hersteller oder Importeure von Chemikalien, diese einer Untersuchung zu unterziehen, wobei die Vorgehensweise und Protokollierung sehr exakt vorgeschrieben sind. Unter der Voraussetzung, daß sich alle Instanzen an die Vorschriften halten, sind die Ergebnisse der Untersuchungen vergleichbar und können von Bewertungs- und/oder Genehmigungsbehörden zur Entscheidungsfindung bezüglich der Genehmigung herangezogen werden. Von besonderer Wichtigkeit sind in diesem Zusammenhang die Berichte, die erstellt werden. Anhand derer müssen die zuständigen Stellen entscheiden können, ob die Untersuchungen mit der notwendigen Sorgfalt durchgeführt wurden und die Ergebnisse vollständig und glaubwürdig sind.

Die Grundlage für die anzufertigenden Protokolle ist die Laborarbeit, welche in diesem Zusammenhang unabhängig von Ort und Zeit einem gleichmäßig hohen Standard genügen muß. Dies läßt sich am besten dadurch bewerkstelligen, daß genaue Regeln für die Vorgehensweise erstellt werden und sich alle betroffenen Labore hieran halten. Auf diesem Wege werden viele, leider nicht alle, der möglichen Fehlerquellen ausgeschaltet. Für ein Labor ist die offizielle Anerkennung, daß es gemäß GLP arbeitet, wichtig, da dies ein Qualitätskriterium für Außenstehende ist. Eine Beauftragung fällt leichter; Aussagen eines derartigen Labors können im Zweifelsfall vor Gericht ein größeres Gewicht und somit entscheidende wirtschaftliche Bedeutung haben.

Die bereits oben genannte Protokollierung muß folgenden Grundsätzen genügen:

- Einhalten der 5W-Regel: *W*er hat *W*as, *W*ann, *W*omit und *W*arum gemacht?!
- Es muß alles korrekt und nachvollziehbar dokumentiert sein.
- Das Personal muß entsprechend geschult sein.
- Das Gerät muß geeignet und ordnungsgemäß gewartet sein.
- Referenz- und Prüfsubstanzen müssen vorhanden sein.
- Standardarbeitsanweisungen (SOPs - standard operating procedures) müssen vorhanden sein und befolgt werden.
- Material und Daten müssen in geeigneter Weise archiviert werden.

Der eherne Grundsatz der GLP muß eingehalten werden: *„Alles, was nicht ordnungsgemäß dokumentiert wurde, ist formal nicht durchgeführt worden!"*

Labore können sich, um ihre Qualifikation zu dokumentieren, an Ringversuchen beteiligen, oder, was noch einen Schritt weiter geht, einer ISO-Zertifizierung unterziehen. Dies dient der Qualitätssicherung in der Analytik, erfordert aber einen erheblichen finanziellen Aufwand. Vor allem kleine Labor sind oft nicht in der Lage, die Zertifizierung zu finanzieren. Sinnvoll ist sie auf jeden Fall bei großen Laboren mit einem hohen Anteil an Routineanalytik. Für Forschungslabore, die maßgeblich mit der Entwicklung von neuen oder verbesserten Verfahren beteiligt sind, ist diese Zertifizierung häufig gar nicht möglich oder nicht sinnvoll, gegebenenfalls sogar hinderlich.

Die GLP ist ein wesentlicher Bestandteil der Qualitätssicherung in der analytischen Chemie. Allerdings besteht auch ohne feste Bindung an deren Handhabungsvorgaben die Möglichkeit, Qualitätssicherung in einem analytischen Labor zu betreiben.

Nach einer angemessenen und korrekten Probenahme sollte die Probe aliquotiert werden, wobei besonders darauf zu achten ist, daß sich die einzelnen Untermengen der Probengesamtheit nicht voneinander unterscheiden. Mindestens ein Aliquot sollte zurückgestellt werden, um gegebenenfalls erneut untersucht werden zu können. Für analytische Untersuchungen sollten wenigstens zwei weitere Aliquote verwendet werden. Diese müssen identische Probenvorbereitungen durchlaufen und im Anschluß daran vermessen werden. Zur statistischen Absicherung der Meßergebnisse sollten mindestens Zweifach-, besser aber Dreifach- oder Fünffach- Bestimmungen durchgeführt werden. Hierbei ergeben sich somit 4, 6 oder 10 Meßwerte pro Probe, die als Grundlage für statistische Betrachtungen an der Einzelprobe dienen können. Von besonderer Bedeutung ist der bewußte Umgang mit den erhaltenen Analysendaten. Das Ergebnis einer Einzelmessung an einer Einzelprobe kann zwar generelle Auskunft über die zu untersuchende Probe geben, sollte aber in der Regel nicht als absoluter, quantitativer Analysenwert angegeben werden, denn für einen solchen Einzelwert lassen sich weder die Richtigkeit noch die Genauigkeit angeben. Die Aussage bezüglich anderer statistischer Parameter schließt sich ebenfalls aus.

ANHANG

A.1 Literaturanhang

A.1.1 Auswahl interdisziplinärer Fachliteratur

Umweltmedium Luft	Fabian (1992), Graedel u. Crutzen (1993), Zellner (2000, 1999)
Umweltmedium Wasser	Drever (1982), Frimmel et al. (1999), Hütter (1992), Sigg u. Stumm (1991), Stumm u. Morgan (1996)
Boden- und Sedimentkunde	Füchtbauer (1988), Hiller u. Meuser (1998), Rowell (1994), Scheffer u. Schachtschabel (1998), Wild (1995); Handbuch der Bodenkunde vom ecomed-Verlag
Bodenchemie	Blume et al. (2000), McBride (1994), Sparks (1995), Sposito (1989), Ziechmann u. Müller-Wegener (1990)
Umweltgeologie	Archer et al. (1987), Kasig u. Meyer (1984)
(Isotopen)Geochemie	Gill (1993), Heinrichs u. Herrmann (1990), Hoefs (1996), Marshall u. Fairbridge (1999)
Organische Geochemie	Eglinton u. Murphy (1969), Engel u. Macko (1993), Hollerbach (1985), Hunt (1996), Johns (1986), Tissot u. Welte (1984)
Umweltgeochemie	Fortescue (1980), Matschullat et al. (1997), Thornton (1983)
Mikrobiologie	Dart (1966), Ehrlich (1990), Pepper et al. (1995)
Ökologie	Kuttler (1993), Walter u. Breckle (1983)
Ökologische Chemie	Holler et al. (1996), Korte (1992), Parlar u. Angerhöfer (1991)
Toxikologie	Birgersson et al. (1988), Daunderer (1991), Marquardt u. Schäfer (1994), Streit (1994)
Kolloidchemie	Sonntag (1977), Evans (1994), Dörfler (1994), Shaw (1992)
Grenzflächenchemie	Adamson (1982), Schwuger (1996), Brezesinski u. Mögel (1993)
Disperse Systeme	Takeo (1999), Dobias u. v. Rybinski (1999)
Tenside	Kosswig u. Stache (1993)

Radiochemie	Eisenbud u. Gesell (1997), L'Annunziata (1998), Lieser (1991), Siehl (1996), Stolz (1996)
Analytische Chemie	Bock (1979), Christian (1986), Fifield u. Kealey (1990), Fritz u. Schenk (1989), Kellner et al. (1998), Latscha u. Klein (1995), Meyers (2000), Naumer u. Heller (1986), Otto (1995), Schwedt (1995), Skoog et al. (1996), Willard et al. (1988); Reihe „Analytiker-Taschenbuch" des Springer-Verlags
Umweltanalytik	Fifield u. Haines (1995), Hein u. Kunze (1994), Marr et al. (1988), Patnaik (1997), Quevauviller (1995b), Schwedt (1995b)
Umweltschutztechnik	Förstner (1998, 1995a), Görner u. Hübner (1999)

Kreislauf der Elemente

Kohlenstoff	Berner (1982, 1989), Bolin (1981), Hedges (1992), Krumbein u. Swart (1983), Likens (1981), Stumm (1977), Wigley u. Schimel (1999), Wollast et al. (1993), Zehnder (1982)
Stickstoff	Clark u. Rosswall (1981), Mansfield et al. (1998), Söderlund u. Rosswall (1982), Tudge (1984), Wollast et al. (1993)
Schwefel	Saltzman u. Cooper (1989), Wollast et al. (1993), Zehnder u. Zinder (1980)
Sauerstoff	Berner u. Canfield (1989), Walker (1980)
Phosphor	Emsley (1980), Svensson u. Söderlund (1976), Wollast et al. (1993)
Silizium	Trudinger u. Swaine (1979)

A.1.2 Auswahl grundlegender und weiterführender Literatur zur speziellen Umweltgeochemie (Kap. 3)

Metalle und Metalloide

Allgemein	Andersson et al. (1991), Emsley (1997), Fergusson (1990, 1982), Förstner (1995a), Greenwood u. Earnshaw (1997), Hallberg (1983); s.a. Literaturempfehlungen in A.1.1
As	Leonard (1991), Maeda (1994), Newland (1982)
Be	Griffitts u. Skilleter (1991)

Bi	Maeda (1994), Thomas (1991)
Cd	Förstner (1980), Stoeppler (1991), Merian (1990)
Hg	Ebinghaus et al. (1998), Kaiser u. Tölg (1980), Von Burg u. Greenwood (1991)
Pb	Ewers u. Schlipköter (1991), Newland u. Daum (1982)
Platingruppenelemente PGE	Renner u. Schmuckler (1991)
Se	Nriagu (1976)
Sb	Fowler u. Goering (1991), Maeda (1994)
Sn	Bulten u. Meinema (1991)
Tl	Kemper u. Bertram (1991), Sager (1994), Schoer (1984)

Organische Schadstoffe

Umweltchemie	Larson u. Weber (1994), Nearpass (1976), Schwarzenbach et al. (1993)
Chlorchemie	Bornewasser (1996), Bruckmann (1996), Friege (1996), Darimont (1995), Nolte u. Joas (1992), Drotleff et al. (1992), Fonds der Chemischen Industrie (1992), Weistrand et al. (1997), Wolff et al. (1994), Enquete-Kommission (1994)
PAK	Budzinski et al. (1998), Lampe et al. (1991), Zürcher et al. (1980)
PCB	Falandysz et al. (1994), Guse u. Jäger (1994), Kamrin u. Ringer (1994), Safe (1990)
Dioxine	Ballschmiter u. Bacher (1996), GSF (1993), Klöpffer et al. (1992), Ricking (1992), Weidenbach et al. (1984)
Biozide	Bollag u. Liu (1990), Fellenberg (1997), Figge et al. (1993), Fruhstorfer et al. (1993), Garrels et al. (1975), Gayler et al. (1995), Thurman u. Fallon (1996)

A.2 Datenanhang

A.2.1 Physikalisch-chemische Daten von Metall(oid)en (Kap. 3.1.1)

Element	As	Be	Bi	Cd
Klassifikation				
IUPAC alt	5B	2A	5B	2B
IUPAC neu	15	2	15	12
CAS	VA	IIA	VA	IIB
Ordnungszahl	33	4	83	48
Zahl natürl. Isotope	1	1	1	8
physikalische Daten				
rel. Atommasse	74,92	9,012	208,98	112,41
Dichte [g cm^{-3}]	5,72	1,85	9,808	8,64
Schmelzpunkt [°C]	816	1287	271,3	320,9
Siedepunkt [°C]	615	2472	1564	765
chemische Daten				
Elektronenkonfiguration	$4s^24p^3$	$1s^22s^2$	$6s^26p^3$	$4d^{10}5s^2$
Oxidationszahl	5, 3, -3	2	5, 3	2
Redoxpotential [V]	+0,234	-1,85	+0,23	-0,403
1. Ionisierungsenergie [eV]	9,81	9,322	7,289	8,993
Atomradius [pm]	124,5	111,3	154,5	148,9
Kovalenzradius [pm]	121	89	146	141
Ionenradien [pm]	$58^{3+(6)}$	$45^{2+(6)}$	$117^{3+(6)}$	$95^{2+(6)}$
	$34^{5+(4)}$	$27^{2+(4)}$	$76^{5+(6)}$	$78^{2+(4)}$

Element	Ge	Hg	Pb	Pd
Klassifikation				
IUPAC alt	4B	2B	4B	8
IUPAC neu	14	12	14	10
CAS	IVA	IIB	IVA	VIII
Ordnungszahl	32	80	82	46
Zahl natürl. Isotope	5	7	4	6
physikalische Daten				
rel. Atommasse	72,61	200,59	207,2	106,42
Dichte [g cm^{-3}]	5,32	13,55	11,342	12,02
Schmelzpunkt [°C]	937,4	-38,9	327,5	1554
Siedepunkt [°C]		356,6	1751	

Element	Ge	Hg	Pb	Pd
chemische Daten				
Elektronenkonfiguration	$4s^2 4p^2$	$5d^{10} 6s^2$	$6s^2 6p^2$	$4d^{10}$
Oxidationszahl	4	2, 1	4, 2	4, 2, 0
Redoxpotential [V]	+0,24	+0,851	−0,126	+0,951
1. Ionisierungsenergie [eV]	7,899	10,437	7,416	8,34
Atomradius [pm]	122,5	150,3	175,0	137,6
Kovalenzradius [pm]	122	144	154	128
Ionenradien [pm]	$53^{4+(6)}$	$119^{+(4)}$	$119^{2+(6)}$	$86^{2+(6)}$
	$39^{4+(4)}$	$96^{2+(4)}$	$78^{4+(6)}$	$64^{2+(4)}$

Element	Pt	Rh	Sb	Sn	Tl
Klassifikation					
IUPAC alt	8	8	5B	4B	3B
IUPAC neu	10	9	15	14	13
CAS	VIII	VIII	VA	IVA	IIIA
Ordnungszahl	78	45	51	50	81
Zahl natürl. Isotope	6	1	2	10	2
physikalische Daten					
rel. Atommasse	195,08	102,91	121,76	118,71	204,38
Dichte [g cm^{-3}]	21,45	12,41	6,697	7,29	11,85
Schmelzpunkt [°C]	1772	1996	630,7	232	303,5
Siedepunkt [°C]	3830		1587	2623	1457
chemische Daten					
Elektronenkonfiguration	$5d^9 6s$	$4d^8 5s$	$5s^2 5p^3$	$5s^2 5p^2$	$6s^2 6p$
Oxidationszahl	4, 2, 0	5,4,3,2,1,0	5, 3, −3	4, 2	3, 1
Redoxpotential [V]	+1,118	+0,758	+0,152	−0,138	−0,336
1. Ionisierungsenergie [eV]	9,0	7,46	8,641	7,344	6,108
Atomradius [pm]	137,3	134,5	145	140,5	170,0
Kovalenzradius [pm]	130	125	141	140	155
Ionenradien [pm]	$63^{4+(6)}$	$67^{3+(6)}$	$76^{3+(6)}$	$69^{4+(6)}$	$150^{+(6)}$
	$60^{2+(4)}$	$55^{5+(6)}$	$60^{5+(6)}$	$55^{4+(4)}$	$89^{3+(6)}$

Daten aus dem "Periodensystem der Elemente", Wiley-VCH, Weinheim, 1999, 2.Aufl.
Nach FLUCK und HEUMANN unter Berücksichtigung der IUPAC-Empfehlungen bis 1998
unter zusätzlicher Berücksichtigung von Angaben von Fergusson (1990)

Klassifikation
IUPAC alt: alte IUPAC-Empfehlung
IUPAC neu: IUPAC-Vorschlag seit 1985
CAS: vom Chemical Abstracts Service bis 1986 verwendete Gruppenbe-
                                    zeichnung

physikal. Daten
Dichte [g cm^{-3}]   bei 20 °C

chemische Daten
Elektronenkonfiguration   Elektronenkonfiguration der Außenschale
Kovalenzradius   für Einfachbindungen nach Pauling; polare Bindungen und Mehr-
                                    fachbindungen sind kürzer
Ionenradien   Ionenradius$^{\text{Oxidationszahl(Koordinationszahl)}}$

A.2.2 Daten zu organischen Stoffen (Kap. 3.1.2)

A.2.2.1 BTEX

Verbindung	Struktur	Molmasse [g/mol]	Merkmale
Benzol C_6H_6		78,11	F Leichtentzündlich T Giftig
Toluol C_7H_8	$-CH_3$	92,13	F Leichtentzündlich Xn Gesundheitsschädlich
Ethylbenzol C_8H_{10}	$-C_2H_5$	106,17	F Leichtentzündlich Xn Gesundheitsschädlich
Xylole C_8H_{10} (Dimethylbenzole)	$-CH_3$, CH_3 *ortho*; $-CH_3$, H_3C *meta*; H_3C-, $-CH_3$ *para*	106,16	F Leichtentzündlich Xn Gesundheitsschädlich

A.2.2.2 PAK (polyzyklische aromatische Kohlenwasserstoffe)

PAK-Verbindung	Strukturformel	Molmasse [g/mol]	Löslichkeit in Wasser [mg/L]
Naphthalin		128,00	30,0
Acenaphthylen		152,21	16,1
Acenaphthen		154,21	3,47
Fluoren		166,23	1,98
Phenanthren		178,24	1,29
Anthracen		178,24	0,07
Fluoranthen		202,26	0,26
Pyren		202,26	0,14
Benzo[a]anthracen		228,30	0,014

PAK-Verbindung	Strukturformel	Molmasse [g/mol]	Löslichkeit in Wasser [mg/L]
Chrysen	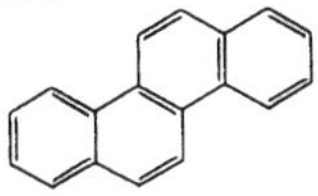	228,30	0,02
Benzo[b]fluoranthen	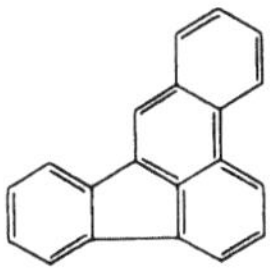	252,32	0,012
Benzo[k]fluoranthen	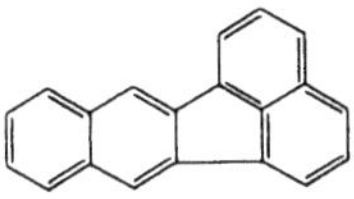	252,32	0,00055
Benzo[a]pyren	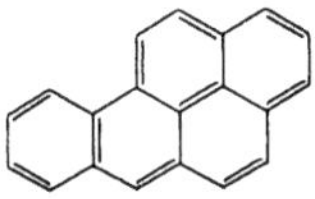	252,32	0,0038
Dibenz[ah]anthracen	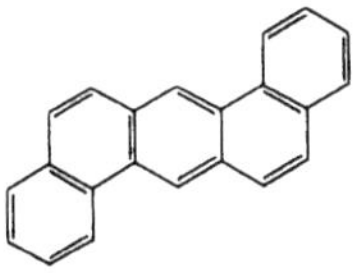	278,36	0,0005
Benzo[ghi]perylen	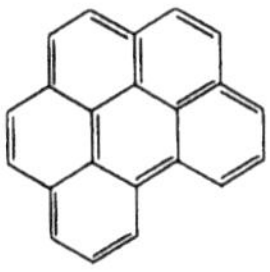	276,34	0,00062
Indeno[1,2,3-cd]pyren	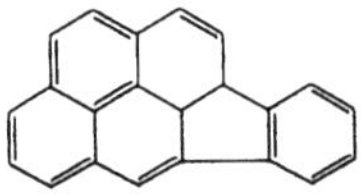	276,34	0,062

A.2.2.3 Substituierte Aromaten

Verbindung	Struktur	Molmasse [g/mol]	Merkmale
Phenol (Carbolsäure, Karbolsäure)		94,11	T Giftig
Nonylphenol	$H_3C\text{-}(H_2C)_8$	220,24	
Kresole (Cresole, Methylphenole)	*ortho*	108,13	T Giftig
	meta		
	para		
Chlornaphthaline (ein- bis mehrfach chlorierte Naphthaline)			 Xn Gesundheitsschädlich

Verbindung	Struktur	Molmasse [g/mol]	Merkmale
Chlorphenole (z.B. PCP)	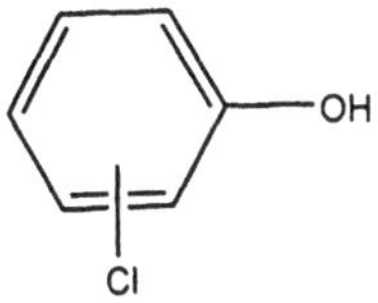		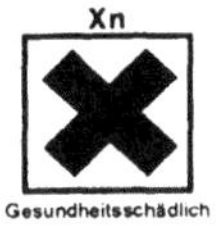 Xn Gesundheitsschädlich
2,4,6-Trinitrotoluol (TNT, Trotyl)	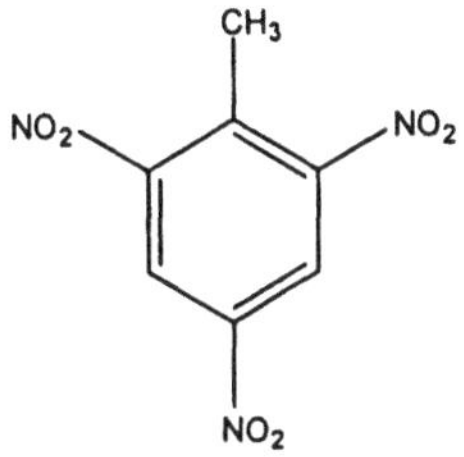	227,13	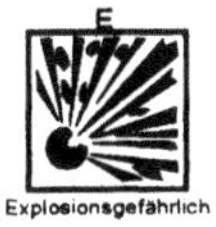 E Explosionsgefährlich
Nitrophenole	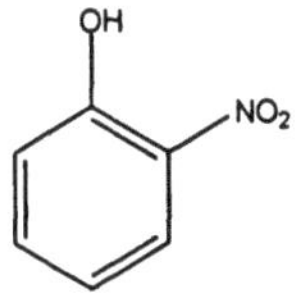 *ortho* 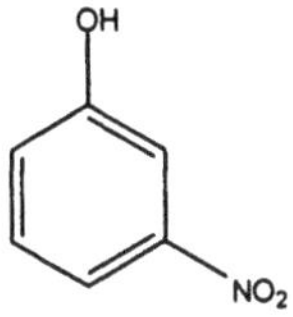 *meta* 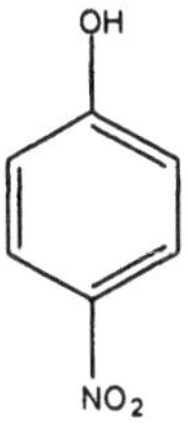 *para*	139,11	

Verbindung	Struktur	Molmasse [g/mol]	Merkmale
Moschus (Drüsensekret des Moschustieres)	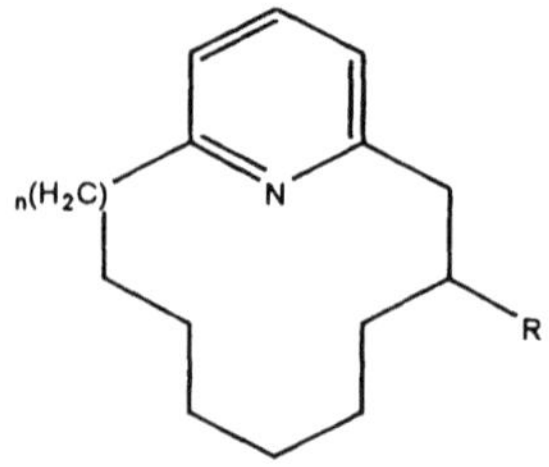 R = H oder CH_3 n = 1 oder 2 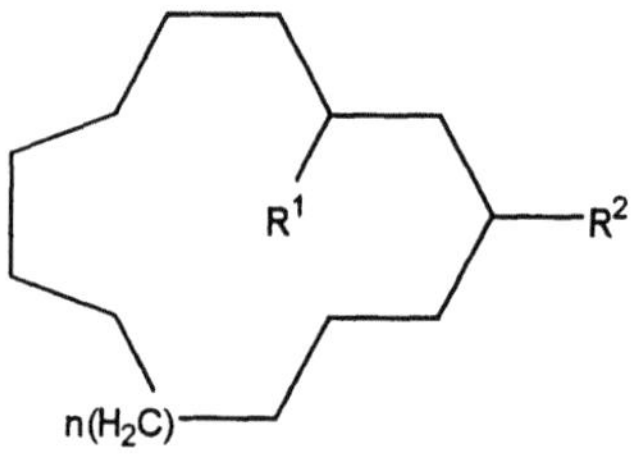 R_1 = =O oder –OH R_2 = H oder CH_3 n = 1 bis 3		

A.2.2.4 PCB

Verbindung	Struktur
PCB (polychlorierte Biphenyle) Es gibt 209 Isomere der Mono- bis Decachlorbiphenyle; Mischungen werden als *Arochlor* vertrieben.	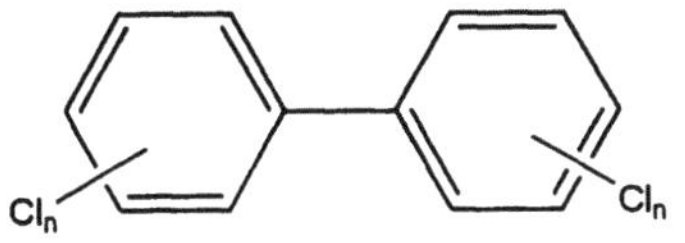
Beispiel: koplanares PCB 126: 3,3',4,4',5-Pentachlorbiphenyl	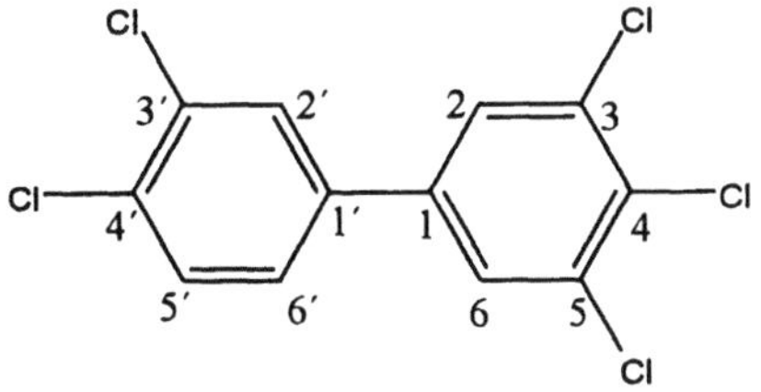

A.2.2.5 PCDD/F (Dibenzodioxine/Dibenzofurane)

Verbindung	Struktur
TCDD, 2,3,7,8-Tetrachlorodibenzo-*p*-Dioxin	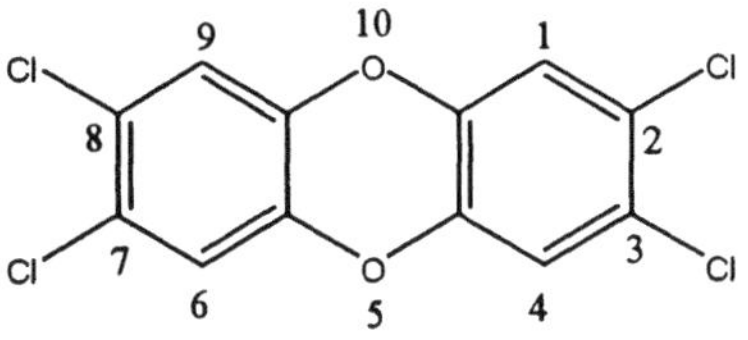
TCDF, 2,3,7,8-Tetrachlorodibenzofuran	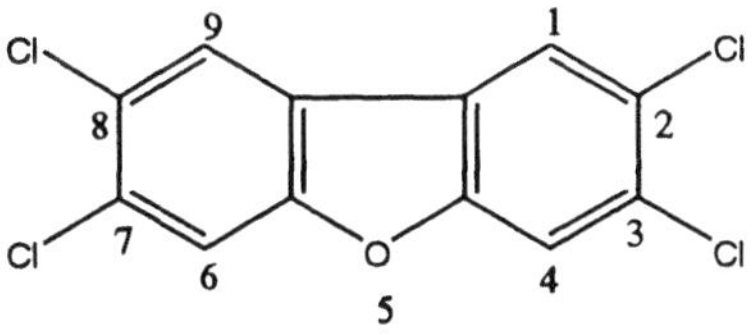

Dioxine: Systematische Bezeichnung für ein zweifach ungesättigtes Ringsystem mit zwei Sauerstoffatomen im Ring.

A.2.2.6 Ausgewählte Biozide

Verbindung	Struktur	Molmasse [g/mol]	Merkmale
2,4-D (2,4-Dichlorphenoxy-essigsäure)		221,0	Xn Gesundheitsschädlich
2,4,5-T (2,4,5-Trichlorphenoxy-essigsäure)		255,5	Xn Gesundheitsschädlich
Atrazin (2-Chlor-4-ethylamino-6-isopropylamino-1-3-5-triazin)		215,7	
Picloram (4-Amino-3-5-6-trichlorpyridin-2-carbonsäure)		241,5	
DDT* (Dichlordiphenyl-trichlorethan)		354,5	T Giftig

Verbindung	Struktur	Molmasse [g/mol]	Merkmale
Lindan (Hexachlorcyclohexan, γ-HCH)	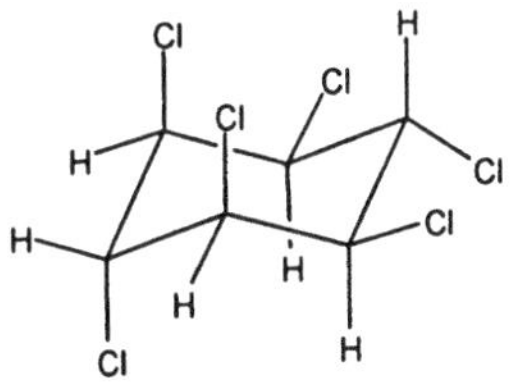	290,8	 T Giftig
Isoproturon	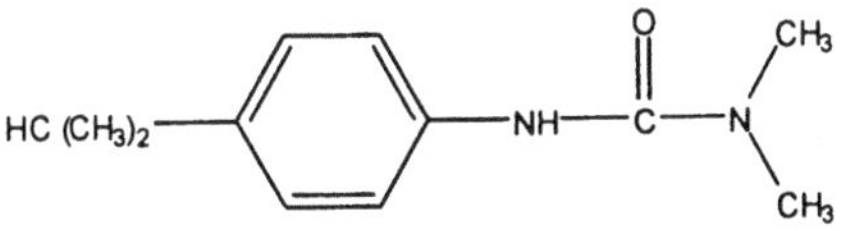	206,3	

* Abbauprodukte des DDT

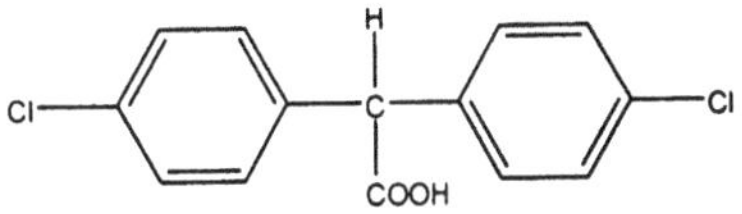

DDA

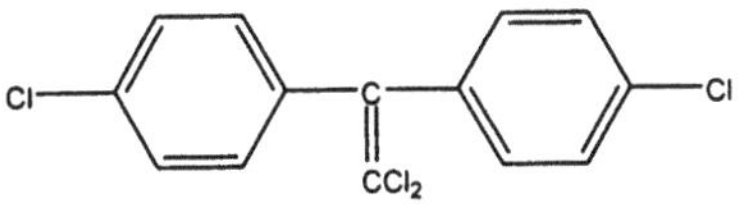

DDE

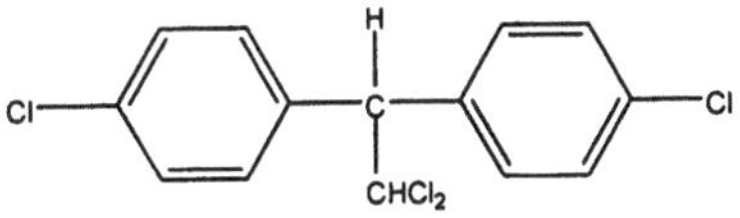

DDD

A.2.2.7 Biomarker

Verbindung	Struktur
a) Chlorophyll-a mit Unterteilung in Tetrapyroll-Ringsystem und die Phythyl-Seitenkette. Bei Chlorophyll-b-befindet sich anstelle der hier eingerahmten Methyl-Gruppe (CH_3) eine Aldehydgruppe (CHO) als Substituent am Tetrapyrrol-Ringsystem.	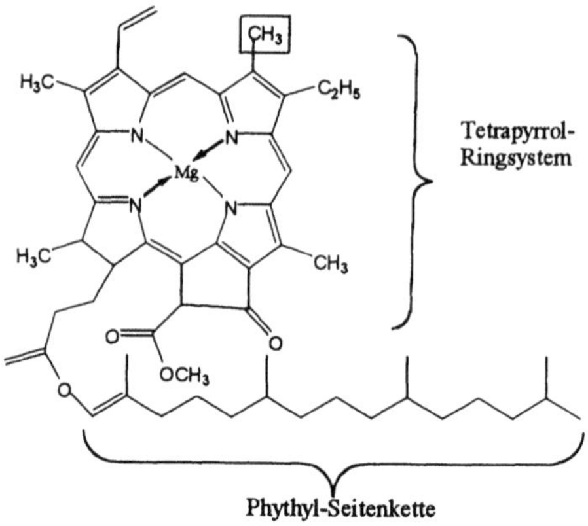
b) Desoxophylloerythroetio-porphyrin (DPEP) (M = Ni^{2+}, VO^{2+}).	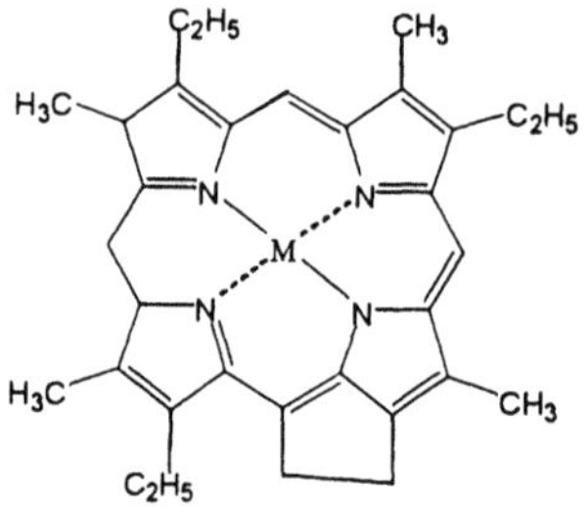
ETIO-Porphyrin (M = Ni^{2+}, VO^{2+})	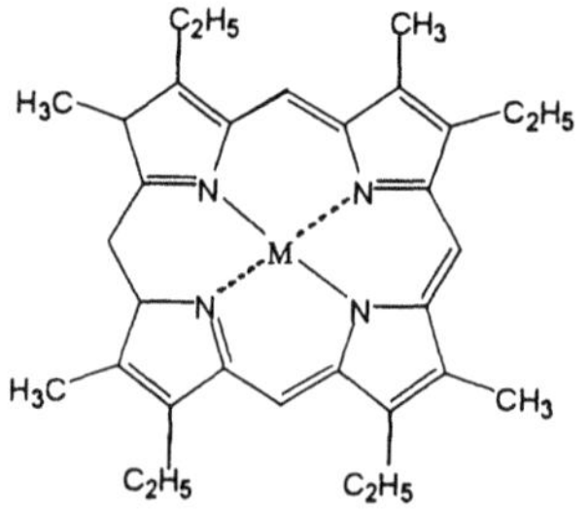

Verbindung	Struktur
c) Pristan	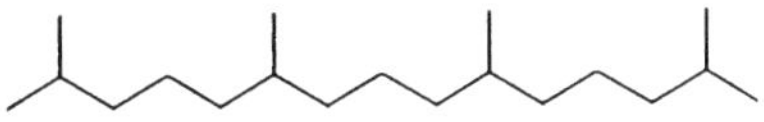
Phytan	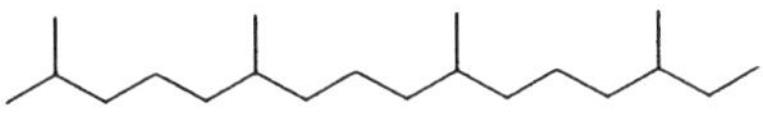
d) Hopan R = Wasserstoff oder Alkylgruppe	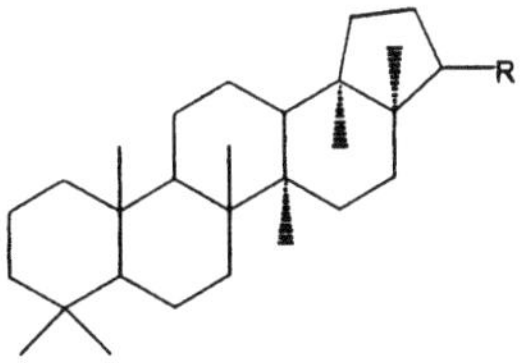
Steran R = Wasserstoff oder Alkylgruppe	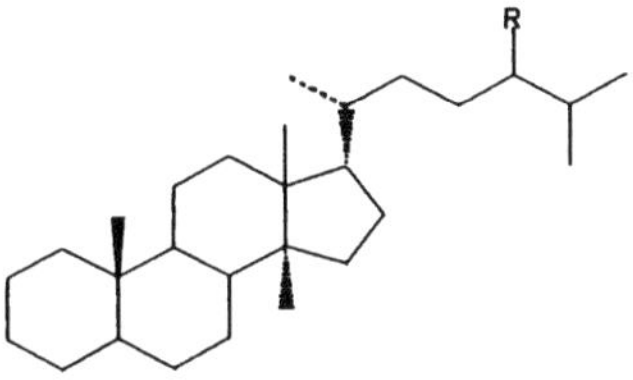
e) Monoaromatisches Steran (MAS) R = Wasserstoff oder Alkylgruppe	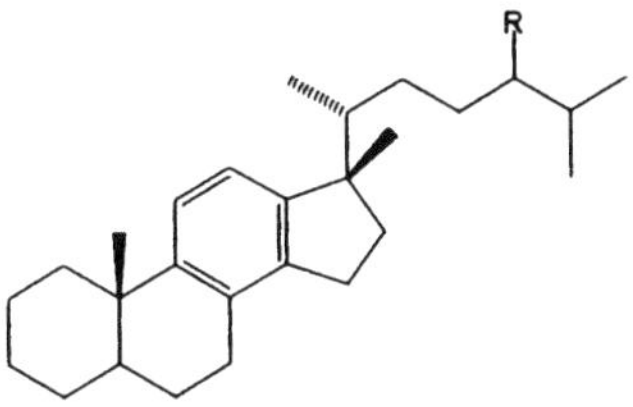
Triaromatisches Steran (TAS) R = Wasserstoff oder Alkylgruppe	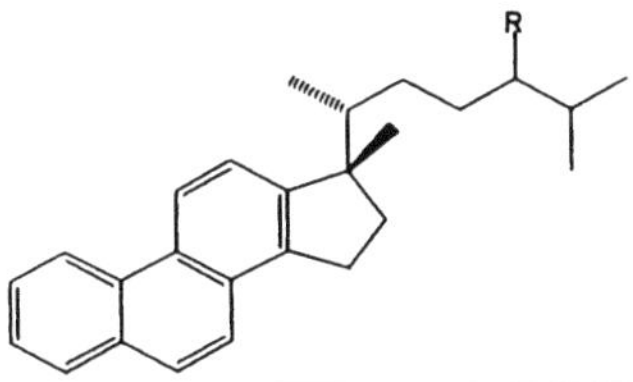

Aufstellung nach Becker (1998)

A.2.3 Liste gentoxischer Substanzen

Gentoxische Substanzen	CAS-Nummer
Acrolein	107-02-8
Acrylamid	79-06-1
Acrylnitril	107-13-1
Aflatoxine	
1 -Allyloxy-2,3-epoxypropan	106-92-0
4-Aminoazobenzol	60-09-3
4-Aminobiphenyl	92-67-1
4-Aminobiphenyl-Salze	
6-Amino-2-ethoxynaphthalin	
3-Amino-9-ethylcarbazol	132-32-1
4-Amino-3-fluorphenol	
2-Amino-4-nitrotoluol	99-55-8
Anabolika	
androgene Steroide	
ANTU, 1 -Naphthylthioharnstoff	86-88-4
Auramin	
Azobenzol	103-33-3
Azofarbstoffe auf Benzidinbasis	
Benomyl	17804-35-2
Benz[a]anthracen	56-55-3
Benzidin	92-87-5
Benzidin-Salze	
Benzo[a]anthracen	56-55-3
Benzo[b]fluoranthen	205-99-2
Benzo[j]fluoranthen	205-82-3
Benzo[k]fluoranthen	207-08-9
Benzol	71-43-2
Benzo[a]pyren	50-32-8
Benzylchlorid	100-44-7
Bis(2-chlorethyl)ether	111-44-4
Bis(chlormethyl)ether	542-88-1
1,3-Bis(2,3-epoxypropoxy)benzol	101-90-6
Bis[tri-n-butylzinn]-oxid	56-35-9
2-Brom-2-chlor-1,1,1-trifluorethan	151-67-7
Bromethan	74-96-4
Brommethan	74-83-9
2-Brompropan	75-26-3
Butan-2,3-dion	431-03-8
2-Butanon	78-93-3

Gentoxische Substanzen	CAS-Nummer
1,4-Butansulton	1633-83-6
2,4-Butansulton	1121-03-5
trans-2-Butenal	4170-30-3
2-Butenal	123-73-9
1 -n-Butoxy-2,3-epoxypropan	2426-08-6
1 -tert-Butoxy-2,3-epoxypropan	7665-72-7
n-Butylacetat	123-86-4
Captan	133-06-2
Carbendazim	10605-21-7
Carbofuran	1563-66-2
4,4'-Carbonimidoylbis(N,N-dimethylanilin)	492-80-8
4,4'-Carbonimidoylbis(N,N-dimethylanilin)-Hydrochlorid	2465-27-2
2-Chloracetaldehyd	107-20-0
ω-Chloracetophenon	532-27-4
Chloralkylether	
2-Chloracrylnitril	920-37-6
4-Chloranilin	106-47-8
4-Chlorbenzotrichlorid	5216-25-1
Chlordan	57-74-9
Chlordibenzo-p-dioxine	
Chlordimeform	6164-98-3
1-Chlor-2,4-dinitrobenzol	97-00-7
Chlorethen	75-01-4
Chlorethin	
1 -Chlor-2,3-epoxypropan	106-89-8
Chlorfluormethan	593-70-4
Chlormethan	74-87-3
Chlormethyl-methylether	107-30-2
3-Chlor-2-methyl-1-propen	563-47-3
2-Chlor-4-nitroanilin	121-87-9
o-Chlornitrobenzol	88-73-3
p-Chlornitrobenzol	100-00-5
Chloropren	126-99-8
3-Chlorpropen	107-05-5
4-Chor-o-toluidin	95-69-2
5-Chlor-o-toluidin	95-79-4
o-Chlortoluol	95-49-8
C.I. Basic Red 9	569-61-9
C.I. Direct Blue 218	73070-37-8
C.I. Disperse Blue I	2474-45-8
p,p'-DDD	72-54-8
p,p'-DDE	72-55-9
Demelicon	8065-62-1
Dialkylsulfate	
Diallat	2303-16-4
2,4-Diaminoanisol	615-05-4

Gentoxische Substanzen	CAS-Nummer
3,3'-Diaminobenzidin	91-95-2
3,3'-Diaminobenzidin-Salze	
4,4'-Diaminodiphenylmethan	101-77-9
o-Dianisidin	119-90-4
Diazinon	333-41-5
Dibenz[a,h]anthracen	53-70-3
1,2-Dibrom-3-chlorpropan	96-12-8
1,2-Dibromethan	106-93-4
Dichloracetylen	7572-29-4
3,3'-Dichlorbenzidin	91-94-1
1,4-Dichlor-2-buten	764-41-0
2,2'-Dichlordiethylsulfid	505-60-2
Dichlordimethylether	542-88-1
2,2'-Dichlor-4,4'-methylendianilin	
1,2-Dichlorethan	107-09-2
1,1-Dichlorethen	75-35-4
1,2-Dichlormethoxyethan	41683-62-9
Dichlormethan	75-09-2
1,3-Dichlor-2-propanol	
1,2-Dichlorpropen	78-87-5
1,3-Dichlorpropen	542-75-6
2,2-Dichlor-1,1,1-trifluorethan	306-83-2
Dichlorvos	62-73-7
1,2,3,4-Diethoxybutan	1464-53-5
Diethylcarbamidsäurechlorid	88-10-8
Diethylsulfat	64-67-5
1,1-Difluorethen	75-38-7
Diglycidether	2238-07-5
Dihydroxybenzol	123-31-9
Dimethoat	60-51-5
3,3'-Dimethoxybenzidin	119-90-4
3,3'-Dimethoxybenzidin-Salze	
N,N-Dimethylaminobenzol	121-69-7
3,3'-Dimethylbenzidin	119-93-7
3,3'-Dimethylbenzidin-Salze	
Dimethylcarbamoylchlorid	79-44-7
1,2-Dimethylhydrazin	540-73-8
Dimethylhydrogenphosphit	868-85-9
N,N-Dimethylformamid	68-12-2
N,N-Dimethylnitrosamin	62-75-9
Dimethylsulfat	77-78-1
Dinitronaphthaline	27478-34-8
2,4-Dinitrotoluol	121-14-2
2,5-Dinitrotoluol	619-15-8
2,6-Dinitrotoluol	606-20-2
Diphenylamin	122-39-4
DNOC	534-52-1

Gentoxische Substanzen	CAS-Nummer
Endosulfan	115-29-7
Epichlorhydrin	106-89-8
Epoxybutan	106-88-7
1-Epoxyethyl-3,4-epoxycyclohexan	106-87-6
1,2-Epoxy-3-phenoxypropan	122-60-1
2,3-Epoxy-l-propanol	556-52-5
1,2-Epoxy-3-(tolyloxy)-propan	26447-14-3
Estrogene Steroide	
Ethylenoxid	75-21-8
Ethylensulfid	
Ethylenthioharnstoff	
2-Ethylhexan-1,3-diol	94-96-2
Formaldehyd	50-00-0
Furan	110-00-9
2-Furylmethanal	98-01-1
Gestagene Steroide	
Glucocorticoide	
Glycidyltrimethylammoniumchlorid	3033-77-0
1,2,3,4,6,7,8-Heptachlordibenzo-p-dioxin	
1,1,2,3,4,4-Hexachlor-1,3-butadien	87-68-3
Hexachlorcyclohexan	319-84-6
Hexamethylphosphorsäuretriamid	680-31-9
2-Hexanon	591-78-6
Iodmethan	74-88-4
p-Kresidin	120-71-8
Metaldehyd	9002-91-9
2-Methoxy-1-propanol	1589-47-5
2-Methoxy-1-propylacetat	70657-70-4
n-Methylacetamid	79-16-3
Methylacrylat	96-33-3
N-Methyl-bis(2-chlorethyl)amin	51-75-2
4,4'-Methylen-bis-(N,N-dimethylanilin)	101-61-1
4,4'-Methylen-bis-(2-ethylanilin)	19900-65-3
N-Methylolchloracetamid	2832-19-1
1-Methylnaphthalin	90-12-0
2-Methylnaphthalin	91-57-6
1-Methyl-2-nitrobenzol	88-72-2
N-Methyl-2,4,6-N-tetranitroanilin	479-45-8
Mevinphos	7786-34-7
Michlers Keton	90-94-8
Morpholin-4-carbonylchlorid	15159-40-7

Gentoxische Substanzen	CAS-Nummer
Naphthalin	91-20-3
2-Naphthylamin	91-59-8
2-Naphthylamin-Salze	
2-Nitro-4-aminophenol	119-34-6
o-Nitroanilin	88-74-4
p-Nitroanilin	100-01-6
o-Nitroanisol	91-23-6
p-Nitroanisol	100-17-4
4-Nitrobiphenyl	92-93-3
Nitrofen	1836-75-5
2-Nitro-p-phenylendiamin	5307-14-2
Nitropyren	5522-43-0
N,N-Nitrosodi-n-butylamin	924-16-3
N-Nitrosodiethylamin	55-18-5
Nitrosodipropylamin	621-64-7
Nitrosodi-i-propylamin	601-77-4
N-Nitrosoethylphenylamin	612-64-6
2,2'-(Nitrosoimino)bisethanol	116-54-7
N-Nitrosomethylethylamin	10595-95-6
N-Nitrosomethylphenylamin	614-00-6
N-Nitrosomorpholin	59-89-2
p-Nitrosophenol	104-91-6
N-Nitrosopiperidin	100-75-4
N-Nitrosopyrrolidin	930-55-2
2-Nitrotoluol	88-72-2
Olaquindox	23696-28-8
4,4'-Oxydianilin	101-80-4
Parathion	56-38-2
Pentachlorphenol	87-86-5
Pentachlorphenol-Salze	
Peroxyessigsäure	79-21-0
Phenanthren	85-01-8
1-Phenylazo-2-naphthol	842-07-9
m-Phenylendiamin	108-45-2
o-Phenylendiamin	95-54-5
p-Phenylendiamin	106-50-3
m-Phenylendiamindihydrochlorid	541-69-5
o-Phenylendiamindihydrochlorid	615-28-1
p-Phenylendiamindihydrochlorid	624-18-0
Phenylhydrazin	100-63-0
Phenylhydraziniumchlorid	59-88-1
N-Phenyl-2-naphthylamin	135-88-6
Phosphorsäuretriethylester	78-40-0
Polychlorierte Biphenyle	1336-36-3
1,3-Propansulton	1120-71-4

Gentoxische Substanzen	CAS-Nummer
iso-Propylglycidether	4016-14-2
Pyren	129-00-0
2,3,7,8-Tetrachlordibenzo-p-dioxin	1746-01-6
1,1,2,2-Tetrachlorethan	79-34-5
Tetrachlorethen	127-18-4
Tetranitromethan	509-14-8
4,4'-Thiodianilin	139-65-1
Thiram	137-26-8
o-Toluidin	119-93-7
p-Toluidin	106-49-0
2,4-Toluylendiisocyanat	584-84-9
2,6-Toluylendiisocyanat	91-08-7
4-o-Tolylazo-o-toluidin	97-56-3
Toxaphen	8001-35-2
Triallat	2303-17-5
Tribrommethan	75-25-2
2,3,4-Trichlor-1-buten	2431-50-7
1,1,2-Trichlorethan	79-00-5
2,4,5-Trichlorphenol	95-95-4
2,4,6-Trichlorphenol	88-06-2
2,4,5-Trichlorphenoxyessigsäure	93-76-5
1,2,3-Trichlorpropan	96-18-4
α,α,α-Trichlortoluol	98-07-7
Trifluoriodmethan	2314-97-8
Triglycidylisocyanurat	2451-62-9
2,4,5-Trimethylanilin	137-17-7
3,5,5-Trimethyl-2-cyclohexen-1-on	78-59-1
Trimethylphosphat	512-56-1
2,4,7-Trinitro-9-fluorenon	129-79-3
2,4,6-Trinitrotoluol	118-96-7
Tris-(2-chlorethyl)phosphat	115-96-8
Tris-(2,3-dibrompropyl)-phosphat	93-76-5
Vinylacetat	108-05-4
9-Vinylcarbazol	1484-13-5
N-Vinyl-2-pyrrolidon	88-12-0
2,4-Xylidin	95-68-1
2,6-Xylidin	87-62-7

Aufstellung nach Kaulfuß (1999)

A.3 Verzeichnis der Abkürzungen

γ-HCH .... Hexachlorcyclohexan, Lindan
2,4-D 2,4-Dichlorphenoxyessigsäure
2,4,5-T 2,4,5-Trichlorphenoxyessigsäure

AAS .... Atomabsorptionsspektrometrie
AbfG .... Abfallgesetz
AbwAG .... Abwasserabgabegesetz
AD .... aerodynamischer Durchmesser
ADI .... acceptable daily intake; tolerierbare tägliche Aufnahme
AED .... Atomemissionsdetektor
AES .... Atomemissionsspektrometrie
AFS .... Atomfluoreszenzspektrometrie
ANC .... acid neutralisation capacity; Säureneutralisationskapazität
AOX .... adsorbierbare organische Halogenverbindungen
APE .... Aerosol-Photoemission
ASE .... accellerated solvent extraction
BaP .... Benzo(a)pyren
BauGB .... Baugesetzbuch
BBodSchG ...... Bundesbodenschutzgesetz
BCF .... bioconcentration factor, Bioakkumulationsfaktor
BCR .... Europäisches Büro für Referenzmaterialien (Brüssel)
BGA .... Bundesgesundheitsamt
BGGK .... Bundesgütergemeinschaft Kompost
BGR .... Bundesanstalt für Geowissenschaften und Rohstoffe
BHC .... Benzene Hexa Chloride; Benzolhexachlorid
BNC .... base neutralisation capacity; Basenneutralisationskapazität
BodSchV .... Bodenschutzverordnung
Bq .... Becquerel
BSB_5-Wert ...... biologisch in 5 Tagen abgebauter organischer Kohlenstoff
BTEX .... Benzol Toluol Ethylbenzol Xylol
BTX .... Benzol Toluol Xylol
BUA .... Beratergremium für umweltrelevante Altstoffe
BzBlG .... Benzinbleigesetz

c.c.c. .... critical coagulation concentration
CCP .... capacity controlling properties; kapazitätsbestimmende Eigenschaften
CEC; cec .... cation exchange capacity; Kationenaustauschkapazität
CEN .... Europäisches Komitee für Normung
CF .... contamination factor; Kontaminationsfaktor
CFA .... continuous flow analysis; kontinuierliche Durchflußanalyse
ChemG .... Chemikaliengesetz
ChemVerbotsV ... Chemikalien-Verbots-Verordnung
Ci .... Curie
CI .... chemische Ionisation
CKW .... chlorierte Kohlenwasserstoffe
CMC, cmc .... critical micelle concentration; kritische Mizellbildungskonzentration
COM .... colloidal organic matter; kolloidaler organischer Kohlenstoff

CoPCB . . . . koplanare polychlorierte Biphenyle
CPI . . . . carbon preference index
CSB-Wert . . . . chemischer Sauerstoffbedarf
                      Sauerstoffmenge in mg, die zur Oxidation aller oxidierbaren
                      Schmutzstoffe pro Liter Abwasser benötigt wird

D.U.T. . . . . Dywidag Umweltschutztechnik GmbH
DBT . . . . Dibutylzinn
DC . . . . Dünnschichtchromatographie
DDA . . . . Essigsäurederivat des DDT
DDD . . . . Dichlorethanderivat des DDT
DDE . . . . Dichlorethenderivat des DDT
DDT . . . . Dichlor-diphenyl-trichlorethan
DPEP . . . . Desoxophylloerythroetioporphyrin
DFG . . . . Deutsche Forschungsgemeinschaft
DIN . . . . Deutsches Institut für Normung e.V.
DMAA . . . . Dimethylarsinsäure
DMHg . . . . Dimethylquecksilber
DMSD . . . . Dimethylsilandiole
DOC . . . . dissolved organic carbon; gelöster organischer Kohlenstoff
DOM . . . . dissolved organic matter; gelöstes organisches Material
DPASV . . . . differential pulse anodic stripping voltametry
DPTA . . . . Diethylentriaminpentaessigsäure
DSC . . . . differential scanning calorimetry
DSMA . . . . Dinatriummethylarsonat

EC . . . . emission concentration
EC_{50} . . . . Konzentration, bei der bei 50% der Probanden Effekte auftreten
ECD . . . . electron capture detector; Elektroneneinfangdetektor
EDL . . . . elektrodenlose Entladungslampe
EDRFA . . . . energiedispersive Röntgenfluoreszenzanalyse
EDTA . . . . Ethylendiamintetraacetat
EF . . . . athmosphärischer Anreicherungsfaktor
EI . . . . Elektronenstoßionisation
EIA . . . . Enzymimmunoassay
ELISA . . . . Enzyme-linked Immunosorbent Assay
eM . . . . maximal zulässiger Emissionswert
EMA . . . . Elektronenstrahlmikrosonden-Analysator
EN . . . . evaluation number; Nachweishäufigkeit
EOX . . . . lösungsmittelextrahierbare organische Halogenverbindungen
EPA . . . . environment protection agency (USA)
EPS . . . . extrazelluläre polymere Substanzen
ESCA . . . . electron spectroscopy for chemical analysis
ETS . . . . environmental tobacco smoke
EXAFS . . . . Extended X-ray Absorption Fine Structure

F/m^3 . . . . Fasern pro Kubikmeter
FAB . . . . fast atom bombardement ionisation
FCKW . . . . Fluorchlorkohlenwasserstoffe
FI . . . . Feldionisation

FIA . . . . Fließinjektionsanalyse
FIAS . . . . Fließinjektionsatomspektroskopie
FID . . . . Flammen-Ionisationsdetektor
FTIR . . . . Fourier-Transform-Infrarot-Spektroskopie

GALP . . . . good automated laboratory practice; Gute Automatisierte Labor-Praxis
GC . . . . gas chromatography; Gaschromatographie
GC-MS . . . . gas chromatography mass spectrometry; Gaschromatographie
                              gekoppelt mit Massenspektrometrie
GFAAS . . . . Graphitrohr-AAS
GFAVO . . . . Großfeuerungsanlagenverordnung
GLP . . . . good laboratory practice; Gute Labor-Praxis
GMP . . . . good manufacturing practice; Gute Fertigungspraxis
GPC . . . . Gelpermeationschromatographie
Gy . . . . Gray

H-Wert . . . . Hintergrundwert
HCB . . . . Hexachlorbenzol
HCH . . . . Hexachlorcyclohexan
HF . . . . Hochfrequenz
HKL . . . . Hohlkathodenlampe
HLB . . . . hydrophilic-hydrophobic balance
HMW . . . . hochmolekulare Fraktion
HPLC . . . . high performance liquid chromatography, high pressure liquid
                              chromatography; Hochleistungsflüssigkeitschromatographie
                              Hochdruckflüssigkeitschromatographie
HPLC-MS . . . . HPLC gekoppelt mit Massenspektrometrie
HRMS . . . . high resolution mass spectrometry; hoch aufgelöste Massen-
                              spektrometrie
HxCDD/F . . . . Hexachlordibenzodioxin/furan

i-TEF, I-TEF . . . . . internationaler Toxizitätsfaktor
IA . . . . Immunoassay
ICP-MS . . . . induktively coupled plasma mass spectrometry; induktiv gekoppeltes
                              Plasma gekoppelt mit Massenspektrometrie
ICP-OES . . . . inductively coupled plasma optical emission spectroscopy; induktiv
                              gekoppeltes Plasma gekoppelt mit Atomemissionsspektrometrie
ICRP . . . . internationale Strahlenschutzkommision
IF . . . . athmosphärischer Interferenzfaktor
                              gesamte anthropogene Emission eines Stoffs : gesamte natürliche
                              Emission
INAA . . . . instrumentelle Neutronenaktivierungsanalyse
IR . . . . infrared; Infrarot
ISM . . . . in-situ-methyliert
ISO . . . . international standardization organisation; Internationale Organisation
                              für Normung
IUPAC . . . . International Union for Pure and Applied Chemistry

KAK . . . . Kationenaustauschkapazität
K_d . . . . Sediment-Wasser-Verteilungskoeffizient
KG . . . . Körpergewicht
K_{OC} . . . . Bodensorptionkonstante; $K_{OC} \approx 0{,}41 \cdot K_{OW}$
K_{OW}-Wert . . . . Verteilungskoeffizient (n-Octanol/Wasser)KRdL
. . . . Kommission Reinhaltung der Luft
KVR . . . . Kommunalverband Ruhrgebiet
KW . . . . Kohlenwasserstoff

LABO . . . . Bund-Länderarbeitsgemeinschaft Bodenschutz
LAGA . . . . Landesarbeitsgemeinschaft Abfall
LAS . . . . lineare Alkylbenzolsulfonate
LAWA . . . . Landesarbeitsgemeinschaft Wasser
LC-MS . . . . liquid chromatography mass spectrometry; Flüssigkeitschromato-
graphie gekoppelt mit Massenspektrometrie
LC . . . . lethale Konzentration
LD . . . . Lethaldosis
LD_{50} . . . . Dosis, bei der 50% der Probanden sterben
LfU . . . . Landesanstalt für Umweltschutz
LIMS . . . . Laborinformationsmanagementsysteme
LIS . . . . Landesanstalt für Immissionsschutz (heute Teil des LUA)
LÖLF . . . . Landesanstalt für Ökologie, Landschaftsentwicklung und Forstplanung
in Nordrhein-Westfalen
LT . . . . low temperature; Tieftemperatur
LUA . . . . Landesumweltamt
LWA . . . . Landesamt für Wasser und Abfall (heute Teil des LUA)

MAK . . . . Maximale Arbeitsplatzkonzentration
MAS . . . . monoaromatische Sterane
MBT . . . . Monobutylzinn
MDI . . . . maximum daily intake; maximale tägliche Aufnahmemenge
Me_2Hg . . . . Dimethylquecksilber
MeHg . . . . Monomethylquecksilber
MIK . . . . maximale Immissionskonzentration
MIP . . . . mikrowelleninduziertes Plasma
MKW . . . . Mineralölkohlenwasserstoffe
MMAA . . . . Monomethylarsonsäure
MMHg . . . . Monomethylquecksilber
MMT . . . . Methylzyklopentadienylmangantricarbonyl
MOVP . . . . metal-organic vaporphase epitaxy
MPL . . . . maximum permissible level
MPLC . . . . Mitteldruck-Flüssigkeitschromatographie
MS . . . . Massenspektrometrie
MSMA . . . . Mononatriummethylarsonat
MTBE . . . . Methyltertiärbuthylether
MVA . . . . Müllverbrennungsanlage
MWAE . . . . microwave assisted extraction

NMR . . . . nuclear magnetic resonance, Kernresonanz
NOAEL . . . . no observable adverse effect level
NP . . . . Nonylphenol
NPEO . . . . Nonylphenolpolyethoxylat
NTA . . . . Nitrilotriacetat

OCDD/F . . . . Octachlordibenzodioxin/furan
OES . . . . optical emission spectroscopy; Atomemissionsspektrometre
OS_{bio} . . . . biologisch abbaubare organische Substanz

PAK . . . . polyzyklische aromatische Kohlenwasserstoffe
PBB . . . . polybromierte Biphenyle
PBDD/F . . . . polybromierte Dibenzodioxine/furane
PBDE . . . . polybromierte Diphenylether
PBM . . . . Pflanzenbehandlungsmittel
PBSM . . . . Pflanzenbehandlungs- und Schädlingsbekämpfungsmittel
PC . . . . Papierchromatograhie
PCB . . . . polychlorierte Biphenyle
PCDD/F . . . . polychlorierte Dibenzodioxine/furane
PCDE . . . . polychlorierte Diphenylether
PCN . . . . polychlorierte Naphthaline
PCP . . . . Pentachlorphenol
PDMS . . . . Polydimethylsiloxane
PEC . . . . predicted environmental concentration
PflSchG . . . . Pflanzenschutzgesetz
PGE . . . . Platingruppenelemente
PIT . . . . Phasen-Inversionstemperatur
PIXE . . . . particle induced x-ray emission; Teilcheninduzierte Röntgenemission
PL . . . . permissible level; duldbare Menge von Rückständen in und auf
                           Nahrungsmitteln
PM_{10} . . . . particulate matter, Partikel mit Durchmesser d < 10 μm
PnCDD . . . . Pentachlordibenzodioxin
PND . . . . Phosphor-Stickstoff-Detektor
PNEC . . . . predicted no-effect concentration
POC . . . . particular organic carbon; partikulärer organischer Kohlenstoff
P_{oct} . . . . = K_{OW}
POM . . . . partikuläres organisches Material
P_{OW} . . . . = K_{OW}
ppb . . . . part per billion
ppm . . . . part per million
ppq . . . . part per quadrillion
ppt . . . . part per trillion
PSM . . . . Pflanzenschutzmittel
PVC . . . . Polyvinylchlorid
P-Wert . . . . Prüfwert
P_x . . . . pollution index
PXDD/F . . . . polyhalogenierte Dibenzodioxine/furane

R	Röntgen
rad	radiation absorbed dose
REA	Rauchgasentschwefelungsanlage
REE	rare earth elements, Seltene Erdelemente
rem	Roentgen equivalent man; Einheit für die Äquivalentdosis
RFA	Röntgenfluoreszenzanalyse
RP	reversed phase; Umkehrphase
RSD	risikospezifische Dosis
SALE	supercritical assisted liquid extraction
SDS	sodium dodecyl sulfate; Natriumlaurylsulfat
SEM	scanning electron microscopy; Rasterelektronenmikroskopie
SFE	supercritical fluid extraction
SHmV	Schadstoffhöchstmengenverordnung
SIDS	sudden infant death syndrome; plötzlicher Kindstod
SIMS	Sekundär-Ionen-Massenspektrometrie
SNMS	Sekundär-Neutral-Massenspektrometrie
SOP	standard operation procedure; Standardarbeitsanweisung
SPE	solid phase extraction; Festphasenextraktion
SQ	Sedimentqualitätsindex
SRM	standard reference material
SRU	Sachverständigenrat für Umweltfragen
SSK	Strahlenschutzkommision
Sv	Sievert
SYNRFA	Röntgenfluoreszenzanalyse mit Synchroton-Anregung
SYRFA	Synchrotonröntgenfluoreszenzanalyse
TA	Technische Anleitung
TAS	triaromatische Sterane
TBT	Tributylzinn
TCDD	Tetrachlordibenzodioxin, Seveso-Dioxin
TCDHB	Tetrachlordihydroxybiphenyl
TCLP	Toxicity Characteristic Leaching Procedure, EPA-Methode 1310
TCP	Tetrachlorphenole
TDI	tolerable daily intake; tolerierbare tägliche Aufnahmerate
TE	Toxizitätsäquivalent
TEF	Toxizitätsäquivalentfaktor
TEL	Tetraethylblei
TEM	transmission electron microscopy; Transmissionselektronen-mikroskopie
TEQ	Toxizitätsäquivalent
TGM	total gaseous mercury
TI	Thermionisation
TID	Thermionendetektor
TIMS	Thermionen-Massenspektrometrie
TMAO	Trimethylarsenoxid
TML	Tetramethylblei
TMS	Trimethylsilanol
TNT	Trinitrotoluol

TOC . . . . total organic carbon; Maßzahl für den Anteil organischen Kohlenstoffs
in Wasser
TOF . . . . time of flight mass spectrometry; Flugzeitmassenspektrometrie
TOX . . . . toxicity potential
TRFA . . . . Totalreflexionsröntgenfluoreszenzanalyse
TRGS . . . . Technische Regeln für Gefahrstoffe
TRK . . . . Technische Richtkonzentration
TSKB-Werte . . . . . (noch) tolerable Schadstoffkonzentration im Boden
TSP . . . . total suspended particulates; Gesamtzahl atmophärischer Teilchen
TVA . . . . Technische Verordnung über Abfälle
TVO . . . . Trinkwasserverordnung
TXRF . . . . Totalreflexionsröntgenfluoreszenzanalyse

UBA . . . . Umweltbundesamt
UFZ . . . . Umweltforschungszentrum
UV . . . . ultraviolett

VC . . . . Vinylchlorid
VCI . . . . Verband der Chemischen Industrie
VDI . . . . Verband Deutscher Ingenieure
Vis . . . . visible, sichtbar
VMS . . . . volatile methylated siloxanes
VOC . . . . volatile organic compounds; flüchtige organische Verbindungen
VSD . . . . virtually safe dose

WDRFA . . . . wellenlängendispersive Röntgenfluoreszenzanalyse

XANES . . . . X-ray Absorption Near Edge (fine) Structure
XRD . . . . X-ray diffraction; Röntgendiffraktometrie

ZAAS . . . . Zeeman-Atomabsorptionsspektrometrie

Literatur

Aarkrog A (1988) Studies of Chernobyl debris in Denmark. Environ. Intern. 14:149-155

Abd-Allah AMA (1994) Isolation of petroleum and chlorinated hydrocarbons from the same extract. Toxicol Environ Chem 44:129-135

Abelson PH, Hare PE (1971) Reaction of amino acids with natural and artificial humus and kerogen. Carnegie Inst Washington Yearb 69:327-334

Abernathy CO, Calderon RL, Chappell WR (1997) Arsenic - Exposure and Health Effects. Chapman & Hall, London, 429S

Accomasso GM, Zelano V, Daniele PG, Gastaldi D, Ginepro M, Ostacoli G (1993) A study on the reproducibility of Tessier's extractions in a fluvial sediment and a comparison between different dissolution procedures in a reference material. Spectrochim Acta 49A:1205-1212

Aceto M, Foglizzo AM, Mentasti E, Sacchero G, Sarzanini C (1995) Mercury speciation in biological samples. Intern J Environ Anal Chem 60:1-13

Achenbach B (1995) Mobilisierung von 4-Amino-3,4,6-trichlorpicolinsäure, 3,3',4,4'-Tetrachlorbiphenyl und 2,3,4,5,3'-Pentachlorbiphenyl aus verschiedenen Horizonten einer Parabraunerde durch Natriumlaurylsulfat. Diplomarbeit, Universität GH, Essen, 68S

Acton DW, Barker JF (1992) In situ biodegradation potential of aromatic hydrocarbons in anaerobic groundwaters. J Contam Hydrol 9:325-352

Adams RS jr (1978) Soil Variability and Cancer. Chem Eng News: 84

Adamson AW (1982) Physical Chemistry of Surfaces. John Wiley & Sons, New York Chichester Brisbane Toronto Singapore

Adeel Z, Luthy RG (1995) Sorption and Transport Kinetics of a Nonionic Surfactant through an Aquifer Sediment. Environ Sci Technol 29:1032-1042

Adrian P, Lahaniatis ES, Andreux F, Mansour M, Scheunert I, Korte F (1989) Reaction of the soil pollutant 4-chloroaniline with the humic acid monomer catechol. Chemosphere 18:1599-1609

Ahlborg UG, Becking C, Birnbaum LS, Brouwer A, Derks JJGM, Feeley M, Golor G, Hanberg A, Larsen LC, Liem AKD, Safe SH, Schlatter C, Waern F, Younes M, Yrjänheikki E (1994) Toxic equivalency factors for dioxin-like PCBs. Chemosphere 28:1049-1067

Ahlborg UG, Hanberg A (1994) Toxic Equivalency Factors for Dioxin-Like PCBs. Environ Sci & Pollut Res 1:67-68

Ahlers J, Diderich R, Klaschka U, Marschner A, Schwarz-Schulz B (1994) Environmental Risk Assessment of Existing Chemicals. Environ Sci & Pollut Res 1:117-123

Ahlers M, Dub W (1991) Die Möglichkeiten des Erdgases zur Minderung klimawirksamer Spurengase. Erdöl Erdgas Kohle 107:409-412

Akhlaq MS (1997) Polycyclic Aromatic Hydrocarbons in Crude Oil-Contaminated Soil: A Two-Step Method for the Isolation and Characterization of PAHs. ESPR - Environ Sci & Pollut Res 4:217-222

Alfke G, Neumann J, Scheidt G, Schultze J, Trautwein W-P (1996) Bodenverunreinigungen durch Mineralölprodukte. Erdöl Erdgas Kohle 112:341-347

Allard B, Templier J, Largeau C (1997) Artifactual origin of mycobacterial bacteran. Formation of melanoidin like macromolecular material during the usual isolation process. Org Geochem 26:691-703

Allen H, Fu G, Deng B (1993) Analysis of acid-volatile sulfide (AVS) and simultaneously extracted metals (SEM) for the estimation of potential toxicity in aqueous sediments. Envir Tox Chem 12:1441-1453

Allen MR, Braithwaite A, Hills CC (1996) Analysis of the trace volatile organic compounds in landfill gas using automated thermal desorption gas chromatography-mass spectrometry. Intern J Environ Anal Chem 62:43-52

Allen-King RM, Groenevelt H, Mackay DM (1995) Analytical Method for the Sorption of Hydrophobic Organic Pollutants in Clay-Rich Materials. Environ Sci Technol 29:148-153

Alloway BJ, Ayres DC (1996) Schadstoffe in der Umwelt: chemische Grundlagen zur Beurteilung von Luft-, Wasser- und Bodenverschmutzungen. Spektrum, Acad. Verl., Heidelberg Berlin Oxford

Almendros G, Guadalix ME, Gonzalez-Vila FJ, Martin F (1996) Preservation of aliphatic macromolecules in soil humins. Org Geochem 24:651-659

Alt F, Bambauer A, Mergler B, Tölg G (1993) Platinum traces in air-borne particulate matter. Determination of whole content, particle size distribution and soluble platinum. Fresenius J Anal Chem 346:693-696

Ames BN, Gold LS (1990) Falsche Annahmen über die Zusammenhänge zwischen der Umweltverschmutzung und der Entstehung von Krebs. Angew Chem 102:1233-1246

Anderson TF, Pratt LM (1995) Isotopic constraints on the origin of organic sulfur and elemental sulfur in marine sediments. ACS Symp Ser 612:378-396

Andersson A, Nilson A, Hakanson L (1991) Metal Concentrations of the Mor Layer. Naturvardsverket, Solna, 85S

Andres A, Viguri JR, Irabien A (1991) Inertization of toxic wastes. Toxicol Environ Chem 31/32:593-601

Andrle CM, Broekaert JAC (1994) Speziation von Cr (III) und Cr (VI). Nachr Chem Tech Lab 42:1140-1146

Andronova NG, Karol IL (1993) The contribution of USSR sources to global methane emission. Chemosphere 26:111-126

Aniansson GEA (1978) Dynamics and structure of micelles and other amphiphile structures. J Phys Chem 82:2805-2808

Aniansson GEA (1978) Theory of micelle formation kinetics. Ber Bunsenges Phys Chem 82:981-988

Aniansson GEA (1979) A treatment of the kinetics of mixed micelles. NATO Adv Study Inst Ser C50:249-258

Aniansson GEA (1983) Kinetic theory of micelle formation. Stud Phys Theor Chem 26:70-99

Aniansson GEA, Wall SN (1974) Kinetics of step-wise micelle association. J Phys Chem 78:1024-1030

Aniansson GEA, Wall SN (1975a) Kinetics of step-wise micelle association and dissociation. NATO Adv Study Inst Ser 18:223-238

Aniansson GEA, Wall SN (1975b) Kinetics of step-wise micelle association. Correction and improvement. J Phys Chem 79:857-858

Aniansson GEA, Wall SN (1980) Comments on "The dissolution of micelles in relaxation kinetics" by Gerson Kegeles. J Coll Interf Sci 78:567-568

Aniansson GEA, Wall SN, Almgren M, Hoffmann H, Kielmann I, Ulbricht W, Zana R, Lang J, Tondre C (1976) Theory of the kinetics of micellar equilibria and quantitative interpretation of chemical relaxation studies of micellar solutions of ionic surfactants. J Phys Chem 80:905-922

Anke M (1986) Arsenic. In: Trace elements in Human and Animal Nutrition, Vol 2 Acadamic Press, New York, S 347-372

Anklin M et al (GRIP Members) (1993) Climate instability during the last interglacial period recorded in the GRIP ice core. Nature 364:203-207

Appel D (1989) Multibarrieren - Qualität durch Quantität? Das Multibarrierenkonzept bei oberflächennahen Sonderabfalldeponien. Müll und Abfall 4:182-186

Archer AA, Lüttig GW, Snezhko II (1987) Man's Dependance on the Earth. Schweizerbart'sche Verlagsbuchhandlung, Stuttgart, 216S

Ares J (1994) Long range long term transport and decay of PAHs in a semiarid coastal area of Argentina. Toxicol Environ Chem 41:109-123

Arneth JD, Hoefs J (1988) Anomal hohe ^{13}C-Gehalte in gelöstem Bicarbonat von Grundwässern im Umfeld einer Altmülldeponie. Naturwiss 75:515-517

Arneth J-D, Milde G, Kerndorff H und Schleyer R (1989) Wastec deposit influences on ground water quality as a tool for waste type and site selection for final storage quality. In: Baccini P (Hrsg) The Landfill - Reactor and Final Storage. Lecture Notes in Earth Sciences 20, Springer-Verlag, Berlin, S 399-415

Ashby J, Craig PJ (1987) Biomethylation of tin(II) complexes in the presence of pure strains of Saccharomyces cerevisiae. Appl Organomet Chem 1:275-279

Atkins PW (1996) Physikalische Chemie. VCH-Verlag, Weinheim

Atlas RM (1991) Microbial hydrocarbon degradation - bioremediation of oil spills. J Chem Tech Biotechnol 52:149-156

Atlas RM, Bartha R (1987) Microbial ecology: Fundamentals and applications. Benjamin/Cummings, Menlo Park

Ault WA, Senechal RG, Erlebach WE (1970) Isotopic composition as a natural tracer of lead in the environment. Environ Sci Tech 4:305-313

Aurand K, Hazard BP, Tretter F (1993) Umweltbelastungen und Ängste. Westdeutscher Verlag, Opladen, 424S

Axner O, Chekalin N, Ljungberg P, Malmsten Y (1993) Direct determination of thallium in natural waters by laser induced fluorescence in a graphite furnace. Intern J Environ Anal Chem 53:185-193

Baccini P (1996) Understanding Regional Metabolism for a Sustainable Development of Urban Systems. ESPR - Environ Sci & Pollut Res 3:108-111

Baccini P, Belevi H und Lichtensteiger T (1992) Die Deponie in einer ökologisch orientierten Volkswirtschaft. Gaia 1:34-49

Baccini P, Brunner PH (1985) Behandlung und Endlagerung von Reststoffen aus Kehricht-Verbrennungsanlagen. Gas-Wasser-Abwasser 65:403-409

Bacher R (1992) Quellen und Muster der polyhalogenierten (Brom/Chlor) Dibenzo-p-dioxine und Dibenzofurane in Umweltproben. Dissertation Universität Ulm

Bachofen R (1994) Biogeochemische Zyklen, Mikroorganismen und atmosphärische Spurengase. Vierteljahresschrift der Naturforschenden Gesellschaft Zürich 139/1:15-22

Backof E, Volk F, Hommel H, Hansen R (1992) Problems and solutions in the thermal treatment of warfare agent- and explosive-containing materials. Int Annu Conf ICT 23rd:35-1/35

Bacon JR, Berrow ML, Shand CA (1995) Isotopic characterization of lead in the Scottish Upland environment. Intern J Environ Anal Chem 59:253-264

Bahadir M (1994) Organische Abfallanalytik als Screening und auf Einzelstoffe. GIT Fachz Lab 4:308-316

Baier RE, Goupil DW, Perlmutter S, King R (1974) Dominant chemical composition of sea- surface films , natural slicks, and foams. J Rech Atmos 8:571-600

Baird C (1998) Environmental Chemistry. 2. Aufl, W.H. Freeman & Comp., New York, 528S

Baker EW (1964) Vanadium and nickel in crude petroleum of South America and Middle East Origin. J Chem Eng News 42:307-308

Balci A, Muezzinoglu A (1995) Behaviour of trace metals in surface sediments of the black sea. Toxicol Environ Chem 51:221-228

Ballach H-J (1997) Ozone and Heavy Metals from Automobile Catalytic Converters. ESPR - Environ Sci & Pollut Res 4:131-139

Ballach H-J, Wittig R (1996) Reciprocal effects of platinum and lead on the water household of poplar cuttings. ESPR - Environ Sci & Pollut Res 3:3-9

Ballentine DC, Macko SA, Turekian VC, Gilhooly WP, Martincigh B (1996) Compound specific isotope analysis of fatty acids and polycyclic aromatic hydrocarbons in aerosols: implications for biomass burning. Org Geochem 25:97-104

Ballschmiter K (1979) Allgegenwartskonzentration von Industriechemikalien?- Nachr Chem Tech Lab 27:542-546

Ballschmiter K (1991a) Die Bestimmung der polychlorierten Dibenzodioxine und Dibenzofurane. Nachr Chem Tech Lab 39:1003-1007

Ballschmiter K (1991b) Chemie und Vorkommen der Halogenierten Dioxine und Furane. Nachr Chem Tech Lab 39:988-1000

Ballschmiter K, Bacher R (1996) Dioxine. VCH Weinheim, 507S

Ballschmiter K, Zell M (1980) Analysis of polychlorinated biphenyls (PCB) by glass capillary chromatography. Fresenius Z Anal Chem 302:20-31

Bambauer HU (1992) Mineralogische Schadstoffimmobilisierung in Deponaten - Beispiel: Rückstände aus Braunkohlenkraftwerken. BWK Umwelt-Special:29-34

Bambauer HU, Gebhard G, Holzapfel T, Krause C, Willner G (1988) Schadstoff-Immobilisierung in Stabilisaten aus Braunkohleaschen und REA-Produkten. Fortschr Miner 66:253-278

Barbaro JR, Barker JF, Lemon LA, Mayfield CI (1992) Biotransformation of BTEX under anaerobic denitrifying conditions: field and labratory observations. J Contam Hydrol 11:245-272

Barci-Funel G, Dalmasso J, Magne J, Ardisson G (1993) Simultaneous detection of short-lived ^{201}Tl, ^{99}Tc^m and ^{131}I isotopes in sewage sludge using low energy photon spectrometry. Sci Tot Environ 130-131:37-42

Barghoorn M, Gössele M, Bauer RK (1988) PCB-Kleinkondensatoren. ARGUS TU Berlin, 144S

Barnabas IJ, Dean JR, Tomlinson WR, Owen SP (1995) Experimental Design Approach for the Extraction of Polycyclic Aromatic Hydrocarbons from Soil Using Supercritical Carbon Dioxide. Anal Chem 67:2064-2069

Barnes GT (1968) Role of monolayers in evaporation retardation. Nature 220:1025-1026

Barnes GT (1978) Insoluble monolayers and the evaporation coefficient of water. J Coll Interf Sci 65:566-572

Barnes GT (1993) Optimum conditions for evaporation control by monolayers. J Hydrol (Amsterdam) 145:165-173

Barnes GT (1997) Permeation through monolayers. Coll Surf A Phys Eng Asp 126:149-158

Barnes GT, Costin IS, Hunter DS, Saylor JE (1980) On the measurement of the evaporation resistances of monolayers. J Coll Interf Sci 78:271-273

Barnes GT, Hunter DS (1990) The evaporation resistance of octadecanol monolayers as a function of temperature. J Coll Interf Sci 136:198-212

Barrat RS (1990) An assessment of dust analyses: with paticular reference to lead and certain other metals. Intern J Environ Anal Chem 40:77-97

Bart JCJ (1986) Near-edge X-ray absorption spectroscopy in catalysis. Adv Catal 34:203-296

Bartholic JF, Runkles JR, Stenmark EB (1967) Effects of a monolayer on reservoir temperature and evaporation. Water Resources Res 3:173-179

Baskaran M, Santschi PH, Benoit, G, Honeyman, BD (1992) Scavening of Th isotopes by colloids in seawater of the Gulf of Mexico. Geochim Cosmochim Acta 56:3375-3388

Basler A (1995) Dioxins and Related Compounds. Environ Sci & Pollut Res 2:117-121

Bätcher K (1995) Cadmium - Auswirkungen gesetzlicher Beschränkungen auf den Einsatz in Produkten. Z Umweltchem Ökotox 7:102-109

Bauer U (1971) Kombination von Dünnschicht- und Gaschromatographie zur Identifizierung von Halogenkohlenwasserstoffen. Vom Wasser 38:49-62

Baugh AL, Lovegreen JR (1990) Differentiation of Crude Oil and Refined Petroleum Products in Soil. In: Kostecki PT und Calabrese EJ (Hrsg) Petroleum Contaminated Soils, Vol 3, Lewis Publishing, Boca Raton, S 141-163

Baum M (1993) Quantitativ-analytische Bestimmung von Phenol und Kresolen in industriell kontaminierten Boden- und Wasserproben. Diplomarbeit Universität Essen, 70S

Baumann T, Baumann M, Nießner R (1993) Hydrogeologische und hydrochemische Untersuchungen im Einflußbereich einer Hausmülldeponie. Vom Wasser 81:105-122

Baumann W, Kotal P, Reiter K (1996) Umweltschonende, biologisch rasch abbaubare Schmierstoffe. Erdöl Erdgas Kohle 112:308-311

BbodSchG (1999) Bundes-Bodenschutz- und Altlastenverordnung (BbodSchV) Bundesgesetzblatt Jahrgang 1999 Teil I Nr 36, ausgegeben zu Bonn am 16.7.1999

Becher P (1983) Encyclopedia of Emulsion Technology. Marcel Dekker, Inc, New York

Becker L, Glavin DP, Bada JL (1997) Polycyclic aromatic hydrocarbons (PAHs) in Antarctic Martian meteorites, carbonaceous chondrites, and polar ice. Geochim Cosmochim Acta 61:475-481

Becker S (1997) Multianalytische Charakterisierung von Erdölen zur Verursacherbestimmung bei Ölschadensfällen. Dissertation, Universität GH Essen, 178S

Becker S, Hirner AV (1998) Characterisation of crude oils by carbon and sulphur isotope ratio measurements as a tool for pollution control. Isot Environ Health Stud 34:255-264

Beddoe RE, Setzer MJ (1988) A low temperature DSC investigation of hardened cement paste subjected to chloride action. Cement and Concrete Research Res 18:249-256

Beeg K, Schneider W, Sparing M (1993) Einfache Bestimmung umweltrelevanter Metallcarbonyle in technischen Gasen mittels Flammen-AAS. Chem Technik 45:158-161

Behrendt H, Becker WM, Friedrich KH, Darsow U, Tomingas R (1992) Interaction between Aeroallergens and Airborne Particulate Matter. Int Arch Allergy Immunol 99:425-428

Behrendt H, Friedrich KH, Kainka-Stänicke E, Darsow U, Becker WM, Tomingas R (1991) Allergens and Pollutants in the Air - A Complex Interaction. In: Ring J und Przybilla B (Hrsg) New Trends in Allergy III. Springer-Verlag, Berlin, S 467-478

Beissler H, Petrucci GA, Bächmann K, Panne U, Cavalli P, Omenetto N (1996) Determination of ultra-trace levels of gold in size-segregated atmospheric particulate samples by laser induced fluorescence: towards an aerosol tracer. Fresenius J Anal Chem 355:345-347

Bekaert C, Rast C, Ferrier V, Bispo A, Jourdain MJ, Vasseur P (1999) Use of in vitro (Ames and Mutatox tests) and in vivo (Amphibian Micronucleus test) assays to assess the genotoxicity of leachates from a contaminated soil. Org Geochem 30:953-962

Belazi AU, Davidson CM, Keating GE, Littlejohn D, McCartney M (1995) Determination and speciation of heavy metals in sediments from the Cumbrian Coast, NW England, UK. J Anal At Spectrom 10:233-240

Belevi H, Stämpfli DM, Baccini P (1992) Chemical behaviour of municipal solid waste incinerator bottom ash in monofills. Waste management Research 10:153-167

Belfroid AC, Seinen W, van Gestel KCAM, Hermens JLM, van Leeuwen KJ (1995) Modelling the Accumulation of Hydrophobic Organic Chemicals in Earthworms. Environ Sci & Pollut Res 2:5-15

Beller HR, Simoneit BRT (1986) Polychlorinated biphenyls and hydrocarbons. Distributions among bound and unbound lipid fractions of estuarine sediments. In: Sohn ML (Hrsg) Organic Marine Geochemistry. ACS Symp Ser 305:199-214

Bellocq AM (1987) Microemulsions: An overview. In: Safran AS et al (Hrsg) Physics of Complex and Supermolecular Fluids. John Wiley &Sons, New York Chichester Brisbane Toronto Singapore S 41-64

Belouschek P, Kügler JU, Schürtz J (1992) Deposil-Wasserglasvergütung im Deponiebau. Henkel KGaA, Düsseldorf

Belouschek P, Lönz P, Kügler JU (1990) Zur Prüfung von wasserglasvergüteten Dichtsystemen aus Abfallstoffen und Recyclingmaterialien -Gewässerschutz-Wasser-Abfall-. Müll und Abfall 118:205-228

Belzile N (1988) The fate of arsenic in sediments of the Laurentian Trough. Geochim Cosmochim Acta 52:2293-2302

Bence AE, Kvenvolden KA, Kennicutt II MC (1996) Organic geochemistry applied to environmental assessments of Prince William Sound, Alaska, after the Exxon Valdez oil spill - a review. Org Geochem 24:7-42

Beneteau KM, Aravena R, Frape SK (1999) Isotopic characterization of chlorinated solvents - laboratory and field results. Org Geochem 30:739-753

Benner AB jr, Gordon GE, Wise SA (1989) Mobile sources of atmospheric polycyclic aromatic hydrocarbons: a roadway tunnel study. Environ Sci Technol 23:1269-1278

Benner R, Fogel ML, Sprague EK, Hodson RE (1987) Depletion of ^{13}C in lignin and its implications for stable carbon isotope studies. Nature 329:708-710

Benner R, Hatcher PG, Hedges JI (1990a) Early diagenesis of mangrove leaves in a tropical estuary: Bulk chemical characterization using solid-state ^{13}C NMR and elemental analyses. Geochim Cosmochim Acta 54:2003-2013

Benner R, Weliky K, Hedges JI (1990b) Early diagenesis of mangrove leaves in a tropical estuary: Molecular-level analyses of neutral sugars and lignin-derived phenols. Geochim Cosmochim Acta 54:1991-2001

Benoit G, Hemond HF (1990) ^{210}Po and ^{210}Pb remobilization from lake sediments in relation to iron and manganese cycling. Environ Sci Technol 24:1224-1234

Benoit G, Hemond HF (1991) Evidence for diffusive redistribution of ^{210}Pb in lake sediments. Geochim Cosmochim Acta 55:1963-1975

Bergmann C (1995) Untersuchungen zur Eluierbarkeit von ausgewählten organischen Schadstoffen aus belasteten Böden und Abfällen durch organische Naturstoffe und Tenside. Diplomarbeit, Universität GH, Essen, 81S

Bergs C, Radde CA (1996) "Kalte Verfahren" zur Restabfallvorbehandlung aus der Sicht des Bundes - Bericht der Bundesregierung an den Bundesrat. UTA, 136-138

Berman SS, Siu KWM, Maxwell PS, Beauchemin D, Clancy VP (1989) Marine biological reference materials for methylmercury: analytical methodologies used in certification. Fresenius Z Anal Chem 333:641-644

Berner RA (1982) Burial o0f organic carbon and pyrite sulfur in the modern ocean: Its geochemical and environmental significance. Am J Sci 282:451-473

Berner RA (1989) Biogeochemical cycles of carbon and sulfur and their effect on atmospheric oxygen over Phanerozoic time. Paleogeogr Paleoclimatol Paleoecol 73:97-122

Berner RA, Canfield DE (1989) A new model for atmospheric oxygen over Phanerozoic time. Am J Sci 289:333-361

Bero BN, von Braun MC, Knowles CR, Hammel JE (1995) Further studies using X-ray fluorescence to sample lead contaminated carpeted surfaces. Environmental Monitoring and Assessment 36:123-138

Berrow ML, Burridge JC (1991) Uptake, Distribution, and Effects of Metal Compounds on Plants. In: Merian E (Hrsg) Metals and Their Compounds in the Environment. VCH, Weinheim, S 399-408

Berrow ML, Stein WM, Ure AM (1987) Lead in Scottish Soils. In: Thornton I und Culbard E (Hrsg) Lead in the Home Environment. Science Review Limited, Northwood, S 37-45

Berset JD, Holzer R (1995) Organic micropollutants in Swiss agriculture: distributions of polynuclear aromatic hydrocarbons (PAH) and polychlorinated biphenyls (PCB) in soil, liquid manure, sewage sludge and compost samples; a comparative study. Intern J Environ Anal Chem 59:145-165

Berstermann H-M (1986) Ersatzstoffe für Antimontrioxid. Schriftenreihe "Gefährliche Arbeitsstoffe" GA 24, Bundesanstalt für Arbeitsschutz, Dortmund, 144S

Bertazzi PA, Pesatori AC, Consonni D, Tironi A, Landi MT, Zochetti C (1993) Cancer incidence in a population accidentally exposed to 2,3,7,8-TCDD. Epidemiology 4:398-406

Berthelsen BO, Olsen RA, Steinnes E (1995) Ectomycorrhizal heavy metal accumulation as a contributing factor to heavy metal levels in organic surface soils. Sci Tot Environ 170:141-149

Bertsch PM, Hunter DB, Sutton SR, Bajt S, Rivers ML (1994) In Situ Chemical Speciation of Uranium in Soils and Sediments by Micro X-ray Absorption Spectroscopy. Environ Sci Technol 28:980-984

Beveridge TJ, Koval SF (1981) Binding of metals to cell envelopes of Escherichia coli K-12. Appl Environ Microbiol 42:325-335

Beyer L, Mueller K (1995) Combined application of secondary paper mill sludges and cattle slurry: soil risk or soil improvement. Toxicol Environ Chem 47:243-249

BGAS - Behörde für Arbeit, Gesundheit und Soziales (1997) Epidemiologisches Untersuchungsprogramm Bille-Siedlung. Peter Lang, Frankfurt, 714S

Bharati S, Patience RL, Larter SR, Standen G, Poplett IJF (1995) Elucidation of the Alum Shale kerogen structure using a multi-disciplinary approach. Org Geochem 23:1043-1058

Bibette J, Roux D, Pouligny B (1992) Creaming of emulsions: the role of depletion forces induced by surfactant. J de Physique II 2: 401-424

Bidlingmaier W, Grauenhorst V (1996) Anforderung an die Behandlung der nativ-organischen Fraktion - Verfahren im Vergleich. UTA, S 35-44

Biernath-Wüpping S, Liphard K (1998) Untersuchung von Mineralölkontaminationen im Boden. DGMK-Forschungsbericht 539, 26S

Biester H, Gosar M, Müller G (1999) Mercury speciation in tailings of the Idrija mercury mine. J Geochem Explor 65:195-204

Bingemer HG, Crutzen PJ (1987) The Production of Methane From Solid Wastes. J Geophys Res 92:2181-2187

Birg H (1994) Die Eigendynamik des Weltbevölkerungswachstums. Spektrum der Wissenschaft, Heft 9:38-46

Birgersson B, Sterner O, Zimerson E (1988) Chemie und Gesundheit. VCH Verlagsges., Weinheim, 356S

Bispo A, Jourdain MJ und Jauzein M (1999) Toxicity and genotoxicity of industrial soils polluted by polycyclic aromatic hydrocarbons (PAHs). Org Geochem 30:947-952

Bistry T (1998) Abschätzung von Sickerwasserbelastungen. Jahresbericht '97, Landesumweltamt NRW, Essen, S 81-83

Blakey NC (1984) Behaviour of arsenical wastes co-disposed with domestic solid wastes. J Water Pollut Control Fed 56:69-75

Bliefert C (1994) Umweltchemie. 1. Aufl, Wiley-VCH, Weinheim, 453S

Bliefert C (1997) Umweltchemie. 2. Aufl, Wiley-VCH, Weinheim, 510S

Bloom NS, Colman JA, Barber L (1997) Artifact formation of methyl mercury during aqueous distillation and alternative techniques for the extraction of methyl mercury from environmental samples. Fresenius J Anal Chem 358:371-377

Blum U, Schwedt G (1998) Screening zur Mobilisierbarkeit von Kupfer aus Böden und Schlämmen. UWSF - Z Umweltchem Ökotox 10:259-264

Blume HP, Deller B, Leschber R, Paetz A, Schmidt S, Wilke BM (2000) Handbuch der Bodenuntersuchung. Wiley-VCH, Weinheim, 1484S

Blümich M-J (1990) PCDD und PCDF bei der Verbrennung von kommunalem Abfall. Nachr Chem Tech Lab 38:324-328

BMZ - Bundesministerium für wirtschaftliche Zusammenarbeit (1993) Umwelt-Handbuch, Band III: Katalog umweltrelevanter Standards. Vieweg & Sohn, Braunschweig, 743S

Boehm PD, Quinn J (1973) Solubilization of hydrocarbons by the dissolved organic matter in seawater. Geochim Cosmochim Acta 37:2459-2477

Boers JP, de Leer EWB, Gramberg L, de Koning J (1994) Levels of coplanar PCB in flue gases of high temperature processes and their occurence in environmental samples. Fresenius J Anal Chem 348:163-166

Bolin B (1981) Carbon Cycle Modelling. J Wiley & Sons, New York, 390S

Bollag JM Bollag WB (1990) A model for enzymatic binding of pollutants in the soil. Intern J Environ Anal Chem 39:147-157

Bollag JM, Liu SY (1990) Biological transformation processes of pesticides. Soil Sci Soc Am Book Ser 2:169-211

Bollag JM, Loll MJ (1983) Incorporation of xenobiotics into soil humus. Experientia 39:1221-1230

Bolle HJ, Seiler W, Bolin B (1986) Other greenhouse gases and aerosols. In: Bolin B, Döös BR, Jäger J und Warrick RA (Hrsg) The greenhouse effect, climatic change and ecosystems. SCOPE 29, Wiley, New York, 157-203

Bollmacher H (1995) Meßtechniken für Luftverunreinigungen in Innenräumen. BWK/TÜ/Umwelt-Special, A 38-43

Bonkhoff K, Schwuger MJ, Subklew G (1997) Use of microemulsions for the extraction of contaminated solids. Industrial applications of microemulsions 66:355-374

Bonkhoff, K, Dierkes, F, Haegel, FH, Moenig, K, and Subklew, G (1998). Neue Mikroemulsionen mit Komponenten zur Unterdrückung von Flüssigkristallen, insbesondere für die in-situ-Bodensanierung. Deutsches Patent DE 19716953.8

Bonnett R, Burke PJ, Czechowski F, Reszka A (1984) Porphyrins and metalloporphyrins in coals. Org Geochem 6:177-182

Bonnett R, Czechowski F, Latos-Grazynski L (1990) The direct characterisation of iron porphyrins from coal using paramagnetic shift effects on proton NMR spectra. J Chem Soc, Chem Comm:849-851

Bonse-Geuking W (1994) Hat Schweröl eine Zukunft?- Erdöl Erdgas Kohle 110:344-346

Borchers H-W, Faulstich M (1987) Reduzierung des Schwermetallgehaltes durch Staubabscheidung in der Heißgaszone. In: Thome-Kozmiensky KJ (Hrsg) Müllverbrennung und Umwelt. EF-Verlag für Energie- und Umwelttechnik, Berlin, S 337-348

Bornewasser U (1996) Chemie mit Chlor - ökologisch verträglich gestalten. Mitteilungsblatt der GDCh-Fachgruppe Umweltchemie und Ökotoxikologie 2:6-8

Bortlisz J, Korber H-G, Malz F (1989) Organische Komponenten und Schwermetalle in kommunalen Klärschlämmen und landwirtschaftlich genutzten Böden. abwassertechnik 4/89:3-6

Borwitzky H, Bendig H, Schmidt KG (1997) Polychlorierte Naphthaline. UWSF - Z Umweltchem Ökotox 9:127-130

Bosecker K (1997) Bioleaching: metal solubilization by microorganisms. FEMS Microbiol Rev 20:591-604

Bosshard PP, Bachofen R, Brandl H (1996) Metal Leaching of Fly Ash from Municipal Waste Incineration by Aspergillus niger. Environ Sci Technol 30:3066-3070

Boutron CF, Candelone J-P, Hong S (1994a) Past and recent changes in the large-scale tropospheric cycles of lead and other heavy metals as documented in Antarctic and Greenland snow and ice: A review. Geochim Cosmochim Acta 58:3217-3225

Boutron CF, Candelone JP, Hong S (1994b) The changing occurence of natural and man-derived heavy metals in Antarctic and Greenland ancient ice and recent snow. Intern J Environ Anal Chem 55:203-209

Boutron CF, Görlach U, Candelone JP, Bolshov MA, Delmas RJ (1991) Decrease in anthropogenic lead, cadmium, and zinc in Greenland snows since the late 1960s. Nature 353:153-156

Boutron CF, Patterson CC (1987) Relative Levels of Natural and Anthropogenic Lead in Recent Antarctic Snow. J Geophys Res 92:8454-8464

Bowadt S, Johansson B, Wunderli S, Zennegg M, de Alencastro LF, Grandjean D (1995) Independent Comparison of Soxhlet and Supercritical Fluid Extraction for the Determination of PCBs in an Industrial Soil. Anal Chem 67:2424-2430

Boyle EA, Sherrell RM, Bacon MP (1994) Lead variability in the western North Atlantic Ocean and central Greenland ice: Implications for the search for decadal trends in anthropogenic emissions. Geochim Cosmochim Acta 58:3227-3238

Bracewell JM, Robertson GW (1976) A pyrolysis-gas chromatography method for discrimination of soil humus type. J Soil Sci 27:196-205

Bracewell JM, Robertson GW, Welch DI (1980a) Polycarboxylic acids as the origin of some pyrolysis products characteristic of soil organic matter. J Anal Appl Pyrol 2:239-248

Bracewell JM, Robertson GW, Williams BL (1980b) Pyrolysis-mass spectrometry studies of humification in a peat and a peaty podzol. J Anal Appl Pyrol 2:53-62

Brakstad F (1992) A comprehensive pollution survey of polychlorinated dibenzo-p-dioxins and dibenzofurans by means of principal component analysis and partial least squares regression. Chemosphere 25:1611-1629

Brannon JM, Myers TE, Pennington JC, Price CB (1994) The effect of solids concentration on PCB partitioning in spiked, anaerobic and oxidized sediments. Toxicol Environ Chem 43:23-39

Breitung J, Bruns-Nagel D, Steinbach K, Blotevogel K-H, Gorontzky T, Dillert R, Winterberg R, Stoffers H, Asbach P, Kaminski L, von Löw E, Gemsa D (1996) TNT in Komposten und Flüssigkultur. UWSF - Z Umweltchem Ökotox 8:249-254

Brenner KS (1995) Waste incineration and PCDD/F-formation - problems, solutions. Toxicol Environ Chem 47:7-14

Bretscher MS (1985) Die Moleküle der Zellmembran. Spektrum der Wissenschaft 12:90-99

Breward N, Williams, Bradley D (1996) Comparison of alternative extraction methods for determining particulate metal fractionation in carbonate-rich Mediterraneous soils. Appl Geochem 11:101-104

Brezesinski, G, Mögel HJ (1993) Grenzflächen und Kolloide. Spektrum Akademischer Verlag, Heidelberg Berlin Oxford

Brierley CL (1990) Metal immobilization using bacteria. In: Ehrlich HC, Brierley CL (Hrsg) Microbial mineral recovery, McGraw-Hill, New York, 303-323

Britt DW, Hlady V (1999) Protonation, hydrolysis, and condensation of mono- and trifunctional silanes at the air/water interface. Langmuir 15:1770-1776

Brockmann R (1992) Versuche zum Übergang von Inhaltsstoffen der Marsberger Schlacke "Kieselrot" auf Speiseöl in Abhängigkeit vom pH-Wert des Milieus und der Anwesenheit organischer Begleitsubstanz. Lebensmittelchemie 46:37-40

Broecker WS (1994) Is Earth climate poised to jump again?- Geotimes Nov:16-18

Broekaert JAC, Gücer S, Adams F (1990) Metal Speciation in the Environment. Springer-Verlag, Berlin, 645S

Bröker G (1993) Emissionen von chlorierten Dioxinen und Furanen in der BRD - Problematik von Bilanzuntersuchungen. LIS-Berichte 110:101-109

Bröker G, Gärtner A (1998) Optische Fernmeßverfahren - ein Instrument zur Abschätzung von luftverunreinigenden Emissionen aus diffusen Quellen. Jahresbericht `97, Landesumweltamt NRW, Essen, S 129-133

Brubaker PE, Moran JP, Bridborg K, Gordon F (1975) Noble metals: a toxicological appraisal of potential new environmental contaminants. Environ Health Perspectives 10:39-56

Bruce LG, Schmidt GW (1994) Hydrocarbon Fingerprinting for Application in Forensic Geology: Review with Case Studies. AAPG Bull 78:1692-1710

Bruckmann P (1996) Umweltaspekte der Chlorchemie. Immissionsschutz 1, 97-102

Bruckmann P, Pfeffer H-U (1991) Immissionen von Metall- und Metalloid-Verbindungen - Meßverfahren und Außenluftkonzentrationen. VDI Berichte 888, 377-396

Brückner E (2000) Solubilisierung lipophiler Substanzen durch Phospholipidvesikel, Dissertation, Universität Essen

Brückner E, Rehage H (1998) Solubilization of toluene in phospholipid vesicles studied by video-enhanced contrast microscopy. Prog Coll Polym Sci 109:21-28

Brückner E, Sonntag P, Rehage H (2000) Influence of toluene on the bending elastic properties of giant phosphatidylcholine vesicles. J Phys Chem 104:2311-2319

Brune B, Fiedler H (1996) Chlororganische Verbindungen in Muttermilch. Z Umweltchem Ökotox 8:37-42

Brunner PH (1989) Die Herstellung von umweltverträglichen Reststoffen als neues Ziel der Müllverbrennung. Müll und Abfall 15:166-180

Brunner PH, Zobrist J (1983) Die Müllverbrennung als Quelle von Metallen in der Umwelt. Müll und Abfall 9:221-227

Bryan ND, Robinson VJ, Livens FR, Hesketh N, Jones MN, Lead JR (1997) Metal-humic interactions: A random structural modelling approach. Geochim Cosmochim Acta 61:805-820

Brzuzy LP, Hites RA (1996) Global mass balance for polychlorinated dibenzo-p-dioxins and dibenzofurans. Environ Sci Technol 30:1797-1804

Buck M, Elbers G (1992) Soot Concentration in Ambient Air. Erdöl & Kohle, Erdgas, Petrochemie 45:219-223

Budd WT, Roberts JW, Ruby MG (1990) Field Evaluation of a High Volume Surface Sampler for Pesticides in Floor Dust. EPA/600/S3-90/030, 6S

Buddemeier RW, Hunt RJ (1988) Transport of colloidal contaminants in groundwater: radionuclide migration at the Nevada Test Site. Appl Geochem 3:535-548

Budzikiewicz H (1998) Massenspektrometrie: eine Einführung. Wiley-VCH, Weinheim New York Chichester Brisbane Singapore Toronto

Bulten EJ, Meinema HA (1991) Tin. In: Merian E (Hrsg) Metals and Their Compounds in the Environment. VCH, Weinheim, S 1243-1258

Bumpus J (1989) Biodegradation of polycyclic aromatic hydrocarbons by Phanerochaete chrysosporium. Appl Environ Microbiol 55:154-158

Bundt J (1991) Bestimmung von Mineralölinhaltsstoffen und deren Abbauprodukten im Boden unter besonderer Berücksichtigung aromatischer Verbindungen. Dissertation Universität Hamburg, 129S

Bunzl K, Schimmack W (1988) Effect of microbial biomass reduction by gamma-irradiation on the sorption of ^{137}Cs, ^{85}Sr, ^{139}Ce, ^{57}Co, ^{109}Cd, ^{65}Zn, ^{103}Ru, ^{95m}Tc and ^{131}I by soils. Radiat Environ Biophys 27:165-176

Burger A (1994) Ultradünner Polymernetzwerke und Mikrokapseln als Modellsysteme. Dissertation, Universität Bayreuth

Burhenne M, Schneider I, Bukowsky H (1997) Rieselfelder. UWSF - Z Umweltchem Ökotox 9:94-96

Burkart W (1994) Die Beurteilung von Strahlenrisiken. Spektrum der Wissenschaft Heft 12/94:112-125

Burns KA, Codi S, Pratt C, Duke NC (1999) Weathering of hydrocarbons in mangrove sediments: testing the effects of using dispersants to treat oil spills. Org Geochem 30:1273-1286

Burtscher H, Schmidt-Ott A (1986) In situ measurement of adsorption and condensation of a polyaromatic hydrocarbon on ultrafine C particles by means of photoemission. J Aerosol Sci 17:699-703

Busche U, Hirner AV (1997) Mobilisierbarkeit von hydrophoben organischen Schadstoffen in belasteten Böden und Abfällen. Teil II: Mobilisierbarkeit von PAK, PCB und Phenolen durch reale Wässer. Acta hydrochim hydrobiol 25:248-252

Butler GC, Hyslop C (1980) Radioactive Substances. In: Hutzinger O (Hrsg) The Handbook of Environmental Chemistry, Vol 3 Part A, Springer-Verlag, Berlin, S 231-270

Butte W, Walker G (1994) Sinn und Unsinn von Hausstaubuntersuchungen. VDI-Bericht 1122:535-546

Buttgereit R (1994) Die Chlorchemie auf dem Prüfstand - gibt es Alternativen?- Spektrum der Wissenschaft:108-113

Byrd JT, Andreae MO (1986) Geochemistry of tin in rivers and estuaries. Geochim Cosmochim Acta 50:835-845

Byrne AR, Slejkovec Z, Stijve T, Fay L, Gössler W, Gailer J, Irgolich KJ (1995) Arsenobetaine and Other Arsenic Species in Mushrooms. Appl Organomet Chem 9, S 305-313

Caglioti L (1983) The Two Faces of Chemistry. MIT Press, Cambridge, 218S

Cai Y, Jaffe R, Jones R (1997) Ethylmercury in the Soils and Sediments of the Florida Everglades. Environ Sci Technol 31:302-305

Calabrese EJ, Kostecki PT (1989) Petroleum Contaminated Soils, Vol 2. Lewis Publishing, Chelsea, 515S

Calabrese EJ, Pastides H, Barnes R, Edwards C, Kostecki P, Stanek E et al (1989) How much soil do young children ingest: an epidemiological study. J Reg Tox Appl Pharm 10:123-127

Calabrese EJ, Stanek E, Gilbert CE, Barnes RM (1990) Preliminary adult soil ingestion estimates: result of a pilot study. Regulatory Toxicology and and Pharmacology 12:88-95

Calmano W (1988) Stabilization of dredged mud. In: Salomons W, Förstner U (Hrsg) Environmental Management of Solid Waste: Dredged Materials and Mine Tailings. Springer-Verlag, Berlin, S 80-98

Calmano W, Förstner U (1996) Sediments and Toxic Substances. Springer-Verlag, Berlin, 335S

Calvert TL, Leckband D (1997) Two-dimensional protein crystallization at solid-liquid interfaces. Langmuir 13:6737-6745

Cambray RS, Cawse PA, Garland JA, Gibson JAB, Johnson P, Lewis GNJ, Newton D, Salmon L, Wade BO (1987) Observations on radioactivity from the Chernobyl accident. Nucl Energy 26:77-101

Campbell JA, Stromatt RW, Smith MR, Koppenaal DW, Bean RM, Jones TE, Strachan DM, Babad H (1994) Organic Analysis at the Hanford Nuclear Site. Anal Chem 66:1208A-1215A

Campbell MJ, Delves HT (1989) Accurate and precise determination of lead isotope ratios in clinical and environmental samples using inductively coupled plasma source mass spectrometry. J Anal At Spectrom 4:235-236

Carey MC, Small DM (1972) Micelle formation by bile salts. Physical-chemical and thermodynamic considerations. Arch Intern Med 130:506-527

Caroli S (1996) Element Speciation in Bioinorganic Chemistry. J Wiley & Sons, New York, 474S

Caroli S, La Torre F, Petrucci F, Violante N (1994) On-Line Speciation of Arsenical Compounds in Fish and Mussel Extracts by HPLC-ICP-MS. Environ Sci & Pollut Res 1:205-208

Caron G, Suffet IH, Belton T (1985) Effect of dissolved organic carbon on the environmental distribution of non polar organic compounds. Chemosphere 14:993-1000

Carpentier B, Ungerer P, Kowalewski I, Magnier C, Courcy JP, Huc AY (1996) Molecular and isotopic fractionation of light hydrocarbons between oil and gas phases. Org Geochem 24:1115-1139

Cave MR, Wragg J (1997) Measurement of Trace Element Distributions in Soils and Sediments Using Sequential Leach Data and a Non-specific Extraction System With Chemometric Data Processing. Analyst 122:1211-1221

Cerniglia CE (1992) Biodegradation of polycyclic aromatic hydrocarbons. Biodegradation 3:351-368

Cerny J, Pawlikova H, Machovic V (1990) Compound-class fractionation of coal-derived liquids by extrography. Fuel 69:966-971

Chakhmakhchev A, Suzuki M, Takayama K (1997) Distribution of alkylated dibenzothiophenes in petroleum as a tool for maturity assessments. Org Geochem 26:483-490

Champ MA, Seligman PF (1996) Organotin - Environmental Fate and Effects. Chapman & Hall, London, 623S

Chandra A (1997) Organosilicon Materials In: Hutzinger O (Hrsg) The Handbook of Environmental Chemistry, Vol 3 Part H, Springer-Verlag, Berlin, 324S

Chandrajith RLR, Okumura M, Hashitani H (1995) Human influence on the Hg pollution in Lake Jinzai, Japan. Appl Geochem 10:229-235

Chang RK (1987) Surface enhanced Raman scattering at electrodes: A status report. Ber Bunsenges Phys Chemie 91: 296

Chanmugathas P, Bollag JM (1987a) Microbial mobilization of cadmium in soil under aerobic and anaerobic conditions. J Environ Qual 16:161-167

Chanmugathas P, Bollag JM (1987b) Microbial role in immobilization and subsequeent mobilization of cadmium in soil suspensions. Soil Sci Soc Am J 51:1184-1191

Chanmugathas P, Bollag JM (1988) A column study of the biological mobilization and speciation of cadmium in soil. Arch Environ Contam Toxicol 17:229-237

Chau YK, Wong PTS, Bengert GA, Dunn JL (1984) Determination of Dialkyllead, Trialkyllead, Tetraalkyllead, and Lead(II) Compounds in Sediment and Biological Samples. Anal Chem 56:271-274

Chau YK, Wong PTS, Bengert GA, Kramar O (1979) Determination of Tetraalkyllead Compounds in Water, Sediment, and Fish Samples. Anal Chem 51:186-188

Cheng HH (1990) Organic residues in soils: mechanisms of retention and extractability. Intern J Environ Anal Chem 39:165-171

Cheng Q, Fu JA, Burkard R, Wang W, Yamamoto M, Yang J, Stevens RC (1999) Monolayer and epi-fluorescence microscopy studies of amino acid derivatized diacetylene lipids. Thin Solid Films 345:292-299

Chiou CT, Malcolm RL, Brinton TI, Kile DE (1986) Water solubility enhancement of some organic pollutants and pesticides by dissolved humic and fulvic acids. Environ Sci Technol 20:502-508

Chiou CT, Porter PE, Schmedding DW (1983) Partition equilibria of nonionic organic compounds between soil organic matter and water. Environ Sci Technol 17:227-231

Chirenje T, Ma LQ (1999) Effects of acidification on metal mobility in a papermill-ash amended soil. J Environ Qual 28:760-766

Chiron S, Torres JA, Fernandez-Alba A, Alpendurada MF, Barcelo D (1996) Identification of carbofuran and methiocarb and their transformation products in estuarine waters by on-line solid phase extraction liquid chromatography-mass spectrometry. Intern J Environ Anal Chem 65:37-52

Cho EH, Yanief G, Yang DC, Peng FF (1997) Carrier flotation for the removal of radionuclides from contaminated soils. Miner Metall Process 14:27-31

Choi S-C, Chase T jr, Bartha R (1994) Enzymatic Catalysis of Mercury Methylation by *Desufovibrio desulfuricans* LS. Appl Environ Microbiol 60:1342-1346

Chon H-T, Cho C-H, Kim K-W (1996) The occurence and dispersion of potentially toxic elements in areas covered with black shales and slates in Korea. Appl Geochem 11:69-76

Choori UN, Scamehorn JF, OHaver JH, Harwell JH (1998) Removal of volatile organic compounds horn surfactant solutions by flash vacuum stripping in a packed column. Ground Water Monitoring and Remediation 18:157-165

Christ GA, Harston SJ, Hembeck HW (1992) GLP Handbuch für Praktiker. GIT, Darmstadt

Christensen LB, Larsen TH (1993) Method for determining the age of diesel oil spills in the soil. Ground Wat Monit Remed 3:142-149

Christian GD (1986) Analytical Chemistry. Wiley & Sons, New York, 676S

Chuang JC, Callahan PJ, Menton RG, Gordon SM, Lewis RG, Wilson NK (1995) Monitoring Methods for Polycyclic Aromatic Hydrocarbons and Their Distribution in House Dust and Track-in Soil. Environ Sci Technol 29:494-500

Chynoweth DP (1991) Global Significance of Biomethanogenesis. ACS Symp Ser 483:338-351

Cikryt P (1995) Toxische Wirkungen von polychlorierten Dibenzo-p-dioxinen und Dibenzofuranen, die für die Gefährdungsabschätzung beim Menschen von Bedeutung sind. Organohalogen Compounds 22:105-130

Claessens HA, Rhemrev MM, Wevers JP, Janssen AAJ, Brasser LJ (1991) Comparison of Extraction Methods for the Determination of Polycyclic Aromatic Hydrocarbons in Soot Samples. Chromatographia 31:569-574

Clark FE, Rosswall T (1981) Terrestrial Nitrogen Cycles. Ecol Bull 33, Stockholm, 714S

Clarke AN, Oma KH, Megehee MM, Wilson DJ (1993) Soil Cleanup by Surfactant Washing, II. Design and Evaluation of the Components of the Pilot-scale Surfactant Recycle System. Sep Sci Technol 28:2103-2135

Clarke AN, Plumb PD, Subramanyan TK, Wilson DJ (1991) Soil Cleanup by Surfactant Washing, I. Laboratory Results and Mathematical Modelling. Sep Sci Technol 26:301-343

Clarkson TW (1992) Mercury: Major Issues in Environmental Health. Environ Health Perspect 100:31-38

Claypool GE, Kaplan IR (1974) The origin and distribution of methane in marine sediments. In: Kaplan IR (Hrsg) Natural gases in marine sediments. Plenum Press, New York, S 99-140

Cleckner LB, Garrison PJ, Hurley JP, Olson ML, Krabbenhoft DP (1998) Trophic transfer of methyl mercury in the northern Florida Everglades. Biogeochem 40:347-361

Clemens WD, Haegel FH, Schwuger MJ, Stickdorn K, Subklew G, Webb L (1993) Bodensanierung mit Mikroemulsionen- Konzepte und erste Ergebnisse. Altlastensanierung 93, Band II. Kluwer Academic Publishers, Dordrecht S 1345-1354

Clement RE, Tosine HM (1988) The gas chromatography/mass spectrometry determination of chlorodibenzo-p-dioxins and dibenzofurans. Mass Spectrom Rev 7:593-636

Clevenger TE (1990) Use of sequential extraction to evaluate the heavy metals in mining wastes. Water, Air, and Soil Pollut 50:241-254

Codina G, Vaquero MT, Comellas L, Broto-Puig F (1994) Comparison of various extraction and clean-up methods for the determination of polycyclic aromatic hydrocarbons in sewage sludge-amended soils. J Chromat A 673:21-29

Colbeck I (1995) Particle Emission from Outdoor and Indoor Sources. In: Hutzinger O (Hrsg) The Handbook of Environmental Chemistry, Vol 4, Part D, Springer-Verlag, Berlin, S 1-33

Coldewey WG, Krahn L (1991) Leitfaden zur Grundwasseruntersuchung in Festgesteinen bei Altablagerungen und Altstandorten. MURL NRW, Düsseldorf, 173S

Colodner DC, Boyle EA, Edmond JM, Thomson J (1992) Post-depositional mobility of platinum, iridium and rhenium in marine sediments. Nature 358:402-404

Connell DW (1997) Basic Concepts of Environmental Chemistry. Lewis Publishing, Boca Raton, 506S

Conrad R (1993) Mechanisms controlling methane emission from wetland rice fields. In: Oremland RS (Hrsg) Biogeochemistry of global change. Chapman Hall, New York, S 317-335

Cooke AI, Green N, Rimmer LD, Weekes TEC, Wilkins BT (1995) Development of an in vitro method to assess the availability of soil-associated radionuclides for uptake by ruminants. J Environ Radioact 28:191-207

Coplen TB (1996) New guidelines for reporting stable hydrogen, carbon, and oxygen isotope-ratio data. Geochim Cosmochim Acta 60:3359-3360

Costerton JW, Cheng K-J, Geesey GG, Ladd TI, Nickel JC, Dasgupta M, Marrie J (1987) Bacterial biofilms in nature and disease. Ann Rev Microbiol 41:435-464

Cotton C, Glidle A, Beamson G, Cooper JM (1998) Dynamics of the formation of mixed alkanethiol monolayers: Applications in structuring biointerfacial arrangements. Langmuir 14:5139-5146

Cozzarelli IM, Eganhouse RP, Baedecker MJ (1990) Transformation of monoaromatic hydrocarbons to organic acids in anoxic ground water environment. Environ Geol Wat Sci 16:135-141

Craig PJ (1980) Metal Cycles and Biological Methylation. In: Hutzinger O (Hrsg) The Handbook of Environmental Chemistry, Vol 1, Part A, Springer-Verlag, Berlin, S 169-227

Craig PJ (1986) Organometallic Compounds in the Environment - Principles and Reactions. Longman Group Ltd, Harlow, 386S

Craig PJ, Dewick RJ, van Elteren JT (1995) Use of sodium tetraethylborate for the analysis of trimethyllead species in artificial rain water and a natural road dust sample. Fresenius J Anal Chem 351:467-470

Craig PJ, Glockling F (1988) The Biological Alkylation of Heavy Elements, The Royal Society of Chemistry, London

Craig PJ, Laurie SH, McDonagh R (1994) Solubilization of Arsenic from Gallium Arsenide Using Aqueous Suspensions of Organic Halides. Appl Organomet Chem 8:183-190

Craig PJ, Laurie SH, McDonagh R (1998) Extent and Rate of Solubilization of Tin by Iodomethane-Water Mixtures. Appl Organomet Chem 12:237-241

Craig PJ, Moreton PA (1984) The role of sulphide in the formation of dimethyl mercury in river and estuary sediments. Mar Pollut Bull 15:406-408

Craig PJ, Rapsomanikis S (1982) A New Route to Tris(dimethyltin sulphide) with Tetramethyltin as a Co-product; the Wider Implications of This and Some Other Reactions leading to Tetramethyl-tin and -lead from Iodomethane. J Chem Soc, Chem Commun:114

Craig PJ, Rapsomanikis S (1985) Methylation of tin and lead in the environment: Oxidative methyl transfer as a model for environmental reactions. Environ Sci Technol 19:726-730

Crecelius EA (1981) Prediction of marine atmospheric deposition rates using total [7]Be deposition velocities. Atmos Environ 15:579-582

Crocket JH, Kuo HY (1979) Sources for gold, palladium and iridium in deep-sea sediments. Geochim Cosmochim Acta 43:831-842

Crocket JH, Teruta Y (1976) Pt, Pd, Au and Ir content of Kelly Lake bottom sediments. Can Mineral 14:58-61

Crompton TR (1998) Occurence and analysis of organometallic compounds in the environment. J Wiley & Sons, New York, 237S

Crosland AR, McGrath SP, Lane PW (1993) A interlaboratory comparison of a standardised EDTA extraction procedure for the analysis of available trace elements in two quality control soils. Intern J Environ Anal Chem 51:153-160

Croudace IW, Cundy AR (1995) Heavy metal and hydrocarbon pollution in recent sediments from Southampton Water, Southern England: a geochemical and isotopic study. Environ Sci Technol 29:1288-1296

Crusius J, Anderson RF (1991) Immobility of ^{210}Pb in Black Sea sediments. Geochim Cosmochim Acta 55:327-333

Cubelic M, Pecoroni R, Schäfer J, Eckhardt J-D, Berner Z, Stüben D (1997) Verteilung verkehrsbedingter Edelmetallimmissionen in Böden. UWSF - Z Umweltchem Ökotox 9:249-258

Cullen WR, Harrison LG, Li H, Hewitt G (1994a) Bioaccumulation and Excretion of Arsenic Compounds by a Marine Unicellular Alga, Polyphysa peniculus. Appl Organomet Chem 8:313-324

Cullen WR, Li X-F, Reimer KJ (1994b) Degradation of phenanthrene and pyrene by microorganisms isolated from marine sediment and seawater. Sci Tot Environ 156:27-37

Cullen WR, Reimer KJ (1989) Arsenic Speciation in the Environment. Chem Rev 89:713-764

Czuczwa JM, Hites RA (1984) Environmental fate and combustion-generated polychlorinated dioxins and furans. Environ Sci Technol 18:444-450

Czuczwa JM, Hites RA (1986) Airborne dioxins and dibenzofurans: sources and fate. Environ Sci Technol 20:195-200

Czuczwa JM, Niessen F, Hites RA (1985) Historical record of polychlorinated dibenzo-p-dioxins and dibenzofurans in Swiss lake sediments. Chemosphere 14:1175-1179

DahmenLevison U, Brezesinski G, Möhwald H (1998) Specific adsorption of PLA(2) at monolayers. Thin Solid Films 329:616-620

Dahmke A, Lensing HJ, Schäfer D, Schäfer W, Wüst W (1996) Perspektiven der Nutzung geochemischer Barrieren - Ein Konzept zur In-Situ-Sanierung und Sicherung von Grundwasserkontaminationen. Geowiss 14:186-195

Dai M, Martin J-M, Cauwet G (1995) The significant role of colloids in the transport and transformation of organic carbon and associated trace metals (Cd, Cu and Ni) in the Rhone delta (France). Mar Chem 51:159-175

Daisey JM, Cheney JL, Lioy PJ (1986) Profiles of organic particulate emissions from air pollution sources: status and needs for receptor source: apportionment modeling. J Air Pollut Control Ass 36:17-33

Dallacker F (1991) Über natürlich in der Umwelt vorkommende Mutagene und Cancerogene. Wissenschaft und Umwelt:69-83

Damiecki R (1992) Über den Glühverlust zur Emissions-Ermittlung: Schlichtweg ungeeignet. Entsorga-Magazin 5:39-45

Dankwardt A, Wüst S, Elling W, Thurman EM, Hock B (1994) Determination of Atrazine in Rainfall and Surface Water by Enzyme Immunoassay. Environ Sci & Pollut Res 1:196-204

Dannecker W, Naumann K, Bergmann J (1982) Untersuchung der Korngrößenverteilung von Schwebstäuben sowie des Elutionsverhaltens darin enthaltener umweltrelevanter Elemente. Staub-Reinhalt Luft 42:176-182

Darimont T (1995) Konversion Chlochemie. Z Umweltchem Ökotox 7:280-286

Dart RK (1966) Microbiology for the Analytical Chemist. Royal Soc. Chem, Cambridge, 159S

Dauchy X, Cottier R, Batel A, Borsier M, Astruc A, Astruc M (1994) Application of butyltin speciation by HPLC/ICP-MS to marine sediments. Environ Technol 15:569-576

Daughney CJ, Fein JB (1997) Aqueous complexation of cadmium, lead, and copper by 2,4,6-trichlorophenolate and pentachlorophenolate. Geochim Cosmochim Acta 61:719-729

Daunderer M (1991) Umweltgifte - Diagnostik und Therapie. ecomed Verlagsges., Landsberg/Lech

David J, Regulla D und Schraube H (1993) Strahlenexposition in Verkehrsflugzeugen. Physik in unserer Zeit 24:180-184

Davids L, Flemming H-C, Wilderer PA (1998) Microorganisms and Their Role in Soil . In: Sikdar SK, Irvine RL (Hrsg) Bioremediation: Principles and Practice, Vol 1: Fundamentals and Applications, Technomic Publ, Lancaster PA, S 283-332

Davidson CM, Duncan AL, Littlejohn D, Ure AM, Garden LM (1998) A critical evaluation of the three-stage sequential extraction procedure to assess the potential mobility and toxicity of heavy metals in industrially-contaminated land. Anal Chim Acta 363:45-55

Davidson CM, Thomas RP, McVey SE, Perala R, Littlejohn D, Ure AM (1994) Evaluation of a sequential extraction procedure for the speciation of heavy elements in sediments. Anal Chim Acta 291:277-286

Davidson CM, Wilson LE, Ure AM (1999) Effect of sample preparation on the operational speciation of cadmium and lead in a freshwater sediment. Fresenius J Anal Chem 363:134-136

Davies AG (1997) Organotin Chemistry. VCH, Weinheim, 327S

Davies CD, Muller H, Hagen I, Garseth M, Hjelstuen MH (1997) Comparison of extracellular matrix in human osteosarcomas and melanomas growing as xenografts, multicellular spheroids, and monolayer cultures. Anticancer Research 17:4317-4326

Davison RL, Natusch DFS, Wallace JR, Evans CA jr (1974) Trace elements in fly ash - dependence of concentration on particle size. Environ Sci Technol 8:1107-1113

Dayan H, Abrajano T, Sturchio NC, Winsor L (1999) Carbon isotopic fractionation during reductive dehalogenation of chlorinated ethenes by metallic iron. Org Geochem 30:755-763

De Alencastro LF, Prelaz F, Tarradellas J (1985) An improved quantitation method used to determine the origin of PCBs in wastewaters: the index of similarity. Intern J Environ Anal Chem 22:183-201

De la Guntinas, Madrid Y, Camara C (1991) Determination of total available antimony in marine sediments by slurry formation - hydride generation atomic absorption spectrometry. applicability to the selective determination of antimony (III) and antimony (V). Analyst 116:1029-1032

De Lacerda LD, Prieto RG, Marins RV, Azevedo SLN, Pereira MC (1995) Anthropogenic mercury emissions to the atmosphere in Brasil. Proc. Int. Conf. On Heavy Metals in the Environment, Hamburg, Vol I, S379-382

De Lacerda LD, Salomons W (1998) Mercury from Gold and Silver Mining: A Chemical Time Bomb?- Springer, Heidelberg, 146S

De Smaeale T, Verrept P, Moens L, Dams R (1995) A flexible interface for the coupling of capillary gas chromatography with inductively coupled plasma mass spectrometry. Spectrochim Acta B 50:1409-1416

Dean JR (1996) Accelerated Solvent Extraction of Polycyclic Aromatic Hydrocarbons From Contaminated Soil. Anal Commun 33:191-192

Decadt G, Baeyens W, Bradley D, Goeyens L (1985) Determination of Methylmercury in Biological Samples by Semiautomated Headspace Analysis. Anal Chem 57:2788-2791

Degens ET (1967) Diagenesis of organic matter. In: Larsen G, Chilinger GV (Hrsg) Diagenesis in Sediments. Elsevier, Amsterdam, S 368-374

Deipser A, Stegmann R (1997) Biological Degradation of VCCs and CFCs Under Simulated Anaerobic Landfill Conditions in Laboratory Test Digesters. ESPR - Environ Sci & Pollut Res 4:209-216

Del Rio JC, Martin F, Gonzalez-Vila FJ, Verdejo T (1995) Chemical structural investigation of asphaltenes and kerogens by pyrolysis-methylation. Org Geochem 23:1009-1022

Delves HT, Campbell MJ (1988) Measurements of total lead concentrations and of lead isotope ratios in whole blood by use of inductively coupled plasma source mass spectrometry. J Anal At Spectrom 3:343-348

DeMeijere K, Brezesinski G, Möhwald H (1997) Polyelectrolyte coupling to a charged lipid monolayer. Macromolecules 30:2337-2342

Dercova K, Balaz S, Haluska L, Hornak V, Holecova V (1995) Degradation of PCB by bacteria isolated from long-time contaminated soil. Intern J Environ Anal Chem 58:337-348

Desideri PG, Lepri L, Checchini L, Santianni D (1994) Organic compounds in surface and deep Antarctic snow. Intern J Environ Anal Chem 55:33-46

Deutscher Normenausschuß (Hrsg) (1981) DIN38409,Teil18: Summarische Wirkungs- und Stoffkenngrößen (Gruppe H) Bestimmung von Kohlenwasserstoffen (H 18). Berlin

Deutscher Normenausschuß (Hrsg) (1984) DIN 38414, Teil 4: Bestimmung der Eluierbarkeit mit Wasser (S4). Berlin

Deutscher Normenausschuß (Hrsg) (1984) DIN38414,Teil7: Bestimmung des säurelöslichen Anteils (S7). Berlin

Devai I, Delaune RD (1995) Evidence for phosphine production and emission from Louisiana and Florida marsh soils. Org Geochem 23:277-279

Devai I, Felfoldy L, Wittner I, Plosz S (1988) Detection of phosphine: new aspects of the phosphorus cycle in the hydrosphere. Nature 333:343-345

Dhoum RT, Evans GJ (1998) Evaluation of uranium and arsenic retenion by soil from a low level radioactive waste management site using sequential extraction. Appl Geochem 13:415-420

DiCorcia A, Samperi R, Marcomini A (1994) Monitoring Aromatic Surfactants and Their Biodegradation Intermediates in Raw and Treated Sewages by Solid-Phase Extraction and Liquid Chromatography. Environ Sci Technol 28:850-858

Dierkes F, Haegel FH, Schwuger MJ (1998) Low-temperature microemulsions for the in situ extraction of contaminants from soil. Coll Surf A. Phys Eng Asp 141:217-225

Dijen Liem AK, van Zorge JA (1995) Dioxins and Related Compounds: Status and Regulatory Aspects. Environ Sci & Pollut Res 2:46-56

Dikshith TSS (1978) DDT - The Problem of Residue and Hazard. J Scient Ind Res 37:316-328

Ding WH, Valente H, Spink D, Aldous K, Hilker D, Connor S (1989) Application of multivariate data analysis to evaluate total PCDDs and PCDFs in municipal incinerator emission. Chemosphere 18:1935-1942

Dobias B, von Rybinski W (1999) Adsorption at the Solid-Liquid Interface. In: Dobias B et al (Hrsg) Solid-Liquid-Dispersions. Marcel Dekker, Inc, New York S 318-470

Docekal B, Krivan V, Pelz N (1992) Trace and minor element characterization of diesel soot. Fresenius J Anal Chem 343:873-878

Doeltz MK, Mackie M, Rich PA, Lent D, Sigman CC, Helmes CT (1984) A study of organometallic compounds for the selection of candidates for carcinogen bioassay. J Environ Sci Health A19:27-65

Dolk H, Vrijheid M, Armstrong B, Abramsky L, Bianchi F, Garne E, Nelen V, Robert E, Scott JES, Stone D, Tenconi R (1998) Risk of congenital anomalies near hazardous-waste landfill sites in Europe: the EUROHAZCON study. The Lancet 352:423-427

Domenech C, Mans C (1987) Monolayers of long-chain alcohols in the reduction of water evaporation. Comun Jorn Com Esp Deterg 18:329-339

Domenech T, Hernandez F, Mans T (1983) Effect of monolayers on the reduction of evaporation of liquids (water and hydrocarbons). Comun Jorn Com Esp Deterg 14th:147-161

Domenech T, Mans T, Costa L (1987) Reduction of water evaporation by monolayers. Quim Ind (Madrid) 33:1018-1022

Donnelly JR, Munslow WD, Nunn NJ, Grange AH, Vonnahme TL, Fisk JF, Sovocool GW (1990) Improvements to method performance for environmental monitoring of dioxins and dibenzofurans. Chemosphere 20:123-136

Dörfler HD (1994) Grenzflächen und Kolloidchemie. VCH-Verlag, Weinheim New York Basel Cambridge Tokyo

Dörhöfer G, Thein J, Wiggering H (1994) Altlast Sonderabfalldeponie Münchehagen. Umweltgeologie heute 4, Ernst & Sohn, Berlin, 216S

Döring K (1996) Verlängerung der Nutzungsdauer von Altdeponien durch einfache machanisch-biologische Behandlung. UTA, S 45-52

Dowdle PR, Laverman AM, Oremland RS (1996) Bacterial Dissimilatory Reduction of Arsenic(V) to Arsenic(III) in Anoxic Sediments. Appl Environ Microbiol 62:1664-1669

Dowling LM, Boreham CJ, Hope JM, Murray AP, Summons RE (1995) Carbon isotopic composition of hydrocarbons in ocean-transported bitumens from the coastline of Australia. Org Geochem 23:729-737

Dressler RG, Guinat E (1973) Evaporation control on water reservoirs. Ind Eng Chem 12:80-82

Drever JI (1982) The Geochemistry of Natural Waters. Prentice-Hall, Englewood Cliffs, 388S

Driss MR, Bouguerra ML (1996) Solid phase extraction of organophosphorus pesticides from water using capillary gas chromatography with thermionic specific detection. Intern J Environ Anal Chem 65:1-10

Drost-Hansen W (1971) Part B. Chemistry of the cell interface. Academic Press, New York, S 1-184

Drotleff J, Fluthwedel A, Pohle H, Spilok K (1992) Handbuch Chlorchemie II - Ausgewählte Produktlinien. Umweltbundesamt Berlin, 268S

Duarte-Davidson R, Clayton P, Coleman P, Davis BJ, Halsall CJ, Harding-Jones P, Pettit K, Woodfield MJ, Jones KC (1994) Polychlorinated Dibenzo-p-Dioxins (PCDDs) and Furans (PCDFs) in Urban Air and Deposition. Environ Sci & Pollut Res 1:262-270

Ducreux J, Bocard C, Muntzer P, Razakarisoa O, Zilliox L (1990) Mobility of soluble and non-soluble hydrocarbons in contaminated aquifer. Wat Sci Technol 22:27-36

Dulfer WJ, Bakker MWC, Govers HAJ (1995) Micellar Solubility and Micelle/Water Partitioning of Polychlorinated Biphenyls in Solutions of Sodium Dodecyl Sulfate. Environ Sci Technol 29:985-992

Dunbar J (1982) Detection of added water and sugar in New Zealand commercial wines. In: Schmidt H-L, Förstel H, Heinzinger K (Hrsg) Stable Isotopes. Elsevier, Amsterdam, S 495-501

Dunemann L, Begerow J (1995) Kopplungstechniken zur Elementspeziesanalytik. VCH, Weinheim, 222S

Düreth S, Herrmann R, Pecher K (1986) Tracing faecal pollution by coprostanol and intestinal bacteria in an ice-covered Finnish Lake loaded with both industrial and domestic sewage. Wat Air Soil Pollut 28:131-149

Dzantiev BB, Zherdev AV, Romanenko OG, Sapegova LA (1996) Development and comparative study of different immunoenzyme techniques for pesticides detection. Intern J Environ Anal Chem 65:95-111

Dzubay TG, Stevens RK, Gordon GE, Olmez I, Sheffield AE, Courtney WJ (1988) A composite receptor method applied to Philadelphia aerosols. Environ Sci Technol 22:46-52

Ebinghaus R, Hintelmann H, Wilken RD (1994) Mercury-cycling in surface waters and in the atmosphere - Species analysis for the investigation of transformation and transport properties of mercury. Fresenius J Anal Chem 350:21-29

Ebinghaus R, Jennings SG, Schroeder WH, Berg T, Donaghy T, Guentzel J, Kenny C, Kock HH, Kvietkus K, Landing W, Mühleck T, Munthe J, Prestbo EM, Schneeberger D, Slemr F, Sommar J, Urba A, Wallschläger D, Xiao Z (1999b) International field intercomparison measurements of atmospheric mercury species at Mace Head, Ireland. Atmosph Environ 33:3063-3073

Ebinghaus R, Tripathi RM, Wallschläger D, Lindberg SE (1998) Natural and anthropogenic mercury sources and their impact on the air-surface exchange of mercury on regional and global scales. GKSS 98/E/51, Geesthacht, 50S

Ebinghaus R, Turner RR, De Lacerda DL, Vasiliev O, Salomons W (1999a) Mercury Contaminated Sites. Springer, Berlin, 538S

Ebner P (1993) Über die Weisheit - auch jene des Ökologen. Z Umweltchem Ökotox 5, 121

Eckelhoff A (1992) Modellrechnung zum Transport von 4-Amino-3,5,6-trichlorpicolinsäure und 2,3,4,5,3'-Pentachlorbiphenyl in Böden. Diplomarbeit, Universität GH Essen, 102S

Eckelhoff A, Berendes-Moelter B, Hirner AV (1997) Untersuchungen zur Adsorption und zum Solubilisierungsvermögen von Natriumlaurylsulfat an einer Parabraunerde. Mitt Dt Bodenkundl Ges 83:11-14

Eckelhoff A, Hirner AV (1997) Mobilisierung von organischen Schadstoffen in Bodensäulen einer Parabraunerde durch Natriumlaurylsulfat. Vom Wasser 89:297-304

Eckelhoff A, Hirner AV (1998) On the influence of surfactants on the mobility of contaminants. Progr Colloid Polym Sci 111:189-192

Eckhardt FEW (1985) Solubilization, transport and deposition of mineral cations by microorganisms - Efficient rock weathering agents. In: Drever JI (Hrsg) The chemistry of weathering, D. Reidel Publ, Dordrecht:161-173

Eckhardt J-D, Schäfer J (1997) PGE-Emissionen aus Kfz-Abgaskatalysatoren. In: Matschullat J, Tobschall HJ, Voigt H-J (Hrsg) Geochemie und Umwelt. Springer-Verlag, Berlin, 181-188

Edwards DA, Adeel Z und Luthy RG (1994) Distribution of Nonionic Surfactant and Phenanthrene in a Sediment/Aqueous System. Environ Sci Technol 28:1550-1560

Edwards DA, Brenner H, Wasan DT (1991) Interfacial transport processes and rheology. Butterworth-Heinemann, Boston London Oxford Singapore Sydney TorontoWellington

Eganhouse RP, Blumfield DL, Kaplan IR (1982) Petroleum hydrocarbons in stormwater runoff and municipal wastes: input to coastal waters and fate in marine sediments. Thalassia Jugoslavica 18:411-431

Eganhouse RP, Dorsey TF, Phinney CS, Westcott AM (1993) Determination of C-C aromatic hydrocarbons in water by purge-and-trap capillary gas chromatography. J Chromatogr 628:81-92

Eganhouse RP, Kaplan IR (1982) Extractable organic matter in municipal wastewaters. 2. Hydrocarbons: molecular characterization. Environ Sci Technol 16:541-551

Eglinton G, Murphy MTJ (1969) Organic Geochemistry. Springer-Verlag, Berlin, 828S

Ehrhardt, Weber RR (1991) Formation of low molecular weight carbonyl compounds by sensitized photochemical decomposition of aliphatic hydrocarbons in seawater. Fresenius J Anal Chem 339:772-776

Ehrlich HL (1990) Geomicrobiology. Marcel Dekker, New York, 646S

Eikmann T, Kloke A (1992) Ableitungskriterien für nutzungs- und schutzgutbezogene Orientierungswerte für (Schad-)Stoffe in Böden. Müll und Abfall 11:789-805

Eisenbud M (1987) Environmental Radioactivity. 3rd edn, Academic Press, New York, 475S

Eisenbud M und Gesell T (1997) Environmental Radioactivity. 4th edn, Academic Press, New York, 656S

Eisenhut S, Heumann KG (1997) Identification of ground water contaminations by landfills using precise boron isotope ratio measurements with negative thermal ionization mass spectrometry. Fresenius J Anal Chem 359:371-374

Eismann F, Kuschek P, Stottmeister U (1997) Microbial Phenol Degradation of Organic Compounds in Natural Systems: Temperature-Inhibition Relationships. ESPR - Environ Sci & Pollut Res 4:203-207

Elbers G, Zang T, Buck M (1990) Ruß-Immissionsmessungen im Einflußbereich des Kraftfahrzeugverkehrs. Staub-Reinhalt Luft 50:439-443

Elder JF (1986) Metal Biogeochemistry in Surface-Water Systems - A Review of Principles and Concepts. US Geol Survey Circ 1013, 43S

Elejalde C, Herranz M, Romero F, Legarda F, Ruiz E (1993) Analytical procedures for measuring the amount and distribution of radioactive constituents in soils. Toxicol Environ Chem 39:173-182

Elejalde C, Romero F, Ruiz E, Gomez G (1992) Speciation of metals in soils and mobilization by acid-base treatment. Toxicol Environ Chem 37:49-60

Elixmann JH (1991) Das Experiment: Untersuchung von Hausstaub. Biologie in unserer Zeit 21:205-210

Ellis D (1989) Environments at Risk. Springer-Verlag, Berlin, 329S

Ellrich J, Hirner AV, Stärk M (1985) Distribution of trace metals in crude oils from Southern Germany. Chem Geol 48:313-323

Emsley J (1980) The Phosphorus Cycle. In: Hutzinger O (Hrsg) The Handbook of Environmental Chemistry, Vol 1 Part A, Springer-Verlag, Berlin, 147-168

Emsley J (1997) The Elements. 3rd edn, Oxford University Press, 240S

Enders B, Schwedt G (1996) Mikrowellenunterstützte Extraktion in der Analytik von PCB und PAK aus Boden und Klärschlamm. GIT Fachz Lab 172-176

Enders B, Schwedt G (1997) Extraktion mit überkritischen Fluiden, mikrowellenunterstützte und Soxhlet-Extraktion zur Probenvorbereitung von Boden und Klärschlamm für die gaschromatographische Analytik der PCB. J prakt Chem 339:250-255

Engebretson RR, Von Wandruszka R (1997) The effect of molecular size on humic acid associations. Org Geochem 26:759-767

Engel MH, Macko SA (1993) Organic Geochemistry - Principles and Applications. Plenum Press, New York, 861S

Engewald W, Knobloch T, Efer J (1993) Flüchtige organische Verbindungen in Emissionen aus dem Hausbrand von Braunkohle. Z Umweltchem Ökotox 5:303-308

Engler RM, Brannon JM, Rose J, Bigham G (1977) A Practical Selective Extraction Procedure for Sediment Characterization. In: Yen TF (Hrsg) Chemistry of Marine Sediments. Ann Arbor Sci Publ, S 161-171

Enquete-Kommission „Schutz des Menschen und der Umwelt" des Deutschen Bundestages (1994) Die Industriegesellschaft gestalten. Economia Verlag, Bonn, 765S

Erel Y, Patterson CC, Scott MJ, Morgan JJ (1990) Transport of industrial lead in snow through soil to stream water and groundwater. Chem Geol 85:383-392

Erel Y, Veron A, Halicz L (1997) Tracing the transport of anthropogenic lead in the atmosphere and in soils using isotopic ratios. Geochim Cosmochim Acta 61:4495-4505

Erickson MD (1997) Analytical Chemistry of PCBs. 2nd edn, CRC Press, Boca Raton, 688S

Ericzon C, Pettersson J, Andersson M, Olin A (1989) Determination and Speciation of Selenium in End Products from a Garbage Incinerator. Environ Sci Technol 23:1524-1528

Ernst WHO (1996) Bioavailability of heavy metals and decontamination of soils by plants. Appl Geochem 11:163-167

Ertel JR, Hedges JI (1984) The lignin components of humic substances: distribution among soil and sedimentary humic, fulvic, and base-insoluble fractions. Geochim Cosmochim Acta 48:2065-2074

Ertl S, Seibel F, Eichinger L, Frimmel FH, Kettrup A (1996) Determination of the $^{13}C/^{12}C$ Isotope Ratio of Organic Compounds for the Biological Degradation of Tetrachloroethene (PCE) and Trichloroethene (TCE). Acta hydrochim hydrobiol 24:16-21

Eschenbach A, Kästner M, Bierl R, Schaefer G, Mahro B (1994) Evaluation of a new, effective method to extract polycyclic aromatic hydrocarbons from soil samples. Chemosphere 28:683-692

Eschke H-D, Traud J, Dibowski H-J (1994) Untersuchungen zum Vorkommen polycyclischer Moschus-Duftstoffe in verschiedenen Umweltkompartimenten. Z Umweltchem Ökotox 6:183-189

Essington ME (1992) Adsorption of Pyridine by Combusted Oil Shale. Environ Geol Water Sci 19:83-89

Estep MLF, Vigg S (1985) Stable carbon and nitrogen isotope tracers of trophic dynamics in natural populations and fisheries of the Lahontan Lake System, Nevada. Can J Fish Aquat Sci 42:1712-1719

Evans DF, Wennerström H (1994) The colloidal domain where physics, chemistry, biology, and technology meet. VCH Publishers Inc., Weinheim New York

Evans RD, Richner P, Outridge PM (1995) Micro-spatial variations of heavy metals in the teeth of walrus as determined by laser ablation ICP-MS: The potential for reconstructing a history of metal exposure. Arch Environ Contam Toxicol 28:55-60

Ewers U, Schlipköter H-W (1991) Lead. In: Merian E (Hrsg) Metals and Their Compounds in the Environment. VCH, Weinheim, 971-1014

Ewers U, Turfeld M, Freier I, Brockhaus A (1996) Blei- und Cadmiumbelastung - Zähne als Indikatoren der Blei- und Cadmiumbelastung des Menschen. UWSF - Z Umweltchem Ökotox 8:312-316

Ewers U, Wittisiepe J, Schrey P, Exner M, Selenka F, Hofbauer M, Shmeer D, Holwitt L, Eck R (1994) Dioxingehalte im Blutfett von Kindern, Sportlern, Platzwarten und Anwohnern nach Kontakt mit dioxinhaltigen Tennenflächen (Kieselrot). Das Gesundheitswesen 56:14-20

Exner M (1991) Kieselrot-Studie. Bericht des Hygiene-Instituts des Ruhrgebiets, Gelsenkirchen

Fabian P (1992) Atmosphäre und Umwelt. Springer-Verlag, Berlin, 144S

Fachgruppe Wasserchemie in der GDCh (Hrsg) (1996) Chemie und Biologie der Altlasten. VCH, Weinheim New York Basel Cambridge Tokyo

Fachgruppe Wasserchemie in der GDCh (1997) Chemie und Biologie der Altlasten. VCH, Weinheim, 466S

Fachgruppe Wasserchemie in der GDCh in Gemeinschaft mit NAW im DIN eV (Hrsg) (1999) Deutsche Einheitsverfahren zur Wasser-, Abwasser- und Schlamm-Untersuchung: Physikalische, chemische, biologische und bakteriologische Verfahren. Wiley-VCH, Weinheim New York Chichester Brisbane Singapore Toronto; Beuth, Berlin Wien Zürich

Falandysz J, Tanabe S, Tatsukawa R (1994) Most toxic and highly bioaccumulative PCB congeners in cod-liver oil of Baltic origin processed in Poland during the 1970s and 1980s, their TEQ-values and possible intake. Sci Tot Environ 145:207-212

Farmer JG, Lovell MA (1986) Natural enrichment of arsenic in Loch Lomond sediments. Geochim Cosmochim Acta 50:2059-2067

Faulkner DJ (1980) Natural Organohalogen Compounds. In: Hutzinger O (Hrsg) The Handbook of Environmental Chemistry, Vol 1 Part A Springer-Verlag, Berlin, S 229-254

Faulstich M (1989) Inertisierung fester Rückstände aus der Abfallverbrennung. Abfallwirtschafts-Journal 1:20-56

Fehn J, Hölzl S, Horn P (1990) Isotopensignaturen in der Kriminalistik. Blindversuch zur Anwendung der Blei-Isotopenverhältnisse von Munitionsschrot. Archiv für Kriminologie 186:151-158

Feldmann J (1995) Erfassung flüchtiger Metall- und Metalloidverbindungen in der Umwelt mittels GC/ICP-MS. Dissertation Uni GH Essen, Cuvillier Verlag, Göttingen, 222S

Feldmann J (1999) Determination of Ni(CO)$_4$, Fe(CO)$_5$, Mo(CO)$_6$, and W(CO)$_6$ in sewage gas by using cryotrapping gas chromatography inductively coupled plasma mass spectrometry. J Environ Mon 1:33-37

Feldmann J, Cullen WR (1997) Occurence of Volatile Transition Metal Compounds in Landfill Gases: Synthesis of Molybdenum and Tungsten Carbonyls in the Environment. Environ Sci Technol 31:2125-2129

Feldmann J, Hirner AV (1995) Occurence of volatile metal and metalloid species in landfill and sewage gases. Int J Environ Anal Chem 60:339-359

Feldmann J, Krupp EM, Glindemann D, Hirner AV, Cullen WR (1999) Methylated bismuth in the environment. Appl Organomet Chem 13:739-748

Feldmann J, Riechmann T, Hirner AV (1996) Determination of organometallics in intra-oral air by LT-GC/ICP-MS. Fresenius J Anal Chem 354:620-623

Fellenberg G (1992) Chemie der Umweltbelastung. BG Teubner, Stuttgart, 1. Aufl, 263S

Fellenberg G (1997) Chemie der Umweltbelastung. BG Teubner, Stuttgart, 3. Aufl, 273S

Fender H (1996) Zytogenetische Ergebnisse an Exponiertengruppen aus der Abfallwirtschaft. In: Arndt D, Obe G (Hrsg) Methodische Fragen beim Human Population Monitoring in der Zytogenetik. MMV Medizin Verlag, München, 48-55

Fent K (1996) Ecotoxicology of Organotin Compounds. Crit Rev Toxicol 26:1-117

Fergusson JE (1982) Inorganic Chemistry and the Earth. Pergamon Press, Oxford, 400S

Fergusson JE (1990) The Heavy Elements: Chemistry, Environmental Impact and Health Effects. Pergamon Press, Oxford, 614S

Fergusson JE (1992) Dust in the Environment. In: Dunnette DA, O'Brien RJ (Hrsg) The Science of Global Change. ACS Symposium Ser 483:117-133

Fergusson JE, Forbes EA, Schroeder RJ, Ryan DE (1986) The Elemental Composition and Sources of Home Dust and Street Dust. Sci Tot Environ 50:217-221

Ferreira JG, Ramos MT (Hrsg) (1988) X-ray spectroscopy in atomic and solid state physics. Plenum Press, New York, ISBN 0-306-43029-0

Fiedler H, Hutzinger O, Timms CW (1990) Dioxins: sources of environmental load and human exposure. Toxicol Environ Chem 29:157-234

Fiedler H, Lan C, Kjeller L, Rappe C (1996) Patterns and sources of polychlorinated dibenzo-p-dioxins and dibenzofurans found in soil and sediment samples in Southern Mississippi. Chemosphere 32:421-432

Fiedler H, van den Berg M (1996) Polychlorinated Dibenzo-p-dioxins, Polychlorinated Dibenzofurans and Related Compounds. Environ Sci & Pollut Res 3:122-128

Fiedler HD, Lopez-Sanchez JF, Rubio R, Rauret G, Quevauviller P, Ure AM, Muntau H (1994) Study of the Stability of Extractable Trace Metal Contents in a River Sediment Using Sequential Extraction. Analyst 119:1109-1114

Fifield FW, Haines PJ (1995) Environmental Analytical Chemistry. Blackie, Oxford, 440S

Fifield FW, Kealey D (1990) Principles and Practice of Analytical Chemistry. Blackie, Glasgow, 521S

Figge K, Metzdorf U, Nevermann J, Schmiese J, Keskin M, Fortnagel P, Wittich R-M (1993) Bakterielle Mineralisierung von Dibenzofuran, Dibenzo-p-dioxin und 1,2,4,5-Tetrachlorbenzol in Böden. Z Umweltchem Ökotox 5:122-130

Filby RH, Branthaver JF (1987) Metal Complexes in Fossil Fuels. ACS Symp Ser 344

Fingerhut MA, Halperin WE, Marlow DA, Piacitelli LA, Honchar PA, Sweeney MH, Greife AL, Steenland K, Suruda AJ (1991) Cancer mortality in workers exposed to 2,3,7,8-tetrachlorodibenzo-p-dioxin. New Engl J Med 324:212-218

Fink A (1996) Spätfolgen. DIE ZEIT:28

Finnveden G (1996) Solid Waste Treatment Within the Framework of Life Cycle Assessment. Int J LCA 1:74-78

Fischer D, Schenkel W (1990) Anforderungen an die Ablagerung von Abfällen in der Bundesrepublik Deutschland, der Schweiz und Österreich. Müll und Abfall 22:2-13

Fischer EO (1988) Mensch, Technik und Natur. Werk+Wirken, Wacker-Chemie, München, Heft 1, 3S

Fischer H, Kretzschmar H-J, Christoph G, Neyen V (1994) Bestimmung von Mineralölkohlenwasserstoffen im Boden. Z Umweltchem Ökotox 6:189-195

Fischer R, Kreuzig R, Bahadir M (1994) Extraction behaviour of polycyclic aromatic hydrocarbons adsorbed on waste incinerator fly ash. Chemosphere 29:311-317

Fischer RG, Rapsomanikis S, Andreae MO, Baldi F (1995) Bioaccumulation of Methylmercury and Transformation of Inorganic Mercury by Macrofungi. Environ Sci Technol 29:993-999

Fishbein L (1991) Indoor Environments: The Role of Metals. In: Merian E (Hrsg) Metals and Their Compounds in the Environment. VCH, Weinheim, 287-309

Fitzgerald WF (1996) Mercury emissions from vulcanoes. In: Ebinghaus R, Petersen G und Trümpling U (Hrsg) 4th Int. Conf. on mercury as a global pollutant. GKSS Hamburg, Abstracts, 87

Flegal AR, Nriagu JO, Coale KH, Niemeyer S (1989) Isotopic tracers of lead contamination in the Great Lakes. Nature 339:455-458

Flemming H-C (1991) Biofilms as a particular form of microbial life. In: Flemming H-C und Geesy GG (Hrsg) Biofouling and Biocorrosion in Industrial Wat Systems, Springer, Berlin, S 1-7

Flemming H-C (1993) Biofilms and environmental protection. Water Sci Technol 27:1-10

Flemming H-C (1998) Relevance of biofilms for the biodeterioration of surfaces of polymeric materials. Polymer Degradation and Stability 59:309-315

Flemming HC (2000) Biofilme - das Leben am Rande der Wasserphase. Nachrichten aus der Chemie 48:442-447

Flemming H-C, Schmitt J, Marshall KC (1996) Sorption Properties of Biofilms. In: Calmano W, Förstner U (Hrsg) Environmental Behavior of Sediments, Lewis Publishing, Chelsea, Michigan, S 115-157

Fluthwedel A, Pohle H (1996) Bromierte Dioxine und Furane in Kunststofferzeugnissen. UWSF - Z Umweltchem Ökotox 8:34-36

Fogel ML, Tuross N, Johnson BJ, Miller GH (1997) Biogeochemical record of ancient humans. Org Geochem 27:275-287

Fonds der Chemischen Industrie (1985) Pflanzenschutz. Folienserie Nr 10, VCI Frankfurt

Fonds der Chemischen Industrie (1992) Die Chemie des Chlors und seiner Verbindungen. Folienserie Nr 24, VCI Frankfurt

Forst D, Kolb M, Roßwag H (1993) Chemie für Ingenieure. VDI Verlag, Düsseldorf, 284S

Förstner U (1980) Cadmium. In: Hutzinger O (Hrsg) The Handbook of Environmental Chemistry, Vol 3, Part A, Springer-Verlag, Berlin, S 59-107

Förstner U (1981) Trace metals in fresh waters (with particular reference to mine effluents). In: Wolf KH (Hrsg) Handbook of Strata-Bound and Stratiform Ore Deposits 9:271-303

Förstner U (1984) Effects of salinity on the metal sorption onto organic particulate matter. Netherlands Institute for Sea Research - Publ Ser 10-1984:195-209

Förstner U (1986) Chemical Forms and Environmental Effects of Critical Elements in Solid-Waste Materials - Combustion Residues. In: Bernhard M, Brinckman FE, Sadler PJ (Hrsg) The Importance of Chemical Speciation in Environmental Processes. Dahlem-Konferenzen, Springer-Verlag, Berlin, S 465-491

Förstner U (1987) Changes in metal mobilities in aquatic and terrestrial cycles. In: Patterson JW, Passino R (Hrsg): Metals Speciation, Separation, and Recovery. Lewis Publishing, S 3-26

Förstner U (1989) Contaminated Sediments. Lecture Notes in Earth Sciences 21, Springer-Verlag, Berlin, 157S

Förstner U (1992) Geochemical concepts in solid waste management. In: Vernet J-P (Hrsg) Proc. 5th Int. Conf. Environmental Contamination, Morges. CEP Consultants, Edinburgh, S 123-132

Förstner U (1993a) Umweltschutztechnik. 4. Aufl, Springer-Verlag, Berlin, 572S

Förstner U (1993b) Konzepte und Perspektiven für den ökologisch-technischen Umweltschutz. Die Geowissenschaften 11:180-185

Förstner U (1993c) Metal Speciation - General Concepts and Applications. Intern J Environ Anal Chem 51:5-23

Förstner U (1993d) Dispersion of contaminants from landfill operations. In: Petruzelli D, Helfferich FG (Hrsg) Migration and Fate of Pollutants in Soils and Subsoils. NATO ASI Series G32, Springer-Verlag, Berlin, S 435-454

Förstner U (1995a) Umweltschutztechnik. 5. Aufl, Springer-Verlag, Berlin, 594S

Förstner U (1995b) Contaminated Aquatic Sediments and Waste Sites: geochemical Engineering Solutions. In: Salomons W, Förstner U, Mader P (Hrsg) Heavy Metals - Problems and Solutions. Springer-Verlag, S 237-256

Förstner U (1996) Langzeitprognosen und naturnahe Dauerlösungen - Ingenieurgeochemische Konzepte für Schadstoffe in Abfällen auf Deponien und in Böden. Geowiss 14:169-172

Förstner U (1998) Integrated Pollution Control. Springer-Verlag, Berlin, 505S

Förstner U (1999) Neues Bodenschutzrecht - Herausforderung an die Wasserchemie. Nachr Chem Tech Lab 47:1220-1223

Förstner U, Ahlf W, Calmano W, Kersten M, Salomons W (1986a) Mobility of Heavy Metals in Dredged Harbor Sediments. In: Sly PG (Hrsg) Sediments and Water Interactions. Springer-Verlag, Berlin, S 371-380

Förstner U, Calmano W, Ahlf W (1999) Sedimente als Schadstoffsenken und -quellen: Gedächtnis, Schutzgut, Zeitbombe, Endlager. In: Frimmel FH (Hrsg) Wasser und Gewässer. Spektrum Akademischer Verlag, Heidelberg, S 249-279

Förstner U, Calmano W, Kersten M (1986b) Immobilisierung von Schwermetallen in Baggerschlämmen. Gewässerschutz, Wasser, Abwasser 85:875-905

Förstner U, Colombi C, Kistler R (1991) Dumping of Wastes. In: Merian E (Hrsg) Metals and Their Compounds in the Environment. VCH, Weinheim, S 333-355

Förstner U, Kersten M, Wienberg R (1989) Geochemical Processes in Landfills. In: Baccini P (Hrsg) The Landfill - Reactor and Final Storage. Lecture Notes in Earth Sciences 20, Springer-Verlag, Berlin

Förstner U, Salomons W (1991) Mobilization of Metals from Sediments. In: Merian E (Hrsg) Metals and Their Compounds in the Environment. VCH, Weinheim, S 379-398

Forsyth DS, Weber D, Cleroux C (1992) Determination of butyltin, cyclohexyltin and phenyltin compounds in beers and wines. Food Add Contam 9:161-169

Fortescue JAC (1980) Environmental Geochemistry. Springer-Verlag, New York, 347S

Fowler BA, Goering PL (1991) Antimony. In: Merian E (Hrsg) Metals and Their Compounds in the Environment. VCH, Weinheim, S 743-750

Francis CW, Maskarinec MP, Lee DW (1988) Physical and Chemical Methods for the Characterisation of Hazardous Waste. In: Baccini P (Hrsg) The Landfill - Reactor and Final Storage. Springer-Verlag, Berlin, S 371-398

Frankenberger WT, Karlson U (1992) Dissipation of soil selenium by microbial volatilization. In: Adriano DC (Hrsg) Biogeochemistry of trace metals. Lewis Publishing, Boca Raton, S 365-381

Franzius V, Bachmann G (1999) Sanierung kontaminierter Standorte und Bodenschutz 1998. Erich Schmidt Verlag, Berlin, 208S

Frech W, Baxter DC, Bakke B, Snell J, Thomassen Y (1996) Determination and Speciation of Mercury in Natural Gases and Gas Condensates. Anal Commun 33:7H-9H

Frede M, Ruckdeschel W (1996) Pyrolyse-Verfahren zur Restmüllbehandlung in Bayern. UWSF - Z Umweltchem Ökotox 8:207-212

Freeman KH, Hayes JM, Trendel J-M, Albrecht P (1990) Evidence from carbon isotope measurements for diverse origins of sedimentary hydrocarbons. Nature 343:254-256

Friberg SE, Venable RL (1983) Microemulsions. In: Becher D (Hrsg) Encyclopedia of emulsion technology. Marcel Dekker, Inc, New York Basel, S 287-336

Fricke K, Vogtmann H (1994) Compost quality: physical characteristics, nutrient content, heavy metals and organic chemicals. Toxicol Environ Chem 43:95-114

Friege H (1992) Innenraumluft: Kommunale Probleme. Kommission Reinhaltung der Luft im VDI und DIN, Schriftenreihe Band 19 (Schadstoffbelastung in Innenräumen), S 5-22

Friege H (1994) Von der Stoffbewertung zum Stoffstrommanagement. Z Umweltchem Ökotox 6:181-182

Friege H (1996) Chlorchemie. Mitteilungsblatt der GDCh-Fachgruppe Umweltchemie und Ökotoxikologie 2:9-10

Friege H, Engelhardt C (1996) Chlorchemie: Die Sicht der Enquete-Kommission. GIT Fachz Lab:1150-1152

Friege H, Leuchs W, Plöger E, Cremer S, Obermann P (1990) Bewertungsmaßstäbe für Abfallstoffe aus wasserwirtschaftlicher Sicht. Müll und Abfall 7:413-426

Fries GF, Marrow GS, Somich CJ (1989) Oral bioavailability of aged polychlorinated biphenyl residues contained in soil. Bull Environ Contam Toxicol 43:683-690

Frigge J (1990) Welche Beurteilungskriterien lassen sich aus unterschiedlichen Elutionstests ableiten?- Gewässerschutz Wasser Abwasser 120:135-144

Frimmel FH (1999) Wasser und Gewässer. Spektrum Akademischer Verlag, Heidelberg, 534S

Fritsch B (1991) Mensch-Umwelt-Wissen. Verlag der Fachvereine, Zürich

Fritz JS, Schenk GH (1989) Quantitative Analytische Chemie. Vieweg, Braunschweig, 816S

Fritz P, Fontes J-C (1980) Handbook of Environmental Isotope Geochemistry, Vol 1: The Terrestrial Environment, A Elsevier, Amsterdam, 545S

Fritz P, Fontes J-C (1986) Handbook of Environmental Isotope Geochemistry, Vol 2: The Terrestrial Environment, B Elsevier, Amsterdam, 557S

Fritz P, Fontes J-C (1989) Handbook of Environmental Isotope Geochemistry, Vol 3: The Marine Environment, A Elsevier, Amsterdam, 440S

Frost P, Camenzind R, Mägert A, Bonjour R, Karlaganis G (1993) Organic micropollutants in Swiss sewage sludge. J Chromatogr 643:379-388

Frost SP, Dean JR, Evans KP, Harradine K, Cary C, Comber MHI (1997) Extraction of Hexaconazole From Weathered Soils: a Comparison Between Soxhlet Extraction, Supercritical Fluid Extraction and Accelerated Solvent Extraction. Analyst 122:895-898

Fruhstorfer P, Schneider RJ, Weil L, Niessner R (1993) Factors influencing the adsorption of atrazine on montmorillonitic and kaolinitic clays. Sci Tot Environ 138:317-328

Füchtbauer H (1988) Sedimente und Sedimentgesteine. E Schweizerbart'sche Verlagsbuchhandlung, Stuttgart, 1141S

Füchtbauer H, Müller G (1977) Sediment-Petrologie Teil II: Sedimente und Sedimentgesteine. E. Schweizerbart´sche Verlagsbuchhandlung (Nägele u. Obermiller), Stuttgart

Fukai R, Yokoyama Y (1980) Natural Radionuclides in the Environment. In: Hutzinger O (Hrsg) The Handbook of Environmental Chemistry, Vol 1 Part B, Springer-Verlag, Berlin, S 147-60

Fuller WH (1977) Movement of selected metals, asbestos and cyanide in soil, application to waste disposal problem. EPA 600/2-77-020. Solid and Hazardous Waste Research Division, US-EPA, Cinncinnati, OH

Funk W, Damman V, Donnevert G (1992) Qualitätssicherung in der analytischen Chemie. VCH, Weinheim New York Basel Cambridge

Funke W, Linnemann H, Bröker G, Geueke K-J (1993) Probenahme von polychlorierten Dibenzofuranen (PCDF) und polychlorierten Dibenzodioxinen (PCDD) in Abgasen mit einem Adsorptionsverfahren. LIS-Bericht Nr 109, Landesamt für Immissionsschutz NRW, Essen, 43S

Fuoco R, Colombini MP, Abete C (1994) Determination of polychlorobiphenyls in environmental samples from Antarctica. Intern J Environ Anal Chem 55:15-25

Fuoco R, Colombini MP, Abete C, Carignani S (1995) Polychlorobiphenyls in sediment, soil and sea water samples from Antarctica. Intern J Environ Anal Chem 61:309-318

Furchtbar U (1996) Untersuchung des Julia-Creek-Ölschiefers mittels HPLC/ICP-MS-Kopplung. Dissertation Universität GH Essen, 186S

Fürst P, Fürst C, Wilmers K (1993) Bewertung der Belastung durch PCDD/F aus der ehemaligen Kupfergewinnung im Raum Marsberg, NRW. Teil 2: PCDD/F, Biphenyle und Organochlorpestizide in Frauenmilch. Z Umweltchem Ökotox 5:204-206

Futz FW, Barnes DG, Bottimore DP, Greim H, Bretthauer EW (1990) The international toxicity equivalency factor (i-TEF) method of risk assessment for complex mixtures of dioxin related compounds. Chemosphere 20:751-757

Gäbler HE, Bahr A (1999) Boron isotope ratio measurements with a double-focusing magnetic sector ICP mass spectrometer for tracing anthropogenic input into surface and ground water. Chem Geol 156:323-330

Gäbler H-E, Heumann KG (1993) Determination of particulate iodine in aerosols from different regions by size fractionation impactor sampling and IDMS. Intern J Environ Anal Chem 50:129-146

Gade M, Alpers W, Hühnerfuss H, Lange PA (1998) Wind wave tank measurements of wave damping and radar cross sections in the presence of monomolecular surface films. J Geophys Res Oceans 103:3167-3178

Gäggeler HW, Baltensperger U, Emmenegger M, Jost DT, Schmidt-Ott A, Haller P, Hofmann M (1989) The epiphaniometer, a new device for continuous aerosol monitoring. J Aerosol Sci 20:557-564

Gagosian RB, Stuermer DH (1977) The cycling of biogenic compounds and their diagenetically transformed products in sea water. Mar Chem 5:605-632

Gailer J, Francesconi KA, Edmonds JS, Irgolich KJ (1995) Metabolism of Arsenic Compounds by the Blue Mussel Mytilus edulis After Accumulation from Seawater Spiked with Arsenic Compounds. Appl Organomet Chem 9:341-355

Garrell RL (1989) Surface enhanced Raman spectroscopy. Anal Chem 61:401A

Garrels RM, Mackenzie FT, Hunt C (1975) chemical cycles and the global environment. William Kaufmann Inc., Los Altos, 206S

Gasparovic B, Kozarac Z, Saliot A, Cosovic B, Möbius D (1998a) Physicochemical characterization of natural and ex-situ reconstructed sea-surface microlayers. J Coll Interf Sci 208:191-202

Gassmann G, van Beusekom JEE, Glindemann D (1996) Offshore Atmospheric Phosphine. Naturwissenschaften 83:129-131

Gayler S, Trapp S, Matthies M, Schroll R, Behrendt H (1995) Uptake of Terbuthylazine and its Medium Polar Metabolites into Maize Plants. Environ Sci & Pollut Res 2:98-103

Gebefügi I (1989) Chemical exposure in enclosed environments. Toxicol Environ Chem 20-21:121-127

Gebefügi I (1993) Biologisch aktive Chemikalien in Innenräumen. Kontamination durch Baustoffe. In: Bischof W (Hrsg) Sick Building Syndrome. Verlag C.F. Müller, Karlsruhe, S 78-82

Gebefügi I, Kreuzig G (1989) Oberflächenanreicherung von halogenierten Verbindungen in Innenräumen. VDI-Bericht 745, 503-510

Gebhard G, Lukas W, Bambauer HU (1989) Stabilisierung von Rückständen aus der Braunkohleentschwefelung. VGB Kraftwerkstechnik 69:384-392

Gehlert U, Vollhardt D (1997) Nonequilibrium structures in 1-monopalmitoyl-rac-glycerol monolayers. Langmuir 13:277-282

Gekeler W (1988) Phytochelatine. Vorkommen im Pflanzenreich und Untersuchungen zur Biosynthese. Dissertation Universität München, 288S

Gekeler W, Grill E, Winnacker E, Zenk MH (1988) Algae sequester heavy metals via synthesis of phytochelatin complexes. Arch Microbiol 150:197-202

Gellermann R, Stolz W (1997) Uran in Wässern. Z Umweltchem Ökotox 9:87-92

Gennadiev AN, Kozin IS, Pikovskii YI (1997) Pedochemistry of Polycyclic Aromatic Hydrocarbons. Eurasian Soil Sci 30:249-257

Gerbersmann C, Heisterkamp M, Adams FC, Broekaert JAC (1997) Two methods for the speciation analysis of mercury in fish involving microwave-assisted digestion and gas chromatography-atomic emission spectrometry. Anal Chim Acta 350:273-285

Gerzabek MH, Mohamad SA, Danneberg OH, Schaffer K (1992) Schwermetalle in den Huminstoffen eines Müll- und Müllklärschlammkompostes. Die Bodenkultur 43:21-27

Gerzabek MH, Pichlmayer F, Blochberger K, Schaffer K (1989) Über die Humusdynamik in vier österreichischen Waldböden. Z Pflanzenernähr Bodenk 152:379-384

Gerzabek MH, Pichlmayer F, Blochberger K, Schaffer K (1991) Use of C measurements in humus dynamics studies. IAEA-SM313/42, S 269-274

Geueke K-J, Quaß U, Bröker G, Hiester E (1999) Dioxin-Emissionen aus Dieselmotoren. Jahresbericht '98 LUA NRW, Essen, S 133-134

Ghazi AM (1994) Lead in archaeological samples: an isotopic study by ICP-MS. Appl Geochem 9:627-636

Gibson MM (1993) Environmental Regulation of Petroleum Spills and Wastes. J Wiley & Sons, New York, 459S

Giesemann P, Hirner AV, Todt W (1992) Die Verteilung der Pb-Isotope in ausgewählten Sedimentfraktionen des Ginsheimer Altrheines und des Schwarzbaches in der Nähe von Mainz. Mitt Geogr Ges München 77:31-41

Gifford JS, Judd MC, McFarlane PN, Anderson SM (1995) Pentachlorophenol (PCP) in the New Zealand environment: assessment near contaminated sites and remote freshwater lakes. Toxicol Environ Chem 48:69-82

Giles CH, MacEwan TH, Nakhwa SN, Smith D (1960) Studies in Adsorption: A system of classification of solution adsorption isotherms, and its use in diagnosis of adsorption mechanisms and in measurement of specific surface area of solids. J Am Chem Soc 3:3973-3993

Giles CH, MacEwan TH, Smith D (1960) Studies in Adsorption: A system of classification of solution adsorption isotherm and its use in diagnosis of adsorption mechanisms and in measurement of specific surface area of solids. J Am Chem Soc 3:3973-3993

Gill RCO (1993) Chemische Grundlagen der Geowissenschaften. Ferdinand Enke Verlag, Stuttgart, 294S

Gilli G, Scursatore E, Bono R, Trincherini PR, Rodari E (1989) Variation of the Pb206/207 isotopic ratio in the atmospheric particulate and its environmental and biological implications. Toxicol Environ Chem 24:49-56

Gilmour CC, Riedel GS, Ederington MC, Bell JT, Benoit JM, Gill GA, Stordal MC (1998) Methylmercury concentrations and production rates across a trophic gradient in the northern Everglades. Biogeochem 40:327-345

Giorgi B, Horvath H, Norek C, Kreiner I (1987) Use of rare earth tracers for the study of diesel emissions in the atmosphere. Atmos Environ 21:21

GirardEgrot AP, Morelis RM, Coulet PR (1997) Bioactive nanostructure with glutamate dehydrogenase associated with LB films: Protecting role of the enzyme molecules on the structural lipidic organization. Thin Solid Films 292:282-289

Glaser B, Haumaier L, Guggenberger G, Zech W (1998) Black carbon in soils: the use of benzenecarboxylic acids as specific markers. Org Geochem 29:811-819

Glindemann D, Bergmann A (1995) Spontaneous emission of phosphane from animal slurry treatment processing. Zbl Hyg 198:49-56

Glindemann D, Bergmann A, Stottmeister U, Gassmann G (1996b) Phosphine in the lower terrestrial atmosphere. Naturwissenschaften 83:131-133

Glindemann D, Eismann F, Bergmann A, Kuschk P, Stottmeister U (1998) Phosphine by Bio-Corrosion of Phosphide-Rich Iron. ESPR - Environ Sci & Pollut Res 5:71-74

Glindemann D, Morgenstern P, Wennrich R, Stottmeister U, Bergmann A (1996c) Toxic Oxide Deposits from the Combustion of Landfill Gas and Biogas. Environ Sci & Pollut Res 3:75-77

Glindemann D, Stottmeister U, Bergmann A (1996a) Free phosphine from the anaerobic biosphere. Environ Sci & Pollut Res 3:17-19

Godwin S, Brighton M, Watson J (1995) Solid phase extraction? Pas de probleme. analysis europa:40

Gogou A, Stratigakis N, Kanakidou M, Stephanou EG (1996) Organic aerosols in Eastern Mediterranaean: components source reconciliation by using molecular markers and atmospheric back trajectories. Org Geochem 25:79-96

Gohda H, Hatano H, Miyaji T, Takahashi N, Sun Z, Dong Z, Yu H, Cao T, Albrecht ID, Naikwadi KP, Karasek FW (1993) GC and GC-MS analysis of polychlorinated dioxins, bibenzofurans and aromatic hydrocarbons in fly ash from coal-burning works. Chemosphere 27:9-15

Gomez E, Garcias F, Casas M, Cerda V (1994) Determination of natural gamma emitters in surface air. Intern J Environ Anal Chem 56:327-335

Goni MA, Eglinton TI (1996) Stable carbon isotopic analyses of lignin-derived CuO oxidation products by isotope ratio monitoring-gas chromatography-mass spectrometry (irm-GC-MS). Org Geochem 24:601-615

Goodman BA, Cheshire MV (1976) The occurence of copper-porphyrin complexes in soil humic acids. J Soil Sci 27:337-347

Görner K, Hübner K (1999) HÜTTE - Umweltschutztechnik. Springer-Verlag, Berlin, 1128S

Gottwald W (1996) Instrumentell-analytisches Praktikum. VCH, Weinheim New York Basel Cambridge

Götze H-J, Hundertmark C (1995) Moderne Methoden der Dieselruß- und PAK-Analytik. GIT Fachz Lab:648-653

Götzl A, Malissa H jr, Riepe W (1997) Analytische Schnellerkennungsmethoden: Bewertung abzulagernder Abfälle und Kontrolle von Deponien. UWSF - Z Umweltchem Ökotox 9:245-248

Goumans JJJM, Van der Sloot HA, Aalbers TG (1991) Waste materials in construction. Studies in Environmental Science 48, Elsevier, Amsterdam, 672S

Graedel TE, Gill PS Weschler CJ (1982) Effects of organic surface films on the scavenging of atmospheric gases by raindrops and aerosol particles. In: Pruppacher H (Hrsg) Precip. Scavenging, Dry Deposition, Resuspension, Proc. Int. Conf., 4th, Elsevier New York, S 417-430

Graedel TE, Crutzen PJ (1993) Atmospheric Change. WH Freeman & Co, New York, 446S

Graham T (1861) Liquid Diffusion applied to analysis. Phil Trans Roy Soc 151:183-224

Graham T (1862) Anwendungen der Diffusion der Flüssigkeiten zur Analyse. Liebigs Ann 121:1

Graney JR, Halliday AN, Keeler GJ, Nriagu JO, Robbins JA, Norton SA (1995) Isotopic record of lead pollution in lake sediments from the northeastern United States. Geochim Cosmochim Acta 59:1715-1728

Grasmuk H (1997) (Un)begründete Furcht vor Strahlen. Physik in unserer Zeit 28:209-213

Graßl H (1994) Gamblers. Environ Sci & Pollut Res 1:130

Grathwohl P (1997) Sorption und Desorption hydrophober organischer Schadstoffe in Aquifermaterial und Sedimenten. In: Matschullat J, Tobschall HJ, Voigt H-J (Hrsg) Geochemie und Umwelt. Springer-Verlag, Berlin, S 409-424

Gravesen S, Ipsen H, Skov P (1993) Partial characterization of the components in the macromolecular organic dust (MOD) fraction and their possible role in the Sick-Building-Syndrome (SBS). In: Kalliokoski P, Jantunen M, Seppänen O (Hrsg) Indoor Air '93, Vol 4: Particles, Microbes, Radon. Proc. 6th Int. Conf. on Indoor Air Quality and Climate, Helsinki, Finnland, S 33-35

Greenwood NN, Earnshaw A (1988) Chemie der Elemente. VCH Weinheim, 1707S

Greenwood NN, Earnshaw A (1997) Chemistry of the Elements. Butterworth Heinemann, Oxford, 1340S

Greif R (1973) Evaporation retardation by monolayers. Water Resources Res 9:1679-1680

Griepink B (1993) Some considerations with regard to the quality of results of analysis of trace element extractable contents in soil and sediment. Intern J Environ Anal Chem 51:123-128

Griffitts WR, Skilleter DN (1991) Beryllium. In: Merian E (Hrsg) Metals and Their Compounds in the Environment. VCH, Weinheim, 775-787

Grigoriev D, Krustev R, Miller R, Pison U (1999) Effect of monovalent ions on the monolayers phase behavior of the charged lipid DPPG. J Phys Chem B 103:1013-1018

Grill E (1987) Phytochelatine. Die Schwermetall-bindenden Peptide der höheren Pflanzen. Dissertation Universität München, 201S

Grimberg SJ, Nagel J, Aitken MD (1995) Kinetics of Phenanthrene Dissolution into Water in the Presence of Nonionic Surfactants. Environ Sci Technol 29:1480-1487

Grimmer G, Böhnke H (1978) Polycyclische aromatische Kohlenwasserstoffe und Heterocyclen. Erdöl Kohle Erdgas Petrochem Brennst Chem 31:272-277

Grümping R, Hirner AV (1999) HPLC/ICP-OES determination of water-soluble silicone (PDMS) degradation products in leachates. Fresenius J Anal Chem 363:347-352

Grümping R, Michalke K, Hirner AV, Hensel R (1999) Microbial Degradation of Octamethylcyclotetrasiloxane. Appl Environ Microbiol 65:2276-2278

Grümping R, Mikolajczak D, Hirner AV (1998) Determination of trimethylsilanol in the environment by LT-GC/ICP-OES and GC-MS. Fresenius J Anal Chem 361:133-139

GSF (1982) Beiträge über hydrologische Tracermethoden und ihre Anwendungen. GSF - Forschungszentrum für Umwelt und Gesundheit, Bericht R 290, Neuherberg, 464S

GSF (1993) Dioxine - Transfer in der Nahrungskette. GSF - Forschungszentrum für Umwelt und Gesundheit, Neuherberg, 41S

Guenther FR, Parris SN, Chesler SN, Hilpert LR (1981) Determination of phenolic compounds in alternative matrices. J Chromatogr 201:256-261

Guerin T, Astruc A, Astruc M, Batel A, Borsier M (1997) Chromatographic Ion-Exchange Simultaneous Separation of Arsenic and Selenium Species with Inductively Coupled Plasma-Mass Spectrometry On-Line Detection. J Chromatogr Sci 35:213-220

GUG - Gesellschaft für UmweltGeowissenschaften (1997) Umweltqualitätsziele. Springer Verlag, Berlin, 161S

Guimaraes JRD, Meili M, Malm O, de Souza Brito M (1998) Hg methylation in sediments and floating meadows of a tropical lake in the Patanal floodplain, Brazil. Sci Tot Environ 213:165-175

Gulson BL, Davis JJ, Mizon KJ, Korsch MJ, Bawden-Smith J (1995) Sources of lead in soil and dust and the use of dust fallout as a sampling medium. Sci Total Environ 166:245-262

Günzler H (Hrsg) (1994) Akkreditierung und Qualitätssicherung in der Analytischen Chemie. Springer, Berlin Heidelberg New York London Paris Tokyo Hong Kong Barcelona Budapest, 236S

Günzler H, Böck H (1988) IR-Spektroskopie – eine Einführung. VCH, Weinheim

Günzler H, Heise HM (1996) IR-Spektroskopie: eine Einführung. VCH, Weinheim New York Basel Cambridge Tokyo

Gupta S, Mehrotra I, Singh OV (1990) Simultaneous extraction scheme: a method to characterise metal forms in sewage sludge. Environ Tech 11:229-238

Gürleyük H, Van Fleet-Stalder V, Chasteen TG (1997) Confirmation of the Biomethylation of Antimony Compounds. Appl Organomet Chem 11:471-483

Guse G-W, Jäger R (1994) Schwermetalle und organische Umweltchemikalien in Rehwild (*Capreolus capreolus L.*) aus Forst- und Agrarstandorten. Z Umweltchem Ökotox 6:70-74

Guthrie JM (1996) Molecular and carbon isotopic analysis of individual biological markers: evidence for sources of organic matter and paleoenvironmental conditions in the Upper Ordovician Maquoketa Group, Illinois Basin, USA Org Geochem 25:439-460

Gutmann R, Vonmont H (1994) Elektrofilterasche aus Müllverbrennungsanlagen. Z Umweltchem Ökotox 6:257-263

Gutmann R, Wieckert C, Vonmont H (1996) Verglaste Filterstäube aus Müllverbrennungsanlagen. UWSF - Z Umweltchem Ökotox 8:187-196

Güven KC, Akyüz K, Yurdun T (1995) Selectivity of heavy metal binding by algal polysaccharides. Toxicol Environ Chem 47:65-70

Haas R (1996) Chemische Reaktionen von Phenylarsinverbindungen 1. Umsetzung mit Alkoholen zu Diphenylarsinethern. Z Umweltchem Ökotox 8:183

Haas R (1997) Chemische Reaktionen von Phenylarsinverbindungen 2. Reaktion von Diphenylarsinverbindungen mit Dithiolen. Z Umweltchem Ökotox 9:123-124

Haas R, Krippendorf A (1997) Determination of Chemical Warfare Agents in Soil and Material Samples. ESPR - Environ Sci & Pollut Res 4:123-124

Haas R, Krippendorf A, Steinbach K (1997) Chemische Reaktionen von Phenylarsinverbindungen 4. Reaktion von Phenylarsindichlorid (Pfiffikus) mit Alkoholen. UWSF - Z Umweltchem Ökotox 9:243-244

Haas R, Müller M, Steinbach K, v Löw E (1996) Aquatische Ökotoxizität von Phenylarsinverbindungen 2. Chemische Kampfstoffe der Blaukreuzgruppe. Z Umweltchem Ökotox 8:121

Haas R, Schmidt TC (1996) Analytik von Umwandlungsprodukten des Schwefellosts (S-LOST). UWSF - Z Umweltchem Ökotox 8:241-242

Haas R, Schmidt TC (1997) Chemische Reaktionen von Phenylarsinverbindungen 3. Reaktion von Phenyl-Arsen-Verbindungen mit Dithiolen. UWSF - Z Umweltchem Ökotox 9:183-184

Hack A, Kraft M, Selenka F, Wilhelm M (1998) Mobilisierung von organischen Schadstoffen aus kontaminierten Umweltmaterialien in einem physiologienahen standardisierten in vitro-Verdauungssystem. Untersuchungsbericht LUA NRW, Essen, 152S

Hack A, Kraft M, Selenka F, Wilhelm M (1999) Mobilisierung von organischen und anorganischen Schadstoffen aus kontaminierten Umweltmaterialien in einem physiologienahen standardisierten „in vitro"-Verdauungssystem. Materialien zur Altlastensanierung und zum Bodenschutz, LUA NRW, Essen, 154S

Hack A, Rotard W, Selenka F (1998) Resorptionsverfügbarkeit von organischen und anorganischen Schadstoffen aus kontaminiertem Bodenmaterial. Entwurf zu DIN 19738, DIN Berlin, 21S

Hack A, Selenka F (1996) Mobilization of PAH and PCB from conaminated soil using a digestive tract model. Toxicol Lett 88:199-210

Hack A, Selenka F, Höfinghoff L, Mörchen T (1994) Untersuchungen zur Mobilisierung von PAK und PCB aus Altlastenmaterial in einem in vitro-Verdauungssystem. Umweltforschung RUB

Hackley KC, Liu CL, Trainor D (1999) Isotopic identification of the source of methane in subsurface sediments of an area surrounded by waste disposal facilities. Appl Geochem 14:119-131

Hagenmaier H, Brunner H, Haag R, Kunzendorf HJ, Kraft M, Tichaczek K, Weberruß U (1987) Stand der Dioxin-Analytik. VDI-Berichte 634:61-89

Hagenmaier H, She J, Dawidowsky N, Düsterhoft L, Lindig C (1992) Analysis of sewage sludge for polyhalogenated dibenzo-p-dioxins, dibenzofurans, and diphenylethers. Chemosphere 25:1457-1462

Hahn-Weinheimer P, Hirner A, Weber-Diefenbach K (1995) Röntgenfluoreszenanalytische Methoden: Grundlagen und praktische Anwendung in den Geo- Material- und Umweltwissenschaften. Vieweg, Braunschweig Wiesbaden

Haider K, Spiteller M, Wais A, Fild M (1993) Evaluation of the binding mechanism of anilazine and its metabolites in soil organic matter. Intern J Environ Anal Chem 53:125-137

Hajslova J, Schoula R, Holadova K, Poustka J (1995) Analysis of PCBs in biotic matrices by two-dimensional GC-ECD. Intern J Environ Anal Chem 60:163-173

Hakanson L, Andersson T, Nilsson A (1990) Mercury in fish in swedish lakes - linkages to domestic and european sources of emission. Water, Air, and Soil Pollut 50:171-191

Hakanson L, Andersson T, Nilsson A (1992) Radioactive caesium in fish in Swedish lakes 1986-1988 - general pattern related to fallout and lake characteristics. J Environ Radioactivity 15:207-229

Hakanson L, Nilsson A, Andersson T (1988) Mercury in Fish in Swedish Lakes. Environ Pollut 49:145-162

Hall GEM, Bonham-Carter GF, Horowitz AJ, Lum K, Lemieux C, Quemerais B, Garbarino JR (1996a) The effect of using different 0.45 µm filter membranes on „dissolved" element concentrations in natural waters. Appl Geochem 11:243-249

Hall GEM, Gauthier G, Pelchat J-C, Pelchat P, Vaive JE (1996b) Application of a Sequential Extraction Scheme to Ten Geological Certified Reference Materials for the Determination of 20 Elements. J Anal At Spectrom. 11:787-796

Hall GEM, MacLaurin AI, Garrett RG (1998) Assessment of the 1 M NH_4NO_3 extraction protocol to identify mobile forms of Cd in soils. J Geochem Explor 64:153-159

Hall GEM, MacLaurin AI, Vaive JE (1995) Readsorption of gold during the selective extraction of the „soluble organic" phase of humus, soil and sediment samples. J Geochem Explor 54:27-38

Hall GEM, Vaive JE, Beer R, Hoashi M (1996c) Selective leaches revisited, with emphasis on the amorphous Fe oxyhydroxide phase extraction. J Geochem Explor 56:59-78

Hall GEM, Vaive JE, Button P (1997) Detection of past underground nuclear events by geochemical signatures in soils. J Geochem Explor 59:145-162

Hall JE (1995) Sewage Sludge Production, Treatment and Disposal in the European Union. J CIWEM, S 9

Hallam RJ, Moore RG, Krouse HR, Bennion DW (1988) Carbon isotope analysis: A new tool for monitoring and interpreting the in-situ combustion process. SPE 17418, 18S

Hallberg R (1983) Environmental Biogeochemistry. Ecol Bull 35, Stockholm, 576S

Haluska L, Balaz S, Dercova K, Benicka E, Krupcik J, Bielek P, Lindisova G (1995) Anaerobic degradation of PCB in soils. Intern J Environ Anal Chem 58:327-336

Ham RK, Anderson MA, Stegmann R, Stanforth R (1980) Die Entwicklung eines Auslaugtests für Industrieabfälle. Müll und Abfall 7:212-220

Hamann R, Meier M, Kettrup A (1989) Determination of phenoxy acid herbicides by high-performance liquid chromatography and on-line enrichment I. Fresenius Z. Anal Chem 334:231-234

Hamasaki T, Nagase H, Yoshioka Y, Sato T (1995) Formation, Distribution, and Ecotoxicity of Methylmetals of Tin, Mercury, and Arsenic in the Environment. Crit Rev Environ Sci Technol 25:45-91

Hamilton SE, Hedges JI (1988) The comparative geochemistries of lignins and carbohydrates in an anoxic fjord. Geochim Cosmochim Acta 52:129-142

Häni H (1990) The analysis of inorganic and organic pollutants in soil with special regard to their bioavailability. Intern J Environ Anal Chem 39:197-208

Häni H (1991) Heavy metals in sewage sludge and town waste compost. In: Merian E (Hrsg) Metals and Their Compounds in the Environment. VCH, Weinheim, 357-368

Hansen D, Duda PJ, Zayed A, Terry N (1998) Selenium removal by constructed wetlands: Role of biological volatilization. Environ Sci Technol 32:591-597

Harke M, Teppner R, Schulz O, Motschmann H, Orendi H (1997) Description of a single modular optical setup for ellipsometry, surface plasmons, waveguide modes, and their corresponding imaging techniques including Brewster angle microscopy. Rev Sci Instr 68:3130-3134

Harper E, Greer WT (1988) Marine disposal of sewage sludge by North West Water Authority and Strathclyde Regional Council. In: Marine treatment of sewage and sludge. Proceedings of a conference held by the Institute of Civil Engineers, Brighton 1987. Thames Telford, London, S 137-152

Harrington RR, Poulson SR, Drever JI, Colberg PJS, Kelly EF (1999) Carbon isotope systematics of monoaromatic hydrocarbons: vaporization and adsorption experiments. Org Geochem 30:765-775

Harrison RM (1999) Understanding our Environment - An Introduction to Environmental Chemistry and Pollution. 3. Aufl, Royal Soc Chem, Cambridge, 445S

Harrison RO, Melnychuk N (1995) Rapid analysis of PCBs in soil by enzyme immunoassay. Intern J Environ Anal Chem 59:179-185

Hartke KH, Horn R (1990) Mineralböden als Abdichtungsbarrieren bei Deponiekörpern. Geowissenschaften 8:46-50

Hartmann R (1996) Polycyclic aromatic hydrocarbons (PAHs) in forest soils: critical evaluation of a new analytical procedure. Intern J Environ Anal Chem 62:161-173

Harvey RG (1997) Polycylic Aromatic Hydrocarbons. Wiley-VCH, New York, 667S

Hassauer M, Kalberlah F, Oltmanns J, Schneider K (1993) Basisdaten Toxikologie für umweltrelevante Stoffe zur Gefahrenbeurteilung bei Altlasten. Forschungsbericht UBA-FB, Erich Schmidt Verlag, Berlin, S 92-101

Hastings M (1995) GC/MS separation of 31-33 of the 36 McFarland and Clarke PCB congeners. Separation Times 9, J&W Scientific, S 9-11

Hatcher PG, Clifford DJ (1994) Flash pyrolysis and in situ methylation of humic acids from soil. Org Geochem 21:1081-1092

Haumaier L, Zech W (1995) Black carbon - possible source of highly aromatic components of soil humic acids. Org Geochem 23:191-196

Hawari J, Beaulieu C, Ouellette D, Pontbriand Y, Halasz AM, Van Tra H (1995) Determination of petroleum hydrocarbons in soil: SFE versus soxhlet and water effect on recovery. Intern J Environ Anal Chem 60:123-137

Hawke JG, Wright HJL (1966) Diffusion of carbon dioxide through charged monolayers at the air- water interface. Nature (London) 212:810-811

Hayes MHB (1985) Extraction of humic substances from soil. In: Aiken GR, McKnight DM, Wershaw RL, MacCarthy (Hrsg) Humic Substances in Soil, Sediment, and Water, Wiley, New York, S 329-362

Hayes TM (1996) Isolation of Humic Substances from Soil and Their Interactions with Anthropogenic Organic Chemicals. Dissertation, Universität Birmingham

Heaton THE (1986) Isotopic studies of nitrogen pollution in the hydrosphere and atmosphere: a review. Chem Geol (Isot Geosci Sect) 59:87-102

Hebisch HF (1997) The remediation of a former military site with a mobile plant for soil washing and thermal treatment. NATO ASI Ser 12:149-153

Hedges JI (1992) Global biogeochemical cycles: progress and problems. Mar Chem 39:67-93

Hedges JI, Keil RG (1995) Sedimentary organic matter preservation: an assessment and speculative synthesis. Mar Chem 49:81-115

Hefer B, Wilhelm M, Idel H (1997) Schadstoffbelastung durch Persorption von Bodenpartikeln. UWSF - Z Umweltchem Ökotox 9:259-266

Hein H, Kunze W (1994) Umweltanalytik mit Spektrometrie und Chromatographie: von der Laborgestaltung bis zur Dateninterpretation. VCH, Weinheim New York Basel Cambridge Tokyo

Hein H, Kunze, W (1994) Umweltanalytik. VCH, Weinheim

Hein H, Müller HW, Witte I (1992) Durchführung von Wasser- und Umweltanalysen mit UV/Vis-Spektrometer Lamda 2. Perkin-Elmer-Publikation B 050-4057, 2. Auflage

Hein W, Zimmermann R-D (1997) Nachweis der an Hausstaub gebundenen Innenraumbelastungen mit dem Leuchtbakterientest. UWSF - Z Umweltchem Ökotox 9:323-326

Heinkele T, Neumann C, Rumpel C, Strzyszcz Z, Kögel-Knabner I, Hüttl RF (1999) Zur Pedogenese pyrit- und kohlehaltiger Kippsubstrate im Lausitzer Braunkohlerevier. In: Hüttl RF, Klem D, Weber E (Hrsg) Rekultivierung von Bergbaufolgelandschaften. Walter de Gruyter, S 25-44

Heinrichs H, Herrmann AG (1990) Praktikum der analytischen Geochemie. Springer, Berlin Heidelberg New York London Paris Tokyo Hong Kong

Heintz A, Reinhardt GA (1993) Chemie und Umwelt. 3. Aufl, Vieweg, Braunschweig Wiesbaden

Heintz A, Reinhardt GA (1996) Chemie und Umwelt. 4. Aufl, Vieweg, Braunschweig, 366S

Held T (19979 Schwermetalle: Chemische Zeitbomben in Stadtböden. UWSF - Z Umweltchem Ökotox 9:185-192

Helios Rybicka E (1996) Impact of mining and metallurgical industries on the environment in Poland. Appl Geochem 11:3-9

Hellmann H (1990) Studien zur UV-Spektroskopie von LAS in relevanten Umwelt-Matrices - Grundlagen und LAS-Bestimmungen unter relativ problemlosen Bedingungen. Z. Wasser-Abwasser-Forschung 23: 62-69

Hellmann H (1991) Tensidanalytik - Probleme und Problemlösungen. In: Buch der Umweltanalytik, Bd 2. GIT-Verlag GmbH, Darmstadt, S 53-65

Hellmann H (1995) Umweltanalytik von Kohlenwasserstoffen. VCH, Weinheim, 260S

Helmers E (1994) Speciation of cadmium in seawater - a direct voltammetric approach. Fresenius J Anal Chem 350:62-67

Helmers E (1997) Platinum Emission Rate of Automobiles with Catalytic Converters. ESPR - Environ Sci & Pollut Res 4:100-103

Helmers E, Barchet R (1993) Platin in Klärschlammasche und an Gräsern. Z Umweltchem Ökotox 6:130-134

Helmers E, Kümmerer K (1997) Platinum Group Elements in the Environment - Anthropogenic Impact. ESPR - Environ Sci & Pollut Res 4:99-103

Helmers E, Mergel N (1997) Platin in Klärschlammasche und an Gräsern. UWSF - Z Umweltchem Ökotox 6:130-134

Helmers E, Mergel N, Barchet R (1994) Platin in Klärschlammasche und an Gräsern. UWSF - Z Umweltchem Ökotox 6:130-134

Helwig A, Neske P (1990) Zur komplexen Erfassung von Quecksilber in der Luft. I. Aktuelle Aufgaben der Luftreinhaltung. VDI Berichte 838:457-466

Hemond HF, Fechner-Levy EJ (1999) Chemical Fate and Transport in the Environment. Academic Press, London, 424S

Hempel M, Kubala J, Jantzen E (1998) Formation of highly toxic ethylmercury$^+$ by tetraethyllead at contaminated sites - an underestimated risk?- ICEBAMO 98 (28.6.-1.7.1998), Gl. Avernaes, Helnaes, Danmark, Abstract

Hempel M, Wilken R-D, Miess R, Hertwich J, Beyer K (1995) Mercury contaminated sites - behavior of mercury and its species in lysimeter experiments. Water, Air, Soil Pollut 80:1089-1098

Hendriks AJ, Ma W-C, Brouns JJ, de Ruiter-Dijman EM, Gast R (1995) Modelling and Monitoring Organochlorine and Heavy Metal Accumulation in Soils, Earthworms, and Shrews in Rhine-Delta Floodplains. Arch Environ Contam Toxicol 29:115-127

Heninger I, Potin-Gautier M, Astruc M, Snidaro D, Vignier V, Manem J (1997) Selenium in sewage sludge: general aspects and analytical challenge. Intern J Environ Anal Chem 67:1-13

Henon S, Meunier J (1999) Brewster angle microscopy and ellipsometry. Modern Characterization Methods of Surfactant Systems 83:109-145

Herrmann WA (1993) Chemie - eine janusköpfige Wissenschaft?- TUM Mitteilungen 4:13-21

Hertz HS, Brown JM, Chesler SN, Guenther FR, Hilbert LR, May WE, Parris RM, Wise SA (1980) Determination of individual organic compounds in shale oil. Anal Chem 52:1650-1657

Hesse M, Meier H, Zeeh B (1987) Spektroskopische Methoden in der organischen Chemie. Thieme, Stuttgart New York

Hester RE (1986) Understanding our Environment. The Royal Society of Chemistry, London, 333S

Heumann KG (1990) Spurenanalytik im Reinraumarchiv der Antarktis. Nachr Chem Tech Lab 38:1048-1062

Heumann KG (1994) Kleinste Substanzmengen im letzten Reinraumgebiet der Erde. Blick in die Wissenschaft, Universität Regensburg, Heft 4, S 12-21

Heydemann B (1993) Naturstrategien - Leitbild einer neuen Stoffwirtschaft. Z Umweltchem Ökotox 5:301-302

Heyer K-U (1999) Reanimation eines Reaktors. Entsorga-Magazin 11'99:18-25

Hiester E (1994) Immissionsmessungen polychlorierter Dibenzodioxine, Dibenzofurane und Biphenyle in Nordrhein-Westfalen. Aus der Tätigkeit der LIS 1993, Essen, S 43-54

Hiller DA (1997) Säurepufferkapazitäten und Schwermetallstatus urban-industriell überformter Böden des Ruhrgebiets. Geowiss 15:159-167

Hiller DA, Meuser H (1998) Urbane Böden. Springer-Verlag, Berlin, 161S

Hinners TA, Heithmar EM, Spittler TM, Henshaw JM (1987) Inductively coupled plasma mass spectrometric determination of lead isotopes. Anal Chem 59:2658-2662

Hintelmann H (1998) Distillation of methylmercury using a microdistillation technique. Canad J Anal Sci Spectr 43:182-188

Hintelmann H (1999) Comparison of different extraction techniques used for methylmercury analysis with respect to accidential formation of methylmercury during sample preparation. Chemosphere 39:1093-1105

Hintelmann H, Falter R, Ilgen G, Evans RD (1997) Determination of artifactual formation of monomethylmercury (CH_3Hg^+) in environmental samples using stable Hg^{2+} isotopes with ICP-MS detection: Calculation of contents applying species specific isotope addition. Fresenius J Anal Chem 358:363-370

Hintelmann H, Hempel M, Wilken RD (1995a) Observation of Unusual Organic Mercury Species in Soils and Sediments of Industrially Contaminated Sites. Environ Sci Technol 29:1845-1850

Hintelmann H, Welbourn PM, Evans RD (1995b) Measurement of Complexation of Methylmercury(II) Compounds by Freshwater Humic Substances Using Equilibrium Dialysis. Environ Sci Technol 31:489-495

Hirner AV (1987a) Metals in crude oils, asphaltenes, bitumen and kerogen - Molasse Basin, Southern Germany. ACS Symp Ser 344, S 146-153

Hirner AV (1987b) Geochemistry of crude oils from Southern Germany. In: Hurst RW, Davis TE, Augustithis SS (Hrsg) The practical applications of trace elements and isotopes to environmental biogeochemistry and mineral resources evaluation. Theophrastus Publ, Athen, S 217-231

Hirner AV (1991) Stabile Isotope als umweltchemische Tracer. Essener Hochschulblätter Studienjahr 1990/91, Universität GH Essen, S 73-86

Hirner AV (1992a) Der Mensch und seine Umwelt aus geochemischer Sicht. In: Förster H, Rösner P-P (Hrsg) 2. Essener Symposium für Praktische Umweltmedizin, Ärztekammer Nordrhein und Nordrheinische Akademie, Essen, S 72-89

Hirner AV (1992b) Analytische Methoden zur Bestimmung anorganischer und organischer Spezies in Böden. VDI Tagungsbericht „Umweltmeßtechnik", Leipzig, S 249-258

Hirner AV (1992c) Trace element speciation in soils and sediments using sequential chemical extractions methods. Intern J Environ Anal Chem 46:77-85

Hirner AV (1994a) ...auch eine Frage der Allgemeinbildung - Über das Verhältnis der Öffentlichkeit zur Umweltchemie. NiU-Chemie 5:50-52

Hirner AV (1994b) Unsere Probleme mit der Umwelt aus der Sicht des Analytischen Geochemikers. In: Gramm A, Möller K, Schlichting HJ, Soostmeyer M, Sumfleth E (Hrsg) Naturwissenschaftsdidaktik, Sommersymposium Essen. Reihe Naturwissenschaft und Unterricht 21, Westarp Wissenschaften, Magdeburg, S 55-65

Hirner AV (1995) Analytik von Umweltgasen mittels GC/ICP-MS. GIT 39, S 524-527

Hirner AV (1996) Testing Metal Mobility in Soils by Elution Tests. In: Reuther R (Hrsg) Geochemical Approaches to Environmental Engineering of Metals. Springer-Verlag, Berlin, S 15-23

Hirner AV (2000) Elutions- und Extraktionsverfahren zur Bestimmung mobiler anorganischer und organischer Kontaminanten in Feststoffen. Analytiker-Taschenbuch 21, Springer-Verlag, Berlin, S 151-177

Hirner AV, Feldmann J, Krupp E, Grümping R, Goguel R, Cullen WR (1998a) Metal(loid)organic compounds in geothermal gases and waters. Org Geochem 29:1765-1778

Hirner AV, Förstner U (1993) Elutionstests zur Bestimmung der Schadstoffmobilität. Altlasten 3:29-30

Hirner AV, Kritsotakis K, Tobschall HJ (1990a) Metal-organic associations in sediments - I. Comparison of unpolluted recent and ancient sediments and sediments affected by anthropogenic pollution. Appl Geochem 5:491-505

Hirner AV, Krupp E, Gainsford AR, Staerk H (1990b) Metal-organic associations in sediments-II. Algal mats in contact with geothermal waters. Appl Geochem 5:507-513

Hirner AV, Krupp E, Schulz F, Koziol M, Hofmeister W (1998b) Organometal(loid) species in geochemical exploration: preliminary results. J Geochem Explor 64:133-139

Hirner AV, Lyon GL (1989) Stable isotope geochemistry of crude oils and of possible source rocks from New Zealand - 1: carbon. Appl Geochem 4:109-120

Hirner AV, Müller B, Bimmermann A, Feldmann J (1996) Chemische Charakterisierung von Dieselrußteilchen. Immissionsschutz 3:88-96

Hirner AV, Pestke FM, Busche U (1998c) Konzepte zur Mobilitätsabschätzung von Schadstoffen in Boden- und Abfallmaterialien. Acta hydrochim hydrobiol 26:226-229

Hirner AV, Pestke FM, Busche U, Eckelhoff A (1998d) Testing contaminant mobility in soils and waste materials. J Geochem Explor 64:127-132

Hirner AV, Robinson BW (1989) Stable isotope geochemistry of crude oils and of possible source rocks from New Zealand-2: sulfur. Appl Geochem 4:121-130

Hirner AV, Robinson BW (1992) Genetic Relationship Between Elementary, Organic, and Pyritic Sulfur in Sediments. In: Schidlowski M et al (Hrsg) Early Organic Evolution: Implications for Mineral and Energy Resources, Springer-Verlag, Berlin, S 426-432

Hirner AV, Xu Z (1991) Trace metal speciation in Julia Creek oil shale. Chem Geol 91:115-124

Hirsch R, Ternes TA, Haberer K, Kratz K-L (1996) Nachweis von Betablockern und Bronchospasmolytika in der aquatischen Umwelt. Vom Wasser 87:263-274

Hitzfeld B, Friedrichs KH, Behrendt H (1992) In vitro Interaction between Human Basophils and Polymorphonuclear Granulocytes: Effect of Airborne Particulate Matter. Int Arch Allergy Immunol 99:390-393

Hlavay J, Nagy A (1994) Investigation in a highly polluted industrial city: correlation between air pollution sources and deposited dusts. Toxicol Environ Chem 42:175-182

Hlavay J, Wesemann G (1993) Distribution of mineralogical phases in dusts collected at different workshops. Sci Tot Environ 136:33-42

Ho TY, Rogers MA, Drushel HV, Koons CB (1974) Evolution of Sulfur Compounds on Crude Oils. AAPG Bull 58:2338-2348

Hodge VF, Seidel SL, Goldberg ED (1979) Determination of tin(IV) and organotin compounds in natural waters, coastal sediments and macro algae by atomic absorption spectrometry. Anal Chem 51:1256-1259

Hodge VF, Stallard MO (1986) Platinum and palladium in roadside dust. Environ Sci Technol 20:1058-1060

Hodgson GW (1954) Vanadium, nickel and iron trace metals in crude oils of western Canada. AAPG Bull 38:2537-2554

Hödl P, Schindlbauer H (1995) Zur Analytik und Altersbestimmung von Kohlenwasserstoff-Altlasten. Erdöl Erdgas Kohle 111:83-89

Hoefs J (1996) Stable Isotope Geochemistry. Springer-Verlag, Heidelberg, 4. Aufl, 200S

Hoefs J (1997) Kontaminationen von Deponiestandorten - die Kohlenstoff- und Schwefel-Isotopenzusammensetzung von Sickerwässern. In: Matschullat J, Tobschall HJ, Voigt H-J (Hrsg) Geochemie und Umwelt. Springer-Verlag, Berlin, S 221-226

Hoering TC (1973) A comparison of melanoidin and humic acid. Carnegie Inst Washington Yearb 72, S 682-690

Hoffmann H, Ulbricht W (1993) Physikalische Chemie der Tenside. In: Kosswig K et al (Hrsg) Die Tenside. Carl Hanser Verlag, München, Wien, S 1-114

Hofmann T, Schoettler U (1998) Behavior of suspendedd and colloidal particles during artificial groundwater recharge. Prog Coll Polym Sci 111:184-188

Höher K, Quantz D, Zeibig G (1991) Entwicklung und Optimierung eines säulenelutionsverfahrens für die Umweltverträglichkeitsprüfung von ungebundenen Recyclingbaustoffen. Bericht der Naturwissenschaftlichen Forschungs- und Untersuchungslaboratorium GmbH (NAFU), im Auftrag der Senatsverwaltung für Bau- und Wohnungswesen, Berlin

Hölgye Z (1991) Determination of plutonium in soil. J Radioanal Nucl Chem 149:275-280

Höll WH (1995) Elution von Schwermetallen aus kontaminierten Feststoffen. Vom Wasser 84:251-261

Holländer W (1995) Sampling of Airborne Particulate Matter. In: Hutzinger O (Hrsg) The Handbook of Environmental Chemistry, Vol 4, Part D, Springer-Verlag, Berlin, S 143-173

Hollas JM (1995) Moderne Methoden in der Spektroskopie. Vieweg, Braunschweig Wiesbaden

Holler S, Schäfers C, Sonnenberg J (1996) Umweltanalytik und Ökotoxikologie. Springer-Verlag, Berlin, 478S

Hollerbach A (1985) Grundlagen der organischen Geochemie. Springer-Verlag, Berlin, 190S

Holliger C, Gaspard S, Glod G, Heijman C, Schumacher W, Schwarzenbach RP, Vazquez F (1997) Contaminated environments in the subsurface and bioremediation: organic contaminants. FEMS Microbiol Rev 20:517-523

Holoubek I, Caslavsky J, Vancura R, Kocan A, Chovancova J, Petrik J, Drobna B, Cudlin P, Triska J (1994) Project TOCOEN: The fate of selected organic pollutants in the environment Part XXIV. The content of PCBs and PCDDs/Fs in high-mountain soils. Toxicol Environ Chem 45:189-197

Holzwarth F, Radtke H, Hilger B (1998) Bundes-Bodenschutzgesetz. Erich Schmidt Verlag, Berlin, 237S

Horiguchi T, Shiraishi H, Shimizu M, Masatoshi M (1997) Imposex in sea snails, caused by organotin (tributyltin and triphenyltin) pollution in Japan: a survey. Appl Organomet Chem 11:451-455

Horn P, Hölzl S, Todt W, Matthies D (1998) Isotope abundance ratios of Sr in wine provenance determinations, in a tree-root activity study, and of Pb in a pollution study on tree-rings. Isotopes Environ Health Stud 34:31-42

Horn P, Michler G, Todt W (1987) Die anthropogene Bleibelastung im Raum München, ermittelt aus Pb-Isotopenuntersuchungen von Wasser- und Sedimentproben („Münchner Blei"). Mitt Geogr Ges München 72, S 105-117

Horstmann M, McLachlan MS (1994) Textiles as a Source of Polychlorinated Dibenzo-p-dioxins and Dibenzofurans (PCDD/F) in Human Skin and Sewage Sludge. Environ Sci & Pollut Res 1:15-20

Horvat M, Bloom NS, Liang L (1993) Comparison of distillation with other current isolation methods for the determination of methyl mercury compounds in low level environmental samples. Anal Chim Acta 281:135-152

Horvath H, Kreiner I, Norek C, Preining O, Georgi B (1988) Diesel emissions in Vienna. Atmos Environ 22:1255-1269

Horwitz W, Kamps LR, Boyer KW (1980) Quality Assurance of Foods for Trace Constituents. J Assoc Off Anal Chem 63:1344-1354

Hoschek R, Schittke HJ (1980) Vergleichsbestimmungen für Blei im Blut sowie für Blei und Kadmium im Urin. Forschungsbericht Nr 101, Bundesanstalt für Arbeitsschutz, Dortmund, 188S

Hötzl H, Rosner G, Winkler R (1989) Long-term behaviour of Chernobyl fallout in air and precipitation. J Environ Radioactivity 10:157-171

Houghton JT, Jenkins GJ, Ephraums JJ (1990) Climate Change. Intergovernmental Panel on Climate Change. Cambridge University Press

Hövelmann A, Bidinger SC (1994) Technische Möglichkeiten zur Behandlung von Deponiesickerwasser. Geowissenschaften 12:34-40

Huang L, Sturchio NC, Abrajano T jr, Heraty LJ, Holt BD (1999) Carbon and chlorine isotope fractionation of chlorinated aliphatic hydrocarbons by evaporation. Org Geochem 30:777-785

Huang PM (1980) Adsorption Processes in Soil. In: Hutzinger O (Hrsg) The Handbook of Environmental Chemistry, Vol 2, Part A, Springer-Verlag, Berlin, S 47-59

Huang X, Olmez I, Aras NK (1994) Emissions of trace elements from motor vehicles: Potential marker elements and source composition profile. Atmos Environ 28:1385-1391

Huang Y, Eglinton G, Ineson P, Latter PM, Bol R, Harkness DD (1997) Absence of carbon isotope fractionation of individual n-alkanes in a 23-year field decomposition experiment with Calluna vulgaris. Org Geochem 26:497-501

Hubbard CE, Barker JF, O'Hannesin SF, Vandergriendt M, Gillham RW (1994) Transport and fate of dissolved methanol. Methyl-tert-butyl-ether, and monoaromatic hydrocarbons in a shallow sand aquifer. API Publ. 4601, American Petroleum Institute, Washington DC. 180S

Huesemann MH (1995) Predictive Model for Estimating the Extent of Petroleum Hydrocarbon Biodegradation in Contaminated Soils. Environ Sci Technol 29, S 7-18

Huff J, Lucier G, Tritscher A (1994) Carcinogenity of TCDD: Experimental, mechanistic and epidemiologic evidence. Ann Rev Pharmacol Toxicol 34:343-372

Hughes LS, Cass GR, Gone J, Ames M, Olmez I (1998) Physical and Chemical Characterization of Atmospheric Ultrafine Particles in the Los Angeles Area. Environ Sci Technol 32:1153-1161

Hühnerfuss H (1983) Molecular aspects of organic surface films on marine water and the modification of water waves. Chim Ind (Milan) 65:97-101

Hühnerfuss H, Alpers W, Garrett WD, Lange PA, Stolte S (1983) Attenuation of capillary and gravity waves at sea by monomolecular organic surface films. JGR 88:9809-9816

Hühnerfuss H, Lange P, Walter W (1982) Wave damping by monomolecular surface films and their chemical structure. Part I. Variation of the hydrophobic part of carboxylic acid esters. J Mar Res 40:209-225

Hühnerfuss H, Lange P, Walter W (1984) Wave damping by monomolecular surface films and their chemical structure. Part II: Variation of the hydrophilic part of the film molecules including natural substances. J Mar Res 42:737-759

Hunt J (1996) Petroleum Geochemistry and Geology. Plenum Press, New York. 704S

Huppmann R, Lohoff HW, Schröder HF (1996) Cyclic siloxanes in the biological waste water treatment process - Determination, quantification and possibilities of elimination. Fresenius J Anal Chem 354:66-71

Hurley JP, Krabbenhoft DP, Cleckner LB, Olson ML, Aiken GR, Rawlik PS jr (1998) System controls on the aqueous distribution of mercury in the northern Florida Everglades. Biogeochem 40:293-311

Hurst RW, Davis TE, Augustithis SS (1987) The practical applications of trace elements and isotopes to environmental biogeochemistry and mineral resources evaluation. Theophrastus Publ, Athen, 250S

Hüttenhain SH, Arnold J (1996) Medium-pressure-liquid-extraction (MPLE) of selected polychlorinated biphenyls from soil. Toxicol Environ Chem 54:125-129

Hütter LA (1992) Wasser und Wasseruntersuchung. Salle & Sauerländer, Frankfurt aM, 516S

Hutzinger O (1991) Was ist ein Schadstoff? UWSF - Z Umweltchem Ökotox 3:259

Iannuzzi TJ, Bonnevie NL, Wenning RJ (1995b) An Evaluation of Current Methods for Developing Sediment Quality Guidelines for 2,3,7,8-Tetrachlorodibenzo-p-Dioxin. Arch Environ Contam Toxicol 28:366-377

Iannuzzi TJ, Huntley SL, Bonnevie NL, Finley BL, Wenning RJ (1995a) Distribution and Possible Sources of Polychlorinated Biphenyls in Dated Sediments from the Newark Bay Estuary, New Jersey. Arch Environ Contam Toxicol 28:108-117

Ihme W, Wichmann H-E (1996) Expositionsabschätzung mittels Modellrechnungen. Z Umweltchem Ökotox 8:343-354

Imhof RM, Bunge RC (1999) Pneumatic flotation in general and exemplified for an application during the remediation of soils. Freiberg Forschungsh A A850:154-171

Ioppolo M, Alexander R, Kagi RI (1992) Identification and analysis of C_0-C_3 phenols in some Australian crude oils. Org Geochem 18:603-609

Ioppolo-Armanios M, Alexander R, Kagi RI (1995) Geosynthesis of organic compounds: I. Alkylphenols. Geochim Cosmochim Acta 59:3017-3027

Irving H, Williams R (1948) Order of stability of metal complexes. Nature 162:746-747

Israelachvili JN (1985) Intermolecular and surface forces with applications to colloidal and biological systems. Academic Press, New York

Iverfeldt A (1991) Mercury in forest canopy throughfall water and its relation to atmospheric deposition. Water Air Soil Pollut 56:553-564

Iyer SS, Babinski M, Marinho MM, Barbosa JSF, Sato IM, Salvador VL (1999) Lead isotope evidence for recent uranium mobility in geological formations of Brazil: implications for radioactive waste disposal. Appl Geochem 14:17-221

Jackson JE (1991) A User's Guide to Principal Components. John Wiley & Sons, New York

Jacobi H, Witte I (1995) Additive und synergistische Kombinationswirkungen von Xenobiotika in subtoxischen Konzentrationen auf menschliche Fibroblasten. Z Umweltchem Ökotox 7:256-260

Jaffe R, Wolff GA, Cabrera AC, Chitty HC (1995) The biogeochemistry of lipids in rivers of the Orinoco Basin. Geochim Cosmochim Acta 59:4507-4522

Jakubowski N, Brandt R, Stuewer D, Eschnauer HR, Görtges S (1999) Analysis of wines by ICP-MS: Is the pattern of the rare earth elements a reliable fingerprint for the provenance? Fresenius J Anal Chem 364:424-428

Janich P (1994) Umdenken ist schwer. Chemische Rundschau 22:17-18

Jansen K-H (1996) Automatische Probenvorbereitung in Wässern für PAKs. GIT Spezial, S 16-19

Jantzen E, Wilken R-D (1991) Zinnorganische Verbindungen in Hafensedimenten - Analytik und Beurteilung. Vom Wasser 76:1-11

Jaworowski Z (1994) Ancient atmosphere - Validity of ice records. Environ Sci & Pollut Res 1:162-171

Jayalakshmi Y, Langevin D (1997) Surface tension and viscoelasticity of alkane solubilized surfactant monolayers. J Coll Interf Sci 194:22-30

Jedrysek MO (1995) Carbon isotope evidence for diurnal variations in methanogenesis in freshwater lake sediments. Geochim Cosmochim Acta 59:557-561

Jenkins RO, Craig PJ, Goessler W, Irgolic KJ (1998a) Biovolatilization of antimony and sudden infant death syndrome (SIDS). Human Exp Toxicol 17:231-238

Jenkins RO, Craig PJ, Goessler W, Miller D, Ostah N, Irgolic KJ (1998b) Biomethylation of Inorganic Antimony Compounds by an Aerobic Fungus: Scopulariopsis brevicaulis. Environ Sci Technol 32:882-885

Jensen H (1992) Lead in household dust. Sci Tot Environ 114:1-6

Jobst H (1998) Chlorphenole und Nonylphenole in Klärschlämmen. Teil II: Hat die Belastung mit Pentachlorphenol und Nonylphenolen abgenommen?- Acta hydrochim Hydrobiol 26:344-348

Johns RB (1986) Biological markers in the sedimentary record. Methods in Geochemistry and Geophysics 24. Elsevier, Amsterdam. 364S

Johnson WP, John WW (1999) PCE solubilization and mobilization by commercial humic acid. J Contam Hydrol 35:343-362

Joneck M, Prinz R (1995) PCB- und PAK-Belastung von Böden. Z Umweltchem Ökotox 7:298-301

Jones KC (1994) Observations on Long-Term Air-Soil Exchange of Organic Contaminants. Environ Sci & Pollut Res 1:172-177

Jones KC, Johnston AE (1989) Cadmium in cereal grain and herbage from long-term experimental plots at Rothamsted, UK. Environ Pollut 57:199-216

Jones MN, Bryan ND (1998) Colloidal properties of humic substances. Adv Coll Interf Sci 78:1-48

Jopp K (1996) Vom Kunststoff zum Schadstoff und zurück. DIE ZEIT 38:34

Jullien D, Cauwet G, Marty JC, Saliot A (1982) Particulate organic matter in the surface microlayer of seawater, balance, accumulation and complexation. C R Seances Acad Sci 295:367-370

Jung K, Kristen U, Flachowsky J, Segner H, Schüürmann G (1997) Deponiesickerwässer: Bestimmung zytotoxischer Wirkungen mit dem Pollenschlauchwachstumstest. UWSF - Z Umweltchem Ökotox 9:317-321

Jung M (1992) Seid verschlungen Milliarden - Was darf Medizin kosten? - Verlag Harri Deutsch, Frankfurt/M, 288S

Jungbluth H, Lohmann G (1999) Ferrocen als Additiv für Mineralölprodukte. Nachr Chem Tech Lab 47:532-536

Kado NY, Colome SD, Kleinman MT, Hsieh DPH, Jaques P (1994) Indoor-Outdoor Concentrations and Correlations of PM10-Associated Mutagenic Activity in Nonsmokers' and Asthmatics' Homes. Environ Sci Technol. 28:1073-1078

Kaganer VM, Möhwald H, Dutta P (1999) Structure and phase transitions in Langmuir monolayers. Revs Mod Phys 71:779-819

Kägi J-HR, Vallee BL (1960) Metallothionein: A Cadmium- and Zinc-containing Protein from Equine Renal Cortex. J Biol Chem 235:3460-3465

Kaiser G, Tölg G (1980) Mercury. In: Hutzinger O (Hrsg) The Handbook of Environmental Chemistry, Vol 3, Part A, Springer-Verlag, Berlin, S 1-58

Kalbfus W, Zellner A, Frey S, Stanner E (1991) Gewässergefährdung durch organozinnhaltige Antifouling-Anstriche. Forschungsbericht UBA-FB 91-072, Berlin, 169S

Kammerer L, Peter J, Burkhardt J, Trugenberger-Schnabel A, Bergler I (1995) Umweltradioaktivität in der Bundesrepublik Deutschland 1992 und 1993 - Daten und Bewertung. BfS-Schriften 14/95, Bundesamt für Strahlenschutz, Salzgitter, 64S

Kamrin MA, Ringer RK (1994) PCB residues in mammals: a review. Toxicol Environ Chem 41:63-84

Kannan K, Tanabe S, Tatsukawa R, Williams RJ (1995) Butyltin residues in fish from Australia, Papua New Guinea and the Solomon Islands. Intern J Environ Anal Chem 61:263-273

Kaplan IR (1992) Characterizing petroleum contaminants in soil and water and determining source of pollutants. National Groundwater Association, The Petroleum Hydrocarbons and Organic Chemicals in Ground Water Conference, Houston, Texas

Kaplan IR (1994) Identification of formation process and source of biogenic gas seeps. Isr J Earth Sci 43:297-308

Kaplan IR, Alimi MH, Galperin Y, Lee RP, Lu ST (1995) Pattern of chemical changes in fugitive hydrocarbon fuels in the environment. SPE 29754, 601-617

Kaplan IR, Galperin Y, Alimi H, Lee R-P, Lu S-T (1996) Patterns of Chemical Changes During Environmental Alteration of Hydrocarbon Fuels. GWMR, S 113-124

Kaplan IR, Galperin Y, Lu S-T, Lee R-P (1997) Forensic Environmental Geochemistry: differentiation of fuel-types, their sources and release time. Org Geochem 27:289-317

Kaplan IR, Gordon RJ (1994) Non-Fossil-Fuel Fine-Particle Organic Carbon Aerosols in Southern California Determined During the Los Angeles Aerosol Characterization and Source Apportionment Study. Aerosol Sci Technol 21:343-359

Kaplan IR, Rittenberg SC (1964) Microbiological fractionation of sulphur isotopes. J Gen Microbiol 34:195-212

Kappesser R, Greif R, Cornet I (1969) Evaporation retardation by monolayers. Science 166:403

Karczewska A (1996) Metal species distribution in top- and sub-soil in an area affected by copper smelter emissions. Appl Geochem 11:35-42

Karickhoff SW, Brown DS, Scott TA (1979) Sorption of hydrophobic pollutants on natural sediments. Water Res 13:241-248

Kasi MP, Azzam FO, Lee S (1993) Coal agloflotation and supercritical wet oxidation: novel remediation techniques for ultra-cleaning of contaminated soils. J Haz Mat 35:17-30

Kasig W, Meyer DE (1984) Grundlagen, Aufgaben und Ziele der Umweltgeologie. Z dt geol Ges 135:383-402

Kasting JF (1989) Long-term stability of the earth's climate. Palaeogeogr Palaeoclimatol Palaeocol (Global Planet Change Sect) 75:83-96

Kawahigashi M, Fujitake N (1998) Surface-active properties of particle size fractions in two humic acids. Soil Science and Plant Nutrition 44:497-505

Kaye BH (1995) Science and the detective. VCH, Weinheim, 388S

Keinonen M (1992) The isotopic composition of lead in man and the environment in Finland 1966-1987: isotope ratios of lead as indicators of pollutant source. Sci Total Environ 113:251-268

Kellner R, Mermet J-M, Otto M, Widmer HM (Hrsg) (1998) Analytical chemistry: the authentic text to the FECS curriculum analytical chemistry. Wiley-VCH, Weinheim Berlin New York Chichester Brisbane Singapore Toronto, 916S

Kelly AG, Campbell LA (1995) Persistent Organochlorine Contaminants in the Firth of Clyde in Relation to Sewage Sludge Input. Marine Environmental Research 40, no 4

Kelly J, Thornton I, Simpson PR (1996) Urban Geochemistry: A study of the influence of anthropogenic activity on the heavy metal content of soils in traditionally industrial and nonindustrial areas of Britain. Appl Geochem 11:363-370

Kelly WR, Herman JS, Mills AL (1997) The geochemical effects of benzene, toluene, and xylene (BTX) biodegradation. Appl Geochem 12:291-303

Kelly WR, Ondov JM (1990) A theoretical comparison between intentional elemental and isotopic atmospheric tracers. Atmos Environ 24A:467-474

Kemper FH, Bertram HP (1991) Thallium. In: MERIAN, S 1227-1241

Kennedy VH, Sanchez AL, Oughton DH, Rowland AP (1997) Use of Single and Sequential Chemical extractants to Assess Radionuclide and Heavy Metal Availability From Soils for Root Uptake. Analyst 122:89R-100R

Kennicutt II MC (1988) The effect of biodegradation on crude oil bulk and molecular composition. Oil Chem Pollut 4:89-112

Kennish MJ, Belton TJ, Hauge P, Lockwood K, Ruppel BE (1992) Polychlorinated biphenyls in estuarine and coastal marine waters of New Jersey: A review of contamination problems. Rev Aquat Sci 6:275-293

Kerndorff H (1995) Groundwater Contamination Assessment by Problem-Specific Selection of Analytical Parameters. Intern J Environ Anal Chem 60:239-256

Kerr RA (1988) Indoor radon: the deadliest pollutant. Science 240:606-608

Kersten M (1988) Geochemistry of priority pollutants in anoxic sludges: cadmium, arsenic, methyl mercury, and chlorinated organics. In: Salomons W, Förstner U (Hrsg) Chemistry and Biology of Solid Waste - dredged material and mine tailings. Springer-Verlag, Berlin, S 170-213

Kersten M (1996) Emissionspotential einer Schlackenmonodeponie. Geowiss 14:180-185

Kersten M, Böttcher ME (1997) Geochemische Modellierung von Partikel/Wasser-Wechselwirkungen. Geowiss 15:34-39

Kerth M, Ludescher FB, Wiggering H, Zimmermann P (1990) Sekundärbiotop Steinkohlenbergehalde. Die Geowissenschaften 8:188-191

Ketterer S (1991) Polychlorierte Biphenyle und ausgewählte chlororganische Pestizide in Böden. Heidelberger Geowiss. Abh. 42, 194S

Khan DH, Frankland B (1983) Chemical forms of cadmium and lead in some contaminated soils. Environ Pollut (Ser B) 6:15-31

Khan TR, Langford CH, Skippen GB (1984) Complexation and reduction as factors in the link between metal ion concentrations and organic matter in the Indian River. Org Geochem 7:261-266

Kheboian C, Bauer CF (1987) Accuracy of Selective Extraction Procedures for Metal Speciation in Model Aquatic Sediments. Anal Chem 59:1417-1423

Kile DE, Chiou CT (1989) Water-solubility enhancement of nonionic organic contaminants. In: Suffet IH, MacCarthy P (Hrsg) Aquatic Humic Substances. Influence on Fate and Treatment of Pollutants. Adv Chem Ser 219:131-157

Kimbrough DE, Chin R, Wakakuwa J (1994a) Wide-spread and Systematic Errors in the Analysis of Soils for Polychlorinated Biphenyls Part 1. A Review of Inter-laboratory Studies. Analyst 119:1277-1281

Kimbrough DE, Chin R, Wakakuwa J (1994b) Wide-spread and Systematic Errors in the Analysis of Soils for Polychlorinated Biphenyls Part 2. Comparison of Extraction Systems. Analyst 119:1283-1292

Kimbrough DE, Chin R, Wakakuwa J (1994c) Wide-spread and Systematic Errors in the Analysis of Soils for Polychlorinated Biphenyls Part 3. Gas Chromatography. Analyst 119:1293-1301

Kingery AF, Allen HE (1995) The environmental fate of organophosphorus nerve agents: A review. Toxicol Environ Chem 47:155-184

Kistler RC, Widmer F, Brunner PH (1987) Behaviour of Chromium, Nickel, Copper, Zinc, Cadmium, Mercury and Lead During the Pyrolysis of Sewage Sludge. Environ Sci Technol 21:704-708

Kitto ME, Anderson DL, Gordon GE, Olmez I (1992) Rare earth distributions in catalysts and airborne particles. Environ Sci Technol 26:1368-1374

Kjeller LO, Jones KC, Johnston AE, Rappe C (1991) Increase in the polychlorinated dibenzo-p-dioxin and -furan content of soils and vegetation since 1840s. Environ Sci Technol 25:1619-1627

Kjeller LO, Kulp SE, Jonsson B, Rappe C (1993) Methodology for the determination of polychlorinated dibenzo-p-dioxins and dibenzofurans in sediment samples. Toxicol Environ Chem 39:1-12

Klaasen CD (1986) Principles of toxicology. In: Klaasen CD, Amdur MO, Doull J (Hrsg) Toxicology - The Basic Science of Poisons. Macmillan, New York, 1132S

Klein W, Scheunert I (1982) Bound pesticide residues in soil, plants and food with particular emphasis on the application of nuclear techniques. In: Agrochemicals: Fate in food and the environment, IAEA-SM-263/38, Wien, S 177-205

Klingholz R (1994) Wahnsinn Wachstum. GEO Gruner & Jahr, Hamburg, 271S

Klinkenberg H, van der Wal S, Frusch J, Terwint L, Beeren T (1990) Determination of Tellurium Compounds by LC-ICP-MS. At Spectrosc 11:198-201

Klinnert S, Bechmann W (1996) Adsorption von Phenolderivaten an Substrate unterschiedlich anthropogen überprägter Böden. Z Umweltchem Ökotox 8:184-186

Klöpffer W (1994a) Kriterien zur Umweltbewertung von Einzelstoffen und Stoffgruppen. Z Umweltchem Ökotox 6:61-63

Klöpffer W (1994b) Environmental Hazard - Assessment of Chemicals and Products. Environ Sci & Pollut Res 1:108-116

Klöpffer W, Rippen G, Gihr R, Partscht H (1992) Untersuchungen über mögliche Quellen der polychlorierten Dibenzodioxine und Dibenzofurane in Klärschlämmen. Forschungsbericht FB 92-023, UBA Berlin, 163S

Klös H, Schoch C (1993) Altersklassierung von Gewässersedimenten. UWSF - Z Umweltchem Ökotox 5:253-258

Klukas F, Bieling W (1999) PVC und Umwelt - immer noch ein Thema. Jahresbericht '98 LUA NRW, Essen, S 202-205

Klunk A, Görge E, Werner D (1996) Biologische Sanierung von Rüstungsaltlasten - Abreicherung von 2,4,6-Trinitrotoluol in Rhizosphärenböden. UWSF - Z Umweltchem Ökotox 8:243-247

Knauer K, Ahner B, Xue HB, Sigg L (1998) Metal and phytochelatin content in phytoplankton from freshwater lakes with different metal concentrations. Environ Toxicol Chem 17:2444-2452

Knicker H, Almendros G, Gonzalez-Vila FJ, Lüdemann H-D, Martin F (1995) ^{13}C and ^{15}N NMR analysis of some fungal melanins in comparison with soil organic matter. Org Geochem 23:1023-1028

Knobler CM (1998) The shapes of domains in two-phase monolayer systems. Nuovo Cimento Della Societa Italiana Di Fisica D Condensed Matter Atomic Molecular and Chemical Physics Fluids Plasmas Biophysics 20:2095-2105

Knopp L (1998) Altlastenregelungen im neuen Bundes-Bodenschutzgesetz. Nachr Chem Tech Lab 46:1163-1166

Koch TC, Seeberger J, Petrik H (1986) Ökologische Müllverwertung - Handbuch für optimale Abfallkonzepte. Verlag C.F. Müller, Karlsruhe

Kögel-Knabner I (1993) Biodegradation and humification processes in forest soils. In: Bollag J-M, Stotzky G (Hrsg) Soil Biochemistry, Vol 8. Marcel Dekker, New York, S 101-135

Kögel-Knabner I, Raber B, Totsche KU (1998) Einfluß gelöster Huminstoffe auf die Mobilität hydrophober Schadstoffe im Boden. VDI Fortschrittsbericht Umwelttechnik 206, S 68-87

Kögel-Knabner I, Totsche KU (1998) Einfluß gelöster Huminstoffe auf die Mobilität hydrophober Schadstoffe im Boden. Fortschrittberichte VDI. VDI-Verlag GmbH, Düsseldorf, S 68-87

Koh KKH, Vela LD, Jervis RE, Krishnan SS (1994) Hot atom effect on the leachability of elements in solid waste. J Radioanal Nucl Chem 180:49-54

Koide M, Goldberg ED, Niemeyer S, Gerlach D, Hodge V, Bertine KK, Padova A (1991) Osmium in marine sediments. Geochim Cosmochim Acta 55:1641-1648

Kolb B (1999) Gaschromatographie in Bildern. Wiley-VCH, Weinheim New York Chichester Brisbane Singapore Toronto

Kollmeier H, Seemann J, Wittig P, Witting C, Rothe G (1985) Metallanreicherungen in Humangeweben. Forschung - Fb Nr 347 - Band VI, Bundesanstalt für Arbeitsschutz, Dortmund, 150S

König HP, Hertel RF, Koch W, Rosner G (1992) Determination of platinum emissions from a three-way catalyst-equipped gasoline engine. Atmos Environ 26A:741-745

König J, Balfanz E, Bechtloff G (1985) Zusammensetzung von PAH-Gemischen am Arbeitsplatz. Schriftenreihe Forschung Fb 431, Bundesanstalt für Arbeitsschutz, Dortmund, 69S

Koningsberger DC, Prins R (1988) X-Ray Absorption. Wiley & Sons, New York

Koppenol S, Tsao FHC, Yu H, Zografi G (1998) The interaction of lung annexin I with phospholipid monolayers at the air/water interface. Biochimica et Biophysica Acta Biomembranes 1369:221-232

Kördel W, Hund K (1998) Soil extraction methods for the assessment of the ecotoxicological risk of soils. Contaminated Soil '98, Thomas Telford, London, S 241-250

Kördel W, Hund K, Klein W (1996) Erfassung und Bewertung stofflicher Bodenbelastungen. UWSF - Z Umweltchem Ökotox 8:97-103

Kördel W, Wahle U (1990) Pilotprojekt zur Entwicklung eines allgemeingültigen Analysenschemas für organische Chemikalien in Böden. BMFT-Forschungsbericht 03 39083 A, Forschungszentrum Jülich, 88S

Korobova E, Ermakov A, Linnik V (1998) ^{137}Cs and ^{90}Sr mobility in soils and transfer in soil-plant systems in the Novozybkov district affected by the Chernobyl accident. Appl Geochem 13:803-814

Korte F (1992) Lehrbuch der Ökologischen Chemie. Thieme Verlag, Stuttgart, 373S

Koß V (1997) Umweltchemie. Springer-Verlag, Berlin, 288S

Kosswig K et al (Hrsg) (1993) Die Tenside. Carl Hanser Verlag, München, Wien, S 1-114

Kostecki PT, Calabrese EJ (1990) Petroleum Contaminated Soils, Vol 3. Lewis Publishing, Chelsea, 423S

Kowalewski JB (1996) Prüfwerte - Eingreifwerte - Sanierungszielwerte: eine Zusammenstellung für die Altlasten-Praxis. Ernst, Berlin

Kozarac Z, Möbius D, Spohn DB (1998) Investigation of sea-surface microlayer and phytoplankton culture samples by monolayer techniques and Brewster angle microscopy. Croatica Chem Acta 71:285-301

Krabbenhoft DP, Hurley JP, Olson ML, Cleckner LB (1998) Diel variability of mercury phase and species distributions in the Florida Everglades. Biogeochem 40:311-325

Kralik M (1999) A rapid procedure for environmental sampling and evaluation of polluted sediments. Appl Geochem 14:807-816

Kramer JR, Allen HE (1988) Metal Speciation - Theory, Analysis and Application. Lewis Publishing, Chelsea, 357S

Kraschon G, Schmitt CU, Bahadir AM (1993) Verschiedene Methoden zur Bestimmung des organischen, anorganischen und Gesamtkohlenstoffgehaltes (TOC, TIC, TC) in ausgewählten festen Abfallmatrizes. Müll und Abfall:163-167

Krause GHM (1993) Ausgasung polychlorierter Dibenzo-p-dioxine und Dibenzofurane aus kontaminierten Böden. Aus der Tätigkeit der LIS 1992, Essen, 69-72

Krause GHM, Delschen T, Fürst P, Hein D (1993) Bewertung der Belastung durch PCDD/F aus der ehemaligen Kupfergewinnung im Raum Marsberg, NRW. Teil 1: PCDD/F in Böden, Vegetation und Kuhmilch. Z Umweltchem Ökotox 5:194-203

Krauß P, Wilken M (1995) Eintragspfade von PCDD/F in Biokompost. Organohalogen Compounds 22:393-402

Krebs W, Brombacher C, Bosshard PP, Bachofen R, Brandl H (1997) Microbial recovery of metals from solids. FEMS Microbiol Rev 20:605-617

Kreißelmeier A, Dürbeck H-W (1996) Determination of alkylphenols and linear alkylbenzene sulfonates in sediments applying accelerated solvent extraction (ASE). Fresenius J Anal Chem 354:921-924

Kretzschmar R, Barmettler K, Grolimund D, Yan YD, Borkovec M, Sticher H (1997) Experimental determination of colloid deposition rates and collision efficiencies in natural porous media. Water Resources Res 33:1129-1137

Kreuzig R, Bahadir M (1997) PSM in Böden. UWSF - Z Umweltchem Ökotox 9:62-64

Kreysa G, Wiesner J (1993) Bewertung und Sanierung mineralöl-kontaminierter Böden. DECHEMA, Frankfurt a M, 586S

Krishnamurti GSR, Huang PM, Van Rees KCJ, Kozak LM, Rostad HPW (1995) Speciation of Particulate-bound Cadmium of Soils and Its Bioavailability. Analyst 120:659-665

Krishnan SS, Jervis RE, Vela LD (1992) Leachability of toxic elements from solid wastes. J Radioanal Nucl Chem 161:181-187

Krishnaswami S, Lal D, Martin JM, Meybeck M (1971) Geochronology of lake sediments. Earth Planet Sci Lett 11:407-414

Krmoyan TV, Bokhyan EB, Pashayan AA (1967) Evaporation of water through a monolayer and without a monolayer in a closed partial vacuum. Arm Khim Zh 20:680-685

Kromidas S (1999) Validierung in der Analytik. Wiley-VCH, Weinheim New York Chichester Brisbane Singapore Toronto

Krouse HR (1980) Sulphur isotopes in our environment. In: Fritz P, Fontes J (Hrsg) Handbook of Environmental Isotope Geochemistry, Vol 1. Elsevier Sci Publ, Amsterdam. S 435-471

Krouse HR (1989) Sulfur isotope studies of the pedosphere and biosphere. In: Rundel PW, Ehleringer JR, Nagy KA (Hrsg) Stable Isotopes in Ecological Research, Ecological Studies 68. Springer-Verlag, New York, S 424-444

Krouse HR und Grinenko VA (1991) Stable Isotopes (Scope 43). J Wiley & Sons, New York, 440S

Krouse HR, Grinenko LN, Grinenko VA, Newman L, Forrest J, Nakai N, Tsuji Y, Yatsumimi T, Takeuchi U, Robinson BW, Stewart MK, Gunatilaka A, Chambers LA, Smith JW, Plumb LA, Buzek F, Cerny J, Sramek J, Menon AG, Iyer GVA, Venkatasubramanian VS, Egboka BEC, Irogbenachi MM, Eligwe CA (1991) Case Studies and Potential Applications. In: Krouse HR, Grinenko VA (Hrsg) Stable Isotopes in the Assessment of Natural and Anthropogenic Sulphur in the Environment. J Wiley & Sons, New York, S 307-425

Krouse HR, Ritchie RGS, Roche RS (1987) Sulphur isotope composition of H_2S evolved during the non-isothermal pyrolysis of sulphur-containing materials. J Anal Appl Pyrolysis 12:19-29

Krouse HR, Viau CA, Eliuk LS, Ueda A, Halas S (1988) Chemical and isotopic evidence of thermochemical sulphate reduction by light hydrocarbon gases in deep carbonate reservoirs. Nature 333:415-419

Krumbein WE (1988) Microbial interactions with mineral materials. In: Houghton DR, Smith RN, Eggins HOW (Hrsg) Biodeterioration 7, Elsevier Appl Sci, London, S 78-100

Krumbein WE, Swart PK (1983) The Microbial Carbon Cycle. In: Krumbein WE (Hrsg) Microbial Geochemistry Blackwell Sci Publ, Oxford, S 5-62

Krupp E (1999) Analytik umweltrelevanter Metall(oid)spezies mittels gaschromatographischer Trennmethoden. Dissertation, Universität GH Essen, 172S

Kudritskii SB (1973) Adsorption isotherm and evaporation resistance of a cetyl alcohol monolayer. Fiz Aerodispersnykh Sist 8:9-13

Kuhlbusch TAJ, Fißan H, John AC, Schmidt K-G, Schmidt F, Pfeffer H-U (1998) Neue Partikelimmissionsstandards - Korngrößenabhängige Untersuchungen von Schwebstaub und Inhaltsstoffen. Jahresbericht '97, LUA NRW, Essen, S101-107

Kuhlman MI, Greenfield TM (1999) Simplified soil washing processes for a variety of soils. J Hazard Mater 66:31-45

Kuhlmann B, Kaczmarczyk B (1995) Biodegradation of the herbicides 2,4-D, 2,4,5-T and MCPA in a sulphate reducing aquifer. Environ Toxicol Water Qual 10:119-125

Kuhlmann B, Kaczmarczyk B, Schöttler U (1995) Behaviour of phenoxyacetic acids during underground passage with different redox zones. Intern J Environ Anal Chem 58:199-205

Kuhlmann B, Schöttler U (1995) Anaerober Abbau aromatischer Verbindungen im Untergrund - Abschätzung der Grenzen und Möglichkeiten. Vom Wasser 85:353-362

Kühnhardt M, Niessner R (1994) Dispersion von PAHs in der ungesättigten Zone eines fluvioglazialen Schotters. Vom Wasser 83:95-115

Kulshrestha G, Singh SB (1995) Fate of isoproturon in soil: A review. Toxicol Environ Chem 48:15-211

Kümmel R, Papp S (1990) Umweltchemie - Eine Einführung. Deutscher Verlag für Grundstoffindustrie, Leipzig, 312S

Kümmerer K (1997) Die Bedeutung der Zeit, Teil I: Die Vernachlässigung der Zeit in den Umweltwissenschaften, Beispiele-Folgen-Perspektiven. UWSF - Z Umweltchem Ökotox 9:49-54

Kümmerer K, Held M (1997) Die Bedeutung der Zeit, Teil II: Die Umweltwissenschaften im Kontext von Zeit: Begriffe unter dem Aspekt der Zeit. UWSF - Z Umweltchem Ökotox 9:169-178

Kümmerer K, Helmers E (1997) Hospital effluents as a source for platinum in the environment. Sci Tot Environ 193:179-184

Kump LE (1989) Chemical stability of the atmosphere and ocean. Palaeogeogr Palaeoclimatol Palaeocol (Global Planet Change Sect) 75:123-136

Kurnaz ML, Schwartz DK (1997a) A technique for direct observation of particle motion under shear in a Langmuir monolayer. J Rheol 41:1173-1181

Kurnaz ML, Schwartz DK (1997b) Channel flow in a Langmuir monolayer: Unusual velocity profiles in a liquid-crystalline mesophase. Phys Rev E 56:3378-3384

Kusakabe M, Rafter TA, Stout JD, Collie TW (1976) Sulphur isotopic variations in nature 12. Isotopic ratios of sulphur extracted from some plants, soils and related materials. NZ J Sci 19:433-440

Kuske M (1996) Lösungsvermittlung hydrophober Stoffe durch natürliche grenzflächenaktive Substanzen. Dissertationsarbeit, Universität Essen

Kuske M, Rehage H (1998) Solubilisierung hydrophober Stoffe durch natürliche Lösungsvermittler. Wirtschaft, Wissenschaft und Umwelt. VDI-Verlag, Düsseldorf, S 56-67

Kuttler W (1991) Transfer mechanisms and deposition rates of atmospheric pollutants. In: Esser G., Overdieck D (Hrsg) Modern Ecology. Elsevier, Amsterdam, S 509-538

Kuttler W (1993) Handbuch zur Ökologie. Analytica Verlag, Berlin, 525S

LABO (Bund/Länder Arbeitsgemeinschaft „Bodenschutz") (1995) Hintergrund- und Referenzwerte für Böden. Bericht der LABO; Texterfassung UBA Berlin

Lafargue E, Le Thiez P (1996) Effect of waterwashing on light ends compositional heterogeneity. Org Geochem 24:1141-1150

LAGA (Länderarbeitsgemeinschaft Abfall) (1999) Richtlinie für das Vorgehen bei physikalischen und chemischen Untersuchungen von Abfällen, verunreinigten Böden und Materialien aus dem Altlastenbereich. LAGA-Mitt. 28, Erich Schmidt Verlag, Berlin, 30S

Lagaly G, Schulz O, Zimehl R (1997) Dispersionen und Emulsionen. Steinkopff Verlag, Darmstadt

Lagaly G, Weiß A (1970) Anordnung und Orientierung kationischer Tenside auf ebenen Silicatoberflächen, I. Darstellung der n-Alkylammoniumderivate von glimmerartigen Schichtsilicaten. Kolloid-Zeitschrift & Zeitschrift für Polymere 237:266-272

Lagaly G, Weiß A (1971) Anordnung und Orientierung kationischer Tenside auf Silicatoberflächen, IV. Anordnung von n-Alkylammoniumionen bei niedrig geladenen Schichtsilicaten. Kolloid-Zeitschrift & Zeitschrift für Polymere 243:48-55

Laher JM, Barrowman JA (1983) Polycyclic hydrocarbon and polychlorinated biphenyl solubilization in aqueous solutions of mixed micelles. Lipids 18 (3):216-222

Lahl U (1991) Abfallwirtschaft. Organohalogen Compounds 6:309-328

Lahl U (1993) Kieselrot - eine wesentliche Dioxinquelle für die Umwelt. Wasser + Boden 45:892-897

Lajtha K, Michener RH (1994) Stable Isotopes in Ecology and Environmental Science. Blackwell Sci Publ, Oxford, 316S

Lampe V, Püttmann W, Kasig W (1991) Analytik der PAK-Belastung von Bach- und Flußsedimenten im Raum Aachen. Wissenschaft und Umwelt 1-2:51-62

Landner L (1987) Speciation of metals in water, sediment and soil systems - Proceedings of an international workshop, Sunne, Oct 15-16, 1986. In: Lecture Notes in Earth Sciences, Bd 11. Springer-Verlag, Berlin

Landsberger S, Biegalsky S (1995) Analysis of Inorganic Particulate Pollutants by Nuclear Methods. In: Hutzinger O (Hrsg) The Handbook of Environmental Chemistry, Vol 4, Part D. Springer-Verlag, Berlin, S 175-200

Langen M, Hoberg H, Hamacher B (1994) Opportunities of separation of heavy metal contaminations from soils. Aufbereit -Tech 35:1-12

Langwirtz R (1990) Deponiegase als Quelle halogenierter Kohlenwasserstoffe. Müll und Abfall 3:142-151

L'Annunziata MF (1998) Handbook of Radioactivity Analysis. Academic Press, San Diego, 771S

Larsen EH (1995) Speciation of dimethylarsinyl-riboside derivatives (arsenosugars) in marine reference materials by HPLC-ICP-MS. Fresenius J Anal Chem 352:582-588

Larson RA, Weber EJ (1994) Reaction Mechanisms in Environmental Organic Chemistry. Lewis Publishing, Boca Raton, 433S

Laschka D, Striebel T, Daub J, Nachtwey M (1996) Platin im Regenabfluß einer Straße. Z Umweltchem Ökotox 8:124-129

Lautz C, Fischer TM (1997) Determination of the tilt angle of Langmuir monolayers with Brewster angle autocorrelation spectroscopy and quantitative image analysis in Brewster angle microscopy: A comparison between two different methods. Jap J Appl Phys Part 1, Regular Papers Short Notes and Rev Papers 36:5703-5706

LAWA (Länderarbeitsgemeinschaft Wasser) (1998) Zielvorgaben zum Schutz oberirdischer Binnengewässer, Band II. Kulturbuchverlag Berlin, 25S

Lead JR, Hamilton-Taylor J, Hesketh N, Jones MN, Wilkinson AE, Tipping E (1994) A comparative study of proton and alkaline earth metal binding by humic substances. Anal Chim Acta 294:319-327

Lee DS (1983) Palladium and nickel in north-east Pacific waters. Nature 305:47-48

Lee H-B, Peart TE, Hong-You RL, Gere DR (1993) Supercritical carbon dioxide extraction of polycyclic aromatic hydrocarbons from sediments. J Chromatogr A 653:83-91

Lee KYC, Lipp MM, Takamoto DY, TerOvanesyan E, Zasadzinski JA, Waring AJ (1998) Apparatus for the continuous monitoring of surface morphology via fluorescence microscopy during monolayer transfer to substrates. Langmuir 14:2567-2572

Lee RJ, Dagenhart TV, Dunmyre GR, Stewart IM, van Orden DR (1995) Effect of Indirect Sample Preparation Procedures on the Apparent Concentration of Asbestos in Settled Dust. Environ Sci Technol 29:1728-1736

Legret M (1993) Speciation of heavy metals in sewage sludge and sludge-amended soil. Intern J Environ Anal Chem 51:161-165

Legzdins AE, McCarry BE, Marvin CH, Bryant DW (1995) Methodology for bioassay-directed fractionation studies of air particulate material and other complex environmental matrices. Intern J Environ Anal Chem 60:79-94

Lehmann E, Rentel KH, Allescher W, Hohmann R (1989) Messung der beruflichen Exposition gegenüber Dieselabgas. Schriftenreihe Bundesanstalt für Arbeitsschutz, Dortmund. Gefährliche Arbeitsstoffe GA 33

Lehninger AL, Nelson DL, Cox MM (1994) Prinzipien der Biochemie. Spektrum Verlag, Heidelberg Berlin Oxford

Leichsenring S, Lenoir D, Kettrup A, Mützenich G (1996) Maßnahmen zur Dioxinminderung an Müllverbrennungsanlagen. Z Umweltchem Ökotox 8:197-206

Leidmann P, Fischer K, Bieniek D, Kettrup A (1995) Chemical characterization of silage effluents and their influence on soil bound heavy metals. Intern J Environ Anal Chem 59:303-316

Leipe T, Neumann T, Emeis K-C (1995) Schwermetallverteilung in holozänen Ostseesedimenten. Geowiss 13:470-478

Leonard A (1991) Arsenic. In: Merian E (Hrsg) Metals and Their Compounds in the Environment. VCH, Weinheim, 751-774

Lepom P, Henschel P (1993) Verfahren zur Charakterisierung des biologisch abbaubaren Anteils der organischen Substanz. Müll und Abfall:530

Lesage S (1993) Methods for the analysis of hazardous wastes. J Chromatogr 642:65-74

Lespes G, Potin-Gautier M, Astruc A (1992) ICP-MS, a review: applications to speciation of trace elements in aquatic and biological environments. Environ Technol 13:220-297

Le'tolle R (1980) Nitrogen-15 in the natural environment. In: Fritz P, Fontes J (Hrsg) Handbook of Environmental Isotope Geochemistry, Vol 1. Elsevier Sci Publ, Amsterdam, S 407-433

Levy JM, Dolata LA, Ravey RM (1993) Considerations of SFE for GC/MS determination of polynuclear aromatic hydrocarbons in soils and sediments. J Chromatogr Sci 31:349-352

Lewander M, Greger M, Kautsky L, Szarek E (1996) Macrophytes as indicators of bioavailable Cd, Pb and Zn flow in the river Przemsza, Katowice region. Appl Geochem 11:169-173

Lewandowski J, Leitschuh S, Koß V (1997) Schadstoffe im Boden. Springer-Verlag, Berlin, 339S

Lewis CW, Baumgardner RE, Stevens RK, Claxton LD (1988) Contributions of wood smoke and motor vehicle emissions to ambient aerosol mutagenicity. Environ Sci Technol 22:968-971

Lhotzky K (1994) Meßtechnik für Kontrollen des Deponieverhaltens durch den Deponiebetreiber. In: Fehlau K-P, Stief K (Hrsg) Anwendung der TA Siedlungsabfall in der Praxis. Erich Schmidt Verlag, Berlin, S 221-236

Li JB, Miller R, Vollhardt D, Möhwald H (1998a) Spreading concentration effect on the morphology of phospholipid monolayers. Thin Solid Films 329:84-86

Li JB, Zhao J, Miller R (1998b) Morphology and thermodynamics of dipalmitoylphosphatidylcholine monolayers penetrated by p-casein and P-lactoglobulin at the air/water interface. Nahrung Food 42:234-235

Li X-F (1994) Microbial degradation and determination of polycyclic aromatic hydrocarbons. PhD thesis, University of British Columbia, Vancouver, 191S

Licheng Z, Guijiu Z (1996) The species and geochemical characteristics of heavy metals in the sediments of Kangjiaxi River in the Shuikoushan Mine Area, China. Appl Geochem 11:217-222

Lichtfouse E, Berthier G, Houot S, Barriuso E, Bergheaud V, Vallaeys T (1995a) Stable carbon isotope evidence for the microbial origin of C_{14}-C_{18} n-alkanoid acids in soils. Org Geochem 23:849-852

Lichtfouse E, Budzinski H, Garringues P, Eglinton TI (1997) Ancient polycyclic aromatic hydrocarbons in modern soils:^{13}C, ^{14}C and biomarker evidence. Org Geochem 26:353-359

Lichtfouse E, Dou S, Girardin C, Grably M, Balesdent J, Behar F, Vandenbroucke M (1995b) Unexpected ^{13}C-enrichment of organic components from wheat crop soils: evidence for the in situ origin of soil organic matter. Org Geochem 23:865-868

Lichtfouse E, Eglinton TI (1995) ^{13}C and ^{14}C evidence of pollution of a soil by fossil fuel and reconstruction of the composition of the pollutant. Org Geochem 23:969-973

Liebe F, Brümmer GW, König W (1995) Ableitung von Prüfwerten für die mobile Fraktion potentiell toxischer Elemente in Böden Nordrhein-Westfalens. Mitt Dt Bodenkundl Ges 76, S 345-348

Liebe F, Welp G, Brümmer GW (1997) Mobilität anorganischer Schadstoffe in Böden Nordrhein-Westfalens. In: LUA NRW (Hrsg) Materialien zur Altlastensanierung und zum Bodenschutz, Band 2. Landesumweltamt NRW, Essen, 383S

Lieser KH (1991) Einführung in die Kernchemie. VCH, Weinheim, 771S

Likens GE (1981) Some Perspectives of the Major Biogeochemical Cycles. J Wiley & Sons, New York, 175S

Lin Z, Comet B, Qvarfort U, Herbert R (1995) The chemical and mineralogical behaviour of Pb in shooting range soils from central Sweden. Environ Pollut 89:303-309

Lin ZC, Ondov JM, Kelly WR, Paulsen PJ, Stevens RK (1992) Tagging diesel and residential oil furnace emissions in Roanoke, Virginia, with enriched isotopes of samarium. J Air Waste Manage Assoc 42:1057-1062

Lindemann T, Prange A, Dannecker W, Neidhart B (1999) Simultaneous determination of arsenic, selenium and antimony species using HPLC/ICP-MS. Fresenius J Anal Chem 364:462-466

Lindsey AS, Belliardo JJ, Wagstaffe PJ (1989) Utilisation of certified reference materials in monitoring common environmental pollutants (PAHs, Nitro-PAHs, PCBs). Fresenius Z Anal Chem 333:599-606

Lindström G, Rappe C, Sjöström M (1989) Multivariate data analysis applied in studying the distribution of PCDDs and PCDFs in human milk. Chemosphere 19:745-750

Liu Y, Lopez-Avila V, Alcaraz M (1993) Determination of Organotin Compounds in Environmental Samples by Supercritical fluid Extraction and Gas Chromatography with Atomic Emission Detection. J High Res Chromatogr 16:106-112

Liu Y, Lopez-Avila V, Alcaraz M, Beckert WF (1994) Simultaneous Determination of Organotin, Organolead and Organomercury Compounds in Environmental Samples Using Capillary Gas Chromatography with Atomic Emission Detection. J High Res Chromatogr 17:527-536

Lo SL, Huang LJ, Lin CF (1994) Mobilization of heavy metals from sediments by NTA. Toxicol Environ Chem 45:69-86

Lodge JP jr (1989) Methods of Air Sampling and Analysis. Lewis Publishing, Chelsea, 763S

Logan GA, Summons RE, Hayes JM (1997) An isotopic biogeochemical study of Neoproterozoic and Early Cambrian sediments from the Centralian Superbasin, Australia. Geochim Cosmochim Acta 61:5391-5409

Londesborough S, Mattusch J, Wennrich R (1999) Separation of organic and inorganic arsenic species by HPLC-ICP-MS. Fresenius J Anal Chem 363:577-581

Looney RJ, Frampton MW, Byam J, Kenaga C, Speers DM, Cox C, Mast R, Klykken PC, Morrow PE, Utell MJ (1998) Acute Respiratory Exposure of Human Volunteers to Octamethylcyclotetrasiloxane (D_4): Absence of Immunological Effects. Toxicol Sci 44:214-220

Lopez-Avila V, Young R, Beckert WF (1994) Microwave-Assisted Extraction of Organic Compounds from Standard Reference Soils and Sediments. Anal Chem 66:1097-1106

Lopez-Avila V, Young R, Benedicto J, Ho P, Kim R, Beckert WF (1995) Extraction of Organic Pollutants from Solid Samples Using Microwave Energy. Anal Chem 67:2096-2102

Lovelock J (1991) Das Gaia-Prinzip. Artemis & Winkler, Zürich, 316S

Low GK-C, Duffy GJ (1995) Supercritical fluid extraction of petroleum hydrocarbons from contaminated soils. Trends Anal Chem 14:218-225

Lu MK, Huang CL, Lo ES, Hong CH (1971) Evaporation resistance of monolayers of long-chain n-alcohols and their oxyethylene derivatives. Hua Hsueh No 3:78-84

Lu Y, Chakrabarti CL, Back MH, Gregoire DC, Schroeder WH (1995) Kinetic studies of metal speciation using inductively-coupled plasma mass spectrometry. Intern J Environ Anal Chem 60:313-337

Lund W (1990) Speciation analysis - why and how?- Fresenius J Anal Chem 337:557-564

Luo Z, Hsia Y, Xie K, Zhang Y (1995) Analysis of Diesel Components in Soil and Water Contaminated by Semivolatile Synthetic Organic Compounds. J Chromatogr Sci 33:263-267

Lustig S, Schierl R, Alt F, Helmers E, Kümmerer K (1997a) Platin in Umweltkompartimenten - Deposition, Verteilung sowie Bedeutung für den Menschen und sein Nahrungsnetz. UWSF - Z Umweltchem Ökotox 9:149-152

Lustig S, Zang S, Beck W, Schramel P (1997b) Influence of Micro-Organisms on the Dissolution of Metallic Platinum Emitted by Automobile Catalytic Converters. ESPR - Environ Sci & Pollut Res 4:141-145

LWA (1987) Anwendbarkeit von Richt- und Grenzwerten aus Regelwerken anderer Anwendungsbereiche bei der Untersuchung und sachkundigen Beurteilung von Altablagerungen und Altstandorten. In: LWA (Hrsg) Materialien zur Ermittlung und Sanierung von Altlasten, Band 2. Landesamt für Wasser und Abfall, Düsseldorf, S 61-68

Ma JW, Koppenol S, Yu HU, Zografi G (1998) Effects of a cationic and hydrophobic peptide, KL4, on model lung surfactant lipid monolayers. Biophys J 74:1899-1907

Maaßen H (1995) Mobilisierung von polycyclischen aromatischen Kohlenwasserstoffen (PAK) aus Böden durch anionische Tenside und natürliche Lösungsvermittler. Diplomarbeit, Universität GH, Essen, 95S

Mackay D, Shiu WY, Ma KC (1992) Illustrated Handbook of Physical-Chemical Properties and Environmental Fate for Organic Chemicals Volume II: Polynuclear Hydrocarbons, Polychlorinated Dioxins, and Dibenzofurans. Lewis Publishing, Boca Raton

Mackay DW (1986) Sludge dumping in the Firth of Clyde - a containment site. Mar Pollut Bull 17:91-95

Mackenzie AS (1984) Application of biological markers in petroleum geochemistry. In: Brooks J, Welte DH (Hrsg) Advances in Petroleum Geochemistry, Vol 1. Pergamon Press, Oxford, S 115-214

Macko SA, Fogel ML, Hare PE, Hoering TC (1987) Isotopic fractionation of nitrogen and carbon in the synthesis of amino acids by microorganisms. Chem Geol (Isot Geosci Sect) 65:79-92

Macko SA, Uhle ME, Engel MH, Andusevich V (1997) Stable nitrogen isotope analysis of amino acid enantiomers by gas chromatography/isotope ratio mass spectrometry. Anal Chem 69:926-929

MacRitchie F (1969) Evaporation retarded by monolayers. Science 163:929-931

Madrid L, Diaz-Barrientos E (1996) Nature of the action of a compost from olive mill wastewater on Cu sorption by soils. Toxicol Environ Chem 54:93-98

Maeda S (1994) Safety and environmental effects. In: Patai S (Hrsg) The chemistry of organic arsenic, antimony and bismuth compounds. J Wiley & Sons, New York, 725-758

Mah RA, Sussman C (1967) Microbiology of anaerobic sludge fermentation. I. Enumeration of the nonmethanogenic anaerobic bacteria. Appl Microbiol 16:358-361

Maillard LC (1912) Action des acides amines sur les sucres: formation des melanoidines par voie methodologique. C R Acad Sci 154:66-68

Malorny U (1998) Abfallbewertung. VDI Fortschrittsbericht Umwelttechnik 206, S 2-18

Malz F, Bortlisz J (1988) Die landwirtschaftliche Nutzung des Klärschlamms 1.Teil: Rückführung in den bio- und geochemischen Zyklus ist ökologisch und wirtschaftlich sinnvoll. Abwassertechnik 1/88:11-15

Manahan SE (1999) Environmental Chemistry. 7. Aufl, Lewis Publishing, Chelsea, 912S

Manceau A, Boisset M-C, Sarret G, Hazemann J-L, Mench M, Cambier P, Prost R (1996) Direct Determination of Lead Speciation in Contaminated Soils by EXAFS Spectroscopy. Environ Sci Technol 30:1540-1552

Mangano J (1998) Low Level Radiation and Immune System Damage. Lewis Publishing, Chelsea, 225S

Mannings S, Smith S, Bell JNB (1996) Effect of acid deposition on soil acidification and metal mobilisation. Appl Geochem 11:139-143

Manowitz B, Krouse HR, Barker C, Premuzic ET (1990) Sulfur isotope data analysis of crude oils from the Bolivar Coastal Fields (Venezuela). ACS Symp Ser 429:592-612

Manskaya SM, Drozdova TV (1968) Organic substances in peat and their formation. In: Shapiro L, Breger IA (Hrsg) Geochemistry of Organic Substances. Pergamon Press, Oxford, S 28-91

Mansour M, Scheunert I, Korte F (1993) Fate of Persistent Organic Compounds in Soil and Water. In: Petruzelli D, Helfferich FG (Hrsg) Migration and Fate of Pollutants in Soils and Subsoils. NATO ASI Series G 32, Springer-Verlag, Berlin, S 111-139

Mantoura RFC, Dickson A, Riley JP (1978) The Complexation of Metals with Humic Materials in Natural Waters. Estuarine Coastal Mar Sci 6:387-408

Manz A, Berger J, Dwyer JH, Flesh-Janys D, Nagel N, Waltsgott H (1991) Cancer mortality among workers in chemical plant contaminated with dioxin. Lancet 338:959-964

Margulis L, West O (1993) Gaia and the Colonization of Mars. GSA Today 3:277-291

Marin B, Valladon M, Polve M, Monaco A (1997) Reproducibility testing of a sequential extraction scheme for the determination of trace metal speciation in a marine reference sediment by inductively coupled plasma-mass spectrometry. Anal Chim Acta 342:91-112

Marino MA, Brica RM, Neale CN (1997) Heavy metal soil remediation: the effects of attrition scrubbing on a wet gravity concentration process. Envir Prog 16:208-214

Markl H (1990) Die Natürlichkeit der Chemie. In: Wissenschaft im Widerstreit. VCH, Weinheim, 23-49

Markl H (1993) Die vergötterte Erde. DIE ZEIT 23:33

Markl H (1994) Energie und Leben - Die ökologische Perspektive der Energieversorgung. Erdöl Erdgas Kohle 110:442-446

Markl H (1999) Die vielen Gesichter der Nachhaltigkeit. Nachr Chem Tech Lab 47:908-910

Marklund S, Andersson R, Tysklind M, Rappe C (1989) Emissions of PCDDs and PCDFs from a PVC-fire in Holmsund, Sweden. Chemosphere 18:1031-1038

Marquard R (1991) Beurteilung der umweltrelevanten Elemente Schwefel und Cadmium aus der Sicht der Landwirtschaft. BL-Journal 1:73-80

Marquardt H, Schäfer SG (1994) Lehrbuch der Toxikologie. BI Wissenschaftsverlag, Mannheim, 1004S

Marr IL, Cresser MS, Ottendorfer LJ (1988) Umweltanalytik: e. allg. Einf. Thieme, Stuttgart New York

Marshall CP, Fairbridge RW (1999) Encyclopedia of Geochemistry. Kluwer, Dordrecht, 768S

Martin F, Otto M (1995) Multicomponent analysis of phenols in waste waters of the coal conversion industry by means of UV-spectrometry. Fresenius J Anal Chem 352:451-455

Martin JM, Dai MH, Cauwet G (1995) Significance of colloids in the biogeochemical cycling of organic carbon and trace metals in a coastal environment - example of the Venice Lagoon (Italy). Limnol Oceanogr 40:119-131

Marx G, Heumann KG (1999) Mass spectrometric investigations of the kinetic stability of chromium and copper complexes with humic substances by isotope-labelling experiments. Fresenius J Anal Chem 364:489-494

Masclet P, Mouvier G, Nikolaou K (1986) Relative decay index and sources of polycyclic aromatic hydrocarbons. Atmos Environ 20:439-446

Mason RP, Fitzgerald WF, Morel FMM (1994) The biogeochemical cycling of elemental mercury: Anthropogenic influences. Geochim Cosmochim Acta 58:3191-3198

Massart DL, Vandeginste BGM, Deming SN, Michotte Y, Kaufman L (1988) Chemometrics: A Textbook. Elsevier, Amsterdam

Matschullat J, Tobschall HJ, Voigt H-J (1997) Geochemie und Umwelt. Springer-Verlag, Berlin, 442S

Matsuura K, Tabuchi K, Kawakami S, Shiratori T, Saitoh T (1997) The remediation and recycling of the soil contaminated with petroleum hydrocarbon. Shigen to Sozai 113:1121-1125

Matthies M (1995) Evaluation of Fate and Exposure Models. Environ Sci & Pollut Res 2:37-40

Matthies M, Trapp S (1994) Tansfer von PCDD/F und anderen organischen Umweltchemikalien im System Boden-Pflanze-Luft III. Transferfaktoren Boden-Pflanze und Luft-Pflanze. Z Umweltchem Ökotox 6:297-303

Mattigod SV, Page AL (1983) Assessment of Metal Pollution in Soils. In: Thornton I (Hrsg) Applied Environmental Geochemistry. Academic Press, London, 355-394

Mattusch J, Wennrich R (1998) Determination of Anionic, Neutral, and Cationic Species of Arsenic by Ion Chromatography with ICPMS Detection in Environmental Samples. Anal Chem 70:3649-3655

Mauro JBN, Guimaraes JRD, Melamed R, Malm O (1998) Mercury methylation in the roots of the tropical waterhyacinth Eichhornia crassipes: Influence of physical and chemical parameters. ICEBAMO 98 (28.6.-1.7.1998), Gl. Avernaes, Helnaes, Danmark, Abstract

Mayer LM (1994) Relationships between mineral surfaces and organic carbon concentrations in soils and sediments. Chem Geol 114:347-363

McBride MB (1994) Environmental Chemistry of Soils. Oxford University Press, 406S

McCarthy JF, Zachara JM (1989) Subsurface transport of contaminants. Environ Sci Technol 23:496-502

McCarty DK, Moore JN, Marcus WA (1998) Mineralogy and trace element association in an acid mine drainage iron oxide precipitate; comparison of selective extractions. Appl Geochem 13:165-176

McCready RGL, Krouse HR (1982) Sulfur isotope fractionation during the oxidation of elemental sulfur by thiobacilli in a solonetzic soil. Can J Soil Sci 62:105-110

McCulloch M, Fadeff SK, Mong GM, Riley RG, Sklarew DS, Thomas BL, Goheen SC (1995) The U.S. Department of Energy (DOE) sampling and analytical chemistry guide: DOE methods for evaluating environmental and waste mangement samples. Intern J Environ Anal Chem 60:289-294

McDow SR, Giger W, Burtscher H, Schmidt-Ott A, Siegmann HC (1990) Polycyclic aromatic hydrocarbons and combustion aerosol photoemission. Atmosph Environ 24A:2911-2916

McFarland VA, Clarke JU (1989) Environmental Occurence, Abundance, and potential Toxicity of Polychlorinated Biphenyl Congeners: Considerations for a Congener-Specific Analysis. Environmental Health Perspectives 81:225-239

McKnight DM, Morel FMM (1979) Release of weak and strong copper-complexing agents by algae. Limnol Oceanogr 24:823-837

McLean RJC, Beveridge TJ (1990) Metal-binding capacity of bacterial surfaces and their ability to form mineralized aggregates. In: Ehrlich HC, Brierley CL (Hrsg) Microbial mineral recovery, McGraw-Hill, New York, 185-222

McRae C, Sun C-G, Snape CE, Fallick AE, Taylor D (1999) ^{13}C values of coal-derived PAHs from different processes and their application to source apportionment. Org Geochem 30:881-889

Meadows DH (1972) The Limits to Growth. Universe Books, New York

Meerkamp van Embden JC (1990) Verknüpfung toxikologischer und ökologischer Erkenntnisse. Nachr Chem Tech Lab 38:99-102

Meier M, Hamann R, Kettrup A (1989) Determination of phenoxy acid herbicides by high-performance liquid chromatography and on-line enrichment II. Fresenius Z Anal Chem 334:235-237

Meima JA, Comans RNJ (1999) The leaching of trace elements from municipal solid waste incinerator bottom ash at different stages of weathering. Appl Geochem 14:159-171

Melzer V, Weidemann G, Vollhardt D, Brezesinski G, Wagner R, Struth B, Möhwald H (1997) Brewster angle microscopy and X-ray GID studies of morphology and crystal structure in monolayers of N-tetradecyl-gamma,delta-dihydroxypentanoic acid amide. J Phys Chem B 101:4752-4758

Mena ML, McLeod CW, Jones P, Withers A, Minganti V, Capelli R, Quevauviller P (1995) Microcolumn preconcentration and gas chromatography-microwave induced plasma-atomic emission spectrometry (GC-MIP-AES) for mercury speciation in waters. Fresenius J Anal Chem 351:456-460

Menichini E, Monfredini F (1995) A field comparison of Total Suspended Particulates and PM_{10} air samplers in collecting polycyclic aromatic hydrocarbons. Intern J Environ Anal Chem 61:299-307

Mercier A, Pelletier E, Hamel JF (1994) Metabolism and toxic effects of butyltin compounds in starfish. Aquat Toxicol 28:259-273

Merian E (1990) Environmental chemistry and biological effects of cadmium compounds. Toxicol Environ Chem 26:27-44

Meriwether JS, Burns SF, Thompson RH, Beck JN (1995) Evaluation of soil radioactivities using pedologically based sampling techniques. Health Phys 69:406-409

Merrit DA, Hayes JM (1994) Nitrogen isotopic analyses by isotope-ratio-monitoring gas chromatography/mass spectrometry. J Am Soc Mass Spectrom 5:387-397

Merry R, Zarcinas B (1980) Spectrophotometric determination of arsenic and antimony by the silver diethyldithiocarbamate method. Analyst 105: 558-563

Mester Z, Cremisini C, Ghiara E, Morabito R (1998) Comparison of two sequential extraction procedures for metal fractionation in sediment samples. Anal Chim Acta 359:133-142

Meyer A, Kleiböhmer W, Cammann K (1993) SFE of PAHs from soils with a high carbon content and analyte collection via combined liquid/solid trapping. J High Res Chromatogr 16:491-494

Meyer DE (1986) Massenverlagerung durch Rohstoffgewinnung und ihre umweltgeologischen Folgen. Z dt geol Ges 137:177-193

Meyer DE (1989) Rohstoffgewinnung - ökologische Folgen, Risiken und Chancen. Verhandlungen der Gesellschaft für Ökologie (Essen 1988) 18, S 21-29

Meyer VR (1999) Fallstricke und Fehlerquellen der HPLC in Bildern. 2. erw. Aufl. Wiley-VCH, Weinheim New York Chichester Brisbane Singapore Toronto

Meyers RA (2000) Encyclopedia of Analytical Chemistry. J Wiley & Sons, New York, ca. 14000S in 15 Bänden

Michels B, Waton G, Zana R (1997) Dynamics of micelles of poly(ethylene oxide) poly(propylene oxide) poly(ethylene oxide) block copolymers in aqueous solutions. Langmuir 13:3111-3118

Mielke HW (1997) Urbane Geochemie: Prozesse, Muster und Auswirkungen auf die menschliche Gesundheit. In: Matschullat J, Tobschall HJ und Voigt H-J (Hrsg) Geochemie und Umwelt. Springer-Verlag, Berlin, S 169-179

Milana MR, Ziemacki G, Feliciani R, Gramiccioni (1993) Little toys: Elution test and evaluation of possible impact on disposal of wastes. Toxicol Environ Chem 39:61-64

Miller SA, Hambley TW, Taylor JC (1984) Crystal and Molecular Structure of a Natural Vanadyl Porphyrin. Aust J Chem 37:761 - 766

Mimura K (1995) Synthesis of polycyclic aromatic hydrocarbons from benzene by impact shock: Its reaction mechanism and cosmochemical significance. Geochim Cosmochim Acta 59:579-591

Minganti V, Fiorentino F, De Pellegrini R, Capelli R (1994) Bioaccumulation of mercury in the Antarctic bony fish Pagothenia Bernacchii. Intern J Environ Anal Chem 55:197-202

Misra M, Mehta R, Mathur SP (1995) Physical separation of radionuclides from contaminated soils. Soil Env 5:Vol 1101

Mizohata A (1986) Rare earth element on airborne particles in motor-vehicle emissions. J Aerosol Res 1:274

Möbius D (1998) Morphology and structural characterization of organized monolayers by Brewster angle microscopy. Curr Opinion Coll Interf Sci 3:137-142

Mocarelli P, Marocchi A, Brambilla P, Gerthoux PM, Colombo P, Mondonico A, Meazza L (1991) Effects of dioxin exposure in humans at Seveso, Italy. In: Gallo MA, Scheuplein R, van der Heijden K (Hrsg) Banbury Report 35: Biological Basis for Risk Assessment of Dioxins and Related Compounds. Cold Spring Harbor Laboratory Press, New York, S 95-118

Moens L, De Smaele T, Dams R, Van Den Broeck P, Sandra P (1997) Sensitive, Simultaneous Determination of Organomercury, -lead, and -tin Compounds with Headspace Solid Phase Microextraction Capillary Gas Chromatography combined with Inductively Coupled Plasma Mass Spectrometry. Anal Chem 68:1604-1611

Molina C, Grasso P, Benfenati E, Barcelo D (1996) Determination and stability of phenmediphan, ethofumesate and fenamiphos in ground water samples using automated solid phase extraction cartridges followed by liquid chromatography high flow pneumatically assisted electrospray mass spectrometry. Intern J Environ Anal Chem 65:69-82

Molto JC, Lejeune B, Prognon P, Pradeau D (1994) GC-MS determination of organochlorine pesticides in five medicinal plants. Intern J Environ Anal Chem 54:81-91

Momsen MM, Dahim M, Brockman HL (1997) Lateral packing of the pancreatic lipase cofactor, colipase, with phosphatidylcholine and substrates. Biochem 36:10073-10081

Mönig K, Clemens WD, Haegel FH, Schwuger MJ (1998) Applications of microemulsions in soil remediation. In: Shah DO (Hrsg) Micelles, microemulsions and monolayers. Marcel Dekker, Inc, New York Basel Hong Kong S 215-231

Mönig K, Haegel FH, Schwuger MJ (1996) Microemulsions with plant oils- Systematic investigations on preparation and temperature-induced splitting. Tenside Surfactants Detergents 33:228-232

Morgan JJ, Stumm W (1991) Chemical Processes in the Environment, Relevance of Chemical Speciation. In: MERIAN:67-92

Morita S, Tobita K, Kurabayashi M (1993) Determination of technetium-99 in environmental samples by inductively coupled plasma mass spectrometry. Radiochim Acta 63:63-67

Morrison MA, Weber JH (1997) Determination of Monomethylmercury Cation in Sediments by Vacuum Distillation Followed by Hydride Derivatization and Atomic Fluorescence Spectrometric Detection. Appl Organomet Chem 11:761-769

Morselli L, Zappoli S, Tirabassi T (1992) Characterisation of the effluents from a municipal solid waste incinerator plant and of their environmental impact. Chemosphere 24:1775-1784

Moulin V, Moulin C (1995) Fate of actinides in the presence of humic substances under conditions relevant to nuclear waste disposal. Appl Geochem 10:573-580

Mücke W, Greim H, Neumann I, Roller CJ, Rösch SF, Huber W (1994) Toxicological investigation on stack-gas condensates of municipal waste incineration facilities with in vitro-assays. Toxicol Environ Chem 45:251-261

Mueck K, Suda M, Gerzabek M, Kunsch B (1992) Ingestion dose response to the deposition date in the first year after radionuclide deposition. Radiation Protection Dosimetry 42:103-114

Mueller EL (1988) The Variation in Lead Isotope Ratios in Lake Erie Sediments. PhD-Thesis, Universität Toronto

Mueller JG, Chapman PJ, Pritchard PH (1989) Creosete-contaminated sites. Environ Sci Technol 23:1197-1201

Müller G (1995) Das Schwarze Meer - Ein sicheres Endlager für schwermetallkontaminierte Feststoffe ?!. Geowissenschaften 13:202-206

Müller HW, Frey B, Schweizer B (1992) Grundlagen und Techniken für FIA in der UV/Vis-Spektroskopie, Perkin-Elmer-Publikation B 050-7755

Müller J (1991) Innen- und Außenluftmessungen an einer innerstädtischen Hauptverkehrsstraße. Staub-Reinhaltung der Luft 51, S 147-154

Müller W, Fricke K (1993) Mechanisch-biologische Restmüllbehandlung unter Berücksichtigung der Aerob- und Anaerobtechnik. In: Fricke K, Thome-Kozmiensky KJ, Neumüller G (Hrsg) Integrierte Abfallwirtschaft im ländlichen Raum. EF-Verlag für Energie- und Umwelttechnik, Berlin, S 259-523

Müller W, Korte F (1973) Polychlorierte Biphenyle - Nachfolger des DDT?- Chemie in unserer Zeit 7, S 112-119

MURL: Minister für Umwelt, Raumordnung und Landwirtschaft NRW (1987) Luftreinhalteplan Ruhrgebiet Mitte - 1. Fortschreibung (1987-1991). Düsseldorf

Murozumi M, Chow TJ, Patterson CC (1969) Chemical concentrations of pollutant lead aerosols, terrestrial dusts, and sea salts in Greenland and Antarctic snow strata. Geochim Cosmochim Acta 33:1247-1294

Murphy TP, Lean DRS, Nalewajko C (1976) Blue-green algae - Their excretion of iron-selective chelators enables them to dominate other algae. Science 192:900-902

Murray R (2000) Devil in the Details - The Science of Forensic Geology. Geotimes 2'00:14-17

Mußmann P, Levsen K, Radeck W (1994) Gas-chromatographic determination of phenols in aqueous samples after solid phase extraction. Fresenius J Anal Chem 348:654-659

Nachtweyh K, Rammensee W, Hoefs J (1991) Isotopengeochemische und geochemische Untersuchung der Kontamination von Deponiestandorten. Müll und Abfall 23:421-435

Naegeli A, Elber F, Rietmann S, Schanz F (1993) Classification and seasonal changes of surface films. Limnologica 23:19-28

Nag K, Taneva SG, PerezGil J, Cruz A, Keough KMW (1997) Combinations of fluorescently labeled pulmonary surfactant proteins SP-B and SP-C in phospholipid films. Biophys J 72:2638-2650

Nagase H, Ose Y, Sato T (1988) Possible methylation of inorganic mercury by silicones in the environment. Sci Tot Environ 73:29-38

Nagy B (1993) Precambrian nuclear reactors at Oklo. Geotimes Heft 5:18-20

Nakamota K (1978) Infrared and Raman Spectra of Inorganic and Coordination Compounds. Wiley, New York

Naumer H, Heller W (Hrsg) (1986) Untersuchungsmethoden in der Chemie: Einf. in d. moderne Analytik. Thieme, Stuttgart New York

Nearpass DC (1976) Adsorption of picloram by humic acids and humin. Soil Sci 121:272-277

Nelson DM, Penrose WR, Karttunen JO, Mehlhaff P (1985) Effects of dissolved organic carbon on the adsorption properties of Plutonium in natural waters. Environ Sci Technol 19:127-137

Nerin C, Polo T, Domeno C, Echarri I (1996) Determination of some organochlorine compounds in the atmosphere. Intern J Environ Anal Chem 65:83-94

Nerin C, Zufiaurre R, Cacho J, Martinez M (1994) Arsenic as long distance tracer of air pollution. Toxicol Environ Chem 44:33-42

Neue G, Niessner R (1992) Molecular dynamics of PAH molecules adsorbed on carbon and silica aerosol particle surfaces measured by solid-state NMR. Fresenius Envir Bull 1: S 19-24

Neumann HJ, Paczynska-Lahme B, Severin D (1981) Geology of Petroleum. Ferdinand Enke Publishers, Stuttgart

Neumann-Hensel H, Onken B, Ahlf W (1999) Mineralölprodukte als Bodenverunreinigung - Eine ökotoxikologische Untersuchungsstraegie. Erdöl Erdgas Kohle 115:309-310

Newland LW (1982) Arsenic, Beryllium, Selenium and Vanadium. In: Hutzinger O (Hrsg) The Handbook of Environmental Chemistry, Vol 3, Part B, Springer-Verlag, Berlin, S 27-36

Newland LW, Daum KA (1982) Lead. In: Hutzinger O (Hrsg) The Handbook of Environmental Chemistry, Vol 3, Part B, Springer-Verlag, Berlin, S 1-26

Ney PE (1986) Asbestos. In: Hutzinger O (Hrsg) The Handbook of Environmental Chemistry Vol 3, Part D, Springer-Verlag, Berlin, S 35-100

Nicholls PJ (1992) Vegetable dusts and lung disease. In: Leslie GB, Lunau FW (Hrsg) Indoor Air Pollution - Problems and Priorities. Cambridge University Press, S 161-182

Nicholson KW, Branson JR (1990) Factors affecting resuspension by road traffic. Sci Tot Environ 93:349-358

Niemann R, Debus R (1996) Nematodentest zur Abschätzung der chronischen Toxizität von Bodenkontaminationen. UWSF - Z Umweltchem Ökotox 8:255-260

Nienhaus U, Trapp M (1998) Neue Verordnung zur Selbstüberwachung von Deponien. Jahresbericht '97, 14-1, LUA NRW, Essen

Nieß-Mache C (1994) Zwei Jahre Landesabfallgesetz Nordrhein-Westfalen. Z Umweltchem Ökotox 6:304-306

Nilsson UL, Ostman CE (1993) Chlorinated Polycylic Aromatic Hydrocarbons: Method of Analysis and Their Occurrence in Urban Air. Environ Sci Technol 27:1826-1831

Nishimura M, Baker EW (1987) Compositional similarities of non-solvent extractable fatty acids from recent marine sediments deposited in different environments. Geochim Cosmochim Acta 51:1365-1378

Nissenbaum A, Kaplan IR (1972) Chemical and isotopic evidence for the in situ origin of marine humic substances. Limnol Oceanogr 17:570-582

Nissenbaum A, Kenyon DH, Oro J (1975) On the possible role of organic melanoidin polymers as matrices for prebiotic activity. J Molec Evol 6:253-270

Noll KE, Khalili E (1988) Dry deposition of sulfate associated with pollen. Atmos Environ 22:601-604

Nolte RF, Joas R (1992) Handbuch Chlorchemie I - Gesamtstoffffluß und Bilanz. Umweltbundsamt Berlin, 460S

Nondek L, Kuzilek M, Krupicka S (1993) LC clean-up and GC/MS analysis of polycyclic aromatic hydrocarbons in river sediment. Chromatographia 37:381-391

Nriagu JO (1976) Environmental Biogeochemistry, Vol 1 - Ann Arbor Sci Publ, Michigan, 423S

Nriagu JO (1979) Global inventory of natural and anthropogenic emissions of trace metals to the atmosphere. Nature 279:409-411

Nriagu JO (1990) Human influence on the global cycling of trace metals. Palaeogeogr Palaeoclimatol Palaeocol (Global Planet Change Sect) 82:113-120

Nriagu JO, Pacyna JM (1988) Quantitative assessment of worldwide contamination of air, water and soils by trace metals. Nature 333:134-139

O'Neill P (1993) Environmental Chemistry, 2. Aufl, Chapman & Hall, London, 270S

O'Malley VP, Burke RA, Schlotzhauer WS (1997) Using GC-MS/Combustion/IRMS to determine the $^{13}C/^{12}C$ ratios of individual hydrocarbons produced from the combustion of biomass materials: application to biomass burning. Org Geochem 27:567-581

Oberdörfer M, Schulz T (1998) Ursachen der PAK-Belastung von kommunalen Klärschlämmen. Jahresbericht '97, LUA NRW, Essen, S 126-128

Öberg L, Wagman N, Andersson R, Rappe C (1993) De novo synthesis of PCDD/Fs in compost and sewage sludge - a status report. Organohalogen Compounds 11:297-302

Obermann P, Cremer S (1991) Mobilisierung von Schwermetallen in Porenwässern von belasteten Böden und Deponien: Entwicklung eines aussagekräftigen Elutionsverfahrens. In: Materialien zur Ermittlung und Sanierung von Altlasten, Band 6, Landesamt für Wasser und Abfall NRW, Düsseldorf

Obernberger I, Pölt P, Panholzer F (1994) Charakterisierung von Holzasche aus Biomassefernheizwerken. Z Umweltchem Ökotox 6:319-332

O'Brien RN, Feher AI, Li KL, Tan WC (1976) The effect of monolayers on the rate of evaporation of water and solution of oxygen in water. Can J Chem 54:2739-2744

Odanaka Y, Tsuchiya N, Matano O, Goto S (1983) Determination of Inorganic Arsenic and Methylarsenic Compounds by Gas Chromatography and Multiple Ion Detection Mass Spectrometry after Hydride Generation-Heptane Cold Trap. Anal Chem 55:929-932

Odensaß M, Schroers S (1998) Vergleich von Ergebnissen aus Lysimeterversuchen und Elutionsversuchen für PAK-belastete Böden. Jahresbericht '97, Landesumweltamt NRW, Essen, S 115-119

Odensaß M, Schroers S (1999) Säulenversuche - eine geeignete Methode zur Ermittlung der Sickerwasserkonzentrationen organischer Schadstoffe nach Bodenschutz- und Altlastenverordnung?- Jahresbericht '98, Landesumweltamt NRW, Essen, S 63-80

Odermatt JR (1994) Natural chromatographic separation of benzene, toluene, ethylbenzene and xylenes (BTEX compounds) in a gasoline contaminated groundwater aquifer. Org Geochem 21:1141-1150

Oeltzschner H (1989) Aufgabe der geologischen Barriere bei Abfalldeponien. Abfallwirtschaftsjournal 1:26-53

Ohsaki Y, Matsueda T, Ohno K (1995) Levels of coplanar PCBs, PCDDs and PCDFs in fly ashes and pond sediments. Intern J Environ Anal Chem 59:25-32

Olmez I, Sheffield AE, Gordon GE, Houck JE, Pritchett LC, Cooper JA, Dzubay TG, Bennett RL (1988) Compositions of particles from selected sources in Philadelphia for receptor modeling applications. J Air Pollut Control Ass 38:1392-1402

Olson JS, Garrels RM, Berner RA, Armentano TV, Dyer MI, Taalon DH (1985) The natural carbon cycle. In: Trabalka JR (Hrsg) Atmospheric Carbon Dioxide and the Global Carbon Cycle. US Department of Energy, Washington DC, S 175-213

Ondov JM, Kelly WR (1991) Tracing aerosol pollutants with rare earth isotopes. Anal Chem 63:691A-697A

Onuska FI, Terry KA, Wilkinson RJ (1993) The analysis of Chlorinated Dibenzofurans in Municipal Fly Ash: Supercritical Fluid Extraction vs Soxhlet. J High Res Chromatogr 16:407-412

Osberghaus U, Helmers E (1997) Waste. In: Stoeppler M (Hrsg) Sampling and Sample Preparation, Springer, Berlin, S 57-73

Osipov GA, Turova ES (1997) Studying species composition of microbial communities with the use of gas chromatography-mass spectrometry: microbial community of kaolin. FEMS Microbiol Rev 20:437-446

Ostwald W (1914) Die Welt der vernachlässigten Dimensionen. Theodor Steinkopff Verlag

Ott W (1996) Grenzwerte zum Schutz des Bodens gegen Schadstoffe. Peter Lang, Frankfurt a M, 405S

Otto F, Leupold G, Parlar H, Rosemann R, Bahadir M, Hopf H (1999) Chlorierte Diphenochinone: analytische Marker für chlorierte Dioxine und Furane? Nachr Chem Tech Lab 47:541-545

Otto M (1995) Analytische Chemie. VCH, Weinheim New York Basel Cambridge Tokyo 668S

Ottow JCG (1990) Bedeutung des Abbaus chemisch-organischer Stoffe in Böden. Nachr Chem Tech Lab 38:93-98

Paatero J, Jaakola T, Reponen A (1994) Determination of the ^{241}Pu deposition in Finland after the Chernobyl accident. Radiochim Acta 64:139-144

Pagan M, Cooper WJ, Joens JA (1998) Kinetic studies of homogeneous abiotic reactions of several chlorinated aliphatic compounds in aqueous solution. Appl Geochem 13:779-785

Paoletti L, Diociaiuti M, Gianfagna A, Viviano G (1994) Physico-Chemical Characterization of Crystalline Phases in Fly Ashes. Mikrochim Acta 114/115:397-404

Parkman RH, Curtis CD, Vaughan DJ (1996) Metal fixation and mobilisation in the sediments of the Afon Goch estuary - Dulas Bay, Anglesey. Appl Geochem 11:203-210

Parlar H, Angerhöfer D (1991) Chemische Ökotoxikologie. Springer Verlag, Berlin, 384S

Parnell J (1988) Metal enrichments in solid bitumens: a review. Mineral Deposita 23:191-199

Parris GE, Brinckman FE (1976) Reactions which relate to environmental mobility of arsenic and antimony II. Oxidation of trimethylarsine and trimethylstibine. Environ Sci Technol 10:1128-1134

Paschke A (1993) Beitrag zur Untersuchung von polycyclischen aromatischen Kohlenwasserstoffen in Schmierölen und Mineralölaltlasten. Dissertation, Universität Hamburg, 92S

Patino JMR, Sanchez CC, Nino MRR (1999) Morphological and structural characteristics of monoglyceride monolayers at the air-water interface observed by Brewster angle microscopy. Langmuir 15:2484-2492

Patnaik P (1997) Handbook of environmental analysis: chemical pollutants in air, water, soil, and solid wastes. CRC Press, Boca Raton, 584S, ISBN 0-87371-989-1

Paul EA, Huang PM (1980) Chemical Aspects of Soil. In: Hutzinger O (Hrsg) The Handbook of Environmental Chemistry, Vol 1, Part A. Springer-Verlag, Berlin, S 69-86

Pawlenko S (1986) Organosilicon Chemistry. Walter de Gruyter, New York

Paya-Perez AB, Rahman MS, Skejo-Andresen H, Larsen BR (1996) Surfactant Solubilization of Hydrophobic Compounds in Soil and Water II. The Role of Dodecylsulphate-Soil Interactions for Hexachlorobenzene. ESPR - Environ Sci & Pollut Res 3:183-188

Pecheyran C, Quetel CR, Lecuyer FMM, Donard OFX (1998) Simultaneous Determination of volatile metal (Pb, Hg, Sn, In, Ga) and Nonmetal Species (Se, P, As) in Different Atmospheres by Cryofocusing and Detection by ICPMS. Anal Chem 70:2639-2645

Peichl L, Wäber M, Reifenhäuser W (1994) Schwermetallmonitoring mit der standardisierten Graskultur. Z Umweltchem Ökotox 6:63-69

Peiffer S (1989) Biogeochemische Regulation der Spurenmetalllöslichkeit während der anaeroben Zersetzung fester kommunaler Abfälle. Dissertation Universität Bayreuth, 197S

Pendland JC, Boucias DG (1998) Characterization of monoclonal antibodies against cell wall epitopes of the insect pathogenic fungus, Nomuraea rileyi: differential binding to fungal surfaces and cross-reactivity with host hemocytes and basement membrane components. Eur J Cell Biol 75:118-127

Pepper IL, Gerba CP, Brendecke JW (1995) Environmental Microbiology. Academic Press, London, 176S

Pereira CMC (1994) The use of a microwave ofen to digest samples for total mercury analysis. Toxicol Environ Chem 43:245-251

Perera FP (1996) Suche nach einem Frühwarnsystem für Krebsrisiken. Spektrum der Wissenschaft, Heft 8:48-55

Perez-Cid B, Lavilla I , Bendicho C (1996) Analytical assessment of two sequential extraction schemes for metal partitioning in sewage sludges. Analyst 121:1479-1484

Persson C, Rodhe H, DeGeer L-E (1987) The Chernobyl accident - a meteorological analysis of how radionuclides reached and were deposited in Sweden. Ambio 16:20-31

Pestke FM , Hirner AV (1997) Entwicklung eines Routinetests für organische Schadstoffe zur Risikoabschätzung von belasteten Böden und Abfällen. Mitt Dt Bodenkundl Ges 83:41-44

Pestke FM, Bergmann C, Rentrop B, Maaßen H , Hirner AV (1997) Mobilisierbarkeit von hydrophoben organischen Schadstoffen in belasteten Böden und Abfällen. Teil I: Mobilisierbarkeit von PCB, PAK und n-Alkanen durch Lösungsvermittler. Acta hydrochim hydrobiol 25:242-247

Peters KE, Sweeney RE, Kaplan IR (1978) Correlation of carbon and nitrogen stable isotope ratios in sedimentary organic matter. Limnol Oceanogr 22:598-604

Peters RW, Wentz CA (1991) Remediation of oil field wastes. Adv Filtr Sep Technol 3:58-66.

Peterson BC, Howarth RW, Garritt RH (1985) Multiple stable isotopes used to trace the flow of organic matter in estuarine food webs. Science 227:1361-1363

Petronio BM, Cosma B, Mazzucotelli A, Rivaro P (1993) A multimethod approach to study humic compounds and metal speciation in marine sediment samples. Intern J Environ Anal Chem 54:45-56

Pfaff-Schley H (1996) Bodenschutz und Umgang mit kontaminierten Böden. Springer-Verlag, Berlin, 205S

Pfeffer H-U (1994) Ambient air concentrations of pollutants at traffic-related sites in urban areas of North Rhine-Westphalia, Germany. Sci Tot Environ 146/147:263-273

Pfeifer F (1998) Versuche mit PAK-belasteten Böden in 4 Großlysimetern zur Beurteilung der Grundwassergefährdung sowie Vergleich mit Elutionsmethoden. In: LUA NRW (Hrsg) Materialien zur Altlastensanierung und zum Bodenschutz, Band 6. Landesumweltamt NRW, Essen, 170S

Pfeifer F, Odensaß M, Schroers S (1999) Abschätzung des Stoffeintrages in das Grundwasser nach Bodenschutz- und Altlastenverordnung. altlasten spektrum 3'99:144-154

Philippi GT (1977) On the depth, time and mechanism of origin of the heavy-to medium-gravity naphthenic crude oils. Geochim Cosmochim Acta 41:33-52

Philp RP (1985) Fossil Fuel Biomarkers Method in Geochemistry and Geophysics. Pergamon Press, Oxford. 294S

Pichler M (1999) Humifizierungsprozesse und Huminstoffhaushalt während der Rotte und Deponierung von Restmüll. Fortschritt-Berichte VDI 213, 133S

Pichler M, Guggenberger G, Hartmann R, Zech W (1996) Polycyclic Aromatic Hydrocarbons (PAH) in different forest humus types. Environ Sci & Pollut Res 3:24-31

Pichlmayer F, Blochberger K, Schöner W, Stichler W (1994) Stable isotope analysis of snow profiles and aerosol samples collected at Sonnblick. In: Borrell PM et al (Hrsg) Preceedings of EUROTRAC Symposium. Academic Publ, The Hague, S 694-697

Pickering WF (1981) Crit Rev Anal Chem 12:233-266

Pinder III JE, McLeod KW, Drawer E (1989) Mass loading of soil particles on plant surfaces. Health Phs 57:935-942

Pleßow A, Pleßow K, Heinrichs H (1997) Schadstoffbelastung von Straßenkehricht und Sedimenten der Regenwasserkanalisation durch den Straßenverkehr am Beispiel von Göttingen. UWSF - Z Umweltchem Ökotox 9:353-354

Plomley JB, Mercer RS, March RE (1995) Optimization of the quadrupole ion storage mass spectrometer for the tandem mass spectrometric analysis of dioxins and furans. Organohalogen Compounds 23:7-12

Pohle H (1997) PVC und Umwelt. Springer, Berlin, 222S

Poinssot C, Toulhoat P, Goffe B (1998) Chemical interaction between a simulated nuclear waste glass and different backfill materials under a thermal gradient. Appl Geochem 13:715-734

Pollard ML, Pan RN, Steiner C, Maldarelli C (1998) Phase behavior of sparingly soluble polyethoxylate monolayers at the air-water surface and its effect on dynamic tension. Langmuir 14:7222-7234

Pollard SJT, Hoffman RE, Hrudley SE (1993) Screening of risk management options for abandoned wood-preserving plant sites in Alberta, Canada. Canadian J Civ Eng 20:787-800

Poller T (1991) Untersuchungen zur Gasbildung aus Hausmüll unter Berücksichtigung des Gehaltes von abfallbürtigen LCKW/FCKW. Müll und Abfall 4:20-25

Polyak K, Bodog I, Hlavay J (1994) Determination of chemical species of selected trace elements in fly ash. Talanta 41:1151-1159

Pongratz R, Heumann KG (1996) Determination of Monomethylcadmium in the Environment by Differential Pulse Anodic Stripping Voltammetry. Anal Chem 68:1262-1266

Pongratz R, Heumann KG (1998) Production of methylated mercury and lead by polar macroalgae - a significant natural source for atmospheric heavy metals in clean room compartments. Chemosphere 36:1935-1946

Pörschmann J, Stottmeister U (1993) Methodical Investigation of Interactions Between Organic Pollutants and Humic Organic Material in Coal Wastewaters. Chromatographia 36:207-211

Potgeter H (1998) Entwicklung und Anwendung eines neuartigen Analysenverfahrens zur Bestimmung quecksilberorganischer Verbindungen in Sedimenten mit Hilfe eines gekoppelten SFC-AFS-Systems. Dissertation Universität Hamburg, 210S

Pott F, Heinrich U (1988) Neue Erkenntnisse über die krebserzeugende Wirkung von Dieselmotorabgas. Z gesamte Hyg 34:686-689

Potter TL (1989) Analysis of petroleum contaminated soil and water: An overview. In: Calabrese GJ, Kostecki PT (Hrsg) Principles and practices for petroleum contaminated soils. Lewis Publishing, Chelsea, S 97-109

Potter TL (1990) Fingerprinting Petroleum Products: Unleaded Gasolines. In: Kostecki PT, Calabrese EJ (Hrsg) Petroleum Contaminated Soils, Vol 3. Lewis Publishing, Boca Raton, S 83-92

Prieto I, Romero MTM, Camacho L, Möbius D (1998) Organization of a water-soluble porphyrin in mixed monolayers with phospholipids studied by Brewster angle microscopy. Langmuir 14:4175-4179

Puchelt H, Nöltner T (1990) Interactions of Naturally Occuring Aqueous Solutions with the Lower Toarcian Oil Shale of South Germany. In: Heling D, Rothe P, Förstner U, Stoffers P (Hrsg) Sediments and Environmental Geochemistry. Springer-Verlag, Berlin, S 291-310

Pudill R (1993) Vergleichende toxikologische und ökotoxikologische Bewertung von flüchtigen Deponie- und MVA-Emissionen. Z Umweltchem Ökotox 5:223-227

Puk R, Weber JH (1994) Critical Review of Analytical Methods for Determination of Inorganic Mercury and Methylmercury Compounds. Appl Organomet Chem 8:293-302

Puri KK (1997) Mass transport in contaminated flows. Intern J Nonlinear Mech 32:531-545

Püttmann W, Bracke R (1995) Extractable organic compounds in the clay mineral sealing of a waste disposal site. Org Geochem 23:43-54

Puxbaum H (1979) Probenahme von atembaren und lungengängigen Staubimmissionen zur „Integrierten Staubanalyse". Fresenius Z Anal Chem 298:110-122

Pyka W (1994) Freisetzung von Teerinhaltsstoffen aus residualer Teerphase in das Grundwasser: Laboruntersuchungen zur Lösungsrate und Lösungsvermittlung. Tübinger Geowissenschaftliche Arbeiten C21, 76S

Pyrzynska K (1996) Organolead Speciation in Environmental Samples: a Review. Mikrochim Acta 122:279-293

Qian DJ, Nakahara H, Fukuda K, Yang KZ (1997) Monolayer assemblies and optical properties of europium(111) complexes with beta-diketones containing various substituents. J Coll Interf Sci 194:174-182

Qiang T, Xiao-quan S, Zhe-ming N (1993) Comparative characteristic studies on soil and commercial humic acids. Fresenius J Anal Chem 347:330-336

Quentin KE (1988) Trinkwasser. Untersuchung und Beurteilung von Trink- und Schwimmbadwasser. Springer-Verlag, Berlin, 385S

Quevauviller P (1995a) Certified Reference Materials for Specific Chemical Forms of Elements. Analyst 120:597-602

Quevauviller P (Hrsg) (1995b) Quality assurance in environmental monitoring: sampling and sample pretreatment. VCH, Weinheim New York Basel Cambridge

Quevauviller P, Lachica M, Barahona E, Rauret G, Ure A, Gomez A, Muntau H (1996a) Interlaboratory comparison of EDTA and DTPA procedures prior to certification of extractable trace elements in calcareous soil. Sci Tot Environ 178:127-132

Quevauviller P, Rauret G, Griepink B (1993) Single and sequential extraction in sediments and soils. Intern J Environ Anal Chem 51:231-235

Quevauviller P, Rauret G, Muntau H, Ure AM, Rubio R, Lopez-Sanchez JF, Fiedler HD, Griepink B (1994) Evaluation of a sequential extraction procedure for the determination of extractable trace metal contents in sediments. Fresenius J Anal Chem 349:808-814

Quevauviller P, van der Sloot HA, Ure A, Muntau H, Gomez A, Rauret G (1996b) Conclusions of the workshop: harmonization of leaching/extraction tests for environmental risk assessment. Sci Tot Environ 178:133-139

Quickenden TI, Barnes GT (1978) Evaporation through monolayers - theoretical treatment of the effect of chain length. J Coll Interf Sci 67:415-422

Radde C-A (1993) Analytische Anforderungen der TA Siedlungsabfall. UTA 3:157-163

Radke M, Hilkert A, Rullkötter J (1998) Molecular stable isotopic compositions of alkylphenanthrenes in coals and marine shales related to source and maturity. Org Geochem 28:785-795

Radke M, Willsch H, Welte DH (1980) Preparative hydrocarbon group type determination by automated medium pressure liquid chromatography. Anal Chem 52:406-411

Rädlein N, Heumann KG (1992) Trace analysis of heavy metals in aerosols over the Atlantic ocean from Antarctica to Europe. Intern J Environ Anal Chem 48:127-150

Rahman MS, Paya-Peres AB, Skejo-Andresen H, Larsen BR (1994) Surfactant Solubilization of Hydrophobic Compounds in Soil and Water. Environ Sci & Pollut Res 1:131-139

Rainville DP, Weber JH (1982) Complexing capacity of soil fulvic acid for Cu^{2+}, Cd^{2+}, Mn^{2+}, Ni^{2+}, Zn^{2+} measured by dialysis titration: a model based on soil fulvic acid aggregation. Can J Chem 60:1-5

Raksasataya M, Langdon AG, Kim ND (1996) Assessment of the extent of lead redistribution during sequential extraction by two different methods. Anal Chim Acta 332:1-14

Ramos S, Castillo R (1999) Langmuir monolayers of C-17, C-19, and C-21 fatty acids: Textures, phase transitions, and localized oscillations. J Chem Phys 110:7021-7030.

Rankin JG, Cantu R, Czernuszewicz RS, Lash TD (1999) Fingerprinting petroporphyrin structures with vibrational spectroscopy. Part 5. Structural influences of the porphyrin 13-alkyl substituent on resonance Raman scattering from nickel(II)cycloalkanoporphyrins. Org Geochem 30:201-228

Rappe C (1994) Dioxin, patterns and source identification. Fresenius J Anal Chem:63-75

Rappe C, Kjeller LO (1995) Time trends in levels, patterns, and profiles for polychlorinated dibenzo-p-dioxins, dibenzofurans, and biphenyls in a sediment core from the Baltic Proper. Environ Sci Technol 29:346-355

Rapsomanikis S, Craig PJ (1991) Speciation of mercury and methylmercury compounds in aqueous samples by chromatography-atomic absorption spectrometry after ethylation with sodium tetraethylborate. Anal Chim Acta 248:563-567

Rapsomanikis, S, Weber, JH (1986) In: Craig, PJ (Hrsg) Organometallic compounds in the environment. Longman Group Ltd, Harlow, S 279-307

Rashid MA (1972) Role of quinone groups in solubility and complexing of metals in sediments and soils. Chem Geol 9:241-248

Rashid MA (1974) Absorption of metals on sedimentary and peat humic acids. Chem Geol 13:115-123

Rashid MA, Leonard JD (1973) Modifications in the solubility and precipitation behavior of various metals as a result of their interaction with sedimentary humic acid. Chem Geol 11:89-97

Ravizza GE, Bothner MH (1996) Osmium isotopes and silver as tracers of anthropogenic metals in sediments. Geochim Cosmochim Acta 60:2753-2763

Read P, Beere H, Ebdon L, Leizers M, Hetheridge M, Rowland S (1997) Gas chromatography-microwave-induced plasma mass spectrometry (GC-MIP-MS): a multi-element analytical tool for organic geochemistry. Org Geochem 26:11-17

Reed WE, Kaplan IR (1977) The chemistry of marine petroleum seeps. J Geochem Explor 7:255-293

Reemtsma T, Jekel M (1997) Summarische Bestimmung Essigester-extrahierbarer organischer Halogenverbindungen (EOX) aus belasteten Böden und Sedimenten. In: Matschullat J, Tobschall HJ, Voigt H-J (Hrsg) Geochemie und Umwelt. Springer-Verlag, Berlin, S 161-165

Rees CE (1973) A steady-state model for sulfur isotope fractionation in bacterial reduction processes. Geochim Cosmochim Acta 37:1141-1161

Reeve RN (1994) Environmental Analysis. Wiley & Sons, Chichester

Rehage H, Achenbach B, Kaplan A (1997) Synthesis, structure and properties of coagulated ultrathin membranes. Berichte der Bunsen Gesellschaft Phys Chem 101:1683-1685

Reichholf J (1994) Kampf an falschen Fronten. DIE ZEIT 27:35

Reindl S, Höfler F (1994) Optimization of the parameters in supercritical fluid extraction of polynuclear aromatic hydrocarbons from soil samples. Anal Chem 66:1808-1816

Reiners C (1994) Schilddrüsenkrebs bei Kindern in der Umgebung von Tschernobyl. Spektrum der Wissenschaft 12:117-120

Renberg I, Persson MW, Emteryd O (1994) Pre-Industrial atmospheric lead contamination detected in Swedish lake sediments. Nature 368:323-326

Renner H, Schmuckler G (1991) Platinum-Group Metals. In: Merian E (Hrsg) Metals and Their Compounds in the Environment. VCH, Weinheim, 1135-1151

Requejo AG, Sassen R, McDonald T, Denoux, Kennicutt II MC, Brooks JM (1996) Polynuclear aromatic hydrocarbons (PAH) as indicators of the source and maturity of marine crude oils. Org Geochem 11/12:1017-1033

Rettenberger G (1994) Vorschlag für ein Leistungsverzeichnis für die Erklärung über das Deponieverhalten durch einen beratenden Ingenieur - Deponiegas und Sickerwasser. In: Fehlau K-P, Stief K (Hrsg) Anwendung der TA Siedlungsabfall in der Praxis. Erich Schmidt Verlag, Berlin, S 291-299

Reupert R, Plöger E (1988) Bestimmung von stickstoffhaltigen Pesticiden durch Hochleistungsflüssigkeits-Chromatographie mit Diodenarray-Detektion. Fresenius Z Anal Chem 331:503-509

Reupert R, Plöger E (1989) Bestimmung stickstoffhaltiger Pflanzenbehandlungsmittel in Trink-, Grund- und Oberflächenwasser: Analytik und Ergebnisse. Vom Wasser 72:211-233

Ribereau-Gayon P (1972) Plant Phenolics. Oliver & Boyd, UK

Richardson WSI, Hay SS, Eagle MC, Cox C (1994) Preliminary soil characterization from radionuclide contaminated sites: What first? What later? Technol Progr Radioact Waste Manage Environ Restor:1071-1074

Richnow HH, Seifert R, Hefter J, Kästner M, Mahro B, Michaelis W (1994) Metabolites of xenobiotica and mineral oil constituents linked to macromolecular organic matter in polluted environments. Org Geochem 22:671-681

Richnow HH, Seifert R, Hefter J, Link M, Francke W, Schaefer G, Michaelis W (1997) Organic pollutants associated with macromolecular soil organic matter: Mode of binding. Org Geochem 26:745-758

Ricking M (1992) Zum Stand der Dibenzo-P-Dioxin- und Dibenzofurankontamination aquatischer Ökosysteme unter besonderer Berücksichtigung subhydrischer Böden. Forschungsbericht FB 91-065, UBA Berlin, 169S

Riehle U (1990) Analytik der polyhalogenierten (Brom/Chlor) Dibenzodioxine und Dibenzofurane und deren thermische Bildung in einem Verbrennungsmotor. Dissertation Universität Ulm

Rieß MH, Wefers H, Weigel H-P (1997) Ökotoxikologische Bewertung von Sedimentschadstoffen. UWSF - Z Umweltchem Ökotox 9:201-209

Rietz R, Rettig W, Brezesinski G, Bouwman WG, Kjaer K, Möhwald H (1996) Monolayer behaviour of chiral compounds at the air-water interface: 4-hexadecyloxy-butane-1,2-diol. Thin Solid Films 285:211-215

Rieuwerts J, Farago M (1996) Heavy metal pollution in the vicinity of a secondary lead smelter in the Czech Republic. Appl Geochem 11:17-23

Rigby D, Batts BD (1986) The isotopic composition of nitrogen in Australian coals and oil shales. Chem Geol (Isot Geosci Sect) 58:273-282

Rippen G, Gihr R, Renner I, Klöpffer W (1992) Polychlorierte Dibenzo-p-dioxine und Dibenzofurane (PCDD/F). Z Umweltchem Ökotox 4:30-35

Riser-Roberts E (1998) Remediation of Petroleum Contaminated Soils. Springer, Berlin, 542S

Rivin D (1986) Carbon Black. In: Hutzinger O (Hrsg) The Handbook of Environmental Chemistry, Vol 3, Part D. Springer-Verlag, Berlin, S 101-158

Rizzon J (1994) Das ML-KSMF-Verfahren zum Einschmelzen von Rückständen aus der Müllverbrennung. UTA, S 205-212

Robbins JA (1978) Geochemical and geophysical applications of radioactive lead. In: Nriagu JO (Hrsg) The Biogeochemistry of Lead in the Environment. Elsevier, Amsterdam, S 285-393

Roberts JW, Budd WT, Chuang J, Lewis RG (1993) Chemical contaminants in house dust: Occurrences and sources. In: Kalliokoski P, Jantunen M, Seppänen O (Hrsg) Indoor Air '93, Vol 4: Particles, Microbes, Radon. Proc. 6th Int. Conf. on Indoor Air Quality and Climate, Helsinki, Finnland, S 27-32

Roberts JW, Budd WT, Ruby MG, Camann DE, Fortmann RC, Lewis RG, Wallace LA, Spittler TM (1992) Human exposure to pollutants in the floor dust of homes and offices. J of Exposure Analysis and Environ Epidemiology, Suppl 1:127-146

Roberts JW, Glass GL, Spittler TM (1995) Measurement of deep dust and lead in old carpets. In: Measurement of Toxic and Related Pollutants, Air & Waste Management Asso, 6S

Roberts JW, Ruby MG, Warren GR (1987) Mutagenic activity of house dust. In: Sandhu SS, DeMarini DM, Mass MJ, Moore MM, Mumford JL (Hrsg) Short-Term Bioassays in the Analysis of Complex Environmental Mixtures V. Plenum Press, New York, S 355-367

Robinson BW, Bottrell SH (1997) Discrimination of sulfur sources in pristine and polluted New Zealand river catchments using stable isotopes. Appl Geochem 12:305-319

Robinson BW, Hirner AV, Lyon GL (1991) Stable carbon and sulfur isotope distributions of crude oil and source constituents from Burgan and Raudhatain oil fields (Kuwait). Chem Geol (Isot Geosci Sect) 86:295-306

Robinson NJ (1990) Metal-binding polypeptides in plants. In: Shaw AJ (Hrsg) Heavy Metal Tolerance in Plants: Evolutionary Aspects, CRC Press, Boca Raton, S 195-214

Rogers KM, Savard MM (1999) Detection of petroleum contamination in river sediments from Quebec City region using GC-IRMS. Org Geochem 30:1559-1569

Rogge WF, Hildemann LM, Mazurek MA, Cass GR, Simoneit BRT (1993) Sources of Fine Organic Aerosol. 5. Natural Gas Home Appliances. Environ Sci Technol 27:2736-2744

Römbke J, Bauer C, Marschner A (1996) Hazard Assessment of Chemicals in Soil - Proposed Ecotoxicological Test Strategy. ESPR - Environ Sci & Pollut Res 3:78-82

Rosman KJR, Chisholm W, Boutron CF, Candelone JP, Görlach U (1993) Isotopic evidence for the source of lead in Greenland snows since the late 1960s. Nature 362:333-335

Rosner G, Hertel RF (1986) Gefährdungspotential von Platinemissionen aus Automobilabgas-Katalysatoren. Reinhaltung der Luft 46:281-285

Rotard W (1991) Aktuelles zur Dioxinproblematik - Ableitung von Dioxinrichtwerten für die Bodensanierung. Bundesgesundhbl 4, S 155-158

Rotard W, Christmann W, Knoth W, Mailahn W (1993) Bestimmung resorptionsverfügbarer PCDD/PCDF in Kieselrot - Simulation der Ingestion technogener Böden. Umweltmedizinischer Informationsdienst 1, S 4-8

Rotard W, Christmann W, Knoth W, Mailahn W (1995) Bestimmung der resorptionsverfügbaren PCDD/PCDF aus Kieselrot - Simulation der Digestion mit Böden. UWSF - Z Umweltchem Ökotox 7:3-9

Rothweiler H, Schlatter C (1993) Human exposure to volatile organic compounds in indoor air - a health risk? Toxicol Environ Chem 40:93-102

Rowell DL (1994) Bodenkunde. Springer-Verlag, Berlin, 614S

Roy D, Kommalapati RR, Mandava SS, Valsaraj KT, Constant WD (1997) Soil Washing Potential of a Natural Surfactant. Environ Sci Technol 31:670-675

Roy D, Liu MW, Wang G (1994) Modelling of Anthracene Removal from Soil Columns by Surfactants. J Environ Sci and Health Part A Enviro Sci Engg 29:197-213

Rubinsztain Y, Ioselis P, Ikan R, Aizenshtat Z (1984) Investigations on the structural units of melanoidins. Org Geochem 6:791-804

Rubischung P, Tobschall HJ (1980) Identifizierung und Bestimmung einiger umweltrelevanter Organoquecksilberverbindungen in rezenten fluviatilen Sedimenten mit Hilfe der Dünnschichtchromatographie. Chemie der Erde 39:239-275

Ruby MV, Davis A, Schoof R, Eberle S, Sellstone VCM (1996) Estimation of lead and arsenic bioavailabilty using a physiologically based extraction test. Environ Sci Technol 30:422-430

Rueter P, Rabus R, Wilkes H, Aeckersberg F, Rainey FA, Jannasch HW, Widdle F (1994) Anaerobic oxidation of hydrocarbons in crude oil by new types of sulfate-reducing bacteria. Nature 372:455-458

Ruf J, Leuchs W, Bistry T, Bannick CG (1997) Altlasten einfach wegrechnen? Bodenschutz 4:112-113

Rullkötter J (1995) Molekulare Isotopengeochemie - eine neue Dimension in der Biomarkeranalytik. Erdöl Erdgas Kohle 111:437-438

Rump HH (1998) Laborhandbuch für die Untersuchung von Wasser, Abwasser und Boden. Wiley-VCH, Weinheim New York Chichester Brisbane Singapore Toronto

Rump HH, Scholz B (1995) Untersuchung von Abfällen, Reststoffen und Altlasten: praktische Anleitung für chemische, physikalische und biologische Methoden. VCH, Weinheim New York Basel Cambridge, 453S

Rumpel C, Knicker H, Kögel-Knabner I, Hüttl RF (1998a) Airborne contamination of immature soil (Lusatian mining district) by lignite-derived materials: its detection and contribution to the soil organic matter budget. Water Air Soil Pollut 105:481-492

Rumpel C, Knicker H, Kögel-Knabner I, Skjemstad JO, Hüttl RF (1998b) Types and chemical composition of organic matter in reforested lignite-rich mine soils. Geoderma 86:123-142

Rumpel C, Skjemstad JO, Knicker H, Kögel-Knabner I, Hüttl RF (2000) Techniques for the differentiation of carbon types present in lignite-rich mine soils. Org Geochem (in press)

Rumpel R (1994) Benzol ist überall. DIE ZEIT 19:32

Rundel PW, Ehleringer JR, Nagy KA (1989) Stable Isotopes in Ecological Research, Ecological Studies 68. Springer-Verlag, New York, 525S

Sabatini DA, Harwell JH, Knox RC (1998) Surfactant selection criteria for enhanced subsurface remediation: Laboratory and field observations. Prog Coll Polym Sci:168-173

Sablik J (1996a) Methods for beneficiation of ores and coals in processes for remediation of soils polluted by petroleum derivatives. Zesz Nauk Politech Slask 231:435-449

Sablik J (1996b) Effect of temperature on remediation of soils polluted by petroleum derivatives by oil agglomeration or flotation with coal. Fizykochem Probl Mineralurgii 30:57-62

Sabourin CL, Carpenter JC, Leib K, Spivack JL (1996) Biodegradation of Dimethylsilanediol in Soils. Appl Environ Microbiol 62:4352-4360

Sadiq M (1997) Arsenic chemistry in soils: an overview of thermodynamic predictions and field observations. Water Air Soil Pollut 93:117-136

Sadler JC, Campbell I (1994) A simple method for dioxin congener pattern comparison. Organohalogen Compounds 19:61-65

Safe S (1990) Polychlorinatede biphenyls (PCBs), dibenzo-p-dioxins (PCDDs), benzofurans (PCDFs), and related compounds: environmental and mechanistic considerations which support the development of toxic equivalency factors (TEFs). Crit Rev Toxicol 21:51-88

Sager M (1986) Spurenanalytik des Thalliums. Thieme Verlag, Stuttgart, 103S

Sager M (1994) Thallium. Toxicol Environ Chem 45:11-32

Sahuquillo A, Lopez-Sanchez JF, Rubio R, Rauret G, Hatje V (1995) Sequential extraction of trace elements from sediments I. Validation of Cr determination in the extracts by AAS. Fresenius J Anal Chem 351:197-203

Sakai S, Hiraoka M, Takeda N, Shiozaki K (1993) Coplanar PCBs and PCDDs/PCDFs in municipal waste incineration. Chemosphere 27:233-240

Sakata S, Hayes JM, McTaggart AR, Evans RA, Leckrone KJ, Togasaki RK (1997) Carbon isotopic fractionation associated with lipid biosynthesis by a cyanobacterium: Relevance for interpretation of biomarker records. Geochim Cosmochim Acta 61:5379-5389

Saleeb FZ, Wanes M (1970) Fatty alcohol monolayers for retardation of water evaporation. I. Specific resistance of the monolayers to the evaporation of water. J Chem UAR 13:55-65

Salomons W, Stigliani WM (1995) Biogeodynamics of Pollutants in Soils and Sediments. Springer-Verlag, Berlin, 352S

Salthammer T, Schriever E, Marutzky R (1993) Emissions from wallcoverings: Test procedures and preliminary results. Toxicol Environ Chem 40:121-131

Saltzman ES, Cooper WJ (1989) Biogenic Sulfur in the Environment. ACS Symp Ser 393:572S

Salz-Jlmenez C (1994) Analytical Pyrolysis of Humic Substances: Pitfalls, Limitations, and Possible Solutions. Environ Sci Technol 28:1773-1780

Samara C (1995) Analysis of Organic Particulate Matter. In: Hutzinger O (Hrsg) The Handbook of Environmental Chemistry, Vol 4, Part D. Springer-Verlag, Berlin, S 233-251

Samara C, Lintelmann J, Kettrup A (1995) Determination of selected polynuclear aromatic hydrocarbons in waste water and sludge samples by HPLC with fluorescence detection. Toxicol Environ Chem 48:89-102

Sanchez Reus MI, Iniesta MP, Ribas B (1991) Metallothionein 1 a molecular marker in cadmium nephrotoxicity. Toxicol Environ Chem 30:63-67

Sanchez-Camazano M, Sanchez-Martin MJ (1993) Mobility of cadmium as influenced by soil properties, studied by soil thin-layer chromatography. J Chromatogr 643:357-362

Santschi PH, Guo L, Baskaran M, Trumbore S, Southon J, Bianchi TS, Honeyman B, Cifuentes L (1995) Isotopic evidence for the contemporary origin of high-molecular weight organic matter in oceanic environments. Geochim Cosmochim Acta 59:625-631

Saouter E, Campbell PGC, Ribeyre F, Boudou A (1993) Use of partial extractions to study mercury partitioning on natural sediment particles - a cautionary note. Intern J Environ Anal Chem 54:57-68

Sarradin P-M, Lapaquellerie Y, Astruc A, Latouche C, Astruc M (1995) Long term behaviour and degradation kinetics of tributyltin in a marina sediment. Sci Tot Environ 170:59-70

Saski EK, Mikkola R, Kukkonen JVK, Salkinoja-Salonen MS (1997) Bleached Kraft Pulp Mill Discharged Organic Matter in Recipient Lake Sediment. ESPR - Environ Sci & Pollut Res 4:194-202

Satir M, Bracke G (1997) Radiogene Isotope in der Umweltforschung. In: Matschullat J, Tobschall HJ, Voigt H-J (Hrsg) Geochemie und Umwelt. Springer-Verlag, Berlin, S 203-219

Sauer TC, Brown JS, Boehm PD, Aurand DV, Michel J, Hayes MO (1993) Hydrocarbon source identification and weathering characterization of intertidal and subtidal sediments along the Saudi Arabian coast after the Golf War oil spill. Mar Pollut Bull 27:117-134

Sauerbeck D (1984) The Environmental Significance of the Cadmium Content in Phosphorous Fertilizers. Plant Res Dev 19:24-34

Sauerbeck DR, Styperek P (1983) Predicting the Cadmium Availability from Different Soils by $CaCl_2$-Extraction. In: L'Hermite P, Ott H (Hrsg) Processing and Use of Sewage Sludge. Proceedings 3rd International Symposium, Brighton. D. Reidel Publ, Dordrecht, S 431-434

Saxby JD (1969) Metal-organic chemistry of the geochemical cycle. Rev Pure Appl Chem:131-150

Sbrignadello G, Degetto S, Battiston GA, Gerbasi R (1994) Distribution of ^{210}Pb and ^{137}Cs in snow and soil samples from Antarctica. Intern J Environ Anal Chem 55:235-242

Schacht U, Gras B, Sievers S (1995) Bestimmung von polybromierten und polychlorierten Dibenzodioxinen und -furanen in verschiedenen umweltrelevanten Matrizes. Organohalogen Compounds 22:325-334

Schaefer VJ, Mohnen VA, Veirs VR (1972) Air quality of American homes. Science 175:173-176

Schäfer J, Puchelt H (1998) Platinum-Group-Metals (PGM) emitted from automobile catalytic converters and their distribution in roadside soils. J Geochem Explor 64:307-314

Schäffer A, Kägi JHR (1991) Metallothioneins. In: MERIAN:523-529

Schalch D, Scharmann A (1994) Strahlenexposition in Reiseflughöhen. Spektrum der Wissenschaft Heft 12:120-125

Schebeck L, Andreae MO, Tobschall HJ (1991) Methyl- and Butyltin Compounds in Water and Sediments of the Rhine River. Environ Sci Technol 25:871-878

Schedlbauer OF (1998) Methylicrtc Schwermetallverbindungen im Atlantischen Ozean und der marinen Atmosphäre. Dissertation, Universität Mainz, 201S

Scheffer F, Schachtschabel P (1998) Lehrbuch der Bodenkunde. Ferdinand Enke Verlag, Stuttgart, 14. Aufl, 494S

Scheib L, Held T (1998) Kommunale Abfallbilanzen. Spektrum der Wissenschaft 9/98, S 84-85

Schenck PA, deLeeuw JW (1982) Molecular Organic Geochemistry. In: Hutzinger O (Hrsg) The Handbook of Environmental Chemistry, Vol 1, Part B. Springer-Verlag, Berlin, S 111-129

Scheunert I, Qiao Z, Korte F (1986) Comparative studies of the fate of atrazine-^{14}C and pentachlorophenol-^{14}C in various laboratory and outdoor soil-plant systems. J Environ Sci Health B21:457-485

Schidlowski M (1991) Human activities and environmental stress: some essentials revisited. Terra Nova 3:472-476

Schiebenbogen K, Zytner RG, Hang L, Trevors JT (1994) Enhanced Removal of Selected Hydrocarbons from Soil by Pseudomonas aeruginosa UG2 Biosurfactants and Some Chemical Surfactants. J Chem Tech Biotechnol 59:53-59

Schlatter C (1991) Data on kinetics of PCDDs and PCDFs as prerequisite for human risk assessment. In: Gallo MA, Scheuplein R, van der Heijden K (Hrsg) Banbury Report 35: Biological Basis for Risk Assessment of Dioxins and Related Compounds. Cold Spring Harbor Laboratory Press, New York, S 215-226

Schlebaum W, Badora A, Schraa G, van Riemsdijk WH (1998) Interactions between a hydrophobic organic chemical and natural organic matter: Equilibrium and kinetic studies. Environm Sci Techn 32:2273-2277

Schlett C (1989) Pflanzenschutzmittel in Oberflächen-, Grund- und Trinkwässern - Analytik und Befunde. Gewässerschutz Wasser Abwasser 106:187-203

Schlett C (1991) Multi-residue-analysis of pesticides by HPLC after solid phase extraction. Fresenius J Anal Chem 339:344-347

Schlumpf M, Lichtensteiger W (1996) Hormonaktive Xenobiotika. Z Umweltchem Ökotox 8:321-332

Schmid B (1991) Atomemissionsdetektoren auf der Basis mikrowelleninduzierter Plasmen zur Spurenanalyse organischer Verbindungen. Dissertation Universität Ulm

Schmid ER, Bachlehner G, Vermuza K, Klus H (1985) Determination of polycyclic aromatic hydrocarbons, polycyclic aromatic sulfur and oxygen heterocycles in cigarette smoke condensate. Fresenius Z Anal Chem 322:213-219

Schmidt MW (1998) Organic Matter in Natural Soils and in Soils contaminated by Atmospheric Organic Particles from Coal Processing Industries. Shaker Verlag, Aachen, 134S

Schmidt MWI, Skjemstad JO, Gehrt E, Kögel-Knabner I (1999) Charred organic carbon in German chernozemic soils. Europ J Soil Sci 50:351-365

Schmidt W (1994) Optische Spektroskopie: eine Einführung für Naturwissenschafteler und Techniker. VCH, Weinheim New York Basel Cambridge

Schmidt, W (1995) Optische Spektroskopie, VCH Weinheim

Schmidt-Ott A (1991) Aerosol Methods in Cluster and Small Particle Research. J Aerosol Res (Japan) 6:208-216

Schmitt HW, Sticher H (1991) Heavy Metal Compounds in the Soil. In: Merian E (Hrsg) Metals and Their Compounds in the Environment. VCH, Weinheim, 311-331

Schmitt R, Langguth H-R, Püttmann W, Rohns HP, Eckert P, Schubert J (1996) Biodegradation of aromatic hydrocarbons under anoxic conditions in a shallow sand and gravel aquifer of the Lower Rhine Valley, Germany. Org Geochem 25:41-50

Schneider G, Krivan V (1993) Multi-element analysis of tobacco and smoke condensate by instrumental neutron activation analysis and atomic absorption spectrometry. Intern J Environ Anal Chem 53:87-100

Schneider K, Hassauer M, Kalberlah F (1994) Toxikologische Bewertung von Rüstungsalt-lasten I. Z Umweltchem Ökotox 6:271-276

Schneider K, Oltmanns J, Radenberg T, Schneider T, Pauly-Mundegar D (1996) Uptake of nitroaromatic compounds in plants. Environ Sci & Pollut Res 3:135-138

Schneider RJ, Ruppert T, Weller M, Weil L, Niessner R (1990) Comparison of results obtained from enzyme immunoassay and gas chromatography in the determination of some herbicide residues in both water and soil. Fresenius J Anal Chem 337:74-75

Schöberl P (1993) Biologischer Tensidabbau. In: Kosswig K et al (Hrsg) Die Tenside. Carl Hanser Verlag, München, Wien, S 409-464

Schöberl P, Scholz N (1993) Aquatische Toxizität von Tensiden. In: Kosswig K et al (Hrsg) Die Tenside. Carl Hanser Verlag, München Wien S 465-483

Schoer J (1984) Thallium. In: Hutzinger O (Hrsg) The Handbook of Environmental Chem-istry, Vol 3, Part C. Springer-Verlag, Berlin, S 143-214

Schoer J, Förstner U (1987) Abschätzung der Langzeitbelastung von Grundwasser durch die Ablagerung metallhaltiger Feststoffe. Vom Wasser 69:23-32

Schöler HF, Haiber G (1997) Bildung und Verbleib natürlicher halogenorganischer Verbin-dungen in Wasser, Böden und Sedimenten. In: Matschullat J, Tobschall HJ, Voigt H-J (Hrsg) Geochemie und Umwelt. Springer-Verlag, Berlin, 151-159

Schön M, Walz R et al (1993) Emissionen der Treibhausgase Distickstoffoxid und Methan in Deutschland. UBA-FB 93-121, Umweltbundesamt, Berlin, 189S

Schöppenthau J, Nölte J, Dunemann L (1996) High-performance Liquid Chromatography Coupled with Array Inductively Coupled Plasma Optical Emission Spectrometry for the Separation and Simultaneous Detection of Metal and Non-metal Species in Soybean Flour. Analyst 121:845-852

Schöttler U, Nähle C (1979) Beryllium in natürlichen Filtrationssystemen. Z f Wasser- und Abwasser-Forschung 12:21-25

Schouten S, Klein Breteler WCM, Blokker P, Schogt N, Rupstra WIC, Grice K, Baas M, Sinninghe Damste JS (1998) Biosynthetic effects on the stable carbon isotopic composi-tions of algal lipids: Implications for deciphering the carbon isotopic biomarker record. Geochim Cosmochim Acta 62:1397-1406

Schrader B (1994) Infrared and Raman Spectroscopy. VCH, Weinheim

Schreitmüller J, Vigneron M, Bacher R, Ballschmiter K (1994) Pattern analysis of poly-chlorinated biphenyls (PCB) in marine air of the Atlantic Ocean. Intern J Environ Anal Chem 57:33-52

Schrenk D, Fürst P (1999) WHO setzt Werte für die tolerierbare tägliche Aufnahme an Dioxinen neu fest. Nachr Chem Tech Lab 47:313-316

Schröder E (1991) Massenspektrometrie: Begriffe und Definitionen. Springer, Berlin Hei-delberg New York London Paris Tokyo Hong Kong Barcelona

Schröder HF (1993) Surfactants: non-biodegradable, significant pollutants in sewage treat-ment plant effluents. J Chromatogr 647:219-234

Schuelein J, Glaessgen WE, Hertkorn N, Schroeder P, Sandermann H jr, Kettrup A (1996) Detection and identification of the herbicide isoproturon and its metabolites in field samples after a heavy rainfall event. Intern J Environ Anal Chem 65:193-202

Schulten H-R (1996) Three-dimensional, molecular structures of humic acids and their interactions with water and dissolved contaminants. Intern J Environ Anal Chem 64:147-162

Schulten HR, Schnitzer M (1997) Chemical model structures for soil organic matter and soils. Soil Sci 162:115-130

Schulz C, Chutsch M, Bernigau W, Henke M, Krause C, Schwarz E (1993) Determination of lead, cadmium and arsenic levels in household dust: sampling techniques and establishment of causes of contamination. In: Kalliokoski P, Jantunen M, Seppänen O (Hrsg) Indoor Air '93, Vol 4, Particles, Microbes, Radon. Proc. 6th Int. Conf. on Indoor Air Quality and Climate, Helsinki, Finnland, S 103-104

Schulz PC, Morini MA, deFerreira MEG (1998) Aggregation effects on evaporation and the air/water interface of dodecyltrimethylammonium hydroxide solutions. Coll Polym Scie 276:232-238

Schuphan I, Maier-Gaipl S, Herlit E, Schreiner J, Tietz U (1997) Bodenkontaminationen - Biologische Tests von Bodenextrakten zur Erkennung von Bodenkontaminationen. UWSF - Z Umweltchem Ökotox 9:7-11

Schüth C (1994) Sorptionskinetik und Transportverhalten von polyzyklischen aromatischen Kohlenwasserstoffen (PAK) im Grundwasser - Laborversuche. Tübinger Geowissenschaftliche Arbeiten C19, 80S

Schüürmann G, Schädlich G, Kühne R (1994) Ökotoxikologische Risikoanalyse der Cadmium-Belastung im Ackerboden der Industrieregion Leipzig-Halle. Z Umweltchem Ökotox 6:3-4

Schwarzenbach RP, Gschwend PM, Imboden DM (1993) Environmental Organic Chemistry. Wiley & Sons, New York, 681S

Schwedt G (1992) Taschenatlas der Analytik. Thieme, Stuttgart New York

Schwedt G (1995) Analytische Chemie: Grundlagen, Methoden und Praxis. Thieme, Stuttgart New York

Schwedt G (1995a) Lehrbuch der Analytischen Chemie. Georg Thieme Verlag, Stuttgart, 442S

Schwedt G (1995b) Mobile Umweltanalytik: Schnellverfahren und Vor-Ort-Meßtechnik. Vogel-Verlag, Würzburg, 187S

Schwedt G (1996) Taschenatlas der Umweltchemie. Georg Thieme Verlag, Stuttgart, 248S

Schwikowski M, Seibert P, Baltensperger U, Gaeggeler HW (1995) A study of an outstanding Saharan dust event at the high-alpine site Jungfraujoch, Switzerland. Atmos Environ 29:1829-1842

Schwind K-H, Hosseinpour J, Fiedler H, Lau C, Hutzinger O (1994) Bestimmung und Bewertung der Emissionen von PCDD/PCDF, PAK und kurzkettigen Aldehyden in den Brandgasen von Kerzen. Z Umweltchem Ökotox 6:243-246

Schwister K (1995) Taschenbuch der Chemie. Fachbuchverlag Leipzig, 800S

Schwuger, MJ (1996) Lehrbuch der Grenzflächenchemie. Georg Thieme Verlag, Stuttgart New York

Schyn S, Garwin E, Schmidt-Ott A (1988) Aerosol generation by spark discharge. J Aerosol Sci 19:639-642

Seemann J, Wittig P, Kollmeier H (1983) Analyse von Cadmium, Chrom, Blei und Zink in Lungen-,Leber-, Milz- und Nierengewebe von Menschen mittels flammenloser Atomabsorptionsspektrometrie. Forschungsbericht Nr 347/III, Bundesanstalt für Arbeitsschutz, Dortmund, 93S

Seibert H (1996) Störungen der Entwicklung und Funktion des männlichen Reproduktionssytems. Z Umweltchem Ökotox 8:275-284

Seifert WK, Moldowan JM (1978) Application of steranes, terpanes and monoaromatics to the maturation, migration, and source of crude oils. Geochim Cosmochim Acta 42:77-92

Selenka F (1990) Altlasten auf ehemaligen Gaswerksgeländen - Zukünftige Geländenutzung und Konsequenzen für die Sanierung. DVGW-Schriftenreihe Gas 45:116-136

Sellers P, Kelly CA, Rudd JWM, MacHutchon AR (1996) Photodegradation of methylmercury in lakes. Nature 380:694-697

Semple KM, Westlake DWS, Krouse HR (1987) Sulfur isotope fractionation by strains of *Alteromonas putrefaciens* isolated from oil field fluids. Can J Microbiol 33:372-376

Senaratne A, Dissanayake CB (1989) The geochemistry of mercury in some coastal sediments from Sri Lanka. Chem Geol 75:183-190

Senesi N (1993) Organic Pollutant Migration in Soils as Affected by Soil Organic Matter. Molecular and Mechanistic Aspects. In: Petruzelli D, Helferich FG (Hrsg) Migration and Fate of Pollutants in Soils and Subsoils. NATO ASI Ser G 32:47-74

Seselj A (1997) The use of column flotation in the process of removal lead and copper from contaminated water and soil. Rud-Metal Zb 44:297-307

Seselj A, Strazisar J (1997) Column flotation in soil remediation and wastewater treatment. Kovine 31:125-127

Sessions AL, Burgoyne TW, Schimmelmann A, Hayes JM (1999) Fractionation of hydrogen isotopes in lipid biosynthesis. Org Geochem 30:1193-1200

Seubert A (1996) Neue Kopplungstechniken für die Atomspektrometrie. Nachr Chem Tech Lab 44:40-44

Shaw DS (1992) Coll and Surface Chemistry. Butterworth-Heinemann, Oxford, London, Boston

Shaw RW (1987) Luftverschmutzung durch Stäube. Spektrum der Wissenschaft:100-107

She J, Hagenmaier H (1993) Use of principal components analysis in the source identification of PCDDs and PCDFs. Organohalogen Compounds 12:187-190

Shin HS, Rhee SW, Lee BH, Moon CH (1996) Metal binding sites and partial structures of soil fulvic and humic acids compared: aided by Eu(III) luminescence spectroscopy and DEPT/QUAT ^{13}C NMR pulse techniques. Org Geochem 24:523-529

Shinoda K, Kunieda H (1983) Phase Properties of Emulsions. In: Becher D (Hrsg) Encyclopedia of emulsion technology. Marcel Dekker, Inc, New York Basel, S 337-367

Shirahata H, Elias RW, Patterson CC, Koide M (1980) Chronological variation in concentrations and isotopic compositions of anthropogenic atmospheric lead in sediments of a remote subalpine pond. Geochim Cosmochim Acta 44:149-162

Shiu WY, Bobra M, Bobra AM, Maijanen A, Suntio L, Mackay D (1990) The water solubility of crude oils and petroleum products. Oil Chem Pollut 7:57-84

Shu P, Hirner AV (1997) Polyzyklische aromatische Kohlenwasserstoffe und alkane in Niederschlägen und Dachabflüssen. Vom Wasser 89:247-259

Shu P, Hirner AV (1998) Trace Compounds in Urban Rain and Roof Runoff. J High Resol Chromatogr 21:65-68

Siegel SM, Okasako J, Kaalakea P, Siegel BZ (1980) Release of volatile mercury from soils and non-vascular plants. Org Geochem 2:139-140

Siehl A (1996) Umweltradioaktivität. Ernst & Sohn, Berlin, 411S

Siekmann K, Schwuger MJ (1987) Grundlagen des Waschens. Physik in unserer Zeit 6:178-187

Sigg L, Stumm W (1991) Aquatische Chemie, vdf-Verlag, Zürich

Silfer JA, Engel MH, Macko SA, Jumeau EJ (1991) Stable carbon isotope analysis of amino acid enantiomers by conventional isotope ratio mass spectrometry and combined gas chromatography/isotope ratio mass spectrometry. Anal Chem 63:370-374

Silver S (1981) Mechanism of bacterial resistances to toxic heavy metals: arsenic, antimony, silver, cadmium and mercury. NBS Special Publ, S 301-324

Simmonds PG, Schulman GP, Stembridge CH (1969) Organic analysis by pyrolysis gas chromatography-mass spectroscopy. A candidate experiment for the biological exploration of mars. J Chrom Sci 7:36-41

Simoneit BRT (1986) Characterization of Organic Constituents in Aerosols in Relation to Their Origin and Transport: A Review. Intern J Environ Anal Chem 23:207-237

Simoneit BRT, Fetzer JC (1996) High molecular weight polycyclic hydrocarbons in hydrothermal petroleums from the Gulf of California and Northeast Pacific Ocean. Org Geochem 11/12:1065-1077

Simoneit BRT, Schoell M (1995) Carbon isotope systematics of individual hydrocarbons in hydrothermal petroleums from the Guaymas Basin, Gulf of California. Org Geochem 23:857-863

Simonetti A, Gariepy C, Carignan J (2000) Pb and Sr isotopic compositions of snowpack from Quebec, Canada: Inferences on the sources and deposition budgets of atmospheric heavy metals. Geochim Cosmochim Acta 64:5-20

Sims JL, Sims RC, Matthews JE (1990) Approach to bioremediation of contaminated soil. Haz Waste Haz Mater 7, S 117-149

Sims JL, Suflita JM, Russel HH (1990) Reductive dehalogenation: A subsurface bioremediation process. Remediation 1:75-93

Singer SJ (1972) Fluid lipid-globular protein mosaic model of membrane structure. Ann N Y Acad Sci 195:16-23

Singer SJ, Nicolson GL (1972) Fluid mosaic model of the structure of cell membranes. Science 175:720-731

Skinner HCW, Ross M (1994) Minerals and Cancer Geotimes 1/94:13-15

Skoog DA, Leary JJ, Brendel D (1996) Instrumentelle Analytik. Springer-Verlag, Heidelberg, 898S

Skoog DA, West DM, Holler FJ (1988) Fundamentals of Analytical Chemistry. Saunders College Publ, New York, 894S

Smith JW, George SC, Batts BD (1994) Pyrolysis of aromatic compounds as as guide to synthetic reactions in sediments. APEA J 34:231-240

Smith RJ (1978) Dioxins have been present since the advent of fire, says DOW. Science 202:1166-1167

Smith RJ (1982) Hawaiian Milk Contamination Creates Alarm. Science 217:137-140

Smith RM, O'Keefe PW, Hilker DR, Bush B, Connor S, Donnelly R, Storm R, Liddle M (1993) The historical record of PCDDs, PCDFs, PAHs, PCBs, and lead in Green Lake, New York - 1860 to 1990. Organohalogen Compounds 12:215-217

Snead CC, Zung JT (1968) The effects of insoluble films upon the evaporation kinetics of liquid droplets. J Coll Interf Sci 27:25-31

Söderlund R, Rosswall T (1982) The Nitrogen Cycles. In: The Handbook of Environmental Chemistry, Vol 1 Part B, Hutzinger O (Hrsg) Springer-Verlag, Berlin, S 61-82

Soderlund T, Lehtonen JYA, Kinnunen PKJ (1999) Interactions of cyclosporin A with phospholipid membranes: Effect of cholesterol. Molecular Pharmacology 55:32-38

Sohn D, Yu H, Nakamatsu J, Russo PS, Daly WH (1996) Monolayer properties of a fuzzy rod polymer: Poly(gamma-stearyl alpha, L-glutamate). J Polym Sci Part B, Polym Phys 34:3025-3034

Solomon RL, Hartford JW (1976) Lead and cadmium in dusts and soils in a small urban community. Environ Sci Technol 10:773-777

Soma M, Tanaka A, Seyama H, Satake K (1994) Characterization of arsenic in lake sediments by X-ray photoelectron spectroscopy. Geochim Cosmochim Acta 58:2743-2745

Sommer U, Schmieder KR, Becker PH (1997) Untersuchung von Seevogeleiern auf chlorierte Pestizide, PCBs und Quecksilber. BIOforum 3/97:68-72

Sommerfeld F, Schwedt G (1996a) Vergleich ausgewählter Elutionsverfahren zur Beurteilung der Mobilität von Metallen. Acta hydrochim hydrobiol 24:255-259

Sommerfeld F, Schwedt G (1996b) Wirkungsorientierte Umweltanalytik - Kombination des pH_{stat}-Verfahrens mit dem Biolumineszenz-Hemmtest. UWSF - Z Umweltchem Ökotox 8:303-306

Sonntag H (1977) Lehrbuch der Kolloidwissenschaft, VEB-Verlag der Wissenschaften,

Southworth GR, Herbes SE, Allen CP (1983) Evaluating a mass transfer model for the dissolution of organics from oil films into water. Wat Res 17:1647-1651

Spanner G, Schröder H, Petzold A, Niessner R (1994) Generation of carbon aerosols by fragmentation of acetylene in a laser-induced plasma. J Aerosol Sci 25:265-275

Sparks DL (1995) Environmental Soil Chemistry. Acadamic Press, London, 267S

Späth R, Flemming H-C, Wuertz S (1998) Sorption properties of biofilms. Wat Sci Tech 37:207-210

Speer R, Menn K (1998) Aktuelle Klärschlammstatistik in NRW. Jahresbericht '97, Landesumweltamt NRW, Essen, S 162-163

Spiker EC, Hatcher PG (1984) Carbon isotope fractionation of sapropelic organic matter during early diagenesis. Org Geochem 5:283-290

Spiker EC, Hatcher PG (1987) The effects of early diagenesis on the chemical and stable carbon isotopic composition of wood. Geochim Cosmochim Acta 51:1385-1391

Spini G, Profumo A, Riolo C, Beone GM, Zecca E (1994) Determination of hexavalent, trivalent and metallic chromium in welding fumes. Toxicol Environ Chem 41:209-219

Sposito G (1989) The Chemistry of Soils. Oxford University Press, 304S

Spurny KR (1993) Indoor air pollution by asbestos and other mineral fibers. In: Kalliokoski P, Jantunen M, Seppänen O (Hrsg) Indoor Air '93, Vol 4: Particles, Microbes, Radon. Proc. 6th Int. Conf. on Indoor Air Quality and Climate, Helsinki, Finnland, S 105-110

SRU (Sachverständigenrat für Umweltfragen) (1987) Luftverunreinigungen in Innenräumen. Sondergutachten Mai 1987. Kohlhammer Verlag, Stuttgart, 110S

SRU (Sachverständigenrat für Umweltfragen) (1990) Altlasten. Sondergutachten Dezember 1989. Verlag Metzler-Poeschel, Stuttgart, 303S

SRU (Sachverständigenrat für Umweltfragen) (1995) Altlasten II. Sondergutachten februar 1995. Verlag Metzler-Poeschel, Stuttgart, 285S

St Louis VL, Rudd JWM, Kelly CA, Beaty KG, Flett RJ, Roulet NT (1996) Production and Loss of Methylmercury from Boreal Forest Catchments Containing Different

Staeck F (1999) Kontrollierte Konserve. Entsorga-Magazin 11′00:12-17

Stahl M, Lührmann M, Kicinski H-G, Kettrup A (1989) Festphasenextraktion von Triazin-Herbiziden aus Wasser mit anschließender Bestimmung durch Hochleistungsflüssigkeits-Chromatographie. Z Wasser- Abwasser-Forsch 22:124-127

Stalling DL, Norstrom RJ, Smith LM, Simon M (1985) Patterns of PCDD, PCDF, and PCB contamination in Great Lake fish and birds and their characterization by principal component analysis. Chemosphere 14:627-643

Stalling DL, Petermann PH, Smith LM, Norstrom RJ, Simon M (1986) Use of pattern recognition in the evaluation of PCDD and PCDF residue data from GC/MS analysis. Chemosphere 15:1435-1443

Stangl G, Nießner R (1995) Micellar Extraction - A New Step for Enrichment in the Analysis of Naproamide. Intern J Environ Anal Chem 58:15-22

Stauffer DAA (1995) Perkolationstheorie- Eine Einführung. VCH-Verlag, Weinheim New York, Basel Cambridge Tokyo

Stegmann R, Heyer K-U (1994) Die Trockenreststoffdepüonie als Entsorgungsmöglichkeit für mechanisch-biologisch vorbehandelte Restabfälle. UTA, S 143-149

Stein K, Schwedt G (1994) Speciation of chromium in the waste water from a tannery. Fresenius J Anal Chem 350:38-43

Steinmann M, Stille P (1997) Rare earth element behavior of Pb, Sr, Nd isotope systematics in a heavy metal contaminated soil. Appl Geochem 12:607-623

Sterlinska E, Golebiewska W (1994) Speciation of Chromium in Compost from Municipal Wastes. Chem Anal (Warsaw) 39:77-83

Stetter KO, Huber R, Blochl E, Kurr M, Eden RD, Fielder M, Cash H, Vance I (1993) Hyperthermophilic archaea are thriving in deep North Sea and Alaskan oil reservoir. Nature 365:743-745

Stetter KO, Segerer A, Zillig W, Huber G, Fiala G, Huber R, König H (1985) Extremely thermophilic sulfur-metabolizing archebacteria. System Appl Microbiol 7:393-397

Stichnothe H, Thöming J, Calmano W (1999) Detoxification of Butyltin Contaminated Sediments by an Integrated Oxidation Process. 8th International Symposium on the Interactions between Sediment and Water, Beijing

Stickdorn K, Schwuger MJ, Schomäcker R (1994) Einsatz von Mikroemulsionen in technischen Prozessen. Tenside Surfactants Detergents 31:218-228

Stief K (1986) Das Multibarrierenkonzept als Grundlage von Planung, Bau, Betrieb und Nachsorge von Deponien. Müll und Abfall 18:15-20

Stief K (1993) Ausgewählte Anforderungen an die Ablagerung von Abfällen in der TA Siedlungsabfall. UTA 4:279-292

Stigliani WM (1992) Chemical time bombs, predicting the unpredictable. In: Chemical Time Bombs. European State-of-the-Art Conference on Delayed Effects of Chemicals in Soils and Sediments. Veldhoven, S 12

St Louis VL, Rudd JWM, Kelly CA, Beaty KG, Flett RJ, Roulet NT (1996) Production and loss of methylmercury from boreal forest catchments containing different types of wetlands. Environ Sci Technol 30:2719-2729

Stock H-D, Alberti J (1995) Die Analytik von Böden und Klärschlämmen. BWK/TÜ/Umwelt-Special, A26-A31

Stoeppler M (1991) Cadmium. In: Merian E (Hrsg) Metals and Their Compounds in the Environment. VCH, Weinheim, 803-805

Stoeppler M (Hrsg) (1994) Probennahme und Aufschluß: Basis der Spurenanalytik. Springer, Berlin Heidelberg New York London Paris Tokyo Hong Kong Barcelona Budapest, 181S

Stolz W (1996) Radioaktivität. B G Teubner Verlagsgesellschaft, Stuttgart, 212S

Stork A, Witte R, Führ F (1994) A Wind Tunnel for Measuring the Gaseous Losses of Environmental Chemicals from the Soil/Plant System under Field-Like Conditions. Environ Sci & Pollut Res 1:234-245

Stott AW, Evershed RP, Tuross N (1997) Compound-specific approach to the $^{13}C/^{12}C$ analysis of cholesterol in fossil bones. Org Geochem 26:99-103

Stout SA, Boon JJ, Spackman W (1988) Molecular aspects of the peatification and early coalification of angiosperm and gymnosperm woods. Geochim Cosmochim Acta 52:405-414

Streit B (1994) Lexikon Ökotoxikologie. VCH Weinheim, 901S

Strenger S (1993) Vergleichende Untersuchungen zur Bestimmung von adsorbierbaren organischen Halogenverbindungen in Wasserproben. Diplomarbeit Universität Marburg, 75S

Stubenrauch S, Hempfling R, Simmleit N (1995) Abschätzung der Schadstoffexposition in Abhängigkeit von Expositionsszenarien und Nutzergruppen. IV: Vorschläge für die Ableitung dermaler Aufnahmeraten. Z Umweltchem Ökotox 7:37-46

Stubenrauch S, Hempfling R, Simmleit N, Doetsch P (1994) Abschätzung der Schadstoffexposition in Abhängigkeit von Expositionsszenarien und Nutzergruppen. III: Vorschläge für inhalative Aufnahmeraten. Z Umweltchem Ökotox 6:289-296

Stumm W (1977) Global Chemical Cycles and Their Alteration by Man. Dahlem Konferenzen, Berlin, 346S

Stumm W, Morgan JJ (1996) Aquatic Chemistry. J Wiley & Sons, New York, 3. Aufl, 928S

Stumpf M, Ternes TA, Haberer K, Baumann W (1996a) Nachweis von natürlichen und synthetischen Östrogenen in Kläranlagen und Fließgewässern. Vom Wasser 87:251-261

Stumpf M, Ternes TA, Haberer K, Seel P, Baumann W (1996b) Nachweis von Arzneimittelrückständen in Kläranlagen und Fließgewässern. Vom Wasser 86:291-303

Stupp D (1988) Methoden zur Sicherung und Sanierung kontaminierter Standorte. wlb-ACHEMA-Report, S 42-58

Sturaro A, Parvoli G, Doretti L (1994) Determination and origin of aromatic compounds in soot derived from a burned prefabricated building. Sci Tot Environ 144:285-295

Sturges WT, Barrie LA (1987) Lead 206/207 isotope ratios in the atmosphere of North America as tracers of US and Canadian emissions. Nature 329:144-146

Suchenwirth R, Prinz B (1994) Pfade für die Aufnahme von Luftverunreigungen beim Menschen. Aus der Tätigkeit der LIS 1993, Essen, S 75-80

Sukul P (1994) Extraction and clean up procedures for the analysis of permethrin, cypermethrin, deltamethrin and fenvalerate in crops by GLC-ECD. Toxicol Environ Chem 44:217-223

Sulkowski M, Sulkowski M, Hirner AV (1996) Determination of Trace Elements in Small Amounts of Specimen on Filter Material by Wavelength-Dispersive X-Ray Fluorescence Spectrometry. X-Ray Spectrom 25:83-88

Summers AO, Silver S (1978) Microbial transformations of metals. Ann Rev Microbiol 32:637-672

Sun C, Wang M, vanEsch J, Wildburg G, vanEnckevort WJP, Ming NB, Bennema P , Nolte RJM (1998) Observation of instability of faceted crystals in lipid monolayers. Phys Lett A 237:247-252

Sun S, Inskeep WP, Boyd SA (1995) Sorption of Nonionic Organic Compounds in Soil-Water Systems Containing a Micelle-Forming Surfactant. Environ Sci Technol 29:903-913

Sunda WG, Guillard RRL (1976) The relationship between cupric ion activity and the toxicity of copper to phytoplankton. J Mar Res 34:511-529

Sunda WG, Hanson AK (1987) Measurement of free cupric ion concentration in seawater by a ligand competition technique involving copper sorption onto C18 SEP-PAK cartridges. Limnol Oceanogr 32:537-551

Susarla S, Masunaga S, Yonezawa Y (1996) Biotransformation of Halogenated Benzenes in Anaerobic Sediments. Environ Sci & Pollut Res 3:71-74

Süßkraut G, Röhricht M, Pfeifer B, Steketee J (1994) Literaturstudie: Elutionsverfahren für schwer lösliche organische Schadstoffe in Boden- und Abfallproben. Landesanstalt für Umweltschutz, Karlsruhe, 87S

Suttie ED, Wolff EW (1992) Seasonal input of heavy metals to Antarctic snow. Tellus 44B:351-357

Sutton K, Sutton RMC, Caruso JA (1997) Inductively coupled plasma mass spectrometric detection for chromatography and capillary electrophoresis. J Chromatogr A 789:85-126

Svensson BH, Söderlund R (1976) Nitrogen, Phosphorus and Sulfur - Global Cycles. Ecol Bull 22, Stockholm, 192S

Sweeney RE, Kaplan IR (1980) Natural abundances of ^{15}N as a source indicator for nearshore marine sedimentary and dissolved nitrogen. Mar Chem 9:81-94

Swerev M (1988) Chemie und Analytik der Polychlordibenzodioxine und -dibenzofurane: Muster und Quellen der PCDD und PCDF in Umweltproben. Dissertation Universität Ulm

Szafranski R, Lawson JB, Hirasaki GJ, Miller CA, Akiya N, King S, Jackson RE, Meinardus H, Londergan J (2000) Surfactant/foam process for improved efficiency of aquifer remediation. Prog Coll Polym Sci 111:162-167

Szeja W, Wasilewski P, Swaryczewski Z, Hehlmann J (1997) Remediation of soil contaminated by hydrocarbons. Pol J Appl Chem 40:289-294

Szpunar-Lobinska J, Witte C, Lobinski R, Adams FC (1995) Separation techniques in speciation analysis for organometallic species. Fresenius J Anal Chem 351:351-377

Tack FMG, Verloo MG (1995) Chemical Speciation and Fractionation in Soil and Sediment Heavy Element Analysis: A Review. Intern J Environ Anal Chem 59:225-238

Tack FMG, Verloo MG (1996) Estimated solid phase distribution of metals released in the acid extractable and reducible steps of a sequential extraction. Intern J Environ Anal Chem 64:171-177

Tack FMG, Vossius HAH, Verloo MG (1996) A comparison between sediment metal fractions, obtained from sequential extraction and estimated from single extractions. Intern J Environ Anal Chem 63:61-66

Tagami K, Uchida S (1993) Separation procedure for the determination of technetium-99 in soil by ICP-MS. Radiochim Acta 63:69-72

Takeo M (1999) Disperse Systems. WILEY-VCH, Weinheim

Tamaki S, Frankenberger WT jr (1992) Environmental biochemistry of arsenic. Rev Environ Toxicol 124:79-110

Tanaka H, Akatsuka T, Murakami T, Ogoma Y, Abe K, Kondo Y (1997) In situ observation of bovine serum albumin-adsorbed stearic acid monolayer by Brewster angle microscopy. J Biochem 121:206-211

Tanaka H, Akatsuka T, Ohe T, Ogoma Y, Abe K, Kondo Y (1998) In situ observation of protein-adsorbed stearic acid monolayer by Brewster angle microscopy and fluorescence microscopy. Polym Adv Techn 9:150-154

Tanaka K, Manning PA, Lau VK, Yu H (1999) Lipid lateral diffusion in dilauroylphosphatidylcholine/cholesterol mixed monolayers at the air/water interface. Langmuir 15:600-606

Tanaka T (1981) Gele. Spektrum der Wissenschaft 3:79-93

Tashiro C, Clement RE, Stocks BJ, Radke L, Cofer WR, Ward P (1990) Preliminary report: Dioxins and furans in prescribed burns. Chemosphere 20:1533-1536

Taylor A, Hodges K (1995) High antimony levels add to baby death riddle. analysis europa:12-13

Technische Verordnung über Abfälle (TVA).-Schweizerischer Bundesrat, Verordnung vom 10.12.1990, 30S

Teer E, Knobler CM, Lautz C, Wurlitzer S, Kildae J, Fischer TM (1997) Optical measurements of the phase diagrams of Langmuir monolayers of fatty acid, ester, and alcohol mixtures by Brewster-angle microscopy. J Chem Phys 106:1913-1920

Tell I, Bensryd I, Rylander L, Jönsson G, Daniel E (1994) Geochemistry and ground permeability as determinants of indoor radon concentrations in southernmost Sweden. Appl Geochem 9:647-655

Tessier A, Campbell PGC (1988) Metal Speciation: Theory, Analysis and Application. Lewis Publishing, Chelsea, S 183 - 199

Tessier A, Campbell PGC, Bisson M (1979) Sequential Extraction Procedure for the Speciation of Particulate Trace Metals. Anal Chem 51:844-851

Thayer JS (1984) Organometallic Compounds in the Environment. In: Organometallic Compounds and Living Organisms. Academic Press, New York, S 216-245

Thayer JS (1995) Environmental Chemistry of the Heavy Elements: Hydrido and Organo Compounds. VCH Publ, Weinheim, 145S

Thayer JS, Brinckman FE (1982) The biological methylation of metals and metalloids. Adv Organomet Chem 20:313-356

Theisen J, Funcke W, Balfanz E, König J (1989) Determination of PCDFs and PCDDs in fire accidents and laboratory combustion tests involving PVC-containing materials. Chemosphere 19:423-428

Theisen J, Maulshagen A, Fuchs J (1993) Organic and inorganic substances in the copper slag "Kieselrot". Chemosphere 26:881-896

Theisen M (1999) Quellidentifizierung und Luftstaubanalytik unter Verwendung von Totalreflexions-Röntgenfluoreszenz-Spektroskopie. Herbert Utz Verlag, München, 202S

Thieme J, Niemeyer J (1998) Interactions of colloidal soil particles, humic substances and cationic detergents studied by X-ray microscopy. Prog Coll Polym Sci 111:193-201

Thimann KV (1980) Senescence in Plants. CRC Press, Boca Raton

Thode HG, Macnamara J, Collins CB (1949) Natural variations in the isotopic content of sulphur and their significanca. Can J Res 27:361-373

Thomas DW (1991) Bismuth. In: Merian E (Hrsg) Metals and Their Compounds in the Environment. VCH, Weinheim, S 789-801

Thomas P, Maerker J, Riedel W, Przybilla B (1995) Altered Human Monocyte/Macrophage Function After Exposure to Diesel Exhaust Particles. Environ Sci & Pollut Res 2:69-72

Thomas RP, Ure AM, Davidson CM, Littlejohn D, Rauret G, Rubio R, Lopez-Sanchez JF (1994) Three-stage sequential extraction procedure for the determination of metals in river sediments. Anal Chim Acta 286:423-429

Thomas VM, Spiro TG (1995) An estimation of dioxin emissions in the United States. Toxicol Environ Chem 50:1-37

Thöming J, Calmano W (1998) Applicability of Single and Sequential Extractions for Assessing the Potential Mobility of Heavy Metals in Contaminated Soils. Acta hydrochim hydrobiol 26:338-343

Thompson DJ, Brooks L, Nishioka MG, Lewtas J, Zweidinger RB (1993) Bioassay and chemical analysis of ambient air particulate extracts fractionated by using nonaqueous anion-exchange solid phase extraction. Intern J Environ Anal Chem 53:321-335

Thompson TS, Kolic TM, Townsend JA, Mercer RS (1993) Determination of polychlorinated dibenzo-p-dioxins and dibenzofurans in tire fire runoff oil. J Chromatogr 648:213-219

Thornton I (1983) Applied Environmental Geochemistry. Academic Press, London, 501S

Thornton I (1996) Impacts of mining on the environment; some local, regional and global issues. Appl Geochem 11:355-361

Thurman EM, Fallon JD (1996) The deethylatrazine/atrazine ratio as an indicator of the onset of the spring flush of herbicides into surface water of the Midwestern United States. Intern J Environ Anal Chem 65:203-214

Tiesler H, Draeger U, Rogge D (1993) Emission of fibrous particles from installed insulation mineral wool products. In: Kalliokoski P, Jantunen M, Seppänen O (Hrsg) Indoor Air '93, Vol 4: Particles, Microbes, Radon. Proc. 6th Int. Conf. on Indoor Air Quality and Climate, Helsinki, Finnland, S 117-122

Tinker PB, Barraclough PB (1988) Root-Soil Interactions. In: Hutzinger O (Hrsg) The Handbook of Environmental Chemistry, Vol 2, Part D. Springer-Verlag, Berlin, S 153-175

Tissot BP, Deroo G, Hood A (1978) Geochemical study of the Uinta Basin: formation of the petroleum from the Green River Formation. Geochim Cosmochim Acta 42:1469-1485

Tissot BP, Welte DH (1984) Petroleum Formation and Occurence. Springer-Verlag, Berlin. 699S

Tobler HP (1990) Gesetzliche Regelungen und Verordnungen - Situation in der Schweiz. Müll und Abfall (Beiheft) 29:23-27

Tong HY, Gross ML, Schecter A, Monson SJ, Dekin A (1990) Sources of dioxins in the environment: second stage study of PCDD/Fs in ancient human tissue and environmental samples. Chemosphere 20:987-992

Török S, Faigel G, Jones KW, Rivers ML, Sutton SR, Bajt S (1994) Chemical characterization of environmental particulate matter using Synchroton Radiation. X-Ray Spectrom 23:3-6

Trapeznikov AA, Avetisyan RA (1970) Effect of the aging of monolayers of n-octadecanol and hydroxyethylated octadecanols on surface tension and the monolayer capacity to decrease water evaporation. Zh Fiz Khim 44:140-144

Trapp S, Matthies M (1994) Tansfer von PCDD/F und anderen organischen Umweltchemikalien im System Boden-Pflanze-Luft II. Ausgasung aus dem Boden und Pflanzenaufnahme. Z Umweltchem Ökotox 6:157-163

Trapp S, Matthies M (1996) Dynamik von Schadstoffen - Umweltmodellierung mit Cemos. Springer-Verlag, Berlin, 276S

Trapp S, Matthies M, Scheunert I, Topp EM (1990) Modeling the Bioconcentration of Organic Chemicals in Plants. Environ Sci Technol 24:1246-1252

Triulzi C, Marzano FN, Casoli A, Mori A, Vaghi M (1995) Radioactive and stable isotopes in abiotic and biotic components of antarctic ecosystems surrounding the Italian base. Intern J Environ Anal Chem 61:225-230

Trudinger PA, Swaine DJ (1979) Biogeochemical Cycling of Mineral-Forming Elements. Elsevier Publ, Amsterdam, 612S

Tsuda T, Inoue T, Kojima M, Aoki S (1995) Daily intakes of tributyltin and triphenyltin compounds from meals. J AOAC Intern 78:941-943

Tudge C (1984) Whatever happens to nitrogen?- New Scientist 9:13-15

Turner II BL, Clark WC, Kates RW, Richards JF, Mathews JT, Meyer WB (1990) The Earth as Transformed by Human Action. Cambridge University Press, 713S

Tyler SC (1991) The global methane budget. In: Rogers JE, Whitman WB (Hrsg) Microbial production and consumption of greenhouse gases: methane, nitrogen oxides and halomethanes. Am. Soc. Microbiol, Washington, 298S

Tysklind M, Fängmark I, Marklund S, Lindskog A, Thaning L, Rappe C (1993) Atmospheric transport and transformation of polychlorinated dibenzo-p-dioxins and dibenzofurans. Environ Sci Technol 27:2190-2197

Uhde E, Salthammer T, Marutzky R, Bahadir M (1996) Heavy metal content of wooden furniture coatings. Toxicol Environ Chem 53:25-31

Uhle ME, Macko SA, Spero HJ, Engel MH, Lea DW (1997) Sources of carbon and nitrogen in modern planktonic foraminifera: the role of algal symbionts as determined by bulk and compound specific stable isotopic analyses. Org Geochem 27:103-113

Uhlmann B, Wuttke J (1993) TA Siedlungsabfall - Neue Rahmenbedingungen für die kommunale Abfallwirtschaft. UTA 3:151-155

Ullrich SM, Ramsey MH, Helios-Rybicka E (1999) Total and exchangeable concentrations of heavy metals in soils near Bytom, an area of Pb/Zn mining and smelting in Upper Silesia, Poland. Appl Geochem 14:187-196

Ulrich P (1994) Entwicklung von Immunoassays zur Bestimmung von Huminsäuren und gebundenen Pestizidrückständen im Boden. Dissertation TU München, 196S

Umbreit TH, Hesse EJ, Gallo MA (1986) Bioavailability of Dioxin in soil from a 2,4,5-T manufacturing site. Science 232:497-499

Umweltbundesamt (1987) Umweltchemikalie Pentachlorphenol. Berichte 3/87, Erich Schmidt Verlag, Berlin, 227S

Umweltbundesamt (1993) Asbest. Berichte 5/91, Erich Schmidt Verlag, Berlin, 90S

Urasa IT, Macha SF (1996) Speciation of heavy metals in soils, sediments, and sludges using D.C. plasma atomic emission spectrometry coupled with ion chromatography. Intern J Environ Anal Chem 64:83-95

Ure AM (1990) Trace elements in soil: Their determination and speciation. Fresenius J Anal Chem 337:577-581

Ure AM (1991) Trace Element Speciation in Soils, Soil Extracts and Solutions. Mikrochim Acta II:49-57

Ure AM, Davidson CM (1994) Chemical Speciation in the Environment. Chapman & Hall, London, 424S

Ure AM, Quevauviller P, Muntau H, Griepink B (1993) Speciation of heavy metals in soils and sediments. An account of the improvement and harmonization of extraction techniques undertaken under the auspices of the BCR of the Commission of the European Communities. Intern J Environ Anal Chem 51:135-151

Uredat S, Findenegg GH (1998) Brewster angle microscopy and capillary wave spectroscopy as a means of studying polymer films at liquid/liquid interfaces. Coll Surf A Phys Eng Asp 142:323-332

Uredat S, Findenegg GH (1999) Domain formation in Gibbs monolayers at oil/water interfaces studied by Brewster angle microscopy. Langmuir 15:1108-1114

Usero J, Gamero M, Morillo J, Gracia I (1998) Comparative study of three sequential extraction procedures for metals in marine sediments. Environ Intern 24:487-496

Utell MJ, Gelein R, Yu CP, Kenaga C, Geigel E, Torres A, Chalupa D, Gibb FR, Speers DM, Mast R, Morrow PE (1998) Quantitative Exposure of Humans to an Octamethylcyclotetrasiloxane (D_4) Vapor. Toxicol Sci 44:206-213

Vack A (1996) Östrogene Wirkung von Xenobiotika. Z Umweltchem Ökotox 8:222

Vahrenholt F (1994) „Das ist heller Wahnsinn". DIE ZEIT 6:41

Van den Berg CMG, Wong PTS, Chau YK (1979) Measurement of complexing materials excreted from algae and their ability to ameliorate copper toxicity. J Fish Res Board Can 36:901-905

Van den Berg M, Sinnige TL, Tysklind M, Bosveld ATC, Huisman M, Koopmans-Essenboom C, Koppe JG (1995) Individual PCBs as Predictors for Concentrations of Non and Mono-Ortho PCBs in Human Milk. Environ Sci & Pollut Res 2:73-82

Van der Hoek EE, van Elteren JT, Comans RNJ (1996) Determination of As, Sb and Se speciation in fly-ash leachates. Intern J Environ Anal Chem 63:67-79

Van der Meer MTJ, Schouten S, Sinninghe Dampste JS (1998) The effect of the reversed tricarboxylic acid cycle on the ^{13}C contents of bacterial lipids. Org Geochem 28:527-533

Van der Merwe NJ, Medina E (1989) Photosynthesis and C/C ratios in Amazonian rain forests. Geochim Cosmochim Acta 53:1091-1094

Van der Sloot HA, Piepers O, Kok A (1984) A Standard Leaching Test for Combustion Residues. Studiegroup Ontwikkeling Standaard Uitlogtesten Verbrandingsresiduen, Petten, Holland, BEOP-25

Van der Velde EG, Dietvorst M, Swart CP, Ramlal MR, Kootstra PR (1994) Optimization of supercritical fluid extraction of organochlorine pesticides from real soil samples. J Chromatogr A 683:167-174

Van Stempvoort DR, Reardon EJ, Fritz P (1990) Fractionation of sulfur and oxygen isotopes in sulfate by soil sorption. Geochim Cosmochim Acta 54:2817-2826

Van Warmerdam EM, Frape SK, Aravena R, Drimmie RJ, Flatt H, Cherry JA (1995) Stable chlorine and carbon isotope measurements of selected chlorinated organic solvents. Appl Geochem 10:547-552

Vegter J (1995) Soil Protection in The Netherlands. In: Salomons W, Förstner U, Mader P (Hrsg) Heavy Metals - Problems and Solutions. Springer-Verlag, Berlin, S 79-100

Veith GD, DeFoe DL, Bergstedt BV (1979) Measuring and estimating the bioconcentration factor of chemicals in fish. J Fish Res Bd Can 36:1040-1048

Venkataraman C, Friedlander SK (1994) Size Distributions of Polycyclic Aromatic Hydrocarbons and Elemental Carbon. 2. Ambient Measurements and Effects of Atmospheric Processes. Environ Sci Technol 28:563-572

Venkataraman C, Lyons JM, Friedlander SK (1994) Size Distributions of Polycyclic Aromatic Hydrocarbons and Elemental Carbon. 1. Sampling, Measurement Methods, and Source Characterization. Environ Sci Technol 28:555-562

Verboom JH, van Noort PCM (1989) Interacties van organische microverontreinigingen met opgeloste humusstoffen in water. Rapport Nr 718907001, RIVM, Bilthoven

Verner JF, Ramsey MH, Helios-Rybicka E, Jedrzejczyk B (1996) Heavy metal contamination of soils around a Pb-Zn smelter in Bukowno, Poland. Appl Geochem 11:11-16

Vidal M, Rauret G (1993) A sequential extraction scheme to ascertain the role of organic matter in radionuclide retention in Mediterranean soils. J Radioanal Nucl Chem 173:79-86

Vidal M, Rauret G (1995) Use of sequential extractions to study radionuclide behaviour in mineral and organic soils. Quimica Analitica 14:102-107

Viereck-Götte L, Ewers U (1997) Grundlagen und Verfahren der Ableitung von Richtwerten. In: Matschullat J, Tobschall HJ, Voigt H-J (Hrsg) Geochemie und Umwelt. Springer-Verlag, Berlin, 245-264

Vile MA, Novak MJV, Brizova E, Wieder RK, Schell WR (1995) Historical rates of atmospheric Pb deposition using ^{210}Pb dated peat cores: corrobation, computation, and interpretation. Water, Air, Soil Pollut 79:89-106

Vogel TM, Criddle CS, McCarty PL (1987) Tranformations of halogenated aliphatic compounds. Environ Sci Technol 21:722-736

Vogg H (1994) Restmüllverbrennung - Ziele und aktueller Stand der Technik. Z Umweltchem Ökotox 6:367-374

Vogt NB, Brakstad F, Thrane K, Nordenson S, Krane J, Aamot E, Kolset K, Esbensen K, Steinnes E (1987) Polycyclic Aromatic Hydrocarbons in Soil and Air: Statistical Analysis and Classification by the SIMCA Method. Environ Sci Technol 21:35-44

Voice TC, Kolb B (1993) Static and Dynamic Headspace Analysis of Volatile Organic Compounds in Soils. Environ Sci Technol 27:709-713

Voice TC, Kolb B (1994) Comparison of European and American Techniques for the Analysis of Volatile Organic Compounds in Environmental Matrices. J Chromatogr Sci 32:306-311

Voigt DE, Brantley SL, Hennet RJ-C (1996) Chemical fixation of arsenic in contaminated soils. Appl Geochem 11:633-643

Völker M (1991) Ist der Glühverlust ein sinnvoller Parameter für die Beurteilung von Industrieabfällen? Müll und Abfall S 825-827

Volkman JK (1984) Biodegradation of aromatic hydrocarbons in crude oils from the Barrow Sub-basin of Western Australia. Org Geochem 6:619-632

Volkman JK, Alexander R, Kagi RI, Woodhouse GW (1983) Demethylated hopanes in crude oils and their applications in petroleum geochemistry. Geochim Cosmochim Acta 47:785-794

Volkmer M (1996) Die natürliche Strahlenbelastung. Hamburger Electricitäts-Werke AG, 64S

Vollhardt D (1999) Phase transition in adsorption layers at the air-water interface. Adv Coll Interf Sci 79:19-57

Vollhardt D, Melzer V, Fainerman V (1998) Phase transition in adsorption layers at the air-water interface: structure features of the condensed phase. Thin Solid Films 329:842-845

Vollmuth S, Zajc A, Niessner R (1994) Formation of Polychlorinated Dibenzo-p-dioxins and Polychlorinated Dibenzofurans during the Photolysis of Pentachlorophenol-Containing Water. Environ Sci Technol 28:1145-1149

Von Burg R, Greenwood MR (1991) Mercury. In: Merian E (Hrsg) Metals and Their Compounds in the Environment. VCH, Weinheim, S1045-1088

Von der Trenck KT, Ruf J, Dieter HH (1993) Zusammenführung von Altlastenbewertung und Sanierungszielfindung. Z Umweltchem Ökotox 5:135-144

Von der Trenck KT, Ruf J, Flittner M (1994) Guide Values for Contaminated Sites. Environ Sci & Pollut Res 1:253-261

Von Düszeln J, Flügger J, Heinrich W (1987) Lindan und Pentachlorphenol in Hausstaub. Forum-Städte-Hygiene 38:93-95

Von Weizsäcker EU (1990) Erdpolitik. Ökologische Realpolitik an der Schwelle zum Jahrhundert der Umwelt Wiss Buchges, Darmstadt

Von Wandruszka R (1998) The micellar model of humic acid: Evidence from pyrene fluorescence measurements. Soil Sci 163:921-930

Vorholz F (1994) Fluch der großen Zahl. DIE ZEIT 25:33

Vreugdenhil AJ, Butler IS (1995) Detection of the engine anti-knock additive methylcyclopentadienyl manganese tricarbonyl (MMT) from unleaded gasoline in soil by diffuse reflectance infrared Fourier transform spectroscopy and mass spectrometry. Appl Spectrosc 49:482-485

Wäber M, Laschka D, Peichl L (1996) Biomonitoring verkehrsbedingter Platin-Immissionen. Z Umweltchem Ökotox 8:3-7

Wacker M (1994) Chemische Zusammensetzung von Aerosolpartikeln ermittelt. Chemische Rundschau 50:6

Wadge A, Hutton M (1987) The Leachability and Chemical Speciation of Selected Trace Elements in Fly Ash from Coal Combustion and Refuse Incineration. Environ Pollut 48:85-99

Wagemann R, Dick JG, Klaverkamp JF (1994) Metallothionein estimates in marine mammal and fish tissues by three methods:^{203}Hg displacement, polarography and metalsummation. Intern J Environ Anal Chem 54:147-160

Wagner B, Funk R, Maidl F-X (1997) Validierung eines 2-Regionen-Modells zur Simulation des Stofftransportes im Boden anhand von Laborsäulen- und Feldversuchen. Z Pflanzenernähr Bodenk 160:309-316

Wagner V, Fischer K, Weiss A, Kettrup A (1995) Freisetzung von Schwermetallen aus dem bodenbildenden Tonmineral Illit durch Aminosäuren. Z Umweltchem Ökotox 7:63-68

Wahle U, Kördel W, Klein W (1990) Methodology for the exposure assessment of soil for organic chemicals, Part I: Extraction procedure of non-volatile organic chemicals. Intern J Environ Anal Chem 39:121-128

Wais A, Witte EG, Burauel P, Haider K, Helal HM, Führ F (1995) ^{13}C-CP/MAS-NMR-Untersuchungen der Bindungen von Xenobiotika an Pflanzenmaterial und Modellhuminstoffe. Mitt Dt Bodenkundl Ges 76:477-480

Waldo GS, Carlson RMK, Moldowan JM, Peters KE, Penner-Hahn JE (1991) Sulfur speciation in heavy petroleums: Information from X-ray absorption near-edge structure. Geochim Cosmochim Acta 55:801-814

Walker JCG (1980) The Oxygen Cycle. In: Hutzinger O (Hrsg)The Handbook of Environmental Chemistry, Vol 1 Part A, Springer-Verlag, Berlin, S 87-104

Wall SN, Aniansson GEA (1980) Numerical calculations on the kinetics of stepwise micelle association. J Phys Chem 84:727-736

Wallace MW, Gostin VA, Keays RR (1990) Acraman impact ejecta and host shales: Evidence for low-temperature mobilization of iridium and other platinoids. Geology 18:132-135

Wallmann K, Kersten M, Gruber J, Förstner U (1993) Artefacts in the determination of trace metal binding forms in anoxic sediments by sequential extraction. Intern J Environ Anal Chem 51:187-200

Walsh R (1989) Thermochemistry. In: Patat S, Rappoport Z (Hrsg) The chemistry of organic silicon compounds. John Wiley & Sons, New York, S 383-391

Walter H, Breckle S-W (1983) Ökologie der Erde, Band 1. Gustav Fischer Verlag, Stuttgart, 238S

Wang C-F, Lee J-H, Chiou H-J (1994) Rapid Determination of Sr-89/Sr-90 in Radwaste by Low-level Background Beta Counting System. Appl Radiat Isot 45:251-256

Wang P, Hammer DA, Granados RR (1997) Binding and fusion of Autographa californica nucleopolyhedrovirus to cultured insect cells. J Gen Virology 78, Part 12:3081-3089

Wang Z, Fingas M, Sergy G (1995) Chemical Characerization of Crude Oil Residues from an Arctic Beach by GC/MS and GC/FID. Environ Sci Technol 29:2622-2631

Wangersky P (1995) Chronic Toxicity: How Can We Measure It?- Environ Sci & Pollut Res 2:3-4

Wania F, Mackay D (1996) Tracking the Distribution of Persistent Organic Pollutants. Environ Sci Technol 30:390A-396A

Wanior G, Stempel R, Rosenberger T, Baumgarten D, Schmid T, Hempe W (1996) Mineralölkohlenwasserstoffe im Boden bei der Sanierung von Altlasten. UWSF - Z Umweltchem Ökotox 8:335-341

Wappenschmidt C, Trippe Y, Prinz B (1993) Bewertung von PCDD- und PCDF-Immissionen. Aus der Tätigkeit der LIS 1992, Essen, S 61-67

Ward DM, Mah RA, Kaplan IR (1978) Methanogenesis from acetate: A nonmethanogenic bacterium from an anaerobic acetate enrichment. Appl Environ Microbiol 35:1185-1192

Warner JS, Hidy BJ, Jungclaus GA, McKnown MM, Miller MP, Riggin RM (1981) Development of a Method for Determining the Leachibility of Organic Compounds from Solid Wastes. In: Conway RA, Malloy BC (Hrsg) Hazardous Solid Waste Testing: First Conference, 14-15 January 1981. American Society for Testing and Materials, ASTM STP 760: 40-60

Waseda A, Nishita H (1998) Geochemical characteristics of terrigenous- and marine-sourced oils in Hokkaido, Japan Org Geochem 28:27-41

Watanabe T, Asai K, Ishigure K (1998) Control of domain structure of a cyanine dye Langmuir-Blodgett film. Thin Solid Films 322:188-193

Watson CA (1994) Official and Standardized Methods of Analysis. The Royal Society of Chemistry, Cambridge, 778S

Webber MD, Kloke A, Tjell JC (1984) A review of current sludger use guidelines for the control of heavy metal contamination in soils. In: Hermite PL, Ott H (Hrsg) Proceedings of the Third International Symposium on Processing and Use of Sewage Sludge. D Reidel Publ Comp, Dordrecht, S 371-386

Weber C-G (1991) HPLC Analyse von Phthalsäureestern in Bodenproben. Diplomarbeit Fachhochschule Giessen-Friedberg, 97S

Weber JH (1997) Analytical methods for the determination of mercury(II) and methylmercury compounds: the problem of speciation. In: Sigel H, Sigel A (Hrsg) Mercury and Ist Effects on Environment and Biology, Vol 34: Metal Ions in Biological Systems. Marcel Dekker, New York, 1-19

Weber WJ (1993) Transport and Fate of Pollutants in Subsurface Systems: Contaminant Sorption and retardation. In: Petruzelli D, Helfferich FG (Hrsg) Migration and Fate of Pollutants in Soils and Subsoils. NATO ASI Series G 32, Springer-Verlag, Berlin, S 3-26

Weckwerth G (1987) Die Anreicherung von Radium in Paranüssen. Gordian Heft 9:172-174

Wei C, Morrison GM (1994) Platinum in road dusts and urban river sediments. Sci Tot Environ 146/147:169-174

Weidenbach T, Kerner I, Radek D (1984) Dioxin - die chemische Zeitbombe. Verlag Kiepenheuer, Witsch, Köln, 368S

Weil L, Hörmann WD (1991) Atrazinbestimmung im Wasser - Gegenwärtiger Stand. Z Umweltchem Ökotox 3:306-309

Weil L, Schneider RJ, Schäfer O, Ulrich P, Weller M, Ruppert T, Niessner R (1991) A heterogeneous immunoassay for the determination of triazine herbicides in water. Fresenius J Anal Chem 339:468-469

Weise E, Friege H, Henseling KO, Meerkamp van Embden IC (1999) Wie die Chemie „grün" wurde. Nachr Chem Tech Lab 47:914-917

Weiss A (1989) About sealing of waste disposals by clay with special consideration of organic compounds in percolating water. Appl Clay Sci 4:193

Weiß J(1991) Ionenchromatographie. VCH, Weinheim New York Basel Cambridge

Weißflog L, Rolle W, Wenzel K-D, Kühne R, Schüürmann G (1994) Ökologische Situation der Region Leipzig-Halle II. Modellierung der Partikelgröße der Flugstäube. Z Umweltchem Ökotox 6:135-138

Weißflog L, Wienhold K, Wenzel K-D, Schüürmann G (1994) Ökologische Situation der Region Leipzig-Halle I. Immissionsmuster luftgetragener Schwermetalle und Bioelemente. Z Umweltchem Ökotox 6:75-80

Weistrand C, Noren K, Nilsson A (1997) Occupational Exposure: Organochlorine Compounds in Blood Plasma from Potentially Exposed Workers. ESPR - Environ Sci & Pollut Res 4:2-9

Weitz DA, Lin MY, Huang JS (1987) Fractals and scaling in kinetic colloid aggregation. In: Safran AS et al (Hrsg) Physics of complex and supermolecular fluids. John Wiley & Sons, New York Chicherster Brisbane Toronto Singapore, S 509-550

Wellmer F-W (1997) Geowissenschaften und Geotechnologie in Kanada. Geowiss 15:326-330

Wells DE (1992) Extraction and Pre-Concentration of Organometallic Species from Environmental Samples. Mikrochim Acta 109:13-21

Welter E, Calmano W, Mangold S, Tröger L (1999) Chemical speciation of heavy metals in soils by use of EXAFS spectroscopy and electron microscopical techniques. Fresenius J Anal Chem 364:238-244

Wenclawiak B, Rathmann C, Teuber A (1992) Supercritical-fluid extraction of soil samples and determination of Polycyclic Aromatic Hydrocarbons (PAHs) by HPLC. Fresenius J Environ Anal Chem 344:497-500

Wenclawiak BW, Jensen TE, Richert JFO (1993) GC/MS-FID analysis of BSTFA derivatized polar components of diesel particulate matter (NBS SRM-1650) extract. Fresenius J Anal Chem 346:808-812

Wenclawiak BW, Maio G, v Holst C, Darskus R (1994) Solvent Trapping of Some Chlorinated Hydrocarbons after Supercritical Fluid Extraction from Soil. Anal Chem 66:3581-3586

Wensing M (1994) Sinn und Unsinn von Hausstaubuntersuchungen. VDI-Bericht 1122: 527-533

Westermann B, Gerhards P (1997) Bestimmung von PCB und Ugilec in Altölproben. Erdöl Erdgas Kohle 113:267-270

Wever R (1991) Formation of halogenated gases by natural sources. In: Rogers JE, Whitman WB (Hrsg) Microbial production and consumption of greenhouse gases: methane, nitrogen oxides and halomethanes. Am. Soc. Microbiol., Washington, S 277-285

Whalley C, Grant A (1994) Assessment of the phase selectivity of the European Community Bureau of Reference (BCR) sequential extraction procedure for metals in sediment. Anal Chim Acta 291:287-295

Whitby KT (1978) The physical characeristics of sulfur aerosols. Atmos Environ 12:135-159

White C, Sayer JA, Gadd GM (1997) Microbial solubilization and immobilization of toxic metals: key biogeochemical processes for treatment of contamination. FEMS Microbiol Rev 20:503-516

Whitehead K, Ramsey MH, Maskall J, Thornton I, Bacon JR (1997) Determination of the extent of anthropogenic Pb migration through fractured sandstone using Pb isotope tracing. Appl Geochem 12:75-81

Whiticar MJ, Snowdon LR (1999) Geochemical characterization of selected Western Canada oils by C_5-C_8 Compound Specific Isotope Correlation. Org Geochem 30:1127-1161

Wickenheiser EB, Michalke K, Drescher C, Hirner AV, Hensel R (1998) Development and application of liquid and gas-chromatographic speciation techniques with element specific (ICP-MS) detection to the study of anaerobic arsenic metabolism. Fresenius J Anal Chem 362:498-501

Wienberg R, Förstner U, Hirschmann G (1990) Zur Verfestigung von Abfällen und den Prüfverfahren für verfestigte Abfälle. In: Behandlung von Sonderabfällen (Hrsg Thome-Kozmiensky KJ) EF-Verlag, Berlin, S 407-427

Wies C (1994) Rechtliche Vorgaben zur Entsorgung von Klärschlamm. UTA:457-461

Wiggering H (1986) Verwitterung auf Steinkohlenbergehalden: Ein erster Schritt von anthropo-technogenen Eingriffen zurück in den natürlichen exogen-geodynamischen Kreislauf der Gesteine. Z dt geol Ges 137:431-446

Wiggering H (1994) Dauerhaft-umweltgerecht ausgerichtete Geowissenschaften. Geowissenschaften 12:282-285

Wigley TML, Schimel DS (1999) The Carbon Cycle. Cambridge University Press, 328S

Wild A (1995) Umweltorientierte Bodenkunde. Spektrum Akademischer Verlag, Heidelberg, 328S

Wilde JN, Wigman AJ, Nagel J, Oertel U, Beeby A, Tanner B, Petty MC (1998) Structural and optical properties of Langmuir-Blodgett films of a Schiff base coordination polymer: A material for hydrocarbon vapor sensing. Act Polym 49:294-300

Wilgeroth U, Schwedt G (1994) Zur Praxis der PAK-Bestimmung in Altölen. Methodenvergleich GC - HPLC. J prakt Chem 336:703-706

Wilhelms A, Horstad I, Karlsen D (1996) Sequential extraction - a useful tool for reservoir geochemistry?- Org Geochem 24:1157-1172

Wilken M, Neugebauer F, Zeschmar-Lahl B, Jager J (1990) PCDD/PCDF balance of different municipal waste management methods: III: Composting. Organohalogen Compounds 4:335-338

Wilken R-D (1999) Speziation messen - wieso und warum?- Nachr Chem Tech Lab 47:1312-1314

Wilken R-D, Kuballa J, Jantzen E (1994) Organotins: their analysis and assessment in the Elbe river system, Northern Germany. Fresenius J Anal Chem 350:77-84

Wilkes H, Boreham C, Harms G, Zengler K, Rabus R (2000) Aerobic degradation and carbon isotopic fractionation of alkylbenzenes in crude oil by sulphate-reducing bacteria. Org Geochem 31:101-115

Wilkins CK, Wolkoff P, Gyntelberg F, Skov P, Valbjorn O (1993) Characterization of office dust by VOC and TVOC release - Identification of potential VOC by principal least square analysis. In: Kalliokoski P, Jantunen M, Seppänen O (Hrsg) Indoor Air '93, Vol 4 Particles, Microbes, Radon. Proc. 6th Int. Conf. on Indoor Air Quality and Climate, Helsinki, Finnland, S 37-42

Wilkinson KJ, Negre JC, Buffle J (1997) Coagulation of colloidal material in surface waters: The role of natural organic matter. J Contam Hydr 26:229-243

Willard HH, Merritt LL jr, Dean JA, Settle FA (1988) Instrumental Methods of Analysis. Wadsworth Publ Comp, Belmont, 895S

Williams KJ, Thorpe SA, Reynolds SL (1996) The use of elisa for the determination of pesticide residues in food. Intern J Environ Anal Chem 65:149-152

Williams LB, Ferrell RE jr, Hutcheon I, Bakel AJ, Walsh MM, Krouse HR (1995) Nitrogen isotope geochemistry of organic matter and minerals during diagenesis and hydrocarbon migration. Geochim Cosmochim Acta 59:765-779

Williams PA (1987) Geochemical and prebiotic systems. In: Wilkinson G (Hrsg) Comprehensive Coordination Chemistry, Vol 6. Pergamon Press, Oxford, S 843 - 879

Williams R, Meares J, Brooks L, Watts R, Lemieux P (1994) Priority pollutant PAH analysis of incinerator emission particles using HPLC and optimized fluorscence detection. Intern J Environ Anal Chem 54:299-314

Willichowski M, Venghaus T, Werther J (1998) Flotation as a process step in the treatment of soils contaminated with mineral oils. Environ Technol 19:801-810

Willme U, Bahrig B, Kazcmarycyk B (1990) Entwicklung und Anwendung einer AAS/Voltametrischen Speziesdifferenzierung von Schwermetallen im Grundwasser. Vom Wasser 74:107-118

Wilson DJ (1989) Soil Cleanup by In-situ Surfactant Flushing. I. Mathematical Modeling. Sep Sci Technol 24:863-892

Wilson DW, Lame MW, Dunston SK, Taylor DW, Segall HJ (1998) Monocrotaline pyrrole interacts with actin and increases thrombin-mediated permeability in pulmonary artery endothelial cells. Toxicology Appl Pharm 152:138-144

Wilson MA, Philp RP, Gillam AH, Gilbert TD, Tate KR (1983) Comparison of the structures of humic substances from aquatic and terrestrial sources by pyrolysis gas chromatography-mass spectrometry. Geochim Cosmochim Acta 47:497-502

Wilson SC, Jones KC (1993) Bioremediation of soil contaminated with polynuclear aromatic hydrocarbons: a review. Environ Pollut 81:229-249

Winker N, Stehlik G, Tausch H, Nyiry W (1994) Analyse von polycyclischen aromatischen Kohlenwasserstoffen (PAK) - Ein Laborvergleich. Z Umweltchem Ökotox 6:247-250

Winter B (1993) Automation von Umweltanalysen mit neuen naßchemischen DIN-Verfahren. LABO 5/93, S 72-75

Wischmann H, Steinhart H, Hupe K, Montresori G, Stegmann R (1996) Degradation of selected PAHs in soil/compost and identification of intermediates. Intern J Environ Anal Chem 64:247-255

Wittsiepe J, Ewers U, Schrey P, Kramer M, Exner M, Selenka F, Beine W, Kemper K, Schmeer D, Weber H (1993) Bewertung der Belastung durch PCDD/F aus der ehemaligen Kupfergewinnung im Raum Marsberg, NRW. Teil 3: PCDD/F im Blutfett ausgewählter Personen. Z Umweltchem Ökotox 5:206-215

Wolff EW, Peel DA (1988) Concentrations of cadmium, lead and zinc in snow from near Dye 3 in south Greenland. Ann Glaciol 10:193-197

Wolff H, Alwast H, Buttgereit R (1994) Technikfolgen Chlorchemie. Schäffer-Pöschel Verlag, Stuttgart, 182S

Wollin K-M, Höring H, Dieter HH (1996) Rüstungsaltlasten: Kriterien zur toxikologischen Bewertung sprengstofftypischer Verbindungen (STV). UWSF - Z Umweltchem Ökotox 8:261-266

Wolters MG, Schreuder G, Van den Heuvel G, Von Lonkhuijsen HJ, Hermus RJ, Voragen AG (1993) A continuous in vitro method for estimation of bioavailability of minerals and trace elements in foods: application to breads varying in phytic acid content. Br J Nutr 69:849-861

Wood JM (1974) Biological Cycles for Toxic Elements in the Environment. Science 183:1049-1052

Wood JM, Wang HK (1985) Strategies for microbial resistance to heavy metals. In: Stumm W (Hrsg) Chemical processes in lakes. John Wiley, New York, S 81-98

Wörle R (1978) Schwermetall-Anreicherung in Rückständen und Abwässern aus der Abgaswäsche. In: Umweltbundesamt (Hrsg) Abgaswäsche bei Müllverbrennungsanlagen unter besonderer Berücksichtigung der Behandlung der Rückstände. Beihefte zu Müll und Abfall 13:78-83

Worthman LAD, Nag K, Davis PJ, Keough KMW (1997) Cholesterol in condensed and fluid phosphatidylcholine monolayers studied by epifluorescence microscopy. Biophys J 72:2569-2580

Worthy W (1991) Pesticides, Nitrates found in U.S. Wells. Chem Engin News:48-50

Wu J, Boyle EA (1997) Lead in the western North Atlantic Ocean: Completed response to leaded gasoline phaseout. Geochim Cosmochim Acta 61:3279-3283

Wüstneck R, Siegel S, Ebisch T, Miller R (1998) Surface behavior of spread sodium eicosanyl sulfate monolayers. 1. π/A isotherms determined on a Langmuir film balance and on drop surfaces and Brewster angle measurements. J Coll Interf Sci 203:83-89

Xia K, Bleam W, Helmke PA (1997a) Studies of the nature of Cu^{2+} and Pb^{2+} binding sites in soil humic substances using X-ray absorption spectroscopy. Geochim Cosmochim Acta 61:2211-2221

Xia K, Bleam W, Helmke PA (1997b) Studies of the nature of binding sites of first row transition elements bound to aquatic and soil humic substances using X-ray absorption spectroscopy. Geochim Cosmochim Acta 61:2223-2235

Xia Q, Feng XS, Mu J, Yang KZ (1998) Monolayer behaviors of 4-octadecanoxycinnamic acid and the photodimerization kinetics in its Langmuir-Blodgett films. Langmuir 14:3333-3338

Xiao-Quan S, Bin C (1993) Evaluation of Sequential Extraction for Speciation of Trace Metals in Model Soil Containing Natural Minerals and Humic Acid. Anal Chem 65:802-807

Xie S, Yao T, Kang S, Xu B, Duan K, Thompson LG (2000) Geochemical analyses of a Himalayan snowpit profile: implications for atmospheric pollution and climate. Org Geochem 31:15-23

Xu S (1999) Fate of Cyclic Methylsiloxanes in Soils. 1. The Degradation Pathway. Environ Sci Technol 33:603-608

Yamamoto S, Ishiwatari R (1989) A study of the formation mechanism of sedimentary humic substances-II. Protein-based melanoidin model. Org Geochem 14:479-489

Yaron B, Calvet R, Prost R (1996) Soil Pollution - Processes and Dynamics. Springer-Verlag, Berlin, 313S

Yee KYC, Lipp MM, Zasadzinski JA, Waring AJ (1997) Effects of lung surfactant specific protein SP-B and model SP-B peptide on lipid monolayers at the air-water interface. Coll Surf A Phys Eng Asp 128:225-242

Yoshinaga J, Yoneda M, Morita M, Suzuki T (1998) Lead in prehistoric, historic and contemporary Japanese: stable isotopic study by ICP mass spectrometry. Appl Geochem 13:403-413

You C-F, Lee T, Li Y-H (1989) The partition of Be between soil and water. Chem Geol 77:105-118

Zaggia L, Zonta R (1997) Metal-sulphide formation in the contaminated anoxic sludge of the Venice canals. Appl Geochem 12:527-536

Zander M (1980) Polycyclic Aromatic and Heteroaromatic Hydrocarbons. In: Hutzinger O (Hrsg) The Handbook of Environmental Chemistry, Vol 3, Part A. Springer-Verlag, Berlin, S 109-131

Zech W, Kögel-Knabner I (1994) Patterns and regulation of organic matter transformation in soils: litter decomposition and humification. In: Schulze E-D (Hrsg) Flux Control in Biological Systems: From the Enzyme to the Population and Ecosystem Level. Academic Press, New York, S 303-334

Zehnder AJB (1982) The Carbon Cycle. In: Hutzinger O (Hrsg) The Handbook of Environmental Chemistry, Vol 1 Part B. Springer-Verlag, Berlin, S 83-110

Zehnder AJB, Zinder SH (1980) The Sulfur Cycle. In: Hutzinger O (Hrsg) The Handbook of Environmental Chemistry, Vol 1, Part A. Springer-Verlag, Berlin, S 105-146

Zeien H, Brümmer GW (1989) Chemische Extraktionen zur Bestimmung von Schwermetallbindungsformen in Böden.-Mitt Dt Bodenkundl Ges 59:505-510

Zeller MV (1976) Infrared Methods in Air Analysis Part No 993-9263. Perkin Elmer Group, Norwalk

Zellner R (1999) Global Aspects of Atmospheric Chemistry. Steinkopff, Darmstadt, 334S

Zellner R (2000) Chemie der Stratosphäre und der Ozonabbau. In: Guderian R (Hrsg) Atmosphäre. Handbuch der Umweltveränderungen und Ökotoxikologie, Band 1A. Springer, Berlin, S 342-382

Zereini F (1998) Eintrag und Verhalten von Platinmetallen in der Umwelt. Ber Dt Miner Ges, Europ J Miner 10:41

Zereini F, Alt F, Rankenburg K, Beyer J-M, Artelt S (1997) Verteilung von Platingruppenelementen (PGE) in den Umweltkompartimenten Boden, Schlamm, Straßenstaub, Straßenkehrgut und Wasser. UWSF - Z Umweltchem Ökotox 9:193-200

Zereini F, Skerstupp, Urban H (1994a) Comparison between the use of sodium and Lithium tetraborate in platinum-group element determination by nickel sulphide fire-assay. Geostandards Newsletter 18:105-109

Zereini F, Urban H, Lüschow H-M (1994b) Zur Bestimmung von Platingruppenelementen in geologischen Proben mittels Graphitrohr-AAS nach der Nickelsulfid-Dokimasie. Erzmetall 47:45-52

Zereini F, Zientek C, Urban H (1993) Konzentration und Verteilung von Platingruppenelementen (PGE) in Böden. Z Umweltchem Ökotox 5:130-134

Zhang S, Chau YK, Li WC, Chau ASY (1991) Evaluation of extraction techniques for butyltin compounds in sediment. Appl Organomet Chem 5:431-434

Zheng J, Goessler W, Kosmus W (1998) Speciation of Arsenic Compounds by Coupling High-Performance Liquid Chromatography with Inductively Coupled Plasma Mass Spectrometry. Mikrochim Acta 130:71-79

Zhu S, Yang D, Long S, Xiao Z (1994) An improved method for the determination of Pu in the environment. Radiochim Acta 65:59-61

Ziechmann W, Müller-Wegener U (1990) Bodenchemie. BI-Wiss.-Verl., Mannheim, 326S

Zimmermann R, Boesl U, Weickhardt C, Lenoir D, Schramm KW, Kettrup A, Schlag EW (1994) Isomer-selective ionization of chlorinated aromatics with lasers for analytical time-of-flight mass spectrometry: first results for polychlorinated dibenzo-p-dioxins (PCDD), biphenyls (PCB) and benzenes (PCBz). Chemosphere 29:1877-1888

Zitko V (1980) Chlorinated Paraffins. In: Hutzinger O (Hrsg) The Handbook of Environmental Chemistry, Vol 3, Part A. Springer-Verlag, Berlin, S 149-156

Zober A, Ott MG, Messerer P (1994) Morbidity follow up study of BASF employees exposed to 2,3,7,8-TCDD after a 1953 chemical reactor accident. Occup Environ Medicine 51:479-486

Zoorob GK, McKiernan JW, Caruso JA (1998) ICP-MS for Elemental Speciation Studies. Mikrochim Acta 128:145-168

Zouboulis AI, Matis KA (1997) Removal of metal ions from dilute solutions by sorptive flotation. Crit Rev Environm Sci Techn 27:195-235

Zullei N, Benecke G (1978) Application of a New Bioassay to Screen the Toxicity of Polychlorinated Biphenyls on Blue-green Algae. Bull Environm Contam Toxicol 20:786-792

Zullei-Seibert N (1987) Zur Frage der Grundwassergefährdung durch organische Schadstoffe aus Klärschlamm. Forum-Städte-Hygiene 38:202-205

Zürcher F, Thuer M, Davis JA (1980) Importance of particulate matter on the load of motorway runoff and secondary effluence. In: Afghan BK, Mackay D (Hrsg) Hydrocarbons in the Aquatic Environment, Environmental Sciences Research 8. Plenum Press, New York, S 373-385

Sachverzeichnis

- PAK-Verteilungsmuster 309
- Polyurethanschaum 212
- PVC 340
- PXDD/F 339
- Sonderabfall 150
- Thalliumkonzentrationen 281
- unvollständige 212, 304
- unvollständige, PCB-Freisetzung 328
Verbrennungsaschen 157ff
- Endlagerqualität 191
Verbrennungsmuster, PCDD/F 345
Verbrennungsprodukte, Metallverteilung 156
Verbrennungsprozeß im Motor 307
Verbrennungsrückstände, Deponierung 175
Verdampfen 568
Verdicker, assoziativ 539
Verdunstung 480
Verdunstungsgeschwindigkeit 481
Vereinigen 555
Vergasung von Abfall 153f (Def.)
Verklappen 151
Vermahlungsgrad 564
Versauerung von Böden 37f
Versäuerungsphase bei der Faulung 173
Verschleppung 553
Verschmutzung 536
Verteilungschromatographie 575f
Verteilungsgesetz, Nernstsches 576
Verteilungskoeffizient 289, 576
Verteilungskurven, Gauß 666
Verteilungsmuster
- PAK 428
- PCB 330
- PXDD/F 336f
Vertrauensbereich 666
Verursacherprinzip im Umweltschutz 421
Verwitterung 45f
Verwitterungsindex 431 (Def.)
Vesikel 523, 527
Vietnam 356
Vinylchlorid, Toxizität 318
Virizid 358
Viskosität 513
VMS 419
- Abbau 420
VOC 211, 633
- Beurteilung 135f
- im Hausstaub 223
Volatilisierung 397
Volumenanregung, RFA 597
Vor-Ort-Analytik 659

Wachs 481
- aus Erdöl 302
Wachstum, anthropogenes 10f
Wanderungsgeschwindigkeit, chromatographisch 577
Wärmekapazität 477
Waschprozeß 537
Wasserdampf 478
Wassergehalt, Bestimmung 574
Wasserreinigung, PCDD/F-Entstehung 340
Wasserstoffbrückenbindung 491, 513, 526, 542
WDRFA 587ff
Wein
- Herkunftsbestimmung 439f
- Tracer 455
Weißasbest 204
Weißtöner 536
Wellen 481
Wellenlänge, Röntgenanalytik 590
wellenlängendispersive RFA 587ff
Wellenzahl 605
Weltbevölkerung 11ff, 24
Wertstoffrückgewinnung durch Bioleaching 105
Wiederverwendung von Abfallinhaltsstoffen 152ff
wilde Deponie 173
Windscale 384
Winterlost 363
Wismut 570
Wolframbandlampe 609
Wolke 478
Wolkenbildung 481
Wollsiegel 363
Worst-case 85ff
- -Bedingungen, Hausstaub 219
Wurzel 96
Wurzelausscheidung 96
Wurzelexsudat s. Wurzelausscheidung

X-ray Absorption Near Edge Structure 63, 65, 587, 598f
XANES 63, 587, 598f
- Uranspeziierung 65
Xenobiotika 23, 301
- an organischen Bodenbestandteilen 64
- im Kompost 162
- Umwandlung 366f
- im gebundenen Rückstand 367
Xylol 306, 498
- Strukturen 685